SI Edition
Seventh Edition

전력계통 해석 및 설계
POWER SYSTEM
ANALYSIS & DESIGN

Cengage

Power System Analysis and Design, SI Edition, Seventh Edition

J. Duncan Glover,
Thomas J. Overbye,
Mulukutla S. Sarma,
Adam B. Birchfield

Original edition © 2023 Cengage Engineering, a part of Cengage Learning.
Power System Analysis and Design, SI Edition, Seventh Edition by SJ. Duncan Glover, Thomas J. Overbye, Mulukutla S. Sarma, Adam B. Birchfield
ISBN: 9780357676196

This edition is translated by license from Cengage Engineering, a part of Cengage Learning, for sale in Korea only.

ISBN-13: 978-89-6218-552-2

Cengage Learning Korea Ltd.
14F YTN Newsquare 76 Sangamsan-ro
Mapo-gu Seoul 03926 Korea

Printed in Korea
Print Number: 02 Print Year: 2025

SI EDITION

Seventh Edition

전력계통 해석 및 설계

POWER SYSTEM ANALYSIS & DESIGN

J. Duncan Glover · Thomas J. Overbye · Mulukutla S. Sarma · Adam B. Birchfield

김광호 · 김재언 · 김철환 · 전영환 옮김

Cengage

Australia · Brazil · Canada · Mexico · Singapore · United Kingdom · United States

옮긴이 소개

김광호
강원대학교 IT대학 전기전자공학과

김재언
충북대학교 전자정보대학 전기공학부

김철환
성균관대학교 정보통신대학 전자전기공학부

전영환
홍익대학교 공과대학 전자전기공학부

전력계통 해석 및 설계 제7판

POWER SYSTEM ANALYSIS & DESIGN, SI Edition, Seventh Edition

제7판 1쇄 발행 | 2023년 7월 7일
제7판 2쇄 발행 | 2025년 8월 18일

지은이 | J. Duncan Glover, Thomas J. Overbye, Mulukutla S. Sarma, Adam B. Birchfield
옮긴이 | 김광호, 김재언, 김철환, 전영환
발행인 | 탄록민, 마이클조셉케이힐
발행처 | 센게이지러닝코리아㈜
등록번호 | 제313-2007-000074호(2007.3.19.)
이메일 | asia.infokorea@cengage.com
홈페이지 | www.cengage.co.kr

ISBN-13: 978-89-6218-552-2

공급처 | 도서출판 북스힐
주 소 | 서울시 강북구 한천로 153길 17
도서안내 및 주문 | Tel 02) 994-0071 Fax 02) 994-0073
이메일 | bookshill@bookshill.com

정 가 | 40,000원

옮긴이 머리말

현대사회를 지탱하고 있는 가장 중요한 에너지원인 전기는 그 중요성이 나날이 높아지고 있다. 21세기 들어서는 전기에너지의 수요가 포화될 것으로 예상하였으나 다양한 정보화기기, 디지털 장비의 확대 보급 등 막대한 전기를 소비하고 있는 정보화 사회의 도래에 따라 오히려 전기에너지 수요는 지속적으로 늘어나고 있다. 특히 20세기 내내 유지되어 왔던 중앙집중식의 대용량, 장거리 송전기반의 전력 공급체계가 21세기에 들어서 기후 변화와 환경 문제에 대응하기 위해 도입된 태양광, 풍력과 같은 신재생에너지원으로 인해 더 유연한 전력시스템으로의 변화를 요구하고 있다.

독점의 전력산업구조 또한 1990년대 이후 경제성 및 효율을 중시한 새로운 경쟁체계로 변화하고 있다. 에디슨이 1882년 세계 최초로 상업적인 전기 공급을 시작한 이래, 보수적이고 안정적인 산업분야의 하나였던 전력산업은 기술적으로나 사업적으로나 대내외적으로 가장 큰 변혁의 시기를 맞고 있다.

특히 최근에는 전력시스템의 운영, 보호 영역에 정보통신기술, 디지털기술 등 첨단의 최신 기술이 도입되어 활용되고 있다. 그러나 아무리 전력산업구조가 변화하고, 새로운 에너지원이 도입된다 하더라도 전기에너지의 공급 통로가 되는 전력계통은 변치 않을 것이다. 전기에너지의 비중이 점점 커져가고 전력계통의 설계, 운영, 관리가 더욱 복잡해지고 있는 이 시점에서 전력계통에 대한 이론과 실제를 제대로 알고 있는 엔지니어의 중요성은 과거 어느 때보다 높아지고 있다.

대학에서 모두 30년 넘게 전력공학을 교육, 연구해온 우리 4인의 역자들은 전력계통에 첨단의 전자, 정보통신 기술이 광범위하게 활용되고 있는 현실을 보면서 어느 때보다 전력계통에 대한 개념과 이론으로 무장한 엔지니어의 교육, 배출이 중요하다고 생각한다. 전력계통에 대한 올바른 개념과 기초를 갖는 현장 엔지니어만이 안정적인 전력공급은 물론이고, 정전, 수급 불균형 등 다양하게 발생할 수 있는 비상상황에서도 사회적인 파급을 최소화하면서 대처해 나갈 수 있을 것이다.

과거 우리 역자들은 다양한 국내외 전력공학 교재를 사용하여 대학에서 강의를 해왔으나, 어떤 경우에는 지나치게 현장중심, 설비중심의 내용 전개로 이론적인 부분에 대한 깊이 있는 교육이 어려울 때도 있었고, 또 어떤 교재는 지나치게 이론중심이어서 학생들이 전력계통에 대한 현실감을 얻지 못하고 강의를 마치는 경우도 많았다.

그러나 이 교재를 2000년대 초중반부터 수년간 원서로 강의하면서 학생은 물론 교수 자신도 가장 만족스러운 성과를 얻을 수 있었다. 이에 우리 역자들은 본서의 충실한 내용을 더 많은 전기공학도들이 쉽게 접하고 이해할 수 있도록 한글로 번역하기로 하고 1년여의 작업을 통해 최초로 2012년 5판에 대한 번역본을 발간하였다. 이후 원저의 개정본 출간에 따라 2017년에는 6판 개정번역본을 발간하였고 이번에 새롭게 7판 개정번역본을 발간하게 되었다.

이 역서는 4인의 교수진이 최초 번역에서 최종 교정까지 일체의 작업을 다른 이들의 도움 없이 본인들이 직접 수행하였다. 때문에 많은 번역서에서 나타나는 번역 및 문맥상의 오류와 어색함 등이 최소화되었을 것으로 생각한다.

본서는 전력계통에 대해 매우 논리적이고 차분하게 그리고 쉽고 자세히 기술한 대단히 우수한 교재이다. 즉, 갑작스러운 이론적인 생략이나 비약 없이 단계적으로 모든 내용을 친절히 설명해주고 있다. 또한 이론적인 내용과 함께 다양한 실무 현장의 기술을 사진, 도표, 사례로 설명하고 있어 향후 학생들이 현장의 엔지니어로 활동할 때 쉽게 활용할 수 있도록 하고 있다. 특히 이 교재의 가장 큰 장점은 윈도우 기반의 강력한 전력계통 해석소프트웨어인 PowerWorld Simulator를 단계별로 활용할 수 있도록 하고 있다는 점이다. 학생들은 PowerWorld Simulator를 활용한 다양한 예제와 설계 프로젝트를 통해서 이론 교육만으로는 얻을 수 없는 직관적인 개념을 확립할 수 있을 것으로 기대한다.

원저자의 의도를 충실히 전달하면서도 우리 역자들이 30년 이상 쌓아온 전력계통 교과목에 대한 강의 경험을 더하여 독자들이 더욱 이해하기 쉽도록 번역하고자 하였다. 역자들 나름대로 번역의 최선을 다했지만, 완벽한 번역이라고 자부하기에는 다소 부족함이 있을 것으로 생각된다. 독자들께서 이 역서로 공부하면서 발견한 오류를 우리 역자들에게 알려주신다면 다음의 개정판을 더 완성도 높게 만드는 데 큰 도움이 될 것이다.

끝으로 이 책의 출판을 기획하고 진행한 ㈜센게이지러닝코리아 관계자 여러분께 깊은 감사드린다. 특히 번역, 편집, 교정의 전 과정을 함께하면서 도움을 주신 황은교 과장님께도 깊은 감사를 드린다. 이 역서가 우리나라 전력공학 교육에 일익을 담당하길 기대하며 이 책을 통해 전력분야에 발을 내딛는 모든 독자들께 행운이 함께하길 바란다.

2023년 6월

역자 **김광호, 김재언, 김철환, 전영환**

머리말

이 책은 PC를 보조도구로 활용하여 전력시스템에 대한 해석과 설계 방법을 설명하고, 학부수준의 기본적인 이론을 충분한 깊이로 학생들에게 제공하는 데 그 목적을 두고 있다. 학생들의 사고력을 높이고 그들이 전력공학과 관련한 넓은 범위의 다양한 주제들에 대해 충분히 이해할 수 있도록 하며, 전력산업분야에 대해 관심을 가질 수 있도록 저술 방향을 잡았다. 우리는 기본적인 물리적 개념이 창의적인 공학기술의 기반이며 공학교육에서 가장 가치 있고 영원한 요소라고 믿기 때문에 수학기법을 설명하면서도 물리적 개념 또한 강조하였다. 이론과 모델링은 단순하게 시작해서 더 새롭고 복잡한 경우를 다룰 수 있도록 확장하였다.

7판의 새로운 내용

7판의 공저자로 Adam B. Birchfield가 참여하였다. Burchfield 박사는 전력계통에 있어서 발전하고 있는 최신의 기술이 본 교재에 계속 반영될 수 있도록 역할을 다해줄 것이다.

완전히 개정된 문제들을 통해 학생들은 필수적인 기술을 습득할 수 있게 된다.

주요 특징

본 교재는 현시점의 실제 응용기술, 신기술과 함께 현재 진행되고 있는 전력산업의 구조개편에 대해서도 충실히 다루고 있다. 이론적인 부분을 포괄적으로 이해할 수 있는 그림, 예제 등을 충분히 제공하였다. 또한 예제를 확장하여 컴퓨터로 구현할 수 있도록 PowerWorld Simulator Version 22을 활용하였다. Version 22에는 전력조류계산, 최적조류계산, 상정사고해석, 단락고장해석, 과도안정도에 대한 해석이 포함되어 있다.

본 교재의 15장 배전계통에는 스마트그리드에 대한 내용이 포함되었다.

또한 전력조류해석 부분에 풍력발전기 모델링에 대해 논의하였다.

PowerWorld Simulator

공학교육에서 가장 어렵고도 중요한 것의 하나는 학생들이 공부하는 대상 시스템에 대한 직관력 또는 감각을 갖도록 하는 것이다. 공학에서 다루는 시스템의 대부분 요소들은 복잡하다. 종이와 연필로 하는 연습은 기본적인 원리의 이해를 강조하는 데 상당히 유용하지만, 필요한 직관적 통찰을 갖도록 하는 데는 다소 부족하다. 이러한 직관적인 이해도를 높이기 위해 본 교재는 컴퓨터에 기반한 예제, 연습문제, 설계 프로젝트 등에서 PowerWorld Simulator 22를 활용하였다.

PowerWorld Simulator는 전력산업에 종사하는 비전공자들에게 전력시스템에 대한 기본 이론을 가르치기 위해 University of Illinois at Urbana-Champaign에서 개발한 소프트웨어이다. 첫 번째 버전은 1994년 6월에 발 표되었는데, 이 프로그램이 갖고 있는 대화형의 그래픽 설계 환경 덕분에 교육용 도구로 금방 히트를 치게 되었다. 그런데 좀 재미있는 상황이 벌어진 것이 이 프로그램이 갖고 있는 대화형의 그래픽 설계방식이 실제 현장에서 전력 계통 해석을 하고 있는 엔지니어들에게도 매력적으로 보였다는 것이었다. 늘어나는 사용자 그룹의 요구사항을 충족시키기 위해 PowerWorld Corporation을 설립하고 1996년부터는 PowerWorld Simulator를 상용화하였다. 그래서 교육용 도구로서의 매력은 그대로 유지하면서, 이후 수년간 PowerWorld Simulator는 어떤 크기의 전력계통이라도 해석할 수 있는 최고의 해석 패키지로 거듭났다. 현재 PowerWorld Simulator는 대학, 여러 전력회사, 정부의 정책담당자, 전력 시장의 참여자, 컨설팅 회사 등 전력 분야의 다양한 사용자들에 의해 널리 사용되고 있다. 교재와 PowerWorld Simulator를 결합시키기 위해 우리는 이전 판에서 제공되어 잘 사용된 예제를 바꾸기보다는 확장하는 방법을 취했다. 따라서 문제의 크기 때문에 어려울 경우를 제외하고 각 PowerWorld Simulator의 예제에는 Simulator 사례와 함께 직접 손으로 풀 수 있는 해법도 포함시켰다. 이러한 형식을 통해 학생들은 문제가 어떻게 풀이되는지를 알고 해법의 컴퓨터 활용을 동시에 익히게 된다. PowerWorld Simulator의 또 다른 유용성은 예 제를 쉽게 확장시킬 수 있다는 점이다. 대화형 환경을 통해 학생들은 쉽게 예제의 파라미터를 바꾸어 볼 수 있고 이에 따라 나타나는 변화의 결과를 즉각 확인할 수 있다. 새로운 파라미터로 예제를 다시 수행하면 학생들은 풀이 과정을 올바로 이해했는지에 대해 즉각적인 피드백을 얻을 수 있다. 대화형의 시각적인 PowerWorld Simulator 환경은 강의자가 수업에서 시연을 보이는 데 대단히 뛰어난 도구이기도 하다. PowerWorld Simulator를 활용한 많은 예제를 통해 강의자는 교재의 다양한 주제에 대한 시연을 쉽게 할 수 있다. 부가적인 PowerWorld Simulator의 기능은 본 교재의 연습문제와 설계 프로젝트에서 소개한다.

선수과목

이 교과과정 공부를 위해서 학생들은 배경 지식으로 전기회로이론(과도 해석 포함), 미분방정식에 대한 과목을 이수하고, 선형시스템, 선형대수, 컴퓨터 프로그래밍에 대해 이해를 하고 있다고 가정한다. 또한 전기기기 과목에 대한 이수가 반드시 필요한 것은 아니지만 본 교재를 이해하는 데 많은 도움을 줄 수 있을 것이다.

교재의 구성

본 교재는 학부 4학년 또는 대학원 1학년생을 대상으로 2학기 과정에 걸쳐 사용할 수 있도록 만들어졌다. 또한 각 장과 절을 유연하게 구성하여 강의자가 자유롭게 주제를 선택하여 1학기 과정의 강의를 진행할 수도 있게 하였다. 교재에는 이론적으로 제기된 대부분의 문제를 다룰 수 있도록 충분한 수의 예제를 수록하였다. 이번 개정판에서는 컴퓨터를 사용하여 푸는 연습문제와 더불어 일반 계산기로 풀 수 있는 연습문제도 상당수 확대하였다.

현재, 미래와 더불어 전력시스템의 역사에 대한 소개를 한 후, 본 교재의 기초가 되는 2장에서는 학생들이 용어의 정의와 관련 기초 이론을 검토해볼 수 있도록 하였다. 이 장에서는 페이저 개념, 전력, 단상, 3상회로, 에너지변환의 개요에 대해 살펴볼 것이다.

3장에서 5장까지는 단위법(pu법: per unit system)을 포함하여 전력용 변압기, 송전선로 파라미터, 송전선의 정상상태 운전에 대해 다루고, 6장에서는 뉴튼-랩슨법을 포함한 전력 조류 해석, 전력조류제어, 풍력과 태양광 발전기의 조류해석 모델에 대해 기술한다. 7장에서는 경제급전, 최적조류계산, 발전기운영계획, 전력시장을 다룬다. 이 장들에서는 평형 3상, 정상상태(steady-state), 정상(normal) 운전조건하의 전력시스템에 대한 기본적인 이해를 할 수 있도록 하였다. 대칭고장, 대칭성분, 비대칭 고장, 계통 보호를 다루는 8장에서 11장까지는 전력계통 보호라는 보다 큰 일반적 주제로 묶을 수가 있다. 과도 안정도를 다루게 될 12장에서는 스윙 방정식, 등면적법, 그리고 풍력터빈과 태양광 발전기 모델링과 함께 다기계통 안정도에 대해 기술되어 있다. 13장에서는 전력계통제어에 대해 다루며, 발전기-전압제어, 터빈-조속기 제어, 부하-주파수 제어를 설명한다. 14장에서는 전력계통의 과전압과 서지 보호를 포함하여 송전선로의 과도운전에 대해 공부한다.

15장에서는 1차, 2차 배전계통과 배전변전소 변압기, 배전용변압기, 병렬커패시터 등이 포함된 기본적인 배전기기를 설명한다. 또한 배전계통 신뢰도, 배전자동화, 스마트그리드에 대한 설명과 함께 몇몇 주요한 배전용 소프트웨어를 소개한다.

기타 사항

원저 7판 서문에 기재된 Instructor Resources, Digital Resources는 번역본 환경이 다르기 때문에 생략한다.

감사의 글

이 교재의 내용은 과거 40여 년간 미국을 포함한 전세계의 대학 강의에 필요한 사항을 충족시킬 수 있도록 지속적으로 개발되었다. 원래의 13개 장은 첫 번째 저자인 J. Duncan Glover, *Failure Electrical LLC*에 의해 저술되었고, 이 책을 기획하고 작성하는 과정에 많은 사람들에게 도움을 받았다. 특히 W. D. Stevenson, Jr.의 저서를 포함하여 전력시스템에 대해 저술된 이전의 교재들과 뛰어난 다수의 엔지니어들이 이룩한 업적에서 큰 영향을 받았음에 깊이 감사한다. 사용된 자료들을 상세히 언급하는 것은 너무 방대한 일이기 때문에 각 장의 마지막에 참고문헌으로 대신할 수밖에 없었다.

7장은 이전 판에서는 6장에 있었으나 7판에서는 별도의 장으로 분리하였다.

15장은 Dr. Glover(15.1～15.7절)와 공저자인 Thomas J. Overbye(15.8절과 15.9절)의 공동 서술이다. 또한 *Texas A&M University*의 Overbye 교수는 이번 1.5, 2.89, 6.10, 6.11, 6.12, 7.4, 7.5, 12.6, 12.7, 12.8, 13.4절을 저술하였다. 그는 또한 13.1절 기술에도 역할을 했으며, 교재 전체적으로 PowerWorld Simulator를 이용한 예제와 연습 문제, 그리고 3가지의 설계프로젝트를 제공하였다. 공저자인 *Northeastern University*의 Mulukutla Sarma 명예교수와 *Texas A&M University*의 Adam Birchfield는 각 장의 연습문제를 제공하였다.

우리는 Cengage Learning의 Global Engineering 팀의 전문가들인 Timothy Anderson, Senior Product Director; Sharon Chambliss, Senior Content Manager; MariCarmen Constable, Learning Designer; Rose Kernan of RPK Editorial Services, Inc.들이 7판을 발행함에 있어서 보여준 그들의 폭넓은 지식과 재능 그리고 독창성에 찬사를 보낸다. 또한 Matt Wood, Program Manager, Taylor Shenberger, Portfolio Marketing Manager, Simeon Lloyd-Wingard, Produc Assistant에게도 감사를 드린다.

Reviewers

이전 판에 대해서 귀중한 검토를 해주었던 사람들은 다음과 같다:

Max D. Anderson, *University of Missouri-Rolla*

Sohrab Asgarpoor, *University of Nebraska-Lincoln*

Kaveh Ashenayi, *University of Tulsa*

Ross Baldick, *University of Texas at Austin*

Thomas L. Baldwin, *Florida State University*

François Bouffard, *McGill University*

Frederick C. Brockhurst, *Rose-Hulman Institute of Technology*

Richard D. Christie, Jr., *University of Washington*

Bell A. Cogbill, *Northeastern University*

Mariesa L. Crow, *University of Missouri-Rolla*

Robert C. Degeneff, *Rensselaer Polytechnic Institute*

Venkata Dinavahi, *University of Alberta*

Ali Emadi, *Illinois Institute of Technology*

Richard G. Farmer, *Arizona State University*

Saul Goldberg, *California Polytechnic University*

Mack Grady, *University of Texas at Austin*

Clifford H. Grigg, *Rose-Hulman Institute of Technology*

Leonard F. Grigsby, *Auburn University*

Ilya Y. Grinberg, *State University of New York College at Buffalo*

Howard B. Hamilton, *University of Pittsburgh*

Steven M. Hietpas, *South Dakota State University*

Leo Holzenthal, Jr., *University of New Orleans*

William F. Horton, *California Polytechnic State University*

Walid Hubbi, *New Jersey Institute of Technology*

Iqbal Husain, *The University of Akron*

Reza Iravani, *University of Toronto*

Charles W. Isherwood, *University of Massachusetts-Dartmouth*

Hamid Jaffari, *Reading Municipal Light Department*

Seyed Pouyan Jazayeri, *University of Calgary*

W. H. Kersting, *New Mexico State University*

Wayne E. Knabach, *South Dakota State University*

Pierre-Jean Lagace, *IREQ Institut de Recherche d'Hydro-Quebec*
James T. Lancaster, *Alfred University*
Kwang Y. Lee, *Pennsylvania State University*
Mohsen Lotfalian, *University of Evansville*
M. Hashem Nehrir, *Montana State University*
Bruno Osorno, *California State University at Northridge*
Anil Pahwa, *Kansas State University*
Rene B. Marxheimer, *San Francisco State University*
Lamine Mili, *Virginia Polytechnic Institute and State University*
Osama A. Mohammed, *Florida International University*
Clifford C. Mosher, *Washington State University*
Anil Pahwa, *Kansas State University*
M. A. Pai, *University of Illinois at Urbana-Champaign*
John A. Palmer, *Colorado School of Mines*
John Pavlat, *Iowa State University*
Ghadir Radman, *Tennessee Technical University*
R. Ramakumar, *Oklahoma State University*
Satish J. Ranada, *New Mexico State University*
Teodoro C. Robles, *Milwaukee School of Engineering*
B. Don Russell, *Texas A&M*
Sheppard Salon, *Rensselaer Polytechnic Institute*
Surya Santoso, *University of Texas at Austin*
Ronald G. Schultz, *Cleveland State University*
Stephen A. Sebo, *Ohio State University*
Ali Shaban, *California Polytechnic State University, San Luis Obispo*
Raymond Shoults, *University of Texas at Arlington*
Richard D. Shultz, *University of Wisconsin at Platteville*
Charles Slivinsky, *University of Missouri-Columbia*
John P. Stahl, *Ohio Northern University*
E. K. Stanek, *University of Missouri-Rolla*
Robert D. Strattan, *University of Tulsa*
Tian-Shen Tang, *Texas A&M University-Kingsville*
Shyama C. Tandon, *California Polytechnic State University*
Zeb Tate, *University of Toronto*
S. Venkata, *University of Washington*
Francis M. Wells, *Vanderbilt University*
Bill Wieserman, *University of Pennsylvania-Johnstown*
Stephen Williams, *U.S. Naval Postgraduate School*
Dennis O. Wiitanen, *Michigan Technological University*
Salah M. Yousif, *California State University-Sacramento*
Mahyar Zarghami, *California State University at Sacramento*

끝으로 본 교재가 일관성 있는 표기와 함께 당초 의도했던 수준에서 필요한 설명을 충분히 하였고, 학생 중심에서 종합적으로 쓰여진 최신 저작으로 평가받는다면 소프트웨어 패키지를 제공하고 이 책을 저술한 목적은 달성된 것이라고 볼 수 있겠다.

J. Duncan Glover
Thomas J. Overbye
Adam B. Birchfield
Mulukutla S. Sarma

기호 단위 표기법

기호	설명
a	$1\underline{/120^\circ}$ (operator $1\underline{/120^\circ}$)
a_t	변압기 권선비(transformaer turn ratio)
A	면적(area)
$\boldsymbol{A}$	송전선 파라미터(transmission line parameter)
$\boldsymbol{A}$	대칭 성분 변환 행렬(symmetrical components transformation matrix)
B	서셉턴스(susceptance)
$\mathbf{B}$	서셉턴스 행렬(susceptance matrix)
B	손실 계수(loss coefficient)
B	주파수 변위 상수(frequency bias constant)
B	페이저 자속밀도(phasor magnetic flux density)
B	송전선 파라미터(transmission line parameter)
C	커패시턴스(capacitance)
C	송전선 파라미터(transmission line parameter)
D	제동계수(damping)
D	거리(distance)
D	송전선 파라미터(transmission line parameter)
E	페이저 전원전압(phasor source voltage)
E	페이저 전계강도(phasor electric field strength)
f	주파수(frequency)
G	컨덕턴스(conductance)
$\mathbf{G}$	컨덕턴스 행렬(conductance matrix)
$\mathbf{H}$	정규화된 관성정수(normalized inertia constant)
H	페이저 자계강도(phasor magnetic field intensity)
$i(t)$	순시전류(instantaneous current)
I	전류 크기(current magnitude, 보통 rms값)
I	페이저 전류(phasor current)
$\boldsymbol{I}$	페이저 전류의 벡터(vector of phasor currents)
j	$1\underline{/90^\circ}$ (operator $1\underline{/90^\circ}$)
J	관성 모멘트(moment of inertia)
l	길이(length)

기호	설명
l	길이(length)
L	인덕턴스(inductance)
$\mathbf{L}$	인덕턴스 행렬(inductance matrix)
N	개수(모선, 선로, 권선 등)[number of buses, lines, turns, etc]
Q	무효전력(reactive power)
p.f.	역률(power factor)
$p(t)$	순시전력(instantaneous power)
P	유효전력(real power)
q	전하(charge)
r	반지름(radius)
R	저항(resistance)
R	터빈–조속기 제어상수(turbine-governor regulation constant)
$\mathbf{R}$	저항 행렬(resistance matrix)
s	라플라스 연산자(Laplace operator)
S	피상전력(apparent power)
S	복소전력(complex power)
t	시간(time)
T	주기(period)
T	온도(temperature)
T	토크(torque)
$v(t)$	순시전압(instantaneous voltage)
V	전압 크기(voltage magnitude, 보통 rms값)
V	페이저 전압(phasor voltage)
$\boldsymbol{V}$	페이저 전압의 벡터(vector of phasor voltages)
X	리액턴스(reactance)
$\mathbf{X}$	리액턴스 행렬(reactance matrix)
Y	페이저 어드미턴스(phasor admittance)
$\boldsymbol{Y}$	어드미턴스 행렬(admittance matrix)
Z	페이저 임피던스(phasor impedance)
$\boldsymbol{Z}$	임피던스 행렬(impedance matrix)

기호	설명	기호	설명
α	각 가속도(angular acceleration)	Γ	반사 계수(reflection or refraction confficient)
α	변압기 상 이동 각(transformer phase shift angle)	θ	임피던스 위상각(impedance angle)
β	전류 위상각(current angle)	θ	각 위치(angular position)
β	주파수 응답 특성(area frequency response characteristic)	μ	투자율(permeability)
δ	전압 위상각(voltage angle)	v	전파속도(velocity of propagation)
δ	토크 위상각(torque angle)	ω	각 주파수(radian frequency)
ϵ	유전율(permittivity)	ρ	저항률(resistivity)
Φ	자속(magnetic flux)	τ	주기수(time in cycles)
λ	패널티(penalty factor)	τ	송전선 전파시간(transmission line transit time)

SI Units		English Units	
A	ampere	BTU	British thermal unit
C	coulomb	Cmil	circular mil
F	farad	ft	foot
H	henry	hp	horsepower
Hz	hertz	in	inch
J	joule	mi	mile
kg	kilogram		
m	meter		
N	newton		
rad	radian		
s	second		
S	siemen		
VA	voltampere		
var	voltampere reactive		
W	watt		
Wb	weber		
Ω	ohm		

표기법

- v(t)와 i(t) 같은 소문자는 순시값을 나타낸다.
- V와 I 같은 대문자는 rms 값을 나타낸다.
- *V*와 *I* 같은 이탤릭체 대문자는 rms 페이저를 나타낸다.
- 실수 값을 갖는 행렬과 벡터는 **R**과 **I**같이 굵은 글씨체로 나타낸다.
- 복소수 값을 갖는 행렬과 벡터는 ***Z***와 ***I***같이 굵은 글씨의 이탤릭체로 나타낸다.
- 위첨자 T는 벡터나 행렬의 전치(transpose)를 나타낸다.
- 별표(*)는 켤레복소수(complex conjugate)를 나타낸다.
- PW는 PowerWorld Simulator를 이용한 연습문제임을 나타낸다.

차례

1 서론

Introduction

미국 유타주 밀포드 인근의 38 MW Blundell 지열발전소: 지열에 의해 가동되는 2대의 스팀엔진발전기로 구성되어 있으며, 스팀은 지하 6,100 m에 있는 마그마에 의해 가열된 물로부터 생성됨(Courtesy of PacifiCorp).

학습목표

이 장에서는 다음과 같은 내용에 대하여 학습하기로 한다.

1. 전력산업의 역사
2. 전력시스템의 현재와 미래의 발전방향
3. 전력산업의 구조개편
4. 전력시스템 해석 및 시뮬레이션 소프트웨어 패키지인 PowerWorld Simulator

전력에너지의 발생, 전송, 배분 및 사용상의 모든 단계를 다루는 것이 전력 엔지니어의 역할이다. 전력산업은 지구상의 모든 산업 중에서 가장 크고 복잡한 분야라고 해도 과언이 아니다. 이러한 거대 산업에 종사하고 있는 전력 엔지니어에게는 계속 증가하고 있는 전력에너지 수요를 충분히 만족시키면서 동시에 더욱 안전하고 깨끗하며 경제적인 미래 전력시스템을 만들어야 할 책무가 주어져 있다.

1.1 미국 전력시스템의 역사

1878년 토머스 에디슨은 전기를 이용한 조명에 대해 연구를 시작하여 중앙의 전력공급소를 통해 주변 지역 조명기기에 전력을 공급한다는 새로운 형태의 에너지 전송 개념을 고안하였다. 이후 에디슨은 1879년 10월에 백열전구를 완성하였고, 1882년 9월 4일에는 뉴욕시에 펄스트리트 전력공급소(Pearl Street Station)를 준공, 가동하였다. 펄스트리트 전력공급소가 준공, 가동된 이날은 전력산업의 시작으로 기록될 역사적인 날이었다(그림 1.1 참조). 초기 펄스트리트 전력 공급소에는 스팀엔진에 의해 가동되는 직류발전기(다이나모)가 설치되었고, 이 직류발전기를 이용하여 1제곱마일 넓이 지역의 59개 고객이 보유하고 있는 총 30 kW의 110 V 백열전등 부하에 전력을 공급하였다. 1882년을 시작으로 1972년까지 전력산업은 눈부신 속도로 성장했는데, 이러한 성장의 배경에는 전력생산과 전송 비용을 줄여서 전력요금을 지속적으로 낮출 수 있게 한 전력 관련 기술의 발전과 공학적인 창의성의 역할이 컸다[1].

Sprague Electric사에 의해 실용화된 직류전동기와 함께 당시 보급된 백열전구는 에디슨 직류전력시스템의 확산을 가속시켰다. 3선방식의 220 V 직류시스템의 개발을 통해 부하 증가를 어느 정도는 해결할 수 있었으나, 송전 거

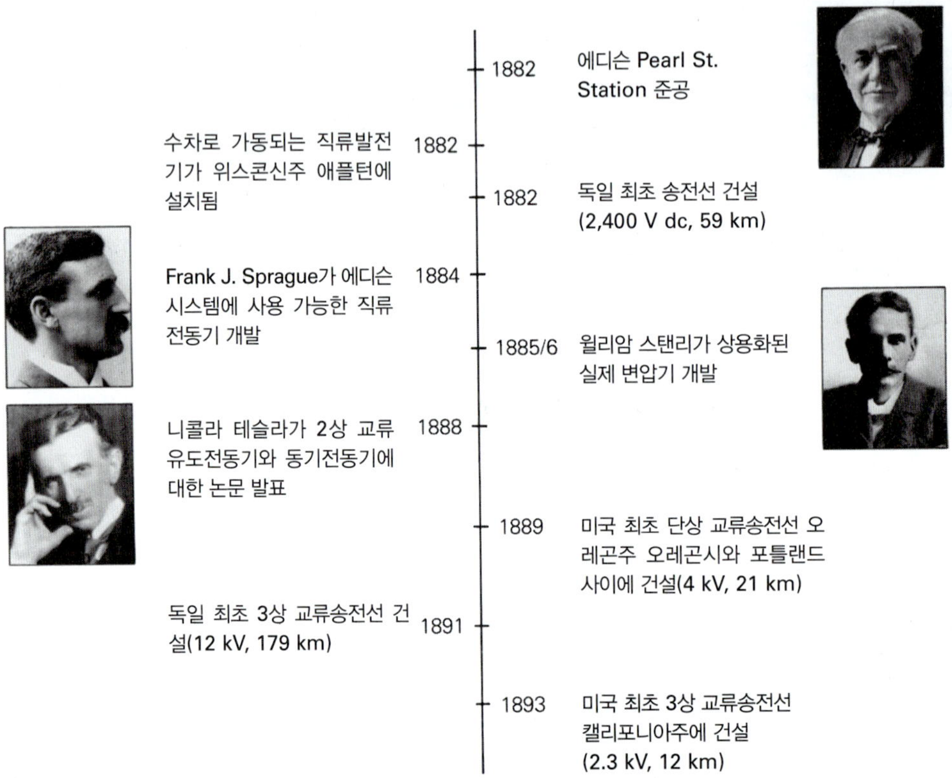

그림 1.1 초기 전력산업의 연대표[1] (H.M. Rustebakke et al., *Electric Utility Systems Practice*, 4th Ed. (New York: Wiley, 1983). Reprinted with permission of John Wiley & Sons, Inc. Photos courtesy of Westinghouse Historical Collection.) (Photos courtesy of Westinghouse Historical Collection.) [Based on H.M. Rustebakke et al., Electric Utility Systems Practice, 4th. Ed. (New York: Wiley, 1983).]

리와 부하의 계속적인 증가로 인해 발생한 전압강하 문제는 새로운 과제가 되었다. 그러나 당시의 계통 공급 가능 최장 송전거리와 최대 부하 한계치는 1885년에 윌리엄스 탠리에 의해 개발되어 상용화된 변압기에 의해 극복되었다. 스탠리는 매사추세츠주의 Great Barrington 지역에 교류 배전시스템을 설치하고 150개의 전등에 전력을 공급하였다. 이처럼 변압기를 이용하면 높은 전압으로 전력을 공급할 수 있게 되고, 이에 따라 낮아진 전류에 의해 선로의 전압강하와 손실을 줄일 수 있기 때문에 교류방식은 직류방식에 비해 당시 매력적으로 다가왔다. 미국의 첫 번째 단상 교류 선로는 1889년 오레곤주 오레곤시와 포틀랜드 사이의 21 km에 설치되어 4 kV로 운영되었다.

교류시스템은 1888년 니콜라 테슬라(Nikola Tesla)가 미국 전기공학회 학술대회에서 발표한 논문 덕분에 더욱 성장 보급되었다. 이 논문에서 테슬라는 2상 유도전동기, 2상 동기전동기에 대해 기술하였으며, 그 내용은 단상시스템에 비해 다상시스템이 유리하다는 점을 명확히 하는 것이었다. 독일에서는 최초의 3상 선로가 1891년에 가동되어 179 km, 12 kV로 전력을 공급하였다. 미국 최초의 3상 선로는 캘리포니아에서 1893년에 가동되었으며 12 km, 2.3 kV로 전력을 공급하였다. 테슬라가 고안한 3상 유도전동기는 이후 전력산업을 이끄는 주역이 되었다.

에디슨의 스팀발전기가 처음으로 가동되었던 같은 해, 수차발전기가 위스콘신주 애플턴에 설치되었다. 그 이후 대부분의 전력에너지는 스팀에 의해 동작하거나 물(수력)에 의해 동작하는 터빈발전기에 의해 만들어졌다. 오늘날 미국에서 생산되는 전력에너지의 80% 이상을 스팀터빈이 담당하며, 수력발전기는 7%를 맡고 있다. 가스터빈 발전기는 보통 피크부하 시 전력을 공급하는 데 사용된다. 또한 가까운 시기에 대용량의 전력계통연계 풍력 및 태양광발전이 급격히 증가할 것으로 예상된다.

스팀발전기는 기본적으로 석탄, 가스, 석유 또는 우라늄을 연료로 사용한다. 2012년부터 2019년까지 미국내 전력생산을 주도하는 2가지 연료로서 가스와 석탄은 그 주도적인 위치가 서로 바뀌게 되었다. 미국 내 셰일가스 혁명, 탄소배출 경감, 청정한 연소 특성 덕분에 가스의 비중은 2012년 30%에서 2019년 38%로 증가한 반면, 비경제적인 석탄발전기의 퇴역과 함께 환경문제에 대한 우려로 석탄의 비중은 2012년 37%에서 2019년 24%로 감소하였다[2].

1990년대를 시작으로, 미국 내에서 신규로 건설되는 발전소는 천연가스를 연료로 사용하고 있는데, 이는 높은 유용성, 낮은 비용, 높은 효율, 낮은 유해가스 배출, 상대적으로 짧은 건설기간, 높은 안전성 등과 함께 천연가스 발전소 건설에 대한 민원이 적다는 점 등이 주 요인이 되고 있다. 천연가스는 다음과 같은 과정을 거쳐 전기를 생산한다.

1. 가스터빈은 천연가스를 직접 사용하여 터빈을 가동시킨다.
2. 스팀터빈은 천연가스를 연소시켜서 보일러의 스팀을 발생시키고 이를 이용하여 스팀터빈을 가동한다.
3. 열병합발전소의 경우는 천연가스를 연소시켜서 가스터빈을 가동시키고, 이후 배출된 가스를 사용하여 보일러의 물을 끓여 발생된 스팀으로 스팀터빈을 가동한다.
4. 천연가스로 운전되는 연료전지의 경우는 전해질로 분리된 전극에 천연가스와 산화제를 통과시킬 때 발생하는 전기화학반응을 이용하여 전기를 생산한다. 2012년 현재 미국 내 전력에너지의 30%가 천연가스에 의해 만들어지고 있다[2, 3, 7].

1957년 90 MW의 원자력발전소가 도입되기 시작한 후, 2020년 4월 현재, 전 세계적으로 30개 나라에서 최대 1,600 MW의 스팀터빈용량을 갖는 440개의 원자로가 운전되고 있다. 2019년 현재 미국 내에서 생산되는 전기의 약 19%가 58개 원자력 발전소에서 운전 중인 96개 원자로를 통해 얻어지고 있다. 그러나 건설비용의 증가, 허가절차의 지연, 사회적인 반대 등으로 인하여 미국 내 원자력발전 용량의 증가는 정체되었다. 원자력발전은 이산화탄소와 같은 온실가스 배출은 거의 없으나 핵폐기물과 냉각수에 의한 해양생태계 영향과 같은 안전 및 환경문제가 중요한 이슈가 되고 있다. 2016년 Watts Bar 원자력 발전소에 있는 Tennessee Valley Authority (TVA)의 Unit 2 원자로가 1996년 이후 미국에서 처음으로 상업운전을 하는 원자로가 되었다. 또한 2013년에 건설을 시작한 Georgia주의 Vogtle Electric 발전소 Unit 3와 Unit 4는 2021년 11월 Unit 3의 서비스를 목표로 하였다. 현재, 미래의 원자력발전에 대한 기술 개발은 안전과 환경 문제 해결에 집중되고 있다[2, 3, 7].

신재생에너지는 공해가 거의 없이 한정된 에너지 자원을 좀 더 지속적으로 사용할 수 있게 하는 장점이 있다. 신

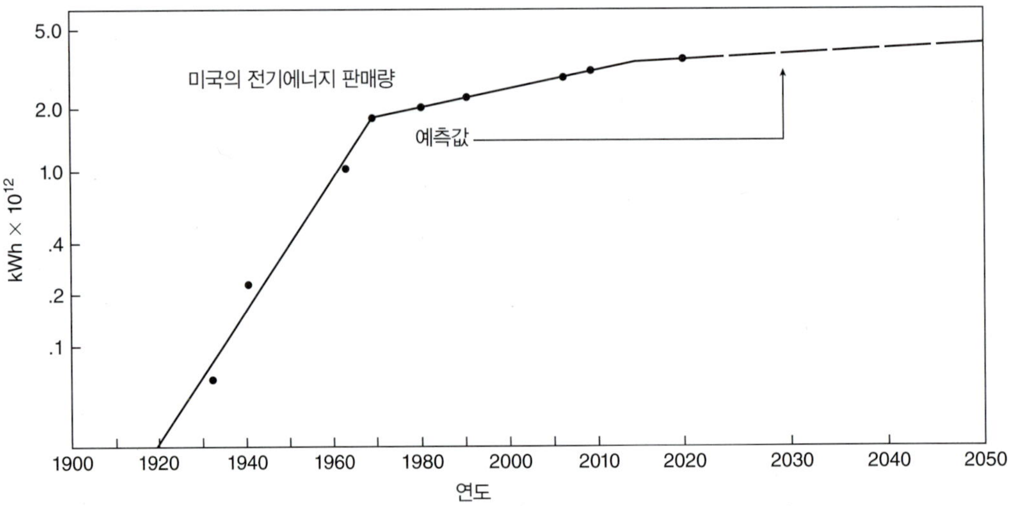

그림 1.2 미국 전력에너지 소비 증가추세[3] (www.eia.gov, U.S. Energy Information Administration, Annual Energy Outlook 2019)

재생에너지에는 기존의 수력, 지열, 목재, 목재폐기물, 생활폐기물, 매립가스, 바이오매스, 태양광, 풍력이 모두 포함된다. 2019년 미국에서는 전체 전력의 18%가 신재생에너지로부터 얻어지고 있다[2, 3]. 2030년에 전기의 65%를 신재생에너지원으로부터 생산하겠다는 정부차원의 목표를 세운 독일은 2019년 현재에도 46%의 전력을 신재생에너지로부터 얻고 있다[13].

기초 연구를 통해 핵 융합기술이 미래 전력에너지원 역할을 담당할 수 있을 것으로 기대하고 있다. 핵융합의 연료가 되는 중수소는 바다에서 거의 무한정 공급받을 수 있기 때문에 만일 핵융합기술이 실용화된다면, 21세기 이후 필요한 거의 모든 에너지를 담당할 수 있는 안전하고, 무공해이며, 경제적인 전력에너지 생산원이 될 수 있을 것이다.

초기의 교류시스템은 25, 50, 60, 133 Hz 등 다양한 주파수로 운영되었으나, 1891년 미국에서 60 Hz를 표준 주파수로 정하자는 제안이 있었다. 1893년에는 동기변환기(synchronous converter)와 함께 25 Hz의 시스템이 도입되기도 하였으나, 이 시스템은 기본적으로 전기철로(현재는 거의 없어짐)에 사용되었던 것으로 백열전등에 플리커, 즉 깜박임 현상을 발생시키는 단점이 있었다. 캘리포니아의 LA 전력 수자원국(Department of Power and Water)은 50 Hz를 사용하다가 1937년 후버 댐에서 전력을 공급받기 시작하면서 60 Hz로 전환하였다. 1949년에는 남부 캘리포니아 에디슨 전력회사 또한 50 Hz에서 60 Hz로 주파수를 변경하였다. 오늘날 발전, 송변전, 배전시스템에서 사용되는 주파수는 60 Hz(미국, 캐나다, 멕시코, 브라질, 한국)와 50 Hz(유럽, 러시아, 중국, 멕시코와 브라질을 제외한 남미국가) 두 가지가 주로 사용되고 있다. 일본의 경우는 교토를 포함한 서부지역이 60 Hz, 도쿄를 포함한 동부지역은 50 Hz를 사용하고 있다. 60 Hz 시스템에서는 발전기, 전동기, 변압기를 동일한 용량을 갖는 50 Hz 시스템의 동일 기기보다 작게 만들 수 있다는 장점이 있는 반면, 50 Hz 시스템에서는 송전선로와 변압기의 리액턴스 값이 60 Hz보다 작다는 장점이 있다.

그림 1.2에서처럼 미국의 전력에너지 발전량은 1902년부터 1972년까지 거의 매년 7%씩 성장하였는데, 이는 70년 동안 매 10년마다 전력에너지 생산이 두 배씩 증가했다는 것을 의미한다. 다시 말하면, 매 10년마다 전력사업이 시작된 때로부터 해당 시점까지 설치했던 것과 동일한 용량의 전력 에너지 공급설비가 신설되어야 한다는 것이다. 1973년과 1974년의 오일쇼크사태 이후에는 연 성장률이 낮아졌다. 미국의 전력에너지 발전량(Kilowatt-hour 단위)은 1972년부터 1980년까지 매년 3.4%씩 증가하였고, 2000년부터 2011년까지는 매년 0.7%씩 증가하였다. 2019년의 경우, 미국의 전력생산량은 4.16×10^{12} kWh로 2010년과 동일하다.

전력수요의 증가와 더불어 발전설비 규모 또한 계속 증가하였다(표 1.1 참조). 큰 규모의 발전설비를 건설하게 만든 요인은 더욱 큰 규모의 설비를 통해 단위용량(kilowatt)당 건설비용을 줄여보고자 하는 '규모의 경제' 원리였다. 그와 더불어 발전효율이 계속적으로 향상된 것도 발전 설비 규모 증가에 한몫을 했다. 예를 들어, 1934년 미국 스팀

표 1.1 미국의 발전기 규모의 변화[1] (*Source*: Based on H.M. Rustebakke et al., *Electric Utility Systems Practice*, 4th. Ed. (New York: Wiley, 1983.)

수력발전기		단일축, 3,600 rpm의 화석연료 스팀발전기	
규모(MVA)	건설연도	규모(MVA)	건설연도
4	1895	5	1914
108	1941	50	1937
158	1966	216	1953
232	1973	506	1963
615	1975	907	1969
718	1978	1120	1974

발전기의 평균 열효율은 17,950 BTU/kWh, 즉 19%였는데, 1991년에는 10,367 BTU/kWh, 33%로 증가하였다. 이러한 열효율 개선은 설비규모의 증가, 스팀온도 및 압력의 증가, 스팀의 재사용 등을 통해 얻어진 것이며, 결과적으로 연료 비용과 전체 운전비용의 절감을 가져왔다.

송전전압 또한 계속 증가했다(표 1.2). 미국 초기 에디슨의 220 V 3선 직류시스템에서 4 kV 단상과 2.3 kV 3상 교류시스템은 현재 150, 230, 345, 500, 765 kV까지 지속적으로 높아졌다. 2009년 중국에서는 최초로 1,000 kV 급 650 km 초고압 교류 송전선로가 산시성~후베이성 간에 설치되어 상업운전을 시작했다[14].

송전전압을 높이는 것은 첫째, 송전거리와 송전용량을 증대시킬 수 있고; 둘째, 선로의 선압상하를 줄일 수 있고; 셋째, 선로 손실을 줄이며; 넷째, 송전 투자비와 운용비용을 절감할 수 있다는 장점이 있다. 오늘날 765 kV 3상 선로 1회선은 수천 MW의 전력에너지를 수백 킬로미터까지 공급할 수 있다. 2010년도 우리나라 전체 최대전력수요가 69,880 MW였다는 것을 참고할 때, 765 kV 3상 1회선 선로가 공급하는 전력에너지가 얼마나 막대한 양인지 쉽게 가늠할 수 있다.

표 1.2 미국의 3상 송전전압의 증가[1] (*Source*: Based on H.M. Rustebakke et al., *Electric Utility Systems Practice*, 4th. Ed. (New York: Wiley, 1983.)

전압(kV)	건설연도
44	1897
150	1913
165	1922
230	1923
287	1935
345	1953
500	1965
765	1969

절연, 보호, 제어 등 교류송전과 연관된 기술의 발전은 그 자체로 중요성을 갖는다. 다음의 예가 그 대표적인 것들이다.

1. 현수 애자
2. 고속의 보호계전시스템: 현재 1주기(0.017초) 내에 고장 시 흐르는 단락전류를 검출할 수 있다.
3. 고속의 초고압 차단기: 현재 2주기(0.033초) 내에 63 kA의 단락전류를 차단할 수 있다.
4. 초고압선로의 고속 재폐로: 선로의 고장이 제거된 후, 수 분의 1초 내에 자동적으로 전력공급을 재개할 수 있다.
5. 초고압 피뢰기: 낙뢰나 선로 스위치 동작에 의해 발생하는 과도적인 과전압에서 기기를 보호할 수 있다.
6. 전력선통신, 무선통신, 광통신: 송전선로를 계측, 제어, 보호하는 통신체계로 사용된다.
7. 절연협조: 기본 원칙이 전체 전력계통의 설계에 적용된다.
8. 에너지 감시제어센터: 원방제어 및 데이터취득(SCADA) 기능과 발전자동제어기능(AGC)을 갖추고 중앙 컴퓨터를 이용해서 발전, 송변전, 배전 등 전체 시스템을 감시하고 제어한다.
9. 배전자동화: 지능적인 전력계량기(AMI), 재폐로기, 고장표시기능이 있는 원격제어 구간분리스위치, 자동 맵핑/설비관리 시스템, 지리정보시스템(GIS) 등을 활용하여 고장을 신속히 파악, 분리하여 전력공급서비스를 복구한다.

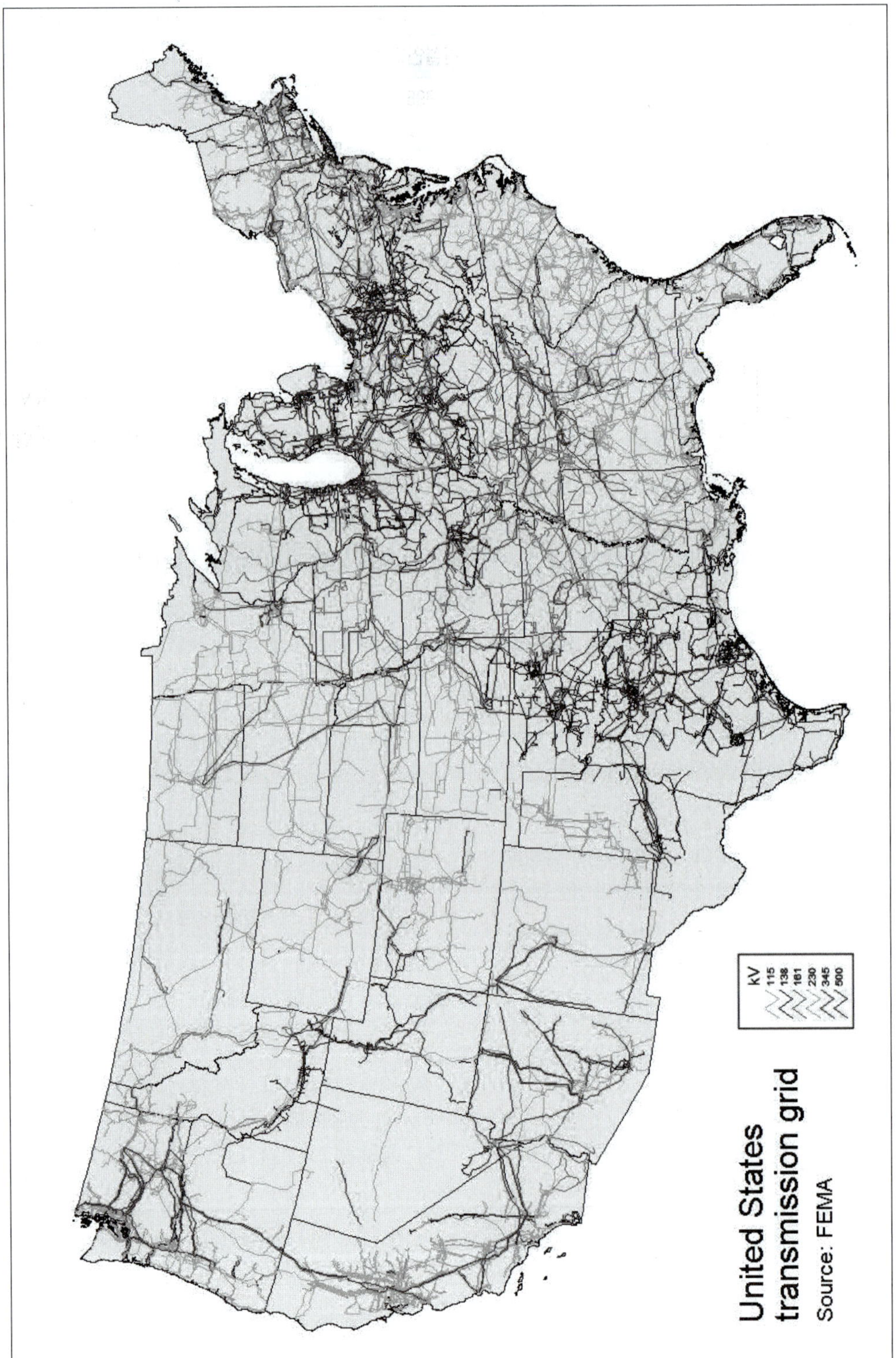

그림 1.3 미국의 주요 송전선로(FEMA)

10. 디지털 계전기: 기존의 단순한 기계식 계전기가 할 수 없었던 이벤트 감시/기록, 고장지점 찾기, 고장해석, 자기 진단, 데이터 저장, 차단 시 제어 등의 기능을 수행할 수 있다.

1954년, 최초로 근대적인 고압직류 송전선로가 스웨덴의 Vastervik과 발트해의 Gotland섬 간에 건설되었는데, 송전거리는 100 km, 송전전압은 100 kV였다. 미국의 경우는 1970년에 오레곤주와 캘리포니아주 사이에 건설된 ±400 kV의 1,360 km 태평양 연계선이 최초이며, 2019년 현재, ±500 kV 이하의 12개의 고압직류 송전선로와 16개의 직류-교류 연계선로가 설치되어 있다. 전 세계적으로는 ±800 kV 이하의 146개의 고압 직류 송전선로가 건설되어 있다[4]. 2019년 중국은 최초 ±1100 kV의 UHVDC 3293 km 선로를 Changji와 Guquan 사이에 설치하여 운전하고 있다[15].

교류시스템 내에서 고압직류 송전시스템을 운용하기 위해서는 직류 송전선 양단에 교류와 직류를 상호 변환할 수 있는 정류기와 인버터가 설치되어야 한다. 전송용량이 같다고 가정할 때, 일반적으로 직류 송전선로의 비용은 교류 송전선로의 비용에 비해 낮기 때문에 만일 송전선로의 길이가 충분히 길다면 직류 송전을 위해 추가로 소요되는 직/교류 변환기 설비비용은 큰 문제가 되지 않는다. 연구 결과에 따르면, 미국의 경우 600 km 이상의 거리를 송전할 때 가공의 고압직류 송전방식이 더 경제적이라고 한다. HVDC는 다음과 같은 경우에 가장 효과적인 해결책이 될 수 있다.

1. 2개의 비동기 전력계통을 연결할 경우
2. 장거리의 지중 또는 수중 케이블 회로를 운영할 경우
3. 계통 혼잡 바이패스
4. 고장전류의 감소
5. 신뢰도를 저하시키지 않으면서 전력회사의 경과선로를 공유
6. 환경 문제 완화[5]

미국의 경우, 초기 전력시스템은 각 지역별로 독립된 계통을 기반으로 성장하였으나, 점차 서로 이웃하는 계통과 상호 연계하여 운전되기 시작했다. 이러한 연계운전방식은 전력공급의 신뢰성과 경제성을 동시에 만족시켜 주었다. 그림 1.3에 미국 내 115 kV 이상의 주요한 송전선로를 나타내었다.

전력계통 간의 연계운전은 장점이 많다. 예를 들어 갑작스럽게 발전기가 고장나거나 부하가 증가했을 경우, 다른 전력계통의 발전예비력을 끌어와서 사용할 수 있기 때문에 지속적으로 전력서비스를 제공할 수 있고, 신뢰도가 높아지며, 비상시에 대비해서 대기상태에서 계속 운전해야 하는 발전설비의 수를 줄일 수 있다. 또한 연계된 전력계통 간에는 지역별로 부하의 다양성, 시차, 계절적인 영향을 고려하여 전력을 상호 융통함으로써 경제성을 극대화할 수 있나. 예를 들어, 수력을 위주로 하는 전력회사의 경우, 수량이 많은 봄이나 여름에는 적은 비용으로 전력을 자체 공급하고, 수량이 줄어드는 가을이나 겨울에는 계통이 연계된 타 전력회사에서 전력을 공급받아 경제성을 높일 수 있다.

연계운전의 장점을 서로 공유하는 것은 물론 각 회사들은 이웃 전력계통에 문제가 발생했을 경우 반드시 서로 협조해야 하며, 정상적인 시기에는 계획된 연계운전 일정을 올바로 따르고, 계통 주파수 유지에 협조해야 한다. 전력회사 간의 연계운전에 항상 장점만 있는 것은 아니다. 가령 연계운전은 계통 단락사고 시 고장전류를 증가시키기 때문에 차단용량이 더 큰 선로차단기가 필요하다. 더 심각한 문제는 계통연계를 통해 전체 시스템의 신뢰도와 경제성은 대단히 좋아졌으나, 작은 외란이 점차 확산되어 넓은 지역에 걸쳐 대정전으로 확대될 가능성이 있다는 점이다. 그 대표적인 예가 2003년 8월에 발생한 미국과 캐나다의 북동부 전역에서 발생한 대정전 사태이다.

1.2 전력시스템의 현재와 미래

우리나라는 물론 미국도 화석연료를 직접 사용하는 에너지 사용패턴에서 벗어남에 따라 전기에너지에 대한 의존도가 계속 높아지고 있다. 그동안 전력산업은 경제성장을 이끌어왔고, 산업을 확대 · 발전시켰으며, 고용기회를 창출하였고, 소비자들의 삶의 질을 향상시키는 등 말 그대로 세상의 동력 역할을 해왔다. 앞으로도 전력수요가 계속 증가할 것임은 지금도 진행 중인 디지털 혁명을 보면 쉽게 예상할 수 있다. 오늘날 미국의 전력산업은 약 50만 명을 고용하고 있는 8,800억 달러 규모의 거대 산업으로 성장했다. 이

는 미국 경제에 있어서 실질국민총생산(GDP)의 5%를 차지하는 큰 규모이다[6].

그림 1.2에서 볼 수 있듯이, 미국의 전력 사용량은 2019년부터 2030년까지 매년 0.7% 정도씩 증가하리라고 예상된다[3]. 향후 11년에 대한 전력 예측은 경제, 사회적인 요소에 따라 달라질 수 있으나, 연간 0.7% 성장률 예측치는 해당기간의 기대 GDP를 뒷받침하는 데 필요한 수준으로 여겨지고 있다. 2019년에서 2030년까지 좀 더 장기로 본 변화폭은 경제성장의 변화범위에 따라 0.5%에서 1.0%까지로 예측된다. 평균 전력요금은 2019년에서 2030년까지 킬로와트당 10.4센트에서 머물 것으로 예상하고 있다[2, 3].

그림 1.4는 미국의 전력에너지 생산에 사용되고 있는 다양한 연료의 비율을 2019년 현재 수치와 2030년과 2050년의 예측치로 비교하여 보여주고 있다. 그림에서 보면 몇 가지 추세를 발견할 수 있는데, 그 하나가 2050년까지 가장 빠르게 성장하는 전력원이 신재생에너지라는 점이다. 이는 연방조세 지원과 주정부차원의 높은 신재생에너지 보급 목표에 따라 태양광과 풍력의 자본비용이 지속적으로 감소한 덕분이다.

또 다른 추세는 가스터빈발전기에서 사용하는 천연가스 소비의 증가이다. 천연가스는 여타 에너지에 비해 안전하고 깨끗하며, 더 효율적이기 때문이다. 3번째 추세는 부하가 천천히 늘어나며 신재생에너지원으로 생산되는 전력은 증가하나 석탄발전과 원자력발전은 2050년까지 지속적으로 감소할 것이라는 점이다[2, 3].

그림 1.5는 사용 연료별 여름철 발전용량을 2019년 현재 수치와 2030년 예측치로 비교해서 보여주고 있다. 그림에서 볼 수 있듯이, 미국의 전체 여름철 발전용량은 2030년 1,229 GW에 달할 것으로 예상된다. 이 경우 발전용량은 2019년에서 2030년까지 연간 1.5%씩 증가함을 의미한다. 이러한 예상치는 2019년부터 2030년까지 330 GW의 신규 태양광 및 풍력발전설비가 추가되고 147 GW의 설비가 해체되는 것을 가정한다[2, 3, 7].

2012년 현재, 북미에서는 476,247회선 km의 200 kV 이상의 송전선로가 운영되고 있으며 2013년부터 2018년까지 18,236회선 km의 추가 송전선로 건설이 계획되어 있었고, 2019년부터 2029년까지는 18,000회선 km의 송전선로를 건설할 계획에 있다. 북미전력신뢰도위원회(NERC, north american electric reliability council)에 따르면 신규 송전선로 건설계획은 기본적으로 신뢰도 향상을 위해 추진된다. 또 다른 이유로는 혼잡도를 경감시키고 효율적으로 신재생에너지를 접속하기 위함이다[7]. 북미전력신뢰도위원회는 전력산업에 있어서 송전선로를 신설하는 데 따르는 어려움은 지속될 것으로 예상하고 있다. 송전선로의 입지 결정에 있어서 송전선로 경과지 문제는 여러

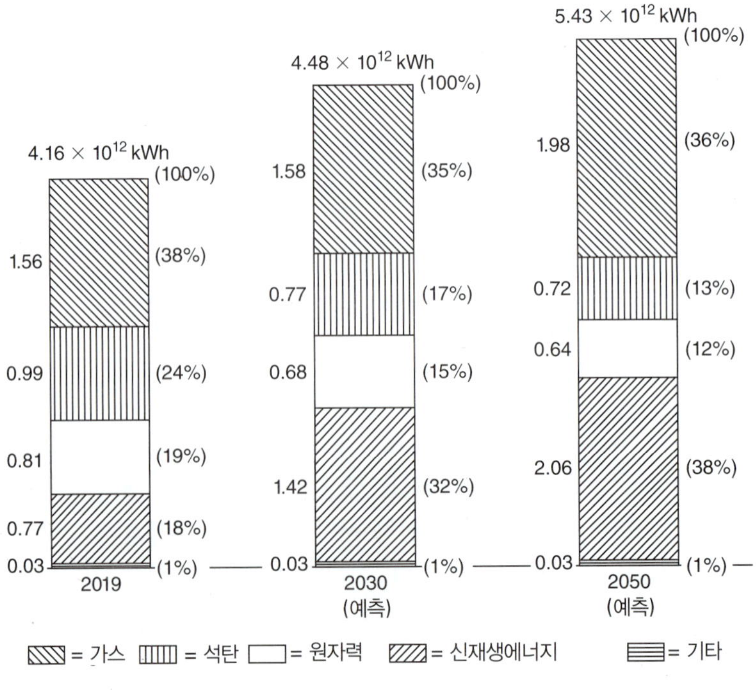

그림 1.4 미국의 연료별 발전비율[2, 3]. 신재생에너지에는 기존의 수력, 지열, 목재, 목재폐기물, 생활폐기물, 매립가스, 바이오매스, 태양광, 풍력이 포함된다. (U.S. Energy Information Administration, Electric Power Annual 2019, Oct 2020, U.S. Energy Information Administration, Annual Energy Outlook 2020, www.eia.gov.)

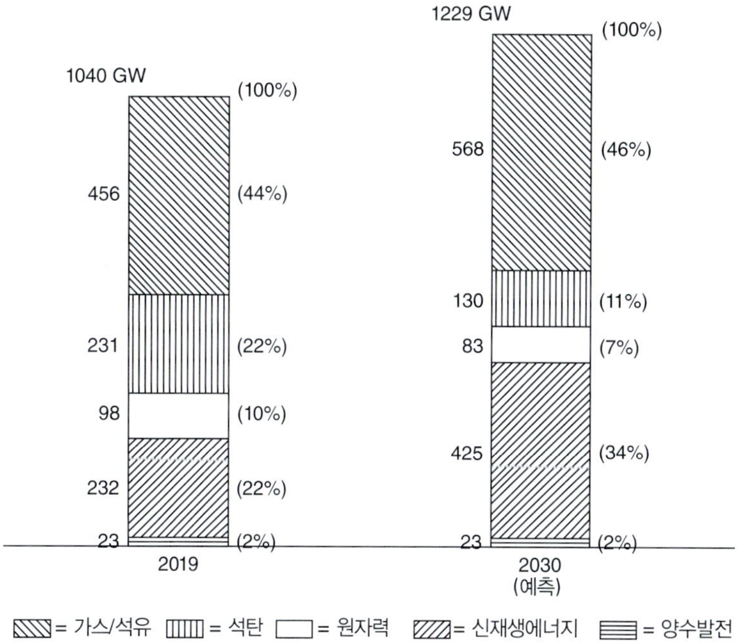

그림 1.5 미국의 연료별 발전설비용량[2, 3]. 신재생에너지에는 기존의 수력, 지열, 목재, 목재폐기물, 생활폐기물, 매립가스, 바이오매스, 태양광, 풍력이 포함된다. (U.S. Energy Information Administration, Electric Power Annual 2019, Oct 2020, U.S. Energy Information Administration, Annual Energy Outlook 2020, www.eia.gov.)

지역에 걸쳐 발생하게 될 것이고 관련 규제기관 간의 조율이 더욱 필요하게 될 것이다. 또한 토지사용에 대한 지역민의 반발과 보상문제 등에 적절히 대응하지 않을 경우 송전선로 건설의 지연이 발생하기도 한다. 풍력이나 태양광 발전 같은 신재생에너지원의 확대 정책은 지속될 것이다. 이러한 신재생에너지원은 보통 풍력 밀도나 태양광 설치 위치가 유리한 원격지에 설치되는 것이 일반적이다. 따라서 기존의 송전망은 이러한 신재생에너지원을 연계하고 다양한 요구조건을 만족시킬 수 있도록 확장되어야 한다[7].

배전계통 건설이 증가하는 것은 일정 부분 전기에너지 소비 증가와 연관되어 있다. 지난 30여 년간 미국의 여러 전력공급회사들은 오래된 2.4 kV, 4.1 kV, 5 kV 배전계통을 12 kV나 15 kV 배전계통으로 교체했다. 15 kV 배전전압이 미국 전력회사에서 가장 선호하는 전압계급이며, 25 kV와 34.5 kV, 그 이상의 전압도 사용되고 있다. 일반 가정용 및 상업용 전기의 수전전압은 더 낮아진다. 현재 미국에서 통용되는 수전전압은 단상 3선식의 240/120 V, 3상 4선식의 208 Y/120 V, 3상 4선식의 480 Y/277 V가 있다.

현재 미국뿐 아니라 다수의 선진국에서 운영하고 있는 송배전계통은 사용연한이 오래되어 수십 년 전 건설 당시에는 예상하지 못했던 운영 측면의 불확실성과 각종 요구사항에 대처하는 데 많은 어려움을 겪고 있다. 많은 국가의 정부 및 전력산업 기관에서는 전력계통 운영 측면의 불확실성과 요구조건을 해결할 수 있는 방법은 스마트그리드 기술(smart grid technology)이라는 점에 대해 일치된 견해를 보이고 있다. 스마트그리드는 다음과 같은 특징을 갖고 있다.

1. 전력계통의 외란에 대한 자기치유기능(self-healing)
2. 수요반응(demand response)을 통한 일반 전력소비자의 능동적인 참여
3. 물리적인 공격 및 사이버 공격에 대항하여 신속한 운영 능력의 회복
4. 21세기 요구 기준에 맞는 전력 품질의 제공
5. 모든 종류의 발전 및 에너지 저장기술의 연계 수용
6. 새로운 제품, 서비스, 시장을 수용
7. 자산의 활용과 운전 효율성 최적화

스마트그리드는 환경친화적이고 지속 가능한 방법으로 미래 디지털사회에서 요구되는 고신뢰도, 고품질의 전력을 공급하는 데 그 목적을 두고 있다[10].

1.3 전력공학에서의 컴퓨터 응용

전력시스템의 규모가 커지고 구성도 대단히 복잡해짐에 따라 시스템 확장 계획을 수립하는 것 또한 점점 어려워지고 있다. 계통의 확장이나 변경에 따르는 비용이 많아짐에 따라 전력회사들은 다양한 설계요소를 고려해야 하고, 각

요소 선택에 따른 계통의 영향을 상세히 분석하여야 한다. 이때는 다양한 가정을 하여야 하는데, 여기에는 정상 및 비정상의 운전상황, 최대 전력 부하 및 그 외의 부하 상태, 설비의 운전 연수 및 잔존수명 등이 포함된다. 또한 많은 양의 계통데이터도 수집되어야 한다. 이처럼 방대한 전력계통 계획 작업을 수행하는 데는 디지털 컴퓨터와 고도의 컴퓨터 프로그램이 활용된다. 이 같은 프로그램에는 전력조류 해석 프로그램, 안정도해석 프로그램, 단락회로해석 프로그램, 과도현상해석 프로그램 등이 있다.

전력조류해석 프로그램은 정상상태 운전조건에서의 계통의 전력조류와 전압 크기 및 위상 등을 계산하고, 또한 변압기의 탭 설정과 발전기의 무효전력도 계산할 수 있다. 오늘날의 컴퓨터는 100,000개의 모선과 150,000개의 송전 선로가 결합된 전력계통의 조류해석이 가능하다. 또한 윈도우 기반의 다양한 사용자 인터페이스 기술은 프로그램 사용자가 더욱 쉽고 편리하게 각종 데이터를 입력할 수 있게 해주었으며, 계산된 프로그램 결과를 효과적으로 분석할 수 있도록 해주었다.

안정도해석 프로그램은 전력계통에 외란이 발생했을 때, 동기발전기와 전동기가 동기를 계속 유지하는지 평가하는 프로그램이다. 전력계통의 외란은 발전기나 선로의 갑작스러운 고장, 부하의 급격한 증감, 단락회로 고장, 스위치 조작 등에 의해 발생할 수 있다. 안정도 프로그램은 전력조류 방정식과 기기의 동역학 방정식을 이용하여 계통외란 중의 기기의 각 동요를 구하고, 계통사고가 해소되는 시간을 계산할 수 있다. 이 프로그램은 사용자로 하여금 다양한 기기 파라미터, 계통의 변경, 외란의 종류, 제어방식 등에 따른 영향을 분석해볼 수 있도록 해준다.

단락회로해석 프로그램은 전력계통의 3상 및 지락고장 등을 해석함으로써 사고파급을 막기 위한 차단기의 선택, 고장을 감지하고 차단기를 조작하는 보호계전기의 선정, 보호계전기의 설정치 결정 등을 할 수 있도록 해준다. 단락전류는 모든 보호계전기와 차단기 설치 위치에 대해서 계산하며, 선로나 발전기의 고장 같은 다양한 계통운전조건에 대한 고려를 통해 최소, 최대 고장전류를 얻게 된다. 과도현상해석 프로그램은 낙뢰나 선로 전환 조작에 의해 발생하는 과전압이나 과전류의 크기와 형태를 해석한다. 전력계통 계획 시 과도현상해석 프로그램의 결과는 선로, 변압기를 포함한 여러 전력설비의 절연 정도를 결정하고, 과전압으로부터 장비를 보호하는 피뢰기를 선택하는 데 활용된다.

전력계통계획에 활용되는 또 다른 프로그램으로 보호협조 프로그램과 배전해석 프로그램이 있다. 발전용량 확장계획을 위한 컴퓨터 프로그램으로는 신뢰도 분석 및 부하손실 확률해석 프로그램, 발전비용해석 프로그램, 투자비용해석 프로그램 등이 활용된다.

1.4 PowerWorld Simulator

본 교재에 활용되는 PowerWorld Simulator (PowerWorld)는 상업용으로도 사용할 수 있는 수준의 전력시스템 해석 및 시뮬레이션 패키지이다. 본 교재에서 PowerWorld를 활용한 이유는 교재에서 제공하는 예제에 대해 컴퓨터 해법을 모의해볼 수 있도록 하고, 더 나아가 예제를 확장하고 교재에서 다루는 주제를 적용해볼 수 있도록 하는 데 있다. 또한 설명하는 다양한 주제에 대해 독자들이 보다 현실감 있게 이해할 수 있도록 하고, 향후 더 전문적인 수준의 전력시스템 해석 패키지를 사용하는 경우에 대비하여 기본적인 경험을 할 기회를 제공하고자 하는 데 의미를 두고 있다. 본 소프트웨어 패키지를 사용하기 위해서는 먼저 컴퓨터에 PowerWorld와 함께 필요한 예제 파일을 설치하여야 한다. PowerWorld 소프트웨어와 예제 파일은 www.powerworld.com/GloverSarmaOverbye 홈페이지에서 **DownLoad PowerWorld Software and Cases for the 7th Edition** 버튼을 클릭하여 다운로드 받을 수 있다. 이 절의 나머지 부분은 PowerWorld를 실행하는 데 필요한 자세한 사항을 설명하고 있다.

예제 1.1 PowerWorld Simulator의 개요

PowerWorld를 설치한 후, 전력계통을 해석하기 위해서는 해석대상이 될 전력계통 모델을 구성하여야 한다. 이때 독자들은 새로운 전력계통 모델을 구성할 수도 있고, 현재 프로그램에서 제공하는 모델을 가져와서 실행해볼 수도 있다. 본 예제에서는 우선 프로그램에서 제공하고 있는 모델을 불러와서 간단한 실행방법을 설명하도록 하겠다. PowerWorld는 공통명령어에 대해 Ribbon 사용자 인터페이스 방식을 사용하고 있다. 어떤 사례를 열거나 저장할 경우 상단 좌측의 파랗고 흰색의 PowerWorld 아이콘을 클릭하여 실행할 수 있다. 원하는 사례를 선택하기 위해 **File**을 클릭하고 **Open Case**를 선택하면 Open Dialog가 표시된다. 이때 Chapter 1 디렉토리의 예제 1_1의 사례를 선택하고 Open을 클릭하면 그림 1.6 같은 화면이 나타난다.

전기회로도에 익숙한 사용자는 그림 1.6 같은 계통도가 기존의 회로도 형태와는 다르다는 점을 알 것이다. 이는 그림 1.6이 전력계통을 단선도의 형태로 나타낸 그림이기 때문이다. 전력계통은 그 구성요소의 크기가 최대소비전력이 수밀리와트(mW)인 작은 직류시스템에서 수백 기가와트(GW, 1 GW=1×10⁹ Watt)인 대규모의 교류시스템까지 다양하다. 이 교재와 PowerWorld에서 다루는 주제 역시 고압, 대전력의 상호 연계된 전력시스템이다. 거의 예외 없이 이런 전력시스템들은 50 Hz 또는 60 Hz의 3상 교류 전력을 사용하여 운전된다. 2장에서 논의한 것과 같이 3상 시스템에 대한 완전한 해석을 위해서는 3상의 각 상에 대한 고려가 필요하다. 이러한 시스템을 완전한 형태로 신속히 그리는 것은 대단히 복잡하다. 다행스럽게도 3상 시스템은 정상적인 운전조건하에서는 보통 평형상태를 유지하고, 이는 우리로 하여금 3상 시스템을 등가의 단상시스템으로 정확히 모델링할 수 있도록 해준다(상세한 내용은 9장에서 논의할 예정이다). PowerWorld를 포함하여 대부분의 전력시스템 해석 소프트웨어 패키지는 이러한 표현방식을 사용한다. 따라서 설비 간의 연결은 단선으로 나타내기 때문에 '**단선도**(oneline diagram)'라고 칭한다. 그러나 실제 시스템은 3상이라는 점을 항상 유념하여야 한다.

그림 1.6은 전력계통의 주요한 구성요소들이 PowerWorld에서 어떻게 표현되는지 보여준다. 발전기는 '뼈' 모양의 회전자(rotor)를 포함하는 원의 형태, 부하는 큰 화살표, 송전선로는 단순한 직선으로 그려져 있다. 전력계통에

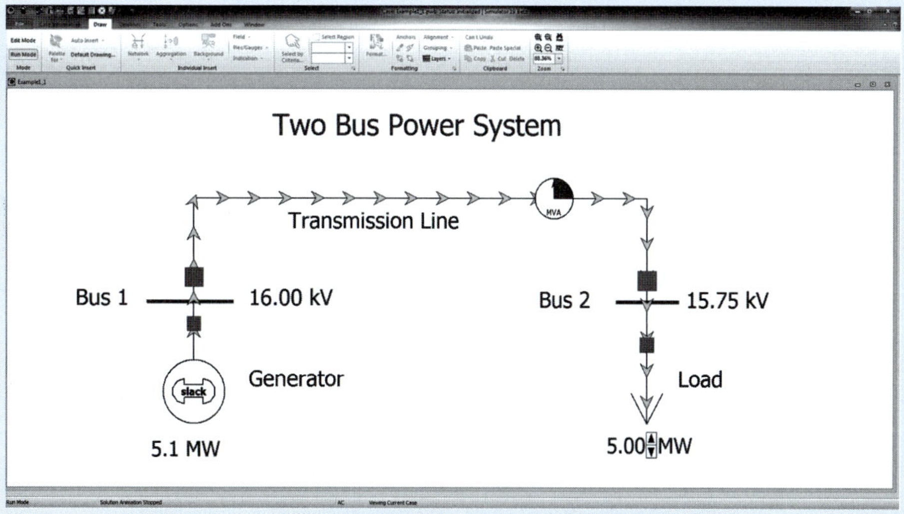

그림 1.6 예제 전력계통

(계속)

서 두 개 이상의 설비가 만나는 노드는 **모선**(bus)으로 정의한다. PowerWorld에서 두꺼운 선으로 모선을 표시하고, 모선전압은 모선 바로 옆에 kV 단위로 나타낸다. 전력 엔지니어에게는 전압과 함께 계통에서 전력조류(power flow)가 어떻게 흐르는지가 주요한 관심사이다(전력조류 해석의 풀이는 6장의 전력조류 해석에서 다루게 된다). PowerWorld에서 전력조류는 발전기, 부하, 송전선로상에 겹쳐진 화살표로 표현된다. 화살표의 크기와 속도는 전력조류의 방향을 나타낸다. PowerWorld의 독특한 특성 중의 하나가 전력계통을 동적으로 모의할 수 있다는 점이다. 동적인 모의를 시작하려면, Ribbon 메뉴상의 **Tools** 탭을 선택하고 **Solve** 버튼(즉, "Play" 버튼) 위의 녹색바탕의 검정색 화살표 버튼을 클릭하면 된다. 이때, 단선도가 살아 움직이는 것을 볼 수 있을 것이다! 이 상태에서 사용자는 계통에 수정을 가하면서 나타나는 변화를 바로 볼 수도 있다. 그림 1.6은 발전기가 16 kV 배전선로를 통해 부하에 전력을 공급하고 있는 간단한 전력계통을 표현하고 있다. 선로와 부하에 표시된 붉은 상자는 차단기를 표시한다. 이 붉은 상자를 클릭하면 차단기의 개방을 모의할 수 있다. 부하는 발전기와 직렬로 연결되어 있기 때문에 회로상의 어떤 차단기라도 클릭해보면 부하 분리가 일어나서 정전을 발생시킨다. 정전에서 계통을 다시 복구하려면 개방했던 차단기를 다시 클릭하고 **Tools** ribbon 버튼을 클릭하면 된다. 부하의 크기를 변화시키려면 부하값과 'MW' 표시 사이의 화살표를 위아래로 클릭하면 된다. 선로의 임피던스로 인해 부하를 증가시키면 부하의 전압강하가 발생함을 볼 수 있다.

사용자는 단선도상의 대부분의 요소에 마우스를 올려놓고 오른쪽 버튼을 클릭하면 해당 요소에 대한 추가적인 정보를 볼 수 있다. 예를 들어 발전기 심볼에 대해 오른쪽 마우스 버튼을 클릭하면 발전기에 대한 추가적인 정보 메뉴를 불러올 수 있고 송전선로에 대해서도 동일한 방법으로 추가적인 정보 메뉴를 불러올 수 있다. 이런 추가적인 정보 메뉴의 각 항목들은 이 교재를 공부해 나가면서 차차 의미를 명확히 파악할 수 있을 것이다. 화면을 수정하고 싶으면 간단히 단선도의 비어 있는 영역에서 오른쪽 마우스 버튼을 클릭하면 된다. 이때 단선도에 대한 메뉴가 화면상에 표시된다. Oneline Display Options Dialog를 보려면 **Oneline Display Options**를 선택한다. 이 대화창을 통해 사용자는 화면의 표시형태를 원하는 대로 변화시킬 수 있다. 예를 들어, 움직이는 전력조류의 화살표 색을 바꾸고 싶으면 창 왼쪽에 보이는 여러 선택사양 중에서 'Animate Flows'를 선택하고, 'Actual MW' 옆의 녹색 상자를 클릭하여 원하는 색으로 변경하면 된다.

단선도를 평행이동시키거나 확대/축소하는 데는 몇 가지 방법이 있다. 평행이동시키는 한 가지 방법은 화면상의 빈 영역을 먼저 클릭한 후, 움직이고자 하는 방향으로 키보드의 화살표 키를 누르는 것이다. 확대/축소하기 위해서는 먼저 Ctrl 키를 누른 상태에서 ↑ 키를 누르면 확대(zoom in), ↓ 키를 누르면 축소(zoom out)가 된다. 다른 방법으로 마우스의 왼쪽 버튼을 누른 상태에서 마우스를 움직이면 단선도를 원하는 방향으로 이동시킬 수 있다. 단선도의 one-line 메뉴상의 **Go To View**를 선택하여 저장된 화면 중 원하는 형태로 바로 이동할 수도 있다.

PowerWorld를 빠져나간다 하더라도 사용자의 변경사항을 계속 유지하고 싶을 경우에는 결과를 저장할 필요가 있다. 이를 위해서는 Ribbon 상단 좌측의 PowerWorld 아이콘을 클릭하여 **Save Case As**를 선택한다. 또한 이전 예제 파일에 덮어 저장되는 것을 방지하기 위해 다른 이름을 사용한다. 한 가지 중요한 사항이 PowerWorld에서는 해석한 전력계통 모델과 관련한 정보를 단선도 정보와는 서로 다른 파일에 저장한다는 점이다. 전력계통 모델은 *.pwb (PowerWorld binary file)와 해당 계통의 화면 표시 정보는 *.pwd (PowerWorld display file)로 저장한다. 이 교재에서 다루어진 모든 사례의 경우, 두 가지 종류의 파일들은 모두 같은 이름을 사용한다(다만 파일의 확장자가 다름). 두 종류의 파일체계를 사용하는 이유는 바로 활용의 유연성(flexibility) 때문이다. 대규모의 전력계통 모델은 보통 다수의 단선도를 이용해서 표시할 수 있으며, 어떤 단선도의 경우는 서로 다른 사례를 표시하는데, 여러 번 사용될 수도 있기 때문에 이러한 파일체계를 사용하는 것이 유리하다.

예제 1.2 PowerWorld Simulator—Edit Mode

PowerWorld는 2개의 주요한 사용모드를 보유하고 있다. 앞의 예제에서 소개한 Run Mode는 시뮬레이션을 진행하고 해석을 수행하는 데 사용된다. 본 예제에서는 기존의 사례를 수정하고 새로운 사례를 만들어볼 수 있는 Edit Mode에 대해 알아보도록 한다. Edit Mode로 전환하기 위해서는 PowerWorld 아이콘 바로 아래에 있는 **Edit Mode** 버튼을 클릭하면 된다. Edit mode에서 예제 1_1의 계통 모델에 2개의 새로운 송전선로와 함께 부하, 모선 등을 추가해보도록 하겠다.

Edit Mode로 전환하면 Ribbon이 약간 바뀌는 것을 발견할 수 있는데, 몇 가지 버튼과 아이콘은 사용할 수 없게 되거나 반대로 사용 가능하게 된다. 또한 화면상에는 단선도 배치에 도움이 되도록 격자무늬가 나타난다(격자는 One-line Display Options Dialog상의 Grid/Highlight Unlinked options 영역에서 원하는 형태로 변화시킬 수 있다). 먼저 Edit Mode에서 계통에 새로운 모선을 추가해보도록 하겠다. 우선 **Draw** 탭을 선택하고 **Network** 버튼을 클릭한 후 **Bus**를 선택한다. 그리고 마우스를 단선도상의 원하는 위치로 움직인 후 클릭한다(Draw 탭은 Edit Mode에서만 사용 가능하다). 이때 Bus Option 대화창이 나타나고 여기에 모선에 대한 파라미터를 지정할 수 있다. 여기서는 모든 모선의 파라미터 값은 디폴트 값으로 하고, 다만 Bus Name을 'Bus 3', nominal voltage를 16.0으로 지정한다. 이때 새로 추가되는 모선 번호는 자동적으로 이전 모선 번호 중 가장 큰 번호 다음으로 할당된다. 단선도는 그림 1.7과 같이 나타날 것이다. 수정한 내용이 지워지지 않도록 새로운 사례를 저장하도록 한다.

기본적으로 새로운 모선이 추가되면 '*Bus field*' 또한 추가된다. Bus field는 단선도상에서 모선에 대한 정보를 나타내기 위해 사용된다. 이 경우, 초기에는 새로운 field에 작은 크기의 글씨체로 모선의 이름이 표시된다. 글씨체의 크기를 바꾸고자 할 때에는 field를 클릭하여 선택한 후, **Format** (Draw Ribbon상에) 버튼을 선택하여 Fotmat dialog를 띄운다. **Font** 탭을 클릭하여 글씨체의 크기를 더 큰 값으로 바꿀 수 있다.

모선 자체의 크기 또한 Format dialog, Display/Size 탭을 사용하여 바꿀 수 있다. 모선 전압의 크기를 화면상에 표시하고 싶을 경우, 이에 대한 모선 field를 추가할 수 있다. Draw ribbon에서 **Field, Bus Field**를 선택하고 bus 3 주변을 클릭한다. 이때 Bus Field Option dialog가 나타나면 bus number를 3으로 하고 'Type of Field' Bus Voltage로 설정하면 된다. 또한 **Format**, **Font** dialog를 통해 글자 크기를 조정할 수도 있다.

다음으로 bus 3에 부하를 추가해보도록 하겠다. 부하의 추가는 화면상에서 **Network**, **Load**를 선택하고 bus 3을 클릭해서 실행할 수 있다. Load Options dialog가 나타나

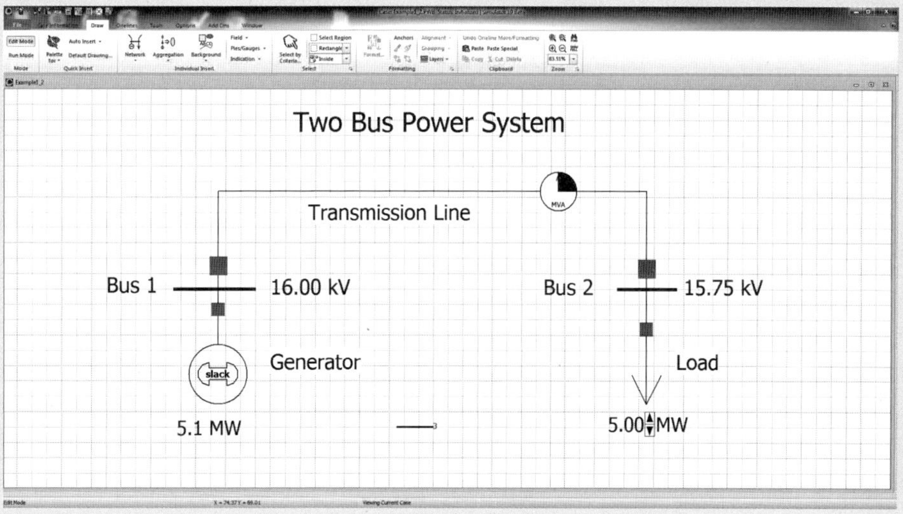

그림 1.7 예제 1.2–새로운 모선이 추가된 Edit Mode 화면

(계속)

면 부하의 파라미터를 설정할 수 있다. 또한 부하가 자동적으로 모선 3에 할당됨을 확인할 수 있다. 방향을 'Down'으로 하고 Costant Power의 MW 값을 10.0으로 한 후, 나머지 파라미터 값은 모두 디폴트 값으로 유지한다. 명칭이 의미하듯이, 정전력부하(constant power load)는 모선의 전압과 무관하게 일정 부하전력을 소비한다. 전력계 통 해석에서는 보통 정전력부하 모델을 사용한다. 부하 심볼 상에 유효전력(MW)과 무효전력(Mvar) 표시가 자동적으로 나타나는 것을 볼 수 있는데, 현재로서는 무효전력 표시가 필요하지 않기 때문에 해당 영역을 선택한 후 **Delete** (**Draw** ribbon의 오른쪽에 위치)를 클릭하여 제거할 수 있다. 또한 사용자는 **Format**, **Font** 명령을 이용하여 MW 영역의 크기를 조정할 수도 있다.

이제 bus 2의 부하를 나머지 계통에 연결해보도록 하겠다. Bus 2에서 bus 3으로 선로를 추가하면 되는데, **Network**, **Transmission Line**을 선택한 후 bus 2를 클릭하면 된다. 이후 선을 그릴 수 있고, 선을 그리는 동안 PowerWorld에서는 마우스를 클릭할 때마다 새로운 선분(line segment)을 추가할 수 있다. 원하는 형태의 선을 그린 후 커서를 bus 3에 놓고 더블 클릭하면 Transmission Line/Transformer Options dialog가 나타나고 선로의 시작 모선과 끝 모선 기준에 따라 'from' bus number와 'to' bus number가 자동적으로 할당된다(bus 2와 3). 만일 이 모선 번호가 자동적으로 설정되지 않는다면, 아마도 사용자가 bus 2와 bus 3에 정확히 클릭하지 않았기 때문일 것이고 이때는 수동으로도 설정할 수 있다. 다음으로 선로의 Series Resistance (R) 영역에 0.3, Series Reactance (X) 영역에 0.6, MVA Limits Limit (A) 영역에는 20을 지정한다(변압기와 송전선로 모델링에 대해서는 3장에서 5장까지 자세히 다룰 것이다). 이후 **OK**를 선택하여 대화창을 닫는다. PowerWorld는 자동적으로 2개의 선로 차단기와 파이 차트를 화면상에 추가한다. 파이 차트는 선로의 퍼센트 부하 부담(percentage loading)을 표시하는 데 사용된다. 사용자는 이들 표식에 대해 마우스 오른쪽 버튼을 클릭하여 option dialog를 띄운 후 그 크기를 조정할 수도 있다.

예제 1.3 PowerWorld Simulator—Run Mode

다음으로 예제 1.2에서 만든 새로운 전력계통을 동적으로 모의해보기 위해 Run Mode로 변환해보겠다. Edit Mode 버튼 바로 아래에 있는 **Run Mode** 버튼을 클릭하고 ribbon 상에 있는 **Tools**를 선택한 후, **Solve** 위에 있는 녹색 바탕에 검은 화살표가 있는 버튼을 누른다. bus 1에서 bus 2와 bus 3로 전력조류가 흐르는 것을 확인할 수 있을 것이다. 총 발전량이 15.4 MW인 상태에서 15 MW가 부하로 흘러 들어가고 있고, 선로의 저항에서 0.4 MW가 손실로 소비되고 있음을 알 수 있다. bus 3의 load MW 영역(부하 화살표 자체가 아님)에서 마우스 오른쪽 버튼을 클릭하여 부하의 변화를 줄 수 있는데, 이때 띄워진 dialog에서 **Load Field Information Dialog**를 선택하면 Load Field Option dialog를 볼 수 있다. 'Delta per Mouse Click'을 1.0으로 설정하면 상하 화살표를 한 번 클릭할 때마다 1 MW씩 변화시킬 수 있다. 또한 'Digits to Right of Dec-imal'을 2로 설정하면 부하값을 소수점 2자리까지 자세히 볼 수 있다. 수정한 예제를 저장하는 것을 잊지 않는다. 새로운 전력계통은 이제 1개의 발전기와 2개의 부하를 갖는다. 이 전력계통 모델은 아직 방사상의 구조이기 때문에 bus 1과 bus 2를 연결하는 선로 어느 한 곳이 끊어진다면 모든 부하는 정전될 수밖에 없다. 보통 전압이 낮은 배전계통이 이러한 방사상의 구조이고, 일반적으로 좀 더 높은 전압 수준에서는 상호 연계된 네트워크 구조를 사용한다. 네트워크 구조의 계통에서는 각 부하들이 적어도 2개 이상의 전력원이 있다. 예제의 계통에서는 간단히 bus 1과 bus 3 사이에 새로운 선로를 연결하면 네트워크 모델을

(계속)

구성할 수 있다. 이를 위해 Edit Mode로 전환한 후 bus 1을 시작으로 하여 bus 3을 끝으로 하는 송전선로를 새로이 추가 한다. 이때 송전선 파라미터는 bus 2와 bus 3을 연결할 때 사용한 것을 동일하게 사용한다. Run Mode로 돌아오기 전에 화면상에 파란색 글씨의 'Two Bus Power System'으로 되어 있는 제목에 마우스 오른쪽 버튼으로 클릭한 후 이것을 'Three Bus Power System'으로 변경한다. Run Mode로 복귀하여 다시 해석을 진행한다. 이와 같이 하면 최종적인 계통 모델은 그림 1.8과 같아질 것이다. 이제 어떤 선로를 차단하더라도 2개 부하 전력공급에는 아무런 문제가 없기 때문에 계통의 신뢰도는 크게 증가할 것이다.

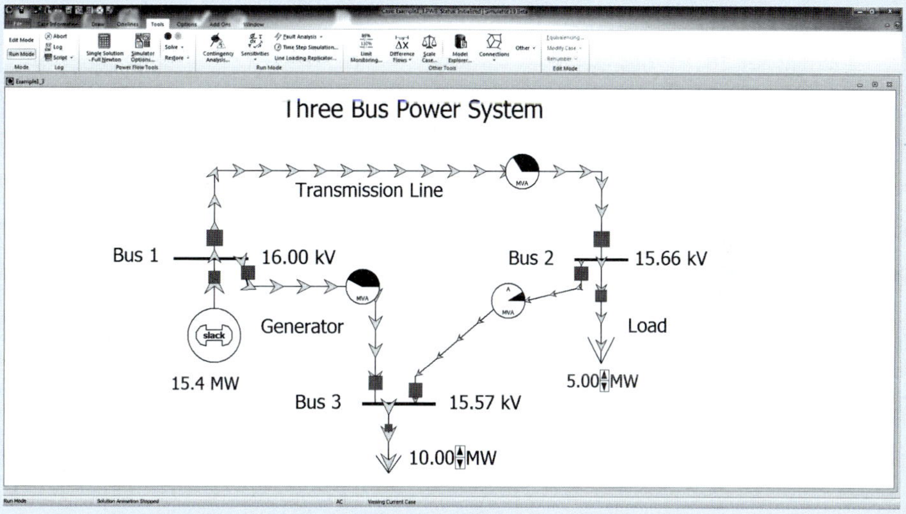

그림 1.8 예제 1.3—3 모선 전력계통 모델

이제 여러분은 전력계통을 대화식으로 배우기 위해 필요한 PowerWorld의 기본적인 활용 방법을 습득하였다. 앞으로 배우게 될 좀 더 큰 규모의 전력계통 모델에 대해 미리 살펴보고 싶은 독자는 예제 6_13의 예제 파일을 열어 보기 바란다. 이 예제 모델은 모선이 37개인 대규모의 전력계통이다. 참고로 계통상의 어느 한 선로를 차단할 경우, 전력의 조류 흐름이 다시 바뀌어 전체 부하 수요를 만족시키는 것을 화면상에서 볼 수 있을 것이다. 본 교재에서 사용하는 PowerWorld는 교육용 버전이기 때문에 해석이 가능한 계통의 규모가 42모선까지이나, 상업용 버전의 경우는 전력회사 규모의 수만 개 모선 계통에 대해 다룰 수 있다.

참고문헌

1. H. M. Rustebakke et al., *Electric Utility Systems Practice*, 4th ed. (New York: Wiley. 1983). Photos courtesy of Westinghouse Historical Collection.

2. U.S. Energy Information Administration, *Electric Power Annual 2012—December 2013*, www.eia.gov.

3. U.S. Energy Information Administration, *Annual Energy Outlook 2014, April 2014*, www.eia.gov.

4. Wikipedia Encyclopedia, *List of HVDC Projects*, en.wikipedia.org.

5. M. P. Bahrman and B. K. Johnson, "The ABCs of HVDC Transmission Technologies," *IEEE Power & Energy Magazine*, 5,2 (March/April 2007), pp. 33-44.

6. M.J. Bradley & Associates, *Powering America: The Economic and Workforce Contributions of the U.S. Electric Power Industry*, August 2017, mjbradley.com

7. North American Electric Reliability Corporation (NERC), 2013 *Long-Term Reliability Assessment* (Atlanta, GA: www.nerc.com, December 2013).

8. Ryan Quint et al, "Transformation of the Grid," *IEEE Power & Energy Magazine*, 17, 6 (November/December 2019), pp.35-45

9. Seth Blumsack, "How the Free Market Rocked the Grid," *IEEE Spectrum*, 47, 12 (December, 2010), pp. 44-48, 57-59.

10. E. Santacana, G. Rackliffe, L. Tang, and X. Feng, "Getting Smart," *IEEE Power & Energy Magazine*, 8,2 (March/April 2010), pp. 41-48.

11. North American Electric Reliability Corporation (NERC), *History of NERC/August 2020* (Atlanta, GA: www.nerc. com).

12. T.J. Overbye and J. Weber, "Visualizing the Electric Grid," *IEEE Spectrum*, 38,2 (February 2001), pp. 52-58.

13. Kerstine Appun, "Ministry Plans Renewable Expansion Push to Reach Germany's 2030 Target," *Clean Energy Wire*, September 2, 2020 (www.cleanenergywire.org).

14. "Focus on UHV AC: China shows the way by energising 1,000 kV line," *Global Transmission Re-port*, www.globaltransmission.info, March 2, 2009.

15. Chanji-Guquan UHVDC Transmission Project, *NS Energy Business*, February 24, 2020 (nsenergybusiness.com).

2 전력의 개념 및 정의

Fundamentals

델라웨어주, 일리노이주, 인디애나주, 켄터키주, 메릴랜드주, 미시간주, 뉴저지주, 노스캐롤라이나주, 오하이오주, 펜실베이니아주, 테네시주, 버지니아주, 웨스트버지니아주 및 콜롬비아자치구에 거주하는 6,100만 명의 주민에게 전기를 공급하는 고전압 전력계통의 신뢰도 유지와 도매진력거래를 협조 운영하고 있는 지역 송전기관(RTO) PJM의 운영센터(Courtesy of PJM Interconnection, LLC.)

학습목표

이 장에서는 다음과 같은 내용에 대하여 학습하기로 한다.

1. 페이저, 순시전력, 복소전력, 전력방정식, 평형 3상회로의 기본 개념
2. 본 교재에서 사용되고 있는 표기법과 용어의 정의
3. 유도성 부하에 병렬 연결된 용량성 부하를 이용한 역률보상방법
4. 단상 전력계통에 대한 3상 평형 전력계통의 장점
5. 전력계통에 있어서 다양한 전력변환형태

본 장에서는 전력시스템과 관련한 주요 기본 개념과 용어의 정의를 살펴보고, 특히 페이저, 순시전력, 복소전력, 전력계통을 표현하는 식, 평형 3상회로 등에 대한 개념을 파악하기로 한다. 본 교재 전체에서 사용하고 있는 표기법과 용어를 익히게 된다. 또한 정류기와 인버터 같이 전력계통에서 이용되고 있는 전력전자기기가 포함된 에너지변환에 대해서도 소개할 것이다. 이미 회로이론이나 전기기기에 대한 기본 교과목을 이수한 학생은 본 장을 통해서 관련 내용을 정리해볼 수 있는 기회를 갖게 될 것이다.

2.1 페이저

주파수가 일정한 정현파 전압 및 전류는 정현파의 최대치와 위상각으로 그 특성을 나타낼 수 있다. 정현파를 삼각함수인 $\cos(\omega t)$로 표현한다고 할 때, 최대치가 V_{max}이고 위상각이 δ인 정현파 전압은 다음과 같이 나타낸다.

$$v(t) = V_{max}\cos(\omega t + \delta) \tag{2.1.1}$$

이때, 실효치(effective value)로도 불리는 정현파 전압의 rms 값(root-mean-square value)은 다음과 같다.

$$V = \frac{V_{max}}{\sqrt{2}} \tag{2.1.2}$$

오일러의 공식($e^{j\phi} = \cos\phi + j\sin\phi$)을 이용하면 정현파 함수를 다음과 같이 페이저로 표현할 수 있다.

$$\begin{aligned} v(t) &= \mathrm{Re}\left[V_{max}e^{j(\omega t+\delta)}\right] \\ &= \mathrm{Re}\left[\sqrt{2}(Ve^{j\delta})e^{j\omega t}\right] \end{aligned} \tag{2.1.3}$$

이 식에서 $j = \sqrt{-1}$을 나타내고 Re는 실수부를 의미한다. 실효치에 의한 전압의 페이저는 지수, 극좌표, 직각좌표 형태로 각각 표현할 수 있다.

$$V = \underbrace{Ve^{j\delta}}_{\text{지수}} = \underbrace{V\underline{/\delta}}_{\text{극좌표}} = \underbrace{V\cos\delta + jV\sin\delta}_{\text{직각좌표}} \tag{2.1.4}$$

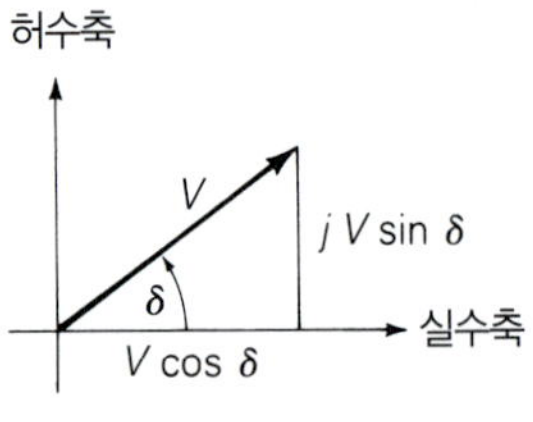

그림 2.1 극좌표와 직각좌표로 동시에 표현한 페이저도

페이저는 서로 다른 표현으로 쉽게 변환할 수 있는데, 그림 2.1의 페이저도에서 보인 것과 같이 극좌표 형태는 직각좌표 형태로 손쉽게 변환이 가능하다. 오일러 공식을 이용하면 지수 형태는 직각좌표 형태로 변환이 가능한데, 예를 들면 전압이 다음 식으로 표현될 때

$$v(t) = 169.7\cos(\omega t + 60°) \text{ volts} \tag{2.1.5}$$

전압 최대치는 $V_{max} = 169.7$ V이고 위상은 $\cos\omega t$를 기준으로 $\delta = 60°$가 된다.
실효치에 의한 전압 페이저를 극좌표 형태로 나타내면,

$$V = 120\underline{/60°} \quad \text{volts} \tag{2.1.6}$$

또한 전류가 다음과 같이 표현된다고 할 때,

$$i(t) = 100\cos(\omega t + 45°) \text{ A} \tag{2.1.7}$$

전류의 최대치 $I_{max} = 100$ A, 실효치 $I = 100/\sqrt{2} = 70.7$ A, 위상각은 45°이고, 실효치에 의한 전류 페이저는

$$I = 70.7\underline{/45°} = 70.7e^{j45} = 50 + j50 \quad \text{A} \tag{2.1.8}$$

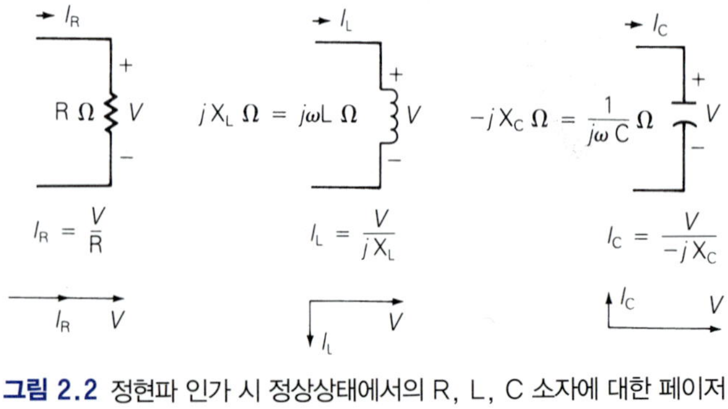

그림 2.2 정현파 인가 시 정상상태에서의 R, L, C 소자에 대한 페이저 전압과 전류의 관계

회로의 3가지 수동소자인 저항, 인덕터, 커패시터에 있어서의 전압과 전류의 상호 관계를 그림 2.2에 나타내었다.

참고로 본서에서는 전압과 전류를 표현할 때, 순시값은 $v(t)$, $i(t)$와 같이 소문자로, 실효치는 V, I와 같이 대문자로, 실효치로 표현한 페이저에 대해서는 V, I 같은 이탤릭체의 대문자로 나타내도록 하겠다. 또한 특별히 명기하지 않는 한, 모든 전압 및 전류의 값은 실효치로 나타낸다.

2.2 단상 교류회로에서의 순시전력

전력은 시간에 따른 에너지의 변화율로 정의한다. 전력의 단위는 J/s를 나타내는 와트(W, watt)를 사용한다. 일반적으로 전기부하(이후 부하로 칭함)가 단위 시간당 에너지를 흡수한다고 하지 않고, 전력을 흡수한다고 표현한다. 부하에 의해 소비되는 순시전력은 해당 부하의 양단에 인가된 순시전압과 부하에 흐르고 있는 순시전류의 곱으로 정의한다.

우선 부하의 전압을 다음과 같이 정의하고,

$$v(t) = \mathrm{V}_{\max}\cos(\omega t + \delta) \text{ volts} \tag{2.2.1}$$

이 절에서는 순저항부하, 순유도성 부하, 순용량성 부하와 일반적인 RLC 합성부하에서 소비되는 순시전력에 대해 알아보겠다. 또한 유효전력, 역률, 무효전력의 개념을 정의하고, 유효전력과 무효전력의 중요한 물리적 의미를 살펴보기로 한다.

순저항부하

순저항부하에서 부하에 흐르는 전류는 전압과 위상이 같기 때문에 $I = V/\mathrm{R}$이 되고, 전류식은

$$i_R(t) = \mathrm{I}_{\mathrm{Rmax}}\cos(\omega t + \delta) \tag{2.2.2}$$

여기서, $\mathrm{I}_{\mathrm{Rmax}} = \mathrm{V}_{\max}/\mathrm{R}$이 된다. 이때, 저항에서 소비되는 순시전력은

$$\begin{aligned} p_{\mathrm{R}}(t) &= v(t)i_{\mathrm{R}}(t) = \mathrm{V}_{\max}\mathrm{I}_{\mathrm{Rmax}}\cos^2(\omega t + \delta) \\ &= \tfrac{1}{2}\mathrm{V}_{\max}\mathrm{I}_{\mathrm{Rmax}}\{1 + \cos[2(\omega t + \delta)]\} \\ &= \mathrm{VI}_{\mathrm{R}}\{1 + \cos[2(\omega t + \delta)]\} \quad \mathrm{W} \end{aligned} \tag{2.2.3}$$

식 (2.2.3)에서 나타낸 것과 같이, 저항부하에서 소비되는 순시전력은 식 (2.2.4)로 표현되는 평균전력값 VI_{R}과 두 배의 주파수를 갖는 전력값 $\mathrm{VI}_{\mathrm{R}}\cos[2(\omega t + \delta)]$의 합으로 구성된다.

$$\mathrm{P}_{\mathrm{R}} = \mathrm{VI}_{\mathrm{R}} = \frac{\mathrm{V}^2}{\mathrm{R}} = \mathrm{I}_{\mathrm{R}}^2\mathrm{R} \quad \mathrm{W} \tag{2.2.4}$$

순유도성 부하

순유도성 부하에서는 전류의 위상이 전압의 위상에 비해 90°만큼 뒤져서 나타난다. 따라서 $I_{\mathrm{L}} = V/(j\mathrm{X}_{\mathrm{L}})$이 되고, 전류식은*

$$i_{\mathrm{L}}(t) = \mathrm{I}_{\mathrm{Lmax}}\cos(\omega t + \delta - 90°) \quad \mathrm{A} \tag{2.2.5}$$

여기서 $\mathrm{I}_{\mathrm{Lmax}} = \mathrm{V}_{\max}/\mathrm{X}_{\mathrm{L}}$이며, $\mathrm{X}_{\mathrm{L}} = \omega\mathrm{L}$이고 유도성 리액턴스라고 부른다. 인덕터, 즉 유도성 부하에서 소비되는 순시전력은*

$$\begin{aligned} p_{\mathrm{L}}(t) &= v(t)i_{\mathrm{L}}(t) \\ &= \mathrm{V}_{\max}\mathrm{I}_{\mathrm{Lmax}}\cos(\omega t + \delta)\cos(\omega t + \delta - 90°) \\ &= \tfrac{1}{2}\mathrm{V}_{\max}\mathrm{I}_{\mathrm{Lmax}}\cos[2(\omega t + \delta) - 90°] \\ &= \mathrm{VI}_{\mathrm{L}}\sin[2(\omega t + \delta)] \quad \mathrm{W} \end{aligned} \tag{2.2.6}$$

식 (2.2.6)에서 나타낸 것과 같이 순유도성 부하에서 소비되는 순시전력은 주파수가 두 배인 정현파 전력항으로만 표현되며, 그 평균값은 0이 된다.

순용량성 부하

순용량성 부하에서는 전류의 위상이 전압의 위상에 비해 90°만큼 앞선다. 따라서 $I_{\mathrm{C}} = V/(-j\mathrm{X}_{\mathrm{C}})$이 되고, 전류식은

$$i_{\mathrm{C}}(t) = \mathrm{I}_{\mathrm{Cmax}}\cos(\omega t + \delta + 90°) \quad \mathrm{A} \tag{2.2.7}$$

여기서 $\mathrm{I}_{\mathrm{Cmax}} = \mathrm{V}_{\max}/\mathrm{X}_{\mathrm{C}}$이며, $\mathrm{X}_{\mathrm{C}} = 1/(\omega\mathrm{C})$이고 용량성 리액턴스라고 부른다. 커패시터, 즉 용량성 부하에서 소비되는 순시전력은

$$\begin{aligned} p_{\mathrm{C}}(t) &= v(t)i_{\mathrm{C}}(t) \\ &= \mathrm{V}_{\max}\mathrm{I}_{\mathrm{Cmax}}\cos(\omega t + \delta)\cos(\omega t + \delta + 90°) \\ &= \tfrac{1}{2}\mathrm{V}_{\max}\mathrm{I}_{\mathrm{Cmax}}\cos[2(\omega t + \delta) + 90°)] \\ &= -\mathrm{VI}_{\mathrm{C}}\sin[2(\omega t + \delta)] \quad \mathrm{W} \end{aligned} \tag{2.2.8}$$

* $\cos \mathrm{A}\cos \mathrm{B} = (1/2)[\cos(\mathrm{A} - \mathrm{B}) + \cos(\mathrm{A} + \mathrm{B})]$.

식 (2.2.8)에서 나타낸 것과 같이 순용량성 부하에서 소비되는 순시전력은 순유도성 부하에서와 마찬가지로 주파수가 두 배인 정현파 전력항으로만 표현되며, 그 평균값은 0이 된다.

일반적인 RLC 부하

정현파 정상상태하에서 RLC로 구성된 일반적인 합성부하의 전압과 전류 위상차는 RLC의 구성비에 따라 다르다. 이때 부하의 전류식은

$$i(t) = I_{max}\cos(\omega t + \beta) \quad A \tag{2.2.9}$$

RLC 부하에서 소비되는 순시전력은*

$$\begin{aligned} p(t) &= v(t)i(t) = V_{max}I_{max}\cos(\omega t + \delta)\cos(\omega t + \beta) \\ &= \tfrac{1}{2}V_{max}I_{max}\{\cos(\delta - \beta) + \cos[2(\omega t + \delta) - (\delta - \beta)]\} \\ &= VI\cos(\delta - \beta) + VI\cos(\delta - \beta)\cos[2(\omega t + \delta)] \\ &\quad + VI\sin(\delta - \beta)\sin[2(\omega t - \delta)] \end{aligned}$$

$$p(t) = VI\cos(\delta - \beta)\{1 + \cos[2(\omega t + \delta)]\} + VI\sin(\delta - \beta)$$

$I\cos(\delta - \beta) = I_R$ and $I\sin(\delta - \beta) = I_X$ 로 하면,

$$p(t) = \underbrace{VI_R\{1 + \cos[2(\omega t + \delta)]\}}_{p_R(t)} + \underbrace{VI_X\sin[2(\omega t + \delta)]}_{p_x(t)} \tag{2.2.10}$$

식 (2.2.10)에서 나타낸 것과 같이 RLC 부하에서 소비되는 순시전력은 두 가지 요소로 구분해 볼 수 있는데, 하나는 부하의 저항성분에 의해 소비되는 전력 $p_R(t)$와 다른 하나는 리액턴스 성분(유도성 및 용량성)에 의해 소비되는 전력 $p_X(t)$이다. 식 (2.2.10)의 첫 번째 성분인 $p_R(t)$은 식 (2.2.3)과 동일하며, 여기서 $I_R = I\cos(\delta - \beta)$은 부하에 흐르는 전류 중에서 부하 전압과 위상이 같은 전류성분을 나타낸다. 위상각 $(\delta - \beta)$는 전압과 전류의 위상각 차이를 말한다. 식 (2.2.10)의 두 번째 성분인 $p_X(t)$는 식 (2.2.6) 또는 식 (2.2.8)과 동일하며, 여기서 $I_X = I\sin(\delta - \beta)$는 부하에 흐르는 전류 중에서 부하 전압과 90° 위상 차이가 나는 전류성분을 나타낸다.

유효전력

식 (2.2.10)에서 보인 것처럼 부하의 저항성분에 의해 소비되는 순시전력 $p_R(t)$은 주파수가 두 배인 정현파 형태이며, 그 평균값 P는 다음 식과 같음을 알 수 있다.

$$P = VI_R = VI\cos(\delta - \beta) \text{ W} \tag{2.2.11}$$

여기서 **평균 전력** P는 보통 **유효전력**이라고 부른다.

역률

식 (2.2.11)의 $\cos(\delta - \beta)$를 **역률**이라고 부르며, 전압과 전류의 위상각 차이를 나타내는 $(\delta - \beta)$를 **역률각**(power factor angle)이라고 정의한다. 직류회로의 경우, 부하에서 소비되는 전력은 부하의 직류전압과 직류전류의 곱으로 계산할 수 있으나, 교류회로의 경우는 식 (2.2.11)과 같이 부하 전압의 실효치 V, 부하 전류의 실효치 I와 역률 $\cos(\delta - \beta)$의 곱으로 얻어진다. 유도성 부하의 경우, β(전류파형의 위상)가 δ(전압파형의 위상)보다 작기 때문에 전류가 전압보다 뒤져서 나타나게 되고, 이때 역률을 **지상역률**(lagging power factor)이라고 한다. 반면 용량성 부하의 경우, β(전류파형의 위상)가 δ(전압파형의 위상)보다 크기 때문에 전류가 전압보다 앞서있게 되고, 이때 역률을 **진상역률**(leading power factor)이라고 한다. 보통 역률 $\cos(\delta - \beta)$는 양의 값을 사용하는데, 경우에 따라 $|\delta - \beta|$의 값이 90°를 넘으면 전류방향을 반대로 하여 양의 값을 갖는 $\cos(\delta - \beta)$를 사용한다.

무효전력

식 (2.2.10)에서 부하의 리액턴스 성분에 의해 소비되는 순시전력 $p_X(t)$는 주파수가 두 배인 정현파 형태에 그 평균값 P가 0이며 최대치 Q는 다음 식과 같음을 알 수 있다.

$$Q = VI_X = VI\sin(\delta - \beta) \text{ var} \tag{2.2.12}$$

여기서 Q를 **무효전력**이라고 하며, 단위는 var (volt ampere reactive)를 사용한다.

---

* $\cos A\cos B = (1/2)[\cos(A - B) + \cos(A + B)]$.

예제 2.1 순시전력, 유효전력, 무효전력, 역률

10Ω 저항과 $X_L = \omega L = 3.77\Omega$인 유도성 리액턴스(인덕터)가 병렬로 연결된 부하에 전압 $v(t) = 141.4\cos(\omega t)$를 인가하였다. 저항과 인덕터 각각에서 소비되는 순시전력을 구하시오. 또한 부하에서 소비되고 있는 유효전력과 무효전력, 역률을 계산하시오.

| 풀이

문제의 회로와 페이저도를 나타내면 그림 2.3(a)와 같다. 부하 전압은

$$V = \frac{141.4}{\sqrt{2}}\underline{/0^\circ} = 100\,\underline{/0^\circ}\ \ \text{volts}$$

저항에 흐르는 전류는

$$I_R = \frac{V}{R} = \frac{100}{10}\underline{/0^\circ} = 10\underline{/0^\circ}\ \ A$$

인덕터에 흐르는 전류는

$$I_L = \frac{V}{jX_L} = \frac{100}{(j3.77)}\underline{/0^\circ} = 26.53\underline{/-90^\circ}\ \ A$$

총 부하전류는

$$I = I_R + I_L = 10 - j26.53 = 28.35\underline{/-69.34^\circ}\ \ A$$

저항에서 소비되는 순시전력은 식 (2.2.3)으로부터

$$p_R(t) = (100)\,(10)[1 + \cos(2\omega t)]$$
$$- 1000\,[1 + \cos(2\omega t)]\quad W$$

인덕터에서 소비되는 순시전력은 식 (2.2.6)으로부터

$$p_L(t) = (100)(26.53)\sin(2\omega t)$$
$$= 2653\sin(\omega t)\quad W$$

부하에서 소비되는 유효전력은 식 (2.2.11)로부터

$$P = VI\cos(\delta - \beta) = (100)(28.35)\cos(0^\circ + 69.34^\circ)$$
$$= 1000\ W$$

(참고: P는 $VI_R = V^2/R$로도 계산 가능하다.)

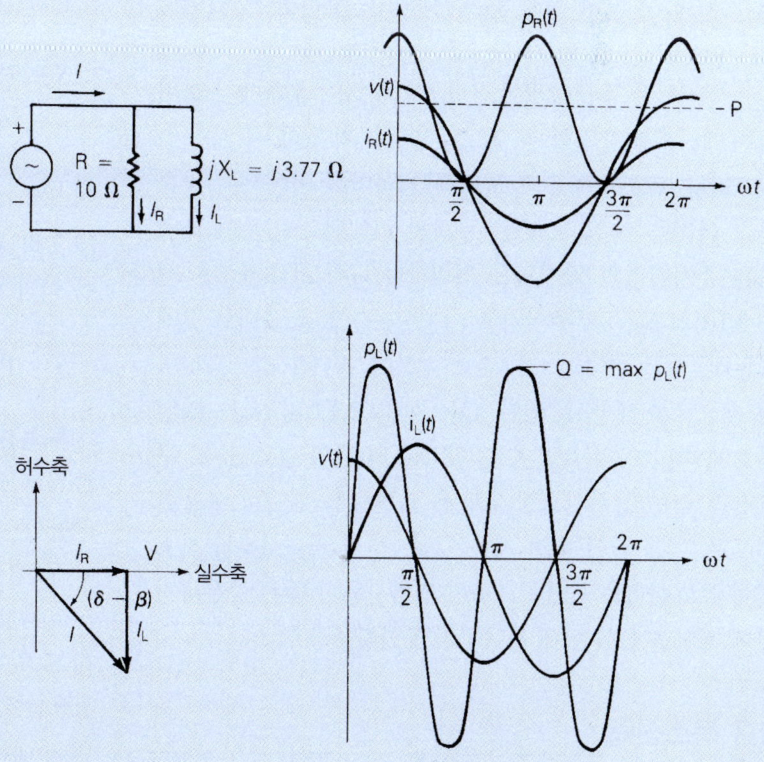

그림 2.3 예제 2.1의 회로 및 페이저도 (a) 회로 및 페이저도 (b) 파형

(계속)

부하에서 소비되는 무효전력은 식 (2.2.12)로부터

$$Q = VI\sin(\delta - \beta) = (100)(28.35)\sin(0° + 69.34°)$$
$$= 2653 \text{ var}$$

(참고: Q는 $VI_L = V^2/X_L$로도 계산 가능하다.)

역률은

$$\text{p.f.} = \cos(\delta - \beta) = \cos(69.34°) = 0.3528 \text{ 지상}$$

전압, 전류, 전력에 대한 파형은 그림 2.3(b)와 같다.

예제의 병렬 RL 부하에서 저항은 유효전력(1,000 W), 인덕터는 무효전력(2,653 var)을 각각 소비한다. 저항에 흐르는 전류 $i_R(t)$는 부하 전압과는 동상이며, 인덕터 전류 $i_L(t)$는 부하 전압에 대해 90° 뒤져 있다. 역률은 RL 부하이므로 지상으로 나타난다.

참고로 식 (2.2.10)에서 주어진 $p_R(t)$와 $p_X(t)$는 병렬의 R-X 부하에서만 유효하다는 점에 유의한다. 일반적인 RLC 부하의 경우, 저항이나 리액턴스 성분에 걸리는 전압은 전원 전압 $v(t)$와는 위상이 달라지며, $p_R(t)$와 $p_X(t)$에 있어서도 위상 변이가 발생하게 된다(연습문제 2.13 참조). 그러나 식 (2.2.11)과 식 (2.2.12)의 P와 Q는 일반적인 RLC 부하에 있어서도 동일하게 적용된다.

유효전력과 무효전력의 중요한 물리적 의미

유효전력 P의 물리적인 의미는 쉽게 파악할 수 있다. 정현파 전압 1주기에 해당되는 T시간 동안 부하에서 소비되고 있는 총 에너지는 PT 와트-초(Ws)로 계산된다. 따라서 n주기 시간 동안 소비되는 총 에너지는 P(nT) 와트-초가 되며, 부하의 저항성분에서 모두 소비된다. 전력량계(kilowatt-hour meter)는 총 주기수로 나타낼 수 있는 $(t_2 - t_1)$ 시간 동안의 유효전력을 적분하여 부하에서 소비되는 에너지를 측정할 수 있도록 만들어져 있다.

그러나 무효전력 Q의 물리적인 의미를 이해하는 것은 다소 어려울 수 있다. Q는 부하의 리액턴스 성분이 소비하는 순시전력의 최대치를 의미한다. 순시무효전력은 식 (2.2.10)의 $p_X(t)$로 주어지고 (+)와 (−) 값을 교대로 갖게 되는데, 이는 부하의 리액턴스 성분이 전력을 충·방전하는 것으로 이해할 수 있다. Q는 식 (2.2.12)의 $(\delta - \beta)$의 부호에 따라 양의 값일 수도 있고 음의 값일 수도 있다. 무효전력 Q는 전력시스템의 운용 측면에서 대단히 유용한 변수로, 예를 들어 송전 계통에서는 병렬 커패시터를 사용하여 무효전력을 공급함으로써 전력사용이 많은 중부하기간에 전압을 높이는 데 활용하기도 한다(5장 참조).

2.3 복소전력

정현파 정상상태에서 동작하는 회로에서, 유효전력과 무효전력은 아래에 정의한 복소전력(complex power) 식을 이용해서 쉽게 계산할 수 있다. 회로소자에 인가된 전압을 페이저로 표현하여 $V = V\angle\delta$라고 하고, 회로소자에 흐르는 전류를 $I = I\angle\beta$라고 할 때, 복소전력 S는 전압 페이저와 전류 페이저의 켤레복소수(conjugate)와의 곱으로 정의한다.

$$S = VI^* = [V\angle\delta][I\angle\beta]^* = VI\angle\delta - \beta$$
$$= VI\cos(\delta - \beta) + jVI\sin(\delta - \beta) \tag{2.3.1}$$

여기서 $(\delta - \beta)$는 전압과 전류의 위상차를 나타낸다. 식 (2.2.11)과 식 (2.2.12)를 식 (2.3.1)과 비교해보면, S는 다음 식과 같게 됨을 알 수 있다.

$$S = P + jQ \tag{2.3.2}$$

복소전력 S의 크기를 나타내는 S = VI를 피상전력(apparent power)이라고 부르며 단위는 VA (volt-ampere)를 사용한다. 식에서 볼 수 있듯이 유효전력 P는 피상전력 S = VI에 역률 p.f. = $\cos(\delta - \beta)$를 곱하여 구할 수도 있다.

그림 2.4에는 회로소자가 전력을 소비하고 있는지 공급하고 있는지를 파악할 수 있는 방법을 요약하였다. 그림 2.4(a)에서 보인 것과 같이, 부하기준의 전압, 전류 표기 방법에 대해서는 전류가 회로소자의 (+)단자로 '들어가는' 경우 회로소자에서는 식 (2.3.1)만큼의 복소전력이 '소비되

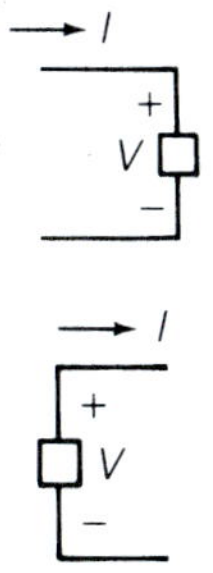

(a) *부하기준 표현:* 전류는 회로소자의 (+)단자로 *들어간다*. P가 (+)이면, 양의 유효전력이 *소비되는* 것. Q가 (+)이면, 양의 무효전력이 *소비되는* 것. P 또는 Q가 (−)이면, 양의 유효전력 또는 무효전력이 *공급되는* 것.

(b) *발전기기준 표현:* 전류는 회로소자의 (+)단자에서 *나온다*. P가 (+)이면, 양의 유효전력이 *공급되는* 것. Q가 (+)이면, 양의 무효전력이 *공급되는* 것. P 또는 Q가 (−)이면, 양의 유효전력 또는 무효전력이 *소비되는* 것.

그림 2.4 부하와 발전기의 전압, 전류 표기 방법

고' 있다고 정의한다. 따라서 $(\delta - \beta)$의 값에 따라 유효전력 P는 (+)와 (−)값을 갖게 된다. 유효전력이 (−)일 경우에는 회로소자가 (−)의 유효전력을 소비하는 것이기 때문에 달리 표현하면 회로소자가 (+)의 유효전력을 공급하는 것이라고 할 수 있다. 유사하게 Q가 (+)일 경우에는 그림 2.4(a)의 회로소자가 (+)의 무효전력을 소비하는 것이고, Q가 (−)일 경우에는 반대로 (−)의 무효전력을 소비, 즉 (+)의 무효전력을 공급하는 것이다.

그림 2.4(b)는 발전기기준의 전압, 전류 표기 방법에 대해서는 회로소자의 (+) 단자에서 전류가 '나오는 방향'일 때, 식 (2.3.1)의 복소전력이 '공급되고' 있다고 정의한다. 유효전력 P가 (+)일 때는 회로소자가 (+)의 유효전력을 공급하는 것이고, 유사하게 무효전력 Q가 (+)일 때는 회로소자가 (+)의 무효전력을 공급하는 것이 된다.

RLC 회로소자에 대한 전압, 전류 표기 방식은 부하기준으로서 그림 2.2와 같으며 이 3가지 회로소자에서 소비되는 복소전력은 부하 전압을 $V = V\angle\delta$라고 가정하면, 식 (2.3.1)로부터

$$\text{저항: } S_R = VI_R^* = [\mathrm{V}\angle\delta]\left[\frac{\mathrm{V}}{\mathrm{R}}\angle{-\delta}\right] = \frac{\mathrm{V}^2}{\mathrm{R}} \tag{2.3.3}$$

$$\text{인덕터: } S_L = VI_L^* = [\mathrm{V}\angle\delta]\left[\frac{\mathrm{V}}{-j\mathrm{X_L}}\angle{-\delta}\right] = +j\frac{\mathrm{V}^2}{\mathrm{X_L}} \tag{2.3.4}$$

$$\text{커패시터: } S_C = VI_C^* = [\mathrm{V}\angle\delta]\left[\frac{\mathrm{V}}{j\mathrm{X_C}}\angle{-\delta}\right] = -j\frac{\mathrm{V}^2}{\mathrm{X_C}} \tag{2.3.5}$$

이 식들에서 복소전력에 대해서 다음과 같이 설명을 할 수 있다.

예제 2.2 유효전력 및 무효전력의 소비와 공급

단상 $V = 100\angle 130^\circ$ V 전압원에서 (+)단자를 통해 $I = 10\angle 10^\circ$ A의 전류를 내보내고 있을 때, 전압원의 유효전력 및 무효전력을 구하고 전압원이 전력을 공급하고 있는지 소비하고 있는지 설명하시오.

| 풀이

전류가 전압원의 (+)단자를 통해 나가고 있기 때문에 발전기 관점에서 생각하면 복소전력이 공급되고 있다고 할 수 있다. 이때, 그 값은 식 (2.3.1)로부터 구해진다.

$$S = VI^* = [100\angle 130^\circ][10\angle 10^\circ]^*$$

$$S = 1000\angle 120^\circ = -500 + j866$$

$$\mathrm{P} = \mathrm{Re}[S] = -500 \;\; \mathrm{W}$$

$$\mathrm{Q} = \mathrm{Im}[S] = +866 \;\; \mathrm{var}$$

여기서 Im은 '허수부'를 나타낸다. 전압원은 500 W의 유효전력을 소비(−500 W의 유효전력을 공급)하고, 866 var의 무효전력을 공급하고 있다. 전기기기에 대한 기본 지식이 있는 사람이라면, 예제에서 말한 전압원이 동기전동기라는 것을 짐작할 수 있을 것이다. 동기전동기는 진상역률로 운전되고 있을 때 유효전력을 소비하고 무효전력을 공급한다.

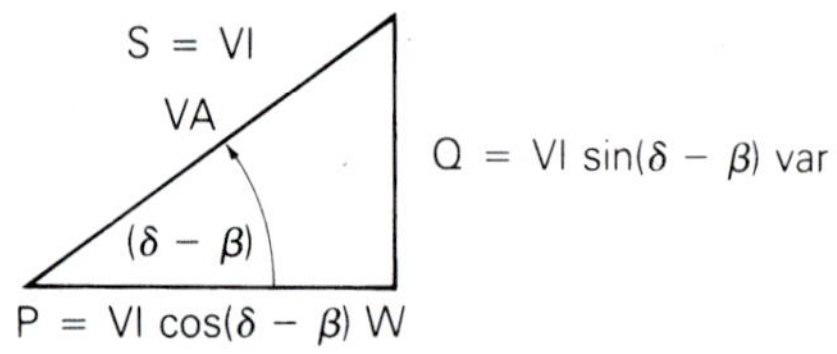

그림 2.5 전력 삼각 벡터도

- (+)의 저항은 (+)의 유효전력 $P_R = V^2/R$ W를 소비하고, 0의 무효전력 $Q_R = 0$ var를 소비한다.
- 인덕터는 0의 유효전력 $P_L = 0$ W를 소비하고, (+)의 무효전력 $Q_L = V^2/X_L$ var를 소비한다.
- (커패시터는 0의 유효전력 $P_C = 0$ W를 소비하고, (−)의 무효전력 $Q_C = -V^2/X_C$ var를 소비한다. 즉, 커패시터는 (+)의 무효전력 $Q_C = +V^2/X_C$ var를 공급한다.

RLC로 구성된 일반적인 부하에 대해서도 식 (2.3.1)을 이용해서 복소전력을 계산할 수 있다. 수동부하에 의해 소비되는 유효전력 $P = \text{Re}(S)$는 항상 (+)의 값을 갖는 반면, 무효전력 $Q = \text{Im}(S)$는 (+) 또는 (−)의 값을 가질 수 있다. 부하가 유도성일 경우, 전류는 전압에 뒤지므로 식 (2.3.1)에서 β가 δ보다 작아져서 소비되는 무효전력은 (+)의 값이 된다. 부하가 용량성일 경우에는 반대로 전류가 전압에 앞서므로 β가 δ보다 커져서 소비되는 무효전력은 (−)의 값이 된다. 즉, 용량성 부하는 (+)의 무효전력을 공급하게 된다.

복소전력은 그림 2.5와 같이 직각삼각형으로 도식화하여 정리해볼 수도 있다. 그림에서 보인 것처럼 피상전력 S, 유효전력 P, 무효전력 Q는 직각삼각형의 각 변을 구성하고 있고, 역률각 $(\delta - \beta)$ 또한 내각으로 표현 가능하다. 그림을 이용하면 다음의 전력 및 역률에 대한 식을 쉽게 구할 수 있다.

$$S = \sqrt{P^2 + Q^2} \tag{2.3.6}$$

$$(\delta - \beta) = \tan^{-1}(Q/P) \tag{2.3.7}$$

$$Q = P\tan(\delta - \beta) \tag{2.3.8}$$

$$\text{p.f.} = \cos(\delta - \beta) = \frac{P}{S} = \frac{P}{\sqrt{P^2 + Q^2}} \tag{2.3.9}$$

예제 2.3 전력 삼각 벡터도와 역률개선

단상 전원이 지상역률 0.8의 부하에 100 kW의 전력을 공급하고 있다. 역률을 지상역률 0.95로 높이기 위해 부하에 병렬로 커패시터를 연결시킨다고 할 때, 역률개선용 커패시터에 의해 공급되는 무효전력은 얼마인지 계산하시오. 또한 전원과 부하의 전력 삼각 벡터도를 그리시오. 단, 전원 전압은 일정하고, 전원과 부하 사이의 선로 임피던스는 무시한다고 가정한다.

| 풀이

예제에 대한 회로도와 전력 삼각 벡터도는 그림 2.6과 같다. 부하에 커패시터를 연결한다고 하더라도 부하에서 소비되거나 전원에서 공급되는 유효전력 $P = P_S = P_R$은 변화가 없는데, 이는 새롭게 연결된 커패시터에서는 오직 Q_C의 무효전력만 공급되기 때문이다. 커패시터가 연결되기 전 부하의 역률, 소비되는 무효전력, 피상전력은

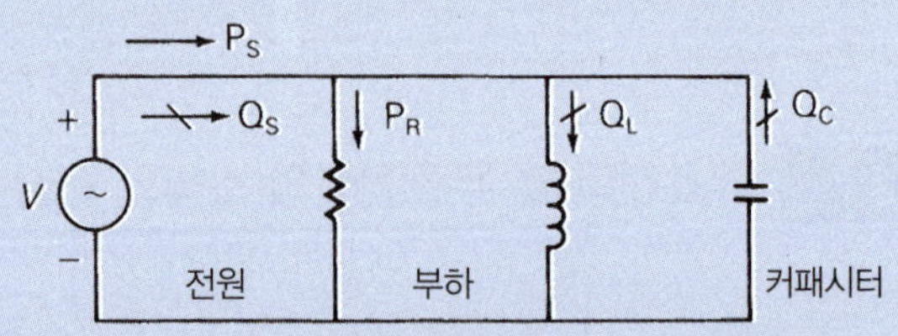

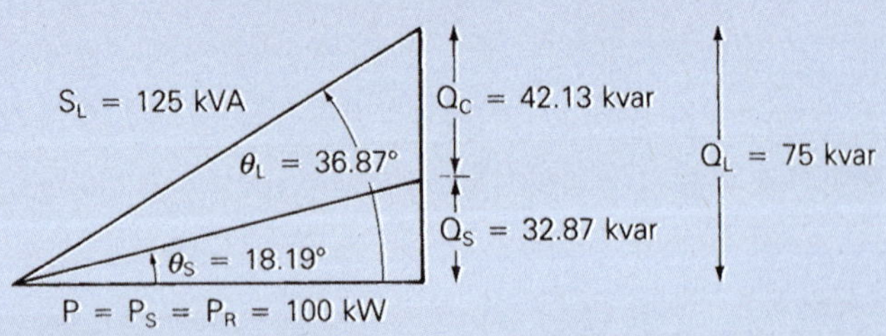

그림 2.6 예제 2.3의 회로도와 전력 삼각 벡터도

$$\theta_L = (\delta - \beta_L) = \cos^{-1}(0.8) = 36.87°$$
$$Q_L = P\tan\theta_L = 100\tan(36.87°) = 75 \quad \text{kvar}$$

(계속)

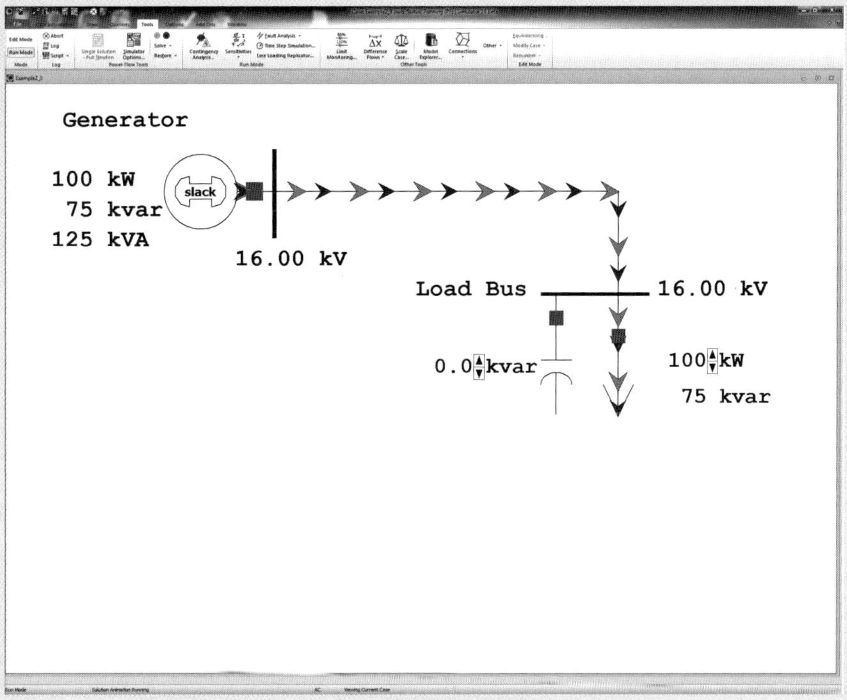

그림 2.7 예제 2.3에 대한 PowerWorld Simulator

$$S_L = \frac{P}{\cos \theta_L} - 125 \quad kVA$$

커패시터가 연결된 후의 역률, 소비되는 무효전력, 피상전력은

$$\theta_S = (\delta - \beta_S) = \cos^{-1}(0.95) = 18.19°$$

$$Q_S = P \tan \theta_S = 100 \tan(18.19°) = 32.87 \quad kvar$$

$$S_S = \frac{P}{\cos \theta_S} = \frac{100}{0.95} = 105.6 \quad kVA$$

커패시터에서 공급되는 무효전력은

$$Q_C = Q_L - Q_S = 75 - 32.87 = 42.13 \text{ kVA}$$

유도성 부하에 병렬로 커패시터(용량성 부하)를 연결하는 것을 **역률조정** 또는 **역률개선**(power factor correction)이라고 한다. 커패시터를 연결하면 부하에 전력을 공급하는 전원의 역률을 증가시키고, 전원의 피상전력 S_S는 감소시키는 효과를 얻을 수 있다. 그림 2.6에서 보인 것과 같이, 커패시터가 없을 경우 125 kVA였던 전원의 피상전력은 커패시터를 연결함으로 인해서 105.3 kVA로 감소하였다. 전원의 전류 $I_S = S_S/V$ 또한 줄어들었다. 만일 전원과 부하 사이의 선로 임피던스를 무시하지 않고 고려한다면, 전원 전류의 감소를 통해 선로의 손실과 선로 전압강하를 줄일 수 있다. 따라서 역률개선의 최종적인 결과는 효율성 향상과 전압조정의 개선으로 나타난다.

이 예제는 PowerWorld Simulator의 케이스 예제 2_3(그림 2.7 참조)을 이용하여 시뮬레이션 해 볼 수 있다. 메뉴상에서 녹색과 검은색의 'Play' 버튼을 누르면 시뮬레이션이 시작되는데, 녹색 화살표의 속도와 크기는 부하 모선에 공급되는 유효전력에 비례해서 표시되고, 파란색 화살표의 속도와 크기는 무효전력에 비례해서 표시된다. 무효전력 보상은 커패시터 부분의 화살표를 클릭하여 20 kvar 단위로 변화시킬 수 있다. 부하용량 또한 동일한 방법으로 변경시킬 수 있다. 시뮬레이션을 통해 무효전력을 보상하는 정도가 커질수록 선로에 흐르는 무효전력의 흐름과 발전기에서 공급되는 피상전력 kVA가 동시에 감소함을 볼 수 있다. 그러나 유효전력의 흐름에는 아무런 변화도 발생하지 않음을 확인할 수 있다.

(계속)

선로 임피던스를 고려하여 역률보상의 효과를 보기 위해서는 먼저 녹색 차단기 심볼을 클릭하여 하단부 선로를 닫고 위쪽의 무손실 선로를 개방한다. 그럼 부하전압이 감소되는데, 커패시터에서 공급되는 보상용량을 변화시키면 부하전압이 달라지는 것을 볼 수 있다. 또한 커패시턴스는 20 kvar 단위의 변위를 갖고 16 kV 전압 정격을 갖기 때문에 식 (2.3.5)에 나타낸 것과 같이 커패시터에서 공급되는 무효전력의 양은 단자전압의 제곱에 비례하여 감소하게 된다.

2.4 전력 방정식

정현파 정상상태에서 동작하는 회로에서는 페이저 전압과 전류에 대해 키르히호프의 전류법칙(KCL)과 전압법칙(KVL)이 적용된다. 따라서 어떠한 한 노드로 들어가는 모든 페이저 전류의 합은 0이 되고, 어떠한 한 루프를 따라 발생하는 페이저 전압강하의 합은 0이 된다. 회로 해석에는 기본적으로 키르히호프의 법칙, 노드 해석법, 메시 또는 루프 해석법, 중첩의 원리, 전압원-전류원 변환, 테브닌의 법칙과 노튼의 법칙 등이 이용된다.

전력계통 문제에 대해서는 노드 방정식을 통해 컴퓨터 해석이 쉽고 체계적으로 이루어지도록 할 수 있다. 그림 2.8에서 노드 해석법에 대해 살펴보도록 하겠다. 그림의 회로가 정현파 정상상태에서 동작하고 있다고 가정하고, 각 전원의 페이저 전압은 E_{S1}, E_{S2}, E_{S3}로 나타내고, 회로의 임피던스는 옴(Ω) 단위로 나타낸다. 노드 방정식은 다음의 3단계로 만들어진다.

1단계: $(N+1)$ 노드[모선(bus)으로도 부름]를 갖는 회로에 대해 먼저 기준 모선을 정하고, 이 모선을 기준으로 나머지 다른 모선의 전압을 정의한다.

그림 2.8의 회로는 4개의 모선을 갖는다. 즉, $N+1=4$, $N=3$이 된다. 모선 0을 기준 모선으로 선택하고, 나머지 모선의 전압을 모선 0을 기준으로 하여 V_{10}, V_{20}, V_{30}로 정의한다.

2단계: 임피던스와 직렬로 연결된 전압원을 병렬로 연결된 등가의 전류원으로 변환한다. 또한 회로도의 임피던스를 어드미턴스로 변환한다. 각 전류원의 전류는 전압원의 전압을 전원 임피던스로 나눈 값을 갖는다.

그림 2.9에 이와 같이 변환된 등가의 전류원 I_1, I_2, I_3를 나타내었다. 여기서 모든 임피던스는 어드미턴스로 변환되었음을 볼 수 있다.

3단계: 노드 방정식을 행렬식의 형태로 나타내면 다음과 같다.

$$\begin{bmatrix} Y_{11} & Y_{12} & Y_{13} & \cdots & Y_{1N} \\ Y_{21} & Y_{22} & Y_{23} & \cdots & Y_{2N} \\ Y_{31} & Y_{32} & Y_{33} & \cdots & Y_{3N} \\ \vdots & \vdots & \vdots & & \vdots \\ Y_{N1} & Y_{N2} & Y_{N3} & \cdots & Y_{NN} \end{bmatrix} \begin{bmatrix} V_{10} \\ V_{20} \\ V_{30} \\ \vdots \\ V_{N0} \end{bmatrix} = \begin{bmatrix} I_1 \\ I_2 \\ I_3 \\ \vdots \\ I_N \end{bmatrix} \tag{2.4.1}$$

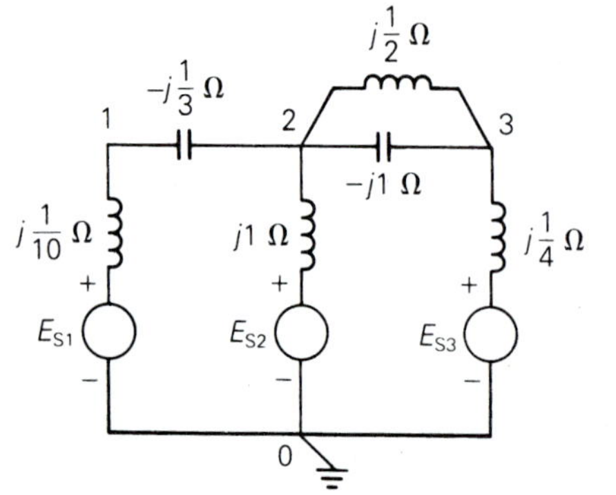

그림 2.8 노드 해석법 설명을 위한 회로

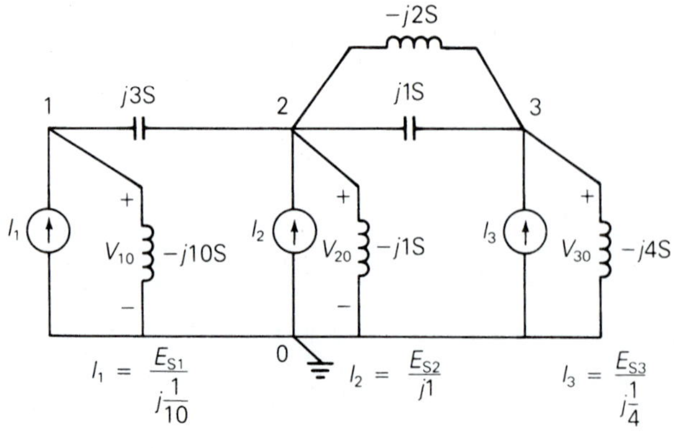

그림 2.9 그림 2.8의 회로를 전압원과 어드미턴스로 나타낸 등가회로

식 (2.4.1)을 행렬 변수로 표현하면 다음과 같다.

$$\boldsymbol{YV} = \boldsymbol{I} \tag{2.4.2}$$

여기서 $\boldsymbol{Y}$는 $N \times N$ 모선 어드미턴스 행렬, $\boldsymbol{V}$는 N개 모선 전압의 열벡터, $\boldsymbol{I}$는 N개 전류원에 대한 열벡터이다. 모선 어드미턴스 행렬 $\boldsymbol{Y}$의 요소인 Y_{kn}은 다음과 같은 요소들로 구성된다.

대각요소: Y_{kk} = k 모선에 연결되어 있는 모든 어드미턴스의 합

$(k = 1, 2, ..., N)$ (2.4.3)

비대각요소: Y_{kn} = $-$(k 모선과 n 모선 사이에 연결되어 있는 모든 어드미턴스의 합) $(k \neq n)$ (2.4.4)

대각요소인 Y_{kk}를 모선 k의 **자기 어드미턴스** 또는 **구동점 어드미턴스**라고 하고, 비대각요소인 Y_{kn}을 모선 k와 n 사이의 **상호 어드미턴스** 또는 **전송 어드미턴스**라고 한다. 여기서 $Y_{kn} = Y_{kn}$이므로 행렬 $\boldsymbol{Y}$는 대칭이 된다. 3장에서 다루게 될 탭 절환 변압기와 위상변환 변압기는 비대칭요소로 행렬 Y를 표현할 수 있다.

그림 2.9의 회로를 식 (2.4.1)로 나타내면 다음과 같다.

$$\begin{bmatrix} (j3 - j10) & -(j3) & 0 \\ -(j3) & (j3 - j1 + j1 - j2) & -(j1 - j2) \\ 0 & -(j1 - j2) & (j1 - j2 - j4) \end{bmatrix} \begin{bmatrix} V_{10} \\ V_{20} \\ V_{30} \end{bmatrix} = \begin{bmatrix} I_1 \\ I_2 \\ I_3 \end{bmatrix}$$

$$j\begin{bmatrix} -7 & -3 & 0 \\ -3 & 1 & 1 \\ 0 & 1 & -5 \end{bmatrix} \begin{bmatrix} V_{10} \\ V_{20} \\ V_{30} \end{bmatrix} = \begin{bmatrix} I_1 \\ I_2 \\ I_3 \end{bmatrix} \tag{2.4.5}$$

노드 방정식을 이용해서 전력시스템을 표현하는 것의 장점은 컴퓨터를 이용해서 어드미턴스 행렬 $\boldsymbol{Y}$을 쉽게 생성할 수 있고, 식 (2.4.2)를 통해 미지수인 모선 전압 벡터 $\boldsymbol{V}$ 또한 쉽게 풀 수 있다는 것이다. 일단 기준 모선이 정해지고 이에 따라 다른 모선도 정해지면, 회로의 어드미턴스와 모선의 연결상태는 컴퓨터의 입력데이터가 되고 식 (2.4.3)과 식 (2.4.4)를 이용하여 행렬 요소 Y_{kn}이 계산된다. $\boldsymbol{Y}$행렬이 계산되고 전류원 벡터 $\boldsymbol{I}$가 입력으로 주어지면, 모선의 전압 벡터 $\boldsymbol{V}$는 미분방정식을 푸는 컴퓨터 프로그램을 통해 계산된다.

전압 변수에 대해 이 책에서 사용되는 이중첨자는 두 번째 첨자의 노드를 기준으로 한 첫 번째 첨자 노드의 전압을 나타낸다. 예를 들어 그림 2.9의 전압 V_{10}은 0 모선을 기준으로 한 1 모선의 전압을 나타낸다. 또한 전류의 경우도 I_{ab}는 전류가 a 모선에서 b 모선으로 흐른다는 것을 의미한다. 전압 극성 표시(+/−)와 전류 기준 방향 화살표(→)는 두 번째 첨자를 표기할 때는 필요하지 않다. V_{10}, V_{20}, V_{30}에 대한 그림 2.9에서의 극성 표시는 불필요하지만 분명하게 하기 위하여 나타냈다. 하지만 첫 번째 첨자가 그림 2.9의 전원 I_1, I_2 그리고 I_3에 대하여 사용되기 때문에 그림 2.9의 전원 I_1, I_2 그리고 I_3는 기준 화살표가 요구된다. 행렬과 벡터는 $\boldsymbol{Y}$ 또는 $\boldsymbol{V}$와 같이 굵은 글씨체로 나타내도록 한다.

2.5 평형 3상회로

본절에서는 평형 3상회로(balanced 3-phase circuits)에 대한 나음의 주제들을 소개하도록 한다: Y 결선, 상전압(line-to-neutral voltages), 선간전압(line-to-line voltages), 선전류(line currents), Δ 부하, Δ Y 변환, 등가의 단상회로

평형 Y 결선

그림 2.10에 3상 Y 결선 전압원을 통해 평형 Y 결선 부하에 전력을 공급하는 회로도를 나타내었다. Y 결선에서는 각 상의 중성점이 모두 연결되어 있다. 그림 2.10에서

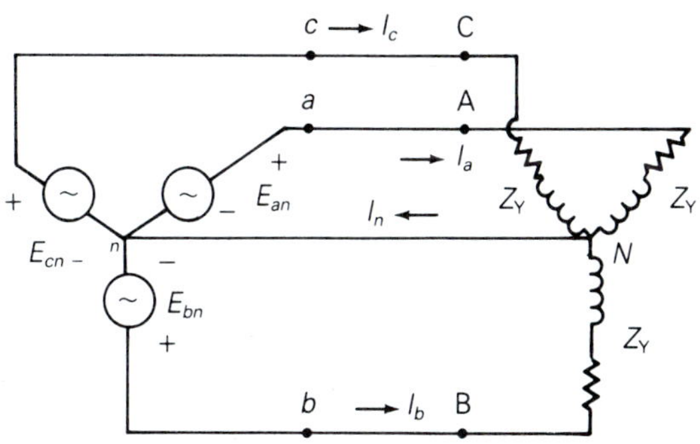

그림 2.10 Y 결선 부하에 전력을 공급하는 Y 결선 3상 전원의 회로도

전원 중성점의 연결은 모선 n으로 표시하였고, 부하 중성점의 연결은 모선 N으로 표시하였다. 3상의 전원은 전원 임피던스를 무시하고 이상적이라고 가정하였으며, 전원과 부하 사이의 선로 임피던스와 모선 n과 N 사이의 중성선 임피던스 또한 무시하였다. 3상 부하는 **평형**이며, 평형이 의미하는 바는 3상의 부하 임피던스들이 모두 동일하다는 것이다.

평형 상전압

그림 2.10에서 3상 전원의 단자는 a, b, c로 표시하고, 각 상전압은 E_{an}, E_{bn}, E_{cn}으로 명기하였다. 이 3가지 전압이 크기는 같고, 위상이 서로 120°씩 차이가 날 때, **평형**이라고 정의한다. 평형 3상 상전압의 예는 다음과 같다.

$$\begin{aligned} E_{an} &= 10\underline{/0^\circ} \\ E_{bn} &= 10\underline{/-120^\circ} = 10\underline{/+240^\circ} \\ E_{cn} &= 10\underline{/+120^\circ} = 10\underline{/-240^\circ} \text{ volts} \end{aligned} \tag{2.5.1}$$

여기서 상전압의 크기는 10 V이고, E_{an}이 기준 페이저가 된다. 상의 순서(sequence)가 E_{an}은 E_{bn}에 120° 앞서고, E_{bn}은 E_{cn}에 120° 앞서는 경우, 이러한 상 순서를 **정상순**(positive sequence)이라고 정의한다. 반면 E_{an}은 E_{cn}에 120° 앞서고, E_{cn}은 E_{bn}에 120° 앞서는 경우, 이러한 상 배열을 **역상순**(negative sequence)이라고 한다. 식 (2.5.1)의 전압은 E_{an}이 E_{bn}에 120° 앞서 있으므로 정상배열의 전압임을 알 수 있다. 이에 해당하는 페이저도는 그림 2.11과 같이 나타낼 수 있다.

평형 선간전압

상과 상 사이의 전압, 또는 선과 선 사이의 전압 E_{ab}, E_{bc}, E_{ca}를 선간전압이라고 한다. 그림 2.10에서 노드 a, b, n을 지나는 폐로에 대한 KVL 방정식은

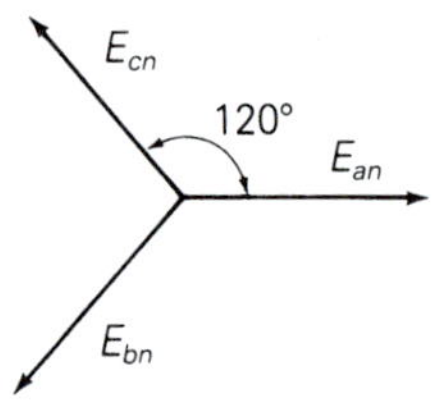

그림 2.11 E_{an}을 기준으로 한 정상배열 상전압의 페이저도

$$E_{ab} = E_{an} - E_{bn} \tag{2.5.2}$$

식 (2.5.1)의 상전압은

$$\begin{aligned} E_{ab} &= 10\underline{/0^\circ} - 10\underline{/-120^\circ} = 10 - 10\left[\frac{-1 - j\sqrt{3}}{2}\right] \\ E_{ab} &= \sqrt{3}(10)\left(\frac{\sqrt{3} + j1}{2}\right) = \sqrt{3}(10\underline{/30^\circ}) \quad \text{volts} \end{aligned} \tag{2.5.3}$$

선간전압 E_{bc}와 E_{ca}는

$$\begin{aligned} E_{bc} &= E_{bn} - E_{cn} = 10\underline{/-120^\circ} - 10\underline{/+120^\circ} \\ &= \sqrt{3}(10\underline{/-90^\circ}) \quad \text{volts} \end{aligned} \tag{2.5.4}$$

$$\begin{aligned} E_{ca} &= E_{cn} - E_{an} = 10\underline{/+120^\circ} - 10\underline{/0^\circ} \\ &= \sqrt{3}(10\underline{/150^\circ}) \text{ volts} \end{aligned} \tag{2.5.5}$$

식 (2.5.3)~(2.5.5)의 선간전압은 모두 동일한 크기 $\sqrt{3}10$ V를 갖고 서로 간의 위상이 120°의 차이를 나타내기 때문에 평형이다. 선간전압과 식 (2.5.1)의 상전압을 비교하면 다음과 같은 결론에 도달한다.

정상의 평형 3상 Y 결선 회로에서는 선간전압이 상전압에 비해 $\sqrt{3}$배의 크기를 갖고 위상은 30° 앞서게 된다. 즉,

$$\begin{aligned} E_{ab} &= \sqrt{3}E_{an}\underline{/+30^\circ} \\ E_{bc} &= \sqrt{3}E_{bn}\underline{/+30^\circ} \\ E_{ca} &= \sqrt{3}E_{cn}\underline{/+30^\circ} \end{aligned} \tag{2.5.6}$$

이 중요한 결론을 그림 2.12에도 요약하였다. 그림 2.12(a)에서 각 페이저는 페이저도의 원점을 기점으로 한다. 그림 2.12(b)에서 선간전압은 회로의 a, b, c 모선에 대응하는 a, b, c를 꼭지점으로 갖는 정삼각형으로 표현되고 있다. 상전압은 각 꼭지점에서 삼각형의 중심으로 향하는 직선으로 표현되고 있고, 이때 삼각형의 중심은 중성점 n을 나타내는 n으로 표시한다. 또한 그림 2.12(b)에서 시계방향의 꼭지점 순서 abc는 정상순의 전압을 나타낸다. 이 두 가지 페이저도에서 기준전압은 E_{an}이 된다. 그러나 페이저도를 회전시켜 다른 기준으로 배열할 수도 있다.

평형 선간전압은 그림 2.12와 같이 닫힌 삼각형을 구성하고 있기 때문에 이들 벡터의 합은 0이 된다. 실제로 선간전압의 합(E_{ab} + E_{bc} + E_{ca})은 시스템이 불평형이라 하더라도 항상 0이 된다. 왜냐하면 이들 전압은 a, b, c 모선을

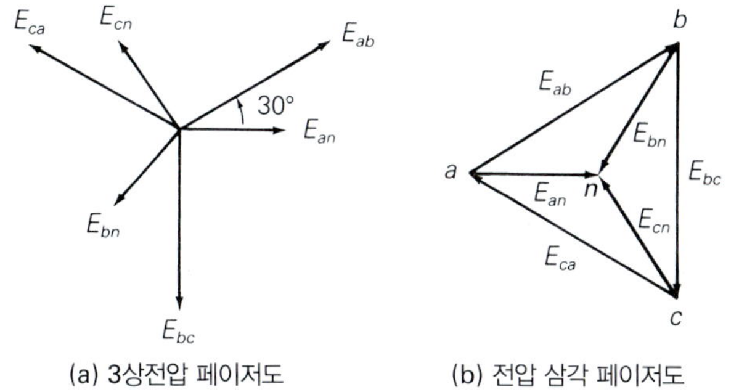

그림 2.12 평형 3상 Y 결선 회로에서의 정상배열의 상전압과 선간전압

따라 폐로를 구성하기 때문이다. 또한 평형 시스템의 상전압의 합($E_{an} + E_{bn} + E_{cn}$)도 0이 된다.

평형 선전류

그림 2.10에서 전원 중성점과 부하 중성점 간의 임피던스를 무시하면, n과 N 모선은 전위가 같다. 따라서 각 상에 대해서 KVL 방정식을 세울 수 있고, 이때 선전류는 다음과 같이 표현할 수 있다.

$$\begin{aligned} I_a &= E_{an}/Z_Y \\ I_b &= E_{bn}/Z_Y \\ I_c &= E_{cn}/Z_Y \end{aligned} \tag{2.5.7}$$

예를 들어, Y 결선 부하의 각 상이 $Z_Y = 2\underline{/30°}$ Ω을 갖는다면,

$$\begin{aligned} I_a &= \frac{10\underline{/0°}}{2\underline{/30°}} = 5\underline{/-30°}\ \text{A} \\ I_b &= \frac{10\underline{/-120°}}{2\underline{/30°}} = 5\underline{/-150°}\ \text{A} \\ I_c &= \frac{10\underline{/+120°}}{2\underline{/30°}} = 5\underline{/90°}\ \text{A} \end{aligned} \tag{2.5.8}$$

여기서 모든 선전류의 크기는 5 A이고 상 간의 위상 차이는 120°가 나고 있기 때문에 선전류는 평형상태가 됨을 알 수 있다. 그림 2.10에서 모선 N에 대한 KCL 방정식을 세우고, 중성선 전류 I_n을 정의한다.

$$I_n = I_a + I_b + I_c \tag{2.5.9}$$

식 (2.5.8)의 선전류를 이용하여,

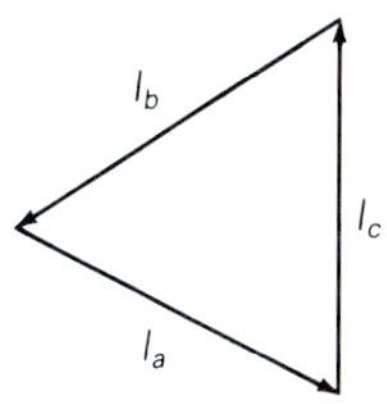

그림 2.13 평형 3상 시스템의 선전류 페이저도

$$\begin{aligned} I_n &= 5\underline{/-30°} + 5\underline{/-150°} + 5\underline{/90°} \\ I_n &= 5\left(\frac{\sqrt{3} - j1}{2}\right) + 5\left(\frac{-\sqrt{3} - j1}{2}\right) + j5 = 0 \end{aligned} \tag{2.5.10}$$

그림 2.13은 선전류에 대한 페이저도이다. 이들 3상 선전류 벡터들은 삼각형을 구성하며, 그 합이 되는 중성점 전류 I_n은 0이 된다. 일반적으로 평형 3상 페이저의 합은 0이 된다. 따라서 그림 2.10에서 중성점 n과 N 사이의 임피던스를 0이라고 가정하였지만, 시스템이 평형상태를 유지하고 있는 한 중성점 간의 임피던스가 어떤 값을 갖든지 상관없이, 즉 단락상태(0 Ω)에서 개방상태(∞ Ω)까지 중성선에 흐르는 전류는 0이 된다. 만일 시스템이 평형이 아닐 경우에는 선전류의 평형은 깨지고 중성선 전류 I_n이 n 모선과 N 모선 사이에 흐르게 된다.

평형 Δ 결선 부하

그림 2.14는 3상 Y 결선 전원을 통해 평형 Δ 결선 부하에 전력을 공급하는 것을 보여주고 있다. 평형 Δ 결선의 경우는 동일한 부하 임피던스 Z_Δ를 삼각형으로 연결한 것으로, 각 꼭지점을 A, B, C로 표시한다. Δ 결선은 그림에서 볼 수 있듯이 중성점을 갖지 않는다.

그림 2.14에서 선로의 임피던스는 없다고 가정하면, 전원의 선간전압은 부하의 선간전압과 같아지고, Δ 부하의 상전류 I_{AB}, I_{BC}, I_{CA}는

$$\begin{aligned} I_{AB} &= E_{ab}/Z_\Delta \\ I_{BC} &= E_{bc}/Z_\Delta \\ I_{CA} &= E_{ca}/Z_\Delta \end{aligned} \tag{2.5.11}$$

예를 들어, 선간전압이 식 (2.5.3)~(2.5.5)와 같이 주어지고 부하의 임피던스 $Z_\Delta = 5\underline{/30°}$ Ω이라고 가정하면, Δ 부하의 전류는

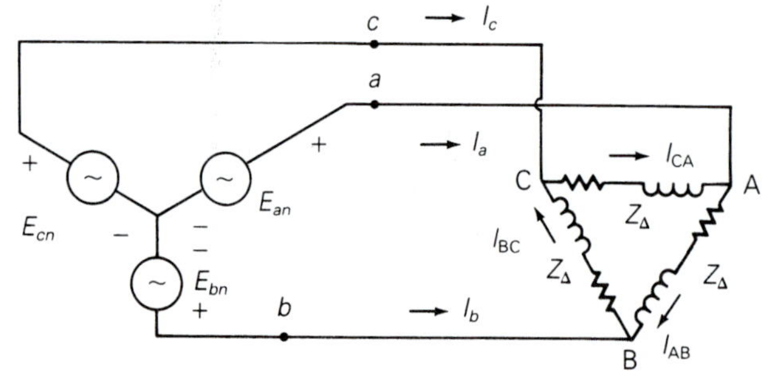

그림 2.14 Y 결선 전원을 통해 평형 Δ 결선 부하에 전력을 공급하는 계통도

$$I_{AB} = \sqrt{3}\left(\frac{10\angle 30^\circ}{5\angle 30^\circ}\right) = 3.464\angle 0^\circ \text{ A}$$
$$I_{BC} = \sqrt{3}\left(\frac{10\angle -90^\circ}{5\angle 30^\circ}\right) = 3.464\angle -120^\circ \text{ A} \tag{2.5.12}$$
$$I_{CA} = \sqrt{3}\left(\frac{10\angle 150^\circ}{5\angle 30^\circ}\right) = 3.464\angle +120^\circ \text{ A}$$

또한 선전류는 Δ 부하의 각 꼭지점에서 KCL 방정식을 세워 다음과 같이 구할 수 있다.

$$\begin{aligned} I_a &= I_{AB} - I_{CA} = 3.464\angle 0^\circ - 3.464\angle 120^\circ \\ &= \sqrt{3}(3.464\angle -30^\circ) \\ I_b &= I_{BC} - I_{AB} = 3.464\angle -120^\circ - 3.464\angle 0^\circ \\ &= \sqrt{3}(3.464\angle -150^\circ) \\ I_c &= I_{CA} - I_{BC} = 3.464\angle 120^\circ - 3.464\angle -120^\circ \\ &= \sqrt{3}(3.464\angle +90^\circ) \end{aligned} \tag{2.5.13}$$

식 (2.5.12)에서 주어진 Δ 부하의 전류와 식 (2.5.13)에서 주어진 선전류는 모두 평형이다. 따라서 평형 Δ 결선 부하 전류의 합(I_{AB} + I_{BC} + I_{CA})는 0이 된다. Δ 결선 부하의 경우에는 중성선이 없기 때문에 시스템이 불평형이더라도 선전류의 합(I_a + I_b + I_c)은 항상 0이 된다. 식 (2.5.12)와 식 (2.5.13)을 비교해보면 다음과 같은 결론을 얻을 수 있다.

평형의 정상배열을 갖는 전원을 통해 전력을 공급받는 평형 Δ 결선 부하의 경우, 부하로 들어가는 선전류는 Δ 결선 부하의 부하전류(상전류)의 $\sqrt{3}$배가 되고, 위상은 30° 뒤져 있다.

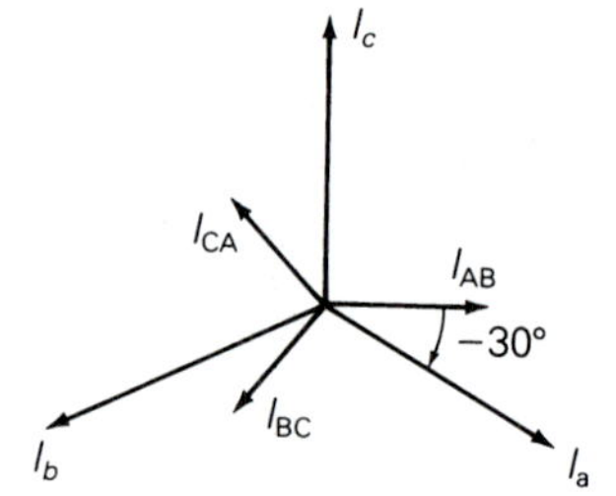

그림 2.15 평형 Δ 결선 부하의 부하전류(상전류)와 선전류의 페이저도

$$\begin{aligned} I_a &= \sqrt{3}I_{AB}\angle -30^\circ \\ I_b &= \sqrt{3}I_{BC}\angle -30^\circ \\ I_c &= \sqrt{3}I_{CA}\angle -30^\circ \end{aligned} \tag{2.5.14}$$

이러한 결과는 그림 2.15과 같이 표현할 수 있다.

평형 부하의 Δ-Y 변환

그림 2.16에 평형 Δ 결선 부하를 평형 Y 결선 부하로 변환하는 방법을 나타내었다. 평형 3상전압이 인가된다고 가정하면, Δ 결선 부하로 들어가는 선전류와 Y 결선 부하로 들어가는 선전류가 같다고 할 때 단자 A, B, C에서 바라본 각각의 3상 부하는 등가가 된다. Δ 결선 부하에서

$$I_A = \sqrt{3}I_{AB}\angle -30^\circ = \frac{\sqrt{3}E_{AB}\angle -30^\circ}{Z_\Delta} \tag{2.5.15}$$

그리고 Y 결선 부하에서는

$$I_A = \frac{E_{AN}}{Z_Y} = \frac{E_{AB}\angle -30^\circ}{\sqrt{3}Z_Y} \tag{2.5.16}$$

식 (2.5.15)와 (2.5.16)에서, Δ 결선 부하나 Y 결선 부하가 다음 식과 같은 관계를 가질 때 I_A가 같은 값을 갖는다는

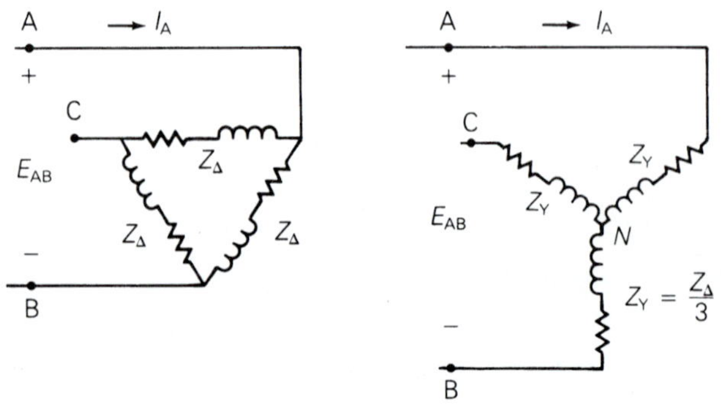

(a) 평형 Δ 부하 (b) 등가의 평형 Y 부하

그림 2.16 평형 3상 부하의 Δ−Y 변환

것을 알 수 있다.

$$Z_Y = \frac{Z_\Delta}{3} \tag{2.5.17}$$

Y 결선 부하로 들어가는 또 다른 선전류 I_B와 I_C 역시 $Z_Y = Z_\Delta/3$일 경우, Y 결선 부하로 들어가는 선전류와 값이 동일하다. 따라서 평형 Δ 결선 부하는 부하 임피던스를 1/3하여 등가의 평형 Y 결선 부하로 변환할 수 있다. 이 등가의 Δ 결선 부하와 Y 결선 부하의 임피던스 위상각은 동일하다. 반대로 평형 Y 결선 부하는 $Z_\Delta = 3Z_Y$를 취하여 평형 Δ 결선 부하로 변환할 수 있다.

예제 2.4 평형 Δ 결선 부하와 Y 결선 부하

선간전압 $E_{ab} = 480\angle 0°$의 평형 정상 Y 결선 전압원이 부하 임피던스가 $Z_\Delta = 30\angle 40°\ \Omega$인 평형 Δ 결선 부하에 전력을 공급하고 있다. 전원과 부하 사이의 선로 임피던스는 $Z_L = 1\angle 85°\ \Omega$이다. 이 계통에 대해 선전류, Δ 결선 부하전류, 부하단의 전압을 구하시오.

| 풀이

먼저 Δ 결선 부하를 Y 결선 부하로 변환한 후, Y 결선 부하와 전원의 중성점을 0 Ω의 중성선으로 연결한다. 이때 평형시스템에서는 중성선으로 전류가 흐르지 않기 때문에 0 Ω의 중성선은 회로에 아무런 영향을 미치지 않는다. 이처럼 변환된 회로를 그림 2.17에 나타냈다.

그림에 따라 선전류는

$$I_A = \frac{E_{an}}{Z_L + Z_Y} = \frac{\frac{480}{\sqrt{3}}\angle -30°}{1\angle 85° + \frac{30}{3}\angle 40°}$$

$$= \frac{277.1\angle -30°}{(0.0872 + j0.9962) + (7.660 + j6.428)}$$

$$= \frac{277.1\angle -30°}{(7.748 + j7.424)} = \frac{277.1\angle -30°}{10.73\angle 43.78°} = 25.83\angle -73.78°\ \text{A}$$

$$\begin{aligned} I_B &= 25.83\angle 166.22°\ \text{A} \\ I_C &= 25.83\angle 46.22°\ \text{A} \end{aligned} \tag{2.5.18}$$

Δ 결선 부하전류는 식 (2.5.14)로부터

$$\begin{aligned} I_{AB} &= \frac{I_A}{\sqrt{3}}\angle +30° = \frac{25.83}{\sqrt{3}}\angle -73.78° + 30° \\ &= 14.91\angle -43.78°\ \text{A} \\ I_{BC} &= 14.91\angle -163.78°\ \text{A} \\ I_{CA} &= 14.91\angle +76.22°\ \text{A} \end{aligned} \tag{2.5.19}$$

부하단의 전압은

$$\begin{aligned} E_{AB} &= Z_\Delta I_{AB} = (30\angle 40°)(14.91\angle -43.78°) \\ &= 447.3\angle -3.78° \\ E_{BC} &= 447.3\angle -123.78° \\ E_{CA} &= 447.3\angle 116.22°\ \text{volts} \end{aligned} \tag{2.5.20}$$

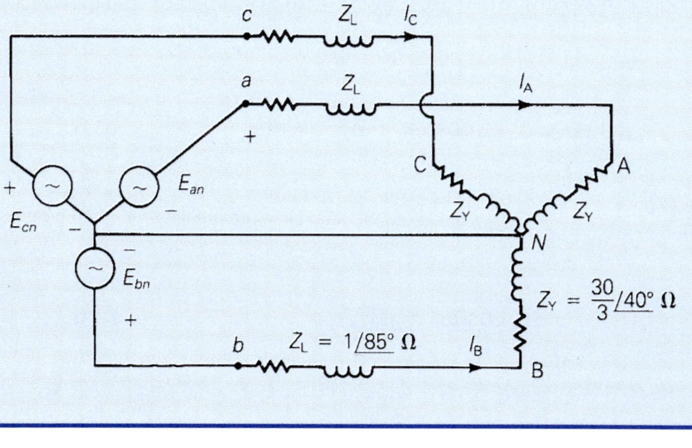

그림 2.17 예제 2.4의 회로도

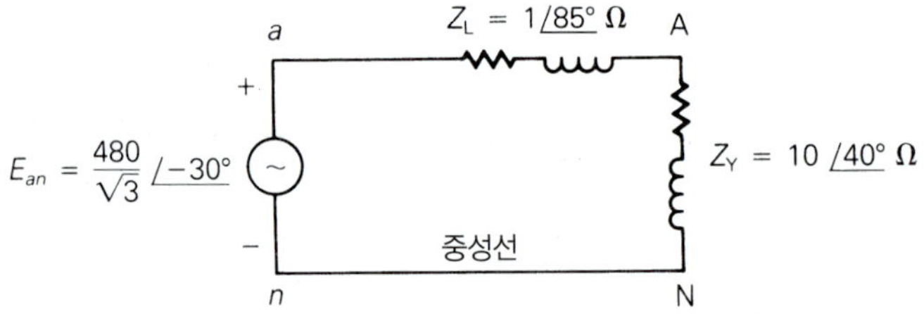

그림 2.18 예제 2.4의 회로에 대한 단상 등가회로도

단상 등가회로도

평형 3상회로를 다룰 때는 단상에 대한 해석만으로도 충분하다. Δ 결선 부하는 Y 결선 부하로 변환이 가능하고, 예제 2.4에서 설명한 것과 같이 모든 3상 전원과 3상 부하는 0 Ω의 중성선으로 연결할 수 있다. 따라서 3상회로에 대한 단상해석이 가능하다. 다른 두 가지 상의 전압과 전류는 동일한 크기를 갖고 위상만 ±120°씩 차이가 나기 때문에 별도의 해석 없이 쉽게 구할 수 있다. 그림 2.18은 예제 2.4에 대한 단상 등가회로도를 나타낸 것이다.

참고로 본 교재에서 3상 시스템을 이야기할 때 별도의 표시가 없다면, 전압은 선간전압의 실효치를 나타낸다. 이러한 표기는 전력 분야에서 표준적으로 사용되는 방법임을 알아둘 필요가 있다.

2.6 평형 3상회로에서의 전력

이 절에서는 평형 3상회로의 발전기, 전동기, Y 결선 부하, Δ 결선 부하의 순시전력과 복소전력에 대해 알아보겠다.

순시전력: 평형 3상 발전기

그림 2.19에 보인 Y 결선 발전기는 각 상마다 동일한 발전기 내부 임피던스 Z_g가 있으며, 모선 n에 3상 발전기의 중성점이 모두 연결되어 있다. 이 발전기가 평형 정상상태에서 운전되고 있고, 다음과 같은 발전기 단자의 순시전압이 있다고 가정하고,

$$v_{an}(t) = \sqrt{2}V_{LN}\cos(\omega t + \delta) \quad \text{volts} \tag{2.6.1}$$

a상의 (+)단자에서 다음과 같은 순시전류가 나가고 있다고 가정한다.

$$i_a(t) = \sqrt{2}I_L\cos(\omega t + \beta) \ \text{A} \tag{2.6.2}$$

여기서 V_{LN}은 상전압의 실효치이고, I_L은 선전류의 실효치이다. 발전기 a상에서 공급되는 순시전력 $p_a(t)$는

$$\begin{aligned} p_a(t) &= v_{an}(t)i_a(t) \\ &= 2V_{LN}I_L\cos(\omega t + \delta)\cos(\omega t + \beta) \\ &= V_{LN}I_L\cos(\delta - \beta) + V_{LN}I_L\cos(2\omega t + \delta + \beta) \ \text{W} \end{aligned} \tag{2.6.3}$$

평형 운전상태를 가정하면, b상과 c상의 전압과 전류는 a상과 크기는 같고 위상이 ±120°만큼 차이가 나게 된다. 따라서 b상과 c상에 공급되는 순시전력 $p_b(t)$와 $p_c(t)$는 각각 다음과 같다.

$$\begin{aligned} p_b(t) &= 2V_{LN}I_L\cos(\omega t + \delta - 120°)\cos(\omega t + \beta - 120°) \\ &= V_{LN}I_L\cos(\delta - \beta) \\ &\quad + V_{LN}I_L\cos(2\omega t + \delta + \beta - 240°) \ \text{W} \end{aligned} \tag{2.6.4}$$

$$\begin{aligned} p_c(t) &= 2V_{LN}I_L\cos(\omega t + \delta + 120°)\cos(\omega t + \beta + 120°) \\ &= V_{LN}I_L\cos(\delta - \beta) \\ &\quad + V_{LN}I_L\cos(2\omega t + \delta + \beta + 240°) \ \text{W} \end{aligned} \tag{2.6.5}$$

3상 발전기에서 공급되는 총 순시전력 $p_{3\phi}(t)$는 각 상에서 공급되는 전력의 합이기 때문에 식 (2.6.3)~(2.6.5)를 이용하면

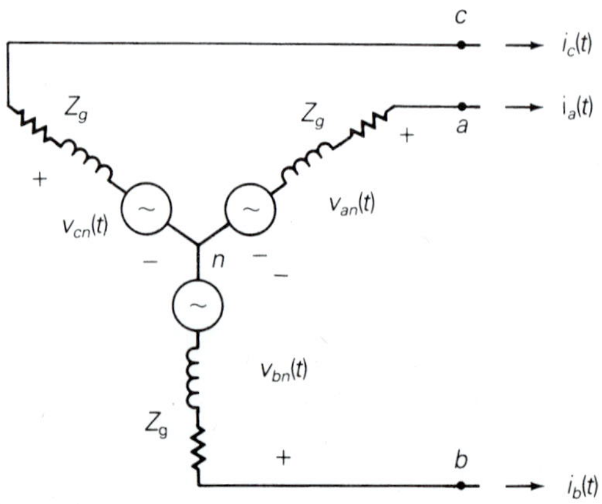

그림 2.19 Y 결선 발전기

$$p_{3\phi}(t) = p_a(t) + p_b(t) + p_c(t)$$
$$= 3\mathrm{V_{LN}I_L}\cos(\delta-\beta) + \mathrm{V_{LN}I_L}[\cos(2\omega t+\delta+\beta)$$
$$+ \cos(2\omega t+\delta+\beta-240°)$$
$$+ \cos(2\omega t+\delta+\beta+240°)] \quad \mathrm{W} \qquad (2.6.6)$$

식 (2.6.6)의 대괄호 안의 3가지 코사인항은 3상 페이저의 평형성분을 나타내므로 3가지 코사인항의 합은 0이 된다. 따라서 식 (2.6.6)은

$$p_{3\phi}(t) = \mathrm{P}_{3\phi} = 3\mathrm{V_{LN}I_L}\cos(\delta-\beta) \quad \mathrm{W} \qquad (2.6.7)$$

식 (2.6.7)은 상전압 $\mathrm{V_{LN}}$ 대신 선간전압 $\mathrm{V_{LL}}$로 다시 표현할 수 있는데, 평형운전 조건하에서

$$\mathrm{V_{LN}} = \mathrm{V_{LL}}/\sqrt{3} \quad \text{and} \quad \mathrm{P}_{3\phi} = \sqrt{3}\mathrm{V_{LL}I_L}\cos(\delta-\beta) \ \mathrm{W} \qquad (2.6.8)$$

식 (2.6.8)로부터 다음과 같은 결론에 도달할 수 있다.

평형 조건하에서 운전되는 3상 발전기가 공급하는 총 순시전력은 시간의 함수가 아니라 상수, 즉 $p_{3\phi}(t) = P_{3\phi}$가 된다.

순시전력: 평형 3상 전동기와 임피던스 부하

평형 정상상태 조건하에서는 3상 전동기에 의해 소비되는 총 순시전력도 상수값이 된다. 그림 2.19는 선전류의 방향을 반대로 할 경우, 평형 3상 전동기를 표현하는 회로도가 된다. 그리고 식 (2.6.1)~(2.6.8)은 발전기에서 전력을 공급하는 경우와 마찬가지로 전동기에서 전력을 소비하는 경우에도 동일하게 적용 가능하다. 이 식은 평형 3상 임피던스 부하에서 소비되는 순시전력에도 마찬가지로 적용할 수 있다.

복소전력: 평형 3상 발전기

식 (2.6.1)과 (2.6.2)의 전압과 전류에 대한 페이저 표현은

$$V_{an} = \mathrm{V_{LN}}\underline{/\delta} \quad \text{volts} \qquad (2.6.9)$$

$$I_a = \mathrm{I_L}\underline{/\beta} \quad \mathrm{A} \qquad (2.6.10)$$

여기서 I_a는 발전기 a상의 (+)단자에서 나오는 전류를 나타낸다. a상에서 공급되는 복소전력 S_a는

$$S_a = V_{an}I_a^* = \mathrm{V_{LN}I_L}\underline{/(\delta-\beta)}$$
$$= \mathrm{V_{LN}I_L}\cos(\delta-\beta) + j\mathrm{V_{LN}I_L}\sin(\delta-\beta) \qquad (2.6.11)$$

평형운전 조건하에서 b상과 c상에서 공급되는 복소전력은 S_a와 같고, 발전기에서 공급되는 총 복소전력 $\mathrm{S}_{3\phi}$은

$$S_{3\phi} = S_a + S_b + S_c = 3S_a$$
$$= 3\mathrm{V_{LN}I_L}\underline{/(\delta-\beta)}$$
$$= 3\mathrm{V_{LN}I_L}\cos(\delta-\beta) + j3\mathrm{V_{LN}I_L}\sin(\delta-\beta) \qquad (2.6.12)$$

총 유효전력과 무효전력으로 나타내면

$$S_{3\phi} = \mathrm{P}_{3\phi} + j\mathrm{Q}_{3\phi} \qquad (2.6.13)$$

여기서

$$\mathrm{P}_{3\phi} = \mathrm{Re}(S_{3\phi}) = 3\mathrm{V_{LN}I_L}\cos(\delta-\beta)$$
$$= \sqrt{3}\mathrm{V_{LL}I_L}\cos(\delta-\beta) \quad \mathrm{W} \qquad (2.6.14)$$

$$\mathrm{Q}_{3\phi} = \mathrm{Im}(S_{3\phi}) = 3\mathrm{V_{LN}I_L}\sin(\delta-\beta)$$
$$= \sqrt{3}\mathrm{V_{LL}I_L}\sin(\delta-\beta) \quad \mathrm{var} \qquad (2.6.15)$$

또한 총 피상전력은

$$\mathrm{S}_{3\phi} = |S_{3\phi}| = 3\mathrm{V_{LN}I_L} = \sqrt{3}\mathrm{V_{LL}I_L} \quad \mathrm{VA} \qquad (2.6.16)$$

복소전력: 평형 3상 전동기

앞의 3상 발전기에서 공급되는 복소전력, 유효전력, 피상전력에 대한 표현식은 3상 전동기에서 소비되고 있는 복소전력, 유효전력, 피상전력에 대해서도 동일하게 적용 가능하다.

복소전력: 평형 Y 결선 임피던스 부하와 Δ 결선 임피던스 부하

식 (2.6.13)~(2.6.16)은 평형 Y 결선 임피던스 부하와 Δ 결선 임피던스 부하에 동일하게 적용된다. 평형 Y 결선 부하의 경우, a상의 부하 임피던스에 걸리는 상전압과 부하 임피던스의 (+)단자로 들어가는 전류는 식 (2.6.9)와 (2.6.10)으로 표현할 수 있고, 그에 따라 평형 Y 결선 부하에서 소비되는 전력은 식 (2.6.11)~(2.6.16)으로 동일하게 나타낼 수 있다.

평형 Δ 결선 부하의 경우, $a-b$상의 선간전압과 부하 임피던스의 (+)단자로 들어가는 전류는

$$V_{ab} = \mathrm{V_{LL}}\underline{/\delta} \quad \text{volts} \tag{2.6.17}$$

$$I_{ab} = \mathrm{I_\Delta}\underline{/\beta} \ \ \mathrm{A} \tag{2.6.18}$$

여기서 $\mathrm{V_{LL}}$은 선간전압의 실효치이며, $\mathrm{I_\Delta}$는 Δ 부하 전류의 실효치이다. $a-b$상의 부하 임피던스에서 소비되는 복소전력 S_{ab}는

$$S_{ab} = V_{ab}I_{ab}^* = \mathrm{V_{LL}I_\Delta}\underline{/(\delta-\beta)} \tag{2.6.19}$$

Δ 결선 부하에서 소비되는 총 복소전력은

$$\begin{aligned} S_{3\phi} &= S_{ab} + S_{bc} + S_{ca} = 3S_{ab} \\ &= 3\mathrm{V_{LL}I_\Delta}\underline{/(\delta-\beta)} \\ &= 3\mathrm{V_{LL}I_\Delta}\cos(\delta-\beta) + j3\mathrm{V_{LL}I_\Delta}\sin(\delta-\beta) \end{aligned} \tag{2.6.20}$$

식 (2.6.19)를 총 유효전력과 무효전력으로 다시 나타내면

$$S_{3\phi} = \mathrm{P_{3\phi}} + j\mathrm{Q_{3\phi}} \tag{2.6.21}$$

$$\begin{aligned} \mathrm{P_{3\phi}} &= \mathrm{Re}(S_{3\phi}) = 3\mathrm{V_{LL}I_\Delta}\cos(\delta-\beta) \\ &= \sqrt{3}\mathrm{V_{LL}I_L}\cos(\delta-\beta) \ \ \mathrm{W} \end{aligned} \tag{2.6.22}$$

$$\begin{aligned} \mathrm{Q_{3\phi}} &= \mathrm{Im}(S_{3\phi}) = 3\mathrm{V_{LL}I_\Delta}\sin(\delta-\beta) \\ &= \sqrt{3}\mathrm{V_{LL}I_L}\sin(\delta-\beta) \quad \mathrm{var} \end{aligned} \tag{2.6.23}$$

여기서 Δ 결선 부하 전류 $\mathrm{I_\Delta}$는 식 (2.6.22)와 (2.6.23)에서 선전류 $\mathrm{I_L} = \sqrt{3}\mathrm{I_\Delta}$로 표현되었다. 또한 총 피상전력은

$$\mathrm{S_{3\phi}} = |S_{3\phi}| = 3\mathrm{V_{LL}I_\Delta} = \sqrt{3}\mathrm{V_{LL}I_L} \ \ \mathrm{VA} \tag{2.6.24}$$

평형 Δ 결선 부하에 대한 식 (2.6.21)~(2.6.24)는 식 (2.6.13)~(2.6.16)과 동일한 것임을 알 수 있다.

예제 2.5 평형 3상 시스템의 전력

4,160 V의 평형 3상 전원이 병렬로 연결된 2개의 평형 3상 전동기에 전력을 공급하고 있다. 2개의 평형 3상 전동기는 지상역률 0.8에 400 kW를 소비하는 유도전동기와 진상역률 0.9에 150 kVA를 소비하는 동기전동기로 구성되어 있다. 전원과 부하 사이의 케이블 임피던스는 무시하고, (a) 각 전동기와 합성전동기 부하에 대한 전력 삼각 벡터도를 그리시오. 여기서 전력 삼각 벡터도는 무효전력, 유효전력, 피상전력을 각 변으로 하는 삼각형을 말한다. (b) 합성전동기 부하의 역률을 구하시오. (c) 전원에서 공급되고 있는 선전류의 크기를 구하시오. (d) 합성전동기 부하에 병렬로 Δ 결선의 커패시터 뱅크를 연결한다고 가정하자. 전원의 역률을 1로 하기 위해서는 커패시터 뱅크의 각 커패시터 리액턴스를 얼마로 정해야 하는지 구하시오. (e) 커패시터 뱅크를 설치했을 때, 전원에서 공급되는 선전류의 크기를 구하시오.

| 풀이

유도전동기의 경우, P = 400 kW이고

$$\mathrm{S = P/p.f. = 400/0.8 = 500\ kVA}$$

$$\mathrm{Q} = \sqrt{\mathrm{S^2 - P^2}} = \sqrt{(500)^2 - (400)^2} = 300 \ \ \mathrm{kvar} \text{ 소비}$$

동기전동기의 경우, S = 150 kVA이고

$$\mathrm{P = S(p.f.) = 150(0.9) = 135\ kW}$$

$$\mathrm{Q} = \sqrt{\mathrm{S^2 - P^2}} = \sqrt{(150)^2 - (135)^2} = 65.4 \ \ \mathrm{kvar} \text{ 공급}$$

여기서 동기전동기는 무효전력을 공급하고 있음에 유의한다. 합성전동기 부하의 경우,

$$\mathrm{P = 400 + 135 = 535\ KW}$$

$$\mathrm{Q = 300 - 65.4 = 234.6\ kvar} \text{ 소비}$$

$$\mathrm{S} = \sqrt{\mathrm{P^2 + Q^2}} = \sqrt{(535)^2 + (234.6)^2} = 584.2 \ \ \mathrm{kVA}$$

(a) 각 전동기와 합성전동기 부하에 대한 전력 삼각 벡터도는 그림 2.20과 같다.

(b) 합성전동기 부하의 역률은

(계속)

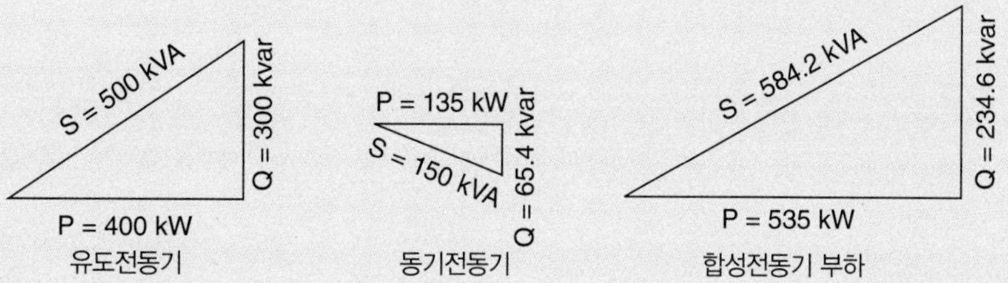

그림 2.20 예제 2.5의 전력 삼각 벡터도

p.f. = P/S = 535/584.2 = 0.916 lagging

(c) 전원에서 공급되는 선전류는 $I = S/(\sqrt{3}\ V)$이다. 여기서 S는 합성전동기 부하의 3상 피상전력이고, V는 부하 선간전압의 크기이며, 예제의 전원선압과 동일하다. $I = 584.2/(\sqrt{3}\ 4160\ V) = 0.0811$ kA = 81.1 A가 된다.

(d) 역률이 1일 경우, 커패시터 뱅크에서 공급되는 3상 무효전력은 합성전동기 부하에서 소비되고 있는 3상 무효전력과 같아야 한다. 즉 $Q_c = 234.6$ kvar가 된다. Δ 결선의 커패시터 뱅크의 경우 $Q_c = 3V^2/X_\Delta$가 되며, 여기서 V는 커패시터 뱅크의 선간전압을 나타내고 X_Δ는 커패시터 뱅크의 각 커패시터가 갖는 용량성 리액턴스를 나타낸다. 각 커패시터의 용량성 리액턴스는

$$X_\Delta = 3V^2/Q_c = 3(4160^2)/234.6 \times 10^3 = 221.3\ \Omega$$

(e) 커패시터 뱅크를 설치했을 경우 전원의 역률은 1이 되고, 전원에서 공급되는 피상전력 S는 전원에서 공급되는 유효전력 P와 같게 된다. 이때 선전류의 크기는

$$I = S/(\sqrt{3}\ V) = P/(\sqrt{3}V) = 535/(\sqrt{3}\ 4160)$$
$$= 0.0743\ \text{kA} = 74.3\ \text{A}$$

이 예제에서는 전원전압 4,160 V를 특별히 선간전압이나 상전압, 실효치 또는 최대치라고 명시하지 않았다. 따라서 전력 분야에서 관행적으로 사용하는 것과 같이 이 책에서도 이런 경우는 선간전압의 실효치라는 것을 가정하고 있다는 점에 유의하여야 한다. 합성전동기 부하는 535 kW의 유효전력을 소비하고 있다. 지상역률로 운전되고 있는 유도전동기는 무효전력(300 kvar)을 소비하고 있으며, 진상역률로 운전되고 있는 동기전동기는 무효전력(65.4 kvar)을 공급하고 있다. 커패시터 뱅크 또한 무효전력(234.6 kvar)을 공급하고 있다. 전원에서 공급되는 전류가 커패시터 뱅크가 없었을 때 흐르던 81.1 A에서 커패시터 뱅크를 설치하여 74.3 A로 감소한 점에 유의할 필요가 있다. 이처럼 커패시터 뱅크 설치에 의해 선전류가 줄어들기 때문에 선로 저항에 따른 저항손실 I^2R과 선로의 리액턴스에 의한 전압강하 또한 줄일 수 있게 된다.

2.7 평형 3상 시스템과 단상 시스템의 장단점

그림 2.21은 서로 분리되어 있는 3개의 단상 시스템을 나타낸다. 각 단상 시스템은 다음과 같은 동일한 요소들로 구성되어 있다. (1) 전압원으로 표시된 발전기와 발전기 임피던스 Z_g, (2) 2개의 직렬 임피던스 Z_L로 표현되는 전원에서 부하로 향하는 선로와 부하에서 전원으로 되돌아오는 선로, (3) 임피던스 Z_Y로 표시되는 부하. 3개의 단상 시스템은 완전히 서로 별개이지만, 그림에서 Y 모양으로 표현한 것은 3상 시스템의 두 가지 장점을 설명하기 위함이다.

각각 분리된 3상 시스템은 전원에서 부하로 가는 선로와 되돌아오는 선로 2개가 필요하며 이 선로는 부하전류와 같거나 큰 **전류용량**(current capacity or ampacity)이 있어야 한다. 그러나 만일 그림 2.21의 전원과 부하의 중성점을 연결하여 3상 시스템을 구성할 경우, 전원전압이 서로 평형이어서 크기는 같고 위상이 120°씩 차이가 난다면 중성선으로 흐르는 전류는 0이 되므로 그림에서 중성선을 제거하여도 무방하다. 따라서 3개의 부하 임피던스 Z_Y에 동일하게 전력을 공급하면서도 3개의 단상 시스템에 비해 선로 도체는 절반으로 줄일 수 있다는 것이 3상 시스템의 장점

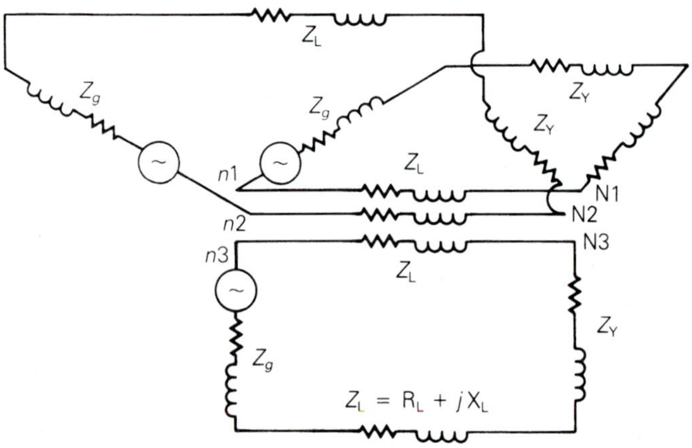

그림 2.21 3개의 단상 시스템

이 된다. 또한 3상 시스템에서의 I^2R 선로손실은 3개의 단상 시스템에서 발생하는 선로손실의 절반이 되고, 전원과 부하 사이의 선로전압강하도 3상 시스템의 경우 단상 시스템에 비해 절반으로 줄어든다. 따라서 3상 시스템은 단상 시스템에 비해 송전과 배전의 자본 및 운전비용을 절감할 수 있으며 전압조정에도 유리하다는 것을 알 수 있다.

Δ 결선 시스템이나 3선식의 Y 결선 시스템 같은 3상 시스템은 중성선이 없다. 그러나 대부분의 3상 시스템은 접지가 되어 있는 중성선이 있는 4선식의 Y 결선 시스템을 채용하고 있다. 중성선은 낙뢰나 선로의 개폐기 동작에 따라 발생하는 과도 과전압을 낮추고 불평형 단락고장 시 불평형 전류가 흐르도록 한다. 송전선로의 중성선은 일반적으로 일반 상 도체에 비해 크기와 용량이 작은데, 이는 정상상태일 때 중성선 전류는 거의 0이기 때문이다. 따라서 중성선 설치에 드는 비용은 일반 상 선로에 비해 상당히 적다. 중성선의 유무에 상관없이 3상의 송전과 배전 시스템의 자본과 운전비용은 3개의 단상 시스템에 비해 상당히 줄어든다는 것을 알 수 있다.

3상 시스템의 두 번째 장점은 2.6절과 같이 평형 정상상태로 운전되는 3상 발전기에서 공급되는 총 순시전력이 (거의) 일정하다는 것이다. 3상 발전기에서 기계적인 입력은 소량의 발전기 손실을 더한 전기적 출력과 동일하기 때문에 3상 발전기의 기계적인 입력도 값이 일정하다. 또한 기계적인 입력을 각 주파수로 나눈 값인 축 토크($T_{mech} = P_{mech}/\omega_m$)도 거의 일정하다.

평형 정상상태의 단상 발전기에 의해 공급되는 순시전력의 식은 식 (2.6.3)의 $p_a(t)$로 주어진 3상 발전기의 한 개의 상에서 공급되는 순시전력과 같다. 이 식에서 볼 수 있는 것처럼, $p_a(t)$는 상수항과 주파수가 두 배인 코사인항으로 나누어진다. 따라서 단상 발전기의 기계적인 입력과 축의 토크도 축의 진동과 소음을 발생시키는 주파수가 두 배인 성분을 갖게 될 것이다. 이러한 축의 진동과 소음은 대용량의 발전기에서 축의 고장으로 이어진다. 따라서 정격용량 5 kVA 이상의 발전기와 전동기는 일정한 토크를 유지하고 축의 진동과 소음을 최소화하기 위해 대부분 3상 기기로 제작된다.

2.8 에너지 변환

전력계통의 핵심 목적은 에너지를 전송하는 것에 있는데, 이는 먼 거리에 전력을 전달하는 것뿐 아니라 그 중간 과정의 여러 지점에서 전력 형태를 변환하는 것도 포함하고 있다. 이러한 변환에는 비전기적인 에너지를 전기의 형태로, 전기를 비전기적인 형태로, 또한 전기를 동일한 전기의 형태로 변환하는 것이 포함된다.

비전기에너지를 전기에너지로 변환하는 경우

비전기에너지를 전기에너지로 변환하는 것이 발전이다. 자연상태에서는 그 자체로 사용 가능한 어떠한 형태의 전기에너지도 찾을 수가 없다. 따라서 연료(화학 또는 원자력), 바람(공기흐름이 갖고 있는 운동에너지), 수력(흐르는 물이 갖고 있는 운동에너지), 태양에너지(빛과 열)과 같이 자연에서 얻을 수 있는 에너지를 전기에너지 형태로 변환하는 것이 전력시스템의 첫 번째 단계이다. 광전효과를 이용한 태양광발전을 제외하고는 이러한 변환을 위해서 다양한 형태의 회전기기가 사용된다. 본 교재에서 전력변환에 대한 세부사항은 이 기기들이 전력계통 자체에 얼마나 영향을 주는가에 대해서만 고려할 것이다. 동기기의 동역학 모델링은 12장과 13장에서 다루었다.

전기에너지를 비전기에너지로 변환하는 경우

전기에너지를 비전기에너지로 변환하는 것은 전력부하이다. 전력계통에 연결된 대부분의 부하는 전기와 다른 형태의 에너지를 필요로 한다. 다양한 변환 형태로 필요한 일을 하게 되는데 예를 들어 기계적인 움직임(가령 모터로부터 얻어지는 회전력), 빛, 열 등이 있다. 본 교재에서는 다루지 않겠지만 이러한 장치들의 프로세스와 모델은 매우 다양하다. 전력공학의 관점에서는 부하의 유효전력과 무효전력 또는 등가 임피던스를 아는 것만으로도 충분하다.

전기에너지를 전기에너지로 변환하는 경우

전기에너지를 전기에너지로 변환하는 것은 계통의 한 부분과 다른 부분 사이의 전력 주파수나 전압을 변화시키는 것을 의미한다. 세계적으로 대용량 전력에너지 전송에 사용되는 50 Hz나 60 Hz의 3상 전력계통에서는 가장 일반적으로 전압과 전류의 크기를 변화시키는 전력변압기가 사용된다. 이 경우 주파수는 변하지 않는다. 이에 대해서는 3장에서 사세히 다루겠다. 다른 형태의 전기에너지-전기에너지 변환으로는 (1) 교류-직류 변환(ac to dc) (2) 직류-교류 변환(dc to ac) (3) 직류-직류 변환(dc to dc) (4) 교류-교류 주파수 변환(ac to ac variable frequency) 등이 있다. 전력전자기술이 확산됨에 따라 발전, 전력에너지 저장, 송변전, 전력부하 등 전력시스템에서 이러한 형태의 변환이 점차적으로 많아지고 있다.

(1) 교류-직류 변환

교류를 직류로 변환하는 것을 정류(rectification)라고 하며 **정류기**(rectifier)라는 장치를 이용한다. 정류기는 새로운 것은 아니고 1880년대에 이미 첫 번째 다이오드를 이용한 정류기가 만들어졌으며, 단상과 3상 교류 입력을 모두 사용할 수 있다. 가장 간단한 단상회로가 반파정류기로 하나의 다이오드를 이용하여 교류파형의 반만 통과시킨다. 전파정류기는 전체 파형을 통과시키기 위해 좀 더 많은 다이오드를 사용한다. 그림 2.22에 보인 공통브리지정류기는 단상 교류입력에 대해 4개의 다이오드를 사용한다.

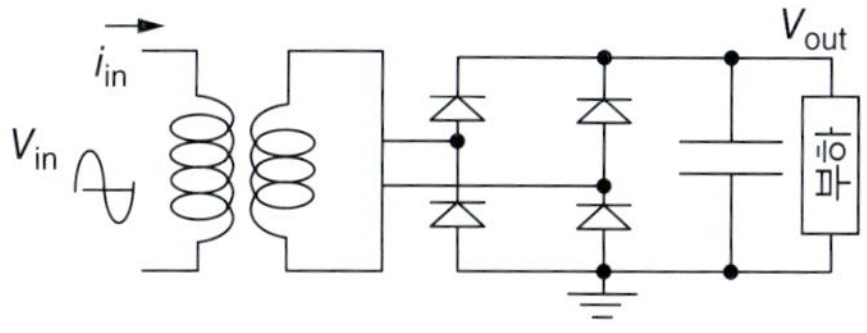

그림 2.22 단상, 커패시터 출력 필터가 있는 전파 정류기

3상의 경우도 유사한 구조를 갖는데, 다만 반파정류기는 3개, 전파정류기는 6개를 사용하는 것이 다른 점이다. 커패시터를 이용하여 출력파형을 부드럽게(일종의 필터링) 하거나 변압기를 이용하여 입력전압을 낮추기도 한다. 부하에 전력을 공급하기 위해 사용할 경우, 이러한 설계 방법은 **선형전력공급장치**(linear power supply)로 알려져 있다. HVDC 송전계통에서는 훨씬 복잡한 정류기 시스템이 사용된다.

(2) 직류-교류 변환

직류를 교류로 변화하는 것을 보통 **역변환**(inversion)이라 하며 **인버터**(inverter)라는 장치를 이용한다. 최초 역변환은 모터-발전기 세트를 이용하였는데 1950년대 SCR (silicon-controlled rectifier)로 불리는 사이리스터의 발명으로 현재는 전력전자기술에 의해 구현되고 있으며 IGBT와 MOSFET과 같은 새로운 전력전자 소자들이 사용되고 있다. 직류입력으로부터 정현파의 근사파형을 얻기 위해서는 인버터는 스위칭제어를 하여야 한다. 가장 단순한 설계를 통해서는 구형파의 출력을 얻게 되겠지만 펄스폭변조(PWM) 기술을 사용하면 정현파에 거의 가까운 파형을 얻을 수 있다. 현재 두 가지 일반적인 형태의 인버터가 있다. 첫 번째 형태는 정전류원으로 공급되는 전류원인버터(CSI, current source inverter)이고 다른 형태는 정전압원으로 공급되는 전압원인버터(VSC, voltage source converter)이다. 전류원인버터는 전류원컨버터(current source converter)로도 불리는데 전류가 0이 될 때 꺼지는 사이리스터 특성 때문에 예전부터 HVDC에서 사용되었다. IGBT와 MOSFET과 같은 새로운 스위칭소자의 등장으로 개발이 가능해진 VSC는 태양광발전, 전기저장장치, 최신의 HVDC 송전 등을 포함하여 현재 전력시스템에서 널리 활용되고 있다. VSC의 장점은 유효전력과 무효전력을 지상 및 진상역률 모두에서 제어할 수 있다는 장점이 있다. 그림 2.23에 보인 단순한 단상인버터는 스위치 S1과

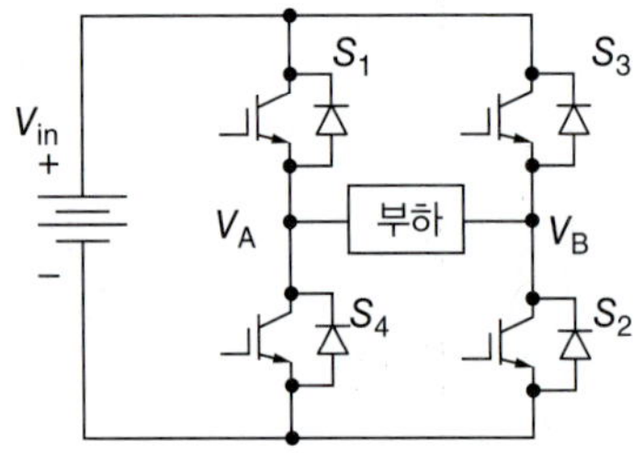

그림 2.23 단상인버터

S2, S3와 S4을 교대로 on과 off 하면서 구형파 출력을 발생시킨다.

(3) 직류-직류 변환

전력전자회로는 현재 직류-직류변환에도 널리 사용되고 있다. 전압을 강압하는 **벅 컨버터**(buck converter), 전압을 승압하는 **부스터 컨버터**(booster converter), 두 가지 기능을 동시에 갖는 *벅-부스터 컨버터*가 그 예이다. 태양광발전에서는 태양광패널 어레이에서 직류입력을 받아 최대출력트래킹(maximum power tracking)을 통해 출력을 최대로 얻어내기 위해 직류-직류 컨버터가 사용되고 직류 출력은 다시 교류로 변환되어 전력계통에 연계된다.

이러한 기술은 **스위치모드 전원공급장치**(switched mode power supply)에서 사용되는데, 교류입력을 직류로 정류한 후, 보통 높은 주파수의 교류(수 kHz)로 변환하여 좀 더 가볍고 소형인 교류 변압기로 변압을 한 후 다시 직류로 변환하게 된다. 다른 스위치모드 전원공급장치는 많은 전자기기의 전원공급용으로 사용되는 50~60 Hz, 100~250 kv 공용과 같은 다양한 입력전압에 대해 동작하도록 설계할 수 있다.

(4) 교류-교류 주파수 변환

교류-교류 주파수 변환의 경우 먼저 교류를 직류로 변환한 후 다시 다른 주파수의 교류로 변환된다. 널리 사용되는 응용기술이 전자식 모터드라이브[또는 가변주파수 드라이브(VFD)]로 고정된 주파수(예를 들어 60 Hz) 입력을 받아들여서 가변 주파수 출력을 만들어냄으로써 교류모터

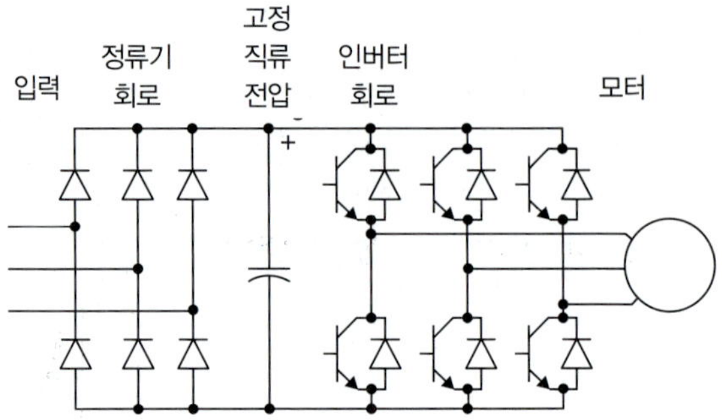

그림 2.24 3상 가변주파수 드라이브

의 속도를 제어하게 된다. 이를 통해 공급되는 교류 전압의 크기나 주파수가 변한다 하여도 모터 부하가 영향을 받지 않게 할 수 있으며 일정수준의 역률보정도 가능하다. 그림 2.24는 간단한 3상 VFD를 보여주고 있는데 인버터회로의 스위칭률을 조정함으로써 원하는 출력주파수를 얻는다. 또 다른 응용기술이 풍력발전기를 계통에 연계시킬 때 사용하는 것으로 풍력발전기의 전체 출력을 교류-교류 컨버터로 공급하는 경우이다. 이때는 풍력발전기가 전력망과 비동기로 운전할 수 있어서 큰 유연성을 갖고 설계와 제어를 할 수 있다.

이와 같이 전력계통에 새로운 전기에너지 변환 기술을 결합하면 많은 이점을 얻을 수 있는 반면에, 중요하게 고려해야 할 잠재적 단점은 전력망으로 고조파가 유입된다는 점이다. 전력공학에서 고조파는 망 기본주파수에 대한 정수배의 주파수를 갖는 전압과 전류로 정의한다. 임의의 주기 함수는 기본주파수의 정수배를 갖는 정현파의 합으로 구성된 푸리에 급수로 표현할 수 있다는 것을 기억하면 고조파의 원인을 이해할 수 있다. 변환 과정에서 발생하는 스위칭과 여타 비선형성은 고조파를 만들어내며 필터를 통해 감소시킬 수는 있어도 완전히 제거할 수는 없다. 이러한 비선형성은 보통 반파 대칭성을 갖고 있어서 홀수 고조파만을 발생시키는 경향이 있다. 고조파는 또 다른 다양한 문제를 일으키는데 열손실의 증가, 기기의 오동작, 공진현상, 중성선 전류의 증가 등이 그 예이다.

연습문제

2.1절

2.1 복소수 $A_1 = 9\angle 30°$, $A_2 = 4 + j5$가 주어졌을 때, (a) A_1을 직각좌표 형태로 변환하시오. (b) A_2를 극좌표와 지수 형태로 변환하시오. (c) $A_3 = (A_1 + A_2)$를 계산하고 극좌표 형태로 나타내시오. (d) $A_4 = A_1A_2$를 계산하고 직각좌표 형태로 나타내시오. (e) $A_5 = A_1/(A_2^*)$를 계산하고 지수 형태로 나타내시오.

2.2 $\cos(\omega t)$를 기준으로 하여 다음의 순시전류를 페이저로 변환하시오. 답을 직각좌표 형태와 극좌표 형태로 나타내시오.

(a) $i(t) = 500\sqrt{2}\cos(\omega t - 30)$

(b) $i(t) = 4\sin(\omega t + 30)$

(c) $i(t) = 5\cos(\omega t - 15) + 4\sqrt{2}\sin(\omega t + 30)$

2.3 회로의 한 지점에서 측정한 페이저 전압이 $V = 12.47\angle 0°$ kV이고 주파수는 60 Hz이다. 두 번째 지점에서 측정한 전압의 최대값이 13 kV이고 최대값이 나타난 시점이 첫 번째 측정한 전압의 최대값 이후 125 μS이다. 두 번째 측정한 전압의 페이저 표현을 나타내시오.

2.4 그림 2.25의 단상회로에서 $I = 10\angle 0°$A, (a) 페이저 I_1, I_2, V를 구하시오, (b) I, I_1, I_2, V를 페이저도에 나타내시오.

2.5 60 Hz, $V = 277\angle 30°$인 단상전원이 어떤 회로소자에 전력을 공급하고 있다. (a) 순시 전원전압을 구하시오. 또한 회로소자가 다음과 같을 때, (+)단자로 들어가는 전류의 페이저와 순시전류를 구하시오. (b) 45 Ω 저항, (c) 10 mH 인덕터, (d) 리액턴스 25 Ω의 커패시터

2.6 (a) $v(t) = 75\cos(377t - 15°)$ V를 페이저로 표현하시오. (b) $V = 50\angle 10°$를 순시값으로 변환하시오. (c) 동일한 주파수를 갖는 다음의 $a(t)$와 $b(t)$를 더하시오: $a(t) = \mathrm{A}\sqrt{2}\cos(\omega t + \alpha)$, $b(t) = \mathrm{B}\sqrt{2}\cos(\omega t + \beta)$. 페이저법을 이용하여 결과 $c(t)$를 구하시오. 결과는 동일한 주파수를 갖는가?

2.7 100 V의 정현파 전원이 3 Ω 저항, 8 Ω 인덕터, 4 Ω 커패시터의 직렬회로에 연결되어 있다. (a) 회로도를 그리시오. (b) 직렬 임피던스를 계산하시오. (c) 전원에서 공급되는 전류 I를 구하시오. 이때 전류는 전원전압에 대해 지상인가 진상인가? 이 회로의 역률은 얼마인가?

2.8 그림 2.26의 회로에서 전체를 페이저 영역의 회로로 변환하시오.

2.9 그림 2.27의 회로에서 부하에 걸린 전압을 계산하시오.

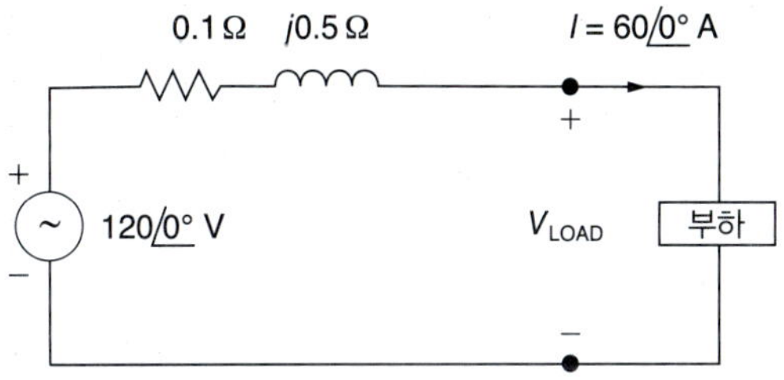

그림 2.27 연습문제 2.9에 대한 회로도

2.2절

2.10 연습문제 2.3의 회로소자에 대해 다음을 계산하시오. (a) 소비된 순시전력, (b) 유효전력, (c) 무효전력, (d) 역률 [주: 관습에 따라 역률 $\cos(\delta - \beta)$는 양의 값을 갖는다. 만약 $|\delta - \beta|$가 90°보다 더 크다면, 전류의 기준 방향은 역전되며 이는 $\cos(\delta - \beta)$은 양의 값을 갖는다].

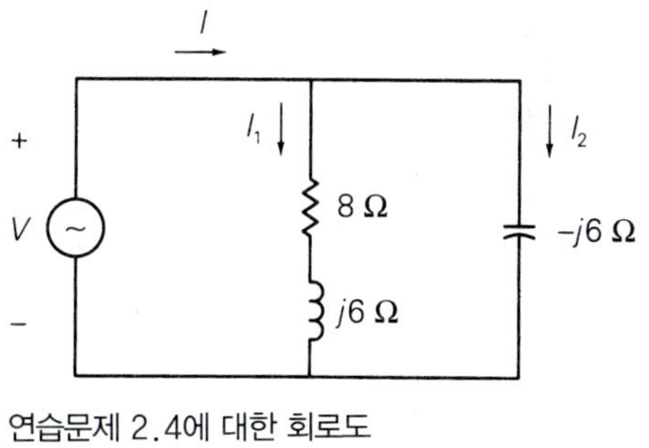

그림 2.25 연습문제 2.4에 대한 회로도

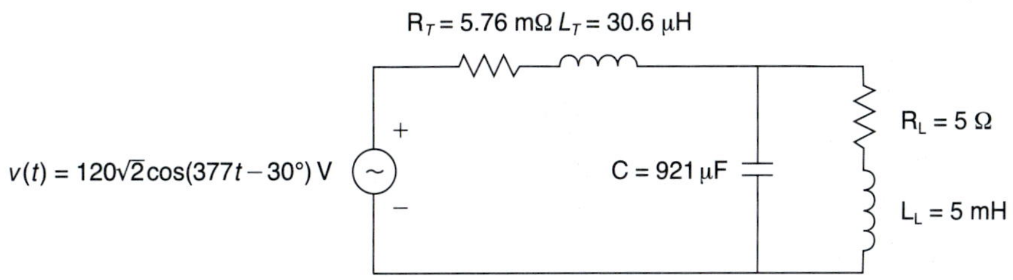

그림 2.26 연습문제 2.8에 대한 회로도

2.11 연습문제 2.5를 참조하여 다음에서 소비되는 순시전력, 유효전력, 무효전력을 구하시오. (a) 20 Ω 저항, (b) 10 mH 인덕터, (c) 리액턴스 20 Ω 커패시터. 또한 전원의 역률을 구하고 진상, 지상을 나타내시오.

2.12 $v(t) = 359.3\cos(\omega t)$ V를 10 Ω 저항과 $X_C = 25$ Ω 용량성 리액턴스의 병렬 부하에 인가할 때, (a) 저항에서 소비되고 있는 순시전력, (b) 커패시터에서 소비되고 있는 순시전력, (c) 저항에서 소비되고 있는 유효전력, (d) 커패시터에서 소비되고 있는 무효전력, (e) 부하의 역률을 계산하시오.

2.13 연습문제 2.12에서 저항과 커패시터가 직렬로 연결되어 있다고 가정하고 동일하게 풀어보시오.

2.14 단상전원으로 등가 임피던스가 $Z = 3.0\underline{/-45°}$ Ω인 2단자 수동소자 회로에 대해 전력을 공급하고 있다. 이때 전원전류가 $i(t) = 2\sqrt{2}\cos(\omega t)$ kA일 때, 전원에서 공급되는 (a) 순시전력, (b) 유효전력, (c) 무효전력, (d) 역률을 구하시오.

2.15 $v(t) = 4\cos(\omega t + 60°)$인 전압원이 $Z = 2\underline{/30°}$ Ω인 임피던스에 연결되어 있을 때, (a) 동작주파수를 60 Hz로 가정하고 전원에서 공급되는 순시전력과 전류를 시간에 대한 함수로 표현하시오. (b) 이 함수를 한 도표에 $v(t)$와 같이 그리고 서로 비교하시오. (c) 순시전력의 주파수와 평균값을 구하시오.

2.16 단상 120 V(실효치), 60 Hz 전원으로 R = 10 Ω, L = 40 mH인 직렬 R-L 회로에 전력을 공급하고 있을 때, (a) 회로의 역률을 구하시오. (b) 부하에 의해 소비되는 유효전력과 무효전력을 구하시오. (c) $W_{int} = L(I_{rms})^2$을 사용해서 인덕터에 저장된 최대 자기에너지 W_{int}를 계산하고 무효전력 $Q = \omega W$를 만족하는지 검토하시오. (**참고**: 저장되는 자계에너지의 순시값은 0에서 최대값 사이에서 변화한다. 이 에너지는 매 주기 2번 무효전력 조류에 의해 전원에서 부하로 전달된다.)

2.3절

2.17 부하 임피던스 $Z = j\omega L$에 전압 V가 인가되고 전류 I가 흐른다고 하면,

(a) 무효전력 Q를 ω, L, I으로 표현하시오.

(b) 순시전류가 $i(t) = \sqrt{2}I\cos(\omega t + \theta)$라고 할 때, L을 순시전력 $p(t)$로 나타내고, 이것을 다시 Q로 표현하시오.

(c) 인덕터에 공급되는 평균 유효전력 P와 순시전력에 대해 고찰하시오.

2.18 직렬의 RLC 회로에 전압 V, 전류 I인 전원이 연결되어 있을 때,

(a) 부하 임피던스를 $Z = Z\underline{/Z}$로 놓고 P와 Q에 대한 표현을 나타내시오.

(b) 순시전력 $p(t)$를 P와 Q로 나타내시오. 단, $i(t) = \sqrt{2}I\cos\omega t$.

(c) $Z = R + j\omega L + 1/j\omega C$일 경우, (b)의 결과를 P, Q_L, Q_C로 나타내시오. 특히 $\omega^2 LC = 1$일 때, 즉 유도성 리액턴스와 용량성 리액턴스가 서로 상쇄될 때, 어떤 현상이 벌어지는지 기술하시오.

2.19 전압이 $v(t) = 150\cos(\omega t + 10°)$ V에 부하전류가 $i(t) = 5\cos(\omega t - 50°)$ A인 단상부하가 있을 때, (a) 전력 삼각 관계도(피상전력, 유효전력, 무효전력)를 그리시오. (b) 역률을 구하고 진상인지 지상인지도 밝히시오. (c) 역률을 0.9 지상으로 개선하기 위해 부하에 병렬로 연결한 커패시터가 공급하는 무효전력을 계산하시오.

2.20 $V = 100\underline{/60°}$ V인 전원으로 $Z_1 = 20\underline{/30°}$Ω과 $Z_2 = 25\underline{/60°}$Ω의 병렬부하에 전력을 공급할 때, 전원과 각 임피던스에 대한 전력 삼각 관계도를 그리시오.

2.21 500 kW, 지상역률 0.6으로 운전되는 유도전동기 부하를 갖는 공장이 있다. (a) 역률을 0.9 지상으로 개선하고자 할 때, 설치해야 할 병렬 커패시터의 kVA 용량을 계산하시오. (b) 만일 정격부하에서 역률 1과 효율이 90%인 373 kW의 동기발전기가 커패시터 대신 설치되어 있다고 가정하고, 이때의 역률을 구하시오. 단, 전압은 일정하다고 가정하시오.

2.22 어떤 전원이 $Z_1 = 4 + j5$ Ω과 $Z_2 = 10$ Ω의 병렬부하에 유효전력 1,000 W를 공급할 때, (a) 각 임피던스에서 소비하는 유효전력과 (b) 전원전류를 구하시오.

2.23 어떤 단상전원의 단자 전압이 $V = 120\underline{/0°}$ V이고 (+) 단자에서 나오는 전류가 $I = 12\underline{/30°}$ A일 때, 유효전력과 무효전력을 구하고 전원이 전력을 공급하고 있는지 소비하고 있는지를 밝히시오.

2.24 120 V로 병렬 연결되어 있는 커패시터와 저항이 0.86 진상역률로 8 A의 전류를 소비하고 있다. (a) 전체부하의 피상전력, 유효전력, 무효전력, (b) 옴단위의 저항과 패럿 단위의 커패시턴스를 구하시오. 단 계통은 60 Hz에서 운전되고 있다.

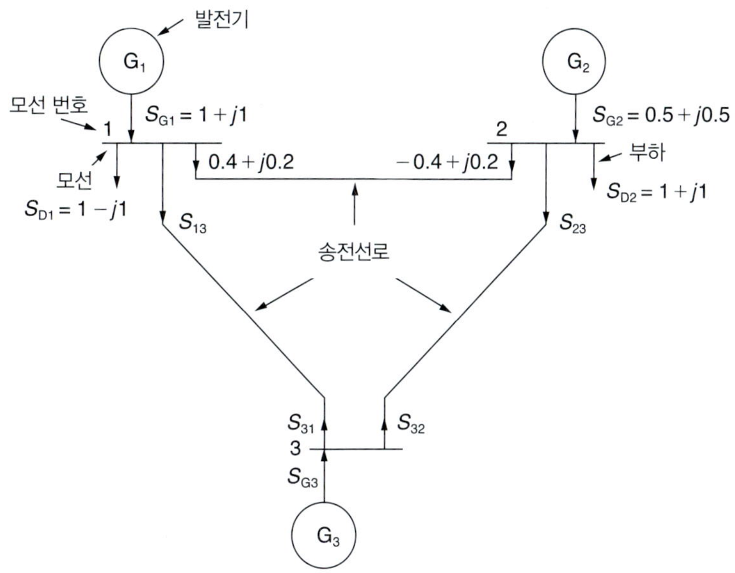

그림 2.28 연습문제 2.29의 회로도

2.25 15 mH의 인덕턴스를 갖는 인덕터가 있다. 크기 100 V, 주파수 60 Hz의 교류전압을 양단에 인가할 경우 인덕터를 통해 전송될 수 있는 최대전력은 얼마인가?

2.26 소규모 공장이 직렬 리액턴스 0.5 Ω/km의 송전선로 2 km 지점에 접속되어 있다. 이때 선로의 저항은 무시한다. 공장의 선간전압이 $480\angle 0°$ V (실효치)이고 지상역률 0.85에서 120 kW를 소비하고 있다. (a) 복소전력 계산방법과 (b) 회로해석법으로 송전선로의 송전단 역률과 전압을 구하시오.

2.27 유도전동기들로 구성된 산업용 부하가 단상 220 V, 60 Hz 전원으로부터 지상역률 0.8로 50 kW를 공급받고 있다. 부하와 병렬로 커패시터 뱅크를 설치하여 역률을 0.95로 끌어올리려고 할 때, 필요한 커패시터 뱅크의 커패시턴스 μF를 구하시오.

2.28 240 V(실효치) 단상전원에 다음 3가지 부하가 병렬로 연결되어 있을 때,

부하 1: 15 kW와 6.667 kvar 소비

부하 2: 진상역률 0.96에서 3 kVA 소비

부하 3: 역률 1에서 15 kW 소비

다음의 두 가지 경우에 대해 병렬부하의 등가 임피던스 Z를 계산하시오.

(a) R과 X를 직렬 연결 (b) R과 X를 병렬 연결

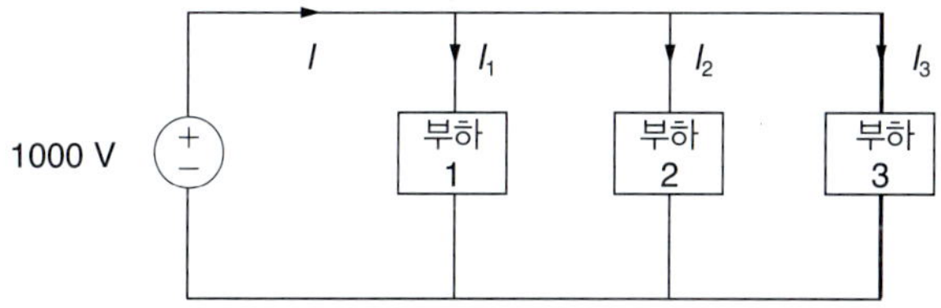

그림 2.29 연습문제 2.30의 계통도

2.29 송전선로를 인덕터로 모델링($S_{ij} = -S_{ji}^*$)할 때, 그림 2.28에서 S_{13}, S_{31}, S_{23}, S_{32}를 구하시오. (힌트: KCL을 만족시키기 때문에 각 모선에서의 복소전력 균형은 유지되어야 한다.)

2.30 그림 2.29와 같이 다음 3가지 부하가 1000 V(실효치), 60 Hz 단상전원에 연결되어 있다.

부하 1: 유도성 부하, 125 kVA, 지상역률 0.28

부하 2: 용량성 부하, 10 kW, 40 kvar

부하 3: 저항 부하, 15 kW

(a) 총 kW, kvar, kva, 공급역률을 계산하시오.

(b) 역률을 지상역률 0.8로 개선하기 위해 커패시터를 위의 부하에 병렬로 추가할 경우, 필요한 커패시터의 kvar 용량과 μF 커패시턴스를 구하시오.

2.31 그림 2.30과 같이 임피던스 $Z = j$X Ω의 선로에 의해

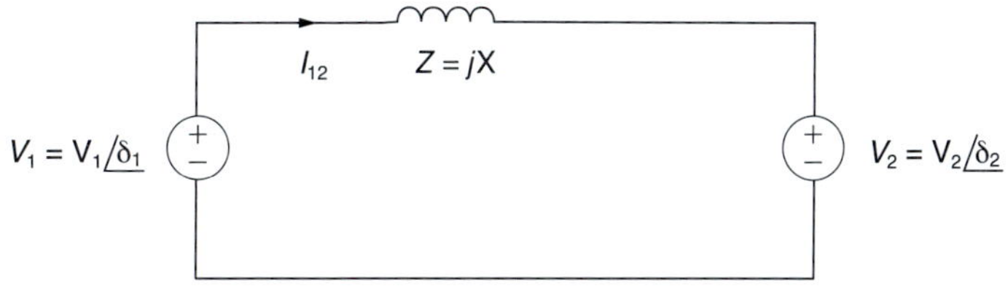

그림 2.30 연습문제 2.31의 회로도

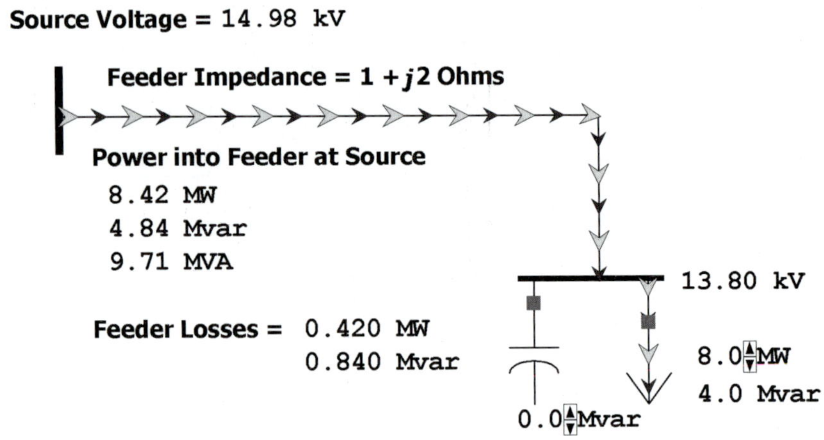

그림 2.31 연습문제 2.32에 대한 화면

두 개의 전압원이 연결되어 있다.

(a) P_{12}와 Q_{12}를 나타내시오.

(b) 최대로 전송되는 전력을 구하고, 최대 전력 전송이 발생하는 조건을 나타내시오.

2.32 PW PowerWorld Simulator 케이스 예제 2_32(그림 2.31)에서 8 MW/4 Mvar 부하가 1 + j2 Ω의 선로를 통해 전력을 공급받고 있다. 부하는 출력이 Q_{cap}인 커패시터를 통해 역률보상을 받고 있다. 여기서 Q_{cap}은 0에서 10.0 Mvar 사이에서 0.5 Mvar씩 단계적으로 변화시킬 수 있다. 선로의 유효전력 손실을 최소화할 수 있는 Q_{cap}은 얼마인가? 선로의 MVA 전력 흐름을 최소화하는 Q_{cap}의 값은 얼마인가?

2.33 PW 연습문제 2.32의 계통에서 Q_{cap}이 0에서 10.0 Mvar로 변화할 때 선로의 유효전력 및 무효전력 손실을 그리시오.

2.34 PW 연습문제 2.32의 계통에서 어떤 기간의 반은 부하가 10 MW/5 Mvar이고 나머지 반 기간은 20 MW/10 Mvar라고 가정한다. 평균 손실을 최소화할 수 있는 하나의 Q_{cap} 값은 무엇인가? 여기서 Q_{cap}은 오직 0.5 Mvar씩 변화한다고 가정한다.

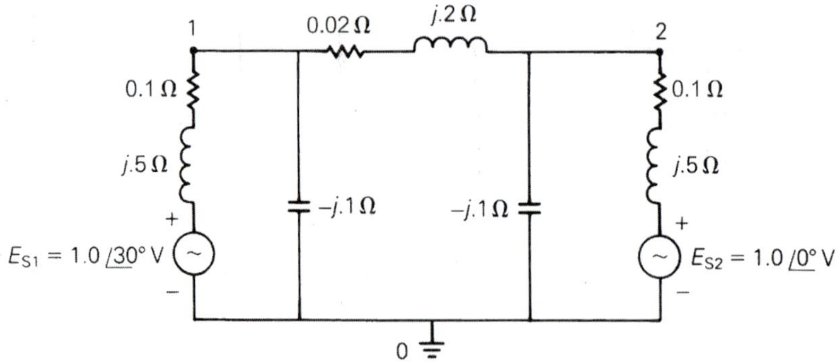

그림 2.32 연습문제 2.35와 2.36에 대한 회로도

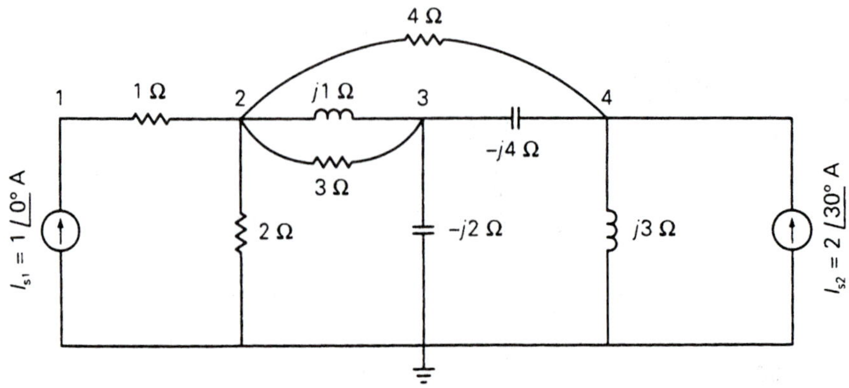

그림 2.33 연습문제 2.37에 대한 회로도

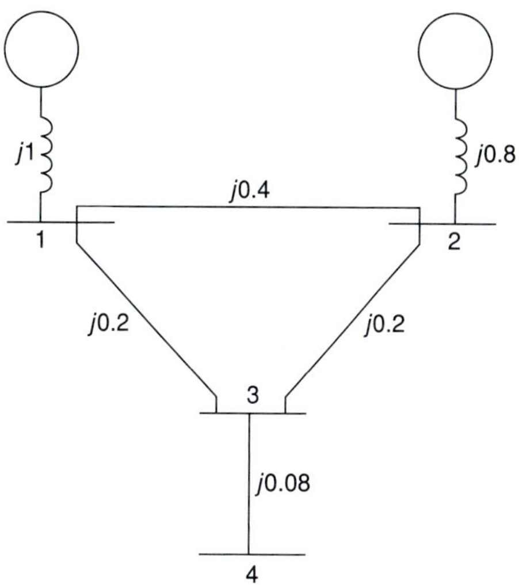

그림 2.34 연습문제 2.38에 대한 계통도

2.4절

2.35 그림 2.32에서 전압원을 등가의 전류원으로 변환하고 모선 0을 기준 모선으로 하여 행렬 형태의 노드(모선) 방정식을 세우고 해를 구하시오.

2.36 그림 2.32의 회로에 대해서 전원, 임피던스, 모선의 연결 상태를 입력데이터로 사용하여 다음을 계산하는 컴퓨터 프로그램을 작성하시오. (a) 2 × 2 모선 어드미턴스 행렬 $\boldsymbol{Y}_{\text{bus}}$, (b) 전압원을 전류원으로 변환한 후, 모선 1과 2에 유입되는 전원전류 벡터

2.37 그림 2.33의 회로에 대해 4 × 4 모선 어드미턴스 행렬을 구하고 회로에 대한 노드(모선) 방정식을 행렬식으로 나타내시오.

2.38 그림 2.34와 같이 간단한 계통의 임피던스도가 주어졌을 때, 계통에 대한 어드미턴스도를 그리고 4 × 4 어드미턴스 행렬 $\boldsymbol{Y}_{\text{bus}}$를 구하시오.

2.39 (a) 노드 3과 4에서의 전류원과 어드미턴스를 나타내는 그림 2.35의 회로도가 주어졌을 때, 행렬식 형태의 노드(모선) 방정식을 세우시오. (b) 다음과 같이 파라미터가 주어졌을 때: $Y_a = -j0.8$ S, $Y_b = -j4.0$ S, $Y_c = -j4.0$ S, $Y_d = -j8.0$ S, $Y_e = -j5.0$ S, $Y_f = -j2.5$ S, $Y_g = -j0.8$ S, $I_3 = 1.0\angle{-90°}$ A, $I_4 = 0.62\angle{-135°}$ A, 노드(모선) 방정식을 세우고 모선의 전압을 풀기 위해서는 어떻게 해야 하는지 기술하시오.

2.5절과 2.6절

2.40 평형 3상의 240 V 전원으로 평형 3상 부하에 전력을 공급하고 있다. 선전류 I_A가 12 A로 측정되었고, 선간전압 V_{BC}와 동상이라고 할 때, 부하가 (a) Y 결선, (b) Δ 결선일 때 부하의 상 임피던스를 구하시오.

2.41 25 kVA, 480 V, 60 Hz 3상 교류발전기가 평형 정상상

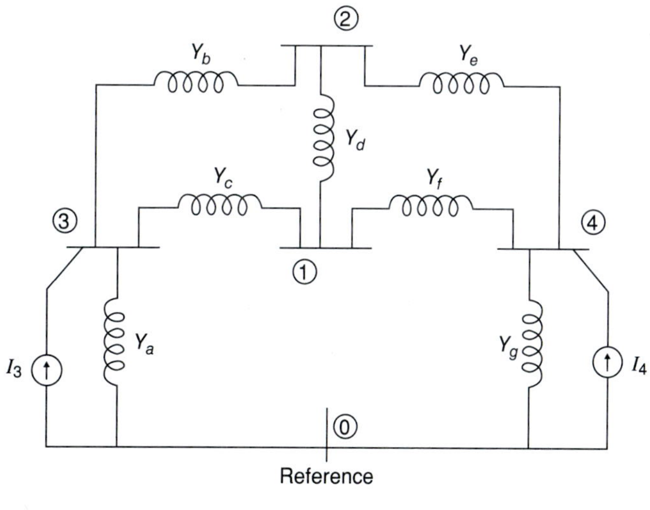

그림 2.35 연습문제 2.39에 대한 계통도

태하에서 운전되고 있고, 정격전압하에서 각 상별로 지상역률 0.8에 선전류 20 A를 공급하고 있을 때, 운전상태에 대한 전력 삼각 벡터를 그리시오.

2.42 각 상이 $(12 + j9)\ \Omega$인 평형 Δ 결선 임피던스 부하가 3상 60 Hz, 208 V의 전원으로부터 전력을 공급받고 있다. (a) 선전류와 부하가 소비하는 총 유효전력과 무효전력, 부하의 역률, 부하의 피상전력을 계산하시오. (b) 선전류, 전원의 선간전압, Δ 부하 전류에 대한 페이저도를 그리시오. 단, 전원전압은 정상분으로 가정하고 V_{ab}를 기준 전압으로 사용하시오.

2.43 각 상의 임피던스가 $(2 + j4)\ \Omega$인 3상 선로가 병렬로 연결되어 있는 2개의 평형 3상 부하에 전력을 공급하고 있다. 이 중 한 부하는 각 상이 $(30 + j40)\ \Omega$으로 Y 결선되어 있고, 다른 하나는 $(60 - j45)\ \Omega$으로 Δ 결선되어 있다. 송전단에 60 Hz, $120\sqrt{3}$ V(실효치, 선간전압)의 3상 평형 전압원을 연결할 경우, (a) 전원에서 공급하는 전류, 유효전력, 무효전력, (b) 부하의 선간전압, (c) 각 부하의 상 전류, (d) 각각의 부하와 선로에서 소비되고 있는 총 3상 유효전력과 무효전력을 구하시오. 또한 전원에서 공급하고 있는 총 3상 복소전력과 부하와 선로에서 소비하고 있는 총 3상 복소전력이 같은지 확인하시오.

2.44 Y 결선 3상 저항부하의 A상 전류가 $50\angle 0°$A이다. 회로가 평형일 경우 선간전압 V_{bc}의 위상각은 얼마인가?

2.45 다음 4개의 3상 부하가 병렬로 연결되어 있다: (1) C = 163 μF의 Δ 결선 커패시터 부하 뱅크, (2) L = 10 mH의 Y 결선 인덕터 부하 뱅크, (3) L = 3 mH의 Δ 결선 인덕터 부하 뱅크, (4) Δ 결선 저항 부하 뱅크. 전체 부하의 역률이 1이 되는 주파수를 구하시오.

2.46 각 상이 $Z_\Delta = 30\angle 30°\ \Omega$인 Δ 결선 부하가 선로의 임피던스가 모두 $Z_L = (0.8 + j0.6)\ \Omega$인 3상 선로를 통해 평형 3상 208 V 전원으로부터 전력을 공급받고 있다. (a) 부하단에서의 선간전압을 계산하시오. (b) 부하에 각 상의 리액턴스가 $(-j60)\ \Omega$인 Δ 결선 커패시터 뱅크를 병렬로 연결할 경우 (a)를 계산하시오.

2.47 2대의 3상 발전기가 3상 선로를 통해 3상 부하에 전력을 공급하고 있다. 이때 부하는 지상역률 0.8로 30 kW를 소비하고 있다. 발전기 G_1과 부하 사이의 선로 임피던스는 $(1.4 + j1.6)\ \Omega$, 발전기 G_2와 부하 사이는 $(0.8 + j1)\ \Omega$이다. 발전기 G_1이 단자 선간전압 460 V, 지상역률 0.8로 15 kW를 공급하고 있을 때, (a) 부하단의 전압, (b) 발전기 G_2의 단자 전압, (c) 발전기 G_2가 공급하는 유효전력 및 무효전력을 계산하시오.

2.48 각각 지상역률 0.6으로 15 kW를 소비하고 진상역률 0.8로 10 kVA를 소비하는 2개의 평형 Y 결선 부하가 병렬로 연결되어 평형 3상 Y 결선 480 V 전원에서 전력을 공급받고 있다. (a) 각 부하와 전체 합성부하에 대해 전력 삼각 관계도를 그리시오. (b) 합성부하의 역률을 구하고 지상인지 진상인지 밝히시오. (c) 전원에서 공급되는 전류의 크기를 구하시오. (d) Δ 결선 커패시터가 합성부하에 병렬로 연결되었을 때, 전원의 역률을 1로 만들기 위해 필요한 각 상의 용량성 리액턴스는 얼마인가? Ω 단위로 답하시오. (e) 전원에서 공급되는 선전류와 각

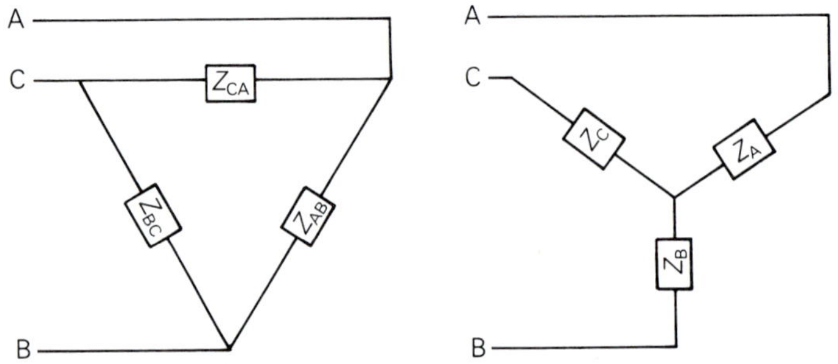

$$Z_{AB} = \frac{Z_A Z_B + Z_B Z_C + Z_C Z_A}{Z_C} \qquad Z_A = \frac{Z_{AB} Z_{CA}}{Z_{AB} + Z_{BC} + Z_{CA}}$$

$$Z_{BC} = \frac{Z_A Z_B + Z_B Z_C + Z_C Z_A}{Z_A} \qquad Z_B = \frac{Z_{AB} Z_{BC}}{Z_{AB} + Z_{BC} + Z_{CA}}$$

$$Z_{CA} = \frac{Z_A Z_B + Z_B Z_C + Z_C Z_A}{Z_B} \qquad Z_C = \frac{Z_{CA} Z_{BC}}{Z_{AB} + Z_{BC} + Z_{CA}}$$

그림 2.36 일반적인 Δ-Y 변환법

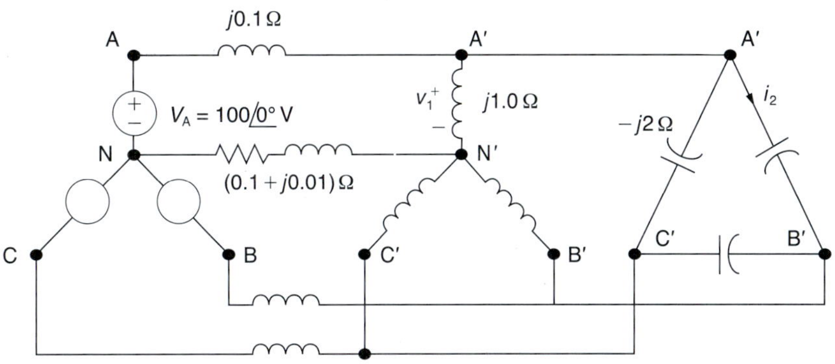

그림 2.37 연습문제 2.50에 대한 회로도

커패시터에 흐르는 전류의 크기를 계산하시오.

2.49 그림 2.36은 일반적인 Δ−Y 변환 방법을 나타내고 있다. (a) 평형 3상 부하에 대해서 일반적인 변환법은 그림 2.16에서 나타낸 것처럼 간략화됨을 보이시오. (b) Δ 임피던스가 다음과 같을 때, $Z_{AB} = j10$, $Z_{BC} = j20$, $Z_{CA} = -j25$ Ω 등가의 Y 임피던스를 구하시오.

2.50 그림 2.37에서 나타난 3상 계통에 대해 $v_1(t)$와 $i_2(t)$를 구하시오. 단, 정상분으로 가정한다.

2.51 (0.2 + j1.0)Ω/phase의 임피던스를 갖는 3상 선로를 통해 병렬로 접속되어 있는 3상 부하들에 전력을 공급하고 있다.

부하 1: 150 kW, 120 kvar의 전력 소비

부하 2: (150 + j48) Ω/phase의 임피던스가 Δ로 결선

부하 3: 진상역률 0.6에 120 kVA의 전력 소비

선로 부하단의 선로와 중성점 간 전압이 2,000 V(실효치)일 때, 선로 전원단의 선간전압 크기를 구하시오.

2.52 평형 3상 부하가 4.1 kV, 3상 4선식, Y 중성점 접지, 전용 배전선로에 연결되어 있다. 부하는 $Z_L = (4.7 + j9)$ Ω/phase의 Y 결선 임피던스로 모델링이 된다. 선로 상도체의 임피던스는 (0.3 + j1) Ω이다. A상전압을 기준전압으로 하여 다음을 구하시오. 이때 상배열은 정상으로 가정한다.

(a) A, B, C상의 선전류

(b) 부하의 모든 상에 대한 상전압

(c) 각 상과 3상 부하 전체에서 소비되는 피상전력, 유효전력, 무효전력

(d) 선로의 모든 상과 각 상에서 발생하는 유효전력 손실

참고문헌

1. W. H. Hayt, Jr. and J. E. Kemmerly, *Engineering Circuit Analysis*, 7th ed. (New York: McGraw-Hill, 2006).
2. W. A. Blackwell and L. L. Grigsby, *Introductory Network Theory* (Boston: PWS, 1985).
3. A. E. Fitzgerald, D. E. Higginbotham and A. Grabel, *Basic Electrical Engineering* (New York: McGraw-Hill, 1981).
4. W. D. Stevenson, Jr., *Elements of Power System Analysis*, 4th ed. (New York: McGraw-Hill, 1982).
5. Young Ngo et al., "Investing for the Future," *IEEE Power and Energy Magazine*, 18,1 (January/February 2020), pp. 34-42.

3 전력용 변압기

Power Transformers

3상 20.3 kVD/345 kVY 승압 유입 변압기의 철심 및 코일의 조립상태: 정격 325 MVA 자냉식(OA) / 542 MVA 풍냉식(FA) / 607 MVA 송유-풍냉식(FOA)(Courtesy of General Electric.)

학습목표

이 장에서는 다음과 같은 내용에 대하여 학습하기로 한다.

1. 이상변압기에 대한 가정과 이상변압기의 전압 및 전류의 관계
2. 변압기 극성 표시에 대한 규칙
3. 단위법의 정의와 사용상의 장점
4. 실제 3상 2권선 변압기의 단위 등가회로
5. 3상 Δ-Y와 Y-Δ 결선 변압기에서의 위상 변위
6. 3권선 변압기, 단권변압기, 탭조정 변압기, 위상변위 변압기

전력용 변압기는 전력계통의 대단히 중요한 구성요소로서 전력전송의 효율성을 높이고 전압강하 수준을 낮추어 경제성을 확보할 수 있도록 해주고 있다. 전력은 전압과 전류의 곱으로 얻어지기 때문에 정해진 전력에 대해 높은 전압을 유지할 경우, 이에 따라 낮아진 전류 레벨에 의해 I^2R 전력손실과 IZ 전압강하 정도는 줄어들게 된다. 전력용 변압기는 교류 전압과 교류 전류를 발전, 송전, 배전 및 전력 사용에 가장 적합한 수준으로 변환하는 역할을 한다.

1885년 윌리엄 스탠리(William Stanley)에 의해 개발된 상용 전력용 변압기 덕분에 그 당시 교류 전력계통은 직류 전력계통에 비해 더욱 매력적으로 보였다. 직류시스템은 부하의 규모가 커지고 송전거리가 늘어남에 따라 전압강하가 심해지는 문제가 있으나, 교류시스템은 변압기를 통해 승압을 함으로써 이러한 문제를 극복할 수 있었다. 오늘날의 전력용 변압기는 거의 100%의 효율을 갖고 있으며, 1,300 MVA 이상까지도 제작되고 있다.

이 장에서는 기본적인 변압기 이론과 정현파 정상상태에서 운전되는 변압기의 등가회로, 2권선 단상 변압기, 2권선 3상 변압기, 3권선 3상 변압기, 단권 변압기(autotransformer), 전압 조정 변압기(voltage regulating transformer)에 대해서도 살펴볼 것이다. 또한 변압기 등가 회로상의 이상 변압기 회로를 제거할 수 있게 함으로써 전력계통 해석을 쉽게 만들어 주는 pu법(per-unit system)에 대해서도 소개할 것이다. pu법을 이용한 전력계통 해석은 3장 이후에도 계속 사용될 것이다.

3.1 이상 변압기

그림 3.1은 2개의 권선이 철심을 둘러싸고 있는 가장 기본적인 단상 2권선 변압기를 보여주고 있다[1, 2, 3]. 여기서 변압기는 정현파 전원이 인가되어 정상상태에서 운전되고 있다고 가정한다. 그림 3.1에서 보인 것처럼 각 권선에는 E_1과 E_2의 전압이 인가되고 있고, 상전류 I_1은 N_1 권선수를 갖는 권선 1로 들어가고 있으며, I_2는 N_2 권선수를 갖는 권선 2에서 나오고 있다. 자속 페이저 Φ_c가 철심에 형성되어 있으며 자계세기 페이저 H_c 또한 표시되어 있다. 철심은 단면적이 A_c이고 자계회로의 평균길이 l_c와 투자율 μ_c는 상수값을 갖는다고 가정한다.

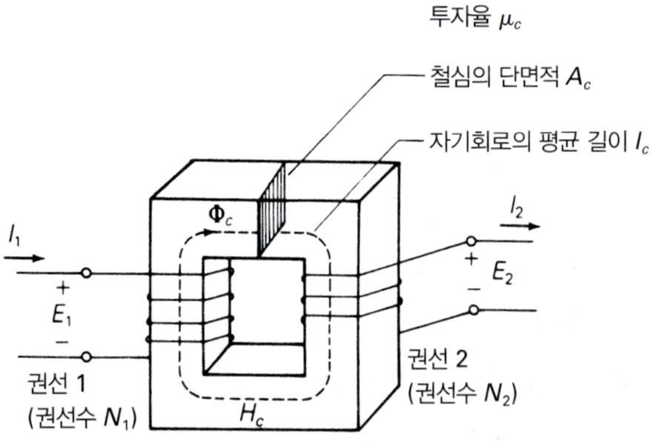

그림 3.1 단상 2권선 변압기의 구조

이상 변압기는 다음을 가정하고 있다.

1. 권선의 저항은 0이다. 따라서 I^2R 손실은 없다.
2. 철심의 투자율 μ_c는 무한대이다. 이는 철심의 자기저항(reluctance)이 0임을 의미한다.
3. 누설자속은 없다. 즉, 전체 자속 Φ_c는 철심 안에만 존재하고 양쪽의 권선을 쇄교(link)하고 있다.
4. 철심의 손실은 없다.

그림 3.2에는 2권선 변압기를 단순하게 표현한 개략도를 나타내었다. 암페어와 패러데이의 법칙과 위의 가정들을 이용하여 이상 변압기에서 나타나는 전압과 전류의 물리적인 관계들을 유도해낼 수 있다. 암페어의 법칙은 자계세기 벡터의 접선성분을 폐로를 따라 선적분한 값은 폐로와 쇄교된 총 전류값과 같다는 것이다. 즉,

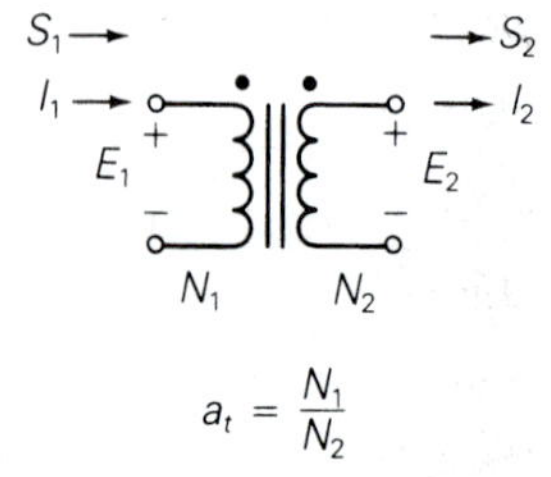

그림 3.2 이상적인 단상 2권선 변압기의 표기 방법

$$\oint H_{\tan} dl = I_{\text{enclosed}} \quad (3.1.1)$$

만일 그림 3.1에서와 같이 철심의 중앙을 잇는 선을 폐로로 정하고 H_c가 폐로를 따라 접선이 되며 그 값도 일정하다고 가정하면, 식 (3.1.1)은

$$H_c l_c = N_1 I_1 - N_2 I_2 \quad (3.1.2)$$

여기서 전류 I_1은 폐로와 N_1번 쇄교하고 전류 I_2는 N_2번 쇄교하고 있다는 점에 유의하여야 한다. 또한 암페어의 오른손 법칙*에 의하면 전류 I_1은 시계 방향의 자속을 만들고 전류 I_2는 시계반대 방향의 자속을 만들게 된다. 따라서 식 (3.1.2)에서 폐로와 쇄교하는 총 전류(net current)는 $N_1 I_1 - N_2 I_2$가 된다. 상수값을 갖는 투자율 μ_c에 의해 철심내의 자속밀도(magnetic flux density) B_c도 상수가 된다.

$$B_r = \mu_c H_c \quad \text{Wb/m}^2 \quad (3.1.3)$$

철심의 자속은

$$\Phi_c = B_C \mathrm{A}_C \quad \text{Wb} \quad (3.1.4)$$

식 (3.1.3)와 (3.1.4)를 식 (3.1.2)에 대입하면

$$N_1 I_1 - N_2 I_2 = l_c B_c / \mu_c = \left(\frac{l_c}{\mu_c \mathrm{A}_c} \right) \Phi_c \quad (3.1.5)$$

철심의 자기저항 R_c는 다음 식과 같이 정의된다.

$$\mathrm{R}_c = \frac{l_c}{\mu_c \mathrm{A}_c} \quad (3.1.6)$$

따라서 식 (3.1.5)는

$$N_1 I_1 - N_2 I_2 = \mathrm{R}_c \Phi_c \quad (3.1.7)$$

식 (3.1.7)은 자기회로의 '옴의 법칙'으로도 불린다. 즉, 총 기자력(net magnetomotive force, mmf) $N_1 I_1 - N_2 I_2$은 철심의 자기저항 R_c와 철심의 자속 Φ_c의 곱으로 표현된다. 여기서 자기저항 R_c는 자기회로에서 자속이 만들어지는 것을 방해하는 것으로, 전기회로에서 저항과 유사한 역할을 한다고 볼 수 있다. 이상 변압기에서는 μ_c를 무한대라고 가정하기 때문에 식 (3.1.6)에서 R_c는 0이 되고 식 (3.1.7)은

$$N_1 I_1 = N_2 I_2 \quad (3.1.8)$$

실제 전력용 변압기의 권선과 철심은 외함에 싸여 있기 때문에 권선의 감겨진 방향은 볼 수 없다. 권선에 대한 정보를 제공하는 한 가지 방법이 각 권선의 한쪽 끝에 점을 찍고, 전류가 권선의 점이 찍힌 곳으로 들어갈 때, 같은 방향으로 작용하는 기자력을 발생시킨다고 정하는 것이다. 이와 같은 점에 의한 규칙(dot-convention)은 그림 3.2에도 나타나 있다. 이러한 점을 일반적으로 극성 표시라고 한다.

식 (3.1.8)은 전류 I_1이 점이 찍힌 단자로 들어가고 전류 I_2는 점이 찍힌 단자에서 빠져나오는 경우를 정방향으로 하여 나타낸 것이다. 이 경우는 $I_1 = (N_2/N_1)I_2$이므로 I_1과 I_2는 동상이라고 한다. 만일 전류 I_2의 방향이 반대가 되어 두 전류 모두 점이 찍힌 단자로 들어갈 경우 I_1과 I_2는 180° 상차이가 난다고 본다.

패러데이 법칙에 따라, 시간에 따라 변화하는 자속 $\phi(t)$에 의해 N-권선수를 갖는 권선에 유기되는 전압 $e(t)$는

$$e(t) = N \frac{d\phi(t)}{dt} \quad (3.1.9)$$

일정한 주파수 ω의 정현파 정상상태 자속을 가정할 때, $e(t)$와 $\phi(t)$의 페이저 E와 Φ로 식 (3.1.9)를 표현하면

$$E = N(j\omega)\Phi \quad (3.1.10)$$

이상적인 변압기에서는 전체 자속이 모두 철심 내에 존재하고 양쪽의 권선에 쇄교한다고 가정한다. 패러데이의 법칙에 따라 그림 3.1의 권선에 유기되는 전압은

$$E_1 = N_1(j\omega)\Phi_c \quad (3.1.11)$$

$$E_2 = N_2(j\omega)\Phi_c \quad (3.1.12)$$

식 (3.1.11)을 (3.1.12)로 나누면

$$\frac{E_1}{E_2} = \frac{N_1}{N_2} \quad (3.1.13)$$

또는

$$\frac{E_1}{N_1} = \frac{E_2}{N_2} \quad (3.1.14)$$

*암페어의 오른손 법칙: 전류 방향으로 코일을 오른손 손가락으로 감싸면, 엄지손가락은 자속의 방향을 가리킨다.

그림 3.2를 보면, 전압 E_1과 E_2는 점이 찍힌 단자에서 모두 (+)극성을 갖기 때문에 동상이다. 만일 그림 3.1에서 전압의 하나가 극성이 바뀐다면 E_1과 E_2는 180° 상 차이가 나게 된다.

권선수의 비 a_t를 다음과 같이 정의한다.

$$a_t = \frac{N_1}{N_2} \tag{3.1.15}$$

식 (3.1.8)과 (3.1.14)를 a_t를 사용하여 변환하면, 이상적인 단상 변압기의 기본적인 전압전류 관계식은

$$E_1 = \left(\frac{N_1}{N_2}\right)E_2 = a_t E_2 \tag{3.1.16}$$

$$I_1 = \left(\frac{N_2}{N_1}\right)I_2 = \frac{I_2}{a_t} \tag{3.1.17}$$

식 (3.1.16)과 (3.1.17)로부터 복소전력과 임피던스에 대한 추가적인 관계를 유도해낼 수 있다. 그림 3.2에서 권선 1로 들어가는 복소전력은

$$S_1 = E_1 I_1^* \tag{3.1.18}$$

식 (3.1.16)과 (3.1.17)을 사용하면

$$S_1 = E_1 I_1^* = (a_t E_2)\left(\frac{I_2}{a_t}\right)^* = E_2 I_2^* = S_2 \tag{3.1.19}$$

식 (3.1.19)에서 보인 것처럼 권선 1로 들어가는 복소전력 S_1은 권선 2로 나오는 복소전력 S_2와 값이 동일하다. 즉, 이상 변압기에서는 유효전력 손실이나 무효전력 손실이 모두 발생하지 않는다.

만일 임피던스 Z_2를 그림 3.2의 권선 2에 연결한다면

$$Z_2 = \frac{E_2}{I_2} \tag{3.1.20}$$

이 임피던스를 권선 1에서 바라본 임피던스로 계산하면

$$Z_2' = \frac{E_1}{I_1} = \frac{a_t E_2}{I_2/a_t} = a_t^2 Z_2 = \left(\frac{N_1}{N_2}\right)^2 Z_2 \tag{3.1.21}$$

따라서 권선 2에 연결한 임피던스 Z_2는 권선 1에서는 Z_2에 a_t^2을 곱한 임피던스로 보이게 된다.

예제 3.1 이상적인 단상 2권선 변압기

정격이 20 kVA, 480/120 V, 60 Hz인 단상 2권선 변압기가 있다. 480 V 측에 연결된 전원을 통해 120 V 측에 접속된 임피던스 부하에 전력이 공급되고 있다. 부하전압이 118 V일 때, 부하는 지상역률 0.8로 15 kVA의 전력을 소비하고 있다. 변압기가 이상적이라고 가정하고 다음을 계산하시오.

a. 480 V 측 권선에 걸리는 전압
b. 부하 임피던스
c. 480 V 측에서 바라본 부하의 임피던스
d. 480 V 권선으로 공급되고 있는 유효전력 및 무효전력

| 풀이

a. 그림 3.3의 회로에서 480 V 권선을 권선 1, 120 V 권선을 권선 2로 표시하였다. 부하전압 E_2를 기준 전압으로 하여

$$E_2 = 118 \angle 0° \ \text{V}$$

식 (3.1.13)에서 권선비는

$$a_t = \frac{N_1}{N_2} = \frac{E_{1\text{rated}}}{E_{2\text{rated}}} = \frac{480}{120} = 4$$

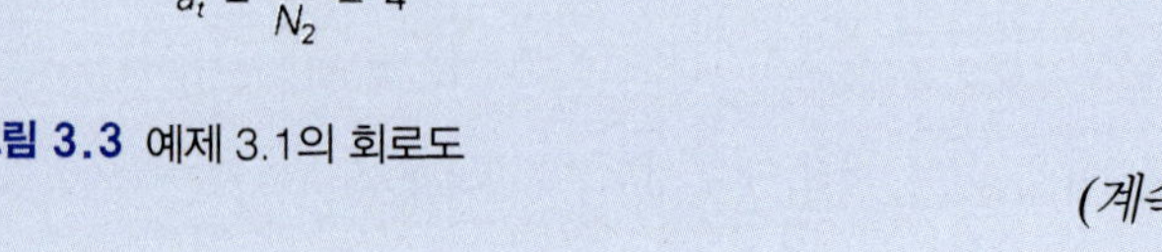

그림 3.3 예제 3.1의 회로도

(계속)

그리고 권선 1에 걸리는 전압은

$$E_1 = a_t E_2 = 4(118\angle 0°) = 472\angle 0° \ \text{V}$$

b. 부하에서 소비되는 복소전력 S_2는

$$S_2 = E_2 I_2^* = 118 I_2^* = 15{,}000\angle \cos^{-1}(0.8)$$
$$= 15{,}000\angle 36.87° \ \text{VA}$$

위 식을 부하전류 I_2에 대해서 풀면

$$I_2 = 127.12\angle -36.87° \ \text{A}$$

부하 임피던스 Z_2는

$$Z_2 = \frac{E_2}{I_2} = \frac{118\angle 0°}{127.12\angle -36.87°} = 0.9283\angle 36.87° \ \Omega$$

c. 식 (3.1.21)에서 480V 측에서 바라본 부하 임피던스는

$$Z_2' = a_t^2 Z_2 = (4)^2(0.9283\angle 36.87°) = 14.85\angle 36.87° \ \Omega$$

d. 식 (3.1.19)로부터

$$S_1 = S_2 = 15{,}000\angle 36.87° = 12{,}000 + j9000$$

따라서 480 V 권선에 공급되고 있는 유효전력과 무효전력은

$$P_1 = \text{Re}\, S_1 = 12{,}000 \text{ W} = 12 \text{ kW}$$

$$Q_1 = \text{Im}\, S_1 = 9000 \text{ var} = 9 \text{ kvar}$$

그림 3.4에는 단상 상변환(phase-shifting) 변압기에 대한 개념도를 나타내었나. 복소수의 권신비를 얻는 것은 불가능하기 때문에 이러한 개념도는 실제 변압기를 나타내는 것은 아니다. 다만 이 장 후반부에서 다루게 될 3상 변압기의 상변환을 나타내는 수학적인 모델에 활용될 것이다. 그림 3.4에서 보인 것과 같이 복소수의 권선비 a_t는 상변환 변압기에 대해서 다음과 같이 정의된다.

$$a_t = \frac{e^{j\phi}}{1} = e^{j\phi} \tag{3.1.22}$$

여기서 ϕ는 상변환 각을 나타낸다. 따라서 변압기의 관계식은

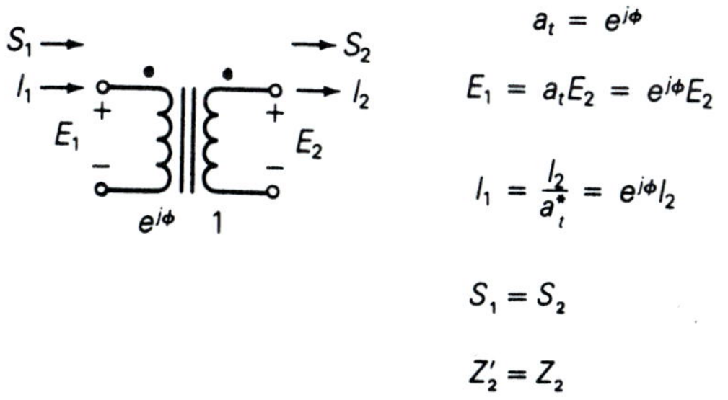

그림 3.4 이상적인 단상 상변환 변압기의 표기 방법

$$E_1 = a_t E_2 = e^{j\phi} E_2 \tag{3.1.23}$$

$$I_1 = \frac{I_2}{a_t^*} = e^{j\phi} I_2 \tag{3.1.24}$$

여기서 E_1의 위상각이 E_2의 위상각에 대해 ϕ만큼 앞서 있음에 유의한다. 마찬가지로, I_1 또한 I_2에 ϕ만큼 앞서있다. 그러나 크기는 변함이 없다. 즉, $|E_1| = |E_2|$이고 $|I_1| = |I_2|$이다.

이러한 관계에서 다음과 같이 추가적인 관계가 유도될 수 있다.

$$S_1 = E_1 I_1^* = (a_t E_2)\left(\frac{I_2}{a_t^*}\right)^* = E_2 I_2^* = S_2 \tag{3.1.25}$$

$$Z_2' = \frac{E_1}{I_1} = \frac{a_t E_2}{\frac{1}{a_t^*} I_2} = |a_t|^2 Z_2 = Z_2 \tag{3.1.26}$$

따라서 이상적인 상변환 변압기의 한쪽에서 다른 쪽을 바라볼 때 임피던스의 변화는 없다. 또한 $S_1 = S_2$이므로 어떠한 유효전력, 무효전력 손실도 발생하지 않는다.

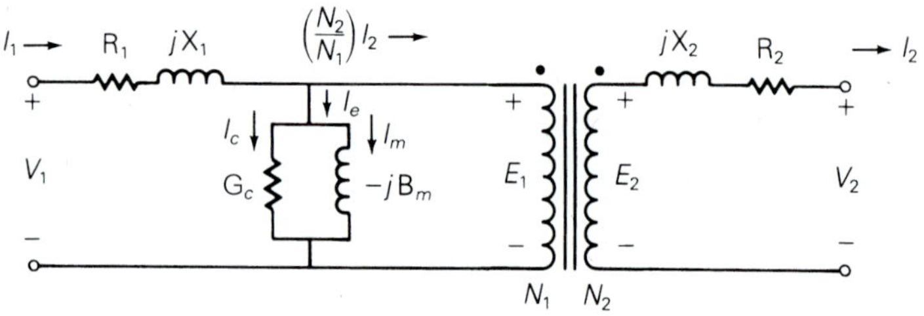

그림 3.5 실제 단상 2권선 변압기의 등가회로

상변환 변압기에 대한 식 (3.1.23)과 (3.1.24)는 식 (3.1.24)에서 켤레복소수만 제외하면 식 (3.1.16), (3.1.17)과 같아진다. 식 (3.1.25)에서 나타낸 것과 같이 $S_1 = S_2$ (즉, 권선 1로 들어가는 복소전력과 권선 2로 나오는 복소전력은 같음)이 되도록 하기 위해서 상변환 변압기에 대해서는 켤레복소수를 표기한다.

3.2 실제 변압기의 등가회로

그림 3.5에는 실제 단상 2권선 변압기에 대한 등가회로도를 나타내었는데, 이상 변압기와는 다음과 같은 점에서 차이가 난다.

1. 권선의 저항이 존재한다.
2. 철심의 투자율 μ_c는 유한한 값을 갖는다.
3. 자속 Φ_c가 모두 철심 안에만 존재하는 것은 아니다.
4. 철심에는 유효전력 및 무효전력 손실이 발생한다.

변압기의 권선 1에 대한 I^2R의 손실을 나타내기 위해 그림의 권선 1에 저항 R_1이 직렬로 연결되어 있다. 권선 1의 **누설 리액턴스**(leakage reactance)로 부르는 X_1은 권선 1의 누설자속과 관련되며, 이 역시 직렬로 연결되어 있다. 누설자속은 권선 1과 쇄교하는 자속이기는 하지만, 권선 2와는 쇄교하지 않으며 I_1에 비례하고 위상이 90°만큼 앞서는 전압강하 $I_1(jX_1)$을 발생시킨다. 또한 누설 리액턴스에 의해 무효전력 손실 $I_1^2X_1$이 발생한다. 비슷하게 권선 2에도 저항 R_2와 누설 리액턴스 X_2가 직렬로 연결되어 있다.

식 (3.1.7)은 철심의 투자율 μ_c가 유한할 경우 총 기자력은 0이 아님을 보여주고 있다. 식 (3.1.7)을 N_1으로 나누고 식 (3.1.11)을 이용하면

$$I_1 - \left(\frac{N_2}{N_1}\right)I_2 = \frac{R_c}{N_1}\Phi_c = \frac{R_c}{N_1}\left(\frac{E_1}{j\omega N_1}\right) = -j\left(\frac{R_c}{\omega N_1^2}\right)E_1 \tag{3.2.1}$$

식 (3.2.1)의 오른쪽 항을 I_m이라고 정의하고 **자화전류**라고 부른다. I_m은 E_1에 대해 90°만큼 뒤져 있고, I_m과 E_1의 관계는 서셉턴스 $B_m = \left(\frac{R_c}{\omega N_1^2}\right)$ S의 값을 갖는 병렬 인덕터로 표현할 수 있다.* 그러나 실제로는 추가적인 병렬 분기 저항도 존재하는데, 이 분기 저항은 컨덕턴스 G_c를 갖고 분기 저항을 통해서 **철손전류** I_c가 흐른다. I_c는 E_1과 동상이다. 철손전류 I_c가 포함될 경우, 식 (3.2.1)은

$$I_1 - \left(\frac{N_2}{N_1}\right)I_2 = I_c + I_m = (G_c - jB_m)E_1 \tag{3.2.2}$$

어드미턴스 $(G_c - jB_m)$의 병렬 분기가 포함된 그림 3.5의 등가회로는 식 (3.2.2)의 KCL 방정식을 만족시킨다. 권선 2를 개방($I_2 = 0$)한 상태에서 정현파 전압 V_1을 권선 1에 인가했을 경우, 식 (3.2.2)의 전류 I_1는 철손전류 I_c와 자화전류 I_m의 두 가지 성분으로 나누어 볼 수 있다. I_c와 관련하여 유효전력 손실 $I_c^2/G_c = E_1^2G_c$ W가 발생한다. 유효전력 손실은 철심 내의 히스테리시스 손실(hysteresis loss)과 와전류 손실(eddy current loss)로 구분할 수 있다. 히스테리시스 손실은 철심 내 자속의 주기적인 변화가 열 발산을 통해 에너지를 소비하기 때문에 나타나는 것이다. 이와 같은 히스테리시스 손실은 고급 합금 강철을 철심 재료로 사용하면 줄일 수 있다. 와전류 손실은 철심 내에서 자속과 수직으로 유기되는 전류인 와전류에 의해 발생하는 손실이다. 와전류 손실은 철심을 합금 강철의 적층 판으로 제작하여 줄일 수 있다. I_m과 관련해서는 $I_m^2/B_m = E_1^2B_m$ var의 무효전력 손실이 발생한다. 이 무효전력은 철심을 자화시키는 데 필요하다. 두 가지 전류 페이저 합$(I_c + I_m)$을 **여자전류**(exciting current) I_e라고 한다.

*어드미턴스(admittance), 컨덕턴스(conductance), 서셉턴스(susceptance)의 단위는 보통 SI 단위로 지멘스(S, siemens)를 사용하나 mhos(℧) 또는 $ohm^{-1}(\Omega^{-1})$로도 표시한다.

그림 3.6에 실제의 단상 2권선 변압기에 대한 3가지 서로 다른 등가회로를 나타내었다. 그림 3.6(a)에서 권선 2의 저항 R_2와 누설 리액턴스 X_2를 식 (3.1.21)을 이용하여 권선 1에서 바라본 임피던스로 변환하였다. 그림 3.6(b)에서는 병렬 분기를 제거하여 여자전류를 무시하였다. 여자전류는 정격전류의 5% 이하가 되기 때문에 변압기 효율이나 여자전류 현상을 해석하는 것과 같은 특정 목적이 아니라면 무시하여도 일반적인 전력계통을 해석하는 데는 큰 문제가 없다. 정격용량이 500 kVA를 넘는 대형 전력용 변압기의 경우, 권선의 저항은 누설 리액턴스에 비해 상대적으로 작기 때문에 그림 3.6(c)에서 나타낸 것과 같이 무시하기도 한다.

따라서 정현파 정상상태에서 운전되고 있는 실제 변압기의 등가회로는 그림 3.6과 같이 외부에 임피던스와 어드미턴스 분기를 갖는 이상 변압기로 표현할 수 있다. 외부 분기 임피던스와 어드미턴스의 값은 다음 예제처럼 단락시험과 개방시험으로 구할 수 있다.

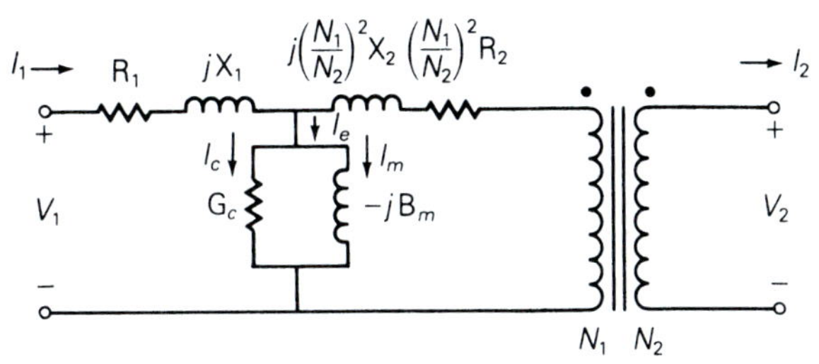

(a) 1차측으로 환산한 변압기 등가회로

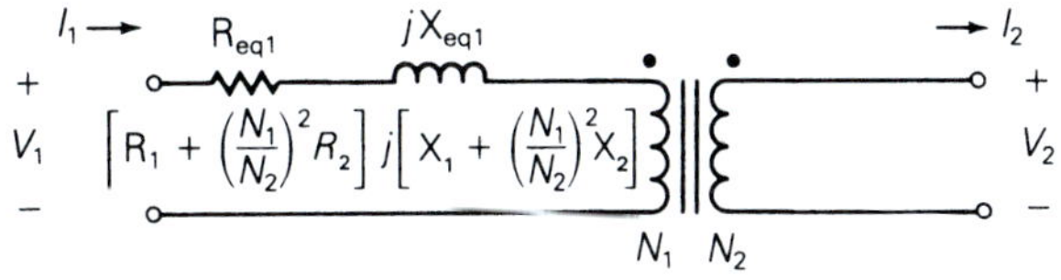

(b) 여자회로를 무시한 등가회로

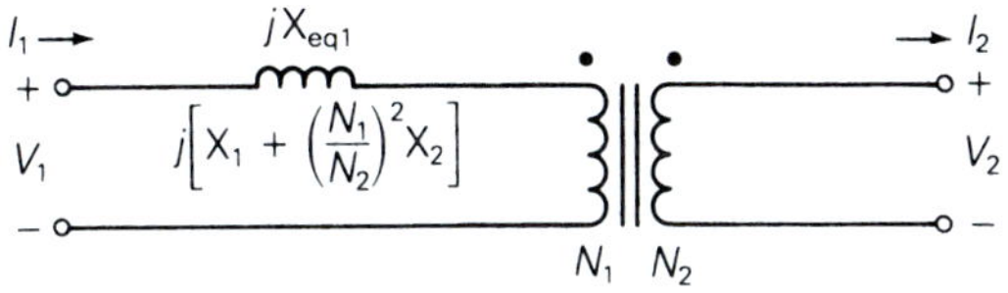

(c) 여자전류와 권선저항을 무시한 등가회로

그림 3.6 실제 단상 2권선 변압기 등가회로의 3가지 단순화 모델

예제 3.2 변압기 단락시헌 및 개방시험

단상 2권선 변압기의 정격이 20 kVA, 480/120 V, 60 Hz이다. 단락시험에서 120 V 권선(권선 2)을 단락시키고 480 V 권선(권선 1)에 정격주파수의 정격전류가 흐르도록 하였더니 $V_1 = 35$ V, $P_1 = 300$ W로 측정되었다. 개방시험에서는 권선 1을 개방하고 권선 2에 정격전압을 인가하였더니 $I_2 = 12$ A, $P_2 = 200$ W로 측정되었다.

a. 단락시험을 통해 권선 1에서 바라본 등가의 직렬 임피던스 $Z_{eq1} = R_{eq1} + jX_{eq1}$을 구하시오. 이때 병렬 어드미턴스는 무시한다.

b. 개방시험을 통해 권선 1에서 바라본 병렬 어드미턴스 $Y_m = G_c - jB_m$을 구하시오. 이때 직렬 임피던스는 무시한다.

풀이

a. 단락시험의 등가회로를 그림 3.7(a)에 보였다. 여기서 병렬 분기 어드미턴스는 무시한다. 권선 1의 정격전류는

$$I_{1rated} = \frac{S_{rated}}{V_{1rated}} = \frac{20 \times 10^3}{480} = 41.667 \quad A$$

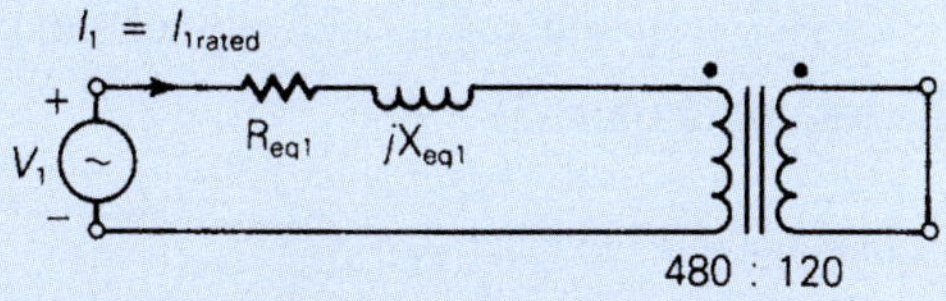

(a) 단락시험(병렬 어드미턴스 무시)

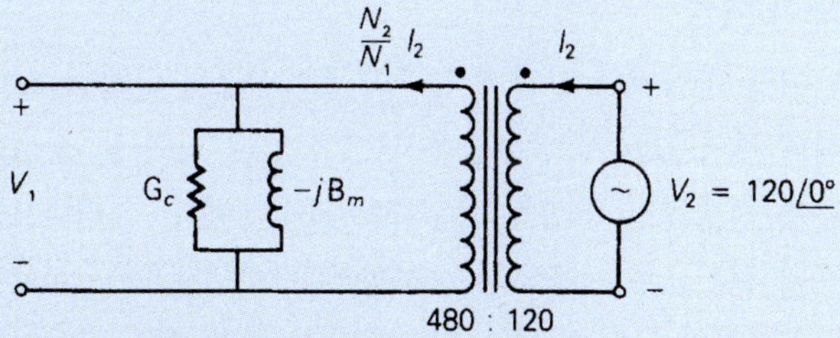

(b) 개방시험(직렬 임피던스 무시)

그림 3.7 예제 3.2의 회로

(계속)

따라서 R_{eq1}, Z_{eq1}, X_{eq1}은 다음과 같이 구해진다.

$$R_{eq1} = \frac{P_1}{I^2_{1rated}} = \frac{300}{(41.667)^2} = 0.1728 \quad \Omega$$

$$|Z_{eq1}| = \frac{V_1}{I_{1rated}} = \frac{35}{41.667} = 0.8400 \quad \Omega$$

$$X_{eq1} = \sqrt{Z^2_{eq1} - R^2_{eq1}} = 0.8220 \quad \Omega$$

$$Z_{eq1} = R_{eq1} + jX_{eq1} = 0.1728 + j0.8220$$
$$= 0.8400 \underline{/78.13^\circ} \quad \Omega$$

b. 개방시험의 등가회로를 그림 3.7(b)에 보였다. 여기서 직렬 임피던스는 무시한다. 식 (3.1.16)에서

$$V_1 = E_1 = a_t E_2 = \frac{N_1}{N_2} V_{2rated} = \frac{480}{120}(120) = 480 \text{ volts}$$

따라서 G_c, Y_m, B_m은 다음과 같이 구해진다.

$$G_c = \frac{P_2}{V_1^2} = \frac{200}{(480)^2} = 0.000868 \quad S$$

$$|Y_m| = \frac{\left(\frac{N_2}{N_1}\right) I_2}{V_1} = \frac{\left(\frac{120}{480}\right)(12)}{480} = 0.00625 \quad S$$

$$B_m = \sqrt{Y_m^2 - G_c^2}$$
$$= \sqrt{(0.00625)^2 - (0.000868)^2} = 0.00619 \quad S$$

$$Y_m = G_c - jB_m = 0.000868 - j0.00619$$
$$= 0.00625 \underline{/-82.02^\circ} \quad S$$

등가의 직렬 임피던스는 보통 단락시험의 정격전류를 통해 구할 수 있고, 등가의 병렬 분기 어드미턴스는 개방시험에서 인가된 정격전압을 통해 구할 수 있음에 유의하여야 한다. 정격조건 부근에서는 변압기 운전에 작은 변화가 있다 하더라도 보통 임피던스와 어드미턴스 값은 일정하다고 가정한다.

다음은 그림 3.5의 변압기 등가회로에서 표현될 수 없는 것들이다.

1. 포화 현상(saturation)
2. 돌입전류(inrush current)
3. 비정현파 여자전류(nonsinusoidal exciting current)
4. 서지 현상(surge phenomena)

해당 내용들은 다음에서 간략하게 설명하였다.

포화 현상

이상 변압기나 실제 변압기의 등가회로를 나타낼 때, 철심의 투자율 μ_c가 상수값을 갖고 식 (3.1.3)의 $B_c = \mu_c H_c$ 같은 선형적인 관계를 갖는다고 가정하였다. 그러나 변압기의 철심으로 사용되는 강자성체(ferromagnetic materials)의 B와 H의 관계는 비선형이며 여러 가지 값을 갖는다. 그림 3.8에 일반적으로 변압기에 많이 사용되는 방향성 전기강판의 B–H 곡선을 나타내었다. 그림에서 볼 수 있듯이, 각 곡선들은 여러 가지 값을 갖고 있으며 이러한 현상은 히스테리시스 특성에 의해서 나타나게 된다. 대부분 공학적인 응용에서는 그림 3.8의 점선과 같이 B–H 곡선을 적절히 표현하여 사용하고 있다. H가 증가함에 따라 철심이 포화되는 것에 유의할 필요가 있다. 즉, B가 1 Wb/m^2 이상으로 증가할 경우에는 곡선이 평평해짐을 볼 수 있다. 만일 변압기에 가해지는 전압이 너무 높을 경우에는 철심이 포화되어 대단히 큰 자화전류가 흐르게 된다. 보통 좋은 변압기는 인가되는 전압이 최대일 때 정상상태의 최대 자속밀도가 B–H 곡선상의 포화 시작 전에 발생하도록 설계되어 있다. 이때 자화전류는 비교적 작은 값이다.

돌입전류

변압기에 전압이 인가될 때는 변압기 정격전류에 비해 대단히 큰 과도전류가 몇 주기 동안 흐를 수 있다. 돌입전류라고 부르는 이 과도전류는 비정현파이며 큰 직류성분을 갖고 있다. 돌입전류의 원인을 이해하기 위해서 초기 전압 인가 이전에 변압기 철심의 잔류 자속밀도(residual flux density)를 $B(0) = 1.5$ Wb/m^2라고 가정하자. 이 값은 그

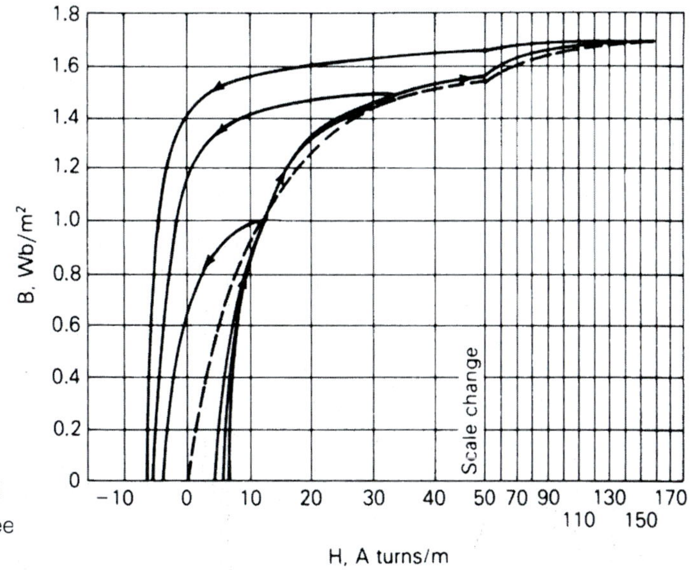

그림 3.8 두께 0.012 mm, M-5 방향성 전기강판의 B-H 곡선(Reprinted with permission of AK Stee Corporation.)

림 3.8의 점선으로 표시된 B–H 곡선의 중간 부분에 해당한다고 할 수 있다. 만일 전원전압이 (+)이고 증가하는 상태에서 변압기에 전압이 인가된다면 식 (3.1.9)의 패러데이 법칙에 따라 자속밀도는 더욱 증가하게 된다.

$$\mathrm{B}(t) = \frac{\phi(t)}{\mathrm{A}} = \frac{1}{\mathrm{NA}}\int_0^t e(t)dt + \mathrm{B}(0)$$

B–H 곡선상에서 B(t)가 포화영역으로 들어서게 되면 대단히 큰 값의 H(t)가 발생하고, 식 (3.1.1)의 암페어의 법칙에 의해 대단히 큰 전류 $i(t)$가 흐르게 된다. 돌입전류는 정상적인 전류이지만, 변압기의 비정상적인 단락고장전류만큼이나 크게 흐를 수 있기 때문에 변압기 보호설비는 반드시 이 두 가지 전류를 구분할 수 있어야 한다.

비정현파 여자전류

변압기의 한쪽 권선을 개방한 상태에서 다른 쪽 권선에 정현파 전압을 가하면 식 (3.1.9)의 패러데이 법칙에 따라 자속 $\phi(t)$와 자속밀도 B(t)는 정상상태에서 거의 정현파가 된다. 그러나 자계강도 H(t)와 여자전류는 B–H 곡선의 비선형성에 의해 정상상태에서도 정현파가 되지 않는다. 만일 여자전류를 푸리에 해석법에 따라 측정 분석해보면 기본 주파수 성분과 홀수 고조파들로 구성되어 있음을 알게 된다. 주요 고조파 성분은 3고조파로서 총 여자전류 실효치의 40% 정도를 차지하고 있다. 그러나 여자전류의 비정현파 특성은 고조파 영향이 주 관심사가 아니면 보통 무시하는데, 이는 여자전류 자체가 전력용 변압기 정격전류의 5% 미만에 지나지 않기 때문이다.

서지 현상

전력용 변압기가 낙뢰, 개폐 서지 등에 의해 순간적인 과도전압에 노출될 경우, 변압기 권선 간의 커패시턴스에 의해 변압기의 과도 응답특성이 많은 영향을 받게 된다. 변압기 권선 간의 커패시턴스와 서지 응답특성에 대해서는 14장에서 더 상세히 논의하겠다.

3.3 pu법(단위법)

전압, 전류, 전력, 임피던스와 같이 전력시스템에서 사용하는 물리량은 종종 기준치에 대한 퍼센트나 p.u.(per-unit)로 나타내기도 한다. 예를 들어, 기준 전압을 20 kV로 정하면 18 kV의 전압은 (18/20) = 0.9 p.u.나 90%로 표기할 수 있다. 계산도 실제 물리량이 아니라 pu값으로 수행할 수 있게 된다.

pu법의 장점은 적절히 기준치들을 정하여 사용할 경우 변압기의 등가회로를 매우 간략하게 만들 수 있다는 점이다. 즉 변압기의 양쪽에서 각각 바라봤을 때, pu법으로 표시된 전압, 전류, 임피던스와 어드미턴스는 변화하지 않으면서 등가회로상의 이상 변압기가 제거될 수 있다는 점이다. 전력계통은 비록 중간 정도의 규모라고 할지라도 수백대의 변압기를 포함하고 있기 때문에 이들을 제거하고 시스템 해석을 할 수 있다면 이는 대단한 장점이 된다. pu법은 변압기의 한쪽을 기준으로 다른 쪽을 계산할 때 발생할 수 있는 심각한 계산상의 오류를 피할 수 있게 해준다. pu법의 또 다른 장점은 정격을 기준치로 사용할 경우 유사한 종류의 전력설비에 대한 p.u.로 나타낸 임피던스(이후 pu임피던스)들을 비슷한 값으로 만들어 작은 범위 안에서 비교가 쉽도록 해준다. 이 때문에 pu법에 익숙한 사람이라면 pu임피던스 데이터의 전체적인 오류를 쉽게 빨리 찾아낼 수 있다. 또한 제조업체에서는 변압기나 전력기기에 대한 임피던스를 기기 명판에 pu법이나 퍼센트로 표기하고 있다.

pu값(per-unit quantity)은 다음과 같이 계산한다.

$$\text{pu값} = \frac{\text{실제 값(actual quantity)}}{\text{기준치(base value of quantity)}} \tag{3.3.1}$$

여기서 **실제 값**은 각 물리량의 실제 단위로 나타낸 값을 말한다. 기준치도 실제 값과 동일한 단위를 사용하기 때문에 pu값은 차원이 없는 물리량이 된다. 또한 기준치는 항상 위상이 0인 실수값을 사용하므로 pu값의 위상각은 실제 값의 위상각과 같다.

pu법을 적용하여 전력시스템을 해석하기 위해서는 먼저 전력계통상의 특정 구간에 대하여 2개의 기준치를 선정한다. 일반적으로 단상회로나 3상회로 모두 기준 상전압 V_{baseLN}과 기준 단상 복소전력 $S_{base1\phi}$를 기준치로 선정한다. 그리고 pu법에서도 각종 전기적인 법칙이 그대로 적용될 수 있도록 다른 물리량에 대해서 다음과 같이 기준치를 결정한다.

$$P_{base1\phi} = Q_{base1\phi} = S_{base1\phi} \tag{3.3.2}$$

$$I_{base} = \frac{S_{base1\phi}}{V_{baseLN}} \tag{3.3.3}$$

$$Z_{base} = R_{base} = X_{base} = \frac{V_{baseLN}}{I_{base}} = \frac{V^2_{baseLN}}{S_{base1\phi}} \tag{3.3.4}$$

$$Y_{base} = G_{base} = B_{base} = \frac{1}{Z_{base}} \tag{3.3.5}$$

식 (3.3.2)~(3.3.5)에서 아래첨자 LN과 1ϕ는 각각 3상회로에 있어서의 상(line-to-neutral)과 1상(per-phase)을 나타낸다. 이 식은 아래첨자를 빼고 단상회로에 대해서도 동일하게 사용할 수 있다.

관례적으로 기준치에 대해서는 다음과 같은 두 가지 규칙을 적용하고 있다.

1. 기준 용량 $S_{base1\phi}$는 대상이 되는 전체 전력계통에 대하여 동일한 값으로 사용한다.
2. 변압기 양측의 기준 전압의 비는 실제 변압기의 정격 변압비와 같도록 한다. 즉 한쪽의 기준 전압이 정해졌을 경우, 다른 쪽의 기준 전압은 정격 변압비에 맞춰 변환하며 결정한다.

위의 두 가지 규칙을 사용하면, 변압기 권선 어떤 쪽에서 바라봐도 변압기 pu임피던스는 동일한 값을 갖는다.

예제 3.3 pu임피던스: 단상 변압기

단상 2권선 변압기의 정격이 20 kVA, 480/120 V, 60 Hz이다. 120 V 측 권선(권선 2)에서 바라본 변압기의 등가 임피던스는 $Z_{eq2} = 0.0525\angle 78.13°\ \Omega$이다. 변압기의 정격 용량을 기준치로 하여 권선 2와 권선 1에서 각각 바라본 단위 누설 임피던스를 구하시오.

| 풀이

S_{base}, V_{base1}, V_{base2}의 값은 변압기의 정격으로부터 다음과 같이 정한다.

$$S_{base} = 20\text{ kVA},\ V_{base1} = 480\text{ V},\ V_{base2} = 120\text{ V}$$

식 (3.3.4)를 이용하여 변압기의 120 V 측의 기준 임피던스를 구하면

$$Z_{base2} = \frac{V^2_{base2}}{S_{base}} = \frac{(120)^2}{20{,}000} = 0.72\quad \Omega$$

그리고 식 (3.3.1)을 이용하여 권선 2에서 바라본 단위 누설 임피던스를 구하면

(계속)

$$Z_{eq2p.u.} = \frac{Z_{eq2}}{Z_{base2}} = \frac{0.0525\ \angle 78.13°}{0.72}$$
$$= 0.0729\ \angle 78.13° \text{ per unit}$$

Z_{eq2}를 권선 1에서 바라본 값으로 변환하면

$$Z_{eq1} = a_t^2 Z_{eq2} = \left(\frac{N_1}{N_2}\right)^2 Z_{eq2} = \left(\frac{480}{120}\right)^2 (0.0525\ \angle 78.13°)$$
$$= 0.84\angle 78.13°\ \ \Omega$$

변압기의 480-V 측의 기준 임피던스를 구하면

$$Z_{base1} = \frac{V_{base1}^2}{S_{base}} = \frac{(480)^2}{20{,}000} = 11.52\ \ \Omega$$

그리고 권선 1에서 바라본 단위 누설 임피던스를 구하면

$$Z_{eq1p.u.} = \frac{Z_{eq1}}{Z_{base1}} = \frac{0.84\angle 78.13°}{11.52}$$
$$= 0.0729\angle 78.13° \text{ per unit} = Z_{eq2p.u.}$$

따라서 단위 누설 임피던스는 권선 1과 권선 2 어느 쪽에서 계산하여도 그 값에는 변함이 없다. 이것은 다음과 같이 기준 전압의 비를 변압기 정격전압의 비로 사용했기 때문에 얻어진 결과이다.

$$\frac{V_{base1}}{V_{base2}} = \frac{V_{rated1}}{V_{rated2}} = \left(\frac{480}{120}\right)$$

그림 3.9는 단상 2권선 변압기를 pu법으로 나타낸 3가지 종류의 등가회로이다. 그림 3.9(a)의 이상 변압기는 $E_{1p.u.} = E_{2p.u.}$와 $I_{1p.u.} = I_{2p.u.}$를 만족한다. 이 관계는 다음과 같이 유도할 수 있는데, 먼저 식 (3.1.16)을 V_{base1}로 나누면

$$E_{1p.u.} = \frac{E_1}{V_{base1}} = \frac{N_1}{N_2} \times \frac{E_2}{V_{base1}} \tag{3.3.6}$$

여기에 규칙2의 $V_{base1}/V_{base2} = V_{rated1}/V_{rated2} = N_1/N_2$를 적용하면

$$E_{1p.u.} = \frac{N_1}{N_2} \frac{E_2}{\left(\frac{N_1}{N_2}\right) V_{base2}} = \frac{E_2}{V_{base2}} = E_{2p.u.} \tag{3.3.7}$$

마찬가지로 식 (3.1.17)을 I_{base1}로 나누면

$$I_{1p.u.} = \frac{I_1}{I_{base1}} = \frac{N_2}{N_1} \frac{I_2}{I_{base1}} \tag{3.3.8}$$

여기에 규칙1과 규칙2를 적용하면 $I_{base1} = S_{base}/V_{base1} = S_{base}/[(N_1/N_2)V_{base2}] = (N_2/N_1)I_{base2}$가 되므로

$$I_{1p.u.} = \frac{N_2}{N_1} \frac{I_2}{\left(\frac{N_2}{N_1}\right) I_{base2}} = \frac{I_2}{I_{base2}} = I_{2p.u.} \tag{3.3.9}$$

따라서 그림 3.2의 이상 변압기는 그림 3.9(a)의 단위 회로처럼 삭제할 수 있다. 그림 3.9(b)에서는 단위 누설 임피던스가 추가되었고, 완전한 회로 표현인 그림 3.9(c)에는 단위 병렬 어드미턴스 분기가 포함되었다.

변압기와 같이 전력시스템 구성요소 한 가지만 고려할 경우에는 기기 명판에 있는 정격 값을 보통 기준치로 사용

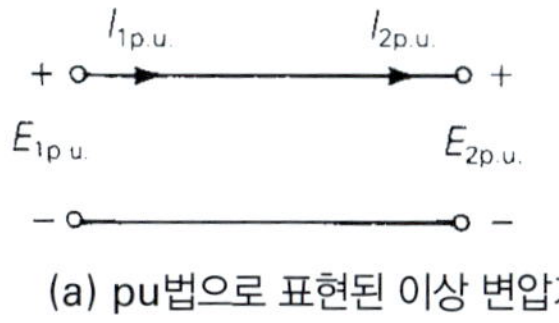

(a) pu법으로 표현된 이상 변압기

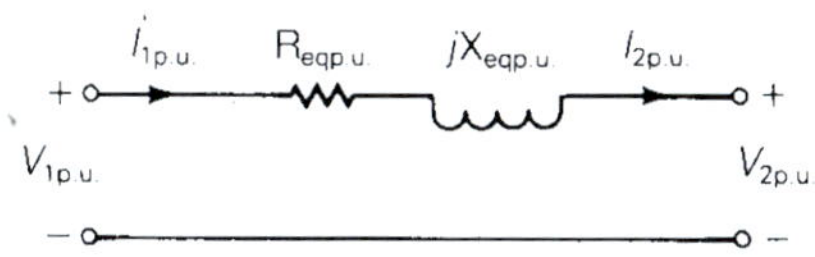

(b) 여자전류를 무시한 변압기 등가회로

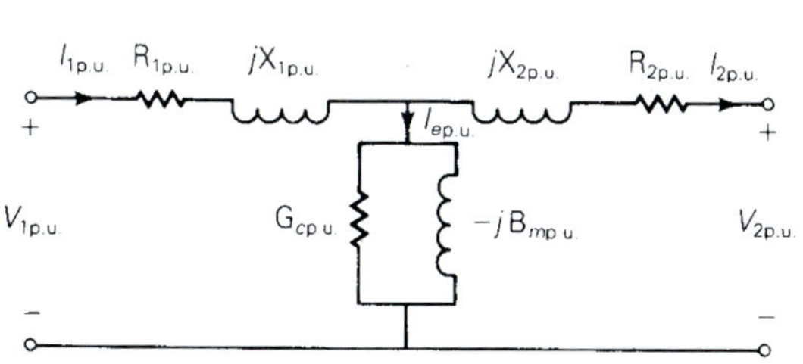

(c) pu법으로 표현된 완전한 변압기 등가회로

그림 3.9 pu법으로 표현된 단상 2권선 변압기 등가회로

한다. 그러나 여러 개의 구성요소가 포함될 때는 각 기기 명판의 정격 값들이 서로 다를 수 있다. 따라서 기기 명판의 정격을 기준치로 계산한 pu임피던스는 전력시스템 전체의 기준치에 의한 pu임피던스로 변환하여야 한다. '이전(old)'의 기준치에서 계산된 pu임피던스를 '새로운(new)' 기준치에 의한 pu임피던스로 변환하려면

$$Z_{\text{p.u.new}} = \frac{Z_{\text{actual}}}{Z_{\text{basenew}}} = \frac{Z_{\text{p.u.old}}\, Z_{\text{baseold}}}{Z_{\text{basenew}}} \tag{3.3.10}$$

또는 식 (3.3.4)로부터

$$Z_{\text{p.u.new}} = Z_{\text{p.u.old}}\left(\frac{V_{\text{baseold}}}{V_{\text{basenew}}}\right)^2\left(\frac{S_{\text{basenew}}}{S_{\text{baseold}}}\right) \tag{3.3.11}$$

예제 3.4 pu법으로 나타낸 등가회로: 3구간으로 나눈 단상 전력계통

그림 3.10(a)에 3개의 구간으로 구분된 단상 전력계통을 나타냈다. 각 구간은 변압기 T_1과 T_2로 연결되고, 변압기의 정격 또한 그림에 표시하였다. 구간 1의 30 kVA와 240 V를 기준치로 하여 변환된 등가회로도를 그리고, pu법으로 나타낸 임피던스와 전원전압을 구하시오. 그리고 pu법에 의한 부하전류와 실제 암페어 단위의 부하전류를 각각 계산하시오. 단, 변압기 권선 저항과 병렬 어드미턴스 분기는 무시한다.

| 풀이

먼저 각 구간의 기준치를 정해야 한다. 여기서 $S_{\text{base}} = 30$ kVA는 전체 계통에 동일하게 적용 가능하다. 또한 구간 1에 대해 상전압 기준치를 $V_{\text{base1}} = 240$ V로 정한다. 다른 구간의 전압 기준치는 변압기 정격 변압비에 따라 변압기를 따라가면서 바꾸어주면 된다. 따라서

$$V_{\text{base2}} = \left(\frac{480}{240}\right)(240) = 480 \quad \text{volts}$$

$$V_{\text{base3}} = \left(\frac{115}{460}\right)(480) = 120 \quad \text{volts}$$

구간 2와 3의 기준 임피던스는

$$Z_{\text{base2}} = \frac{V_{\text{base2}}^2}{S_{\text{base}}} = \frac{480^2}{30{,}000} = 7.86 \quad \Omega$$

$$Z_{\text{base3}} = \frac{V_{\text{base3}}^2}{S_{\text{base}}} = \frac{120^2}{30{,}000} = 0.48 \quad \Omega$$

그리고 구간 3의 기준 전류는

$$I_{\text{base3}} = \frac{S_{\text{base}}}{V_{\text{base3}}} = \frac{30{,}000}{120} = 250 \quad \text{A}$$

다음으로, 구해진 기준치들을 이용해서 계통의 pu임피던스를 계산한다. $S_{\text{base}} = 30$ kVA는 변압기 T_1의 kVA 정격용량과 같고 $V_{\text{base1}} = 240$ V는 구간 1 방향의 변압기 T_1 정격전압과 같기 때문에 T_1의 단위 누설 리액턴스는 기기 명판에 적혀 있는 $X_{\text{T1p.u.}} = 0.1$ p.u.와 같다. 그러나 변압기 T_2의 단위 누설 리액턴스는 기기 명판의 기준에서 계통의 기준에 의해 계산된 값으로 변환하여야 한다. 식 (3.3.11)과 $V_{\text{base2}} = 480$ V를 이용하여

$$X_{\text{T2p.u.}} = (0.10)\left(\frac{460}{480}\right)^2\left(\frac{30{,}000}{20{,}000}\right) = 0.1378 \quad \text{per unit}$$

반대로 $V_{\text{base3}} = 120$ V를 이용하면

$$X_{\text{T2p.u.}} = (0.10)\left(\frac{115}{120}\right)^2\left(\frac{30{,}000}{20{,}000}\right) = 0.1378 \quad \text{per unit}$$

두 방법 모두 동일한 결과를 얻게 된다. 구간 2 선로의 단위 리액턴스는

$$X_{\text{linep.u.}} = \frac{X_{\text{line}}}{Z_{\text{base2}}} = \frac{2}{7.68} = 0.2604 \quad \text{per unit}$$

그리고 구간 3에 있는 부하의 pu임피던스는

$$Z_{\text{loadp.u.}} = \frac{Z_{\text{load}}}{Z_{\text{base3}}} = \frac{0.9 + j0.2}{0.48}$$
$$= 1.875 + j0.4167 \quad \text{per unit}$$

(계속)

이와 같이 계산된 값을 이용하면 그림 3.10(b)와 같은 등가회로도를 그릴 수 있다. 그림에 각 구간의 기준치, 단위 임피던스, 단위 전원전압을 표시하였다. 그리고 단위 부하전류는 그림 3.10(b)로부터 다음과 같이 쉽게 계산할 수 있다.

$$I_{\text{loadp.u.}} = I_{\text{sp.u.}}$$

$$= \frac{V_{\text{sp.u.}}}{j(X_{\text{T1p.u.}} + X_{\text{linep.u.}} + X_{\text{T2p.u.}}) + Z_{\text{loadp.u.}}}$$

$$= \frac{0.9167\angle 0^\circ}{j(0.10 + 0.2604 + 0.1378) + (1.875 + j0.4167)}$$

$$= \frac{0.9167\angle 0^\circ}{1.875 + j0.9149} = \frac{0.9167\angle 0^\circ}{2.086\angle 26.01^\circ}$$

$$= 0.4395\angle -26.01^\circ \quad \text{per unit}$$

실제 흐르는 전류는

$$I_{\text{load}} = (I_{\text{loadp.u.}})I_{\text{base3}} = (0.4395\angle -26.01^\circ)(250)$$

$$= 109.9\angle -26.01^\circ \quad \text{A}$$

예제에서 적절한 기준치를 선정하여 이상 변압기를 회로에서 제거할 수 있었고, 그에 따라 그림 3.10(b)의 단위 등가회로에 대한 해석이 상대적으로 쉬워졌다는 점에 유의할 필요가 있다.

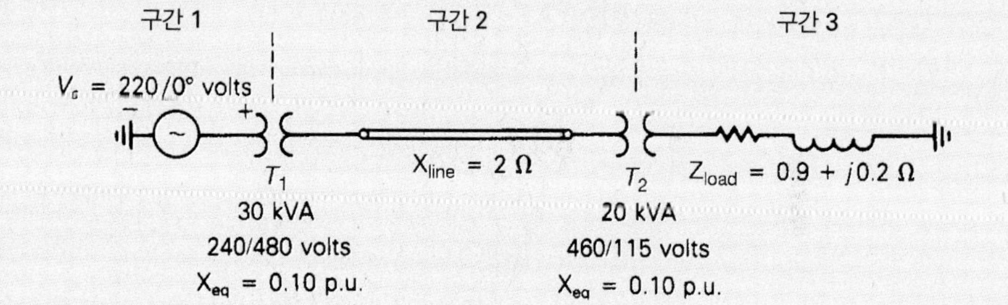

(a) 단상 회로

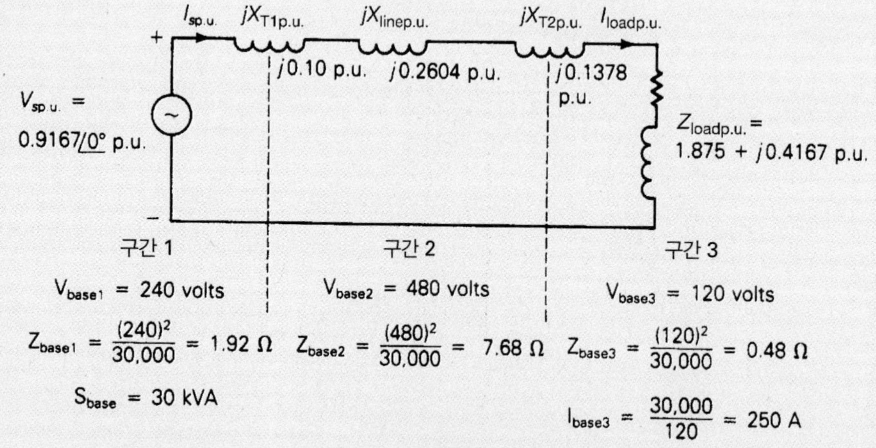

(b) pu법으로 표현된 등가회로

그림 3.10 예제 3.4 회로도

평형 3상회로는 Δ-부하 임피던스를 Y-부하 임피던스로 변환한 후 단상해석을 통해 pu법 계산을 하게 된다. 기준치는 단상 기준이나 3상 기준 모두 사용할 수 있다. 단상에 대한 식 (3.3.1)~(3.3.5)는 3상회로에서도 동일하게 적용할 수 있다. 보통 3상에서는 $S_{base3\phi}$와 V_{baseLL}을 먼저 정하는데, 여기서 아래첨자 3ϕ와 LL은 각각 '3상'과 '선간'을 의미한다. 다른 기준치들은 다음과 같은 관계를 이용하여 구할 수 있다.

$$S_{base1\phi} = \frac{S_{base3\phi}}{3} \tag{3.3.12}$$

$$V_{baseLN} = \frac{V_{baseLL}}{\sqrt{3}} \tag{3.3.13}$$

$$S_{base3\phi} = P_{base3\phi} = Q_{base3\phi} \tag{3.3.14}$$

$$I_{base} = \frac{S_{base1\phi}}{V_{baseLN}} = \frac{S_{base3\phi}}{\sqrt{3}V_{baseLL}} \tag{3.3.15}$$

$$Z_{base} = \frac{V_{baseLN}}{I_{base}} = \frac{V^2_{baseLN}}{S_{base1\phi}} = \frac{V^2_{baseLL}}{S_{base3\phi}} \tag{3.3.16}$$

$$R_{base} = X_{base} = Z_{base} = \frac{1}{Y_{base}} \tag{3.3.17}$$

예제 3.5 평형 3상 전력계통에서 pu법으로 나타낸 전류와 실제 전류

예제 2.4와 같이 선간전압 $E_{ab} = 480\angle 0°$인 평형 Y-결선 전압원이 $Z_\Delta = 30\angle 40°\ \Omega$인 평형 Δ-결선 부하에 전력을 공급하고 있다. 전원과 부하 사이의 선로 각 상의 임피던스는 $Z_L = 1\angle 85°\ \Omega$이다. $S_{base3\phi} = 10$ kVA와 $V_{baseLL} = 480$ V를 이용하여 a상 선로에 흐르는 단위 전류 값과 실제 전류 값을 구하시오.

| 풀이

먼저 Z_Δ를 등가의 Y-결선 부하 Z_Y로 변환한다. 변환된 등가회로도는 그림 2.17과 같다. 식 (3.3.16)에서 기준 임피던스는

$$Z_{base} = \frac{V^2_{baseLL}}{S_{base3\phi}} = \frac{(480)^2}{10{,}000} = 23.04\quad \Omega$$

단위 선로 임피던스와 단위 부하 임피던스는

$$Z_{Lp.u.} = \frac{Z_L}{Z_{base}} = \frac{1\angle 85°}{23.04} = 0.04340\angle 85°\quad \text{per unit}$$

$$Z_{Yp.u.} = \frac{Z_Y}{Z_{base}} = \frac{10\angle 40°}{23.04} = 0.4340\angle 40°\quad \text{per unit}$$

그리고

$$V_{baseLN} = \frac{V_{baseLL}}{\sqrt{3}} = \frac{480}{\sqrt{3}} = 277\quad \text{volts}$$

$$E_{anp.u.} = \frac{E_{an}}{V_{baseLN}} = \frac{277\angle -30°}{277} = 1.0\angle -30°\quad \text{per unit}$$

pu법으로 표현한 등가회로는 그림 3.11과 같다. 따라서 a상의 단위 선전류는

$$I_{ap.u.} = \frac{E_{anp.u.}}{Z_{Lp.u.} + Z_{Yp.u.}}$$

$$= \frac{1.0\angle -30°}{0.04340\angle 85° + 0.4340\angle 40°}$$

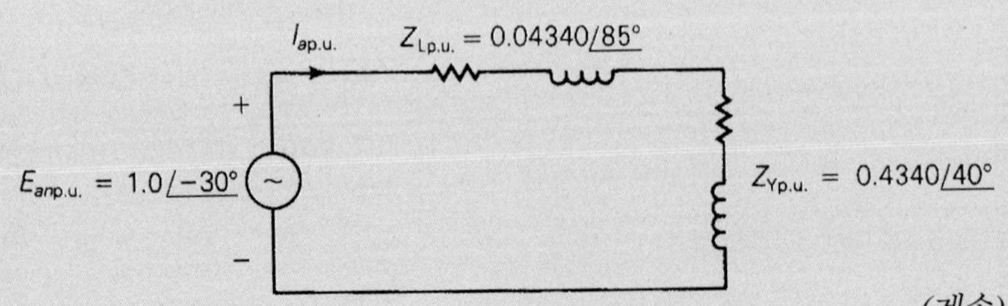

그림 3.11 예제 3.5에 대한 회로도

(계속)

$$= \frac{1.0\angle{-30°}}{(0.00378 + j0.04323) + (0.3325 + j0.2790)}$$

$$= \frac{1.0\angle{-30°}}{0.3362 + j0.3222} = \frac{1.0\angle{-30°}}{0.4657\angle{43.78°}}$$

$$= 2.147\angle{-73.78°} \quad \text{per unit}$$

기준 전류는

$$I_{base} = \frac{S_{base3\phi}}{\sqrt{3}\,V_{baseLL}} = \frac{10{,}000}{\sqrt{3}(480)} = 12.03 \quad A$$

그리고 a상에 흐르는 실제 전류 값은

$$I_a = (2.147\angle{-73.78°})(12.03) = 25.83\angle{-73.78°} \quad A$$

3.4 3상 변압기 결선과 위상 이동

동일한 단상 2권선 변압기 3개를 결선하여 하나의 3상 변압기를 만들 수 있는데, 그 결선 방법으로는 Y–Y, Y–Δ, Δ–Y, Δ–Δ 등 4가지가 있다. 예를 들어 그림 3.12는 Y–Y 결선으로 구성된 3상 변압기를 보여주고 있고, 이 중 그림 3.12(a)는 철심과 권선의 연결 상태를 나타내고 있다. 미국 기술표준에 따르면 3상 변압기의 상 표시는 고압측에는 H1, H2, H3와 저압측은 X1, X2, X3로 하여 극성 점이 표시되어 있는 단자에 표기하고 있다. 또한 이 책에서 변압기 고압을 나타낼 때는 대문자 ABC를 사용하고 저압을 나타낼 때는 소문자 abc를 사용하여 상 구분을 하도록 한다. 그림 3.12(a)에서 보듯이 변압기 고압단자 H1, H2, H3는 A, B, C상과 연결하였고, 저압단자 X1, X2, X3는 a, b, c 상과 각각 연결하였다.

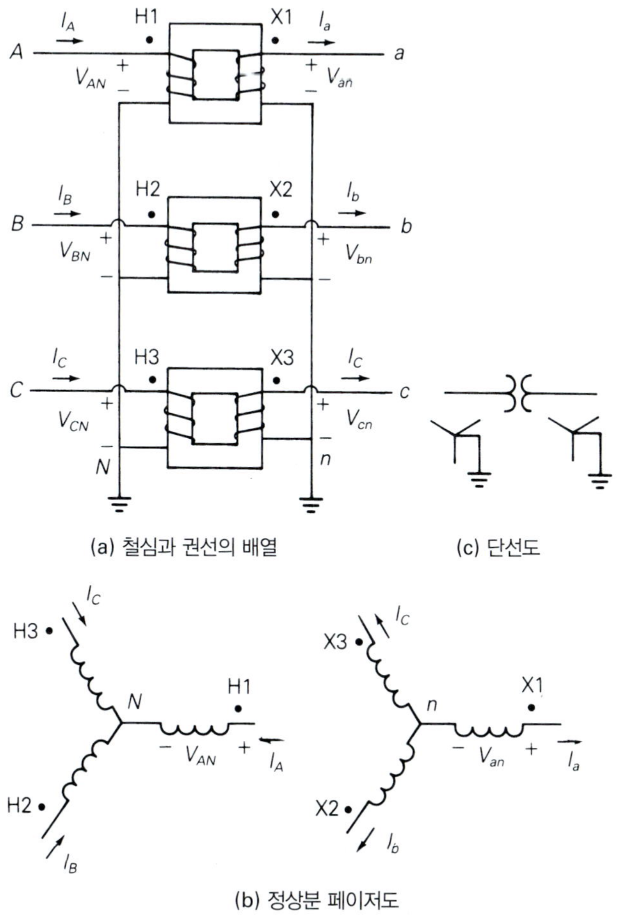

그림 3.12 3상 2권선 Y–Y 변압기

그림 3.12(b)는 3상 Y–Y 변압기의 회로적인 개략도를 나타내고 있다. 같은 철심에 감겨 있는 권선들은 평행으로 그려졌고, 평형 정상순 운전 시의 페이저 간의 관계도 나타나 있다. 예를 들어 그림 3.12(b)에서는 고압 권선 H1-N과 저압 권선 X1-n이 같은 철심에 감겨 있다. 따라서 V_{AN}은 V_{an}과 동상이다. 그림 3.12(c)는 Y–Y 변압기의 단선도를 나타내고 있다. 단선도에서는 중성선을 제외한 3상회로의 1상만 나타내고 다른 요소들도 회로 대신 기호로 표시한다.

Y–Y 결선이나 Δ–Δ 결선의 경우는 고압과 저압의 대응하는 상끼리 위상 이동이 없으나 Y–Δ 결선이나 Δ–Y 결선의 경우는 항상 위상 이동이 발생한다. 그림 3.13은 Y–Δ 변압기를 나타낸다. 이때 권선에 대한 표시와 개략도는 미국 기술표준을 따를 경우 다음과 같다.

> Y–Δ 결선 또는 Δ–Y 결선 변압기에서, 고압측의 정상분(positive-sequence)은 이에 대응하는 저압측의 정상분에 30° 앞서있다.

그림 3.13(b)에 표시한 것처럼 V_{AN}은 V_{an}보다 30° 앞서있다.

그림 3.13(b)에 나타낸 정상분의 페이저도는 다음의 5단

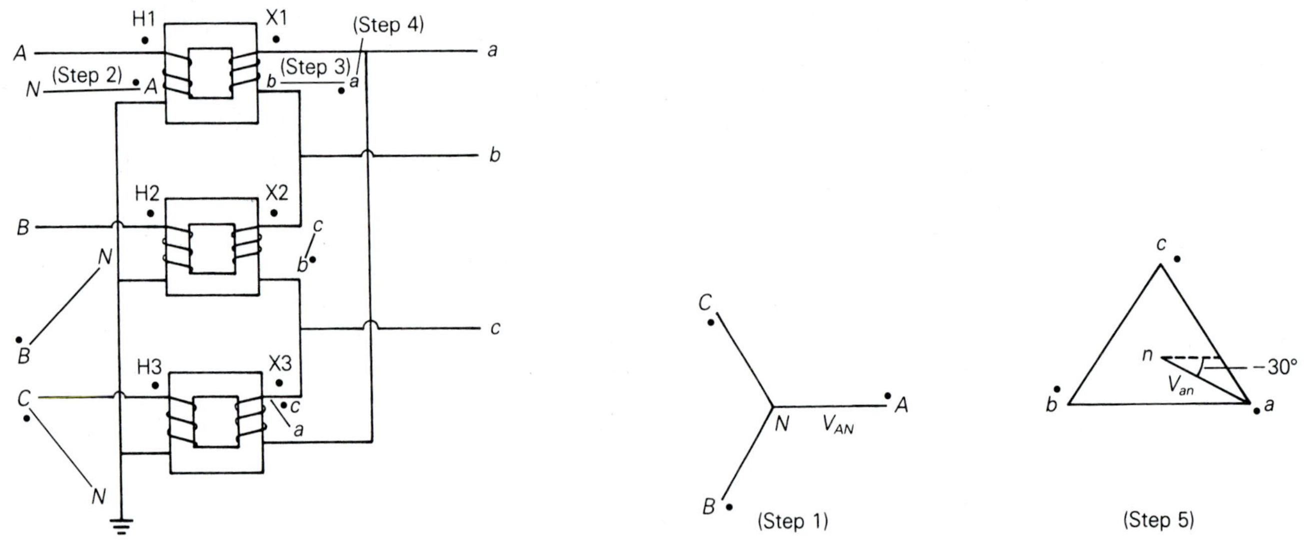

(a) 철심과 권선의 배열 (b) 정상순 운전 시 전압 페이저 간의 관계도

그림 3.13 3상 2권선 Y–Δ 변압기

계를 거쳐서 만들 수 있고, 이는 그림 3.13에 또한 나타나 있다.

1단계: 평형 정상분 전압이 Y 권선에 인가된다고 가정하고, 이 전압에 대한 정상분 페이저도를 그린다.

2단계: 먼저 페이저 *A–N*을 그림 3.13(a)와 같이 고압측 단자 *A*로 옮긴다. 페이저 양 끝의 *A*, *N* 표시는 페이저도와 동일하게 한다. 같은 방법으로 페이저 *B–N*과 *C–N*을 고압측 단자 *B*와 *C*로 각각 이동한다.

3단계: 단상 변압기의 경우, 이상 변압기라고 가정할 때 저압측 권선에 유기되는 전압은 같은 철심의 고압측 권선에 유기되는 전압과 동상이다. 따라서 고압측 권선에 대응하는 저압측 권선 옆에 고압측 전압 페이저와 평행이 되는 선을 그린다.

4단계: 극성 표시에 주의하면서 3단계의 저압측 직선 양 끝에 상 표시를 한다. 예를 들어 고압측의 *A*는 점이 찍힌 단자 H1에 연결되어 있고 *A–N* 직선상에서 *A*는 오른쪽에 표시되어 있으므로 저압측의 직선 오른쪽에는 점이 찍힌 단자 X1에 연결된 *a*를 적어놓게 된다. 그리고 *b*는 직선의 다른 한쪽 끝에 적어놓으면 된다. 비슷하게 고압측의 *B*상은 점이 찍힌 H2 단자에 연결되어 있고 *B–N* 직선의 아래쪽에 표시되어 있으므로 저압측에서 X2에 연결된 *b*상은 *b–c* 직선의 아래쪽에 표시되어야 한다. 동일한 방법으로 *c*상은 *c–a* 직선의 위쪽에 자리잡게 된다.

5단계: 4단계에서 표시한 3가지 직선을 모아서 저압 Δ 권선에 대한 페이저도를 완성한다. 그림에서 V_{AN}은 V_{an}에 30° 앞선다는 것을 쉽게 알 수 있다.

Δ–Y 변압기는 보통 발전기의 승압용 변압기로 사용된다. 이때 Δ 권선은 발전기 단자에 연결되고, Y 권선은 송전선에 연결된다. Y 결선을 고압측으로 하면 중성점 *N*을 고압측의 접지로 사용할 수 있다는 장점이 있다. 영구적으로 접지시킨 중성점을 사용할 경우, 고압 변압기 권선에 대한 절연강도를 줄일 수 있다. 고압측의 절연을 *ABC* 단자의 최대 절연에서 접지단자 *N*의 최소 절연으로 줄일 수 있게 된다. Δ 권선의 장점은 철심의 비선형적인 *B–H* 특성에 따라 발생하는 3고조파 자화전류를 Δ 권선 내부에 가둘 수 있다는 점이다. 3고조파 전류는 Δ 결선 내로 들어오거나 빠져나갈 수 없는 (정격의 3배 주파수) 영상분 전류(zero-sequence currents)이지만 Δ 결선 내에서는 흐를 수 있다. Y–Y 변압기는 3고조파의 여자전류를 선로에 흐르게 하기 때문에 거의 사용하지 않는다.

Δ–Δ 변압기는 유지 보수를 위해 한 상을 제거하여도 나머지 2개의 상으로 3상 변압기로 운전할 수 있다는 장점이 있다. 이러한 개방–Δ 결선은 원래 3상 변압기 용량의 58%

예제 3.6 Δ–Y 변압기에서의 위상 이동

평형 역상분(negative sequence) 전압이 그림 3.13의 Y–Δ 변압기 고압측 권선에 인가된다고 가정할 때, 변압기에서 발생하는 역상분의 위상 이동을 그림으로 나타내시오.

풀이

그림 3.14에 나타낸 역상분 페이저도는 위에 설명한 것과 같이 아래의 5단계로 구성된다.

1단계: 평형 역상순 전압이 Y 권선에 인가된다고 가정하고, 이 전압에 대한 역상분 페이저도를 그린다.

2단계: *A–N*, *B–N*, *C–N* 페이저를 고압측 Y 권선 옆으로 이동한다.

3단계: 각 단상 변압기에 대해 2단계에서 그린 직선과 평행한 직선을 저압측 권선 옆에 그린다.

4단계: 3단계의 직선에 상 표시를 한다. 예를 들어 점이 찍힌 H2 단자에 연결된 *B*상은 *B–N* 직선의 위쪽에 표시되어 있으므로 저압측 X2에 연결되어 있는 *b*상은 *b–c* 직선의 위쪽에 표시한다.

5단계: 4단계에서 그린 3가지 직선을 모아서 저압 Δ 권선에 대한 역상분 페이저도를 완성한다.

그림 3.14에서 나타낸 것과 같이 고압의 페이저는 저압의 페이저에 비해 30° 뒤져 있다. 따라서 역상분 페이저의 위상 이동은 정상분 페이저의 위상 이동과 반대로 나타난다.

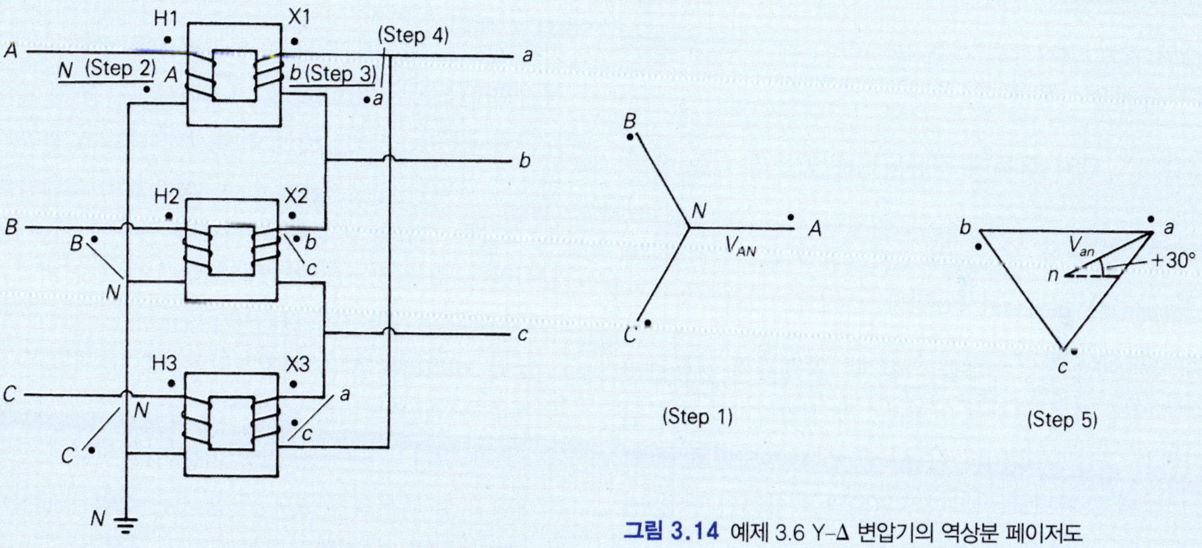

그림 3.14 예제 3.6 Y–Δ 변압기의 역상분 페이저도

까지 운전할 수 있게 해준다(연습문제 3.36 참고).

3개의 단상 변압기를 사용하지 않고, 그림 3.15와 같이 6개의 권선을 하나의 철심에 감아서 3상 변압기를 만들 수도 있다. 3상 일체형의 철심은 3개의 단상 변압기 철심을 만드는 것보다 철을 적게 들이고도 만들 수 있다. 따라서 3상 일체형 철심은 비용이 적게 들고, 무게도 적게 나가며, 설치 공간도 줄어들고, 효율성도 좀 더 높다. 그러나 권선의 고장이 발생했을 때 전체 3상 변압기를 교체해야 한다는 점은 하나의 변압기만 교체해도 되는 3개의 단상 변압기에 비해 단점이라고 할 수 있다.

3.5 pu법으로 나타낸 평형 3상 2권선 변압기 등가회로

그림 3.16(a)는 중성점 임피던스 Z_N과 Z_n을 통해 접지한 이상적인 Y–Y 변압기를 나타낸 것이다. 그림 3.16(b)는 평형 3상 운전 중인 이상 변압기를 pu법으로 나타낸 등가회로(per-unit equivalent circuit)이다. 지금부터 별도로 표기하는 경우를 제외하고는 pu법에 의한 표현을 사용한다. 또한 pu법에 의한 수치라는 것을 나타내는 아래첨자 ‘p.u.’도 대부분 생략한다.

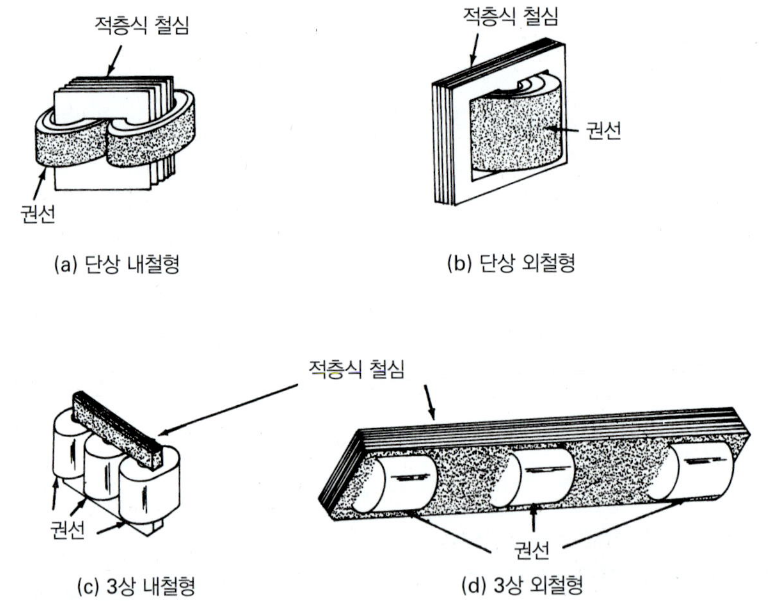

그림 3.15 변압기 철심의 형태

관례에 따라 여기서도 기준치를 정하는데, 다음과 같은 두 가지 규칙을 사용하겠다.

1. H와 X 단자 모두에 적용되도록 공통의 기준 용량 S_{base}를 선택한다.
2. 기준전압의 비 V_{baseH}/V_{baseX}는 정격의 선간전압 비 $V_{ratedHLL}/V_{ratedXLL}$을 사용한다.

변압기에 평형 3상 전류를 가할 때, 중성점의 전류는 0이 되고 이에 따라 중성점 임피던스의 전압강하는 0이 된다. 따라서 그림 3.16(b)의 이상적인 Y–Y 변압기를 pu법으로 나타낸 등가회로는 그림 3.9(a)의 이상적인 단상 변압기의 단위 등가회로와 같다.

그림 3.17(a)는 실제 Y–Y 변압기를 pu법으로 나타낸 등가회로이다. 이 회로도는 그림 3.9(c)와 같이 이상 변압기 등가회로에 외부 임피던스를 추가하여 구성하게 된다.

그림 3.17(b)는 위상 이동이 발생하는 Y–Δ 변압기를 pu법으로 나타낸 등가회로이다. Y–Δ 변압기 고압측의 정상분 전압과 전류는 저압측의 전압과 전류에 대해 30°만큼 앞서있다. 그림 3.17(b)의 등가회로상의 위상 변환은 그림 3.4의 상 이동 변압기로 표현되었다.

그림 3.17(c)는 Δ–Δ 변압기의 pu법으로 나타낸 등가회로인데, Y–Y 변압기를 pu법으로 나타낸 등가회로와 같음을 알 수 있다. 여기서는 위상 이동이 발생하지 않는다 고 가정하고 상 표시를 하였다. 또한 기준 전압은 권선의 결선과 관계되지만, pu임피던스는 권선의 결선과는 무관하다.

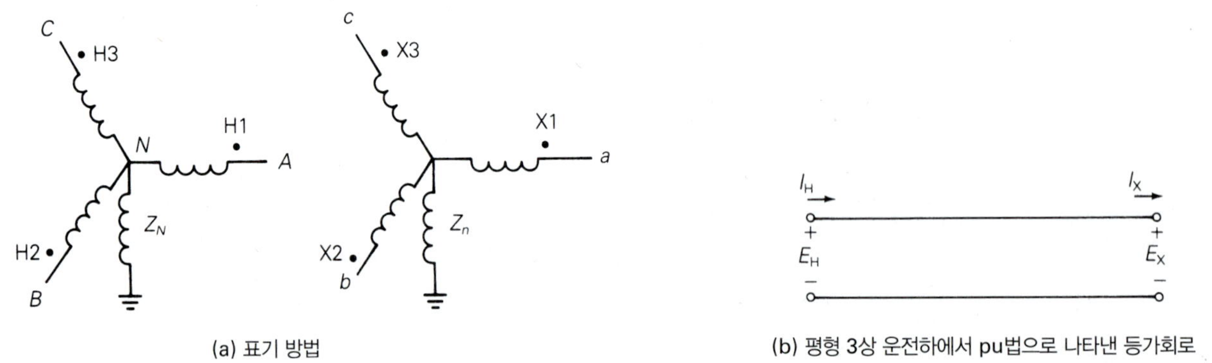

그림 3.16 이상적인 Y–Y 변압기

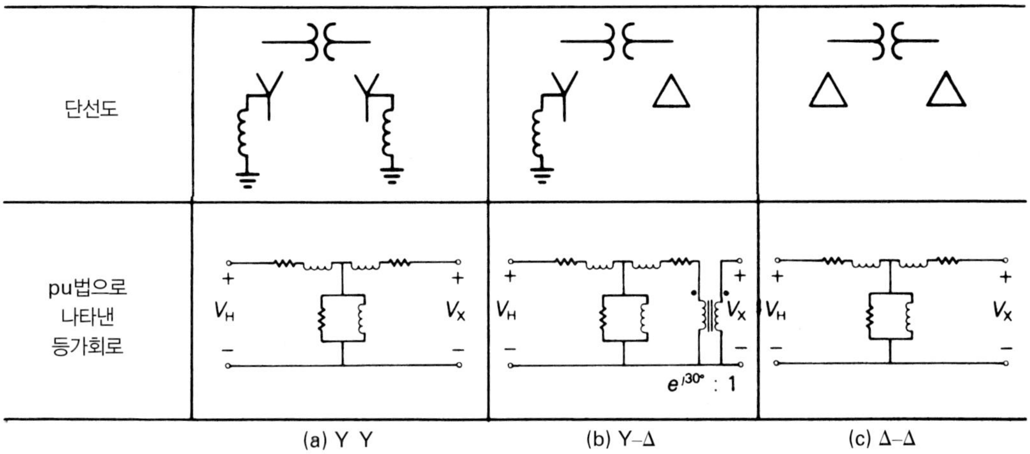

그림 3.17 pu법으로 나타낸 평형 3상 운전하의 실제 Y–Y, Y–Δ, Δ–Δ 변압기 등가회로

예제 3.7 전압 계산: 평형 Y–Y 및 Δ–Y 변압기

각각의 정격이 400 MVA, 13.8/199.2 kV, 누설 리액턴스 X_{eq} = 0.10 p.u.인 단상 변압기 3대로 3상 변압기를 구성하였다. 여기서 권선의 저항과 여자전류는 무시한다. 고압측 권선은 Y 결선으로 연결되어 있다. 평형 정상순으로 3상 부하운전을 할 때, 고압측에서는 지상역률 0.90 p.f.로 1,000 MW가 소비되고 있다. 이때 상전압은 $V_{AN} = 199.2\,\underline{/0°}$ kV이다. 저압측 권선이 (a) Y로 결선되어 있을 때와 (b) Δ로 결선되어 있을 때, 저압측의 상전압 V_{an}을 구하시오.

풀이

그림 3.18에 pu법으로 표현한 회로도를 나타내었다. 3상 변압기의 정격용량을 기준치로 정하면, $S_{base3\phi}$ = 1,200 MVA, $V_{baseHLL}$ = 345 kV, $I_{baseH} = 1{,}200/(345\sqrt{3})$ = 2.008 kA이다. 따라서 pu법으로 나타낸 부하전압 및 전류는

$$V_{AN} = 1.0\underline{/0°} \text{ per unit}$$

$$I_A = \frac{1000/(345\sqrt{3})}{2.008}\underline{/-\cos^{-1}0.9}$$

$$= 0.8333\underline{/-25.84°} \text{ per unit}$$

a. Y–Y 변압기에 대한 그림 3.18(a)에서

$$I_a = I_A = 0.8333\underline{/-25.84°} \text{ per unit}$$

$$V_{an} = V_{AN} + (jX_{eq})I_A$$

$$= 1.0\,\underline{/0°} + (j0.10)(0.8333\underline{/-25.84°})$$

$$= 1.0 + 0.08333\underline{/64.16°} = 1.0363 + j0.0750$$

$$= 1.039\underline{/4.139°}$$

$$= 1.039\underline{/4.139°} \text{ per unit}$$

또한 저압측 Y 결선에 대한 $V_{baseXLN}$ = 13.8 kV이므로 V_{an} = 1.039(13.8) = 14.34 kV이고, $V_{an} = 14.34\underline{/4.139°}$ kV이다.

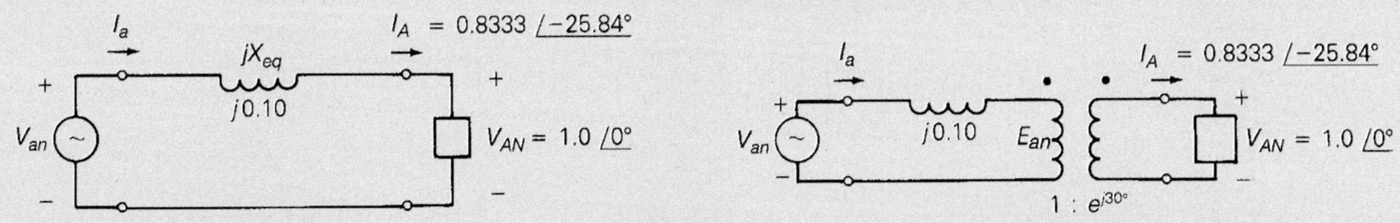

(a) 저압측 Y-결선 (b) 저압측 Δ-결선

그림 3.18 예제 3.7에 대해 pu법으로 나타낸 등가회로도

(계속)

b. Δ–Y 변압기에 대한 그림 3.18(b)에서

$$E_{an} = e^{-j30°} V_{AN} = 1.0\underline{/-30°} \text{ per unit}$$

$$I_a = e^{-j30} I_A = 0.8333\underline{/-25.84° - 30°}$$
$$= 0.8333\underline{/-55.84°} \text{ per unit}$$

$$V_{an} = E_{an} + (jX_{eq})I_a$$
$$= 1.0\underline{/-30°} + (j0.10)(0.8333\underline{/-55.84°})$$

$$V_{an} = 1.039\underline{/-25.861°} \text{ per unit}$$

또한 저압측 Δ 결선에 대한 $V_{baseXLN} = 13.8/\sqrt{3} = 7.967$ kV이므로 $V_{an} = 1.039(7.967) = 8.278$ kV이고, $V_{an} = 8.278\underline{/-25.861°}$ kV이다.

예제 3.8 pu법으로 나타낸 전압강하와 고장전류: 평형 3상 변압기

200 MVA, 345 kVΔ/34.5 kV Y 변전소 변압기에 8%의 누설 리액턴스가 있다고 가정한다. 이 변압기는 345 kV 송전계통과 34.5 kV 배전계통을 연계하는 기능을 하고 있다. 변압기의 권선 저항과 여자전류는 무시하도록 한다. 변압기에 연계된 고압 모선은 전원 임피던스가 없는 345 kV 정상순 전원으로 가정한다. 변압기의 정격을 기준치로 하여 다음을 구하시오.

a. 지상역률 0.8 p.f.의 변압기 정격 전류가 고압단자로 들어가고 있을 때, 저압단자에 걸리는 전압과 변압기 전압강하의 pu값을 구하시오.

b. 저압측에 3상 지락 직접 고장이 발생하였을 때, 고장전류의 pu값을 구하시오.

| 풀이

(a)와 (b) 모두에서 불평형 성분이 없기 때문에 오로지 정상분 전류만 흐른다. 또한 여기서는 전압과 전류의 크기에만 관심이 있기 때문에 Δ–Y 변압기의 위상 이동은 무시한다.

a. 그림 3.19(a)에서 보인 것과 같이

$$V_{drop} = I_{rated}X_{ed} = (1.0)(0.08) = 0.08 \text{ per unit}$$
$$V_{an} = V_{AN} - (jX_{ed})I_{rated}$$
$$= 1.0\underline{/0°} - (j0.08)(1.0\underline{/-36.87°})$$
$$= 1.0 - (j0.08)(0.8 - j0.6) = 0.952 - j0.064$$
$$= 0.954\underline{/-3.85°} \text{ per unit}$$

b. 그림 3.19(b)에서 보인 것과 같이

$$I_{SC} = \frac{V_{AN}}{X_{eq}} = \frac{1.0}{0.08} = 12.5 \text{ per unit}$$

문제 (a)의 정격전류 하에서 변압기 누설 리액턴스에서

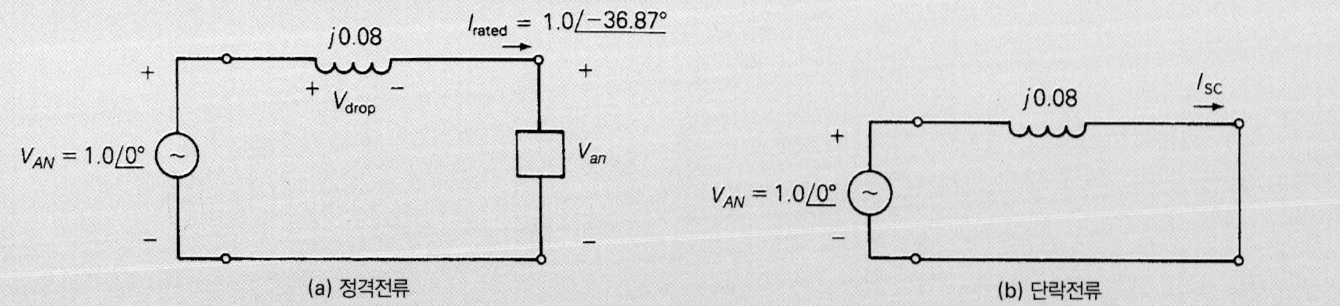

그림 3.19 예제 3.8에 대한 회로도

(계속)

발생하는 0.08 p.u.의 전압강하는 저압측의 단자 전압이 0.954 p.u.가 되도록 한다. 또한 문제 (b)의 3상 단락 상태에서 고장전류는 변압기 정격전류의 무려 12.5배가 된다. 이 사례는 변압기 누설 리액턴스에 대한 설계 또는 규격에 절충이 필요함을 보여주는 좋은 예이다. 일반적인 변압기 누설 리액턴스는 부록의 표 A.2와 같이 주어진다.

3.6 3권선 변압기

그림 3.20(a)는 기본적인 단상 3권선 변압기(three-winding transformer)를 나타내고 있다. 이상적인 단상 변압기의 관계식인 식 (3.1.8)과 (3.1.14)는 다음 2개의 식과 같이 단상 3권선 변압기에 대해 확장될 수 있다.

$$N_1I_1 = N_2I_2 + N_3I_3 \tag{3.6.1}$$

$$\frac{E_1}{N_1} = \frac{E_2}{N_2} = \frac{E_3}{N_3} \tag{3.6.2}$$

여기서 I_1은 극성표시 점이 찍힌 단자로 들어가고 있으며, I_2와 I_3는 점이 찍힌 단자에서 나오고 있다. E_1, E_2, E_2는 모두 점이 찍힌 단자를 (+)극성으로 하고 있다. pu법으로 나타내면, 식 (3.6.1)과 (3.6.2)는

$$I_{1\text{p.u.}} = I_{2\text{p.u.}} + I_{3\text{p.u.}} \tag{3.6.3}$$

$$E_{1\text{p.u.}} = E_{2\text{p.u.}} = E_{3\text{p.u.}} \tag{3.6.4}$$

여기서 공통적인 S_{base}가 모든 3개 권선에 적용되며, 전압 기준치는 권선의 정격전압에 따라 결정된다. 두 가지 식에서 나타난 단위 전압 및 전류 관계는 그림 3.20(b)의 등가 단위 회로에서도 만족된다. 또한 외부의 직렬 임피던스와 병렬 어드미턴스 분기는 그림 3.20(c)에서와 같이 실제 3권선 변압기를 등가화할 때 추가될 수 있다. 병렬 어드미턴스 분기, 즉 자화 인덕턴스와 철손 저항의 병렬회로는 개방회로 시험을 통해 그 값을 얻어낼 수 있다. 또한 하나의 권선을 개방시킨 3권선 변압기는 2권선 변압기와 동일하게 동작하므로 누설 임피던스의 pu값을 찾을 때도 표준적인 단락회로 시험을 시행할 수 있다. 누설 임피던스는 다음과 같이 정해진다.

Z_{12} = 권선 2는 단락, 권선 3은 개방한 상태에서 권선 1에서 측정한 단위 누설 임피던스

Z_{13} = 권선 3은 단락, 권선 2는 개방한 상태에서 권선 1에서 측정한 단위 누설 임피던스

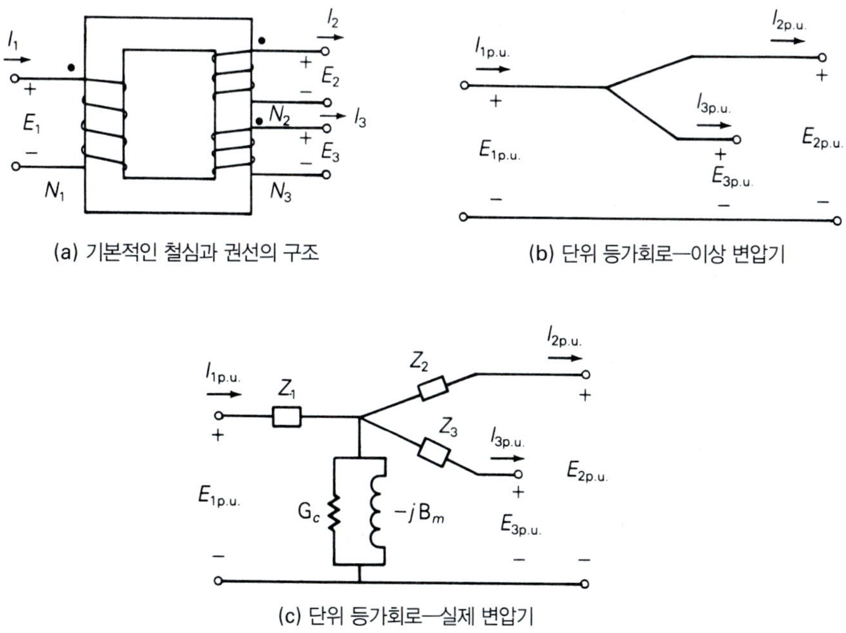

그림 3.20 단상 3권선 변압기

Z_{23} = 권선 3은 단락, 권선 1은 개방한 상태에서 권선 2에서 측정한 단위 누설 임피던스

그림 3.20(c)에서 권선 2는 단락시키고 권선 3은 개방할 때, 병렬 어드미턴스 분기는 무시하고 권선 1에서 측정한 누설 임피던스는

$$Z_{12} = Z_1 + Z_2 \tag{3.6.5}$$

동일한 방법으로

$$Z_{13} = Z_1 + Z_3 \tag{3.6.6}$$

$$Z_{23} = Z_2 + Z_3 \tag{3.6.7}$$

식 (3.6.5)~(3.6.7)을 풀면

$$Z_1 = \tfrac{1}{2}(Z_{12} + Z_{13} - Z_{23}) \tag{3.6.8}$$

$$Z_2 = \tfrac{1}{2}(Z_{12} + Z_{23} - Z_{13}) \tag{3.6.9}$$

$$Z_3 = \tfrac{1}{2}(Z_{13} + Z_{23} - Z_{12}) \tag{3.6.10}$$

식 (3.6.8)~(3.6.10)은 단락회로 시험에서 구해진 단위 누설 임피던스 Z_{12}, Z_{13}, Z_{23}로부터 3권선 변압기 등가회로의 단위 직렬 임피던스인 Z_1, Z_2, Z_3를 얻는 데 활용할 수 있다.

3권선 변압기의 각 권선은 정격용량(kVA rating)이 서로 다를 수 있다는 점에 유의한다. 단락회로 시험에서 구해진 누설 임피던스를 권선 정격용량을 기준으로 한 pu값으로 표현하고자 할 때는 식 (3.6.8)~(3.6.10)에 대입하기 전에 먼저 공통의 S_{base}에 의한 pu값으로 변환하여야 한다.

예제 3.9 단상 3권선 변압기: pu법으로 나타낸 임피던스

단상 3권선 변압기의 정격이 다음과 같다.

권선 1: 300 MVA, 13.8 kV
권선 2: 300 MVA, 199.2 kV
권선 3: 50 MVA, 19.92 kV

단락회로 시험에서 구해진 누설 리액턴스는

X_{12} = 0.10 p.u. (기준치 300 MVA, 13.8 kV)
X_{13} = 0.16 p.u. (기준치 50 MVA, 13.8 kV)
X_{23} = 0.14 p.u. (기준치 50 MVA, 199.2 kV)

권선 저항과 여자전류는 무시한다. 단자 1의 300 MVA와 13.8 kV를 기준치로 하여 단위 등가회로의 임피던스를 계산하시오.

| 풀이

S_{base} = 300 MVA를 모든 단자에 공통으로 사용한다. 또한 단자 1에 대한 전압 기준치는 V_{base1} = 13.8 kV를 사용하고, 권선의 정격 변압비에 따라 단자 2와 단자 3의 전압 기준치는 V_{base2} = 199.2 kV와 V_{base3} = 19.92 kV를 각각 사용한다. 주어진 데이터에서 X_{12} = 0.10 p.u.는 단위 회로 해석을 위해 사용된 동일한 기준치를 적용하여 단자 1에서 구한 값이 된다. 그러나 50 MVA를 기준으로 만들어진 X_{13} = 0.16 p.u.와 X_{23} = 0.14 p.u.는 먼저 300 MVA 기준에 의한 값으로 변환하여야 한다.

$$X_{13} = (0.16)\left(\frac{300}{50}\right) = 0.96 \quad \text{per unit}$$

$$X_{23} = (0.14)\left(\frac{300}{50}\right) = 0.84 \quad \text{per unit}$$

그리고 식 (3.6.8)~(3.6.10)으로부터

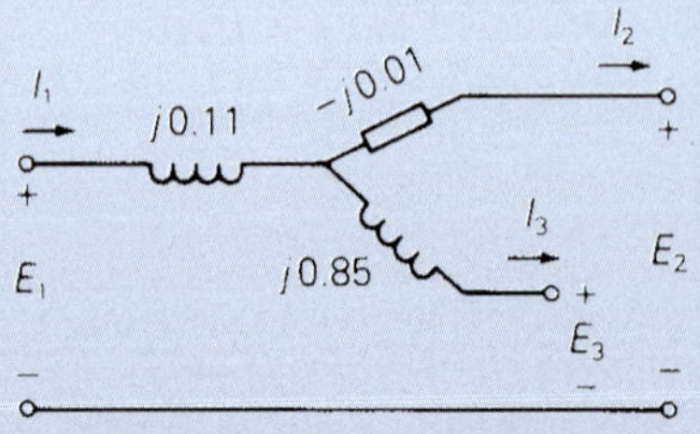

그림 3.21 예제 3.9에 대한 회로도

(계속)

$$X_1 = \frac{1}{2}(0.10 + 0.96 - 0.84) = \quad 0.11 \quad \text{per unit}$$
$$X_2 = \frac{1}{2}(0.10 + 0.84 - 0.96) = -0.01 \quad \text{per unit}$$
$$X_3 = \frac{1}{2}(0.84 + 0.96 - 0.10) = \quad 0.85 \quad \text{per unit}$$

예제의 3권선 변압기에 대한 등가회로는 그림 3.21과 같다. 다만 X_2가 (−)값인 것에 유의한다. 이것은 X_1, X_2, X_3가 누설 리액턴스 자체가 아니라 누설 리액턴스를 가지고 계산된 등가 리액턴스라는 것을 의미한다. 누설 리액턴스는 항상 (+)값이다.

또한 등가회로 상에서 3개의 리액턴스가 연결된 노드는 실제 변압기의 어떤 특정한 위치를 나타내는 것이 아니라, 등가회로의 한 부분을 표현하는 것이라는 점도 유의하여야 한다.

예제 3.10 3상 3권선 변압기: 평형 운전

예제 3.9와 동일한 단상 3권선 변압기 3대를 이용하여 3상 변압기 뱅크를 구성하고 900 MVA, 13.8 kV 발전기에서 345 kV 송전선과 34.5 kV 배전선을 통해 전력을 공급하고 있다. 변압기 결선은 다음과 같다.

13.8 kV 결선(X): Δ, 발전기 측
199.2 kV 결선(H): 직접접지(solidly grounded) Y, 345 kV 측
19.92 kV 결선(M): 임피던스 $Z_n = j0.10\ \Omega$을 통한 접지 Y, 34.5 kV 측

초고압(345 kV)과 고압(34.5 kV)의 Y 결선 정상분 전압과 전류는 대응하는 저압측의 Δ 결선 전압과 전류에 대해 30°만큼 앞서있다. X 단자의 900 MVA, 13.8 kV를 3상 기준으로 하여 pu법에 의한 계통도를 그리시오. 단, 평형 정상순 운전을 가정한다.

풀이

그림 3.22에 단위 계통도를 나타내었다. X 단자의 정격 선간전압으로 정한 $V_{baseX} = 13.8$ kV이다. M과 H 권선은 Y 결선되어 있고, M 단자와 H 단자의 정격 선간전압으로 정해진 $V_{baseM} = \sqrt{3}(19.92) = 34.5$ kV, $V_{baseH} = \sqrt{3}(199.2) = 345$ kV이다. 또한 상변환 변압기도 단위 계통도상에 표현되어 있다. 평형 운전 조건에서는 중성점에 전류가 흐르지 않기 때문에 중성점 임피던스는 계통도에서 나타나 있지 않다.

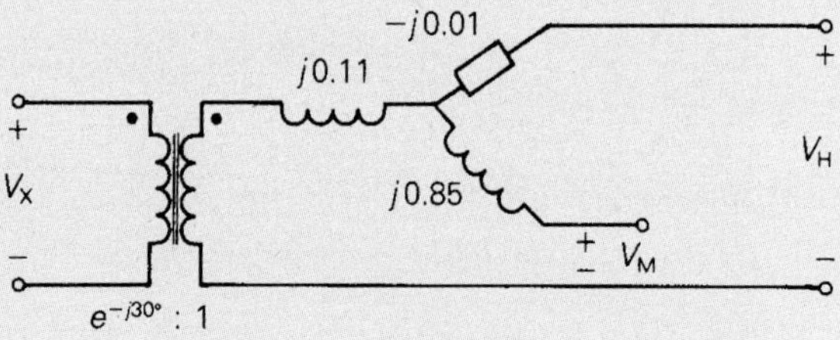

그림 3.22 예제 3.10의 pu법으로 나타낸 계통도

3.7 단권 변압기

그림 3.23(a)는 분리되어 있는 2개의 권선을 사용하는 일반적인 2권선 변압기이다. 그러나 동일한 변압기의 2개 권선을 직렬로 연결하여 사용하는 변압기를 **단권 변압기**라고 하고, 이는 그림 3.23(b)와 같이 나타낼 수 있다. 2권선 변압기의 경우, 2개의 권선은 철심을 관통하는 자속에 의해서만 상호 자기적으로 결합되어 있다. 반면 단권 변압기에서는 각 권선이 자기적으로는 물론이고 전기적으로도 연결되어 있다. 단권 변압기는 통상의 변압기에 비해 단위 누설 임피던스가 작기 때문에 변압기에 의한 전압강하가 적게 발생하는 장점이 있는 반면, 높은 단락고장전류를 발생

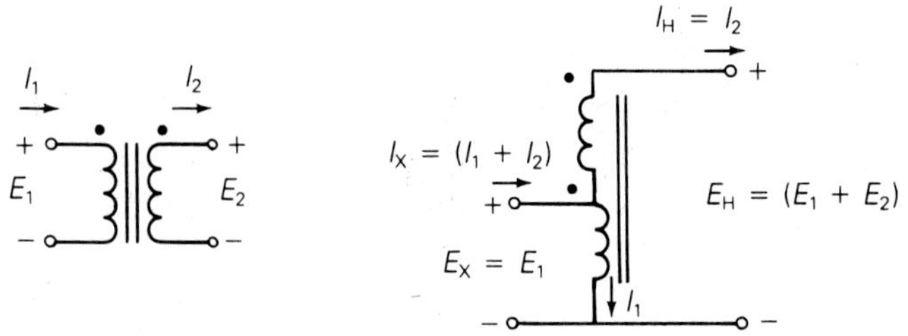

그림 3.23 이상적인 단상 변압기 (a) 2권선 변압기 (b) 단권 변압기

시키는 단점도 동시에 있다. 또한 단권 변압기는 변압비가 과도하게 크지만 않으면, 낮은 단위 손실에 따른 고효율, 낮은 여자전류, 낮은 비용 등 여러 가지 장점이 있다. 그러나 2개 권선이 전기적으로 연결되어 있기 때문에 순간적인 과도전압이 단권 변압기를 타고 좀 더 쉽게 넘어갈 수 있다는 문제점이 있다.

예제 3.11 단권 변압기: 단상

예제 3.3의 20 kVA, 480/120 V 단상 2권선 변압기를 그림 3.23(b)와 같이 권선 1을 120 V 권선으로 하여 단권 변압기로 사용한다. 이 경우, (a) 저압과 고압 단자의 정격전압 E_X와 E_H, (b) kVA 정격 용량, (c) 단위 누설 임피던스를 구하시오.

| 풀이

a. 120 V 권선이 저압 단자에 연결되어 있기 때문에 E_X = 120 V이다. 저압 단자에 $E_X = E_1 = 120$ V를 인가하면 480 V 권선에는 $E_2 = 480$ V가 유기된다. 이때 누설 임피던스에서의 전압강하는 무시한다. 따라서 $E_H = E_1 + E_2 = 120 + 480 = 600$ V가 된다.

b. 20 kVA 정격의 일반 2권선 변압기라면 480 V 권선의 정격 전류는 $I_2 = I_H = 20{,}000/480 = 41.667$ A이다. 단권 변압기의 경우도 같은 크기의 전류를 480 V 권선에 흐르게 할 수 있다. 따라서 kVA 정격 용량은 $S_H = E_H I_H = (600)(41.667) = 25$ kVA이다. 또한 $I_H = I_2 = 41.667$ A이면 120 V 권선에서는 $I_1 = 480/120\,(41.667)$이 만들어진다. 따라서 $I_X = I_1 + I_2 = 208.3$ A(여자전류는 무시), 그리고 $S_X = E_X I_X = (120)(208.3) = 25$ kVA이며 이는 고압 단자에 대해 계산된 정격 용량과 같은 값이 된다.

c. 예제 3.3으로부터 일반적인 2권선 변압기일 때 누설 임피던스는 $0.0729\underline{/78.13^\circ}$ p.u.이다. 단권 변압기로 사용할 경우, 누설 임피던스는 옴의 단위로는 2권선 변압기와 같은 값을 갖는다. 이는 두 변압기 모두 외부의 권선 연결만 다를 뿐, 철심과 권선은 모두에 동일하기 때문이다. 그러나 기준 임피던스는 다르다. 고압 단자에 대해서 식 (3.3.4)를 사용하면

$$Z_{\text{baseHold}} = \frac{(480)^2}{20{,}000} = 11.52\ \Omega\ (\text{일반 변압기})$$

$$Z_{\text{baseHnew}} = \frac{(600)^2}{25{,}000} = 14.4\ \Omega\ (\text{단권 변압기})$$

따라서 식 (3.3.10)에 의해

$$Z_{\text{p.u.new}} = (0.0729\underline{/78.13^\circ})\left(\frac{11.52}{14.4}\right) = 0.05832\underline{/78.13^\circ}\ \text{per unit}$$

이 예제에서 단권 변압기로 사용할 경우의 정격은 25 kVA, 120/600 V이고 일반 2권선 변압기로 사용할 경우 정격은 20 kVA, 120/480 V가 된다. 단권 변압기는 같은 비용으로 더 큰 정격 용량과 높은 변압비를 구현할 수 있다. 또한 단위 누설 임피던스도 2권선 변압기에 비해 작은 값을 갖는다. 그러나 늘어난 고압측의 정격전압과 1, 2차 권선의 전기적인 연결구조로 인해 두 권선 모두에 대해 절연을 높여주어야 한다.

3.8 비공칭 권선비를 갖는 변압기

실제의 물리량을 사용하는 것보다 pu값을 사용하여 변압기를 모델링하는 것이 더 이해하기 쉽다는 것을 알 수 있다. 변압기 1, 2차의 기준 전압을 1, 2차 권선의 정격전압비와 같게 설정하면, 회로 상에서 이상 변압기를 제거할 수 있다. 그러나 이와 같은 방식으로 기준 전압을 설정할 수 없는 몇 가지 경우가 있다. 예를 들어 그림 3.24와 같이 변압기를 병렬로 연결하여 사용할 경우, 변압기 T_1의 정격은 13.8/345 kV이고 T_2의 정격은 13.2/345 kV이다. 만일 $\mathrm{V}_{\mathrm{baseH}} = 345$ kV로 설정한다면, 변압기 T_1에 대해서는 $\mathrm{V}_{\mathrm{baseX}} = 13.8$ kV, T_2에 대해서는 $\mathrm{V}_{\mathrm{baseX}} = 13.2$ kV가 된다. 이와 같은 경우 두 가지 변압기에 대해 적절한 기준 전압을 선택하는 것은 불가능하다.

이와 같은 문제점을 해결하기 위해 변압기의 정격전압이 설정된 기준 전압에 비례하지 않는 비공칭 권선비(off-nominal turns ratio)를 갖는 변압기의 등가 모델링에 대하여 알아보기로 한다. 정격전압 $V_{1\mathrm{rated}}$, $V_{2\mathrm{rated}}$를 만족하는 그림 3.25(a)의 변압기를 생각하자.

$$V_{1\mathrm{rated}} = a_t V_{2\mathrm{rated}} \tag{3.8.1}$$

여기서 a_t는 실수 또는 복소수 값을 가질 수 있다. 설정된 기준 전압이 다음 식을 만족한다고 가정하자.

$$\mathrm{V}_{\mathrm{base1}} = b\mathrm{V}_{\mathrm{base2}} \tag{3.8.2}$$

$c = \dfrac{a_t}{b}$ 라고 정의하면, 식 (3.8.1)은

$$V_{1\mathrm{rated}} = b\left(\frac{a_t}{b}\right)V_{2\mathrm{rated}} = bc\, V_{2\mathrm{rated}} \tag{3.8.3}$$

식 (3.8.3)은 그림 3.25(b)에 나타낸 것과 같이 직렬로 연결된 2개의 변압기로 표현할 수 있다. 첫 번째 변압기는 설정된 기준 전압비 b와 같은 정격의 변압비를 갖고 있다. 따라서 이 변압기는 그림 3.9나 3.17에서 보여준 것과 같은 표준형의 pu모델이다. 두 번째 변압기가 이상적이고 모든 유효전력과 무효전력 손실은 첫 번째 변압기와 관련되어 있다고 가정한다. 그에 따른 변압기 pu모델은 그림 3.25(c)와 같고, 이때 편의상 병렬 여자 분기회로는 생략한다. 만일 $a_t = b$이면, 변압비가 $c = (a_t/b) = 1$이 되므로 그림에서 나타난 이상 변압기 모델은 제거할 수 있다.

그림 3.25(c)의 pu모델은 회로적으로 타당하지만 이후의 장에서 기술되는 컴퓨터 프로그램 중 이상 변압기를 다루지 않는 일부 프로그램에는 적합하지 않다. 그러나 이는 다음과 같은 노드 방정식 표현을 사용하여 처리할 수 있다.

$$\begin{bmatrix} I_1 \\ -I_2 \end{bmatrix} = \begin{bmatrix} Y_{11} & Y_{12} \\ Y_{21} & Y_{22} \end{bmatrix} \begin{bmatrix} V_1 \\ V_2 \end{bmatrix} \tag{3.8.4}$$

여기서 I_1과 $-I_2$는 노드로 들어가는 전류를 기준으로 하여 나타낸 것이다. 4단자 회로망 표현에 의해서 식 (3.8.4)의 어드미턴스 값은 그림 3.25(c)로부터

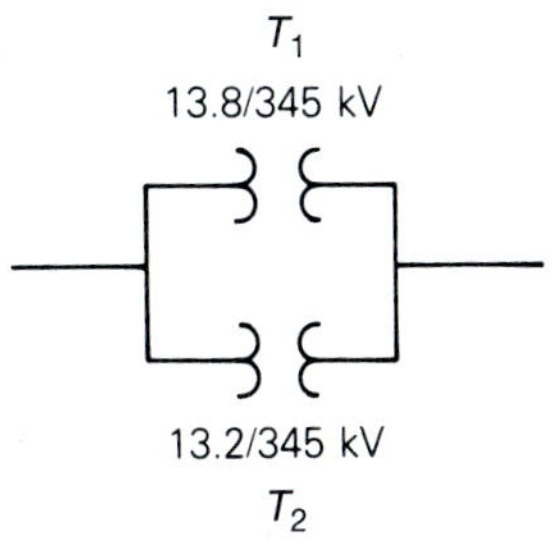

그림 3.24 병렬로 연결된 2개의 변압기

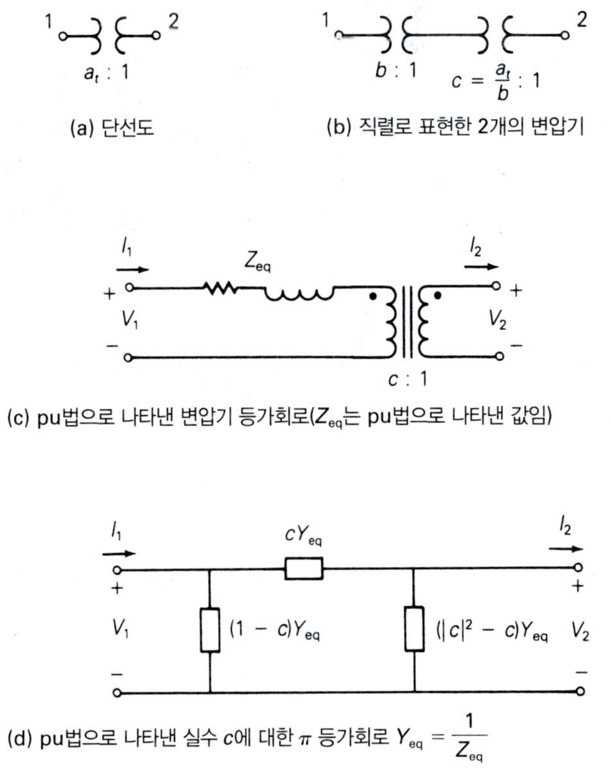

(a) 단선도

(b) 직렬로 표현한 2개의 변압기

(c) pu법으로 나타낸 변압기 등가회로(Z_{eq}는 pu법으로 나타낸 값임)

(d) pu법으로 나타낸 실수 c에 대한 π 등가회로 $Y_{eq} = \dfrac{1}{Z_{eq}}$

그림 3.25 기준 외 권선비를 갖는 변압기

$$Y_{11} = \frac{I_1}{V_1}\bigg|_{V_2=0} = \frac{1}{Z_{eq}} = Y_{eq} \tag{3.8.5}$$

$$Y_{22} = \frac{-I_2}{V_2}\bigg|_{V_1=0} = \frac{1}{Z_{eq}/|c|^2} = |c|^2 Y_{eq} \tag{3.8.6}$$

$$Y_{12} = \frac{I_1}{V_2}\bigg|_{V_1=0} = \frac{-cV_2/Z_{eq}}{V_2} = -cY_{eq} \tag{3.8.7}$$

$$Y_{21} = \frac{-I_2}{V_1}\bigg|_{V_2=0} = \frac{-c^*I_1}{V_1} = -c^*Y_{eq} \tag{3.8.8}$$

실수나 복소수 c를 갖는 식 (3.8.4)~(3.8.8)은 다음에 기술하게 될 컴퓨터 프로그램 상에서 비공칭 권선비를 갖는 변압기를 쉽게 모델링할 수 있도록 해준다. 이 식에서 c가 복소수일 경우, Y_{12}는 Y_{21}과 같지 않으므로 이 어드미턴스는 RLC에 의한 π 등가회로로 표현할 수 없다. 그러나 c가 실수값을 가질 때, 식 (3.8.4)~(3.8.8)의 어드미턴스 파라미터를 갖는 그림 3.25(d)의 π 등가회로와 같이 나타낼 수 있다. 여기서 $c = 1$일 때는 그림상의 병렬 분기가 개방회로가 되고($Y_{eq} = 0$ p.u. mhos), 직렬 분기회로는 Y_{eq} p.u. mhos (Z_{eq} p.u. ohms)가 된다.

그림 3.27과 3.28에 나타낸 3상 전압 조정 변압기는 비공칭 권선비를 갖는 변압기로 모델링할 수 있다. 그림 3.27의 전압 크기를 조정하는 변압기의 경우, 동일한 ΔV의 크기와 상전압 V_{an}, V_{bn}, V_{cn}과 위상이 동일한 조정 가능 전압 ΔV_{an}, ΔV_{bn}, ΔV_{cn}은 모선 a–a', b–b', c–c' 사이에 각각 직렬 연결로 나타낼 수 있다. 그림 3.25와 같이 비공칭 권선비를 변압기로 모델링하면, 모선 abc 측의 전압 증가에 대해서는 $c = (1 + \Delta V)$, 모선 $a'b'c'$ 측의 전압 증가에 대해서는 $c = (1 + \Delta V)^{-1}$이 된다.

예제 3.12 탭 조정 3상 변압기: pu법으로 나타낸 정상분의 등가회로

발전기 승압용 3상 변압기의 정격이 1,000 MVA, 13.8 kV Δ/345kV Y, $Z_{eq} = j0.10$ p.u.이고, 변압기의 고압 권선에 ±10%의 조정 탭이 있다. 계통의 기준치를 다음과 같이 정할 때,

$$S_{base3\phi} = 500 \quad \text{MVA}$$
$$V_{baseXLL} = 13.8 \quad \text{kV}$$
$$V_{baseHLL} = 345 \quad \text{kV}$$

다음과 같은 탭 설정 시 pu법으로 나타낸 변압기 등가회로를 구하시오.

a. 정격 탭

b. 고압측에 10% 전압 감소

평형 정상 운전을 가정하고 변압기 권선의 저항, 여자전류, 상 이동은 무시한다.

| 풀이

a. 저압 권선을 권선 1로 하고, 식 (3.8.1)과 (3.8.2)를 사용하여

$$a_t = \frac{13.8}{345} = 0.04 \qquad b = \frac{V_{baseXLL}}{V_{baseHLL}} = \frac{13.8}{345} = a_t \qquad c = 1$$

식 (3.3.11)에서

$$Z_{p.u.new} = (j0.10)\left(\frac{500}{1000}\right) = j0.05 \quad \text{per unit}$$

권선저항, 여자전류, 상 이동을 포함하지 않은 등가 단위회로는 다음 그림과 같다.

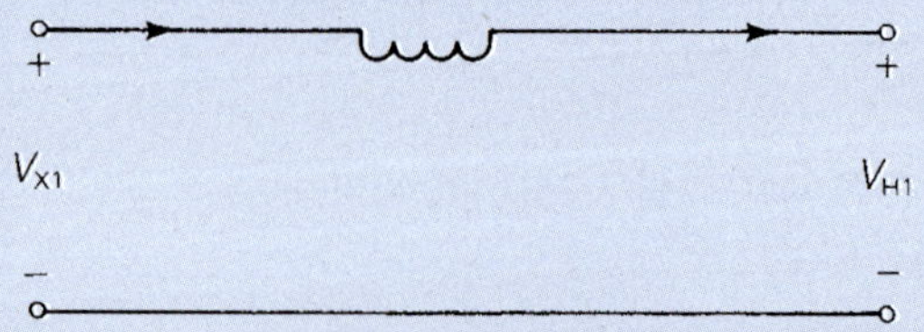

(pu임피던스로 나타냄)

b. 식 (3.8.1)과 (3.8.2)를 이용하여

$$a_t = \frac{13.8}{345(0.9)} = 0.04444 \qquad b = \frac{13.8}{345} = 0.04$$

(계속)

$$c = \frac{a_t}{b} = \frac{0.04444}{0.04} = 1.1111$$

그림 3.25(d)로부터

$$cY_{eq} = 1.1111\left(\frac{1}{j0.05}\right) = -j22.22 \quad \text{per unit}$$

$$(1 - c)Y_{eq} = (-0.11111)(-j20) = +j2.222 \quad \text{per unit}$$

$$(|c|^2 - c)Y_{eq} = (1.2346 - 1.1)(-j20)$$
$$= -j2.469 \quad \text{per unit}$$

정상분의 단위회로는 다음 그림과 같다.

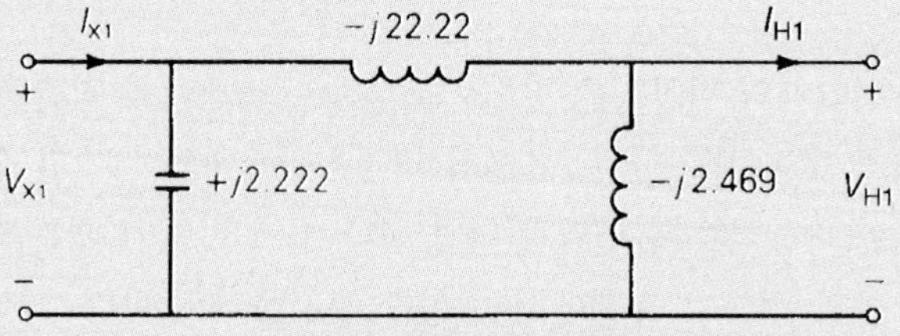

(단위 어드미턴스로 나타냄)

PowerWorld Simulator 케이스 예제 3_12(그림 3.26)을 열고 **Tools**, **Play**를 선택하면 LTC (Load Tap Changer) 변압기 예에 대한 애니메이션 화면을 볼 수 있다. 초기에는 발전기의 승압변압기를 통해 500 MW/100 Mvar의 부하 전력을 공급하고 있다. 변압기의 탭은 1단계에 0.625%씩 단계적으로 조정할 수 있다(따라서 10% 변화를 위해서는 16단계 조정이 필요하다). 변압기의 탭 옆에 있는 화면 상의 화살표를 클릭하여 단계별로 조정할 수 있다. 탭의 변경이 부하 전압을 직접 변화시킨다는 것에 유의하자.

부하 변동에 따라 변화하는 전압강하 때문에 LTC는 종종 모선 전압이 자동적으로 조정되도록 운전한다. 이는 변압기를 강압용으로 사용할 때 보통 시행되는 방법이다. 예제의 변압기를 자동제어로 변경하려면 LTC 제어 상태에서 'No' 부분을 클릭하면 된다. 이와 같은 방법으로 변압기 제어 모드를 수동에서 자동으로 변환시킬 수 있다. 이제 변압기의 탭을 수동으로 조작하면서 부하 전압을 0.995에서 1.005 p.u. 사이(343.3 kV에서 346.7 kV)에서 유지하도록 해보자. 화살표를 이용하여 부하를 변경해보면 LTC의 자동운전 상태를 확인할 수 있고, LTC 자동제어에 의해 부하의 전압이 일정 범위 내에서 유지되는 것을 볼 수 있다.

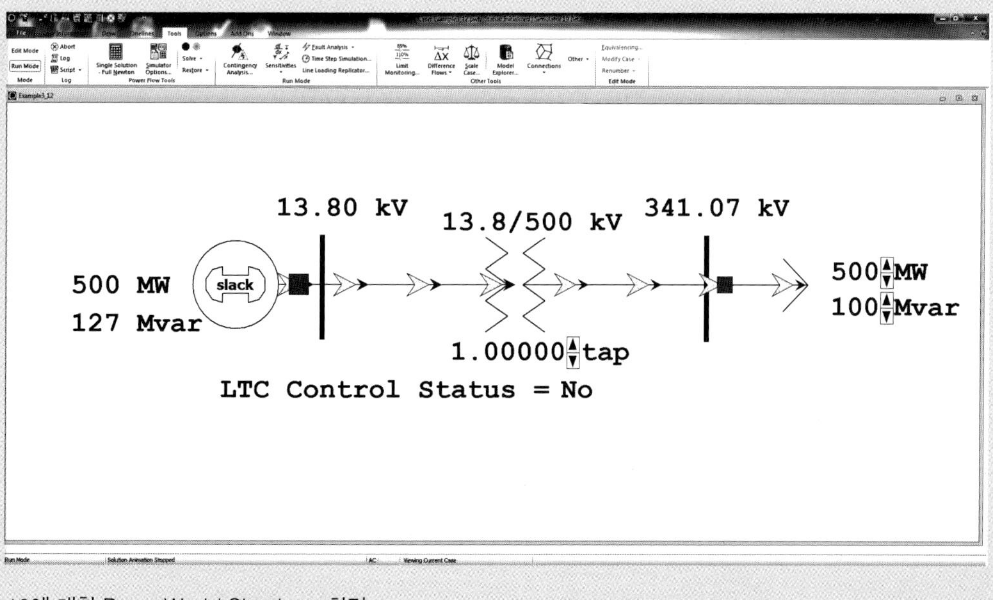

그림 3.26 예제 3.12에 대한 PowerWorld Simulator 화면

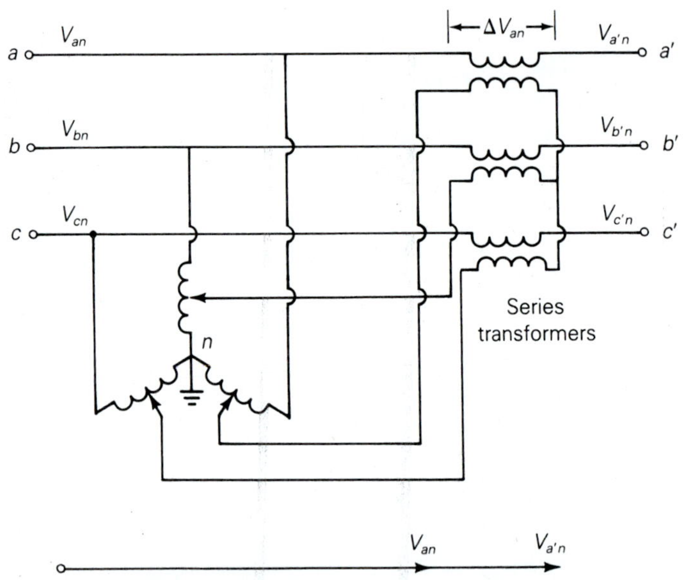

그림 3.27 전압크기 조정 변압기의 예

그림 3.28과 같은 위상각 조정 변압기의 경우, 직렬로 더해지는 전압 ΔV_{an}, ΔV_{bn}, ΔV_{cn}은 상전압 V_{an}, V_{bn}, V_{cn}과 ±90°만큼 위상차가 발생한다. 그림 3.28의 페이저도에서는 각 모선 전압 $V_{a'n}$, $V_{b'n}$, $V_{c'n}$이 더해진 직렬전압의 크기에 거의 비례하여 상 이동을 하게 된 것임을 나타내고 있다. 그림 3.25와 같이 비공칭 권선비를 갖는 변압기로 모델링할 때, 모선 abc 측의 전압위상 증가에 대해서는 $c \approx 1\underline{/\alpha}$, 모선 $a'b'c'$ 측의 전압위상 증가에 대해서는 $c \approx 1\underline{/-\alpha}$가 된다.

전압 크기를 조정하는 변압기는 직렬 연결 방향으로 무효전력 조류를 제어하는 반면, 위상각을 조정하는 변압기는 유효전력 조류를 제어한다는 점에 유의한다(연습문제 3.59 참조).

변압기의 비공칭권선비를 조정하는 과정에서 직렬 임피던스 또한 변화한다. 특별히 비공칭권선비의 크기만 변화시킬 때는 임피던스의 변화가 그다지 크지 않기 때문에 대부분의 변압기 모델에서는 이를 무시하기도 한다. 그러나 비공칭권선비에 따른 임피던스의 변화가 큰 경우가 위상각 조정 변압기에서 나타나기도 한다. 예를 들어 위상각 변위가 0일 때에 비해 최대 또는 최소의 위상각 변위 시 50% 이상의 임피던스 변화가 발생하는 것도 일반적이다. 소프트웨어를 모델링할 때, 보통 임피던스 변화는 비공칭권선비의 크기나 위상을 모델링한 구분적 선형함수(piecewise linear function)로 변압기의 직렬임피던스를 스케일링하여 나타낸다. 이와 같은 스케일링 함수는 임피던스 정정표(문제 3.62의 예)라고 부르기도 하며 상용 전력계통해석 소프트웨어에서 널리 사용되고 있다.

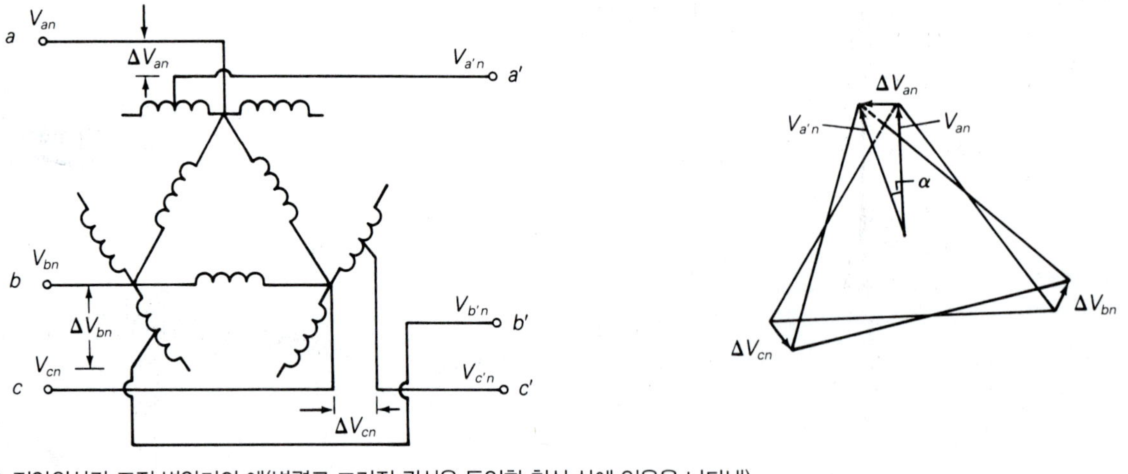

그림 3.28 전압위상각 조정 변압기의 예(병렬로 그려진 권선은 동일한 철심 상에 있음을 나타냄)

예제 3.13 전압 크기 및 위상 조정을 위한 3상 변압기

abc와 $a'b'c'$의 두 모선이 선로 L1과 L2에 의해 병렬연결되어 있고, 정상분 직렬 리액턴스는 각각 $X_{L1} = 0.25$ p.u.와 $X_{L2} = 0.20$ p.u.이다. 전압 조정 변압기는 모선 $a'b'c'$에서 L1 선로에 직렬로 연결되어 있다. 전압 조정 변압기가 다음과 같을 때, 2 × 2 모선 어드미턴스 행렬을 구하시오. (a) 노드 $a'b'c'$ 측으로 전압 크기를 0.05 p.u. 증가시킬 때, (b) 노드 $a'b'c'$ 측으로 전압 위상을 3°만큼 앞서게 할 때, 전압 조정 변압기는 이상석이라고 가정히고, 선로의 직렬 저항과 병렬 어드미턴스는 무시한다.

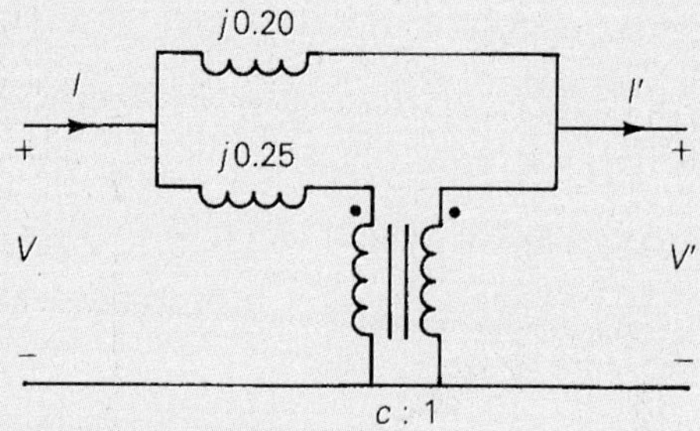

그림 3.29 예제 3.13의 정상분 회로

❙ 풀이

회로는 그림 3.29와 같다.

a. 전압 크기 조정의 경우 $c = (1 + \Delta V)^{-1} = (1.05)^{-1} = 0.9524$ p.u.이다. 식 (3.8.5)~(3.8.8)로부터 L1 선로에 직렬로 접속된 전압 조정 변압기의 어드미턴스 값은

$$Y_{11L1} = \frac{1}{j0.25} = -j4.0$$

$$Y_{22L1} = (0.9524)^2(-j4.0) = -j3.628$$

$$Y_{12L1} = Y_{21L1} = (-0.9524)(-j4.0) = j3.810$$

L2 선로에 대해서는

$$Y_{11L2} = Y_{22L2} = \frac{1}{j0.20} = -j5.0$$

$$Y_{12L2} = Y_{21L2} = -(-j5.0) = j5.0$$

위의 어드미턴스를 병렬 결합시키면

$$Y_{11} = Y_{11L1} + Y_{11L2} = -j4.0 - j5.0 = -j9.0$$

$$Y_{22} = Y_{22L1} + Y_{22L2} = -j3.628 - j5.0 = -j8.628$$

$$Y_{12} = Y_{21} = Y_{12L1} + Y_{12L2} = j3.810 + j5.0$$
$$= j8.810 \quad \text{per unit}$$

b. 위상 조정의 경우, $c = 1\underline{/-\alpha} = 1\underline{/-3°}$이다. 따라서 L1 선로에 직렬로 접속된 전압 조정 변압기는

$$Y_{11L1} = \frac{1}{j0.25} = -j4.0$$

$$Y_{22L1} = |1.0\underline{/-3°}|^2(-j4.0) = -j4.0$$

$$Y_{12L1} = -(1.0\underline{/-3°})(-j\,4.0) = 4.0\underline{/87°}$$
$$= 0.2093 + j3.9945$$

$$Y_{21L1} = -(1.0\underline{/-3°})^*(-j4.0) = 4.0\underline{/93°}$$
$$= -0.2093 + j3.9945$$

L2 선로에 대한 어드미턴스 값은 위의 (a)에서 구하였고, 어드미턴스를 병렬로 결합시키면

$$Y_{11} = Y_{22} = -j4.0 - j5.0 = -j9.0$$

$$Y_{12} = 0.2093 + j3.9945 + j5.0 = 0.2093 + j8.9945$$

$$Y_{21} = -0.2093 + j3.9945 + j5.0$$
$$= -0.2093 + j8.9945 \quad \text{per unit}$$

이 예제를 PowerWorld Simulator 상에서 모의해 보려면 예제 3_13(그림 3.30 참조)에 대한 파일을 열어서 실행시키면 된다. 이 예제에서, 변압기와 병렬 송전선로는 345-kV 발전기로부터 345-kV 부하로 전력을 공급하고 있다고 가정한다. 초기에 비공칭 권선비는 예제 (a)에 설정되어 있다(PowerWorld는 부하 측에 비공칭 권선비를 가지며 탭 값은 1.05 = c^{-1}이다). PowerWorld Simulator 모선 어드미턴스 행렬을 보기 위해서는 **Case Information** 다음에 **Solution Details**, **Ybus**를 차례대로 선택하면 된다. 탭에 따른 계통 조류가 어떻게 변하는지를 보기 위해서는 **Tools**, **Play**를 선택하고 0.625% 단위로 LTC 탭을 변화시키기 위해 탭 필드 옆의 화살표를 클릭한다. 그다음 (b)의 결과를 검증하기 위해 탭 필드를 1.0으로 바꾸고 각 필드를 3.0°로

(계속)

바꾼 다음 다시 모선 어드미턴스 행렬을 확인한다. 1° 단위로 상 변위각을 바꾸기 위해서 각 필드 화살표를 클릭한다. 상 각도의 변화는 우선적으로 유효전력 조류를 변화시키는 반면, LTC 탭 변화는 무효전력 조류를 변화시킨다는 것에 주목하라; 조류의 방향은 화살표로 나타낸다. 과거의 조류해석 프로그램은 송전선로나 변압기로 흐르는 조류를 양수로 가정하여 조류의 방향을 나타낸다. PowerWorld Simulator에서는 먼저 **Onelines**을 클릭하고 **Oneline Options**을 선택함으로써 결과를 나타낼 수 있다. 그러고 나서 **Display Options** 탭을 클릭한 뒤 MW/Mvar 선로 조류 필드의 절댓값 사용을 해제하면 된다.

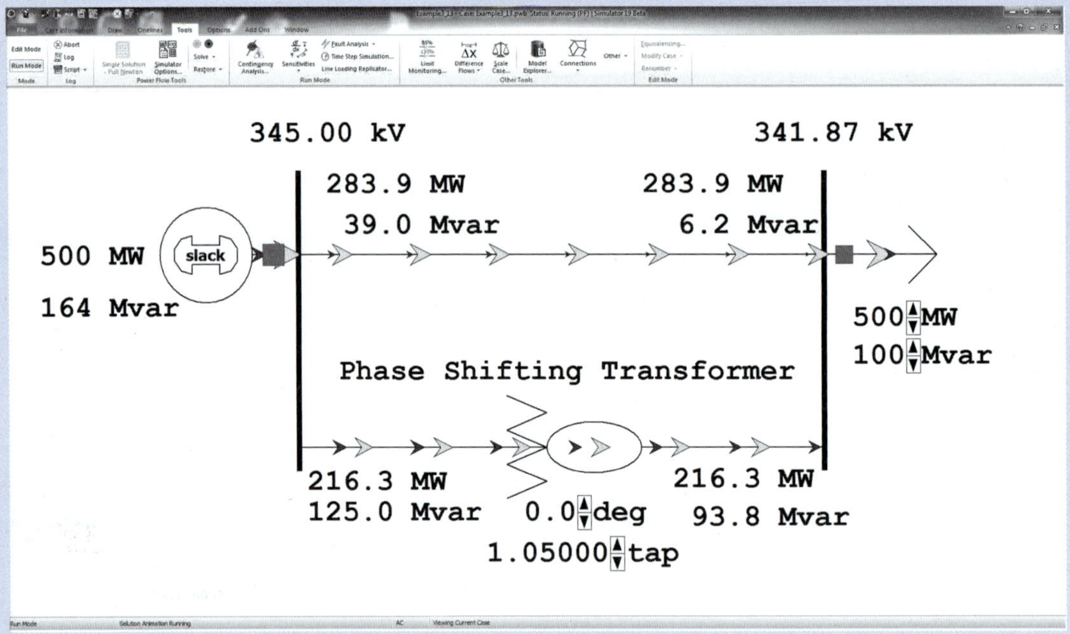

그림 3.30 예제 3.13에 대한 PowerWorld Simulator 화면

연습문제

3.1절

3.1 1차측 전압과 전류가 각각 221 kV, 18 A인 이상변압기가 있다. 2차측에 $Z = 400\angle 15°$ Ω인 부하가 연결되어 있다.

(a) 변압기의 권선비를 구하시오.

(b) 변압기에 있어서 전력이 보존됨을 증명하시오.

3.2 $N_1 = 1000$이고 $N_2 = 250$인 이상 변압기의 2차측에 임피던스 Z_2가 연결되어 있다. $V_1 = 1000\underline{/0°}$ V이고 $I_1 = 5\underline{/-30°}$ A일 때, V_2, I_2, Z_2를 구하시오. 또한 Z_2에 대해 1차측에서 바라본 임피던스 Z'_2를 구하시오.

3.3 $N_1 = 3000$이고 $N_2 = 1000$인 이상 변압기가 있다. 1차측 권선에 전압이 $e_1(t) = 100(1 - |t|)$ V for $-1 \le t \le 1$, $e_1(t) = 0$ V for $|t| > 1$인 전원이 연결되어 있다. 2-F의 커패시터가 2차측 권선에 연결되어 있을 때, $e_1(t)$, $e_2(t)$, $i_1(t)$, $i_2(t)$를 시간축 상에 그려보시오.

3.4 단상의 100 kVA, 2400/240 V, 60 Hz의 배전용 변압기를 강압용 변압기로 사용하고 있다. 240 V 2차측 권선에 연결된 부하가 230 V, 지상역률 0.8로 75 kVA를 소비하고 있다. 이상 변압기로 가정하고 다음을 계산하시오.

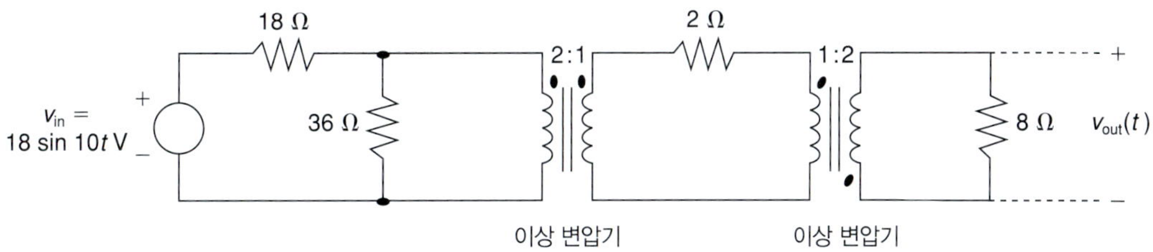

그림 3.31 연습문제 3.8

(a) 1차측 전압, (b) 부하 임피던스, (c) 1차측에서 바라본 부하 임피던스, (d) 1차측 권선에서 공급되고 있는 유효전력과 무효전력

3.5 연습문제 3.4에서 240 V 2차측 권선에 연결된 부하가 230 V, 진상역률 0.8로 단기 과부하 조건하에서 125 kVA를 소비하고 있다고 가정하고 동일하게 계산하시오.

3.6 개념적인 단상의 상 이동 변압기의 경우, 1차측 전압은 2차측 전압에 30° 앞서간다. 2차측에 연결된 부하가 $E_2 = 277\underline{/0°}$ V, 진상역률 0.8로 110 kVA를 소비하고 있다고 할 때, 다음을 구하시오. (a) 1차측 전압, (b) 1차와 2차측 전류, (c) 1차측에서 바라본 부하 임피던스, (d) 1차측 권선에서 공급되는 복소전력

3.7 내부 저항이 1800 Ω이고 전압이 $v(t) = 10\sqrt{2}\ \sin(2t)$ V인 전원이 있다. 이상적인 변압기를 이용하여 50 Ω의 저항 부하를 전원과 연결하였다. (a) 부하와 전원의 내부 저항을 일치시켜서 최대전력전송이 이루어지게 하는 변압기의 권선비를 구하시오, (b) 최대전력전송 조건하에서 부하에 공급되는 평균전력을 구하시오.

3.8 그림 3.31의 회로에서 $v_{out}(t)$를 구하시오.

3.2절

3.9 변압비가 3:1인 실제 2권선 변압기의 1차측에 10 V의 직류전압을 가했더니 1차측 단자 사이로 20 A의 직류전류가 흘렀다. 유사하게 10 V의 직류전압을 2차측에 가했더니 2차측 단자로 50 A의 직류전류가 흘렀다.

(a) 이와 같이 측정되는 것은 어떤 현상인가?

(b) 이것을 비이상적인 변압기 회로모델에서 1차측의 단일 소자로 어떻게 표현할 수 있나?

3.10 단상의 승압용 변압기 정격이 13 MVA, 66 kV/11.5 kV이다. 11.5 kV 권선을 단락시키고, 1차측에 5.5 kV 전압을 인가하면 정격의 전류가 흐른다. 이때 입력된 전력은 100 kW로 측정된다. 고압측을 기준으로 R_{eq1}과 X_{eq1}을 구하시오.

3.11 연습문제 3.10의 변압기에 대해 11.5 kV를 인가한 개방회로 시험에서 입력 전력은 65 kW이고 전류는 30 A이다. 이때 고압측을 기준으로 G_c와 B_m 값을 계산하시오. 또한 정격전압하에서 지상역률 0.8, 10 MW 부하에 대한 변압기 효율을 계산하시오.

3.12 단상 50 kVA, 2400/240 V, 60 Hz의 배전용 변압기에 대해 개방회로 시험과 단락회로 시험을 실시하여 다음과 같은 데이터를 얻었다.

	전압(V)	전류(A)	전력(W)
고압측 권선을 개방하고 저압측에서 측정	240	4.85	173
저압측 권선을 단락시키고 고압측에서 측정	52.0	20.8	650

(a) 직렬 임피던스는 무시하고, 고압측에서 바라본 여자 어드미턴스를 구하시오. (b) 여자 어드미턴스는 무시하고, 고압측에서 바라본 등기의 직렬 임피던스를 구하시오.

3.13 고압측에서 바라본 단상 50 kVA, 2400/240 V, 60 Hz 배전용 변압기의 등가 누설 리액턴스가 1 Ω, 자화 리액턴스가 800 Ω이다. 고압측에 정격전압을 인가할 때, 2차측의 개방회로 전압을 구하시오. I_2R과 G_c^2V 손실은 무시한다.

3.14 단상 50 kVA, 2400/240 V, 60 Hz 배전용 변압기를 직렬 임피던스가 (1.0 + j2.0) Ω인 2400 V의 배전선 부하 말단에 승압용으로 사용하고 있다. 고압측에서 바라본 변압기의 등가 직렬 임피던스는 (1.0 + j2.5) Ω이다. 변압기는 지상역률 0.8과 정격 2차측 전압으로 정격부하에 전력을 공급하고 있다. 변압기의 여자전류를 무시하고, 다음을 구하시오. (a) 변압기 1차측 단자의 전압, (b) 배전선 송전단의 전압, (c) 배전선 송전단에 공급되는 유효전력 및 무효전력

3.15 다음의 경우에 대해 연습문제 3.14를 다시 계산하시오. 변압기가 정격의 2차측 전압에 (a) 단위 역률로, (b) 진상역률 0.8로 정격 부하에 전력을 공급할 경우. 또한 결

과를 연습문제 3.14와 비교하시오.

3.16 단상 50 kVA, 2400/240 V, 60 Hz 배전용 변압기의 파라미터가 다음과 같다.

2400 V 권선의 저항: $R_1 = 0.75\ \Omega$
240 V 권선의 저항: $R_2 = 0.0075\ \Omega$
2400 V 권선의 누설 리액턴스: $X_1 = 1.0\ \Omega$
240 V 권선의 누설 리액턴스: $X_2 = 0.01\ \Omega$
240 V 측의 여자 어드미턴스: $0.003 - j0.02$ S

(a) 변압기 고압측을 기준으로 등가회로를 그리시오.
(b) 변압기 저압측을 기준으로 등가회로를 그리시오. 등가회로상에서 임피던스의 수치를 표기하시오.

3.17 연습문제 3.16의 변압기가 정격 2차측 전압 240 V, 지상 역률 0.8에 50 kVA의 정격 부하에 전력을 공급하고 있다. 변압기의 여자전류를 무시하고, (a) 고압측 변압기의 입력 단자 전압을 구하시오. (b) 해당하는 페이저도를 그리시오. (c) 변압기를 선로 임피던스가 $0.5 + j2.0\ \Omega$인 배전선 부하 말단의 승압용 변압기로 사용할 경우, 배전선 송전단의 역률과 전압 V_S를 구하시오.

3.3절

3.18 변압기 정격 용량을 기준치로 하여 연습문제 3.13을 pu법으로 풀어보시오.

3.19 변압기 정격 용량을 기준치로 하여 연습문제 3.14를 pu법으로 풀어보시오.

3.20 구간 3의 20 kVA와 115 V를 기준치로 하여 예제 3.4를 풀어보시오.

3.21 $S_{base3\phi} = 100$ kVA, $V_{baseLL} = 600$ V로 하여 예제 3.5를 풀어보시오.

3.22 $E_{ag} = E_{ag} = 277\angle 0°$ V인 평형 Y 결선 전압원이 병렬로 연결된 평형 Y 결선 부하와 평형 Δ 결선 부하에 전력을 공급하고 있다. 이때 $Z_Y = 20 + j10$, $Z_\Delta = 30 - j15\ \Omega$이고 Y 결선 부하는 접지되어 있다. $S_{base3\phi} = 10$ kVA, $V_{baseLN} = 277$ V로 하여 전원전류 I_a를 pu값과 암페어로 구하시오.

3.23 그림 3.32에 어떤 3상 전력시스템의 단선도를 나타내었다. 발전기 측의 100 MVA, 22 kV를 공통 기준치로 하여 단위시스템으로 변환된 임피던스 회로도를 그리시오. 관련 데이터는 다음과 같다.

G:	90 MVA	22 kV	x = 0.18 p.u.
*T*1:	50 MVA	22/220 kV	x = 0.10 p.u.
*T*2:	40 MVA	220/11 kV	x = 0.06 p.u.
*T*3:	40 MVA	22/110 kV	x = 0.064 p.u.
*T*4:	40 MVA	110/11 kV	x = 0.08 p.u.
M:	66.5 MVA	10.45 kV	x = 0.185 p.u.

Line 1과 Line 2의 직렬 리액턴스는 각각 48.4 Ω, 65.43 Ω이다. 모선 4에 있는 3상 부하는 10.45 kV, 지상역률 0.8로 57 MVA를 소비하고 있다.

3.24 이상적인 1:5 단상변압기 1차측에 15kV 전압원과 2차측에 30 Ω 저항이 연결되어 있다. (a) 이상변압기 식을 이용하여 부하의 전력과 전원전류를 구하시오. (b) 100 MVA를 용량기준으로 하여 이 회로의 단위기준값 표를 만드시오. (c) 단위법으로 부하의 전력과 전원전류를 구하시오.

3.25 그림 3.33에 나타난 단상 전력계통에서 변압기의 정격이 다음과 같다고 한다.

X–Y 15 MVA, 13.8/138 kV, 누설 리액턴스 10%
Y–Z 15 MVA, 138/69 kV, 누설 리액턴스 8%

Y 회로에서 기준치를 15 MVA, 138 kV로 정하고, Z, Y, X 회로 각각에서 바라본 500 Ω의 pu임피던스를 구하시오. 이때 자화전류, 변압기 저항, 선로 임피던스는 무시한다. 또한 단위시스템으로 변환된 임피던스도를 그리시오.

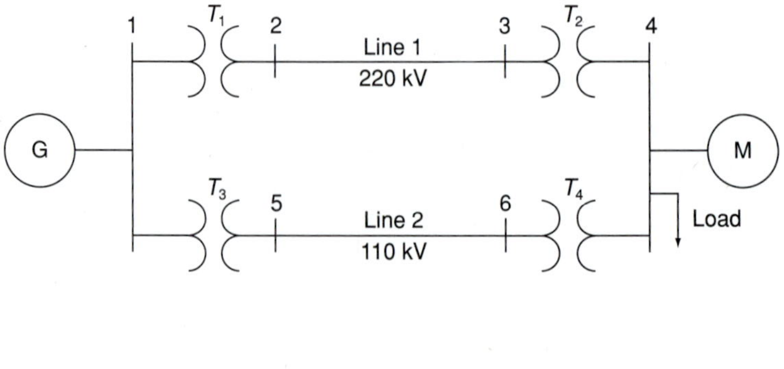

그림 3.32 연습문제 3.23

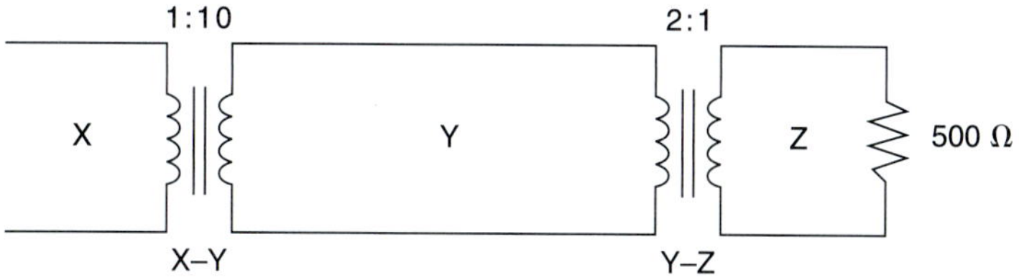

그림 3.33 연습문제 3.25의 단상 전력계통

3.26 각각의 정격이 30 MVA, 38.1/3.81 kV인 3개의 단상변압기로 구성된 뱅크가 3개의 1 Ω으로 구성된 Y 결선 저항 부하와 Y–Δ로 접속되어 있다. 변압기의 고압측에 대해 90 MVA, 66 kV를 기준치로 하여 저압의 기준을 정하시오. 저압의 기준치를 사용하여 부하의 단위 저항을 계산하시오. 또한 고압측에서 바라본 부하의 저항과 고압의 기준에 따른 단위 저항값을 계산하시오.

3.27 어떤 3상 변압기의 정격이 1000 MVA, 220 Y/22 Δ kV이다. 누설 리액턴스와 동일한 값을 갖는 Y 등가 단락 임피던스는 저압측에서 0.4 Ω으로 측정되었다. 변압기의 단위 리액턴스를 계산하시오. 변압기 고압측의 기준이 100 MVA, 230 kV가 되는 시스템에서는 변압기를 나타내는 단위 리액턴스로 어떤 값을 사용하여야 하는가?

3.28 그림 3.34에 나타낸 계통에서 발전기 쪽의 기준을 100 kVA, 2400 V로 하여 단위시스템으로 변환된 임피던스도를 그리시오.

3.29 3개의 이상적인 단상변압기(전압 이득은 η)를 이용하여 그림 3.35와 같은 Δ–Ω 3상 뱅크를 구성하였다. V_{an}, V_{bn}, V_{cn}을 정상분 전압으로 가정하고 $V_{a'n'}$, $V_{b'n'}$, $V_{c'n'}$을 V_{an}, V_{bn}, V_{cn}으로 각각 나타내시오.

(a) 위의 관계가 선간전압에서도 그대로 유지되는가?

(b) 전류의 관계에 따라 I'_a, I'_b, I'_c를 I_a, I_b, I_c로 각각 나타내시오.

(c) S'와 S를 1상의 복소전력 출력과 입력으로 각각 나타낼 때, S'를 S로 나타내시오.

3.30 연습문제 3.29를 다시 고려하여보자. V_{an}, V_{bn}, V_{cn}을 역상분 전압으로 가정하면, 전압과 전류의 관계는 어떻게 변하는가? (a) 연습문제 3.29에서 C_1이 복소수의 정상분 전압 이득을 나타낼 때, 그리고 (b) C_2가 복소수의 역상분 전압 이득을 나타낼 때, C_1과 C_2의 관계를 구하시오.

3.31 연습문제 3.29에서 정상분 전압을 가정하고 변압기 결선을 Y–Δ로 하여 3상 뱅크를 구성한다고 할 때, 복소수 전압 이득 C_3를 구하시오.

(a) 역상분일 때 이득은 어떻게 되는가?

(b) 복소수 전력 이득을 구하시오.

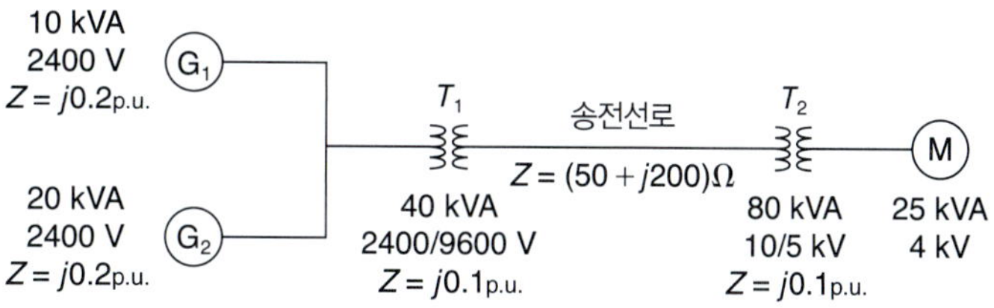

그림 3.34 연습문제 3.28의 계통도

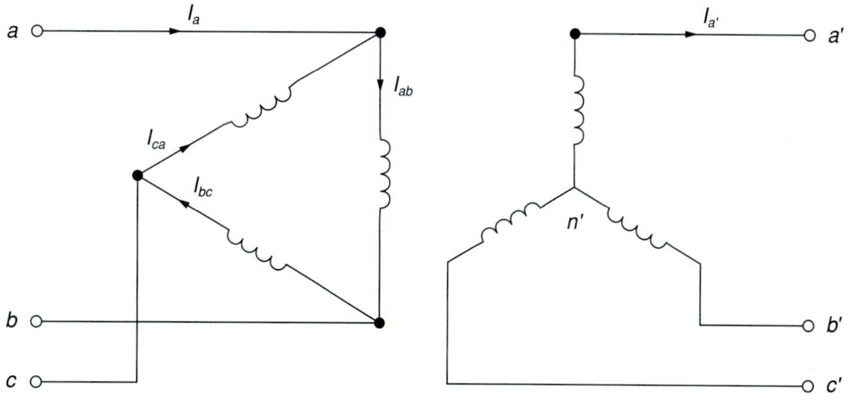

그림 3.35 연습문제 3.29의 Δ–Y 결선

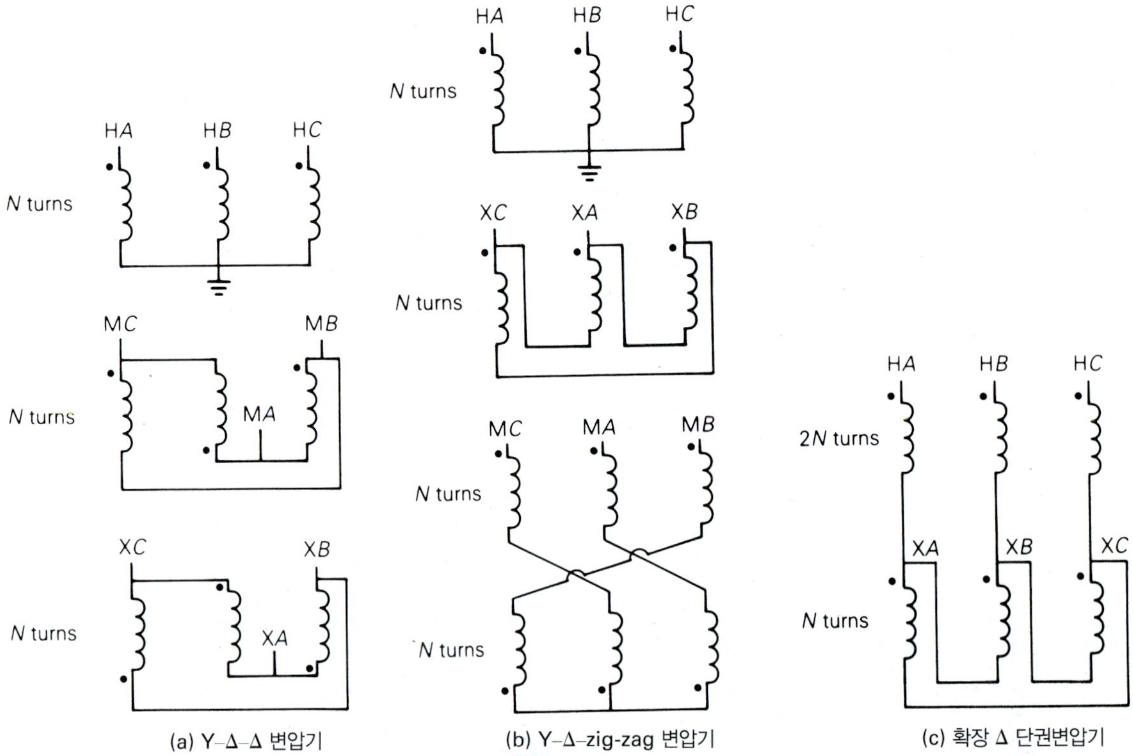

그림 3.36 연습문제 3.32와 3.52(같은 수직선상에 놓여 있는 권선은 동일한 철심에 감겨 있다)

(c) 대칭 Y 결선 부하에 연결될 때, Z_L과 복소수 전압 이득 C와 관련하여 임피던스 Z_L', 1차측에 대한 2차측 임피던스 Z_L을 찾으시오.

3.4절

3.32 그림 3.36에 나타낸 것과 같이 3상 변압기를 결선할 때, 각 결선에서 나타나는 정상분과 역상분의 상 이동을 구하시오.

3.33 그림 3.37의 단상 2권선 변압기에서 고압측의 권선이 Y 결선되어 있다. (a) 저압측을 Δ로 결선하고 극성 표시(polarity mark)를 하시오. 또한 미국 기술표준에 따라 단자 a, b, c를 명기하시오. (b) 정상분에 대해서 V_{AN}이 $V_{a'n}$과 90° 위상차이가 날 때 단자 a', b', c'를 다시 명기하시오.

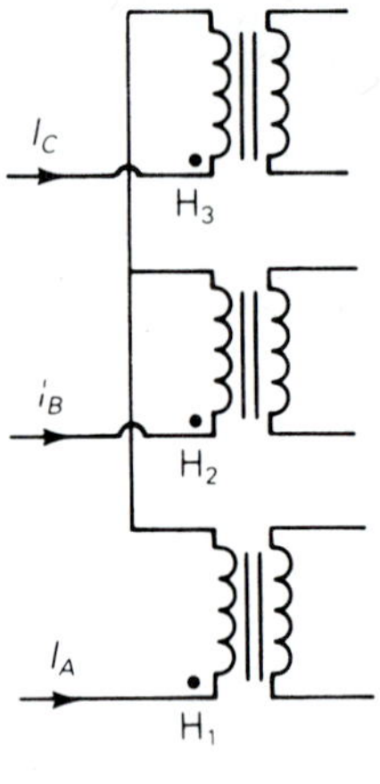

그림 3.37 연습문제 3.33

3.34 각각의 정격이 450 MVA, 20 kV/288.7 kV이고 누설리액턴스가 $X_{eq} = 0.1$ p.u.인 3개의 단상 2권선 변압기로 3상 뱅크를 구성하였다. 고압측 권선을 Y로 결선하고 중성점은 접지시켰다. 저압측 권선이 (a) Δ로 결선, (b) Y로 결선되어 있고 중성점은 비접지일 때, 각각에 대한 단위 등가회로를 그리시오. 이때 변압기 정격을 기준으로 사용하고, 권선의 저항과 여자전류는 무시한다.

3.35 이상적인 3상 Δ-Y, 230:46 kV 변압기에 있어서 2차측 b-c상의 선간전압 페이저가 $V_{bc} = 50\angle 18°$ kV이다. 3상 평형인 상태에서의 6개 변압기 단자의 상전압을 구하시오.

3.36 정격이 각각 25 MVA, 34.5/13.8 kV인 3개의 단상 2권선 변압기로 Δ–Δ 뱅크를 구성하였다. 평형 정상분 전압을 고압측 단자에 인가하고 저압측에는 13.8 kV에서 75

MW를 소비하는 평형 Y 결선 저항 부하를 연결하였다. 만일 1개의 단상 변압기를 제거하고(즉, open–Δ 결선) 평형부하를 43.4 MW(57.7% 감소)만큼 동시에 줄였을 때, (a) 부하전압 V_{an}, V_{bn}, V_{cn}, (b) 부하전류 I_a, I_b, I_c, (c) 나머지 2개의 변압기 각각에서 공급되는 MVA를 구하시오. 이후에도 부하에 평형 3상전압이 인가되고 있는가? 또한 개방–Δ 변압기는 과부하 상태인가?

3.37 정격이 각각 25 MVA, 54.2/5.42 kV인 3개의 단상 2권선 변압기로 Y–Δ 뱅크를 구성하고 저압측에 1상이 0.6 Ω인 평형 Y 결선 저항 부하를 연결하였다. 75 MVA (3상 기준), 94 kV(선간전압)를 고압측 기준으로 하여 저압측의 기준치를 정하시오. 저압측의 기준으로 부하의 단위저항을 계산하시오. 또한 고압측에서 바라본 부하의 저항을 Ω으로 구하고, 고압측 기준에 의한 단위 저항값을 계산하시오.

3.38 정격이 300 MVA, 23 kV인 발전기가 누설 리액턴스 0.11 p.u.의 정격 330 MVA, 23 Δ/230 Y kV 승압용 변압기를 통해 230 kV, 지상역률 0.9, 정격 240 MVA의 계통부하에 전력을 공급하고 있다. (a) 여자전류는 무시하고, 100 MVA, 230 kV를 부하의 기준으로 정하여 부하에 공급되고 있는 페이저 전류 I_A, I_B, I_C를 pu값으로 구하시오. (b) 부하단의 전압 V_A를 참고로 하여 발전기 회로에 대한 적절한 기준치를 정하고 발전기 전압 V, 페이저 전류 I_A, I_B, I_C를 구하시오. (참고: 변압기의 상 이동을 고려하시오.) (c) 발전기 단자전압(kV)과 발전기에서 공급되는 유효전력(MW)을 구하시오. (d) 변압기의 상 이동을 모두 생략했을 때, 동일한 값의 발전기 단자전압 크기와 발전기에서 공급되는 유효전력이 구해지는지 확인하시오.

3.5절

3.39 300 MVA, 230 Y/23 Δ kV 3상 변압기의 누설 리액턴스가 0.06 p.u.이고 Y 결선은 중성점이 접지되어 있다. 단위 등가회로를 그리시오. 여자 어드미턴스는 무시하고, 미국 기술표준에 정해진 상 이동을 가정한다.

3.40 계통의 기준을 240/24 kV, 100 MVA로 하여 연습문제 3.39의 단위 등가회로를 다시 그리시오.

3.41 그림 3.38에 나타낸 전력계통의 단선도에서 각 설비의 정격이 다음과 같다.

발전기 1:	1000 MVA, 18 kV, X″ = 0.2 p.u.
발전기 2:	1000 MVA, 18 kV, X″ = 0.2 p.u.
동기전동기 3:	1500 MVA, 20 kV, X″ = 0.2 p.u.
3상 Δ–Y 변압기 T_1, T_2, T_3, T_4:	1000 MVA, 500 kV Y/20 kV Δ, X = 0.1 p.u.
3상 Y–Y 변압기 T_5:	1500 MVA, 500 kV Y/20 kV Y, X = 0.1 p.u.

저항, 변압기 상 이동, 자화 리액턴스는 무시하고, 등가 리액턴스도를 그리시오. 이때, 50 Ω 선로에 1000 MVA, 500 kV를 기준으로 하여 단위 리액턴스를 구한다.

3.42 연습문제 3.41의 전력계통에서 모선 3의 동기전동기가 18 kV, 진상역률 0.8로 1500 MW를 소비하고 있다. 모선 1과 모선 2의 전압을 kV로 나타내어라. 발전기 1과 2는 동일한 유효전력과 무효전력을 공급하고 있다고 가정한다. 또한 평형 3상 전력계통은 정상분의 전원으로 운전되고 있다고 가정한다.

3.43 정격 10 MVA, 66.4/12.5 kV, 60 Hz의 3개의 단상변압기로 3상 뱅크를 구성하였다. 단상변압기의 등가 직렬 리액턴스 0.1 p.u.는 1차측과 2차측에 똑같이 나뉘어

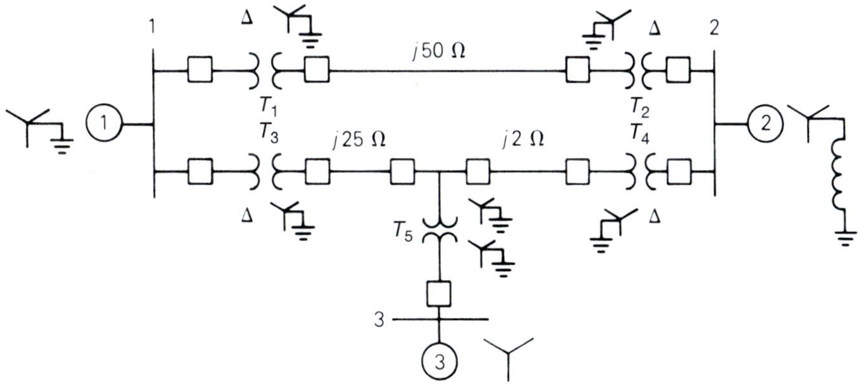

그림 3.38 연습문제 3.41과 3.42

분포되어 있다. 고압측의 권선은 Y 결선으로 되어 있고, 고압측 단자는 115 kV 3상 모선에 직접 연결되어 있다. 2차측의 단자는 모두 단락되어 있다. 저압측의 권선이 (a) Y 결선, (b) Δ 결선일 때, 고압측 단자로 들어가는 전류와 저압측 단자로부터 나오는 전류를 구하시오.

3.44 130 MVA, 13.2 kV의 3상 발전기가 135 MVA, 13.2 Δ/115 Y kV 승압용 변압기에 연결되어 있다. 발전기의 정상 리액턴스는 발전기 기준으로 1.5 p.u.이고 변압기의 직렬 임피던스는 변압기 자체 기준으로 (0.005 + j0.1) p.u.이다. (a) 변압기를 기준으로 발전기 단위 리액턴스를 계산하시오. (b) 변압기 단자에 접속된 부하가 115 kV, 단위역률로 15 MW를 소비한다. 변압기의 고압측 전압을 기준 페이저로 하여 이 계통 조건하의 페이저도를 그리시오. (c) (b)와 같은 계통 조건하에서 변압기의 저압측 전압과 발전기의 내부전압(리액턴스 전단)을 구하시오. 또한 발전기의 출력 전력과 역률을 구하시오.

3.45 그림 3.39는 정격 300 MVA, 20 kV, 차과도 리액턴스 0.2 p.u., 0.4 Ω 리액터 중성점 접지의 3상 발전기로 구성된 계통의 단선도이다. 송전선로의 직렬 리액턴스는 0.5 Ω/km이고 길이는 64 km이다. 3상 변압기 T_1의 정격은 350 MVA, 230/20 kV이고 누설 리액턴스는 0.1 p.u.이다. 변압기 T_2는 3개의 단상변압기로 구성되어 있고, 각 변압기의 정격은 100 MVA, 127/13.2 kV, 누설 리액턴스는 0.1 p.u.이다. 두 대의 13.2 kV 전동기 M_1, M_2는 각각 0.2 p.u.의 차과도 리액턴스를 갖고 있고, 계통도에서 이 리액턴스 값은 전동기 부하를 나타낸다. M_1은 정격입력 200 MVA로 0.4 Ω의 한류 리액터를 통해 중성점 접지가 되어 있다. M_2는 정격입력이 100 MVA이고 중성점은 접지되어 있지 않다. 변압기에 의한 상 이동은 무시한다. 발전기 정격을 발전기 측 회로를 기준으로 하여 모든 리액턴스가 pu법으로 표시된 리액턴스도를 그리시오.

3.46 연습문제 3.45의 전동기 M_1과 M_2의 입력이 13.2 kV에서 각각 120 MW, 60 MW이고, 두 전동기 모두 단위역률로 운전되고 있다. 발전기 단자전압과 선로의 전압변동률을 구하시오. 변압기의 상 이동은 무시한다.

3.47 그림 3.40의 단선도에 3개의 동일한 단상변압기로 구성된 3상 변압기 뱅크를 나타냈다. 각 단상변압기에서 $X_1 = 0.24\ \Omega$(저압측), 권선비 $\eta = N_2/N_1 = 10$이고 저항과 자화전류는 무시한다. 변압기 뱅크는 변전소 모선 전압이 230 kV일 때, 지상역률 0.8로 100 MW의 전력을 공급한다.

(a) 1차측 전류의 크기, 1차측 선간전압의 크기, 발전기에서 공급되는 3상 복소전력을 구하시오. 이때, 모선의 상전압 $V_{a'n'}$을 기준으로 하며, 상 이동을 고려하고 정상 운전을 가정한다.

(b) 1차측 전압과 2차측 전압의 상 이동을 구하시오.

3.48 연습문제 3.47과 동일한 변압기 뱅크를 사용한다고 가정하고, 그림 3.41은 발전기, 승압용 변압기 뱅크, 송전선

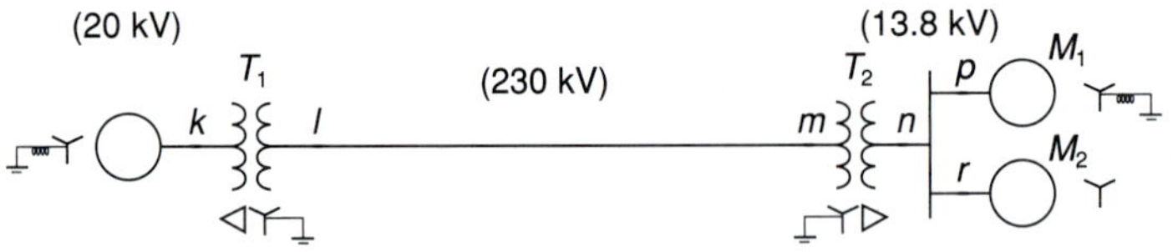

그림 3.39 연습문제 3.45와 3.46

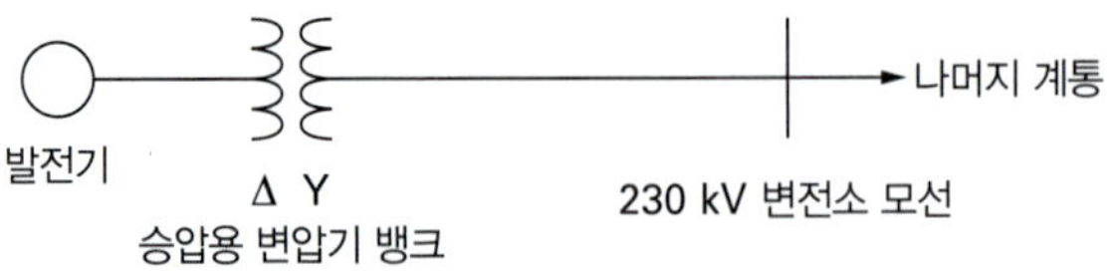

그림 3.40 연습문제 3.47의 단선도

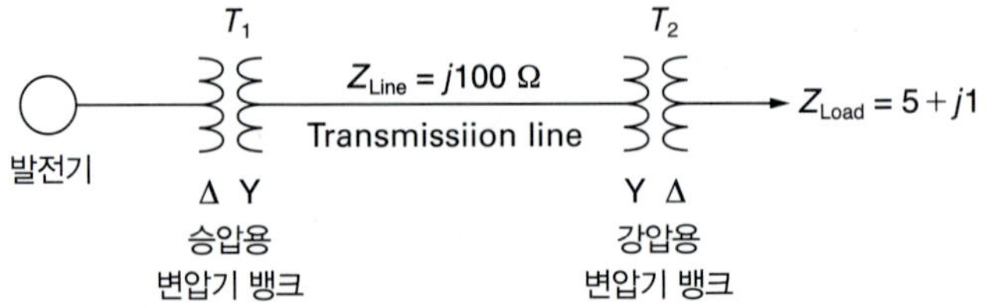

그림 3.41 연습문제 3.48의 단선도

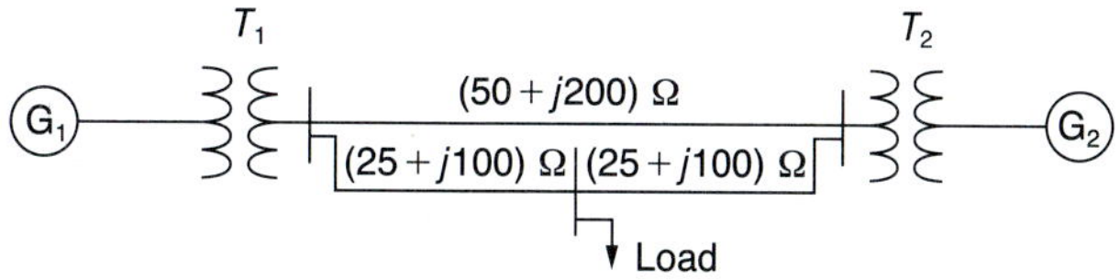

그림 3.42 연습문제 3.49의 단선도

로, 강압용 변압기 뱅크, 임피던스 부하로 구성된 계통의 단선도를 보여주고 있다. 발전기 단자의 선간전압은 15 kV이다.

(a) 정상 운전하의 상 이동을 고려하여 단상 등가회로를 그리시오.

(b) 발전기 단자의 상전압을 기준으로 정하고, 발전기 전류, 송전선 전류, 부하 전류, 부하 선간전압의 크기를 구하시오. 또한 부하에 공급되는 3상 복소전력을 구하시오.

3.49 그림 3.42의 전력계통에서 각 설비의 정격은 다음과 같다.

발전기 G_1:	50 MVA, 13.2 kV, $x = 0.15$ p.u.
발전기 G_2:	20 MVA, 13.8 kV, $x = 0.15$ p.u.
3상 Δ–Y 변압기 T_1:	80 MVA, 13.2 Δ/165 Δ kV, X = 0.1 p.u.
3상 Y–Δ 변압기 T_2:	40 MVA, 165 Y/13.8 Δ kV, X = 0.1 p.u.
부하:	40 MVA, 지상역률 0.8, 150 kV

단위시스템을 위한 용량 기준을 계통 전체적으로 100 MVA, 전압 기준을 송전선로의 132 kV로 정한다. 부하는 저항과 인덕턴스의 병렬 조합으로 모델링하고, 변압기의 상 이동은 무시한다. 모든 임피던스를 pu법으로 나타낸 계통의 등가 단선도를 그리시오.

3.6절

3.50 단상 3권선 변압기가 다음과 같은 파라미터를 갖고 있다: $Z_1 = Z_2 = Z_3 = 0 + j0.05$, $G_C = 0$, $B_M = 0.2$ p.u. 동일한 3개의 변압기를 이용하여 1차측은 Y(중성점 접지), 2차측과 3차측은 Δ로 결선하였다. 이 변압기 뱅크의 단위회로도를 그리시오.

3.51 3상 3권선 변압기의 정격이 다음과 같다.

1차측(1):	Y 결선, 66 kV, 15 MVA
2차측(2):	Y 결선, 13.2 kV, 10 MVA
3차측(3):	Δ 결선, 2.3 kV, 5 MVA

권선저항과 여자전류는 무시하고, 단위 누설 리액턴스는

$X_{12} = 0.08$ p.u., 15 MVA, 66 kV 기준
$X_{13} = 0.10$ p.u., 15 MVA, 66 kV 기준
$X_{23} = 0.09$ p.u., 10 MVA, 13.2 kV 기준

(a) 1차측 단자의 15 MVA, 66 kV를 기준으로 한 등가회로의 단위 리액턴스 X_1, X_2, X_3를 구하시오. (b) 13.2 kV에서 7.5 MW, 2.3 kV에서 5 MW를 소비하는 순저항부하가 2차측과 3차측에 각각 연결되어 있을 때, 1차측 단자의 15 MVA, 66 kV를 기준으로 한 pu임피던스 회로도를 그리시오.

3.52 이상적인 138:69:20 kV 변압기가 있다. 1차측과 2차측의 실제 전압이 정격에서 각각 138 kV와 69 kV이고 실제 전류는 정격에서 각각 10 A와 18 A이다. 3차권선의 정격은 20 kV, 8 A이다. 3차권선의 실제 전압과 전류를 구하시오.

3.53 3상 3권선 변압기의 정격이 다음과 같다.

1차측(P):	Y 결선, 66 kV, 15 MVA
2차측(S):	Y 결선, 13.2 kV, 10 MVA
3차측(T):	Δ 결선, 2.3 kV, 5 MVA

권선저항과 여자전류는 무시하고, 단위 누설 리액턴스는

$X_{PS} = 0.09$ p.u., 15 MVA, 66 kV 기준
$X_{PT} = 0.08$ p.u., 15 MVA, 66 kV 기준
$X_{ST} = 0.05$ p.u., 10 MVA, 13.2 kV 기준

1차측의 15 MVA, 66 kV를 기준으로 하여 변환된 단위 등가회로의 리액턴스를 구하시오.

3.54 정전압원인 무한 모선이 연습문제 3.53의 3권선 변압기 1차측에 연결되어 있다. 차과도 리액턴스가 0.2 p.u.인 7.5 MVA, 13.2 kV 동기전동기는 2차측에 접속되어 있고 5 MW, 2.3 kV 3상 저항부하가 3차측에 연결되어 있다. 1차측에 대해 66 kV, 15 MVA를 기준으로 정하여 단위시스템 변환을 하고, pu임피던스로 표현된 임피던스도를 그리시오. 이때, 변압기 여자전류, 상 이동, 저항부하를 제외한 모든 저항값은 무시한다.

3.7절

3.55 단상 10 kVA, 2300/230 V, 60 Hz 2권선 배전용 변압기를 단권변압기로 사용하여 2,300 V를 2,530 V로 승압하고 있다. (a) 이에 대한 구성도를 그리시오. 또한 정격전압으로 전부하 전력을 공급하는 조건에서 모든 전압과 전류가 표시되도록 하시오. (b) 권선의 전류와 전압이 2권선 변압기에서의 정격치를 초과하지 않을 경우, 단권변압기에서 허용 가능한 kVA 정격은 얼마인가? (c) 2권선 변압기로 사용할 때 실시한 시험에서 다음과 같은 데이터를 얻었다.

저압단자에 전압을 인가하고 개방회로 시험
  인가 전압 = 230 V
  입력 전류 = 0.45 A
  입력 전력 = 70 W

고압단자에 전압을 인가하고 단락회로 시험
  인가 전압 = 120 V
  입력 전류 = 4.5 A
  입력 전력 = 240 W

위의 데이터에 기초하여 전부하, 정격전압, 지상역률 0.8일 때, 단권변압기의 효율을 계산하시오. 또한 2권선 변압기에 비해 단권변압기 효율이 높은 이유를 설명하시오.

3.56 0.10 p.u.의 누설 리액턴스를 갖는 정격 3 kVA, 220/110 V, 60 Hz의 단상 2권선 변압기 3대를 이용하여 그림 3.36(c)와 같은 3상 확장 Δ 단권변압기 뱅크를 구성하였다. 여기서 저압 Δ 권선은 110 V 정격을 갖는다. (a) 정상분 페이저도를 그리고 고압권선의 정격이 479.5 V가 됨을 보이시오, (b) 저압 단자에 연결된 3상 부하가 100 V, 지상역률 0.8로 6 kW를 소비하고 있다. pu임피던스도를 그리고 고압 단자의 전압과 전류를 계산하시오. 여기서 정상 운전을 가정한다.

3.57 정격 60 kVA, 240/1200 V, 60 Hz의 단상 2권선 변압기가 지상역률 0.8로 정격부하에서 운전될 때 효율이 0.96이라고 한다. 이 변압기를 배전계통에서 1440/1200 V 강압용 변압기로 사용하고자 한다. (a) 권선의 전류와 전압이 2권선 변압기에서의 정격치를 초과하지 않을 경우, 단권변압기에서 허용 가능한 kVA 정격은 얼마인가? 이 경우 이상 변압기로 가정한다. (b) 진상역률 0.8과 (a)의 kVA 정격부하 시 단권변압기의 효율을 구하시오.

3.58 90 MVA, 80/120 kV 정격의 단상 2권선 변압기를 정격 80/200 kV 단권변압기로 결선하였다. 이상 변압기로 가정하고, (a) 단권변압기로 결선된 이상 변압기의 구성도를 그리시오. 이때 전압, 전류, 극성 표시를 모두 나타내시오. (b) 권선의 전류와 전압이 2권선 변압기에서의 정격치를 초과하지 않을 경우, 단권변압기에서 허용 가능한 kVA 정격은 얼마인가? kVA 정격 중 얼마가 자기 유도에 의해 전달되는가?

3.8절

3.59 예제 3.13에서의 2개 평행선로가 부하전류 $1.0\angle -30°$ p.u.로 부하에 전력을 공급하고 있다. 다음의 경우에 대해, 평행 선로 각각에서 부하 모선에 공급되는 유효전력과 무효전력을 구하시오. (a) 전압 조정 변압기가 없을 경우, (b) 예제 3.13(a)의 전압 크기 조정 변압기가 설치된 경우, (c) 예제 3.13(b)의 위상각 조정 변압기가 설치된 경우. 여기서 모선 *abc*의 전압을 조정하여 모선 $a'b'c'$의 전압이 $1.0\angle 0°$ p.u.를 유지하도록 한다. 또한 정상 운전을 가정한다. 전압 조정 변압기의 효과에 대해 기술하시오.

3.60 PW 예제 3.13에서 0.01 pu의 저항을 변압기에, 0.03 pu의 저항을 송전선로에 각각 추가하여 동일하게 모의하시오. 이 경우 계통은 더 이상 무손실이 아니기 때문에 단선도상에 유효전력 손실 항목이 포함되는 것을 볼 수 있다. LTC 탭을 1.05에 고정하고, 위상차를 −10°에서 +10°로 변화시키면서 나타나는 유효전력 손실을 그림으로 나타내시오. 계통의 손실을 최소화시키는 위상각은 얼마인가?

3.61 PW 연습문제 3.60에서 위상차를 3.0°로 고정하고, LTC 탭을 0.9에서 1.1로 변화시키면서 동일하게 문제를 풀어보시오. 유효전력 손실을 최소화하는 탭은 얼마인가?

3.62 PW PowerWorld Simulator 케이스 예제 3_62a와 예제 3_62b은 예제 3.13에서 다음 사항이 바뀌었다. 1. 두 케이스 모두 비공칭권선비는 1로 고정, 2. 두 케이스 모두 예제 3_60에서의 저항성분을 포함, 3. 예제 3_62b 모델은 변압기 직렬임피던스를 구간선형임피던스 수정표를 사용하여 위상변위함수로 표현하였는데 여기서 임피던스 값은 −30°, 2.0에서 0°, 1.0과 30°, 2.0으로 변화한다(PowerWorld 상에서 임피던스 수정표는 **Case Information, Network, Transfomer Impedance Correction Tables**를 선택하면 확인할 수 있다). 위상 3° 증가에 대하여 케이스 예제 3_62a와 3_62b간의 시스템 손실 변화를 비교하시오.

3.63 23/230 kV 승압용 변압기를 통해 3상 송전선로에 전력을 공급하고, 다시 230/23 kV 강압용 변압기를 통해 150 MVA, 지상역률 0.8의 부하에 전력을 공급하고 있다. 230 kV 선로와 변압기의 임피던스는 18 + j60 Ω이다. 부하의 전압을 23 kV로 유지하기 위한 각 변압기의 탭 설정치를 구하시오.

3.64 그림 3.43은 동일한 공칭 전압비와 동일한 기준하에서 0.1 p.u.라는 동일 리액턴스를 갖는 2개의 변압기 T_a와 T_b를 병렬로 연결한 것을 단위 등가회로로 나타낸 그림이다. 변압기 T_a의 부하에 대한 승압 정도는 T_b에 비해 1.05배가 된다. (즉, T_a의 2차 권선 탭을 1.05로 설정하였다.) $V_2 = 1.0\underline{/0°}$ p.u.일 때, 부하는 0.8 + j0.6이 된다. 각 변압기를 통해 부하로 보내지는 복소전력을 pu값으로 구하시오. 또한 변압기들이 유효전력과 무효전력을 어떻게 서로 분배하고 있는지 설명하시오.

3.65 T_b가 동일한 권선비 T_a를 갖는 변압기를 포함하고 4°의 위상 이동을 갖는 조정 변압기를 포함하고 있다고 바꿔서 연습문제 3.64를 다시 고려해보자. T_a을 기준으로 T_b 두 성분의 임피던스는 j0.1 p.u.이다. 각 변압기를 통해 부하로 전송되는 복소수 전력을 pu 단위로 구하시오. 변압기가 어떻게 유효전력과 무효전력을 모두 공유하는지 서술하시오.

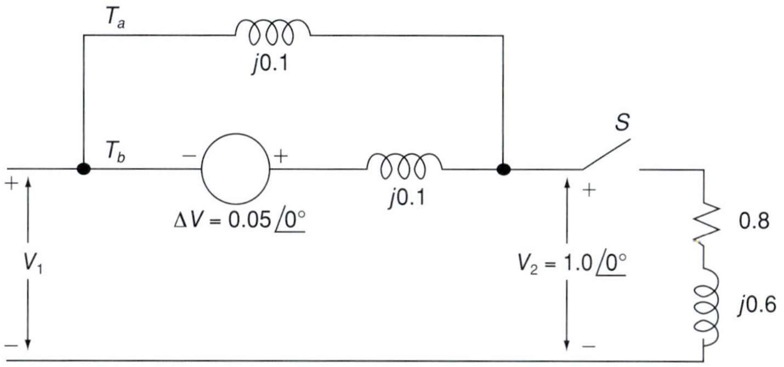

그림 3.43 연습문제 3.64

참고문헌

1. R. Feinberg, *Modern Power Transformer Practice* (New York: Wiley, 1979).
2. A. C. Franklin and D. P. Franklin, *The J & P Transformer Book*, 11th ed. (London: Butterworths, 1983).
3. W. D. Stevenson, Jr., *Elements of Power System Analysis*, 4th ed. (New York: McGraw-Hill, 1982).
4. J. R. Neuenswander, *Modern Power Systems* (Scranton, PA: International Textbook Company, 1971).
5. M. S. Sarma, *Electric Machines* (Dubuque, IA: Brown, 1985).
6. A. E. Fitzgerald, C. Kingsley and S. Umans, *Electric Machinery*, 4th ed. (New York: McGraw-Hill, 1983).
7. O. I. Elgerd, *Electric Energy Systems: An Introduction* (New York: McGraw-Hill, 1982).
8. 1. Miguel Oliva et al., “Transformer Innovation in a Changing Energy Landscape-Part I,” Transformer Magazine, 7, 1 (January 2020), pp.66-76.

4 송전선로정수

Transmission Line Parameters

알루미늄으로 지지된 V자형 철탑과 765 kV 송전선 (Courtesy of American Electric Power Company.)

학습목표

이 장에서는 다음과 같은 내용에 대하여 학습하기로 한다.

1. 송전선로 설계 시 고려사항
2. 4개의 송전선로 파라미터(R, G, L, C)
3. 가공 3상선로에서 다도체, 상간거리, 복도체가 유도성 리액턴스와 병렬어드미턴스에 미치는 영향
4. 가공송전선로에서 도체표면과 대지면에서의 전계를 고려한 설계사항

이 장에서는 송전선로의 설계 및 해석에 필요한 4가지 기본요소인 선로정수, 즉 직렬 저항(R: Resistance), 직렬 인덕턴스(L: Inductance), 병렬 커패시턴스(C: Capacitance), 병렬 컨덕턴스(G: Conductance)에 대하여 살펴보기로 한다.

직렬 저항은 선로의 손실(I^2R)에 직접 관여하며, 직렬 인덕턴스와 함께 선로의 전압강하에도 영향을 미친다. 병렬 커패시턴스는 선로와 선로 사이 및 선로와 대지 사이에 충전전류를 발생시키며, 병렬 컨덕턴스 역시 선로와 선로 사이 및 선로와 대지 사이에 누설전류를 발생시키고, 동시에 그로 인한 선로 손실(V^2G)을 발생시킨다. 그러나 가공선로에서는 일반적으로 병렬 컨덕턴스의 영향은 고려하지 않는다.

송전선로는 가공선로와 지중선로로 구분된다. 송전선로의 대부분은 가공선로이나 부분적으로 대도시 등에서 지중송전선로를 이용하는 경우도 있다. 반면에 배전선로의 경우 일반 도시 규모 이상에서는 대부분 지중배전선로로 구성되어 있다.

4.1 송전선로 설계 시 고려사항

가공송전선로는 도체, 절연체, 지지물 및 차폐선으로 구성된다. 아래에 이 구성요소들에 대하여 설명하기로 한다.

도체

알루미늄도체가 구리도체와 동일한 수준의 낮은 전력손실을 얻기 위해서는 구리도체보다 큰 단면적이 필요하지만, 가격이 비교적 저렴하고 무게 또한 가벼우며, 재료 공급 면에서도 구리에 비해 제한적이지 않고 오히려 풍부하기 때문에 가공선로(송전선, 배전선)에 일반적으로 가장 많이 사용한다.

대표적인 알루미늄도체로서는 그림 4.1과 같이 중앙부의 강철을 꼬아놓은 강심연선(steel strand) 부위를 알루미늄 연선이 층마다 서로 반대방향으로 꼬아진 형태로 둘러싼 구조의 강심알루미늄전선(ACSR, aluminum conductor steel-reinforced)이 있다. 연선(stranded conductors: 여러 가닥의 선을 하나로 꼬은 선) 구조를 이용하는 이유는 연선형태의 각 층을 서로 엇갈리는 방향으로 쌓아놓으면 크기가 큰 전선을 비교적 쉽게 제작할 수 있고, 하나의 도체로 된 단도체보다 유연성이 좋아 다루기가 쉽기 때문이다. ACSR의 중심부분은 무게 대비 강한 장력을 제공하는 강심연선으로 이루어져 있고, 방열에 유리하도록 나전선(절연피복이 없는 선)으로 되어 있다.

ACSR 외의 다른 전선은 전알루미늄전선(AAC, all-aluminum conductor), 전알루미늄합금전선(AAAC, all-aluminum-alloy conductor), 합금심알루미늄전선(ACAR, aluminum conductor, alloy-reinforced), 알루모웰드전선(Alumoweld: aluminum-clad steel conductor) 등이 있다. 150°C 이상에서도 사용 가능한 전선은 강심연성알루미늄전선(ACSS, aluminum conductor steel supported) 및 갭형내 열알루미늄전선(GTZACSR, gap-type ZT-Aluminum conductor)이 있으며, 전자는 강심 주위에 담금질한 알루미늄을 사용하였고, 후자는 강심과 강심을 둘러싸고 있는 알루미늄연선 제1층과의 사이에 작은 환상갭 구조를 갖고 있고 내열알루미늄을 사용하였다. 차세대 떠오르는 전선은 복합재료를 사용한 것으로 카본화이버심알루미늄전선(ACFR, aluminum conductor carbon fiber reinforced) 및 복합강심알루미늄전선(ACCR,

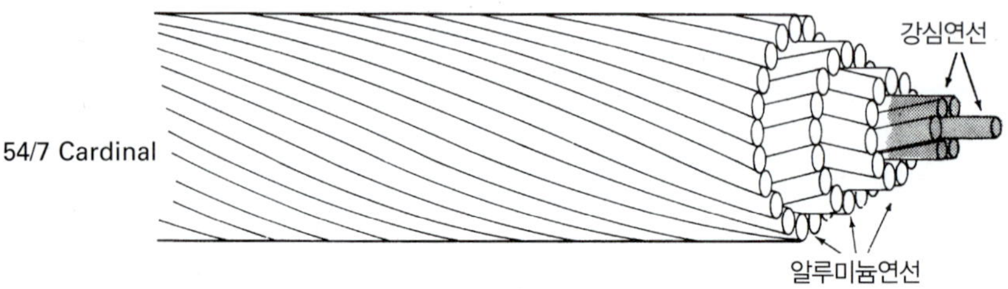

그림 4.1 대표적인 ACSR 전선

그림 4.2 자립격자구조의 철탑으로 지지되고 있는 765 kV 송전선 (Courtesy of the American Electric Power Company)

aluminum conductor composite reinforced)이 거론되고 있으며, 전자는 전선 중심코어가 카본화이버를 포함한 수지복합체로 되어 있으며, 후자는 알루미늄화이버를 포함한 알루미늄매트릭스체로 되어 있다[14-17].

초고압(EHV, extra high voltage)선로는 보통 1상당 1개 이상의 도체, 즉 복도체(bundle conductor)를 사용한다. 그 예로서, 그림 4.2는 4개 복도체를 사용한 765 kV 송전선의 경우(한국전력의 경우 6개 복도체)를, 그림 4.3은 2개 복도체를 사용한 345 kV 송전선의 경우(한국전력의 경우 4개 복도체)를 각각 보여주고 있다. 이와 같이 복도체를 사용하는 이유는 높은 송전전압의 경우 전선 반경을 크게 함으로써 절연파괴에 치명적인 코로나 발생에 관계하는 전선표면에서의 전기장(E) 발생을 가급적 억제할 수 있고, 또한 안정도 및 전압강하와 관련되는 선로정수 L 값을 작게 할 수 있기 때문이다.

그림 4.3 자립격자구조의 철탑으로 지지되고 있는 2회선 345 kV 송전선 (Courtesy of Eversource, formerly NSTAR and Boston Edison Company)

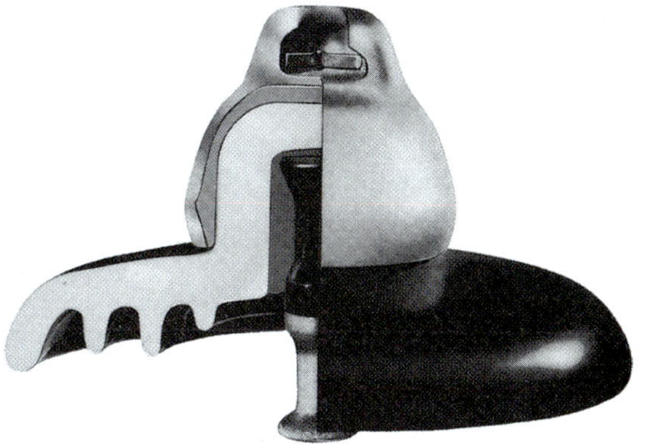

그림 4.4 현수애자의 단면도(Courtesy of Ohio Brass)

절연체 또는 애자(Insulators)

69 kV 이상의 송전선로에 설치되는 절연체로서는 전선을 철탑에 매달아 지탱할 수 있는 구조의 현수애자(suspension-type insulators)가 대표적이며, 자기, 경화유리, 폴리머 등의 재료로 제작된 디스크타입의 구조이다. 그림 4.4는 지름 0.254 m, 디스크 간 거리 0.146 m, 인장강도 7,500 kg인 애자를 보여주고 있다. 그림 4.2의 765 kV 송전선은 상당 2개의 V자 형태의 애자련(디스크모양의 애자가 직렬로 연결된 것)으로 구성되어 있는데, 이는 복도체 전선의 좌우 흔들림을 방지하는 데 효과가 있다. 그림 4.5의 345 kV 송전선은 상당 1개의 수직형태 애자련으로 구성되어 있다. 송전선로의 선압이 커짐에 따라 설치되는 애자의 수도 증가한다(표 4.1 참조). 기계적 강도 및 오염지역에 따라 디스크 이외의 형태가 다른 애자도 있다.

지지물

송전선로는 다양한 모양의 지지물 구조를 채용하고 있

그림 4.5 345 kV 송전선 나무 지지물(Courtesy of Eversource, formerly NSTAR and Boston Edison Company)

표 4.1 송전선로 특성[1, 2] (Electric Power Research Institute (EPRI), EPRI AC Transmission Line Reference Book—200 kV and Above (Palo Alto, CA: EPRI, www.epri.com, December 2005); Westinghouse Electric Corporation, *Electrical Transmission and Distribution Reference Book*, 4th ed. (East Pittsburgh, PA, 1964).

공칭전압	상도체				
				최소이격거리	
(kV)	복도체 수	도체당 알루미늄 단면적(kcmil)*	복도체 간격 (cm)	상과 상 (m)	상과 대지 (m)
69	1	—	—	—	—
138	1	300~700	—	4~5	—
230	1	400~1,000	—	6~9	—
345	1	2,000~2,500	—	6~9	7.6~11
345	2	800~2,200	45.7	6~9	7.6~11
500	2	2,000~2,500	45.7	9~11	9~14
500	3	900~1,500	45.7	9~11	9~14
765	4	900~1,300	45.7	13.7	12.2

*1 kcmil = 0.5 mm^2

공칭전압	현수애자련		가공지선		
(kV)	상당 애자련 수	현수애자련당 표준애자 수	선종	수	지름 (cm)
69	1	4~6	Steel	0,1 또는 2	—
138	1	8~11	Steel	0,1 또는 2	—
230	1	12~21	Steel 또는 ACSR	1 또는 2	1.1~1.5
345	1	18~21	Alumoweld	2	0.87~1.5
345	1 & 2	18~21	Alumoweld	2	0.87~1.5
500	2 & 4	24~27	Alumoweld	2	0.98~1.5
500	2 & 4	24~27	Alumoweld	2	0.98~1.5
765	2 & 4	30~35	Alumoweld	2	0.98

다. 그림 4.2는 500 kV 및 765 kV 송전선에 사용되는 대표적인 자립격자구조의 철탑을 보여주고 있다. 그림 4.3에서와 같이 2회선 345 kV 송전선의 경우에는 일반적으로 앞에서 설명한 것과 동일한 자립격자구조의 철탑이 적용되고 있으며, 철탑의 높이를 줄이기 위해 삼각형 상배치와 철탑 폭을 줄이기 위한 수직형 상배치가 고려되고 있다. 345 kV 이하에서는 보통 나무구조의 지지물이 사용된다(그림 4.5).

차폐선 또는 가공지선

철탑의 각 상도체 상부에 위치하고 있는 차폐선 또는 가공지선은 뇌(lightning)에서 상도체를 보호하는 역할을 수행한다. 이것은 일반적으로 고강도의 강철, 알루모웰드 또는 ACSR 전선을 사용하며, 상도체보다는 단면적이 훨씬 작다. 가공지선의 수와 설치 위치는 거의 모든 뇌가 상도체가 아닌 가공지선에 떨어지도록 결정한다. 그림 4.2, 4.3, 4.5는 가공지선의 수가 2개인 경우를 보이고 있으며, 뇌가 가공지선을 치면 쉽게 대지로 흐르도록 철탑에 접지된다. 따라서 철탑과 철탑의 바닥부분의 저항은 작아야 한다.

송전선로의 신규 건설 여부는 장래 부하증가와 발전설비증설에 관계되는 전력계통 계획에 의해 결정된다. 물론, 신설 송전선로의 송전용량, 송전전압 및 신설지점 등에 대해서는 전기적, 기계적, 환경적 및 경제적인 요소들을 고려하여 최적으로 설계한다.

전기적인 요소

전기적인 설계요소는 1상당 복도체의 형태, 사이즈 및 도체수; 절연체(애자)의 수, 수직 또는 V형 배치, 이격거리; 가공지선의 수, 형태 및 위치 등이 고려 대상이다. 상도체는 열적용량 제한조건, 즉 상시 연속정격전류, 비상 시 과부하전류 및 사고 시 단락전류를 고려하여 선정되어야 한다. 한편, 전압이 높은 초고압(EHV, 345 kV 이상 765 kV 이하) 송전선의 경우 1상당 복도체의 수는 코로나 발생억제가 가능한 도체표면에서의 전위경도를 고려하여 결정된다.

선로의 절연정도는 절연물 표면의 절연상태에 영향을 미치는 안개, 염해, 분진 등을 고려하여 뇌 서지(lightning surge)와 스위칭 서지(switching surge)로 인한 과도과전압을 견디어낼 수 있도록 설계되어야 한다. 물론, 바람으로 인한 전선의 흔들림 정도를 고려하여 상간 이격거리를 결정하여야 한다.

뇌 발생 시 이를 쉽게 흡수할 수 있는 가공지선이 직접 연결되는 송전철탑의 경우, 대지와의 접촉저항을 줄이기 위하여 선로를 따라 계속 접지봉을 박거나 접지선을 땅속에 매입하는 방법을 고려할 수 있다. 또한 철탑의 높이를 이미 산정된 상도체와 대지 간의 이격거리 이상으로 하여 대지에 미치는 전기장의 세기에 따른 문제가 없도록 한다.

도체 간 거리, 형태 및 크기는 선로의 직렬 임피던스 및 병렬 어드미턴스 값에 각각 관여된다. 전자는 저항과 리액턴스 성분으로 선로의 전압강하, 선로손실 및 안정도(5장, 14장)에, 후자는 주로 커패시턴스에 의한 리액턴스 성분으로 선로에 무효전력을 공급하는 선로충전전류의 발생에 각각 직접적인 요인으로 작용한다.

기계적인 요소

송전선로 설계 시 고려해야 할 기계적인 요소는 도체 및 애자련의 인장강도, 지지물의 강도이다. 도체는 선로가 설치될 각 지역의 특성을 고려하여 전선에 달라붙는 얼음(착빙)의 두께, 바람 속도, 자체 무게 등을 모두 합한 인장강도를 만족하도록 선정되어야 한다. 현수애자련은 철탑 간 전선로의 하중에 관계하는 착빙, 바람의 속도를 충분히 견디어낼 수 있는 최소인장강도를 가져야 한다. 최소인장강도를 만족해야 하는 현수철탑은 착빙과 바람의 속도로 인한 하중을 받는 상도체 전체 및 가공지선 그리고 선로의 단선시 불평형 인장력 등을 지지할 수 있도록 설계되어야 한다. 현수철탑과는 달리 전선길이의 연속성 제약조건으로 1마일정도마다 설치되어야 하는 철탑의 경우(dead-end tower), 철탑의 한쪽에 있는 모든 전선이 끊어질 경우에도 지탱할 수 있는 최대인장강도 조건을 만족하여야 한다. 송전선로가 설치되어 뻗어나가는 각도가 직선이 아닌 경우에 설치되는 앵글철탑의 경우는 전술한 최소인장강도와 최대인장강도의 중간 정도의 강도를 갖도록 설계한다. 도체의 피로파괴(열화파손)의 원인이 될 수 있는 진동의 경우는 일반적으로 도체의 장력조정, 진동댐퍼 등을 통해 대처하고, 복도체의 경우 설계 시에 서로의 간격을 일정하게 유지시켜주는 스페이서를 반영하여 진동에 대처하고 있다.

환경적인 요소

환경적인 요소로 생각될 수 있는 것은 토지사용권 및 경관침해 등이 있다. 송전선로 경과지가 결정되면, 지역사회와 인구밀집지역, 땅값, 재산권행사, 야생동물, 공원 및 공중시설 등에 미치는 영향을 사전에 평가해야 하며, 주위 경관을 해치는 영향을 줄이기 위한 방법으로서는 철탑설계 시 전원풍의 라인을 첨가하는 환경미학적 요소를 고려하는 것이 있다. 또한 송전선 근처가 전자장에 장기간 노출되는 생물학적 영향에 대하여는 현재 광범위한 연구가 진행되고 있는 상황이다.

경제적인 요소

송전선로를 최적으로 설계하려면 설치비용과 운영비용을 모두 포함한 총비용을 최소로 하면서 모든 설계기준을 만족해야 한다. 대부분의 설계요소는 총비용에 영향을 끼친다. 전력회사 및 컨설팅회사들은 최적설계를 위해 전문지식, 현장경험을 토대로 디지털 컴퓨터 프로그램을 활용하고 있다.

4.2 저항

특정온도 T에서 도체의 직류저항은 다음과 같다.

$$R_{dc,T} = \frac{\rho_T l}{A} \quad \Omega \tag{4.2.1}$$

여기서, ρ_T = 온도 T에서 도체의 저항률

표 4.2 도체저항계산에 필요한 국제단위계(SI)와 영국단위계(EU)의 비교

단위항목	표기문자	국제단위계 (SI Units)	영국단위계 (EU)
저항률	ρ	Ω m	Ω cmil/ft
길이	ℓ	m	ft
단면적	A	m^2	cmil
직류저항	$R_{dc} = \frac{\rho\ell}{A}$	Ω	Ω

l = 도체의 길이

A = 도체의 단면적

저항을 계산하는 데 공통적으로 사용되는 국제단위계(SI units, systeme international d'unites)와 영국단위계(English units)를 표 4.2에 요약한다. 영국단위계에서 도체의 단면적은 circular mil(이하 cmil) 단위를 사용하는데, 1 cmil은 지름 1 mil인 원의 단면적을 의미한다. 즉, 1 cmil은 $\pi/4$ mil^{2}이다. 따라서 지름 a mil인 원의 단면적은 $a^2\ \pi/4$ mil^2 = a^2 cmil이 되며 1,000 cmil은 1 kcmil로 표현하며, 0.506 mm^2(근사적으로 0.5 mm^2)에 해당한다. 1인치(2.54 cm)는 1,000 mil 또는 1 kmil로 표현된다. 예로서, 지름 D인치(d = 1000 × D mil)인 원의 단면적 A는 다음 식과 같이 표현될 수 있다.

$$A = \left(\frac{\pi}{4} D^2 \text{in.}^2\right)\left(1000 \frac{\text{mil}}{\text{in.}}\right)^2 = \frac{\pi}{4}(1000\ D)^2$$
$$= \frac{\pi}{4} d^2 \quad \text{sq mill}$$

또는

$$A = \left(\frac{\pi}{4} d^2 \text{ sq mil}\right)\left(\frac{1 \text{ cmil}}{\pi/4 \text{ sq mil}}\right) = d^2 \quad \text{cmil} \tag{4.2.2}$$

저항률 ρ는 도전율 σ와 $1/\rho$의 관계가 있으며, 도체의 재료적인 성질에 따라 달라진다. 국제표준단위계에서는 연동(annealed copper)의 도전율을 1.0으로 하여 일반금속도체들의 도전율을 이에 대한 %로 나타내는데, 이를 %도전율이라고 한다. 표 4.3에 일반금속도체들의 저항률을 소개한다. 예로서, 경알루미늄(hard-drawn aluminum)은 61%의 %도전율과 20°C에서 2.83×10^{-8} Ωm의 저항률을 갖는다.

도체의 저항은 꼬임(spiraling), 온도, 주파수('skin effect'에 관여), 전류 크기(자성도체, 즉 인장력을 갖도록 전선중심에 사용되는 강철선 및 차폐선용으로 사용되는 가공지선)의 4가지 요소에 영향을 받는다. 다음에서 이들에 대한 내용을 살펴보기로 한다.

연선(stranded conductors: 여러 가닥의 선을 하나로 꼰 선)은 각 층이 서로 반대방향으로 꼬인 나선상의 형태다. 이와 같은 꼬임구조의 연선은 실제 길이보다 1~2% 정도 더 길다. 결과적으로 연선의 직류저항은 특정 길이에 대하여 식 (4.2.1)에서 계산된 값보다 1~2% 정도 더 크다.

금속도체의 저항률은 다음 식과 같이 정상 동작온도 부근에서 선형적으로 변하는 특성이 있다.

$$\rho_{T2} = \rho_{T1}\left(\frac{T_2 + T}{T_1 + T}\right) \tag{4.2.3}$$

여기서, ρ_{T1}과 ρ_{T2}는 각각 온도 T_1과 T_2°C에서의 저항률이며, T는 각 도체의 재료 특성에 따라 결정되는 온도상수로서 표 4.3과 같다.

도체의 교류저항은 대상도체에 전류 I를 흘려서 측정된 전력손실에서 다음과 같이 구할 수 있다. 이를 **실효저항**이라고 정의한다.

$$R_{ac} = \frac{P_{loss}}{|I|^2} \quad \Omega \tag{4.2.4}$$

여기서, P_{loss}는 대상도체에 대하여 측정된 전력손실[W]이며, I는 대상도체에 흐르는 전류실효치이다.

도체의 단면적을 흐르는 직류전류는 그 분포가 균일하여 식 (4.2.1)을 이용하여 도체의 직류저항을 구할 수 있지만, 교류전류의 경우에는 적용할 수 없다. 왜냐하면 교류 전류는 주파수가 높을수록 도체의 표면 쪽으로 흐르려고 하는

표 4.3 금속도체의 %도전율, 저항률 및 온도 상수

		$\rho_{20°C}$	T
		20°C에서의 저항률	온도상수
재료	%도전율	$\Omega\,m \times 10^{-8}$	°C
연동	100%	1.72	234.5
경동	97.3%	1.77	241.5
경알루미늄	61%	2.83	228.1
황동	20~27%	6.4~8.4	480
철	17.2%	10	180
은	108%	1.59	243
나트륨	40%	4.3	207
강철	2~14%	12~88	180~980

성질, 즉 **표피효과**(skin effect) 현상 때문이다. 심지어 반경이 큰 도체는 도체중심에서 표피방향으로 반경에 대하여 진동분포의 전류밀도를 갖는 경우도 있다. 따라서 주파수가 커짐에 따라 교류전류가 흐르는 면적이 작아지므로 저항이 커져 결국 도체의 손실이 증가한다. 이것은 식 (4.2.4)로도 알 수 있다. 그러나 기존 전력계통에서 사용되는 상용주파수, 즉 50 Hz 또는 60 Hz에서는 그 영향이 수 퍼센티지(%) 이하로 매우 미미하다. 참고로 전선 제조업체에서 제공하는 데이터를 부록 표 A.3과 A.4에 제시하였다.

가공지선 및 인장력을 갖게 하기 위하여 전선의 중심에 사용되는 강철선은 자성도체로서 도체 내부에서의 자속쇄교로 인한 철손 및 자화손을 갖는다. 이것은 도체를 흐르는 전류의 크기에 영향을 받아 손실과 직접 관련된다. ACSR 전선의 경우, 중심부에 위치하고 있는 강철선은 알루미늄 연선에 비하여 상대적으로 저항률이 높아 전류의 크기가 ACSR 도체의 저항에 미치는 영향은 작다. 이것은 자성도체에 대한 두 가지 전류그기별로 저항값을 표기한 부록 표 A.4에서 볼 수 있다.

예제 4.1 연선: 직류저항 및 교류저항

부록 표 A.3에서 12가닥으로 구성된 4/0 구리도체의 지름이 0.3373 cm(0.1328인치)이다. 이 도체에 대하여,

a. 이 도체의 단면적이 표에 명기되어 있는 107.2 mm² (211,600 cmil)임을 증명하시오.

b. 50°C에서의 직류저항이 0.188 Ω/km 또는 0.302 Ω/mi.임을 증명하시오. 연선의 꼬임에 의한 저항증가율은 2%로 가정한다.

c. 60 Hz에서 직류저항 대비 교류저항의 증가율(%)은 얼마나 되는가?

| 풀이

a. 연선 지름 $d = 0.3373\text{ cm} \times 10\text{ mm/cm} = 3.373\text{ mm}$

이므로 식 (4.2.2)에서 연선의 면적은 다음과 같이 계산되어 부록 표 A.3의 값과 같음을 알 수 있다.

$$A = 12\pi d^2/4 = 12\pi(3.373)^2/4 = 107.2\text{ mm}^2$$

b. 식 (4.2.3)과 부록 표 A.3의 경동선 데이터를 이용하여

$$\rho_{50°C} = 1.77 \times 10^{-8}\left(\frac{50 + 241.5}{20 + 241.5}\right) = 1.973 \times 10^{-8}\ \Omega\text{m}$$

식 (4.2.1)에서 단위 km당 50°C에서의 직류저항은

$$R_{dc,\,50°C} = \frac{(1.973 \times 10^{-8})(1000 \times 1.02)}{1.072 \times 10^{-4}} = 0.188 \quad \Omega/\text{km}$$

(계속)

같이 산출되어 여기에 1.609km/mi를 곱한 0.302 옴/mi의 부록 표 A.3과 일치한다.

c. 부록 표 A.3으로부터

$$\frac{R_{60\text{ Hz, }50°\text{C}}}{R_{\text{dc, }50°\text{C}}} = \frac{0.303}{0.302} = 1.003$$

$$\frac{R_{60\text{ Hz, }25°\text{C}}}{R_{\text{dc, }25°\text{C}}} = \frac{0.278}{0.276} = 1.007$$

과 같이 60 Hz에서 이 도체의 교류저항은 직류저항 대비 0.3∼0.7% 정도 더 크게 산출된다. 1.003 및 1.007 같은 직류저항 대비 교류저항의 비가 일치하지 않고 다르게 계산된 이유는 부록 표 A.3에서 제시된 저항값이 3가지 요소만을 고려한 것이기 때문이다.

4.3 컨덕턴스

컨덕턴스는 저항의 역수로 정의되는 것으로 도체 간 및 도체와 대지 사이의 절연체(애자) 부분에서 발생하는 누설전류와 코로나에 관계되며, 이것은 바로 전력손실로 직결된다. 누설전류는 절연체 부분에 쌓여 있는 먼지, 염분, 기타 오염물질, 기상 요소, 습기 등의 정도에 따라 다르다. 코로나는 도체 표면에서의 전기장이 클 경우, 공기가 전기적으로 이온화되어 전류가 흐르게 될 때 발생한다. 코로나 현상으로 인한 전력손실은 기상조건, 특히 비 그리고 도체 표면의 불균일성과 관계있다. 이와 같은 절연체 부분의 누설전류 및 코로나에 인한 전력손실은 일반적으로 선로손실인 I^2R에 비하여 상당히 작다. 따라서 누설전류와 코로나의 전력손실을 등가회로로 나타낼 수 있는 병렬 어드미턴스의 컨덕턴스는 거의 무시할 정도로 작아서 전력계통에서는 일반적으로 고려하지 않는다.

4.4 인덕턴스: 원통형 도체의 경우

투자율(permeability) μ를 갖는 자기회로의 인덕턴스는 다음과 같은 과정을 통하여 얻어질 수 있다.

1단계: 암페어 법칙(Ampere's law)에서 자계 세기 H를 구한다.

2단계: 투자율 μ의 매질에서의 자속밀도와 자계 세기 관계식 $B = \mu H$에서 자속밀도 B를 구한다.

3단계: 자속밀도 B에서 자속쇄교수(flux linkages) λ를 구한다.

4단계: 단위전류당 자속쇄교수로 정의되는 인덕턴스

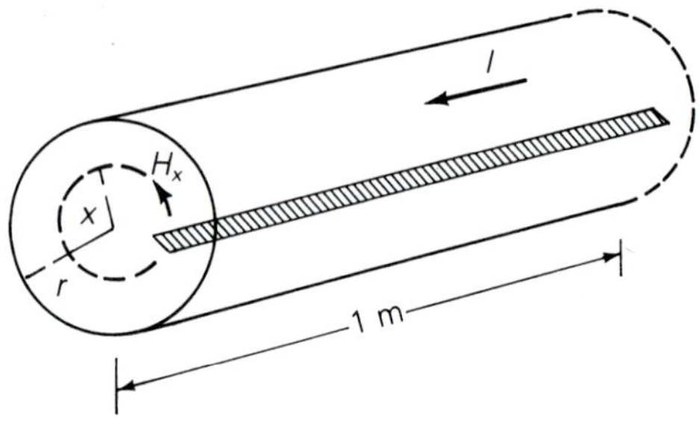

그림 4.6 단위길이 원통형 도체에 흐르는 전류 I와 내부 자기장

$L = \lambda / I$를 구한다.

먼저, 그림 4.6에서와 같이 전류 I[A]가 흐르는 원통형 도체의 단위길이 1 m에 대한 내부 인덕턴스, 외부 인덕턴스 및 전체 인덕턴스를 구해보자. 명확한 유도를 위하여 도체에 대하여 다음과 같이 가정한다.

(i) End-effects가 무시될 수 있을 만큼 전류가 흐르는 도체는 충분히 길다.

(ii) 비자성체로 투자율 $\mu = \mu_s\mu_0 = 1 \times \mu_0 = 4\pi \times 10^{-7}$ [H/m], 즉 비투자율 $\mu_s = 1$로 한다.

(iii) 표피효과를 무시한다. 즉, 도체단면적을 흐르는 전류의 분포는 균일하다.

내부 인덕턴스 L_{int}

1단계: 식 (3.1.1)에서 암페어 법칙은 다음과 같이 표현된다.

$$\oint H_{\tan}\, dl = I_{\text{enclosed}} \tag{4.4.1}$$

그림 4.6에서 임의의 $x < r$ 지점에서의 자장의 세기 H_x

를 구한다. H_x는 대칭성으로 인해 반경을 x로 하는 동심원 주상에서 일정하며, 방향은 접선방향이다. x 지점 동심원 주상에 대하여 암페어 법칙을 적용하면

$$H_x(2\pi x) = I_x \qquad \text{for } x < r \tag{4.4.2}$$

여기서, I_x는 x 지점의 동심원 내부를 흐르는 전체 전류를 의미한다. 식 (4.4.2)로부터 x 지점의 자계 세기는 다음과 같이 구해진다.

$$H_x = \frac{I_x}{2\pi x} \quad \text{A/m} \tag{4.4.3}$$

도체 내부의 균일한 전류분포를 가정한다면, x 지점의 동심원 내부를 흐르는 전체 전류 I_x는

$$I_x = \left(\frac{x}{r}\right)^2 I \quad \text{for } x < r \tag{4.4.4}$$

식 (4.4.4)를 식 (4.4.3)에 대입하면, x 지점의 자계 세기는 다음과 같이 산출될 수 있다.

$$H_x = \frac{xI}{2\pi r^2} \quad \text{A/m} \tag{4.4.5}$$

2단계: 비투자율 $\mu_s = 1$인 도체의 x 지점에서의 자속밀도 B_x는

$$B_x = \mu_0 H_x = \frac{\mu_0 x I}{2\pi r^2} \quad \text{Wb/m}^2 \tag{4.4.6}$$

같이 구해진다.

3단계: 도체 내부 x 지점에서 반경방향으로 미소길이 d_x에 대하여 만들어진 면적 $d_x \times 1$ m를 통과한 미소자속 $d\Phi$는

$$d\Phi = B_x\,dx \quad \text{Wb/m} \tag{4.4.7}$$

같이 구해진다. x 지점 동심원주상을 따라 미소면적 $d_x \times 1$ m를 통과하는 미소자속 $d\Phi$는 x 지점 동심원 내부를 흐르는 전류 I_x와 자속쇄교가 일어난다. 전체 전류 I와의 자속쇄교수가 1이라면, I_x와 자속쇄교수는 균일한 전류분포에서는 도체단면적에 비례하므로 $(x/r)^2$만큼 쇄교가 일어난다고 할 수 있다. 따라서 미소자속 $d\Phi$의 I_x에 대한 자속쇄교수 $d\lambda$는

$$d\lambda = \left(\frac{x}{r}\right)^2 d\Phi = \frac{\mu_0 I}{2\pi r^4} x^3\,dx \quad \text{Wb-t/m} \tag{4.4.8}$$

상기의 식 (4.4.8)을 $x = 0$에서 $x = r$까지 적분을 한 값이 도체 내부 자속쇄교수 $d\lambda_{int}$가 된다.

$$\begin{aligned}\lambda_{int} &= \int_0^r d\lambda = \frac{\mu_0 I}{2\pi r^4}\int_0^r x^3\,dx \\ &= \frac{\mu_0 I}{8\pi} = \frac{1}{2}\times 10^{-7} I \quad \text{Wb-t/m}\end{aligned} \tag{4.4.9}$$

4단계: 따라서 내부 인덕턴스 L_{int}는 다음과 같이 구해진다.

$$L_{int} = \frac{\lambda_{int}}{I} = \frac{\mu_0}{8\pi} = \frac{1}{2}\times 10^{-7} \quad \text{H/m} \tag{4.4.10}$$

외부 인덕턴스 L_{ext}

도체의 외부 인덕턴스는 그림 4.7에서와 같이 반경 $x > r$에 대하여 동일한 방법으로 구할 수 있다.

1단계: 식 (4.4.1)의 암페어 법칙을 그림 4.7의 반경 $x > r$에 대하여 적용하면

$$H_x(2\pi x) = I \tag{4.4.11}$$

그러므로 도체 외부 x 지점에서의 자계 세기 H_x는

$$H_x = \frac{I}{2\pi x} \quad \text{A/m} \quad x > r \tag{4.4.12}$$

같이 구해진다.

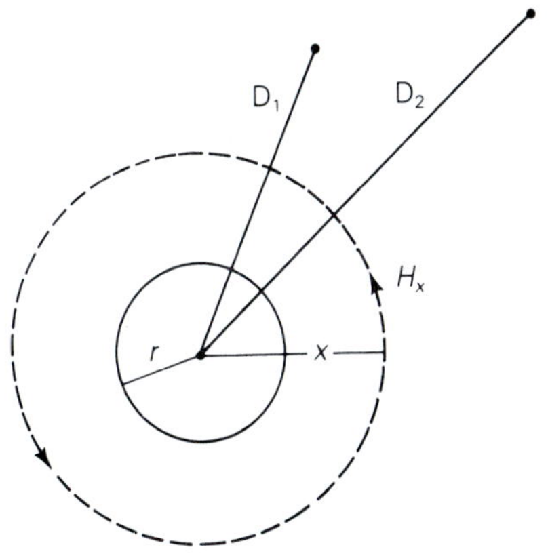

그림 4.7 원통형 도체 외부의 자기장 분포

2단계: 도체 외부는 비투자율 $\mu_s = 1$이므로 도체 외부 x지점의 자속밀도 B_x는

$$B_x = \mu_0 H_x = (4\pi \times 10^{-7}) \frac{I}{2\pi x} = 2 \times 10^{-7} \frac{I}{x} \quad \text{Wb/m}^2 \tag{4.4.13}$$

3단계: 도체 외부 x 지점에서 반경방향으로 미소길이 d_x에 대하여 만들어진 면적 $d_x \times 1$ m를 통과한 미소자속 $d\Phi$는

$$d\Phi = B_x\, dx = 2 \times 10^{-7} \frac{I}{x} dx \quad \text{Wb/m} \tag{4.4.14}$$

도체 외부 x 지점 동심원주상을 따라 미소면적 $d_x \times 1$ m를 통과하는 미소자속 $d\Phi$는 x지점 동심원 내부를 흐르는 전체 전류 I와 자속쇄교가 일어난다. 전체 전류 I와의 자속쇄교수를 1로 하면, 미소자속 $d\Phi$의 전체 전류 I에 대한 단위길이당 자속쇄교수 $d\lambda$는

$$d\lambda = d\Phi = 2 \times 10^{-7} \frac{I}{x} dx \quad \text{Wb-t/m} \tag{4.4.15}$$

상기의 식 (4.4.15)를 도체 외부 $x = D_1$에서 $x = D_2$까지 적분을 한 값이 도체 외부 D_1에서 D_2까지의 단위길이당 자속쇄교수 λ_{12}가 된다.

$$\begin{aligned}\lambda_{12} &= \int_{D_1}^{D_2} d\lambda = 2 \times 10^{-7} I \int_{D_1}^{D_2} \frac{dx}{x} \\ &= 2 \times 10^{-7} I \ln\left(\frac{D_2}{D_1}\right) \quad \text{Wb-t/m}\end{aligned} \tag{4.4.16}$$

4단계: 따라서 도체 외부 D_1에서 D_2까지의 자속쇄교수에 의한 단위길이당 외부 인덕턴스 L_{12}는 다음과 같이 구해진다.

$$L_{12} = \frac{\lambda_{12}}{I} = 2 \times 10^{-7} \ln\left(\frac{D_2}{D_1}\right) \quad \text{H/m} \tag{4.4.17}$$

전체 인덕턴스: 도체 외부 임의의 지점 P까지의 전체 인덕턴스 L_P

도체 외부 임의의 지점 P까지의 전체 인덕턴스를 구하기 위해서는 도체 외부 임의의 지점 P까지의 전체 자속쇄교수 λ_P를 구해야 한다. λ_P는 식 (4.4.9)의 내부 자속쇄교수와 식 (4.4.16)에서 $D_1 = r$ 및 $D_2 = D$의 외부 자속쇄교수의 합으로 구해진다.

$$\lambda_p = \frac{1}{2} \times 10^{-7} I + 2 \times 10^{-7} I \ln \frac{D}{r} \tag{4.4.18}$$

상기 식에 $\frac{1}{2} = 2 \ln e^{1/4}$의 관계식을 이용하면, λ_P는 다음과 같이 간편한 식으로 표현될 수 있다.

$$\begin{aligned}\lambda_p &= 2 \times 10^{-7} I \left(\ln e^{1/4} + \ln \frac{D}{r}\right) \\ &= 2 \times 10^{-7} I \ln \frac{D}{e^{-1/4} r} \\ &= 2 \times 10^{-7} I \ln \frac{D}{r'} \quad \text{Wb-t/m}\end{aligned} \tag{4.4.19}$$

여기서,

$$r' = e^{-1/4} r = 0.7788 r \tag{4.4.20}$$

따라서 도체 외부 임의의 지점 P까지의 전체 인덕턴스 L_P는 다음과 같다.

$$L_p = \frac{\lambda_p}{I} = 2 \times 10^{-7} \ln\left(\frac{D}{r'}\right) \quad \text{H/m} \tag{4.4.21}$$

M개의 원통형 도체에서의 자속쇄교수

그림 4.8에서와 같이 M개의 원통형 도체를 배열한 경우에 대해 생각해보자. 각 도체에 흐르는 전류를 I_m이라 할 때, 전하 보전의 법칙 또는 KCL에 의거하여 모든 도체에 흐르는 전류의 합은 0, 즉

$$I_1 + I_2 + \cdots + I_M = \sum_{m=1}^{M} I_m = 0 \tag{4.4.22}$$

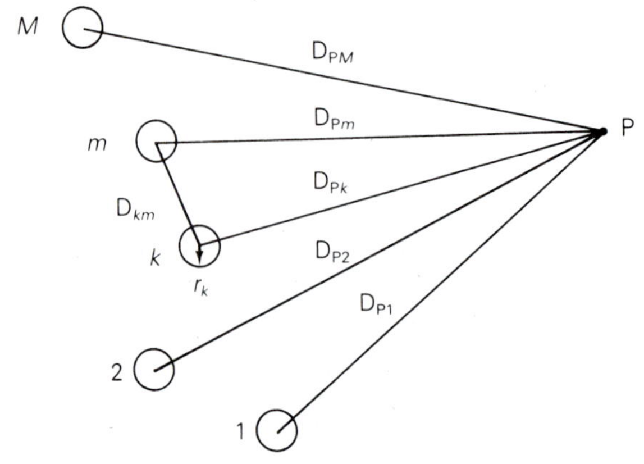

그림 4.8 M개의 원통형 도체의 배열(전류의 정방향 +기준을 설정해야 함에 유의, 그림 4.9(a)참조

도체 k가 자기 자신에 흐르는 전류 I_k에 의해 발생된 자속과 도체 외부 임의의 점 P까지 쇄교가 일어난 자속쇄교수 λ_{kPk}는 식 (4.4.19)에서

$$\lambda_{kPk} = 2 \times 10^{-7} I_k \ln \frac{D_{pk}}{r'_k} \tag{4.4.23}$$

자속쇄교수 λ_{kPk}은 전류 I_k에 발생된 내부 및 외부 자속과 도체 k와의 쇄교수를 의미한다. m번째 인접도체에 흐르는 전류 I_m에 의하여 발생된 자속이 k번째 도체와 쇄교된 자속쇄교수 λ_{kPm}은 식 (4.4.16)에서

$$\lambda_{kPm} = 2 \times 10^{-7} I_m \ln \frac{D_{Pm}}{D_{km}} \tag{4.4.24}$$

상기 식에서 D_{km}은 실제로 $(D_{km} - r_k)$ 또는 $(D_{km} + r_k)$이어야 하지만, 도체 반경 r_k는 도체 간 거리 D_{km}보다 무시할 정도로 훨씬 작고, 설령 D_{km}이 작더라도 D_{Pm}이 상대적으로 크기 때문에 D_{km}을 근사적으로 사용할 수 있다. 결국, 도체 외부 임의의 P점까지의 도체 k의 자속쇄교수 λ_{kP}는 중첩의 원리에 의거하여

$$\begin{aligned}\lambda_{kP} &= \lambda_{kP1} + \lambda_{kP2} + \cdots + \lambda_{kPM} \\ &= 2 \times 10^{-7} \sum_{m=1}^{M} I_m \ln \frac{D_{Pm}}{D_{km}}\end{aligned} \tag{4.4.25}$$

여기서, 간편한 표현을 위하여 $m = k$일 경우에 한하여 $D_{kk} = r'_k = e^{-1/4} r_k$로 정의한다. 한편, 위 식은

$$\lambda_{kP} = 2 \times 10^{-7} \sum_{m=1}^{M} I_m \ln \frac{1}{D_{km}} + 2 \times 10^{-7} \sum_{m=1}^{M} I_m \ln D_{Pm} \tag{4.4.26}$$

과 같이 두 항으로 나누되, 두 번째 항의 마지막 항을 분리하면

$$\lambda_{kP} = 2 \times 10^{-7} \left[\sum_{m=1}^{M} I_m \ln \frac{1}{D_{km}} + \sum_{m=1}^{M-1} I_m \ln D_{Pm} + I_M \ln D_{PM} \right] \tag{4.4.27}$$

이 되며 여기에 식 (4.4.22)에서

$$I_M = -(I_1 + I_2 + \cdots + I_{M-1}) = -\sum_{m=1}^{M-1} I_m \tag{4.4.28}$$

을 얻어 이를 식 (4.4.27)에 대입하면

$$\begin{aligned}\lambda_{kP} &= 2 \times 10^{-7} \left[\sum_{m=1}^{M} I_m \ln \frac{1}{D_{km}} + \sum_{m=1}^{M-1} I_m \ln D_{Pm} - \sum_{m=1}^{M-1} I_m \ln D_{PM} \right] \\ &= 2 \times 10^{-7} \left[\sum_{m=1}^{M} I_m \ln \frac{1}{D_{km}} + \sum_{m=1}^{M-1} I_m \ln \frac{D_{Pm}}{D_{PM}} \right]\end{aligned} \tag{4.4.29}$$

도체 외부 임의의 P점까지의 도체 k의 자속쇄교수를 λ_{kP}로 하여 구한 상기 식에서 P를 무한원점으로 한 경우의 자속쇄교수 λ_k, 즉 $\lambda_k = \lim_{p \to \infty} \lambda_{kP}$를 구해보자. P가 무한 원점이 되면서 모든 D_{Pm}은 같아지고, D_{Pm}/D_{PM}은 1이 되어 $\ln(D_{Pm}/D_{PM})$은 0에 근접하게 되므로 식 (4.4.29)에서

$$\lambda_k = 2 \times 10^{-7} \sum_{m=1}^{M} I_m \ln \frac{1}{D_{km}} \quad \text{Wb-t/m} \tag{4.4.30}$$

위 식은 전류 전체의 합이 0인 M개의 도체 중 임의의 도체 k에 쇄교하는 총 자속쇄교수를 의미하며, 직류 및 교류전류에 대하여 모두 성립된다. 직류전류의 경우에는 직류 자속쇄교수로, 페이저로 표현된 교류전류의 경우에는 페이저 자속쇄교수가 된다

4.5 인덕턴스: 단상 2선식 선로, 등간격 배치구조의 3상 3선식 선로의 경우

이 절에서는 앞 절에서 얻은 결과를 이용하여 단상 2선식 및 등간격 배치구조의 3상 3선식 송전선로의 인덕턴스를 구해보겠다.

단상 2선식 선로의 인덕턴스

그림 4.9(a)는 2개의 원통형 도체 x 및 y로 구성된 단상 2선식 선로를 보여주고 있다. 반경 r_x를 갖는 도체 x에는 페이저로 표현된 전류 $I_x = I$가, 반경 r_y를 갖는 도체 y에는 페이저로 표현된 전류 $I_y = -I$가 각각 흐르고 있다고 하면, 식 (4.4.30)에서 도체 x에 쇄교되는 총 자속쇄교수 λ_x는

$$\begin{aligned}\lambda_x &= 2\times10^{-7}\left(I_x \ln\frac{1}{D_{xx}} + I_y \ln\frac{1}{D_{xy}}\right)\\ &= 2\times10^{-7}\left(I\ln\frac{1}{r'_x} - I\ln\frac{1}{D}\right)\\ &= 2\times10^{-7} I\ln\frac{D}{r'_x}\quad \text{Wb-t/m}\end{aligned} \tag{4.5.1}$$

여기서, $r'_x = e^{-1/4}r_x = 0.7788r_x$이며, 도체 x의 인덕턴스 L_x는

$$L_x = \frac{\lambda_x}{I_x} = \frac{\lambda_x}{I} = 2\times10^{-7}\ln\frac{D}{r'_x}\ \text{H/m per conductor} \tag{4.5.2}$$

마찬가지로 y 도체에 대하여도 동일하게 적용하면,

$$\begin{aligned}\lambda_y &= 2\times10^{-7}\left(I_x \ln\frac{1}{D_{yx}} + I_y \ln\frac{1}{D_{yy}}\right)\\ &= 2\times10^{-7}\left(I\ln\frac{1}{D} - I\ln\frac{1}{r'_y}\right)\\ &= -2\times10^{-7} I\ln\frac{D}{r'_y}\end{aligned} \tag{4.5.3}$$

$$L_y = \frac{\lambda_y}{I_y} = \frac{\lambda_y}{-I} = 2\times10^{-7}\ln\frac{D}{r'_y}\ \text{H/m per conductor} \tag{4.5.4}$$

단상선로의 총 인덕턴스, 즉 루프인덕턴스 L은

$$\begin{aligned}L = L_x + L_y &= 2\times10^{-7}\left(\ln\frac{D}{r'_x} + \ln\frac{D}{r'_y}\right)\\ &= 2\times10^{-7}\ln\frac{D^2}{r'_x r'_y}\\ &= 4\times10^{-7}\ln\frac{D}{\sqrt{r'_x r'_y}}\quad \text{H/m per circuit}\end{aligned} \tag{4.5.5}$$

모든 도체의 반경을 동일하게, 즉 $r'_x = r'_y = r'$로 하면

$$L = 4\times10^{-7}\ln\frac{D}{r'}\quad \text{H/m per circuit} \tag{4.5.6}$$

이상의 결과로 얻은 각 도체의 인덕턴스 L_x 및 L_y를 이용하여 단상 2선식 선로를 등가적으로 표현하면 그림 4.9(b)와 같다.

등간격 배치구조의 3상 3선식 선로의 인덕턴스

그림 4.10은 반경 r의 원통형 도체 a, b, c가 서로 간의 거리 D로 같은 등간격 배치를 하고 있는 3상 3선식 선로의 배치구조와 1상당 등가회로를 보여주고 있다.

이와 같은 선로의 인덕턴스를 구하기 위하여 각 도체에 흐르는 전류 I_a, I_b, I_c는 $I_a + I_b + I_c = 0$을 만족하는 평형 정상분 전류(balanced positive-sequence current)라고

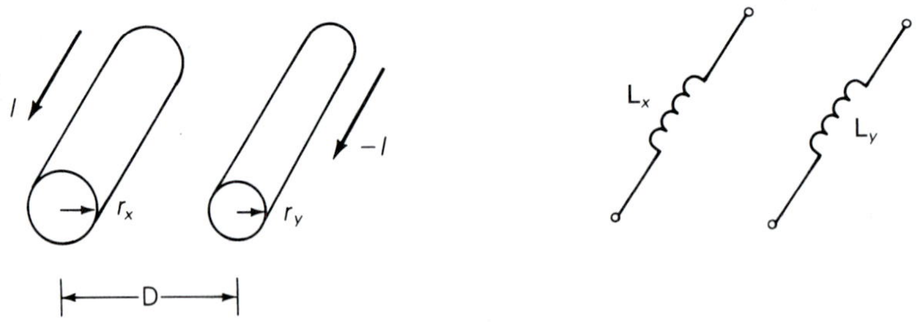

(a) 기하학적 배치구조 (b) 인덕턴스로 표현한 등가회로

그림 4.9 단상 2선식 선로

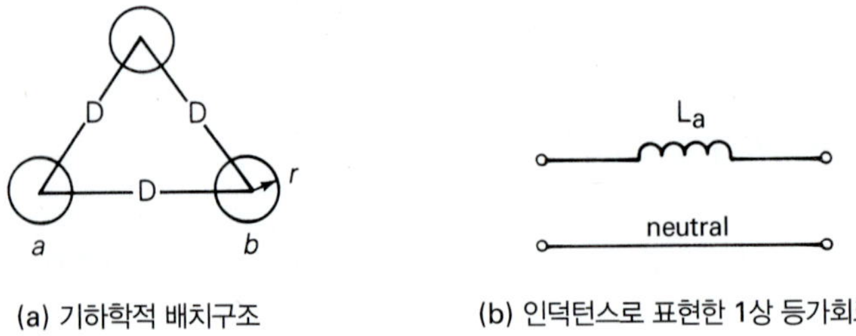

(a) 기하학적 배치구조 (b) 인덕턴스로 표현한 1상 등가회로

그림 4.10 등간격 배치구조의 3상 3선식 선로

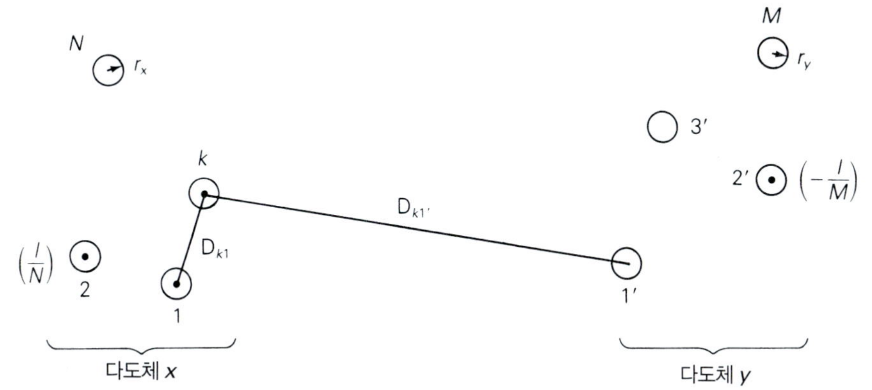

그림 4.11 다도체로 구성된 단상 2선식 선로

가정하면, 식 (4.4.30)에서 a상 도체에 쇄교되는 총 자속쇄교수 λ_a는

$$\lambda_a = 2\times10^{-7}\left(I_a\ln\frac{1}{r'} + I_b\ln\frac{1}{D} + I_c\ln\frac{1}{D}\right)$$

$$= 2\times10^{-7}\left[I_a\ln\frac{1}{r'} + (I_b+I_c)\ln\frac{1}{D}\right] \qquad (4.5.7)$$

$(I_b + I_c) = -I_a$를 적용하면,

$$\lambda_a = 2\times10^{-7}\left(I_a\ln\frac{1}{r'} - I_a\ln\frac{1}{D}\right)$$

$$= 2\times10^{-7}\,I_a\ln\frac{D}{r'}\quad \text{Wb-t/m} \qquad (4.5.8)$$

이로부터 a상 도체의 인덕턴스 L_a를 구하면

$$L_a = \frac{\lambda_a}{I_a} = 2\times10^{-7}\ln\frac{D}{r'}\quad \text{H/m per phase} \qquad (4.5.9)$$

대칭성에 의하여 나머지 b, c상 도체의 인덕턴스 $L_b = \lambda_b/I_b$, $L_c = \lambda_c/I_c$도 같은 방법으로 구해진다. 그러나 각상의 총 자속쇄교수는 크기가 같고 위상이 120° 차이가 나기 때문에 3상 평형 선로에서는 오직 하나의 상에 대한 인덕턴스 등가회로만 고려하면 된다. 이를 등가회로로 표현한 것이 그림 4.10(b)이다.

4.6 인덕턴스: 다도체, 연가, 복도체의 경우

다도체 선로의 인덕턴스

4.5절에서의 결과를 두 개 이상의 원통형 도체들이 평행하게 배열되어 있는 그림 4.11의 다도체(composite conductors)에 적용해 보기로 하자. 이미 언급된 연선의 경우가 이 다도체의 한 예이다. 문제의 단순화를 위하여 다도체를 이루고 있는 여러 개의 원통형 도체(이하 종속도체)들은 동일한 도체이며, 각 종속도체에는 동일한 전류가 흐른다고 가정한다. 그림 4.11은 다도체인 x, y로 구성되는 단상 2선식 선로를 보이고 있다. 그림에서 다도체 x는 반경 r_x를 갖는 N개의 동일한 종속도체로 구성되며, 이 종속도체에는 I/N의 전류가 각각 흐른다고 하자. 또한 다도체 y는 반경 r_y를 갖는 M개의 동일한 종속도체로 구성되며, 이 종속도체에는 $(-I/M)$의 전류가 각각 흐른다고 하자. 모든 전류의 합이 0인 조건하에서 식 (4.4.30)에서 다도체 x의 종속도체 k에 쇄교되는 총 자속 Φ_k는

$$\Phi_k = 2\times10^{-7}\left[\frac{I}{N}\sum_{m=1}^{N}\ln\frac{1}{D_{km}} - \frac{I}{M}\sum_{m=1'}^{M}\ln\frac{1}{D_{km}}\right] \qquad (4.6.1)$$

I/N의 전류가 흐르는 종속도체 k에 쇄교되는 총 자속쇄교수 λ_k는 전체 전류 I에 의한 쇄교자속수의 $(1/N)$이므로

$$\lambda_k = \frac{\Phi_k}{N}$$

$$= 2\times10^{-7}\,I\left[\frac{1}{N^2}\sum_{m=1}^{N}\ln\frac{1}{D_{km}} - \frac{1}{NM}\sum_{m=1'}^{M}\ln\frac{1}{D_{km}}\right] \qquad (4.6.2)$$

다도체 x에 쇄교되는 총 자속쇄교수 λ_x는

$$\lambda_x = \sum_{k=1}^{N}\lambda_k$$

$$= 2\times10^{-7}I\sum_{k=1}^{N}\left[\frac{1}{N^2}\sum_{m=1}^{N}\ln\frac{1}{D_{km}} - \frac{1}{NM}\sum_{m=1'}^{M}\ln\frac{1}{D_{km}}\right] \qquad (4.6.3)$$

$\ln A^{\alpha} = \alpha \ln A$ 및 $\Sigma \ln A_k = \ln \Pi A_k$를 사용하여 위 식을 표현하면,

$$\lambda_x = 2 \times 10^{-7} I \ln \prod_{k=1}^{N} \frac{\left(\prod_{m=1'}^{M} D_{km}\right)^{1/NM}}{\left(\prod_{m=1}^{N} D_{km}\right)^{1/N^2}} \tag{4.6.4}$$

그러므로 다도체 x의 인덕턴스 $L_x = \dfrac{\lambda_x}{I}$는

$$L_x = 2 \times 10^{-7} \ln \frac{D_{xy}}{D_{xx}} \quad \text{H/m per conductor} \tag{4.6.5}$$

여기서,

$$D_{xy} = \sqrt[MN]{\prod_{k=1}^{N} \prod_{m=1'}^{M} D_{km}} \tag{4.6.6}$$

$$D_{xx} = \sqrt[N^2]{\prod_{k=1}^{N} \prod_{m=1}^{M} D_{km}} \tag{4.6.7}$$

식 (4.6.6)에서의 D_{xy}는 다도체 x의 종속도체에서 다도체 y의 종속도체까지 존재하는 $M \times N$개의 거리를 곱한 값의 $M \times N$ 제곱근 값이다. 다도체 x의 k번째 종속도체가 다도체 y의 종속도체들과 이루는 거리는 D_{k1}', D_{k2}', …, D_{kM}의 총 M개로, 다도체 x의 종속도체 N개와 다도체 y의 종속도체 M개 간에는 총 $M \times N$개의 거리가 존재하게 된다. 이 D_{xy}를 다도체 x와 y 간의 **기하학적 평균거리**(GMD, geometric mean distance)라고 한다.

또한, 식 (4.6.7)에서의 D_{xx}는 다도체 x 내부의 종속도체들 간에 존재하는 N^2개 거리를 곱한 값의 N^2 제곱근 값이다. 다도체 x의 k번째 종속도체가 다도체 x 내부의 다른 종속도체들과 이루는 거리는 D_{k1}, D_{k2}, …, $D_{kk} = r'$, …, D_{kN}의 총 N개로, 다도체 x 내부의 종속도체들 간에 총 N^2개의 거리가 존재한다. 이 D_{xx}를 다도체 x의 **기하학적 평균 반경**(GMR, geometric mean radius)이라고 한다.

마찬가지로 다도체 y에 대하여 적용하면,

$$L_y = 2 \times 10^{-7} \ln \frac{D_{xy}}{D_{yy}} \quad \text{H/m per conductor} \tag{4.6.8}$$

여기서,

$$D_{yy} = \sqrt[M^2]{\prod_{k=1'}^{M} \prod_{m=1'}^{M} D_{km}} \tag{4.6.9}$$

상기 식에서의 D_{yy}는 다도체 y 내부의 종속도체들 간에 존재하는 M^2개 거리를 곱한 값의 M^2 제곱근 값이다. 다도체 y의 k번째 종속도체가 다도체 y 내부의 다른 종속도체들과 이루는 거리는 D_{k1}, D_{k2}, …, $D_{kk} = r'$, …, D_{kM}의 총 M개로, 다도체 y 내부의 종속도체들 간에 총 M^2개의 거리가 존재한다. 이 D_{yy}를 다도체 y의 기하학적 평균 반경이라고 한다. 단상선로의 전체 인덕턴스 L은

$$L = L_x + L_y \quad \text{H/m per circuit} \tag{4.6.10}$$

예제 4.2 GMR, GMD 및 인덕턴스: 단상 2선식 다도체 선로

식 (4.6.6), 식 (4.6.7) 및 식 (4.6.9)에서 $N = 3$, $M = 2'$를 적용하여 그림 4.12와 같은 단상 2선식 다도체 선로의 다도체 x의 인덕턴스 L_x, 다도체 y의 인덕턴스 L_y, 전체 인덕턴스 L [H/m]을 구하시오.

| 풀이

$N = 3$, $M = 2'$로 하여 식 (4.6.6)에 적용하면,

$$D_{xy} = \sqrt[6]{\prod_{k=1}^{3} \prod_{m=1'}^{2'} D_{km}}$$

$$= \sqrt[6]{\prod_{k=1}^{3} D_{k1'} D_{k2'}}$$

$$= \sqrt[6]{(D_{11'} D_{12'})(D_{21'} D_{22'})(D_{31'} D_{32'})}$$

(계속)

마찬가지로, 식 (4.6.7)에 적용하면

$$\begin{aligned} D_{xx} &= \sqrt[9]{\prod_{k=1}^{3}\prod_{m=1}^{3} D_{km}} \\ &= \sqrt[9]{\prod_{k=1}^{3} D_{k1}D_{k2}D_{k3}} \\ &= \sqrt[9]{(D_{11}D_{12}D_{13})(D_{21}D_{22}D_{23})(D_{31}D_{32}D_{33})} \end{aligned}$$

식 (4.6.9)는

$$\begin{aligned} D_{yy} &= \sqrt[4]{\prod_{k=1'}^{2'}\prod_{m=1'}^{2'} D_{km}} \\ &= \sqrt[4]{\prod_{k=1'}^{2'} D_{k1'}D_{k2'}} \\ &= \sqrt[4]{(D_{1'1'}\,D_{1'2'})(D_{2'1'}\,D_{2'2'})} \end{aligned}$$

상기의 식을 그림 4.12의 단상 2선식 다도체 선로에 대하여 적용하면

$$D_{11'} = 4\ \text{m} \qquad D_{12'} = 4.3\ \text{m} \qquad D_{21'} = 3.5\ \text{m}$$

$$D_{22'} = 3.8\ \text{m} \qquad D_{31'} = 2\ \text{m} \qquad D_{32'} = 2.3\ \text{m}$$

$$D_{xy} = \sqrt[6]{(4)(4.3)(3.5)(3.8)(2)(2.3)} = 3.189\ \text{m}$$

$$\begin{aligned} D_{11} &= D_{22} = D_{33} = r'_x = e^{-1/4}\, r_x \\ &= (0.7788)(0.03) = 0.02336\ \text{m} \end{aligned}$$

$$D_{21} = D_{12} = 0.05\ \text{m}$$

$$D_{23} = D_{32} = 1.5\ \text{m}$$

$$D_{31} = D_{13} = 2.0\ \text{m}$$

$$D_{xx} = \sqrt[9]{(0.02336)^3(0.5)^2(1.5)^2(2.0)^2} = 0.3128\ \text{m}$$

$$D_{1'1'} = D_{2'2'} = r'_y = e^{-1/4}\, r_y = (0.7788)(0.04) = 0.03115\ \text{m}$$

$$D_{1'2'} = D_{2'1'} = 0.3\ \text{m}$$

$$D_{yy} = \sqrt[4]{(0.03115)^2(0.3)^2} = 0.09667\ \text{m}$$

가 되어 이를 식 (4.6.5), 식 (4.6.8) 및 식 (4.6.10)에 대입하면 다음과 같이 인덕턴스 값을 구할 수 있다.

$$\begin{aligned} L_x &= 2 \times 10^{-7} \ln\left(\frac{3.189}{0.3128}\right) \\ &= 4.644 \times 10^{-7} \quad \text{H/m per conductor} \\ L_y &= 2 \times 10^{-7} \ln\left(\frac{3.189}{0.09667}\right) \\ &= 6.992 \times 10^{-7} \quad \text{H/m per conductor} \\ L &= L_x + L_y = 1.164 \times 10^{-6} \quad \text{H/m per circuit} \end{aligned}$$

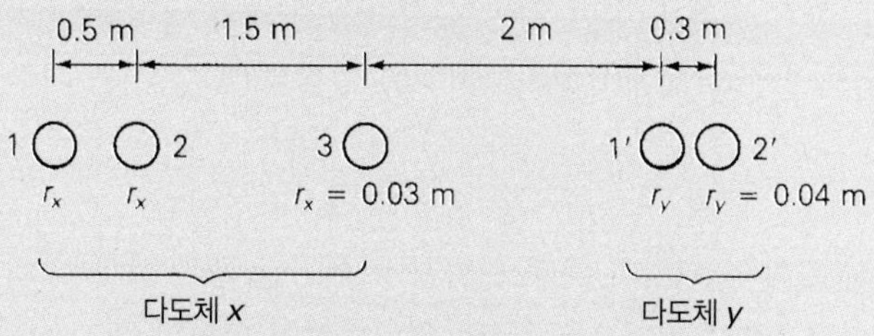

그림 4.12 예제 4.2의 단상 2선식 다도체 선로

표준전선에 대한 GMR 또는 GMD를 별도로 계산하여 구할 필요는 없다. GMR은 부록 표 A.3과 A.4에서와 같이 전선제조업체에 의하여 일반적으로 제공되고 있으며, 또한 GMD의 경우도 식 (4.6.6)의 기하학적 평균거리를 계산하지 않고, 다만 다도체의 중심을 기준으로 단순히 도출된 다도체 간 거리를 취하여 GMD로 한다. 이것은 다도체 간의 거리가 종속도체 간의 거리보다 크기 때문에 충분한 정확도가 보장되기 때문이다.

예제 4.3 인덕턴스와 유도성 리액턴스: 단상 선로

4/0 12 연선의 구리도체 2개의 단상선로가 1.5 m의 거리를 두고 총 32 km에 걸쳐 60 Hz에서 운전되고 있다. 선로의 인덕턴스[H]와 유도성 리액턴스[Ω]를 구하시오.

| 풀이

도체 중심 간 거리 GMD D_{xy} = 1.5 m, 부록 표 A.3에서 4/0 12 연선 구리도체의 GMR $D_{xx} = D_{yy} = 0.01750$ ft (0.53344 cm)이므로 식 (4.6.5)와 식 (4.6.8)에서

$$L_x = L_y = 2\times 10^{-7}\ln\left(\frac{1.5}{0.005334}\right)\frac{\text{H}}{\text{m}}\times 32{,}000\ \text{m}$$

$$= 0.03609\quad \text{H per conductor}$$

전체 인덕턴스는

$$L = L_x + L_y = 2\times 0.03639 = 0.07279\quad \text{H per circuit}$$

전체 유도성 리액턴스는

$$X_L = 2\pi f L = (2\pi)(60)(0.07279) = 27.44\quad \Omega\ \text{per circuit}$$

연가를 고려한 선로의 인덕턴스

3상의 각 도체가 등간격 배치구조를 갖는 3상 선로의 경우, 식 (4.5.9)에서 각 상 연선도체의 GMR이 r'로 되어 있다. 여기서 만약 각 도체가 등간격으로 배치되어 있지 않다면, 각 도체에서 평형 3상 정상분 전류에 대하여 평형 자속쇄교수가 얻어질 수 없다. 즉, 불평형 자속쇄교수가 각 도체에서 발생되어 각 상의 인덕턴스는 서로 다르게 된다. 이것은 3상 선로가 불평형으로 운전되게 하는 요인이므로 이를 방지하기 위해 일정한 거리 간격마다 선로의 위치를 규칙적으로 바꾸는 연가(transposition) 방법을 생각할 수 있다.

그림 4.13은 완전 연가된 3상 선로의 배치구조이다. 그림에서 상 도체의 위치가 바뀐 연가가 이루어진 곳은 선로 전체 길이의 1/3인 지점으로 두 번 위치변경이 있었다. 도체의 위치 번호는 1, 2, 3으로, 도체 위치 간 거리는 D_{12}, D_{23}, D_{31}로 표기하고, 각 도체는 모두 동일하며, GMR = D_S로 한다. 그림과 같이 완전 연가된 3상 선로의 인덕턴스를 구해보자. 먼저, $I_a + I_b + I_c = 0$을 만족하는 평형 정상분 전류(balanced positive-sequence current)에 대하여 식 (4.4.30)에서 위치 1에 있는 a상 도체에 쇄교되는 총 자속쇄교수 λ_{a1}은

$$\lambda_{a1} = 2\times 10^{-7}\left[I_a\ln\frac{1}{D_S} + I_b\ln\frac{1}{D_{12}} + I_c\ln\frac{1}{D_{31}}\right]\ \text{Wb-t/m} \tag{4.6.11}$$

마찬가지로 a상 도체가 위치 2, 3에 있는 경우 쇄교되는 총 자속쇄교수는

$$\lambda_{a2} = 2\times 10^{-7}\left[I_a\ln\frac{1}{D_S} + I_b\ln\frac{1}{D_{23}} + I_c\ln\frac{1}{D_{12}}\right]\ \text{Wb-t/m} \tag{4.6.12}$$

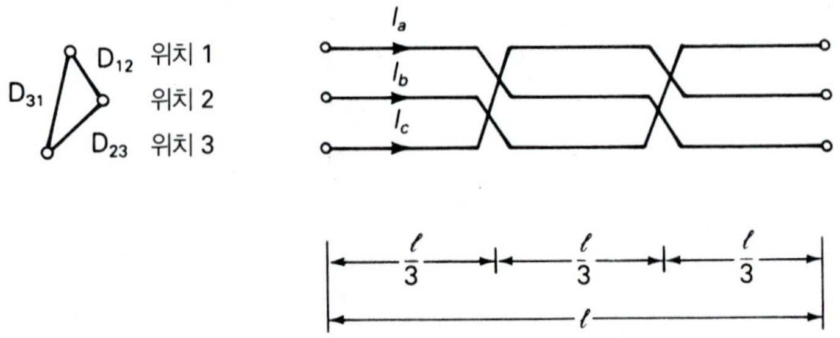

그림 4.13 완전 연가된 3상 선로

$$\lambda_{a3} = 2 \times 10^{-7}\left[I_a \ln \frac{1}{D_S} + I_b \ln \frac{1}{D_{31}} + I_c \ln \frac{1}{D_{23}}\right] \text{ Wb-t/m} \tag{4.6.13}$$

로 되어, a상 도체의 평균 총 자속쇄교수는

$$\lambda_a = \frac{\lambda_{a1}\left(\frac{l}{3}\right) + \lambda_{a2}\left(\frac{l}{3}\right) + \lambda_{a3}\left(\frac{l}{3}\right)}{l} = \frac{\lambda_{a1} + \lambda_{a2} + \lambda_{a3}}{3}$$

$$= \frac{2 \times 10^{-7}}{3}\left[3I_a \ln \frac{1}{D_S} + I_b \ln \frac{1}{D_{12}D_{23}D_{31}} + I_c \ln \frac{1}{D_{12}D_{23}D_{31}}\right] \tag{4.6.14}$$

$(I_b + I_c) = -I_a$를 적용하면,

$$\lambda_a = \frac{2 \times 10^{-7}}{3}\left[3I_a \ln \frac{1}{D_S} - I_a \ln \frac{1}{D_{12}D_{23}D_{31}}\right]$$

$$= 2 \times 10^{-7} I_a \ln \frac{\sqrt[3]{D_{12}D_{23}D_{31}}}{D_S} \quad \text{Wb-t/m} \tag{4.6.15}$$

a상 도체의 평균 인덕턴스는 다음과 같이 구해진다.

$$L_a = \frac{\lambda_a}{I_a} = 2 \times 10^{-7} \ln \frac{\sqrt[3]{D_{12}D_{23}D_{31}}}{D_S} \quad \text{H/m per phase} \tag{4.6.16}$$

대칭성에 의하여 나머지 b, c상 도체의 인덕턴스 $L_b = \lambda_b/I_b$, $L_c = \lambda_c/I_c$도 동일하게 구해진다. 그러나 완전 연가된 3상 평형 선로에서는 오직 하나의 상에 대한 인덕턴스 등가회로만 고려하면 된다. 연가를 고려한 등가거리 D_{eq}를

$$D_{eq} = \sqrt[3]{D_{12}D_{23}D_{31}} \tag{4.6.17}$$

과 같이 정의하면, 연가가 이루어진 3상 선로의 인덕턴스는 다음과 같이 산출된다.

$$L_a = 2 \times 10^{-7} \ln \frac{D_{eq}}{D_S} \quad \text{H/m} \tag{4.6.18}$$

D_{eq}는 도체 간 거리를 모두 곱한 값의 3제곱근으로 연가시 상간 기하학적 평균거리를 의미하며, D_S는 연선 도체의 GMR, 즉 원통형 도체에 대한 r'이다.

복도체 선로의 인덕턴스

초고압(EHV: 345~765 kV 범위의 전압) 송전선은 상당 동일한 도체 2개 이상으로 구성되는 도체, 즉 **복도체**를 사용하는 것이 일반적이다. 복도체를 사용하는 이유는 도체의 등가반경을 크게 함으로써 도체 표면의 전계강도를 줄여 코로나 발생을 억제하고, 이를 통해 불필요한 전력손실, 통신장애 및 소음을 줄일 수 있다는 데 있다. 물론, 선로의 직렬요소인 유도성 리액턴스도 줄일 수 있어 계통 안정도 및 전압강하에 기여할 수 있다.

그림 4.14는 도체 수가 2, 3, 4인 EHV 복도체의 구성 예를 보여주고 있다. 3 복도체는 등거리 삼각형 배치구조, 4 복도체는 정사각형 배치구조를 각각 갖고 있으며, 이 복도체의 인덕턴스를 구하기 위하여는 식 (4.6.18)에서 D_S를 복도체의 GMR로 대체하면 된다. 복도체의 GMR 계산에는 일반적으로 다도체에 적용되는 식 (4.6.7)을 이용한다. 왜냐하면 복도체는 다도체와 구성이 같기 때문이다. 연선도체로 간격 d의 복도체를 구성한 경우, d가 연선도체 외부 반경에 비하여 비교적 클 경우, 먼저 각 연선도체의 등가반경(GMR)은 연선도체의 등가반경 D_S로 하고, 이때 복도체의 GMR은 식 (4.6.7)에서 n = 2, 3, 4를 대입하여 다음과 같이 구한다.

2 복도체:

$$D_{SL} = \sqrt[4]{(D_S \times d)^2} = \sqrt{D_S d} \tag{4.6.19}$$

3 복도체:

$$D_{SL} = \sqrt[9]{(D_S \times d \times d)^3} = \sqrt[3]{D_S d^2} \tag{4.6.20}$$

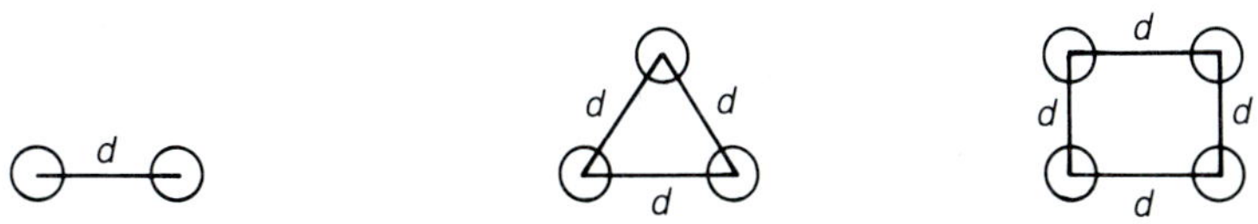

그림 4.14 복도체의 구성 예

예제 4.4 인덕턴스와 유도성 리액턴스: 3상 선로

단면적 806 mm² (1,590,000 cmil)인 ACSR 54/3 연선의 도체 3개가 10 m 수평배치된 3상 선로가 총 200 km에 걸쳐 완전 연가된 상태로 60 Hz에서 운전되고 있다. 이 선로의 인덕턴스[H]와 유도성 리액턴스[Ω]를 구하시오.

| 풀이

단면적 806 mm² (1,590,000 cmil)인 ACSR 54/3 연선의 GMR은 부록 표 A.4에서

$$D_S = 0.0520 \text{ ft} \frac{1 \text{ m}}{3.28 \text{ ft}} = 0.0159 \text{ m}$$

또한, 식 (4.6.17)과 식 (4.6.18)에서

$$D_{eq} = \sqrt[3]{(10)(10)(20)} = 12.6 \text{ m}$$

$$L_a = 2 \times 10^{-7} \ln\left(\frac{12.6}{0.0159}\right) \frac{\text{H}}{\text{m}} \times \frac{1000 \text{ m}}{\text{km}} \times 200 \text{ km} = 0.267 \text{ H}$$

a상의 유도성 리액턴스는

$$X_a = 2\pi f L_a = 2\pi(60)(0.267) = 101 \quad \Omega$$

4 복도체:

$$D_{SL} = \sqrt[16]{(D_S \times d \times d \times d\sqrt{2})^4} = 1.091\sqrt[4]{D_S d^3} \quad (4.6.21)$$

이로부터 복도체의 인덕턴스는 다음과 같이 구해진다.

$$L_a = 2 \times 10^{-7} \ln \frac{D_{eq}}{D_{SL}} \quad \text{H/m} \quad (4.6.22)$$

상도체 간 거리가 복도체의 내부 도체 간 거리보다 큰 경우, 상도체 간 기하학적 등가거리 D_{eq}는 굳이 식 (4.6.6)의 기하학적 평균거리를 산출하지 않고, 복도체의 중심 간 거리를 기준으로 하여 단순히 산출된 값으로 해도 정확도가 충분하다.

예제 4.5 유도성 리액턴스: 복도체로 구성된 3상 선로

예제 4.4에서의 단면적 806 mm² (1,590,000 cmil) ACSR 54/3 연선도체가 그림 4.15에서와 같이 단면적 403 mm² ACSR 26/2인 도체 2개로 구성된 복도체로 대체되었다. 각 상의 복도체 내부 도체 간격이 0.4 m, 각 상의 복도체 간 거리 10 m 수평배치된 3상 선로가 총 200 km에 걸쳐 완전 연가된 상태로 60 Hz에서 운전되고 있다. 이 선로의 유도성 리액턴스[Ω]를 구하고 예제 4.4의 값과 비교하시오.

| 풀이

단면적 403 mm² (795,000 cmil)인 ACSR 26/2 연선의 GMR은 부록 표 A.4에서

$$D_S = 0.0375 \text{ ft} \times \frac{1 \text{ m}}{3.28 \text{ ft}} = 0.0114 \text{ m}$$

식 (4.6.19)에서 2 복도체의 GMR D_{SL}은

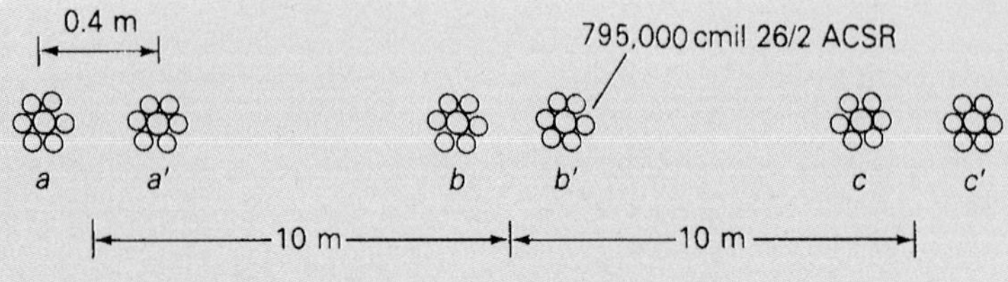

그림 4.15 예제 4.5의 3상 복도체 선로

(계속)

$$D_{SL} = \sqrt{(0.0114)(0.40)} = 0.0676 \text{ m}$$

예제 4.4와 동일하게 연가를 고려한 각 상 복도체 간 등가거리 D_{eq} = 12.6 m이므로

$$L_a = 2 \times 10^{-7} \ln \left(\frac{12.6}{0.0676}\right)(1000)(200) = 0.209 \text{ H}$$

$$X_a = 2\pi f L_1 = (2\pi)(60)(0.209) = 78.8 \ \Omega$$

동일한 양의 재료를 사용한 2 복도체의 리액턴스 값이 78.8 Ω으로 예제 4.4의 경우보다 22% 정도 작다. 이것은 코로나 발생억제효과 이외에 선로의 전압강하를 작게 하고, 중거리 및 장거리 초고압 송전선의 전력전송능력을 증가시키는 장점을 갖게 한다(5장 참조).

4.7 직렬 임피던스: 중성선과 대지귀로를 갖는 3상 가공선로의 경우

이 절에서는 그림 4.16과 같은 3상 가공선로의 저항성분과 리액턴스성분으로 구성되는 직렬 임피던스를 컴퓨터에 의해 계산해내는 데 적합한 구조의 식을 도출하는 과정에 대하여 알아보기로 한다. 그림 4.16에 제시된 선로는 4.6절에서 언급된 바와 같이 복도체가 등가도체로 등가화된 3상 도체 a, b, c와 N개의 중성선(가공지선도 포함) $n1$, $n2$, …, nN으로 구성되며, 모든 중성선은 신로를 따라 평행하게 전개됨과 동시에 일정간격으로 대지에 접지(다중접지)되는 것으로 한다. 전류가 흐르지 않는 격리된 중성선은 제외되며, 상도체들은 모두 서로 및 대지에 대하여 절연된 상태이다.

3상 전류가 불평형이 되면 중성선과 대지를 통하여 대지귀로전류가 흐르게 되는데, 이 전류는 임피던스가 가장 작은 통로를 찾아서 펴져나가게 된다. Carson의 대표적 논문 [4](후에 다른 학자[5, 6]에 의하여 추가 수정되었음)에 근거하여 대지는 그림 4.16에서와 같이 가공선로 바로 아래에 위치하는 대지귀로 도체의 집합체로 대체될 수 있으며, 이때 가공선에 흐르는 전류와 반대방향의 전류가 흐르는 각 대지귀로 도체의 기하학적 등가반경 GMR ($D_{k'k'}$), 가공선과의 거리 $D_{kk'}$, 저항 $R_{k'}$는 다음과 같이 표현될 수 있다.

$$D_{k'k'} = D_{kk} \text{ m} \tag{4.7.1}$$

$$D_{kk'} = 658.5\sqrt{\rho/f} \text{ m} \tag{4.7.2}$$

$$R_{k'} = 9.869 \times 10^{-7} f \ \Omega/\text{m} \tag{4.7.3}$$

여기서, ρ는 대지 저항률[Ωm], f는 주파수[Hz]이다. 표 4.4는 다양한 형태의 대지에 대한 저항률과 60 Hz 등가 도체거리를 보여주고 있다. 실제적인 현장의 데이터를 얻기 어려운 경우는 ρ = 100 [Ωm]을 사용하는 것이 일반적이다. 각 대지귀로 도체의 기하학적 평균반경 $D_{k'k'}$는 이에 대응

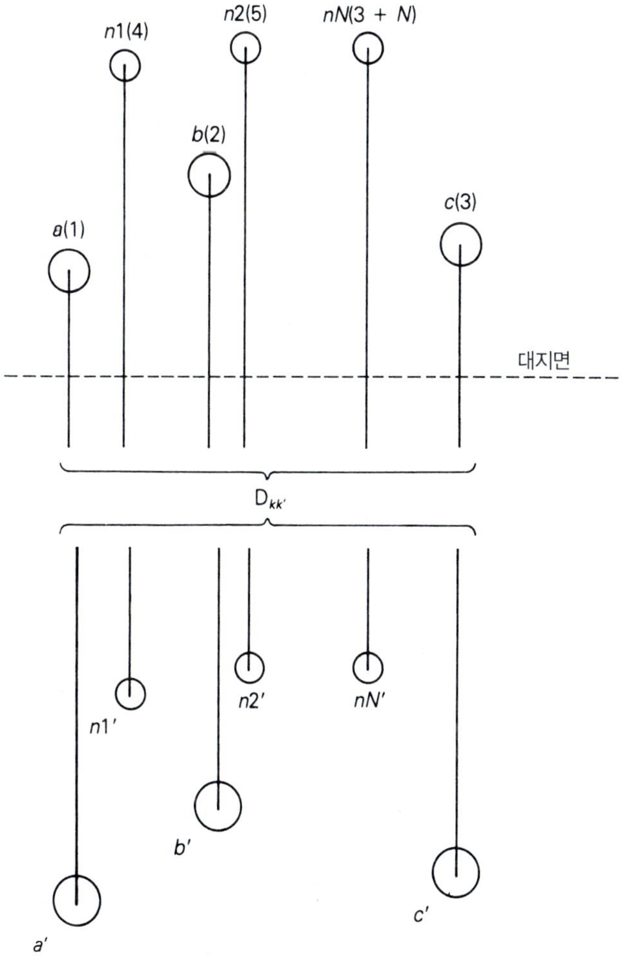

그림 4.16 대지가 대지귀로 도체로 대체된 3상 선로

표 4.4 대지 저항률(ρ) 및 60 Hz 시 대지귀로 도체와 가공선과의 거리($D_{kk'}$)

대지의 종류	저항률 (Ωm)	대지귀로 도체와 가공선과의 거리 식 (4.7.2)의 $D_{kk'}$(m)
바다	0.01~1.0	8.50~85.0
습지	10~100	269~850
평균습지	100	850
마른대지	1,000	2,690
순수 점판암	107	269,000
사암	109	2,690,000

하는 가공선로의 GMR인 D_{kk}와 동일하다. 또한, 모든 대지귀로 도체들은 각기 대응되는 가공선로 도체와의 거리 $D_{kk'}$가 동일하고, 같은 저항 $R_{k'}$를 갖는 것으로 한다. 간편한 표현을 위하여 그림 4.16에서의 상 도체, 가공 중 성선 도체의 순서로 가공도체들을 1에서 (3 + N)으로 표현하도록 한다. 그리고 선로가 운전되는 경우 모든 도체에 흐르는 전류의 합은 0, 즉

$$\sum_{k=1}^{(6+2N)} I_k = 0 \tag{4.7.4}$$

이므로 식 (4.4.30)의 적용이 가능하다. 따라서 k번째 가공도체에 쇄교되는 자속쇄교수는

$$\lambda_k = 2 \times 10^{-7} \sum_{m=1}^{(3+N)} I_m \ln \frac{D_{km'}}{D_{km}} \quad \text{Wb-t/m} \tag{4.7.5}$$

이를 행렬로 나타내면,

$$\lambda = LI \tag{4.7.6}$$

여기서,

λ: (3 + N) 벡터,

I: (3 + N) 벡터,

L: 각 요소가 식 (4.7.7)과 같은 (3 + N) × (3 + N)인 행렬

$$L_{km} = 2 \times 10^{-7} \ln \frac{D_{km'}}{D_{km}} \tag{4.7.7}$$

여기서, $k = m$일 경우 식 (4.7.7)의 D_{kk}는 복도체 k의 GMR이 된다. $k \neq m$일 경우 D_{km}은 도체 k와 m 사이의 거리가 된다.

그림 4.17(a)에 그림 4.16의 3상 선로에 대한 단위길이

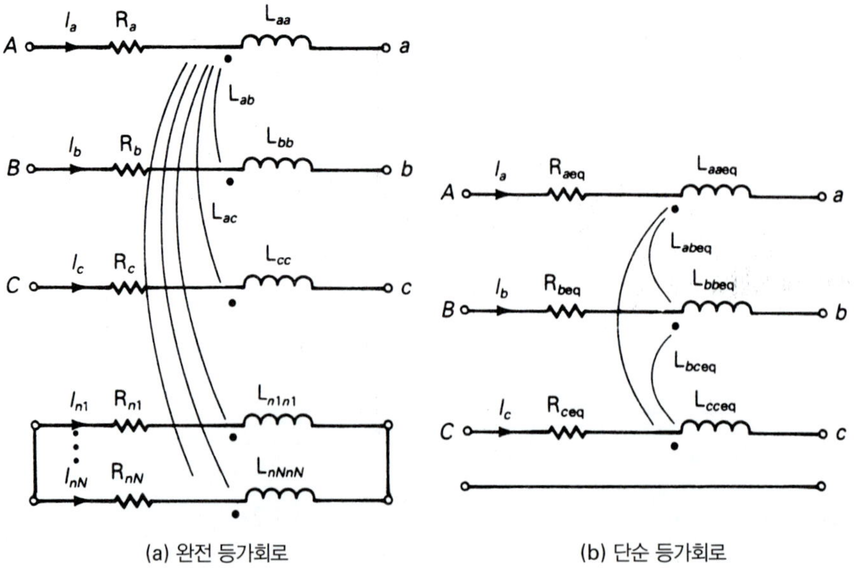

그림 4.17 그림 4.16의 직렬 상 임피던스에 의한 등가표현

1 m당 등가표현을 나타내었다. 이 회로를 사용하면, 각 도체 양단의 전압강하 벡터는 다음과 같이 나타낼 수 있다.

$$\begin{bmatrix} E_{Aa} \\ E_{Bb} \\ E_{Cc} \\ 0 \\ 0 \\ \vdots \\ 0 \end{bmatrix} = (\mathbf{R} + j\omega\mathbf{L}) \begin{bmatrix} I_a \\ I_b \\ I_c \\ I_{n1} \\ \vdots \\ I_{nN} \end{bmatrix} \tag{4.7.8}$$

여기서, **L**은 식 (4.7.7)에서의 값과 동일하고, **R**은 다음의 식 같이 표현되는 $(3 + N) \times (3 + N)$ 도체저항행렬이다.

$$\mathbf{R} = \begin{bmatrix} (R_a + R_{k'})\ R_{k'} \cdots & & & R_{k'} \\ R_{k'}\ (R_b + R_{k'})\ R_{k'} \cdots & & & \vdots \\ \quad (R_c + R_{k'})\ R_{k'} \cdots & & & \\ \quad\quad (R_{n1} + R_{k'})\ R_{k'} \cdots & & & \\ & \ddots & & \\ R_{k'} & & & (R_{nN} + R_{K'}) \end{bmatrix} \Omega/\text{m} \tag{4.7.9}$$

식 (4.7.9)의 저항행렬은 각 가공도체(상 도체 R_a, R_b, R_c와 가공 중성선 도체 R_{n1}, R_{n2}, …, R_{nN})의 저항 R_k와 각 가공도체의 대지영상도체에 의한 상호유도저항 $R_{k'}$로 구성되어 있다. 가공도체의 저항 R_a, R_b, R_c는 부록 표 A.3 또는 A.4에 특정 주파수, 온도 및 전류 크기별로 얻을 수 있고, 모든 영상도체의 상호유도저항 $R_{k'}$는 식 (4.7.3)에 의하여 산출된다. 식 (4.7.8)의 $(3 + N)$개의 식을 3개의 식으로 나타내어 그림 4.17(b)와 같이 단순화된 등가표현을 구해보자. 먼저, 식 (4.7.8)을 다음과 같이 부분행렬로 전개한다.

$$\begin{bmatrix} E_{Aa} \\ E_{Bb} \\ E_{Cc} \\ \hline 0 \\ \cdots \\ 0 \end{bmatrix} = \left[\begin{array}{ccc|ccc} Z_{11} & Z_{12} & Z_{13} & Z_{14} & \cdots & Z_{1(3+N)} \\ Z_{21} & Z_{22} & Z_{23} & Z_{24} & \cdots & Z_{2(3+N)} \\ Z_{31} & Z_{32} & Z_{33} & Z_{34} & \cdots & Z_{3(3+N)} \\ \hline Z_{41} & Z_{42} & Z_{43} & Z_{44} & \cdots & Z_{4(3+N)} \\ & & & & & \\ Z_{(3+N)1} & Z_{(3+N)2} & Z_{(3+N)3} & Z_{(3+N)4} & \cdots & Z_{(3+N)(3+N)} \end{array}\right] \begin{bmatrix} I_a \\ I_b \\ I_c \\ \hline I_{n1} \\ I_{nN} \\ \vdots \end{bmatrix} \tag{4.7.10}$$

(좌상: Z_A, 우상: Z_B, 좌하: Z_C, 우하: Z_D)

이 행렬의 대각요소는

$$Z_{kk} = R_k + R_{k'} + j\omega 2 \times 10^{-7} \ln \frac{D_{kk'}}{D_{kk}} \quad \Omega/\text{m} \tag{4.7.11}$$

$k \neq m$인 비대각요소는

$$Z_{km} = R_{k'} + j\omega 2 \times 10^{-7} \ln \frac{D_{km'}}{D_{km}} \quad \Omega/\text{m} \tag{4.7.12}$$

식 (4.7.10)은 다음과 같이 부분행렬로 표현될 수 있다.

$$\begin{bmatrix} \boldsymbol{E}_P \\ \hline 0 \end{bmatrix} = \left[\begin{array}{c|c} \boldsymbol{Z}_A & \boldsymbol{Z}_B \\ \hline \boldsymbol{Z}_C & \boldsymbol{Z}_D \end{array}\right] \begin{bmatrix} \boldsymbol{I}_P \\ \hline \boldsymbol{I}_n \end{bmatrix} \tag{4.7.13}$$

여기서,

$$\boldsymbol{E}_P = \begin{bmatrix} E_{Aa} \\ E_{Bb} \\ E_{Cc} \end{bmatrix}; \quad \boldsymbol{I}_P = \begin{bmatrix} I_a \\ I_b \\ I_c \end{bmatrix}; \quad \boldsymbol{I}_n = \begin{bmatrix} I_{n1} \\ \vdots \\ I_{nN} \end{bmatrix}$$

$\boldsymbol{E}_P$는 중성선 전압강하를 포함한 상도체 양단의 3 × 1 전압강하 벡터, $\boldsymbol{I}_P$는 3 × 1 상전류 벡터, $\boldsymbol{I}_n$은 $N \times 1$ 중성선 전류벡디이며, 식 (4.7.10)의 $(3 + N) \times (3 + N)$ 행렬은 다음과 같은 행렬을 얻기 위하여 부분행렬로 전개된다.

$\boldsymbol{Z}_A$: 3 × 3 벡터
$\boldsymbol{Z}_B$: $3 \times N$ 벡터
$\boldsymbol{Z}_C$: $N \times 3$ 벡터
$\boldsymbol{Z}_D$: $N \times N$ 벡터

식 (4.7.13)은 다음과 같이 표현될 수 있다.

$$\boldsymbol{E}_P = \boldsymbol{Z}_A \boldsymbol{I}_P + \boldsymbol{Z}_B \boldsymbol{I}_n \tag{4.7.14}$$

$$\boldsymbol{0} = \boldsymbol{Z}_C \boldsymbol{I}_P + \boldsymbol{Z}_D \boldsymbol{I}_n \tag{4.7.15}$$

식 (4.7.15)에서 $\boldsymbol{I}_n$을 구하면

$$\boldsymbol{I}_n = -\boldsymbol{Z}_D^{-1}\boldsymbol{Z}_C\boldsymbol{I}_P \tag{4.7.16}$$

식 (4.7.16)을 식 (4.7.14)에 대입하면,

$$\boldsymbol{E}_P = [\boldsymbol{Z}_A - \boldsymbol{Z}_B\boldsymbol{Z}_D^{-1}\boldsymbol{Z}_C]\boldsymbol{I}_P \tag{4.7.17}$$

즉,

$$\boldsymbol{E}_P = \boldsymbol{Z}_P\boldsymbol{I}_P \tag{4.7.18}$$

여기서,

$$\boldsymbol{Z}_P = [\boldsymbol{Z}_A - \boldsymbol{Z}_B\boldsymbol{Z}_D^{-1}\boldsymbol{Z}_C] \tag{4.7.19}$$

식 (4.7.17)은 중성선 전압강하를 포함한 상도체 양단의 전압강하와 상전류와의 관계식을 나타낸다. 식 (4.7.19)의 $\boldsymbol{Z}_P$는 다음과 같은 요소를 지닌 3 × 3 직렬 상 임피던스 행렬이다.

$$\boldsymbol{Z}_p = \begin{bmatrix} Z_{aaeq} & Z_{abeq} & Z_{aceq} \\ Z_{abeq} & Z_{bbeq} & Z_{bceq} \\ Z_{aceq} & Z_{bceq} & Z_{cceq} \end{bmatrix} \ \Omega/\text{m} \tag{4.7.20}$$

만약 선로가 완전히 연가되어 있다면, 대각요소 및 비대각 요소는 다음과 같은 평균값으로 표현될 수 있다.

$$\hat{\boldsymbol{Z}}_P = \begin{bmatrix} \hat{Z}_{aaeq} & \hat{Z}_{abeq} & \hat{Z}_{abeq} \\ \hat{Z}_{abeq} & \hat{Z}_{aaeq} & \hat{Z}_{abeq} \\ \hat{Z}_{abeq} & \hat{Z}_{abeq} & \hat{Z}_{aaeq} \end{bmatrix} \ \Omega/\text{m} \tag{4.7.21}$$

여기서,

$$\hat{Z}_{aaeq} = \frac{1}{3}(Z_{aaeq} + Z_{bbeq} + Z_{cceq}) \tag{4.7.22}$$

$$\hat{Z}_{abeq} = \frac{1}{3}(Z_{abeq} + Z_{aceq} + Z_{bceq}) \tag{4.7.23}$$

4.8 전계와 전압: 원통형 도체의 경우

유전율(permittivity) ε을 갖는 유전체에 놓여 있는 도체들 사이의 커패시턴스는 다음과 같은 과정을 통하여 구해질 수 있다.

1단계: 가우스 법칙으로부터 전계(벡터값) E를 구한다.

2단계: 도체 간 전위차(또는 전압–단위전하당 위치에너지 차, 스칼라값)를 구한다.

3단계: 단위 전위차당 대전된 전하량으로 정의되는 커패시턴스를 구한다($C = q/V$).

전술한 것과 같이 송전선로의 커패시턴스를 계산하는 방법은 먼저 균일한 전하분포를 갖는 원통형 도체의 전계를 구하고, 이로부터 두 도체 사이의 전위차(전압)를 산출한다.

"임의의 폐곡면을 통과하는 총 전속(electric flux)은 그 폐곡면에 의하여 둘러싸인 체적 내에 있는 총 전하량과 같다"라고 하는 가우스 법칙은 "임의의 폐곡면에 대하여 수직 성분인 전속밀도를 적분한 값은 그 폐곡면에 의하여 둘러싸인 체적 내에 있는 총 전하량과 같다"는 것을 의미한다.

$$\oiint \mathrm{D}_\perp ds = \oiint \varepsilon E_\perp ds = \mathrm{Q}_{\text{enclosed}} \tag{4.8.1}$$

여기서, $D_\perp$은 폐곡면상의 미소면적 ds에 수직한 전속밀도 성분이며, $E_\perp$은 폐곡면상의 미소면적 ds에 수직한 전계의 성분이다. 가우스 법칙을 나타내는 상기 식으로부터 전하는 전계를 발생시키는 원천임을 알 수 있다. 전계의 세기와 방향을 나타내는 선(electric field lines, 이하 '전기력선'이라 칭함)은 +전하에서 시작해서 −전하에서 끝나는 화살표로 정의되며, 그림 4.18의 경우는 도체 표면의 양전하에서 시작해서 무한원점을 향하는 것으로 표기된 예이다. 만약 도체 표면이 음전하라면 화살표는 무한원점에서 도체 표면으로 들어오는 방향으로 표기되어야 할 것이다.

그림 4.18은 도체 표면 위에 단위길이당 q 쿨롱의 전하(선전하)가 균일하게 분포되어 있는 반경 r의 원통형 도체를 나타내고 있다. 명확한 유도를 위하여 다음과 같이 가정한다. (i) End-effects가 무시될 수 있을 만큼 도체가 충분히 길다. (ii) 완전도체이다(저항률 $\rho = 0$).

먼저, 도체 외부의 전계를 구하기 위하여 그림 4.18과 같은 $x > r$인 단위길이 원통 모양의 가우스 법칙 적용 대상 폐곡면을 선택한다. 도체의 길이 방향으로 선전하가 균일하게 분포되어 있으므로 전계는 원통 폐곡면에 대하여 일정하고, 옴의 법칙에서 완전도체 내부의 전계는 $E_{\text{int}} = \rho\mathrm{J}$

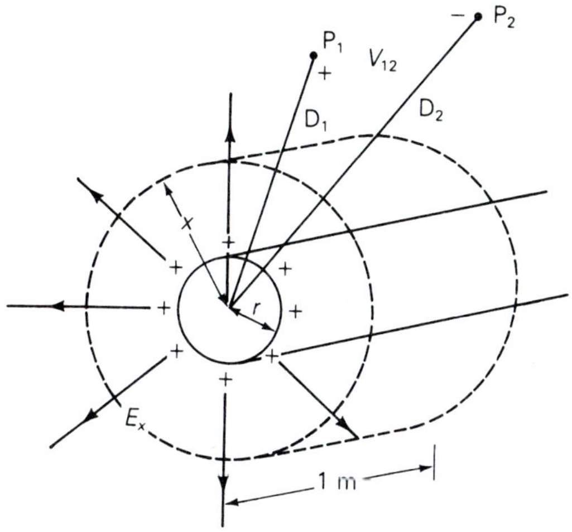

그림 4.18 균일 전하분포를 갖는 저항률 ρ = 0인 원통형 완전도체

= 0이므로 원통길이 방향의 전기장은 0이다. 따라서 반지름 방향의 성분 E_x만 존재하고, 폐곡면 접선 방향의 전계는 0이다. 식 (4.8.1)을 그림 4.18과 같이 단위길이 원통형 도체에 적용하면,

$$\varepsilon E_x(2\pi x)(1) = q(1)$$

$$E_x = \frac{q}{2\pi\varepsilon x}\ \text{V/m} \tag{4.8.2}$$

여기서, $\varepsilon = \varepsilon_0 = 8.854 \times 10^{-12}$ [F/m].

도체와 축 중심이 동일한 도체 주위의 동심원통상의 면은 일정한 전위(electric potential: 단위전하가 갖는 전기적 위치에너지)값을 갖는데, 도체 중심에서 각각 D_1 및 D_2의 거리만큼 떨어진 두 동심원통면 사이의 전위차는

$$V_{12} = \int_{D_1}^{D_2} E_x dx \tag{4.8.3}$$

식 (4.8.2)를 식 (4.8.3)에 대입하면,

$$V_{12} = \int_{D_1}^{D_2} \frac{q}{2\pi\varepsilon x}dx = \frac{q}{2\pi\varepsilon}\ln\frac{D_2}{D_1}\quad \text{volts} \tag{4.8.4}$$

식 (4.8.4)는 도체중심에서 각각 D_1 및 D_2의 거리만큼 떨어진 두 점 P_1과 P_2 사이의 전위차 V_{12}, 즉 점 P_2에 대한 점 P_1의 전압을 의미한다. 따라서 선전하 q가 +이고 $D_2 > D_1$이면, $V_{12} > 0$이 되어 P_1이 P_2보다 전위가 높다. 식 (4.8.4)는 직류 및 교류 모두에 대하여 성립하며, 교류인 경우 V_{12}는 페이저 전압, q는 정현파적으로 변하는 전하를 나타내는 페이저로 표현된다.

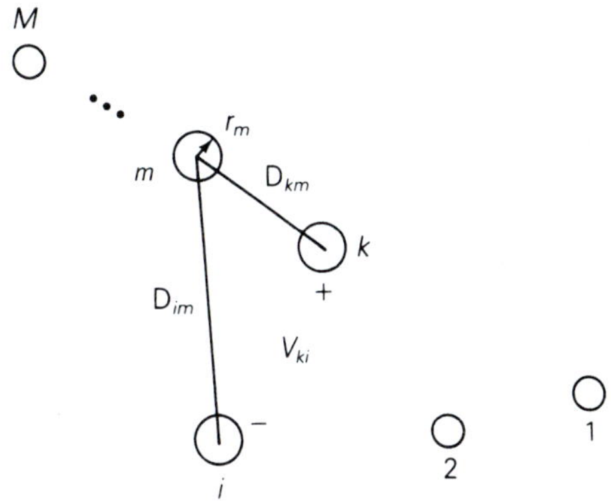

그림 4.19 M개의 원통형 도체가 배열된 일반적인 예

식 (4.8.4)를 그림 4.19와 같이 M개의 원통형 도체가 배치된 경우에 대하여 적용해 보자. m개의 도체가 도체를 따라 균일하게 교류 선전하 q_m C/m 분포를 하고 있다고 할 경우, m번째 도체상의 전하 q_m만으로 유기되는 k번째 도체와 i번째 도체 사이의 전압 V_{ki}는

$$V_{ki} = \frac{q_m}{2\pi\varepsilon}\ln\frac{D_{im}}{D_{km}}\quad \text{volts} \tag{4.8.5}$$

여기서, $k = m$ 또는 $i = m$일 경우 $D_{mm} = r_m$이다. 식 (4.8.5)에서 주위에 존재하는 다른 도체의 전하로 형성되는 전계로 인한 왜곡 영향은 무시한다. 식 (4.8.5)의 전압은 원통형 도체 m에서 거리 D_{km} 및 D_{im}만큼 떨어진 두 동심원통면들 사이의 전위차, 즉 전압으로 간주될 수 있다. 물론 왜곡은 없는 것으로 한다. 그림 4.19의 모든 도체에 대한 k번째 도체와 i번째 도체 사이의 전압 V_{ki}는 중첩의 원리에 의하여 다음과 같이 구해진다.

$$V_{ki} = \frac{1}{2\pi\varepsilon}\sum_{m=1}^{M} q_m \ln\frac{D_{im}}{D_{km}}\quad \text{volts} \tag{4.8.6}$$

4.9 커패시턴스: 단상 2선식 선로와 등간격 3상 3선식 선로의 경우

이 절에서는 앞 절에서 얻어진 두 점 사이의 전압 관계식을 4.5절에서 고려대상으로 하였던 비교적 단순한 구조의 송전선인 단상 2선식 및 등간격 3상 3선식 선로에 대해

적용하여 커패시턴스를 구해보기로 한다.

먼저, 전압이 인가되어 선전하 q C/m의 균일한 분포를 갖는 도체 x와 전하보전법칙에 근거한 $-q$의 균일한 선전하 분포를 갖는 도체 y가 그림 4.19에서와 같이 배치되어 있다고 하자. 식 (4.8.6)에 $k = x$, $i = y$ 및 $m = x, y$를 대입하면,

$$V_{xy} = \frac{1}{2\pi\varepsilon}\left[q \ln \frac{D_{yx}}{D_{xx}} - q \ln \frac{D_{yy}}{D_{xy}}\right] = \frac{q}{2\pi\varepsilon} \ln \frac{D_{yx} D_{xy}}{D_{xx} D_{yy}} \tag{4.9.1}$$

여기서 $D_{xy} = D_{yx} = D$, $D_{xx} = r_x$, $D_{yy} = r_y$를 적용하면,

$$V_{xy} = \frac{q}{\pi\varepsilon} \ln \frac{D}{\sqrt{r_x r_y}} \quad \text{volts} \tag{4.9.2}$$

가 되어 단위길이당 도체 간, 즉 선간 커패시턴스 $C_{xy} = q/V_{xy}$로부터

$$C_{xy} = \frac{q}{V_{xy}} = \frac{\pi\varepsilon}{\ln\left(\dfrac{D}{\sqrt{r_x r_y}}\right)} \quad \text{F/m line-to-line} \tag{4.9.3}$$

만약, $r_x = r_y = r$이라면

$$C_{xy} = \frac{\pi\varepsilon}{\ln(D/r)} \quad \text{F/m line-to-line} \tag{4.9.4}$$

변압기 2차측의 중간탭을 접지하여 공급되는 단상 2선식 선로인 경우라면, 각 도체와 접지된 중성선 사이의 전압은 식 (4.9.2)의 선간전압의 1/2이 된다. 즉,

$$V_{xn} = V_{yn} = \frac{V_{xy}}{2} \tag{4.9.5}$$

따라서 각 선과 접지된 중성선 사이의 커패시턴스(이하 '상 커패시턴스'라 칭함)는

$$C_n = C_{xn} = C_{yn} = \frac{q}{V_{xn}} = 2C_{xy} = \frac{2\pi\varepsilon}{\ln(D/r)} \quad \text{F/m line-to-neutral} \tag{4.9.6}$$

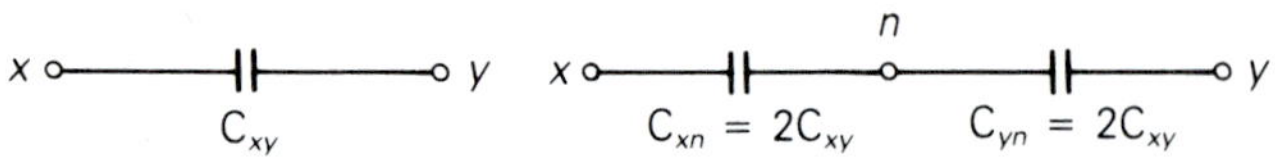

(a) 선간 커패시턴스 (b) 상 커패시턴스

그림 4.20 단상 2선식 선로의 커패시턴스에 대한 회로적 표현

그림 4.20은 단상 2선식 선로의 선간 커패시턴스와 상 커패시턴스를 회로적으로 표현한 것이다. 그림 4.20(b)에서와 같이 중성점이 개방되어 있는 경우, 두 개의 상 커패시턴스는 선간 커패시턴스와 같아야 하므로 결국 직렬로 연결된 형태가 된다.

다음은 등간격 배치구조를 갖는 3상 3선식 선로에 대한 커패시턴스를 구해보자. 단, 대지와 중성선 도체의 영향은 없는 것으로 한다. 정상분의 커패시턴스를 구하기 위하여 $q_a + q_b + q_c = 0$인 정상분의 전하량 q_a, q_b, q_c를 상정하자. 식 (4.8.6)에 $k = a$, $i = b$, $m = a, b, c$를 대입하면 도체 ab 간의 전압 V_{ab}는

$$V_{ab} = \frac{1}{2\pi\varepsilon}\left[q_a \ln \frac{D_{ba}}{D_{aa}} + q_b \ln \frac{D_{bb}}{D_{ab}} + q_c \ln \frac{D_{bc}}{D_{ac}}\right] \tag{4.9.7}$$

$D_{aa} = D_{bb} = r$, $D_{ab} = D_{ba} = D_{ca} = D_{cb} = D$를 대입하면,

$$V_{ab} = \frac{1}{2\pi\varepsilon}\left[q_a \ln \frac{D}{r} + q_b \ln \frac{r}{D} + q_c \ln \frac{D}{D}\right] = \frac{1}{2\pi\varepsilon}\left[q_c \ln \frac{D}{r} + q_b \ln \frac{r}{D}\right] \quad \text{volts} \tag{4.9.8}$$

위 식의 제3항은 도체 a와 b가 도체 c에서 같은 거리에 있기 때문에 0이다. 그래서 도체 a와 b는 전하 q_c에 의하여 형성되는 전계에 대하여 등전위인 원통면상에 있다.

마찬가지로 식 (4.8.6)에 $k = a$, $i = c$, $m = a, b, c$를 대입하면 전압 V_{ac}는

$$V_{ac} = \frac{1}{2\pi\varepsilon}\left[q_a \ln \frac{D_{ca}}{D_{aa}} + q_b \ln \frac{D_{cb}}{D_{ab}} + q_c \ln \frac{D_{cc}}{D_{ac}}\right] = \frac{1}{2\pi\varepsilon}\left[q_a \ln \frac{D}{r} + q_b \ln \frac{D}{D} + q_c \ln \frac{r}{D}\right] = \frac{1}{2\pi\varepsilon}\left[q_a \ln \frac{D}{r} + q_c \ln \frac{r}{D}\right] \quad \text{volts} \tag{4.9.9}$$

3상 평형 정상분의 전압은

$$V_{ab} = \sqrt{3}V_{an}\,\underline{/+30^\circ} = \sqrt{3}V_{an}\left[\frac{\sqrt{3}}{2} + j\frac{1}{2}\right] \qquad (4.9.10)$$

$$V_{ac} = -V_{ca} = \sqrt{3}V_{an}\,\underline{/-30^\circ} = \sqrt{3}V_{an}\left[\frac{\sqrt{3}}{2} - j\frac{1}{2}\right] \qquad (4.9.11)$$

식 (4.9.10)과 식 (4.9.11)을 더하면,

$$V_{ab} + V_{ac} - 3V_{an} \qquad (4.9.12)$$

식 (4.9.8)과 식 (4.9.9)를 식 (4.9.12)에 대입하면,

$$V_{an} = \frac{1}{3}\left(\frac{1}{2\pi\varepsilon}\right)\left[2q_a \ln\frac{\mathrm{D}}{r} + (q_b + q_c)\ln\frac{r}{\mathrm{D}}\right] \qquad (4.9.13)$$

$q_b + q_c = -q_a$이므로

$$V_{an} = \frac{1}{2\pi\varepsilon}q_a \ln\frac{\mathrm{D}}{r} \quad \text{volts} \qquad (4.9.14)$$

단위길이당 상 커패시턴스 C_{an}는

$$C_{an} = \frac{q_a}{V_{an}} = \frac{2\pi\varepsilon}{\ln\left(\frac{\mathrm{D}}{r}\right)} \quad \text{F/m line-to-neutral} \qquad (4.9.15)$$

대칭성에 의하여 나머지 b상, c상의 상 커패시턴스 C_{bn}, C_{cn}은 각각 $C_{bn} = q_b / V_{bn}$, $C_{cn} = q_c / V_{cn}$으로부터 동일하게 얻어진다. 그러나 3상 평형의 경우, 오직 한 상에 대해서만 표시하면 되므로 이에 대한 회로적 등가표현을 나타내면 그림 4.21과 같다.

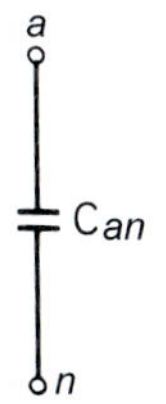

그림 4.21 등간격 3상 3선식 선로의 상 커패시턴스의 회로적 등가표현

4.10 커패시턴스: 연선, 연가, 복도체의 경우

연선에 대한 커패시턴스

식 (4.9.6)과 식 (4.9.15)는 저항률 0, 도체 내부의 전계가 0이고, 도체 외부 전기장이 도체 표면과 수직하다는 조건하에 얻어진 값이다. 표 4.3과 같은 저항률 값을 갖는 실제의 도체는 아주 작은 값의 내부 전계를 갖는 관계로 도체 외부 전계는 도체 표면에서 약간 왜곡된 형태가 된다. 따라서 연선의 경우, 도체 표면에서의 전계는 원통형 도체의 전계와 동일하지는 않다. 그러나 연선의 선간 커패시턴스를 계산할 경우, 연선의 외부 반경과 값이 동일한 원통형 완전도체로 간주하여 계산하는 것이 일반적이다. 왜냐하면 전계가 도체 표면에서만 영향을 받아서 그 오차는 극히 작기 때문이다.

또한, 식 (4.8.2)는 도체의 균일 전하분포를 가정한 것이나 주위의 다른 대전된 도체의 영향으로 실제 균일한 분포를 갖는 것은 아니다. 그러므로 식 (4.8.2)에서 유도된 식 (4.9.6)과 식 (4.9.15)가 정확하다고 할 수는 없다. 그러나 도체 표면에 가까운 전계만이 주로 영향을 주기 때문에 실제 선로 커패시턴스의 계산상 오차는 크지 않다고 할 수 있다.

연가를 고려한 커패시턴스

평형 정상분 전하를 갖는 3상 3선식 선로의 경우, 상간 등간격이 아닌 배치구조를 갖는다면 평형 정상분 전압이 얻어질 수 없다. 즉, 상전압과 상 커패시턴스가 각각 불평형이 된다. 이것은 인덕턴스를 계산할 경우 적용되었던 연가(선로의 1/3 지점마다 도체의 위치를 바꾸는 것)를 통하여 평형으로 수정될 수 있다. 식 (4.9.7)에 이를 적용하여 얻어진 평균값을 식 (4.9.12)에서 식 (4.9.14)까지 대입하면,

$$C_{an} = \frac{2\pi\varepsilon}{\ln(\mathrm{D}_{eq}/r)} \quad \text{F/m} \qquad (4.10.1)$$

여기서,

$$\mathrm{D}_{eq} = \sqrt[3]{\mathrm{D}_{ab}\mathrm{D}_{bc}\mathrm{D}_{ac}} \qquad (4.10.2)$$

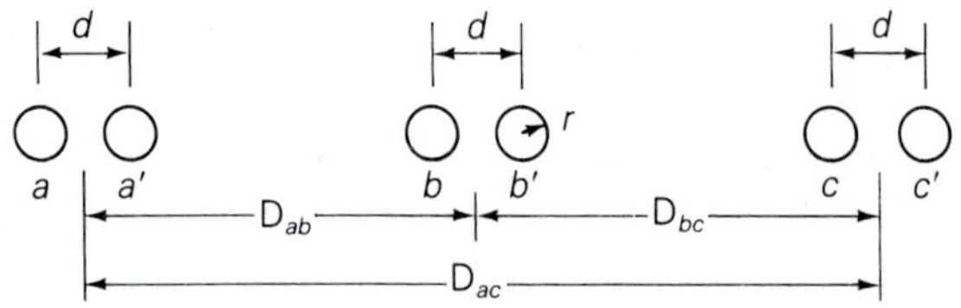

그림 4.22 2 복도체가 등거리로 수평 배치된 3상 3선식 선로

복도체에 대한 커패시턴스

그림 4.22는 각 상이 2개의 도체로 구성된 복도체가 수평 배치된 3상 3선식 선로를 보여주고 있다. $q_a + q_b + q_c = 0$인 정상분의 전하량 q_a, q_b, q_c가 평형이라고 가정하자. 각 상도체는 복도체로 구성되며, 복도체 내부의 도체는 전하량이 서로 동일한 것으로 한다. 즉, 도체 a, a'는 각각 $q_a/2$를 갖는다. 또한 상도체 간 거리는 복도체의 내부 도체 간격보다 훨씬 크다고 가정하여 거리 $(\mathrm{D}_{ab} - d)$ 및 $(\mathrm{D}_{ab} + d)$를 D_{ab}로 대체한다. 식 (4.8.6)에 $k = a$, $i = b$, $m = a$, a', b, b', c, c'를 대입하면 전압 V_{ab}는

$$
\begin{aligned}
V_{ab} &= \frac{1}{2\pi\varepsilon}\left[\frac{q_a}{2}\ln\frac{\mathrm{D}_{ba}}{\mathrm{D}_{aa}} + \frac{q_a}{2}\ln\frac{\mathrm{D}_{ba'}}{\mathrm{D}_{aa'}} + \frac{q_b}{2}\ln\frac{\mathrm{D}_{bb}}{\mathrm{D}_{ab}} \right.\\
&\qquad \left. + \frac{q_b}{2}\ln\frac{\mathrm{D}_{bb'}}{\mathrm{D}_{ab'}} + \frac{q_c}{2}\ln\frac{\mathrm{D}_{bc}}{\mathrm{D}_{ac}} + \frac{q_c}{2}\ln\frac{\mathrm{D}_{bc'}}{\mathrm{D}_{ac'}}\right]\\
&= \frac{1}{2\pi\varepsilon}\left[\frac{q_a}{2}\left(\ln\frac{\mathrm{D}_{ab}}{r} + \ln\frac{\mathrm{D}_{ab}}{d}\right) + \frac{q_b}{2}\left(\ln\frac{r}{\mathrm{D}_{ab}} + \ln\frac{d}{\mathrm{D}_{ab}}\right)\right.\\
&\qquad \left. + \frac{q_c}{2}\left(\ln\frac{\mathrm{D}_{bc}}{\mathrm{D}_{ac}} + \ln\frac{\mathrm{D}_{bc}}{\mathrm{D}_{ac}}\right)\right]\\
&= \frac{1}{2\pi\varepsilon}\left[q_a\ln\frac{\mathrm{D}_{ab}}{\sqrt{rd}} + q_b\ln\frac{\sqrt{rd}}{\mathrm{D}_{ab}} + q_c\ln\frac{\mathrm{D}_{bc}}{\mathrm{D}_{ac}}\right] \quad (4.10.3)
\end{aligned}
$$

식 (4.10.3)은 식 (4.9.7)에서 $\mathrm{D}_{aa} = \mathrm{D}_{bb} = \sqrt{rd}$로 대체된 경우와 같으므로 연가를 고려한 커패시턴스를 구하면

$$\mathrm{C}_{an} = \frac{2\pi\varepsilon}{\ln(\mathrm{D}_{eq}/\mathrm{D}_{SC})} \quad \mathrm{F/m} \qquad (4.10.4)$$

여기서,

$$\mathrm{D}_{SC} = \sqrt{rd}\text{: 2 복도체의 경우} \qquad (4.10.5)$$

$$\mathrm{D}_{SC} = \sqrt[3]{rd^2}\text{: 3 복도체의 경우} \qquad (4.10.6)$$

$$\mathrm{D}_{SC} = 1.091\sqrt[4]{rd^3}\text{: 4 복도체의 경우} \qquad (4.10.7)$$

커패시턴스를 구하는 식 (4.10.4)와 인덕턴스를 구하는 식 (4.6.22)는 서로 유사한 점이 있다. 상간 기하학적 평균거리 D_{eq}는 식 (4.6.17)과 식 (4.10.2)로 동일하고, 기하학적 평균반경은 식 (4.10.5)에서 식 (4.10.7)의 D_{SC}와 식 (4.6.19)에서 식 (4.6.21)의 D_{SL}은 서로 유사하다. 단, 인덕턴스를 구할 경우의 기하학적 평균반경 D_S가 커패시턴스를 구할 경우에는 도체 외부반경 r로 대체된다는 것만 다르다. 송전선로의 커패시턴스에 흐르는 전류를 **충전전류**라고 부른다. 선간전압이 $V_{xy} = \mathrm{V}_{xy}\underline{/0°}$인 단상선로에서 충전전류는

$$I_{chg} = Y_{xy}V_{xy} = j\omega\mathrm{C}_{xy}\mathrm{V}_{xy} \quad \mathrm{A} \qquad (4.10.8)$$

2장에서 커패시터는 무효전력을 공급한다는 개념을 적용하여 식 (2.3.5)에서 선간 커패시턴스에 의해 공급되는 무효전력은

$$\mathrm{Q_C} = \frac{\mathrm{V}_{xy}^2}{\mathrm{X}_c} = \mathrm{Y}_{xy}\mathrm{V}_{xy}^2 = \omega\mathrm{C}_{xy}\mathrm{V}_{xy}^2 \quad \mathrm{var} \qquad (4.10.9)$$

평형 정상분 전압 $V_{an} = \mathrm{V_{LN}}\underline{/0°}$를 갖는 완전 연가된 3상 3선식 선로에 대하여 a상 충전전류는

$$I_{chg} = YV_{an} = j\omega\mathrm{C}_{an}\mathrm{V_{LN}} \quad \mathrm{A} \qquad (4.10.10)$$

a상에 의하여 공급되는 무효전력은

$$\mathrm{Q}_{C1\phi} = \mathrm{YV}_{an}^2 = \omega\mathrm{C}_{an}\mathrm{V}_{LN}^2 \quad \mathrm{var} \qquad (4.10.11)$$

3상 3선식 선로에 의하여 공급되는 전체 무효전력은

$$\mathrm{Q}_{C3\phi} = 3\mathrm{Q}_{C1\phi} = 3\omega\mathrm{C}_{an}\mathrm{V}_{LN}^2 = \omega\mathrm{C}_{an}\mathrm{V}_{LL}^2 \quad \mathrm{var} \qquad (4.10.12)$$

예제 4.6 커패시턴스, 어드미턴스 및 무효전력: 단상선로

예제 4.3에서의 단상선로에 대하여 선간 커패시턴스[F]와 어드미턴스[S]를 구하고, 선간전압이 20 kV일 경우 이 커패시턴스에 의하여 공급되는 무효전력을 구하시오.

| 풀이

표 A.3에서 4/0 12 연선 동도체의 도체 외부반경은

$$r = \frac{0.552}{2}\ \text{in.} \times \frac{0.0254\ \text{m}}{1\ \text{in.}} = 0.007010\ \text{m}$$

식 (4.9.4)에서

$$C_{xy} = \frac{\pi(8.854 \times 10^{-12})}{\ln\left(\frac{1.5}{0.007010}\right)} = 5.184 \times 10^{-12} \quad \text{F/m}$$

또는

$$C_{xy} = 5.184 \times 10^{-12} \frac{\text{F}}{\text{m}} \times 32{,}000\ \text{m} = 1.66 \times 10^{-7} \quad \text{F}$$

병렬 어드미턴스는

$$Y_{xy} = j\omega C_{xy} = j(2\pi 60)(1.66 \times 10^{-7})$$
$$= j6.27 \times 10^{-5} \quad \text{S line-to-line}$$

식 (4.10.9)에서

$$Q_C = (6.27 \times 10^{-5})(20 \times 10^3)^2 = 25.1 \quad \text{kvar}$$

예제 4.7 커패시턴스와 병렬 어드미턴스; 충전전류와 무효전력: 3상 선로

예제 4.5에서의 3상 선로에 대하여 상 커패시턴스[F]와 병렬 어드미턴스[S]를 구하고, 선간전압이 345 kV일 경우 상당 충전전류[kA]와 상 커패시턴스에 의하여 공급되는 전체 무효전력[Mvar]을 구하시오. 평형 정상분 전압으로 가정한다.

| 풀이

표 A.4에서 403 mm² 26/2 ACSR 도체의 외부반경은

$$r = \frac{1.108}{2}\ \text{in.} \times 0.0254\ \frac{\text{m}}{\text{in}} = 0.0141\ \text{m}$$

식 (4.10.5)로부터 2 복도체 등가반경은

$$D_{SC} = \sqrt{(0.0141)(0.40)} = 0.0750\ \text{m}$$

D_{eq} = 12.6 m는 예제 4.5와 동일하다. 그러므로 식 (4.10.4)에서

$$C_{an} = \frac{(2\pi)(8.854 \times 10^{-12})}{\ln\left(\frac{12.6}{0.0750}\right)} \frac{\text{F}}{\text{m}} \times 1000\ \frac{\text{m}}{\text{km}} \times 200\ \text{km}$$
$$= 2.17 \times 10^{-6} \quad \text{F}$$

중성선에 대한 병렬 어드미턴스는

$$Y_{an} = j\omega C_{an} = j\,(2\pi 60)(2.17 \times 10^{-6})$$
$$= j8.19 \times 10^{-4} \quad \text{S}$$

식 (4.10.10)에서 상당 충전전류는

$$I_{chg} = |I_{chg}| = (8.19 \times 10^{-4})\left(\frac{345}{\sqrt{3}}\right) = 0.163\ \text{kA/상}$$

식 (4.10.12)에서 3상 3선식 선로에 의하여 공급되는 전체 무효전력은

$$Q_{C3\phi} = (8.19 \times 10^{-4})(345)^2 = 97.5 \quad \text{Mvar}$$

4.11 병렬 어드미턴스: 중성선과 대지귀로를 갖는 선로의 경우

이 절에서는 그림 4.16의 3상 가공선로에 대한 병렬 어드미턴스를 계산하는 데 적합한 식을 도출하기로 한다. 가공선 아래에 있는 대지의 지형과 저항률이 표 4.4에서와 같이 다양하지만, 대지의 표면을 완전 평면도체에 가깝다고 가정하자.

지표면의 효과를 고려한 **영상법**에 대하여 알아보자. 먼저, 그림 4.23(a)에서 보는 바와 같이 완전도체로 간주된 지표면 위 높이 H인 위치에 있는 균일 전하분포를 갖는 1 도체를 생각한다. 도체가 양(+)전하인 경우 동일 크기의 음(−)전하가 정전유도에 의하여 지표면에 대전되며, 도체 표면의 양(+)전하에서 지표면 음(−)전하에 이르는 전기력선은 도체와 지표면에 대해 수직이다.

그림 4.23(b)에서 대전된 지표면이 대전을 일으킨 도체와 수직 아래로 $H_{11} = 2H$만큼 떨어져 있고 동일 반경 및 동일 전하량을 갖는 (−) 도체로 대체되었다. 그림 4.23(b)에서 지표면상의 도체에서 점선으로 표시된 가상의 지표면까지의 전기력선은 그림 4.23(a)와 동일하므로 지표면상의 임의의 두 점 사이의 전위차(전압)는 양쪽 그림에서 모두 같다.

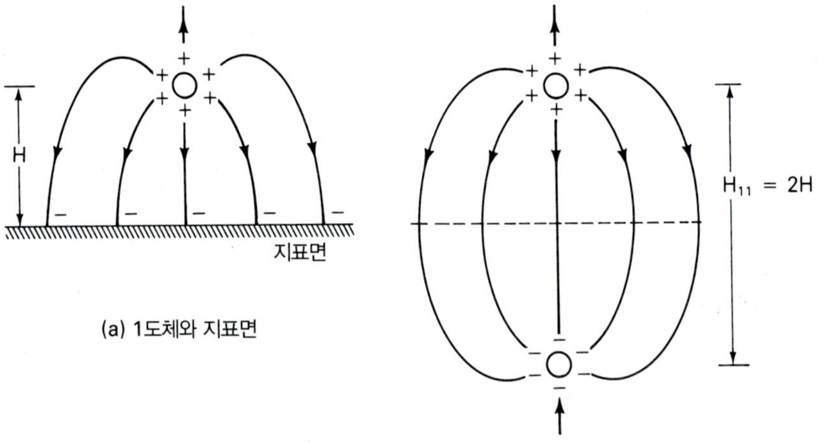

(a) 1도체와 지표면

(b) 영상도체로 대체한 지표면

그림 4.23 영상법

예제 4.8 대지 영향을 고려한 커패시턴스: 단상선로

예제 4.6에서의 단상선로가 평균 높이 H = 5.5 m로 수평하게 배치된 경우 대지 영향을 고려한 커패시턴스를 구하시오. 단, 지표면을 완전도체로 가정한다.

| 풀이

지표면은 각 가공도체에 대하여 대전된 영상도체로, 그림 4.24와 같이 표현될 수 있다. 식 (4.8.6)에서 도체 x와 y 사이의 전압은

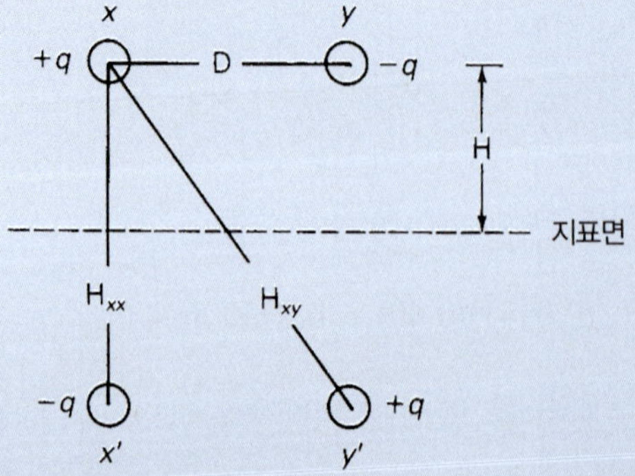

그림 4.24 예제 4.8에 대한 단상선로

(계속)

$$V_{xy} = \frac{q}{2\pi\varepsilon}\left[\ln\frac{D_{yx}}{D_{xx}} - \ln\frac{D_{yy}}{D_{xy}} - \ln\frac{H_{yx}}{H_{xx}} + \ln\frac{H_{yy}}{H_{xy}}\right]$$
$$= \frac{q}{2\pi\varepsilon}\left[\ln\frac{D_{yx}D_{xy}}{D_{xx}D_{yy}} - \ln\frac{H_{yx}H_{xy}}{H_{xx}H_{yy}}\right]$$
$$= \frac{q}{\pi\varepsilon}\left[\ln\frac{D}{r} - \ln\frac{H_{xy}}{H_{xx}}\right]$$

선간 커패시턴스는

$$C_{xy} = \frac{q}{V_{xy}} = \frac{\pi\varepsilon}{\ln\dfrac{D}{r} - \ln\dfrac{H_{xy}}{H_{xx}}} \quad \text{F/m}$$

여기에 $D = 1.5$ m, $r = 0.007010$ m, $H_{xx} = 2H = 11.0$ m, $H_{xy} = \sqrt{(11)^2 + (1.5)^2} = 11.102$ m를 대입하면

$$C_{xy} = \frac{\pi(8.854 \times 10^{-12})}{\ln\dfrac{1.5}{0.007010\text{ m}} - \ln\dfrac{11.102}{11}} = 5.178 \times 10^{-12} \text{ F/m}$$

이 되어 예제 4.6의 5.182×10^{-12}와 비교하면, 대지의 영향을 고려한 경우가 약간 크게 구해짐을 알 수 있다. 또한, 가공선의 높이 H가 클수록 H_{xy}/H_{xx}의 비가 1에 가깝게 되어 $\ln(H_{xy}/H_{xx}) \to 0$이 된다. 즉, 선로의 높이가 높아질수록 대지의 영향이 무시될 수 있음을 의미한다.

그림 4.25와 같은 N개의 중성선을 갖는 3상 가공선로에 대한 커패시턴스를 구해보자. 완전도체의 지표면은 각 가공선에 대한 가상도체로 대체되는 것으로 한다. a, b, c, $n1$, $n2$, …, nN로 표기되는 가공도체는 q_a, q_b, q_c, q_{n1}, q_{n2}, …, q_{nN}으로 표기되는 전하로 각각 충전되어 있고, a', b', c', $n1'$, $n2'$, …, nN'로 표기되는 가상도체는 $-q_a$, $-q_b$, $-q_c$, $-q_{n1}$, $-q_{n2}$, …, $-q_{nN}$으로 표기되는 전하로 각각 대전되어 있다. 여기에 식 (4.8.6)을 적용하여 임의의 도체 k와 그 가상도체 k' 사이의 전압 $V_{kk'}$를 구하면

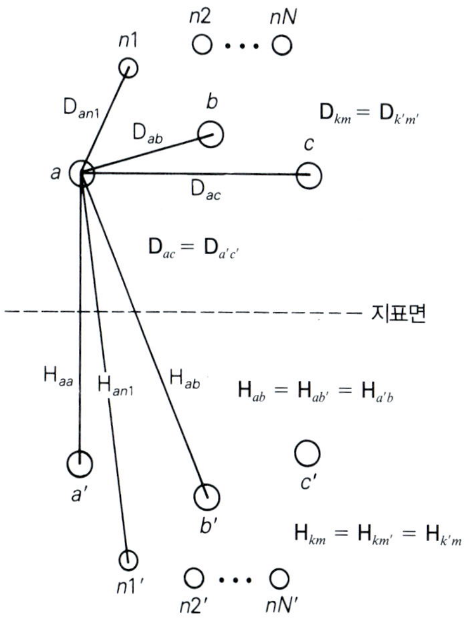

그림 4.25 지표면이 영상도체로 대체된 중성선을 갖는 3상 선로

$$V_{kk'} = \frac{1}{2\pi\varepsilon}\left[\sum_{m=a}^{nN} q_m \ln\frac{H_{km'}}{D_{km}} - \sum_{m=a}^{nN} q_m \ln\frac{D_{k'm'}}{H_{km'}}\right]$$
$$= \frac{2}{2\pi\varepsilon}\sum_{m=a}^{nN} q_m \ln\frac{H_{km}}{D_{km}} \tag{4.11.1}$$

여기서, $D_{kk} = D_{k'k'} = r_k$, $D_{km} = D_{k'm'}$은 가공도체 k와 m 사이의 거리이다. $H_{km} = H_{km'} = H_{k'm}$은 가공도체 k와 가상도체 m 사이의 거리이다. 대칭성에 의하여 도체 k와 대지 사이의 전압 V_{kn}은 $V_{kk'}$의 1/2로, 즉

$$V_{kn} = \frac{1}{2}V_{kk'} = \frac{1}{2\pi\varepsilon}\sum_{m=a}^{nN} q_m \ln\frac{H_{km}}{D_{km}} \tag{4.11.2}$$

여기서,

$$k = a, b, c, n1, n2, \ldots, nN$$
$$m = a, b, c, n1, n2, \ldots, nN$$

모든 중성선은 대지에 접지되어 있으므로

$$V_{kn} = 0 \qquad \text{for } k = n1, n2, \ldots, nN \tag{4.11.3}$$

식 (4.11.2)와 식 (4.11.3)을 행렬 형태로 표현하면

$$\begin{bmatrix} V_{an} \\ V_{bn} \\ V_{cn} \\ \hline 0 \\ \vdots \\ 0 \end{bmatrix} = \left[\begin{array}{ccc|ccc} \overbrace{\mathrm{P}_{aa} \quad \mathrm{P}_{ab} \quad \mathrm{P}_{ac}}^{\mathbf{P}_A} & & & \overbrace{\mathrm{P}_{an1} \ \cdots \ \mathrm{P}_{anN}}^{\mathbf{P}_B} \\ \mathrm{P}_{ba} & \mathrm{P}_{bb} & \mathrm{P}_{bc} & \mathrm{P}_{bn1} & \cdots & \mathrm{P}_{bnN} \\ \mathrm{P}_{ca} & \mathrm{P}_{cb} & \mathrm{P}_{cc} & \mathrm{P}_{cn1} & \cdots & \mathrm{P}_{cnN} \\ \hline \mathrm{P}_{n1a} & \mathrm{P}_{n1b} & \mathrm{P}_{n1c} & \mathrm{P}_{n1n1} & \cdots & \mathrm{P}_{n1nN} \\ \vdots & & & & & \\ \underbrace{\mathrm{P}_{nNa} \quad \mathrm{P}_{nNb} \quad \mathrm{P}_{nNc}}_{\mathbf{P}_C} & & & \underbrace{\mathrm{P}_{nNn1} \ \cdots \ \mathrm{P}_{nNnN}}_{\mathbf{P}_D} \end{array}\right] \begin{bmatrix} q_a \\ q_b \\ q_c \\ \hline q_{n1} \\ \vdots \\ q_{nN} \end{bmatrix} \tag{4.11.4}$$

위 식에서 (3 + N) × (3 + N) 행렬 **P**의 각 요소는

$$\mathrm{P}_{km} = \frac{1}{2\pi\varepsilon} \ln \frac{\mathrm{H}_{km}}{\mathrm{D}_{km}} \quad \mathrm{m/F} \tag{4.11.5}$$

여기서,

$$k = a, b, c, n1, n2, \ldots, nN$$

$$m = a, b, c, n1, n2, \ldots, nN$$

식 (4.11.4)는 다음과 같이 부분행렬로 표현될 수 있다.

$$\begin{bmatrix} \boldsymbol{V}_{\mathrm{P}} \\ \hline \mathbf{0} \end{bmatrix} = \left[\begin{array}{c|c} \mathbf{P}_A & \mathbf{P}_B \\ \hline \mathbf{P}_C & \mathbf{P}_D \end{array}\right] \begin{bmatrix} \boldsymbol{q}_{\mathrm{P}} \\ \hline \boldsymbol{q}_n \end{bmatrix} \tag{4.11.6}$$

$\boldsymbol{V}_{\mathrm{P}}$는 중성선에 대한 상전압으로 구성되는 (3 × 1) 벡터, $\boldsymbol{q}_{\mathrm{P}}$는 상도체 전하들로 구성되는 (3 × 1) 벡터, $\boldsymbol{q}_n$은 중성선 도체 전하들로 구성되는 (N × 1) 벡터, $\mathbf{P}_A$는 (3 × 3) 행렬, $\mathbf{P}_B$는 (3 × N) 행렬, $\mathbf{P}_C$는 (N × 3) 행렬, $\mathbf{P}_D$는 (N × N) 행렬이 된다. 식 (4.11.6)을 이들을 이용하여 다시 쓰면,

$$\boldsymbol{V}_{\mathrm{P}} = \mathbf{P}_A \boldsymbol{q}_{\mathrm{P}} + \mathbf{P}_B \boldsymbol{q}_n \tag{4.11.7}$$

$$\mathbf{0} = \mathbf{P}_C \boldsymbol{q}_P + \mathbf{P}_D \boldsymbol{q}_n \tag{4.11.8}$$

식 (4.11.8)을 $\boldsymbol{q}_n$에 대하여 정리하여 식 (4.11.7)에 대입하면,

$$\boldsymbol{V}_{\mathrm{P}} = (\mathbf{P}_A - \mathbf{P}_B \mathbf{P}_D^{-1} \mathbf{P}_C) \boldsymbol{q}_{\mathrm{P}} \tag{4.11.9}$$

또는

$$\boldsymbol{q}_{\mathrm{P}} = \mathbf{C}_{\mathrm{P}} \mathbf{V}_{\mathrm{P}} \tag{4.11.10}$$

여기서

$$\mathbf{C}_{\mathrm{P}} = (\mathbf{P}_A - \mathbf{P}_B \mathbf{P}_D^{-1} \mathbf{P}_C)^{-1} \quad \mathrm{F/m} \tag{4.11.11}$$

식 (4.11.10)은 상도체 전하와 상전압과의 관계식을 나타내는 것으로 $\mathbf{C}_{\mathrm{P}}$는 다음과 같이 표현되는 (3 × 3) 상 커패시턴스행렬이다.

$$\mathbf{C}_{\mathrm{P}} = \begin{bmatrix} \mathrm{C}_{aa} & \mathrm{C}_{ab} & \mathrm{C}_{ac} \\ \mathrm{C}_{ab} & \mathrm{C}_{bb} & \mathrm{C}_{bc} \\ \mathrm{C}_{ac} & \mathrm{C}_{bc} & \mathrm{C}_{cc} \end{bmatrix} \quad \mathrm{F/m} \tag{4.11.12}$$

$\mathbf{C}_{\mathrm{P}}$는 대칭행렬로서 그 대각요소 C_{aa}, C_{bb}, C_{cc}는 양의 값, 비대각요소 C_{ab}, C_{bc}, C_{ac}는 음의 값을 갖는다. 이것은 양의 값을 갖는 임의의 크기의 상전압이 3개의 상 중 한 상에 가해지면 그 상에 양의 값을 갖는 전하가 유기되고, 나머지 다른 두 상에는 음의 값을 갖는 전하가 유기된다는 것을 의미하는데, 이는 물리적으로 타당하다.

만약 선로가 완전 연가되어 있다면, 대각요소 및 비대각요소는

$$\hat{\mathbf{C}}_{\mathbf{P}} = \begin{bmatrix} \hat{\mathrm{C}}_{aa} & \hat{\mathrm{C}}_{ab} & \hat{\mathrm{C}}_{ab} \\ \hat{\mathrm{C}}_{ab} & \hat{\mathrm{C}}_{aa} & \hat{\mathrm{C}}_{ab} \\ \hat{\mathrm{C}}_{ab} & \hat{\mathrm{C}}_{ab} & \hat{\mathrm{C}}_{aa} \end{bmatrix} \quad \mathrm{F/m} \tag{4.11.13}$$

여기서

$$\hat{\mathrm{C}}_{aa} = \tfrac{1}{3}(\mathrm{C}_{aa} + \mathrm{C}_{bb} + \mathrm{C}_{cc}) \quad \mathrm{F/m} \tag{4.11.14}$$

$$\hat{\mathrm{C}}_{ab} = \tfrac{1}{3}(\mathrm{C}_{ab} + \mathrm{C}_{bc} + \mathrm{C}_{ac}) \quad \mathrm{F/m} \tag{4.11.15}$$

$\hat{\mathbf{C}}_{\mathrm{P}}$는 대칭 커패시턴스행렬이다. 병렬 상 어드미턴스 행렬 $\boldsymbol{Y}_{\mathrm{P}}$는

$$\boldsymbol{Y}_{\mathrm{P}} = j\omega \mathbf{C}_{\mathrm{P}} = j(2\pi f)\mathbf{C}_{\mathrm{P}} \quad \mathrm{S/m} \tag{4.11.16}$$

완전히 연가가 이루어진 선로에 대하여는

$$\hat{\boldsymbol{Y}}_{\mathrm{P}} = j\omega \hat{\mathbf{C}}_{\mathrm{P}} = j(2\pi f)\hat{\mathbf{C}}_{\mathrm{P}} \quad \mathrm{S/m} \tag{4.11.17}$$

4.12 도체 표면과 지표면에서의 전계 세기

도체 표면에서의 전계 세기가 공기절연이 파괴되는 임계치를 초과하면 전류의 방전현상이 일어난다. 이 현상을 **코로나**라고 하며, 이로 인하여 선로손실, 통신장애 및 소음이 발생한다. 이 임계치는 많은 요소들에 의하여 결정되지만, 대기압하의 건조한 공기, 그리고 균일 전계 조건상에서는 대략 30 kV/cm이다. 작은 물방울, 즉 비가 내리는 상태에서는 이 값보다 훨씬 작을 수 있다. 코로나 발생을 억제하기 위하여 일반적으로 송전선로는 도체 표면에서 계산된 전계 세기 값이 20 kV_{rms} /cm 이하가 되도록 설계한다.

선로 커패시턴스가 결정되고, 도체에 인가되는 전압을 알게 되면, 도체전하는 단상선로에 대하여 식 (4.9.3), 3상 선로에 대하여는 식 (4.11.10)으로 계산할 수 있다. 다른 상 및 중성선에 있는 전하에 의한 전기장을 무시하면, 상도체 표면에서 전계 세기는 식 (4.8.2)로부터

$$E_r = \frac{q}{2\pi\varepsilon r} \quad \text{V/m} \tag{4.12.1}$$

여기서 r은 도체의 외부반경이다.

상당 선전하 q C/m 및 N_b개의 도체를 갖는 복도체의 경우, 복도체 속의 도체당 전하량은 q/N_b이므로 그 전계의 평균세기는

$$E_{\text{rave}} = \frac{q/N_b}{2\pi\varepsilon r} \quad \text{V/m} \tag{4.12.2}$$

복도체 속의 모든 전하에 의한 영향을 고려한 도체 표면 상의 전계의 최대 세기는 전계 벡터 덧셈에서 다음과 같이 구해질 수 있다.

그림 4.26에서와 같이 $N_b = 2$인 경우:

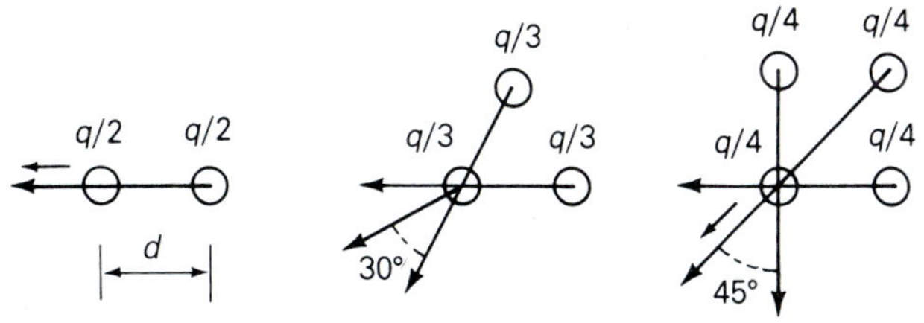

그림 4.26 복도체 속의 도체 표면에서의 전계의 벡터 덧셈

$$E_{r\max} = \frac{q/2}{2\pi\varepsilon r} + \frac{q/2}{2\pi\varepsilon d} = \frac{q/2}{2\pi\varepsilon r}\left(1 + \frac{r}{d}\right)$$
$$= E_{\text{rave}}\left(1 + \frac{r}{d}\right) \tag{4.12.3}$$

$N_b = 3$인 경우:

$$E_{r\max} = \frac{q/3}{2\pi\varepsilon}\left(\frac{1}{r} + \frac{2\cos 30^\circ}{d}\right) = E_{\text{rave}}\left(1 + \frac{r\sqrt{3}}{d}\right) \tag{4.12.4}$$

$N_b = 4$인 경우:

$$E_{r\max} = \frac{q/4}{2\pi\epsilon}\left(\frac{1}{r} + \frac{1}{d\sqrt{2}} + \frac{2\cos 45^\circ}{d}\right)$$
$$= E_{\text{rave}}\left[1 + \frac{r}{d}(2.1213)\right] \tag{4.12.5}$$

지표면에서 전계 세기는 코로나가 일어나는 도체 표면보다는 훨씬 작더라도 정전유도의 영향은 여전히 남아 있다. 즉, 선로 근처에 고무타이어가 부착되어 있는 자동차 같은 비접지 설비에 전하가 유기된 경우(정전유도), 사람이 지표면에 선 상태에서 자동차를 접촉하면 사람을 통하여 대지로 방전전류가 흐르게 될 것이다. 따라서 송전선로 경과지에 있는 시설물에 있어서 표 4.5에서와 같이 선로의 공칭전압별로 설정된 최대허용 전계 세기 이하의 방전전류만 흐르도록 송전선로 높이를 설계하게 된다.

표 4.5 선로 공칭전압별 지표면에서의 최대허용 전계 세기 예[1]
(© Copyright 1987. Electric Power Research Institute (EPRI), Publication Number EL-2500. *Transmission Line Reference Book, 345-kV and Above, Second Edition, Revised*. Reprinted with permission.)

선전압 (kV_{rms})	지표면에서의 최대허용 전계 세기 (kV_{rms}/m)
23(1ϕ)	0.01~0.025
23(3ϕ)	0.01~0.05
115	0.1~0.2
345	2.3~5.0
345(2회선)	5.6
500	8.0
765	10.0

그림 4.27에서 q_k의 전하량을 갖고 있는 도체 k와 그 영상도체로 인한 지표면에서의 전계는 지표면에 수직이며, 다음과 같이 구할 수 있다.

$$E_k(w) = \left(\frac{q_k}{2\pi\varepsilon}\right)\frac{2\cos\theta}{\sqrt{y_k^2 + (w - x_k)^2}}$$
$$= \left(\frac{q_k}{2\pi\varepsilon}\right)\frac{2y_k}{y_k^2 + (w - x_k)^2} \quad \text{V/m} \qquad (4.12.6)$$

여기서 (x_k, y_k)는 기준원점 R에 대한 도체 k의 수평 및 수직좌표값을 의미하며, w는 전계를 구하고자 하는 지표면의 수평좌표값이다. 지표면 w 지점에서의 전체 전계는 모든 가공선 및 그 가상도체에 의하여 생긴 전계의 벡터합으로 나타나며, w 값을 선로의 중간에서 가장자리까지 변화시킴으로써 선로 주변에 대한 지표면 전계 변화 특성곡선을 얻을 수 있다.

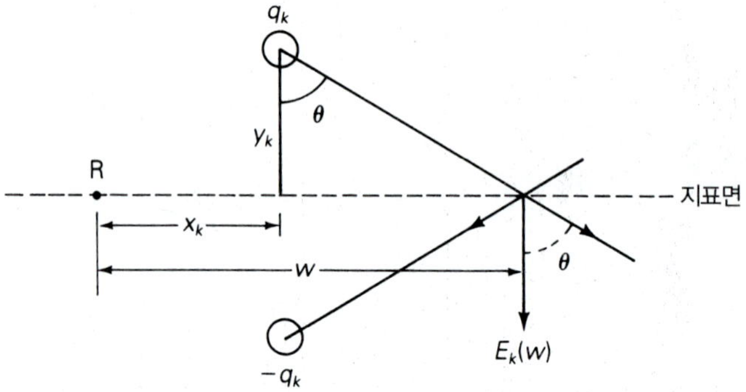

그림 4.27 가공도체와 그 영상도체로 인한 지표면에서의 전계 세기

예제 4.9 도체 표면과 지표면에서의 전계 세기: 단상선로

예제 4.8의 단상선로에 대하여 도체 표면 및 도체 x 아래 지표면에서의 전계 세기[kV_{rms}/m]를 구하시오. 선로의 선간전압은 20 kV이다.

| 풀이

예제 4.8에서 $C_{xy} = 5.189 \times 10^{-12}$ [F/m] 및 $V_{xy} = 20\angle 0°$ kV이므로 식 (4.9.3)에서 도체 x 및 y의 전하량을 구하면

$$q_x = -q_y = (5.178 \times 10^{-12})(20 \times 10^3 \angle 0°)$$
$$= 1.036 \times 10^{-7}\angle 0° \quad \text{C/m}$$

식 (4.12.1)에서 $r = 0.00701$ m인 도체 표면에서의 전계 세기 E_r은

$$E_r = \frac{1.036 \times 10^{-7}}{(2\pi)(8.854 \times 10^{-12})(0.00701)}\ \frac{\text{V}}{\text{m}} \times \frac{\text{kV}}{1000\ \text{V}} \times \frac{\text{m}}{100\ \text{cm}}$$
$$= 2.66\ \text{kV}_{\text{rms}}/\text{cm}$$

4 도체 사이의 중간점을 기준점으로 하면 도체 x의 좌표는 (−0.75 m, 5.49 m), 도체 y의 좌표는 (+0.75 m, 5.49 m)로 표시될 수 있으며, 이때 도체 x 아래 지표면, 즉 $w = -0.75$ m에서의 전계 세기는 식 (4.12.6)에서

$$E(-0.75)$$
$$= E_x(-0.75) + E_y(-0.75)$$
$$= \frac{1.036 \times 10^{-7}}{(2\pi)(8.85 \times 10^{-12})}\left[\frac{(2)(5.49)}{(5.49)^2} - \frac{(2)(5.49)}{(5.49)^2 + (0.75 + 0.75)^2}\right]$$
$$= 1.862 \times 10^3(0.364 - 0.338) = 48.5\angle 0°\ \text{V/m} = 0.0485\ \text{kV/m}$$

이 20 kV 선로에서 도체 표면 및 지표면에서의 전계세기는 비교적 작지만, 이 전압보다 훨씬 큰 초고압(EHV) 선로의 경우에는 전계 세기와 코로나 및 전기적 쇼크(감전)의 발생 가능성이 높아진다.

4.13 3상 병렬회선

그림 4.3과 같이 동일 철탑에 3상 도체로 구성된 선로(1회선)가 2개 병렬로 연결된 2회선 3상 선로의 경우, 두 회선 간에는 자기유도로 인한 상호유도성 결합(mutual inductive coupling) 및 상호용량성 결합(mutual capacitive coupling)이 존재하게 된다. 선로의 등가 직렬 임피던스행렬과 병렬 어드미턴스행렬을 계산할 때, 두 회선의 거리가 멀지 않다면 이 상호결합관계는 무시할 수 없게 된다.

그림 4.28과 같이 연가되지 않은 3상 2회선 선로를 생각하자. 병렬로 연결되어 있으므로 각 상은 동일한 전압강하값을 갖는다. 4.7절의 식 (4.7.6)에서 식 (4.7.9)를 적용하되 2회선이므로 $2 \times (3 + N)$ 대신에 $2 \times (6 + N)$, 즉 6개의 가공 상도체, N개의 가공 중성선 도체, 그리고 $(6 + N)$개의 대지귀로 도체에 대한 등식을 고려해야 한다. 중성선의 전압강하를 0으로 두어 중성선 전류와 대지귀로 전류를 제거하면

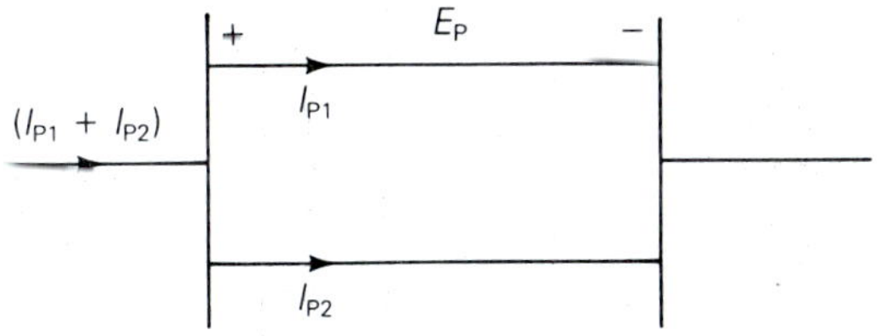

그림 4.28 2회선 송전선로의 단선도

$$\begin{bmatrix} \boldsymbol{E}_P \\ \boldsymbol{E}_P \end{bmatrix} = \boldsymbol{Z}_P \begin{bmatrix} \boldsymbol{I}_{P1} \\ \boldsymbol{I}_{P2} \end{bmatrix} \tag{4.13.1}$$

여기서 $\boldsymbol{E}_P$는 중성선 전압강하를 포함한 상도체 전압강 하 벡터, $\boldsymbol{I}_{P1}$ 및 $\boldsymbol{I}_{P2}$는 2회선 선로의 상전류 벡터, $\boldsymbol{Z}_P$는 6×6 임피던스행렬이다. 식 (4.13.1)은

$$\begin{bmatrix} \boldsymbol{I}_{P1} \\ \boldsymbol{I}_{P2} \end{bmatrix} = \boldsymbol{Z}_P^{-1} \begin{bmatrix} \boldsymbol{E}_P \\ \boldsymbol{E}_P \end{bmatrix} = \begin{bmatrix} \boldsymbol{Y}_A & \boldsymbol{Y}_B \\ \boldsymbol{Y}_C & \boldsymbol{Y}_D \end{bmatrix} \begin{bmatrix} \boldsymbol{E}_P \\ \boldsymbol{E}_P \end{bmatrix} = \begin{bmatrix} (\boldsymbol{Y}_A + \boldsymbol{Y}_B) \\ (\boldsymbol{Y}_C + \boldsymbol{Y}_D) \end{bmatrix} \boldsymbol{E}_P \tag{4.13.2}$$

여기서 $\boldsymbol{Y}_A$, $\boldsymbol{Y}_B$, $\boldsymbol{Y}_C$, $\boldsymbol{Y}_D$는 $\boldsymbol{Z}_P^{-1}$의 부분행렬로 전개하여 얻어진 3×3 행렬이며, $\boldsymbol{I}_{P1}$과 $\boldsymbol{I}_{P2}$를 더하면

$$(\boldsymbol{I}_{P1} + \boldsymbol{I}_{P2}) = (\boldsymbol{Y}_A + \boldsymbol{Y}_B + \boldsymbol{Y}_C + \boldsymbol{Y}_D)\boldsymbol{E}_P \tag{4.13.3}$$

$\boldsymbol{E}_P$에 대하여 풀면

$$\boldsymbol{E}_P = \boldsymbol{Z}_{Peq}(\boldsymbol{I}_{P1} + \boldsymbol{I}_{P2}) \tag{4.13.4}$$

여기서

$$\boldsymbol{Z}_{Peq} = (\boldsymbol{Y}_A + \boldsymbol{Y}_B + \boldsymbol{Y}_c + \boldsymbol{Y}_D)^{-1} \tag{4.13.5}$$

$\boldsymbol{Z}_{peq}$는 2회선 선로의 등가 직렬 상 임피던스 3×3 행렬이다. 식 (4.13.5)의 행렬 $\boldsymbol{Y}_B$, $\boldsymbol{Y}_C$는 2회선 간의 유도성 결합과 관계된 것이다.

4.11절의 가상도체 방법을 이용하여 병렬 어드미턴스를 도출한 과정에 근거하여 식 (4.11.4)와 비슷한 $(6 + N)$개의 등식을 구하고, 중성선 전하를 제거하면

$$\begin{bmatrix} \boldsymbol{q}_{P1} \\ \boldsymbol{q}_{P2} \end{bmatrix} = \mathbf{C}_P \begin{bmatrix} \boldsymbol{V}_P \\ \boldsymbol{V}_P \end{bmatrix} = \begin{bmatrix} \mathbf{C}_A & \mathbf{C}_B \\ \mathbf{C}_C & \mathbf{C}_D \end{bmatrix} \begin{bmatrix} \boldsymbol{V}_P \\ \boldsymbol{V}_P \end{bmatrix} = \begin{bmatrix} (\mathbf{C}_A + \mathbf{C}_B) \\ (\mathbf{C}_C + \mathbf{C}_D) \end{bmatrix} \boldsymbol{V}_P \tag{4.13.6}$$

여기서 $\boldsymbol{V}_P$는 중성선에 대한 상전압 벡디, $\boldsymbol{q}_{P1}$과 $\boldsymbol{q}_{P2}$는 2회선에 대한 상도체 전하 벡터, $\mathbf{C}_P$는 3×3 행렬인 $\mathbf{C}_A$, $\mathbf{C}_B$, $\mathbf{C}_C$, $\mathbf{C}_D$로 분해된 6×6 커패시턴스행렬이나. $\boldsymbol{q}_{P1}$과 $\boldsymbol{q}_{P2}$를 더하면

$$(\boldsymbol{q}_{P1} + \boldsymbol{q}_{P2}) = \mathbf{C}_{Peq}\boldsymbol{V}_P \tag{4.13.7}$$

여기서

$$\mathbf{C}_{Peq} = (\mathbf{C}_A + \mathbf{C}_B + \mathbf{C}_C + \mathbf{C}_D) \tag{4.13.8}$$

또한

$$\boldsymbol{Y}_{Peq} = j\omega\mathbf{C}_{Peq} \tag{4.13.9}$$

$\boldsymbol{Y}_{Peq}$는 2회선 선로의 3×3 병렬 어드미턴스행렬이며, 식 (4.13.8)의 $\mathbf{C}_B$ 및 $\mathbf{C}_C$는 2회선 간의 정전유도결합과 관 계된다. 이와 같은 전개방식은 2회선 이상의 병렬선로에 대하여 확장 적용할 수 있다.

연습문제

4.2절

4.1 원통형 구리도체의 직경이 0.5 cm이고, 길이가 3 m이다. 표 4.3을 참고하여 20°C 및 50°C에서의 직류 저항을 구하시오.

4.2 길이 4,000 m 직경 1 cm의 원통형 경알루미늄도체의 저항이 2 Ω 이하로 유지될 수 있는 최대온도를 구하시오.

4.3 2 km의 송전선로가 지름 1.5 mm인 동선 19개의 연선으로 구성되어 있다. 연선의 꼬임 특성으로 각 도체의 실제 길이는 5% 더 길다. 송전선로의 저항을 구하시오. 단, 동의 저항률은 20°C에서 1.72 [$\mu\Omega$cm]이다.

4.4 1,000 cmil(또는 1 kcmil)은 가끔 MCM의 약자로 표시된다. 상업용 알루미늄 나전선의 데이터상에서 793 MCM AAC 도체의 60 Hz 교류저항이 75°C에서 0.0880 Ω/km이다.

(a) 이 도체의 단면적을 [m^2]로 나타내시오.

(b) 이 도체의 50°C에서의 60 Hz 교류저항을 [Ω/km]로 나타내시오.

4.5 60 Hz 765 kV 3상 가공 송전선로의 각 상이 900 kcmil 54/3 ACSR 도체 4개로 구성되어 있다. 50°C에서의 60 Hz 교류저항[Ω/km]을 구하시오.

4.6 220 kV 전압에서 190.5 MVA의 송전이 가능하고 전력손실이 2.5%를 초과하지 않도록 하는 63 km의 3상 가공선로를 설계하려고 한다. 선로에 사용될 도체의 저항률이 2.84×10^{-8} [Ωm]일 경우, 도체의 직경과 단면적 [cmil]을 결정하시오. 단, 절연체의 누설전류와 코로나로 인한 손실은 무시한다.

4.7 도체 간 거리가 610 m인 원동형 구리도체로 단상 송전선로가 구성되어 있다. 이 선로에 15 A를 흘릴 때, 50°C에서의 전력손실이 12 W를 초과하지 않도록 선로도체의 직경을 산출하라.

4.4절 및 4.5절

4.8 60 Hz 단상 2선식 가공선로에 사용되는 원통형 동도체의 지름이 1.5 cm이다. 도체는 선간거리가 0.5 m인 수평배치 구조다.

(a) 각 도체의 내부 자속쇄교로 인한 내부 인덕턴스 [mH/km]를 구하시오.

(b) 각 도체의 내부 및 외부 자속쇄교로 인한 전체 인덕턴스[mH/km]를 구하시오.

(c) 선로의 전체 인덕턴스(루프인덕턴스)를 구하시오.

4.9 (a) 도체의 지름이 20% 증가된 1.8 cm일 경우, (b) 20% 감소된 1.2 cm일 경우에 대하여 각각 문제 4.8을 수행하여 그 결과를 문제 4.8과 비교하시오. 단, 도체 간 거리는 문제 4.8과 동일하다.

4.10 60 Hz 3상 3선식 송전선로의 지름 1 cm인 원통형 도체가 등거리 간격 1 m로 정삼각형 배치구조이다. 정상분 인덕턴스[H/m]와 정상분 리액턴스[Ω/km]를 구하시오.

4.11 (a) 상간거리가 20% 증가된 1.2 m인 경우, (b) 상간거리가 20% 감소된 0.8 m인 경우에 대하여 각각 문제 4.10을 수행하여 그 결과를 문제 4.10과 비교하시오.

4.12 도체명은 *Partridge*이고, 도체 중심 간 거리 10 m인 60 Hz 단상 가공송전선로의 유도성 리액턴스[Ω/km]를 구하시오.

4.13 반경 3 cm인 두 개의 알루미늄도체가 중심 간 거리 3.5 m로 떨어져 있는 단상 2선식 가송송전선로에 대하여

(a) 전체 선로 인덕턴스[mH/m]를 구하시오.

(b) 60 Hz에서의 전체 유도성 리액턴스를 [Ω/km] 단위로 구하시오.

(c) 도체 간 거리가 두 배인 7 m가 된 경우 리액턴스는 어떻게 변하는가?

4.14 실무에서, 상당 km당 선로 유도성 리액턴스를 다룰 때 밑수가 10인 상용로그를 사용한다. 이에 근거하여 본문의 식 (4.5.9)가 다음과 같이 표현됨을 증명하라.

$x = k \log \frac{D}{r}$ [Ω/km/phase] $= x_d + x_a$

(a) 여기서 $x_d = k \log D$: 도체 간 거리에 관계되는 유도성 리액턴스[Ω/km]

$x_a = k \log \frac{1}{r}$: 도체 간 거리가 1 m인 경우의 유도성 리액턴스[Ω/km]

$k = 2.893 \times 10^{-3} f = 60$ Hz에서 1.736

임을 보이시오.

(b) 상간격 3 m, 도체반경 2 cm인 60 Hz 단상선로의 상당 km당 유도성 리액턴스[Ω]를 구하시오. 여기에서 상간격이 두 배가 되면 리액턴스 값은 어떻게 변화되는가?

4.6절

4.15 한 개의 도체를 중심으로 주위에 6개의 도체들이 바로 인접하여 하나의 층으로 둘러싸고 있는 형태를 갖는 연선의 기하학적 평균반경(GMR)을 구하시오. 연선을 이루고 있는 모든 도체의 반경은 r이다.

4.16 UHV (1,000 kV 이상) 복도체 송전선이 그림 4.29와 같이 등간격으로 원모양의 배치구조를 하고 있다. 복도체 수 N_b, 반경 A, 도체 기하학적 평균반경(GMR) N_S, 도체 1과 n번째 도체 사이의 거리는 $D_{1n} = 2A \sin[(n-1)\pi/N_b]$ $(n = 1, 2, \ldots, N_b)$이며,

$$[2\sin(\pi/N_b)][2\sin(2\pi/N_b)][2\sin(3\pi/N_b)] \cdots [2\sin\{(N_b-1)\pi/N_b\}] = N_b$$

와 같은 관계식을 이용하여 복도체의 GMR인 D_{SL}은

$$D_{SL} = [N_b D_S A^{(N_b-1)}]^{(1/N_b)}$$

임을 보이시오.

또한, 위의 공식은 $N_b = 2, 3, 4$인 EHV 선로에 대하여 적용되는 식 (4.6.19)~식 (4.6.21)과 일치함을 보이시오.

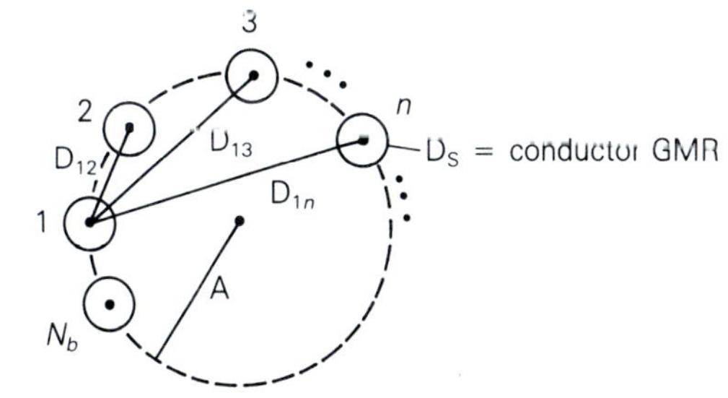

그림 4.29 연습문제 4.16에 대한 복도체 구조

4.17 그림 4.30에서와 같이 일반적이지 않은 연선의 GMR을 구하시오. 단, 연선을 구성하고 있는 모든 도체의 반경은 r로 동일하다.

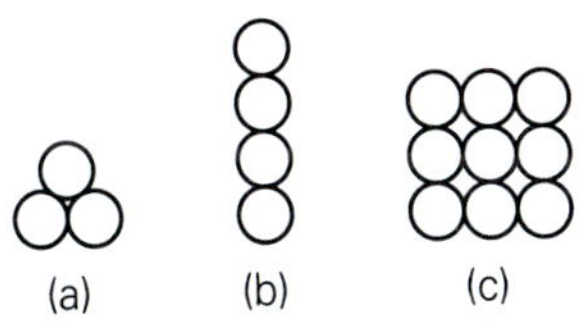

그림 4.30 연습문제 4.17에 대한 연선 구조

4.18 ACSR 상도체의 단면적이 954 kcmil (564 mm^2)이고 상간 거리 7.5 m 수직 배치구조를 갖고 있는 60 Hz 완전연가된 3상 가공선로의 직렬 임피던스(저항, 리액턴스)를 구하시오.

4.19 문제 4.18을 하기의 조건에서 다시 수행하시오. (a) 상간 거리가 10% 증가된 경우 (b) 상간 거리가 10% 감소된 경우 (c) ACSR 900 kcmil 도체로 대체된 경우 (d) ACSR 1033.5 kcmil 도체로 대체된 경우

4.20 ACSR 1,113 kcmil 도체 3개가 거리 0.5 m의 정삼각형 구조인 복도체로 구성된 각 상이 중심간 거리 12 m, 12 m, 24 m인 수평배치를 하고 있는 500 kV 60 Hz 3상 3선식 완전 연가된 가공선로의 유도성 리액턴스[Ω/km]를 구하시오.

4.21 연습문제 4.20에서 복도체를 구성하고 있는 도체가 하기와 같이 변경된 경우에 대하여 문제 4.20을 다시 수행하고, 그 결과를 문제 4.20과 비교하시오.

(a) ACSR 1,351 kcmil (675.5 mm^2)

(b) ACSR 900 kcmil (450 mm^2)

4.22 그림 4.31과 같이 X선로는 3개의 도체가 10 cm 등간격 정삼각형 배치로, Y선로는 3개의 도체가 10 cm 수평 등간격 배치로 되어 있는 복도체 단상 송전선로에 있어서, X선로와 Y선로 각각의 기하학적 평균반경, X선로와 Y선로 사이의 기하학적 평균거리를 구하시오. 단, 모든 도체는 원통형으로 동일하고, 그 반경은 2 cm이다.

4.23 그림 4.32는 각 상이 복도체로 구성된 완전연가된 3상 3선식 가공선로를 보이고 있다. 모든 도체들은 그 반경이 0.74 cm로 동일하며, 복도체를 이루고 있는 도체 간 간격은 30 cm이다.

(a) 이 선로의 상당 인덕턴스[mH/km]를 구하시오.

(b) 60 Hz에서 상당 인덕티브 리액턴스[Ω/km]를 구하시오.

4.24 도체명 Linnet, ACSR 26/7, 336.4 kcmil (170 mm^2)로 구성된 3상 3선식 가공선로에 있어서 A상과 C상 사이의 수평거리가 1m, A상과 B상 사이의 수평거리 가 1m, A상과 B상-C상 선상으로부터 수직거리가 0.3 m

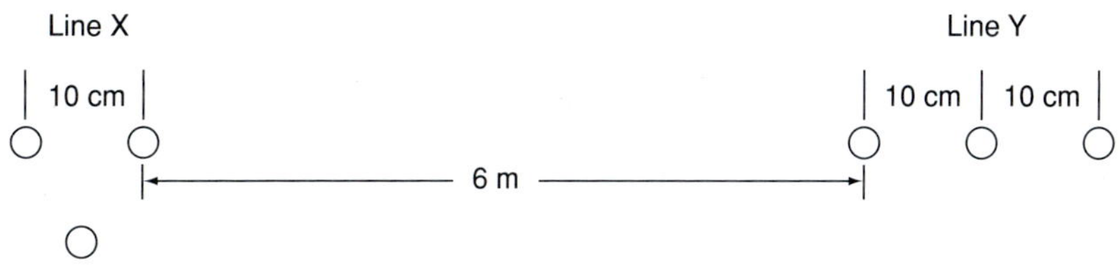

그림 4.31 연습문제 4.22에 대한 복도체 단상 송전선로

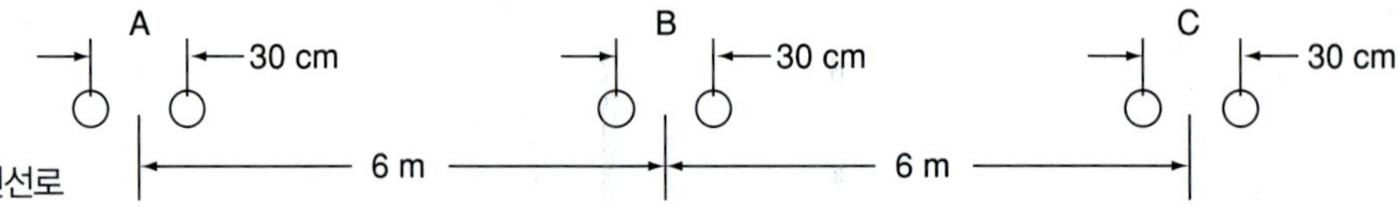

그림 4.32 연습문제 4.23에 대한 복도체 3상 송전선로

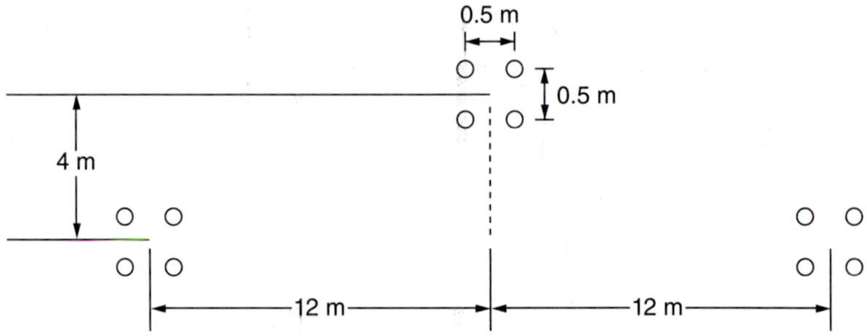

그림 4.33 연습문제 4.25에 대한 선로 구성

이다. 다음의 경우에 대하여 60 Hz 75°C에서의 유도성 리액턴스[Ω/km]를 구하시오.

(a) 문제 4.14(a)의 공식을 사용할 경우

(b) 본문의 식 (4.6.18)을 사용할 경우

4.25 60 Hz 70°C에서 운전되고 있는 그림 4.33과 같은 가공선로의 상당 저항, 상당 유도성 리액턴스[Ω/km] 및 허용전류용량을 구하시오. 각 도체는 표 A.4에 나와 있는 ACSR Cardinal이다.

4.26 N개의 도체가 반경 A의 원모양으로 구성된 대칭형 복도체의 단상 인덕턴스는

$$L = 2 \times 10^{-7} \ln \frac{GMD}{GMR} \quad H/m$$

이다. 여기서 $GMR = [Nr'(A)^{N-1}]^{1/N}$이고, $r' = (e^{-1/4}r)$이다. r은 복도체를 이루는 각 도체의 반경이다. GMD는 복도체 중심간 거리 D로 근사화한다. 복도체 반경 A와 복도체를 이루는 내부 도체 간 거리 S 사이의 관계식은 $S = 2\,A \sin(\pi/N)$이다.

복도체를 이루는 각 도체의 지름은 4.572 cm, S = 45.72 cm, D = 20 m, N = 8인 965 kV 단상선로의 인덕턴스[H/m]을 구하시오.

4.27 그림 4.34와 같이 완전 연가된 2회선 가공 3상 송전선로가 있다. 이 2회선 선로의 상당 인덕턴스는

$$L = 2 \times 10^{-7} \ln \frac{GMD}{GMR} \quad H/m/phase$$

여기서 완전 연가를 고려한 기하학적 평균거리 $GMD = (D_{AB_{eq}} D_{BC_{eq}} D_{AC_{eq}})^{1/3}$이며, AB, BC, AC 상간 기하학적 평균거리 $D_{AB_{eq}}$, $D_{BC_{eq}}$, $D_{AC_{eq}}$는 각각

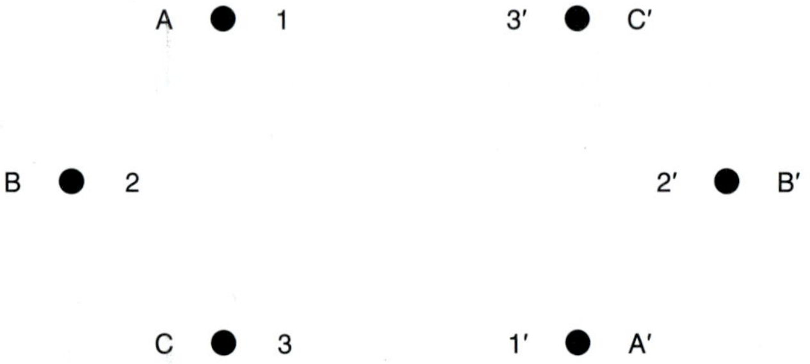

그림 4.34 연습문제 4.27에 대한 2회선 선로 구성

$$D_{AB_{eq}} = (D_{12} D_{1'2'} D_{12'} D_{1'2})^{1/4}$$
$$D_{BC_{eq}} = (D_{23} D_{2'3'} D_{2'3} D_{23'})^{1/4}$$
$$D_{AC_{eq}} = (D_{13} D_{1'3'} D_{13'} D_{1'3})^{1/4}$$

또한, 기하학적 평균반경

$$GMR = (GMR_A GMR_B GMR_C)^{1/3}$$

이며, 각 상의 기하학적 도체반경 GMR_A, GMR_B, GMR_C는 각각

$$(GMR)_A = [r' D_{11'}]^{1/2}$$
$$(GMR)_B = [r' D_{22'}]^{1/2}$$
$$(GMR)_C = [r' D_{33'}]^{1/2}$$

r'는 상도체의 GMR이다. 상도체의 GMR이 1.8 cm이고, 도체의 배치가 그림 4.35와 같이 수평배치구조를 갖

그림 4.35 연습문제 4.27에 대한 2회선 수평배치 선로 구성

는 345 kV 3상 2회선 송전선로에 대하여 다음 물음에 답하시오.

(a) 상당 인덕턴스[H/m]를 구하시오.

(b) 1회선의 상당 인덕턴스를 구하고, 이를 2로 나누어 2회선의 인덕턴스를 구하라.

4.28 2회선 복도체 송전선로의 경우, 연습문제 4.27에 제시된 방법과 같이 2회선 선로 전체의 GMR을 계산하는데, 먼저 각 상도체의 GMR과 배치구조에서 각 상의 GMR을 구하고, 완전 연가를 고려하기 위하여 이들을 모두 곱한 값에 3제곱근을 씌워서 최종 GMR을 구하였다. 이것을 응용하여 GMR = 1.5 cm인 도체가 53 cm 등거리 정삼각형 배치의 복도체로 구성된 그림 4.36과 같은 500 kV 3상 2회선 송전선로의 상당 유도성 리액턴스[오옴/mile/phase]를 구하시오.

$$X_L = 0.1736 \log \frac{GMD}{GMR} \quad \Omega/\text{km/phase}$$

를 이용해도 좋다.

4.29 상배치를 다음과 같이 할 경우에 대하여 연습문제 4.28을 수행하시오.

	배치 번호					
	1	2	3	1′	2′	3′
상 배치	*A*	*B*	*B*′	*C*	*C*′	*A*′

4.30 상배치가 다음과 같을 경우에 대하여 연습문제 4.28을 수행하시오.

	배치 번호					
	1	2	3	1′	2′	3′
상 배치	*C*	*A*	*B*	*B*	*A*	*C*

4.31 그림 4.37과 같이 60 Hz 250 A/phase 평형 3상 3선 가공 송전선로의 b상 직하에 전화선을 설치하였을 경우 전화선에 유기되는 전압[V/km]을 구하시오.

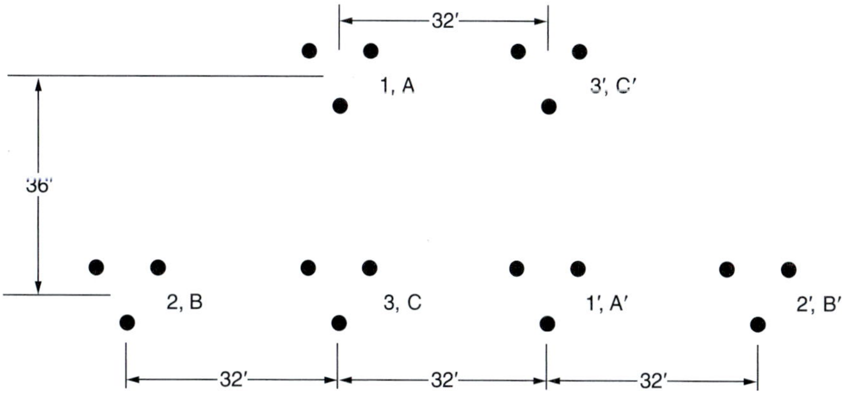

그림 4.36 연습문제 4.28에 대한 2회선 송전선로 구성

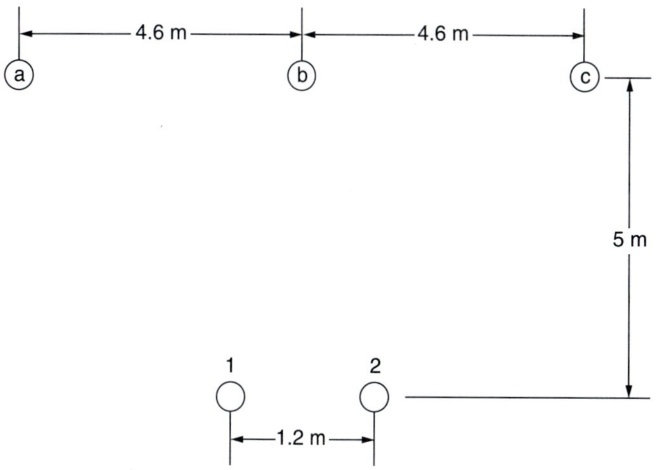

그림 4.37 연습문제 4.31에 대한 3상 송전선로 및 전화선 구성

4.9절

4.32 연습문제 4.8의 단상선로에 대한 상 커패시턴스(중성선과 상 사이의 커패시턴스)[F/m]와 상 어드미턴스(중성선과 상 사이의 어드미턴스)[S/km]를 구하시오. 대지 영향은 무시한다.

4.33 다음의 경우에 대하여 문제 4.32를 수행하고, 그 결과를 연습문제 4.32와 비교하시오.

(a) 도체직경이 20% 증가되어 1.8 cm가 된 경우

(b) 도체직경이 20% 감소되어 1.2 cm가 된 경우

4.34 문제 4.10의 3상 선로에 대한 상 커패시턴스(중성선과 상 사이의 커패시턴스)[F/m]와 상 어드미턴스(중성선과 상 사이의 어드미턴스)[S/km]를 구하시오. 대지 영향은 무시한다.

4.35 다음의 경우에 대하여 연습문제 4.34를 수행하고, 그 결과를 연습문제 4.34와 비교하시오.

(a) 상간격이 20% 증가되어 146.4 cm가 된 경우

(b) 상간격이 20% 감소되어 97.6 cm가 된 경우

4.36 그림 4.32와 같은 연습문제 4.23의 선로가 60 Hz에서 운전되고 있는 경우 다음 질문에 답하시오.

(a) 상 커패시턴스(중성선과 상 사이의 커패시턴스)[nF/km/phase]를 구하시오.

(b) 용량성 리액턴스[Ωkm/phase]를 구하시오. 100 km에 대한 용량성 리액턴스[Ω/phase]를 구하 시오.

4.37 실무에서, 상당 선로 용량성 리액턴스[Ωkm]를 다룰 때 밑 10인 상용로그를 사용하여 본문의 식 (4.9.15)를 표현할 수 있음을 증명하라.

$$X_C = k' \log \frac{D}{r}[\Omega km] = x'_d + x'_a$$

(a) 여기서 $x'_d = k \log D$: 도체 간 거리에 관계되는 용량성 리액턴스[Ωkm]

$x'_a = k' \log \frac{1}{r}$: 도체 간 거리가 1 m인 경우의 용량성 리액턴스[Ωkm]

$k' = (6.587 \times 10^6)/f$

$= 60$ Hz에서 0.11×10^6

(b) 상간격 3 m, 도체반경 2 cm인 60 Hz 단상선로의 상당 용량성 리액턴스[Ωkm]를 구하시오. 상간격이 두 배가 되면 리액턴스 값은 어떻게 변화되는가?

4.38 평형 3상 가공선로의 상당 커패시턴스가 다음과 같이 주어질 경우 연습문제 4.24의 선로에 대한 상당 용량성 리액턴스[Ωkm]를 구하시오.

$$C = \frac{0.02416}{\log(GMD/r)} \quad \mu F/km/phase$$

4.10절

4.39 연습문제 4.18의 3상 선로에 대한 상 커패시턴스(중성선과 상 사이의 커패시턴스)[F/m]와 상 어드미턴스(중성선과 상 사이의 어드미턴스)[S/km]를 구하시오.

4.40 인접도체 간 상간격이 다음과 같을 경우 연습문제 4.39를 수행하고, 그 결과를 연습문제 4.39와 비교하시오.

(a) 10% 증가해서 8.25 m가 된 경우

(b) 10% 감소해서 6.75 m가 된 경우

4.41 연습문제 4.20의 선로에 대한 상 커패시턴스(중성선과 상 사이의 커패시턴스)[F/m]와 상 어드미턴스(중성선과 상 사이의 어드미턴스)[S/km]를 구하시오. 500 kV에서 운전될 경우 선로의 커패시턴스에 의해 공급되는 전체 무효전력[Mvar/km]을 계산하시오. 대지 영향은 무시한다.

4.42 복도체가 다음과 같을 경우 연습문제 4.41을 수행하시오. (a) 상당 ACSR 1,351 kcmil (685 mm^2) 도체가 3개로 구성된 경우 (b) 상당 ACSR 900 kcmil (450 mm^2) 도체가 3개로 구성된 경우

4.43 ACSR *Drake* 도체가 6 m, 6 m, 12 m의 이등변삼각형 구조배치로 3상 가공송전선에 사용되어 60 Hz에서 운전되고 있다. (a) 상 커패시턴스(중성선과 상 사이의 커패시턴스)[F/km]와 상 리액턴스(중성선과 상 사이의 리액턴스)[Ωkm]를 구하시오. (b) 220 kV 280 km의 송전선로에 대하여 km당 충전전류, 선로 커패시턴스에 의하여 공급되는 전체 3상 무효전력, 선로 전체 길이에 대한 상 리액턴스(중성선과 상 사이의 리액턴스)[Ω]를 구하시오.

4.44 연습문제 4.25에 대하여 상당 용량성 리액턴스[Ωkm]를 구하시오.

4.11절

4.45 연습문제 4.32의 단상선로의 커패시턴스에 대하여 대지가 미치는 영향을 구하여 보이시오. 평균 높이는 10 m로 하고, 지표면은 완전도체로 한다.

4.46 도체외경 3.28 cm인 3개의 도체가 12 m 수평 등간격

배치구조를 하고 있는 60 Hz 125 km 3상 가공송전선로에 대하여 다음의 물음에 답하시오.

(a) 상당 용량성 리액턴스(중성선과 상 사이의 리액턴스)[Ωkm]와 선로 전체에 대한 상당 용량성 리액턴스[Ω]를 구하시오. 대지 영향은 무시한다.

(b) 20 m 수평 등간격 배치구조인 경우, 대지 영향을 고려하여 (a)를 수행하시오. 단, 지표면은 완전도체로 한다.

4.47 연습문제 4.14(b)의 단상선로에 대하여 도체 높이 24 m인 경우, 대지 영향을 무시하고 선간 커패시턴스[F/m]를 구하고, 포함된 상대적인 오차를 평가해보시오. 또한 상간격이 두 배로 될 경우에 대하여 반복 수행하시오.

4.48 그림 4.38과 배치구조가 같은 연가된 3상 1회선 선로의 중성선과 상 사이의 커패시턴스는 다음과 같다.

$$C_{an} \frac{2\pi\varepsilon_0}{\ln \frac{D_{eq}}{r} - \ln \frac{H_m}{H_s}} \quad \text{F/m line-to-neutral}$$

여기서, $D_{eq} = \sqrt[3]{D_{12}D_{23}D_{13}} = \text{GMD}$

r = 도체의 외부반경

$H_m = (H_{12}H_{23}H_{13})^{1/3}$

$H_s = (H_1H_2H_3)^{1/3}$

(a) 도체외경 2.5 cm인 도체가 그림 4.39와 배치구조가 같은 3상 1회선 345 kV 송전선로에 대하여 대지 영향을

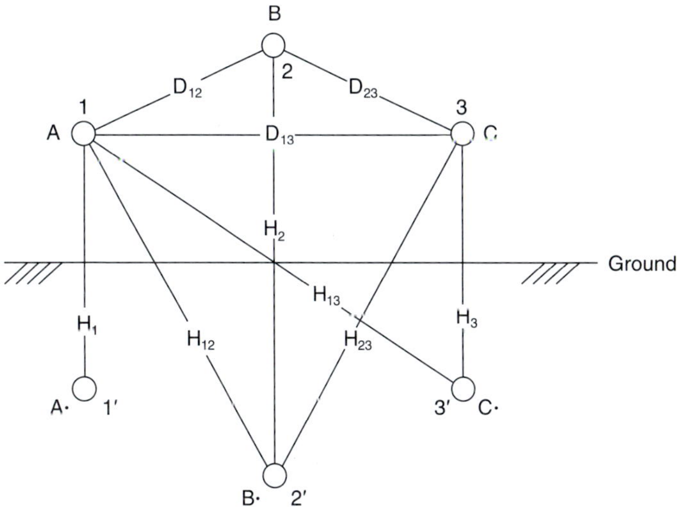

그림 4.38 연습문제 4.48의 대지효과를 고려한 3상 1회선 송전선로

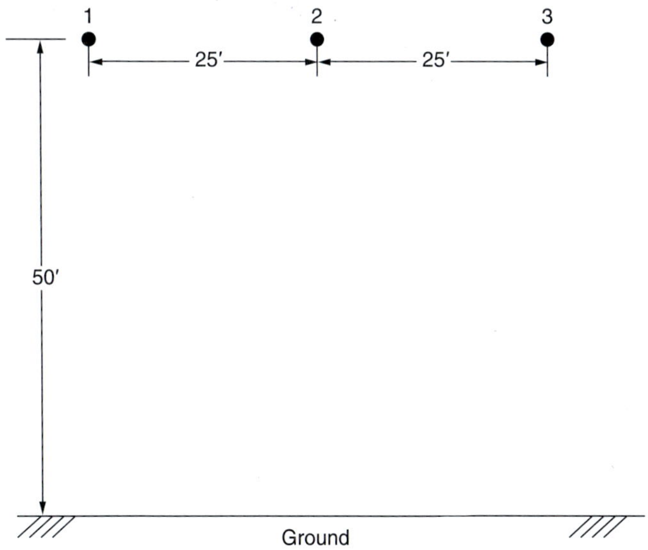

그림 4.39 연습문제 4.48(a)의 3상 1회선 송전선로

고려한 상 커패시턴스(중성선과 상 사이의 커패시턴스) [F/m] (b) 대지효과를 무시하면 그 값은 어떻게 변화하는가?

4.49 대지 영향을 무시한 3상 1회선 복도체 선로의 중성선과 상 사이의 커패시턴스는 다음과 같다.

$$C_{an} = \frac{2\pi\varepsilon_0}{\ln\left(\frac{\text{GMD}}{\text{GMR}}\right)} \quad \text{F/m line-to-neutral}$$

여기서, $\text{GMD} = (D_{AB}D_{BC}D_{AC})^{1/3}$

$\text{GMR} = [rN(A)^{N-1}]^{1/N}$

이다. 반경 A인 원모양의 복도체를 이루는 도체수는 N, 그 외부반경은 r이다. 이때, 60 Hz에서 용량성 리액턴스 [MΩ · km]는 다음과 같다.

$$X_C = 0.11 \log\left(\frac{\text{GMD}}{\text{GMR}}\right) = X'_a + X'_d$$

여기서, $X'_a = 0.11 \log\left(\frac{1}{\text{GMR}}\right)$

$X'_d = 0.0683 \log(\text{GMD})$

이다. 그리고 A와 복도체 내부도체 간 간격 S와의 관계는 다음과 같다.

$$A = \frac{S}{2\sin\left(\frac{\pi}{N}\right)} \qquad N > 1\text{인 경우}$$

위와 같은 정보를 이용하여 그림 4.40과 같은 r = 1.5 cm, S = 46 cm, N = 4인 60 Hz 765 kV 3상 1회선 선로에 대한 상 커패시턴스(중성선과 상 사이의 커패시턴스)[F/m]와 용량성 리액턴스[Ωkm]를 구하시오.

4.12절

4.50 연습문제 4.32의 단상선로가 20 kV로 운전되고 있는 경우, 도체 표면에서의 전계 세기[kV_{rms}/cm]를 구하시오. 또한, 도체 아래 지표면에서의 전계 세기[kV_{rms}/m]를 구하시오. 선로의 높이는 10 m로 한다.

4.51 도체직경이 다음과 같을 경우에 대하여 문제 4.50을 수행하고, 그 결과를 연습문제 4.50과 비교하시오.

(a) 25% 증가하여 1.875 cm가 된 경우

(b) 25% 감소하여 1.125 cm가 된 경우

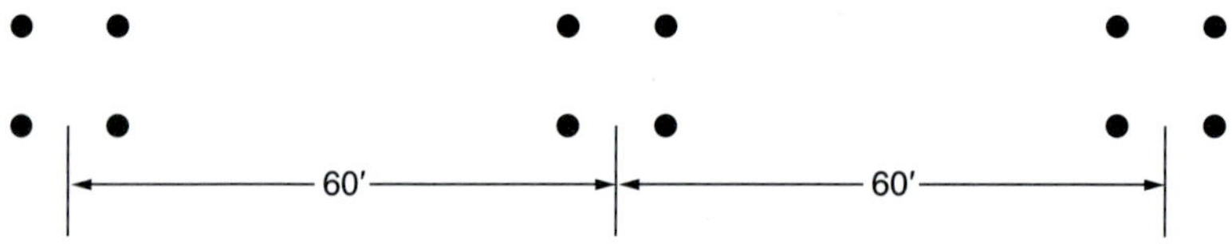

그림 4.40 연습문제 4.49의 3상 1회선 송전선로

참고문헌

1. Electric Power Research Institute (EPRI), *EPRI AC Transmission Line Reference Book—200 kV and Above* (Palo Alto, CA: EPRI, www.epri.com, December 2005).
2. Westinghouse Electric Corporation, *Electrical Transmission and Distribution Reference Book*, 4th ed. (East Pittsburgh, PA, 1964).
3. General Electric Company, *Electric Utility Systems and Practices*, 4th ed. (New York: Wiley, 1983).
4. John R. Carson, "Wave Propagation in Overhead Wires with Ground Return," *Bell System Tech. J.* 5 (1926): 539 – 554.
5. C. F. Wagner and R. D. Evans, *Symmetrical Components* (New York: McGraw-Hill, 1933).
6. Paul M. Anderson, *Analysis of Faulted Power Systems* (Ames, IA: Iowa State Press, 1973).
7. M. H. Hesse, "Electromagnetic and Electrostatic Transmission Line Parameters by Digital Computer," *Trans. IEEE* PAS-82 (1963): 282–291.
8. W. D. Stevenson, Jr., *Elements of Power System Analysis*, 4th ed. (New York: McGraw-Hill, 1982).
9. C. A. Gross, *Power System Analysis* (New York:

Wiley, 1979).

10. Kevin Ludwig, "Renewables, Resiliency Drive Transmission Upgrades," *T&D World* (tdworld. com) (January 4, 2021).

11. "Greenlink Nevada to Drive Job Creation, Economic Recovery from Covid-19," *T&D World* (tdworld.com) (February 5, 2021).

12. Carolyn Barbash, "Greenlink Nevada Explained," (www.nvenergy.com) (September 9, 2020).

13. IEEE ANCI C2. *National Electrical Safety Code*, 2007 edition (New York: Institute of Electrical and Electronics Engineers).

14. Southwire, *ACSS Conductor* (www.southwire. com).

15. Lamifil, *The Improved Gap Conductor–GZTACSR* (www.lamifil.be).

16. Tokyo Rope International, *Technical Report for ACFR Conductor*, Report No. 20190901RO (https:// tokyorope-intl.co.jp).

17. 3M™, *Aluminum Conductor Composite Reinforced (ACCR) High-Capacity Transmission Conductor* (www.3m.com).

5 송전선로의 정상상태 해석

Transmission Lines: Steady-State Operation

미국 아이다호주의 Goshen 변전소에 설치된 정격용량 395 kV, 965 Mvar 직렬 커패시터(Courtesy of PacifiCorp.)

학습목표

이 장에서는 다음과 같은 내용에 대하여 학습하기로 한다.

1. 정상상태운전하에 있는 단상 또는 평형 3상 송전선로를 4단자망과 등가파이회로로 표현법
2. 전압변동, 서지임피던스부하 및 파장의 개념
3. 열적한계, 전압강하한계 및 정상 상태안정도한계를 포함한 송전능력
4. 전압변동개선을 위한 병렬무효전력보상을 포함한 무효전력보상기술

이 장에서는 정상상태에서 운전되고 있는 단상 및 평형 3상 송전선로에 대한 해석 방법을 살펴보기로 한다. 송전선로를 해석하는 데 필요한 가장 기본적인 사항이 송전선로에는 직렬 임피던스(R, L 분포정수)와 병렬 어드미턴스 요소(C, G 분포정수)가 균일하게 분포되어 있다는 것이며, 이 분포정수에 의하여 장거리, 중거리 및 단거리 송전선로에 대한 전압과 전류의 관계식이 4단자 π 등가회로의 $ABCD$ 파라미터로 표현될 수 있다는 것이다. 이중 병렬 어드미턴스는 단거리 선로의 경우 0으로, 중거리 선로의 경우 집중정수로 근사화될 수 있다. 한편, 저항과 컨덕턴스는 무손실 선로의 경우 0으로 가정한다.

송전선로의 해석과 관련되는 용어로서 **서지 임피던스 전력**, 송전선로 **파장**, **전압변동**, 송전능력 등이 있는데, 먼저 5.1절에서는 선로 부하가 무부하에서 정격 부하에 이르기까지의 전압변화와 관계되는 전압변동에 대하여 소개하기로 한다. 송전선로의 전압은 경부하 시는 높고, 중부하 시는 낮은 것이 일반적이다.

다음으로 어느 정도의 전력을 송전하는 것이 가능한가를 나타내는 송전능력에 대해 다루게 되는데, 송전능력의 한계는 열적 측면에서의 송전능력 한계, 전압강하 측면에서의 송전능력 한계, 정상상태 안정도 측면에서의 송전능력 한계로 구분된다. 열적 및 전압강하 측면에서의 송전능력 한계는 5.1절에서, 무손실 선로에 대한 정상상태 안정도 측면에서의 송전능력 한계는 5.4절에서, 손실이 있는 선로에 대한 정상상태 안정도 측면에서의 송전능력 한계는 5.5절에서 각각 다루어진다. 특히, 안정도 측면에서의 송전능력 한계는 선로 말단에 위치한 동기 발전기가 동기를 유지할 수 있는 능력과 관계있다. 실제 송전능력에 관해서는 5.6절에서 다루기로 한다.

5.7절에서는 전압변동 개선방법과 열적 측면에서의 송전능력 한계에 가깝게 송전능력을 향상시킬 수 있는 송전능력 개선을 위한 선로보상방법에 대하여 기술하기로 한다.

5.1 단거리 및 중거리 선로의 등가 4단자회로

이 절에서는 단거리 및 중거리 송전선로를 $ABCD$ 4단자 정수를 이용하여 근사적으로 표현하는 방법에 대하여 알아보기로 한다. 근사화 표현이 아닌 정확한 표현에 대하여 관심이 있는 독자는 5.2절을 참조하길 바란다.

송전선로를 관심의 대상이 되는 단자(송전단과 수전단)에 대해서만 해석할 경우, 송전단의 전압(V_S)과 전류(I_S) 그리고 수전단의 전압(V_R)과 전류(I_R)로 나타낸 그림 5.1과 같은 4단자회로의 표현방식이 편리하다. 송전단과 수전단 사이에는 송전단의 전압과 전류를 수전단의 전압과 전류로 표현한

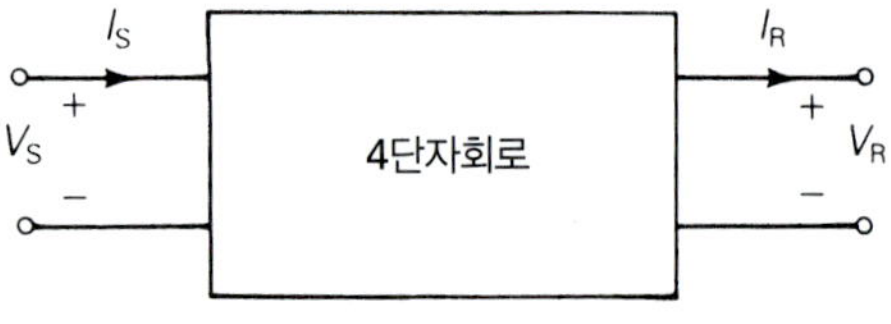

그림 5.1 4단자회로

$$V_S = AV_R + BI_R \quad \text{V} \tag{5.1.1}$$

$$I_S = CV_R + DI_R \quad \text{A} \tag{5.1.2}$$

와 같은 관계식이 도출될 수 있고, 이를 행렬로 바꾸어 나타내면

$$\begin{bmatrix} V_S \\ I_S \end{bmatrix} = \left[\begin{array}{c|c} A & B \\ \hline C & D \end{array}\right] \begin{bmatrix} V_R \\ I_R \end{bmatrix} \tag{5.1.3}$$

여기서, A, B, C, D는 송전선로 정수 R, L, C, G에 의하여 결정되는 파라미터이다. 전압 및 전류는 페이저로 나타낸 것이므로 $ABCD$ 파라미터는 일반적으로 복소수가 되며, A와 D는 차원(단위)이 없고, B의 단위는 [Ω], C의 단위는 [S], 그리고 선형수동소자 R, L, C로 이루어진 4단자회로는 가역성(reciprocal) 또는 양방향성(bilateral)으로

$$AD - BC = 1 \tag{5.1.4}$$

대칭성(symmetrical)으로 $A = D$가 각각 성립한다.

그림 5.2는 선로길이 25 km 미만인 60 Hz 가공선로에

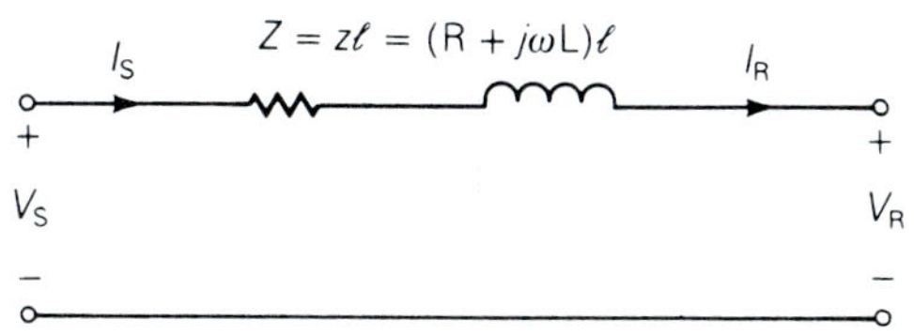

그림 5.2 단거리 선로를 근사적으로 표현한 직렬 임피던스 회로

대하여 선로 전체에 분포되어 있는 임피던스를 하나의 집중 직렬 임피던스로 근사화한 단거리 선로를 나타낸 것이다. 단거리 선로인 관계로 병렬요소는 무시하였고, 단상 또는 완전 연가된 3상 평형 선로에 대하여 적용이 가능하다. V_S와 V_R은 정상분 상전압, I_S와 I_R은 정상분 선전류이다. 선로 전체 직렬 임피던스는 대문자로, 단위길이당 직렬 임피던스는 소문자로 다음과 같이 각각 표기하기로 한다. 병렬 컨덕턴스 G는 가공선로에서는 일반적으로 고려하지 않는다.

$z = R + j\omega L$ 단위길이당 직렬 임피던스[Ω/m]
$y = G + j\omega C$ 단위길이당 병렬 어드미턴스[S/m]
$Z = zl$ 선로 전체 임피던스[Ω]
$Y = yl$ 선로 전체 어드미턴스[S]
l = 선로길이[m]

그림 5.2의 단거리 선로에 대한 $ABCD$ 파라미터는 KVL과 KCL에 의하여 다음과 같이 쉽게 산출될 수 있다.

$$V_S = V_R + ZI_R \tag{5.1.5}$$

$$I_S = I_R \tag{5.1.6}$$

행렬로 표현하면

$$\begin{bmatrix} V_S \\ I_S \end{bmatrix} = \begin{bmatrix} 1 & Z \\ 0 & 1 \end{bmatrix} \begin{bmatrix} V_R \\ I_R \end{bmatrix} \tag{5.1.7}$$

식 (5.1.7)과 식 (5.1.3)을 비교하면, 단거리 선로에 대한 $ABCD$ 파라미터는

$$A = D = 1 \text{ p.u.} \tag{5.1.8}$$

$$B = Z\ \Omega \tag{5.1.9}$$

$$C = 0\ \text{S} \tag{5.1.10}$$

선로길이 25~250 km의 60 Hz 중거리 선로의 경우, 선로 전체에 분포되어 있는 임피던스를 하나의 직렬 임피던스로, 선로 전체에 걸쳐 분포되어 있는 어드미턴스를 절반으로 나누어 송전단과 수전단에 집중배치된 p 모양의 회로로 근사화할 수 있다. 이를 **공칭 π회로**라고 부르며, 그림 5.3과 같다.

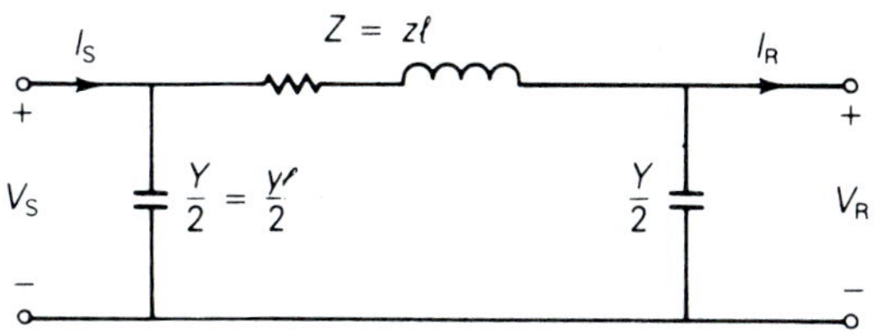

그림 5.3 중거리 선로를 근사적으로 표현한 공칭 π회로

공칭 π 회로의 $ABCD$ 파라미터를 구하기 위해 먼저 직렬 임피던스 부분에 흐르는 전류를 구하면 $I_R + V_R Y/2$가 되고, KVL을 적용하면 송전단 전압 V_S는

$$\begin{aligned} V_S &= V_R + Z\left(I_R + \frac{V_R Y}{2}\right) \\ &= \left(1 + \frac{YZ}{2}\right)V_R + ZI_R \end{aligned} \tag{5.1.11}$$

송전단에서 KCL을 적용하면 송전단 전류 I_S는

$$I_S = I_R + \frac{V_R Y}{2} + \frac{V_S Y}{2} \tag{5.1.12}$$

식 (5.1.11)을 식 (5.1.12)에 대입하면,

$$\begin{aligned} I_S &= I_R + \frac{V_R Y}{2} + \left[\left(1 + \frac{YZ}{2}\right)V_R + ZI_R\right]\frac{Y}{2} \\ &= Y\left(1 + \frac{YZ}{4}\right)V_R + \left(1 + \frac{YZ}{2}\right)I_R \end{aligned} \tag{5.1.13}$$

식 (5.1.11)과 식 (5.1.13)을 행렬로 표현하면,

$$\begin{bmatrix} V_S \\ I_S \end{bmatrix} = \begin{bmatrix} \left(1 + \frac{YZ}{2}\right) & Z \\ Y\left(1 + \frac{YZ}{4}\right) & \left(1 + \frac{YZ}{2}\right) \end{bmatrix} \begin{bmatrix} V_R \\ I_R \end{bmatrix} \tag{5.1.14}$$

식 (5.1.14)와 식 (5.1.3)에서

$$A = D = 1 + \frac{YZ}{2} \quad \text{p.u.} \tag{5.1.15}$$

$$B = Z \quad \Omega \tag{5.1.16}$$

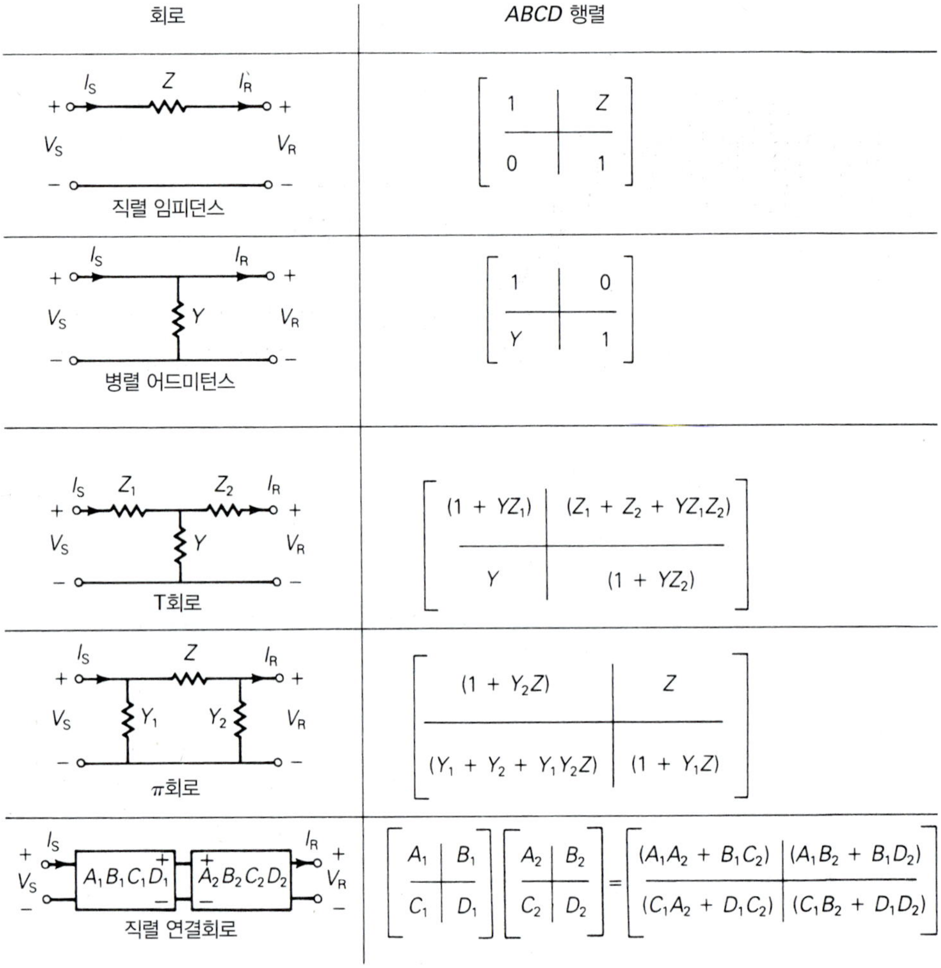

그림 5.4 일반적으로 많이 사용되는 공통회로의 *ABCD* 파라미터

$$C = Y\left(1 + \frac{YZ}{4}\right) \quad \text{S} \tag{5.1.17}$$

단거리 및 중거리 선로의 *ABCD* 파라미터는 모두 $AD - BC = 1$(가역회로), $A = D$(대칭회로)를 만족함을 알 수 있다.

그림 5.4에 일반적으로 많이 사용되는 공통회로, 즉 직렬 임피던스, 병렬 어드미턴스, T회로, π회로에 대한 *ABCD* 파라미터 값을 정리해두었다. 특히, 그림에서의 T 회로는 전체 선로의 어드미턴스를 하나의 집중정수로 하여 중앙에 배치하고, 전체 선로의 임피던스를 양분한 형태의 중거리 선로로 사용할 수 있다. 또한, 두 개의 4단자 회로가 직렬로 연결된 경우 이를 하나의 4단자회로로 등가화한 경우의 *ABCD* 파라미터를 계산해두었다.

ABCD 파라미터는 부하변화에 따른 선로의 전압변동을 표현하는 데 사용될 수 있다. **전압변동**이란 송전단 전압이 일정하게 유지된다는 전제조건하에서 수전단에서의 부하가 무부하에서 어느 특정 역률의 최대부하까지 변화했을 때 나타나는 수전단 전압의 변화로 정의한다. 이 전압변동을 정격부하 시의 수전단 전압에 대한 퍼센티지로 나타내면

$$\text{percent VR} = \frac{|V_{\text{RNL}}| - |V_{\text{RFL}}|}{|V_{\text{RFL}}|} \times 100 \tag{5.1.18}$$

여기서, %VR은 %전압변동을 기호로 나타낸 것이고, $|V_{\text{RNL}}|$은 무부하 시 수전단 전압의 크기, $|V_{\text{RFL}}|$은 최대부하 시 수전단 전압의 크기를 각각 의미한다.

그림 5.5는 단거리 선로의 경우, 정격부하에서의 부하 역률이 전압변동에 미치는 영향을 식 (5.1.5)에 근거하여 지상역률과 진상역률 각각에 대한 페이저 벡터도로 나타낸 것이다. 단거리 선로에서 무부하 시, 즉 $I_{\text{RNL}} = 0$일 때 $V_S = V_{\text{RNL}}$이 된다. 그림에서 알 수 있듯이 최대부하에서

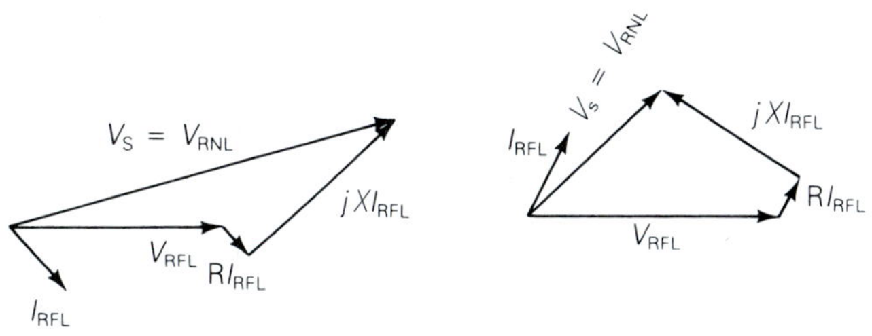

(a) 지상역률 부하의 경우 (b) 진상역률 부하의 경우

그림 5.5 단거리 선로에 대한 페이저 다이어그램

의 역률이 지상역률이 될수록 전압강하가 커져 수전단 전압이 무부하 시 전압(단거리 선로에서는 송전단 전압)보다 작아져 전압변동이 크게 되고(그림 5.5a), 반대로 진상역률이 될수록 전압상승이 일어나 수진단 전압이 무부하 시 전압보다 커져 전압변동은 작아져 결국 음의 방향으로 더욱 커진다(그림 5.5b). 일반적으로 무부하 시, 즉 $I_{RNL} = 0$일 때 무부하 시 전압 V_{RNL}은 4단자 파라미터 표현식에서 다음과 같이 계산되어 식 (5.1.18)의 %전압변동을 구하는 데 활용된다.

$$V_{RNL} = \frac{V_S}{A} \tag{5.1.19}$$

송전선로에 대한 실제 전력회사에서의 운용상황을 보면, 선로의 전압이 부하가 많은 중부하 시는 낮아지고, 부하가 적은 경부하 시는 높아진다. 경험적으로 송전선로 말단(대체적으로 배선용 변전소)인 수전단에서의 %전압변동 10%에 대하여 초고압(EHV: 345 kV, 765 kV) 송전선로의 전압이 정격에서 ±5%의 범위 내에서 유지된다고 하면, 전력계통이 별 문제없이 원만하게 운용되고 있다고 본다. 따라서 대부분의 전력회사에서는 변압기의 전압강하를 포함한 저압측 선로의 %전압변동을 10%로 설정하여 운전하고 있다.

전압변동 이외에 선로가 얼마만큼의 전력을 송전할 수 있는가를 나타내는 송전능력(line loadability)이라는 것이 있다. 이 송전능력에는 한계가 있는데, 대체적으로 열적 측면에서의 한계, 전압강하 측면에서의 한계, 정상상태 안정도 측면에서의 한계 등 3가지로 분류된다.

열적 측면에서의 송전능력 한계는 도체의 최대 허용 온도에 의하여 결정된다. 왜냐하면 도체의 온도는 철탑간 놓여 있는 선로의 늘어짐(conductor sag: 이도)과 인장강도에 영향을 주기 때문이다. 즉, 온도가 높아지면 도체와 지면과의 이격 거리가 기 설정치를 벗어날 수 있고, 온도가 낮아지면 다시 원상태로 돌아올 수 있는 수축성에 문제가 일어날 수 있다. 도체 온도는 전류의 크기와 지속시간, 주변온도, 풍속, 도체 표면상태 등에 영향을 받는다. 부록의 표 A.3과 A.4에 구리도체와 알루미늄도체의 허용전류용량이 제시되어 있다. 60 Hz 25 km 미만의 가공 단거리 송전선의 송전능력은 일반적으로 전선에 사용되는 도체의 열적 한계 또는 선로에 설치되어 있는 차단기 같은 설비의 정격에 의하여 결정된다.

300 km까지의 선로에 대한 송전능력 한계는 대체적으로 전압강하에 의하여 결정된다. 전압강하가 $V_R/V_S \geq 0.95$까지인 중부하 시 선로는 운전상 안전하다고 판단하고 있으나, 이 이상 되는 전압강하의 경우도 큰 문제가 없는 경우가 많다. 300 km 이상의 장거리 선로의 송전능력 한계를 결정짓는 요소는 정상상태 안정도이다. 이 안정도는 선로 말단에 연결되어 있는 동기발전기의 동기유지능력과 관계있는 것으로, 5.4절에서 상세히 언급될 것이다.

예제 5.1 *ABCD* 파라미터와 공칭 파이(π)회로: 중거리 선로

795,000 cmil (403 mm^2) 26/2 ACSR 도체 2개로 구성된 복도체로서 3상 60 Hz 345 kV 송전선로가 200 km에 걸쳐 완전 연가된 형태로 운전되고 있다. 이 선로의 단위길이당 임피던스 $z = 0.032 + j0.35$ [Ω/km], 단위길이당 어드

(계속)

미턴스 $y = j4.2 \times 10^{-6}$ [S/km]이다. 수전단에서는 진상 역률 0.99, 700 MW의 최대부하가 정격전압의 95%에서 운전되고 있다. 중거리 선로라고 가정하고, 다음의 물음에 답하시오.

a. 공칭 π회로의 $ABCD$ 파라미터를 구하시오.
b. 송전단에서의 전압 V_S, 전류 I_S 및 유효전력 P_S를 구하시오.
c. %전압변동을 구하시오.
d. 부록 표 A.4에 있는 데이터를 근거로 하여 열적 한계 허용전류를 구하시오.
e. 상기와 같은 최대부하 운전 시 송전선로의 효율을 구하시오.

| 풀이

a. 선로 전체에 대한 직렬 임피던스 및 병렬 어드미턴스는 각각

$$Z = zl = (0.032 + j0.35)(200) = 6.4 + j70 = 70.29\angle 84.78^\circ \quad \Omega$$

$$Y = yl = (j4.2 \times 10^{-6})(200) = 8.4 \times 10^{-4}\angle 90^\circ \quad \text{S}$$

식 (5.1.15) 및 식 (5.1.17)에서

$$A = D = 1 + (8.4 \times 10^{-4}\angle 90^\circ)(70.29\angle 84.78^\circ)\left(\tfrac{1}{2}\right)$$
$$= 1 + 0.02952\angle 174.78^\circ$$
$$= 0.9706 + j0.00269 = 0.9706\angle 0.159^\circ \quad \text{p.u.}$$

$$B = Z = 70.29\angle 84.78^\circ \quad \Omega$$
$$C = (8.4 \times 10^{-4}\angle 90^\circ)(1 + 0.01476\angle 174.78^\circ)$$
$$= (8.4 \times 10^{-4}\angle 90^\circ)(0.9853 + j0.00134)$$
$$= 8.277 \times 10^{-4}\angle 90.08^\circ \quad \text{S}$$

b. 수전단에서의 전압 및 전류는 각각

$$\text{V}_R = (0.95)(345) = 327.8 \text{ kV}_{LL}$$
$$V_R = \frac{327.8}{\sqrt{3}}\angle 0^\circ = 189.2\angle 0^\circ \quad \text{kV}_{LN}$$
$$I_R = \frac{700\angle \cos^{-1}0.99}{(\sqrt{3})(0.95 \times 345)(0.99)} = 1.246\angle 8.11^\circ \quad \text{kA}$$

식 (5.1.1) 및 식 (5.1.2)에서 송전단에서의 전압, 전류는

$$V_S = (0.9706\angle 0.159^\circ)(189.2\angle 0^\circ) + (70.29\angle 84.78^\circ)(1.246\angle 8.11^\circ)$$
$$= 183.6\angle 0.159^\circ + 87.55\angle 92.89^\circ$$
$$= 179.2 + j87.95 = 199.6\angle 26.14^\circ \quad \text{kV}_{LN}$$
$$\text{V}_S = 199.6\sqrt{3} = 345.8 \text{ kV}_{LL} \approx 1.00 \quad \text{p.u.}$$

$$I_S = (8.277 \times 10^{-4}\angle 90.08^\circ)(189.2\angle 0^\circ) + (0.9706\angle 0.159^\circ)(1.246\angle 8.11^\circ)$$
$$= 0.1566\angle 90.08^\circ + 1.209\angle 8.27^\circ$$
$$= 1.196 + j0.331 = 1.241\angle 15.5^\circ \quad \text{kA}$$

송전단에서 공급되는 유효전력은

$$\text{P}_S = (\sqrt{3})(345.8)(1.241)\cos(26.14^\circ - 15.5^\circ) = 730.5 \quad \text{MW}$$

c. 식 (5.1.19)에서 무부하 시 수전단 전압은

$$\text{V}_{RNL} = \frac{\text{V}_S}{\text{A}} = \frac{345.8}{0.9706} = 356.3 \quad \text{kV}_{LL}$$

식 (5.1.18)로부터 %전압변동은

$$\%\text{VR} = \frac{356.3 - 327.8}{327.8} \times 100 = 8.7\%$$

d. 표 A.4에서 795,000 cmil (403 mm^2) 26/2 ACSR 도체 2개의 허용전류는 $2 \times 0.9 = 1.8$ kA이다.

e. 최대부하운전 시 손실은 $\text{P}_S - \text{P}_R = 730.5 - 700 = 30.5$ MW이므로 송전효율은

$$\%\text{송전효율} = \frac{\text{P}_R}{\text{P}_S} \times 100 = \frac{700}{730.5} \times 100 = 95.8\%$$

문제에서는 실제의 송전선로 운전상황을 고려하여 운전상 문제가 없다고 판단되는 최하위 경계치인 송전단 전압 1.0 [p.u.], 수전단 전압 0.95 [p.u.]를 설정하였다. 전압강하 한계인 0.95에서 산출된 최대 부하 시의 전류는 진상역률 0.99에서 1.246 kA로 선로의 열적 한계인 1.8 kA보다 작게 되어 문제에서의 345 kV 200 km 송전선로의 송전능력 한계는 전압강하 측면에서의 한계치에 의하여 결정됨을 알 수 있다.

5.2 송전선로 미분방정식

4장에서는 단위길이를 기준으로 하여 Ω/m, H/m, F/m의 단위로 선로정수 R, L, C를 유도하였다. 실제로 이들 R, L, C는 집중되어 있는 것이 아니고 선로길이를 따라 균일하게 분포되어 있으므로 실제 장거리 송전선로의 전압-전류 관계식은 집중정수가 아닌 분포정수를 고려하여 유도할 필요가 있다. 따라서 분포정수 송전선로에 대한 정상상태에서의 전압-전류 관계식을 유도하기 위하여 그림 5.6과 같이 선로상 임의의 x 지점(x 측정 방향은 수전단인 오른쪽에서 왼쪽으로 함)에서의 페이저 전압을 $V(x)$, 페이저 전류를 $I(x)$, 미소길이 부분을 Δx, $(x+\Delta x)$ 지점에서의 페이저 전압을 $V(x+\Delta x)$, 페이저 전류를 $I(x+\Delta x)$로 각각 나타내기로 하자. 이때, 선로의 단위길이당 직렬 임피던스 및 병렬 어드미턴스를 5.1절에서 정의한 대로 다음과 같이 표현한다.

$$z = \mathrm{R} + j\omega\mathrm{L} \quad \Omega/\mathrm{m} \tag{5.2.1}$$

$$y = \mathrm{G} + j\omega\mathrm{C} \quad \mathrm{S/m} \tag{5.2.2}$$

60 Hz 가공선로의 경우 보통 컨덕턴스 G는 고려하지 않으므로 KVL을 적용하여

$$V(x+\Delta x) = V(x) + (z\Delta x)I(x) \quad \mathrm{V} \tag{5.2.3}$$

다시 정리하면,

$$\frac{V(x+\Delta x) - V(x)}{\Delta x} = zI(x) \tag{5.2.4}$$

여기서 Δx를 0으로 접근시키면,

$$\frac{dV(x)}{dx} = zI(x) \tag{5.2.5}$$

마찬가지로 KCL을 적용하여

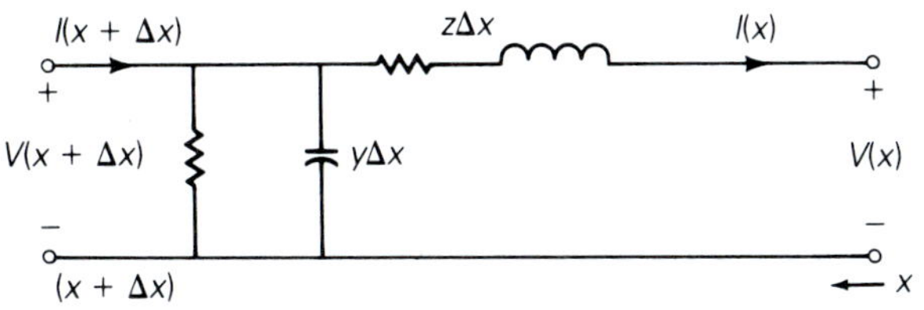

그림 5.6 길이 Δx 부분에 대한 송전선로 표현

$$I(x+\Delta x) = I(x) + (y\Delta x)V(x+\Delta x) \quad \mathrm{A} \tag{5.2.6}$$

다시 정리하면,

$$\frac{I(x+\Delta x) - I(x)}{\Delta x} = yV(x) \tag{5.2.7}$$

여기서 Δx를 0으로 접근시키면,

$$\frac{dI(x)}{dx} = yV(x) \tag{5.2.8}$$

식 (5.2.5)와 식 (5.2.8)은 두 개의 변수 $V(x)$, $I(x)$를 갖는 선형 1계 연립 동차 미분방정식이 된다. 먼저, $I(x)$의 소거를 통하여 $V(x)$를 구하기 위하여 식 (5.2.5)를 미분하고, 여기에 식 (5.2.8)을 대입하면,

$$\frac{d^2V(x)}{dx^2} = z\frac{dI(x)}{dx} = zyV(x) \tag{5.2.9}$$

즉,

$$\frac{d^2V(x)}{dx^2} - zyV(x) = 0 \tag{5.2.10}$$

식 (5.2.10)은 미지수 $V(x)$를 갖는 선형 2계 동차 미분방정식으로서 그 해는

$$V(x) = A_1e^{\gamma x} + A_2e^{-\gamma x} \quad \text{volts} \tag{5.2.11}$$

여기서, A_1과 A_2는 상수이고,

$$\gamma = \sqrt{zy} \quad \mathrm{m}^{-1} \tag{5.2.12}$$

의 단위는 m^{-1}이고, **전파상수**로 정의된다. 식 (5.2.11)과 식 (5.2.12)를 식 (5.2.10)에 대입하면 미분방정식의 해임이 증명된다. 다음에는 전류 $I(x)$를 구하기 위하여 식 (5.2.11)을 식 (5.2.5)에 대입하면,

$$\frac{dV(x)}{dx} = \gamma A_1e^{\gamma x} - \gamma A_2e^{-\gamma x} = zI(x) \tag{5.2.13}$$

가 되어 이를 $I(x)$에 대하여 풀면,

$$I(x) = \frac{A_1e^{\gamma x} - A_2e^{-\gamma x}}{z/\gamma} \tag{5.2.14}$$

여기서 식 (5.2.12)를 사용하면 $z/\gamma = z/\sqrt{zy}$가 되어 위

식은

$$I(x) = \frac{A_1 e^{\gamma x} - A_2 e^{-\gamma x}}{Z_c} \tag{5.2.15}$$

여기서,

$$Z_c = \sqrt{\frac{z}{y}} \quad \Omega \tag{5.2.16}$$

Z_c의 단위는 Ω이고, 특성 임피던스로 정의된다.

다음은 수전단, 즉 $x = 0$에서의 경계조건에서 상수 A_1과 A_2를 구해보자. $x = 0$에서의 수전단 전압 및 전류는

$$V_R = V(0) \tag{5.2.17}$$

$$I_R = I(0) \tag{5.2.18}$$

이므로 식 (5.2.11)과 식 (5.2.15)에서

$$V_R = A_1 + A_2 \tag{5.2.19}$$

$$I_R = \frac{A_1 - A_2}{Z_c} \tag{5.2.20}$$

이로부터 A_1과 A_2를 구하면,

$$A_1 = \frac{V_R + Z_c I_R}{2} \tag{5.2.21}$$

$$A_2 = \frac{V_R - Z_c I_R}{2} \tag{5.2.22}$$

이를 식 (5.2.11)과 식 (5.2.15)에 대입하면,

$$V(x) = \left(\frac{V_R + Z_c I_R}{2}\right) e^{\gamma x} + \left(\frac{V_R - Z_c I_R}{2}\right) e^{-\gamma x} \tag{5.2.23}$$

$$I(x) = \left(\frac{V_R + Z_c I_R}{2Z_c}\right) e^{\gamma x} - \left(\frac{V_R - Z_c I_R}{2Z_c}\right) e^{-\gamma x} \tag{5.2.24}$$

4단자 파라미터 형식으로 다시 정리하면,

$$V(x) = \left(\frac{e^{\gamma x} + e^{-\gamma x}}{2}\right) V_R + Z_c \left(\frac{e^{\gamma x} - e^{-\gamma x}}{2}\right) I_R \tag{5.2.25}$$

$$I(x) = \frac{1}{Z_c}\left(\frac{e^{\gamma x} - e^{-\gamma x}}{2}\right) V_R + \left(\frac{e^{\gamma x} + e^{-\gamma x}}{2}\right) I_R \tag{5.2.26}$$

쌍곡선 함수인 cosh과 sinh로 나타내면,

$$V(x) = \cosh(\gamma x) V_R + Z_c \sinh(\gamma x) I_R \tag{5.2.27}$$

$$I(x) = \frac{1}{Z_c} \sinh(\gamma x)\, V_R + \cosh(\gamma x) I_R \tag{5.2.28}$$

식 (5.2.27)과 식 (5.2.28)에서 분포정수를 갖는 실제 선로의 *ABCD* 파라미터는 다음과 같은 행렬로 표현할 수 있다.

$$\begin{bmatrix} V(x) \\ I(x) \end{bmatrix} = \left[\begin{array}{c|c} A(x) & B(x) \\ \hline C(x) & D(x) \end{array}\right] \begin{bmatrix} V_R \\ I_R \end{bmatrix} \tag{5.2.29}$$

여기서,

$$A(x) = D(x) = \cosh(\gamma x) \quad \text{p.u.} \tag{5.2.30}$$

$$B(x) = Z_c \sinh(\gamma x) \quad \Omega \tag{5.2.31}$$

$$C(x) = \frac{1}{Z_c} \sinh(\gamma x) \quad \text{S} \tag{5.2.32}$$

식 (5.2.29)는 선로상의 임의의 점 x에서의 전압 및 전류를 수전단의 전압과 전류로 표현한 것이므로 $x = l$인 송전단에서의 전압 $V(l) = V_S$ 및 전류 $I(l) = I_S$는

$$\begin{bmatrix} V_S \\ I_S \end{bmatrix} = \left[\begin{array}{c|c} A & B \\ \hline C & D \end{array}\right] \begin{bmatrix} V_R \\ I_R \end{bmatrix} \tag{5.2.33}$$

여기서,

$$A = D = \cosh(\gamma l) \quad \text{p.u.} \tag{5.2.34}$$

$$B = Z_c \sinh(\gamma l) \quad \Omega \tag{5.2.35}$$

$$C = \frac{1}{Z_c} \sinh(\gamma l) \quad \text{S} \tag{5.2.36}$$

식 (5.2.34)에서 식 (5.2.36)은 분포정수 선로의 *ABCD* 파라미터를 나타낸다. 이 식에서 전파상수 γ는 실수부분 α와 허수부분 β로 구성된 다음과 같은 복소수로 정의된다.

$$\gamma = \alpha + j\beta \quad \text{m}^{-1} \tag{5.2.37}$$

여기서 γl은 단위가 없으며

$$e^{\gamma l} = e^{(\alpha l + j\beta l)} = e^{\alpha l} e^{j\beta l} = e^{\alpha l} \underline{/\beta l} \tag{5.2.38}$$

위 식을 이용하여 초월함수 cosh(γl), shnh(γl)를 산출하면,

$$\cosh(\gamma l) = \frac{e^{\gamma l} + e^{-\gamma l}}{2} = \frac{1}{2}(e^{\alpha l}\underline{/\beta l} + e^{-\alpha l}\underline{/-\beta l}) \quad (5.2.39)$$

$$\sinh(\gamma l) = \frac{e^{\gamma l} - e^{-\gamma l}}{2} = \frac{1}{2}(e^{\alpha l}\underline{/\beta l} - e^{-\alpha l}\underline{/-\beta l}) \quad (5.2.40)$$

또는 초월함수의 공식을 활용하면,

$$\cosh(\alpha l + j\beta l) = \cosh(\alpha l)\cos(\beta l) + j\sinh(\alpha l)\sin(\beta l) \quad (5.2.41)$$

$$\sinh(\alpha l + j\beta l) = \sinh(\alpha l)\cos(\beta l) + j\cosh(\alpha l)\sin(\beta l) \quad (5.2.42)$$

주의할 점은 식 (5.2.39)에서 식 (5.2.42)까지의 βl 단위가 도(°)가 아니라 라디안이라는 것이다.

식 (5.2.34)에서 식 (5.2.36)까지의 $ABCD$ 파라미터는 어떠한 선로에 대해서도 타당한 정확한 파라미터 값이다. 특히 250 km 이상의 60 Hz 가공선로(장거리 선로)에 대해 정확한 계산을 하려면 반드시 이 식들이 사용되어야 한다. 5.1절에서 유도된 $ABCD$ 파라미터는 단거리 및 중거리 선로에 대해 손으로 계산하기에 편리한 근사식에 불과하다. 단거리, 중거리, 장거리 및 무손실 선로(5.4절 참조)에 대한 $ABCD$ 파라미터를 요약하면 표 5.1과 같다.

표 5.1 송전선로 *ABCD* 파라미터 요약

파라미터	$A = D$	B	C
단위	단위당	Ω	S
25 km 미만의 단거리 선로	1	Z	0
25~250 km까지의 중거리 선로: 공칭 π회로	$1 + \frac{YZ}{2}$	Z	$Y\left(1 + \frac{YZ}{4}\right)$
250 km를 초과하는 장거리 선로: 등가 π회로	$\cosh(\gamma\ell) = 1 + \frac{Y'Z'}{2}$	$Z_c \sinh(\gamma\ell) = Z'$	$(1/Z_c)\sinh(\gamma\ell) = Y'\left(1 + \frac{Y'Z'}{4}\right)$
무손실 선로(R = G = 0)	$\cos(\beta\ell)$	$jZ_c \sin(\beta\ell)$	$\frac{j\sin(\beta\ell)}{Z_c}$

예제 5.2 정확한 *ABCD* 파라미터: 장거리 선로

완전 연가된 3상 60 Hz 765 kV 300 km 송전선로 전체에 대한 정상분 직렬 임피던스와 병렬 어드미턴스는 다음과 같다.

$$z = 0.0165 + j0.3306 = 0.3310\underline{/87.14°} \quad \Omega/\text{km}$$
$$y = j4.674 \times 10^{-6} \text{ S/km}$$

정상분이라는 가정하에 선로의 정확한 $ABCD$ 파라미터를 구하고, 그 결과를 공칭 π회로와 비교하시오.

| 풀이

식 (5.2.12)와 식 (5.2.16)으로부터 특성 임피던스는

$$Z_c = \sqrt{\frac{0.3310\underline{/87.14°}}{4.674 \times 10^{-6}\underline{/90°}}} = \sqrt{7.082 \times 10^4\underline{/-2.86°}}$$
$$= 266.1\underline{/-1.43°} \quad \Omega$$

그리고

$$\gamma l = \sqrt{(0.3310\underline{/87.14°})(4.674 \times 10^{-6}\underline{/90°})} \times (300)$$
$$= \sqrt{1.547 \times 10^{-6}\underline{/177.14°}} \times (300)$$
$$= 0.3731\underline{/88.57°} = 0.00931 + j0.3730 \quad \text{per unit}$$

식 (5.2.38)에서

$$e^{\gamma l} = e^{0.00931}e^{+j0.3730} = 1.0094\underline{/0.3730} \quad \text{radians}$$
$$= 0.9400 + j0.3678$$

(계속)

그리고

$$e^{-\gamma l} = e^{-0.00931}e^{-j0.3730} = 0.9907\underline{/-0.3730} \quad \text{radians}$$
$$= 0.9226 - j0.3610$$

이때 식 (5.2.39)와 식 (5.2.40)에서

$$\cosh(\gamma l) = \frac{(0.9400 + j0.3678) + (0.9226 - j0.3610)}{2}$$
$$= 0.9313 + j0.0034 = 0.9313\underline{/0.209°}$$
$$\sinh(\gamma l) = \frac{(0.9400 + j0.3678) - (0.9226 - j0.3610)}{2}$$
$$= 0.0087 + j0.3644 = 0.3645\underline{/88.63°}$$

마지막으로 식 (5.2.34)~식 (5.2.36)으로부터

$$A = D = \cosh(\gamma l) = 0.9313\underline{/0.209°} \quad \text{per unit}$$
$$B = (266.1\underline{/-1.43°})(0.3645\underline{/88.63°}) = 97.0\underline{/87.2°}\ \Omega$$
$$C = \frac{0.3645\underline{/88.63°}}{266.1\underline{/-1.43°}} = 1.37 \times 10^{-3}\underline{/90.06°}\ \text{S}$$

식 (5.1.16)을 사용하여 공칭 π회로의 B 파라미터를 구하면

$$B_{\text{nominal }\pi} = Z = (0.3310\underline{/87.14°})(300) = 99.3\underline{/87.14°}\ \Omega$$

이 값은 정확히 계산한 값보다 2% 정도 큼을 알 수 있다.

5.3 분포정수 선로의 등가 π회로

전력계통의 해석 및 설계에 사용되는 많은 컴퓨터 프로그램은 송전선로, 변압기 등과 같은 요소를 모두 회로적으로 표현한다(예로 6장의 전력조류계산 프로그램 참조). 그러므로 송전선로의 단자특성을 $ABCD$ 파라미터 대신에 등가회로 형태로 표현할 필요가 있다.

분포정수 선로의 등가회로를 그림 5.7과 같은 등가 π회로로 정의하여 식 (5.2.34)~식 (5.2.36)으로 표현되는 분포정수 선로의 $ABCD$ 파라미터와 동일한 $ABCD$ 파라미터를 갖는 등가 π회로의 Z' 및 Y'를 구하여 보자. 이 등가 π회로는 식 (5.1.15)~식 (5.1.17)의 Z, Y 대신에 그림 5.7의 Z', Y'가 사용된 것을 제외하고는 그림 5.3의 공칭 π회로와 구조상 동일하므로 등가 π회로의 $ABCD$ 파라미터는

$$A = D = 1 + \frac{Y'Z'}{2} \quad \text{p.u.} \tag{5.3.1}$$

$$B = Z' \quad \Omega \tag{5.3.2}$$

$$C = Y'\left(1 + \frac{Y'Z'}{4}\right) \quad \text{S} \tag{5.3.3}$$

등가 π회로의 Z' 및 Y'를 구하기 위해서는 분포정수 선로의 $ABCD$ 파라미터를 나타내는 식 (5.2.34)~식 (5.2.36)과 등가 π회로의 $ABCD$ 파라미터를 나타내는 식 (5.3.1)~식 (5.3.3)이 서로 같도록 만들어야 한다. 이를 위해 먼저 식 (5.3.2)와 식 (5.2.35)를 같게 놓으면,

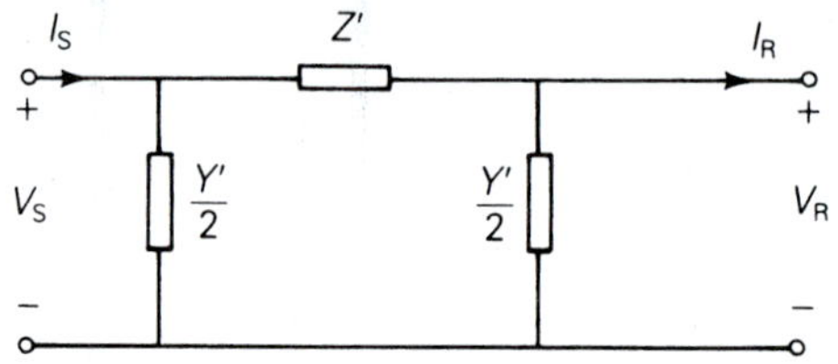

$$Z' = Z_c \sinh(\gamma \ell) = ZF_1 = Z\frac{\sinh(\gamma \ell)}{\gamma \ell}$$

$$\frac{Y'}{2} = \frac{\tanh(\gamma \ell/2)}{Z_c} = \frac{Y}{2}F_2 = \frac{Y}{2}\frac{\tanh(\gamma \ell/2)}{(\gamma \ell/2)}$$

그림 5.7 분포정수 선로의 등가 π회로

$$Z' = Z_c \sinh(\gamma l) = \sqrt{\frac{z}{y}}\sinh(\gamma l) \tag{5.3.4}$$

상기 식을 공칭 π회로에서의 선로 전체 직렬 임피던스인 $Z = zl$로 표현하면,

$$Z' = zl\left[\sqrt{\frac{z}{y}}\frac{\sinh(\gamma l)}{zl}\right] = zl\left[\frac{\sinh(\gamma l)}{\sqrt{zy}l}\right]$$
$$= ZF_1 \quad \Omega \tag{5.3.5}$$

여기서,

$$F_1 = \frac{\sinh(\gamma l)}{\gamma l} \quad \text{p.u.} \tag{5.3.6}$$

다음에 식 (5.3.1)과 식 (5.2.34)를 같게 놓으면

$$1+\frac{Y'Z'}{2}=\cosh(\gamma l)$$

$$\frac{Y'}{2}=\frac{\cosh(\gamma l)-1}{Z'} \qquad (5.3.7)$$

식 (5.3.4)와 $\tanh\left(\frac{\gamma l}{2}\right)=\frac{\cosh(\gamma l)-1}{\sinh(\gamma l)}$을 이용하면, 식 (5.3.7)은

$$\frac{Y'}{2}=\frac{\cosh(\gamma l)-1}{Z_c\sinh(\gamma l)}=\frac{\tanh(\gamma l/2)}{Z_c}=\frac{\tanh(\gamma l/2)}{\sqrt{\frac{z}{y}}} \qquad (5.3.8)$$

공칭 π회로에서의 선로 전체 병렬 어드미턴스인 $Y=yl$로 표현하면,

$$\frac{Y'}{2}=\frac{yl}{2}\left[\frac{\tanh(\gamma l/2)}{\sqrt{\frac{z}{y}}\frac{yl}{2}}\right]=\frac{yl}{2}\left[\frac{\tanh(\gamma l/2)}{\sqrt{zy}\,l/2}\right]$$

$$=\frac{Y}{2}F_2 \quad \text{S} \qquad (5.3.9)$$

여기서,

$$F_2=\frac{\tanh(\gamma l/2)}{\gamma l/2} \quad \text{p.u.} \qquad (5.3.10)$$

식 (5.3.6)과 식 (5.3.10)은 공칭 π회로에서의 선로 전체 직렬 임피던스 Z와 병렬 어드미턴스 Y를 등가 π회로의 Z'와 Y'로 변환하는 계수 F_1과 F_2를 의미한다.

예제 5.3 등가 π회로: 장거리 선로

예제 5.2의 선로에 대한 등가 π회로와 공칭 π회로를 비교하시오.

| 풀이

공칭 π회로에서

$$Z=zl=(0.3310\angle 87.14°)(300)=99.3\angle 87.14° \quad \Omega$$

$$\frac{Y}{2}=\frac{yl}{2}=\left(\frac{j4.674\times10^{-6}}{2}\right)(300)=7.011\times10^{-4}\angle 90° \text{ S}$$

식 (5.3.6)과 식 (5.3.10)에서 변환계수는

$$F_1=\frac{0.3645\angle 88.63°}{0.3731\angle 88.57°}=0.9769\angle 0.06° \quad \text{p.u.}$$

$$F_2=\frac{\tanh(\gamma l/2)}{\gamma l/2}=\frac{\cosh(\gamma l)-1}{(\gamma l/2)\sinh(\gamma l)}$$

$$=\frac{0.9313+j0.0034-1}{\left(\frac{0.3731}{2}\angle 88.57°\right)(0.3645\angle 88.63°)}$$

$$=\frac{-0.0687+j0.0034}{0.06800\angle 177.20°}$$

$$=\frac{0.06878\angle 177.17°}{0.06800\angle 177.20°}=1.012\angle -0.03° \quad \text{p.u.}$$

식 (5.3.5)와 식 (5.3.9)에서 등가 π회로의 Z'와 $Y'/2$는

$$Z'=(99.3\angle 87.14°)(0.9769\angle 0.06°)=97.0\angle 87.2° \quad \Omega$$

$$\frac{Y'}{2}=(7.011\times10^{-4}\angle 90°)(1.012\angle -0.03°)$$

$$=7.095\times10^{-4}\angle 89.97° \quad \text{S}$$

$$=3.7\times10^{-7}+j7.095\times10^{-4} \quad \text{S}$$

공칭 π회로에서의 Z, Y 값과 등가 π회로에서의 Z', Y'를 비교하면, Z'는 Z보다 2% 정도 작고, $Y'/2$는 $Y/2$보다 1% 정도 크다. 비록 값 차이는 거의 없지만, 장거리 선로에 대한 정확한 계산을 위해서는 등가 π회로를 활용해야 한다. 등가 π에서 나타나는 병렬 컨덕턴스 $G'=3.7\times10^{-7}$ [S]은 작아서 보통 무시된다.

5.4 무손실 선로

이 절에서는 무손실 선로($R = G = 0$)에서의 서지 임피던스, $ABCD$ 파라미터, 등가 π회로, 파장, 서지 임피던스 전력, 전압 프로파일, 정상상태 안정도 한계 등에 대한 개념을 알아보기로 한다.

선로손실을 고려하지 않는다면 선로 파라미터에 대한 표현은 더 간단한 형태가 되어 앞에서 설명한 개념이 더 쉽게 이해될 수 있다. 전력전송을 위한 송전 및 배전 선로는 일반적으로 손실이 작게 설계되어 있기 때문에 여기서 전개되는 식과 개념은 직관적 해석과 초기설계를 위한 빠르고 정확한 계산에 유용하게 활용될 수 있다. 더 정확한 계산이 필요한 다음 단계의 분석과 설계에는 컴퓨터 프로그램을 이용한 분석이 필수적이다.

서지 임피던스

무손실 선로에 대해서는 $R = G = 0$, 그리고

$$z = j\omega \mathrm{L} \quad \Omega/\mathrm{m} \tag{5.4.1}$$

$$y = j\omega \mathrm{C} \quad \mathrm{S/m} \tag{5.4.2}$$

식 (5.2.12)와 식 (5.2.16)으로부터

$$Z_c = \sqrt{\frac{z}{y}} = \sqrt{\frac{j\omega \mathrm{L}}{j\omega \mathrm{C}}} = \sqrt{\frac{\mathrm{L}}{\mathrm{C}}} \quad \Omega \tag{5.4.3}$$

$$\gamma = \sqrt{zy} = \sqrt{(j\omega \mathrm{L})(j\omega \mathrm{C})} = j\omega\sqrt{\mathrm{LC}} = j\beta \quad \mathrm{m}^{-1} \tag{5.4.4}$$

여기서

$$\beta = \omega\sqrt{\mathrm{LC}} \quad \mathrm{m}^{-1} \tag{5.4.5}$$

특성 임피던스 $Z_c = \sqrt{\mathrm{L/C}}$은 흔히 무손실 선로에서는 서지 임피던스로 불리며, 순실수 성분인 저항만 존재한다. 전파상수는 $\gamma = j\beta$로 순허수 성분만 존재한다.

ABCD 파라미터

$ABCD$ 파라미터는 식 (5.2.30)~식 (5.2.32)에서

$$\mathrm{A}(x) = \mathrm{D}(x) = \cosh(\gamma x) = \cosh(j\beta x)$$
$$= \frac{e^{j\beta x} + e^{-j\beta x}}{2} = \cos(\beta x) \quad \text{p.u.} \tag{5.4.6}$$

$$\sinh(\gamma x) = \sinh(j\beta x) = \frac{e^{j\beta x} - e^{-j\beta x}}{2} = j\sin(\beta x) \quad \text{p.u.} \tag{5.4.7}$$

$$B(x) = Z_c \sinh(\gamma x) = jZ_c \sin(\beta x) = j\sqrt{\frac{\mathrm{L}}{\mathrm{C}}}\sin(\beta x) \quad \Omega \tag{5.4.8}$$

$$C(x) = \frac{\sinh(\gamma x)}{Z_c} = \frac{j\sin(\beta x)}{\sqrt{\frac{\mathrm{L}}{\mathrm{C}}}} \quad \mathrm{S} \tag{5.4.9}$$

등가 π회로

등가 π회로의 Z' 및 Y'는 식 (5.3.4)로부터

$$Z' = jZ_c \sin(\beta l) = j\mathrm{X}' \quad \Omega \tag{5.4.10}$$

즉, 식 (5.3.5)와 식 (5.3.6)으로

$$Z' = (j\omega \mathrm{L}l)\left(\frac{\sin(\beta l)}{\beta l}\right) = j\mathrm{X}' \quad \Omega \tag{5.4.11}$$

또한, 식 (5.3.9)와 식 (5.3.10)에서

$$\frac{Y'}{2} = \frac{Y}{2}\frac{\tanh(j\beta l/2)}{j\beta l/2} = \frac{Y}{2}\frac{\sinh(j\beta l/2)}{(j\beta l/2)\cosh(j\beta l/2)}$$
$$= \left(\frac{j\omega Cl}{2}\right)\frac{j\sin(\beta l/2)}{(j\beta l/2)\cos(\beta l/2)} = \left(\frac{j\omega Cl}{2}\right)\frac{\tan(\beta l/2)}{\beta l/2}$$
$$= \left(\frac{j\omega C'l}{2}\right) \quad \mathrm{S} \tag{5.4.12}$$

Z'와 Y'는 모두 순허수이며, $\beta l < \pi$인 경우에 Z'와 Y'는 모두 + 값을 갖고, Z'는 순유도성, Y'는 순용량성이 된다. 이것은 그림 5.8에 나타낸 것과 같이 등가 π회로가 L과 C로만 구성되는 무손실 선로임을 나타낸다.

파장

파장(wavelength)이란 전압 또는 전류의 위상이 2π(360°)만큼 차이가 나는 데 필요한 거리, 즉 위상차 2π(360°)에 해당하는 거리를 의미한다. 무손실 선로의 경우는 식 (5.2.29)에서

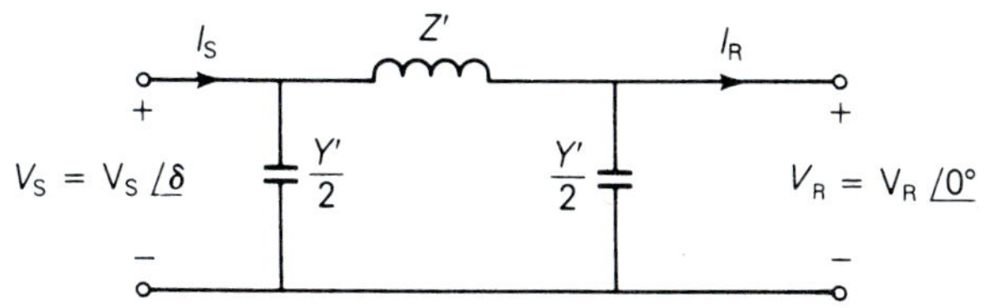

$$Z' = (j\omega L\ell)\left(\frac{\sin\beta\ell}{\beta\ell}\right) = jX' \ \Omega$$

$$\frac{Y'}{2} = \left(\frac{j\omega C\ell}{2}\right)\frac{\tan(\beta\ell/2)}{(\beta\ell/2)} = \frac{j\omega C'\ell}{2} \ \text{S}$$

그림 5.8 $\beta l < \pi$인 무손실 선로의 등가 π회로

$$\begin{aligned} V(x) &= A(x)V_R + B(x)I_R \\ &= \cos(\beta x)\,V_R + jZ_c \sin(\beta x)I_R \end{aligned} \qquad (5.4.13)$$

$$\begin{aligned} I(x) &= C(x)V_R + D(x)I_R \\ &= \frac{j\sin(\beta x)}{Z_c}V_R + \cos(\beta x)I_R \end{aligned} \qquad (5.4.14)$$

식 (5.4.13)과 식 (5.4.14)에서 $V(x)$와 $I(x)$의 위상은 βx로서 정의로부터 $\beta x = 2\pi$에서 $x = 2\pi/\beta$이므로 파장을 λ로 놓고 식 (5.4.5)의 $\beta = \omega\sqrt{LC}$를 이용하면

$$\lambda = \frac{2\pi}{\beta} = \frac{2\pi}{\omega\sqrt{LC}} = \frac{1}{f\sqrt{LC}} \quad \text{m} \qquad (5.4.15)$$

$$f\lambda = \frac{1}{\sqrt{LC}} \qquad (5.4.16)$$

상기 식의 $(1/\sqrt{LC})$은 무손실 선로에서의 전압파 및 전류파의 전파속도가 된다(14장 참조). 가공선로에서는 이 값이 약 3×10^8 m/s로 빛의 속도에 가깝고, 60 Hz에서 파장은 식 (5.4.14)로부터

$$\lambda \approx \frac{3 \times 10^8}{60} = 5 \times 10^6\,\text{m} = 5000\ \text{km}$$

일반적으로 송전선로의 길이는 60 Hz 파장보다 훨씬 작다.

서지 임피던스 전력

서지 임피던스 전력(이하 SIL)이란 "서지 임피던스와 동일 한 저항부하에 무손실 선로를 통하여 공급되는 전력"으로 정의한다. 그림 5.9는 서지 임피던스와 동일한 저항부하가 걸려 있는 무손실 선로를 나타낸다. 이 선로는 단상

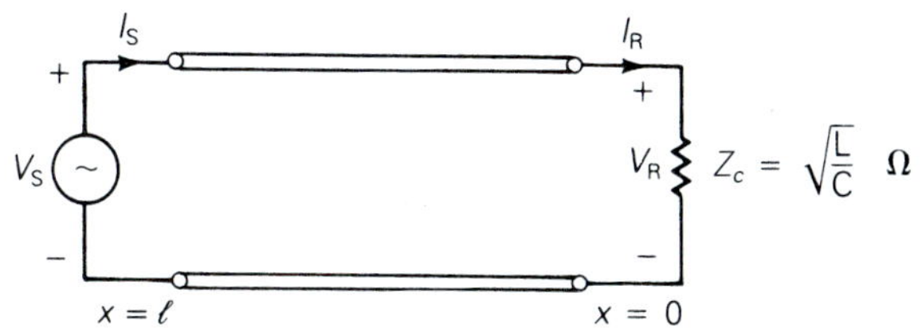

그림 5.9 서지 임피던스로 종단된 무손실 선로

또는 평형 3상 선로의 1상만을 표현한 것이다. 식 (5.4.13)으로부터 SIL하에서는

$$\begin{aligned} V(x) &= \cos(\beta x)\,V_R + jZ_c \sin(\beta x)I_R \\ &= \cos(\beta x)V_R + jZ_c \sin(\beta x)\left(\frac{V_R}{Z_c}\right) \\ &= (\cos\beta x + j\sin\beta x)\,V_R \\ &= e^{j\beta x}V_R \quad \text{volts} \end{aligned} \qquad (5.4.17)$$

$$|V(x)| = |V_R| \quad \text{V} \qquad (5.4.18)$$

상기 식에서 무손실 선로상의 임의의 점에서의 전압 크기는 일정, 즉 SIL하에서의 전압 프로파일은 수평하다는 것을 알 수 있다. 이때, 식 (5.4.14)로부터 전류를 구하여 보면,

$$\begin{aligned} I(x) &= \frac{j\sin(\beta x)}{Z_c}V_R + (\cos\beta x)\frac{V_R}{Z_c} \\ &= (\cos\beta x + j\sin\beta x)\frac{V_R}{Z_c} \\ &= (e^{j\beta x})\frac{V_R}{Z_c} \quad \text{A} \end{aligned} \qquad (5.4.19)$$

식 (5.4.17)과 식 (5.4.19)로부터 무손실 선로상의 임의의 점 x에서의 복소전력은

$$\begin{aligned} S(x) &= P(x) + jQ(x) = V(x)I^*(x) \\ &= (e^{j\beta x}V_R)\left(\frac{e^{j\beta x}V_R}{Z_c}\right)^* \\ &= \frac{|V_R|^2}{Z_c} \end{aligned} \qquad (5.4.20)$$

으로 송전단에서 수전단에 이르기까지 무손실 선로상의 모든 점에서의 송전전력은 같고, 무효전력은 0이다. 선로의 정격전압에서 무손실 선로에 송전되는 전력, 즉 SIL은

$$\text{SIL} = \frac{V_{\text{rated}}^2}{Z_c} \qquad (5.4.21)$$

표 5.2 대표적인 60 Hz 가공선로의 서지 임피던스와 SIL [1,2]
(Source: Electric Power Research Institute (EPRI), EPRI AC Transmission Line Reference Book—200 kV and Above (Palo Alto, CA: EPRI, *www.epri.com*. December 2005); Westinghouse Electric Corporation, *Electrical Transmission and Distribution Reference Book*, 4th ed. (East Pittsburgh, PA, 1964).)

V_{rated} (kV)	$Z_C = \sqrt{L/C}$ (Ω)	$SIL = V_{rated}^2/Z_C$ (MW)
69	366~400	12~13
138	366~405	47~52
230	365~395	134~145
345	280~366	325~425
500	233~294	850~1075
765	254~266	2200~2300

여기서 정격전압은 단상 및 3상 모두 선간전압을 의미하며, 3상의 경우는 3상 전체 전력이 된다. 표 5.2에 대표적인 60 Hz 가공선로의 서지 임피던스와 SIL을 제시하였다.

전압 프로파일

실제로 송전선로에 의해 전송되는 전력은 작게는 SIL의 수분의 1 정도(경부하)에서 크게는 수 배 정도(중부하)까지 변화하기 때문에 일반적으로 송전선로의 전압 프로파일은 SIL의 경우와 같이 수평하지 않다. 그림 5.10은 길이 l(0에서 파장의 1/4까지), 일정 송전전압 V_S를 갖는 무손실 송전선로에 대한 전압 프로파일을 다음에서 설명하는 (1) 무부하 시, (2) SIL 시, (3) 단락 시, (4) 최대부하 시의 4가지 경우에 대하여 나타낸 것이다.

1. 무부하 시 식 (5.4.13)에 전류를 $I_{RNL} = 0$으로 하면

$$V_{NL}(x) = (\cos \beta x)V_{RNL} \tag{5.4.22}$$

따라서 무부하 시 무손실 선로의 전압은 송전단 전압 $V_S = (\cos \beta l)V_{RNL}$에서 $x = 0$의 수전단 전압(V_{RNL})까지 증가한다.

2. 식 (5.4.18)로부터 SIL 시의 무손실 선로의 전압 프로파일은 수평하다.
3. 수전단에서의 단락 시, 즉 식 (5.4.13)에서 $V_{RSC} = 0$으로 놓으면

$$V_{SC}(x) = (Z_c \sin \beta x)I_{RSC} \tag{5.4.23}$$

이때, 무손실 선로의 전압 $V_S = (\sin \beta l)(Z_c I_{RSC})$은 송전단 전압에서 $x = 0$의 수전단 전압인 $V_{RSC} = 0$까지 감소한다.

4. 최대부하 시 무손실 선로의 전압 프로파일은 최대부하 시의 전류에 따라 다르며, 수전단 단락 시의 전압 프로파일보다는 위쪽에 놓인다.

그림 5.10은 수전단의 전압이 무부하 시는 높아지고, 중부하(최대부하) 시는 낮아지는 특성을 잘 보여주고 있다. 이와 같은 전압변동 문제는 선로의 길이가 길어짐에 따라 더욱 심각하게 나타나는데, 여기에 대한 대책인 병렬보상 방법은 5.6절에서 논하기로 한다.

정상상태 안정도 한계

그림 5.8의 등가 π회로로부터 무손실 선로에 의하여 송전되는 전력을 구해 보자. 송전단 및 수전단의 전압크기인 V_S 및 V_R이 일정하고, 수전단 전압에 대한 송전단 전압의 상차각을 δ라 하고, KCL을 적용하면 수전단 전류 I_R은

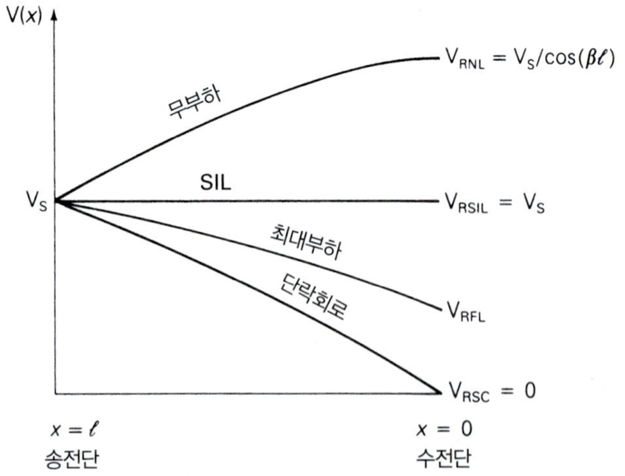

그림 5.10 길이(0에서 파장의 1/4까지), 일정 송전전압 V_S를 갖는 무손실 송전선로에 대한 전압 프로파일

$$I_R = \frac{V_S - V_R}{Z'} - \frac{Y'}{2}V_R = \frac{V_S e^{j\delta} - V_R}{jX'} - \frac{j\omega C' l}{2}V_R \tag{5.4.24}$$

이므로 수전단에 공급되는 복소전력 S_R은

$$S_R = V_R I_R^* = V_R\left(\frac{V_S e^{j\delta} - V_R}{jX'}\right)^* + \frac{j\omega C' l}{2}V_R^2 = V_R\left(\frac{V_S e^{-j\delta} - V_R}{-jX'}\right) + \frac{j\omega C' l}{2}V_R^2 = \frac{jV_R V_S \cos\delta + V_R V_S \sin\delta - jV_R^2}{X'} + \frac{j\omega C' l}{2}V_R^2 \tag{5.4.25}$$

공급된 유효전력은

$$P = P_S = P_R = \mathrm{Re}(S_R) = \frac{V_R V_S}{X'}\sin\delta \quad \mathrm{W} \tag{5.4.26}$$

무손실 선로이므로 $P_S = P_R$이다.

상기 식에서 송수전단 전압의 크기를 일정하게 한 상태에서 그 상차각 δ를 0°에서 180°까지 변화시켰을 경우의 유효전력 변화추이를 그리면 그림 5.11과 같이 나타난다. 이때 신로의 송전 가능한 죄대유효전력은 $\delta = 90°$에서 발생한다.

$$P_{max} = \frac{V_S V_R}{X'} \quad \mathrm{W} \tag{5.4.27}$$

P_{max}를 무손실 선로에서의 이론적 **정상상태 안정도 한계**라고 한다. 만약 이 안정도 한계를 벗어나는 일이 발생하면 송전단에서의 동기발전기들은 수전단에서의 동기발전기들과 동기를 이루지 못하고 불안정한 상태가 될 것이다. 안정도에 대한 상세한 내용은 12장을 참조한다.

SIL로 정상상태 안정도 한계를 나타내면 그 개념을 이해하기가 쉬워진다. 식 (5.4.10)과 식 (5.4.26)으로부터

$$P = \frac{V_S V_R \sin\delta}{Z_c \sin\beta l} = \left(\frac{V_S V_R}{Z_c}\right)\frac{\sin\delta}{\sin\left(\frac{2\pi l}{\lambda}\right)} \tag{5.4.28}$$

V_S와 V_R을 정격전압 기준으로 하여 pu로 나타내면

$$P = \left(\frac{V_S}{V_{rated}}\right)\left(\frac{V_R}{V_{rated}}\right)\left(\frac{V_{rated}^2}{Z_c}\right)\frac{\sin\delta}{\sin\left(\frac{2\pi l}{\lambda}\right)} = V_{Sp.u.}V_{Rp.u.}(\mathrm{SIL})\frac{\sin\delta}{\sin\left(\frac{2\pi l}{\lambda}\right)} \quad \mathrm{W} \tag{5.4.29}$$

송수전단 전압 상차각 $\delta = 90°$에서의 이론적 정상상태 안정도 한계는

$$P_{max} = \frac{V_{Sp.u.}V_{Rp.u.}(\mathrm{SIL})}{\sin\left(\frac{2\pi l}{\lambda}\right)} \quad \mathrm{W} \tag{5.4.30}$$

식 (5.4.27)~식 (5.4.30)으로부터 정상상태 안정도 한계에 미치는 두 가지 중요한 요소는 선로전압과 선로의 리액턴스이다. 즉, 안정도 한계는 선로전압의 제곱에 따라 증가하고, 선로의 길이에 따라 감소한다는 것이다. 식 (5.4.30)에서 $V_{Sp.u.} = V_{Rp.u.} = 1$, $\lambda = 5{,}000$ km, 선로길이 1,100

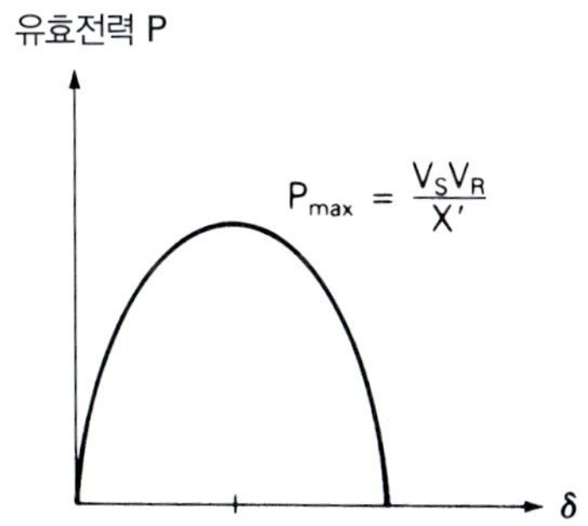

그림 5.11 무손실 선로의 송수전단 전압 상차각 변화에 따른 공급유효전력 변화

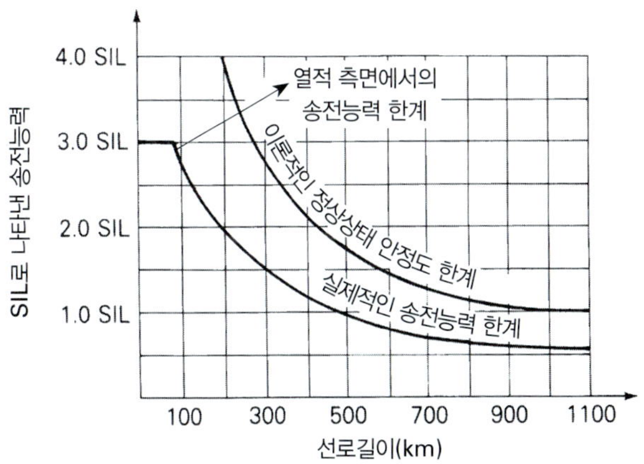

그림 5.12 직렬 또는 병렬 보상이 없는 60 Hz 가공선로의 송전능력 한계

km인 경우에 대하여 안정도 한계 P_{max}를 그리면 그림 5.12와 같다. 그림에서 정상상태 안정도 한계는 200 km의 4 SIL에서 400 km의 2 SIL로 감소된다.

예제 5.4 이론적 정상상태 안정도 한계: 장거리 선로

선로손실을 무시한 상태에서 예제 5.2의 300 km 선로에 대한 이론적 정상상태 안정도 한계를 구하시오. 서지임피던스 266.1 Ω, 파장 5,000 km, $V_S = V_R = 765$ kV(선간전압)로 한다.

| 풀이

식 (5.4.21)로부터

$$\text{SIL} = \frac{(765)^2}{266.1} = 2199 \quad \text{MW}$$

식 (5.4.30)에 $l = 300$ km, $\lambda = 5{,}000$ km를 대입하면

$$P_{max} = \frac{(1)(1)(2199)}{\sin\left(\dfrac{2\pi \times 300}{5000}\right)} = (2.716)(2199) = 5974 \quad \text{MW}$$

그림 5.12로부터 300 km 선로에 대한 이론적 정상상태 안정도 한계를 구해보면 2.72 SIL = 2.72 × 2,199 = 5,980 MW로 계산결과와 거의 일치한다(그림 5.13 참조).

PowerWorld Simulator의 예제 5_4를 열고 **Tools**의 **Play** 버튼을 누르면 그 결과를 애니메이션 형태로 볼 수 있다. 선로의 부하가 SIL일 경우 선로의 전압 프로파일은 수평이 되고, 무효전력손실은 0이 된다. 이 상태에서 선로의 부하가 SIL을 초과하여 증가하면 무효전력손실이 발생하여 수전단(부하단) 전압의 크기가 송전단 전압 이하로 작아진다. 이와 반대로 SIL보다 작은 부하의 경우는 선로에서 무효전력을 발생시켜 수전단 전압의 크기가 송전단 전압보다 크게 된다. 수전단(부하단)에서 부하 크기를 조정할 수 있는 화살표 버튼을 눌러서 수전단의 전압과 선로에서의 무효전력소비 상태를 살펴보시오.

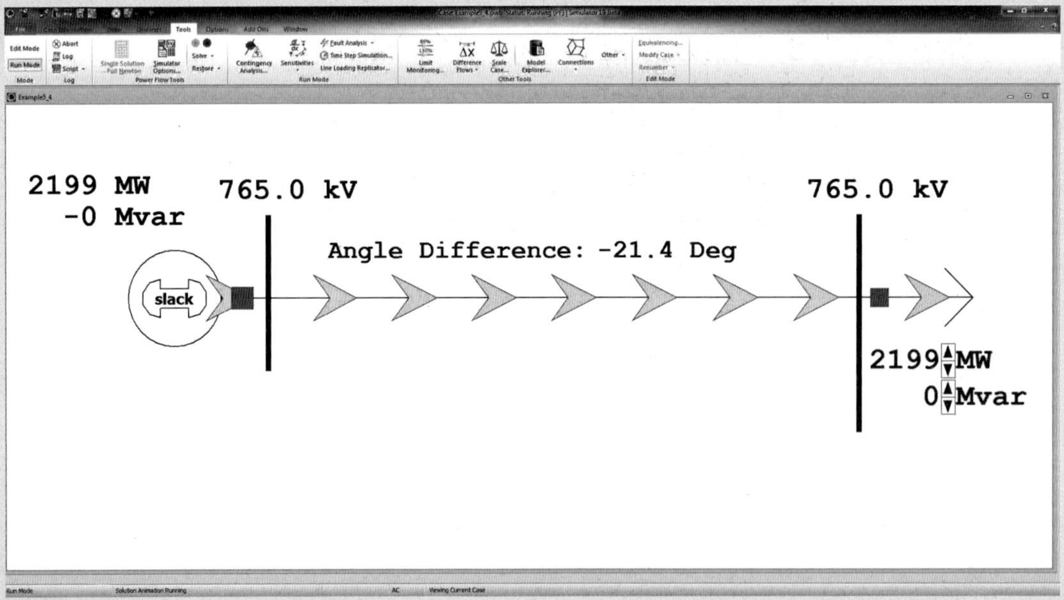

그림 5.13 예제 5.4의 화면

5.5 최대 송전가능전력

5.4절에서는 무손실 선로(R = G = 0)의 최대 송전가능 전력 또는 송전 가능한 최대유효전력, 즉 무손실 선로의 정상상태 안정도 한계를 살펴보았다. 이 절에서는 일반적인 분포정수 선로에서의 최대 송전가능전력(정상상태 안정도 한계)을 $ABCD$ 파라미터로 표현할 수 있는 관계식을 유도하고, 이를 무손실 선로의 경우와 비교해 보기로 한다. 이를 위해 분포정수 선로에 대한 일반적인 $ABCD$ 파라미터를 다음과 같이 정의하자.

$$A = \cosh(\gamma\ell) = \mathrm{A}\angle\theta_{\mathrm{A}}$$
$$B = Z' = \mathrm{Z}'\angle\theta_{\mathrm{Z}}$$
$$V_{\mathrm{S}} = \mathrm{V_S}\angle\delta \quad V_{\mathrm{R}} = \mathrm{V_R}\angle 0°$$

최대 송전가능전력을 수식으로 나타내기 위해서는 수전단에서의 복소전력을 구하여야 한다. 그래서 먼저, 식 (5.2.33)으로부터

$$I_{\mathrm{R}} = \frac{V_{\mathrm{S}} - AV_{\mathrm{R}}}{B} = \frac{\mathrm{V_S}e^{j\delta} - \mathrm{AV_R}e^{j\theta_{\mathrm{A}}}}{\mathrm{Z}'e^{j\theta_z}} \tag{5.5.1}$$

와 같은 수전단 전류를 구하여 이로부터 수전단에서의 복소선력을 구하면,

$$S_{\mathrm{R}} = \mathrm{P_R} + j\mathrm{Q_R} = V_{\mathrm{R}}I_{\mathrm{R}}^* = \mathrm{V_R}\left[\frac{\mathrm{V_S}e^{j(\delta-\theta_{\mathrm{Z}})} - \mathrm{AV_R}e^{j(\theta_{\mathrm{A}}-\theta_{\mathrm{Z}})}}{\mathrm{Z}'}\right]^*$$
$$= \frac{\mathrm{V_RV_S}}{\mathrm{Z}'}e^{j(\theta_{\mathrm{Z}}-\delta)} - \frac{\mathrm{AV_R^2}}{\mathrm{Z}'}e^{j(\theta_{\mathrm{Z}}-\theta_{\mathrm{A}})} \tag{5.5.2}$$

이로부터 수전단의 유효전력과 무효전력을 분리하여 표현하면,

$$\mathrm{P_R} = \mathrm{Re}(S_{\mathrm{R}}) = \frac{\mathrm{V_RV_S}}{\mathrm{Z}'}\cos(\theta_{\mathrm{Z}} - \delta) - \frac{\mathrm{AV_R^2}}{\mathrm{Z}'}\cos(\theta_{\mathrm{Z}} - \theta_{\mathrm{A}}) \tag{5.5.3}$$

$$\mathrm{Q_R} = \mathrm{Im}(S_{\mathrm{R}}) = \frac{\mathrm{V_RV_S}}{\mathrm{Z}'}\sin(\theta_{\mathrm{Z}} - \delta) - \frac{\mathrm{AV_R^2}}{\mathrm{Z}'}\sin(\theta_{\mathrm{Z}} - \theta_{\mathrm{A}}) \tag{5.5.4}$$

여기서 무손실 선로의 조건 $\theta_{\mathrm{A}} = 0°$, $B = Z' = j\mathrm{X}'$, $\mathrm{Z}' = \mathrm{X}'$, $\theta_{\mathrm{Z}} = 90°$를 식 (5.5.3)에 대입하면 무손실 선로의 수전단에서의 유효전력은

$$\mathrm{P_R} = \frac{\mathrm{V_RV_S}}{\mathrm{X}'}\cos(90 - \delta) - \frac{\mathrm{AV_R^2}}{\mathrm{X}'}\cos(90°)$$
$$= \frac{\mathrm{V_RV_S}}{\mathrm{X}'}\sin\delta \tag{5.5.5}$$

로 식 (5.4.26)과 동일하며, 무손실 선로의 송전 가능한 최대유효전력(정상상태 안정도 한계)은 이 식에서 $\delta = 90°$일 경우로 식 (5.4.27)과 동일하다.

한편, 무손실 선로가 아닌 일반 분포정수 선로에 대하여 이론적인 최대 송전가능전력(정상상태 안정도 한계)은 식 (5.5.3)에서 $\delta = \theta_{\mathrm{Z}}$일 경우에 발생한다.

$$\mathrm{P_{Rmax}} = \frac{\mathrm{V_RV_S}}{\mathrm{Z}'} - \frac{\mathrm{AV_R^2}}{\mathrm{Z}'}\cos(\theta_{\mathrm{Z}} - \theta_{\mathrm{A}}) \tag{5.5.6}$$

여기서 Z'는 일반적으로 X'보다 크므로 무손실 선로가 아닌 일반 분포정수 선로에서 송전 가능한 최대유효전력(정상상태 안정도 한계) $\mathrm{P_{Rmax}}$는 무손실 선로의 최대 송전가능전력(정상상태 안정도 한계)을 나타내는 식 (5.4.27)보다 작다.

예제 5.5 이론적으로 송전 가능한 최대유효전력: 장거리 선로

예제 5.2의 이론적 최대 송전 가능 유효전력을 MW와 SIL로 나타내시오. 단, $\mathrm{V_S} = \mathrm{V_R} = 765$ kV(선간전압)로 한다.

| 풀이

예제 5.2에서

$\mathrm{A} = 0.9313$ p.u. $\quad \theta_{\mathrm{A}} = 0.209°$
$\mathrm{B} = \mathrm{Z}' = 97.0\ \Omega \quad \theta_{\mathrm{Z}} = 87.2°$
$\mathrm{Z}_c = 266.1\ \Omega$

식 (5.5.6)에서 $\mathrm{V_S} = \mathrm{V_R} = 765$ kV를 대입하면

(계속)

$$P_{R\max} = \frac{(765)^2}{97} - \frac{(0.9313)(765)^2}{97}\cos(87.2° - 0.209°)$$
$$= 6{,}033 - 295 = 5{,}738\ \text{MW}$$

식 (5.4.20)으로부터

$$\text{SIL} = \frac{(765)^2}{266.1} = 2199 \quad \text{MW}$$

그러므로

$$P_{R\max} = \frac{5738}{2199} = 2.61 \quad \text{p.u.}$$

이 값은 예제 5.4의 무손실 선로의 경우보다 4% 정도 작다.

5.6 선로의 송전능력

실제 송전선로는 이론적인 송전 가능 최대전력 운전점, 즉 송수전단 전압이 상차각 90° 및 정격전압인 상태에서 운전되지 않고, 그림 5.12에서와 같이 이론적 정상상태 안정도 한계 곡선 아래에 있는 실제적인 송전능력 한계곡선 상에서 운전된다. 이 곡선은 과도 외란발생 동안에 안정도를 유지하기 위하여 전압강하 한계 $V_R/V_S \geq 0.95$, 송수전단 전압 상차각 최대 30~35° 범위에서 선로보상이 없는 60 Hz 선로에 대하여 구해진 것이다[1, 3]. 25 km 미만의 단거리 송전선로의 송전능력(loadability)은 전압강하 및 안정도 측면보다는 도체 또는 설비의 열적 정격 한도에 의하여 결정된다. 반면에 250 km 이상의 장거리 선로의 경우는 전압강하 및 안정도에 의하여 송전능력이 결정되는데, 5.7절에서 송전능력을 증가시킬 수 있는 직렬 및 병렬 보상방법에 대하여 소개한다.

예제 5.6 선로의 실제 송전능력과 %전압변동: 장거리 선로

예제 5.2의 300 km 송전선로는 상당 1,272,000 cmil (644.5 mm²) 54/3 ACSR 도체 4개로 구성되는 복도체로 되어 있다. 송전단 전압은 1.0 p.u.로 유지되고 있다고 가정할 경우 다음의 사항을 결정하시오.

a. 선로의 실제 송전능력(수전단 전압 V_R = 0.95 p.u., 송수전단 전압 상차각 δ = 35°일 경우)
b. 문제 a의 실제 송전능력 시 진상역률 0.986에서의 최대 부하전류
c. 문제 b에서 최대부하전류 시 정확한 수전단 전압
d. 최대부하전류 시 %전압변동
e. 부록 표 A.4에 근거한 선로의 열적 한계용량

| 풀이

a. 예제 5.2에서 V_S = 765 kV, V_R = 0.95 × 765 kV, δ = 35°, 그리고 예제 5.5에서 Z', θ_Z, A, θ_A를 식 (5.5.3)에 대입하면,

$$P_R = \frac{(765)(0.95 \times 765)}{97.0}\cos(87.2° - 35°) - \frac{(0.9313)(0.95 \times 765)^2}{97.0}\cos(87.2° - 0.209°)$$
$$= 3513 - 266 = 3247 \quad \text{MW}$$

도체의 열적 한계 및 전압강하 한계를 벗어나지 않는다면 P_R = 3,247 MW가 선로의 실제 송전능력이 된다. 그림 5.12로부터 300 km 선로의 실제 송전능력은 1.49 SIL = 1.49 × 2,199 = 3,277 MW로 앞의 계산값과 거의 일치한다.

b. 문제 a에서 구해진 송전능력하에서 수전단 조건 V_R = 0.95 × 765 kV, 진상역률 0.986에서의 수전단 최대부하 전류는

$$I_{RFL} = \frac{P_R}{\sqrt{3}V_R(\text{p.f.})} = \frac{3247}{(\sqrt{3})(0.95 \times 765)(0.986)}$$
$$= 2.616 \quad \text{kA}$$

(계속)

c. 문제 b에서 $I_{RFL} = 2.616\angle\cos^{-1} 0.986 = 2.616\angle 9.599°$ kA, 예제 5.2에서의 A, B 파라미터를 식 (5.1.1)에 대입하면,

$$V_S = AV_{RFL} + BI_{RFL}$$

$$\frac{765}{\sqrt{3}}\angle\delta = (0.9313\angle 0.209°)(V_{RFL}\angle 0°) + (97.0\angle 87.2°)(2.616\angle 9.599°)$$

$$441.7\angle\delta = (0.9313\,V_{RFL} - 30.04) + j(0.0034V_{RFL} + 251.97)$$

상기 식에서 크기의 제곱을 취하면,

$$(441.7)^2 = 0.8673V_{RFL}^2 - 54.24V_{RFL} + 64{,}391$$

V_{RFL}에 대하여 풀면,

$$V_{RFL} = 420.7\ kV_{LN} = 420.7\sqrt{3} = 728.7\ kV_{LL} = 0.953 \quad p.u.$$

d. 식 (5.1.19)로부터 수전단 무부하 시 전압을 구하면

$$V_{RNL} = \frac{V_S}{A} = \frac{765}{0.9313} = 821.4 \quad kV_{LL}$$

식 (5.1.18)로부터

$$\text{percent VR} = \frac{821.4 - 728.7}{728.7} \times 100 = 12.72\%$$

e. 표 A.4로부터 1,272,000 cmil (644.5 mm^2) 54/3 ACSR 도체 4개의 열적 한계용량은 $4 \times 1.2 = 4.8$ kA이다.

$V_S = 1.0$, $V_{RFL} = 0.953$ p.u.는 전압강하 한도 $V_R/V_S \geq 0.95$를 만족하고, 최대부하전류 2.616 kA도 도체의 열적용량 한계인 4.8 kA보다 작으므로 선로의 송전능력을 제한하는 요소는 무보상 송전선로 300 km에 대한 정상상태 안정도 한계이다. 무부하 시 전압은 821 kV로 정격전압보다 7.3% 크고, %전압변동은 12.7%로 지나치게 큰 값을 나타낸다. 무부하 시 전압을 낮추기 위한 보상방법은 5.7절에서 다루기로 한다.

예제 5.7 전력전송을 위한 송전선로 전압과 선로 수 결정

9,000 MW의 수력발전소가 500 km 떨어진 지점에 전력을 전송하려고 한다. 선로의 실제 송전능력을 고려하고 다음의 경우에 대하여 정전 시 여유선로 하나를 포함한 3상 60 Hz 송전선로의 수를 결정하시오. 단, $V_S = 1.0$ p.u., $V_R = 0.95$ p.u., $\delta = 35°$, 선로는 보상 및 상호결합이 없는 것으로 한다.

a. 특성 임피던스 $Z_c = 297\ \Omega$의 345 kV 선로
b. 특성 임피던스 $Z_c = 277\ \Omega$의 500 kV 선로
c. 특성 임피던스 $Z_c = 266\ \Omega$의 765 kV 선로

| 풀이

a. 345 kV 선로의 경우 식 (5.4.21)로부터 SIL은

$$SIL = \frac{(345)^2}{297} = 401 \quad MW$$

손실을 무시하고, 식 (5.4.29)에 $l = 500$ km, $\delta = 35°$를 대입하면

$$P = \frac{(1.0)(0.95)(401)\sin(35°)}{\sin\left(\frac{2\pi \times 500}{5000}\right)} = (401)(0.927) = 372 \quad MW/line$$

그림 5.12에서 500 km 60 Hz 무보상 가공선로의 실제 송전능력을 구해보면 P = (0.93)SIL로 거의 같은 값이 얻어진다. 따라서 9,000 MW의 전력을 전송하는 데 필요한 345 kV 송전선로는

$$\#345\text{-kV lines} = \frac{9000\ MW}{372\ MW/line} + 1 = 24.2 + 1 \approx 26$$

(계속)

b. 500 kV 선로의 경우도 전항과 동일하게 구하면

$$\mathrm{SIL} = \frac{(500)^2}{277} = 903 \quad \mathrm{MW}$$

$$P = (903)(0.927) = 837 \quad \mathrm{MW/line}$$

$$\#500\text{-kV lines} = \frac{9000}{837} + 1 = 10.8 + 1 \approx 12$$

c. 765 kV 선로의 경우도 전항과 동일하게 구하면

$$\mathrm{SIL} = \frac{(765)^2}{266} = 2200 \quad \mathrm{MW}$$

$$P = (2200)(0.927) = 2039 \quad \mathrm{MW/line}$$

$$\#765\text{-kV lines} = \frac{9000}{2039} + 1 = 4.4 + 1 \approx 6$$

선로전압이 345 kV에서 765 kV로 2.2배 증가함에 따라 송전선로의 수는 26개에서 6개로 4.3배로 줄어든다.

예제 5.8 중간변전소 설치가 전력전송에 필요한 송전선로 수에 미치는 영향

예제 5.7에서 송전선로를 3개의 167 km 구간으로 나누는 2개의 중간변전소를 설치하고, 그중 한 구간만 운전이 정지되는 것으로 한다면 6개의 765 kV 선로 대신에 5개의 765 kV 선로로도 충분한 전력전송이 가능한가?(그림 5.14 참조)

| 풀이

문제의 단순화를 위하여 선로손실을 무시하고, 500 km 765 kV 선로를 등가 π회로로 하면 식 (5.4.10)과 식 (5.4.15)로부터 직렬 리액턴스는

$$X' = (266)\sin\left(\frac{2\pi \times 500}{5000}\right) = 156.35 \quad \Omega$$

그림 5.14의 5개 선로와 한 구간 정지에 대한 등가 리액턴스를 구하면

$$X_{eq} = \frac{1}{5}\left(\frac{2}{3}X'\right) + \frac{1}{4}\left(\frac{X'}{3}\right) = 0.2167X' = 33.88 \quad \Omega$$

식 (5.4.26)으로부터

$$P = \frac{(765)(765 \times 0.95)\sin(35°)}{33.88} = 9412 \quad \mathrm{MW}$$

선로손실을 3% 또는 4% 정도 고려하면 송전전력은 약 9,100 MW가 되므로 필요한 전력전송이 충분히 가능하다. 즉, 2개의 중간변전소와 1개의 운전정지구간을 갖는 5개의 765 kV, 500 km 무보상 송전선로는 9,000 MW의 전력전송이 가능하다. 중간변전소 2개의 설치 및 운용에 소요되는 비용이 1개 송전선로의 건설과 운용에 소요되는 비용보다 적으면 경제적이다.

이 예제는 PowerWorld Simulator 케이스 예제 5_8(그림 5.15 참조)로 모델링하여 모의 검토할 수 있다. 각 선로구간은 167 km 분포정수 회로로 예제 5.4의 무손실 등가 π회로로 모델링된다. 각 선로구간의 파이 차트는 선로의 전송전력을 %로 나타낸 것이며, 3,500 MVA를 정격으로 하였다. 선로상의 적색 사각형은 차단기 폐로(on) 상태를 나타낸 것이며, 청색 사각형은 차단기 개로(off) 상태를 나타낸 것이다. 사각형 모양의 차단기를 클릭하면 on-off

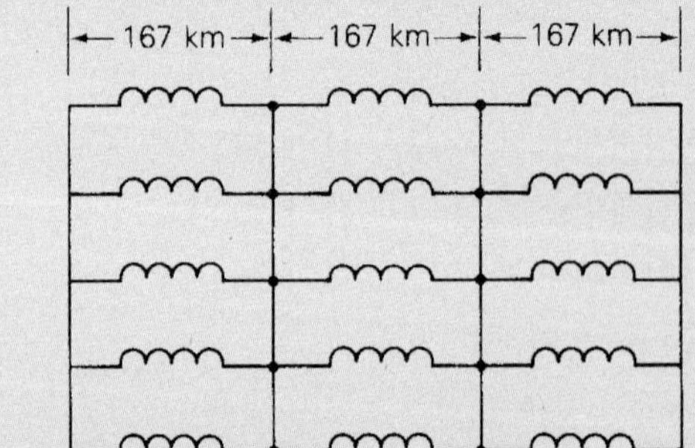

그림 5.14 예제 5.8의 송전선로 구성

(계속)

상태를 변경할 수 있다. 모의결과는 예제에서의 단순계산 결과와 조금 다르다. 왜냐하면 모의결과에는 선로의 커패시턴스를 고려하였기 때문이다. 모든 선로를 가동하는 것으로 하여 이 송전선로의 SIL이 11,000 MW, 즉 예제 5.4 선로의 SIL의 5배가 되도록 부하단의 화살표를 조정해보시오.

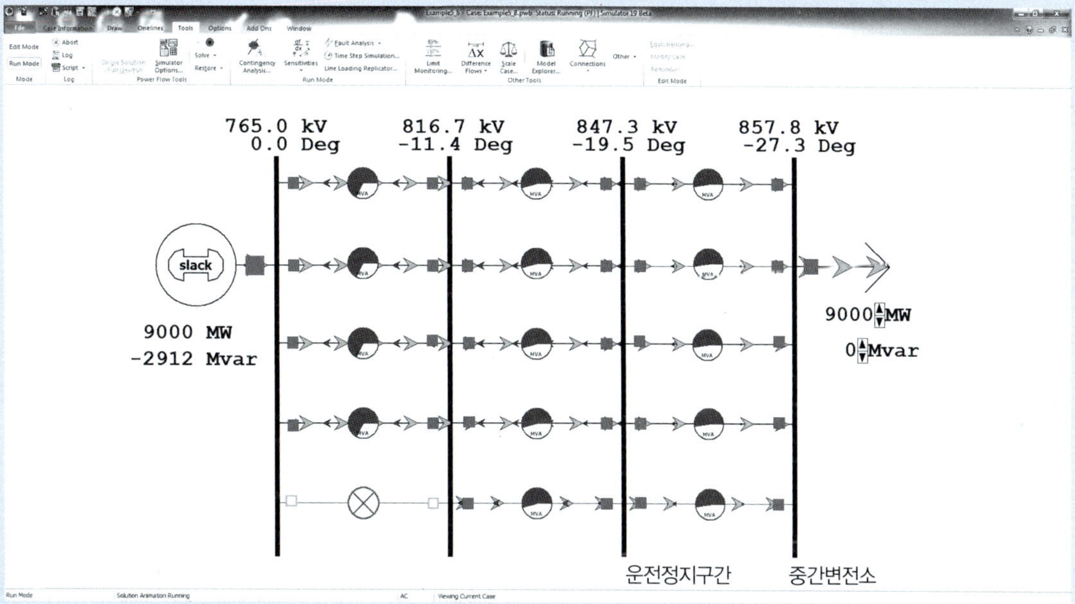

그림 5.15 예제 5.8의 화면

5.7 직병렬 보상방법

중거리 및 장거리 선로의 송전능력을 증가시키고 전압을 정격 근처로 유지시키기 위한 방법으로서 인덕터 및 커패시터를 선로에 병렬 또는 직렬로 연결하여 운전하는 무효전력 보상방법이 있다. 먼저, 초고압(EHV) 선로상의 필요한 지점에 각 상(중성선과 상 사이)에 설치하는 병렬 리액터(또는 인덕터)는 경부하 시 무효전력을 흡수하여 과전압 발생을 방지할 뿐 아니라 개폐동작 및 뇌 서지로 인한 과도과전압을 억제하는 보상기능을 수행한다. 그러나 운용상 주의할 점은 최대부하 시 제거하지 않으면 선로의 송전능력을 저하시킨다는 점이다.

병렬 리액터 보상방법 이외에 중부하 시 무효전력을 공급하여 송전전압이 낮아지지 않도록 하는 커패시터에 의한 병렬 보상방법이 있다. 병렬 보상의 또 다른 방법으로 커패시터와 사이리스터 스위치 리액터를 병렬로 연결한 소위 **정지형 무효전력보상장치**(SVC, static var compensator)에 의한 병렬 보상방법이 있는데, 이 SVC는 사이리스터 스위치의 자동제어를 통하여 경부하 시는 무효전력을 흡수하고 중부하 시는 무효전력을 공급하는 기능을 수행함으로써 순시전압변동을 최소화하고, 선로의 송전능력을 향상시킬 수 있게 한다. 기계적 부하가 없는 상태에서 운전되는 모터, 즉 동기콘덴서 역시 동일하게 무효전력 제어 기능을 수행할 수 있으나 동작 속도가 SVC보다 느리다.

한편, 선로상의 적절한 지점의 각 상에 커패시터를 직렬로 연결하는 직렬 커패시터 보상방법은 선로 전체의 임피던스를 작게 함으로써 선로의 전압강하를 줄이고 송전능력을 향상시키는 효과가 있다. 단, 주의할 점은 사고 시 큰 고장전류가 흐르므로 고장전류검출과 동시에 즉시 바이패스하고, 사고제거 후 자동 재투입하도록 해야 한다는 것이다. 또한 직렬 커패시터의 추가는 상용주파수 이하의 저주파수 공진현상이 일어날 수 있는데, 이는 터빈발전기의 축에 손상을 줄 수 있으며, 이를 **차동기 공진**(subsynchronous resonance)이라고 부른다. 그러나 송전선로의 신설비용에 비하여 매우 적은 비용으로 직렬 커패시터 보상장치를 설치하여 장거리 선로의 송전능력을 향상시킬 수 있다[1].

그림 5.16에 송전선로의 직병렬 보상방법에 대한 개념도와 그 등가회로를 제시한다. 여기서 N_C는 정상분 선로 임피던스의 %로 나타낸 직렬 용량성 리액턴스의 보상량이고, N_L은 정상분 선로 어드미턴스의 %로 나타낸 병렬 유도성 리액턴스의 보상량이다. 이 보상량들은 보상구간의 양쪽 끝에 1/2씩 나누어 설치되는 것으로 한다.

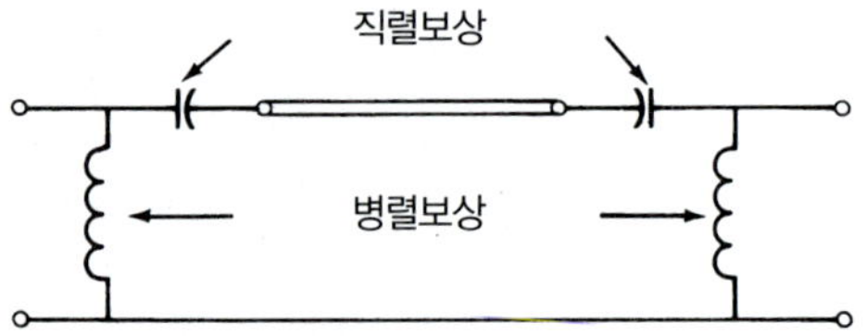

(a) 직병렬 보상의 개념도

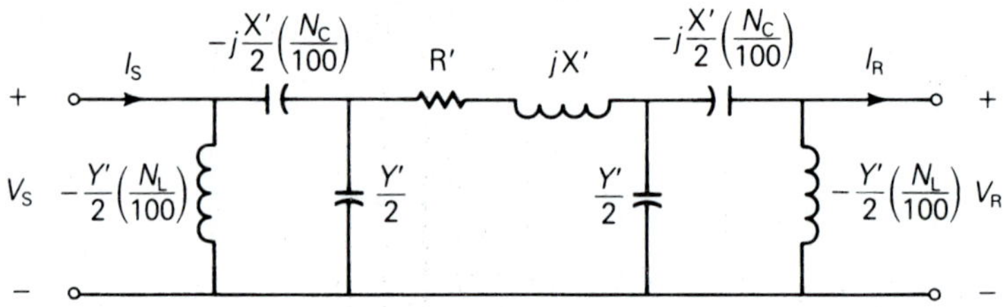

(b) 직병렬 보상의 등가회로

그림 5.16 송전선로의 직병렬 보상방법

예제 5.9 송전선로 전압변동 개선을 위한 병렬 보상

예제 5.2의 300 km 송전선로의 양쪽 끝에 경부하 시 동일한 크기의 인덕터(또는 리액터)를 각 도체로부터 중성점까지 병렬로 설치하여 75% 보상을 하려고 한다. 단, 중부하시는 제거하기로 한다. 최대부하는 730 kV 역률 1.0에서 1.9 kA이다. 송전단 전압은 일정하다는 가정하에 다음 사항을 결정하시오.

a. 보상되지 않은 선로에 대한 %전압변동
b. 보상된 선로의 등가 병렬 어드미턴스와 직렬 임피던스
c. 보상된 선로의 %전압변동

| 풀이

a. $I_{RFL} = 1.9\angle 0°$ kA, 그리고 예제 5.2의 A, B 파라미터를 식 (5.1.1)에 대입하면

$$
\begin{aligned}
V_S &= AV_{RFL} + BI_{RFL} \\
&= (0.9313\angle 0.209°)\left(\frac{730}{\sqrt{3}}\angle 0°\right) + (97.0\angle 87.2°)(1.9\angle 0°) \\
&= 392.5\angle 0.209° + 184.3\angle 87.2° \\
&= 401.5 + j185.5 \\
&= 442.3\angle 24.8° \quad \text{kV}_{LN}
\end{aligned}
$$

$$\text{V}_S = 442.3\sqrt{3} = 766.0 \quad \text{kV}_{LL}$$

무부하 시 수전단 전압은 식 (5.1.19)로부터

$$\text{V}_{RNL} = \frac{766.0}{0.9313} = 822.6 \quad \text{kV}_{LL}$$

보상되지 않은 선로의 %전압변동은 식 (5.1.18)로부터

(계속)

$$\text{percent VR} = \frac{822.6 - 730}{730} \times 100 = 12.68\%$$

b. 예제 5.3으로부터 보상되지 않은 선로의 등가 π회로의 병렬 어드미턴스는

$$Y' = 2(3.7 \times 10^{-7} + j7.094 \times 10^{-4})$$
$$= 7.4 \times 10^{-7} + j14.188 \times 10^{-4} \quad \text{S}$$

이므로 75% 보상량을 고려한 등가 병렬 어드미턴스는

$$Y_{eq} = 7.4 \times 10^{-7} + j14.188 \times 10^{-4}\left(1 - \tfrac{75}{100}\right)$$
$$= 3.547 \times 10^{-4} \underline{/89.88^\circ} \quad \text{S}$$

직렬보상은 이루어지지 않았으므로 등가 직렬 임피던스는 보상되지 않은 선로와 동일하다. 즉,

$$Z_{eq} = Z' = 97.0 \underline{/87.2^\circ} \quad \Omega$$

c. 보상된 선로의 등가 A 파라미터는

$$A_{eq} = 1 + \frac{Y_{eq} Z_{eq}}{2}$$
$$= 1 + \frac{(3.547 \times 10^{-4} \underline{/89.88^\circ})(97.0 \underline{/87.2^\circ})}{2}$$
$$= 1 + 0.0172 \underline{/177.1^\circ}$$
$$= 0.9828 \underline{/0.05^\circ} \quad \text{p.u.}$$

식 (5.1.19)로부터

$$V_{RNL} = \frac{766}{0.9828} = 779.4 \quad kV_{LL}$$

중부하 시 병렬 리액터는 제거된다. 따라서 최대부하 시 수전단 전압은 보상되지 않은 선로의 최대부하 시 수전단 전압과 동일하다. 그러므로 %전압변동은

$$\text{percent VR} = \frac{779.4 - 730}{730} \times 100 = 6.77\%$$

경부하 시 병렬 리액터의 보상으로 이 선로의 전압변동이 12.68%에서 6.77%로 개선됨을 알 수 있다.

예제 5.10 송전선로 송전능력 향상을 위한 직렬 보상

예제 5.2의 300 km 송전선로의 양쪽 끝에 동일한 크기의 커패시터를 직렬로 각 상에 설치하여 30% 보상을 하려고 한다. 보상된 선로가 전송할 수 있는 이론적 최대 송전전력을 구하고, 보상되지 않은 선로와 비교하시오. 단, $V_S = V_R = 765$ kV로 한다.

| 풀이

예제 5.3으로부터 보상되지 않은 선로의 등가 직렬 리액턴스는

$$X' = 97.0 \sin 87.2^\circ = 96.88 \quad \Omega$$

여기의 30%를 직렬 보상하므로 이것의 1/2을 취하여 선로 양 끝에 설치할 직렬 커패시터의 임피던스는

$$Z_{cap} = -jX_{cap} = -j\left(\tfrac{1}{2}\right)(0.30)(96.88) = -j14.53 \quad \Omega$$

그림 5.4로부터 이 직렬 커패시터의 임피던스에 대한 $ABCD$ 파라미터는

$$\begin{bmatrix} 1 & -j14.53 \\ 0 & 1 \end{bmatrix}$$

직렬로 연결된 선로 전체의 등가 $ABCD$ 파라미터는 그림 5.4에서 나와 있는 바와 같이 선로 각각의 $ABCD$ 파라미터 곱셈으로부터 얻을 수 있다. 여기에 적용되는 예는 직렬 보상선로−원래의 선로−직렬보상선로의 3직렬 선로이므로 예제 5.2의 $ABCD$ 파라미터와 직렬 보상선로의 $ABCD$ 파라미터를 이용하여 구한 3직렬 선로의 전체 등가 $ABCD$ 파라미터는

(계속)

$$\left[\begin{array}{c|c} 1 & -j14.53 \\ \hline 0 & 1 \end{array}\right]\left[\begin{array}{c|c} 0.9313\underline{/0.209°} & 97.0\underline{/87.2°} \\ \hline 1.37\times10^{-3}\underline{/90.06°} & 0.9313\underline{/0.209°} \end{array}\right]\left[\begin{array}{c|c} 1 & -j14.53 \\ \hline 0 & 1 \end{array}\right]$$

상기의 곱셈을 정리하면,

$$\left[\begin{array}{c|c} A_{eq} & B_{eq} \\ \hline C_{eq} & D_{eq} \end{array}\right] = \left[\begin{array}{c|c} 0.9512\underline{/0.205°} & 69.70\underline{/86.02°} \\ \hline 1.37\times10^{-3}\underline{/90.06°} & 0.9512\underline{/0.205°} \end{array}\right]$$

송전능력과 관계되는 A_{eq}, B_{eq}만 정리하면,

$$A_{eq} = 0.9512 \quad \text{per unit} \qquad \theta_{Aeq} = 0.205°$$

$$B_{eq} = Z'_{eq} = 69.70 \quad \Omega \qquad \theta_{Zeq} = 86.02°$$

$V_S = V_R = 765$ kV와 함께 이들을 식 (5.5.6)에 대입하면

$$P_{Rmax} = \frac{(765)^2}{69.70} - \frac{(0.9512)(765)^2}{69.70}\cos(86.02° - 0.205°)$$

$$= 8396 - 583 = 7813 \quad \text{MW}$$

이 결과는 예제 5.5의 보상이 없는 선로의 최대 송전능력 5,738 MW보다 36.2% 크다. 또한, 이 직렬 보상선로의 실제 송전능력은 보상이 없는 선로에 대하여 구한 예제 5.6에서의 송전능력 3,247 MW보다 35% 크다.

이 예제는 PowerWorld Simulator 케이스 예제 5_10에 의하여 그림 5.17에서와 같이 모델링할 수 있다. 그림에서 선로 양쪽의 직렬 커패시터를 개방하면 바이패스(bypassed)로 표시되며, 이는 단락회로로 모델링되었다. 이 경우 예제 5.4와 같게 된다. 선로 양쪽의 직렬 커패시터를 동작시키려면 청색 버튼의 바이패스(Bypassed)를 클릭하시오. 그러면 선로 양쪽의 전압 상차각이 작아져 결국 송전능력이 증가하게 됨을 확인할 수 있다.

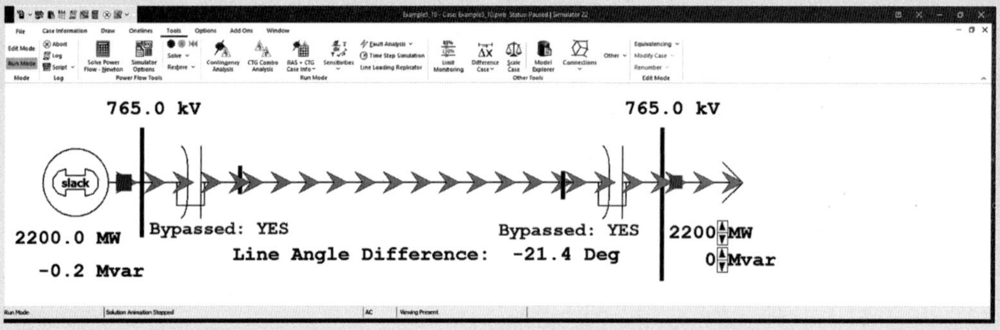

그림 5.17 예제 5.10의 화면

연습문제

5.1절

5.1 30 km, 34.5 kV, 60 Hz, 정상분 임피던스 $z = 0.19 + j0.34$ Ω/km인 3상 송전선로의 수전단에 10 MVA의 부하가 33 kV에서 운전되고 있다. 단거리 선로에 대하여 다음을 결정하시오. (a) 4단자회로의 *ABCD* 파라미터 (b) 부하역률 지상 0.9에 대한 송전단 전압 (c) 부하역률 진상 0.9에 대한 송전단 전압

5.2 200 km, 230 kV, 60 Hz, 정상분 임피던스 $z = 0.08 + j0.48$ Ω/km, 정상분 병렬 어드미턴스 $y = j3.33 \times 10^{-6}$ S/km인 3상 송전선로의 수전단에 최대부하 250 MW, 역률 지상 0.99의 부하가 220 kV에서 운전되고 있다. 공칭 π회로의 중거리 선로로 하여 다음을 계산하시오. (a) 4단자회로의 *ABCD* 파라미터 (b) 송전단에서의 전압과 전류 (c) %전압변동

5.3 연습문제 5.2를 3상 기준용량 1,000 MVA, 선간기준전압 230 kV로 하여 pu 단위로 계산하시오. (a) 4단자회로의 *ABCD* 파라미터[p.u.] (b) 송전단에서의 전압과 전류[p.u.] (c) %전압변동

5.4 그림 5.4에서 2개의 회로가 직렬로 연결된 경우의 등가 *ABCD* 파라미터를 유도하시오.

5.5 그림 5.4에서 T회로에 대한 *ABCD* 파라미터를 유도하시오.

5.6 (a) 그림 5.3의 공칭 π회로로 표현된 중거리 선로에 대하여 수전단에서의 지상역률 시 페이저 벡터도를 그리시오.

(b) 그림 5.18과 같은 공칭 T회로로 표현된 중거리 선로에 대하여

(i) 지상역률부하에 대한 페이저 벡터도를 그리시오.

(ii) 공칭 T회로 및 문제 (a)의 공칭 π회로의 *ABCD* 파라미터를 *Y*와 *Z*로 표현하시오.

5.7 상 임피던스 $0.5\underline{/53.15^\circ}$ Ω인 단거리 3상 송전선로의 수전단에 1,200 kW, 지상역률 0.8의 3상 부하가 운전되고 있다. 송전단에서의 선간전압이 3.3 kV일 경우

(a) 수전단 선간전압[kV]을 구하시오.

(b) 선로 전류를 구하시오. 그리고, 선로전류 *I*를 기준으로 하여 페이저 벡터도를 그리시오.

5.8 다음의 경우에 대하여 연습문제 5.7을 반복 수행하시오. (a) 송전단 역률 (b) 송전단 3상 전력 (c) 3상 전력손실

5.9 인접도체가 거리가 7 m 수평배치이고, 상당 한 개의 ACSR 954 kcmil로 구성된 3상 선로가 100 km, 230 kV, 60 Hz 완전연가되어 수전단에서 전압 218 kV, 최대부하 300 MVA로 운전되고 있다. 중거리 선로를 나타내는 공칭 π회로를 이용하여 *ABCD* 파라미터, 송전단 전압 및 (a) 지상역률 0.9, (b) 역률 1.0 (c) 진상역률 0.9에서의 전압변동을 계산하시오. 단, 이 선로의 저항값은 도체온도 50°C를 기준으로 한다.

5.10 연습문제 4.20과 4.41의 180 km, 500 kV, 60 Hz 3상 선로가 수전단에서 전압 475 kV, 최대부하 1,600 MW, 진상역률 0.95로 운전되고 있다. 중거리 선로를 나타내는 공칭 π회로를 이용하여 (a) *ABCD* 파라미터, (b) 송전단 전압과 전류, (c) 송전단 전력과 역률, (d) 최대부하 시 선로손실과 효율 (e) %전압변동을 계산하시오. 단, 이 선로의 저항값은 도체온도 50°C를 기준으로 한다.

5.11 40 km, 220 kV, 60 Hz, 상당저항 0.15 V/km, 상당 인덕턴스 1.363 mH/km인 3상 가공선로를 단거리 선로로 가정하여 다음과 같은 3상 부하 운전 시 송전단 전압, 전압변동, 송전단 전력 및 송전선로 효율을 구하시오. 단, 병렬 어드미턴스는 무시한다. (a) 381 MVA, 지상역률 0.8, 수선단 전압 220 kV (b) 381 MVA, 진상역률 0.8, 수전단 전압 220 kV

5.12 100 km, 60 Hz, 상당 직렬 임피던스 $z = 0.1826 + j0.784$ Ω/km, 상당 병렬 용량성 리액턴스 $185.5 \times 10^3\underline{/-90^\circ}$ Ωkm인 3상 가공 송전선로를 중거리 선로의 공칭 π회로를 이용하여 (a) 선로 전체의 직렬 임피던스와 병렬 어드미턴스를 구하시오. (b) 수전단에서 200 MVA, 역률 1.0의 부하가 선간전압 230 kV로 운전될 경우, 송전단에서의 전압과 전류, 그리고 유효전력과 무효전력을 구하시오. (c) %전압변동을 구하시오.

5.2절

5.13 $\gamma l = 0.40\underline{/85^\circ}$일 경우, $\cosh(\gamma l)$과 $\tanh(\gamma l)$을 구하시오.

5.14 500 km, 500 kV, 60 Hz, 정상분 직렬 임피던스 $z = 0.03 + j0.35$ Ω/km, 정상분 병렬 어드미턴스 $y = j4.4 \times 10^{-6}$ S/km인 무보상 3상 선로에 대하여 (a) 특성 임피던스 Z_c, (b) (γl), (c) 선로의 정확한 *ABCD* 파라미터를 구하시오.

5.15 연습문제 5.14의 수전단 전압 475 kV에서 최대부하가 900 MW, 역률 1.0인 경우에 대하여 (a) 송전단 전압, (b) 송전단 전류, (c) 송전단 역률, (d) 최대부하 시 선로손실, (e) %전압변동을 구하시오.

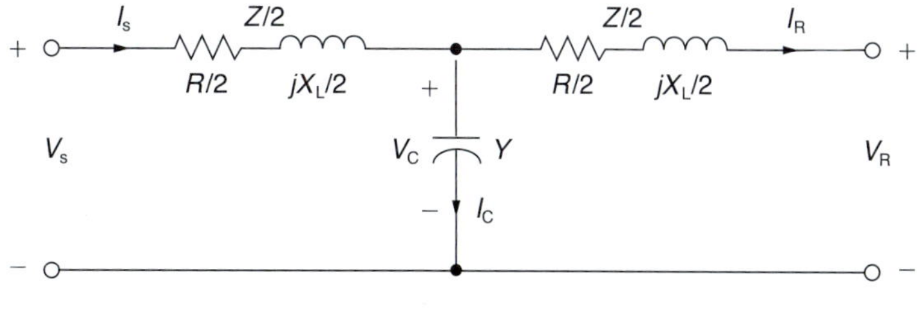

그림 5.18 연습문제 5.6의 공칭 T회로

5.16 500 kV, 300 km, 60 Hz 3상 선로가 $z = 0.02 + j0.335\ \Omega/\text{km}$, $y = j4.807\ \mu\text{S/km}$일 경우, (a) 특성 임피던스 Zc, (b) (γl), (c) 선로의 정확한 $ABCD$ 파라미터를 구하시오. 단, 이 선로의 저항값은 도체온도 50°C를 기준으로 한다.

5.17 연습문제 5.16의 선로가 수전단 전압 480 kV에서 최대부하 1,500 MVA에 전력을 공급하고 있다. 수전단 역률이 (a) 지상 0.9, (b) 1.0, (c) 진상 0.9인 경우에 대하여 송전단 전압과 %전압변동을 구하시오.

5.18 230 km, 60 Hz, 직렬 임피던스 $z = 0.8431\angle 79.04°\ \Omega/\text{km}$, 병렬 어드미턴스 $y = 5.015 \times 10^{-6}\angle 90°\ \text{S/km}$인 3상 가공선로에서 수전단 전압 215 kV, 역률 1.0, 125 MW의 부하가 운전되고 있다. 송전단에서의 전압, 전류, 유효전력, 무효전력 및 %전압변동을 구하고, 또한 이 선로의 전압 및 전류의 파장 및 전송속도를 구하시오.

5.19 연습문제 5.18을 pu 단위를 사용하여 송전단 전압과 전류를 구하시오.

5.20 (a) 쌍곡선 함수의 전개공식은 다음과 같다.

$$\cosh\theta = 1 + \frac{\theta^2}{2} + \frac{\theta^4}{24} + \frac{\theta^6}{720} + \cdots$$

$$\sinh\theta = 1 + \frac{\theta^2}{6} + \frac{\theta^4}{120} + \frac{\theta^6}{5040} + \cdots$$

위의 공식의 처음 2차항까지만 고려하여 등가 π회로로 표현된 장거리 송전선로의 $ABCD$ 파라미터를 Y와 Z로 표현해보시오.

(b) 그림 5.3과 5.7의 공칭 π회로와 등가 π회로에서 $(A-1)/B = Y/2$ 및 $(A-1)/B = Y'/2$의 관계식이 성립함을 증명하시오.

5.21 식 (5.1.1)에서 $A = (V_S I_S + V_R I_R)/(V_R I_S + V_S I_R)$ 및 $B = (V_S^2 - V_R^2)/(V_R I_S + V_S I_R)$을 공칭 π회로와 비교하시오.

5.22 $A = \cosh\theta$(단, $\theta = \sqrt{ZY}$)인 장거리 선로에서 $x = e^{-\theta} = x_1 + jx_2$, $A = A_1 + jA_2$로 표시할 경우

$$x_1^2 - x_2^2 - 2(A_1x_1 - A_2x_2) + 1 = 0$$

$x_1x_2 - (A_2x_1 + A_1x_2) = 0$임을 보이시오.

5.3절

5.23 연습문제 5.14의 선로에 대한 등가 π회로를 구하고 그 결과를 공칭 π회로와 비교하시오.

5.24 연습문제 5.16의 선로에 대한 등가 π회로를 구하고 그 결과를 공칭 π회로와 비교하시오.

5.25 연습문제 5.12의 송전선로를 200 km까지 연장하고 부하조건은 동일한 것으로 한다. (a) 송전단 전압을 구하시오. (b) 송전단 전류를 구하시오. (c) 송전단 유효전력, 무효전력을 구하시오. (d) %전압변동을 구하시오.

5.4절

5.26 350 km, 500 kV, 60 Hz, 정상분 직렬 리액턴스 $x = 0.34\ \Omega/\text{km}$, 정상분 병렬 어드미턴스 $y = j4.5 \times 10^{-6}\ \text{S/km}$인 무보상 3상 선로에 대하여 손실을 무시하고 (a) 특성 임피던스 Z_c, (b) γl, (c) $ABCD$ 파라미터, (d) 파장 λ [km], (e) 서지 임피던스전력[MW]을 구하시오.

5.27 직렬인덕턴스 0.4 μH/m, 병렬커패시턴스 28.3 pF/m인 무손실 60 Hz 송전선로의 서지임피던스를 구하시오.

5.28 연습문제 5.27의 송전선로에 대한 파장을 구하라. 또한, 파장과 주파수의 곱으로 정의되는 전송속도를 구하라. 이 구하여진 전송속도는 합당한가?

5.29 송전선로의 운전주파수가 400 Hz일 경우에 대하여 연습문제 5.27과 연습문제 5.28을 수행하라. 이때, 서지임피던스, 전송속도 및 파장은 어떻게 영향을 받는지 비교하여라.

5.30 식 (4.6.22)와 식 (4.10.4)로부터 3상 가공선로의 직렬 인덕턴스와 병렬 커패시턴스는

$$L_a = 2 \times 10^{-7}\ln(D_{eq}/D_{SL}) = \frac{\mu_0}{2\pi}\ln(D_{eq}/D_{SL}) \quad \text{H/m}$$

$$C_{an} = \frac{2\pi\varepsilon_0}{\ln(D_{eq}/D_{SC})} \quad \text{F/m}$$

여기서, $\mu_0 = 4\pi \times 10^{-7}$ H/m

$$\varepsilon_0 = \left(\frac{1}{36\pi}\right) \times 10^{-9}\ \text{F/m}$$

상기 식을 사용하여 무손실 가공선로의 서지 임피던스와 전송속도를 구하는 공식을 유도하시오. 이 공식을 이용하여 예제 4.5의 3상 선로에 대한 서지 임피던스와 전송속도를 구하시오. 단, 정상분만을 고려하고, 중성선과 대지의 영향, 선로의 손실은 모두 무시한다.

5.31 500 kV, 300 km, 60 Hz, 상당 직렬 인덕턴스 0.97 mH/km, 상당 병렬 커패시턴스 0.0115 μF/km인 무손실 3상 가공선로에 대하여 다음에 답하시오. (a) 위상정수

β와 서지 임피던스 Z_c, 전파속도 v, 파장 λ를 구하시오. (b) 수전단에서 800 MW, 지상역률 0.8의 부하가 500 kV에서 운전될 경우, 송전단에서의 전압, 전류, 유효전력, 무효전력 및 %전압변동을 구하시오.

5.32 선로의 사전설계 시 $V_S = 1.0$ p.u., $V_R = 0.9$ p.u., $\lambda = 5{,}000$ km, $Z_C = 320\ \Omega$, $\delta = 36.8°$로 하였다. 발전소로부터 315 km 떨어진 변전소에 700 MW 3상 전력을 전송하고자 할 경우 다음의 질문에 답하시오. (a) 선로의 실제 송전능력 관계식에 근거하여 3상 송전선로의 공칭전압을 결정하시오. (b) (a)에서 얻어진 전압레벨에서 전송 가능한 이론적 송전전력을 결정하시오.

5.33 방사상 선로의 각 선로마다 특성 임피던스 Z_c가 부하로 수전단에 연결된 장거리 방사상 선로에 대하여 다음을 결정하시오.

(a) 구동점 임피던스 V_1/I_1

(b) 전압이득 $|V_2|/|V_1|$을 αl로 나타내시오.

(c) 전류이득 $|I_2|/|I_1|$을 αl로 나타내시오.

(d) 복소전력이득 $-S_{21}/S_{12}$를 αl로 나타내시오.

(e) 유효전력효율 $-P_{21}/S_{12} = \eta$를 αl로 나타내시오.

[주: 1은 송전단, 2는 수전단, S_{21}은 수전단에서 받은 복소전력, S_{12}는 송전단에서 공급된 복소전력을 의미한다.]

5.34 무손실 선로의 경우 연습문제 5.33의 결과는 어떻게 변하는가? 이 경우 특성 임피던스 Z_c는 실수가 될 것이며, 이때 P_{12}를 $|I_1|$과 $|V_1|$으로 표현하시오.

5.35 단거리 선로, 중거리 선로 및 장거리 선로 모델의 3가지 경우에 대하여 무손실 개방선로의 송전단 전압 V_1을 수전단 전압 V_2로 표현하시오. βl만이 적은 경우에 대하여, 장거리 선로의 수전단 개방전압이 송전단 전압보다 크다는 것이 사실인가?

5.5절

5.36 상당 임피던스 $(R + jX)\ \Omega$을 갖는 단거리 송전선로에 대하여 송전단 전압과 수전단 전압이 일정하고, $dP/dQ = 0$일 때 $Q = \dfrac{-V_R^2 X}{R^2 + X^2}$인 조건에 대하여 전송 가능한 최대 송전전력이

$$P_{max} = \frac{V_R^2}{Z^2}\left(\frac{ZV_S}{V_R} - R\right),\ \text{여기서}\ Z = \sqrt{R^2 + X^2}\text{임을}$$

증명하시오.

5.37 (a) 단상 등가회로로 표현된 그림 5.19와 같은 3상 송진신로에 있어서 모선 1(또는 V_1)에서 공급된 복소전력 S_{12}와 모선 2(또는 V_2)에서 공급받은 복소전력 $-S_{21}$을 V_1, V_2, Z, $\angle Z$, $\theta_{12} = \theta_1 - \theta_2$(역률각)으로 표현하시오.

(b) 3상 평형 송전선로에 있어서 $Z = 1\angle 85°$ p.u., $\theta_{12} = 10°$일 경우, (i) $V_1 = V_2 = 1.0$ p.u., (ii) $V_1 = 1.1$ p.u., $V_2 = 0.9$ p.u.에 대하여 복소전력 S_{12}와 $-S_{21}$을 구하시오. (i)에서 (ii)까지의 유효전력과 무효전력의 변화에 대하여 설명하시오.

5.38 연습문제 5.14의 선로가 상당 ACSR 1,113 kcmil (564 mm²) 도체 3개인 복도체로 구성되어 있다면, 이 선로가 전송 가능한 이론상 최대 유효전력을 구해보고, 그 결과를 열적 한계 측면에서의 송전전력과 비교하시오. 단, $V_S = V_R = 1.0$ p.u., 수전단에서의 역률은 1.0이다.

5.39 선로길이 (a) 200 km, (b) 600 km인 경우에 대하여 연습문제 5.14와 5.38을 반복수행하시오.

5.40 직렬인덕턴스 12 mH, 60 Hz의 송전선로에서 송수전단의 전압한계가 100 kV, 최대허용 상차각이 30°일 경우, 이론상 송전 가능한 최대 유효전력은 얼마인가?

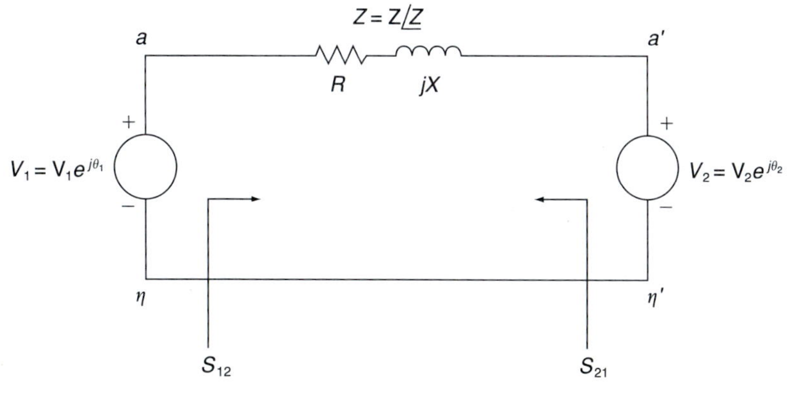

그림 5.19 연습문제 5.37의 단상 등가회로

5.41 230 kV, 100 km, 60 Hz, 직렬 임피던스 $z = 0.088 + j0.465\ \Omega$/km, 병렬 어드미턴스 $y = j3.524\ \mu$S/km인 3상 가공선로의 상당 정격전류는 900 A이다.

(a) pu 단위로 공칭 π회로를 구하시오. 단, 3상 기준용량은 100 MVA, 기준 선간전압은 230 kV이다.

(b) 선로의 3상 정격용량을 구하시오.

(c) *ABCD* 파라미터를 구하시오.

(d) SIL을 구하시오.

5.42 발전소로부터 500 km 떨어진 변전소에 3상 전력 460 MW를 송전하려고 한다. $V_S = 1.0$ p.u., $V_R = 0.9$ p.u., $\lambda = 5{,}000$ km, $Z_c = 500\ \Omega$, $\delta = 36.87°$일 경우, 식 (5.4.29)에 근거하여 무손실 선로의 공칭전압을 결정하시오. 이를 이용하여 무손실 송전선로에서 송전 가능한 이론상 3상 최대전송전력을 구하시오.

5.43 **PW** PowerWorld Simulator의 예제 5_4를 열어서 부하단의 역률이 1.0일 때 유효전력 변화에 따른 수전단 전압의 변화를 도식하시오. 부하전압이 0.9 p.u. 이상 유지되도록 할 경우 역률 1.0에서 전송 가능한 최대 유효전력은 얼마인가?

5.44 **PW** 연습문제 5.43에서 부하의 유효전력이 1,499 MW일 경우, 전력 무효전력 변화에 따른 수전단 전압의 변화를 도식하시오.

5.6절

5.45 연습문제 5.14와 5.38에서 (a) $V_S = 1.0$ p.u., $V_R \approx 0.95$ p.u., $\delta_{max} = 35°$일 경우 선로의 실제적 송전능력 [MW]을 구하시오. (b) (a)에서 구한 송전능력에서 부하역률이 진상 0.99일 경우 부하전류를 구하시오. (c) (b)의 부하전류 시 수전단의 정확한 전압을 구하시오. (d) %전압변동을 구하시오. 그리고 이 선로의 송전능력은 열적 한계 측면, 전압 강하 측면 및 정상상태 안정도 측면 중 어느 것에 의하여 결정되는가?

5.46 연습문제 5.10의 500 kV 선로에 대하여 연습문제 5.45를 반복수행하시오.

5.47 연습문제 5.14의 선로길이가 (a) 200 km, (b) 600 km인 경우, 실제적 송전능력을 [MW]와 SIL pu로 구하시오. 단, $V_S = 1.0$ p.u., $V_R = 0.95$ p.u., $\delta = 35°$, 수전단 부하역률은 진상 0.99로 한다.

5.48 발전소로부터 300 km 떨어진 부하지역에 2,000 MW의 전력을 송전하려고 한다. 다음의 경우에 대하여 1개의 정전선로를 고려하여 60 Hz 3상 무보상 송전선로의 개수를 결정하시오. 단, $V_S = 1.0$ p.u., $V_R = 0.95$ p.u., $\delta_{max} = 35°$이다.

(a) 345 kV, $Z_c = 300\ \Omega$

(b) 500 kV, $Z_c = 275\ \Omega$

(c) 765 kV, $Z_c = 260\ \Omega$

5.49 다음에 대하여 연습문제 5.48을 반복수행하시오. (a) 발전소로부터 300 km 떨어진 부하지역에 3,200 MW의 전력전송 시 (b) 발전소로부터 400 km 떨어진 부하지역에 2,000 MW의 전력전송 시

5.50 4개의 60 Hz 가공 송전선을 통하여 300 km 떨어진 지점에 4,000 MW의 전력을 송전하려고 한다. 사전 예비설계 단계에서 위상정수 $\beta = 9.46 \times 10^{-4}$ rad/km, 서지 임피던스 $Z_c = 343\ \Omega$으로 검토되었다. $V_S = 1.0$ p.u., $V_R = 0.9$ p.u., $\delta = 36.87°$로 하여 선로의 실제 전송능력에 적합한 공칭 전압레벨을 [kV] 단위로 결정하시오.

5.51 선로 임의의 점에서의 송전전력은 *ABCD* 파라미터에 의해 계산될 수 있다. $A = |A|\angle\alpha$, $B = |B|\angle\beta$, $V_R = |V_R|\angle 0°$, $V_S = |V_S|\angle\delta$로 하여 수전단에서의 복소전력을 구하면 다음과 같다.

$$P_R + jQ_R = \frac{|V_R||V_s|\angle\beta - \delta}{|B|} - \frac{|A||V_R|^2\angle\beta - \alpha}{|B|}$$

(a) 상기 식에 대한 페이저 벡터도를 그리시오. 단, 원점을 O′, OA를 $P_R + jQ_R$로 하는 삼각형 O′OA로 나타내시오.

(b) 원점 O′를 O로 평행 이동하고, (a)의 결과를 가로축을 유효전력, 세로축을 무효전력으로 하는 전력 삼각벡터도로 그리시오. 단, 송전단 및 수전단의 전압 크기는 고정하고, δ의 변화에 따른 점 A의 궤적, 즉 수전단에서의 전력을 원모양으로 나타내는 수전단 전력 원선도를 그리시오.

(c) (b)의 결과로부터 지상역률각 θ_R을 갖는 부하에 대하여 송전단 전압의 크기가 $|V_{S1}|$에서 $|V_{S2}|$로 감소되었을 때($|V_{S1}| > |V_{S2}|$), 수전단 전압을 일정하게 유지하기 위하여 공급되어야 할 무효전력을 결정하시오.

5.52 3상 송전선로를 단상 등가회로로 표현한 그림 5.20의 복소전력 표기를 생각한다.

(a) 연습문제 5.37의 단거리 선로의 송전단 전력 및 수

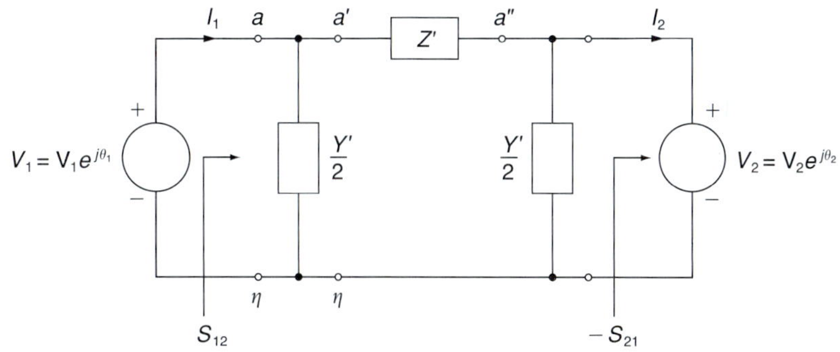

그림 5.20 연습문제 5.52에 대한 단상 등가회로

전단 전력은 다음과 같이 표현됨을 보이시오. 단, $\theta_{12} = \theta_1 - \theta_2$이다.

$$\text{송전단 전력} = S_{12} = \frac{Y'^*}{2}V_1^2 + \frac{V_1^2}{Z'^*} - \frac{V_1V_2}{Z'^*}e^{j\theta_{12}}$$

$$\text{수전단 전력} = -S_{21} = -\frac{Y'^*}{2}V_2^2 - \frac{V_2^2}{Z'^*} + \frac{V_1V_2}{Z'^*}e^{-j\theta_{12}}$$

(b) 송전단 및 수전단에서 동일한 전압 크기를 갖는 무손실 선로의 경우

$$P_{12} = -P_{21} = \frac{V_1^2 \sin\theta_{12}}{Z_c \sin\beta\ell} = P_{SIL}\frac{\sin\theta_{12}}{\sin\beta\ell}$$

임을 증명하시오.

(c) $\theta_{12} = 45°$, $\beta = 0.002$ rad/km일 경우, P_{12}/P_{SIL}을 선로길이(km)의 함수로 구하고 이를 그리시오.

(d) 열적 한계 측면에서의 송전능력을 $P_{12}/P_{SIL} = 2$로 할 경우, 단거리 선로와 장거리 선로의 송전능력은 어떤 요소에 의하여 제한되는가?

5.53 PW PowerWorld Simulator의 예제 5_8을 열어서 임의의 한 구간이 정전이 되더라도 부하단 전압이 730 kV 이상 유지된다면, 부하에 전송될 수 있는 최대 유효전력은 얼마인가 ?

5.54 PW 임의의 두 구간이 정전될 경우에 대하여 연습문제 5.53을 반복수행하시오.

5.7절

5.55 연습문제 5.15에서 경부하 시 65% 병렬보상을 위하여 동일한 병렬 리액터를 송수전단 양쪽에 설치한 경우, % 전압변동률을 계산하시오. 설치되는 병렬 리액터는 중부하 시에는 제거된다. 또한 각 병렬 리액터의 임피던스를 계산하시오.

5.56 경부하 시 50% 병렬보상을 위하여 동일한 병렬 리액터를 송수전단 양쪽에 설치할 경우 연습문제 5.55를 반복수행하시오. 설치되는 병렬 리액터는 중부하 시에는 제거된다.

5.57 연습문제 5.14의 송수전단 양쪽에 40% 직렬보상을 위하여 동일한 직렬 커패시터를 설치한 경우, 이 직렬보상된 선로의 *ABCD* 파라미터를 구하시오. 또한, 이 직렬 커패시터의 임피던스를 구하시오.

5.58 연습문제 5.40에서 송수전단 전압한계가 115 kV로 될 경우 그 결과는 어떻게 되겠는가? 이때, 주파수가 50 Hz로 되면 어떻게 되겠는가?

5.59 연습문제 5.57에서 $V_S = V_R = 1.0$ p.u.일 때, 이 직렬보상된 선로의 송전 가능한 이론상 최대 유효전력을 구하시오. 그리고 그 결과를 연습문제 5.38과 비교하시오.

5.60 예제 5.8의 765 kV 송전선로를 5개에서 4개로 줄이는데 필요한 최소한의 직렬 커패시터 보상률(정상분 선로리액턴스에 대한 %) N_C는 얼마인가? 1개의 정전구간과 2개의 중간변전소를 전제조건으로 한다. 또한, 선로손실을 무시하고, 직렬 커패시터는 충분히 분포정수 형태로 설치되어 등가 π회로의 직렬 리액턴스를 $X'(1 - N_C/100)$로 효과적으로 줄일 수 있는 것으로 한다.

5.61 70% 병렬 인덕터 보상과 40%의 직렬 커패시터 보상을 그림 5.14에서와 같이 선로 양 끝에 1/2씩 나누어 수행할 경우, 연습문제 5.14의 선로에 대한 등가 *ABCD* 파라미터를 구하시오.

5.62 연습문제 5.18의 송전선에 대하여 (a) 선로의 *ABCD* 파라미터를 구하시오. (b) 직렬 커패시터 보상(송전단에 35%, 수전단에 35%)된 경우의 *ABCD* 파라미터를 구하시오. 직렬보상 전후, *A*, *C*, *D* 파라미터의 크기 변화와 *B*의 크기 변화를 상대적으로 비교하시오. 그리고 직렬보상된 선로에서 전송 가능한 최대전력에 대해 논하시오.

5.63 연습문제 5.18에서 무부하 시 선로 전체 어드미턴스의 70%에 해당하는 병렬 리액터를 수전단에 설치하였다. 최대부하 시는 제거하는 것으로 하여 전압변동의 효과를 구하시오.

5.64 연습문제 5.31의 3상 무손실 송전선로가 수전단 전압 500 kV에서 1,000 MVA, 지상역률 0.8의 부하에 전력을 공급하고 있다. (a) 송전단 전압이 500 kV일 때, 수전단 전압을 500 kV로 유지하기 위하여 수전단에 설치하여야 할 3상 Δ결선의 커패시터 뱅크의 상당 커패시턴스 및 3상 용량[Mvar]을 결정하시오. (b) 수전단에서의 병렬 커패시터 뱅크 없이 40% 보상을 위한 직렬 커패시터를 선로의 중간지점에 설치할 경우, 송전단 전압과 % 전압변동률을 구하시오.

5.65 PW 선로의 양쪽 끝에 커패시터 보상을 모의한 PowerWorld Simulator의 예제 5_10을 열어서 부하역률 1.0일 경우 부하의 유효전력을 변수로 한 부하전압 변화를 그래프로 그리시오. 부하전압이 항상 0.85 p.u. 이상이 되는 범위 내에서 역률 1.0의 부하에 공급 가능한 최대 유효전력은 얼마인가?

5.66 PW 선로의 양쪽 끝에 커패시터 보상을 모의한 PowerWorld Simulator의 예제 5_10을 열어서 부하의 무효전력을 400 Mvar로 고정한 상태에서 유효전력을 0에서 2,600 MW까지 200 MW 간격으로 변화시킬 경우, 부하전압 변화를 그래프로 그리시오. 직렬보상이 없는 경우에 대하여 반복하시오.

참고문헌

1. Electric Power Research Institute (EPRI), *EPRI AC Transmission Line Reference Book—200 kV and Above* (Palo Alto, CA: EPRI, www.epri.com, December 2005).
2. Westinghouse Electric Corporation, *Electrical Transmission and Distribution Reference Book*, 4th ed. (East Pittsburgh, PA, 1964).
3. R. D. Dunlop, R. Gutman and P. P. Marchenko, "Analytical Development of Load-ability Characteristics for EHV and UHV Lines," *IEEE Trans. PAS*, Vol. PAS-98, No. 2 (March/April 1979): pp. 6062607.
4. W. D. Stevenson, Jr. *Elements of Power System Analysis*, 4th ed. (New York: McGraw-Hill, 1982).
5. W. H. Hayt, Jr. and J. E. Kemmerly, *Engineering Circuit Analysis*, 7th ed. (New York: McGraw-Hill, 2006).
6. M. P.Bahrman and B.K. Johnson, "The ABCs of HVDC Transmission Technologies," *IEEE Power & Energy Magazine*, 5,2(March/April 2007) : pp.32 – 44.

6 전력조류해석

Power Flows

Tennessee Valley Authority (TVA) 지역망 운영센터(Courtesy of TVA.)

학습목표

이 장에서는 다음과 같은 내용에 대하여 학습하기로 한다.

1. 대수방정식을 풀기 위한 직접법, 반복법을 포함한 기본 방법
2. 평형 3상 정상상태에서 모든 전력계통 모선의 전압과 위상각을 구하기 위한 조류계산 문제의 정식화
3. 전력조류 문제를 풀기 위한 두 가지 방법, 즉, 가우스-자이델 법과 뉴튼-랩슨 법
4. 전력계통의 조류를 제어하기 위한 여러 기술적 방법
5. 조류계산을 고속으로 계산하기 위한 근사방법, 즉 고속분할 조류계산과 직류조류계산법
6. 조류계산을 하고, 그 결과를 볼 수 있는 Powerwold Simulator의 사용법

전력계통이 3상 평형 정상상태에서 정상적으로 운영되기 위해서는 다음과 같은 조건이 만족되어야 한다.

1. 공급전력(발전)은 수요전력(부하+손실)과 항상 일치하여야 한다.
2. 모선의 전압 크기는 정격에 가깝게 유지되어야 한다.
3. 발전기는 정해진 유효전력 및 무효전력 한도 내에서 운전되어야 한다.
4. 송전선로와 계통의 변압기는 과부하 상태가 되지 않아야 한다.

위의 조건들을 검토해볼 수 있는 기본적인 도구가 바로 **전력조류해석** 프로그램이다. 이 해석 프로그램을 활용하면 평형 3상 정상상태에서 운전되고 있는 전력계통의 각 모선 전압의 크기와 위상, 모든 선로의 유효, 무효 전력조류와 손실을 산출해낼 수 있을 뿐만 아니라 현재의 전력과 향후 예상되는 전력수요의 증가에 대비한 발전설비 및 송전설비의 추가 설치 용량을 결정할 수 있다.

기존 회로해석의 노드해석법이나 루프해석법은 전력조류해석에는 적합하지 않다. 왜냐하면 전력조류해석에서는 일반적으로 부하 데이터가 임피던스가 아니라 유효전력 및 무효전력의 형식으로, 발전기는 전압원이나 전류원이 아닌 유효전력 및 무효전력 공급원으로 주어진 비선형 대수식의 형태로 표현되기 때문이다.

이 장에서는 비선형 대수식으로 표현되는 전력조류 방정식을 풀기 위한 해석 방법을 다루고자 한다. 먼저, 6.1~6.3절에서 전력조류해석 문제의 대수식을 풀기 위한 기본적인 방법인 직접해법과 반복해법, 6.4~6.6절에서는 전력조류해석 문제의 정식화, 컴퓨터 입력 데이터 지정, 가우스-자이델(Gauss-Seidel) 법과 뉴튼-랩슨(Newton-Rapson) 법, 6.7절에서는 전력조류 제어 방법, 6.8절과 6.9절에서는 성김행렬 처리방법(sparsity technique)과 고속 분할 해석법(fast decoupled method), 6.10절에서는 직류 전력조류해석에 대해 소개하기로 한다. 마지막으로 6.11절에서는 풍력발전기와 태양광 발전기를 다루고, 6.12절에서는 대형 시스템에서의 전력 조류 문제를 다루고자 한다.

전력조류해석에 관련된 평형 3상 정상상태 정상분회로의 모든 전력조류해석 식과 입/출력 데이터는 pu법으로 표현하도록 한다.

6.1 선형 대수방정식의 직접해법: 가우스 소거법

조류계산은 비선형 방정식을 푸는 문제이다. 역사적으로 지금까지 비선형 방정식을 풀기 위한 방법으로 가우스-자이델 법과 뉴튼-랩슨 법 두 가지 방법이 주로 이용되었다. 이 장의 6.2절과 6.5절에서는 가우스-자이델 법을 다루고, 6.3절과 6.6절에서는 뉴튼-랩슨 법을 다루도록 한다. 이 중에서 뉴튼-랩슨 법은 가장 많이 알려져 있는 방법이고 계산과정이 선형방정식의 반복 계산으로 이루어져 있기 때문에 먼저 선형방정식의 해법에 대해서 살펴보기로 한다.

다음과 같이 행렬로 주어진 선형대수 방정식을 생각해 보자.

$$\begin{bmatrix} A_{11} & A_{12} & \cdots & A_{1N} \\ A_{21} & A_{22} & \cdots & A_{2N} \\ \vdots & & \vdots & \\ A_{N1} & A_{N2} & \cdots & A_{NN} \end{bmatrix} \begin{bmatrix} x_1 \\ x_2 \\ \vdots \\ x_N \end{bmatrix} = \begin{bmatrix} y_1 \\ y_2 \\ \vdots \\ y_N \end{bmatrix} \tag{6.1.1}$$

또는

$$\mathbf{Ax} = \mathbf{y} \tag{6.1.2}$$

위 식에서 **x**와 **y**는 N 벡터이고, **A**는 $N \times N$ 정방행렬이다. **x**, **y**, 그리고 **A**의 각 요소는 실수 혹은 복소수이며, **A**와 **y**가 주어져 있을 때 **x**에 대한 해를 구하고자 한다. det(**A**)가 영(zero)이 아니면 식 (6.1.1)은 유일해가 존재한다.

행렬 **A**의 대각요소가 영이 아닌 상삼각행렬(upper triangular matrix)일 때, 해 $\mathbf{x}$는 쉽게 구할 수 있다. 즉, 식 (6.1.1)이 다음과 같은 형태를 가지는 경우,

$$\begin{bmatrix} A_{11} & A_{12}\ldots & & A_{1N} \\ 0 & A_{22}\ldots & & A_{2N} \\ \vdots & & & \\ 0 & 0\ldots & A_{N-1,N-1} & A_{N-1,N} \\ 0 & 0\ldots 0 & & A_{NN} \end{bmatrix} \begin{bmatrix} x_1 \\ x_2 \\ \vdots \\ x_{N-1} \\ x_N \end{bmatrix} = \begin{bmatrix} y_1 \\ y_2 \\ \vdots \\ y_{N-1} \\ y_N \end{bmatrix} \tag{6.1.3}$$

식 (6.1.3)에서 마지막 식의 변수는 x_N이므로

$$x_N = \frac{y_N}{A_{NN}} \tag{6.1.4}$$

x_N을 구하고 나서 아래에서 두 번째 식을 풀면,

$$x_{N-1} = \frac{y_{N-1} - A_{N-1,N}x_N}{A_{N-1,N-1}} \tag{6.1.5}$$

일반적으로 x_N, x_{N-1}, …, x_{k+1} 값을 이미 구한 상태에서 k번째 방정식은

$$x_k = \frac{y_k - \sum_{n=k+1}^{N} A_{kn}x_n}{A_{kk}} \qquad k = N, N-1, \ldots, 1 \tag{6.1.6}$$

식 (6.1.3)을 푸는 과정을 **역치환법**(back substitution)이라 한다. 만약, 행렬 $\mathbf{A}$가 상삼각행렬이 아닌 경우에는 식 (6.1.1)을 상삼각행렬 형태의 등가방정식으로 변형할 수 있다. 이와 같은 변환과정을 **가우스 소거법**이라 하고, 다음과 같이 $(N-1)$ 단계를 거친다. 첫 번째 단계에서는 식 (6.1.1)의 첫 번째 식을 이용하여 나머지 식의 x_1을 소거한다. 즉, 첫 번째 식에 A_{n1}/A_{11}을 곱하여 n번째 식($n = 2, 3, \ldots, N$)으로부터 빼면 된다.

첫 번째 단계가 끝나면, 다음과 같은 결과를 얻는다.

$$\begin{bmatrix} A_{11} & A_{12} & \cdots & A_{1N} \\ 0 & \left(A_{22} - \frac{A_{21}}{A_{11}}A_{12}\right) & \cdots & \left(A_{2N} - \frac{A_{21}}{A_{11}}A_{1N}\right) \\ 0 & \left(A_{32} - \frac{A_{31}}{A_{11}}A_{12}\right) & \cdots & \left(A_{3N} - \frac{A_{31}}{A_{11}}A_{1N}\right) \\ \vdots & \vdots & & \vdots \\ 0 & \left(A_{N2} - \frac{A_{N1}}{A_{11}}A_{12}\right) & \cdots & \left(A_{NN} - \frac{A_{N1}}{A_{11}}A_{1N}\right) \end{bmatrix} \begin{bmatrix} x_1 \\ x_2 \\ x_3 \\ \vdots \\ x_N \end{bmatrix}$$

$$= \begin{bmatrix} y_1 \\ y_2 - \frac{A_{21}}{A_{11}}y_1 \\ y_3 - \frac{A_{31}}{A_{11}}y_1 \\ \vdots \\ y_N - \frac{A_{N1}}{A_{11}}y_1 \end{bmatrix} \tag{6.1.7}$$

식 (6.1.7)은 다음과 같은 형태가 된다.

$$\begin{bmatrix} A_{11}^{(1)} & A_{12}^{(1)} & \cdots & A_{1N}^{(1)} \\ 0 & A_{22}^{(1)} & \cdots & A_{2N}^{(1)} \\ 0 & A_{32}^{(1)} & \cdots & A_{3N}^{(1)} \\ \vdots & \vdots & & \vdots \\ 0 & A_{N2}^{(1)} & \cdots & A_{NN}^{(1)} \end{bmatrix} \begin{bmatrix} x_1 \\ x_2 \\ x_3 \\ \vdots \\ x_N \end{bmatrix} = \begin{bmatrix} y_1^{(1)} \\ y_2^{(1)} \\ y_3^{(1)} \\ \vdots \\ y_N^{(1)} \end{bmatrix} \tag{6.1.8}$$

위 식에서 위첨자 (1)은 가우스 소거법의 첫 번째 단계를 나타낸다.

2단계에서는 식 (6.1.8)의 두 번째 식을 이용하여 나머지 방정식(세 번째, 네 번째, …, N번째)의 x_2를 소거한다. 즉, 두 번째 방정식에 $A_{n2}^{(1)}/A_{22}^{(1)}$를 곱하고 n번째 방정식 ($n = 3, 4, \ldots, N$)에서 빼면 x_2가 소거된다.

두 번째 단계가 끝나면 다음과 같은 결과를 얻는다.

$$\begin{bmatrix} A_{11}^{(2)} & A_{12}^{(2)} & A_{13}^{(2)} & \cdots & A_{1N}^{(2)} \\ 0 & A_{22}^{(2)} & A_{23}^{(2)} & \cdots & A_{2N}^{(2)} \\ 0 & 0 & A_{33}^{(2)} & \cdots & A_{3N}^{(2)} \\ 0 & 0 & A_{43}^{(2)} & \cdots & A_{4N}^{(2)} \\ \vdots & \vdots & \vdots & & \vdots \\ 0 & 0 & A_{N3}^{(2)} & \cdots & A_{NN}^{(2)} \end{bmatrix} \begin{bmatrix} x_1 \\ x_2 \\ x_3 \\ x_4 \\ \vdots \\ x_N \end{bmatrix} = \begin{bmatrix} y_1^{(2)} \\ y_2^{(2)} \\ y_3^{(2)} \\ y_4^{(2)} \\ \vdots \\ y_N^{(2)} \end{bmatrix} \tag{6.1.9}$$

k번째 단계에서는 $\mathbf{A}^{(k-1)}\mathbf{x} = \mathbf{y}^{(k-1)}$에서 시작한다. 행렬로 표현된 방정식에서 k개의 방정식은 이미 삼각화되어 있어서 바꾸지 않고 둔다. k번째 방정식에 $A_{nk}^{(k-1)}/A_{kk}^{(k-1)}$을 곱하여 n번째 방정식($n = k+1, k+2, \ldots, N$)에서 빼면 된다.

$(N-1)$ 단계가 끝나면, 등가방정식 $\mathbf{A}^{(N-1)}\mathbf{x} = \mathbf{y}^{(N-1)}$을 얻으며, $\mathbf{A}^{(N-1)}$은 상삼각행렬이다.

가우스 소거법과 역치환법 계산에 필요한 컴퓨터 저장용량은 행렬 $\mathbf{A}$에 대해서는 N^2개, $\mathbf{y}$에 대해서는 N개의 저장공간이 필요하다. 만약 $\mathbf{A}$와 $\mathbf{y}$를 더 이상 기억할 필요가 없으면, $\mathbf{A}^{(k)}$는 $\mathbf{A}$의 저장공간에 저장할 수 있으며, $\mathbf{y}^{(k)}$와 x는

예제 6.1 가우스 소거법과 역치환법: 선형 대수방정식의 직접해법

가우스 소거법과 역치환법을 이용하여 다음을 푸시오.

$$\left[\begin{array}{c|c} 10 & 5 \\ \hline 2 & 9 \end{array}\right]\begin{bmatrix} x_1 \\ x_2 \end{bmatrix} = \begin{bmatrix} 6 \\ 3 \end{bmatrix}$$

| 풀이

이 예제에서 $N = 2$이므로 가우스 소거법의 단계 수는 $(N - 1) = 1$이 된다. 첫 번째 방정식에 $A_{21}/A_{11} = 2/10$을 곱하고 두 번째 방정식에서 빼면,

$$\left[\begin{array}{c|c} 10 & 5 \\ \hline 0 & 9 - \frac{2}{10}(5) \end{array}\right]\begin{bmatrix} x_1 \\ x_2 \end{bmatrix} = \begin{bmatrix} 6 \\ 3 - \frac{2}{10}(6) \end{bmatrix}$$

또는

$$\left[\begin{array}{c|c} 10 & 5 \\ \hline 0 & 8 \end{array}\right]\begin{bmatrix} x_1 \\ x_2 \end{bmatrix} = \begin{bmatrix} 6 \\ 1.8 \end{bmatrix}$$

$\mathbf{A}^{(1)}$이 상삼각행렬인 $\mathbf{A}^{(1)}\mathbf{x} = \mathbf{y}^{(1)}$ 형태의 결과를 얻는다. 역치환법을 이용하면, 식 (6.1.6)에 의해 $k = 2$인 경우

$$x_2 = \frac{y_2^{(1)}}{A_{22}^{(1)}} = \frac{1.8}{8} = 0.225$$

$k = 1$인 경우,

$$x_1 = \frac{y_1^{(1)} - A_{12}^{(1)}x_2}{A_{11}^{(1)}} = \frac{6 - (5)(0.225)}{10} = 0.4875$$

예제 6.2 가우스 소거법: 행렬의 삼각화

다음 행렬식을 가우스 소거법을 이용하여 삼각화하시오.

$$\begin{bmatrix} 2 & 3 & -1 \\ -4 & 6 & 8 \\ 10 & 12 & 14 \end{bmatrix}\begin{bmatrix} x_1 \\ x_2 \\ x_3 \end{bmatrix} = \begin{bmatrix} 5 \\ 7 \\ 9 \end{bmatrix}$$

| 풀이

가우스 소거법은 $(N - 1) = 2$ 단계에 의해 이루어진다. 첫 번째 단계에서는 행렬식의 첫 번째 방정식에 $A_{21}/A_{11} = -4/2 = -2$를 곱하여 두 번째 방정식에서 빼고, 다음에 첫 번째 방정식에 $A_{31}/A_{11} = 10/2 = 5$를 곱해서 세 번째 방정식에서 뺀다. 그 결과는

$$\left[\begin{array}{c|c|c} 2 & 3 & -1 \\ \hline 0 & 6-(-2)(3) & 8-(-2)(-1) \\ \hline 0 & 12-(5)(3) & 14-(5)(-1) \end{array}\right]\begin{bmatrix} x_1 \\ x_2 \\ x_3 \end{bmatrix} = \begin{bmatrix} 5 \\ 7-(-2)(5) \\ 9-(5)(5) \end{bmatrix}$$

정리하면,

$$\begin{bmatrix} 2 & 3 & -1 \\ 0 & 12 & 6 \\ 0 & -3 & 19 \end{bmatrix}\begin{bmatrix} x_1 \\ x_2 \\ x_3 \end{bmatrix} = \begin{bmatrix} 5 \\ 17 \\ -16 \end{bmatrix}$$

이며, 이는 $\mathbf{A}^{(1)}\mathbf{x} = \mathbf{y}^{(1)}$에 해당한다. 두 번째 단계에서는 위 행렬식의 두 번째 방정식에 $A_{32}^{(1)}/A_{22}^{(1)} = -3/12 = -0.25$를 곱해서 세 번째 방정식에서 뺀다. 그 결과는

$$\left[\begin{array}{c|c|c} 2 & 3 & -1 \\ \hline 0 & 12 & 6 \\ \hline 0 & 0 & 19-(-0.25)(6) \end{array}\right]\begin{bmatrix} x_1 \\ x_2 \\ x_3 \end{bmatrix} = \begin{bmatrix} 5 \\ 17 \\ -16-(-0.25)(17) \end{bmatrix}$$

정리하면,

$$\begin{bmatrix} 2 & 3 & -1 \\ 0 & 12 & 6 \\ 0 & 0 & 20.5 \end{bmatrix}\begin{bmatrix} x_1 \\ x_2 \\ x_3 \end{bmatrix} = \begin{bmatrix} 5 \\ 17 \\ -11.75 \end{bmatrix}$$

이며, 삼각화되어 있는 것을 알 수 있다. 해 $\mathbf{x}$ 값은 역치환법에 의해 쉽게 구할 수 있다.

$\mathbf{y}$의 저장공간에 저장할 수 있다. 반복계산 루프와 연산 그리고 작업공간을 위한 추가 메모리가 더 필요하다.

컴퓨터 계산시간은 가우스 소거법과 역치환법을 위한 산술연산의 숫자에 의해 결정된다. 가우스 소거법에는 $(N^3 - N)/3$개의 곱셈, $(N)(N-1)/2$개의 나눗셈, $(N^3 - N)/3$개의 뺄셈이 필요하며, 역치환법은 $(N)(N-1)/2$개의 곱셈, N개의 나눗셈, $(N)(N-1)/2$개의 뺄셈이 필요하다. 따라서 N이 매우 큰 경우 가우스 소거법과 역치환법으로 식 (6.1.1)을 계산하기 위한 대략적인 계산시간은 $N^3/3$개의 곱셈과 $N^3/3$개의 뺄셈이 필요하다.

곱셈 계산시간이 2×10^{-9} s이고 덧셈이나 뺄셈이 계산시간이 1×10^{-9} s인 컴퓨터를 예를 들어보자. $N = 10{,}000$인 방정식을 풀기 위해서는 대략

$$\frac{1}{3}N^3(2 \times 10^{-9}) + \frac{1}{3}N^3(1 \times 10^{-9}) = \frac{1}{3}(10{,}000)^3(3 \times 10^{-9}) = 1000 \text{ s}$$

그리고 색인과 루프 관리를 위한 시간이 추가된다.

전력조류 계산 문제는 수만 개의 전력 방정식을 풀기 때문에 가우스 소거법 자체는 좋은 해법이 아닐 수 있다. 그러나 행렬에 영이 아닌 요소가 매우 적은 성김행렬(sparse matrices)인 경우에는 컴퓨터의 저장공간과 계산시간을 줄이기 위해 특별한 방법을 이용할 수 있다. 모든 대규모 전력계통은 성김행렬로 모델링할 수 있기 때문에 6.8절에서 이 방법을 설명하도록 하겠다.

6.2 선형 대수방정식의 반복해법: 자코비 법(또는 가우스 법)과 가우스-자이델 법

선형방정식을 푸는 방법에는 앞에서 언급한 직접법 외에 반복법이 있다. 반복법은 1950년대에 컴퓨터를 이용한 디지털 조류계산법으로 소개되었다. 1960년대에 성김행렬기법 도입으로 컴퓨터 메모리 문제가 개선이 된 이후로 선형방정식을 풀기 위한 가장 일반적인 방법이 직접법이긴 하지만, 식 (6.1.1)을 풀기 위한 방법으로 일반적 반복해법을 이해하는 것도 문제를 이해하는 데 많은 도움이 된다.

먼저 $\mathbf{x}$의 초기치 $\mathbf{x}(0)$를 임의로 선정한다. 그리고, 식 (6.2.1)을 이용한다.

$$\mathbf{x}(i+1) = \mathbf{g}[\mathbf{x}(i)] \qquad i = 0, 1, 2, \ldots \tag{6.2.1}$$

여기서 $\mathbf{x}(i)$는 i번째 추정치이며, $\mathbf{g}$는 반복법을 결정하는 함수의 벡터이다. 이 절차를 다음과 같은 종료조건을 만족할 때까지 반복 수행하도록 한다.

$$\left|\frac{x_k(i+1) - x_k(i)}{x_k(i)}\right| < \varepsilon \qquad \text{for all } k = 1, 2, \ldots, N \tag{6.2.2}$$

여기서 $x_k(i)$는 $\mathbf{x}(i)$의 k번째 항목이며 ε은 설정 허용오차 범위이다.

이 방법에는 다음과 같은 의문점이 있다.

1. 이 반복 계산이 유일해로 수렴하는가?
2. 수렴속도는 얼마나 빠른가(얼마나 많은 반복계산 횟수가 필요한가)?
3. 컴퓨터를 사용할 때, 컴퓨터 메모리 용량은 얼마나 필요하고 시간은 얼마나 걸리는가?

이 반복해법에는 특정 해로의 수렴 여부, 수렴속도(반복횟수), 저장공간과 계산소요시간 등이 문제가 되는데, 여기에서는 두 가지 반복해법, 즉 자코비 법*, 가우스-자이델 법을 통하여 살펴보기로 한다.

이러한 의문에 대해서 다음의 두 가지 특정 반복법, 즉 자코비 법과 가우스-자이델 법에 대해 설명한다. 자코비 법은 다음과 같이 식 (6.1.1)의 k번째 방정식으로부터 얻을 수 있다.

$$y_k = A_{k1}x_1 + A_{k2}x_2 + \cdots + A_{kk}x_k + \cdots + A_{kN}x_N \tag{6.2.3}$$

x_k에 대해 풀면,

$$\begin{aligned} x_k &= \frac{1}{A_{kk}}[y_k - (A_{k1}x_1 + \cdots + A_{k,k-1}x_{k-1} \\ &\qquad + A_{k,k+1}x_{k+1} + \cdots + A_{kN}x_N)] \\ &= \frac{1}{A_{kk}}\left[y_k - \sum_{n=1}^{k-1} A_{kn}x_n - \sum_{n=k+1}^{N} A_{kn}x_n\right] \end{aligned} \tag{6.2.4}$$

자코비 법은 i번째 반복계산에서 식 (6.2.4)의 등호 우변의 $\mathbf{x}(i)$의 '이전' 값을 사용해서 식 (6.2.4)의 등호 좌변의 '새로운' $x_k(i+1)$을 계산한다. 즉,

*Jacobi 법은 Gauss 법이라고도 한다.

$$x_k(i+1) = \frac{1}{A_{kk}}\left[y_k - \sum_{n=1}^{k-1} A_{kn}x_n(i) - \sum_{n=k+1}^{N} A_{kn}x_n(i)\right]$$

$$k = 1, 2, \ldots, N \qquad (6.2.5)$$

식 (6.2.5)에서 주어진 자코비 법은 다음과 같은 행렬식으로 다시 쓸 수 있다.

$$\mathbf{x}(i+1) = \mathbf{M}\mathbf{x}(i) + \mathbf{D}^{-1}\mathbf{y} \qquad (6.2.6)$$

여기서

$$\mathbf{M} = \mathbf{D}^{-1}(\mathbf{D} - \mathbf{A}) \qquad (6.2.7)$$

이며,

$$\mathbf{D} = \begin{bmatrix} A_{11} & 0 & 0 & \cdots & 0 \\ 0 & A_{22} & 0 & \cdots & 0 \\ 0 & \vdots & \vdots & & \vdots \\ \vdots & & & & 0 \\ 0 & 0 & 0 & \cdots & A_{NN} \end{bmatrix} \qquad (6.2.8)$$

자코비 법에서, **D**는 행렬 **A**의 대각성분으로 이루어진다.

가우스-자이델 법은 식 (6.2.9)로 주어진다.

$$x_k(i+1) = \frac{1}{A_{kk}}\left[y_k - \sum_{n=1}^{k-1} A_{kn}x_n(i+1) - \sum_{n=k+1}^{N} A_{kn}x_n(i)\right] \qquad (6.2.9)$$

식 (6.2.9)를 (6.2.5)와 비교하면, 가우스-자이델 법은 자

예제 6.3 자코비 법: 선형 대수방정식의 반복해법

예제 6.1을 자코비 법을 이용하여 푸시오. 초기치 $x_1(0) = x_2(0) = 0$으로 두고, 식 (6.2.2)가 $\varepsilon = 10^{-4}$를 만족할 때까지 반복계산하시오.

| 풀이

식 (6.2.5)에서 $N = 2$이므로

$$k = 1 \quad x_1(i+1) = \frac{1}{A_{11}}[y_1 - A_{12}x_2(i)] = \frac{1}{10}[6 - 5x_2(i)]$$

$$k = 2 \quad x_2(i+1) = \frac{1}{A_{22}}[y_2 - A_{21}x_1(i)] = \frac{1}{9}[3 - 2x_1(i)]$$

혹은 식 (6.2.6)~(6.2.8)의 행렬식을 이용하면,

$$\mathbf{D}^{-1} = \begin{bmatrix} 10 & 0 \\ 0 & 9 \end{bmatrix}^{-1} = \begin{bmatrix} \frac{1}{10} & 0 \\ 0 & \frac{1}{9} \end{bmatrix}$$

$$\mathbf{M} = \begin{bmatrix} \frac{1}{10} & 0 \\ 0 & \frac{1}{9} \end{bmatrix}\begin{bmatrix} 0 & -5 \\ -2 & 0 \end{bmatrix} = \begin{bmatrix} 0 & -\frac{5}{10} \\ -\frac{2}{9} & 0 \end{bmatrix}$$

$$\begin{bmatrix} x_1(i+1) \\ x_2(i+1) \end{bmatrix} = \begin{bmatrix} 0 & -\frac{5}{10} \\ -\frac{2}{9} & 0 \end{bmatrix}\begin{bmatrix} x_1(i) \\ x_2(i) \end{bmatrix} + \begin{bmatrix} \frac{1}{10} & 0 \\ 0 & \frac{1}{9} \end{bmatrix}\begin{bmatrix} 6 \\ 3 \end{bmatrix}$$

위 두 식은 서로 같다. 초기치를 $x_1(0)=x_2(0)=0$에서 시작하면, 반복해법을 구하는 과정은 다음과 같이 테이블로 주어진다.

Jacobi

i	0	1	2	3	4	5
$x_1(i)$	0	0.60000	0.43334	0.50000	0.48148	0.48889
$x_2(i)$	0	0.33333	0.20000	0.23704	0.22222	0.22634

i	6	7	8	9	10
$x_1(i)$	0.48683	0.48766	0.48743	0.48752	0.48749
$x_2(i)$	0.22469	0.22515	0.22496	0.22502	0.22500

위에서 알 수 있는 바와 같이, 자코비 법은 예제 6.1에서 구한 값으로 수렴함을 알 수 있다.

수렴조건은 다음과 같이 10번째 반복계산에서 만족하였다.

$$\left|\frac{x_1(10) - x_1(9)}{x_1(9)}\right| = \left|\frac{0.48749 - 0.48752}{0.48749}\right| = 6.2 \times 10^{-5} < \varepsilon$$

그리고

$$\left|\frac{x_2(10) - x_2(9)}{x_2(9)}\right| = \left|\frac{0.22500 - 0.22502}{0.22502}\right| = 8.9 \times 10^{-5} < \varepsilon$$

코비 법과 비슷하지만 다음과 같은 사항이 다르다는 점에 주의할 필요가 있다. 즉, i번째 반복계산에서 식 (6.2.9)의 등호 좌변의 '새로운' 값 $x_k(i+1)$을 계산하기 위해 $n < k$인 경우 등호 우변의 '새로운' 값 $x_n(i+1)$을 이용한다는 점이다.

식 (6.2.9)의 가우스-자이델 법은 식 (6.2.6)과 (6.2.7)의 행렬식으로 다시 쓸 수 있다.

$$\mathbf{D} = \begin{bmatrix} A_{11} & 0 & 0 & \cdots & 0 \\ A_{21} & A_{22} & 0 & \cdots & 0 \\ \vdots & \vdots & & & \vdots \\ A_{N1} & A_{N2} & \cdots & & A_{NN} \end{bmatrix} \tag{6.2.10}$$

가우스-자이델 법에서 식 (6.2.10)의 행렬 **D**는 행렬 **A**의 하삼각부분으로 이루어진다. 반면 자코비 법에서 식 (6.2.8)의 행렬 **D**는 행렬 **A**의 대각성분이 된다.

수렴 속도는 행렬 **A**의 형태에 따라 가우스-자이델 법이 빠른 경우도 있고, 어떤 경우에는 자코비 법이 빠른 경우도 있다. 또한, 어떤 경우에는 한 방법이 발산하는 데도 다른 방법은 수렴하는 경우도 있고, 다음 예제에서와 같이 두 방법 모두 발산하는 경우도 있다.

만약 행렬 **A**의 대각성분 A_{kk} 중 어느 하나라도 0이 되면, 식 (6.2.5)와 (6.2.9)의 등호 우변을 A_{kk}로 나누어야 하므로 자코비 법이나 가우스-자이델 법을 사용할 수 없다. 또한, 크기가 매우 작은 대각성분은 발산의 원인이 된다. 예제 6.3과 6.4에서 자코비 법과 가우스-자이델 법이 수렴한 것은 대각성분(10과 9)이 충분히 크기 때문이며, 예제 6.5에서는 대각성분(5와 2)이 비대각성분에 비해 작기 때문에 발산했다.

일반적으로 자코비 법과 가우스-자이델 법의 수렴은 식 (6.2.6)을 입력이 **y**이고 출력이 **x**(i)인 디지털 필터로 설

예제 6.4 가우스-자이델 법: 선형 대수방정식의 반복해법

예제 6.3을 가우스-자이델 법을 이용하여 푸시오.

| 풀이

식 (6.2.9)로부터

$$k=1 \quad x_1(i+1) = \frac{1}{A_{11}}[y_1 - A_{12}x_2(i)] = \frac{1}{10}[6 - 5x_2(i)]$$

$$k=2 \quad x_2(i+1) = \frac{1}{A_{22}}[y_2 - A_{21}x_1(i+1)] = \frac{1}{9}[3 - 2x_1(i+1)]$$

이 식에서 $x_2(i+1)$을 계산하기 위해 $x_1(i+1)$을 이용하면

$$x_2(i+1) = \frac{1}{9}\left\{3 - \frac{2}{10}[6 - 5x_2(i)]\right\}$$

혹은 행렬식을 이용하면 식 (6.2.10), (6.2.6) 그리고 (6.2.7)로부터

$$\mathbf{D}^{-1} = \begin{bmatrix} 10 & 0 \\ 2 & 9 \end{bmatrix}^{-1} = \begin{bmatrix} \frac{1}{10} & 0 \\ -\frac{2}{90} & \frac{1}{9} \end{bmatrix}$$

$$\mathbf{M} = \begin{bmatrix} \frac{1}{10} & 0 \\ -\frac{2}{90} & \frac{1}{9} \end{bmatrix}\begin{bmatrix} 0 & -5 \\ 0 & 0 \end{bmatrix} = \begin{bmatrix} 0 & -\frac{1}{2} \\ 0 & \frac{1}{9} \end{bmatrix}$$

$$\begin{bmatrix} x_1(i+1) \\ x_2(i+1) \end{bmatrix} = \begin{bmatrix} 0 & -\frac{1}{2} \\ 0 & \frac{1}{9} \end{bmatrix}\begin{bmatrix} x_1(i) \\ x_2(i) \end{bmatrix} + \begin{bmatrix} \frac{1}{10} & 0 \\ -\frac{2}{90} & \frac{1}{9} \end{bmatrix}\begin{bmatrix} 6 \\ 3 \end{bmatrix}$$

이 두 식은 서로 같은 식을 나타낸다. 초기치를 $x_1(0) = x_2(0) = 0$에서 시작하면, 해를 구하는 과정은 다음과 같은 테이블로 주어진다.

Gauss-Seidel

i	0	1	2	3	4	5	6
$x_1(i)$	0	0.60000	0.50000	0.48889	0.48765	0.48752	0.48750
$x_2(i)$	0	0.20000	0.22222	0.22469	0.22497	0.22500	0.22500

이 예제에서 알 수 있듯이, 자코비 법을 이용한 경우 10회의 반복계산 후 수렴한 것에 비해 가우스-자이델 법을 이용한 경우에는 6회의 반복계산 후 수렴하였다.

예제 6.5 가우스-자이델 법의 발산

가우스-자이델 법을 이용하여 다음 행렬식을 푸시오. 초기치는 $x_1(0) = x_2(0) = 0$이다.

$$\begin{bmatrix} 5 & 10 \\ 9 & 2 \end{bmatrix}\begin{bmatrix} x_1 \\ x_2 \end{bmatrix} = \begin{bmatrix} 6 \\ 3 \end{bmatrix}$$

| 풀이

이 방정식은 예제 6.1에서 변수 x_1과 x_2가 서로 바뀐 경우이다. 식 (6.2.9)를 이용하여

$$k = 1 \quad x_1(i+1) = \frac{1}{A_{11}}[y_1 - A_{12}x_2(i)] = \frac{1}{5}[6 - 10x_2(i)]$$

$$k = 2 \quad x_2(i+1) = \frac{1}{A_{22}}[y_2 - A_{21}x_1(i+1)]$$

$$= \frac{1}{2}[3 - 9x_1(i+1)]$$

x_1과 x_2에 대한 반복계산 과정이 다음 표로 주어진다.

Gauss-Seidel

i	0	1	2	3	4	5
$x_1(i)$	0	1.2	9	79.2	711	6397
$x_2(i)$	0	−3.9	−39	−354.9	−3198	−28,786

역행렬을 이용하여 유일해를 구하면

$$\begin{bmatrix} x_1 \\ x_2 \end{bmatrix} = \begin{bmatrix} 5 & 10 \\ 9 & 2 \end{bmatrix}^{-1}\begin{bmatrix} 6 \\ 3 \end{bmatrix} = \frac{-1}{80}\begin{bmatrix} 2 & -10 \\ -9 & 5 \end{bmatrix}\begin{bmatrix} 6 \\ 3 \end{bmatrix} = \begin{bmatrix} 0.225 \\ 0.4875 \end{bmatrix}$$

위에서 알 수 있는 바와 같이, 해가 존재함에도 불구하고 가우스-자이델 법은 수렴하지 않고 발산함을 보여주고 있다. 이 예제에서는 자코비 법도 발산하게 된다.

명할 수 있다. 식 (6.2.6)의 필터 전달함수와 극점(poles)을 구하기 위해 z-변환한다. 이때 출력 필터의 극점의 크기가 1보다 작은 경우 출력 $\mathbf{x}(i)$는 수렴하게 된다(연습문제 6.16, 6.17 참조).

수렴 속도도 필터의 극점으로 결정된다. 필터 극점의 크기가 작으면 수렴 속도는 빨라진다. 그리고 특정 행렬 **A**의 크기 N이 커질수록 자코비 법이나 가우스-자이델 법이 수렴하기 위한 반복계산 횟수도 증가함을 경험을 통해 알 수 있다.

자코비 법에 필요한 컴퓨터 메모리 용량은 행렬 **A**에 N^2개, $\mathbf{y}$, $\mathbf{x}(i)$, $\mathbf{x}(i+1)$에 $3N$이다. 그리고 식 (6.2.5)를 계산하기 위한 루프, 대수연산 그리고 작업공간을 위해서도 추가적인 메모리 용량이 필요하다. 가우스-자이델 법은 식 (6.2.9)에서 새로운 값 $x_k(i+1)$은 $x_k(i)$의 이전 메모리에 저장할 수 있기 때문에 필요한 공간이 N만큼 적게 필요하다.

자코비 법과 가우스-자이델 법의 반복계산의 한 주기 계산시간은 상대적으로 적다. 식 (6.2.5)와 (6.2.9)를 살펴보면 한 주기 동안 계산시간은 곱셈/나눗셈에 N^2, 뺄셈에 $N(N-1)$이 된다[$k = 1, 2, \ldots, N$에 대해 한 번의 나눗셈, $(N-1)$의 뺄셈]. 그러나 가우스 소거법에서와 같이 행렬이 성긴 경우(즉, 행렬의 대부분의 성분이 0인 경우) 계산에 필요한 메모리 용량과 계산시간을 줄이기 위해 특별한 성김행렬(sparse matrix) 알고리즘을 사용할 수 있다.

6.3 비선형 대수방정식의 반복해법: 뉴튼-랩슨 법

행렬식으로 나타낸 비선형 대수방정식은 다음과 같이 쓸 수 있다.

$$\mathbf{f}(\mathbf{x}) = \begin{bmatrix} f_1(\mathbf{x}) \\ f_2(\mathbf{x}) \\ \vdots \\ f_N(\mathbf{x}) \end{bmatrix} = \mathbf{y} \tag{6.3.1}$$

여기서 $\mathbf{y}$, $\mathbf{x}$는 벡터이고, $\mathbf{f}(\mathbf{x})$는 함수의 벡터이며, $\mathbf{y}$와 $\mathbf{f}(\mathbf{x})$가 주어졌을 때 $\mathbf{x}$ 값을 구하는 문제이다. 다음과 같이 비선형방정식을 풀기 위해 6.2절에서 설명한 반복계산법을 활용할 수 있다. 식 (6.3.1)을 다시 쓰면,

$$0 = \mathbf{y} - \mathbf{f}(\mathbf{x}) \tag{6.3.2}$$

식 (6.3.2)의 양변에 **Dx**를 더하면, 다음 식이 된다. 여기서 **D**는 $(N \times N)$의 정칙행렬(nonsingular)이다.

$$\mathbf{Dx} = \mathbf{Dx} + \mathbf{y} - \mathbf{f}(\mathbf{x}) \tag{6.3.3}$$

$\mathbf{D}^{-1}$를 양변에 곱하면,

$$\mathbf{x} = \mathbf{x} + \mathbf{D}^{-1}[\mathbf{y} - \mathbf{f}(\mathbf{x})] \tag{6.3.4}$$

식 (6.3.4)의 우변의 $\mathbf{x}(i)$를 이용해서 좌변의 $\mathbf{x}(i+1)$를 계산한다.

$$\mathbf{x}(i+1) = \mathbf{x}(i) + \mathbf{D}^{-1}\{\mathbf{y} - \mathbf{f}[\mathbf{x}(i)]\} \tag{6.3.5}$$

선형방정식에서는 $\mathbf{f}(\mathbf{x}) = \mathbf{Ax}$이므로 식 (6.3.5)는

$$\mathbf{x}(i+1) = \mathbf{x}(i) + \mathbf{D}^{-1}[\mathbf{y} - \mathbf{Ax}(i)]$$

$$= \mathbf{D}^{-1}(\mathbf{D} - \mathbf{A})\mathbf{x}(i) + \mathbf{D}^{-1}\mathbf{y} \tag{6.3.6}$$

식 (6.2.6)의 자코비와 가우스-자이델 법과 같게 된다. 비선형방정식에서는 식 (6.3.5)의 행렬 **D**를 결정해야 한다.

D를 결정하는 방법 중의 하나가 뉴튼-랩슨 법이며, $\mathbf{f}(\mathbf{x})$를 작용점 $\mathbf{x}_0$에서의 테일러 급수 확장에 기본을 두고 있다.

$$\mathbf{y} = \mathbf{f}(\mathbf{x}_0) + \left.\frac{d\mathbf{f}}{d\mathbf{x}}\right|_{\mathbf{x}=\mathbf{x}_0} (\mathbf{x} - \mathbf{x}_0) \cdots \tag{6.3.7}$$

식 (6.3.7)의 고차항을 무시하고 **x**에 대해 풀면,

$$\mathbf{x} = \mathbf{x}_0 + \left[\left.\frac{d\mathbf{f}}{d\mathbf{x}}\right|_{\mathbf{x}=\mathbf{x}_0}\right]^{-1} [\mathbf{y} - \mathbf{f}(\mathbf{x}_0)] \tag{6.3.8}$$

예제 6.6 뉴튼-랩슨 법: 고차다항식의 해법

스칼라 방정식 $f(x) = y$를 푸시오. $y = 9$, $f(x) = x^2$이다. 초기치 $x(0) = 1$로 두고 (a) 뉴튼-랩슨 법 (b) $\mathbf{D} = 3$인 확장된 가우스-자이델 법을 이용하여 $\varepsilon = 10^{-4}$일 때 식 (6.2.2)를 만족할 때까지 반복계산한다.

| 풀이

a. $f(x) = x^2$이므로 식 (6.3.10)을 이용하여

$$\mathbf{J}(i) = \left.\frac{d}{dx}(x^2)\right|_{x=x(i)} = \left.2x\right|_{x=x(i)} = 2x(i)$$

식 (6.3.9)에 $\mathbf{J}(i)$를 대입하면

$$x(i+1) = x(i) + \frac{1}{2x(i)}[9 - x^2(i)]$$

초기치 $x(0) = 1$로 두고 뉴튼-랩슨 법을 이용하여 반복계산하면 그 결과는 다음 표와 같다.

Newton-Raphson

i	0	1	2	3	4	5
$x(i)$	1	5.00000	3.40000	3.02353	3.00009	3.00000

b. $\mathbf{D} = 3$으로 두고 식 (6.3.5)를 이용하면, 가우스-자이델 법은

$$x(i+1) = x(i) + \frac{1}{3}[9 - x^2(i)]$$

가우스-자이델 법에 의한 반복계산 결과는 다음 표와 같다.

Gauss-Seidel (D = 3)

i	0	1	2	3	4	5	6
$x(i)$	1	3.66667	2.18519	3.59351	2.28908	3.54245	2.35945

위 표에서 알 수 있는 바와 같이, 뉴튼-랩슨 법은 5회 반복계산 만에 $x = 3$인 해에 수렴하였지만, 가우스-자이델 법은 해 근처에서 진동하며 천천히 수렴한다. 여기서 주의할 점은 초기치 $x(0)$가 음의 값을 가지는 경우에는 뉴튼-랩슨 법에 의한 해는 $x = -3$이 된다는 점이다. 그리고 항상 자코비안 행렬의 역행렬 $\mathbf{J}^{-1}$이 존재한다는 가정도 유의할 필요가 있다. 이 예제에서는 초기치 $x(0) = 0$의 경우는 피해야 한다.

뉴튼-랩슨 법은 식 (6.3.8)에서 $\mathbf{x}_0$를 $\mathbf{x}(i)$로, $\mathbf{x}$를 $x(i+1)$로 대체하는 것으로

$$\mathbf{x}(i+1) = \mathbf{x}(i) + \mathbf{J}^{-1}(i)\{\mathbf{y} - \mathbf{f}[\mathbf{x}(i)]\} \tag{6.3.9}$$

여기서

$$\mathbf{J}(i) = \left.\frac{d\mathbf{f}}{d\mathbf{x}}\right|_{\mathbf{x}=\mathbf{x}(i)} = \begin{bmatrix} \frac{\partial f_1}{\partial x_1} & \frac{\partial f_1}{\partial x_2} & \cdots & \frac{\partial f_1}{\partial x_N} \\ \frac{\partial f_2}{\partial x_1} & \frac{\partial f_2}{\partial x_2} & \cdots & \frac{\partial f_2}{\partial x_N} \\ \vdots & \vdots & & \vdots \\ \frac{\partial f_N}{\partial x_1} & \frac{\partial f_N}{\partial x_2} & \cdots & \frac{\partial f_N}{\partial x_N} \end{bmatrix}_{\mathbf{x}=\mathbf{x}(i)} \tag{6.3.10}$$

$N \times N$ 행렬 $\mathbf{J}(i)$의 각 성분은 식 (6.3.10)에서 보이는 바와 같이 편미분 값이며, 자코비안 행렬이라 부른다. 뉴튼-랩슨 법은 식 (6.3.5)의 행렬 $\mathbf{D}$ 대신에 식 (6.3.9)의 $\mathbf{J}(i)$ 로 바뀐 점을 제외하고는 확장된 가우스-자이델 법과 유사하다.

식 (6.3.9)는 역행렬 $\mathbf{J}^{-1}$을 포함하고 있다. 역행렬을 직접 계산하지 않고 가우스 소거법과 역치환법을 이용하여 해를 구할 수도 있다. 식 (6.3.9)는 다음과 같이 다시 쓸 수 있다.

$$\mathbf{J}(i)\Delta\mathbf{x}(i) = \Delta\mathbf{y}(i) \tag{6.3.11}$$

여기서

$$\Delta\mathbf{x}(i) = \mathbf{x}(i+1) - \mathbf{x}(i) \tag{6.3.12}$$

$$\Delta\mathbf{y}(i) = \mathbf{y} - \mathbf{f}[\mathbf{x}(i)] \tag{6.3.13}$$

각 반복계산에서 다음과 같은 4가지 단계를 거친다.

예제 6.7 뉴튼-랩슨 법: 비선형 대수방정식의 해법

뉴튼-랩슨 법을 이용하여 식 (6.2.2)가 수렴판정치 $\varepsilon = 10^{-4}$을 만족할 때까지 반복계산하시오.

$$\begin{bmatrix} x_1 + x_2 \\ x_1 x_2 \end{bmatrix} = \begin{bmatrix} 15 \\ 50 \end{bmatrix} \qquad \mathbf{x}(0) = \begin{bmatrix} 4 \\ 9 \end{bmatrix}$$

| 풀이

$f_1 = (x_1 + x_2), f_2 = x_1 x_2$이므로 식 (6.3.10)은

$$\mathbf{J}(i)^{-1} = \begin{bmatrix} \frac{\partial f_1}{\partial x_1} & \frac{\partial f_1}{\partial x_2} \\ \frac{\partial f_2}{\partial x_1} & \frac{\partial f_2}{\partial x_2} \end{bmatrix}^{-1}_{\mathbf{x}=\mathbf{x}(i)} = \begin{bmatrix} 1 & 1 \\ x_2(i) & x_1(i) \end{bmatrix}^{-1}$$

$$= \frac{\begin{bmatrix} x_1(i) & -1 \\ -x_2(i) & 1 \end{bmatrix}}{x_1(i) - x_2(i)}$$

식 (6.3.9)에 $\mathbf{J}(i)^{-1}$을 대입하면,

$$\begin{bmatrix} x_1(i+1) \\ x_2(i+1) \end{bmatrix} = \begin{bmatrix} x_1(i) \\ x_2(i) \end{bmatrix} + \frac{\begin{bmatrix} x_1(i) & -1 \\ -x_2(i) & 1 \end{bmatrix}}{x_1(i) - x_2(i)} \begin{bmatrix} 15 - x_1(i) - x_2(i) \\ 50 - x_1(i)x_2(i) \end{bmatrix}$$

반복계산 과정을 두 개의 방정식으로 분리하면,

$$x_1(i+1) = x_1(i) + \frac{x_1(i)[15 - x_1(i) - x_2(i)] - [50 - x_1(i)x_2(i)]}{x_1(i) - x_2(i)}$$

$$x_2(i+1) = x_2(i) + \frac{-x_2(i)[15 - x_1(i) - x_2(i)] + [50 - x_1(i)x_2(i)]}{x_1(i) - x_2(i)}$$

이 방정식을 반복계산하면 다음 표와 같은 결과를 얻는다.

Newton-Raphson

i	0	1	2	3	4
$x_1(i)$	4	5.20000	4.99130	4.99998	5.00000
$x_2(i)$	9	9.80000	10.00870	10.00002	10.00000

이 예제에서 뉴튼-랩슨 법은 반복계산 4회 만에 수렴하였다.

예제 6.8 4단계 뉴튼-랩슨법

예제 6.7의 반복계산 중 첫 번째 계산을 예제에서 설명한 4단계로 푸시오.

| 풀이

1단계: $\Delta\mathbf{y}(0) = \mathbf{y} - \mathbf{f}[\mathbf{x}(0)] = \begin{bmatrix} 15 \\ 50 \end{bmatrix} - \begin{bmatrix} 4+9 \\ (4)(9) \end{bmatrix} = \begin{bmatrix} 2 \\ 14 \end{bmatrix}$

2단계: $\mathbf{J}(0) = \left[\begin{array}{c|c} 1 & 1 \\ \hline x_2(0) & x_1(0) \end{array}\right] - \left[\begin{array}{c|c} 1 & 1 \\ \hline 9 & 4 \end{array}\right]$

3단계: $\Delta\mathbf{y}(0)$와 $\mathbf{J}(0)$를 대입하면, 식 (6.3.11)은

$$\left[\begin{array}{c|c} 1 & 1 \\ \hline 9 & 4 \end{array}\right] \begin{bmatrix} \Delta x_1(0) \\ \Delta x_2(0) \end{bmatrix} = \begin{bmatrix} 2 \\ 14 \end{bmatrix}$$

가우스 소거법을 사용하여 첫 번째 방정식에 $J_{21}/J_{11} = 9/1 = 9$를 곱하여 두 번째 방정식에서 뺀다. 그 결과는

$$\left[\begin{array}{c|c} 1 & 1 \\ \hline 0 & -5 \end{array}\right] \begin{bmatrix} \Delta x_1(0) \\ \Delta x_2(0) \end{bmatrix} = \begin{bmatrix} 2 \\ -4 \end{bmatrix}$$

역치환법에 의해 풀면,

$$\Delta x_2(0) = \frac{-4}{-5} = 0.8$$
$$\Delta x_1(0) = 2 - 0.8 = 1.2$$

4단계: $\mathbf{x}(1) = \mathbf{x}(0) + \Delta\mathbf{x}(0) = \begin{bmatrix} 4 \\ 9 \end{bmatrix} + \begin{bmatrix} 1.2 \\ 0.8 \end{bmatrix} = \begin{bmatrix} 5.2 \\ 9.8 \end{bmatrix}$

이 결과는 예제 6.7의 결과와 같다.

1단계: 식 (6.3.13)을 이용하여 $\Delta\mathbf{y}(i)$를 계산한다.

2단계: 식 (6.3.10)을 이용하여 $\mathbf{J}(i)$를 계산한다.

3단계: 가우스 소거법과 역치환법을 이용하여 식 (6.3.11)을 $\Delta\mathbf{x}(i)$에 대해 푼다.

4단계: 식 (6.3.12)와 같이 $\mathbf{x}(i+1)$을 푼다.

경험적으로, 자코비 법이나 가우스-자이델 법이 발산하는 많은 경우에도 뉴튼-랩슨 법은 수렴하는 경우가 많다. 또한 뉴튼-랩슨 법을 이용하면, 자코비 법이나 가우스-자이델 법과 달리 수렴에 필요한 반복계산 횟수는 행렬의 크기와 관계없다. 대부분의 경우 뉴튼-랩슨 법으로 조류계산을 수행하면 적어도 10회의 반복계산 안에 수렴한다[1].

6.4 전력조류계산 문제

전력조류계산 문제는 정상상태의 평형 3상 전력계통의 모든 모선에 대해 전압과 위상각을 구하는 것이다. 전력조류계산의 결과로 얻어진 전압과 위상각을 이용하면, 선로나 변압기의 유효전력, 무효전력, 그리고 설비 손실을 구할 수 있다.

전력조류계산을 위해서는 먼저 전력계통의 단선도(single line diagram)가 필요하다. 단선도에서는 모선 데이터, 송전선 데이터, 변압기 데이터가 입력 데이터로 필요하다.

그림 6.1에서와 같이 각 모선마다 4개의 변수, 전압의 크기 V_k, 위상각 δ_k, 모선에 공급되는 유효전력 P_k, 무효전력 Q_k가 연관되어 나타난다. 각 모선별로 이 4개의 변수 중 2개는 입력 데이터로 주어지고, 나머지 두 개는 전력조류계산을 통해 풀어야 하는 미지의 변수로 지정된다.

편의상, k번째 모선에 전력을 공급하는 것은 발전기, 전력을 소비하는 것은 부하로 모델링한다. 즉,

$$\begin{aligned} P_k &= P_{Gk} - P_{Lk} \\ Q_k &= Q_{Gk} - Q_{Lk} \end{aligned} \tag{6.4.1}$$

각 모선은 다음과 같이 3가지 형태의 모선 중 하나로 분류할 수 있다.

1. 스윙모선(슬랙모선): 전체 모선 중 하나의 모선을 스윙모선으로 지정하며, 이는 기준모선(reference bus)이 된다. 이 책에서는 모선번호를 1로 부여하며, 스윙모선의 변수 $V_1\angle\delta_1$을 $1.0\angle 0°$로 지정하고, P_1, Q_1을 미지수로 지정한다.

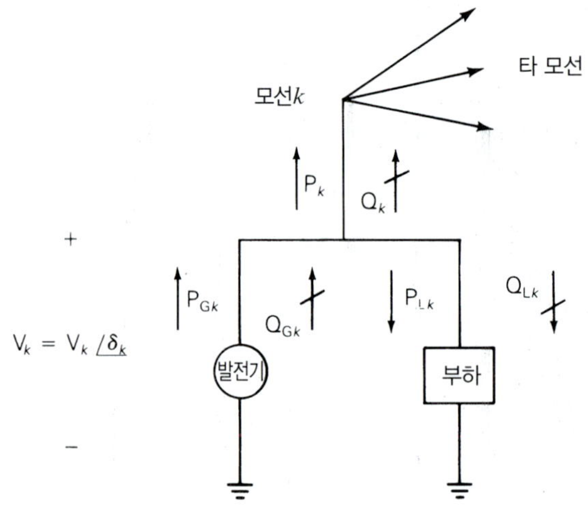

그림 6.1 모선의 변수 V_k, δ_k, P_k, Q_k

2. 부하(PQ)모선: P_k와 Q_k를 입력 데이터로 하여 V_k와 δ_k를 미지수로 지정한다. 전력계통에서는 대부분의 모선이 부하모선이다.
3. 전압제어(PV)모선: P_k와 V_k를 입력 데이터로 하여 Q_k와 δ_k를 미지수로 지정한다. 발전기, 스위치제어 병렬 콘덴서, 정지형 무효전력보상장치가 연결된 모선들이 이에 해당한다. 이 경우에는 무효전력 공급한계 $Q_{Gk\max}$, $Q_{Gk\min}$도 입력 데이터로 주어진다. 전력조류계산 중 무효전력 상한값이나 하한값에 도달하면, 무효전력 값을 그 값으로 고정하고 그 모선을 PQ모선으로 하여 전력조류계산을 한다. 모선에 탭조정 변압기가 연결된 경우에는 전력조류계산에서 탭 설정치를 고려해 넣는다.

모선 k가 발전기가 연결되어 있지 않은 순수 부하모선이면 $P_k = -P_{Lk}$가 음의 값을 가지며, 이는 그림 6.1에서 모선에 공급되는 유효전력이 음의 값을 가짐을 뜻한다. 그리고 부하가 유도성이면 $Q_k = -Q_{Lk}$도 음의 값을 가진다.

송전선은 그림 5.7과 같이 π 등가회로로 모델링한다. 변압기도 2권선 변압기의 경우 그림 3.9와 같이, 3권선 변압기의 경우는 그림 3.20과 같이, 그리고 탭조정 변압기는 그림 3.25와 같이 등가회로로 모델링한다.

송전선 입력 데이터는 pu법으로 표시한 π 등가회로의 직렬 임피던스 Z', 병렬 어드미턴스 Y', 그리고 해당 송전선이 연결된 두 모선, 그리고 최대 정격 MVA 값이다. 변압기 입력 데이터는 pu법으로 환산한 권선 임피던스 Z, pu법으로 환산한 어드미턴스 Y, 해당 변압기가 연결된 두 모선, 그리고 최대 정격 MVA 값이다.

모선 어드미턴스 행렬 $\mathbf{Y}_{\text{bus}}$는 선로와 변압기 입력 데이터로 만들 수 있다. 식 (2.4.3)과 (2.4.4)로부터 $\mathbf{Y}_{\text{bus}}$ 행렬의 각 항목은

대각요소: Y_{kk} = 모선 k에 연결된 어드미턴스의 총합
비대각요소: Y_{kn} = −(모선 k와 모선 n 사이의 어드미턴스의 총합) $k \neq n$ (6.4.2)

예제 6.9 전력조류계산 입력 데이터와 Y_{bus}

그림 6.2는 5모선 전력계통의 단선도이다. 입력 데이터는 표 6.1, 6.2, 6.3과 같이 주어져 있다. 표 6.1과 같이 1번 모선에는 발전기가 연결되어 있으며, 스윙모선이다. 3번 모선은 발전기와 부하가 연결되어 있으며, 전압제어모선이다. 2번, 4번, 5번 모선은 부하모선이다. 2번 모선과 3번 모선에 연결되어 있는 부하는 유도성 부하이며, $Q_2 = -Q_{L2} = -2.8$이고 $Q_3 = -Q_{L3} = -0.4$이다.

각 모선에 대해 변수 V_k, δ_k, P_k, Q_k 중에서 입력변수가

(계속)

되는 변수와 미지수인 변수를 결정하고, 행렬 $\boldsymbol{Y}_{bus}$의 두 번째 행의 항목을 구하시오.

| 풀이

입력 데이터와 미지수는 표 6.4에 주어져 있다. 스윙모선인 1번 모선에서는 P_1과 Q_1이 미지수이다. 전압제어모선인 3번 모선은 Q_3와 δ_3가 미지수이다. 부하모선인 2번, 4번, 5번 모선은 V_2, V_4, V_5 그리고 δ_2, δ_4, δ_5가 미지수이다.

행렬 $\boldsymbol{Y}_{bus}$의 요소는 식 (6.4.2)에 의해 계산할 수 있다. 1번 모선과 3번 모선은 2번 모선에 직접 연결되어 있지 않기 때문에

$$Y_{21} = Y_{23} = 0$$

그림 6.2 예제 6.9에 대한 단선도

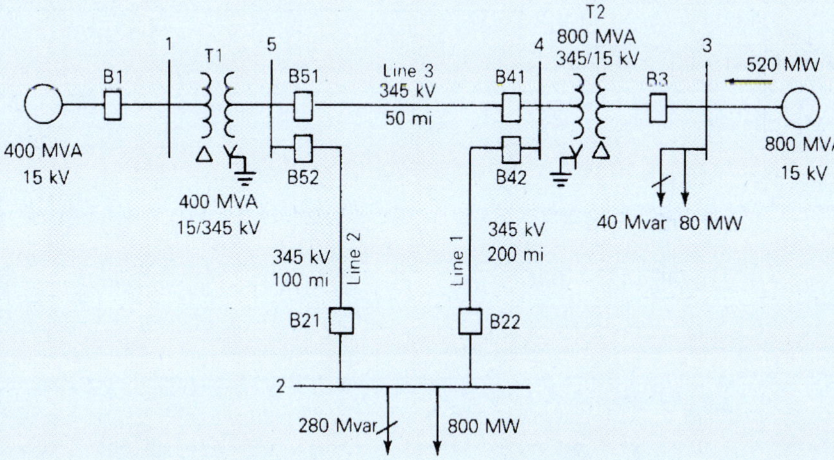

표 6.1 예제 6.9*의 모선 데이터

모선	종류	V p.u.	δ degrees	P_G p.u.	Q_G p.u.	P_L p.u.	Q_L p.u.	Q_{Gmax} p.u.	Q_{Gmin} p.u.
1	스윙모선	1.0	0	—	—	0	0	—	—
2	부하모선	—	—	0	0	8.0	2.8	—	—
3	전압제어모선	1.05	—	5.2	—	0.8	0.4	4.0	−2.8
4	부하모선	—	—	0	0	0	0	—	—
5	부하모선	—	—	0	0	0	0	—	—

* S_{base} = 100 MVA, V_{base} = 15 kV(모선 1, 3) 또는 345 kV(모선 2, 4, 5)

표 6.2 예제 6.9의 선로 입력 데이터

모선-모선	R′ p.u.	X′ p.u.	G′ p.u.	B′ p.u.	최대 MVA p.u.
2-4	0.0090	0.100	0	1.72	12.0
2-5	0.0045	0.050	0	0.88	12.0
4-5	0.00225	0.025	0	0.44	12.0

표 6.3 예제 6.9의 변압기 입력 데이터

모선-모선	R p.u.	X p.u.	Gc p.u.	Bm p.u.	최대 MVA p.u.	최대 탭 설정 p.u.
1-5	0.00150	0.02	0	0	6.0	—
3-4	0.00075	0.01	0	0	10.0	—

(계속)

표 6.4 예제 6.9의 입력 데이터와 미지값

모선	입력 데이터	미지값
1	$V_1 = 1.0, \delta_1 = 0$	P_1, Q_1
2	$P_2 = P_{G2} - P_{L2} = -8$ $Q_2 = Q_{G2} - Q_{L2} = -2.8$	V_2, δ_2
3	$V_3 = 1.05$ $P_3 = P_{G3} - P_{L3} = 4.4$	Q_2, δ_3
4	$P_4 = 0, Q_4 = 0$	V_4, δ_4
5	$P_5 = 0, Q_5 = 0$	V_5, δ_5

식 (6.4.2)를 이용하면,

$$Y_{24} = \frac{-1}{R'_{24} + jX'_{24}} = \frac{-1}{0.009 + j0.1}$$

$$= -0.89276 + j9.91964 \quad \text{p.u.}$$

$$= 9.95972\underline{/95.143°} \quad \text{p.u.}$$

$$Y_{25} = \frac{-1}{R'_{25} + jX'_{25}} = \frac{-1}{0.0045 + j0.05}$$

$$= -1.78552 + j19.83932 \quad \text{p.u.}$$

$$= 19.9195\underline{/95.143°} \quad \text{p.u.}$$

$$Y_{22} = \frac{1}{R'_{24} + jX'_{24}} + \frac{1}{R'_{25} + jX'_{25}} + j\frac{B'_{24}}{2} + j\frac{B'_{25}}{2}$$

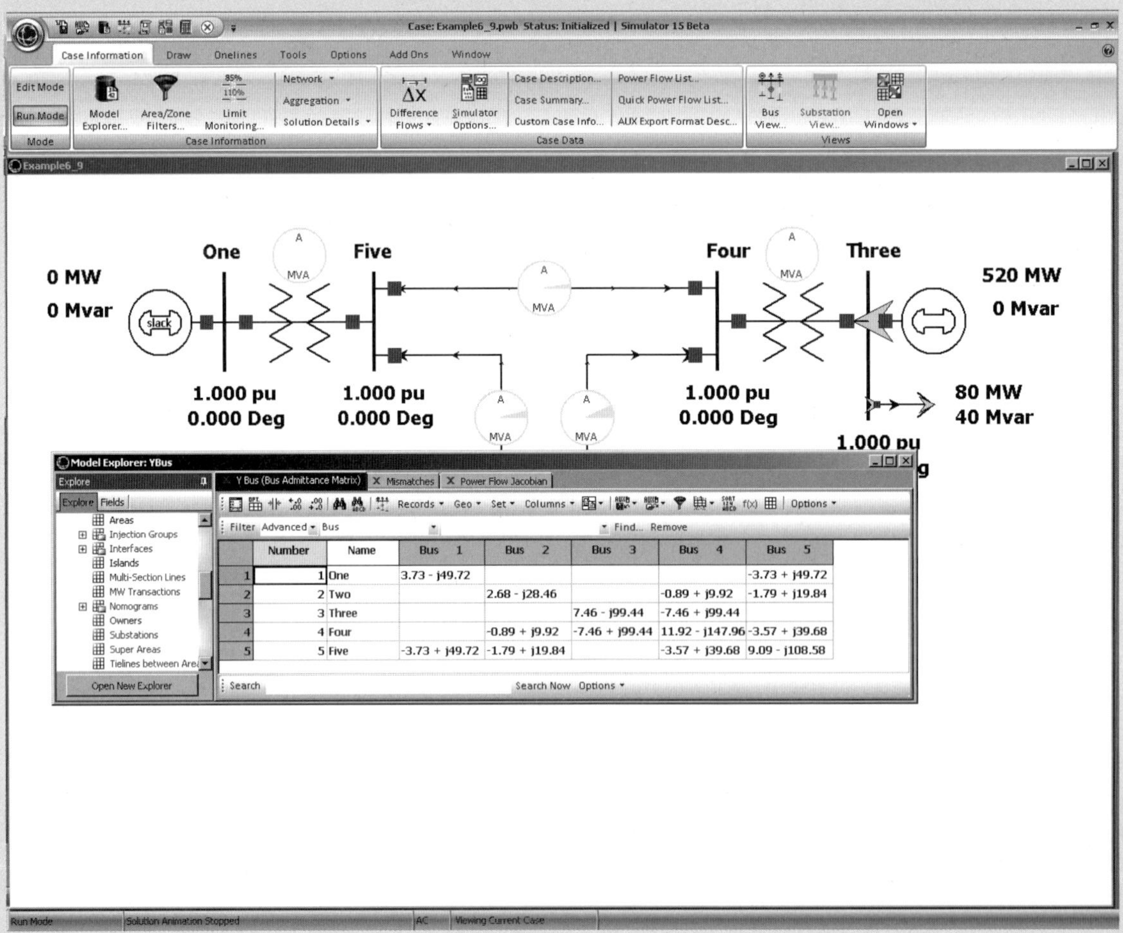

그림 6.3 예제 6.9에 대한 PowerWorld Simulator 화면

(계속)

$$= (0.89276 - j9.91964) + (1.78552 - j19.83932)$$
$$+ j\frac{1.72}{2} + j\frac{0.88}{2}$$
$$= 2.67828 - j28.4590 = 28.5847\angle -84.624° \text{ p.u.}$$

2번 모선에 연결된 각 선로의 병렬 어드미턴스의 절반이 Y_{22}의 계산에 포함된다(나머지 절반은 해당 선로가 연결된 다른 모선에 포함된다).

이 5모선 계통은 PowerWorld Simulator 케이스 예제 6_9에 모델링되어 있다(그림 6.3 참조). 입력 데이터를 보기 위해서는 먼저 **Edit Mode** 버튼(리본의 가장 왼쪽)을 눌러서 Edit Mode로 들어간다(Edit Mode는 시스템 파라미터를 바꾸기 위해 사용). 여기서 **Case Information** 탭을 선택하면 시스템의 파라미터 리스트가 화면에 나타난다. 예를 들어, 모선의 데이터를 확인할 때는 **Network**, **Buses**를, 그리고 선로와 변압기 데이터를 확인할 때는 **Network, Lines and Transformers**를 선택한다. 파란색 부분으로 표시된 영역의 데이터는 그곳에 직접 입력하면 데이터를 바꿀 수 있다. 반면 초록색으로 표시된 영역은 클릭하면 다른 값이 나타난다. 이 화면에 나타나는 값들은 표 6.1부터 6.3에 주어진 값과 일치하며, 유 · 무효전력값은 실제 MW/Mvar 단위로 주어져 있다.

모선 어드미턴스 행렬 $\boldsymbol{Y}_{\text{bus}}$의 각 요소는 **Solution Details,** $\boldsymbol{Y}_{\text{bus}}$를 선택하면 볼 수 있다. 행렬 $\boldsymbol{Y}_{\text{bus}}$의 값은 다른 시스템 파라미터 값에 의해 계산된 값이기 때문에 직접 그 값을 바꿀 수 없다. $\boldsymbol{Y}_{\text{bus}}$의 요소의 일부는 비어 있는데, 이는 두 모선 사이에 직접 연결된 선로가 없는 경우를 나타낸다(비어 있는 곳의 값은 0이다). 더 큰 계통에서는 모선에 연결되는 선로의 수가 적기 때문에 행렬 $\boldsymbol{Y}_{\text{bus}}$의 대부분의 요소가 0가 된다(이러한 행렬을 '성김행렬'이라 하며, 6.8절에서 다룬다). 행렬 $\boldsymbol{Y}_{\text{bus}}$의 각 요소는 Matlab 공용 포맷으로 저장할 수 있으며, 행렬 $\boldsymbol{Y}_{\text{bus}}$에서 마우스 오른쪽을 클릭하여 로컬 메뉴를 디스플레이하고 **Save** $\boldsymbol{Y}_{\text{bus}}$ **in Matlab Format**을 선택한다. 이때, 비선형 조류계산은 아직 풀지 않았기 때문에 조류의 흐름이 단선도에 표시되지 않는다. 전력조류계산의 풀이 과정에 대해서는 다음에서 다룬다.

행렬 $\boldsymbol{Y}_{\text{bus}}$를 이용하면 전력계통의 노드방정식은 다음과 같다.

$$\boldsymbol{I} = \boldsymbol{Y}_{\text{bus}}\boldsymbol{V} \tag{6.4.3}$$

여기서, **I**는 각 모선에 흘러들어가는 전류원의 N 벡터이고, **V**는 모선 전압의 벡터이다. 모선 k에 대한 식 (6.4.3) 에서의 k번째 방정식은

$$I_k = \sum_{n=1}^{N} Y_{kn}V_n \tag{6.4.4}$$

모선 k에 입력되는 복소전력은

$$S_k = \text{P}_k + j\text{Q}_k = V_k I_k^* \tag{6.4.5}$$

가우스-자이델 법에 의한 전력조류계산은 노드방정식 (6.4.4)를 푸는 것이며, 각 전류원 I_k는 식 (6.4.5)에 의해 계산된다. 식 (6.4.4)를 식 (6.4.5)에 대입하면,

$$\text{P}_k + j\text{Q}_k = V_k\left[\sum_{n=1}^{N} Y_{kn}V_n\right]^* \qquad k = 1, 2, \ldots, N \tag{6.4.6}$$

다음과 같은 표기법을 이용하면,

$$V_n = \text{V}_n e^{j\delta_n} \tag{6.4.7}$$

$$Y_{kn} = \text{Y}_{kn}e^{j\theta_{kn}} = \text{G}_{kn} + j\text{B}_{kn} \qquad k,n = 1, 2, \ldots, N \tag{6.4.8}$$

식 (6.4.6)은

$$\text{P}_k + j\text{Q}_k = \text{V}_k\sum_{n=1}^{N} \text{Y}_{kn}\text{V}_n e^{j(\delta_k - \delta_n - \theta_{kn})} \tag{6.4.9}$$

식 (6.4.9)의 실수부는 유효전력, 허수부는 무효전력이 되므로

$$\text{P}_k = \text{V}_k\sum_{n=1}^{N} \text{Y}_{kn}\text{V}_n \cos(\delta_k - \delta_n - \theta_{kn}) \tag{6.4.10}$$

$$Q_k = V_k \sum_{n=1}^{N} Y_{kn} V_n \sin(\delta_k - \delta_n - \theta_{kn}) \qquad k = 1, 2, \ldots, N \tag{6.4.11}$$

혹은 Y_{kn}을 직교좌표로 표현하면,

$$P_k = V_k \sum_{n=1}^{N} V_n [G_{kn} \cos(\delta_k - \delta_n) + B_{kn} \sin(\delta_k - \delta_n)] \tag{6.4.12}$$

$$Q_k = V_k \sum_{n=1}^{N} V_n [G_{kn} \sin(\delta_k - \delta_n) - B_{kn} \cos(\delta_k - \delta_n)]$$

$$k = 1, 2, \ldots, N \tag{6.4.13}$$

뉴튼-랩슨 법에 의한 전력조류계산의 해법은 식 (6.4.10)과 (6.4.11)을 풀면 얻을 수 있다[혹은 식 (6.4.12)와 (6.4.13)을 풀어도 된다].

6.5 가우스-자이델 법에 의한 전력조류계산 해법

노드방정식 $\boldsymbol{I} = \boldsymbol{Y}_{\text{bus}} \boldsymbol{V}$는 6.2절의 가우스-자이델 법에 의해 해를 구한 $\mathbf{y} = \mathbf{Ax}$와 유사한 선형 방정식의 세트이다. 전력조류계산 모선 데이터는 부하모선에서는 P_k, Q_k로 이루어지고, 전압제어모선에서는 P_k, V_k로 이루어지기 때문에 노드방정식을 선형 방정식 형태로 바로 적용할 수는 없다. 즉, 전류원 벡터 $\boldsymbol{I}$가 미지수이기 때문에 방정식은 실제로 비선형 방정식이 된다. 각 부하모선에서 I_k는 식 (6.4.5)로부터

$$I_k = \frac{P_k - jQ_k}{V_k^*} \tag{6.5.1}$$

가우스-자이델 법의 식 (6.2.9)를 I_k에 대한 위의 노드방정식에 적용하면, 다음을 얻는다.

$$V_k(i+1) = \frac{1}{Y_{kk}} \left[\frac{P_k - jQ_k}{V_k^*(i)} - \sum_{n=1}^{k-1} Y_{kn} V_n(i+1) - \sum_{n=k+1}^{N} Y_{kn} V_n(i) \right] \tag{6.5.2}$$

식 (6.5.2)는 부하모선에 대해 각 반복계산마다 두 번 적용될 수 있다. 즉 먼저 $V_k^*(i)$를 이용해서 $V_k^*(i+1)$을 계산하고 다음에 식 (6.5.2)의 우변에 $V_k^*(i)$ 대신에 새롭게 구해진 $V_k^*(i+1)$을 대입하여 계산한다.

전압제어모선에서는 Q_k가 미지수이며, 식 (6.4.13)을 이용하여 계산 가능하며, 다음과 같다.

$$Q_k(i) = V_k(i) \sum_{n=1}^{N} V_n(i) [G_{kn} \sin(\delta_k(i) - \delta_n(i)) - B_{kn} \cos(\delta_k(i) - \delta_n(i))] \tag{6.5.3}$$

여기서, $Q_{Gk} = Q_k + Q_{Lk}$이며, Q_{Gk}의 계산값이 한계치를 초과하지 않으면, Q_k가 식 (6.5.2)에서 $V_k(i+1) = V_k(i+1) \underline{/\delta_k(i+1)}$을 계산하는 데 이용된다. 이때 크기 $V_k(i+1)$는 V_k로 바뀌고, 이는 전압제어모선의 입력 데이터가 된다. 따라서 전압제어모선에서는 식 (6.5.2)를 이용하여 위상각 $\delta_k(i+1)$만 계산한다.

만약, 반복계산 중에 Q_{Gk}의 계산값이 $Q_{Gk\max}$와 $Q_{Gk\min}$의 한계치를 벗어나게 되면 Q_{Gk}는 한계치로 바뀌게 되고, 모선 형태는 전압제어모선에서 부하모선으로 바뀌게 된다. 이 조건하에서 전압제어 설비(커패시터 뱅크, 정지형 조상기 등)는 입력 데이터로 지정된 전압을 유지할 수 없으므로 전력조류계산을 통하여 새로운 V_k 값을 구해야 한다.

모선 형태 1로 지정된 스윙모선에서는 V_1과 δ_1은 입력 데이터이며, 반복계산 과정이 수렴하면 식 (6.4.10)과 식 (6.4.11)을 이용하여 P_1과 Q_1을 계산한다.

예제 6.10 가우스-자이델 법에 의한 전력조류계산 해법

예제 6.9의 계통에서 가우스-자이델 법을 이용하여 첫 번째 반복계산 후 모선2의 페이저 전압 $V_2(1)$을 계산하시오. 이때, 위상각의 초기치는 0, 전압 크기의 초기치는 1로 둔다. 모선 3에서의 전압 $V_3 = 1.05$로 둔다.

| 풀이

모선 2는 부하모선이다. 입력 데이터와 예제 6.9의 모선 어드미턴스 값을 이용하면, 식 (6.5.2)는

$$V_2(1) = \frac{1}{Y_{22}}\left\{\frac{P_2 - jQ_2}{V_2^*(0)} - \left[Y_{21}V_1(1) + Y_{23}V_3(0) + Y_{24}V_4(0) + Y_{25}V_5(0)\right]\right\}$$

$$= \frac{1}{28.5847\angle -84.624°}\left\{\frac{-8 - j(-2.8)}{1.0\angle 0°} - \left[(-1.78552 + j19.83932)(1.0) + (-0.89276 + j9.91964)(1.0)\right]\right\}$$

$$= \frac{(-8 + j2.8) - (-2.67828 + j29.7589)}{28.5847\angle -84.624°}$$

$$= 0.96132\angle -16.543° \quad \text{p.u.}$$

다음에, $V_2(1)$을 다시 구하기 위해 위에서 구한 값을 한 번 더 식 (6.5.2)에 입력하여 구한다.

$$V_2(1) = \frac{1}{28.5847\angle -84.624°}\left\{\frac{-8 + j2.8}{0.96132\angle 16.543°} - \left[-2.67828 + j29.75829\right]\right\}$$

$$= \frac{-4.4698 - j24.5973}{28.5847\angle -84.624°}$$

$$= 0.87460\angle -15.675° \quad \text{p.u.}$$

모선 3, 4, 5에서도 같은 계산을 하여 첫 번째 반복계산을 마무리한다.

이 경우, 수렴성을 알아보기 위해 PowerWorld의 예제 6_10을 연다. PowerWorld는 반복계산 방법을 지정하지 않으면, 자동으로 뉴튼-랩슨 법을 선택하도록 되어 있다. 그러나 **Tools, Solve, Gauss-Seidel Power Flow**를 선택하면, 가우스-자이델 법으로 전력조류계산을 수행할 수 있다.

반복계산에서 수렴하지 않는 경우, 무한 루프에 빠지는 것을 방지하기 위해 PowerWorld는 최대 반복계산 횟수를 설정할 수 있다. 보통 가우스-자이델 법에서는 이 최대치를 100 정도 꽤 큰 값으로 설정한다. 그러나 이 예제에서는 가우스-자이델 법의 수렴특성을 보여주기 위해 각 반복계산마다 계산된 전압값을 볼 수 있도록 반복계산 횟수를 1로 두었다. 한 번에 단일 반복계산을 행하기 위해서는 **Tools, Solve, Gauss-Seidel Power Flow**를 반복해서 선택하기만 하면 된다.

가우스-자이델 법에서 반복계산을 멈추는 기준은 식 (6.2.2)와 같이 반복계산 후의 전압값의 백분율 차이가 된다. 이 값이 각 모선에서 지정된 오차 ε보다 작으면, 해법을 구한 것으로 간주한다. PowerWorld Simulator에서 사용하고 있는 또 다른 방법은 식 (6.4.10)과 (6.4.11)의 우변과 좌변의 차이로 정의되는 유효전력, 무효전력의 불일치 정도를 계산하는 방법이다. PowerWorld는 모든 모선에서 유효 전력, 무효전력 불일치 정도의 오차가 특정 MVA(혹은 kVA) 이하가 될 때까지 반복계산을 계속한다. 해법을 한 단계씩 풀어가는 경우에는 모선의 유 · 무효전력 불일치 정도는 매 반복계산 후 **Case, Information, Mismatches**를 화면에 나타내면 확인할 수 있다. 해법의 수렴을 판정하는 불일치 정도의 오차는 PowerWorld Simulator의 Option 항목에서(**Tools, Simulator Options**에서 **Power Flow Solution**을 선택) Power Flow Solution 페이지에서 바꿀 수 있으며, 반복계산 최대횟수도 이 페이지에서 수정할 수 있다. 오차의 전형적인 값은 0.1 MVA 정도이다. PowerWorld Simulator에서 풀이과정의 상세내용은 "로그 파일"에 저장되어 있으며 **Tools, Log**(리본의 왼쪽방향으로 있다)를 선택해서 볼 수 있다.

6.6 뉴튼-랩슨 법에 의한 전력조류계산 해법

식 (6.4.10)과 (6.4.11)은 6.3절에서의 뉴튼-랩슨 법을 적용한 비선형식 $\mathbf{y} = \mathbf{f}(\mathbf{x})$와 유사하다. 전력조류계산 문제에서 $\mathbf{x}$, $\mathbf{y}$, $\mathbf{f}$ 벡터를 다음 식과 같이 정의한다.

$$\mathbf{x} = \begin{bmatrix} \delta \\ \mathbf{V} \end{bmatrix} = \begin{bmatrix} \delta_2 \\ \vdots \\ \delta_N \\ V_2 \\ \vdots \\ V_N \end{bmatrix}; \quad \mathbf{y} = \begin{bmatrix} \mathbf{P} \\ \mathbf{Q} \end{bmatrix} = \begin{bmatrix} P_2 \\ \vdots \\ P_N \\ Q_2 \\ \vdots \\ Q_N \end{bmatrix}$$

$$\mathbf{f}(\mathbf{x}) = \begin{bmatrix} \mathbf{P}(\mathbf{x}) \\ \mathbf{Q}(\mathbf{x}) \end{bmatrix} = \begin{bmatrix} P_2(\mathbf{x}) \\ \vdots \\ P_N(\mathbf{x}) \\ Q_2(\mathbf{x}) \\ \vdots \\ Q_N(\mathbf{x}) \end{bmatrix} \tag{6.6.1}$$

여기서, V, P, Q는 pu법으로, δ는 라디안으로 주어진다. 스윙모선 변수 δ_1, V_1은 이미 알고 있는 값이기 때문에 식 (6.6.1)에서 빠져 있다. 식 (6.4.12)과 (6.4.13)은 다음과 같은 형태이다.

$$\begin{aligned} y_k = P_k &= P_k(x) \\ &= V_k \sum_{n=1}^{N} V_n [G_{kn} \cos(\delta_k - \delta_n) + B_{kn} \sin(\delta_k - \delta_n)] \end{aligned} \tag{6.6.2}$$

$$\begin{aligned} y_{k+N} = Q_k &= Q_k(x) \\ &= V_k \sum_{n=1}^{N} V_n [G_{kn} \sin(\delta_k - \delta_n) - B_{kn} \cos(\delta_k - \delta_n)] \end{aligned}$$

$$k = 1, 2, \ldots, N \tag{6.6.3}$$

식 (6.3.10)의 자코비안 행렬은 다음과 같다.

표 6.5 자코비안 행렬의 각 요소

$n \neq k$

$$J1_{kn} = \frac{\partial P_k}{\partial \delta_n} = V_k V_n [G_{kn} \sin(\delta_k - \delta_n) - B_{kn} \cos(\delta_k - \delta_n)]$$

$$J2_{kn} = \frac{\partial P_k}{\partial V_n} = V_k [G_{kn} \cos(\delta_k - \delta_n) + B_{kn} \sin(\delta_k - \delta_n)]$$

$$J3_{kn} = \frac{\partial Q_k}{\partial \delta_n} = -V_k V_n [G_{kn} \cos(\delta_k - \delta_n) + B_{kn} \sin(\delta_k - \delta_n)]$$

$$J4_{kn} = \frac{\partial Q_k}{\partial V_n} = V_k [G_{kn} \sin(\delta_k - \delta_n) - B_{kn} \cos(\delta_k - \delta_n)]$$

$n = k$

$$J1_{kk} = \frac{\partial P_k}{\partial \delta_k} = V_k \sum_{\substack{n=1 \\ n \neq k}}^{N} V_n [-G_{kn} \sin(\delta_k - \delta_n) + B_{kn} \cos(\delta_k - \delta_n)]$$

$$J2_{kk} = \frac{\partial P_k}{\partial V_k} = 2V_k G_{kk} + \sum_{\substack{n=1 \\ n \neq k}}^{N} V_n [G_{kn} \cos(\delta_k - \delta_n) + B_{kn} \sin(\delta_k - \delta_n)]$$

$$J3_{kk} = \frac{\partial Q_k}{\partial \delta_k} = V_k \sum_{\substack{n=1 \\ n \neq k}}^{N} V_n [G_{kn} \cos(\delta_k - \delta_n) + B_{kn} \sin(\delta_k - \delta_n)]$$

$$J4_{kk} = \frac{\partial Q_k}{\partial V_k} = 2V_k B_{kk} + \sum_{\substack{n=1 \\ n \neq k}}^{N} V_n [G_{kn} \sin(\delta_k - \delta_n) - B_{kn} \cos(\delta_k - \delta_n)]$$

$$\mathbf{J} = \left[\begin{array}{ccc|ccc} \frac{\partial P_2}{\partial \delta_2} & \cdots & \frac{\partial P_2}{\partial \delta_N} & \frac{\partial P_2}{\partial V_2} & \cdots & \frac{\partial P_2}{\partial V_N} \\ \vdots & & & \vdots & & \\ \frac{\partial P_N}{\partial \delta_2} & \cdots & \frac{\partial P_N}{\partial \delta_N} & \frac{\partial P_N}{\partial V_2} & \cdots & \frac{\partial P_N}{\partial V_N} \\ \hline \frac{\partial Q_2}{\partial \delta_2} & \cdots & \frac{\partial Q_2}{\partial \delta_N} & \frac{\partial Q_2}{\partial V_2} & \cdots & \frac{\partial Q_2}{\partial V_N} \\ \vdots & & & \vdots & & \\ \frac{\partial Q_N}{\partial \delta_2} & \cdots & \frac{\partial Q_N}{\partial \delta_N} & \frac{\partial Q_N}{\partial V_2} & \cdots & \frac{\partial Q_N}{\partial V_N} \end{array}\right] \tag{6.6.4}$$

(상단 블록: J1, J2 / 하단 블록: J3, J4)

식 (6.6.4)는 4개의 블록으로 나누어지고, 식 (6.6.2)와 (6.6.3)으로부터 얻어지는 각 블록의 부분미분은 표 6.5에 주어져 있다.

이제 6.3절에서 설명한 4단계의 뉴튼-랩슨 법을 전력조류계산에 적용한다. i번째 반복계산에서 $\mathbf{x}(i) = \begin{bmatrix} \boldsymbol{\delta}(i) \\ \mathbf{V}(i) \end{bmatrix}$와 같다.

1단계: 식 (6.6.2)와 (6.6.3)을 이용하여 다음을 계산한다.

$$\Delta\mathbf{y}(i) = \begin{bmatrix} \Delta\mathbf{P}(i) \\ \Delta\mathbf{Q}(i) \end{bmatrix} = \begin{bmatrix} \mathbf{P} - \mathbf{P}[\mathbf{x}(i)] \\ \mathbf{Q} - \mathbf{Q}[\mathbf{x}(i)] \end{bmatrix} \tag{6.6.5}$$

2단계: 표 6.5의 식을 이용하여 자코비안 행렬을 계산한다.

3단계: 가우스 소거법과 역치환법을 이용하여 다음을 계산한다.

$$\left[\begin{array}{c|c} \mathbf{J1}(i) & \mathbf{J2}(i) \\ \hline \mathbf{J3}(i) & \mathbf{J4}(i) \end{array}\right] \begin{bmatrix} \Delta\boldsymbol{\delta}(i) \\ \Delta\mathbf{V}(i) \end{bmatrix} = \begin{bmatrix} \Delta\mathbf{P}(i) \\ \Delta\mathbf{Q}(i) \end{bmatrix} \tag{6.6.6}$$

4단계: 다음을 계산한다.

$$\mathbf{x}(i+1) = \begin{bmatrix} \boldsymbol{\delta}(i+1) \\ \mathbf{V}(i+1) \end{bmatrix} = \begin{bmatrix} \boldsymbol{\delta}(i) \\ \mathbf{V}(i) \end{bmatrix} + \begin{bmatrix} \Delta\boldsymbol{\delta}(i) \\ \Delta\mathbf{V}(i) \end{bmatrix} \tag{6.6.7}$$

초기치 $\mathbf{x}(0)$로부터 시작하여 반복계산법을 적용하여 해가 수렴하거나 반복계산 횟수가 최대치를 초과할 때까지 반복계산을 계속한다. 수렴판단기준은 보통 $\Delta\mathbf{x}(i)$를 직접 사용하지 않고 $\Delta\mathbf{y}(i)$[유 · 무효전력 불일치 양]를 이용한다.

전압제어모선에서 전압 크기 V_k는 주어진 값이고 식 $Q_k(\mathbf{x})$는 필요하지 않기 때문에 $\mathbf{x}$ 벡터에서는 V_k를 빼고, $\mathbf{y}$ 벡터에서는 Q_k를 뺀다. 자코비안 행렬에서도 V_k에 대해 미분하는 열이 빠지고, $Q_k(\mathbf{x})$의 편미분 행이 빠진다. 그렇지 않으면, 전압제어모선에 대해 행이나 해당 열이 자코비안 행렬에 그대로 포함될 수 있다. 이 경우 각 반복계산 때마다 각 전압제어모선의 전압 크기 $V_k(i+1)$은 입력 데이터인 V_k로 리셋된다.

예제 6.11 자코비안 행렬과 뉴튼-랩슨 법에 의한 조류계산

예제 6.9의 전력계통에 대한 자코비안 행렬의 크기를 구하시오. 첫 번째 뉴튼-랩슨 법의 1단계에서 $\Delta P_2(0)$를 계산하고, 2단계의 $J1_{24}(0)$를 계산하시오. 위상각의 초기치는 0, 전압 크기의 초기치는 1.0으로 가정한다(예외로 $V_3 = 1.05$로 둔다).

| 풀이

예제 6.9에는 $N = 5$ 모선이 있으므로 식 (6.6.2)와 (6.6.3)은 $2(N-1) = 8$개의 식으로 이루어진다. 따라서 자코비안 행렬의 크기는 8×8이 된다. 그런데 모선 3이 전압제어모선이므로 V_3와 $Q_3(\mathbf{x})$ 식을 제거할 수 있고, $\mathbf{J}(i)$는 7×7 행렬로 바뀐다.

1단계: 식 (6.6.2)로부터

$$\begin{aligned} \Delta P_2(0) &= P_2 - P_2(x) \\ &= P_2 - V_2(0)\{V_1(0)[G_{21}\cos(\delta_2(0) - \delta_1(0)) \\ &\qquad + B_{21}\sin(\delta_2(0) - \delta_1(0))] \\ &\quad + V_2(0)\,G_{22} + V_3(0)[G_{23}\cos(\delta_2(0) - \delta_3(0)) \\ &\qquad + B_{23}\sin(\delta_2(0) - \delta_3(0))] \\ &\quad + V_4(0)[G_{24}\cos(\delta_2(0) - \delta_4(0)) \\ &\qquad + B_{24}\sin(\delta_2(0) - \delta_4(0))] \\ &\quad + V_5(0)[G_{25}\cos(\delta_2(0) - \delta_1(0)) \\ &\qquad + B_{25}\sin(\delta_2(0) - \delta_5(0))]\} \end{aligned}$$

(계속)

예제 6.9로부터 $Y_{21} = Y_{23} = 0$, $G_{21} = 0$, $B_{21} = 0$, $G_{23} = 0$, $B_{23} = 0$; 그리고, $G_{22} = 2.67828$, $G_{24} = -0.89276$, $B_{24} = 9.91964$, $G_{25} = -1.78552$, $B_{25} = 19.83932$, 모든 전압의 크기의 초기값을 1.0, 위상각 초기값을 0으로 두면,

$$\begin{aligned}\Delta P_2(0) &= -8.0 - 1.0\{(1.0)(2.67828) \\ &\quad + (1.0)(-0.89276) + (1.0)(-1.78552)\} \\ &= -8.0 - 1.0\{0\} = -8.0 \text{ p.u.}\end{aligned}$$

2단계: 표 6.5의 J1으로부터

$$\begin{aligned}J1_{24}(0) &= V_2(0)V_4(0)[G_{24}\cos(\delta_2(0) - \delta_4(0)) \\ &\quad + B_{24}\sin(\delta_2(0) - \delta_4(0))] \\ &= (1.0)(1.0)[-(9.91964)] \\ &= -9.91964 \text{ p.u.}\end{aligned}$$

이 경우 해법의 수렴을 보기 위해 PowerWorld Simulator 케이스 예제 6_11을 연다(그림 6.4 참조). 초기에 유효전력, 무효전력 값의 불일치를 보기 위해서는 **Case Information, Network, Mismatches**를 선택하고, 초기의 자코비안 행렬을 보기 위해서는 **Case Information, Solution Details, Power Flow Jacobian**을 선택한다. 대부분의 상업용 전력조류계산 프로그램과 마찬가지로 PowerWorld Simulator는 자코비안 행렬에 전압제어모선에 대한 행을 포함한다. 발전기가 단자전압을 제어하는 경우에는 모선의 전압 크기는 지정된 값으로 고정하고, 발전기 무효전력 출력이 제한치를 넘는 경우 모선 형태는 부하모선으로 변경된다.

뉴튼-랩슨 법을 이용하여 해를 구하기 위해서는 **Tool** 리본으로부터 **Solve, Single Solution-Full Newton**을 선택한다. 이렇게 선택하면 보통은 뉴튼-랩슨 반복계산을 시

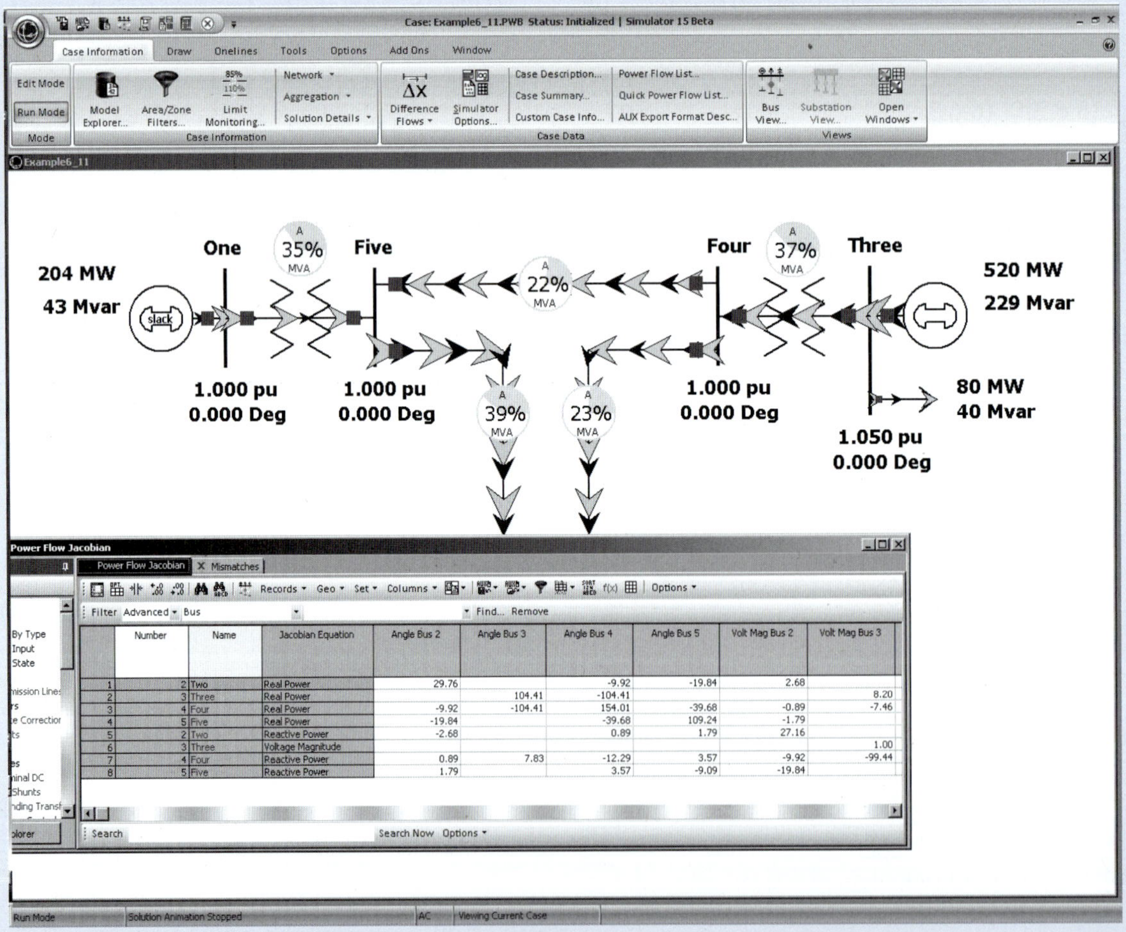

그림 6.4 예제 6.11의 첫 번째 계산으로 구해진 자코비안 행렬을 나타내는 PowerWorld Simulator 화면

(계속)

표 6.6 예제 6.9의 전력계통에 대한 모선 출력 데이터

			발전기		부하	
모선 #	전압 크기 (p.u.)	위상각 (degrees)	PG (p.u.)	QG (p.u.)	PL (p.u.)	QL (p.u.)
1	1.000	0.000	3.948	1.144	0.000	0.000
2	0.834	−22.407	0.000	0.000	8.000	2.800
3	1.050	−0.597	5.200	3.376	0.800	0.400
4	1.019	−2.834	0.000	0.000	0.000	0.000
5	0.974	−4.548	0.000	0.000	0.000	0.000
		합계	9.148	4.516	8.800	3.200

작 하고, 모든 유 · 무효전력 값의 불일치 정도가 오차보다 작게 되면 반복계산을 멈추게 된다. 그러나 이러한 경우라도 반복계산 과정을 보기 위해 최대 반복계산 횟수를 1로 설정하면 각 반복계산 때마다 전압, 불일치 정도, 자코비안 값을 확인할 수 있다. 최종 해를 구하기 위해서는 해가 표 6.6, 6.7, 6.8과 같이 수렴할 때까지 **Single Solution-Full Newton**을 선택한다.

본서에서는 포함되어 있지 않지만 전력조류계산식을 복소수 모선 전압을 직각좌표계로 표현할 수도 있으며, 방식은 PowerWorld의 **Solve, Solve Power Flow–Newton** command를 이용하면 자동으로 수행된다. 수렴 방식에는 차이가 있겠지만 극좌표계든 직각좌표계든 같은 값으로 수렴한다.

표 6.7 예제 6.9의 전력계통에 대한 선로 출력 데이터

선로 #	모선–모선		P	Q	S
1	2	4	−2.920	−1.392	3.232
	4	2	3.036	1.216	3.272
2	2	5	−5.080	−1.408	5.272
	5	2	5.256	2.632	5.876
3	4	5	1.344	1.504	2.016
	5	4	−1.332	−1.824	2.260

표 6.8 예제 6.9의 전력계통에 대한 변압기 출력 데이터

변압기 #	모선–모선		P	Q	S
1	1	5	3.948	1.144	4.112
	5	1	−3.924	−0.804	4.004
2	3	4	4.400	2.976	5.312
	4	3	−4.380	−2.720	5.156

예제 6.12 전력조류계산 프로그램: 발전력의 변화

예제 6.9의 전력계통에서, 각 선로와 변압기의 부하가 100% 이하 또는 MVA 한계 이하로 유지할 수 있는 모선 3의 발전기의 가능한 발전 범위를 결정하시오.

| 풀이

PowerWorld Simulator의 예제 6.9를 이용한다. 뉴튼-랩슨 법을 이용하여 전력조류계산을 풀기 위해 **Single Solution-Full Newton**을 선택한다. 그리고 PowerWorld Simulator의 해법이 표 6.6, 6.7, 6.8에서 보여준 해법과 일치하는지 알아보기 위해 **Case Information**을 화면에 보여준다. 단선도의 파이 차트는 선로나 변압기의 부하 백분율을 보여준다. 초기에 모선 1과 모선 5 사이의 변압기 T1은 최대 MVA 한계치의 69%, 모선 3과 모선 4 사이의 변압기 T2는 최대 MVA 한계치의 53%의 부하가 걸려 있다.

모선 3의 발전기의 출력을 변화시키기 위해서는 PowerWorld Simulator의 여러 가지 방법을 이용할 수 있다. 이 예제에서 사용하는 가장 쉬운 방법은 MW 단선 영역을 이용하여 모선 3의 발전기 출력을 수동으로 바꾸는 것이다(그림 6.5 참조). 모선 3의 발전기 우측의 '520 MW' 영역을 우클릭하고, **Generator Field Options** 대화창을 보기 위해 **Generator Field Information**을 선택한다. **Delta Per Mouse Click** 영역을 10으로 설정하고 OK를 선택한

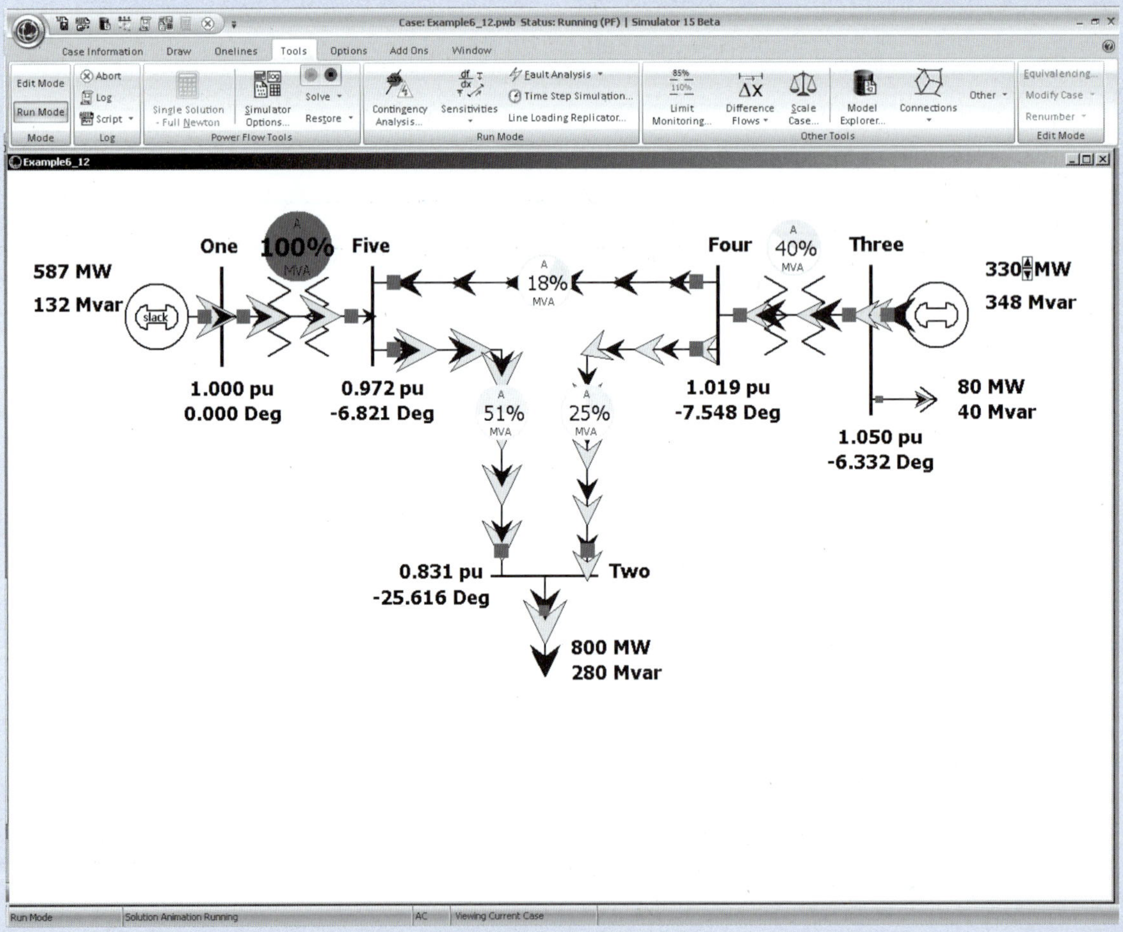

그림 6.5 예제 6.12에 대한 모선 3의 발전기 최소 운전 화면

(계속)

다. 영역의 우측에 작은 화살표가 나타나며, 위쪽 화살표를 클릭하면 발전기의 MW 출력이 10 MW씩 증가하고, 아래쪽 화살표를 클릭하면 10 MW씩 감소한다. 시뮬레이션을 시작하기 위해 **Tools**, **Play**를 선택한다. 모선 3과 모선 4 사이의 변압기의 파이 차트 부하가 100%가 되도록 발전기 출력을 증가시킨다. 1,000 MW에서 변압기가 한계치에 이른다. 모선 3의 발전력이 증가함에 따라 모선 1의 슬랙 발전기의 발전력은 그만큼 감소함을 알 수 있다. 모선 3의 발전력을 감소시키면 모선 3과 모선 4 사이의 변압기의 부하가 감소하고, 반면 모선 1과 모선 2 사이의 변압기 부하는 증가하게 되며, 모선 3의 발전력이 330 MW가 되면 모선 1과 모선 2 사이의 변압기 부하는 100%에 이르게 된다.

각 반복계산의 마지막에서는 식 (6.6.3)으로부터 $Q_k(\mathbf{x})$를 계산하고, 각 전압제어모선에서 $Q_{Gk} = Q_k(\mathbf{x}) + Q_{Lk}$로부터 계산된 Q_{Gk} 값이 한계치를 초과하면, 모선 형태가 부하모선으로 변경되고 Q_{Gk}는 한계치로 변경된다. 그리고 전력조류계산을 통하여 새로운 값 V_k를 계산하도록 한다.

탭-절환 변압기나 전압조정 변압기가 연결되어 있는 전압제어모선은 여러 가지 방법으로 처리할 수 있다. 한 가지 방법은 이 모선을 부하모선으로 처리하는 것이다. 그림 3.25의 등가 π 회로 파라미터는 탭을 $c = 1.0$인 상태에서 계산한다. 각 반복계산 중 계산된 전압 크기는 입력된 데이터와 비교하여 계산된 전압값이 낮으면(높으면) c를 한 단계씩 증가(감소)시키고, 등가 π 회로의 파라미터와 $\boldsymbol{Y}_{\text{bus}}$도 다시 계산한다. 이 과정은 계산된 모선 전압이 입력된 값의 오차 범위 내에 있거나, 탭-설정 한계치에 이르게 될 때까지 계속한다.

위상각조정 변압기도 복소권선비 $c = 1.0\underline{/\alpha}$를 이용하여 위상각 변동값 α를 변화시키는 방법으로 비슷하게 처리할 수 있다. 수렴을 빠르게 하기 위해 c를 변수로 처리하고 식 (6.6.1)의 $\mathbf{x}$ 벡터에 포함시키면, 자코비안 행렬식에 넣을 수 있는 식이 구해진다[4].

전력조류계산에서 가우스-자이델 법과 뉴튼-랩슨 법을 비교하면 많은 경험을 통해 자코비 법이나 가우스-자이델 법이 발산하는 경우에도 뉴튼-랩슨 법은 수렴하는 것을 알 수 있다. 또한 모선의 크기 N이 커짐에 따라 자코비 법이나 가우스-자이델 법은 수렴하기까지 반복계산 횟수가 늘어나지만, 뉴튼-랩슨 법은 반복계산 횟수가 모선의 크기와 관계없음을 알 수 있다. 자코비 법이나 가우스-자이델 법의 장점은 필요한 메모리가 현저히 적고, 한 번의 반복계산에서 필요한 계산량이 적다는 점인데, 컴퓨터 메모리 가격이 싸지고, 계통의 크기도 매우 커지고 있는 오늘날에는 그러한 장점들은 거의 의미가 없다고 할 수 있다. 따라서 뉴튼-랩슨 법 또는 6.9절과 6.10절에서 소개된 방법이 더 낫다고 할 수 있다.

예제 6.13 전력조류 프로그램: 37모선 계통

상대적으로 큰 전력계통의 조류계산 예를 보기 위해 PowerWorld Simulator의 예제 6_13(그림 6.6 참조)을 이용하시오. 이 모델은 37-모선, 9-발전기, 3개의 전압 레벨(345 kV, 138 kV, 69 kV), 57개의 송전선로를 포함하고 있다. 단선도는 화살표 키를 누르면 시야각을 바꿀 수 있으며, <ctrl> 키와 윗방향 화살표, <ctrl> 키와 아랫방향 화살표로 줌 확대, 줌 축소를 할 수 있다. **Tools**, **Play**를 이용하여 단선도 그림을 애니메이션할 수 있으며, **Tools**, **Pause**로 애니메이션을 정지시킬 수 있다.

처음 주어진 조건에서, 그리고 OAK69와 WALNUT69 사이의 선로가 고장이 난 경우 두 가지 경우에 대해 가장 낮은 전압값과 선로/변압기의 최대 부하를 구하시오.

(계속)

| 풀이

처음에 조류계산을 풀고, **Case Information, Network, Buses...**를 이용하여 모선의 데이터를 본다. 가장 낮은 전압을 알아보기 위해 PU V 열의 헤더를 좌클릭해서 순서를 정렬한다(한 번 더 클릭하면 정렬이 반대 크기로 이루어진다). 가장 낮은 전압값은 LOCUST69 모선에서 0.990이다. 다음으로 선로와 변압기 기록을 알아보기 위해서는 **Case Information, Network, Lines and Transformers...**를 선택한다. 선로의 퍼센티지 부하값을 정렬하기 위해 % of Max limit 위에서 마우스를 좌클릭한다. 초기에 가장 높은 퍼센티지 부하값은 PEAR69 모선과 PECAN69 모선 사이의 1번 선로에서의 64.9%이다.

소프트웨어상에서 OAK69와 WALNUT 69사이의 선로를 개방하는 방법은 몇 가지가 있다. 한 가지 방법은 Line and Transformer Record Display의 해당 선로에 대해 Status 영역을 더블클릭하여 그 파라미터 값을 바꾸는 것이다. 또 다른 방법은 단선도상의 해당 선로(좌상단에 위치함)를 찾아서 양단의 차단기 중 하나를 클릭하는 것이다. 선로가 제거되면 Single Solution을 통해 전력조류를 계산한다. 가장 낮은 전압은 이제 MAPLE69에서 0.911이 되고, 가장 높은 퍼센티지 선로 부하값은 PEACH69와 POPLAR69 사이의 선로에서 135%로 나타난다. 이제 몇 군데 선로 및 모선에서 이상이 발생하기 때문에 전력계통은 더 이상 신뢰성 있는 운전상태가 되지 못한다. 이러한 문제를 해결하기 위해서는 추가적인 제어 조작이나 계통설계 개선이 필요하다. 계통설계 프로젝트에 대해서는 이번 장 끝에서 논의하도록 하겠다.

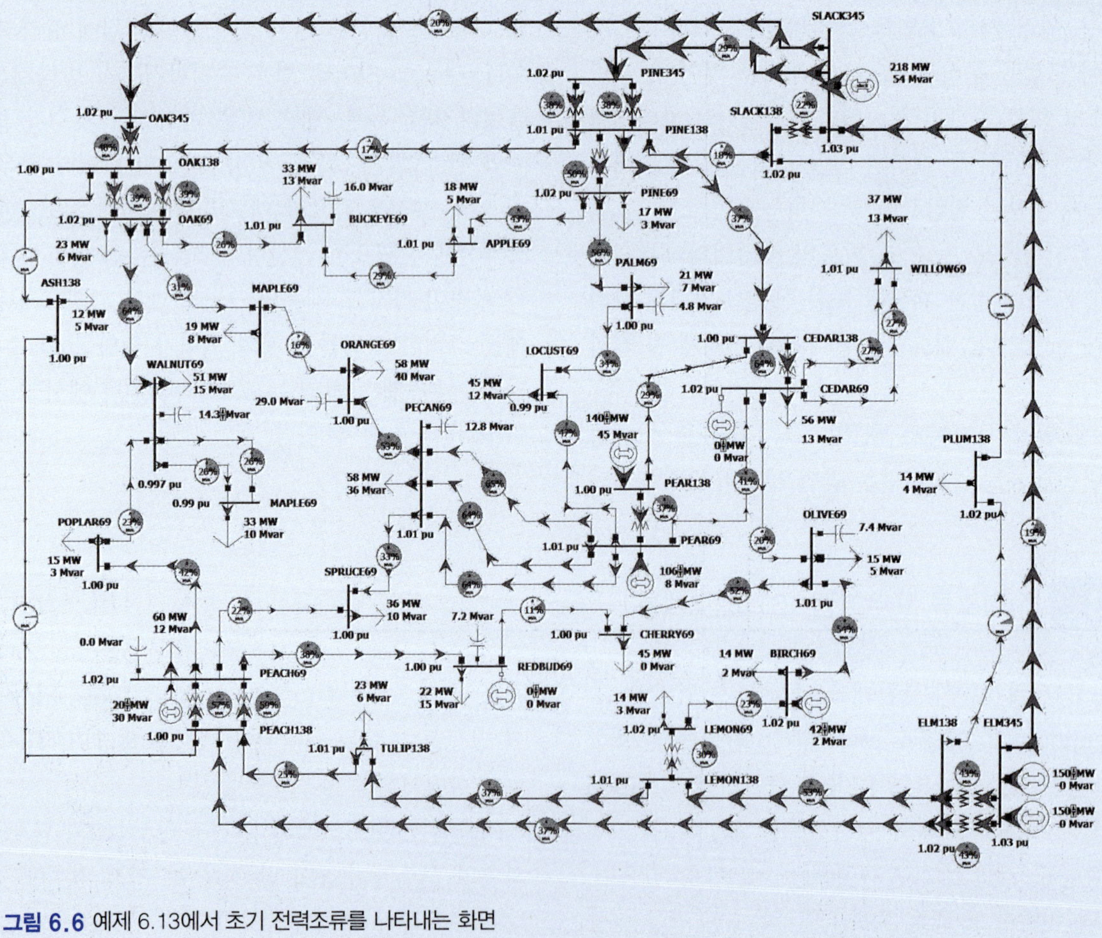

그림 6.6 예제 6.13에서 초기 전력조류를 나타내는 화면

6.7 전력조류의 제어

전력계통의 조류를 제어하기 위해서는 다음과 같은 방법들이 이용된다.

1. 발전기의 원동기와 여자제어
2. 병렬 콘덴서 뱅크, 병렬 리액터, 정지형 조상기의 개폐 동작
3. 탭 절환 혹은 전압조정 변압기의 제어

3상 평형 정상상태에서 발전기는 그림 6.7과 같이 테브난 등가회로로 간단히 모델링된다. V_t는 발전기 단자 전압, E_g는 고정자에 유기되는 내부전압, δ는 전력위상각, X_g는 정상분 동기 리액턴스이다. 그림에서 발전기 전류는

$$I = \frac{E_g e^{j\delta} - V_t}{jX_g} \tag{6.7.1}$$

이고, 발전기에서 출력되는 복소전력은

$$S = P + jQ = V_t I^* = V_t\left(\frac{E_g e^{-j\delta} - V_t}{-jX_g}\right) = \frac{V_t E_g(j\cos\delta + \sin\delta) - jV_t^2}{X_g} \tag{6.7.2}$$

유효전력과 무효전력은

$$P = \text{Re}\,S = \frac{V_t E_g}{X_g}\sin\delta \tag{6.7.3}$$

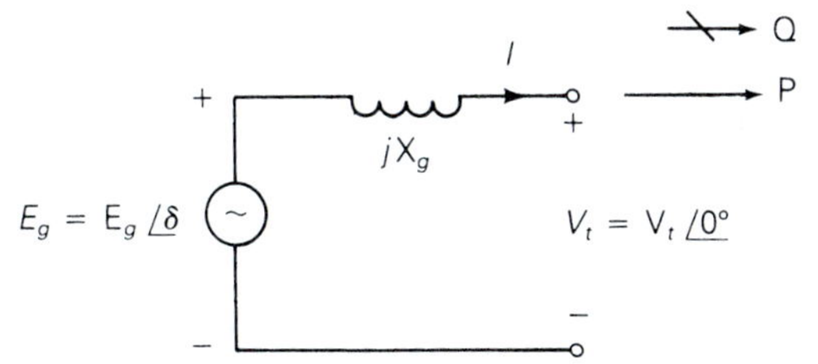

그림 6.7 발전기에 대한 테브난 등가회로

$$Q = \text{Im}\,S = \frac{V_t}{X_g}(E_g\cos\delta - V_t) \tag{6.7.4}$$

식 (6.7.3)으로부터 유효전력 P는 전력위상각 δ가 증가하면 같이 증가하는 것을 알 수 있다. 발전기 내부전압이 일정하게 유지되는 경우, 원동기로부터의 기계적 입력이 증가하면 회전자 속도도 증가하며 전력위상각이 증가하고 발전기 유효전력 출력도 증가한다. 이때 식 (6.7.4)에서와 같이 발전기 무효전력 출력 Q는 감소한다. δ가 15°보다 작은 경우에는 P의 증가분이 Q의 감소분보다 훨씬 크다. 전력조류 관점에서 보면, 원동기의 출력이 증가하면 발전기가 연계된 정전압 모선에서의 출력 P가 증가한다. 전력조류계산에서는 Q가 조금 변화하는 반면 전력위상각 δ가 증가한다.

식 (6.7.4)는 발전기 내부전압 E_g가 증가하면 무효전력 출력 Q가 증가함을 보여준다. 원동기 출력을 고정시키고 여자전압을 높이면, 회전자 전류가 증가한다. 회전자 전류가 증가하면 발전기 내부전압 E_g가 증가하고, 따라서 발전기 무효전력 출력 Q도 증가한다. 식 (6.7.3)으로부터 발전기 유효전력 출력 P를 고정시키면, 전력위상각 δ는 조금 감소하게 된다. 전력조류 관점에서 보면, 발전기 여자전압을 증가시키면 발전기가 연계된 정전압 모선의 전압이 상승하게 된다. 전력조류계산에서는 전력위상각 δ가 조금 감소하고 발전기의 무효전력 출력 Q가 증가한다.

그림 6.8은 모선에 설치되는 병렬 콘덴서의 영향을 보여준다. 이를 테브난 등가회로로 시스템을 모델링하여 설명할 수 있다. 병렬 콘덴서가 연결되기 전에는 스위치 SW가 개방되고 모선의 전압은 E_{Th}가 된다. 모선에 병렬 콘덴서가 연결되면, 즉 스위치 SW가 닫히면 콘덴서에 흐르는 전류 I_C가 모선 전압 V_t보다 위상각이 90° 앞선다. 페이저도를 보면 스위치가 닫히면 모선 전압 V_t가 E_{Th}보다 커짐을 알 수 있다. 전력조류 관점에서 보면, 병렬 콘덴서가 마이너스 무효전력을 소비하게 되며, 따라서 무효전력을 공급

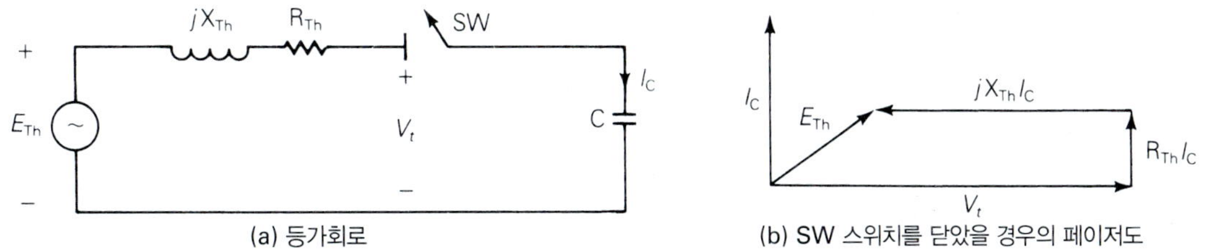

그림 6.8 전력계통 모선에 병렬 커패시터 뱅크를 추가하였을 때 나타나는 효과

하는 것과 같게 된다. 전력조류계산에서는 모선에서의 전력위상각이 조금 변하고 모선 전압이 증가하게 된다. 이와 마찬가지로, 병렬 리액터를 추가하면 무효전력 부하를 추가한 것과 같으며 모선 전압은 감소한다.

탭절환 변압기나 전압조정 변압기를 이용하면, 변압기가 설치된 선로의 무효전력뿐 아니라 모선 전압을 제어할 수 있다. 이와 마찬가지로, 위상각조정 변압기를 이용하여 변압기가 설치된 선로의 유효전력뿐 아니라 모선의 위상각을 제어할 수 있다. 탭절환 변압기나 전압조정 변압기는 비공칭 변압비 c(그림 3.25)를 갖는 변압기로 모델링된다. 전력조류 관점에서 보면, 변압기의 탭 설정이나 전압조정은 변압비 c를 바꾸는 것을 의미한다. 전력조류계산 프로그램에서는 변화된 어드미턴스 행렬 $\boldsymbol{Y}_{bus}$를 계산하고 모선 전압과 위상각 그리고 선로의 조류를 계산한다. 전력조류계산 프로그램을 이용하면, 앞서 설명한 바와 같은 제어 효과 외에도 선로, 변압기, 부하 그리고 발전기의 투입과 차단 효과를 검토할 수 있다. 즉, 미래의 부하 증가에 대해 새로운 선로, 변압기, 발전기가 추가되었을 때의 계통 상황을 모의할 수 있다. 전력조류계산을 이용한 전력시스템의 설계는 이러한 과정을 반복해서 검토하는 과정을 거치며, 발전기 출력, 변압기나 선로의 조류 상황, 전압의 분포가 만족할 만한 범위에 있는지를 판단할 수 있게 한다.

예제 6.14 전력조류계산 프로그램: 병렬 커패시터 뱅크의 효과

예제 6.9의 계통에서 모선 2에 200 Mvar 용량의 병렬 커패시터 뱅크를 설치하는 경우의 효과를 구하시오.

| 풀이

PowerWorld Simulator 예제 6_14를 동작시킨다(그림 6.9 참조). 이 경우는 모선 2에 200 Mvar 용량의 병렬 커패시터 뱅크를 설치한 것 외에는 예제 6.9와 같다. 초기에 커패시터 뱅크는 개방되어 있다. 커패시터 회로 위에서 클릭하여 커패시터를 연결시키고 문제를 푼다. 커패시터에 의해 모선 2의 전압이 0.834 p.u.에서 0.959 p.u.로 증가한다. 커패시터를 추가함으로써 손실도 34.8 MW에서 25.37 MW로 감소하였다.

커패시터에 의해 공급된 무효전력은 184 Mvar임에 유의할 필요가 있다. 이는 커패시터의 무효전력 출력은 단자 전압의 제곱에 비례하기 때문에 발생하였다. 즉, $Q_{cap} = V_{cap}^2/X_c$[식 (2.3.5) 참조]. 커패시터의 Mvar 정격치는 1.0 pu값을 가정한 값이다.

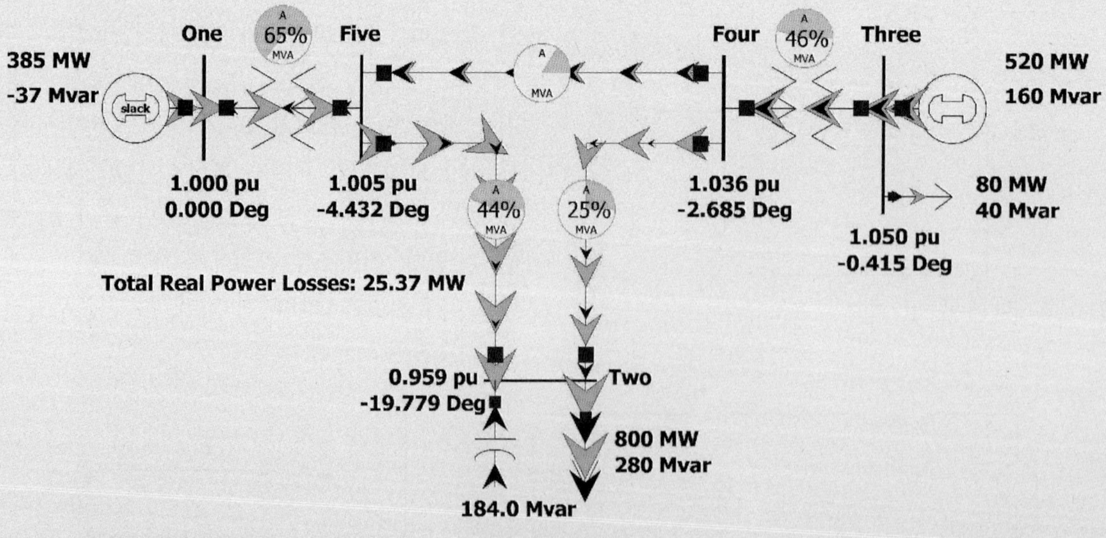

그림 6.9 예제 6.14에 대한 PowerWorld Simulator 화면

예제 6.15 조류계산 프로그램: 과부하 상태 해소

PowerWorld Simulator 예제 6_15(그림 6.10 참조)는 예제 6.13을 (1) PEACH 변전소에서 138/69 kV 변압기 중 하나를 개방하고 (2) CHERRY69와 OLIVE69 사이의 69 kV 송전선을 개방하여 수정한 것이다. 이 회로의 변화에 의해 PEACH 변전소의 나머지 138/69 kV 변압기의 조류가 116 MVA로 바뀐다. 이 변압기의 한계치가 101 MVA이므로 115%의 과부하 상태에 이르게 된다. 과부하 상태를 벗어나기 위해 발전력을 재분배하시오.

| 풀이

이 문제를 해결하기 위한 방법은 여러 가지가 있다. 그중 한 가지 방법이 공학적인 직관에 따라 여러 가지를 시도해 보는 것이다(그림 6.11 참조). 과부하는 138 kV 선로로부터 69 kV 선로로 발생하고 있고, PEACH 69 kV 모선에는 직접 연계된 발전기가 있기 때문에 이 발전기의 출력을 증가시키면 과부하가 감소할 것이다. 따라서 과부하가 감소하여 100%가 될 때까지 LAUF 발전기의 출력을 증가시킨다. 즉, PEACH 발전기 출력을 20 MW로부터 51 MW까지 증가시킨다. 이 발전기의 출력이 증가하면, 총 발전력이 총부하와 손실을 합한 값과 같아야 하기 때문에 스윙모선(SLACK345)의 출력이 자동으로 감소하게 됨에 유의할 필요가 있다.

또 다른 방법을 생각해보자. 과부하는 138 kV 모선으로부터의 조류에 의해 발생하기 때문에 ELM345 발전기 출력을 감소시킴으로써 과부하를 해소할 수도 있을 것이다. 그러나 공학적인 직관에 의한 시행오차법은 많은 수고를 필요로 하고, 궁극적으로 해법을 제시하지 못하는 경우도 있다. ELM345 발전기의 출력을 300 MW에서 0 MW까지 감소시켜도 과부하는 105%까지밖에 감소시키지 못하여 과부하를 완전히 해소하지 못한다.

또 다른 방법은 과부하에 가장 민감한 발전기를 먼저 결정하고 이 발전기의 출력을 조절하는 것이다(그림 6.12 참조). 이 방법은 PowerWorld에서 **Tools**, **Sensitivities**,

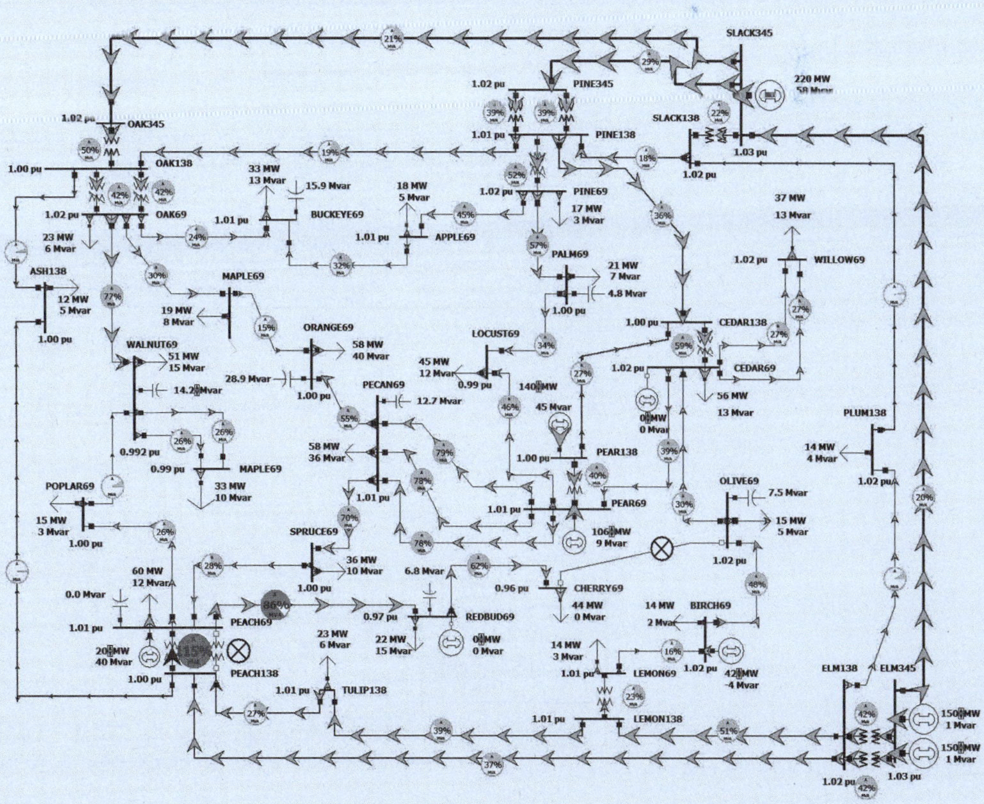

그림 6.10 예제 6.15에 대한 PowerWorld Simulator 화면

(계속)

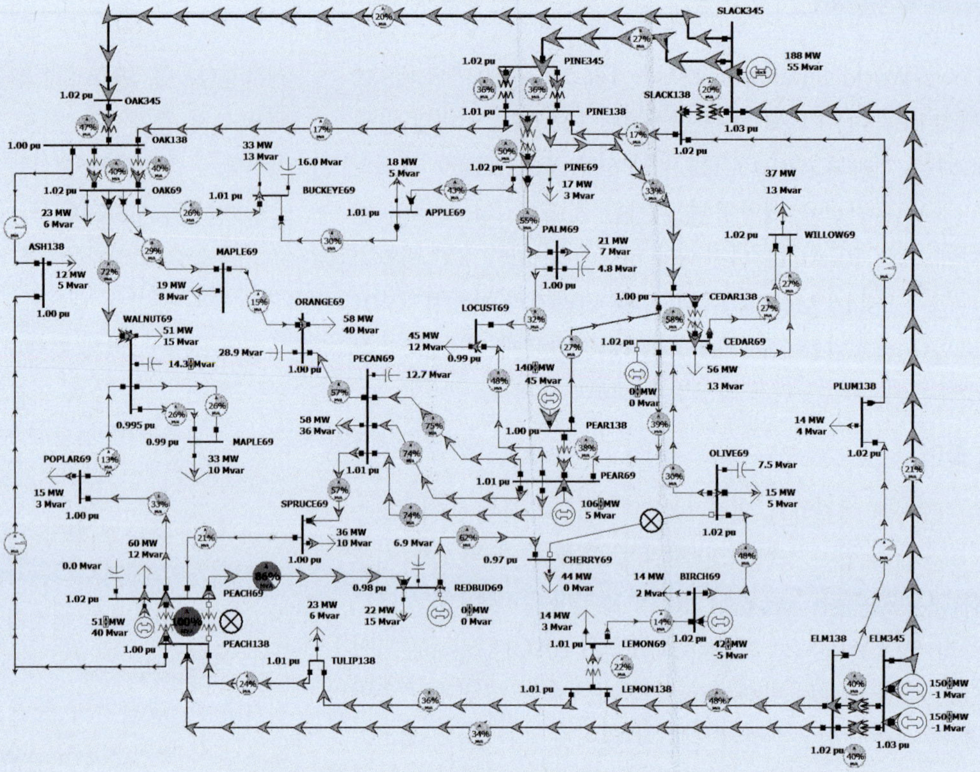

그림 6.11 예제 6.15에 대한 해

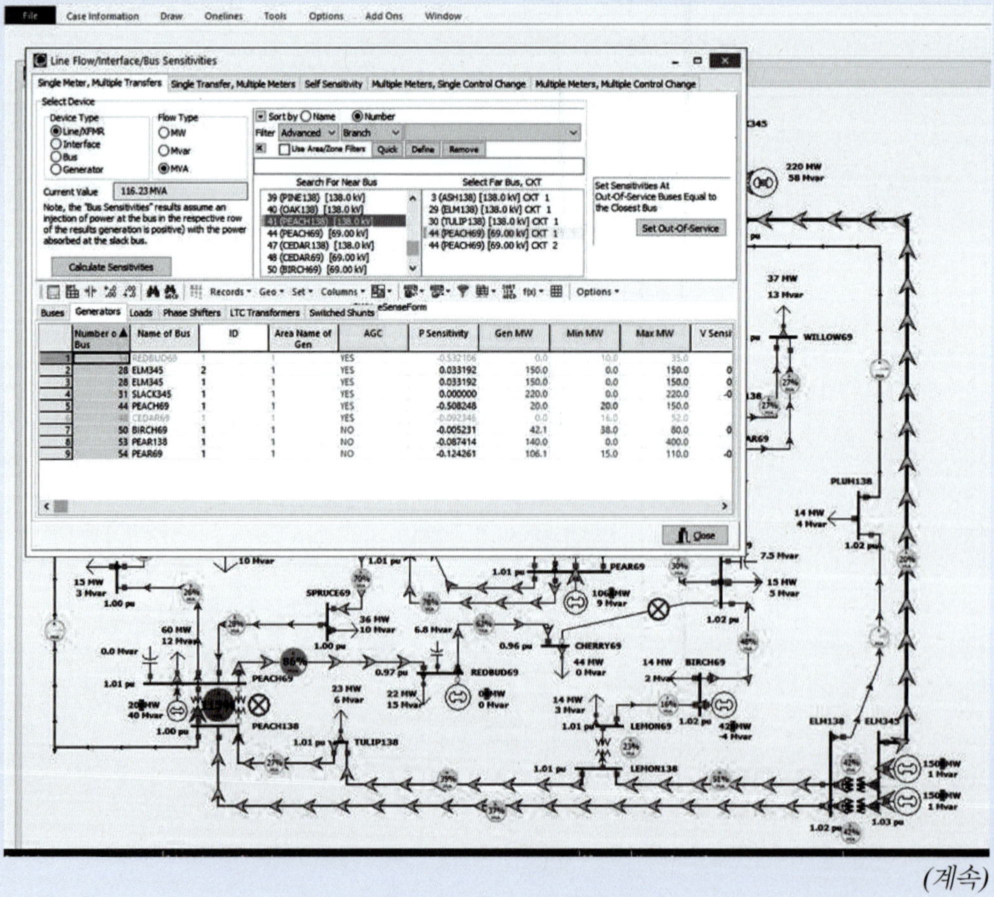

그림 6.12 예제 6.15에 대한 전력 조류 민감도 대화 창

(계속)

Flows and Voltage Sensitivities를 선택함으로써 행할 수 있다. PEACH138/69 변압기를 선택하여 **Calculate Sensiti-vities** 버튼을 클릭하고 대화창의 아래쪽에 있는 **Generator Sensitivities** 탭을 선택한다. “P Sensitivity” 영역은 각 발전기의 출력을 1 MW 증가시키면, 이 변압기의 조류에 얼마나 영향을 미치는지를 알려준다. PEACH69 발전기의 민감도는 −0.508이며, 이는 이 발전기의 출력을 1 MW 증가시키면 변압기의 조류는 0.508 MW 감소함을 뜻한다. 따라서 조류를 15.2 MVA 감소시키기 위해서는 PEACH69 발전기의 출력을 30 MW 증가시키면 될 것으로 예상할 수 있고, 앞에서 공학적인 직관에 의한 방법으로 구한 것과 같은 결과를 보인다. ELM345 발전기는 민감도가 0.033이기 때문에 이 발전기의 출력을 조절하는 것은 상대적으로 효과가 크지 않다는 것을 알 수 있다. 실제 전력계통 운영에서는 이러한 민감도를 ‘발전기 이동 계수(generator shift factor)’라고도 하며 광범위하게 활용하고 있다. 또한 민감도는 최적조류계산(7.2절에서 소개)에서도 이용된다.

6.8 성김행렬 처리기법

전력계통은 보통 모선에 연결된 선로의 수가 3개 이하인 경우가 많다. 따라서 어드미턴스 행렬 Y_{bus}의 각 행은 보통 4개 이하의 항이 0이 아니다. 이렇게 행렬에서 0이 아닌 항목의 수가 매우 적은 행렬을 성김행렬이라 한다.

뉴튼-랩슨 조류계산 프로그램은 컴퓨터의 저장공간과 계산시간을 줄이기 위해 성김행렬 처리기법을 적용한다[2]. 이 기법은 Y_{bus} 행렬과 $\mathbf{J}(i)$ 행렬을 표현하는 저장공간을 줄이는 법, 가우스 소거법을 적용하는 매 단계에서 $\mathbf{J}(i)$를 채우는 것을 피하기 위해서 모선의 순서를 다시 정하는 재순서 과정을 의미한다. 다음과 같은 행렬을 보자.

$$\mathbf{S} = \begin{bmatrix} 1.0 & -1.1 & -2.1 & -3.1 \\ -4.1 & 2.0 & 0 & -5.1 \\ -6.1 & 0 & 3.0 & 0 \\ -7.1 & 0 & 0 & 4.0 \end{bmatrix} \tag{6.8.1}$$

행렬 **S**를 표현하기 위한 한 가지 방법은 다음과 같이 4개의 벡터를 이용하는 것이다.

$$\mathbf{DIAG} = [1.0 \quad 2.0 \quad 3.0 \quad 4.0 \tag{6.8.2}$$

$$\mathbf{OFFDIAG} = [-1.1 \quad -2.1 \quad -3.1 \quad -4.1 \quad -5.1 \quad -6.1 \quad -7.1] \tag{6.8.3}$$

$$\mathbf{COL} = [2 \quad 3 \quad 4 \quad 1 \quad 4 \quad 1 \quad 1] \tag{6.8.4}$$

$$\mathbf{ROW} = [3 \quad 2 \quad 1 \quad 1] \tag{6.8.5}$$

DIAG의 각 항목은 행렬의 대각성분을 순서대로 나열하고, **OFFDIAG**의 각 항목은 행렬의 비대각성분을 순서대로 나열한 것이다. **COL**은 각 비대각성분의 열 번호를 나타내고 있다. 예를 들어 **COL**의 네 번째 항목은 1인데, 이는 **OFFDIAG**의 네 번째 항목 −4.1이 첫 번째 열의 성분이라는 것을 의미한다. **ROW**는 행렬 **S**의 각 행의 비대각성분의 숫자를 나타낸다. 예를 들어, **ROW**의 첫 번째 항목이 3인데, 이는 **OFFDIAG**의 처음 3개의 항목 −1.1, −2.1, −3.1이 첫 번째 행에 위치함을 나타낸다. **ROW**의 두 번째 항목이 2인데, 이는 **OFFDIAG**의 다음 2개의 항목 −4.1, −5.1이 행렬의 두 번째 행에 위치함을 나타낸다. 행렬 **S**는 이 4개의 벡터로부터 다시 구성할 수 있다. 벡터 **DIAG**와 벡터 **ROW**의 크기는 행렬 **S**의 대각성분의 숫자와 같고, 벡터 **OFFDIAG**와 벡터 **COL**의 크기는 0이 아닌 비대각성분의 숫자와 같다.

N 모선 계통에서 Y_{bus}의 크기를 저장하는 데 4바이트, 위상각을 저장하는 데 4바이트의 메모리가 필요하다고 가정하자. 또한 Y_{bus} 행렬의 N개의 대각성분과 평균 $3N$개의 비대각성분이 0이 아닌 값을 가진다고 가정하자. 앞에서 설명한 기법을 사용하여 필요한 메모리를 줄이면, $(4 + 4)3N = 24N$ 바이트의 메모리가 **OFFDIAG**에 필요하고, $(4 + 4)N = 8N$ 바이트의 메모리가 **DIAG**에 필요하다. 또한, 정수를 기억하는 데 2바이트의 메모리가 필요하다고 가정하면, **COL**에는 $6N$ 바이트, 그리고 **ROW**에는 $2N$ 바이트의 메모리가 필요하다. 따라서 Y_{bus} 행렬값을 기억하기 위해 성김행렬 기법을 이용하지 않으면 $8N^2$ 메모리가

필요한 데 반해, 성김행렬 기법을 이용하면 총 $(24 + 8 + 6 + 2)N = 40N$ 바이트의 메모리가 필요하게 된다. 1000모선 계통에서는 $\boldsymbol{Y}_{\text{bus}}$ 행렬값을 기억하기 위해 8,000킬로바이트의 메모리 대신에 40킬로바이트의 메모리면 충분하다. $\boldsymbol{Y}_{\text{bus}}$ 행렬이 대칭행렬이라는 점을 이용하면 필요한 메모리를 더 줄일 수 있다.

자코비안 행렬 역시 성김행렬 모양이다. 표 6.5로부터 $Y_{kn} = 0$이면, $\text{J1}_{kn} = \text{J2}_{kn} = \text{J3}_{kn} = \text{J4}_{kn} = 0$이다. 앞에서의 가정을 그대로 이용하면, 30,000모선 계통에서도 **J** 행렬값을 저장하기 위해 10메가바이트 이하의 메모리가 필요하다.

또 다른 성김행렬 처리기법이 모선을 재순서화하는 것이다. 식 (6.8.1)의 **S** 행렬을 삼각화하기 위해 가우스 소거법을 이용하는 경우, 첫 단계 가우스 소거법을 수행하면 식 (6.8.6)과 같다.

$$\mathbf{S}^{(1)} = \begin{bmatrix} 1.0 & -1.1 & -2.1 & -3.1 \\ 0 & -2.51 & -8.61 & -7.61 \\ 0 & -6.71 & -9.81 & -18.91 \\ 0 & -7.81 & -14.91 & -18.01 \end{bmatrix} \tag{6.8.6}$$

이 경우, **S** 행렬의 2, 3, 4번째 열의 0 항목이 0이 아닌 항목들로 바뀌어져 있음을 알 수 있다. 즉, 원래의 성김행렬 특성이 없어지는 결과를 얻었다.

간단한 재순서법은 가장 적은 선로가 연결된 모선부터 시작해서 가장 많은 선로가 연결된 모선 순으로 재순서화 하는 것이다. 예를 들면, 식 (6.8.1)에서 행렬 **S**는 모선 1에 3개의 선로가 연결되어 있고(첫 번째 행의 0이 아닌 비대각성분이 3개), 모선 2에는 2개의 선로가, 모선 3과 4에는 한 개의 선로가 연결되어 있다. 모선의 순서를 1, 2, 3, 4 대신에 4, 3, 2, 1로 재순서화하면,

$$\mathbf{S}_{\text{reordered}} = \begin{bmatrix} 4.0 & 0 & 0 & -7.1 \\ 0 & 3.0 & 0 & -6.1 \\ -5.1 & 0 & 2.0 & -4.1 \\ -3.1 & -2.1 & -1.1 & 1.0 \end{bmatrix} \tag{6.8.7}$$

위 식을 가우스 소거법을 한 번 적용하면,

$$\mathbf{S}^{(1)}_{\text{reordered}} = \begin{bmatrix} 4.0 & 0 & 0 & -7.1 \\ 0 & 3.0 & 0 & -6.1 \\ 0 & 0 & 2.0 & -13.15 \\ 0 & -2.1 & -1.1 & -4.5025 \end{bmatrix} \tag{6.8.8}$$

위 식 (6.8.8)을 보면 가우스 소거법을 한 번 적용한 뒤에도 성김행렬 특성이 없어지지 않고 그대로 유지되고 있음을 알 수 있다.

가우스 소거법을 적용하기 전에, 모선에 연결된 선로가 가장 적은 모선부터 재순서화를 한 번 적용할 수도 있고, 가우스 소거 단계마다 적용할 수도 있다. 이와 같은 성김행렬 처리기법은 오늘날 뉴튼-랩슨 법을 이용한 조류계산 프로그램의 대표적인 특성이라 할 수 있다. 그 결과 30,000모선의 계통의 조류계산을 풀기 위해서는 10메가바이트 이하의 메모리와 각 반복계산에 필요한 시간은 1초 미만, 그리고 수렴하는 데 10회 미만의 반복계산만 필요하다.

예제 6.16 37모선 계통의 성김행렬 특성

$\boldsymbol{Y}_{\text{bus}}$ 행렬과 자코비안 행렬의 성김특성을 알아보기 위해 PowerWorld Simulator 예제 6_13을 보자. 모선의 어드미턴스 행렬을 보기 위해 **Case Information, Solution Details, Ybus**를 선택한다. 화면을 줌 축소하기 위해 <ctrl> Page Down을 누른다. 행렬에서 비어 있는 곳은 행렬의 항목이 0임을 뜻한다. 37 × 37 $\boldsymbol{Y}_{\text{bus}}$는 1,369개의 0이 아닌 항목을 가지고 있으며, 이는 10%의 항목이 0이 아님을 뜻한다(그림 6.13 참조). 자코비안 행렬을 보기 위해서는 **Case Information**, **Solution Details**, **Power Flow Jacobian**을 선택한다.

(계속)

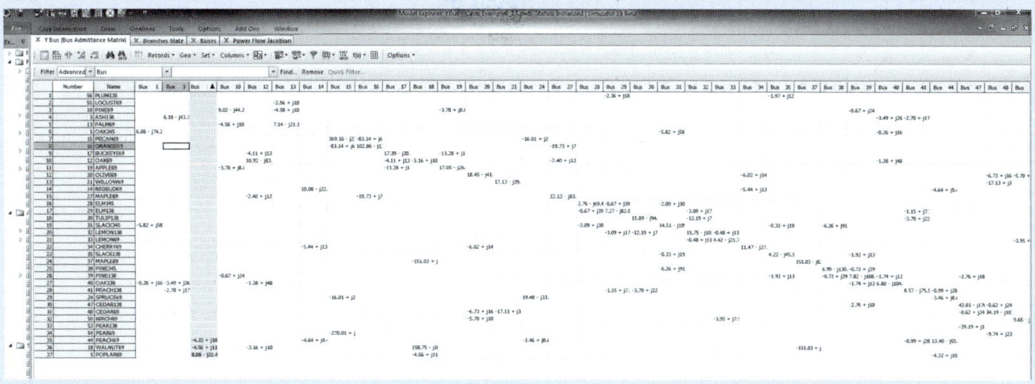

그림 6.13 예제 6.16에 대한 PowerWorld Simulator 화면

6.9 고속 분할 전력조류계산

전력계통 운영에서 가장 큰 관심은 상정사고 해석이라 할 수 있다. 예를 들면, 계통운영자는 특정 발전기나 송전선로가 고장이 나는 경우 조류가 어떻게 변화하는가를 파악할 필요가 있다. 상정사고에 대한 정보를 실시간으로 알 수 있다면, 사고나 고장에 의한 영향을 예측할 수 있고 예상되는 문제를 해결하기 위한 운영 전략을 수립할 수 있다.

빠른 상정사고 해석을 위해, 뉴튼-랩슨 알고리즘에서 (1) 자코비안 행렬이 정확하지 않아도 수렴에 큰 영향이 없고, (2) 자코비안 행렬을 구성하고 역행렬 계산에 많은 시간이 소요되기 때문에 이를 개선할 여지가 있다. 고속조류계산으로 알려진 이 알고리즘은 $\mathbf{J}_2(i)$와 $\mathbf{J}_3(i)$를 0으로 가정하고 식 (6.6.6)은 두 개의 분할 방정식으로 이루어진다.

$$\mathbf{J}_1(i)\ \boldsymbol{\Delta}\delta(i) = \Delta \mathrm{P}(i) \tag{6.9.1}$$

$$\mathbf{J}_4(i)\ \boldsymbol{\Delta}\mathbf{V}(0) = \Delta \mathbf{Q}(i) \tag{6.9.2}$$

자코비안 행렬 블럭을 살펴보면 (1) Y_{bus}의 컨덕턴스 항목 G_{kn}은 보통 서셉턴스 항목 B_{kn}보다 크기가 작고 (2) 위상각 차가 작아서 코사인 값이 사인 값보다 훨씬 크기 때문에 위와 같이 간략화 해도 크게 지장이 없음을 알 수 있다.

자코비안 항목은 서셉턴스와 위상각 차의 코사인 값과의 곱이 대부분을 차지하고, 그 항목들은 $\mathrm{J}_1(i)$와 $\mathrm{J}_4(i)$에만 존재한다.

식 (6.9.1)과 (6.9.2)를 풀기 위해 필요한 계산시간은 식 (6.6.6)을 풀기 위해 필요한 계산시간보다 훨씬 줄어든다. 자코비안 행렬을 더 간단히 하면, 계산시간을 더 줄일 수 있다. 예를 들어, pu법으로 $\mathrm{V}_k \approx \mathrm{V}_n \approx 1.0$이고 $\delta_k \approx \delta_n$이라 가정하면, $\mathbf{J}_1$과 $\mathbf{J}_4$는 표 6.5의 각 항목이 $\boldsymbol{Y}_{\text{bus}}$ 행렬의 허수부가 마이너스 값이 되는 상수 행렬이 되고, 따라서 매 반복계산마다 다시 계산할 필요가 없다.

이와 같이 간략화한 알고리즘을 고속 분할 전력조류계산에서 사용하고 있다[8].

위에서 설명한 바와 같이 식을 단순화시키면 빠른 조류계산 해를 얻을 수 있다. 고속 분할 전력조류계산 알고리즘은 수렴하는 데 더 많은 반복계산이 필요한 반면, 반복계산시마다 자코비안을 계산하지 않아도 되기 때문에 뉴튼-랩슨 법보다 훨씬 계산시간이 빠르다. 게다가, 수렴판정식을 그대로 이용하기 때문에 고속 분할 전력조류계산을 이용한 계산값은 뉴튼-랩슨 법에 의해 구해진 계산값과 같다. 그러나 고속 분할 전력 알고리즘을 사용하여 극히 빠른 계산이 필요한 경우에는 해의 오차가 크다고 하더라도 반복계산 횟수를 정해서(보통 1회) 고속 분할 전력조류계산의 결과를 조류계산 해로 쓸 수 있다.

6.10 직류 조류계산

조류계산 문제는 고속 분할 전력조류계산에서 전압 크기가 항상 1.0 p.u.로 일정하다고 가정하고 Q-V 식을 무시함으로써 더 간단히 할 수 있다. 이와 같이 식을 간단히 하면, j 모선에서 k 모선으로 전달되는 유효전력은

$$P_{jk} = \frac{\delta_j - \delta_k}{X_{jk}} \tag{6.10.1}$$

그리고 유효전력 수급식은 완전히 선형화되어

$$-\mathbf{B}\delta = \mathbf{P} \tag{6.10.2}$$

여기서, 행렬 **B**는 행렬 Y_{bus}에서 슬랙모선의 행과 열을 제외하고 각 항목의 실수부를 무시한 허수부 항목으로 이루어진다.

식 (6.10.2)는 직류 전원과 저항으로 이루어진 회로식과 같이 선형식으로 이루어져 있기 때문에 이 기법을 직류 조류계산(DC power-flow)이라 한다. 기존의 조류계산법에 비해 직류 조류계산법은 근사치를 구하는 기법이기는 하지만, 전력산업 구조개편 이후 빠른 계산 결과가 필요한 경우 많이 사용되고 있다.

예제 6.17

예제 6.9의 5 모선 계통에서 직류조류계산 결과를 구하시오.

| 풀이

1번 모선을 슬랙모선으로 지정한다. 이 계통의 행렬 **B**와 벡터 **P**는

$$\mathbf{B} = \begin{bmatrix} -30 & 0 & 10 & 20 \\ 0 & -100 & 100 & 0 \\ 10 & 100 & -150 & 40 \\ 20 & 0 & 40 & -110 \end{bmatrix} \quad \mathbf{P} = \begin{bmatrix} -8.0 \\ 4.4 \\ 0 \\ 0 \end{bmatrix}$$

$$\boldsymbol{\delta} = -\mathbf{B}^{-1}\mathbf{P} = \begin{bmatrix} -0.3263 \\ 0.0091 \\ -0.0349 \\ -0.0720 \end{bmatrix} \text{radians} = \begin{bmatrix} -18.70 \\ 0.5214 \\ -2.000 \\ -4.125 \end{bmatrix} \text{degrees}$$

이 예제는 PowerWorld Simulator 예제 6_17에서 찾아볼 수 있다. 이 경우는 직류 조류계산법으로 해를 구해 놓았다(그림 6.14 참조). 직류 조류계산의 옵션을 선택하기 위해 **Options**, **Simulator Options**를 선택하고 나서 Power Flow Solution 영역에서 DC Options 페이지를 선택한다.

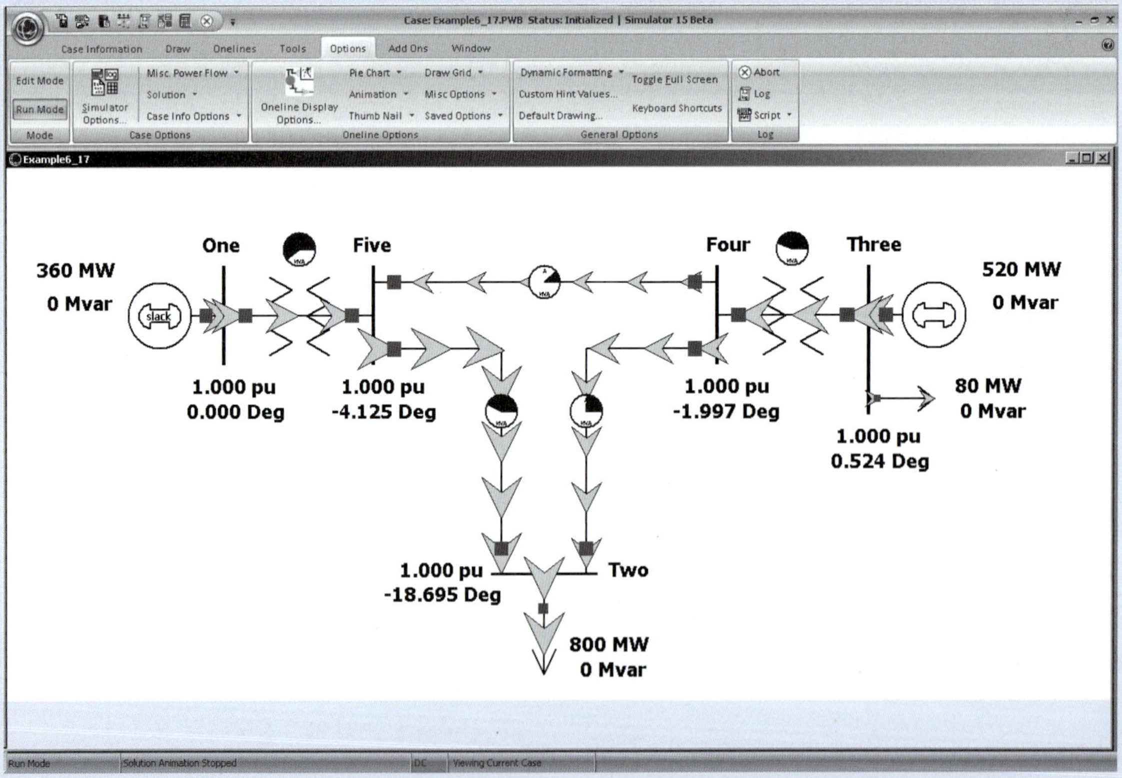

그림 6.14 예제 6.17에 대한 PowerWorld Simulator 화면

6.11 풍력발전기와 태양광 발전기의 조류계산 모델링

1장에서 언급한 바와 같이 재생에너지원, 특히 풍력발전기와 태양광 발전기가 계통에 연계되어 공급하는 전력의 양이 급속히 증가하고 있다. 예를 들어, 2018년 덴마크는 전체 에너지의 41%를, 그리고 아일랜드는 28% 이상을 풍력으로 발전하였다. 2018년 전 세계 전기 사용량의 4.8%를 풍력발전기가 공급했다. 미국에서는 2009년 35 GW 미만이었던 풍력발전기 설치 용량이 2020년에 117 GW 이상으로 증가하였고(미국의 전체 발전설비 용량은 1000 GW 정도 된다), 전 세계적으로 2020년 풍력발전기 설비 용량은 733 GW에 이른다[18]. 태양광 발전기(PV)의 성장은 훨씬 빨라서 최근 4년간 설비 용량이 2배로 증가하여 2020년 전 세계에서 태양광 설비 용량은 713 GW까지 성장하였다[19].

대부분의 전력을 공급하는 동기발전기는 용량이 수백 MW 단위인 데 반해, 풍력발전기의 용량은 육상의 경우 이보다 훨씬 작은 1~3 MW, 해상풍력의 경우 최대 6 MW 수준이다. 풍력발전기의 출력 전압은 저전압(약 600 V)이나, 보통은 변압기를 통해 배전급으로 승압(약 34.5 kV)하여 사용된다. 보통 수십에서 수천 개의 풍력발전기가 모여서 풍력단지를 이루며, 단지 면적은 수 제곱킬로미터에 이른다. 풍력발전기에서 발전된 전력은 지중/가공 선로를 통해 모아지고 송전급 전압(100 kV 이상)으로 승압된다. 이와 같은 시스템의 계통도를 그림 6.15에서 잘 보여주고 있다.

큰 계통을 다루는 계통분석 관점에서는 전체 풍력발전단지를 송전망에 직접 접속된 하나의 등가 발전기로 모델링하거나, 그 모선에 등가 임피던스와 승압 변압기를 통해 접속하는 등가 발전기로 모델링할 수 있다. 등가 발전기의 파라미터는 각 발전기의 파라미터를 비례적으로 환산한 값을 사용한다.

풍력발전기는 크게 4가지 형태로 분류된다[13-15]. 각 형태별 자세한 설명은 12장에서 다루지만, 이 장에서는 조류계산 관점에서만 다루겠다. 동기발전기에서와 마찬가지로 풍력발전기 유효전력 출력은 조류계산에서 상수값으로 지정한다. 물론, 실제 풍력발전기 출력은 그 순간의 바람의 세기에 따라 달라지며, 바람의 속도와 풍력발전기 출력 간의 관계는 그림 6.16과 같다.

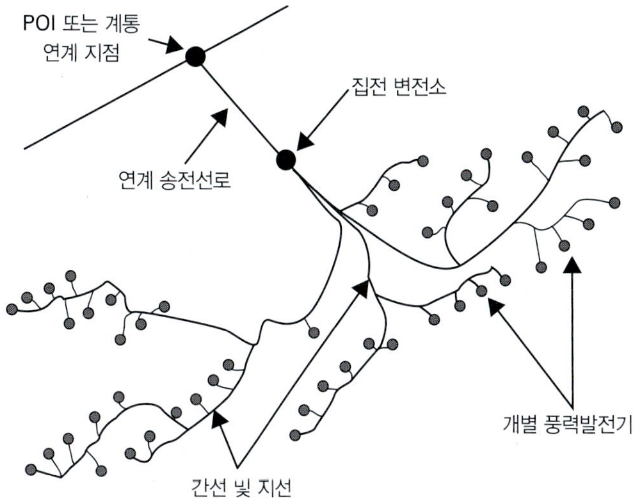

그림 6.15 풍력발전단지의 구성[14] (Figure 1 from WECC Wind Generation Modeling Group, "WECC Wind Power Plant Power Flow Model Guide," WECC, May 2008, p. 2.)

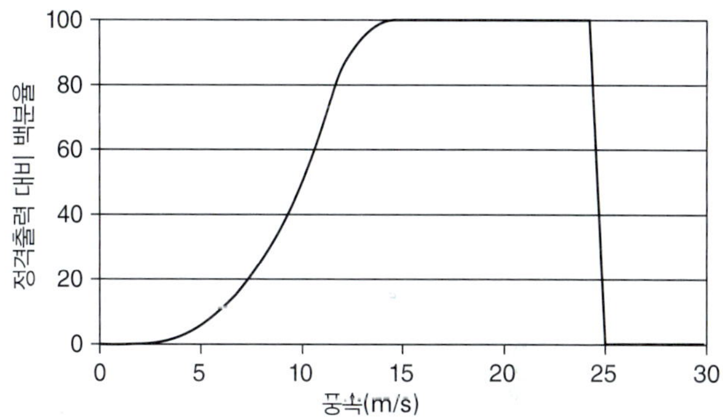

그림 6.16 일반적인 풍속 대비 출력 곡선

타입 1: 풍력발전기는 농형 유도발전기이다. 유도발전기는 무효전력을 소모하고, 무효전력을 독립적으로 제어할 수 없기 때문에 PQ 모선으로 모델링한다. 유도발전기 자체가 0.85~0.9 정도의 저여자 역률(무효전력 소비)을 갖지만, 역률을 개선하기 위해 병렬 콘덴서를 이용하기도 한다.

타입 2: 풍력발전기는 권선형 유도발전기로 회전자의 저항을 조절할 수 있다. 이 타입의 장점은 12장에서 다루겠다. 조류계산 관점에서 보면, 특성이 타입 1 유도발전기와 같다. 가장 최신의 풍력발전기는 타입 3과 타입 4이다.

타입 3: 풍력발전기는 이중여자비동기발전기(DFAGs) 혹은 이중여자유도발전기(DFIGs)라고도 한다. 타입 3 풍력발전기는 회전자 회로가 교류-직류-교류 컨버터를 통해 교류망에 연결되며, 유효전력 및 유효전력의 제어 범위가 넓다.

타입 4: 풍력발전기는 완전한 비동기발전기로 출력이 모두 교류-직류-교류 컨버터를 통해 교류망에 연계된다. 조류계산 관점에서 타입 3, 4의 풍력발전기는 무효전력제어를 통해 역률을 일정 범위에서 제어할 수 있는 일반 발전기 PV 모선으로 모델링할 수 있다. 그러나 무효전력을 어떻게 제어하는가는 동기발전기와 마찬가지로 상업적 관점에서 결정되며, 발전기 소유자는 유효전력 출력을 최대화하기 위해 역률 1 근처에서 운전하는 것을 선호한다. 많이 쓰는 방법 중 한 가지는 무효전력 출력의 변화를 전압의 선형함수로 모델링 하는 것이며, 불감대를 포함할 수도 있으며, 이 방법은 전압조정률제어(voltage droop control)라고도 한다.

전력조류문제에서, 태양전지는 크게 두 가지 형태로 모델링할 수 있다. 첫 번째는 발전기 크기로 모델링하는 경우이며, 이 경우는 태양광발전기라고도 하며 수백 개 혹은 수천 개의 태양광 패널이 중앙으로 연계된 발전기처럼 생각할 수 있다. 두 번째는 각각의 태양광 패널이 소비자의 전력량 미터 후단에 접속이 되어서 저압 배선선로에 분산 전원 형태로 모델링하는 경우이다(전력량계 배후 전원 혹은 분산전원). 태양광 발전기는 수백 MW 크기의 타입 4 풍력발전기와 유사하게 모델링할 수 있고, 전력량계 배후의 태양광은 부하로 모델링할 수 있다.

6.12 현실적인 대형 전력조류 모델

전력조류계산법은 전력계통을 해석하기 위해서 많이 사용하는 알고리즘의 하나로 이 장에서는 전력계통의 모델링에 대한 기본에 대해서 다루었다. 상용으로 판매하는 전력조류계산 프로그램은 매우 복잡하고 큰 시스템을 다룰 수 있도록 잘 만들어져 있으며, 실제로 우리가 현장에서 다루어야 하는 문제는 이 책에서 다룬 예제 문제보다 훨씬 크고 복잡한 시스템이다. 이 절의 목적은 실제 우리가 다루어야 하는 문제의 복잡성과 데이터 구조를 소개함으로써 모델링을 쉽게 하도록 하기 위함에 있다.

앞에서도 언급하였듯이, 전력조류계산은 전력망의 정상상태 운전점에서의 계통의 상태를 알기 위한 것이다. 실제로 전력계통의 상태는 매우 천천히 변화하기 때문에 어떤 특정 시점에서의 운전점에서의 전력계통의 상태, 즉 유사정상상태에서의 계통의 상태를 알기 위해서도 전력조류계산이 이용될 수 있다. 현대의 전력계통은 많은 종류의 자동제어요소와 전력조류계산 시간대(수 초~수 분) 안에서 이루어지는 운전원의 수동 조작에 의한 제어를 포함하고 있기 때문에, 유사정상상태에서의 전력조류를 계산하기 위해서는 이러한 제어에 의한 영향을 고려하여야 한다.

전력조류계산에서 고려해야 하는 제어는 두 가지 형태가 존재한다. 하나는 전압의 크기, 즉 무효전력조류를 제어하는 것과 유효전력조류를 제어하는 것 두 가지가 있다. 첫 번째 그룹은 발전기의 전압제어 시스템이다. 이 전압제어 시스템은 전압의 설정점을 범위 내에서 유지하기 위해서 발전기의 무효전력 출력을 연속적으로 제어하는데, 이는 앞에서 PV 모선 개념으로 설명하였다. 가장 간단한 형태의 PV 모선은 단자전압 크기를 제어하는 단일 발전기를 들 수 있지만, 좀 더 복잡한 형태로는 원격 모선의 전압을 제어하는 다수 모선에 연결된 다수의 발전기도 있을 수 있다. 이 경우는 다수의 발전기가 연결된 발전기단 승압 변압기(GSU)의 고압측을 제어하기 위하여 저압측에 연계된 다수의 발전기 세트를 모델링하기 위해서 이용할 수 있다. 전력변환장치와 콘덴서, 리액터를 이용하여 모선의 무효전력출력을 연속적으로 제어할 수 있는 정지형 무효전력보상장치, SVC (static VAR compensator)도 비슷한 방법으로 모델링할 수 있다. 그 외 다른 전압제어장치로는, 콘덴서나 리액터의 스위치를 제어함으로써 무효전력을 불연속적으로 제어하는 스위치 제어 병렬보상기(switched shunt)와 변압기의 비공칭변압 탭(LTC)에 의한 불연속 전압제어도 있다. 이러한 장치의 전압제어는 전압의 불연속 변화로 나타나기 때문에 전압 설정점은 전압변화의 범위로 지정할 필요가 있다. 전압 제어 시스템을 설계하는 어려움뿐 아니라, 전류전류계산에서 이를 반영하는 어려움은 이런 제어기들이 상호 영향을 미칠 수 있다는 점이다. 현재 많은 전력회사에서는 이런 제어가 부분적으로 수동으로 제어되고 있는 부분이 있다.

유효전력의 제어는 대부분 발전량의 변화로 나타난다. 대부분의 전력조류계산 모델에서는 유효전력 제어는 모선, 부하, 발전기와 같은 장치를 '지역'에 할당함으로써 표현할 수 있다. 지역이라는 용어는 전력산업에서 여러 가지 의미로 사용되지만, 전력조류 관점에서는 다른 지역으로의 전력 조류는 계획된 일정 부하로 처리하고, 지역 내 부하와 손실을 그 지역의 발전기 출력으로 만족시키는 '제어지역'을 뜻한다. 지역 간의 전력 융통에 이용되는 송전선과 변압기를 '연계선(tie line)'이라고 한다. 지역 간의 융통전력은 연계선 전력의 대수합으로 표현하고 해당 지역에서 나가는

예제 6.18 37-모선 시스템에서 설명하는 또 다른 현장문제

그림 6.17에서 보여주는 바와 같이 PowerWorld Simulator 케이스 예제 6_18로 현장에서 발생하는 또 다른 문제를 보도록 하자. 이 그림에서는 전력계통이 오른쪽에 위치한 '지역 1'과 왼쪽에 위치한 '지역 2'가 연계선으로 연계되는 두 지역으로 구성되어 있다. 각 지역은 각 발전기의 참여율 제어를 통해 연계선 조류를 0.5MW 오차 범위 내에서 융통하도록 설정되어 있다. 이때 3개의 모선을 추가로 모델링하여 추가하였다. 첫 번째 모선은 SLACK345 모선으로 상변환변압기를 모델링하기 위한 것으로 모선 ELM345로 연계되는 선로의 전력조류를 자동 제어하기 위한 것이다. 이 변압기는 각 상의 위상이 변함에 따라 직렬 임피던스가 변화하는 것을 나타내기 위한 임피던스 교정 테이블을 이용한다(3.8절 참조). 다른 두 모선은 발전기의 ELM345 모선에 발전기들의 승압변압기들을 모델링하기 위한 것으로, 각 발전기는 ELM345 모선의 전압을 제어하고, 주요 발전기가 무효전력의 2/3만큼 분담하도록 설정된다. LTC 제어와 스위치 제어 병렬보상기도 모델링 가능하다.

이 케이스는 앞에서 설명한 전력조류 계산의 복잡성을 보여주고 있다. 그림 6.18은 PEACH69 모선에서 147MW를 공급하던 발전기가 탈락하여 발전력 손실이 발생한 것을 보여주고 있다. 지역간 전력융통 제어에 의해 발전기 탈락으로 인한 손실된 전력의 대부분은 지역 2에 있는 발전기에 의해 보충이 되고 발전력 손실에 의한 지역 1 발전기의 출력의 변화는 미미하다. 또한, SLACK345 모선과 ELM345 모선 사이의 전력조류를 유지하기 위해 상변화변압기가 동작하였다.

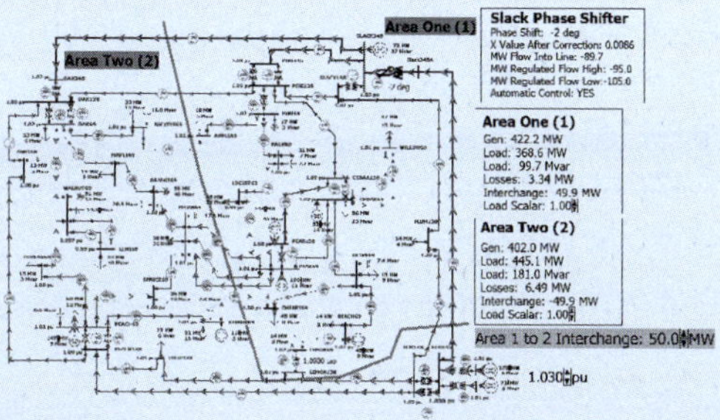

그림 6.17 PowerWorld Simulator 케이스 예제 6_18

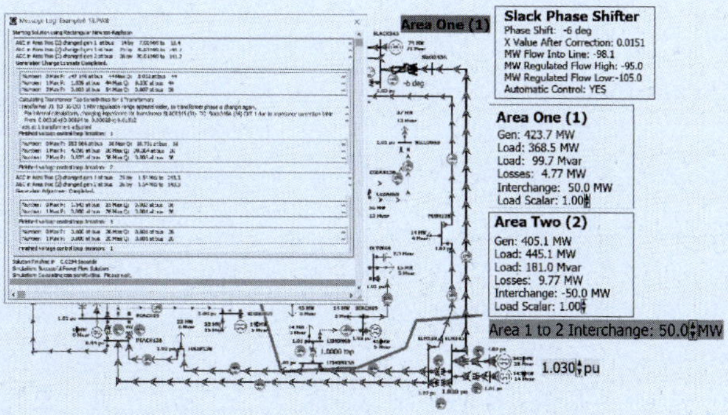

그림 6.18 PEACH69에서 발전기 탈락 후의 시스템

전력을 플러스 값으로 둔다. 다지역 계통의 전력조류를 계산할 때는 각 지역의 발전기의 출력은 지역 간의 융통전력을 확보하도록 조정하여야 한다. 이렇게 하는 방법에는 여러 가지가 있지만, 많이 이용하는 방법 중 하나는 발전력 부족이 발생했을 때, 각 발전기의 참여계수(participation factor)에 비례하여 배분하는 것이다. 또 다른 방법은 다음 장에서 설명하듯이 발전기의 출력을 경제적으로 배분하는 것이다. 또 다른 형태의 유효전력제어 장치는 상변환 변압기(phase shift transformer)라고도 불리는 위상각 제어기(phase angle regulator)로 변압기를 통한 불연속 상변환을 통해 유효전력 조류를 제어한다.

전력조류계산을 시작한 초창기에는 전력계통 모델링을 위한 시스템의 크기는 컴퓨터의 메모리에 의해 크게 제약을 받았으며, 1967년의 경우 메모리를 잘 관리하여도 949 모선의 32 KB의 뉴튼-랩슨 법이 가능한 수준이었다. 현재는 GB 수준의 컴퓨터 메모리를 활용하여 100,000 모선 정도의 계통 크기까지 모델링하여 풀 수 있는 수준에 이르렀다. 현재의 대형 시스템의 전력조류계산에서 어려운 점은 더 이상 컴퓨터의 메모리나 처리 속도에 있지 않고, 앞에서 설명하였듯이 제어기기의 상호 간섭을 위한 모델이 더욱 복잡해지는 데 있다. 대부분의 경우 전력조류계산의 해가 잘 수렴하지만, 예를 들어 두 제어장치의 불연속제어기의 제어범위와 허용 오차를 적절하게 지정하지 않는 경우에는 해가 수렴하지 않을 수도 있다. 그럼에도 불구하고 현재 상업용으로 판매하고 있는 전력조류계산 소프트웨어는 수만 모선의 큰 시스템에 대해서도 잘 수렴하는 정도로 발전해 왔다.

실제 전 세계의 전력망에서 교육용이나 연구용으로 사용할 수 있는 전력조류모델과 데이터는 공개가 제한되어 있어서 어려움이 있다. 미국의 경우 몇몇 전력망은 전력조류계산을 위한 정보가 매우 중요한 에너지/전기 인프라 정보로 분류되어(CEII, critical energy/electric infrastructure information) 전력조류 계산 모델이 공개되지 않고 있다. 이러한 점 때문에 실제의 전력계통 모델이 아닌 작은 규모의 합성 계통과 이 책에서 다루고 있는 예제들을 지난 수십 년 동안 이용해 왔다. 그리고, 지난 수년 동안 대형시스템의 지리적인 특성을 고려한 합성 송전망에 대한 전력조류계산 알고리즘에 큰 진전이 있었다[21].

그림 6.19는 텍사스주의 각 설비의 지리적 배치를 기본으로 작성한 2000 모선, 6 지역의 예를 보여주고 있다. 본 책과 관련하여 PowerWorld Simulator 프로그램의 교육용 버전은 42 모선까지 다루되록 설정되어 있으며, 화상 뷰어도 무료로 제공하고 있다(www.powerworld.com/gloveroverbye). PowerWorld Simulator 케이스 예제 6_19에 이 조류계산의 결과가 제공되고 있으며, 이 송전망의 추가 정보는 [22]에서 찾아볼 수 있다.

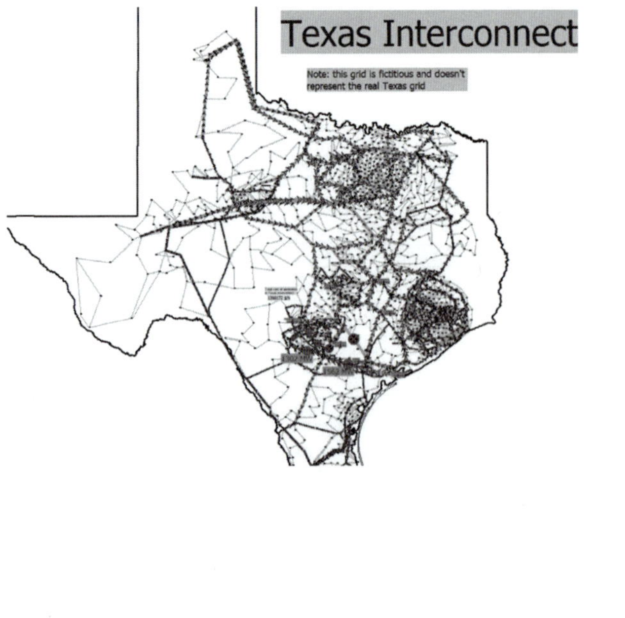

그림 6.19 지리적 특성을 보여주는 합성 송전망 예

연습문제

6.1절

6.1 가우스 소거법을 이용하여 다음의 선형대수방정식을 푸시오.

$$-25x_1 + 10x_2 + 10x_3 + 10x_4 = 0$$
$$5x_1 - 10x_2 + 10x_3 = 2$$
$$10x_1 + 5x_2 - 10x_3 + 10x_4 = 1$$
$$10x_1 - 20x_4 = -2$$

6.2 가우스 소거법과 역치환법을 이용하여 다음을 푸시오.

$$\begin{bmatrix} 8 & 2 & 1 \\ 4 & 6 & 2 \\ 3 & 4 & 14 \end{bmatrix}\begin{bmatrix} x_1 \\ x_2 \\ x_3 \end{bmatrix} = \begin{bmatrix} 3 \\ 4 \\ 2 \end{bmatrix}$$

6.3 연습문제 6.2에서 8을 4로 바꾸고 다시 푸시오.

6.4 다음과 같은 선형대수방정식을 풀기 위해 가우스 소거법을 적용할 때 어려운 점은 무엇인가?

$$-5x_1 + 5x_2 = 5$$
$$10x_1 - 10x_2 = -5$$

6.5 $\mathbf{Ax} = \mathbf{y}$를 삼각화하고 $\mathbf{A}^{(N-1)}\mathbf{x} = \mathbf{y}^{(N-1)}$를 풀기 위한 역치환법은 N번의 나눗셈과 $(N)(N - 1)/2$번의 곱셈, 그리고 $N(N - 1)/2$번의 뺄셈이 필요함을 보이시오. $\mathbf{A}^{(N-1)}$와 $\mathbf{y}^{(N-1)}$의 모든 항이 0이 아니고 실수값이라고 가정한다.

6.2절

6.6 연습문제 6.2를 자코비 반복법을 이용하여 푸시오. 초기치는 $x_1(0) = x_2(0) = x_3(0) = 0$이고 $\varepsilon = 0.01$로 식 (6.2.2)를 만족할 때까지 계속하시오.

6.7 연습문제 6.6을 가우스-자이델 법을 이용하여 푸시오. 어느 방법이 빨리 수렴하는가?

6.8 다음의 방정식을 식 (6.2.6) 형태로 표시하고, 자코비 반복법을 이용하여 푸시오. $\varepsilon = 0.05$, $x_1(0) = 1$, $x_2(0) = 1$, $x_3(0) = 0$이다.

$$\begin{bmatrix} 10 & -2 & -4 \\ -2 & 6 & -2 \\ -4 & -2 & 10 \end{bmatrix}\begin{bmatrix} x_1 \\ x_2 \\ x_3 \end{bmatrix} = \begin{bmatrix} -2 \\ 3 \\ -1 \end{bmatrix}$$

6.9 다음과 같이 주어진 식에서 가우스 법을 이용하여 x_1과 x_2를 구하시오. 초기치는 $x_1 = 1$, $x_2 = 1$이다.

$$x_2 - 3x_1 + 1.9 = 0$$
$$x_2 + x_1^2 - 3.0 = 0$$

6.10 $x^2 - 4x + 1 = 0$를 자코비 법을 이용하여 푸시오. 초기조건 $x(0) = 1$이다. $\varepsilon = 0.01$으로, 식 (6.2.2)를 만족할 때까지 계속하시오. 2차방정식 근의 공식과 비교하시오.

6.11 연습문제 6.2에서 A_{33}가 14 대신에 0.14일 때, 자코비 법과 가우스-자이델 반복법을 이용하여 푸시오. $x_1(0) = x_2(0) = x_3(0) = 0$이다. 어떤 방법도 유일해법으로 수렴하지 않음을 보이시오.

6.12 자코비 법을 이용하여('가우스 법'이라고도 한다) 다음 방정식을 푸시오.

$$x_2 - 3x_1 + 1.9 = 0$$
$$x_2 + x_1^2 - 1.8 = 0$$

초기조건은 $x_1(0) = x_2(0) = 1.0$이다. $x_1(0) = x_2(0) = 100$으로 주어지면 어떤 일이 일어나는가?

6.13 조류계산에서 주로 나타나는 형태의 다음 식을 가우스-자이델 법을 이용하여 푸시오. 초기조건은 $x_1(0) = x_2(0) = 1.0$이고 수렴판정은 $\varepsilon = 0.05$이다.

$$x_1 = (1/(-20j)) * [(-1 + 0.5j)/(x_1)^* - (j10) * x_2 - (j10)]$$
$$x_2 = (1/(-20j)) * [(-3 + j)/(x_2)^* - (j10) * x_1 - (j10)]$$

6.14 다음 식의 근을 가우스-자이델 법을 이용하여 구하시오. (초기치는 $x = 2$이다). $f(x) = x^3 - 6x^2 + 9x - 4 = 0$

6.15 $x^2\cos x - x + 0.5 = 0$을 자코비 법을 이용하여 푸시오. $x(0) = 1$, $\varepsilon = 0.01$이다. 해가 수렴하기 위한 조건을 실험적으로 구하시오.

6.16 식 (6.2.6)을 z-변환해서 $\mathbf{X}(z) = \mathbf{G}(z)\mathbf{Y}(z)$임을 보이시오. $\mathbf{G}(z) = (z\mathbf{U} - \mathbf{M})^{-1}\mathbf{D}^{-1}$, $\mathbf{U}$는 단위행렬이다. 주: $\mathbf{G}(z)$는 자코비 법이나 가우스-자이델 법을 나타내는 디지털필터의 행렬 전달함수이다. 필터의 극값은 $(z\mathbf{U} - \mathbf{M}) = 0$을 풀면 얻을 수 있으며, 필터 극값의 크기가 1보다 작으면 필터는 안정하다.

6.17 일반적인 2차원 문제(N = 2)에서

$$\left[\begin{array}{c|c} A_{11} & A_{12} \\ \hline A_{21} & A_{22} \end{array}\right]\begin{bmatrix} x_1 \\ x_2 \end{bmatrix} = \begin{bmatrix} y_1 \\ y_2 \end{bmatrix}$$

자코비와 가우스-자이델 디지털 필터의 극값을 구하시오. 그리고 N = 2일 때 이 필터들이 수렴하기 위한 필요충분조건을 구하시오.

6.3절

6.18 다항식 $f(x) = y$, $y = 0$, $f(x) = x^3 + 8x^2 + 2x - 50$을 뉴튼-랩슨 법을 이용하여 푸시오. 초기조건 $x(0) = 1$이고 $\varepsilon = 0.001$로 식 (6.2.2)를 만족할 때까지 반복계산하시오.

6.19 연습문제 6.18에서 초기조건 $x(0) = -2$ 조건에서 다시 푸시오.

6.20 다항식 $f(x) = y$, $y = 0$, $f(x) = x^4 + 3x^3 - 15x^2 - 19x + 30$을 뉴튼-랩슨 법을 이용하여 푸시오. 초기조건 $x(0) = 0$이고 $\varepsilon = 0.001$로 식 (6.2.2)를 만족할 때까지 반복계산하시오.

6.21 연습문제 6.20에서 초기조건 $x(0) = 4$ 조건에서 다시 푸시오.

6.22 연습문제 6.20에서 함수 $f(x)$를 $x = 0$과 4 사이에서 그리시오. 그리고 $x = 2.2$의 부근이 이 초기조건으로 좋지 않음을 그림으로 설명하시오.

6.23 다음 수식을 풀기 위해 뉴튼-랩슨 법을 이용하시오.

$$\begin{bmatrix} e^{x_1 x_2} \\ \cos(x_1 + x_2) \end{bmatrix} = \begin{bmatrix} 1.2 \\ 0.5 \end{bmatrix}$$

여기서 x_1, x_2는 라디안으로 주어져 있다. (a) 초기조건은 $x_1(0) = 1.0$, $x_2(0) = 0.5$이고 $\varepsilon = 0.005$로 식 (6.2.2)를 만족할 때까지 반복계산하시오. (b) 이 문제에서 초기조건이 $x_1(0) = 1.0$, $x_2(0) = 2.0$이면, 뉴튼-랩슨 법이 발산함을 보이시오.

6.24 다음 방정식을 뉴튼-랩슨 법을 이용하여 푸시오.

$$2x_1 + x_2^2 - 8 = 0$$
$$x_1^2 - x_2^2 + x_1 x_2 - 3 = 0$$

초기조건은 $x_1 = 1$, $x_2 = 1$이다.

6.25 다음 비선형 방정식은 조류계산 방정식에서 자주 나타나는 형태이다. 뉴튼-랩슨 법을 이용하여 푸시오.

$$f_1(x) = 10x_1 \sin x_2 + 2 = 0$$
$$f_2(x) = 10\,(x_1)^2 - 10x_1 \cos x_2 + 1 = 0$$

초기조건은 $x_1(0) = 1$, $x_2(0) = 0$, 라디안이고, 수렴판정 상수는 $\varepsilon = 10^{-4}$이다.

6.26 연습문제 6.25의 초기조건을 $x_1(0) = 0.25$, $x_2(0) = 0.0$ 라디안으로 바꾸어서 다시 푸시오.

6.27 뉴튼-랩슨 법에서 특정해법의 수렴영역은 그 값으로 수렴하는 초기치의 집합이다. 보통 특정 해법 근처에서 정한 초기치는 그 특정 해법으로 수렴하지만, 간단한 경우를 제외한 대부분의 경우 다차원 비선형방정식에서 수렴영역의 경계값은 종종 프랙털이 된다. 이러한 점 때문에 수렴 영역을 정량화하기 어렵고, 따라서 수렴성을 보장하기 어렵다. 연습문제 6.25는 x_2가 $-\pi$와 π 사이에 존재하도록 제한하면 두 개의 근을 가진다. x_2의 초기치를 0 라디안으로 고정한 상태에서 x_1이 연습문제 6.25의 근으로 수렴하기 위한 초기치를 구하시오. x_1의 값은 0과 1 사이에서 찾도록 한다.

6.4절

6.28 조류계산 해를 반복법을 적용하지 않아도 구할 수 있도록 그림 6.20과 같이 간략화된 시스템을 생각해보자. (a) 모선의 어드미턴스 행렬 $\boldsymbol{Y}_{\text{bus}}$의 각 항목을 구하시오. (b) 모선 2(전압제어모선)에서 유효전력 식으로부터 위상각 δ_2를 계산하시오. (c) 모선 3(부하모선)에서 유효전력 식과 무효전력 식으로부터 $|V_3|$와 δ_3를 계산하시오. (d) 모선 1(스윙모선)에서 유효전력을 계산하시오. (e) 계통의 전체 손실을 계산하시오.

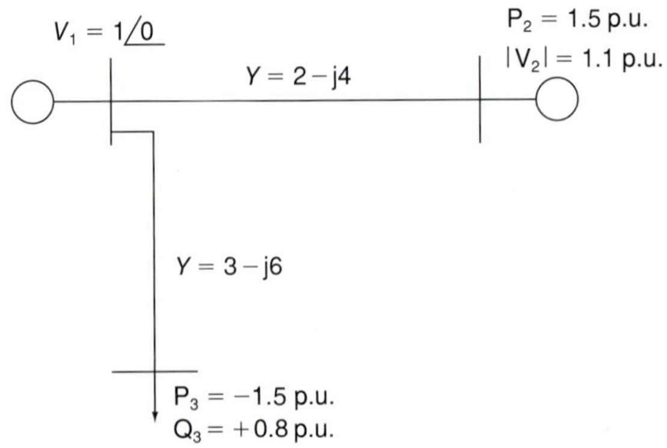

그림 6.20 연습문제 6.28

6.29 예제 6.9에서 모선 2와 모선 5 사이 선로의 임피던스를 2배로 한다. 모선 임피던스 행렬 $\boldsymbol{Y}_{\text{bus}}$의 두 번째 행의 값

을 구하시오. 계산한 값을 PowerWorld Simulator 케이스 예제 6_9의 결과와 비교하시오.

6.30 그림 6.21의 3상 시스템에서 표 6.9와 표 6.10에서 주어진 데이터를 이용하여 모선 어드미턴스 행렬 $\boldsymbol{Y}_{bus}$를 계산하시오. 베이스는 3상 100 MVA로 한다.

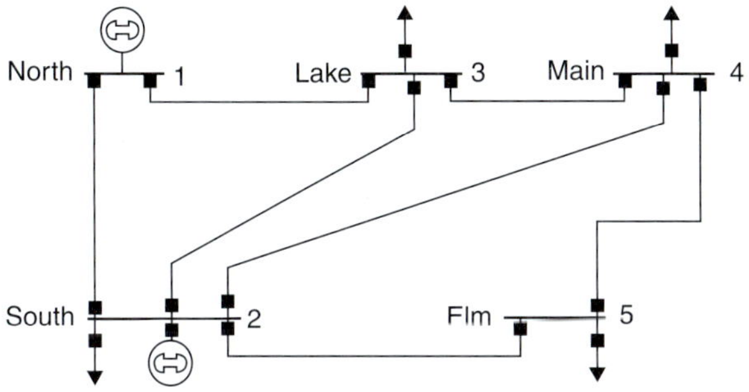

그림 6.21 연습문제 6.30에 대한 예제 계통도

표 6.9 연습문제 6.30에 대한 모선 데이터

모선-모선	R (p.u.)	X (p.u.)	B (p.u.)
1-2	0.02	0.06	0.06
1-3	0.08	0.24	0.05
2-3	0.06	0.18	0.04
2-4	0.08	0.24	0.05
2-5	0.02	0.06	0.02
3-4	0.01	0.04	0.01
4-5	0.03	0.10	0.04

표 6.10 모선 어드미턴스 행렬의 일부

$6.25 - j18.695$	$-5.00 + j15.00$	$-1.25 + j3.75$	0	0
$-5.00 + j15.00$				

6.31 연습문제 6.30의 계통에서 모선 4에 75 Mvar의 병렬 커패시터가 연결되는 경우(3상 pu 전압이 1로 가정), 새로운 값 Y_{44}를 계산하시오.

6.5절

6.32 모선 2 0.7 + j0.4 p.u. 부하가 모선 1에 연결된 발전기에 의해 전력이 공급되고, 모선 2와 모선 1은 임피던스 0.05 + j0.1 p.u.인 선로에 의해 연결되어 있다. 모선 1이 스윙모선이고 pu 전압이 $1.0\angle 0$으로 고정되어 있다고 한다. 가우스-자이델 법을 이용하여 3번 반복계산 후 모선 2의 전압을 계산하시오.

6.33 연습문제 6.32에서, 스윙모선 pu 전압을 $1.0\angle 30°$로 바꾸었을 때, 다시 계산하시오.

6.34 3모선 계통에서 $\boldsymbol{Y}_{bus}$ 값이 아래와 같이 주어졌을 때, 가우스-자이델 법을 이용하여 두 번째 반복계산 시의 전압 V_3를 구하시오. 모선 1은 슬랙모선($V_1 = 1.0\angle 0°$)이고 모선 2와 모선 3은 각각 pu 부하가 $S_2 = 1 + j0.5$, $S_3 = 1.5 + j0.75$로 가정한다. 모선 2와 모선 3에서의 초기치를 $1.0\angle 0°$로 둔다. 3모선 계통의 모선 어드미턴스 행렬은

$$\boldsymbol{Y}_{bus} = \begin{bmatrix} -j10 & j5 & j5 \\ j5 & -j10 & j5 \\ j5 & j5 & -j10 \end{bmatrix}$$

6.35 문제 6.34에서 모선 1(슬랙모선)의 전압을 $V_1 = 1.05\angle 0°$로 바꾸었을 때에 대해 다시 계산하시오.

6.36 그림 6.22의 모선 어드미턴스 행렬은

$$\boldsymbol{Y}_{bus} = \begin{bmatrix} 3-j9 & -2+j6 & -1+j3 & 0 \\ -2+j6 & 3.666-j11 & -0.666+j2 & -1+j3 \\ -1+j3 & -0.666+j2 & 3.666-j11 & -2+j6 \\ 0 & -1+j3 & -2+j6 & 3-j9 \end{bmatrix} \text{p.u.}$$

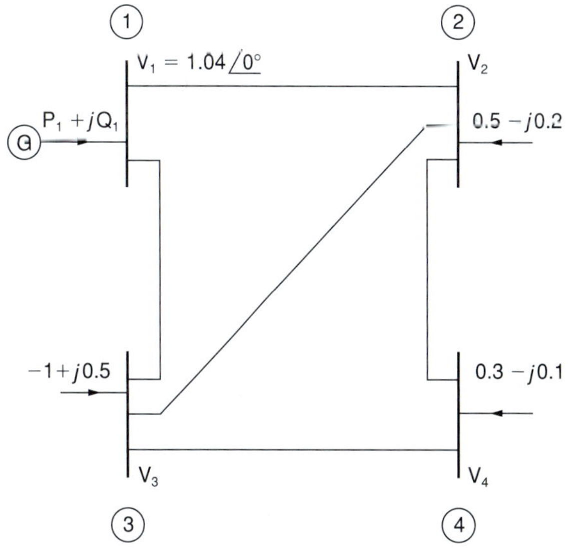

그림 6.22 연습문제 6.36

부하모선 2, 3, 4에서의 복소 부하가 그림 6.22와 같이 주어져 있을 때, 가우스-자이델 법의 첫 번째 그리고 두 번째 반복계산 후의 V_2를 구하시오. 초기조건은 $V_2(0) = V_3(0) = V_4(0) = 1.0\angle 0°$로 둔다.

6.37 3 모선 계통의 모선 어드미턴스 행렬은

$$\boldsymbol{Y}_{\text{bus}} = -j\begin{bmatrix} 7 & -2 & -5 \\ -2 & 6 & -4 \\ -5 & -4 & 9 \end{bmatrix} \text{ p.u.}$$

$V_1 = 1.0\angle 0^\circ$ p.u., $V_2 = 1.0$ p.u., $P_2 = 60$ MW, $P_3 = -80$ MW, $Q_3 = -60$ Mvar(지연)로 주어져 있다. 가우스-자이델 반복법을 이용하여 0.01 p.u.로 수렴 판정할 때 V_2와 V_3를 구하시오. 초기조건은 $\delta_2 = 0$, $V_3 = 1.0$, $\delta_3 = 0$이다.

6.6절

6.38 발전기 모선(1.0 p.u. 전압)이 150 MW, 50 Mvar 부하에 무손실 송전선(임피던스가 $j0.1$ p.u., 100 MVA 베이스)을 통해 전력을 공급하고 있다. 초기전압을 $1.0\angle 0^\circ$로 두고, 뉴튼-랩슨 법을 이용하여 부하모선의 전압을 구하시오. 수렴판정은 최대의 전력조류 불일치값이 0.1 MVA인 것으로 하시오.

6.39 전압의 초기치가 $1.0\angle 30^\circ$일 때 연습문제 6.38을 다시 푸시오.

6.40 전압의 초기치가 $0.25\angle 0^\circ$일 때 연습문제 6.38을 다시 푸시오.

6.41 연습문제 6.34에서 첫 번째 자코비안 행렬을 구하시오.

6.42 연습문제 6.34에서 조류계산을 풀기 위해 뉴튼-랩슨 법을 사용하시오. 수렴판정은 최대의 전력조류 불일치값이 0.1 MVA인 것으로 하시오.

6.43 3모선 계통에서 모선 1은 전압이 $1.0\angle 0^\circ$인 스윙모선, 모선 2는 부하가 $2.0 + j0.5$인 PQ 모선, 모선 3은 $P = 1.0$ p.u., $V = 1.0$ p.u.인 PV 모선이라고 한다. 모선 1과 모선 2 사이의 송전선로 임피던스는 $j0.1$, 모선 1과 모선 3의 임피던스는 $j0.4$, 모선 2와 모선 3 사이의 송전선로 임피던스는 $j0.2$이다. 모선 2와 모선 3의 페이저 전압을 구하기 위해 뉴튼-랩슨 법을 이용하시오.

6.44 연습문제 6.43에서 모선 2의 유효전력 부하를 1.0 p.u.로 바꾸고 다시 푸시오.

6.45 PW PowerWorld Simulator 케이스 예제 6_11을 동작시킨다. 이 예제는 **Single Solution**을 선택할 때마다 뉴튼-랩슨 법의 반복계산을 1회씩 실시한다. 자코비안 행렬의 항목 J_{33} 초기치가 104.41임을 보이시오. 다음 3회의 반복계산 시의 값을 구하시오.

6.46 PW PowerWorld Simulator 케이스 예제 6_46을 동작시킨다. 계통용량 기준이 100 MVA일 때, 각 송전선로의 임피던스는 $0.05 + j0.1$ p.u.이다. 모선 3에는 180 MW의 단일 부하가 연결되어 있고, 모선 2는 발전이 80 MW, 전압설정치가 1.0 p.u.인 PV 모선이며, 모선 1은 전압설정치가 1.0 p.u.인 슬랙모선이다. 수렴 판정을 0.1 MVA로 하고 뉴튼-랩슨 법을 이용하여 조류계산을 직접 하고, 그 결과를 PowerWorld Simulator 결과와 비교하시오.

6.47 PW 6.4절에서 설명한 바와 같이, 발전기의 무효전력 출력이 한계치에 도달하면 그 모선은 PQ 모선으로 모델링한다. 연습문제 6.46에서 모선 2 발전기의 무효전력 출력 한계 최대치가 50 Mvar인 경우에 대해 계산하고 그 결과를 PowerWorld Simulator 결과와 비교하시오. 모선 2의 발전기의 무효전력 출력을 증가시키기 위해서는 조류계산을 시작하기 위해 **Tools**, **Play**를 선택하고, 모선 2의 자주색 전압설정치 필드의 위쪽 화살표를 클릭해서 무효전력 출력을 최대치가 되게 한다.

6.48 PW PowerWorld Simulator 케이스 예제 6_46을 동작시킨다. 모선 2 발전기의 전압설정치-무효전력 출력 곡선을 그리시오. 전압 설정치는 0.005 p.u. 스텝으로 하고, 무효전력 하한값은 −50 Mvar, 상한값은 50 Mvar로 설정한다. 발전기 2의 전압설정치를 바꾸기 위해서는 먼저 조류계산 시뮬레이션을 시작하기 위해 **Tools**, **Play**를 선택하고 모선 2의 자주색 전압설정치 영역의 위쪽/아래쪽 화살표를 클릭한다.

6.7절

6.49 PW PowerWorld Simulator의 예제 6_49를 동작시킨다. 이 예제는 예제 6.9에서 모선 1과 모선 5 사이의 변압기를 탭절환 변압기로 바꾼 것이다. 탭 범위는 0.9와 1.1 사이이고, 탭의 스텝 크기는 0.00625이며, 탭 위치는 고압측에 있다. 탭이 0.975에서 1.1 사이에서 변할 때, 발전기 1의 무효전력 출력의 변화, V_5, V_2 그리고 총 유효전력 손실을 계산하시오.

6.50 PW PowerWorld Simulator 케이스 예제 6_14에서 V_2를 1.0으로 증가시키기 위해 설치해야 할 커패시터 뱅크의 Mvar 정격을 정하기 위해 PowerWorld Simulator를 이용하시오. 그리고 선로의 부하, 총 유효전력 손실(모선 2 바로 아래에 나타남)에 미치는 커패시터 뱅크의 효

과를 계산하시오. 커패시터의 공칭 Mvar 정격을 변화시키기 위해서는 커패시터 심볼을 우클릭해서 Switched Shunt Dialog를 보이게 하고, 공칭 Mvar 필드를 바꾼다.

6.51 PW PowerWorld Simulator를 이용하여 모선 2와 모선 5 사이에 두 번째 선로를 추가하여 예제 6_9를 수정한다. 두 번째 선로를 첫 번째 선로와 구별하기 위해 선로 식별자를 '2'로 한다. 선로의 파라미터는 기존 선로의 값과 같게 한다. 새로운 선로가 V_2, 선로의 부하, 총 유효전력 손실에 미치는 영향을 계산하시오.

6.52 PW PowerWorld Simulator의 케이스 예제 6_52를 동작시킨다. REDBUD69 모선과 PEACH69 모선 사이의 선로를 개방한다. 이 선로가 개방된 상태에서 REDBUD69 모선의 전압을 1.0 p.u.로 유지하기 위해 REDBUD69 커패시터 뱅크의 Mvar 필요량(1 Mvar에 가장 가까운 값)을 계산하시오.

6.53 PW PowerWorld Simulator의 예제 6_53을 동작시킨다. 모선 PEAR138의 발전기 출력이 0 MW에서 400 MW까지 20 MW 단위로 변화할 때, 총 유효전력 손실의 변화를 그리시오. BLT138 모선의 발전기 출력이 얼마일 때 유효전력 손실이 최소가 되는가?

6.54 PW 문제 6.53에서, LOCUST69 모선과 BPEAR69 모선 사이의 69 kV 선로를 제거하고 다시 푸시오.

6.8절

6.55 6.8절에서 설명한 성김행렬 처리기법을 적용하여 다음 행렬에 대한 **DIAG**, **OFFDIAG**, **COL**, **ROW** 벡터를 구하시오.

$$\mathbf{S} = \begin{bmatrix} 17 & -9.1 & 0 & 0 & -2.1 & -7.1 \\ -9.1 & 25 & -8.1 & -1.1 & -6.1 & 0 \\ 0 & -8.1 & 9 & 0 & 0 & 0 \\ 0 & -1.1 & 0 & 2 & 0 & 0 \\ -2.1 & -6.1 & 0 & 0 & 14 & -5.1 \\ -7.1 & 0 & 0 & 0 & -5.1 & 15 \end{bmatrix}$$

6.56 행렬 $\boldsymbol{Y}_{\text{bus}}$를 삼각화하기 위해 그림 6.9 그래프의 노드에 최적순서가 되도록 번호를 부여하시오.

6.10절

6.57 예제 6_17에서 구한 위상각, 선로조류의 결과와 표 6.6, 표 6.7, 표 6.8에 주어진 값과 비교하시오.

6.58 예제 6.17에서 모선 2와 모선 5 사이의 pu 리액턴스 값을 0.05에서 0.03으로 바꾸고 다시 계산하시오.

6.59 PW PowerWorld Simulator 케이스 예제 6_59를 동작시킨다. 이 예제는 직류 조류계산 근사화를 이용해서 7-모선 계통을 모델링한 것이다. 모선 7은 슬랙모선이 된다. 각 모선에서의 유효전력 발전/부하는 주어진 바와 같고, 선로 pu 리액턴스(100 MVA 기준치)는 단선도에서 노란색으로 주어졌다. (a) 6 × 6 **B** 행렬과 벡터 **P**를 계산하시오. (b) Matlab을 이용하여 위상각을 계산하고 단선도에 나타난 값과 비교하시오.

6.60 PW 연습문제 6.59를 PowerWorld Simulator를 이용하여 모선 1과 모선 2 사이의 선로의 정격이 150 MW, 모선 1과 모선 3 사이의 조류가 101 MW, 모선 1의 발전이 160 MW일 때 선로의 조류가 100%가 되기 위한 발전력 증가값을 수식으로 계산하시오. 모선 1의 발전기 출력의 변화는 슬랙모선에서 흡수한다고 가정한다.

6.11절

6.61 PW PowerWorld Simulator 케이스 예제 6_61_PQ와 6_61_PV는 7모선 계통에서 모선 4의 발전기를 각각 타입 1과 타입 2의 풍력발전기, 타입 3과 타입 4의 풍력발전기로 모델링한 것이다. 두 경우 모두 무효전력을 공급하기 위해 병렬 커패시터를 설치한다. 모선 2와 모선 4 사이의 선로가 개방되는 사고에 대해 모선 4의 전압을 비교하시오. 사고 발생 시 전압제어 측면에서 타입 3과 타입 4 풍력발전기의 장점은 무엇인가? 모선 전압 크기의 변화에 대한 커패시터 Mvar 변화는 얼마나 되는가?

설계 프로젝트 1 :
태양광 발전기 추가

이 설계 프로젝트는 PowerWorld Simulator 케이스 Chapter6_Design1Start로 시작한다. 이 시스템은 예제 6.13에서 소개된 37 모선 시스템을 수정한 버전이다(그림 6.23 참조). 이 설계 프로젝트의 목표는 75 MW 용량의 태양광 발전설비를 NEWSOLAR 변전소에 추가하는 경우[해당 모선은 69 kV 모선인 NEWSOLAR69 모선(모선 번호 60)이다], 최소비용의 송전망과 변압기 설계안을 제안하는 것이다. 이 새로운 발전설비는 현재 존재하는 문제점을 해소하는 기회가 될 수도 있다. 이 설계 프로젝트에서

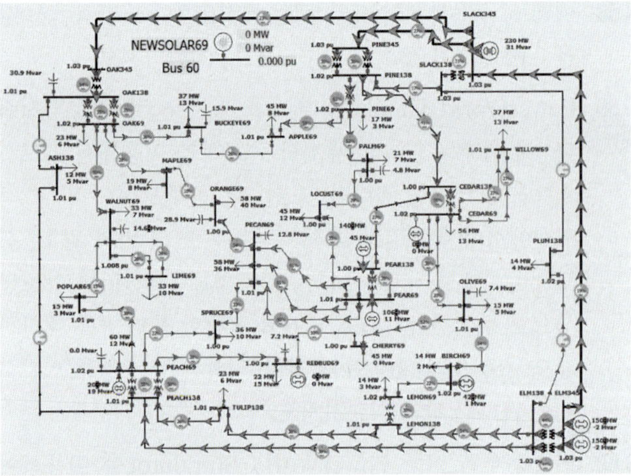

그림 6.23 설계 프로젝트 1 전력계통 단선도

만족해야 할 요구조건은 새로운 태양광 설비가 최대용량으로 운전되거나, 아예 운전되지 않는 경우를 포함해서 베이스 케이스뿐 아니라 1차 상정고장 해석에서 전압뿐 아니라 선로과부하가 발생하지 않아야 한다.

조류계산에서 태양광 설비는 출력이 75 MW이고, 무효전력출력 범위가 ± 35 Mvar인 단일 등가 발전기로 모델링할 수 있다. 이때 전압 설정치는 설계 계수이다. 이 태양광 발전설비는 이미 NEWSOLAR69 모선에 연계되어 있고 신뢰도를 유지하기 위해서는 NEWSOLAR 변전소로 두 개의 분리된 송전선이 이 변전소로 연계되어야 한다. 이 변전소는 138 kV 모선과 138/69 kV 변전소를 수용할 수 있을 정도로 충분히 크다.

표 6.11은 새로운 69 kV나 필요한 경우 138 kV 선로 건설을 위한 경과지와 거리를 보여주고 있다. 현재 모든 69 kV 변전소는 138 kV를 수용할 수 있을 정도로 충분히 크며, 모든 69 kV와 138 kV 모선은 새로운 송전선을 수용할 수 있다. 표 6.12는 도체의 타입에 따른 비용정보를 제공하고 있다.

표 6.11 경과지 후보 지역

경과지/변전소	경과지 거리(km)
NEWSOLAR to OAK	13
NEWSOLAR to BUCKEY	6
NEWSOLAR to APPLE	6
NEWSOLAR to PINE	14
NEWSOLAR to MAPLE	15
BUCKEYE to OAK	8
BUCKEYE to ORANGE	8
APPLE to PINE	10
APPLE to ORANGE	9
APPLE to LOCUST	10

설계 절차

1. PowerWorld Simulator에 Chapter6_Design1Start를 로드한다. 먼저 NEWSOLAR 발전기 없이 베이스케이스의 조류계산을 수행한다. 모든 선로조류와 모선의 전압이 한계치 안에 존재하는 것을 확인한다. 모든 선로의 무효전력 조류는 한계치의 100% 이내에 존재하는 것으로 가정하고, 전압은 0.95와 1.10 PU 이내에 있어야 한다.
2. 하나의 송전선로 혹은 변압기의 고장이 미치는 영향을 고려하기 위해 위 과정을 반복하여 조류계산 해를 구한다. 이를 상정하고 해석이라고 한다. 이 해석을 간단히 하기 위해 PowerWorld Simulator는 상정고장해석을 자동으로 수행하는 기능을 가지고 있다. 상정사고 해석결과를 화면에 출력하기 위해 먼저, **Tools, Contingency Analysis**를 선택한다. 56개의 단일선로/변압기 상정사고가 이미 정의되어 있다. 하나의 선로/변압기를 제거하고 그 영향을 보기 위해 **Start Run**을 선택한다. 이 시스템은 NEWSOLAR 발전기에 의해 몇 개의 변전소에서는 부하가 증가하였고, 이로 인해 몇 개의 상정사고에서 선로용량을 초과하는 경우가 발생한다. 상정사고의 경우에서도 선로용량 한계를 만족하도록 디자인해야 한다.
3. 표에 주어진 가능한 후보 경과지에 대한 송전선로 파리미터/비용 데이터를 이용하여 신규 NEWSOLAR 75 MW가 운전되거나 운전되지 않는 경우에도 기준케이스와 상정사고 시에도 안정적이며 가장 비용이 적게 드는 시스템의 보강 계획을 결정한다. 새로운 송전선로에 대한 파라미터는 철탑의 배열과 도체의 종류에 대한 데이터를 이용하여 구할 필요가 있다. 도체 종류는 비용 데이터에 주어져 있다. 신류 건설비용은 송전선 건설비용에 송전선 건설에 따라 발생한 향후 5년 동안의 송전손실 감소분 만큼의 이득을 뺀 순비용으로 정의한다.
4. 초기계통의 문제점과 계통의 문제를 최적으로 해결할 수 있는 본인의 접근방법, 타당성 등을 설명한 상세보고서를 작성한다.

문제를 간단히 하기 위한 가정

문제를 간단히 하기 위해 다음과 같은 가정이 필요하다.

1. Chapter6_Design1Start 에서 주어진 기준 케이즈에 대해서만 고려한다. 그러나, 실제 설계에서는 부하의 변화에 따라 달라지는 운전점에 대해서도 고려해야 한다.
2. 모든 발전기의 출력이 고정된 것으로 가정한다. 모든 출력 변화는 슬랙발전기가 담당하는 것으로 가정한다.
3. 커패시터와 변압의 탭은 바꾸지 않고 그대로 둔다.
4. 계통의 손실은 5년에 걸쳐서 일정하다고 가정한다. 다만, 새로운 설계가 기준 케이스 손실에 미치는 영향만을 고려한다. 전력가격은 \$60/MWh이다.

설계 프로젝트 2: 송전망 설계 비용 사례

송전선(69 kV, 138 kV)

새로운 송전선로를 건설하는 비용에는 고정비와 변동비가 있다. 고정비는 설계비용, 3상 차단기의 구매/설치 비용, 계전기 비용, 변전소의 모선 구조의 변경 비용 등이 있다. 138 kV 선로의 고정비는 \$1,250,000이고 161 kV 선로는 \$730,000, 138 kV 선로는 \$850,000, 69 kV 선로는 \$500,000이다. 변동비는 도체의 타입, 도체의 길이에 따라 달라진다. \$/km 비용을 다음 표 6.12와 같이 가정한다.

표 6.12 예상 비용

도체 종류	전류용량(A)	138-kV 선로	69-kV 선로
Rook	770		\$370,000/km
Crow	830	\$500,000/km	\$390,000/km
Condor	900	\$525,000/km	\$410,000/km
Cardinal	1110	\$540,000/km	

선로의 임피던스와 MVA 정격은 도체의 타입과 철탑의 배열에 의해 결정된다. 도체의 특성은 표 A.4에 주어져 있다. 본 설계 문제에서는 대칭 철탑 배열을 가정하고, 도체 간의 간격은 학생 임의로 정하는데, 이 설계 프로젝트의 끝에 주어진 표를 참조해서 정한다. 만일 값이 주어지지 않은 경우는 69 kV 선로의 GMD는 2 m, 138 kV는 4 m이다.

변압기

변압기 비용은 차단기, 계전기 비용과 설치 비용을 포함한다.

138/69 kV, 101 MVA	\$1,500,000
138/69 kV, 168 MVA	\$1,800,000

새로운 138/69 kV 변압기는 100 MVA 기준으로 0.0025 p.u. 저항과 0.07 p.u. 리액턴스 값을 갖는다.

모선 작업

69 kV 변전소를 138 kV로 업그레이드하는 비용
: \$900,000

설계 프로젝트 3: 송전망 전압제어 설계

이 설계 프로젝트는 아일랜드 전력회사(Island Electric Company, IEC)의 39 모선 345/161 kV 전력계통의 PowerWorld Simulator의 Chapter6_Design2Start 케이스의 조류계산으로부터 시작한다. 이 시스템은 이 계통을 설계한 사람이 무슨 이유인지는 모르겠지만 계통에 커패시터(switced shunt)를 포함시키지 않았다는 점을 제외하고는 훌륭하게 계획한 시스템이다. 따라서, 이 시스템은 첫 번째 상정사고 상황에서뿐 아니라 기준 케이스에서도 저전압 문제를 가지고 있다. 이 프로젝트의 과제는 전체 부하가 초기에 주어진 값(3,535 MW, 805 Mvar)과 초기값의 70% 수준(2,475 MW, 564 Mvar) 두 가지 케이스 모두에 대해서 이 전압 문제를 해결할 수 있는 가장 저비용 대책을 세우는 것이다.

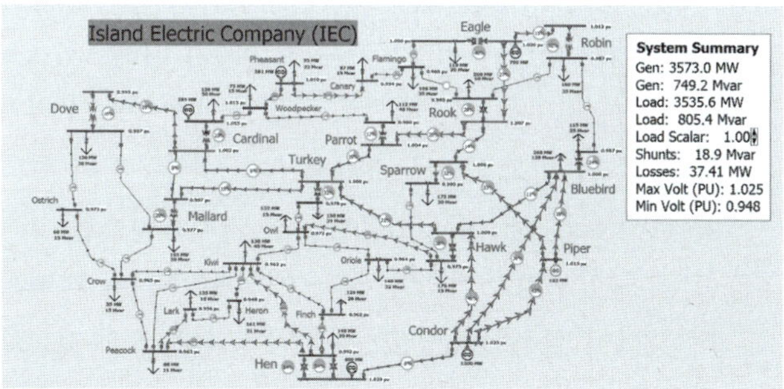

그림 6.24 프로젝트 3의 시스템 단선도

설계 절차

1. PowerWorld Simulator에 Chapter6_Design2Start를 로드한다. 기준 케이스가 초기에 전압이 안정범위 안에 있는지 알아보기 위해 조류계산을 시행한다. 이 설계 프로젝트에서는 기준 케이스에서 모든 전압이 0.98 pu와 1.06 pu 사이에 있어야 하는 것으로 가정한다. 송전선과 변압기의 MVA 한계는 무시하는 것으로 한다.

2. 하나의 송전선로 혹은 변압기의 고장을 반영하여 전력조류계산을 반복한다. 이 과정을 상정사고 해석이라고 한다. 이 과정을 간단히 하기 위해, PowerWorld Simulator는 상정사고 해석을 자동으로 수행하는 기능을 가지고 있다. 상정사고 해석 결과를 화면에 출력하기 위해 **Tools, Contingency Analysis**를 선택한다. 60개의 단일 선로/변압기 상정사고가 이미 정해져 있다. 하나의 선로/변압기를 제거하고 그 영향을 보기 위해 **Start Run**을 선택한다. 많은 경우에 전압 크기가 범위를 벗어나는 것을 알 수 있다. 상정사고 해석에서는 모든 전압이 0.95 pu와 1.08 pu 사이에 전압이 존재해야 한다.

3. Simulator가 동작하는 상태에서 Load Scalar(화면에서 오른편에 있는 하얀색의 시스템요약 박스에서 참조)를 이용하여 부하를 정격값의 70%까지 서서히 감소시킨다. 이 부하 수준에서 조류계산과 상정사고 해석을 다시 수행한다. 이렇게 부하가 감소한 상태에서도 정상 범위를 벗어나는 경우가 많음을 알 수 있다. 편의를 위해 이 결과를 Chapter6_Design2Start-70Percent에 저장해 둔다.

4. 여러분들이 가지고 있는 전력계통의 지식을 활용하여, 앞에서 나타난 전압문제를 해결하기 위해 161 kV 모선에서 저비용 해결책으로 병렬 커패시턴스(스위치드 션트)를 반복적으로 추가해 본다. 이 문제의 편의를 위해 모든 161 kV 모선에 병렬 커패시턴스를 설치를 해 놓았으며, 5번 모선은 두 개의 10 Mvar 커패시터 블럭이 설정되어 있고, 나머지 모선은 모두 0으로 설정되어 있다. 스위치드 션트는 **Case Information, Network, Switched Shunts**를 선택해서 오른쪽 클릭을 하고 관련된 대화는 **Show Dialogue**를 선택함으로써 볼 수 있다. 커패시터는 같은 Mvar 크기의 블록으로 추가해야 한다. 그리고, 각 스위치드 션트에 대해서 **Auto Control** 필드를 "yes"로, 그리고 제어모드 필드는 "Discrete"로 설정하고 **Control Regulation Settings** 필드에서 **High Value**와 **Low Value**를 적절히 선택한다. 커패시턴스를 추가하는 비용은 Mvar당 $10,000의 고정비용이 소요된다.

5. 필요한 경우 발전기의 전압 설정치를 조정할 수도 있다. 이 값들은 Generator Information 대화에서 볼 수 있다. 이 필드의 값을 변경하는 데는 비용이 들지 않는다.

6. 여러분의 해야 할 일은 전체의 시스템 비용을 최소화하도록 커패시터를 결정하는 것이다. 실제 시스템은 여러 가지 다른 부하 수준에서 운영이 되지만, 여기서는 전체 시간의 50%는 100% 부하수준에서 운전하고 50%는 70% 부하수준에서 운전하는 것을 가정한다. 커패시터를 추가하는 데에는 비용이 들지만, 커패시터의 추가에 의해 손실이 감소할 수도 있다. 따라서, 총 비용은 다음과 같은 식으로 주어진다.

$$\text{Total Cost} = Q_{new} * (\$10{,}000) - ((\Delta \text{Loss}_{100\%}) + (\Delta \text{Loss}_{70\%})) * (\$657{,}000)$$

Q_{new}: 시스템에 추가된 새 커패시터의 용량(Mvar)

$\Delta\text{Loss}_{100\%}$ 부하에서 기준 케이스의 손실감소분(MW) (즉, 37.41 새로운 손실)

$\Delta\text{Loss}_{70\%}$ 부하에서 기준 케이스의 손실감소분(MW) (즉, 37.41 새로운 손실)

$10,000: 설치비 포함 새로운 커패시터 추가 비용

$657,000: 5년간의 손실감소에 의한 이득(0.5*5*8760*$30/MWh)

7. 초기의 시스템의 문제, 문제를 풀기 위한 여러분의 접근법, 최종 해법에 대한 타당성을 설명하는 보고서를 작성하시오.

문제를 간단히 하기 위한 가정

문제를 간단히 하기 위해 다음과 같은 가정이 필요하다.

1. 송전선과 변압기의 부하수준에 대해서 신경쓸 필요가 없다. 과부하가 발생하지도 않고 과부하가 발생한다고 해도 무시할 수 있다.

2. 부하가 변할 때 발전력도 지역 제어에 의해 조절이 된다. 상세한 내용은 7장에서 다루기 때문에 여기에서는 다루지 않기로 한다.

3. 다른 많은 전력시스템의 문제와 마찬가지로, 여러분이 구한 해가 최적이라는 것을 입증하기 매우 어려울 뿐 아니라, 거의 최적의 해 근처에서 전체 비용이 거의 비슷한 많은 해가 존재한다. 실제 전력시스템의 불확실성을 고려하면, 그러한 해는 적절한 해로 받아들일 수 있다.

설계 프로젝트 4: 조류계산/단락회로

주어진 시간: 3주 예상
소요시간: 15시간
각자 그림 6.25와 6.26에서 주어진 단선도 중 하나를 택한다. 그리고 그림의 2번 선로의 길이를 각자 다르게 한다.

과제 1: 조류계산 준비

주어진 단선도(그림 6.25, 6.26)에서, 주어진 계통 기준치를 이용하여 모든 정상분 임피던스, 부하, 전압 데이터를 pu로 변환한다. PowerWorld Simulator를 이용하여 모선 입력 데이터, 선로 입력 데이터, 변압기 입력 데이터의 3개 입력 데이터 파일을 생성한다. 모선 1은 스윙모선이고, 이 과제의 결과는 조류계산을 위한 3개의 입력 데이터 파일이라는 것에 유의한다.

이 과제의 목적은 다음 과제 2에 대한 준비를 하고, 데이터 오류를 수정하는 것이다. 이 과제를 수행하기 위해서는 pu에 대한 지식이 필요하다.

과제 2: 조류계산

케이스 1: 조류계산 프로그램을 수행하고, 과제 1에서 수행한 모선, 선로 변압기 입력/출력 데이터 파일을 얻는다.
케이스 2: 모선 4의 전압 크기를 5% 증가시키는 방법을 제안하시오. 그리고 케이스 1의 입력 데이터를 적절히 변경하고 조류계산 프로그램을 수행하여 제안한 방법의 효율성을 보이시오.

이 과제의 결과는 두 케이스에 대한 3개의 입력 데이터 파일, 3개의 출력 데이터 파일로 모두 12개의 파일과 모선

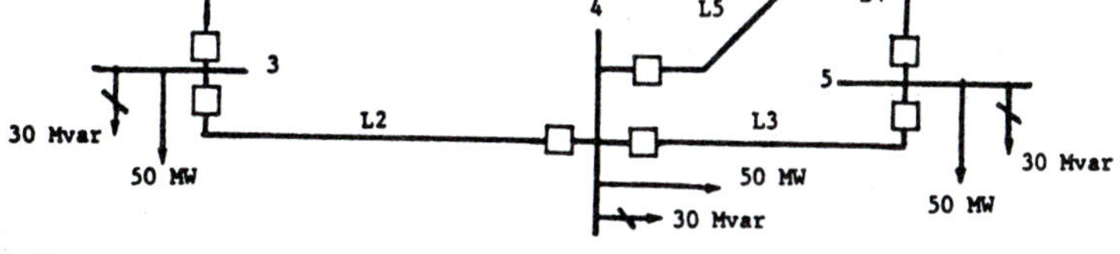

<u>Generator Ratings</u>
G1: 100 MVA, 13.8 kV, $x'' = 0.12, x_2 = 0.14, x_0 = 0.05$ per unit
G2: 200 MVA, 15.0 kV, $x'' = 0.12, x_2 = 0.14, x_0 = 0.05$ per unit
The generator neutrals are solidly grounded
<u>Transformer Ratings</u>
T1: 100 MVA, 13.8 kVΔ/230 kVY, $x = 0.1$ per unit
T2: 200 MVA, 15 kVΔ/230 kVY, $x = 0.1$ per unit
The transformer neutrals are solidly grounded
<u>Transmission Line Ratings</u>
All Lines: 230 kV, $z_1 = 0.08 + j0.5$ Ω/km,
$z_0 = 0.2 + j1.5$ Ω/km, $y_1 = j3.3$ E-6 S/km,
Maximum MVA = 400
Line Lengths: $L_1 = 15$ km, L_2 assigned by the instructor (20 to 50 km), $L_3 = 40$ km, $L_4 = 15$ km, $L_5 = 50$ km.

<u>Power Flow Data</u>
Bus 1 : Swing bus, $V_1 = 13.8$ kV, $\delta_1 = 0°$
Bus 2,3,4,5,6 : Load buses
Bus 7 : Constant voltage magnitude bus, $V_7 = 15$ kV,
$P_{G7} = 180$ MW, $-87 \text{ Mvar} < Q_{G7} < +87 \text{ Mvar}$
<u>System Base Quantities</u>
$S_{base} = 100$ MVA (three-phase)
$V_{base} = 13.8$ kV (line-to-line) in the zone of G1

그림 6.25 설계 프로젝트 4에 대한 루프송전선의 단선도

4의 전압을 5% 증가시키는 방법에 대한 설명이다.

이 과제를 수행하는 동안 발전기 여자기 제어를 통한 전압제어, 탭변환과 전압제어 변압기에 의한 전압제어, 정지형 커패시터, SVC, 병렬 송전선에 의한 전압제어 등을 다루게 된다.

이 프로젝트는 8장, 10장에서도 계속된다.

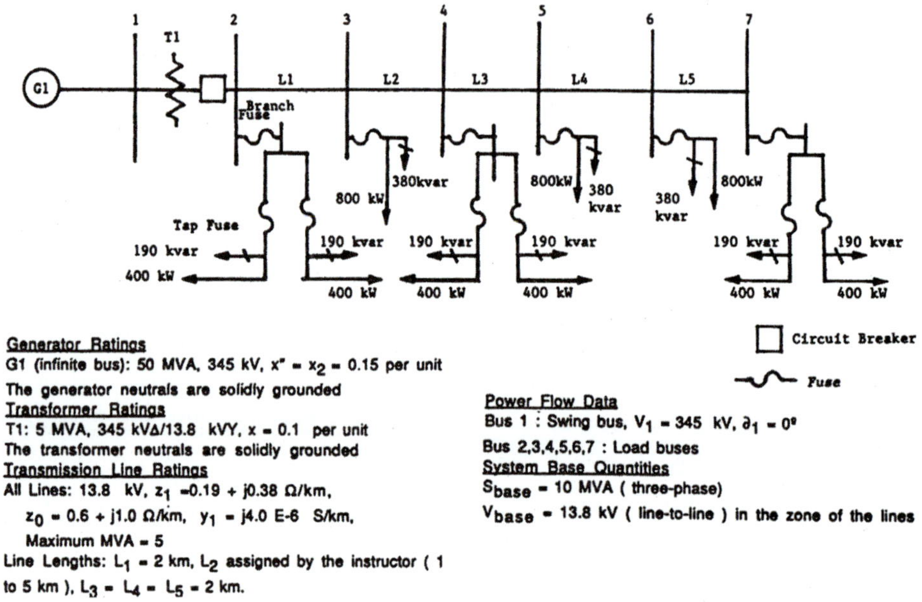

그림 6.26 설계 프로젝트 4에 대한 수지상 배전선로의 단선도

참고문헌

1. W. F. Tinney and C. E. Hart, "Power Flow Solutions by Newton's Method," *IEEE Trans.* PAS, 86 (November 1967), p. 1449.
2. W. F. Tinney and J. W. Walker, "Direct Solution of Sparse Network Equations by Optimally Ordered Triangular Factorization," *Proc. IEEE*, 55 (November 1967), pp. 1801 – 1809.
3. Glenn W. Stagg and Ahmed H. El-Abiad, *Computer Methods in Power System Analysis* (New York: McGraw-Hill, 1968).
4. N. M. Peterson and W. S. Meyer, "Automatic Adjustment of Transformer and Phase Shifter Taps in Newton Power Flow," *IEEE Trans. PAS*, 90 (January – February 1971), pp. 103 – 108.
5. W. D. Stevenson, Jr., *Elements of Power Systems Analysis*, 4th ed. (New York: McGraw-Hill, 1982).
6. A. Bramellar and R. N. Allan, *Sparsity* (London: Pitman, 1976).
7. C. A. Gross, *Power Systems Analysis* (New York: Wiley, 1979).
8. B. Stott, "Fast Decoupled Load Flow," *IEEE Trans*. PAS, Vol. PAS 91(September – October 1972), pp. 1955 – 1959.
9. T. Overbye and J. Weber, "Visualizing the Electric Grid," *IEEE Spectrum*, 38, 2 (February 2001), pp. 52 – 58.
10. Westinghouse Electric Corporation, *Transmission and Distribution Reference Book*, 4th ed. (Pittsburgh: Westinghouse, 1964).
11. Aluminum Association, *The Aluminum Electrical Conductor Handbook* (Washington, D.C.: Aluminum Association).

12. A. J. Wood and B. F. Wollenberg, *Power Generation, Operation and Control*, 2nd ed. (New York: John Wiley & Sons, 1996).

13. A. Ellis, "Wind Power Plant Models for System Studies," Tutorial on Fundamentals of Wind Energy, Section V, *IEEE PES GM* (Calgary, AB: July 2009).

14. WECC Wind Renewable Energy Modeling Work Group, "WECC Wind Power Plant Dynamic Modeling Guide," *WECC*, May 2014.

15. E. H. Camm et al., "Characteristics of Wind Turbine Generators for Wind Power Plants," *Proc. IEEE 2009 General Meeting* (Calgary, AB: July 2009).

16. Martin Cameron, Anders Böstrom, and Joe Warner, "Xcel Energy Strengthens the Grid with Advanced SVCs," *T&D World Magazine*, www.tdworld.com (January 25, 2021).

17. "U.K.'s National Grid Energizes First-of-its-Kind STATCOM Scheme," *T&D World Magazine*, www.tdworld.com (May 20, 2020).

18. "Wind Power by Country" [en.wikipedia.org].

19. "Solar Power by Country" [en.wikipedia.org]. 76189_Ch06_ptg01.indd 355 28/10/21 10:45 AM 356 Chapter 6 | Power Flows

20. WECC Wind Renewable Energy Modeling Work Group, "Solar Photovoltaic Power Plant Modeling and Validation Guideline," *WECC*, Dec. 2019.

21. A. B. Birchfield, T. Xu, K. Gegner, K. S. Shetye, T. J. Overbye, "Grid Structural Characteristics as Validation Criteria for Synthetic Networks," *IEEE Transactions on Power Systems*, vol. 32, pp. 3258–3265, July 2017.

22. A. B. Birchfield, T. J. Overbye, K. R. Davis, "Education Applications of Large Synthetic Power Grids," *IEEE Transactions on Power Systems*, vol. 34, pp. 765–772, January 2019.

7 전력 시스템 경제와 최적화

Power System Economics and Optimization

Texas A&M 대학
전력 제어센터의 훈련센터
(Courtesy of Wei Trinh.)

학습목표

이 장에서는 다음과 같은 내용에 대하여 학습하기로 한다.

1. 화석연료 발전기의 경제급전의 기본 정식화, 발전기출력 제약, 그리고 송전손실의 영향
2. 정식화된 경제급전을 풍력, 태양광, 원자력, 양수발전기, 수력발전기와 같은 다른 타입의 발전기에 적용
3. 송전제약을 고려한 경제급전과 조류계산의 조합 형태인 최적조류계산
4. 송전제약이 지역한계가격(LMPs)에 미치는 영향을 파악하기 위한 PowerWorld Simulator의 최적조류알고리즘의 사용방법

경제급전은 송전손실과 발전기의 제약을 고려하면서 가장 경제적으로 에너지를 생산해서 안정적으로 소비자에게 공급하도록 발전기 출력을 결정하는 것이다. 기본적인 아이디어는 부하에 전력을 공급하기 위해서는 전체비용을 최소화하기 위해서 전체 발전기의 최저 한계비용을 적용하고, 부하를 만족하는 마지막 발전기의 한계비용으로 시스템한계비용을 결정한다. 이 시스템 한계비용이 부하에 MWh를 한 단위 더 공급하기 위한 비용이 된다.

최적조류계산은 전통적인 경제급전을 확장한 것으로, 송전제약을 고려하면서 경제급전과 조류계산을 동시에 푸는 문제이다. 경쟁적 전력시장에서는 시장운영자의 중요한 기능은 발전기의 가격과 현물가격을 계산하기 위해 필요한 발전기의 에너지 가격과 관련 송전서비스를 결정하는 것이다. 송전 제약에 의해 지역에 따라 시장 가격은 달라지게 된다. 이와 같이 지역에 따라 달라지는 시장가격을 **지역한계가격**(LMP, Locational Marginal Prices)라고 한다.

7.1 발전기와 부하의 경제적 측면

앞 장에서 다룬 조류계산의 기술적인 문제와 경제적 문제는 서로 밀접한 관련이 있다. 전력을 생산하기 위해 얼마나 비용이 들고 소비자와 산업계가 기꺼이 지불하고자 하는 가격은 얼마나 되는가? 전력 시스템을 경제적인 측면에서 효율적으로 운영할 때 우리 모두는 그 혜택을 받게 된다. 즉, 운영에서 1%의 비용을 줄이더라도 천문학적인 비용을 줄일 수 있으며(우리나라 1년 전력 구입비가 60조 원이라면 그 1%는 6000억 원에 이른다—역주), 그 결과 소비자의 전기 요금뿐 아니라, 송전망의 인프라 투자, 새로운 발전기 건설을 회피할 수 있는 이점까지 있다. 이 장은 원활한 경제적인 운영을 위한 전력시스템을 디자인하고 해석하는 내용을 다룬다.

전기에너지는 거의 '제로'에 가까운 저장 기간의 특성을 가지고 있다. 양수발전소, 압축공기, 배터리, 플라이휠과 같은 기술은 현재로서는 전체 전기에너지를 생각하면 그 양이 매우 제한적이라고 할 수 있다. 따라서, 이러한 전기 저장의 기능을 무시하고, 대부분의 연구에서 전기에너지는 생산되는 즉시 소비되어야 한다고 가정하고 있다. 반면에 발전소는 건설하는 데 수년까지 시간이 걸리고, 기동하는 데 수 시간에서 수일의 시간이 필요한 특성을 가지고 있고, 또한 발전기 출력을 올리고 내리는 데 수 분의 시간이 걸린다(이 과정을 *ramp up*, *ramp down*이라고 한다). 이와 같이 서로 다른 시간대는 전력계통에서 경제적인 계획을 세우는 데 가장 어려운 점으로 작용한다.

발전기의 비용을 결정하는 것은 다음과 같은 두 가지 요소가 있다. 하나는 발전기를 건설하고 유지 보수하는 데 드는 **고정비**이고, 다른 하나는 에너지를 생산하는 양에 따라 달라지는 **변동비**이다. **변동비**가 싼 발전기는 고정비가 비싼 경우라 하더라도 최대 용량으로 급전함으로써 이익을 최대화할 수 있다. 대부분의 발전기에서 변동비는 전체 **연료비용**에서 발전기 터빈에 따라 달라지는 함수를 나눈 값, 즉 증분열량비(incremental heat rate)로 나타내며, 증분열량비는 단위 발전기 출력을 증가시키기 위해 필요한 열량을 뜻한다. 이는 낮은 열량비를 가진 발전기가 효율이 높으며, 이는 단위 MWh를 발전하기 위해 더 적은 열량이 필요함을 뜻한다.

요즘 운영되는 발전기는 사용되는 기술에 따라 다양한 경제적 특성을 지니고 있다. 원자력발전기는 가장 긴 건설기간과 가장 높은 고정비에 비해 변동비는 낮다. 보통 원자력 발전기는 연중 90% 이상의 기간 동안 최대용량으로 급전하게 된다. 석탄이나 천연 가스, 석유 등 화석연료 발전기는 변동비가 큰 특성을 가지고 있다. 발전기 출력의 함수인 비용 커브(cost curve) $C(P)$는 보통 다항식이나 구간 선형화된 함수로 정식화할 수 있다. 이 비용은 연료비에 비례하는 관계에 있다. 최근에는 낮은 건설비, 연료비용, 상대적으로 짧은 건설기간으로 인해 천연가스 발전기 건설이 유리하다. 석탄과 석유 발전소는 상대적으로 높은 비용으로 인해 그 비율이 점차 줄어들고 있다.

수력발전기는 변동 연료비가 없어서 전반적으로 전체 비용이 낮은 특성이 있다. 그러나 수력발전기는 댐저수량, 물 사이클, 환경제약, 그리고 다른 발전기의 상류, 하류 설비들의 특성을 고려한 운영 협조 등을 고려하면 장시간 운영

계획을 세우기에는 매우 복잡한 제약조건을 가지고 있다. 그리고 수력터빈에 이용할 수 있는 물의 양이 제한되어 있다. 그 결과, 수력발전기는 일반적으로 피크 부하 시간대에 이용된다.

풍력과 태양광 발전은 생각보다 많지 않은 고정비와 제법 낮은 운영 및 변동비용으로 인해 급격히 증가하고 있는 추세에 있다. 이들 재생에너지는 최대공급용량이 변동하는 특성이 있기 때문에 최적 운영을 결정하기 위해서는 이들 재생에너지의 출력을 예측하는 것이 먼저 선행되어야 한다. 현재 이들 재생에너지는 일반적으로 최대발전가능용량으로 운전하고 있다.

대부분의 발전기는 대용량으로 송전망을 통해서 전력을 공급하고 있지만, 일부 발전기는 소비자 측 중저전압 배전망에 분산되어 접속되어 운전되는 소형 발전기이다. 태양광이 대부분인 이런 발전기들은 경제급전에서 고려하지 않으며, 보통 마이너스 부하로 모델링된다.

경제적인 부하 모델링에서는 지불 의사가 있는 가격을 평가하는 것을 포함하고 있다. 소비 전력의 **민감도**는 가격이 내려갈 때 얼마나 많은 전력이 추가로 소비가 되는지 척도가 되는 값이다. 장기적으로, 소비자는 전력 가격이 너무 높거나 너무 낮을 때 전기와 비전기를 비교하여 선택하여 바꾸게 될 것이다. 산업용 소비자와 주거용 혹은 상업용 소비사는 스마트 계량기를 활용하여 단기적으로 변동하는 전력가격을 선택할 수 있는 능력을 갖추고 있으며 점점 증가하고 있다. 데이터 센터 계산이나 일부 제조공정이나 가정에서 세탁물 건조 등 긴급하게 소비되어야 하는 부하가 아닌 경우는 변동요금제에 의해 부하의 시간대로 이동하는 현상을 기대할 수 있다. 그러나, 대부분의 소비자들은 단시간의 요금보다는 한 달, 혹은 일 년간의 평균 비용에 신경을 쓰기 때문에 단기간의 가격 탄력성은 낮은 경향을 보이고 있다. 부하의 경제모델을 위한 일차 모델은 부하의 탄력성에 대해서 상수나 제로 커브를 가정한다. 보다 현실적인 모델은 실제 부하가 보이는 가격 탄력성을 고려하는 것이다.

에너지 저장장치는 여러 가지 기술적 종류가 있으며, 오프-피크 시간 대에 전력을 저장해서 피크 시간대에 에너지를 공급하는 장치이다. 따라서 에너지 저장장치는 **피크를 삭감**하는 장점이 있다고 할 수 있다.

경제성 분석과 계획은 주로 지역을 단위로 이루어진다. 따라서, **지역 간 거래**를 통한 지역간 전력의 수출과 수입이 경제성에 영향을 미치는 중요한 고려 사항이다. 시간대에 따라 해당 지역에서 남는 전력을 송전망이 연계되어 있는 이웃 지역에 낮은 가격에 팔거나 모자라는 경우는 이웃 지역에서 전력을 공급받을 수 있다. 이와 같이 이웃 지역에 전력을 **수출**하거나 **수입**하는 것도 계획에 고려하여야 한다.

송전망과 배전망도 고려하여야 한다. 먼저, 총 수요를 산정할 때 송전손실, 배전손실을 고려하여야 한다. 두 번째로는 송전망 손실, 배전망 손실도 어떤 발전기가 운영되는가에 따라 달라진다. 만약 수요지 근처의 발전기가 발전하게 되면 수백 km 이상 떨어진 곳에서 발전기가 발전하는 것보다 송전손실이 적을 것이다. 마지막으로, 송전선, 변압기의 제약, 전압제약, 무효전력 밸런스 등 전력망과 관련된 많은 제약을 고려하여야 한다. 때때로 최적 경제급전 결과가 안정적으로 운영할 수 있는 운전점을 벗어나는 경우가 있다.

이 장의 나머지 부분에서는 전력경제 디자인과 계획에 관련된 핵심 내용을 다루고 있다. 7.2절에서는 총 수요를 만족시키는 발전기들의 출력을 결정하는 경제급전문제를, 7.3절에서는 송전망 제약을 고려하여 경제성과 조류계산을 동시에 고려하는 최적조류계산(OPF, optimal power flow)과 안전도제약 최적조류계산(SCOPF, security constrained optimal power flow)을 다룬다. 7.4절에서는 좀 더 긴 시간 축(보통 일주일)에서 발전기 출력뿐 아니라 기동, 정지까지 계획하는 기동정지계획(UC, unit commitment), 그리고 7.5절에서는 이러한 경제적 개념들이 실제 시스템에서 적용되는 전력시장에 대해서 간단히 다루도록 한다.

7.2 경제급전

이 절에서는 부하에 전력을 공급하는 총 운전비를 최소화하기 위해 해당 지역에서 제어되는 각 발전기의 유효전력 출력이 어떻게 결정되는지 설명한다. 이것이 곧 **경제급전** 문제이다[1]. 지역 간 연계 전력계통에 있어서는 보통 전체 계통을 지역으로 구분한 후 전체 계통의 부하를 만족시키는 지역별 경제급전을 실시한다. 이에 대해서는 13장에서 좀 더 자세히 다루겠다.

이 절에서는 먼저 발전기 출력의 최대, 최소 제약이 없고 송전손실이 없는 화석연료발전기만 있는 지역을 고려한다.

경제급전 문제에서는 이러한 이상적인 경우를 먼저 다루고, 다음에 발전기 출력의 부등제약조건을 포함시키고 그 후에 송전손실을 포함시킨다.

부등호제약조건이 없고, 송전손실 없는 화석연료 발전기

그림 7.1은 화석연료발전기의 유효전력 출력 P_i에 따른 운전비 C_i를 보여준다. 연료비는 운전할 때 필요한 변동비 중에서 유지보수 비용 등 다른 변동비에 비해 대부분을 차지한다. 발전기를 설치하는 데 드는 자본 비용 같은 고정비는 포함되지 않는다. 오직 발전기 출력의 함수인 비용(즉, 운전 전략에 따라 제어할 수 있는 비용)만을 경제급전 수식에 포함시킨다.

실제로 C_i는 실증 자료에 기초해 사용 가능한 출력 P_i의 범위 내에서 구간연속함수로 결정된다. 그림 7.1의 불연속성은 전력 출력이 증가함에 따른 보일러나 응축기 같은 설비를 추가 가동할 때 발생한다. 일반적으로 C_i는 BTU/hr로 표현하는 것이 편리한데, 이는 발전기의 수명 기간 동안 월별이나 일별로 변할 수 있는 $/hr보다 일정하다. C_i는 연료입력 BTU/hr에 연료비 $/BTU를 곱함으로써 $/hr로 변환할 수 있다.

그림 7.2는 그림 7.1의 P_i- C_i 곡선을 미분하여 얻어지는, 발전기 출력 P_i에 따른 발전기의 증분운전비 dC_i/dP_i를 보여준다. C_i가 연료비로만 구성되어 있을 때, dC_i/dP_i는 증분 에너지 출력 kWh에 대한 증분 연료 에너지 입력 BTU의 비율이며, 이를 증분 **열비율**이라고 한다. 열비율의 역수, 즉 입력 에너지에 대한 출력 에너지의 비로 발전기의 연료 효율을 측정할 수 있다. 그림 7.1의 발전기는 열비율이 $C_i/P_i = 5.4 \times 10^9/600 \times 10^3 = 9000$ BTU/kWh로, $P_i = 600$ MW일 때 최대 효율이 나타난다. 이 출력에서 효율은 다음과 같다.

$$\% \text{ 효율} = \left(\frac{1}{9000}\ \frac{\text{kWh}}{\text{BTU}}\right)\left(3413\ \frac{\text{BTU}}{\text{kWh}}\right) \times 100 = 37.92\%$$

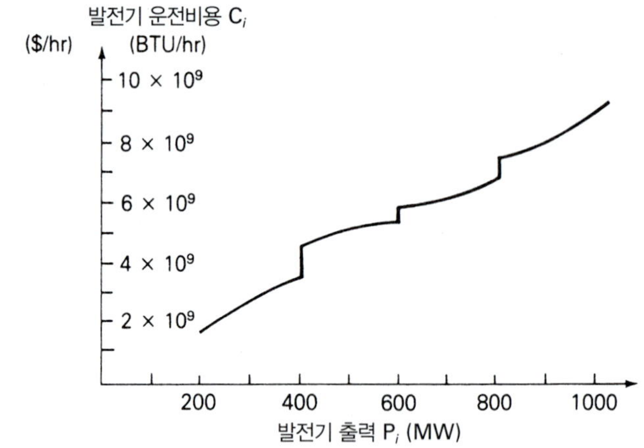

그림 7.1 화석연료발전기의 운전비-유효전력 출력

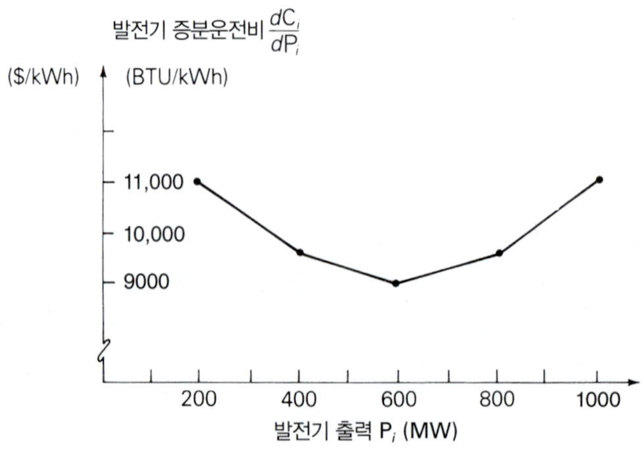

그림 7.2 화석연료발전기의 증분운전비-유효전력 출력

그림 7.2의 dC_i/dP_i 곡선은 출력 P_i의 범위 내에서 사용 가능한 구간 연속 함수에 의해 표현된다. 수식을 이용한 분석을 할 때는 실제 곡선을 주로 직선으로 근사화시켜 사용한다. dC_i/dP_i은 $/kWh로 변환되는데, 이는 증분 열비율(incremental heat rate) BTU/kWh에 연료비 $/BTU를 곱하여 얻어진다.

경제급전으로 운전되는 N개의 발전기로 구성된 연계계통에서 발전기의 총 변동비 C_T는 다음과 같다.

$$C_T = \sum_{i=i}^{N} C_i$$
$$= C_1(P_1) + C_2(P_2) + \cdots + C_N(P_N) \quad \$/hr \quad (7.1.1)$$

$/hr로 표현되는 C_i는 발전기 i의 다른 변동비와 함께 연료비를 포함한다. P_T를 이 지역의 총 부하 수요와 같다고 하자. 송전손실을 무시하면 다음과 같다.

$$P_1 + P_2 + \cdots + P_N = P_T \quad (7.1.2)$$

부하 수요는 천천히 변하기 때문에 P_T는 2~10분 동안 일정하다고 가정한다. 경제급전 문제는 다음과 같이 기술할수 있다.

> 식 (7.1.2)의 등호 제약조건을 조건으로 식 (7.1.1)에서 주어진 C_T를 최소화할 수 있는 발전기 출력 $P_1, P_2, \ldots, P_N$ 값을 구하라.

이 문제의 해답이 되는 조건은 "경제급전 중인 모든 발전기는 같은 증분운전비로 가동해야 한다"는 것이다. 즉,

$$\frac{dC_1}{dP_1} = \frac{dC_2}{dP_2} = \cdots = \frac{dC_N}{dP_N} \quad (7.1.3)$$

이 조건은 다음과 같이 직관적으로 설명할 수 있다. 한 발전기가 다른 발전기보다 높은 증분운전비로 운전한다고 하자. 만약 이 발전기의 출력이 줄면서 이 발전기보다 증분운전비가 낮은 발전기로 바뀐다고 하면 총 운전비 C_T는 줄어든다. 즉, 상대적으로 **더 높은** 증분비가 소요되는 발전기의 출력을 줄이는 것은 같은 출력을 내면서 상대적으로 더 낮은 증분비가 소요되는 발전기를 줄이는 것보다 **더 비용을 감소시킨다**. 그러므로 모든 발전기는 같은 증분운전비로 운전해야 한다(경제급전 기준).

경제급전 문제의 수학적인 해답은 다음과 같이 주어진다. C_T의 최소값은 총 미분 dC_T가 0일 때 얻어진다. 수식으로 표현하면 다음과 같다.

$$dC_T = \frac{\partial C_T}{\partial P_1} dP_1 + \frac{\partial C_T}{\partial P_2} dP_2 + \cdots + \frac{\partial C_T}{\partial P_N} dP_N = 0 \quad (7.1.4)$$

식 (7.1.1), (7.1.4)을 이용해서 표현하면,

$$dC_T = \frac{dC_1}{dP_1} dP_1 + \frac{dC_2}{dP_2} dP_2 + \cdots + \frac{dC_N}{dP_N} dP_N = 0 \quad (7.1.5)$$

또한 P_T가 일정하다고 가정하면, 식 (7.1.2)의 미분은

$$dP_1 + dP_2 + \cdots + dP_N = 0 \quad (7.1.6)$$

식 (7.1.6)에 λ을 곱하고 이를 식 (7.1.5)에서 빼면,

$$\left(\frac{dC_1}{dP_1} - \lambda\right) dP_1 + \left(\frac{dC_2}{dP_2} - \lambda\right) dP_2 +$$
$$\cdots + \left(\frac{dC_N}{dP_N} - \lambda\right) dP_N = 0 \quad (7.1.7)$$

식 (7.1.7)은 각 괄호 안의 항목이 0이 될 때 성립한다. 즉,

$$\frac{dC_1}{dP_1} = \frac{dC_2}{dP_2} = \cdots = \frac{dC_N}{dP_N} = \lambda \quad (7.1.8)$$

그러므로 모든 발전기는 총 운전비 C_T를 최소화하기 위해 같은 증분운전비 λ로 결정되어야 한다.

예제 7.1 발전기 출력제한과 선로손실을 무시한 경제급전 해법

연계계통에서 어떤 지역이 경제급전을 하고 있는 두 대의 화석연료발전기로 이루어져 있다. 이 발전기들의 변동비는 다음과 같이 주어진다.

$$C_1 = 10P_1 + 8 \times 10^{-3} P_1^2 \quad \$/hr$$
$$C_2 = 8P_2 + 9 \times 10^{-3} P_2^2 \quad \$/hr$$

(계속)

P_1과 P_2는 MW 단위이다. 총 부하 P_T가 500 MW에서 1,500 MW로 변화할 때 총 운전비 C_T를 최소화하는 각 발전기의 출력, 증분운전비, 총 운전비를 구하시오. 발전기의 부등호제약과 손실은 무시한다.

| 풀이

각 발전기의 증분운전비는

$$\frac{dC_1}{dP_1} = 10 + 16 \times 10^{-3}P_1 \quad \$/\text{MWh}$$

$$\frac{dC_2}{dP_2} = 8 + 18 \times 10^{-3}P_2 \quad \$/\text{MWh}$$

식 (7.1.8)을 이용하면, 최소 총 운전비는 다음 조건에서 구한다.

$$\frac{dC_1}{dP_1} = 10 + 16 \times 10^{-3}P_1 = \frac{dC_2}{dP_2} = 8 + 18 \times 10^{-3}P_2$$

$P_2 = P_T - P_1$이므로 앞의 수식은

$$10 + 16 \times 10^{-3}P_1 = 8 + 18 \times 10^{-3}(P_T - P_1)$$

P_1에 대해 풀면,

$$P_1 = \frac{18 \times 10^{-3}P_T - 2}{34 \times 10^{-3}} = 0.5294P_T - 58.82 \quad \text{MW}$$

C_T를 최소화했을 때, 증분운전비는

$$\frac{dC_2}{dP_2} = \frac{dC_1}{dP_1} = 10 + 16 \times 10^{-3}P_1$$

$$= 10 + 16 \times 10^{-3}(0.5294P_T - 58.82)$$

$$= 9.0589 + 8.4704 \times 10^{-3}P_T \quad \$/\text{MWh}$$

그리고 총 운전비의 최소값은

$$C_T = C_1 + C_2$$

$$= (10P_1 + 8 \times 10^{-3}P_1^2) + (8P_2 + 9 \times 10^{-3}P_2^2) \quad \$/\text{hr}$$

P_T가 500 MW에서 1,500 MW로 변화할 때, 경제급전 결과는 표 7.1로 주어진다.

표 7.1 예제 7.1의 경제급전 결과

P_T MW	P_1 MW	P_2 MW	dC_i/dP_i \$/MWh	C_T \$/hr
500	206	294	13.29	5,529
600	259	341	14.14	6,901
700	312	388	14.99	8,358
800	365	435	15.84	9,899
900	418	482	16.68	11,525
1,000	471	529	17.53	13,235
1,100	524	576	18.38	15,030
1,200	576	624	19.22	16,910
1,300	629	671	20.07	18,875
1,400	682	718	20.92	20,924
1,500	735	765	21.76	23,058

부등호 제약조건의 영향

각 발전기는 발전기의 정격을 넘거나 최소치 아래로 낮아진 상태로 운전해서는 안 된다. 즉,

$$P_{i\min} < P_i < P_{i\max} \qquad i = 1, 2, \ldots, N \tag{7.1.9}$$

경제급전 문제에서는 다른 부등호 제약조건도 포함된다. 예를 들어, 특정 송전선이나 설비에 과부하가 걸리는 것을 방지하기 위해 몇몇 발전기의 출력을 제한할 수 있다. 또한, 날씨 조건이나 공해 문제 때문에 출력을 제한할 수도 있다.

부등호 제약조건을 포함하는 경우, 경제급전 문제는 다음과 같이 수정된다. 하나 또는 그 이상의 발전기가 그 한계치에 도달하면 이 발전기들은 그 한계치에서 결정되며, 나머지 발전기는 같은 증분운전비 λ에서 결정된다. 그 지역의 증분운전비는 한계치로 결정되지 않은 일반 발전기의 공통 λ와 같다.

예제 7.2 발전기 출력제한을 고려한 경제급전 해

각 발전기의 출력제한이 다음과 같이 주어졌을 때, 예제 7.1을 다시 푸시오.

$$100 \leqq P_1 \leqq 600 \ \text{MW}$$
$$400 \leqq P_2 \leqq 1000 \ \text{MW}$$

| 풀이

경부하 시 발전기 2는 출력 하한값 400 MW에서 운전되며, 그때의 증분비용은 $dC_2/dP_2 = 15.2$ \$/MWh이다. 나머지 부하는 $dC_1/dP_1 = 15.2$ \$/MWh가 될 때까지 발전기 1이 담당하게 된다. 혹은

$$\frac{dC_1}{dP_1} = 10 + 16 \times 10^{-3}P_1 = 15.2$$
$$P_1 = 325 \ \text{MW}$$

P_T가 725 MW보다 작으면, 즉 P_1이 325 MW보다 작으면 그 지역의 증분운전비는 발전기 1에 의해 결정된다.

중부하 시에는 발전기 1이 출력 상한값 600 MW에서 운전되며, 그때의 증분비용은 $dC_1/dP_1 = 19.60$ \$/MWh다. 나머지 부하는 $dC_2/dP_2 = 19.60$ \$/MWh보다 큰 모든

P_T MW	P_1 MW	P_2 MW		dC/dP \$/MWh	C_T \$/hr
500	100	400	$\frac{dC_1}{dP_1}$	11.60	5,720
600	200	400		13.20	6,960
700	300	400		14.80	8,360
725	325	400		15.20	8,735
800	365	435		15.84	9,899
900	418	482		16.68	11,525
1,000	471	529		17.53	13,235
1,100	524	576		18.38	15,030
1,200	576	624		19.22	16,910
1,244	600	644	$\frac{dC_2}{dP_2}$	19.60	17,765
1,300	600	700		20.60	18,890
1,400	600	800		22.40	21,040
1,500	600	900		24.20	23,370

표 7.2 예제 7.2의 경제급전 결과

(계속)

dC_2/dP_2 값에 대해 발전기 2에서 담당한다. dC_2/dP_2 = 19.60 $/MWh에서

$$\frac{dC_2}{dP_2} = 8 + 18 \times 10^{-3} P_2 = 19.60$$

$$P_2 = 644 \quad \text{MW}$$

P_T가 1,244 MW보다 클 때, 즉 P_2가 644 MW보다 클 때 지역의 증분운전비는 발전기 2에 의해 결정된다.

$725 < P_T < 1,244$ MW일 때, 두 발전기 모두 출력 한계치에 도달하지 않기 때문에 경제급전 결과는 표 7.1에서 주어진 것과 같다.

P_T가 500 MW에서 1,500 MW까지 변할 때 경제급전 결과는 표 7.2에 요약되어 있다.

예제 7.3 PowerWorld Simulator—발전기 한계를 포함한 경제급전

PowerWorld Simulator의 예제 7_3에서는 경제급전과 송전 시스템 사이의 상호작용을 보여주기 위해 5-모선, 3-발전기의 손실이 없는 case를 다룬다(그림 7.3 참조). 각 발전기의 변동비는 다음과 같이 주어진다.

$$C_1 = 10P_1 + 0.016P_1^2 \quad \$/\text{hr}$$
$$C_2 = 8P_2 + 0.018P_2^2 \quad \$/\text{hr}$$
$$C_4 = 12P_4 + 0.018P_4^2 \quad \$/\text{hr}$$

여기서 P_1, P_2, P_4은 MW 단위의 발전기 출력이다. 각 발전기는 다음과 같은 최소값/최대치를 가진다.

$$100 \le P_1 \le 400 \quad \text{MW}$$
$$150 \le P_2 \le 500 \quad \text{MW}$$
$$50 \le P_4 \le 300 \quad \text{MW}$$

PowerWorld Simulator는 전력조류식을 풀 뿐만 아니라

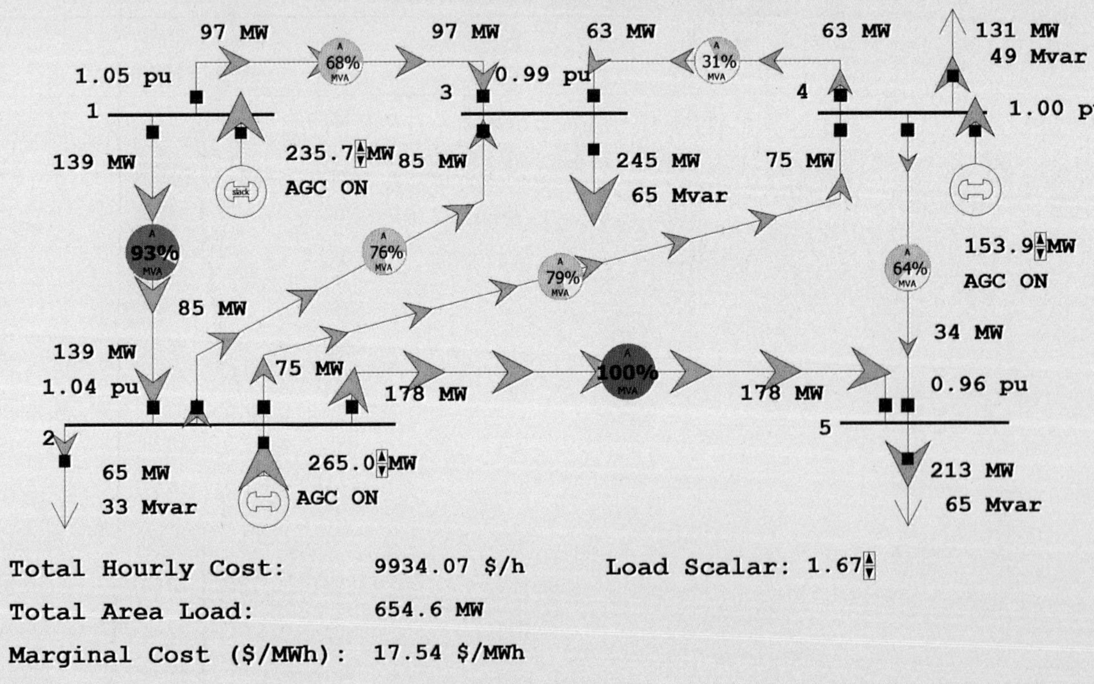

그림 7.3 예제 7.3의 경제적 최대 부하

(계속)

각 지역에 최적으로 발전을 배분하기 위한 경제급전 문제도 풀 수 있다. 이 옵션을 선택하여 각 제어 지역 리스트를 보기 위해 **Case Information**, **Aggregation**, **Areas...**를 선택한다(이 예제에는 1개가 있다). 그리고 AGC Status field를 토글하여 ED를 선택한다. 그러면 전력조류 식을 풀 때마다 발전기 출력도 경제급전되어 변한다.

초기에 총 부하는 392 MW, 경제급전 결과는 $P_1 = 141$ MW, $P_2 = 181$ MW, $P_4 = 70$ MW, 증분운전비는 $\lambda = 14.52$ \$/MWh이다. 지역의 모든 발전기의 증분비용 곡선 그래프를 보여주기 위해 발전기 위에서 오른쪽을 클릭하면 그 발전기의 local 메뉴가 뜨고, 그다음 All Area Gen IC Curves를 선택한다.

변화하는 부하가 경제급전과 전력조류 해법에 어떤 영향을 끼치는지 보기 위해서는 시뮬레이션을 시작할 수 있게 먼저 **Tools**, **Play**를 선택한다. 그런 다음, 단선도 위에서 Load Scalar field 옆의 위/아래 화살표를 클릭한다. 이 필드는 주로 시스템 각 모선에서 부하를 조절하는 데 사용된다. Total Hourly Cost 필드의 변화는 부화의 변화에 증분운전비를 곱함으로써 근사화할 수 있음에 유의할 필요가 있다.

경제급전을 이용해 발전기 급전을 하면서 송전선에 과부하가 걸리지 않는 이 시스템의 최대 부하의 양을 결정하시오.

| 풀이

경제적인 최대 부하의 양은 655 MW (Load Scalar 1.67)이며, 모선 2-모선 5 선로가 결정적인 요인이 된다.

송전손실의 영향

한 발전기가 낮은 증분운전비를 가진 매우 효율적인 발전기라고 하더라도 이 발전기가 부하 밀집 지역에서 멀리 위치해 있을 수 있다. 그러면 이 발전기의 송전손실이 너무 높아 경제급전을 할 때는 이 발전기의 출력을 줄이고, 다른 발전기들, 즉 상대적으로 더 높은 증분운전비가 들지만 더 낮은 송전손실이 발생하는 발전기들의 출력을 높이게 된다.

경제급전 문제에 송전손실을 포함하면, 식 (7.1.2)는

$$P_1 + P_2 + \cdots + P_N - P_L = P_T \tag{7.1.10}$$

P_T는 해당 지역의 총 부하 수요이며, P_L는 총 송전손실이다. 일반적으로 P_L의 값은 상수가 아니며, 발전기 출력 P_1, $P_2, \ldots, P_N$에 따라 달라진다. 식 (7.1.10)의 총 미분은

$$(dP_1 + dP_2 + \cdots + dP_N) - \left(\frac{\partial P_L}{\partial P_1}dP_1 + \frac{\partial P_L}{\partial P_2}dP_2 + \cdots + \frac{\partial P_L}{\partial P_N}dP_N\right) = 0 \tag{7.1.11}$$

식 (7.1.11)에 λ를 곱하고 식 (7.1.5)에서 그 결과를 빼면,

$$\left(\frac{dC_1}{dP_1} + \lambda\frac{\partial P_L}{\partial P_1} - \lambda\right)dP_1 + \left(\frac{dC_2}{dP_2} + \lambda\frac{\partial P_L}{\partial P_2} - \lambda\right)dP_2 + \cdots + \left(\frac{dC_N}{dP_N} + \lambda\frac{\partial P_L}{\partial P_N} - \lambda\right)dP_N = 0 \tag{7.1.12}$$

식 (7.1.12)는 각 괄호 안의 항목이 0이 될 때 성립한다. 즉,

$$\frac{dC_i}{dP_i} + \lambda\frac{\partial P_L}{\partial P_i} - \lambda = 0$$

또는

$$\lambda = \frac{dC_i}{dP_i}(L_i) = \frac{dC_i}{dP_i}\left(\frac{1}{1 - \dfrac{\partial P_L}{\partial P_i}}\right) \quad i = 1, 2, \ldots, N \tag{7.1.13}$$

식 (7.1.13)은 송전손실을 포함한 경제급전 기준이 된다. 한계치에 있지 않은 각 발전기는 증분운전비 dC_i/dP_i에 페널티 계수 L_i를 곱한 값이 같게 운전한다. 송전손실을 무시하면, $\partial P_L/\partial P_i = 0$, $L_i = 1$이며 식 (7.1.13)이 식 (7.1.8)로 줄어든다.

예제 7.4 발전기 출력한계와 송전손실을 고려한 경제급전 해법

예제 7.1 계통에서 총 송전손실이 다음과 같이 주어진다.

$$P_L = 1.5 \times 10^{-4}P_1^2 + 2 \times 10^{-5}P_1P_2 + 3 \times 10^{-5}P_2^2 \quad MW$$

P_1과 P_2의 단위는 MW이다. 지역의 λ = 16.00 \$/MWh 일 때 각 발전기의 출력, 총 송전손실, 총 부하, 그리고 총 운전비용 C_T를 구하시오.

| 풀이

예제 7.1의 증분운전비와 식 (7.1.13)을 이용하여

$$\frac{dC_1}{dP_1}\left(\frac{1}{1-\dfrac{\partial P_L}{\partial P_1}}\right) = \frac{10 + 16 \times 10^{-3}P_1}{1-(3 \times 10^{-4}P_1 + 2 \times 10^{-5}P_2)} = 16.00$$

$$\frac{dC_2}{dP_2}\left(\frac{1}{1-\dfrac{\partial P_L}{\partial P_2}}\right) = \frac{8 + 18 \times 10^{-3}P_2}{1-(6 \times 10^{-5}P_2 + 2 \times 10^{-5}P_1)} = 16.00$$

위 두 식을 다시 정리하면,

$$20.8 \times 10^{-3}P_1 + 32 \times 10^{-5}P_2 = 6.00$$
$$32 \times 10^{-5}P_1 + 18.96 \times 10^{-3}P_2 = 8.00$$

이를 풀면,

$$P_1 = 282 \quad MW \qquad\qquad P_2 = 417 \quad MW$$

총 송전손실 식에 대입하면,

$$P_L = 1.5 \times 10^{-4}(282)^2 + 2 \times 10^{-5}(282)(417) + 3 \times 10^{-5}(417)^2$$
$$= 19.5 \quad MW$$

식 (7.1.10)으로부터 총 부하는

$$P_T = P_1 + P_2 - P_L = 282 + 417 - 19.5 = 679.5 \quad MW$$

예제 7.1에서 주어진 비용공식을 적용하면, 총 운전비용은

$$C_T = C_1 + C_2 = 10(282) + 8 \times 10^{-3}(282)^2 + 8(417) + 9 \times 10^{-3}(417)^2$$
$$= 8357 \quad \$/h$$

이때, 송전손실을 고려하면 식 (7.1.13)에 주어진 λ는 더 이상 지역의 증분운전비를 뜻하지 않고, 각 발전기의 증분운전비 dCi/dP_i에 페널티 팩터 L_i를 곱한 값이 됨에 유의할 필요가 있다.

예제 7.5 PowerWorld Simulator—발전기 출력제한과 송전손실을 고려한 경제급전

이 예제는 예제 7.3에 R/X 비율이 1/3인 송전선의 송전손실을 모델링한 것이다(그림 7.4 참조). 각 발전기의 손실 민감도 $\partial P_L/\partial P_i$는 각 발전기의 MW 출력 필드 바로 아래에 보여지고 있다. 페널티 팩터 L_i를 계산하고, 그림에서 주어진 경제급전 결과가 최적임을 보여라. Load Scalar는 1.0으로 가정한다.

| 풀이

식 (7.1.13)으로부터 경제급전 조건은

$$\lambda = dC_i/dP_i(1/(1-\partial P_L/\partial P_i)) = dC_i/dP_i L_i \qquad i = 1, 2, \ldots, N$$

이때

$$L_i = 1/(1-\partial P_L/\partial P_i)$$

따라서 $L_1 = 1.0$, $L_2 = 0.9733$, $L_4 = 0.9238$이다.

P_1 = 130.1 MW이므로

$$dC_1/dP_1 \cdot L_1 = (10 + 0.032 \cdot 130.1) \cdot 1.0 = 14.16 \quad \$/MWh$$

P_2 = 181.8 MW이므로

$$dC_2/dP_2 \cdot L_2 = (8 + 0.036 \cdot 181.8) \cdot 0.9733 = 14.16 \quad \$/MWh$$

(계속)

$P_4 = 92.4$ MW이므로

$$dC_4/dP_4 \cdot L_4 = (12 + 0.036 \cdot 92.4) \cdot 0.9238$$
$$= 14.16 \ \text{\$/MWh}$$

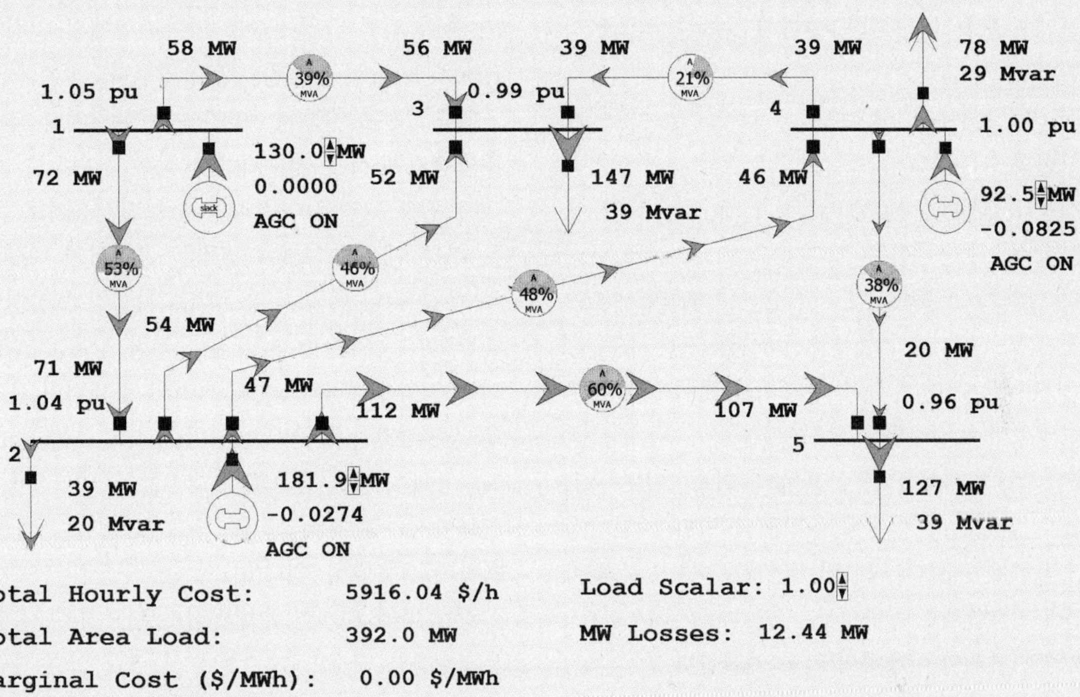

그림 7.4 예제 7.5의 송전손실이 있는 5-모선 케이스

예제 7.4에서 총 송전손실은 발전기 출력의 2차 함수로 표현되어 있다. N 발전기가 있는 경우, 이 식은 다음과 같이 일반화된다.

$$P_L = \sum_{i=1}^{N} \sum_{j=1}^{N} P_i B_{ij} P_j \tag{7.1.14}$$

여기서, B_{ij} 항목을 **손실계수** 혹은 **B 계수**라고 한다. 실제로 B 계수는 상수가 아니라 발전기의 출력에 따라 변하는 값이다. 그러나 $\partial P_L/\partial P_i$ 계산을 간단히 하기 위해 B 계수는 일정하다고 가정한다. 식 (7.1.14)를 이용하여

$$\frac{\partial P_L}{\partial P_i} = 2\sum_{j=1}^{N} B_{ij} P_j \tag{7.1.15}$$

이 식은 식 (7.1.13)의 페널티 팩터 L_i를 계산하기 위해 사용된다.

조류계산으로부터 B 계수를 계산하는 많은 방법은 참고문헌[3]에서 찾아볼 수 있다. 실제로는 1일 부하 곡선에서 하나 이상의 B 계수가 사용된다.

발전기의 증분비용곡선이 선형이면 예제 7.1~7.3에서 보인 바와 같이 경제급전 문제를 해석적으로 구할 수 있다. 그러나 현실적으로 증분비용곡선은 비선형이며, 불연속점을 포함하고 있다. 이런 경우에는 디지털 컴퓨터를 이용한 수치적인 반복계산법으로 해를 구할 수 있다. 총 부하 P_T, 발전기의 증분비용곡선, 발전기 출력제한, B 계수가 주어졌을 때, 다음 9단계에 따라 컴퓨터에 의한 수치계산으로 해를 구할 수 있다. 발전기의 증분비용곡선은 dC_i/dP_i에 대해 P_i 값을 결정할 수 있는 테이블 형태로 저장하고 있다고 가정한다.

1단계: 반복계산 횟수의 인덱스 $m = 1$로 둔다.

2단계: m번째 λ 값을 추정한다.

3단계: $m > 1$인 경우 이 단계는 건너뛴다. 발전기의 초기 출력치 $P_i(i = 1, 2, \ldots, N)$를 결정한다. $dC_i/dP_i > 1$임을 이용하고, 각 증분운전비용 테이블에서 P_i를 읽어온다. 여기서 송전손실은 무시한다.

4단계: 식 (7.1.15)에서 $\partial P_L/\partial P_i(i = 1, 2, \ldots, N)$를 계산한다.

5단계: 식 (7.1.13)에서 $\partial C_i/\partial P_i(i = 1, 2, \ldots, N)$를 계산한다.

6단계: 각 발전기의 출력 $P_i(i = 1, 2, \ldots, N)$의 새로운 값을 결정한다. 각 증분운전비 테이블에서 P_i 값을 읽어온다. P_i가 출력 한계치를 벗어나면, P_i를 한계치로 설정한다.

7단계: 6단계에서 구한 P_i를 이전 값과 비교한다($i = 1, 2, \ldots, N$). 각 발전기 출력값의 변화가 주어진 오차한계 ε_1보다 작으면 8단계로 가고, 그렇지 않으면 4단계로 간다.

8단계: 식 (7.1.14)를 이용하여 P_L을 계산한다.

9단계: 만약 $\left|\left(\sum_{i=1}^{N} P_i\right) - P_L - P_T\right|$가 주어진 오차한계 ε_2보다 작으면 정지하고, 아니면 $m = m + 1$로 설정하고 2단계로 간다.

이 과정에서 증분비용곡선을 테이블 형태로 저장하지 않고 다항식 같은 비선형 방정식 형태로 표현할 수도 있다. 그러면 3단계와 5단계에서 발전기 출력 P_i를 테이블에서 읽어오는 대신에 비선형 방정식으로부터 계산하여 구할 수 있다. 이 계산 과정은 총 부하 P_T가 일정하다고 가정하였음에 유의할 필요가 있다. 실제로, 이 경제급전 프로그램은 업데이트되는 P_T 값을 이용하여 수 분마다 계산한다.

다른 종류의 발전기

경제급전의 기준은 화석연료발전기로 구성된 전력계통을 위한 것이다. 그러나 실제 전력계통에는 화석연료, 원자력, 양수, 수력, 풍력 등의 다양한 종류의 발전기가 포함되어 있다.

연료비용이 없는 풍력과 태양광 발전기는 매우 낮거나 음(negative)의 비용으로 대표된다. 이러한 발전기는 운전한계나 제약조건이 없다고 할 때 계통운영자들이 가능하면 사용하고자 선호하는 경제급전원이다.

원자력발전은 고정비는 높지만 저렴한 핵연료 때문에 운전비용은 낮다. 원자력발전은 보통 정격출력에서 운전하며 기저부하를 담당한다. 즉 원자력 발전기 터빈-조속기의 출력 지령치 설정값은 정격출력에서 일정하기 때문에 LFC나 경제급전에 참여하기 않는다.

양수발전은 일종의 에너지 저장장치이다. 경부하기간 양수발전기는 하부 저수지에서 상부 저수지로 물을 끌어 올리는 펌프로 작동하기 때문에 동기전동기로 운전된다. 첨두 부하 기간 동안에는 전력을 공급하기 위해 동기발전기로 운전한다. 이렇듯 양수발전기는 경부하 시에는 부하를 증가시키는 역할을 하고 첨두 부하 시에는 첨두 부하를 줄이는 역할을 한다. 양수발전기의 경제적인 운전은 λ가 낮은 경부하기간 동안에는 펌핑을 하고, λ가 높은 첨두 부하 기간 동안에 발전함으로써 개선할 수 있다. 이 기술은 화석연료발전기의 경제급전에 양수발전기를 포함시키는 데 유용하게 사용할 수 있다[6].

강을 따라 위치한 수력발전기로 구성된 지역의 경우, 총 운전비용을 최소화하는 것보다는 연간의 수자원 주기를 고려하여 발전되는 에너지를 최대로 하는 것에 목표를 둔다. 배수구를 통해 일부 물을 내려보내기도 하지만, 저수지를 이용하여 풍수기나 경부하시기에는 물을 저장한다. 또한 강을 통한 운송, 경작, 어류생태를 위해 수위에 대한 제약조건이 있을 수도 있다. 최적화 전략을 통해 강가의 발전기들의 출력을 조절하기도 한다[7]. 화석연료발전기/수력발전기를 혼합한 경제급전기법이 사용될 수도 있다[2, 4, 8].

경제급전식에서 무효전력조류를 포함하는 기법을 사용할 수 있다. 이 경우 유효전력과 무효전력 모두 선택하여 총 운전비용을 최소화한다. 특히 발전기로부터의 무효전력 유입, 스위치드 커패시터 뱅크, 정지형 무효전력 보상기, 변압기 탭 설정 등이 송전선 손실을 최소화하는 데 사용될 수 있다[4, 5]. 그러나 전력회사는 보통 무효전력을 지역적으로만 제어한다. 즉 각 발전기의 무효전력 출력은 발전기의 단자전압을 제어하는 데 사용하고 계통 모선에 위치한 커패시터 뱅크나 정지형 무효전력보상기의 무효전력 출력은 해당 모선의 전압크기를 제어하는 데 사용된다. 이와 같이 송전선로상에서 흐르는 무효전력조류는 적고 중앙급전에서 무효전력조류를 활용하고자 하는 필요성은 거의 없다.

7.3 최적조류계산

경제급전은 한 가지 큰 단점이 있다. 이는 송전시스템의 설비 한계를 무시한다는 점이다. 각각의 송전선과 변압기는 전송할 수 있는 전력량의 한계가 있다. 이 한계는 열, 전압 또는 안정도를 고려한 한계이다(5.6절 참조). 전통적으로, 송전시스템은 경제적인 급전을 할 때 이러한 설비 한계가 제약되지 않도록 설계해 왔기 때문에 경제급전 문제를 설비 제약 없이 풀 수 있었다. 그러나 세계적으로 추진되고 있는 전기사업의 규제 문제가 있었다(이러한 송전제약을 송전혼잡이라고도 한다).

최근에는, 많은 전력시장에서 송전혼잡비용을 효과적으로 줄이고 있다. 예를 들어, 미국 동부의 PJM 전력시장에서는 총혼잡비용이 2015년 13억9000만 달러에서 2020년 초기 9개월 동안 3억9600만 달러로 줄었다[10]. 송전혼잡의 가능성이 있는 시스템에서는 단순히 경제급전만으로는 원하는 결과를 얻을 수 없다.

최적조류계산(OPF, optimal power flow)은 경제급전 문제와 전력조류를 한꺼번에 계산함으로써 이러한 문제를 해결할 수 있다. 이 방법은 많은 제약조건을 고려할 수 있는 매우 복잡한 최적화 문제가 된다. OPF 문제를 정식화하는 많은 방법이 있지만, 여기서는 3가지 방법에 대해서 살펴보기로 한다.

DC OPF의 정식화와 해법

직류 OPF (DCOPF)는 6.10절에서 소개한 것과 같은 가정을 적용함으로써 송전망을 근사화하기 위해 선형화된 직류 조류계산을 적용한다. 특히, 무효전력을 무시하고 병렬기기와 저항을 무시하고, 모든 모선의 전압은 1.0 pu로 일정하다고 가정한다. 그리고, 모든 관계식은 모선 입력 유효전력 **P**와 모선전압의 위상각 $\boldsymbol{\delta}$의 선형관계만 남게 되고 그 관계식은 송전망의 서셉턴스 행렬 **B**를 이용하여 $-\mathbf{B}\boldsymbol{\delta} = \mathbf{P}$와 같이 표현할 수 있다. 각 선로의 조류가 $F_{jk} = B_{jk}(\delta_j - \delta_k)$인 선형관계식을 경제급전 문제에 포함시켜서 다음과 같이 송전선과 변압기의 제약을 포함하는 DCOPF 문제를 정식화한다.

$$\min C_T = \sum_{i=1}^{n} C_i(P_{gi})$$

여기서, $P_{gi,\,min} \le P_{gi} \le P_{gi,\,max}$: 모든 발전기 i에 대해서

$P_i = P_{gi} - P_{di}$: 모든 모선 i에 대해서, P_{di}는 모선 i에서의 수요

$F_{jk} = B_{jk}(\delta_j - \delta_k)$, 모든 브랜치 jk에 대해서

$-F_{ik,\,max} \le F_{jk} \le F_{jk,\,max}$

$\mathbf{P} = -\mathbf{B}\,\boldsymbol{\delta}$: 행렬식

위 식에서 유효전력 $C_i(P_{gi})$와 발전기 제약 $P_{gi,\,min}$, $P_{gi,\,max}$의 함수로 표현되는 발전비용은 경제급전 문제와 같은 형식으로 표현된다. 다만, 부하가 단순히 발전기 출력의 합으로 표현되던 것이, 각 모선에서의 전력식이 dc 행렬식으로 바뀌어 표현된다. 전압 위상각 $\boldsymbol{\delta}$가 최적문제의 변수로 표현되기 때문에 선로와 변압기 조류 F_{jk}도 변수가 되므로, 최대 조류 제약이 정식화에 포함된다.

비용함수 $C_i(P_{gi})$가 선형 혹은 구간선형함수이면 DCOPF는 선형계획법(LP, linear program) 문제가 된다. LP 문제는 신뢰성 높은 해법이 마련되어 있고, 최적해가 유일해인 특성을 가지고 있다. LP 문제해법으로는 일반적으로 2가지 대표적인 방법이 알려져 있다. 그중 하나는 심플렉스법(simplex method)이고, 나머지 하나가 내부점법(interior point method)이다.

심플렉스법은 가능해 영역의 다면체가 서로 만나는 점을 찾아가는 방식이고, 내부점법은 제약함수를 장벽함수로 지접 최적해 방향으로 경사면을 찾아가는 방식이다. 비용함수가 다항식인 경우에도 구간 선형방식을 적용하여 반복계산하거나 2차계획법(quadratic programming) 방법을 적용하여 구한다.

이 문제의 해를 구하게 되면, 행렬식 $\mathbf{P} = -\mathbf{B}\boldsymbol{\delta}$로 표현되는 각 등호제약식에 해당 라그랑쥐 승수(Lagrnage multiplier)가 존재하게 되고, ($\boldsymbol{\lambda} = [\lambda_1, \lambda_2, \ldots \lambda_n]$) 형태가 된다. 여기에서 각 라그랑쥐 승수는 해당 모선에서의 한계비용을 뜻한다. 이와 같이 송전제약이 추가됨으로 인해 경제급전 문제에서와 같이 더 이상 한계비용이 단일값으로 나타나지 않으며, 송전제약에 의해 지역에 따라 비싼 발전기가 선택되기 때문에 운영비용이 제약에 의해 변하게 된다. 이 값들을 지역한계가격(LMPs, locational marginal price)이라 한다. DCOPF는 수식이 간단하고 계산이 빠르며 계산 결과가 안정적인 특징이 있기 때문에 실계통에서 많이 사용하며 송전선과 변압기의 조류의 제약이 있는 실계통에 적용하기에 매우 적절한 방법이라 할 수 있다.

예제 7.6 DCOPF 정식화

다음과 같은 DCOPF를 선형계획법으로 정식화 하시오. 이 시스템은 각 모선에 발전기와 부하가 연결된 3개의 모선으로 구성되어 있다. 각 발전기의 최소출력(MW), 최대출력(MW) 제약이 있고 비용함수는 표 7.3에서와 같이 선형함수로 주어져 있고, 각 모선에서의 부하값도 주어져 있다. 송전선도 3개가 있고, 각 송전선의 리액턴스와 조류제약은 표 7.4와 같다.

| 풀이

이 문제는 총발전비용을 최소화하는 것이다.

$$\min 18P_{g1} + 22P_{g2} + 31P_{g3}$$

발전기 출력 제약은

$$\begin{aligned} 100 &\le P_{g1} \le 400 \\ 150 &\le P_{g2} \le 500 \\ -50 &\le P_{g3} \le 300 \end{aligned}$$

송전선 조류제약은

$$-180 \le 100 \cdot \frac{1}{0.07}(\delta_1 - \delta_2) \le 180$$

$$-120 \le 100 \cdot \frac{1}{0.05}(\delta_1 - \delta_3) \le 120$$

$$-140 \le 100 \cdot \frac{1}{0.18}(\delta_2 - \delta_3) \le 140$$

그리고, 직류 조류식은(전력값은 pu값을 100을 곱하여 구하였다)

$$-100 \cdot \begin{bmatrix} -24.28 & 14.28 & 20.00 \\ 14.28 & -19.83 & 5.55 \\ 20.00 & 5.55 & -25.55 \end{bmatrix} \begin{bmatrix} \delta_1 \\ \delta_2 \\ \delta_3 \end{bmatrix} = \begin{bmatrix} P_{g1} - 140 \\ P_{g2} - 265 \\ P_{g3} - 415 \end{bmatrix}$$

표 7.3 예제 7.6의 모선 입력 데이터

모선 번호	최저발전량 (MW)	최대발전량 (MW)	부하 (MW)	발전 비용 ($/MWh)
1	100	400	140	18
2	150	500	265	22
3	50	300	415	31

표 7.4 예제 7.6의 선로 입력데이터

선로 시작 모선	선로 끝 모선	선로 단위 리액턴스 (100 MVA 기준)	선로 조류 제약 (MW)
1	2	0.07	180
1	3	0.05	120
2	3	0.18	140

AC OPF의 정식화와 해법

ACOPF는 DCOPF에서와 같이 식을 간단히 하기 위해 근사화하지 않고 모선의 변수는 전압의 크기와 위상각, 각 모선에 입력되는 유효전력, 무효전력을 그대로 모델링하고, 6.4절 식 (6.4.12)와 식 (6.4.13)에서 주어진 비선형 ac 전력조류식을 사용한다.

$$P_k = V_k \sum_{n=1}^{N} V_n [G_{kn} \cos(\delta_k - \delta_n) + B_{kn} \sin(\delta_k - \delta_n)]$$

$$Q_k = V_k \sum_{n=1}^{n} V_n [G_{kn} \sin(\delta_k - \delta_n) - B_{kn} \cos(\delta_k - \delta_n)]$$

따라서, 보다 정확한 송전선과 변압기의 조류뿐 아니라 전압의 크기에 대한 제약, 발전기의 무효전력 출력도 고려할 수 있다. 부하도 유효전력, 무효전력으로 주어진다. ACOPF는 변압기 탭-변환, 스위치 변환 병렬 콘덴서나 리액터, 위상각 변환 변압기, 스위치 조절 단로기 등 불연속변수(discrete variables, 주로 정수로 모델링)도 모델링이 가능하다.

근사화하지 않은 ACOPF는 매우 복잡한 비선형 최적화 문제이다. OPF를 풀기 위한 몇 가지 방법에 대해서는 참고문헌 [11]에서 잘 요약되어 있다. 많이 이용되는 방법 중 하나가 순차적으로 선형계획법을 이용하는 것이다. 이 방법은 PowerWorld Simulator에서도 활용하는 방법이다. LP OPF 알고리즘은 조류계산을 먼저 수행하고 그 결과 LP를 이용하여 발전기 출력(필요하면 다른 변수도 결정)을 결정하고 이 두 방법을 반복적으로 계산하는 방식을 취한다. 또 다른 방법으로는 뉴튼법과 같이 비선형계획법을 이용하는 방법이 있고, 불연속변수가 포함된 경우에는 혼합정수계획법(mixed integer programming)이 이용된다.

예제 7.7 PowerWorld Simulator—최적조류계산

PowerWorld Simulator 예제 7_7은 예제 7.3의 5-모선 계통을 이용하여 PowerWorld Simulator의 LP OPF 알고리즘을 이용하여 해를 구한 것 외에는 같다(그림 7.5 참고). OPF 옵션을 선택하기 위해 **Case Information, Aggregation, Areas...**를 선택하고 AGC Status 필드를 OPF로 토글 선택한다. 마지막으로, "Single Solution" 버튼으로 예제를 풀지 않고, LP OPF를 이용하여 해를 풀기 위해 **Add-ons, Primal LP**를 선택한다. 처음에는 과부하 선로가 없기 때문에 OPF 해가 예제 7.3의 ED 해와 같다. 모선의 바로 오른쪽에 있는 초록색 필드는 시스템에서 각 모선에 전력을 공급하기 위한 한계비용(즉, 모선 LMPs)을 보여준다. 처음에 제약이 없는 시스템에서, Load Scalar가 1.0일 때 모선의 한계가격은 모두 $14.5/MWh로 같다. Load Scalar 필드를 1.0으로부터 최대 경제부하값(예제 7.3에서 1.67로 결정되었다)을 증가시키고, **Add-ons, Primal LP**를 다시 선택한다. 모선의 한계가격은 $17.52/MWh로 여전히 모두 같고, 이때 모선 2와 모선 5 사이의 조류는 최대치가 된다. Load Scalar 값을 1.67 이상으로 하면, 무선

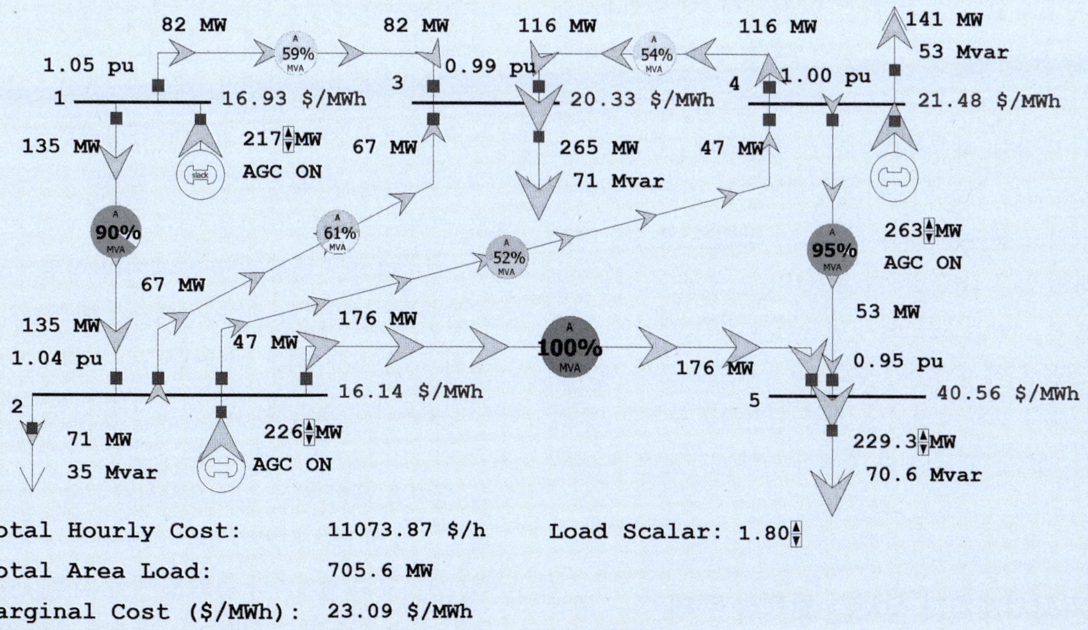

그림 7.5 예제 7.7 Load Multiplier = 1.80일 때의 최적조류계산 해

(계속)

2와 모선 5 사이의 송전선로가 제약을 받게 되며, 제약 선로 측의 모선 한계가격이 비제약 선로 측의 한계가격보다 높게 된다. Load Scalar 값을 1.8로 두고 모선 5의 가격이 약 $40.60/MWh이 됨을 수치적으로 보이시오.

| 풀이

모선 5의 한계가격을 수치적으로 계산하는 가장 쉬운 방법은 모선 5의 부하를 조금 변화시켜서 전체 시스템의 운전비용과 비교하는 것이다. Load scalar를 1.80으로 두면, 모선 5의 부하는 229.3 MW이며 시간당 비용은 $11,073.90이다. 모선 5의 부하를 0.9 MW 증가시키고, LP OPF로 해를 구하면 새로운 비용이 $11,110.40이 되어 비용 변화가 $40.60/MWh가 된다. 결국 제약 때문에 모선 5에서의 가격이 가장 비싼 발전기의 증분비용보다 2배 이상 비싸게 된다.

SCOPF의 정식화와 계산

안전도제약 OPF (SCOPF, security-constrained OPF)는 DC-OPF를 사용하는지 AC-OPF를 사용하는지에 따라 DC-SCOPF와 AC-SCOPF 두 가지로 나뉜다. SCOPF는 OPF 문제에 상정고장 조건에 따라 제약을 추가한 것으로 생각할 수 있다. 따라서, SCOPF 문제를 만족하는 발전기 출력과 운전점에서는 정상상태에서뿐 아니라 미리 지정된 상정사고의 조건 하에서도 송전선제약, 변압기 제약, 전압 크기 등의 제약을 만족하는 결과를 도출한다. 예를 들어, 상정사고 세트는 N-1 상정사고 조건이라고 하는 모든 단일 상정사고를 지정할 수도 있다.

많은 상정사고를 고려해야 하는 대형 시스템에서의 SCOPF를 계산하는 것은 모든 상정사고에 대해서 제약조건을 정식화 해야 할 뿐 아니라 계산상에도 많은 어려움을 수반한다. 따라서, 대부분의 제약은 최적해에 제약으로 작용하지 않는다는 점을 이용하여 경험적으로 이러한 제약을 고려하지 않고 문제를 풀 수 있다. 이 방법은 처음에 제약을 고려하지 않고 DCOPF나 ACOPF를 풀고 난 다음, 제약을 만족하는지 검토를 해서 만족하지 않는 제약이 있다면 이 제약을 더해서 문제를 풀고, 최종적으로 모든 제약을 만족하는 해를 구하는 것이다. 보통 최적해를 구하는 데 영향을 주는 제약은 전체 제약 중에서 일부분인 경우가 대부분이다.

7.4 기동정지계획과 장시간 최적화 문제

전력시스템을 운영하기 위해서 가장 중요하게 만족해야 하는 사항은 발전기가 예기치 않게 고장이나 사고로 탈락하는 경우에도 총부하와 손실 그리고 예비력까지 제공할 수 있도록 충분한 발전력을 확보하는 것이다. 그러나, 대부분의 전력시스템은 부하 패턴이 일 년 중 최저값과 최대값 차이가 100%를 넘을 정도로 클 뿐 아니라, 때때로 일일부하, 주간부하, 계절별 부하도 크게 반복되는 패턴을 보이기도 한다. 그 결과 대부분의 시간은 부하에 공급하기 위해 필요한 발전력보다 훨씬 많은 발전력을 보유하게 된다. 따라서 발전기가 필요 없는 경우는 정지시키는 것이 더 경제적일 것이다. 어떤 발전기를 켜서 운전하는가를 결정하는 과정을 기동정지계획이라 하고, 이 결과를 이용하여 앞에서 설명한 경제급전이나 최적조류계산을 계산하게 된다. 발전기를 켜고 끄는 데 소요되는 시간은 발전기마다 적용되는 기술에 따라 다르다. 태양광, 풍력, 수력발전의 경우는 이 소요시간이 매우 짧으며, 태양광의 경우는 거의 순간적으로 기동 정지가 가능하며, 풍력의 경우는 수 분, 그리고 수력의 경우는 10분을 넘지 않는 것이 보통이다. 그러나, 원자력이나 대형 석탄 발전기의 경우는 이 시간이 12시간 이상 걸리기도 한다. 천연가스 발전기의 경우는 기동정지 시간이 한 시간 이내에서 수 시간 사이에 존재한다. 그리고, 기동하는 데 소요되는 기동비용, 정지하는 데 드는 정지비용도 고려해야 하고, 발전기가 기동을 하면 최소한 운전을 해야 하는 최소운전시간, 그리고 발전기가 정지하면 최소한 정지시켜야 하는 최소정지시간도 고려해야 한다. 그리고 발전기마다 출력을 얼마나 빨리 증가시키고 감소시킬 수 있는가를 나타내는 발전기 출력 증감발률뿐 아니라, 발전기가 운전을 하면 일정 출력 이상은 지켜야 하는 최소출력제약도 존재한다.

기동정지계획은 보통 하루 정도의 시간에 걸쳐서 최적송전망을 운영하기 위한 발전기 기동정지 계획이다. 기동정지계획의 입력 데이터는 발전기의 운전상태, 주어진 기간 동안의 부하예측값, 풍력과 태양광 출력을 예측하기 위한 날씨 예측, 유지보수를 위해 정지된 발전기 정보, 모든 발전기의 운영비용, 그리고 발전기 상태변화에 따른 제반 제약과 비용 등이 있다.

지금까지 기동정지 계획을 풀기 위해서 수많은 알고리즘이 사용되었다. 가장 간단한 방법은 가장 싼 발전기들의 우선순위 리스트와 함께, 일별, 주간별, 계절별 부하패턴에 대한 체험과 경험을 이용하여 결정하는 것이다. 그 외 다른 알고리즘으로는 다이나믹 프로그래밍, 라그랑쥐 완화법 등이 있으나 여기서는 생략하기로 한다. 최근에는 전통적인 기동정지 계획과 안전도제약 기동정지계획(SCUC, security-constrained unit commitment)으로 알려진 방법의 송전망 제약과 같이 조합하여 사용된다. 요즘은 지난 수십년 동안 이룩한 혼합정수계획법(MIP, mixed integer programming)의 알고리즘의 비약적인 발전에 힘입어 MIP 방법을 이용한 SCUC가 이용되기도 한다.

주간계획이나 일 년 계획과 같이 더 긴 기간 동안의 최적화를 위해서는 발전기 유지보수계획, 연료공급제약 등과 같은 제약도 고려할 필요도 있다. 연료제약이 주로 발생하는 전원으로는 물을 연료로 사용하는 수력발전이 있다. 수력 발전의 경우에는 홍수 조절이나 관개, 레크리에이션 등으로 인한 수계 협조를 고려할 필요도 있다. 재생에너지의 경우에는 계절 간 패턴 변화도 고려할 필요가 있다.

7.5 전력시장

경제적인 운영계획을 실제 시스템에 적용하는 시장제도를 통해서 이루어지는데, 전 세계 시장제도는 다른 구조를 가지고 있다. 가장 오래된 전통적인 형태가 한 전력회사가 발전기부터 소비자 계량기까지 모두 소유하는 것이다. 이러한 **수직통합체계**는 정부의 자회사 형태이거나 소비자 조합형태이거나, 정부의 규제를 받는 자연독점 사기업 형태를 띠게 된다. 이런 구조 하에서도 전력회사는 장기적 시스템 계획뿐 아니라 매일 이루어지는 급전 운영까지 비용을 최소화할 필요가 있다. 경제급전이나 OPF를 이용하는 경우 발전기의 실제 비용을 사용한다. 이런 구조 하에서는 경쟁이 없기 때문에 소비자 가격은 전력회사의 비용과 적정 이윤을 가지도록 정부의 감사하에서 결정된다. 수직통합체제 하에서도 여러 전력회사가 연계되어 있어서 전력회사 간에 쌍방거래가 이루어지는 전력시장이 존재한다. 전력회사 간에 상호 협정이 되어 있으면 비용을 최소화하기 위해 서로 사고팔기도 한다.

많은 나라에서 이런 수직통합체계가 구조조정을 통해 **도매전력시장**으로 개편이 되었다. 이런 체제에서는 독립시스템운영자(ISO, independent system operator)나 이런 비슷한 형태의 독립기관이 발전, 송전, 배전에 이르기까지 자산을 소유하지 않으면서 송전망의 신뢰도를 유지하는 책임을 가지고 있다. 독립투자회사가 발전기를 소유하면서 규제시장에 전력을 판매하기 위해 **입찰**을 하게 된다. 송전회사 혹은 배전회사는 이 에너지를 ISO가 **결정**하는 시장가격으로 구매하고 소비자에게 판매한다. 전력시장에는 리스크를 줄이고 시스템의 신뢰도를 높이기 위해 여러 가지 금융상품을 거래하는 많은 시장참여자가 존재한다. 이런 체제에서는 경쟁과 희소성이 에너지 도매가격을 결정한다. 미국에는 이런 도매시장이 7개 존재하고 전 세계적으로도 여러 가지 도매시장 체제가 있다.

기동정지계획과 운영계획을 수립하기에는 많은 복잡한 제약조건이 있기 때문에, 도매전력시장은 하루 전 계획으로 운영된다. 시장참여자는 한 번에 24시간에 대한 입찰데이터를 제출하고 ISO는 시스템의 제약을 고려해서 입찰가격을 근거로 에너지와 예비력을 동시에 최적화하여 각 시간대에서의 모든 발전기의 출력을 결정한다. 많은 경우 DCOPF가 이용되고 있다. 전력시장에서는 발전기의 비용이 아니라 발전기 입찰가격이 OPF의 목적함수에 사용된다. 발전회사는 발전기의 비용을 공개하도록 요구받지도 않고 비용과 다른 가격을 입찰할 수 있다.

도매시장가격은 ISO가 결정하며 각 시간대에서 모든 모선에서의 LMP를 계산한다. 이 LMP는 DCOPF의 민감도 계산에 의해 계산 가능하다. 모든 전력을 사고파는 모든 시장참여자는 각 시간대마다 결정되는 이 LMP로 거래를 하게 된다. 개별 소비자가 LMP를 볼 수 있는지 여부는 시장에 따라 다르다—많은 경우 대부분의 소비자는 일관된 요금을 지불하고, LMP의 변화에 따른 리스크는 다른 시장참여자들이 지게 된다.

하루 전 시장은 부하와 태양광과 풍력과 같은 재생에너지의 출력의 정밀한 예측이 필요하다. 그러나, 예측은 항상 오차를 동반하게 된다. 이 문제를 해결하기 위해 실시간 시장을 하루 전 시장과 함께 병렬로 운영하게 된다. 실시간 시장에서는 시장참여자가 오차분을 입찰함으로써 하루 전 시장을 보완하여 운영한다. 실시간 시장은 발전기의 사고와 같은 예기치 못한 상황에서도 하루 전 시장을 보완하는 역할을 한다.

전 세계 도매시장시장은 전력시장에서 어떤 서비스를 거래하는가에 따라 크게 다르다. 모든 시장에서는 유효전력(MW, 혹은 에너지 시장)을 거래한다. 어떤 시장에서는 그게 다인 곳도 있다. 그렇지만 발전기는 에너지 예비력, 피크시 공급가능용량, 증감발률 능력, 관성, 무효전력도 제공할 수 있다. 어떤 시장에서는 한 개 이상의 이런 **보조서비스**(ancillary service)도 발전기 입찰에 포함이 되고, 발전기는 서비스를 제공함으로써 보상을 받을 수 있다.

전력시장 구조와 설계에 관해서는 몇 가지 도전적인 과제들이 있다. 그중 하나는 시장에서 충분한 경쟁을 확보하는 것이다. 시장 참여자 중에서 과도한 시장점유율을 가지는 시장참여자가 있는 경우에는 시장가격을 인위적으로 조작할 수 있기 때문이다. 이 문제는 보통 시장규제와 감시로 모니터링할 수 있다. 또 다른 하나의 문제는 어떻게 송전망과 발전용량 투자를 유인하도록 하는가이다. 세 번째 과제는 공급할 수 있는 발전력에 비해서 수요가 많아서 전력이 극히 부족할 때 무엇을 어떻게 하는가 하는 문제이다. 이러한 문제를 해결할 수 있는 한 가지 방법은 전력시장 설계에서 ACOPF를 기반으로 시장청산제도를 가져가는 것이다. 이 방법은 매우 복잡한 최적화 기술을 필요로 하지만, 최적으로 발전기를 운영하기 위한 협조 제어를 정밀하게 함으로써 시장 운영의 효율성을 증대시키는 역할을 할 것이다.

연습문제

7.2절

7.1 두 발전기의 연료비 곡선에 다음과 같이 주어졌다.

$$C_1(P_1) = 600 + 18 \cdot P_1 + 0.04 \cdot (P_1)^2$$
$$C_2(P_2) = 700 + 20 \cdot P_2 + 0.03 \cdot (P_2)^2$$

손실이 없다고 가정하고, 총 부하가 1,000 MW일 때 최적 급전값 P_1, P_2와 증분운전비, 총 운전비를 구하시오.

7.2 각 발전기의 출력에 다음과 같이 부등호 제약이 존재하는 경우, 연습문제 7.1을 다시 푸시오.

$$200 \le P_1 \le 800 \text{ MW}$$
$$100 \le P_2 \le 400 \text{ MW}$$

7.3 연습문제 7.1에서 총 부하 1,000 MW가 손실을 포함하고 있고, 첫 번째 발전기의 페널티 계수가 1.0, 두 번째 발전기의 페널티 계수가 0.95일 때, 이 문제를 다시 푸시오.

7.4 두 발전기의 연료비 곡선이 다음과 같이 주어졌다.

$$C_1(P_1) = 600 + 15 \cdot P_1 + 0.05 \cdot (P_1)^2$$
$$C_2(P_2) = 700 + 20 \cdot P_2 + 0.04 \cdot (P_2)^2$$

계통의 손실을 다음과 같이 근사화할 수 있다.

$$P_L = 2 \times 10^{-4}(P_1)^2 + 3 \times 10^{-4}(P_2)^2 - 4 \times 10^{-4}P_1P_2 \text{ MW}$$

이 계통의 한계비용(λ)이 \$60/hr로 운전 중이라면 각 발전기의 출력, 총 송전손실, 총 부하, 총 운전비용을 구하시오.

7.5 식 (7.1.14)를 $N = 2$인 경우에 대해 풀어서 쓰고, 식 (12.4.15)에 $\partial P_L/\partial P_i$의 식을 증명하시오. $B_{ij} = B_{ji}$로 가정한다.

7.6 두 발전기의 변동 운전비용이 다음과 같이 주어졌다.

$$C_1 = 0.01\,P_{G1}^2 + 2P_{G1} + 100 \;\; \$/\text{hr} \quad \text{for } 25 \le P_{G1} \le 150 \;\; \text{MW}$$
$$C_2 = 0.004\,P_{G2}^2 + 2.6P_{G2} + 80 \;\; \$/\text{hr} \quad \text{for } 30 \le P_{G2} \le 200 \;\; \text{MW}$$

$55 \le P_L \le 350$ MW일 때, 각 발전기의 최적 출력값을 구하시오. 특히, $P_L = 282$ MW일 때의 P_{G1}, P_{G2}를 계산하시오. 송전손실은 무시한다.

7.7 PW 모선 2의 발전기 출력을 고정시키고(즉, AGC를 오프시키고) 예제 7.3을 다시 푸시오. 모선 2의 발전기 출력이 1,000 MW에서 200 MW까지 5 MW씩 변화할 때, 각 단계마다 경제급전을 풀고 시간별 총 운전비용의 변화를 그리시오. 이 곡선의 최소점에서의 모선 2의 발전기 출력과 예제 7.3에서의 경제급전 결과와의 관계는 어떻게 되는가? Load Scalar를 1.0으로 가정한다.

7.8 PW PowerWorld Simulator 예제 7_5에서 Load Scalar를 1.0으로 설정하고 계통손실을 최소화하는 발전기 출력을 구하시오(힌트: 모선 2와 모선 4의 발전기 출력을 바꿔 가면서 손실 민감도가 0이 될 때까지 수행한다). 이때의 운전비용과 예세 7_5의 경제급전 결과와 비교하시오. 어느 쪽이 더 좋은가?

7.9 PW Load Scalar를 1.4로 변경하고 연습문제 7.8을 다시 푸시오.

7.3절

7.10 PW PowerWorld Simulator 예제 7_6의 LP OPF를 이용하여 Load Scalar를 1.0에서 0.02씩 바꿔가면서 모선 5의 한계가격의 변화를 그리시오. 송전선의 과부하가 발생하지 않는 최대 Load Scalar는 얼마인가? 이 값 이상으로 과부하가 발생하지 않게 운전할 수 없는 이유는 무엇인가?

7.11 PW PowerWorld Simulator 예제 7_11을 동작시킨다. 여기서는 예제 6.13의 37모선 계통에서 발전기 비용 정보와 PEAR138 모선과 PEAR69 모선 사이의 변압기를 개방하여 원 계통을 약간 수정한 문제를 다룬다. 이 케이스에서 "Total Cost" 필드를 보면 경제급전 결과를 볼 수 있으며, 몇 개의 선로에서 과부하가 나타남을 볼 수 있다. 이 케이스를 풀기 전에 **Add-Ons**, **LP OPF**, **OFP Buses**를 선택하여 모선의 LMPs를 보면 모든 값이 같음을 알 수 있다. 다음에 OPF를 이용하여 문제를 풀기 위해 **Add-Ons**, **LP OPF**, **Primal LP**를 선택하고 모선의 LMP를 다시 본다. PECAN69 모선에서의 부하를 1 MW 변화시키고 Total Cost 필드의 변화를 확인하면서 그 모선에서의 LMP를 구하시오. LOCUST69 모선에 대해서도 반복해서 계산하시오. 주의: 수식으로 계산한 모선의 LMP 값과 OPF로 계산한 값은 수렴판정에 의한 오차로 인해 정확하게 같지는 않다.

7.12 예제 7.6에서 경제급전의 해는 얼마인가? 이 값이 DCOPF의 가능해가 아닌 이유는 무엇인가?

7.13 예제 7.6의 해는 P_{G1} = 394 MW, P_{G2} = 150 MW, P_{G3} = 276 MW이다. 그리고 각 LMP가 λ_1 = 18 \$/MWh, λ_2 = 9.72 \$/MWh, λ_3 = 31 \$/MWh이다. 이와 같이 LMP가 서로 다른 이유는 무엇인가?

참고문헌

1. L. K. Kirchmayer, *Economic Operation of Power Systems* (New York: Wiley, 1958).
2. L. K. Kirchmayer, *Economic Control of Interconnected Systems* (New York: Wiley, 1959).
3. L. K. Kirchmayer and G. W. Stagg, "Evaluation of Methods of Coordinating Incremental Fuel Costs and Incremental Transmission Losses," *Transactions AIEE*, vol. 71, part III (1952), pp. 513–520.
4. A. J. Wood and B. F. Wollenberg, *Power Generation, Operation, and Control*, 1st and 2nd ed. (New York: Wiley, 1989 & 1996).
5. A. J. Wood, B. F. Wollenberg, G.B. Sheble, *Power Generation, Operation and Control*, 3rd ed. (New York: John Wiley & Sons, 2014).
6. G. H. McDaniel and A. F. Gabrielle, "Dispatching Pumped Storage Hydro," *IEEE Transmission PAS*, vol. PAS-85 (May 1966), pp. 465–471.
7. E. B. Dahlin and E. Kindingstad, "Adaptive Digital River Flow Predictor for Power Dispatch," *IEEE Transactions PAS*, vol. PAS-83 (April 1964), pp. 320–327.
8. J. H. Drake et al., "Optimum Operation of a Hydrothermal System," *Transactions AIEE (Power*

Apparatus and Systems), vol. 62 (August 1962), pp. 242 – 250.

9. Eugene Litvinov, Feng Zhao & Tongxin Zheng, "Electricity Markets in the United States," *IEEE Power & Energy Magazine*, Vol 17, No.1, January/February 2019, pp. 32 – 42.

10. Monitoring Analytics LLC, *2015 and 2020 PJM State of the Market Report*, (www.montoringanalytics.com/report).

11. A. Castillo and R. P. O'Neill, "Survey of Approaches to Solving the ACOPF," *U.S. FERC* (March 2013).

12. National Academies of Sciences, Engineering, and Medicine, 2016, *Analytic Research Foundations for the Next-Generation Electric Grid*, Washington, DC: The National Academies Press, https://doi.org/10.17226/21919.

8 대칭 고장해석

Symmetrical Faults

미국 아이다호주 Goshen 변전소에 설치된 345 kV SF6 차단기: 연속전류정격 2,000 A, 정격차단전류 40 kA (Courtesy of PacifiCorp.)

학습목표

이 장에서는 다음과 같은 내용에 대하여 학습하기로 한다.

1. R-L 직렬회로의 고장전류 성분
2. 차과도 고장전류, 과도 고장전류, 정상상태 고장전류, 직류옵셋 전류 및 전체(비대칭)고장전류를 포함한, 무부하 동기기 단자에서의 3상고장에 대한 고장전류 성분
3. 모선 임피던스 행렬을 이용한 임의 모선에서의 3상고장에 대한 차과도 고장전류 계산 방법
4. 대칭 고장전류 계산을 위해 PowerWorld 시뮬레이터의 사용
5. 교류 전력계통에서 차단기 및 퓨즈를 선정하기 위한 기본적인 고려사항

낙뢰 또는 개폐 서지로 인한 계통 과전압, 절연오염(염해 또는 공해 등)이나 다른 기계적인 요인에 의해 기기의 절연이 파괴될 때 전력계통에 단락회로(short circuits), 즉 고장이 발생한다. 이러한 단락 또는 고장에 의해 발생하는 전류는 동기기의 내부 전압, 동기기전압과 고장점 사이의 계통 임피던스에 의해 결정된다. 고장 전류는 보통 정상적인 전류보다 수십 배 크기이기 때문에 만일 이 상태가 지속된다면 기기에 열적 손상을 발생시킬 수 있다. 동기기나 변압기의 권선(winding), 버스 바(busbar) 또한 고장 중에 발생하는 큰 자기력에 의해 기계적 손상을 입을 수 있다. 그러므로 운전 중인 전력계통으로부터 고장 구간을 가능한 한 신속하게 제거하는 것이 필요하다. 표준 초고압(EHV) 보호기기는 3주기(60 Hz에서 50 ms) 이내에 고장을 제거하도록 설계되어 있으며, 이보다 낮은 전압의 계통 보호기기는 좀 더 여유 있게(예를 들면 5~20주기) 고장을 제거할 수 있도록 허용하고 있다.

이 장은 8.1절에서 직렬 R-L회로의 과도현상을 살펴보는 것으로 시작한다. 8.2절에서는 무부하 동기기에서의 3상 단락회로의 고장 전류를 기술하며 이때 고장 전류의 차과도, 과도, 정상상태 교류 성분과 직류 성분을 해석해본다. 그리고 8.3절 및 8.4절에서는 중첩의 원리를 이용하여 이상의 결과를 전력계통 3상 단락회로로 확장한다. 여기서 우리는 모선 임피던스 행렬이 고장 전류를 계산하기 위한 중요한 열쇠임을 볼 수 있을 것이다. 8.5절에서는 차단기와 퓨즈에 대해 알아보겠다.

이 장에서 다루는 전력계통은 pu법으로 표현된 평형 3상계통을 가정한다.

8.1 직렬 R-L회로 과도현상

그림 8.1에 나타낸 직렬 R-L회로를 고려해보자. $t = 0$에서 스위치 SW가 닫힘(closing)은 무부하 동기기의 단자에서 3상 단락고장이 발생하였다는 것을 회로적으로 근사화한 것이다. 이때, 해석을 간단히 하기 위해 고장 임피던스는 0으로 가정한다. 이러한 경우의 단락회로를 solid, bolted 고장이라고도 한다. SW를 닫기 이전의 전류는 0으로 가정하며, 전원 위상각 α에 의해 $t = 0$에서의 전원 전압이 결정된다. 회로에 KVL을 적용하면,

$$\frac{\mathrm{L}di(t)}{dt} + \mathrm{R}i(t) = \sqrt{2}\mathrm{V}\sin(\omega t + \alpha) \quad t \geq 0 \tag{8.1.1}$$

식 (8.1.1)에 대한 해는

$$i(t) = i_{\mathrm{ac}}(t) + i_{\mathrm{dc}}(t)$$

$$= \frac{\sqrt{2}\mathrm{V}}{\mathrm{Z}}\left[\sin(\omega t + \alpha - \theta) - \sin(\alpha - \theta)e^{-t/\mathrm{T}}\right] \ \mathrm{A} \tag{8.1.2}$$

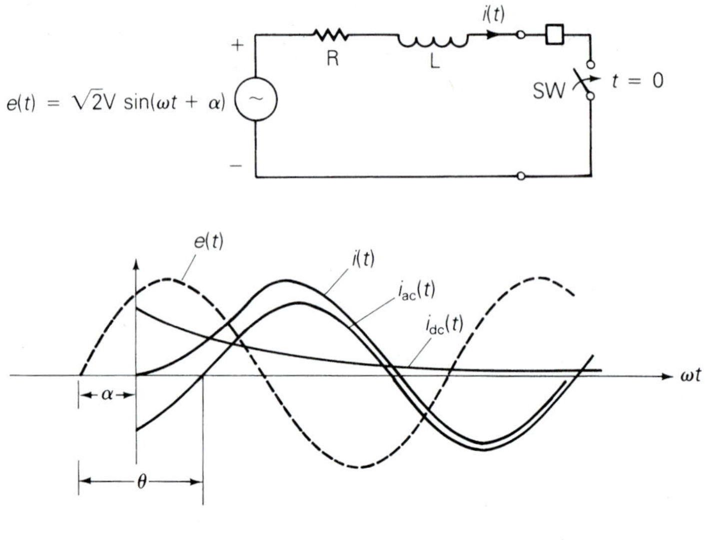

그림 8.1 교류 전압원을 갖는 직렬 R-L회로에서의 전류

여기서

$$i_{ac}(t) = \frac{\sqrt{2}V}{Z}\sin(\omega t + \alpha - \theta) \quad A \tag{8.1.3}$$

$$i_{dc}(t) = -\frac{\sqrt{2}V}{Z}\sin(\alpha - \theta)e^{-t/T} \quad A \tag{8.1.4}$$

$$Z = \sqrt{R^2 + (\omega L)^2} = \sqrt{R^2 + X^2} \quad \Omega \tag{8.1.5}$$

$$\theta = \tan^{-1}\frac{\omega L}{R} = \tan^{-1}\frac{X}{R} \tag{8.1.6}$$

$$T = \frac{L}{R} = \frac{X}{\omega R} = \frac{X}{2\pi f R} \quad s \tag{8.1.7}$$

비대칭 고장 전류(asymmetrical fault current)로 불리는 식 (8.1.2)의 전체 고장 전류는 그림 8.1에 두 가지 성분으로 나타낼 수 있다. 식 (8.1.3)으로 표현되는 교류 고장 전류(대칭 고장 전류 또는 정상상태 고장 전류)는 정현파이나 식 (8.1.4)로 주어진 직류 옵셋 전류(dc offset current)는 시정수(time constant) $T = L/R$에 따라 지수적으로 감쇠한다.

교류 고장 전류 실효치(rms ac fault current) $I_{ac} = V/Z$이다. α에 관련되는 직류 옵셋의 크기는 $\alpha = \theta$일 때 0에서 $\alpha - (\theta \pm \pi/2)$일 때 $\sqrt{2}I_{ac}$까지 변화한다. 단락고장은 교류 전원의 1주기 중 어느 순간에도 발생할 수 있기 때문에 α는 어떤 값이든 가질 수 있다. 우리의 관심의 대상은 최대 고장 전류이기 때문에 $\alpha = (\theta - \pi/2)$로 정한다. 그러면 식 (8.1.2)는 다음과 같이 되며,

$$i(t) = \sqrt{2}I_{ac}[\sin(\omega t - \pi/2) + e^{-t/T}] \quad A \tag{8.1.8}$$

여기서

$$I_{ac} = \frac{V}{Z} \quad A \tag{8.1.9}$$

$i(t)$의 실효치에 주목해보자. 식 (8.1.8)에서 $i(t)$는 비주기적이기 때문에 $i(t)$의 실효치를 엄밀하게 정의할 수는 없다. 그러나 지수항을 상수로 취급하고 실효치의 개념을 확장하여 최대 직류 옵셋을 갖는 비대칭 고장 전류 실효치를 다음과 같이 계산할 수 있다.

$$\begin{aligned} I_{rms}(t) &= \sqrt{[I_{ac}]^2 + [I_{dc}(t)]^2} \\ &= \sqrt{[I_{ac}]^2 + [\sqrt{2}I_{ac}e^{-t/T}]^2} \\ &= I_{ac}\sqrt{1 + 2e^{-2t/T}} \quad A \end{aligned} \tag{8.1.10}$$

편의상 $T = X/(2\pi f R)$와 $t = \tau/f$(여기서, τ는 주기단위로 나타낸 시간)을 사용하여 식 (8.1.10)을 다음과 같이 나타내면,

$$I_{rms}(\tau) = K(\tau)I_{ac} \quad A \tag{8.1.11}$$

여기서

$$K(\tau) = \sqrt{1 + 2e^{-4\pi\tau/(X/R)}} \quad p.u. \tag{8.1.12}$$

이다. 식 (8.1.11)과 식 (8.1.12)로부터 비대칭 고장 전류 실효치는 교류 고장 전류 실효치에 비대칭 인자 $K(\tau)$를 곱한 것과 같다. $I_{rms}(\tau)$는 $\tau = 0$일 때 $\sqrt{3}I_{ac}$가 되며, τ가 커질수록 감소하여 I_{ac}에 가까워진다. 위의 R–L 단락회로의 고장 전류를 표 8.1에 요약하였다.

표 8.1 단락고장 전류 — 직렬 R–L회로*

성분	순시치(A)	실효치(A)
대칭(교류)	$i_{ac}(t) = \frac{\sqrt{2}V}{Z}\sin(\omega t + \alpha - \theta)$	$I_{ac} = \frac{V}{Z}$
직류 옵셋	$i_{dc}(t) = \frac{-\sqrt{2}V}{Z}\sin(\alpha - \theta)e^{-t/T}$	
비대칭(전체)	$i(t) = i_{ac}(t) + i_{dc}(t)$	$I_{rms}(t) = \sqrt{I_{ac}^2 + i_{dc}(t)^2}$ 최대 직류 옵셋을 갖는 $I_{rms}(\tau) = K(\tau)I_{ac}$

*그림 8.1 및 식 (8.1.1)~(8.1.12) 참조

예제 8.1 고장 전류: 교류 전원을 갖는 R-L회로

V = 20 kV, X = 8 Ω, R = 0.8 Ω의 그림 8.1의 직렬 R−L회로에서 최대 직류 옵셋으로 0의 임피던스 단락고장이 발생하였다. 차단기는 고장발생 3주기 후에 개방하였다. 다음을 구하시오. (a) 교류 고장 전류 실효치 (b) 차단기 개방 이전 τ = 0.5주기 때 차단기를 통해서 흐르는 비대칭 고장 전류 실효치 (c) 차단기가 차단한 비대칭 고장 전류 실효치

I 풀이

a. 식 (8.1.9)로부터

$$I_{ac} = \frac{20 \times 10^3}{\sqrt{(8)^2 + (0.8)^2}} = \frac{20 \times 10^3}{8.040} = 2.488 \quad \text{kA}$$

b. (X/R) = 8/(0.8) = 10과 τ = 0.5주기이므로 식 (8.1.11) 및 식 (8.1.12)로부터

$$K(0.5\text{주기}) = \sqrt{1 + 2e^{-4\pi(0.5)/10}} = 1.438$$

$$\begin{aligned} I_{momemtary} &= K(0.5\text{주기})I_{ac} \\ &= (1.438)(2.488) = 3.576 \quad \text{kA} \end{aligned}$$

c. (X/R) = 10과 τ = 3주기이므로 식 (8.1.11)과 식 (8.1.12)로부터

$$K(3\text{주기}) = \sqrt{1 + 2e^{-4\pi(3)/10}} = 1.023$$

$$I_{rms}(3\text{ cycles}) = (1.023)(2.488) = 2.544 \quad \text{kA}$$

8.2 3상 단락고장—무부하 동기기

동기기의 단자에서 발생하는 3상 단락고장을 살펴보기 위한 방법 중 하나는 실제 기기 상에서 직접 시험해보는 것이다. 그림 8.2는 이러한 시험과정 중 무부하 동기기의 한 상에서 발생한 교류 고장 전류의 파형을 나타낸 것이다. 직류 옵셋은 파형상에서 제거되어 있다.

그림에 나타난 바와 같이 정현파의 크기는 높은 초기치로부터 점점 감소하여 낮은 정상상태 값으로 수렴한다. 이러한 현상은 물리적으로 초기에 기기의 계자권선 또는 제동회로와 쇄교하지 않는 릴럭턴스가 높은 회로 경로를 통해 강제적으로 흐르게 되는 단락회로 전기자 전류(또는 전기자 MMF)에 의해 발생하는 자속 때문으로 설명할 수 있다. 이것은 폐로와 쇄교하는 자속이 순간적으로 변화할 수 없다는 일정 자속 쇄교 정리(constant flux linkage theorem)에 따른 것이다. 따라서 릴럭턴스와 반비례하는 전기자 인덕턴스는 초기에는 작아진다. 이후 자속이 릴럭턴스가 더 낮은 경로를 향해 이동함에 따라 전기자 인덕턴스는 증가한다.

시변 인덕턴스 L(t) 또는 리액턴스 X(t) = ωL(t)를 사용하여 그림 8.1의 직렬 R−L회로상의 동기기 교류 고장 전류를 다음과 같이 모델링할 수 있다. 일반적인 전기기기

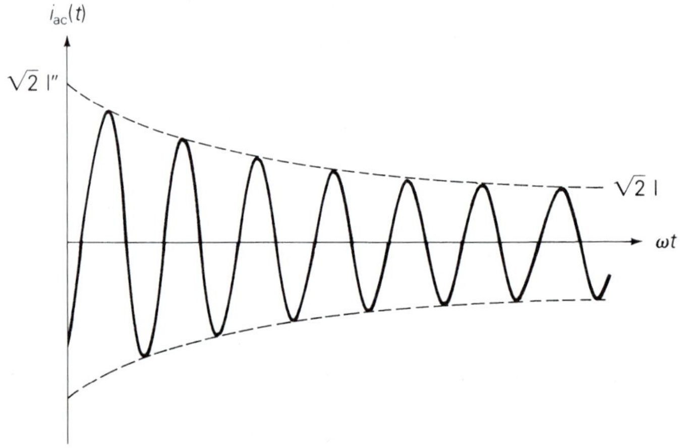

그림 8.2 3상 단락회로 중 무부하 동기기 1상의 교류 고장 전류 파형

이론서[3, 4]에서는 다음과 같이 리액턴스를 정의한다.

X''_d = 직축 차과도 리액턴스
X'_d = 직축 과도 리액턴스
X_d = 직축 동기 리액턴스

여기서 $X''_d < X'_d < X_d$이다. 아래첨자 d는 직축을 나타낸다. 유사하게 횡축 리액턴스(quadrature axis reactances) X''_q, X'_q 및 X_q도 있으나 만일 전기자 저항이 작다면, 횡축 리액턴스는 단락고장 전류에 크게 영향을 주지 않기 때문에 일반적으로 고려하지 않는다. 위의 직축 리액턴스를 이용하여 순시 교류 고장 전류를 다음 식과 같이 쓸 수 있다.

$$i_{ac}(t) = \sqrt{2}E_g\left[\left(\frac{1}{X''_d} - \frac{1}{X'_d}\right)e^{-t/T''_d} + \left(\frac{1}{X'_d} - \frac{1}{X_d}\right)e^{-t/T'_d} + \frac{1}{X_d}\right]\sin\left(\omega t + \alpha - \frac{\pi}{2}\right) \tag{8.2.1}$$

여기서 E_g는 고장 전 무부하 동기기 단자의 상전압 실효치이다. 식 (8.2.1)에서 전기자 저항은 무시하였다. 고장이 발생하였을 때 $t = 0$에서 식 (8.2.1)에 의한 $i_{ac}(t)$의 실효치는

$$I_{ac}(0) = \frac{E_g}{X''_d} = I'' \tag{8.2.2}$$

여기서 I''는 차과도 고장 전류 실효치이다. I''의 지속시간은 시정수 T''_d에 의해 결정되며, T''_d은 직축 단락고장 차과도 시정수(direct axis short-circuit subtransient time constant)라 부른다.

시간이 경과하여 t가 T''_d에 비해서는 크지만 직축 단락고장 T'_d에 비해 작을 때, 식 (8.2.1)의 첫 번째 지수 항은 거의 0으로 감쇠하나 두 번째 지수 항은 크게 감쇠하지 않는다. 그리고 교류 고장 전류 실효치는 과도 고장 전류 실효치와 동일하고, 다음 식으로 주어진다.

$$I' = \frac{E_g}{X'_d} \tag{8.2.3}$$

t가 T'_d보다 훨씬 커지면 교류 고장 전류 실효치는 정상상태값에 접근하며, 다음 식으로 주어진다.

$$I_{ac}(\infty) = \frac{E_g}{X_d} = I \tag{8.2.4}$$

3상 무부하 전압의 위상은 서로 120°씩 차이가 있기 때문에 3상 교류 고장 전류 또한 서로 120°씩 차이가 난다. 교류 고장 전류와 함께 각 상은 각기 다른 직류 옵셋전류를 갖는다. 임의의 한 상에서 최대 직류 옵셋전류는 식 (8.2.1)에서 $\alpha = 0$일 때 발생하며,

$$i_{dcmax}(t) = \frac{\sqrt{2}E_g}{X''_d}e^{-t/T_A} = \sqrt{2}I''e^{-t/T_A} \tag{8.2.5}$$

표 8.2 단락고장 전류 — 무부하 동기기*

성분	순시치(A)	실효치(A)
대칭(교류)	식 (8.2.1)	$I_{ac}(t) = E_g\left[\left(\frac{1}{X''_d} - \frac{1}{X'_d}\right)e^{-t/T''_d} + \left(\frac{1}{X'_d} - \frac{1}{X_d}\right)e^{-t/T'_d} + \frac{1}{X_d}\right]$
차과도		$I'' = E_g/X''_d$
과도		$I' = E_g/X'_d$
정상상태		$I = E_g/X_d$
최대 직류 옵셋	$i_{dc}(t) = \sqrt{2}I''e^{-t/T_A}$	
비대칭(전체)	$i(t) = i_{ac}(t) + i_{dc}(t)$	$I_{rms}(t) = \sqrt{I_{ac}(t)^2 + i_{dc}(t)^2}$ 최대 직류 옵셋을 갖는 $I_{rms}(t) = \sqrt{I_{ac}(t)^2 + [\sqrt{2}I''e^{-t/T_A}]^2}$

*그림 8.2 및 식 (8.2.1)~(8.2.5) 참조

여기서 T_A를 전기자 시정수라 부른다. 최대 직류 옵셋전류의 크기는 단지 차과도 고장 전류 실효치 I''에만 관계된다는 것에 유의한다. 위의 동기기 단락고장 전류를 표 8.2에 요약하였다.

시정수 T''_d, T'_d 및 T_A뿐만 아니라 기기 리액턴스 X''_d, X'_d와 X_d는 동기기 제조회사에서 제공하는 것이 일반적이며 제조사는 3상 단락고장 직접시험을 통해 그림 8.2와 같은 고장파형을 분석하고 데이터를 얻게 된다[2]. 대표적인 동기기 리액턴스와 시정수 값을 부록 표 A.1에 수록하였다.

예제 8.2 무부하 동기 발전기의 3상 단락고장 전류

리액턴스 $X''_d = 0.15$, $X'_d = 0.24$, $X_d = 1.1$ p.u.이고, 시정수 $T''_d = 0.035$, $T'_d = 2.0$, $T_A = 0.20$초를 갖는 500 MVA, 20 kV, 60 Hz 동기발전기가 차단기에 연결되어 있다. 발전기는 차단기의 부하 측에서 0 임피던스의 3상 단락고장이 발생하였을 때, 정격전압보다 5% 높게 무부하운전 중이었다. 차단기는 고장발생 3주기 이후에 고장을 차단하였다. 다음을 구하시오. (a) pu 단위로 나타낸 차과도 고장 전류 및 kA rms (b) 시간의 함수로 표현한 최대 직류 옵셋전류 (c) 최대 직류 옵셋전류 시 차단기가 차단하는 비대칭 고장 전류 실효치

| 풀이

a. 고장발생 이전 무부하 전압 $E_g = 1.05$ p.u.이다. 식 (8.2.2)에서 3상 각각에서 발생하는 차과도 고장 전류는

$$I'' = \frac{1.05}{0.15} = 7.0 \quad \text{p.u.}$$

발전기 기준전류는

$$I_{base} = \frac{S_{rated}}{\sqrt{3}V_{rated}} = \frac{500}{(\sqrt{3})(20)} = 14.43 \quad \text{kA}$$

kA 단위로 표시한 차과도 고장 전류 실효치는 다음과 같이 pu값에 기준전류를 곱한 것이다.

$$I'' = (7.0)(14.43) = 101.0 \quad \text{kA}$$

b. 식 (8.2.5)에서 어떤 한 상에서 발생할 수 있는 최대 직류 옵셋전류는

$$i_{dcmax}(t) = \sqrt{2}(101.0)e^{-t/0.20} = 142.9e^{-t/0.20} \quad \text{kA}$$

c. 식 (8.2.1)에서 t = 3주기 = 0.05초에서 교류 고장 전류 실효치는

$$\begin{aligned} I_{ac}(0.05\text{ s}) &= 1.05\left[\left(\frac{1}{0.15} - \frac{1}{0.24}\right)e^{-0.05/0.035} + \left(\frac{1}{0.24} - \frac{1}{1.1}\right)e^{-0.05/2.0} + \frac{1}{1.1}\right] \\ &= 4.920 \text{ p.u.} \\ &= (4.920)(14.43) = 71.01 \quad \text{kA} \end{aligned}$$

고장 전류의 시변 대칭성분을 고려하기 위해 식 (8.1.10)을 수정하면, 다음 식을 얻는다.

$$\begin{aligned} I_{rms}(0.05) &= \sqrt{[I_{ac}(0.05)]^2 + [\sqrt{2}I''e^{-t/T_a}]^2} \\ &= I_{ac}(0.05)\sqrt{1 + 2\left[\frac{I''}{I_{ac}(0.05)}\right]^2 e^{-2t/T_a}} \\ &= (71.01)\sqrt{1 + 2\left[\frac{101}{71.01}\right]^2 e^{-2(0.05)/0.20}} \\ &= (71.01)(1.8585) \\ &= 132 \quad \text{kA} \end{aligned}$$

8.3 전력계통 3상 단락고장 회로

전력계통에서 3상 단락고장에 대한 차과도 고장 전류를 계산하기 위하여 다음과 같은 가정을 한다.

1. 변압기는 누설 리액턴스로 표현한다. 권선저항, 병렬 어드미턴스, Δ–Y 위상변이는 무시한다.
2. 송전선로는 등가 직렬 리액턴스로 표현한다. 직렬저항과 병렬 어드미턴스는 무시한다.

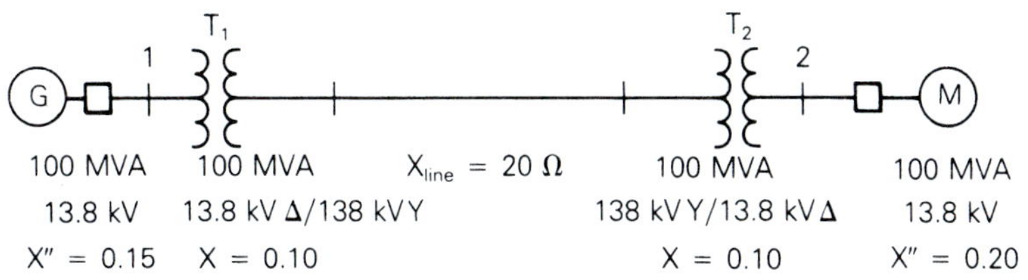

그림 8.3 동기전동기에 전력을 공급하는 동기발전기로 구성된 계통의 단선도

3. 동기기는 차과도 리액턴스와 정전압 전원으로 표현한다. 전기자 저항, 돌극 및 포화는 무시한다.
4. 모든 비회전 임피던스 부하는 무시한다.
5. 유도 전동기는 무시하거나(특히, 정격이 40 kW보다 적은 소형 전동기) 동기기기와 동일한 방법으로 표현한다.

이러한 가정은 해석을 단순화시키기 위해 본 교재에서 사용하는 것이지만, 실제 모든 경우에 대해 동일한 가정을 할 수는 없다. 예를 들어, 배전계통의 1차 배전선로 및 2차 배전선로의 저항은 경우에 따라 고장 전류의 크기를 많이 줄일 수도 있다.

그림 8.3은 2개의 변압기와 하나의 송전선을 통해 동기전동기에 전력을 공급하는 동기발전기로 구성된 전력계통의 단선도를 나타낸 것이다. 여기서는 모선 1에서 3상 단락고장이 발생했을 경우를 고려한다. 정상분 등가회로를 그림 8.4(a)에 나타냈으며, 여기서 전압 E''_g와 E''_m은 동기기에 있어서 차과도 리액턴스 전단의 고장 전 내부전압을 나타내고, 스위치 SW의 닫힘은 고장발생을 의미한다. 차과도 고장 전류를 계산하기 위해 E''_g 및 E''_m은 정전압 전원으로 가정하였다.

그림 8.4(b)에서, 고장은 동일한 페이저 값 V_F를 갖는 2개의 역방향 전압원으로 표현된다. 중첩의 원리를 이용

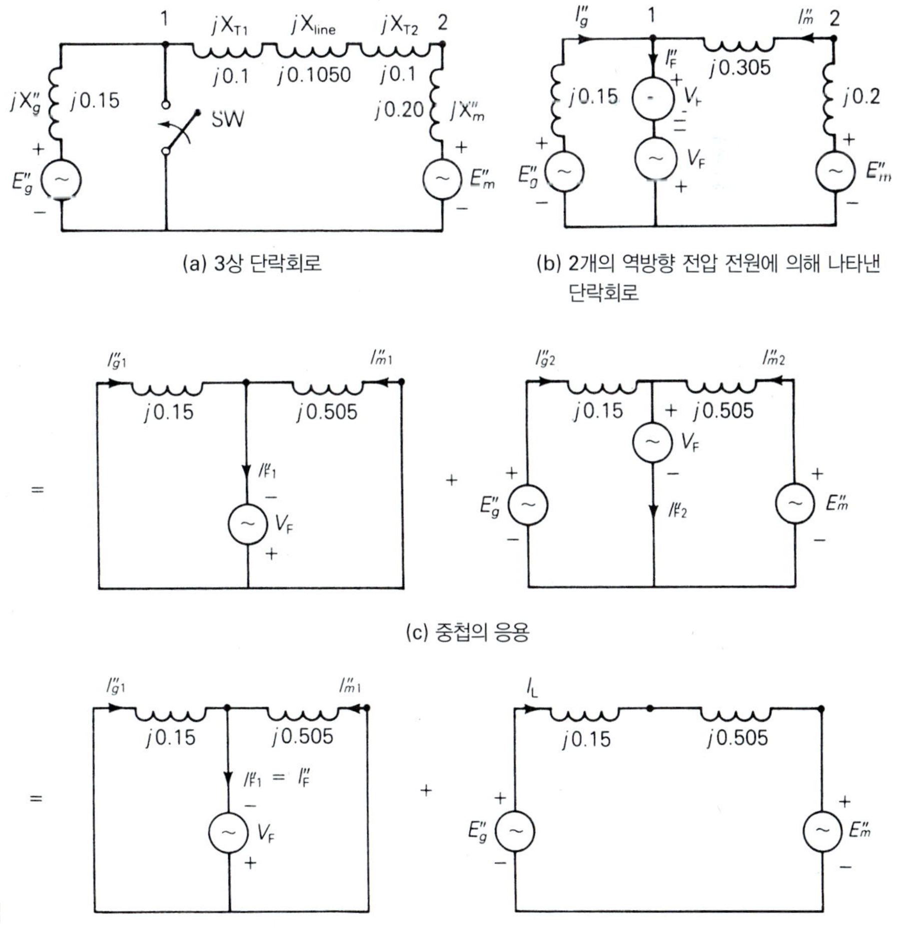

(a) 3상 단락회로

(b) 2개의 역방향 전압 전원에 의해 나타낸 단락회로

(c) 중첩의 응용

(d) V_F는 고장에서 고장 전 전압과 동일하게 설정

그림 8.4 전력계통 3상 단락고장 회로에 중첩의 정리 적용

하여 고장 전류는 그림 8.4(c)에 나타낸 2개의 회로로부터 계산할 수 있다. 이때 만일 V_F가 고장 전 전압과 같다면, 그림 8.4(c)의 2번째 회로는 고장발생 이전의 계통으로 볼 수 있다.

$I''_{F2} = 0$이면, 영향이 없는 V_F는 그림 8.4(d)에 나타낸 것과 같이 두 번째 회로에서 제거할 수 있다. 그러면 $I''_F = I''_{F1}$이 되어 차과도 고장 전류는 그림 8.4(d)의 첫 번째 회로에서 구할 수 있다. 발전기로부터 유입되는 고장 전류 기여분은 $I''_g = I''_{g1} + I''_{g2} = I''_{g1} + I_L$이다. 여기서 I_L은 고장 전 발전기 전류이고, 유사하게 $I''_m = I''_{m1} - I_L$이다.

예제 8.3 전력계통의 3상 단락회로 전류

그림 8.3의 동기발전기는 모선 1에서 0의 임피던스를 갖는 3상 단락고장이 발생하였을 때 정격전압보다 5% 높고, 지상역률 0.95, 정격 MVA로 운전 중이었다. 다음 각각에 대해 pu법(per-unit) 값을 계산하시오. (a) 차과도 고장 전류 (b) 고장 전 전류를 무시한 차과도 발전기 및 전동기 전류 (c) 고장 전 전류를 포함한 차과도 발전기 및 전동기 전류

| 풀이

a. 100 MVA를 기준으로 하면 송전선 영역의 기준 임피던스(base impedance)는

$$Z_{\text{base, line}} = \frac{(138)^2}{100} = 190.44 \quad \Omega$$

그리고

$$X_{\text{line}} = \frac{20}{190.44} = 0.1050 \quad \text{p.u.}$$

pu법 리액턴스는 그림 8.4에 표시하였다. 그림 8.4(d)의 첫 번째 회로로부터 고장점에서 바라본 테브난 임피던스(Thévenin impedance)는

$$Z_{Th} = jX_{Th} = j\frac{(0.15)(0.505)}{(0.15 + 0.505)} = j0.11565 \quad \text{p.u.}$$

이며, 발전기 단자의 고장 전 전압은

$$V_F = 1.05 \underline{/0^\circ} \quad \text{p.u.}$$

이다. 그리고 차과도 고장 전류는

$$I''_F = \frac{V_F}{Z_{Th}} = \frac{1.05\underline{/0^\circ}}{j0.11565} = -j9.079 \quad \text{p.u.}$$

b. 그림 8.4(d)의 첫 번째 회로에서 전류 분배법칙을 이용하면

$$I''_{g1} = \left(\frac{0.505}{0.505 + 0.15}\right) I''_F = (0.7710)(-j9.079)$$
$$= -j7.000 \quad \text{p.u.}$$

$$I''_{m1} = \left(\frac{0.15}{0.505 + 0.15}\right) I''_F = (0.2290)(-j9.079)$$
$$= -j2.079 \quad \text{p.u.}$$

c. 발전기 기준전류는

$$I_{\text{base,gen}} = \frac{100}{(\sqrt{3})(13.8)} = 4.1837 \quad \text{kA}$$

이며, 고장 전 발전기 전류는

$$I_L = \frac{100}{(\sqrt{3})(1.05 \times 13.8)} \underline{/-\cos^{-1}0.95}$$
$$= 3.9845 \underline{/-18.19^\circ} \quad \text{kA}$$
$$= \frac{3.9845 \underline{/-18/19^\circ}}{4.1837} = 0.9524 \underline{/-18.19^\circ}$$
$$= 0.9048 - j0.2974 \text{ p.u.}$$

고장 전 전류를 포함한 차과도 발전기 및 전동기 전류는 다음과 같다.

$$I''_g = I''_{g1} + I_L = -j7.000 + 0.9048 - j0.2974$$
$$= 0.9048 - j7.297 = 7.353 \underline{/-82.9^\circ} \text{ p.u.}$$
$$I''_m = I''_{m1} - I_L = -j2.079 - 0.9048 + j0.2974$$
$$= -0.9048 - j1.782 = 1.999 \underline{/243.1^\circ} \text{ p.u.}$$

(계속)

예제 8.3을 풀기 위한 또 다른 방법은 고장 전 부하전류 I_L을 이용하여 내부전압 E_g''와 E_m''을 계산하는 것이다. 그리고 중첩을 이용하는 대신에 고장 전류는 그림 8.4(a)의 회로에서 직접 풀 수 있을 것이다(연습문제 8.11 참조). 그러나 모든 기기 전압원을 단락시킨 상태에서 유일하게 고장 전 전압만 전원으로 사용하여 고장 전류를 계산한다는 점은 수많은 동기기로 구성된 계통에 중첩의 원리를 적용하는 장점이기도 하다. 또한, 각 지로로부터 유입되는 고장 전류 기여분를 계산할 때 고장 전 전류는 보통 작기 때문에 무시할 수도 있고, 그렇지 않으면 고장 전 부하전류는 전력조류해석 프로그램을 이용하여 계산할 수도 있다.

8.4 모선 임피던스 행렬

이전 절의 결과를 확장하여 N-모선 전력계통의 3상고장에 대한 차과도 고장 전류를 계산해보도록 하겠다. 계통은 정상분 네트워크로 모델링된다. 여기서 선로와 변압기는 직렬 리액턴스로, 동기기는 차과도 리액턴스와 정전압 전원으로 표현한다. 이전과 같이 모든 저항, 병렬 어드미턴스, 그리고 비회전 임피던스 부하는 무시한다. 또한, 해석을 단순화하기 위해 고장 전 부하전류는 무시한다.

임의의 모선 n에서 3상 단락고장이 발생하였다고 가정한다. 8.3절에 기술한 중첩의 원리를 이용하여 2개의 분리된 회로를 해석하게 된다[예를 들면 그림 8.4(d) 참조]. 첫 번째 회로에서 모든 기기 전압원은 단락되어 유일한 전원은 고장 전 전압을 갖는 전압원이 된다. 첫 번째 회로에 대해 노드방정식을 작성하면,

$$\boldsymbol{Y}_{\text{bus}}\boldsymbol{E}^{(1)} = \boldsymbol{I}^{(1)} \tag{8.4.1}$$

여기서 $\boldsymbol{Y}_{\text{bus}}$는 정상분 모선 어드미턴스 행렬이며, $\boldsymbol{E}^{(1)}$은 모선 전압의 벡터, 그리고 $\boldsymbol{I}^{(1)}$은 전류 전원의 벡터이다. 위첨자 (1)은 첫 번째 회로를 표시한다. 식 (8.4.1)을 풀면,

$$\boldsymbol{Z}_{\text{bus}}\boldsymbol{I}^{(1)} = \boldsymbol{E}^{(1)} \tag{8.4.2}$$

여기서,

$$\boldsymbol{Z}_{\text{bus}} = \boldsymbol{Y}_{\text{bus}}^{-1} \tag{8.4.3}$$

$\boldsymbol{Y}_{\text{bus}}$의 역행렬인 $\boldsymbol{Z}_{\text{bus}}$는 정상분 모선 임피던스 행렬이다. $\boldsymbol{Z}_{\text{bus}}$와 $\boldsymbol{Y}_{\text{bus}}$ 모두 대칭행렬이다.

첫 번째 회로는 고장 모선 n에 위치한 하나의 전원만 포함하기 때문에 전류원 벡터는 단지 하나만 0이 아닌 성분을 포함하고, $I_n^{(1)} = -I''_{\text{F}n}$이다. 또한, 첫 번째 회로에서 고장 모선 n에서의 전압 $E_n^{(1)} = -V_{\text{F}}$이다. 식 (8.4.2)를 다시 나타내면,

$$\begin{bmatrix} Z_{11} & Z_{12} & \cdots & Z_{1n} & \cdots & Z_{1N} \\ Z_{21} & Z_{22} & \cdots & Z_{2n} & \cdots & Z_{2N} \\ \vdots & & & & & \\ Z_{n1} & Z_{n2} & \cdots & Z_{nn} & \cdots & Z_{nN} \\ \vdots & & & & & \\ Z_{N1} & Z_{N2} & \cdots & Z_{Nn} & \cdots & Z_{NN} \end{bmatrix} \begin{bmatrix} 0 \\ 0 \\ \vdots \\ -I''_{\text{F}n} \\ \vdots \\ 0 \end{bmatrix} = \begin{bmatrix} E_1^{(1)} \\ E_2^{(1)} \\ \vdots \\ -V_{\text{F}} \\ \vdots \\ E_N^{(1)} \end{bmatrix} \tag{8.4.4}$$

식 (8.4.4)의 전류원과 관련된 음(−)의 부호는 $I''_{\text{F}n}$이 모선 n으로부터 중성점으로 흘러나오기 때문에 모선 n으로 주입되는 전류가 $I''_{\text{F}n}$의 음수임을 나타내는 것이다. 식 (8.4.4)로부터 차과도 고장 전류는

$$I''_{\text{F}n} = \frac{V_{\text{F}}}{Z_{nn}} \tag{8.4.5}$$

또한 식 (8.4.4)와 (8.4.5)로부터 첫 번째 회로의 임의 모선 k에서의 전압은

$$E_k^{(1)} = Z_{kn}(-I''_{\text{F}n}) = \frac{-Z_{kn}}{Z_{nn}}V_{\text{F}} \tag{8.4.6}$$

두 번째 회로는 고장 전 조건을 나타낸다. 고장 전 부하전류를 무시하면 두 번째 회로의 모든 전압은 고장 전 전압과 동일하다. 즉, 각 모선 k에 대해 $E_k^{(2)} = V_{\text{F}}$이다. 중첩의 원리를 적용하면 다음과 같이 된다.

$$\begin{aligned} E_k &= E_k^{(1)} + E_k^{(2)} = \frac{-Z_{kn}}{Z_{nn}}V_{\text{F}} + V_{\text{F}} \\ &= \left(1 - \frac{Z_{kn}}{Z_{nn}}\right)V_{\text{F}} \quad k = 1, 2, \ldots, N \end{aligned} \tag{8.4.7}$$

예제 8.4 Z_{bus}를 이용한 3상 단락고장 전류의 계산

그림 8.3의 모선 1과 2에서의 고장을 살펴보겠다. 고장 전 전압은 1.05 p.u.이며 고장 전 부하전류는 무시한다. (a) 2 × 2 정상분 모선 임피던스 행렬을 구하시오. (b) 모선 1에서 0 임피던스를 갖는 3상 단락고장이 발생하였을 경우, $\boldsymbol{Z}_{bus}$를 이용하여 차과도 고장 전류와 송전선으로부터 유입되는 고장 전류 기여분을 구하시오. (c) 모선 2에서 0 임피던스를 갖는 3상 단락고장이 발생하였을 경우, (b)를 반복하시오.

| 풀이

a. 그림 8.4(a)의 회로를 임피던스 pu값 대신에 어드미턴스 pu값으로 나타내어 그림 8.5에 다시 나타내었다. 고장 전 부하전류를 무시하면, $E''_g = E''_m = V_F = 1.05\underline{/0°}$ p.u.이다. 그림 8.5로부터 정상분 모선 어드미턴스 행렬은

$$\boldsymbol{Y}_{bus} = -j\begin{bmatrix} 9.9454 & -3.2787 \\ -3.2787 & 8.2787 \end{bmatrix} \text{ p.u.}$$

$\boldsymbol{Y}_{bus}$의 역행렬을 구하면,

$$\boldsymbol{Z}_{bus} = \boldsymbol{Y}_{bus}^{-1} = +j\begin{bmatrix} 0.11565 & 0.04580 \\ 0.04580 & 0.13893 \end{bmatrix} \text{ p.u.}$$

b. 식 (8.4.5)를 이용하여 모선 1에서의 차과도 고장 전류를 구하면,

$$I''_{F1} = \frac{V_F}{Z_{11}} = \frac{1.05\underline{/0°}}{0.11565} = -j9.079 \quad \text{p.u.}$$

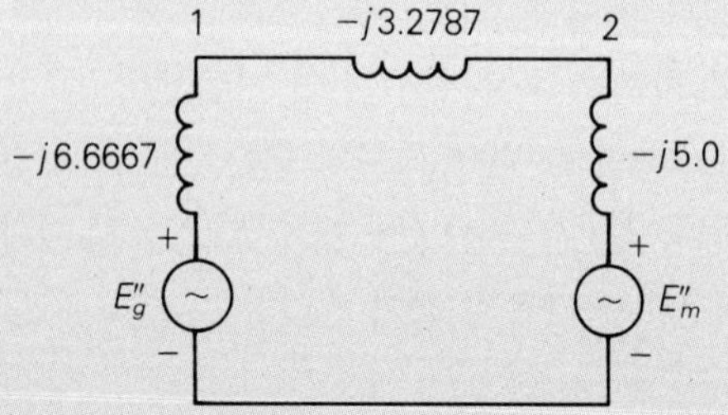

그림 8.5 어드미턴스 pu값으로 변환된 그림 8.4(a)의 회로

예제 8.3(a)의 결과와 일치한다. 고장 동안 모선 1과 2의 전압은 식 (8.4.7)로부터

$$E_1 = \left(1 - \frac{Z_{11}}{Z_{11}}\right)V_F = 0$$

$$E_2 = \left(1 - \frac{Z_{21}}{Z_{11}}\right)V_F = \left(1 - \frac{j0.04580}{j0.11565}\right)1.05\underline{/0°}$$
$$= 0.6342\underline{/0°}$$

송전선으로부터의 고장 전류 기여분은 선로 및 변압기 T_1, T_2의 임피던스로 모선 2에서 모선 1까지의 전압 강하값을 나누면 얻어진다.

$$I_{21} = \frac{E_2 - E_1}{j(X_{line} + X_{T1} + X_{T2})} = \frac{0.6342 - 0}{j0.3050}$$
$$= -j2.079 \quad \text{p.u.}$$

이것은 예제 8.3(b)에서 계산된 전동기 전류와 일치한다. 여기에서 고장 전 전류는 무시되었다.

c. 식 (8.4.5)를 이용하여 모선 2에서의 차과도 고장 전류를 계산하면,

$$I''_{F2} = \frac{V_F}{Z_{22}} = \frac{1.05\underline{/0°}}{j0.13893} = -j7.558 \quad \text{p.u.}$$

그리고 식 (8.4.7)로부터

$$E_1 = \left(1 - \frac{Z_{12}}{Z_{22}}\right)V_F = \left(1 - \frac{j0.04580}{j0.13893}\right)1.05\underline{/0°}$$
$$= 0.7039\underline{/0°}$$

$$E_2 = \left(1 - \frac{Z_{22}}{Z_{22}}\right)V_F = 0$$

송전선으로부터의 고장 전류 기여분은 다음과 같다.

$$I_{12} = \frac{E_1 - E_2}{j(X_{line} + X_{T1} + X_{T2})} = \frac{0.7039 - 0}{j0.3050}$$
$$= -j2.308 \quad \text{p.u.}$$

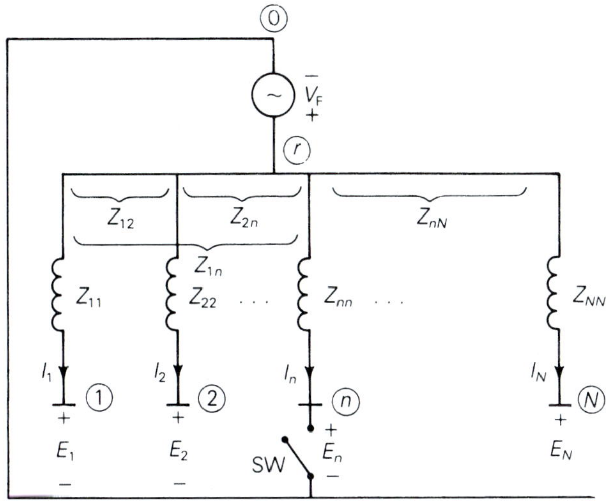

그림 8.6 모선 임피던스 등가회로(*갈퀴 등가*)

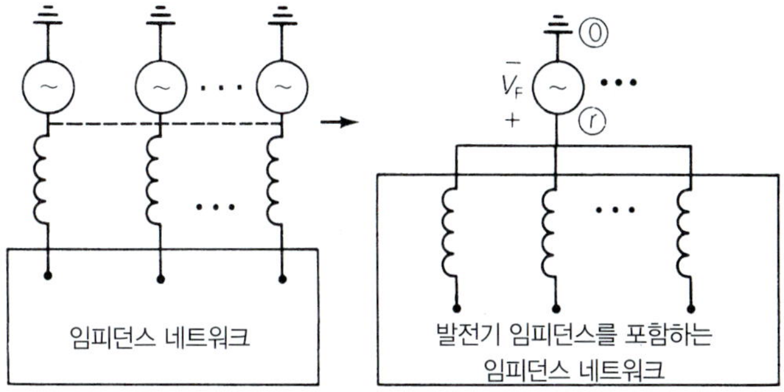

그림 8.7 무부하 동기기기 내부전압 전원의 병렬 연결

그림 8.6은 N-모선 계통에서의 단락고장 전류를 표현하는 모선 임피던스 등가회로를 나타낸 것이다. 이 회로는 정원 관리도구인 갈퀴와 유사한 형태 덕분에 Neuenswander[5]에서 갈퀴 등가(rake equivalent)라고 불리게 되었다.

모선 임피던스 행렬의 대각요소 $Z_{11}, Z_{22}, \ldots, Z_{NN}$은 자기 임피던스로서, 그림 8.6에 나타나 있다. 비대각요소 또는 상호 임피던스는 그림에서 괄호 표시로 나타내었다.

고장 전 부하전류를 무시하면, 모든 동기기의 내부 전압원은 크기뿐만 아니라 위상도 동일하다. 이처럼 모든 요소는 그림 8.7에 나타낸 것과 같이 연결할 수 있다. 중성 모선 0으로부터 기준 모선 r까지는 하나의 등가전원 V_F로 대체될 수 있다. 등가 전원을 그림 8.6의 갈퀴 등가에 나타냈다.

$\boldsymbol{Z}_{\text{bus}}$를 이용하여 그림 8.6에서 고장 전류를 구하면 다음 식과 같이 된다.

$$\begin{bmatrix} Z_{11} & Z_{12} & \cdots & Z_{1n} & \cdots & Z_{1N} \\ Z_{21} & Z_{22} & \cdots & Z_{2n} & \cdots & Z_{2N} \\ \vdots & & & & & \\ Z_{n1} & Z_{n2} & \cdots & Z_{nn} & \cdots & Z_{nN} \\ \vdots & & & & & \\ Z_{N1} & Z_{N2} & \cdots & Z_{Nn} & \cdots & Z_{NN} \end{bmatrix} \begin{bmatrix} I_1 \\ I_2 \\ \vdots \\ I_n \\ \vdots \\ I_N \end{bmatrix} = \begin{bmatrix} V_F - E_1 \\ V_F - E_2 \\ \vdots \\ V_F - E_n \\ \vdots \\ V_F - E_N \end{bmatrix} \tag{8.4.8}$$

여기서 $I_1, I_2, \ldots$는 분기전류이며, $(V_F - E_1), (V_F - E_2), \ldots$는 분기에 걸린 전압이다.

만일 그림 8.6의 스위치 SW가 개방되면, 모든 전류는 0이 되고 중성점에 대한 각 모선에서의 전압은 V_F와 같다. 이것은 고장 전 부하전류를 무시한 고장 전 조건과 일치한다. 만일 스위치 SW가 닫히면 모선 n에서의 단락고장에 대응하여 $E_n = 0$이 되며, I_n을 제외한 모든 전류는 0을 유지한다. 고장 전류는 $I''_{Fn} = I_n = V_F/Z_{nn}$이 되고, 이것은 식 (8.4.5)와 일치한다. 또한 이 고장 전류는 각 분기 k에 걸리는 전압강하 $Z_{kn}I_n = (Z_{kn}/Z_{nn})V_F$로 유도된다. 중성점에 대한 모선 k의 전압은 이 전압강하에서 V_F를 뺀 것과 동일하다. 이 값은 식 (8.4.7)과 일치한다.

식 (8.4.5)뿐만 아니라 그림 8.6에 나타낸 것과 같이 N-모선 전체 전력계통에 걸친 차과도 고장 전류는 모선 임피

예제 8.5

PowerWorld Simulator 예제 8_5는 그림 6.2의 단선도로 나타낸 5모선 전력계통을 모델로 한다. 동기기, 선로 및 변압기 데이터는 표 8.3, 8.4, 8.5에 주어졌다. 초기에 계통은 무부하 상태이며, 모든 모선에서의 고장 전 전압은 1.05 p.u.이다. PowerWorld Simulator를 사용하여 3상고장에 대한 각 모선에서의 고장 전류를 구하시오.

(계속)

| 풀이

단선도상에서 어떤 모선에 사고를 발생시키려면, bus 심볼을 오른쪽 클릭을 하여 local menu를 표시한 후 '**Fault**'를 선택하면 Fault 대화창이 나타난다(그림 8.8 참조). 선택된 모선은 자동적으로 고장점으로 지정될 것이다. 고장점이 'Bus Fault'이고, 고장 형태(Fault Type)가 '3 phase Balanced'인지 확인한다[불평형 고장(unbalanced faults)은 10장에서 다룬다]. 그 후에 고장 전류와 전압을 결정하기 위해 대화창의 아래쪽 왼쪽 모서리에 위치한 '**Calculate**'를 선택한다. 결과는 대화창의 아래쪽 표에 나타난다. 추가적으로 값들은 One-line Display Field Value를 변경시킴으로써 one-line상에서 변화시킬 수 있다. 3상고장이기 때문에 계통은 평형상태를 유지하고, a상, b상 및 c상 값의 크기는 동일하다. 이 계통에 대한 5 × 5 $\boldsymbol{Z}_{\text{bus}}$ 행렬은 표 8.6에 나타냈으며, 각 모선에서의 고장에 대한 고장 전류 및 모선전압은 표 8.7에 주어졌다. 기기의 리액턴스 입력데이터는 직축 차과도 리액턴스로 구성되었기 때문에 고장 전류는 차과도 고장 전류임에 유념한다.

표 8.3 SYMMETRICAL SHORT CIRCUITS(대칭 단락회로) 프로그램*에 대한 동기기기 데이터

모선	기기 차과도 리액턴스 — X''_d(p.u.)
1	0.045
3	0.0225

*S_{base} = 100 MVA
V_{base} = 모선 1, 3에서 15 kV
= 모선 2, 4, 5에서 345 kV

표 8.4 SYMMETRICAL SHORT CIRCUITS 프로그램에 대한 선로 데이터

모선–모선	등가 정상분 직렬 리액턴스(pu)
2~4	0.1
2~5	0.05
4~5	0.025

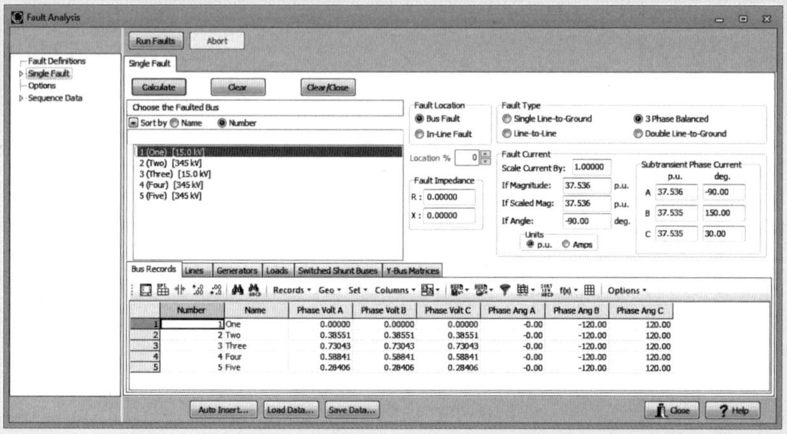

그림 8.8 예제 8.5에 대한 고장해석 대화창 — 모선 1에서의 고장

표 8.5 SYMMETRICAL SHORT CIRCUITS 프로그램에 대한 변압기 데이터

모선–모선	누설 리액턴스 — X(p.u.)
1~5	0.02
3~4	0.01

표 8.6 예제 8.5에 대한 Z_{bus}

$$j\begin{bmatrix} 0.0279725 & 0.0177025 & 0.0085125 & 0.0122975 & 0.020405 \\ 0.0177025 & 0.0569525 & 0.0136475 & 0.019715 & 0.02557 \\ 0.0085125 & 0.0136475 & 0.0182425 & 0.016353 & 0.012298 \\ 0.0122975 & 0.019715 & 0.016353 & 0.0236 & 0.017763 \\ 0.020405 & 0.02557 & 0.012298 & 0.017763 & 0.029475 \end{bmatrix}$$

(계속)

표 8.7 예제 8.5에 대한 고장 전류 및 모선전압

고장모선	고장 전류 (p.u.)	Gen Line 또는 TRSF	모선–모선	전류 (p.u.)
		고장 전류에 대한 기여		
1	37.536			
		G 1	GRND~1	23.332
		T 1	5~1	14.204
2	18.436			
		L 1	4~2	6.864
		L 2	5~2	11.572
3	57.556			
		G 2	GRND~3	46.668
		T 2	4~3	10.888
4	44.456			
		L 1	2~4	1.736
		L 3	5~4	10.412
		T 2	3~4	32.308
5	35.624			
		L 2	2~5	2.78
		L 3	4~5	16.688
		T 1	1~5	16.152

$V_F = 1.05$ 고장모선	pu법으로 표시한 고장 중 모선전압의 크기				
	모선 1	모선 2	모선 3	모선 4	모선 5
1	0.0000	0.7236	0.5600	0.5033	0.3231
2	0.3855	0.0000	0.2644	0.1736	0.1391
3	0.7304	0.7984	0.0000	0.3231	0.6119
4	0.5884	0.6865	0.1089	0.0000	0.4172
5	0.2840	0.5786	0.3422	0.2603	0.0000

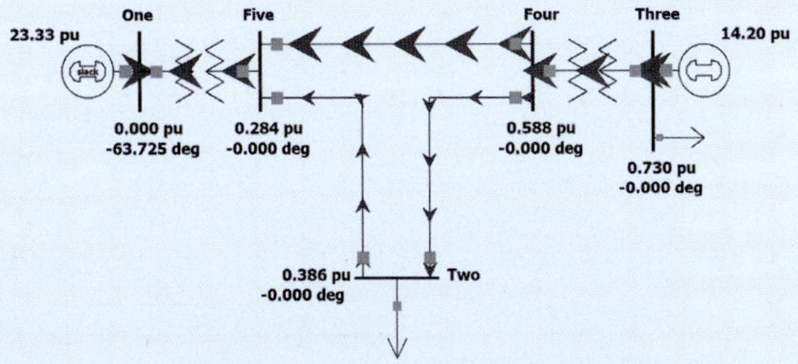

그림 8.9 예제 8.5에 대한 화면 — 모선 1에서의 고장

던스 행렬과 고장 전 전압으로부터 계산할 수 있다. $\boldsymbol{Z}_{\text{bus}}$는 노드방정식을 통해 먼저 $\boldsymbol{Y}_{\text{bus}}$를 구성하고, 그 후에 $\boldsymbol{Y}_{\text{bus}}$를 역변환함으로써 얻을 수 있다. 일단 $\boldsymbol{Z}_{\text{bus}}$가 얻어지면, 전체 전력계통에 걸친 차과도 고장 전류는 쉽게 계산할 수 있다.

예제 8.6

모선 2와 4 사이에 추가 설치된 송전선로에 대해 예제 8.5를 다시 실행하시오. 리액턴스 0.075 p.u.인 이 선로는 어떤 다른 선로와도 상호 결합되지 않았다.

표 8.8 예제 8.6에 대한 Z_{bus}

$$j\begin{bmatrix} 0.027723 & 0.01597 & 0.00864 & 0.01248 & 0.02004 \\ 0.01597 & 0.04501 & 0.01452 & 0.02097 & 0.02307 \\ 0.00864 & 0.01452 & 0.01818 & 0.01626 & 0.01248 \\ 0.01248 & 0.02097 & 0.01626 & 0.02349 & 0.01803 \\ 0.02004 & 0.02307 & 0.01248 & 0.01803 & 0.02895 \end{bmatrix}$$

| 풀이

수정된 계통은 PowerWorld Simulator 예제 8_6에 포함되어 있다. $\boldsymbol{Z}_{\text{bus}}$, 고장 전류 및 모선전압을 표 8.8, 8.9에 나타냈다. 신설선로로 인해 고장모선과 발전기 간의 전체 임피던스가 줄어듦에 따라, 특히 모선 2의 고장 전류가 감소한 것에 주목하자.

표 8.9 예제 8.6에 대한 고장 전류와 모선전압

		고장 전류에 대한 기여		
고장모선	고장 전류(p.u.)	Gen Line 또는 TRSF	모선-모선	전류(p.u.)
1	37.872			
		G 1	GRND~1	23.332
		T 1	5~1	14.544
2	23.328			
		L 1	4~2	5.608
		L 2	5~2	10.24
		L 4	4~2	7.48
3	57.756			
		G 2	GRND~3	46.668
		T 2	4~3	11.088
4	44.704			
		L 1	2~4	1.128
		L 3	5~4	9.768
		L 4	2~4	1.504
		T 2	3~4	32.308
5	36.268			
		L 2	2~5	4.268
		L 3	4~5	15.848
		T 1	1~5	16.152

(계속)

표 8.9 예제 8.6에 대한 고장 전류와 모선전압(계속)

V_F = 1.05	pu법으로 나타낸 고장중 모선전압의 크기				
고장모선	모선 1	모선 2	모선 3	모선 4	모선 5
1	0.0000	0.6775	0.5510	0.4921	0.3231
2	0.4451	0.0000	0.2117	0.1127	0.2133
3	0.7228	0.7114	0.0000	0.3231	0.5974
4	0.5773	0.5609	0.1109	0.0000	0.3962
5	0.2909	0.5119	0.3293	0.2442	0.0000

8.5 차단기 및 퓨즈 선정

단락고장해석 프로그램은 전력계통 설계 시 차단기, 퓨즈, 계전기 및 계기용 변성기 같은 보호기기를 선정하고, 정정하여 협조시키는 데 활용될 수 있다. 이 절에서는 차단기와 퓨즈 선정의 기본 원리에 대해 기술한다.

교류 차단기

차단기는 고장 전류를 차단하고 재폐로할 수 있는 기계적인 스위치이다. 전류가 흐를 때 차단기 접점이 분리되면 아크가 발생한다. 차단기는 아크를 길게 늘리거나 냉각시킴으로써 아크가 제거될 수 있도록 설계된다. 교류 아크전류가 60 Hz 주기 동안 2회에 걸쳐 전류 크기가 0이 된다는 점은 아크를 제거하는 과정에 도움이 되고 있다.

차단기는 1,500 V 이상의 교류회로에서 사용될 때 **전력용** 차단기로 분류되며, 1,500 V 이하의 교류회로에서 사용될 때는 **저전압** 차단기로 구분된다. 공기, 기름, SF_6 가스 또는 진공 등의 아크를 늘리는 매개체에 따라 여러 가지 형태의 차단기가 있다. 또한, 아크는 자기력 또는 공기의 분사에 의해 길게 늘릴 수도 있다.

몇몇 차단기는 고속 자동 재폐로 기능을 갖추고 있다. 대부분의 고장은 일시적이고, 스스로 제거되기도 하기 때문에 만일 회로를 짧은 시간 동안만 끊어놓는다면 곧 고장은 해소되고 고장으로 인해 발생된 아크는 사라지게 될 것이라는 아이디어에서 재폐로가 도입되었다.

EHV 계통에 사용되는 차단기를 재폐로할 때는 일반적으로 차단기가 고장을 차단한 이후 약 15~50주기(동작전압에 따라)에 한 번만 재폐로한다. 만일 고장이 지속되는데 EHV 차단기가 재폐로한다면 차단기는 고장 전류를 다시 차단하게 될 것이며, 이후에는 조작자가 재설정을 해야 하는 영구 개방(locks out) 상태가 된다. EHV 계통에서 여러 번 재폐로를 하는 것은 과도안정도(12장)에 문제를 야기할 수 있기 때문에 일반적으로 사용하지 않는다. 그러나 고객의 정전 최소화가 가장 중요한 업무인 배전계통(2.4~46 kV)에서는 표준적인 재폐로기가 둘 또는 그 이상의 재폐로가 수행되도록 만들어져 있다.

저압에서는 이중 트립기능(dual trip capability)을 갖는 molded case 차단기가 사용되기도 한다. 지정된 허용범위 이상의 큰 고장 전류에 대해서는 자기 순시 트립(magnetic instantaneous trip), 보다 적은 고장 전류에 대해서는 시간 지연을 갖는 열적 트립(thermal trip)이 있다.

현대의 차단기 표준은 대칭 차단 전류(symmetrical interrupting current)에 기초한다(표 8.10). 특정한 계통 위치에서의 대칭 고장 전류만 계산하고 이어서 계산된 전류 이상의 대칭 차단능력이 있는 차단기를 선정하게 된다. 직류 옵셋이 지나치게 크지만 않다면, 차단기에는 비대칭(또는 전체) 고장 전류를 차단하는 부가기능을 갖는다.

8.1절에서 기술한 것처럼 최대 비대칭 인자 K (τ = 0)는 $\sqrt{3}$이고, 이는 고장 개시 순간에 발생한다. 고장 개시 이후에 직류 고장 전류는 시정수 T = (L/R) = (X/ωR)에 따라 지수적으로 감쇠하며, 비대칭 인자도 감소한다. 2-주기의 정격차단시간을 갖는 전력용 차단기는 대칭 차단 능력의 1.4배까지의 비대칭 차단 능력이 있도록 설계되었다. 한편 저속 차단기는 더 낮은 비대칭 차단 능력을 갖는다.

표 8.10 정격 100 kV와 그 이상의 옥외 차단기에 자주 사용하는 정격(GIS에 적용된 차단기 포함)
Source: © 2009 IEEE. Reprinted, with permission from IEEE Std C37.06-2009, IEEE Standard for AC High- Voltage Circuit Breakers Rated on a Symmetrical Current Basis-Preferred Ratings and Related Required Capabilities for Voltages Above 1000 V.

선로 번호	정격 최대전압 U_r (kV, rms)	정격 연속전류 (A, rms)	정격단락 및 단시간 전류 (kA, rms)	정격 차단시간 (ms)	최대허용 가능 트립 시간지연 Y (s)	정격폐로 및 래치 전류 (kA, 첨두)
	Col 1	Col 2	Col 3	Col 4	Col 5	Col 6
1	123	1200, 2000	31.5	50	1	82
2	123	2000, 3000, 4000	40	50	1	104
3	123	2000, 3000, 4000	50	50	1	130
4	123	2000, 3000, 4000	63	50	1	164
5	145	1200, 2000	31.5	33 or 50	1	82
6	145	1600, 2000, 3000	40	33 or 50	1	104
7	145	2000, 3000	50	33 or 50	1	130
8	145	2000, 3000	63	33 or 50	1	164
9	145	2000, 3000, 4000	80	33 or 50	1	208
10	170	1600, 2000	31.5	33 or 50	1	82
11	170	2000, 3000	40	33 or 50	1	104
12	170	2000, 3000, 4000, 5000	50	33 or 50	1	130
13	170	2000, 3000, 4000, 5000	63	33 or 50	1	164
14	170	3000, 4000, 5000	80	33 or 50	1	208
15	170	4000, 5000	100	33 or 50	1	260
16	245	1600, 2000, 3000	31.5	33 or 50	1	82
17	245	2000, 3000	40	33 or 50	1	104
18	245	2000, 3000	50	33 or 50	1	130
19	245	2000, 3000, 4000, 5000	63	33 or 50	1	164
20	245	3000, 4000, 5000	80	33 or 50	1	208
21	362	2000, 3000	40	33 or 50	1	104
22	362	2000, 3000	50	33 or 50	1	130
23	362	2000, 3000, 4000	63	33 or 50	1	164
24	550	2000, 3000	40	33	1	104
25	550	3000, 4000	50	33	1	130
26	550	3000, 4000	63	33	1	164
27	800	2000, 3000	40	33	1	104
28	800	3000, 4000	50	33	1	130
29	800	3000, 4000	63	33	1	164

차단기 선정을 위한 간략화된 한 방법을 "E/X 간략화 방법"[1, 7]이라고 부른다. "E/X 간략화 방법"의 수정[10]은 다음과 같다. 차단기 설치가 필요한 계통 위치에서 3상 및 1선 지락 고장의 최대 대칭 단락고장 전류는 고장 전 전압과 계통 리액턴스 특성을 고려하여 컴퓨터 프로그램을 이용하여 계산한다. 저항, 병렬 어드미턴스, 비회전 임피던스 부하 및 고장 전 부하전류는 무시한다. 만일 해당 위치에서 3상 및 1선 지락 고장 모두에 대한 X/R 비가 17보다

적다면 주어진 동작전압으로 계산된 대칭 고장 전류 이상의 대칭 차단용량을 갖는 차단기를 선택하여도 무방하다. 이 경우, 차단기는 최대 대칭 고장전류뿐만 아니라, 최대 직류 옵셋 전류를 차단할 충분한 차단용량을 갖는다.

그러나 만일 X/R 비가 17보다 크다면, 직류 옵셋은 충분히 작은 값으로 감쇠하지 않을 수도 있기 때문에 차단 속도뿐만 아니라 직류 및 교류 시정수를 고려하여 계산된 고장 전류 정정기법이 사용될 수 있다[10]. 만일 X/R를 모른다면 계산된 3상 최대 대칭 고장전류가 차단기 대칭 차단용량의 80% 이하가 되고, 계산된 1선 지락 최대 대칭 고장전류가 차단기 대칭 차단용량의 70% 이하가 되는 차단기를 선택하도록 "E/X 간략화 방법"을 사용할 수 있다.

발전기용 차단기는 일반적으로 2주기 차단기를 사용하기 때문에 차과도 고장 전류를 계산하여야 한다. 따라서 차과도 리액턴스 X_d''가 고장 전류계산에 사용된다. 동기전동기에 대해서는 차단속도에 따라 차과도 리액턴스 X_d'' 또는 과도 리액턴스 X_d'가 사용된다. 또한 유도전동기는 일시적으로 고장 전류에 기여할 수 있다. 대형 유도전동기는 보통 차단기 속도에 따라 X_d'' 또는 X_d'와 직렬로 연결된 전원으로 모델링된다. 작은 유도전동기(40 kW 이하)는 보통 무시한다.

표 8.10에 옥외 전력용 차단기에서 자주 사용하는 정격값을 정리하였다. 몇 가지 중요한 정격은 다음과 같다.

정격 최대 전압: 선간 최대 운전전압 실효치로 정의. 차단기는 이 정격 이하 또는 동등한 운전전압을 가진 계통에서 사용할 수 있다.

정격 연속전류: 과열 없이 닫힌 위치에서 연속으로 차단기가 흘릴 수 있는 최대 60 Hz 전류 실효치

정격 단락고장 전류: 차단기가 정격 최대전압에서 안전하게 차단할 수 있는 최대 대칭전류 실효치

정격 단시간 전류: 차단기가 지정된 시간주기에 대해 닫힌 위치(트립 없이)에서 흘릴 수 있는 최대 단락고장 전류. 표 8.10에 나타낸 것과 같이 정격 단시간 전류는 정격 단락고장 전류와 같다.

정격 차단시간: 트립코일이 여기된 순간부터 3상 고장 전류 전체가 제거된 순간까지 ms 단위로 나타낸 시간.

최대 허용가능 트립시간 지연: 정격 단시간 전류와 단시간 통전 시간주기에 기초하여, 단락회로 조건 동안 보호계전방식이 차단기를 트립시키기 위한 초[s] 단위로 나타낸 최대 지연시간

정격 폐로 및 래치 전류: 차단기가 closing 및 latching을 할 수 있는 60 Hz 첨두전류. 표 8.10에 나타낸 것과 같이, 정격 폐로 및 래치 전류는 정격 단락고장 전류의 2.6 배임.

예제 8.7 $\frac{X}{R}$비를 알고 있을 경우의 차단기 선정

최대 운전전압이 360 kV인 3상 모선에서 계산된 최대 대칭 고장전류값이, 3상 단락회로에 대해서는 35 kA, 1선 지락 고장회로에 대해서는 32 kA이다. 모선에서의 $\frac{X}{R}$비는 3상 단락회로에 대해서는 16.5, 1선 지락 고장 회로에 대해서는 14.8이다. 최대 연속전류는 2400 A로 가장 최근의 첨두 부하조건 동안 발생했거나 또는 향후 5년 동안 예측된 임의의 첨두값이다. 이 모선에 대해 표 8.10으로부터 차단기를 선정하시오.

| 풀이

최대 운전전압이 360 kV이기 때문에, 표 8.10의 선로 21부터 23까지의 차단기를 선택한다. 여기서, 정격 최대전압은 362 kV(선간전압 실효값)이다. 또한, 2400 A의 최대 연속전류에 대해, 3000 A(실효값) 정격 연속전류를 갖는 선로 21−23의 차단기를 선택한다. 3상 및 1선 지락 고장 회로에 대한 $\frac{X}{R}$비가 둘 다 17보다 작으므로, 40 kA의 정격 단락회로 전류를 갖는 차단기를 선정한다. 이것은 최대 3상 대칭 고장전류(35 kA)뿐만 아니라 최대 1선 지락 대칭 고장전류(32 kA)값을 초과한다. 따라서, 3000 A 연속전류 정격, 362 kV 정격 최대전압 및 40 kV 정격 단락회로 전류를 갖는 선로 21로부터 차단기를 선정한다.

예제 8.8 $\frac{X}{R}$비를 모르고 있을 경우의 차단기 선정

$\frac{X}{R}$비를 모르고 있을 때, 예제 8.7을 반복한다.

| 풀이

표 8.10의 선로 21-23으로부터 3000 A 연속전류를 갖는 차단기를 선정한다. 여기서, 정격 최대전압은 362 kV이다. $\frac{X}{R}$비를 알 수 없기 때문에 50 kA 정격 단락회로 전류를 갖는 선로 22의 차단기를 선택한다. 그 이유는 계산된 최대 3상 대칭 고장전류(35 kA)가 차단기의 대칭 차단 성능(능력)의 80% 이하이며(즉, 35 kA는 0.8 × 50 = 40 kA 값 이하임), 계산된 최대 1선 지락 대칭 고정전류(32 kA)는 차단기의 대칭차단 성능의 70% 이하(즉, 32 kA는 0.7 × 50 = 35 kA 이하의 값임)이기 때문이다. 그러므로, 3000 A 연속전류 정격, 362 kV 정격 최대전압과 50 kA 정격 단락회로 전류를 갖는 선로 22로부터 차단기를 선정한다.

퓨즈(fuse)

그림 8.10(a)는 가장 간단한 과전류 보호장치의 하나인 퓨즈의 단면도를 나타낸다. 퓨즈는 금속재질의 '용융 가능한(fusible)' 연결부(link) 또는 튜브에 둘러싸인 연결부로 구성되어 있으며, 튜브는 충진 물질로 채워져 있고, 접점 단자를 통해 회로에 연결된다. 은이 보통 연결부 금속으로 많이 사용되며, 모래가 일반적인 충진 물질이다.

정상 동작 시에는 퓨즈가 연속전류 정격 이하에서 사용되기 때문에 연결부의 전기 저항은 단순 도체와 같이 아주 작다. 그러나 연속 정격 전류 1~6배 정도의 과전류가 발생하여 짧지 않은 시간 동안 지속된다면 연결부의 온도는 높아지고 결국 연결부의 제한부가 녹아버리는 단계까지 도달하게 된다. 이 순간 그림 8.10(b)에 나타낸 것과 같이 간극이 형성되고 전기아크가 발생한다. 아크가 연결부 금속을 타들어가게 함에 따라 간극 폭은 증가하고, 결국 아크 저항이 아크가 지속할 수 없는 높은 단계까지 도달하여 그림 8.10(c)와 같이 소호된다. 이후 퓨즈 내에 흐르는 전류는 완전히 차단된다.

만일 퓨즈에 연속 정격 전류의 약 6배보다 큰 고장 전류가 흐른다면, 여러 개의 제한부가 동시에 녹으며 급격하게 아크 발생이 억제되고 신속한 고장 제거효과를 가져온다. 아크의 억제는 퓨즈 내의 충진 물질에 의해 가속화된다.

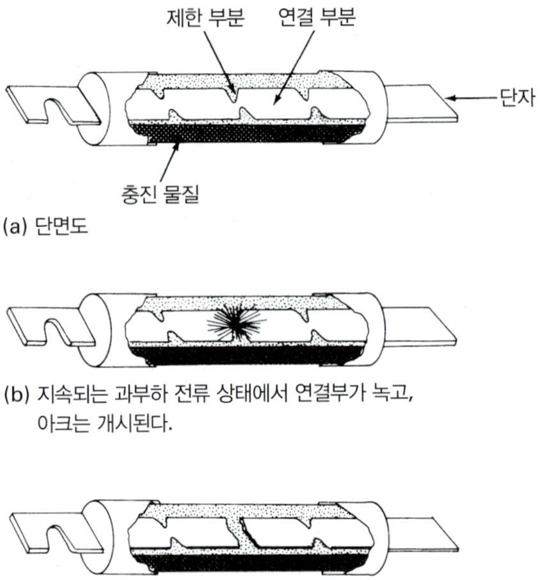

(a) 단면도

(b) 지속되는 과부하 전류 상태에서 연결부가 녹고, 아크는 개시된다.

(c) 과부하 전류가 제거된 이후 개방된 연결부

그림 8.10 전형적인 퓨즈

현대에 사용되는 많은 퓨즈는 전류 제한형이다. 그림 8.11에 나타낸 것과 같이 한류 퓨즈는 고장 전류의 최대치에 도달하기 이전인 반 주기 내에 큰 고장 전류를 차단하는 고속응답 특성을 갖는다. 고장 전류를 제한함으로써 퓨즈는 큰 고장 전류의 파괴력을 견디지 못하는 전동기, 변압기, 전선 및 모선 보호에 사용할 수 있다.

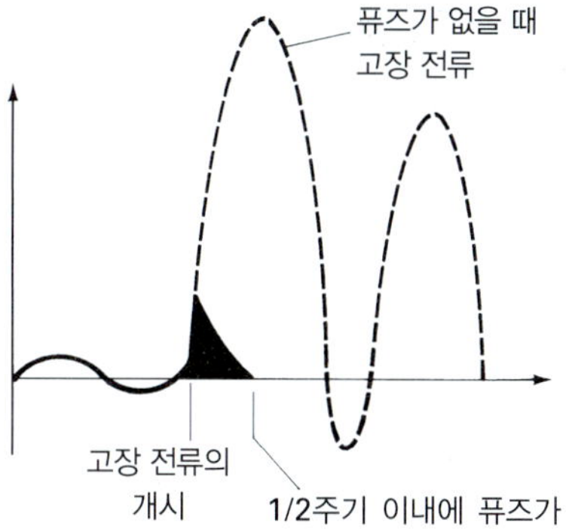

그림 8.11 한류 퓨즈의 동작

퓨즈 사양은 보통 다음 4가지 인자에 기초한다.

1. **전압 정격**: 이 전압 실효치는 퓨즈 연결부가 녹은 이후에 발생하는 내부 아크를 억제하는 퓨즈의 성능을 결정한다. 파괴된 퓨즈는 전압 정격에 견딜 수 있어야 한다. 대부분의 저전압 퓨즈는 250 또는 600 V 정격을 갖는다. 중간전압 퓨즈의 정격은 2.4~34.5 kV 범위이다.
2. **연속전류 정격**: 퓨즈는 용융되거나 차단되는 일 없이 해당 실효치의 전류를 흐르게 해야 한다.
3. **차단 전류 정격**: 퓨즈가 안전하게 차단할 수 있는 최대 비대칭 전류 실효치이다. 현재 대부분의 저전압 한류 퓨즈는 200 kA 차단 정격을 갖고 있다. 중간전압 한류 퓨즈에 대한 표준 차단 정격에는 65, 80 및 100 kA가 포함된다.
4. **시간 응답**: 퓨즈의 용융 및 차단시간은 과전류 또는 고장 전류의 크기에 관계되며, 보통 '시간-전류' 곡선으로 나타낸다. 그림 8.12은 15.5 kV, 100 A(연속) 한류 퓨즈의 시간-전류 곡선을 보여준다. 그림에서 볼 수 있듯이 500 A의 전류에 대해 퓨즈는 2초 이내에 녹기 시작하여 5초 이내에 차단된다. 5 kA 전류에 대해 퓨즈는 0.01초 이내에 녹기 시작하여 0.015초 이내에 차단된다.

보통 고장 지점에서 가장 가까운 퓨즈만 차단되도록 전력 회로상에서 퓨즈를 보호협조시키는 것은 어렵지 않다. 방사상 계통에서 더 큰 연속전류 정격을 갖는 퓨즈를 전원

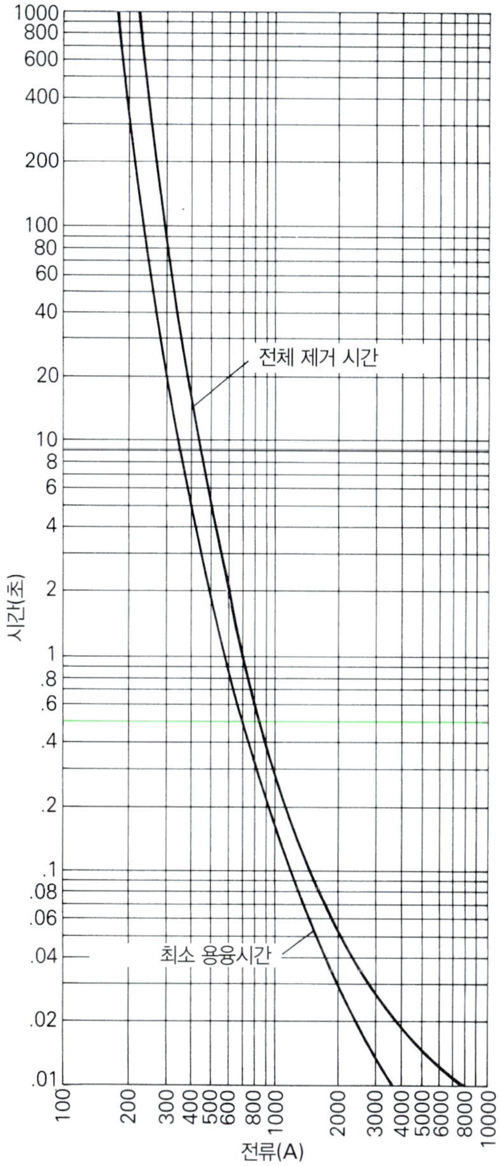

그림 8.12 15.5 kV, 100 A 한류 퓨즈에 대한 시간-전류 곡선

에 가깝게 위치시켜 고장에 가장 가까운 퓨즈가 전원 쪽(upstream)의 다른 퓨즈보다 먼저 차단되도록 한다.

퓨즈는 저렴하고, 신속하게 동작하며, 쉽게 보호협조를 할 수 있어서 신뢰성이 높다. 또한 별도의 보호계전기나 계기용 변성기가 필요하지 않다. 그러나 퓨즈의 주요한 단점은 퓨즈 또는 퓨즈 연결부가 용융된 이후에는 직접 교체해야 한다는 점이다. 퓨즈는 근본적으로 고속도 재폐로를 할 수 없는 1회용 장치라고 할 수 있다.

연습문제

8.1절

8.1 그림 8.1의 회로에서 V = 277 V, L = 3 mH, R = 0.4 Ω, 그리고 $\omega = 2\pi 60$ rad/s이다. 다음을 구하시오. (a) 대칭 고장 전류 실효치 (b) 최대 직류 옵셋을 가정하여 스위치가 닫힌 순간에서의 비대칭 고장 전류 실효치 (c) 최대 직류 옵셋을 가정하여 스위치가 닫힌 5주기 후 비대칭 고장 전류 실효치 (d) 순시전원 전압이 300 V일 때 스위치가 닫혔다고 하면, 시간의 함수로서 직류 옵셋을 구하시오.

8.2 V = 4 kA, X = 2 Ω 및 R = 1 Ω을 가지고 예제 8.1을 반복하시오.

8.3 그림 8.1의 회로에서 R = 0.125 Ω, L = 10 mH 그리고 전원 전압은 $e(t) = 151 \sin(377\,t + \alpha)$ V이다. 다음 경우에 대해 스위치가 닫힌 이후 전류 응답을 구하시오. (a) 직류 옵셋이 없는 경우 (b) 최대 직류 옵셋의 경우, (a)와 (b)에 대응하여 t = 0.10 s에 이르기까지 전류 파형을 그리시오.

8.4 $i(t)$에 대한 식이 다음과 같이 주어진다고 고려하자.

$$i(t) = \sqrt{2}I_{rms}[\sin(\omega t - \theta_z) + \sin\theta_z e^{-(\omega R/X)t}]$$

여기서 $\theta_z = \tan^{-1}(\omega L/R)$이다.

(a) (X/R)이 0 또는 무한대일 때 (ωt)의 함수로서 $i(t)$를 그래프로 나타내시오.

(b) 고장 전류 파형의 직류 옵셋에 대해 설명하시오.

(c) (X/R) 비가 0 또는 무한대일 때 milliseconds 단위로 나타낸 첨두시간 t_p와 비대칭 전류 인자를 구하시오.

8.5 만일 13.2 kV 배전용 변전소 모선에서의 전원 임피던스가 상당 $(0.5 + j1.5)$ Ω이라면, 평형 3상고장 시 고장 전류의 실효치 및 순시 최대치를 구하시오. 3.0의 계통 (X/R) 비에 대해 비대칭 인자는 1.9495이며, 첨두시간은 7.1 ms이다(연습문제 8.4 참조). 모든 변전소의 전력 설비가 첨두 전류 용량을 견디도록 설계되어야 하는 필요성에 대해 설명하시오.

8.2절

8.6 1,000 MVA, 20 kV, 60 Hz 3상 발전기가 1,000 MVA, 20 kV, Δ/345 kV Y 변압기를 통해 345 kV 차단기 및 345 kV 송전선로에 연결되어 있다. 발전기 리액턴스는 $X''_d = 0.17$, $X'_d = 0.30$ 그리고 $X_d = 1.5$ p.u.이며, 시정수는 $T''_d = 0.05$, $T'_d = 1.0$이고, $T_A = 0.10$초이다. 변압기의 직렬 리액턴스는 0.10 p.u.이다. 변압기의 손실 및 여자전류는 무시한다. 발전기가 정격 단자 전압 및 무부하에서 운전할 때 차단기의 선로 측에서 3상 단락회로가 발생하였다. 차단기는 고장 발생 후 3주기에 고장을 차단했다. (a) pu 및 kA rms 단위로 차단기를 통과하는 차과도 전류 (b) 최대 직류 옵셋을 가정하여 차단기가 차단하는 비대칭 고장 전류 실효치를 구하시오. 시정수 상에서 변압기의 영향은 무시한다.

8.7 연습문제 8.6에 대하여 (a) 이 발전기상에서 최대 직류 옵셋이 발생하는 것을 가정하여 시간의 함수로서 발전기의 a상에서 kA 단위의 순시 대칭 고장 전류 (b) 임의의 하나의 발전기 상에서 발생할 수 있는 시간의 함수로서 kA 단위의 최대 직류 옵셋전류를 구하시오.

8.8 300 MVA, 13.8 kV, 3상 60 Hz Y결선 동기발전기가 개방회로에서 정격 전압을 내도록 조정되었다. 평형 3상고장이 t = 0에서 단자에 인가되었다. 원래 데이터를 해석한 이후에 대칭 과도전류는 다음과 같이 얻어졌다.

$$i_{ac}(t) = 10^4(1 + e^{-t/\tau_1} + 6e^{-t/\tau_2}) \cdot \sin\left(120\pi t - \frac{\pi}{4}\right) \text{ A}$$

(a) $0 \le t \le 500$ ms에 대해 시간의 함수로서 $i_{ac}(t)$를 그리시오. (b) 기기정격에 기초하여 pu 단위로 X''_d와 X_d를 구하시오.

8.9 0.1 p.u.의 차과도 리액턴스를 갖는 정격 60 MVA, 15 kV인 동기기기가 기기 정격에 기초하여 선로 리액턴스 0.1 p.u.를 통해 연결되어 있다. 하나의 기기는 동기발전기로서 동작하며, 다른 기기는 대칭 3상고장이 전동기 단자에서 발생하였을 때 14.5 kV의 단자전압을 가지고 진상역률 0.8에서 40 MW를 소비하는 전동기로서 동작한다. 기기의 내부 전압을 이용하여 발전기, 전동기 및 고장점에서의 차과도 전류를 구하시오. 발전기 회로에서 60 MVA, 15 kV를 기준으로 선택하시오.

8.3절

8.10 만일 발전기가 초기 정격 단자전압으로 지상역률 0.8에 정격 MVA를 전달한다고 하면, 연습문제 8.6에서 차단기를 통해 흐르는 차과도 전류를 다시 계산하시오.

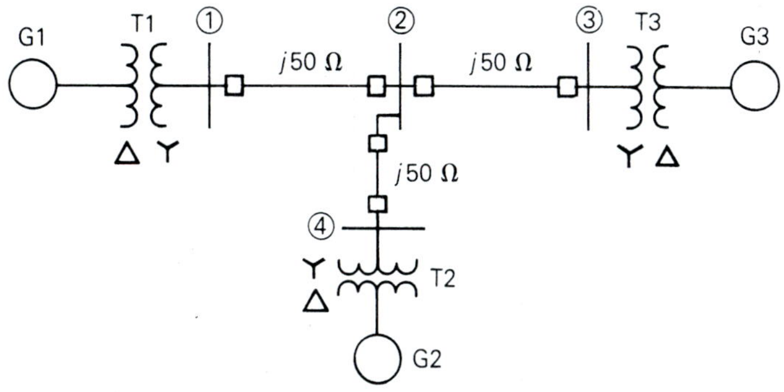

그림 8.13 연습문제 8.12, 8.13, 8.19, 8.24, 8.25, 8.26

8.11 중첩의 원리를 이용하지 않고 예제 8.3(a), (c)를 푸시오. 먼저 고장 전 부하전류를 이용하여 내부 기기 전압 E_g''와 E_m''을 계산한다. 그리고 그림 8.4(a)로부터 직접 차과도 고장, 발전기 및 전동기 전류를 결정한다. 계산된 답을 예제 8.3의 정답과 비교하시오.

8.12 그림 8.13에 나타낸 4모선 전력계통에 대한 기기 정격은 다음과 같다.

발전기 G1: 500 MVA, 13.8 kV, X″ = 0.20 p.u.
발전기 G2: 750 MVA, 18 kV, X″ = 0.18 p.u.
발전기 G3: 1,000 MVA, 20 kV, X″ = 0.17 p.u.
변압기 T1: 500 MVA, 13.8 Δ/500 Y kV, X = 0.12 p.u.
변압기 T2: 750 MVA, 18 Δ/500 Y kV, X = 0.10 p.u.
변압기 T3: 1,000 MVA, 20 Δ/500 Y kV, X = 0.10 p.u.
각 500 kV 선로 : X_1 = 50 Ω

3상 단락회로가 모선 1에서 발생하였으며, 고장 전 전압은 525 kV이다. 고장 전 부하전류는 무시한다. 발전기 G3영역에서 1,000 MVA, 20 kV 기준으로 pu 단위로 정상분 리액턴스 다이어그램을 그리시오. (a) 고장에서 pu 단위의 테브난 리액턴스 (b) pu 및 kA rms 단위의 차과도 고장 전류 및 (c) 발전기 G1과 선로 1~2로부터의 고장 전류에 대한 기여분을 구하시오.

8.13 연습문제 8.12에 주어진 전력계통에 대하여, 모선 2에서 3상 단락회로가 발생하였으며 고장 전 전압은 525 kV이다. 고장 전 부하전류는 무시한다. (a) 고장에서의 테브난 등가 (b) pu 및 kA rms 단위의 차과도 고장 전류 (c) 선로 1~2, 2~3 및 2~4로부터 고장에 대한 기여분을 구하시오.

8.14 그림 8.14에 나타낸 5 모선 전력계통에 대한 기기 정격은 다음과 같다.

발전기 G1: 50 MVA, 12 kV, X″ = 0.2 p.u.
발전기 G2: 100 MVA, 15 kV, X″ = 0.2 p.u.
변압기 T1: 50 MVA, 10 kV Y/138 kV Y, X = 0.10 p.u.
변압기 T2: 100 MVA, 15 kV Δ/138 kV Y, X = 0.10 p.u.
각 138 kV 선로 : X_1 = 40 Ω

모선 5에서 3상 단락회로가 발생하였으며, 고장 전 전압은 15 kV이다. 고장 전 부하전류는 무시한다. (a) 발전기 G2 영역에서 100 MVA, 15 kV 기준으로 pu 단위의 정상분 리액턴스 다이어그램을 그리시오. (b) 고장에

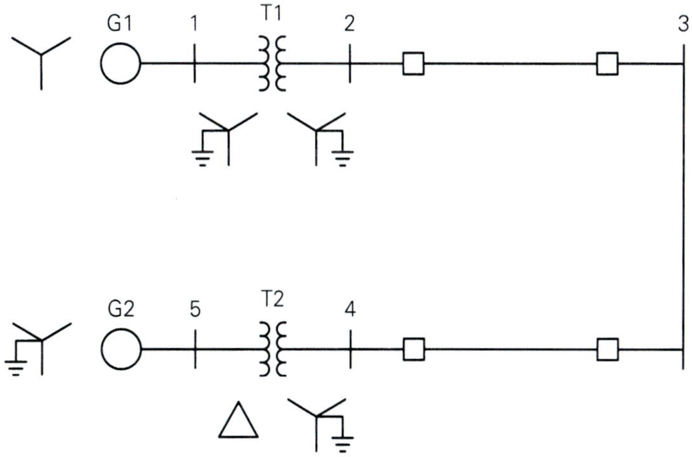

그림 8.14 연습문제 8.14, 8.15, 8.20

서의 테브난 등가 (c) pu 및 kA rms 단위의 차과도 고장 전류 및 (d) 발전기 G2와 변압기 T2로부터 고장 전류에 대한 기여분을 구하시오.

8.15 그림 8.14에 주어진 전력계통에 대하여 모선 4에서 3상 단락회로가 발생했으며, 고장 전 전압은 138 kV이다. 고장 전 부하전류는 무시한다. (a) 고장에서의 테브난 등가 (b) pu 및 kA rms 단위의 차과도 고장 전류 및 (c) 변압기 T2와 선로 3~4로부터 부하 고장 전류에 대한 기여분을 구하시오.

8.16 그림 8.15에 나타낸 계통의 F점에서 3상 단락회로가 발생하였다. 고장 전 전류는 0이고, 발전기는 정격 전압에서 운전되는 것으로 가정한다. 고장 전류를 구하시오.

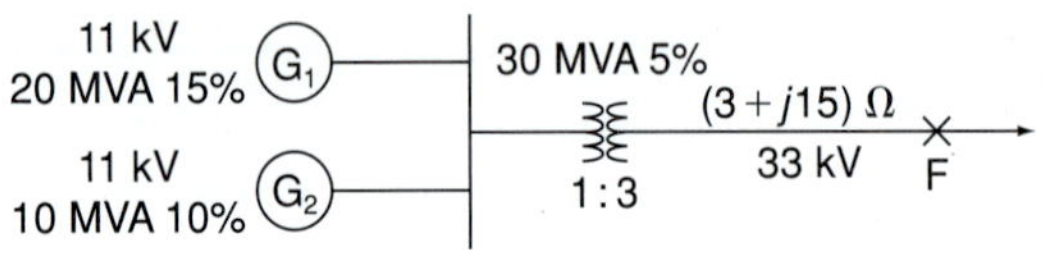

그림 8.15 연습문제 8.16

8.17 그림 8.16에 나타낸 계통에 대해 발전기 모선(모선 1)에서 3상 단락회로가 발생하였다. 고장 전 전류는 무시하고, 발전기는 정격 전압에서 운전되는 것으로 가정한다. 중첩의 원리를 이용하여 차과도 고장 전류를 구하시오. 퍼센트 직축 차과도 리액턴스는 그림 8.15에 나타내었다.

8.4절

8.18 3모선 전력계통에 대한 모선 임피던스 행렬은 다음과 같고,

$$\boldsymbol{Z}_{\text{bus}} = j\begin{bmatrix} 0.12 & 0.08 & 0.04 \\ 0.08 & 0.12 & 0.06 \\ 0.04 & 0.06 & 0.08 \end{bmatrix} \text{ p.u.}$$

여기서, 차과도 리액턴스는 $\boldsymbol{Z}_{\text{bus}}$를 계산하는 데 사용된다. 고장 전 전압은 1.0 p.u.이며, 고장 전 전류는 무시한다. (a) 모선 임피던스 행렬 등가회로(갈퀴 등가)를 그리시오. 회로에서 고장 전 전압뿐만 아니라, pu 자기 임피던스 및 상호 임피던스를 확인하시오. (b) 모선 2에서 3상 단락회로가 발생하였다. 고장 중 모선 1, 2, 3에서의 전압 및 차과도 고장 전류를 구하시오. (c) 아래의 모선 임피던스 행렬의 경우를 고려하여 연습문제 8.18을 다시 반복하시오.

$$\boldsymbol{Z}_{\text{bus}} = j\begin{bmatrix} 0.4 & 0.1 & 0.3 \\ 0.1 & 0.8 & 0.5 \\ 0.3 & 0.5 & 1.2 \end{bmatrix} \text{ p.u.}$$

8.19 연습문제 8.12의 회로에 대해 pu 단위의 $\boldsymbol{Y}_{\text{bus}}$를 구하시오. 그리고 $\boldsymbol{Z}_{\text{bus}}$를 얻기 위해 $\boldsymbol{Y}_{\text{bus}}$를 역변환하시오.

8.20 연습문제 8.14의 회로에 대해 pu 단위의 $\boldsymbol{Y}_{\text{bus}}$를 구하시오. 그리고 $\boldsymbol{Z}_{\text{bus}}$를 얻기 위해 $\boldsymbol{Y}_{\text{bus}}$를 역변환하시오.

8.21 그림 8.17은 계통 리액턴스 다이어그램을 나타낸 것이다. (a) 전원 변환을 이용하여 계통에 대한 어드미턴스 다이어그램을 구하시오. (b) 모선 어드미턴스 행렬 $\boldsymbol{Y}_{\text{bus}}$를 구하시오. (c) $\boldsymbol{Y}_{\text{bus}}$를 역변환하여 모선 임피던스 $\boldsymbol{Z}_{\text{bus}}$를 구하시오.

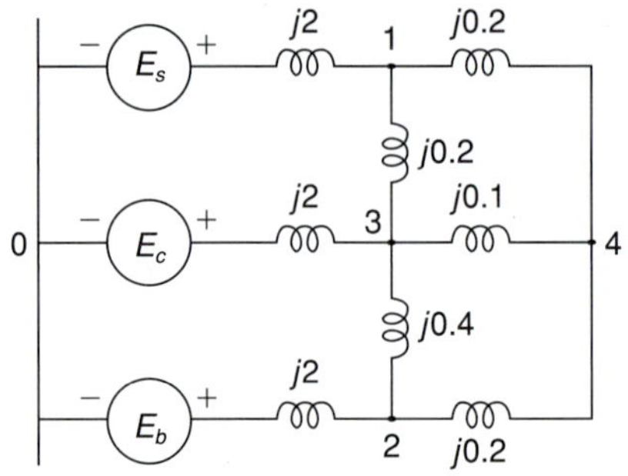

그림 8.17 연습문제 8.21

8.22 그림 8.18에 나타낸 회로에 대하여 (1)~(6)으로 표시된 임피던스는 pu값이다. (a) $\boldsymbol{Y}_{\text{bus}}$를 구하시오. 모든 모선은 보존한다. (b) MATLAB 또는 유사한 컴퓨터 프로그램

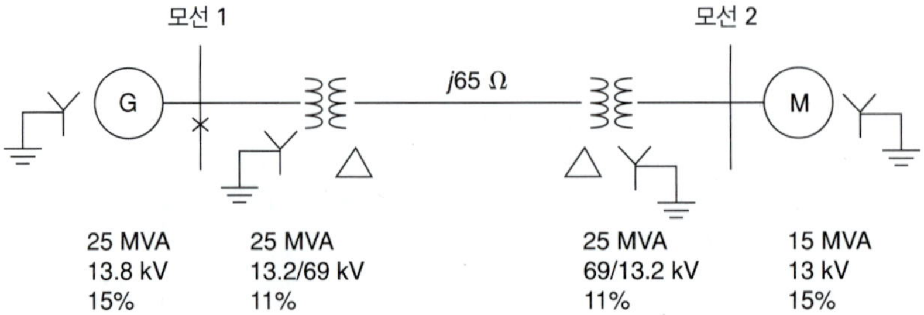

그림 8.16 연습문제 8.17

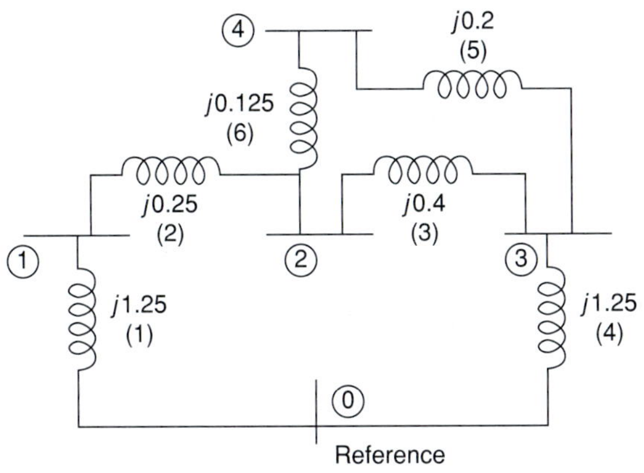

그림 8.18 연습문제 8.22

을 이용하여 $\boldsymbol{Z}_{\text{bus}}$를 얻기 위하여 $\boldsymbol{Y}_{\text{bus}}$를 역변환하시오.

8.23 4모선 계통의 단선도를 그림 8.19에 나타냈다. 그림 8.19에 대한 $\boldsymbol{Z}_{\text{bus}}$는 다음과 같이 주어졌다.

$$\boldsymbol{Z}_{\text{bus}} = j\begin{bmatrix} 0.25 & 0.2 & 0.16 & 0.14 \\ 0.2 & 0.23 & 0.15 & 0.151 \\ 0.16 & 0.15 & 0.196 & 0.1 \\ 0.14 & 0.151 & 0.1 & 0.195 \end{bmatrix} \text{ p.u.}$$

회로의 모선 2에서 3상고장이 발생했다고 하자.

(a) 고장 시 초기 대칭전류 실효치를 계산하시오.

(b) 모선 1, 3, 4에서 고장 시 전압을 계산하시오.

(c) 고장이 발생하지 않은 인접한 모선 1, 3, 4에 의해 모선 2가 기여하는 고장 전류를 계산하시오.

(d) 모선 3에서 모선 1까지의 선로에서 전류 흐름을 계산하시오. 모선 2에서 고장 전 전압 V_f는 $1\underline{/0°}$ p.u.인 것으로 가정하고, 모든 고장 전 전류는 무시한다.

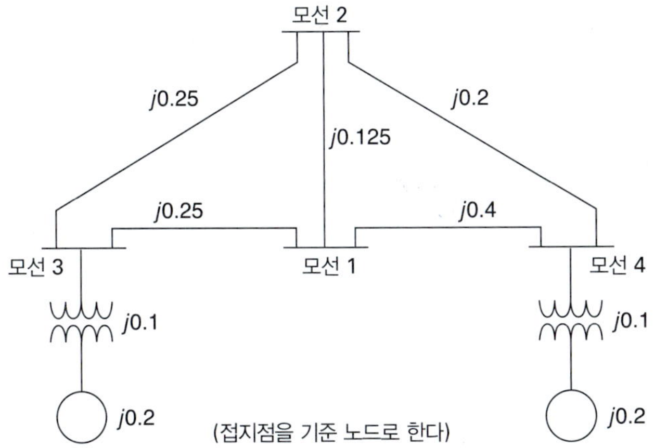

그림 8.19 연습문제 8.23에 대한 단선도

8.24 PW PowerWorld Simulator 연습문제 8_24 모델은 1,000 MVA 기준하의 모든 데이터를 나타낸 그림 8.13의 계통이다. PowerWorld Simulator를 이용하여 각 발전기에 의해 공급되는 전류와 모선 3에서 고장이 발생했을 때 각 모선의 pu 모선전압 크기를 구하시오.

8.25 PW 모선 4에서 고장이 난 것을 가정하여 연습문제 8.24를 반복하시오.

8.26 PW 모선 2와 3 사이의 중간에서 고장이 난 것을 가정하여 연습문제 8.24를 반복하시오. 선로 고장에 대한 값을 구하기 위해서는 고장점에 가상 모선을 추가하여 선로를 분리할 필요가 있다. 그때, 원래 선로의 임피던스는 고장 위치에 기초하여 2개의 새로운 선로에 할당된다. 이 문제에서는 각각 50%로 한다. 그렇게 하면 고장 계산은 기존 모선 고장과 동일해진다. 이것은 선로 상에서 먼저 오른쪽 클릭을 하고 'Fault'를 선택하면 PowerWorld Simulator에서는 자동적으로 이루어진다. 이제 고장 형태가 'In-Line Fault'로 변경된 것을 제외하고는 이전과 같이 Fault dialog가 표시된다. 모선 2와 4 사이의 중간 고장을 모델링하기 위해 location percentage field를 50%로 설정하시오.

8.27 PW 고장 전류를 제한하기 위한 하나의 기법으로 발전기와 직렬로 리액턴스를 위치시키시오. 이러한 리액턴스는 시뮬레이터 상에서 발전기의 정상분 내부 임피던스의 값을 증가시킴으로써 모델링할 수 있다. 연습문제 8.24의 경우에 대하여 모든 3상 모선 고장에 대해 최대 고장 전류를 2.5 p.u.로 제한시키기 위해서는 G3에 얼마의 pu 리액턴스를 추가하여야 하는가? 가장 심각한 모선 고장 위치는 어디인가?

8.28 PW PowerWorld Simulator 예제 6_13을 이용하여 POPLAR69 모선에서의 고장에 대해, 각 발전기에 의해 공급되는 pu 전류와 A 단위의 실제 전류를 구하시오. 고장 중 계통모선의 몇 %가 전압 크기 0.75 p.u. 아래의 값을 갖는가?

8.29 PW REDBUD69 모선에서의 고장을 가정하여 연습문제 8.28을 반복하여 푸시오.

8.30 PW PowerWorld Simulator 예제 8_5에서 모선 4와 모선 5의 선로를 개방하고, 모선 2의 고장으로 인해 모선 3의 발전기에서 공급되는 pu전류를 구하시오.

8.5절

8.31 3상 차단기가 110 kV의 최대 운전전압을 갖는 계통에 설치되어 있다. 이 차단기는 최소 1800 A의 연속전류를 통과시킬 수 있다. 3상 고장뿐만 아니라 1선 지락 고장에 대한 $\frac{X}{R}$비는 8.4로 측정되었다. 만일, 단락회로 전류가 3상 고장에 대해서는 37 kA로, 1선 지락 고장에 대해서는 32 kA로 계산되었다면, 표 8.10으로부터 어떤 차단기를 선정하여야 되는가?

8.32 345 kV 3상 송전선로가 최대 운전전압 356 kV를 가지며, 2.2 kA의 연속 전류 정격과 2.5 kA의 최대 단시간 과부하 정격을 갖는다. 선로 상에서 계산된 최대 대칭 고장 전류는 3상 단락 회로에 대해서는 30 kA, 1선 지락 고장 회로에 대해서는 27 kA이다. 표 8.10으로부터 이 선로에 대한 차단기를 선정하시오. $\frac{X}{R}$비는 17 이하로 가정한다.

8.33 $\frac{X}{R}$비를 17.2라고 가정하여 문제 8.31을 다시 계산하시오.

8.34 그림 8.20에 나타낸 것과 같이 $X_d'' = 0.15$ p.u.를 갖는 25 MVA, 13.8 kV, 60 Hz 동기발전기가 4개의 동일한 전동기에 공급하는 모선에 변압기를 통해 연결되어 있다. 3상 변압기의 정격은 25 MVA, 13.8/6.9 kV, 0.1 pu의 누설리액턴스를 갖는다. 각 전동기는 5 MVA 및 6.9 kV의 기준에서 차과도 리액턴스 $X_d'' = 0.2$ p.u.를 갖는다. 전동기에서의 모선전압이 6.9 kV일 때 점 P에서 3상고장이 발생하였다. (a) 차과도 고장 전류 (b) 차단기 A를 통해 흐르는 차과도 전류 (c) 고장 및 차단기 A에서의 대칭 단락고장 차단 전류(차단기 응용에서 정의된 것과 같은)를 구하시오.

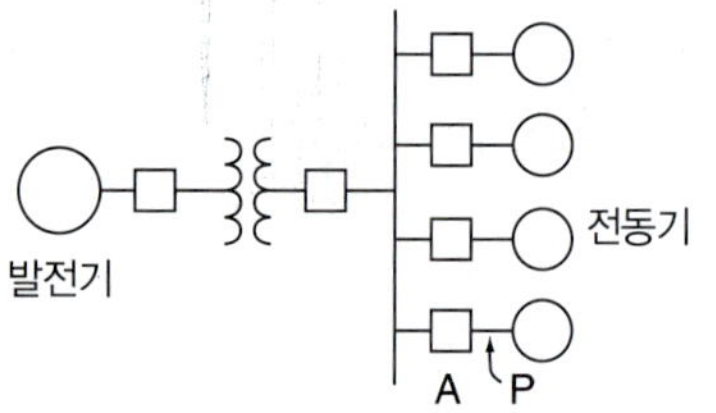

그림 8.20 연습문제 8.34

설계 프로젝트 4(계속): 조류계산/단락회로

주어진 추가시간: 3주
필요한 소요시간: 10시간

이것은 설계 프로젝트 4의 연속된 과제이다. 과제 1과 2는 6장에 주어졌다.

과제 3: 대칭 고장회로

할당된(그림 6.25 또는 6.26) 단선도에 대하여, 주어진 기준량을 이용하여 정상분 리액턴스 데이터를 pu법으로 변환하시오. 동기기에 대해서는 차과도 리액턴스 데이터를 pu법으로 변환하시오. 동기기에 대해서는 차과도 리액턴스를 사용하시오. 그리고 PowerWorld Simulator를 이용하여 기기, 송전선로 및 변압기 입력데이터 파일을 생성하시오. 다음에 모선 1, 모선 2 그리고 모선 3 등에서 0의 임피던스를 갖는 3상 지락고장에 대해 차과도 고장 전류를 계산하기 위한 프로그램을 실행하시오. 또한, 고장 시 모선전압 및 정상분 모선 임피던스 행렬을 계산하시오. 고장 전 전압은 1.0 p.u.로 가정하시오. 고장 전 부하전류 및 모든 손실은 무시한다.
이 과제에 대한 결과물은 2개의 입력데이터 파일과 3개의 출력데이터(고장 전류, 모선전압, 그리고 모선 임피던스 행렬) 파일로 구성된다. 또한 이 과제는 10장에서 계속된다.

참고문헌

1. Westinghouse Electric Corporation, *Electrical Transmission and Distribution Reference Book*, 4th ed. (East Pittsburgh, PA: 1964).
2. E. W. Kimbark, *Power System Stability, Synchronous Machines*, vol. 3 (New York: Wiley, 1956).
3. A. E. Fitzgerald, C. Kingsley and S. Umans, *Electric Machinery*, 5th ed. (New York: McGraw-Hill, 1990).
4. M. S. Sarma, *Electric Machines*, 2nd ed. (Boston: PWS Publishing, 1994).

5. J. R. Neuenswander, *Modern Power Systems* (New York: Intext Educational Publishers, 1971).

6. H. E. Brown, *Solution of Large Networks by Matrix Methods* (New York: Wiley, 1975).

7. G. N. Lester, "High Voltage Circuit Breaker Standards in the USA—Past, Present and Future," *IEEE Transactions PAS*, vol. PAS-93 (1974): pp. 590 – 600.

8. W. D. Stevenson, Jr., *Elements of Power System Analysis*, 4th ed. (New York: McGraw-Hill, 1982).

9. C. A. Gross, *Power System Analysis* (New York: Wiley, 1979).

10. *Application Guide for AC High-Voltage Circuit Breakers>1000 Vac Rated on a Symmetrical Current Basis*, IEEE Std C 37.010-2016 (New York: Institute of Electrical and Electronics Engineers, 22 September 2016).

11. *IEEE Standard for AC High-Voltage Circuit Breakers Rated on a Symmetrical Current Basis-Preferred ratings and Related Required Capabilities for Voltage Above 1000 V*, IEEE Std C 37.06-2009(New York: Institute of Electrical and Electronics Engineers, 6 November 2009).

12. Peter. J. Donalek, "Pumped Storage Hydro: Then and Now," *IEEE Power & Energy* Magazine (September/October 2020), pp.49-57.

9 대칭성분

Symmetrical Components

757 MVA, 3600 RPM, 60 Hz 동기발전기의 완성된 권선을 보여주는 발전기 고정자(Courtesy of General Electric.)

학습목표

이 장에서는 다음과 같은 내용에 대하여 학습하기로 한다.

1. 복소수 *a*의 정의 및 영상, 정상, 역상 대칭 성분을 포함한 대칭성분의 정의
2. 3상 임피던스 부하, 3상 직렬 임피던스, 3상 선로, 회전기기 및 3상 변압기의 pu 대칭성분 회로망
3. 3상 회로망의 전력과 대칭성분 회로망의 전력 사이의 관계

1918년 C. L. Fortescue에 의해 처음 개발된 대칭성분법은 불평형 3상 계통을 해석하기 위한 강력한 기법이다. Fortescue는 3상 성분(abc상)을 **대칭성분**이라 불리는 또 다른 3개의 새로운 성분의 선형결합으로 정의하였다. 이 변환의 장점은 평형 3상 계통을 **대칭성분 회로**(sequence networks)라고 부르는 3개의 분리된 대칭성분 등가회로로 표현할 수 있다는 점이다. 또한 불평형 3상 계통의 경우, 분리된 3개의 대칭성분 회로는 불평형이 발생한 해당 계통지점에서만 연결된다. 따라서 대칭성분 회로를 이용하면 불평형이 발생한 다양한 3상 계통을 비교적 쉽게 해석할 수 있다.

대칭성분법은 기본적으로 3상 계통을 시스템적으로 해석하고 설계할 수 있는 모델링 기법이다. 복잡한 3상 전력계통을 단순한 3개의 대칭성분 회로로 분리하는 작업은 복잡한 현상을 보다 단순한 형태로 나타내준다. 분리된 대칭성분 회로를 통해 얻어진 해석결과는 다시 결합되어 3상 전력계통에서의 결과값으로 구해진다. 예를 들어 10장의 불평형 단락고장해석에 있어서 대칭성분법의 활용은 반드시 필요하다.

이 장의 목적은 이후 설명하게 될 전력계통 해석 및 설계 기법과 기기 모델링 법의 기초가 될 수 있는 대칭성분에 대한 개념을 소개하는 데 있다. 9.1절에서 대칭성분을 정의하고, 9.2~9.7절에서는 부하, 직렬 임피던스, 송전선로, 회전기기 및 변압기의 대칭성분 회로를 제시하고, 9.8절에서는 대칭성분 회로에서의 복소전력을 설명할 것이다. Fortescue의 대칭성분에 대한 연구결과는 모든 n상의 다상 계통에 대해 그대로 적용되지만, 이 장에서는 3상 계통에 대해서만 고려할 것이다.

9.1 대칭성분의 정의

V_a, V_b 및 V_c의 3상전압이 주어졌다고 가정한다. Fortescue의 이론에 따라 이러한 상전압은 다음 3개의 대칭성분으로 분해될 수 있다.

1. 그림 9.1(a)에 나타낸 것과 같이 동일한 크기와 0의 위상변위를 갖는 3개의 페이저로 구성된 **영상분**(또는 영상성분)
2. 그림 9.1(b)와 같이 동일한 크기, ±120°의 위상변위, 정상순(positive sequence)을 갖는 3개의 페이저로 구성된 **정상분**(또는 정상성분)
3. 그림 9.1(c)와 같이 동일한 크기, ±120°의 위상변위 및 역상순(negative sequence)을 갖는 3개의 페이저로 구성된 **역상분**(또는 역상성분)

a상의 영상분, 정상분 및 역상분인 V_{a0}, V_{a1}, V_{a2}로 나머지 벡터를 표현할 수 있다. 간단히 아래첨자 a를 빼고 3개의 성분벡터를 V_0, V_1 및 V_2로 나타낸다. 이 벡터는 다음과 같은 변환으로 정의할 수 있다.

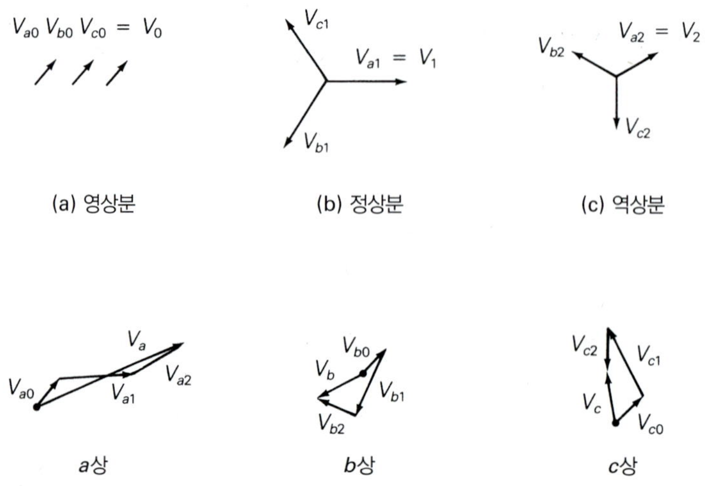

그림 9.1 상전압을 3개의 대칭성분으로 분해

$$\begin{bmatrix} V_a \\ V_b \\ V_c \end{bmatrix} = \begin{bmatrix} 1 & 1 & 1 \\ 1 & a^2 & a \\ 1 & a & a^2 \end{bmatrix} \begin{bmatrix} V_0 \\ V_1 \\ V_2 \end{bmatrix} \tag{9.1.1}$$

여기서

$$a = 1\underline{/120°} = \frac{-1}{2} + j\frac{\sqrt{3}}{2} \tag{9.1.2}$$

식 (9.1.1)을 3개의 분리된 식으로 표현하면,

$$V_a = V_0 + V_1 + V_2 \tag{9.1.3}$$

$$V_b = V_0 + a^2V_1 + aV_2 \tag{9.1.4}$$

$$V_c = V_0 + aV_1 + a^2V_2 \tag{9.1.5}$$

식 (9.1.2)에서 a는 크기 1과 120°의 위상각을 갖는 복소수이다. 어떤 벡터에 a를 곱하면, 그 벡터는 반시계 방향으로 120° 회전한다. 비슷하게 임의의 벡터에 $a^2 = (1\underline{/120°})(1\underline{/120°}) = 1\underline{/240°}$를 곱하면 해당 벡터는 240° 회전하게 된다. 표 9.1은 a와 연관된 몇 가지 식을 나타냈다.

복소수 a는 복소수 $j = \sqrt{-1} = 1\underline{/90°}$와 유사하다. j와 a의 유일한 차이는 j의 각은 90°이며, a의 각은 120°라는 점뿐이다.

식 (9.1.1)은 행렬 표기법을 이용하여 더욱 간결하게 다시 나타낼 수 있다. 벡터 $\boldsymbol{V}_P$, $\boldsymbol{V}_S$ 및 행렬 $\boldsymbol{A}$를 다음과 같이 정의한다.

표 9.1 $a = 1\underline{/120°}$와 관련된 식

$a^4 = a = 1\underline{/120°}$
$a^2 = 1\underline{/240°}$
$a^3 = 1\underline{/0°}$
$1 + a + a^2 = 0$
$1 - a = \sqrt{3}\underline{/-30°}$
$1 - a^2 = \sqrt{3}\underline{/+30°}$
$a^2 - a = \sqrt{3}\underline{/270°}$
$ja = 1\underline{/210°}$
$1 + a = -a^2 = 1\underline{/60°}$
$1 + a^2 = -a = 1\underline{/-60°}$
$a + a^2 = -1 = 1\underline{/180°}$

$$\boldsymbol{V}_P = \begin{bmatrix} V_a \\ V_b \\ V_c \end{bmatrix} \tag{9.1.6}$$

$$\boldsymbol{V}_S = \begin{bmatrix} V_0 \\ V_1 \\ V_2 \end{bmatrix} \tag{9.1.7}$$

$$\boldsymbol{A} = \begin{bmatrix} 1 & 1 & 1 \\ 1 & a^2 & a \\ 1 & a & a^2 \end{bmatrix} \tag{9.1.8}$$

$\boldsymbol{V}_P$는 상전압의 행벡터이고, $\boldsymbol{V}_S$는 대칭성분 전압의 행벡터이다. 그리고 $\boldsymbol{A}$는 3 × 3 변환 행렬이다. 이러한 정의를 이용하면 식 (9.1.1)은 다음과 같이 나타낼 수 있다.

$$\boldsymbol{V}_P = \boldsymbol{A}\boldsymbol{V}_S \tag{9.1.9}$$

$\boldsymbol{A}$행렬의 역행렬은

$$\boldsymbol{A}^{-1} = \frac{1}{3}\begin{bmatrix} 1 & 1 & 1 \\ 1 & a & a^2 \\ 1 & a^2 & a \end{bmatrix} \tag{9.1.10}$$

식 (9.1.10)은 $\boldsymbol{A}\boldsymbol{A}^{-1}$이 단위행렬이 된다는 것으로 확인할 수 있다. 또한, $\boldsymbol{A}^{-1}$을 식 (9.1.9)의 앞에 곱하면 다음 식과 같이 된다.

$$\boldsymbol{V}_S = \boldsymbol{A}^{-1}\boldsymbol{V}_P \tag{9.1.11}$$

식 (9.1.6), (9.1.7) 그리고 (9.1.10)을 이용하면, 식 (9.1.11)은 다음과 같이 된다.

$$\begin{bmatrix} V_0 \\ V_1 \\ V_2 \end{bmatrix} = \frac{1}{3}\begin{bmatrix} 1 & 1 & 1 \\ 1 & a & a^2 \\ 1 & a^2 & a \end{bmatrix}\begin{bmatrix} V_a \\ V_b \\ V_c \end{bmatrix} \tag{9.1.12}$$

3개의 분리된 식으로 식 (9.1.12)를 나타내면,

$$V_0 = \tfrac{1}{3}(V_a + V_b + V_c) \tag{9.1.13}$$

$$V_1 = \tfrac{1}{3}(V_a + aV_b + a^2V_c) \tag{9.1.14}$$

$$V_2 = \tfrac{1}{3}(V_a + a^2V_b + aV_c) \tag{9.1.15}$$

식 (9.1.13)은 평형 3상 계통에서는 영상분 전압이 없다는 것을 보여준다. 왜냐하면 3개의 평형 페이저의 합은 항상

0이기 때문이다. 불평형 3상 계통에서의 상전압은 영상분이 존재할 수도 있다. 그러나 선간전압의 경우, KVL에 의해 이들의 합은 항상 0이기 때문에 영상분이 존재하지 않는다. 또한 대칭성분 변환은 다음과 같이 전류에도 적용될 수 있다.

$$\boldsymbol{I}_{\mathrm{P}} = \boldsymbol{A}\boldsymbol{I}_{\mathrm{S}} \tag{9.1.16}$$

여기서 $\boldsymbol{I}_{\mathrm{P}}$는 상전류의 벡터이다.

$$\boldsymbol{I}_{\mathrm{P}} = \begin{bmatrix} I_a \\ I_b \\ I_c \end{bmatrix} \tag{9.1.17}$$

여기서 $\boldsymbol{I}_{\mathrm{S}}$는 대칭성분 전류의 벡터이다.

$$\boldsymbol{I}_{\mathrm{S}} = \begin{bmatrix} I_0 \\ I_1 \\ I_2 \end{bmatrix} \tag{9.1.18}$$

또한,

$$\boldsymbol{I}_{\mathrm{S}} = \boldsymbol{A}^{-1}\boldsymbol{I}_{\mathrm{P}} \tag{9.1.19}$$

식 (9.1.16)과 (9.1.19)는 다음과 같이 분리된 식으로 나타낼 수 있다. 상전류는

$$I_a = I_0 + I_1 + I_2 \tag{9.1.20}$$

$$I_b = I_0 + a^2I_1 + aI_2 \tag{9.1.21}$$

$$I_c = I_0 + aI_1 + a^2I_2 \tag{9.1.22}$$

그리고 대칭성분 전류는

$$I_0 = \tfrac{1}{3}(I_a + I_b + I_c) \tag{9.1.23}$$

$$I_1 = \tfrac{1}{3}(I_a + aI_b + a^2I_c) \tag{9.1.24}$$

$$I_2 = \tfrac{1}{3}(I_a + a^2I_b + aI_c) \tag{9.1.25}$$

3상 Y결선 계통에서 중성선 전류 I_n은 선 전류의 합이다.

$$I_n = I_a + I_b + I_c \tag{9.1.26}$$

식 (9.1.26)과 (9.1.23)을 비교하면,

$$I_n = 3I_0 \tag{9.1.27}$$

중성선 전류는 영상분 전류의 3배이다. 평형 Y결선 계통에서는 중성선 전류가 0이기 때문에 선 전류는 영상분을 갖지 않는다. 또한, Δ결선 계통 또는 비접지 중성점을 갖는 3상 Y결선 계통과 같이, 중성선 경로가 없는 임의의 3상 계통에서도 선 전류는 영상분을 갖지 않는다.

다음의 3가지 예제를 통해 대칭성분에 대하여 더 잘 이해할 수 있을 것이다.

예제 9.1 대칭성분: 평형 상전압

abc 상순을 갖는 다음 평형 상전압의 대칭성분을 계산하시오.

$$\boldsymbol{V}_{\mathrm{P}} = \begin{bmatrix} V_{an} \\ V_{bn} \\ V_{cn} \end{bmatrix} = \begin{bmatrix} 277\angle 0^\circ \\ 277\angle -120^\circ \\ 277\angle +120^\circ \end{bmatrix} \text{ volts}$$

| 풀이

식 (9.1.13)~(9.1.15)를 이용하여

$$V_0 = \tfrac{1}{3}[277\angle 0^\circ + 277\angle -120^\circ + 277\angle +120^\circ] = 0$$

$$\begin{aligned} V_1 &= \tfrac{1}{3}[277\angle 0^\circ + 277\angle(-120^\circ + 120^\circ) \\ &\quad + 277\angle(120^\circ + 240^\circ)] \\ &= 277\angle 0^\circ \ \text{volts} = V_{an} \end{aligned}$$

$$\begin{aligned} V_2 &= \tfrac{1}{3}[277\angle 0^\circ + 277\angle(-120^\circ + 240^\circ) \\ &\quad + 277\angle(120^\circ + 120^\circ)] \\ &= \tfrac{1}{3}[277\angle 0^\circ + 277\angle 120^\circ + 277\angle 240^\circ] = 0 \end{aligned}$$

이 예제는 *abc* 상순(또는 정상순)을 갖는 평형 3상 계통이 영상분 또는 역상분을 갖지 않는다는 것을 보여준다. 여기서 정상분 전압 V_1은 V_{an}과 같으며, 영상분과 역상분 전압은 둘 다 0이다.

예제 9.2 대칭성분: 평형 *acb* 전류

Y결선 부하에 *acb* 상순을 갖는 평형 전류가 다음과 같이 흐를 때,

$$\boldsymbol{I}_P = \begin{bmatrix} I_a \\ I_b \\ I_c \end{bmatrix} = \begin{bmatrix} 10\underline{/0^\circ} \\ 10\underline{/+120^\circ} \\ 10\underline{/-120^\circ} \end{bmatrix} \text{ A}$$

대칭성분 전류를 계산하시오.

| 풀이

식 (9.1.23)~(9.1.25)를 이용하여

$$I_0 = \tfrac{1}{3}[10\underline{/0^\circ} + 10\underline{/120^\circ} + 10\underline{/-120^\circ}] = 0$$

$$\begin{aligned} I_1 &= \tfrac{1}{3}[10\underline{/0^\circ} + 10\underline{/(120^\circ + 120^\circ)} + 10\underline{/(-120^\circ + 240^\circ)}] \\ &= \tfrac{1}{3}[10\underline{/0^\circ} + 10\underline{/240^\circ} + 10\underline{/120^\circ}] = 0 \end{aligned}$$

$$\begin{aligned} I_2 &= \tfrac{1}{3}[10\underline{/0^\circ} + 10\underline{/(120^\circ + 240^\circ)} + 10\underline{/(-120^\circ + 120^\circ)}] \\ &= 10\underline{/0^\circ} \text{ A} = I_a \end{aligned}$$

이 예제는 *acb* 상순(또는 역상순)을 갖는 평형 3상 계통은 영상분 또는 정상분을 갖지 않는다는 사실을 보여준다. 여기에서 역상분 전류 I_2는 I_a와 같으며, 영상분 전류 및 정상분 전류는 모두 0이다.

예제 9.3 대칭성분: 불평형 전류

평형 Y결선 부하에 선력을 공급하는 3싱 선로에서 한 상(*b* 상)이 개방되어 있다. 부하 측 중성선이 접지되어 있고, 불평형 선 전류는

$$\boldsymbol{I}_P = \begin{bmatrix} I_a \\ I_b \\ I_c \end{bmatrix} = \begin{bmatrix} 10\underline{/0^\circ} \\ 0 \\ 10\underline{/120^\circ} \end{bmatrix} \text{ A}$$

대칭성분 전류와 중성선 전류를 계산하시오.

| 풀이

회로를 그림 9.2에 나타냈다. 식 (9.1.23)~(9.1.25)를 이용하면,

$$\begin{aligned} I_0 &= \tfrac{1}{3}[10\underline{/0^\circ} + 0 + 10\underline{/120^\circ}] \\ &= 3.333\underline{/60^\circ} \text{ A} \end{aligned}$$

$$I_1 = \tfrac{1}{3}[10\underline{/0^\circ} + 0 + 10\underline{/(120^\circ + 240^\circ)}] = 6.667\underline{/0^\circ} \text{ A}$$

$$\begin{aligned} I_2 &= \tfrac{1}{3}[10\underline{/0^\circ} + 0 + 10\underline{/(120^\circ + 120^\circ)}] \\ &= 3.333\underline{/-60^\circ} \text{ A} \end{aligned}$$

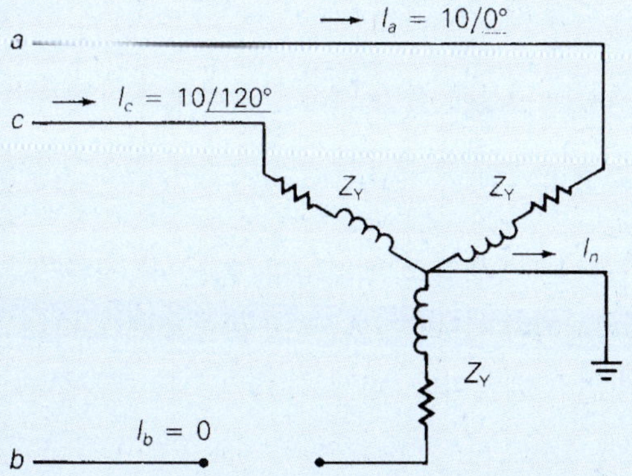

그림 9.2 예제 9.3에 대한 회로

식 (9.1.26)을 이용하면 중성선 전류는 다음과 같다.

$$\begin{aligned} I_n &= (10\underline{/0^\circ} + 0 + 10\underline{/120^\circ}) \\ &= 10\underline{/60^\circ} \text{ A} = 3I_0 \end{aligned}$$

이 예제는 불평형 3상 계통이 모든 대칭성분에 대하여 0이 아닌 값을 가질 수 있다는 것을 보여준다. 또한 중성선 전류는 식 (9.1.27)에 주어진 것과 같이 영상분 전류의 3배가 된다.

9.2 임피던스 부하의 대칭성분 회로

그림 9.3은 평형 Y결선 임피던스 부하를 나타낸다. 각 상의 임피던스는 Z_Y로 표시되며, 중성선 임피던스 Z_n은 부하 측 중성선과 접지 사이에 연결된다. 그림 9.3으로부터 상전압 V_{ag}는 다음과 같다.

$$\begin{aligned} V_{ag} &= Z_Y I_a + Z_n I_n \\ &= Z_Y I_a + Z_n(I_a + I_b + I_c) \\ &= (Z_Y + Z_n)I_a + Z_n I_b + Z_n I_c \end{aligned} \tag{9.2.1}$$

유사한 식을 V_{bg} 및 V_{eg}에 대해서도 구할 수 있다.

$$V_{bg} = Z_n I_a + (Z_Y + Z_n)I_b + Z_n I_c \tag{9.2.2}$$

$$V_{cg} = Z_n I_a + Z_n I_b + (Z_Y + Z_n)I_c \tag{9.2.3}$$

식 (9.2.1)~(9.2.3)을 행렬 형식으로 나타내면 다음과 같다.

$$\begin{bmatrix} V_{ag} \\ V_{bg} \\ V_{cg} \end{bmatrix} = \begin{bmatrix} (Z_Y + Z_n) & Z_n & Z_n \\ Z_n & (Z_Y + Z_n) & Z_n \\ Z_n & Z_n & (Z_Y + Z_n) \end{bmatrix} \begin{bmatrix} I_a \\ I_b \\ I_c \end{bmatrix} \tag{9.2.4}$$

식 (9.2.4)는 다음과 같이 더욱 간결하게 표현할 수 있다.

$$\boldsymbol{V}_P = \boldsymbol{Z}_P \boldsymbol{I}_P \tag{9.2.5}$$

여기서 $\boldsymbol{V}_P$는 상전압의 벡터이며, $\boldsymbol{I}_P$는 선 전류(또는 상전류)의 벡터이다. 그리고 $\boldsymbol{Z}_P$는 식 (9.2.4)에 나타낸 3 × 3 상 임피던스 행렬이다. 이제 식 (9.2.5)를 대칭성분 전압과

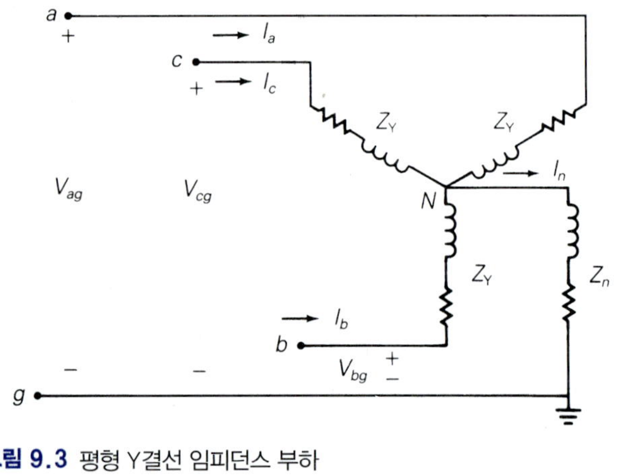

그림 9.3 평형 Y결선 임피던스 부하

대칭성분 전류 사이의 관계로 표현하기 위해 식 (9.1.9) 및 (9.1.16)을 이용하여 다음과 같이 변환한다.

$$\boldsymbol{A}\boldsymbol{V}_S = \boldsymbol{Z}_P \boldsymbol{A}\boldsymbol{I}_S \tag{9.2.6}$$

$\boldsymbol{A}^{-1}$을 식 (9.2.6)의 양변의 앞에 곱하면 다음과 같이 된다.

$$\boldsymbol{V}_S = (\boldsymbol{A}^{-1}\boldsymbol{Z}_P\boldsymbol{A})\boldsymbol{I}_S \tag{9.2.7}$$

또는

$$\boldsymbol{V}_S = \boldsymbol{Z}_S \boldsymbol{I}_S \tag{9.2.8}$$

여기서

$$\boldsymbol{Z}_S = \boldsymbol{A}^{-1}\boldsymbol{Z}_P\boldsymbol{A} \tag{9.2.9}$$

식 (9.2.9)로 정의된 임피던스 행렬 $\boldsymbol{Z}_S$는 **대칭성분 임피던스 행렬**이라 불린다. 식 (9.1.8), (9.1.10)과 (9.2.4)로 주어진 $\boldsymbol{A}$, $\boldsymbol{A}$의 역행렬 $\boldsymbol{A}^{-1}$ 및 $\boldsymbol{Z}_P$의 정의를 이용하면 평형 Y부하에 대한 대칭성분 임피던스 행렬 $\boldsymbol{Z}_S$는 다음과 같다.

$$\boldsymbol{Z}_S = \frac{1}{3}\begin{bmatrix} 1 & 1 & 1 \\ 1 & a & a^2 \\ 1 & a^2 & a \end{bmatrix} \begin{bmatrix} (Z_Y + Z_n) & Z_n & Z_n \\ Z_n & (Z_Y + Z_n) & Z_n \\ Z_n & Z_n & (Z_Y + Z_n) \end{bmatrix} \times \begin{bmatrix} 1 & 1 & 1 \\ 1 & a^2 & a \\ 1 & a & a^2 \end{bmatrix} \tag{9.2.10}$$

식 (9.2.10)에 나타낸 행렬 곱셈을 수행하고 $(1 + a + a^2) = 0$의 관계를 이용하면,

$$\begin{aligned} \boldsymbol{Z}_S &= \frac{1}{3}\begin{bmatrix} 1 & 1 & 1 \\ 1 & a & a^2 \\ 1 & a^2 & a \end{bmatrix} \begin{bmatrix} (Z_Y + 3Z_n) & Z_Y & Z_Y \\ (Z_Y + 3Z_n) & a^2 Z_Y & aZ_Y \\ (Z_Y + 3Z_n) & aZ_Y & a^2 Z_Y \end{bmatrix} \\ &= \begin{bmatrix} (Z_Y + 3Z_n) & 0 & 0 \\ 0 & Z_Y & 0 \\ 0 & 0 & Z_Y \end{bmatrix} \end{aligned} \tag{9.2.11}$$

식 (9.2.11)에 나타낸 것과 같이, 그림 9.3의 평형 Y부하에 대한 대칭성분 임피던스 행렬 $\boldsymbol{Z}_S$는 대각행렬이 된다. $\boldsymbol{Z}_S$가 대각행렬이므로 식 (9.2.8)은 3개의 분리된 식으로 쓸 수 있다. 식 (9.1.7), (9.1.18) 및 (9.2.11)을 식 (9.2.8)에 적용하면,

$$\begin{bmatrix} V_0 \\ V_1 \\ V_2 \end{bmatrix} = \begin{bmatrix} (Z_Y + 3Z_n) & 0 & 0 \\ 0 & Z_Y & 0 \\ 0 & 0 & Z_Y \end{bmatrix} \begin{bmatrix} I_0 \\ I_1 \\ I_2 \end{bmatrix} \tag{9.2.12}$$

식 (9.2.12)를 3개의 분리된 식으로 다시 작성하면,

$$V_0 = (Z_Y + 3Z_n)I_0 = Z_0 I_0 \tag{9.2.13}$$

$$V_1 = Z_Y I_1 = Z_1 I_1 \tag{9.2.14}$$

$$V_2 = Z_Y I_2 = Z_2 I_2 \tag{9.2.15}$$

식 (9.2.13)에 나타낸 것과 같이 영상분 전압 V_0는 영상분 전류 I_0와 임피던스 $(Z_Y + 3Z_n)$에만 관계한다. 이 임피던스를 **영상분 임피던스(zero-sequence impedance)**라 부르며 Z_0로 나타낸다. 또한, 정상분 전압 V_1은 정상분 전류 I_1과 **정상분 임피던스(positive-sequence impedance)**라 불리는 임피던스 $Z_1 = Z_Y$에만 관계하고 V_2는 I_2와 **역상분 임피던스(negative-sequence impedance)** $Z_2 = Z_Y$에만 연관된다.

식 (9.2.13)~(9.2.15)는 그림 9.4에 나타낸 3개의 회로로 표현할 수 있다. 이러한 회로는 **영상분, 정상분** 그리고 **역상분 회로**라 부른다. 그림에 나타낸 것과 같이 각 대칭성분 회로는 다른 2개 회로와 분리되어 있다. 이처럼 대칭성분 회로가 분리되는 것은 평형 Y부하에 대한 $\boldsymbol{Z}_S$가 대각행렬이기 때문인데, 이것이 바로 대칭성분 해석의 장점이라고 할 수 있다.

중성선 임피던스는 그림 9.4의 정상분 및 역상분 회로에서는 나타나지 않는 것에 유의한다. 이것은 정상분 전류 및 역상분 전류는 중성선 임피던스를 통해 흐르지 않는다는 사실을 나타내는 것이다. 대신 중성선 임피던스 3배의 임피던스가 영상분 회로에 위치한다. 임피던스 $3Z_n$에 걸리는 전압 $I_0(3Z_n)$은 그림 9.3에서 $I_n = 3I_0$이므로 중성선 임피던스 Z_n에 걸리는 전압 강하$(I_n Z_n)$와 같다.

그림 9.3에서 Y부하의 중성점이 귀로(return path)를 갖지 않을 때 중성선 임피던스 Z_n은 무한대가 되고, 그림 9.4의 영상분 회로에서의 $3Z_n$ 항은 개방회로가 된다. 중성점이 개방된 이 조건하에서는 영상분 전류가 존재하지 않는다. 그러나 Y부하의 중성점이 직접 접지되었을 때 중성선 임피던스는 0이며, 영상분 회로에서의 $3Z_n$ 항은 단락회로가 된다. 중성점이 직접 접지된 이 조건하에서 부하에 인가된 불평형 전압에 의해 영상분 전압이 있을 경우, 영상분 전류 I_0는 존재할 수 있다.

그림 2.16은 평형 Δ부하와 그 등가 평형 Y부하를 나타내고 있다. Δ부하는 중성점 연결이 없기 때문에 그림 2.16의 등가 Y부하는 개방된 중성점을 갖는다. 등가 Δ부하에 대응하는 등가 Y부하의 대칭성분 회로를 그림 9.5에 나타

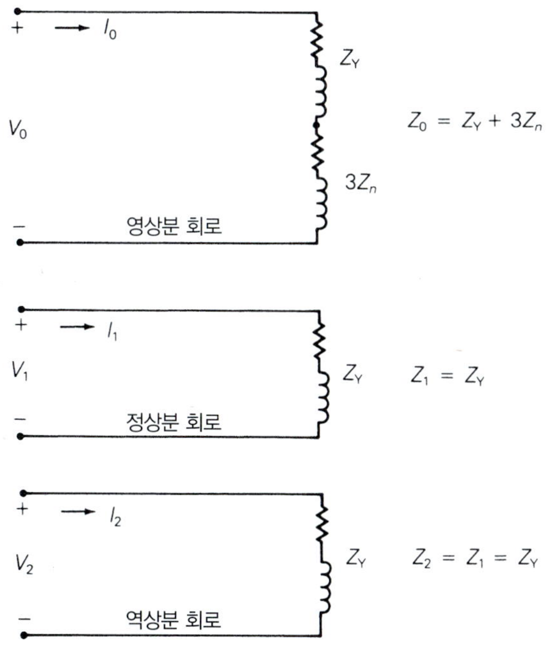

그림 9.4 평형 Y부하의 대칭성분 회로

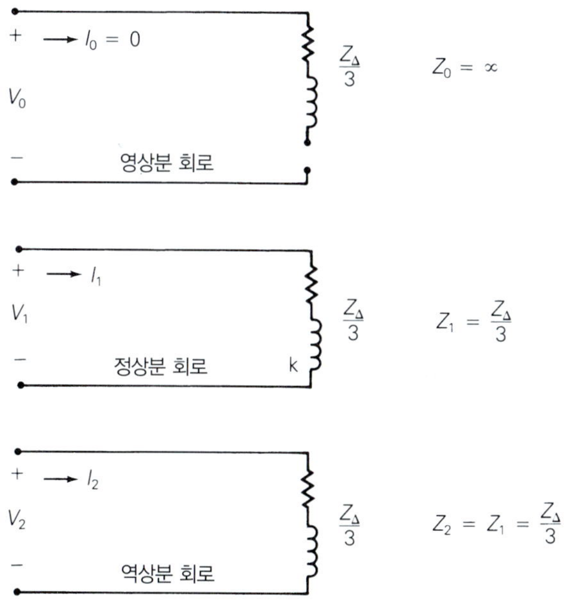

그림 9.5 평형 Δ부하를 등가 Y로 표현한 대칭성분 회로

예제 9.4 대칭성분 회로: 평형 Y 및 평형 Δ부하

평형 Y부하는 평형 Δ결선된 커패시터 뱅크와 병렬로 연결되어 있다. Y부하는 상당 임피던스 $Z_Y = (3 + j4)\ \Omega$을 가지며, 그 중성점은 유도성 리액턴스 $X_n = 2\ \Omega$에 의해 접지되어 있다. 커패시터 뱅크는 상당 리액턴스 $X_c = 30\ \Omega$이다. 이 부하에 대한 대칭성분 회로를 그리고, 부하의 대칭성분 임피던스를 계산하시오.

| 풀이

대칭성분 회로를 그림 9.6에 나타냈다. 그림에 나타낸 것과 같이 영상분 회로에서의 Y부하 임피던스는 3배의 중성점 임피던스와 직렬 연결되어 있다. 또한, 영상분 회로에서의 Δ부하 지로는 Δ부하로 흘러 들어오는 영상분 전류가 없기 때문에 개방되어 있다. 정상분 및 역상분 회로에서 Δ부하 임피던스는 3으로 나누어져 Y부하 임피던스와 병렬 연결되어 있다. 등가 대칭성분 임피던스는 다음과 같다.

$$Z_0 = Z_Y + 3Z_n = 3 + j4 + 3(j2) = 3 + j10\quad \Omega$$

$$Z_1 = Z_Y // (Z_\Delta/3) = \frac{(3 + j4)(-j30/3)}{3 + j4 - j(30/3)}$$

$$= \frac{(5\underline{/53.13^\circ})(10\underline{/-90^\circ})}{6.708\underline{/-63.43^\circ}} = 7.454\underline{/26.57^\circ}\quad \Omega$$

$$Z_2 = Z_1 = 7.454\underline{/26.57^\circ}\quad \Omega$$

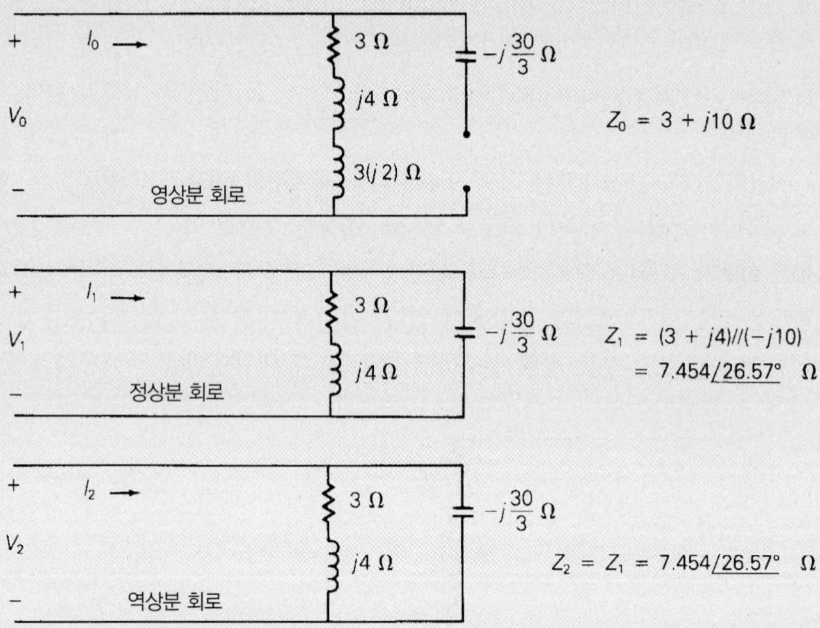

그림 9.6 예제 9.4에 대한 대칭성분 회로

내었다. 그림에 나타낸 것과 같이 각 대칭성분 회로상에서 등가 Y임피던스 $Z_Y = Z_\Delta/3$로 나타난다. 또한 개방 중성점은 $Z_n = \infty$가 되기 때문에 영상분 회로는 개방회로가 된다. 따라서 등가 Y부하에서 영상분 전류는 발생하지 않는다.

그림 9.5의 대칭성분 회로는 평형 Δ부하의 단자에서 바라본 것으로 내부 부하 특성은 나타내지 않았다. 그림 9.5에서 전류 I_0, I_1 및 I_2는 Δ 내에서의 부하 전류가 아니라, Δ부하에서 공급되는 선 전류의 대칭성분이다. 선 전류와 연관한 식 (2.5.14)의 Δ부하 전류는 그림 9.5에 나타나지 않는다.

그림 9.7은 일반적인 3상 선형 임피던스 부하를 나타낸다. 부하는 평형 Y부하, 평형 Δ부하 같은 평형 부하 또는 불평형 임피던스 부하를 표현할 수 있다. 이 부하에 대한 상 전압과 선 전류 사이의 관계는 다음과 같다.

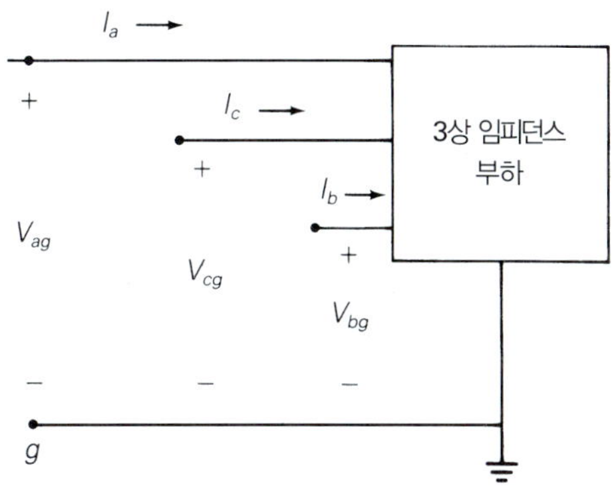

그림 9.7 일반적인 3상 임피던스 부하(선형, 양방향성 회로, 비회전 기기)

$$\begin{bmatrix} V_{ag} \\ V_{bg} \\ V_{cg} \end{bmatrix} = \begin{bmatrix} Z_{aa} & Z_{ab} & Z_{ac} \\ Z_{ab} & Z_{bb} & Z_{bc} \\ Z_{ac} & Z_{bc} & Z_{cc} \end{bmatrix} \begin{bmatrix} I_a \\ I_b \\ I_c \end{bmatrix} \tag{9.2.16}$$

또는

$$\boldsymbol{V}_P = \boldsymbol{Z}_P \boldsymbol{I}_P \tag{9.2.17}$$

여기서 $\boldsymbol{V}_P$는 상 전압 벡터, $\boldsymbol{I}_P$는 선(또는 상) 전류 벡터, 그리고 $\boldsymbol{Z}_P$는 3 × 3상 임피던스 행렬이다. 여기에서 부하는 비회전이고, $\boldsymbol{Z}_P$는 양방향성 회로에 해당하는 대칭 행렬인 것으로 가정한다.

식 (9.2.17)은 (9.2.5)와 같은 형식이기 때문에 그림 9.6의 3상 부하에 있어서 대칭성분 전압과 전류 사이의 관계는 식 (9.2.8)과 (9.2.9)의 것과 같다. 이들 식은 다음과 같이 다시 쓸 수 있다.

$$\boldsymbol{V}_S = \boldsymbol{Z}_S \boldsymbol{I}_S \tag{9.2.18}$$

$$\boldsymbol{Z}_S = \boldsymbol{A}^{-1} \boldsymbol{Z}_P \boldsymbol{A} \tag{9.2.19}$$

식 (9.2.19)로 주어진 대칭성분 임피던스 행렬 $\boldsymbol{Z}_S$는 다음 식과 같이 정의되는 9개의 대칭성분 임피던스를 갖는 3 × 3 행렬이다.

$$\boldsymbol{Z}_S = \begin{bmatrix} Z_0 & Z_{01} & Z_{02} \\ Z_{10} & Z_1 & Z_{12} \\ Z_{20} & Z_{21} & Z_2 \end{bmatrix} \tag{9.2.20}$$

이 행렬에서 대각 임피던스 Z_0, Z_1 및 Z_2는 영상분, 정상분 및 역상분 회로의 자기 임피던스이고 비대각 임피던스는 대칭성분 회로 사이의 상호 임피던스이다. $\boldsymbol{A}$, $\boldsymbol{A}^{-1}$, $\boldsymbol{Z}_P$ 그리고 $\boldsymbol{Z}_S$의 정의를 이용하면 식 (9.2.19)는

$$\begin{bmatrix} Z_0 & Z_{01} & Z_{02} \\ Z_{10} & Z_1 & Z_{12} \\ Z_{20} & Z_{21} & Z_2 \end{bmatrix} = \frac{1}{3} \begin{bmatrix} 1 & 1 & 1 \\ 1 & a & a^2 \\ 1 & a^2 & a \end{bmatrix} \begin{bmatrix} Z_{aa} & Z_{ab} & Z_{ac} \\ Z_{ab} & Z_{bb} & Z_{bc} \\ Z_{ac} & Z_{cb} & Z_{cc} \end{bmatrix} \begin{bmatrix} 1 & 1 & 1 \\ 1 & a^2 & a \\ 1 & a & a^2 \end{bmatrix} \tag{9.2.21}$$

식 (9.2.21)의 행렬계산을 수행하고, $(1 + a + a^2) = 0$의 관계를 이용하면 다음의 분리된 식을 얻을 수 있다(연습문제 9.18 참조).

대각 대칭성분 임피던스

$$Z_0 = \tfrac{1}{3}(Z_{aa} + Z_{bb} + Z_{cc} + 2Z_{ab} + 2Z_{ac} + 2Z_{bc}) \tag{9.2.22}$$

$$Z_1 = Z_2 = \tfrac{1}{3}(Z_{aa} + Z_{bb} + Z_{cc} - Z_{ab} - Z_{ac} - Z_{bc}) \tag{9.2.23}$$

비대각 대칭성분 임피던스

$$Z_{01} = Z_{20} = \tfrac{1}{3}(Z_{aa} + a^2 Z_{bb} + aZ_{cc} - aZ_{ab} - a^2 Z_{ac} - Z_{bc}) \tag{9.2.24}$$

$$Z_{02} = Z_{10} = \tfrac{1}{3}(Z_{aa} + aZ_{bb} + a^2 Z_{cc} - a^2 Z_{ab} - aZ_{ac} - Z_{bc}) \tag{9.2.25}$$

$$Z_{12} = \tfrac{1}{3}(Z_{aa} + a^2 Z_{bb} + aZ_{cc} + 2aZ_{ab} + 2a^2 Z_{ac} + 2Z_{bc}) \tag{9.2.26}$$

$$Z_{21} = \tfrac{1}{3}(Z_{aa} + aZ_{bb} + a^2 Z_{cc} + 2a^2 Z_{ab} + 2aZ_{ac} + 2Z_{bc}) \tag{9.2.27}$$

대칭 부하는 대칭성분 임피던스 행렬에 대각성분만 있는 부하로 정의된다. 즉, 식 (9.2.24)~(9.2.27)의 모든 상호 임피던스는 0이 된다. 이처럼 상호 임피던스를 0으로 하면 대칭 부하에 대해서는 다음의 조건이 성립한다.

$$Z_{aa} = Z_{bb} = Z_{cc} \tag{9.2.28}$$

그리고

$$Z_{ab} = Z_{ac} = Z_{bc} \tag{9.2.29}$$

} 대칭 부하에 대한 조건

그러면 다음과 같이 된다.

$$Z_{01} = Z_{10} = Z_{02} = Z_{20} = Z_{12} = Z_{21} = 0 \tag{9.2.30}$$

$$Z_0 = Z_{aa} + 2Z_{ab} \tag{9.2.31}$$

$$Z_1 = Z_2 = Z_{aa} - Z_{ab} \tag{9.2.32}$$

대칭 부하에 대한 조건은 상 임피던스의 대각요소가 같다는 것과 상 임피던스의 비대각요소가 같다는 것이다. 이러한 조건은 식 (9.2.24)~(9.2.27)에 대해 $(1 + a + a^2) = 0$의 항등식과 식 (9.2.28), (9.2.29)를 적용함으로써 모든 상호 대칭성분 임피던스가 0이라는 것을 보여줄 수 있다. 정상분 및 역상분 임피던스는 대칭 부하에 대해서는 식 (9.2.32)에 나타낸 것과 같이, 그리고 비대칭부하에 대해서는 식 (9.2.23)에 나타낸 것과 같이 동일한 값을 갖는다. 이러한 관계는 변압기 및 송전선로 같은 비회전 기기를 표현하는 선형, 대칭 임피던스에 대해 항상 적용된다. 그러나 발전기 및 전동기 같은 회전 기기의 정상분, 역상분 임피던스는 일반적으로 동일하지는 않다. 또한 영상분 임피던스 Z_0는 상호 임피던스 $Z_{ab} = Z_{ac} = Z_{bc}$가 0이 아닌 한 대칭 부하의 정상분 및 역상분 임피던스와 같지 않음에 유의한다.

대칭 임피던스 부하의 대칭성분 회로는 그림 9.8에 나타냈다. 대칭 부하에 대해 대칭성분 임피던스 행렬 $\boldsymbol{Z}_S$는 대각행렬이 되기 때문에 대칭성분 회로는 분리될 수 있다.

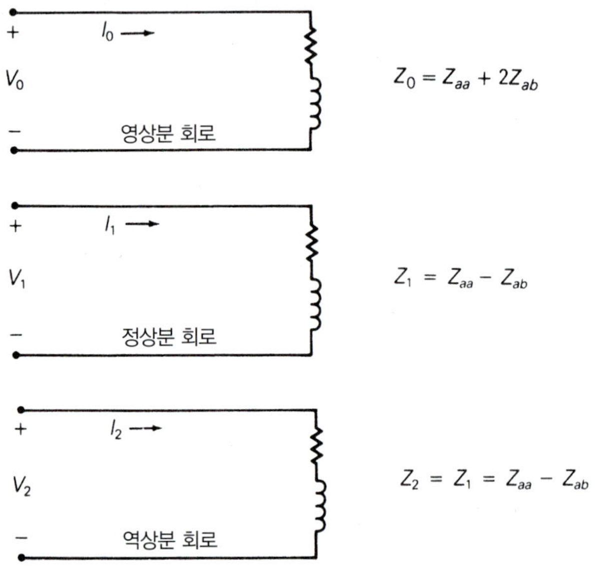

그림 9.8 3상 평형 임피던스 부하(선형, 양방향성 회로, 비회전기기)의 대칭성분 회로

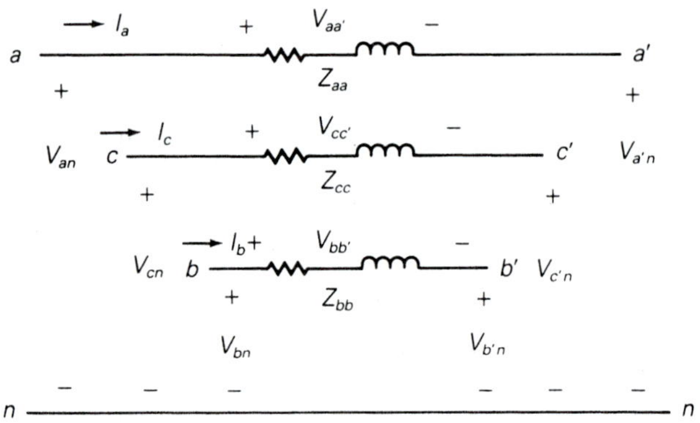

그림 9.9 3상 직렬 임피던스(선형, 양방향성 회로, 비회전 기기)

9.3 직렬 임피던스의 대칭성분 회로

그림 9.9는 abc 및 $a'b'c'$로 정의된 2개의 3상 모선 사이에 연결된 직렬 임피던스를 보여준다. 각 상의 자기 임피던스는 Z_{aa}, Z_{bb} 및 Z_{cc}로 정의된다. 또한 일반적으로 직렬 회로는 상 사이에 상호 임피던스가 존재할 수 있다. 직렬 상 임피던스를 통한 전압 강하는 다음 식으로 표현할 수 있다.

$$\begin{bmatrix} V_{an} - V_{a'n} \\ V_{bn} - V_{b'n} \\ V_{cn} - V_{c'n} \end{bmatrix} = \begin{bmatrix} V_{aa'} \\ V_{bb'} \\ V_{cc'} \end{bmatrix} = \begin{bmatrix} Z_{aa} & Z_{ab} & Z_{ac} \\ Z_{ab} & Z_{bb} & Z_{bc} \\ Z_{ac} & Z_{cb} & Z_{cc} \end{bmatrix} \begin{bmatrix} I_a \\ I_b \\ I_c \end{bmatrix} \tag{9.3.1}$$

자기 임피던스뿐만 아니라 상호 임피던스도 식 (9.3.1)에 포함되어 있다. 임피던스 행렬은 양방향성 회로에 해당하는 대칭행렬로 가정하며, 또한 이러한 임피던스는 비 회전 기기를 나타낸다고 가정한다. 전형적인 예는 송전선로와 변압기의 직렬 임피던스이다. 식 (9.3.1)은 다음의 형식으로 표현할 수 있다.

$$\boldsymbol{V}_P - \boldsymbol{V}_{P'} = \boldsymbol{Z}_P \boldsymbol{I}_P \tag{9.3.2}$$

여기서 $\boldsymbol{V}_P$는 모선 abc에서의 상전압 벡터이고, $\boldsymbol{V}_{P'}$는 모선 $a'b'c'$에서의 상 전압 벡터이며, $\boldsymbol{I}_P$는 선 전류 벡터이다. 그리고 $\boldsymbol{Z}_P$는 직렬 회로에 대한 3 × 3상 임피던스 행렬이다. 이제 식 (9.3.2)는 부하 측 임피던스를 9.2절에서 변환된 것과 같은 방식으로 대칭성분으로 변환한다.

$$\boldsymbol{V}_S - \boldsymbol{V}_{S'} = \boldsymbol{Z}_S \boldsymbol{I}_S \tag{9.3.3}$$

여기서

$$\boldsymbol{Z}_S = \boldsymbol{A}^{-1} \boldsymbol{Z}_P \boldsymbol{A} \tag{9.3.4}$$

9.2절의 결과로부터 이 대칭성분 임피던스 행렬 $\boldsymbol{Z}_S$는 다음의 조건하에서 대각행렬이 된다.

$$\left.\begin{aligned} Z_{aa} = Z_{bb} = Z_{cc} \\ \text{그리고} \quad \\ Z_{ab} = Z_{ac} = Z_{bc} \end{aligned}\right\} \text{대칭 직렬 임피던스에 대한 조건} \tag{9.3.5}$$

식 (9.3.1)의 상 임피던스 행렬 $\boldsymbol{Z}_P$가 동일한 자기 임피던스뿐만 아니라 동일한 상호 임피던스를 가질 때, 식 (9.3.4)는 다음과 같이 된다.

$$Z_S = \begin{bmatrix} Z_0 & 0 & 0 \\ 0 & Z_1 & 0 \\ 0 & 0 & Z_2 \end{bmatrix} \tag{9.3.6}$$

여기서

$$Z_0 = Z_{aa} + 2Z_{ab} \tag{9.3.7}$$

그리고

$$Z_1 = Z_2 = Z_{aa} - Z_{ab} \tag{9.3.8}$$

그리고 (9.3.3)은 3개의 분리된 식이 되어, 다음과 같이 쓸 수 있다.

$$V_0 - V_{0'} = Z_0 I_0 \tag{9.3.9}$$

$$V_1 - V_{1'} = Z_1 I_1 \tag{9.3.10}$$

$$V_2 - V_{2'} = Z_2 I_2 \tag{9.3.11}$$

식 (9.3.9)~(9.3.11)은 그림 9.10에 나타낸 3개의 분리된 대칭성분 회로로 표현된다. 그림에서 볼 수 있듯이 대칭 직렬 임피던스의 경우 정상분 전압 강하는 오로지 정상분 전류에 의해서만 발생한다는 것을 확인할 수 있다. 동일하게 역상분 전류에 의해 역상분 전압 강하가 발생하며, 영상분 전류는 단지 영상분 전압 강하만 만든다. 그러나 만일 직렬 임피던스가 대칭이 아니라면, 그리고 $\boldsymbol{Z}_S$가 대각행렬이 아니면 대칭성분 회로들은 결합되어 특정 대칭성분 회로에서 발생하는 전압 강하에도 3개의 대칭성분 전류 모두가 관계하게 된다.

9.4 3상 선로의 대칭성분 회로

4.7절에서는 3상 가공 송전선로의 저항 및 유도성 리액턴스를 포함한 직렬 상 임피던스의 컴퓨터 계산에 적합한 식들을 전개한 바 있다. 비연가 선로에 대한 직렬 상 임피던스 행렬 $\boldsymbol{Z}_P$는 식 (4.7.19)로 주어지며, 완전 연가된 선로에 대한 $\hat{\boldsymbol{Z}}_P$는 식 (4.7.21)~(4.7.23)으로 주어진다. 식 (4.7.19)는 다음 식과 같이 대칭성분으로 변환될 수 있다.

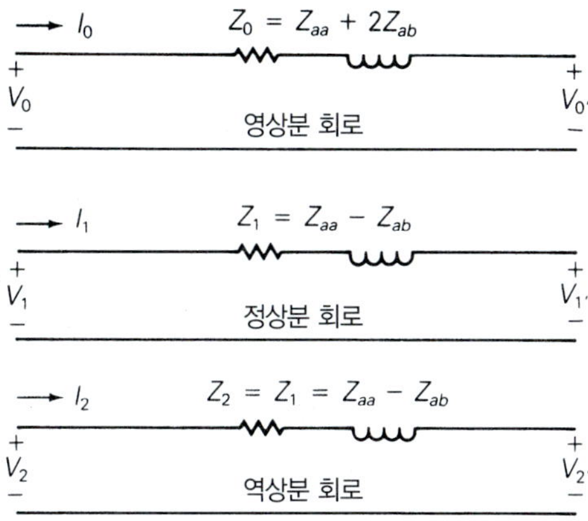

그림 9.10 3상 대칭 직렬 임피던스의 대칭성분 회로(선형, 양방향성 회로, 비회선 기기)

$$\boldsymbol{Z}_S = \boldsymbol{A}^{-1}\boldsymbol{Z}_P\boldsymbol{A} \tag{9.4.1}$$

$\boldsymbol{Z}_S$는 구성요소들이 아래 식과 같은 3 × 3 직렬 대칭성분 임피던스 행렬이다.

$$\boldsymbol{Z}_S = \begin{bmatrix} Z_0 & Z_{01} & Z_{02} \\ Z_{10} & Z_1 & Z_{12} \\ Z_{20} & Z_{21} & Z_2 \end{bmatrix} \ \Omega/\text{m} \tag{9.4.2}$$

일반적으로 $\boldsymbol{Z}_S$는 대각행렬이 아니다. 그러나 만일 선로가 완전히 연가된다면,

$$\hat{\boldsymbol{Z}}_S = \boldsymbol{A}^{-1}\hat{\boldsymbol{Z}}_P\boldsymbol{A} = \begin{bmatrix} \hat{Z}_0 & 0 & 0 \\ 0 & \hat{Z}_1 & 0 \\ 0 & 0 & \hat{Z}_2 \end{bmatrix} \tag{9.4.3}$$

여기서, 식 (9.3.7)과 (9.3.8)로부터

$$\hat{Z}_0 = \hat{Z}_{aaeq} + 2\hat{Z}_{abeq} \tag{9.4.4}$$

$$\hat{Z}_1 = \hat{Z}_2 = \hat{Z}_{aaeq} - \hat{Z}_{abeq} \tag{9.4.5}$$

완전 연가된 3상 선로의 직렬 대칭성분 임피던스의 회로 표현을 그림 9.11에 나타냈다.

4.11절에서는 3상 가공 송전선로의 병렬 상 어드미턴스

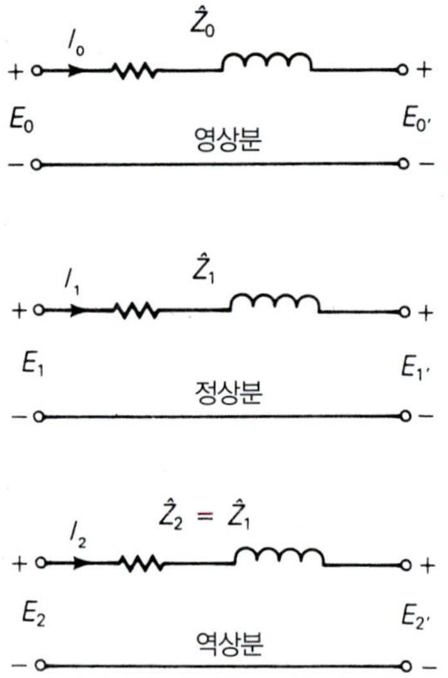

그림 9.11 완전 연가된 3상 선로에 대한 직렬 대칭성분 임피던스의 회로 표현

의 컴퓨터 계산을 위해 적합한 식을 전개하였다. 비연가된 선로에 대한 병렬 어드미턴스 행렬 $\boldsymbol{Y}_\text{P}$는 식 (4.11.16)으로 주어지며, 완전 연가된 3상 선로에 대한 $\hat{\boldsymbol{Y}}_\text{P}$는 식 (4.11.17)로 주어진다.

식 (4.11.16)은 다음 식과 같이 대칭성분으로 변환될 수 있다.

$$\boldsymbol{Y}_\text{S} = \boldsymbol{A}^{-1}\boldsymbol{Y}_\text{P}\boldsymbol{A} \tag{9.4.6}$$

여기서

$$\boldsymbol{Y}_\text{S} = \mathbf{G}_\text{S} + j(2\pi f)\mathbf{C}_\text{S} \tag{9.4.7}$$

$$\mathbf{C}_\text{S} = \begin{bmatrix} \text{C}_0 & \text{C}_{01} & \text{C}_{02} \\ \text{C}_{10} & \text{C}_1 & \text{C}_{12} \\ \text{C}_{20} & \text{C}_{21} & \text{C}_2 \end{bmatrix} \text{ F/m} \tag{9.4.8}$$

일반적으로 $\mathbf{C}_\text{S}$는 대각행렬이 아니다. 그러나 완전 연가된 선로에 대해

$$\hat{\mathbf{Y}}_\text{S} = \boldsymbol{A}^{-1}\hat{\mathbf{Y}}_\text{P}\boldsymbol{A} = \begin{bmatrix} \hat{y}_0 & 0 & 0 \\ 0 & \hat{y}_1 & 0 \\ 0 & 0 & \hat{y}_2 \end{bmatrix}$$

$$= j(2\pi f)\begin{bmatrix} \hat{\text{C}}_0 & 0 & 0 \\ 0 & \hat{\text{C}}_1 & 0 \\ 0 & 0 & \hat{\text{C}}_2 \end{bmatrix} \tag{9.4.9}$$

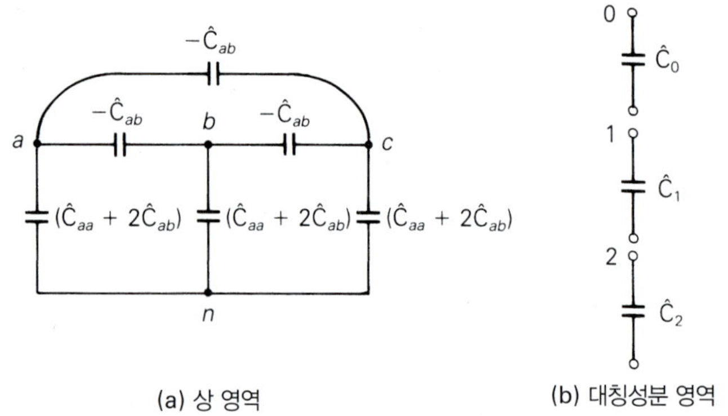

그림 9.12 완전 연가된 3상 선로에 대한 커패시턴스의 회로 표현

여기서

$$\hat{\text{C}}_0 = \hat{\text{C}}_{aa} + 2\hat{\text{C}}_{ab} \quad \text{F/m} \tag{9.4.10}$$

$$\hat{\text{C}}_1 = \hat{\text{C}}_2 = \hat{\text{C}}_{aa} - \hat{\text{C}}_{ab} \quad \text{F/m} \tag{9.4.11}$$

$\hat{\text{C}}_{ab}$가 음수이기 때문에 영상분 커패시턴스 $\hat{\text{C}}_0$는 보통 정상분 또는 역상분 커패시턴스보다 훨씬 적은 값이다.

완전 연가된 3상 선로의 상 커패시턴스 및 대칭성분 커패시턴스의 회로를 그림 9.12에 나타냈다.

9.5 회전기기의 대칭성분 회로

중성점 임피던스 Z_n을 통해 접지되어 있는 Y결선된 동기발전기를 그림 9.13에 나타냈다. 내부 발전기 전압은 E_a, E_b 및 E_c로 정의하고, 발전기의 선 전류는 I_a, I_b 및 I_c로 정의했다.

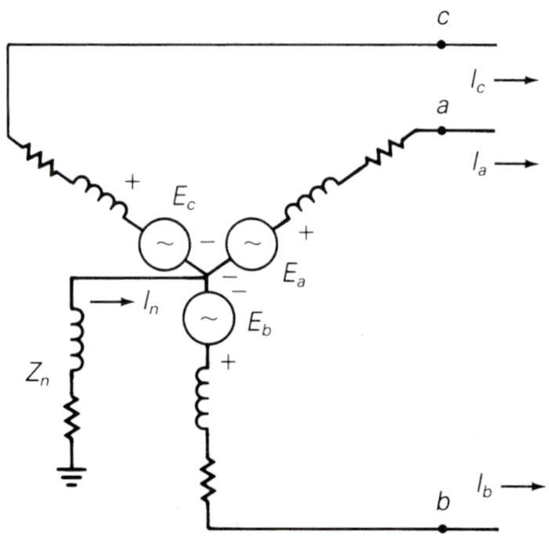

그림 9.13 Y-결선 동기발전기

발전기의 대칭성분 회로를 그림 9.14에 나타냈다. 3상 동기발전기가 대칭의 정상순으로 내부 상 전압 E_a, E_b 및 E_c가 발생하도록 설계되었기 때문에 전원 전압 E_{g1}은 정상분 회로에만 나타나게 된다. 발전기 단자에서의 상 전압의 대칭성분은 그림 9.14에서 V_0, V_1 및 V_2로 정의한다.

발전기의 중성점 임피던스에서의 전압 강하는 Z_nI_n이다. 식 (9.1.27)로부터 중성선 전류는 영상분 전류의 3배이기 때문에 이것은 $(3Z_n)I_0$로 쓸 수 있다. 이 전압 강하는 영상분 전류에만 관련되기 때문에 임피던스 $(3Z_n)$은 발전기의 영상분 임피던스 Z_{g0}와 직렬로 연결되어 그림 9.14의 영상분 회로에 위치하게 된다.

회전기기의 대칭성분 임피던스는 일반적으로 동일하지 않다. 회전기기의 대칭성분 임피던스에 대한 해석은 전기기기 관련 이론서를 통해 자세히 참고할 수 있기 때문에 여기에서는 간략한 설명만 하도록 한다.

동기발전기 고정자가 정상상태 조건하에서 평형 3상 정상분 전류를 가질 때, 정상분 전류에 의해 발생되는 전체 기자력은 회전자와 같은 방향으로 동기 속도로 회전한다. 이러한 조건에서 큰 값의 자속이 회전자에 침투하며, 정상분 임피던스 Z_{g1}이 큰 값을 갖게 된다. 정상상태에서는 정상분 발전기 임피던스를 **동기 임피던스**로 부르기도 한다.

동기발전기 고정자가 평형 3상 역상분 전류를 가질 때, 이러한 전류에 의해 발생하는 전체 기자력은 회전자의 방향과 반대 방향에서 동기 속도로 회전한다. 회전자에 대해 전체 기자력은 정지되어 있는 것이 아니라 동기 속도의 2배로 회전한다. 이 상태에서 자속이 회전자에 침투하는 것을 막기 위해 회전자 권선에 전류가 유기된다. 이와 같이 역상분 임피던스 Z_{g2}는 정상분 동기 임피던스보다 작다.

동기발전기가 영상분 전류만 가질 때, 이것은 같은 크기와 위상을 갖는 선(또는 상) 전류이며, 그리고 이러한 전류에 의해 발생하는 전체 기자력은 이론적으로는 0이 된다. 발전기의 영상분 임피던스 Z_{g0}는 대칭성분 임피던스 중 가장 작은 값을 갖는데, 이는 누설 자속, 말단 권선수(end turns), 완전한 정현파가 아닌 기자력을 발생시키는 권선에 의한 고조파 자속 등에 기인한다.

전기 기기에 대한 대칭성분 임피던스의 일반적인 값을 부록의 표 A.1에 열거하였다. 전기 기기의 정상분 임피던스는 동기, 과도 또는 차과도 임피던스가 있다. **동기** 임피던스는 6장에 기술된 조류계산 같은 정상상태 조건에서 사용된다. **과도** 임피던스는 12장에 기술된 안정도 해석에 사용되며, **차과도** 임피던스는 8장과 10장에 설명된 단락고장해석에서 활용된다. 전기 기기는 정상분 임피던스와 달리 하나의 역상분 임피던스와 영상분 임피던스만을 각각 갖는다.

3상 동기전동기 및 3상 유도전동기에 대한 대칭성분 회로를 그림 9.15에 나타냈다. 동기전동기는 동기전동기의 대칭성분 전류가 대칭성분 회로로 나오는 것 대신 기기 내부로 유입되는 것을 기준으로 삼는다는 것을 제외하고는 동기발전기와 같은 대칭성분 회로를 갖는다. 또한 유도전동기는 정상분 전압 전원 E_{m1}이 제거된 것을 제외하고는 동기전동기와 동일한 대칭성분 회로를 갖는다. 유도전동기는 회전자 회로상에 자속을 위한 직류 전원을 갖지 않기 때문에 E_{m1}은 0이 된다. 그림 9.14 및 9.15에 나타낸 대칭성분 회로는 회전 기기를 단순하게 표현한 것이다. 이 회로는 기기의 돌극(machine saliency), 포화의 영향, 복잡한 과도효과 등과 같은 현상은 고려하지 않았다. 하지만 이 정도 단순한 회로만으로도 충분히 대부분의 전력계통을 정확히 해석할 수 있다.

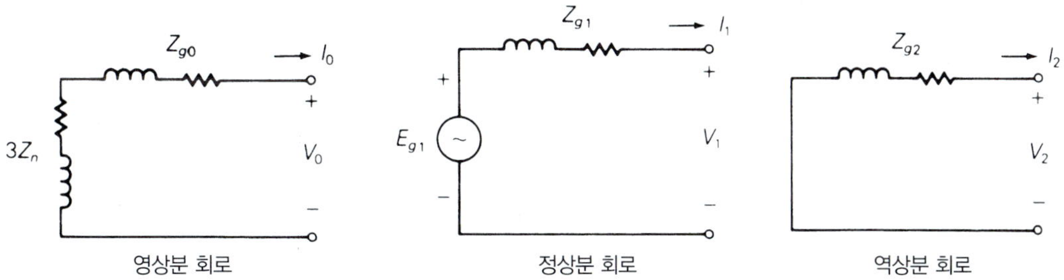

그림 9.14 Y-결선 동기발전기의 대칭성분 회로

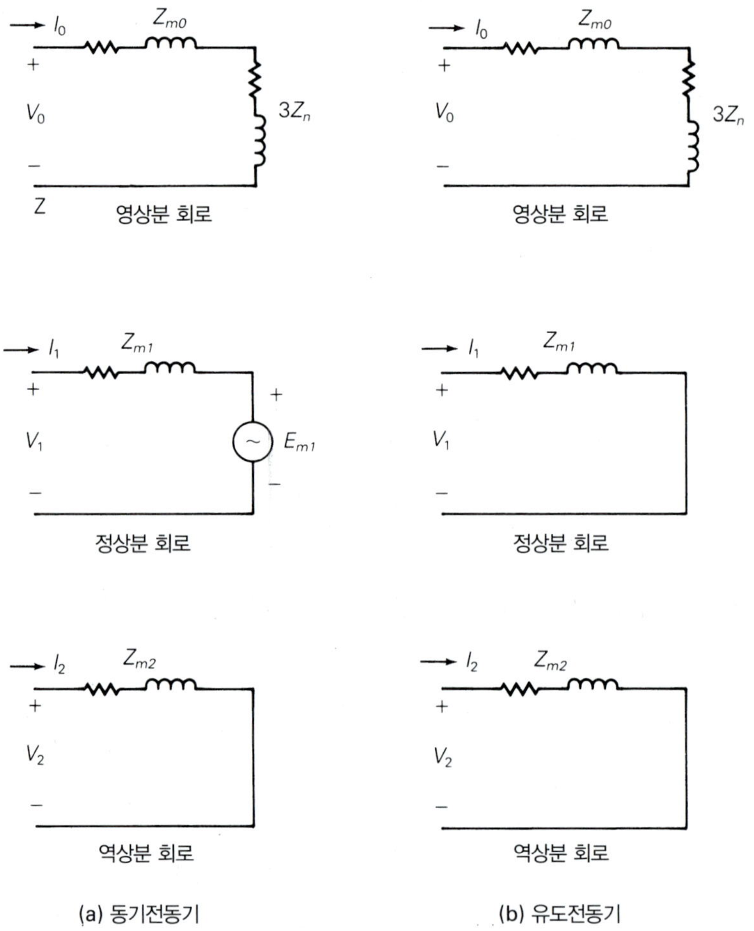

그림 9.15 3상 전동기의 대칭성분 회로

예제 9.5 대칭성분 회로상의 전류

예제 2.4의 회로에 대한 대칭성분 회로를 그리고 선 전류의 대칭성분을 계산하시오. 발전기의 중성점은 임피던스 $Z_n = j10\ \Omega$을 통해 접지되어 있고, 발전기의 대칭성분 임피던스는 $Z_{g0} = j1\ \Omega$, $Z_{g1} = j15\ \Omega$, 그리고 $Z_{g2} = j3\ \Omega$인 것으로 가정한다.

| 풀이

대칭성분 회로를 그림 9.16에 나타냈다. 이 회로도는 그림 9.5, 9.10 및 9.14의 평형 Δ부하, 직렬 선로 임피던스 및 동기발전기에 대한 대칭성분 회로를 상호 연결하여 구성할 수 있다.

영상 및 역상분 회로에 전원이 없기 때문에 $I_0 = I_2 = 0$임을 그림 9.16에서 명확히 확인할 수 있다. 또한 정상분 발전기 단자전압 V_1은 발전기 단자의 상 전압과 같다. 그러므로 그림에 나타낸 정상분 회로 및 예제 2.4의 결과로부터

$$I_1 = \frac{V_1}{\left(Z_{L1} + \frac{1}{3}Z_\Delta\right)} = 25.83\underline{/-73.78°}\ \text{A} = I_a$$

식 (9.1.20)으로부터 $I_0 = I_2 = 0$이기 때문에 I_1은 선 전류 I_a와 같다는 것에 유의한다.

(계속)

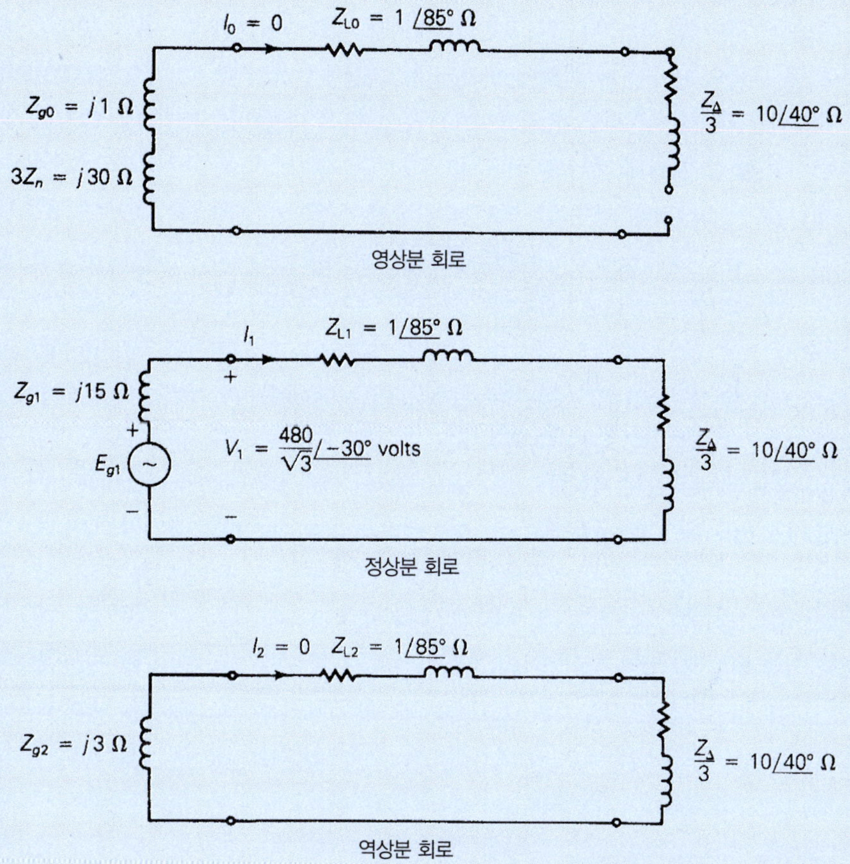

그림 9.16 예제 9.5에 대한 대칭성분 회로

다음의 예제는 불평형 계통을 해석하기 위한 대칭성분법의 우수한 장점을 보여주는 사례이다.

예제 9.6 대칭성분을 이용한 불평형 3상 회로 해석

다음의 불평형 전압을 가진 Y결선 전압원이 예제 2.4의 평형 선로 및 부하에 인가되었다.

$$\begin{bmatrix} V_{ag} \\ V_{bg} \\ V_{cg} \end{bmatrix} = \begin{bmatrix} 277\underline{/0°} \\ 260\underline{/-120°} \\ 295\underline{/+115°} \end{bmatrix} \quad \text{volts}$$

전원의 중성점은 직접 접지되었다. 대칭성분법을 이용하여 전원 전류 I_a, I_b 및 I_c를 계산하시오.

| 풀이

식 (9.1.13)~(9.1.15)를 이용하여 전원 전압의 대칭성분을 구하면 다음과 같다.

$$V_0 = \tfrac{1}{3}(277\underline{/0°} + 260\underline{/-120°} + 295\underline{/115°})$$
$$= 7.4425 + j14.065 = 15.912\underline{/62.11°} \quad \text{volts}$$
$$V_1 = \tfrac{1}{3}(277\underline{/0°} + 260\underline{/-120° + 120°} + 295\underline{/115° + 240°})$$
$$= \tfrac{1}{3}(277\underline{/0°} + 260\underline{/0°} + 295\underline{/-5°})$$
$$= 276.96 - j8.5703 = 277.1\underline{/-1.772°} \quad \text{volts}$$
$$V_2 = \tfrac{1}{3}(277\underline{/0°} + 260\underline{/-120° + 240°} + 295\underline{/115° + 120°})$$
$$= \tfrac{1}{3}(277\underline{/0°} + 260\underline{/120°} + 295\underline{/235°})$$
$$= -7.4017 - j5.4944 = 9.218\underline{/216.59°} \quad \text{volts}$$

(계속)

이러한 대칭성분 전압은 그림 9.17에 나타낸 것과 같이 선로 및 부하의 대칭성분 회로에 인가된다. 그림에서처럼 각 대칭성분 회로는 분리되어 있으며, 전원 전류의 대칭성분은 다음과 같이 쉽게 계산된다.

$$I_0 = 0$$

$$I_1 = \frac{V_1}{Z_{L1} + \dfrac{Z_\Delta}{3}} = \frac{277.1\underline{/-1.772^\circ}}{10.73\underline{/43.78^\circ}} = 25.82\underline{/-45.55^\circ}\ \text{A}$$

$$I_2 = \frac{V_2}{Z_{L2} + \dfrac{Z_\Delta}{3}} = \frac{9.218\underline{/216.59^\circ}}{10.73\underline{/43.78^\circ}} = 0.8591\underline{/172.81^\circ}\ \text{A}$$

식 (9.1.20)~(9.1.22)를 이용하면, 전원 전류는 다음과 같다.

$$\begin{aligned} I_a &= (0 + 25.82\underline{/-45.55^\circ} + 0.8591\underline{/172.81^\circ}) \\ &= 17.23 - j18.32 = 25.15\underline{/-46.76^\circ}\ \text{A} \end{aligned}$$

$$\begin{aligned} I_b &= (0 + 25.82\underline{/-45.55^\circ + 240^\circ} \\ &\quad + 0.8591\underline{/172.81^\circ + 120^\circ}) \\ &= (25.82\underline{/194.45^\circ} + 0.8591\underline{/292.81^\circ}) \\ &= -24.67 - j7.235 = 25.71\underline{/196.34^\circ}\ \text{A} \end{aligned}$$

$$\begin{aligned} I_c &= (0 + 25.82\underline{/-45.55^\circ + 120^\circ} \\ &\quad + 0.8591\underline{/172.81^\circ + 240^\circ}) \\ &= (25.82\underline{/74.45^\circ} + 0.8591\underline{/52.81^\circ}) \\ &= 7.441 + j25.56 = 26.62\underline{/73.77^\circ}\ \text{A} \end{aligned}$$

이 결과를 검증하기 위하여, 그리고 두 가지 정답을 구하는 방법(연습문제 9.33 참조)을 비교하기 위하여 대칭성분을 이용하지 않고 이 예제에 대한 선 전류를 계산해야 할 것이다. 대칭성분 없이도 결합된 KVL 식은 풀어져야 한다. 대칭성분을 이용하면, 상 성분으로부터 대칭성분으로의 변환은 위에 나타낸 것과 같이 결과적인 KVL 식뿐만 아니라 회로를 분리시킨다.

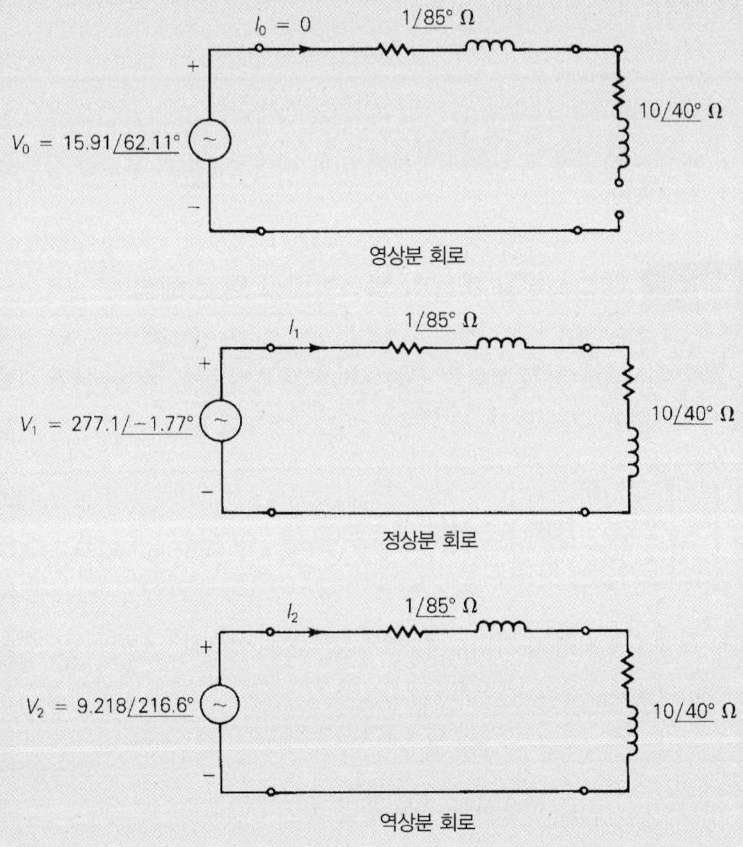

그림 9.17 예제 9.6에 대한 대칭성분 회로

9.6 3상 2권선 변압기의 pu 대칭성분 모델

그림 9.18(a)는 중성점 임피던스 Z_N 및 Z_n을 통해 접지된 이상적인 Y–Y 변압기의 개념도이다. 그림 9.18(b~d)는 이 이상 변압기를 pu법으로 나타낸 대칭성분 회로를 보여준다.

평형 정상분 전류 또는 평형 역상분 전류가 변압기에 인가될 때 중성선 전류는 0이고, 중성점 임피던스를 통한 전압 강하는 발생하지 않는다. 그러므로 이상적인 Y–Y 변압기의 pu 정상분 및 역상분 회로[그림 9.18(c)와 (d)]는 pu법으로 나타낸 이상적인 단상 변압기와 같다[그림 3.9(a)].

영상분 전류는 동일한 크기와 위상각을 갖는다. pu 대칭분 전류 $I_{A0} = I_{B0} = I_{C0} = I_0$가 이상적인 Y–Y 변압기

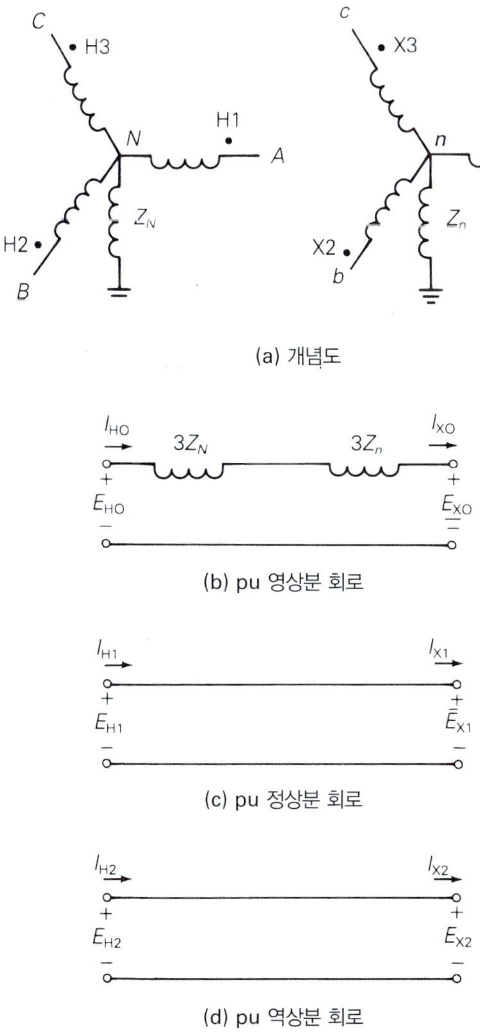

그림 9.18 이상 Y–Y 변압기

의 고압 권선에 가해질 때, 전압 강하가 $(3Z_N)I_0$인 중성점 임피던스 Z_N을 통해 중성선 전류 $I_N = 3I_0$가 흐르게 된다. 또한, pu 영상분 전류 I_0는 각 저압 권선에 흐르며[식 (3.3.9)로부터], $3I_0$의 전류가 전압 강하 $(3I_0)Z_n$인 중성선 임피던스 Z_n을 통해 흐른다. pu 영상분 회로를 그림 9.18(b)에 나타냈다. 이 회로에는 임피던스 $(3Z_N)$과 $(3Z_n)$이 포함되어 있다.

만일, 이상 변압기의 중성점 중의 어느 하나가 접지되지 않았다면, 고압 권선 또는 저압 권선에 흐를 수 있는 영상분 전류는 없다는 것에 유의하여야 한다. 예를 들면, 만일 고압 권선의 중성점이 개방되었다면 $I_N = 3I_0 = 0$이고, 이것은 저압측도 $I_0 = 0$이 되도록 한다. 이것은 회로 개방을 $Z_N = \infty$와 같이 표현함으로써 그림 9.18(b) 영상분 회로에 나타낼 수 있다.

실제적인 Y–Y 변압기를 pu법으로 나타낸 대칭성분 회로를 그림 9.19(a)에 나타냈다. 이 회로는 이상 변압기의 대칭성분 회로에 외부 임피던스를 추가하여 얻을 수 있다. 고압 권선의 누설 임피던스는 상 사이의 결합이 없는 ($Z_{ab} = 0$), 그림 9.9에 나타낸 것과 같은 직렬 임피던스이다. 만일 a, b 및 c상 권선이 동일한 누설 임피던스 $Z_H = R_H + jX_H$를 갖는다면, 이때 직렬 임피던스는 그림 9.10에 나타낸 것과 같이 대칭이고 $Z_{H0} = Z_{H1} = Z_{H2} = Z_H$이다. 유사하게 저압 권선의 누설 임피던스는 $Z_{X0} = Z_{X1} = Z_{X2} = Z_X$인 대칭 직렬 임피던스이다. 이러한 직렬 누설 임피던스를 그림 9.19(a)의 대칭성분 회로에 pu법으로 나타냈다.

여자전류를 표현하는 실제 Y–Y 변압기의 병렬 지로는 그림 9.3의 Y부하와 같다. 그림 9.3의 각 상은 자화 인덕턴스와 병렬 연결된 철손 저항을 나타낸다. 이들이 각 상에서 동일하다고 가정하면 Y부하는 대칭이 되며, 대칭성분 회로는 그림 9.4와 같다. 또한 이러한 병렬 지로는 그림 9.19(a)에서도 찾을 수 있다. $(3Z_N)$과 $(3Z_n)$이 이미 영상분 회로에 포함되어 있음에 유의한다.

그림 9.19(a)에서 실제 Y–Y 변압기의 pu 정상분 및 역상분 변압기 임피던스는 같고, 이것은 비회전 기기에 대해서도 역시 동일하게 적용된다. 그러나 pu 영상분 회로는 중성선 임피던스 Z_N과 Z_n에 영향을 받는다.

그림 9.19(b)에 나타낸 Y–Δ 변압기의 pu 대칭성분 회로는 다음과 같은 특징이 있다.

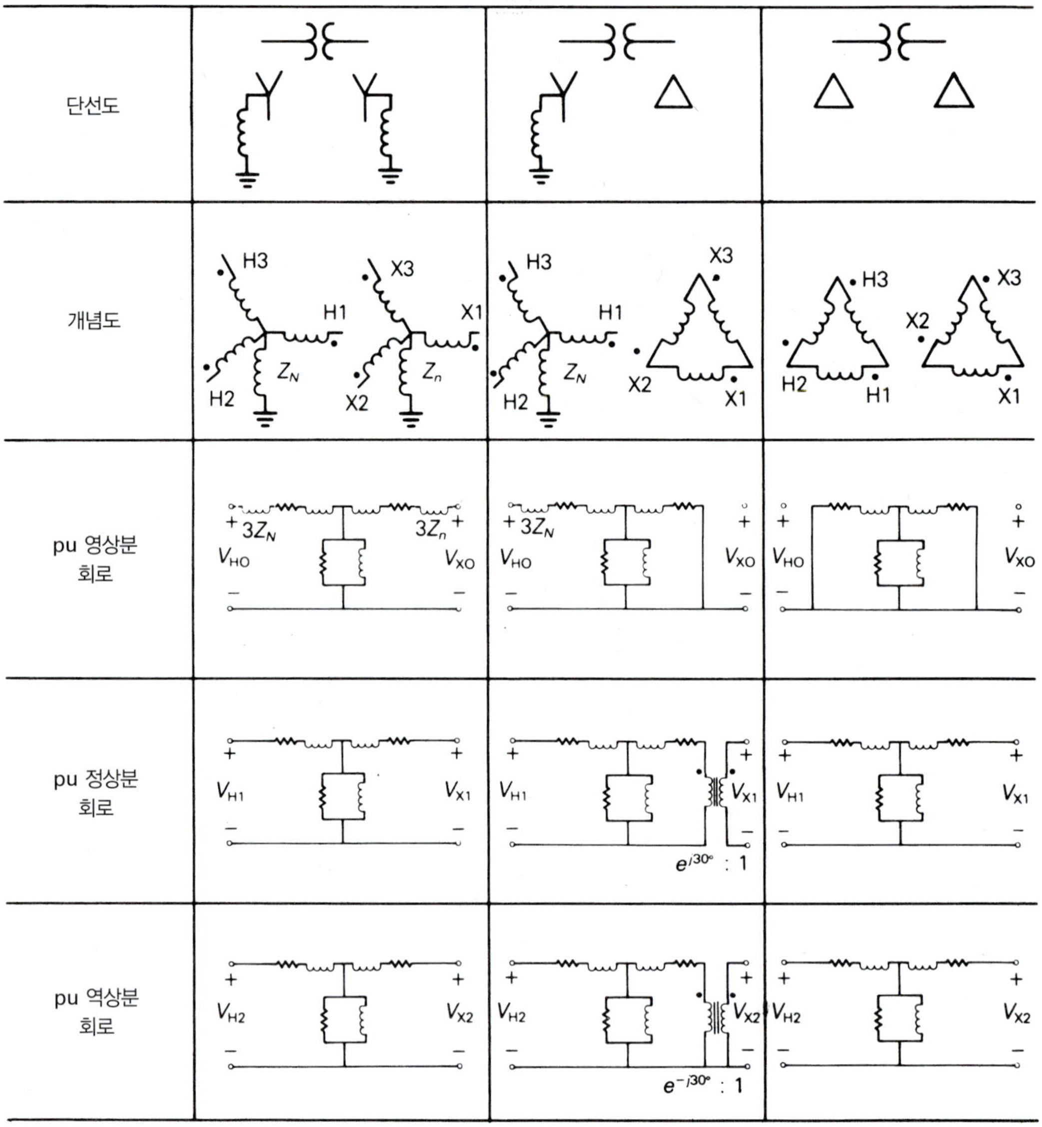

(a) Y–Y (b) Y–Δ (c) Δ–Δ

그림 9.19 실제적인 Y–Y, Y–Δ 및 Δ–Δ 변압기의 pu법 대칭성분 회로

1. pu임피던스는 권선의 결선에 영향을 받지 않는다. 즉 Y–Y, Y–Δ, Δ–Y 또는 Δ–Δ로 결선된 변압기의 pu임피던스는 동일하다. 그러나 기준 전압은 권선의 결선에 따라 달라진다.
2. 위상변위(phase shift)는 pu 정상 및 역상분 회로에서 고려한다. 미국 표준의 경우 Y–Δ 변압기의 고압측 정상분 전압 및 전류는 저압측에서 대응되는 전압 및 전류에 30° 앞선다. 역상분의 경우는 고압측의 값이 30° 뒤진다.
3. 만일 중성점 연결이 있다면, Y 권선에 영상분 전류가 흐를 수 있으며, 대응하는 영상분 전류는 Δ 권선 내부에서 흐른다. 그러나 Δ 권선 안으로 들어오거나 나가는 영상분 전류는 없다.

그림 9.19(b)의 정상 및 역상분 회로에서의 위상변위는 그림 3.4의 위상변위 변압기와 같이 표현할 수 있다. 또한, 그림 9.19(b)의 영상분 회로는 영상분 전류가 흐르기 위한 Y 측 경로를 제공한다. 그러나 Δ 측으로 들어가거나 나올

수 있는 영상분 전류는 없다. 그림 9.19(c)에 나타낸 Δ–Δ 변압기의 pu 대칭성분 회로는 다음과 같은 특성이 있다.

1. 정상 및 역상분 회로(이들은 동일함)는 Y–Y 변압기에 대한 것과 동일하다. 위상변위는 없는 것으로 가정한다. 또한 pu임피던스는 권선의 결선에 영향을 받지 않지만, 기준 전압은 권선의 결선에 영향을 받는다.
2. 영상분 전류가 Δ 권선 내부에서 순환할 수는 있으나 어느 Δ 권선으로 들어가거나 나올 수는 없다.

예제 9.7 pu 대칭성분을 이용하여 변압기가 있는 불평형 3상 전력계통 해석

직접 접지된 중성점을 갖는 75 kVA, 480 V Δ/208V Y 변압기가 예제 9.6의 전원과 선로 사이에 연결되어 있다. 변압기의 누설 리액턴스는 $X_{eq} = 0.10$ p.u.이고, 권선 저항과 여자전류는 무시한다. 기준치로 변압기 정격을 사용하여 pu법으로 나타낸 대칭성분 회로를 그리고, a상 전원 전류 I_a를 계산하시오.

풀이

기준치는 $S_{base1\phi} = 75/3 = 25$ kVA, $V_{baseHLN} = 480/\sqrt{3} = 277.1$ V, $V_{baseXLN} = 208/\sqrt{3} = 120.1$ V, 그리고 $Z_{baseX} = (120.1)^2/25{,}000 = 0.5770\ \Omega$이다. 실제 전원 전압의 대칭성분은 그림 9.17에 주어졌다. pu법으로 나타낸 이들 전압은 다음과 같다.

$$V_0 = \frac{15.91\underline{/62.11^\circ}}{277.1} = 0.05742\underline{/62.11^\circ} \quad \text{p.u.}$$

$$V_1 = \frac{277.1\underline{/-1.772^\circ}}{277.1} = 1.0\underline{/-1.772^\circ} \quad \text{p.u.}$$

$$V_2 = \frac{9.218\underline{/216.59^\circ}}{277.1} = 0.03327\underline{/216.59^\circ} \quad \text{p.u.}$$

변압기의 저압측에 위치한 pu 선로 및 부하 임피던스는 다음과 같다.

$$Z_{L0} = Z_{L1} = Z_{L2} = \frac{1\underline{/85^\circ}}{0.577} = 1.733\underline{/85^\circ} \quad \text{p.u.}$$

$$Z_{load1} = Z_{load2} = \frac{Z_\Delta}{3(0.577)} = \frac{10\underline{/40^\circ}}{0.577} = 17.33\underline{/40^\circ} \quad \text{p.u.}$$

pu법으로 나타낸 대칭성분 회로를 그림 9.20에 나타냈다. 위상변위 변압기의 고압측을 기준으로 할 때 pu 선로 및 부하 임피던스는 변하지 않음에 유의한다[식 (3.1.26) 참조]. 그러므로 그림 9.20으로부터 전원 전류의 대칭성분은 다음과 같다.

$$I_0 = 0$$

$$\begin{aligned} I_1 &= \frac{V_1}{jX_{eq} + Z_{L1} + Z_{load1}} \\ &= \frac{1.0\underline{/-1.772^\circ}}{j0.10 + 1.733\underline{/85^\circ} + 17.33\underline{/40^\circ}} \\ &= \frac{1.0\underline{/-1.772^\circ}}{13.43 + j12.97} = \frac{1.0\underline{/-1.772^\circ}}{18.67\underline{/44.0^\circ}} \\ &= 0.05356\underline{/-45.77^\circ} \quad \text{per unit} \end{aligned}$$

$$\begin{aligned} I_2 &= \frac{V_2}{jX_{eq} + Z_{L2} + Z_{load2}} = \frac{0.03327\underline{/216.59^\circ}}{18.67\underline{/44.0^\circ}} \\ &= 0.001782\underline{/172.59^\circ} \quad \text{p.u.} \end{aligned}$$

그리고 식 (9.1.20)을 이용하면, a상 전원 전류는

$$\begin{aligned} I_a &= I_0 + I_1 + I_2 \\ &= 0 + 0.05356\underline{/-45.77^\circ} + 0.001782\underline{/172.59^\circ} \\ &= 0.03511 - j0.03764 = 0.05216\underline{/-46.19^\circ} \quad \text{p.u.} \end{aligned}$$

$I_{baseH} = \dfrac{75{,}000}{480\sqrt{3}} = 90.21$ A를 이용하면,

$$I_a = (0.05216)(90.21)\underline{/-46.19^\circ} = 4.705\underline{/-46.19^\circ} \quad \text{A}$$

(계속)

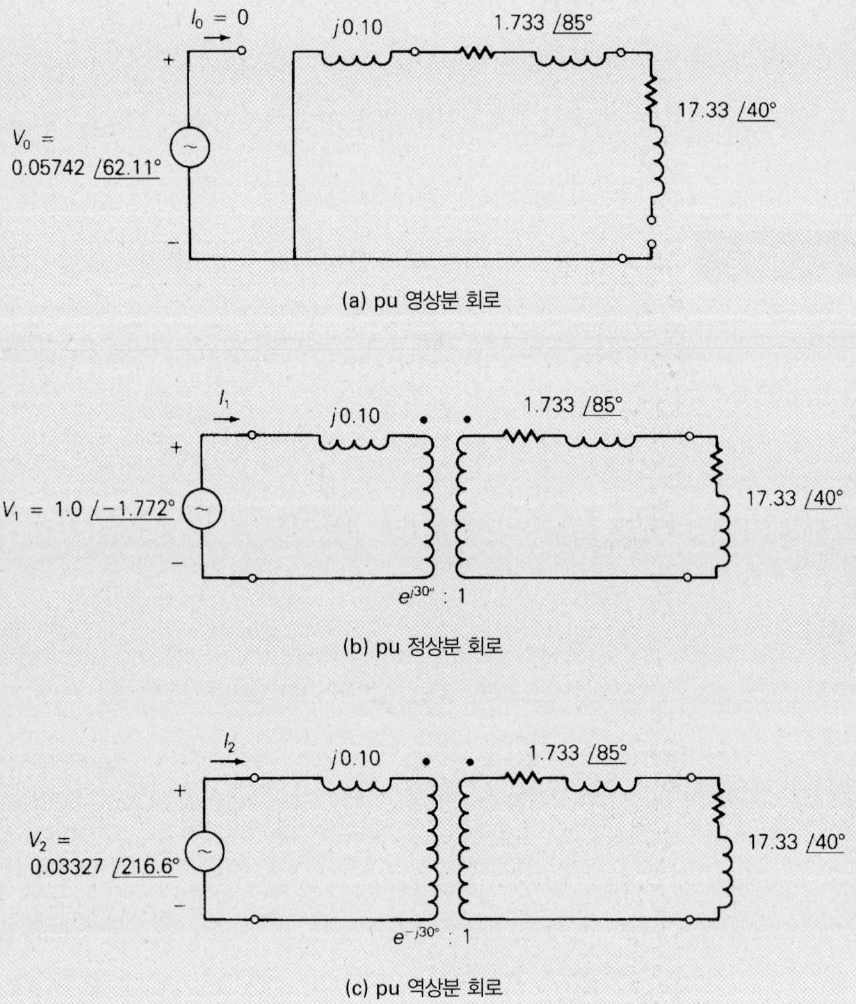

그림 9.20 예제 9.7에 대한 pu 대칭성분 회로

9.7 3상 3권선 변압기의 pu 대칭성분 모델

동일한 3개의 단상 3권선 변압기를 3상 뱅크(bank) 형태로 연결하여 3상 3권선 변압기를 구성할 수 있다. 그림 9.21은 3상 3권선 변압기의 일반적인 pu 대칭성분 회로를 보여준다. 단상 변압기에 대해 했던 것과 같이 권선 1, 2, 3의 번호를 붙이는 대신에 문자 *H*, *M*, *X*를 사용하여 각각 고압, 중전압, 저압 권선을 표시한다. 일반적으로 *H*, *M*, *X* 단자에 있어서 공통 S_{base}를 선정하고 기준 전압 V_{baseH}, V_{baseM}, V_{baseX}는 변압기의 정격 선간 전압에 비례하여 정하게 된다.

그림 9.21(a)의 일반적인 영상분 회로의 경우, 단자 H와 H′ 사이의 결선은 고압 권선이 어떻게 연결되었느냐에 따라 다음과 같이 달라진다.

1. 직접 접지된 Y: H를 H′에 단락
2. Z_N을 통해 Y 접지: H로부터 H′까지 ($3Z_N$) 연결
3. 비접지된 Y: 그림과 같이 H-H′를 개방
4. Δ: 기준 모선에 대해 H′를 단락

단자 X–X′ 및 M–M′도 유사한 방법으로 연결한다.

pu 역상분 회로의 임피던스는 pu 정상분 회로의 임피던스와 같다. 이것은 비회전 기기에 대해서는 항상 적용된다. 그림 9.21(b)에는 나타나 있지 않지만 위상변위 변압기를 Δ와 Y 권선 사이의 위상변위를 모델링하기 위해 포함시킬 수도 있다.

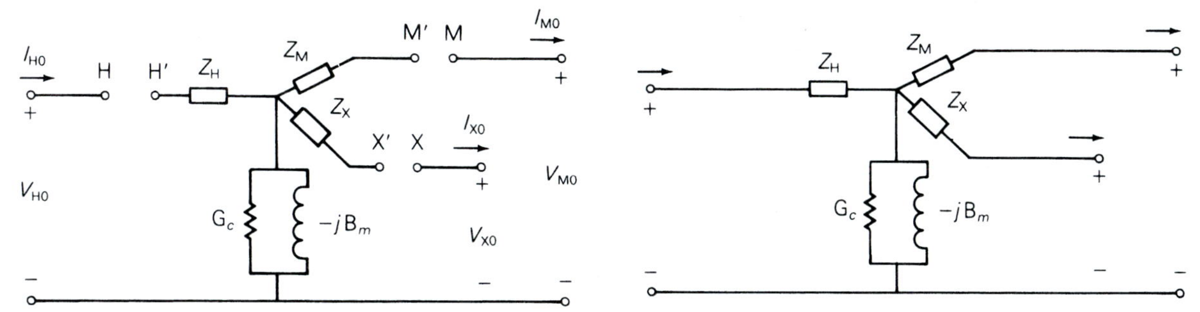

(a) pu 영상분 회로

(b) pu 정상 또는 역상분 회로(위상변위는 표시하지 않음)

그림 9.21 3상 3권선 변압기의 pu 대칭성분 회로

예제 9.8 3상 3권선 변압기: pu 대칭성분 회로

예제 3.9에 기술된 것과 같은 각각 동일한 3개의 변압기가 900 MVA, 13.8 kV 발전기로부터 345 kV 송전선로까지, 그리고 34.5 kV 배전선로까지 전력을 공급하기 위하여 3상 뱅크로 연결되어 있다. 변압기 권선은 다음과 같이 연결되어 있다.

13.8 kV 권선(X): Δ, 발전기 측
199.2 kV 권선(H): 직접 접지된 Y, 345 kV 선로 측
19.92 kV 권선(M): $Z_n = j0.10\ \Omega$을 통해 접지된 Y, 34.5 kV 선로 측

고압 및 중전압 Y 권선의 정상분 전압과 전류는 저압 Δ 권선에 대응되는 전압, 전류에 30° 앞선다. 단자 X에 대하여 900 MVA 및 13.8 kV 3상 기준을 이용하여 pu 대칭성분 회로를 그리시오.

❙ 풀이

pu 대칭성분 회로를 그림 9.22에 나타냈다. V_{baseX} = 13.8 kV는 단자 X의 정격 선간 전압이기 때문에 $V_{baseM} = \sqrt{3}\,(19.92) = 34.5$ kV이고, 이것은 단자 M의 정격 선간 전압이다. 그리고 중전압 단자의 기준 임피던스는

$$Z_{baseM} = \frac{(34.5)^2}{900} = 1.3225\quad \Omega$$

그러므로 pu 중성점 임피던스는

$$Z_n = \frac{j0.10}{1.3225} = j0.07561\quad \text{p.u.}$$

그리고 $(3Z_n) = j0.2268$은 p.u 영상분 회로의 단자 M에서 M′까지 연결된다. 고압 권선이 직접 접지된 중성점을 갖기 때문에 영상분 회로의 H에서 H′까지는 단락이 된다. 또한 위상변위 변압기가 정상분 및 역상분 회로에 포함되었다.

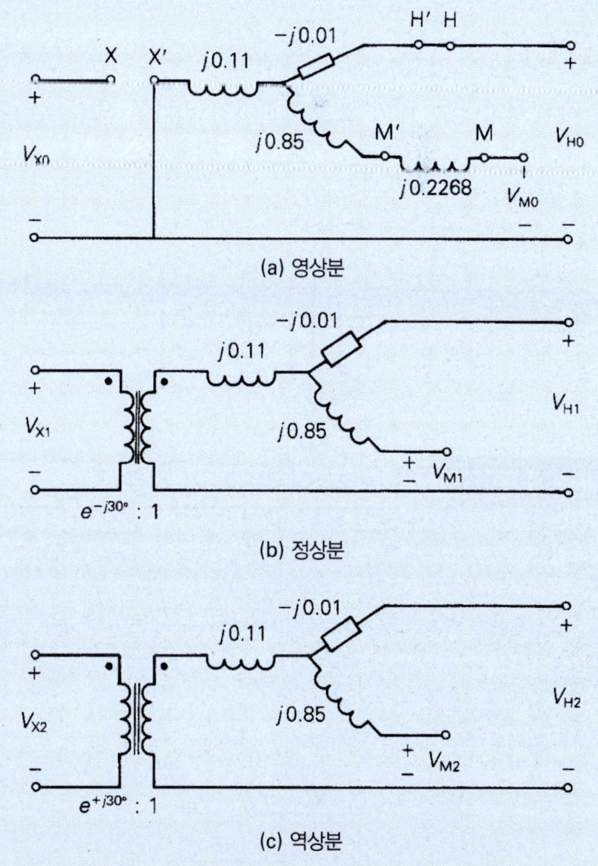

(a) 영상분

(b) 정상분

(c) 역상분

그림 9.22 예제 9.8에 대한 pu 대칭성분 회로

9.8 대칭성분 회로에서의 전력

3상 전력계통에 공급되는 전력은 대칭성분 회로에 공급되는 전력으로도 구할 수 있다. 그림 9.7의 3상 부하에 전달되는 전체 복소전력을 S_P라 정의하면, 이것은 다음 식에서 구할 수 있다.

$$S_P = V_{ag}I_a^* + V_{bg}I_b^* + V_{cg}I_c^* \tag{9.8.1}$$

또한 식 (9.8.1)은 그림 9.13의 3상 발전기에 의해 공급되는 전체 복소전력이나 임의의 3상 모선에서 공급되는 복소전력을 계산하는 데 사용할 수 있다. 행렬식으로 식 (9.8.1)을 다시 쓰면,

$$S_P = [V_{ag}V_{bg}V_{cg}]\begin{bmatrix} I_a^* \\ I_b^* \\ I_c^* \end{bmatrix} = \boldsymbol{V}_P^T\boldsymbol{I}_P^* \tag{9.8.2}$$

여기서 T는 전치(transpose), *는 켤레복소수를 나타낸다. 식 (9.1.9)와 (9.1.16)을 이용하여

$$S_P = (\boldsymbol{A}\boldsymbol{V}_s)^T(\boldsymbol{A}\boldsymbol{I}_s)^* = \boldsymbol{V}_s^T[\boldsymbol{A}^T\boldsymbol{A}^*]\boldsymbol{I}_s^* \tag{9.8.3}$$

식 (9.8.3)의 괄호 내의 항을 계산하기 위하여 식 (9.1.8)에서 정의한 $\boldsymbol{A}$를 이용하고, a와 a^2이 켤레복소수라는 것을 이용하면,

$$\boldsymbol{A}^T\boldsymbol{A}^* = \begin{bmatrix} 1 & 1 & 1 \\ 1 & a^2 & a \\ 1 & a & a^2 \end{bmatrix}^T \begin{bmatrix} 1 & 1 & 1 \\ 1 & a^2 & a \\ 1 & a & a^2 \end{bmatrix}^*$$

$$= \begin{bmatrix} 1 & 1 & 1 \\ 1 & a^2 & a \\ 1 & a & a^2 \end{bmatrix}\begin{bmatrix} 1 & 1 & 1 \\ 1 & a & a^2 \\ 1 & a^2 & a \end{bmatrix}$$

$$= \begin{bmatrix} 3 & 0 & 0 \\ 0 & 3 & 0 \\ 0 & 0 & 3 \end{bmatrix} = 3\mathbf{U} \tag{9.8.4}$$

식 (9.8.4)를 (9.8.3)에 대입하면,

$$S_P = 3\boldsymbol{V}_S^T\boldsymbol{I}_S^* = 3[V_0 \quad V_1 \quad V_2]\begin{bmatrix} I_0^* \\ I_1^* \\ I_2^* \end{bmatrix} \tag{9.8.5}$$

$$S_P = 3(V_0I_0^* + V_1I_1^* + V_2I_2^*) = 3S_S \tag{9.8.6}$$

따라서 3상 전력계통에 공급되는 전체 복소전력 S_P는 대칭성분 회로에서 공급되는 전체 복소전력 S_S의 3배가 된다는 것을 알 수 있다.

식 (9.8.4)에 나타낸 것과 같이, $\boldsymbol{A}^T\boldsymbol{A}^* = 3\mathbf{U}$이기 때문에 식 (9.8.6)에 숫자 3이 포함된다. $\boldsymbol{A}_1^T\boldsymbol{A}_1^* = \mathbf{U}$가 되도록 새로운 변환 행렬 $\boldsymbol{A}_1 = (1/\sqrt{3})\,\boldsymbol{A}$를 정의하면 숫자 3을 제거할 수 있다. 이때 $\boldsymbol{A}_1$은 유니터리 행렬(unitary matrix)이 된다. $\boldsymbol{A}$ 대신에 $\boldsymbol{A}_1$을 사용하면 3상 전력계통에서 공급되는 전체 복소전력은 대칭성분 회로에서 공급되는 전체 복소전력과 같게 될 것이다. 그러나 실제 산업체 표준에서는 식 (9.1.8)로 정의된 $\boldsymbol{A}$를 사용하는 것이 일반적이다.

예제 9.9 대칭성분 회로에서의 전력

예제 9.6에서 3상 전원에 의해 전달되는 S_P 및 S_S를 계산하시오. $S_P = 3S_S$임을 검증하시오.

| 풀이

식 (9.8.1)을 이용하여

$$\begin{aligned} S_P &= (277\underline{/0°})(25.15\underline{/+46.76°}) \\ &\quad + (260\underline{/-120°})(25.71\underline{/-196.34°}) \\ &\quad + (295\underline{/115°})(26.62\underline{/-73.77°}) \\ &= 6967\underline{/46.76°} + 6685\underline{/43.66°} + 7853\underline{/41.23°} \\ &= 15{,}520 + j14{,}870 = 21{,}490\underline{/43.78°} \quad \text{VA} \end{aligned}$$

대칭성분 영역에서

$$\begin{aligned} S_S &= V_0I_0^* + V_1I_1^* + V_2I_2^* \\ &= 0 + (277.1\underline{/-1.77°})(25.82\underline{/45.55°}) \\ &\quad + (9.218\underline{/216.59°})(0.8591\underline{/-172.81°}) \end{aligned}$$

(계속)

$$= 7155\angle 43.78° + 7.919\angle 43.78°$$
$$= 5172 + j4958 = 7163\angle 43.78° \text{ VA}$$

또한,

$$3S_S = 3(7163\angle 43.78°) = 21{,}490\angle 43.78° = S_P$$

연습문제

9.1절

9.1 연산자 $a = 1\angle 120°$를 이용하여 극좌표 형식(polar form)으로 표현된 다음 식의 값을 구하시오.

(a) $(a - 1)/(1 + a - a^2)$

(b) $(a^2 + a + j)/(ja + a^2)$

(c) $(1 + a)(1 + a^2)$

(d) $(a - a^2)(a^2 - 1)$

(e) $\dfrac{-j}{a}$

9.2 $a = 1\angle 120°$를 이용하여 직각좌표 형식(rectangular form)으로 표현된 다음 식의 값을 구하시오.

a. a^{10}

b. $(ja)^{10}$

c. $(1 - a)^3$

d. e^a

(d)에 대한 힌트: $e^{(x+jy)} = e^x e^{jy} = e^x\angle y$, 여기서 y는 라디안(radian).

e. $-\left(\dfrac{j}{a}\right)^{10}$

9.3 다음 선 전류의 대칭성분을 구하시오.

(a) $I_a = 6\angle 90°$, $I_b = 6\angle 320°$, $I_c = 6\angle 220°$ A

(b) $I_a = j40$, $I_b = 40$, $I_c = 0$ A

9.4 다음과 같은 대칭성분을 갖는 전압의 상전압 V_{an}, V_{bn} 및 V_{cn}을 구하시오.

$$V_0 = 45\angle 80°,\ V_1 = 90\angle 0°,\ V_2 = 45\angle 90° \text{ V}$$

9.5 다음과 같이 기술된 불평형 3상 계통에 대해

$$I_a = 9\angle 0° \text{ A} \quad I_b = 8\angle -90° \text{ A},\ I_c = 6\angle 150° \text{ A}$$

대칭성분 I_0, I_1, I_2를 계산하시오.

9.6 (a) 대칭성분이 다음과 같이 주어졌을 경우

$$V_0 = 10\angle 0° V,\ V_1 = 80\angle 30° V,\ V_2 = 40\angle -30° V$$

불평형 상전압 V_a, V_b 및 V_c를 구하시오.

(b) (a)의 결과를 이용하여 선간전압 V_{ab}, V_{bc} 및 V_{ca}를 계산하시오. 그리고 선간전압의 대칭성분과 이에 대응하는 상전압의 대칭성분 및 상전압을 구하시오. 이 결과를 (a)의 결과와 비교하시오. 비록 동일한 선간전압임에도 불구하고 결과가 왜 서로 다른지 설명하시오.

9.7 3상 발전기의 한 선로가 개방상태이고, 다른 두 선로는 대지에 대해 단락상태이다. 선전류는 $I_a = 0$, $I_b = 1500\angle 150°$ 및 $I_c = 1500\angle 30°$ A이다. 이러한 전류의 대칭성분을 구하시오. 또한 대지로 흘러 들어가는 전류를 구하시오.

9.8 불평형 3상 Y-결선 부하(Z_a, Z_b 및 Z_c의 상 임피던스를 갖는)가 평형 3상 공급원에 연결되어 있다고 하자. 해당하는 각 상 임피던스에 상전압 V_a, V_b 및 V_c가 나타날 때, V_{ab}를 기준으로 하여 다음의 식들을 증명하시오.

$$V_{ab,0} = 0; \quad V_{ab,1} = \sqrt{3}V_{a,1}e^{j30°}; \quad V_{ab,2} = \sqrt{3}V_{a,2}e^{-j30°}$$

9.9 연습문제 9.8에서, V_{bc}를 기준으로 하여 다음 식들을 증명하시오.

$$V_{bc,0} = 0; \quad V_{bc,1} = -j\sqrt{3}V_{a,1}; \quad V_{bc,2} = j\sqrt{3}V_{a,2}$$

9.10 상전압 $V_{ag} = 280\angle 0°$, $V_{bg} = 250\angle -110°$, 그리고 $V_{cg} = 290\angle 130°$ V가 주어졌다.

(a) V_{Lg0}, V_{Lg1} 및 V_{Lg2}로 정의된 상전압의 대칭성분

(b) 선간전압 V_{ab}, V_{bc} 및 V_{ca}

(c) 선간전압 V_{LL0}, V_{LL1} 및 V_{LL2}의 대칭성분을 계산하시오. 또한 다음의 관계식 $V_{LL0} = 0$, $V_{LL1} = \sqrt{3}V_{Lg1}\angle +30°$ 및 $V_{LL2} = \sqrt{3}V_{Lg2}\angle -30°$ V를 증명하시오.

9.11 C상이 개방된 3상 전원에 의해 평형 Δ 결선된 부하가 전력을 공급받고 있다. A상에는 전류 $10\angle 0^\circ$ A가 흐르고 있다. 선 전류의 대칭성분을 구하시오.

9.12 500 kVA 및 2,300 V의 3상 정격을 갖는 Y-결선 부하 뱅크가 10.58 Ω의 3개의 동일한 저항기로 구성되어 있다. 부하 뱅크에 다음의 전압이 인가된다. $V_{ab} = 1840\angle 82.8^\circ$, $V_{bc} = 2760\angle -41.4^\circ$, $V_{ca} = 2300\angle 180^\circ$ V

(a) 선간전압 V_{ab0}, V_{ab1} 및 V_{ab2}

(b) 상전압 V_{an0}, V_{an1} 및 V_{an2}

(c) 선 전류 I_{a0}, I_{a1} 및 I_{a2}의 대칭성분을 구하시오.

(중성점 연결이 없다는 것은 영상분 전류가 존재하지 않음을 의미한다.)

9.2절

9.13 Δ 부하의 전류가 $I_{ab} = 10\angle 0^\circ$, $I_{bc} = 12\angle -90^\circ$ 및 $I_{ca} = 15\angle 90^\circ$ A이다.

(a) $I_{\Delta 0}$, $I_{\Delta 1}$, $I_{\Delta 2}$로 정의된 Δ 부하 전류의 대칭성분

(b) Δ 부하에 공급되는 선 전류 I_a, I_b 및 I_c

(c) 선 전류 I_{L0}, I_{L1} 및 I_{L2}의 대칭성분을 계산하시오. 또한 다음의 관계식을 증명하시오.

$I_{L0} = 0$, $I_{L1} = \sqrt{3} I_{\Delta 1}\angle -30^\circ$ 및 $I_{L2} = \sqrt{3} I_{\Delta 2}\angle +30^\circ$ A

9.14 상당 (12 + j16) Ω으로 구성된 평형 Y 부하에 연습문제 9.10에 주어진 전압이 인가되고 있다. 부하의 중성점은 직접 접지되어 있다. 대칭성분 회로를 그리고 선 전류의 대칭성분 I_0, I_1 및 I_2를 계산하시오. 그리고 선 전류 I_a, I_b 및 I_c를 계산하시오.

9.15 부하의 중성점을 개방하고 연습문제 9.14를 반복하시오.

9.16 상당 (12 + j16) Ω으로 구성된 평형 Δ 부하에 대해 연습문제 9.14를 반복하시오.

9.17 예제 9.4(그림 9.6)에 나타낸 부하에 대해 연습문제 9.14를 반복하시오.

9.18 식 (9.2.21)에 표시된 행렬 곱셈을 수행하고, 식 (9.2.22) ~(9.2.27)에 주어진 대칭성분 임피던스를 검증하시오.

9.19 다음의 불평형 상전압이 그림 9.3에 나타낸 평형 Y 부하에 인가되고 있다. $V_{ag} = 100\angle 0^\circ$, $V_{bg} = 75\angle 180^\circ$ 및 $V_{cg} = 50\angle 90^\circ$ V. Y 부하는 중성선 임피던스 $Z_n = j1$ Ω과 상당 $Z_Y = 3 + j4$ Ω을 갖는다.

(a) 대칭성분을 이용하지 않고 선 전류 I_a, I_b 및 I_c를 계산하시오.

(b) 대칭성분을 이용하여 선 전류 I_a, I_b 및 I_c를 계산하시오. 어느 방법이 수월한가?

9.20 (a) (j27) Ω의 동일한 3개의 임피던스가 Δ로 연결되어 있다고 할 때, 대칭성분 회로를 구하시오.

(b) (a)의 Δ 결선된 부하의 각 상 간에 (j6) Ω의 상호 임피던스가 존재한다면 대칭성분 회로는 어떻게 바뀔 것인가?

9.21 다음의 상 임피던스 행렬을 갖는 3상 임피던스 부하를 고려하자.

$$\boldsymbol{Z}_P = \begin{bmatrix} 3 + j7 & 0 & 0 \\ 0 & 3 + j7 & 0 \\ 0 & 0 & 3 + j7 \end{bmatrix} \Omega$$

이 부하에 대한 대칭성분 임피던스 행렬 $\boldsymbol{Z}_S$를 구하시오. 부하는 대칭인가?

9.22 그림 9.7에 나타낸 3상 임피던스 부하가 다음의 대칭성분 임피던스 행렬을 갖는다.

$$\boldsymbol{Z}_P = \begin{bmatrix} (6 + j10) & 0 & 0 \\ 0 & 5 & 0 \\ 0 & 0 & 5 \end{bmatrix} \Omega$$

이 부하에 대한 상 임피던스 행렬 Z_P를 구하시오. 부하는 대칭인가?

9.23 그림 9.23에 나타낸 것과 같은 자기 임피던스 및 상호 임피던스를 갖는 3상 평형 Y-결선 부하에 있어서 부하의 중성점은 임피던스 Z_n을 통해 접지되어 있다. 키르히호프의 법칙을 이용하여 상전압에 대한 식을 전개하고, 상 임피던스 행렬을 구하시오. 또한, 대응하는 대칭성분 임피던스 행렬을 구하시오.

9.24 3상 평형 전압원이 비접지된 중성점을 갖는 평형 Y-결선 부하에 인가되었다. Y-결선 부하는 3개의 상호 결합된 리액턴스로 구성된다. 여기에서 각 상의 리액턴스는

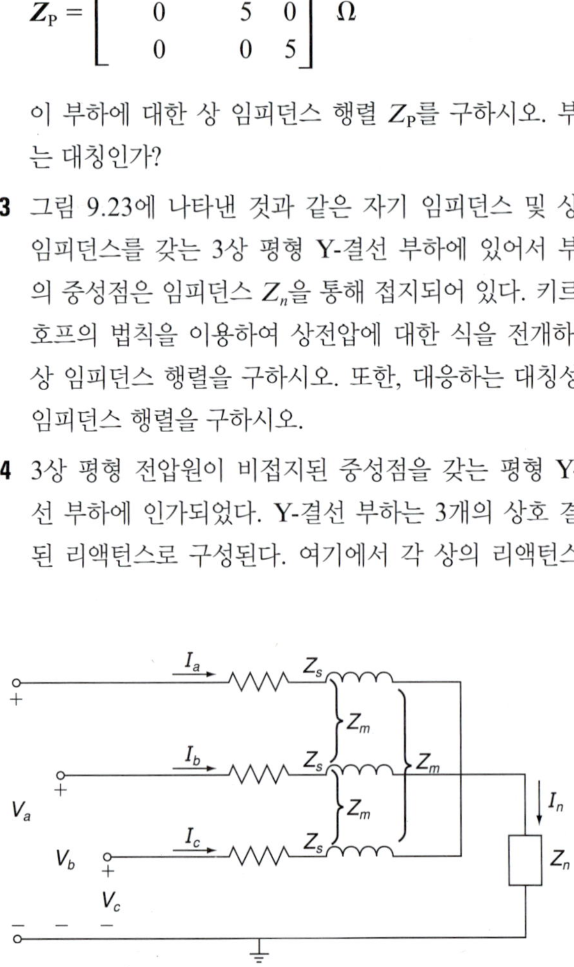

그림 9.23 연습문제 9.23

$j12\ \Omega$이고, 임의의 두 상 사이의 상호 결합은 $j4\ \Omega$이다. 선간전압은 $100\sqrt{3}$ V이다.

(a) 대칭성분을 이용하지 않고 메시 해석법으로,

(b) 대칭성분을 이용하여 선 전류를 계산하시오.

9.25 상당 $(6 + j24)\ \Omega$의 직렬 임피던스 및 임의의 두 상 사이의 상호 임피던스 $j3\ \Omega$을 갖는 3상 평형 Y-결선 부하가 상전압 $V_{an} = 200\underline{/25°}$, $V_{bn} = 100\underline{/-155°}$, $V_{cn} = 80\underline{/100°}$ V를 가진 3상 불평형 전원에 의해 전력을 공급받고 있다. 부하 및 전원의 중성점은 둘 다 직접 접지되어 있다.

(a) 부하의 대칭성분 임피던스 행렬 (b) 상전압의 대칭성분 (c) 부하전류의 대칭성분 (d) 부하전류를 구하시오.

9.3절

9.26 전원과 부하 사이에 상당 $(3 + j4)$ V의 평형 3상 선로 임피던스가 존재한다고 가정하고 연습문제 9.14를 반복하시오.

9.27 그림 9.24에 나타낸 것과 같이 중성선을 갖는 대칭 3상 선로 구간에서의 불평형 전류의 흐름에 대해 고려할 때,

(a) 선 전류 $Z_S = Z_{aa} + Z_{nn} - 2Z_{an}$으로 정의된 자기 임피던스 및 $Z_m = Z_{ab} + Z_{nn} - 2Z_{an}$으로 정의된 상호 임피던스에 의해 선로에 발생하는 전압 강하 $V_{aa'}$, $V_{bb'}$ 및 $V_{cc'}$를 구하시오.

(b) 선로 구간의 양단 전압 강하의 대칭성분이 $V_{aa'0} = Z_0 I_{a0}$, $V_{aa'1} = Z_1 I_{a1}$, $V_{aa'2} = Z_2 I_{a2}$임을 증명하시오. 여기서 $Z_0 = Z_S + 2Z_m = Z_{aa} + 2Z_{ab} + 3Z_{nn} - 6Z_{an}$, 그리고 $Z_1 = Z_2 = Z_S - Z_m = Z_{aa} - Z_{ab}$이다.

9.28 그림 9.24에 나타낸 선로 양단의 단자 전압이 다음과 같이 주어진다고 하자.

$V_{an} = (182 + j70)$ kV　　$V_{an'} = (154 + j28)$ kV

$V_{bn} = (72.24 - j32.62)$ kV　　$V_{bn'} = (44.24 + j74.62)$ kV

$V_{cn} = (-170.24 + j88.62)$ kV　　$V_{cn'} = (-198.24 + j46.62)$ kV

선로 임피던스는 다음과 같이 주어진다.

$$Z_{aa} = j60\ \Omega \quad Z_{ab} = j20\ \Omega \quad Z_{nn} = j80\ \Omega \quad Z_{an} = 0$$

(a) 대칭성분을 이용하여 선 전류를 계산하시오(힌트: 연습문제 9.27 참조).

(b) 대칭성분을 이용하지 않고 선 전류를 계산하시오.

9.29 길이가 200 km인 완전 연가 3상 송전선로가 다음의 대칭성분 임피던스 및 대칭성분 어드미턴스를 갖는다.

$$z_1 = z_2 = j0.5\ \Omega/\text{km}; \quad z_0 = j2\ \Omega/\text{km}$$
$$y_1 = y_2 = j3 \times 10^{-9}\ \text{s/m}; \quad y_0 = j1 \times 10^{-9}\ \text{s/m}$$

이 중거리 선로의 공칭 대칭성분 회로를 구성하시오.

9.5절

9.30 그림 9.25에 나타낸 것과 같이 $V_{AB} = 480\underline{/0°}$ V를 갖는 평형 3상 정상분 전원이 불평형 Δ 부하에 인가되고 있다. Δ에서 한 개의 상이 개방되어 있음에 유의하시오.

(a) 부하전류 I_{AB} 및 I_{BC}

(b) Δ 부하에 공급되는 선 전류 I_A, I_B 및 I_C

(c) 선 전류의 영상, 정상 및 역상분을 구하시오.

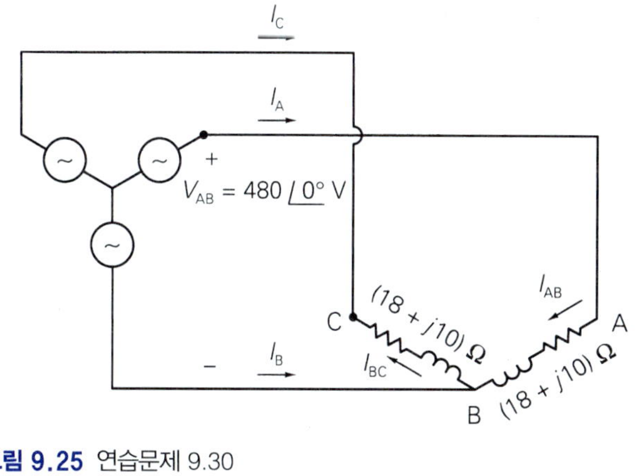

그림 9.25 연습문제 9.30

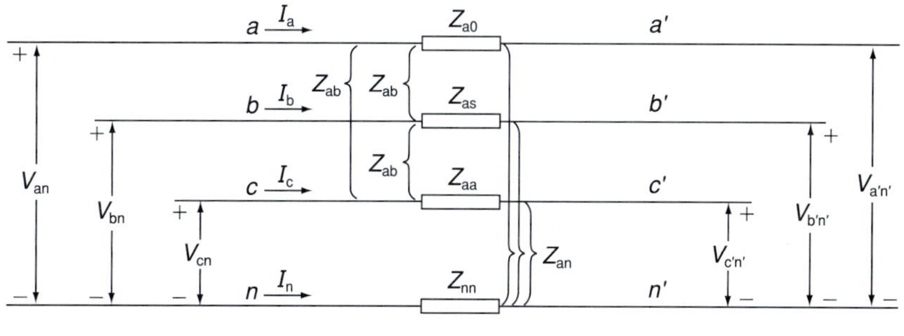

그림 9.24 연습문제 9.27

9.31 단자 전압 $V_{bc} = 200\underline{/0°}$를 갖는 평형 Y 결선 발전기가 상당 임피던스 $10\underline{/40°}$ Ω인 평형 Δ 부하에 연결되어 있다. 전원과 부하 사이의 선로 임피던스는 각 상에 대해 $0.5\underline{/80°}$ Ω이다. 발전기의 중성점은 $j5$ Ω의 임피던스를 통해 접지되어 있다. 발전기의 대칭성분 임피던스는 $Z_{g0} = j7$, $Z_{g1} = j15$ 및 $Z_{g2} = j10$ Ω으로 주어진다. 이 계통에 대한 대칭성분 회로를 그리고, 선 전류의 대칭성분을 구하시오.

9.32 3상 계통에서 동기발전기가 상당 $0.5\underline{/80°}$ Ω의 임피던스를 갖는 선로를 통해 200 V 동기전동기에 전력을 공급한다. 전동기는 0.8의 진상역률과 정격 전압에서 5 kW를 소비한다. 발전기뿐만 아니라 전동기의 중성점은 $j5$ Ω의 임피던스를 통해 접지되어 있다. 두 기기의 대칭성분 임피던스는 $Z_0 = j5$, $Z_1 = j15$ 및 $Z_2 = j10$ Ω이다. 이 계통에 대한 대칭성분 회로를 그리고, 발전기 단자에서의 선간전압을 구하시오. 평형 3상 운전을 가정한다.

9.33 대칭성분을 이용하지 않고 예제 9.6의 전원 전류를 계산하시오. 당신이 구한 방법을 예제 9.6의 것과 비교하시오. 어느 방법이 쉬운가?

9.34 13.8 kV, 정격 20 MVA의 Y 결선 동기발전기가 $j2.38$ Ω의 정상분 리액턴스, $j3.33$ Ω의 역상분 리액턴스, 그리고 $j0.95$ Ω의 영상분 리액턴스를 갖는다. 발전기 중성점은 직접 접지되었다. 정격 전압에서 무부하로 운전되는 발전기의 단자에서 1선 지락고장이 발생했다. 이 고장이 발생한 동안 발전기 단자에서의 상전압은 $V_{ag} = 0$, $V_{bg} = 8.071\underline{/-102.25°}$, 그리고 $V_{cg} = 8.071\underline{/102.25°}$ kV이다. 발전기 고장전류의 대칭 성분과 발전기 고장전류를 구하시오. 고장전과 고장 이후 발전기 단자 전압의 페이저도를 그리시오(주의: 이 고장에 대해, 발전기 고장전류의 대칭 성분들은 모두 서로 같다).

9.35 그림 9.26은 3상이 상호 연결된 발전기-리액터 계통의 단선도이다. 주어진 pu 리액턴스는 기기의 각 부분의 정격에 기초한다. 만일 3상 단락고장이 고장점 F에서 발생하였고, 고장전 모선의 선간 전압이 13.2 kV이라고 할 때, 고장(단락)용량(fault MVA)과 kA단위의 고장전류를 구하시오. 계통에 대한 기준 MVA는 100 MVA를 사용한다.

9.36 무부하로 운전하는 Y-결선 동기발전기(중성점 임피던스 Z_n을 통해 접지된)에 대한 교재의 그림 9.13과 9.14를 고려하자. 발전기의 a상에서 발생한 1선 지락고장에 대하여 상영역에서의 전류와 전압 제약조건을 열거하시오. 이들을 대칭성분 영역으로 변환하고, 대칭성분 회로로 표현하시오. 또한 a상 고장전류에 대한 식을 구하시오.

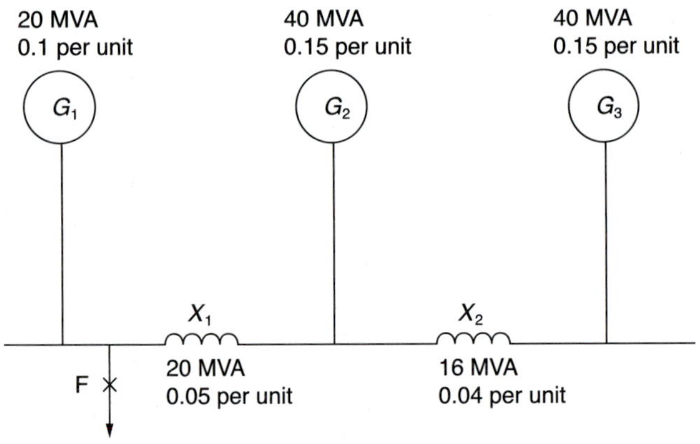

그림 9.26 연습문제 9.35에 대한 단선도

9.37 연습문제 9.36의 동기발전기에 대해 다음의 고장 조건하의 대칭성분 회로 표현을 구하시오.

(a) b상과 c상 사이의 단락회로

(b) b상과 c상이 접지된 2선 지락고장

9.6절

9.38 각각 정격 450 MVA, 20 kV/288.7 kV, 누설 리액턴스 $X_{eq} = 0.12$ p.u.를 갖는 3개의 단상 2권선 변압기가 3상 뱅크 형태로 연결되었다. 고압 권선은 직접 접지된 중성점을 가진 Y로 연결되었다. 만일 저압 권선이 다음과 같이 연결되었을 경우 pu 영상, 정상 및 역상분 회로를 그리시오.

(a) 미국 표준으로 표현한 위상변위를 갖는 Δ 결선

(b) 개방 중성점을 갖는 Y-결선

기준으로 변압기 정격을 사용하고, 권선 저항과 여자전류는 무시한다.

9.39 3상 500 MVA, 345 Y/23 Δ kV 변압기의 누설 리액턴스가 변압기 자체 정격에 따라 0.09 p.u.이다. Y 권선은 중성점에 직접 접지되었다. 대칭성분 회로를 그리시오. 여자 어드미턴스는 무시하며, 미국 표준 위상변위를 가정한다.

9.40 360/24 kV 및 100 MVA을 계통 기준치로 선택하고, 연습문제 9.39에 대한 대칭성분 회로를 다시 그리시오.

9.41 그림 3.38에 나타낸 전력계통에 대해 영상분 리액턴스 다이어그램을 그리시오. 각 발전기 및 동기전동기의 영상분 리액턴스는 기기 정격을 기준으로 0.05 p.u.이다. 발전기 2는 100 MVA, 18 kV 기준으로 0.06 p.u.의 중성점 리액터를 통해 접지되어 있다. 각 송전선로의 영상분 리액턴스는 정상분 리액턴스의 3배인 것으로 가정한다. 연습문제 3.41에서와 같이 동일한 기준을 사용한다.

9.42 $1.0\angle 0°$ p.u.의 3개의 동일한 임피던스에 의해 Y 결선된 저항기로 부하 뱅크를 구성하였다. 이 3상 부하는 Y–Δ 변압기의 저압 Y 측으로부터 전력을 공급받고 있다. 부하의 중성점은 계통의 중성점에 연결되지 않았다. 저항부하로 흐르는 정상, 역상분 전류는 다음과 같이 주어진다.

$I_{a,1} = 1\angle 4.5°$ per unit; $\quad I_{a,2} = 0.5\angle 250°$ per unit

그리고 변압기의 저압 Y 측에 대응하는 전압은 다음과 같다.

$V_{an,1} = 1\angle 45°$ per unit (상전압 기준)

$V_{an,2} = 0.5\angle 250°$ per unit (상전압 기준)

변압기 고압측의 pu 단위 선간 전압 및 선 전류를 구하시오. 위상변위에 대해 설명하시오.

9.7절

9.43 그림 3.20에 나타낸 변압기에 대한 정상, 역상 및 영상분 회로를 그리시오. 이때 이상적인 위상변위 변압기를 포함하시오. 모든 권선은 동일한 kVA 정격을 갖고, 임의의 2개 권선의 등가 누설 리액턴스는 나머지 권선을 개방한 상태에서 0.10 p.u.인 것으로 가정한다. 여자 어드미턴스는 무시한다.

9.44 단상 3권선 변압기가 다음의 파라미터를 갖는다. $Z_1 = Z_2 = Z_3 = 0 + j0.05$, $G_c = 0$, 그리고 $B_m = 0.2$ p.u. 3개의 동일한 변압기가 1차측은 Y(중성점 직접접지)로, 2차 및 3차측은 Δ로 연결되었다. 이 변압기 뱅크의 p.u 대칭성분 회로를 그리시오.

9.8절

9.45 연습문제 9.14에 대하여 3상 부하에 전달되는 유효전력 및 무효전력을 계산하시오.

9.46 3상 임피던스 부하가 평형 Y 부하와 병렬 연결된 평형 Δ 부하로 구성된다. Δ 부하의 각 상 임피던스 $Z_\Delta = 6 + j6\ \Omega$이며, Y 부하의 각 상 임피던스 $Z_Y = 2 + j2\ \Omega$이다. Y 부하는 중성점 임피던스 $Z_n = j1\ \Omega$을 통해 접지되어 있다. 대칭성분 $V_0 = 10\angle 60°$, $V_1 = 100\angle 0°$ 및 $V_2 = 15\angle 200°$ V를 갖는 불평형 상전압 V_{ag}, V_{bg} 및 V_{cg}가 부하에 인가되고 있다. (a) 영상분, 정상분 및 역상분 회로를 그리시오. (b) 각 대칭성분 회로에 전달되는 복소전력을 구하시오. (c) 3상 부하에 전달되는 전체 복소전력을 구하시오.

9.47 연습문제 9.12에 대해 대칭성분을 이용하여 부하에서 소비되는 전력을 계산하시오. 그리고 대칭성분을 이용하지 않고, 직접 계산하여 결과를 비교해보시오.

9.48 연습문제 9.25에 대하여, 대칭성분으로 부하에 공급되는 복소전력을 구하시오. 3상 각각의 복소전력을 더해보고 그 결과를 비교해보시오.

9.49 연습문제 9.6(a)의 전압 및 연습문제 9.5의 전류를 이용하여 소비되는 복소전력을 (a) 상성분과 (b) 대칭성분으로 계산하시오.

참고문헌

1. Westinghouse Electric Corporation, *Applied Protective Relaying* (Newark, NJ: Westinghouse, 1976).
2. P. M. Anderson, *Analysis of Faulted Power Systems* (Ames, IA: Iowa State University Press, 1973).
3. W. D. Stevenson, Jr., *Elements of Power System Analysis*, 4th ed. (New York: McGraw-Hill, 1982).
4. Samuel K. Moore, “The Ups and Downs of Gravity Energy Storage,” *IEEE Spectrum, January 2021*, pp. 38 – 39.

10 비대칭 고장해석

Unsymmetrical Faults

2009년에 구축된 BPA Celilo 직류송전(HVDC) 교류/직류 변환소: 용량 3,150 MW, 직류전압 ±500 kV, 직류선로 1,360 km(오레곤주 Dalles와 캘리포니아주 LA 사이) (© Greg Wahl-Stephens/Getty Images.)

학습목표

이 장에서는 다음과 같은 내용에 대하여 학습하기로 한다.

1. 평형 3상, 1선지락, 선간 단락 및 2선지락 고장회로의 고장전류 계산을 위한 pu 영상, 정상 및 역상 성분 회로의 활용
2. 평형 및 불평형 고장회로의 대칭 고장전류 계산을 위한 pu 영상, 정상 및 역상 성분 모선 임피던스 행렬의 활용
3. 평형 및 불평형 고장회로의 대칭 고장전류 계산을 위한 PowerWorld 시뮬레이터의 활용

3상 전력계통에서 단락회로가 발생하는 경우를 발생빈도 순서대로 나열하면, 1선 지락고장, 선간 단락고장, 2선 지락고장 및 평형 3상 단락고장 순으로 나타낼 수 있으며, 이때 고장발생지점에서의 고장 임피던스는 접촉상태에 따라 0 또는 어떤 일정한 값을 가지게 된다. 또한, 단락회로와 다른 형태의 고장으로서는 선로가 끊어지거나 차단기의 1개의 상 또는 2개의 상이 비고의적으로 개방되는 1선 개방 및 2선 개방 고장이 있다.

3상 단락고장은 발생빈도가 가장 적지만, 그 해석이 비대칭 고장보다 비교적 단순하기 때문에 8장에서 먼저 다루었다. 즉, 평형 3상 계통에서 평형 3상고장이 발생하면 대칭성분 중에서 정상분 고장전류만 존재하게 되어 영상분 및 역상분 회로가 완전히 분리된 상태에서 정상분 회로만 고려하여 고장해석을 비교적 쉽게 수행할 수 있기 때문이다.

한편, 평형계통에서 비대칭 고장이 발생하였을 경우에는 고장발생 시 전체 계통에 대한 정상, 역상 및 영상의 각 대칭성분 회로를 고장점에서 발생된 비대칭 조건에 따라 고장점에서 서로 직렬 또는 병렬로 연결함으로써 고장해석이 간단하게 처리될 수 있다.

비대칭 고장 시에도 평형 3상고장의 경우와 같이 차과도, 과도 및 정상상태의 전류를 포함하는 교류, 즉 대칭성분 그리고 직류성분의 두 가지 성분이 존재하며, 또한 8.5절에서 기술된 차단기 선정을 위한 간략화된 E/X방법도 비대칭 고장에 적용이 가능하다. 이때, 직류 옵셋전류는 그 값이 지나치게 크지 않은 경우, 즉 1선지락 고장에 대한 X/R 비가 너무 크지 않을 경우(대체적으로 15 미만) 고려할 필요가 없다.

이 장에서는 먼저, 영상분, 정상분 및 역상분 pu회로를 이용하여 3상 계통을 표현하는 방법에 대하여 살펴보고, 또한 고장전류를 간단히 계산하기 위한 몇 가지 가정을 하고, 평형 3상고장을 간략히 재검토해보기로 한다. 이어서 10.2절, 10.3절 및 10.4절에서는 1선 지락고장, 선간 단락고장 및 2선 지락고장을, 10.5절에서는 8.4절의 3상고장 계산에서의 정상분 모선 임피던스 행렬을 각 대칭성분 회로에 대하여 동일하게 확장 · 적용하는 비대칭 고장계산방법에 대하여 설명하기로 한다. 또한, 여기에는 이 모선 임피던스 행렬을 이용하여 만들어진 PowerWorld Simulator 사용 예제도 포함되어 있으며, 이 PowerWorld Simulator는 3상고장 및 비대칭 고장에 대한 대칭성분 고장전류의 계산 이외에 보호기기의 선정, 정정 및 협조를 위한 전력계통 설계에도 활용될 수 있다.

10.1 계통의 표현

이 장에서는 3상 전력계통을 대칭성분 회로에 의해 표현하는 데 있어서 9장에서 언급된 계통구성요소인 발전기, 전동기, 변압기 및 송전선로의 영상분, 정상분 및 역상분 회로를 다음과 같은 가정하에서 이용하여 계통 전체의 영상분, 정상분 및 역상분 회로를 구성하는 것으로 한다.

1. 고장발생전의 전력계통은 평형 정상상태하에서 운전되고 있는 것으로 한다. 따라서 고장전의 영상분, 정상분 및 역상분 대칭성분 회로는 서로 분리되어 있으나, 비대칭 고장발생 동안에는 고장점에서만 연결된다.
2. 고장전 부하전류는 0으로 한다. 이 때문에 모든 기기의 정상분 내부전압은 고장전 전압 V_F로 동일하므로 정상분 회로내에 있는 각 모선의 고장전 전압은 V_F가 된다.
3. 변압기의 권선저항 및 병렬 어드미턴스는 모두 무시하여 0으로 한다.

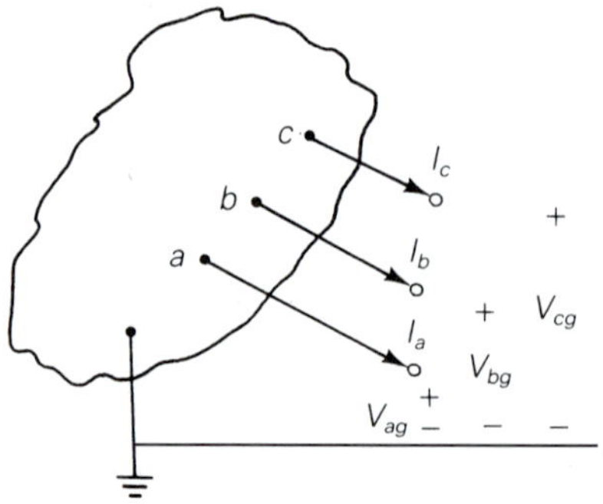

그림 10.1 일반적인 3상 모선

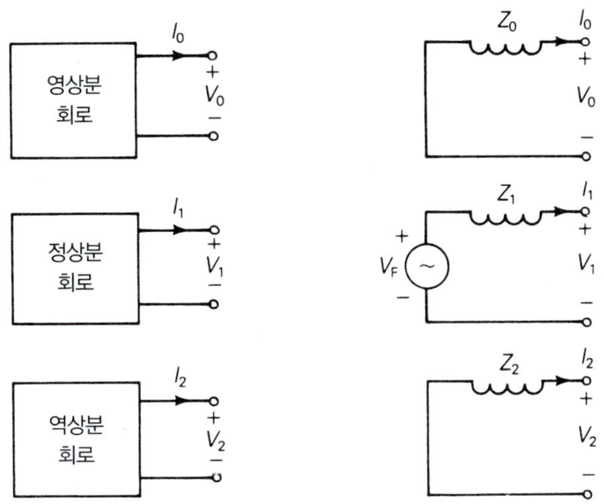

그림 10.2 평형계통의 3상 모선에서 본 대칭성분 회로 (a) 3상 모선에서 본 대칭성분 회로 (b) 그림 (a)의 테브난 등가회로

4. 송전선로의 직렬저항 및 병렬 어드미턴스는 모두 무시하여 0으로 한다.
5. 동기기의 전기자 저항, 돌극 및 포화 특성은 무시하는 것으로 한다.
6. 모든 비회전기의 임피던스 부하는 ∞로 한다.
7. 유도기는 소용량, 특히 정격 40 kW 이하의 경우 그 등가회로는 무시되나 그 이상의 용량인 경우 동기기와 동일한 방법으로 등가표현하는 것으로 한다.

앞의 가정들은 이 교재에서 해석의 단순성을 위해 사용된 것이므로 실제로 모든 경우에 대해 적용되지는 않음에 유의해야 한다. 예를 들면, 1차 및 2차 배전계통에서 고장전 전류가 단락전류와 유사한 경우 및 선로저항으로 인해 고장전류가 상당히 감소되는 경우가 있기 때문이다.

고장전류와 Δ–Y 변압기에서 고장측으로 공급하는 고장전류는 변압기결선으로 인한 위상차에 의해 영향을 받지 않지만, 비대칭 고장시 변압기의 비고장측에 흐르는 전류는 영향을 받게 되므로 이 장에서는 이 영향을 고려하는 것으로 한다.

그림 10.1에 나타낸 일반적인 3상 모선에서의 고장을 고려하자. 단자 *abc*는 외부연결로 고장상태를 표현하기 위하여 표기한 단자이며, 고장발생 이전의 전류 I_a, I_b 및 I_c는 0이다.

예제 10.1 전력계통의 대칭성분 회로와 테브난 등가회로

예제 8.3에서의 전력계통 단선도에 역상분 및 영상분 리액턴스를 표기하여 그림 10.3에 나타낸다. 발전기의 중성점과 Δ–Y 변압기는 직접 접지되고, 전동기의 중성점은 전동기 정격을 기준으로 한 리액턴스 X_n = 0.05 p.u.를 통해 접지된다. (a) 100 MVA, 13.8 kV를 기준으로 발전기 구간의 영상분, 정상분 및 역상분 회로를 그리시오. (b) 각 대칭성분 회로를 모선 2에서 본 테브난 등가회로로 나타내시오. 고장전 전압은 $V_F = 1.05\underline{/0°}$ p.u.이며, 고장전 부하전류와 Δ–Y 변압기의 위상변위는 무시한다.

| 풀이

a. 대칭성분 회로는 그림 10.4와 같으며, 정상분 회로는 그림 8.4(a)와 동일하다. 전원이 없는 것을 제외하면, 역상분 회로는 정상분 회로와 유사하지만, 기기의 역상분 리액턴스가 다르다. 이 예제에서는 Δ–Y 변압기의 위상변위는 정상분 및 역상분 회로에서 고려되지 않았다. 영상분 회로에서는 발전기, 전동기 및 송전선로의 영상분 리액턴스가 표기되었으며, 전동기의 중성점이 중성점 리액턴스 X_n을 통해 접지되었기 때문에 $3X_n$이 영상분 전동

(계속)

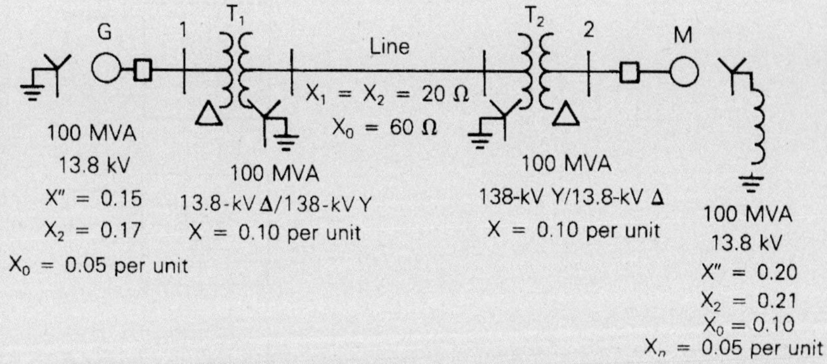

그림 10.3 예제 10.1에 대한 단선도

기 회로에 포함된다. 또한 Δ–Y 변압기의 영상분 회로모델은 그림 10.19로부터 얻어진다.

b. 그림 10.5는 대칭성분 회로를 모선 2에서 본 테브난 등가회로로 나타낸 것이다. 정상분 등가회로의 테브난 전압원은 고장전 전압 $V_F = 1.05\underline{/0°}$ p.u.이다. 그림 10.4로부터 모선 2에서의 정상분 테브난 등가 임피던스는 모선 2의 오른쪽을 본 전동기 임피던스 $j0.20$과 왼쪽을 본 $j(0.15 + 0.10 + 0.105 + 0.10) = j0.455$가 병렬로 연결된 $j\ 0.20//j0.455 = j0.13893$ p.u.이다. 마찬가지로 역상분 테브난 임피던스는 $j0.21//j(0.17 + 0.1 + 0.105 + 0.1) = j0.21//j0.475 = j0.14562$ p.u.이다. 그림 10.4의 영상분 회로에서 모선 2에서의 테브난 임피던스는 모선 2의 오른쪽을 본 $j(0.10 + 0.15) = j0.25$ p.u.로만 구성된다. 이것은 변압기 T_2의 Δ 결선으로 모선 2의 왼쪽을 본 영상분 회로는 개방상태가 된다.

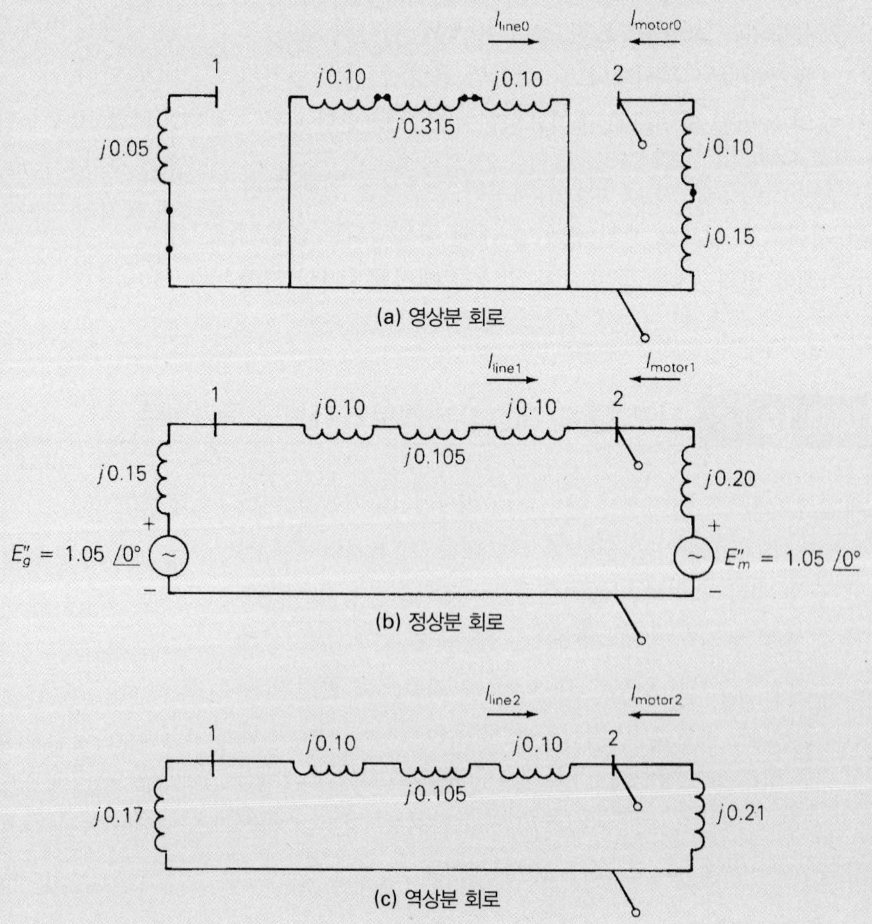

그림 10.4 예제 10.1에 대한 대칭성분 회로

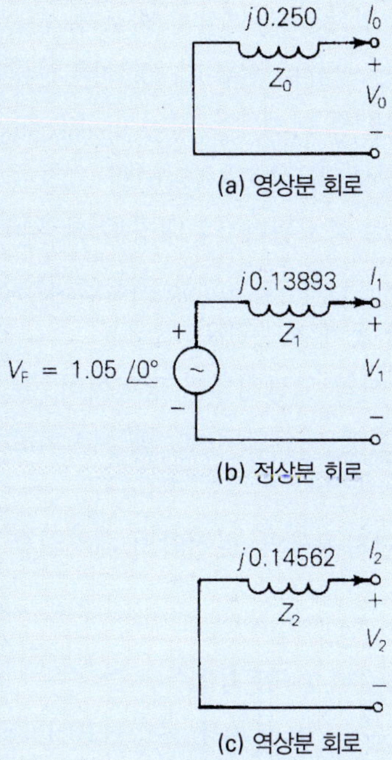

그림 10.5 예제 10.1에 대한 대칭성분의 테브난 등가회로

예제 10.2 대칭성분 회로를 이용한 3상 단락고장 계산

예제 10.1의 모선 2에서 고장 임피던스가 0인 3상 지락고장 발생 시 a, b 및 c상에서의 pu 차과도 고장전류를 계산하시오.

| 풀이

그림 10.6에 나타낸 바와 같이 그림 10.5(b)의 정상분 회로의 단자가 단락된 경우에 해당되므로 정상분 고장전류는 다음과 같이 계산된다.

$$I_1 = \frac{V_F}{Z_1} = \frac{1.05\angle 0^\circ}{j0.13893} = -j7.558 \text{ p.u.}$$

이것은 예제 8.4(c)에서 구한 것과 같은 결과이며, 기기의 차과도 리액턴스는 그림 10.4~10.6에서 사용되었기 때문에 계산된 전류는 모선 2에서의 정상분 차과도 고장전류이다. 또한, 영상분 전류 I_0와 역상분 전류 I_2는 모두 0이므로 식 (10.1.16)으로부터 각 상에서의 차과도 고장전류는 다음과 같이 계산된다.

$$\begin{bmatrix} I_a'' \\ I_b'' \\ I_c'' \end{bmatrix} = \begin{bmatrix} 1 & 1 & 1 \\ 1 & a^2 & a \\ 1 & a & a^2 \end{bmatrix} \begin{bmatrix} 0 \\ -j7.558 \\ 0 \end{bmatrix} = \begin{bmatrix} 7.558\angle -90^\circ \\ 7.558\angle 150^\circ \\ 7.558\angle 30^\circ \end{bmatrix}$$

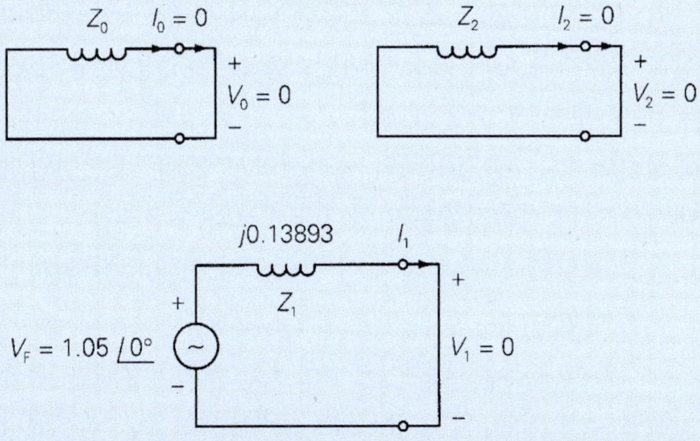

그림 10.6 예제 10.2의 모선 2에서 고장 임피던스 0인 3상 지락고장

그림 10.2(a)는 고장단자 abc에서 본 대칭성분 회로로 고장전 평형 시에는 영상분, 정상분 및 역상분 회로가 서로 분리되어 있으며, 대칭성분인 영상분 전류 I_0, 정상분 전류 I_1 및 역상분 전류 I_2는 고장발생 이전에는 각각 0이다. 그림 10.2(a)의 일반적인 대칭분 회로는, 10.2(b)의 고장단자에서 본, 테브난 등가회로로 축소된다. 각 대칭분 회로는 테브난 등가 임피던스를 가지며, 또한 정상분 회로는 고장전 전압 V_F와 동일한 테브난 등가 전압원을 갖는다.

8장에서와 같이 3상고장 시의 고장전류는 평형이며, 정상분만 가지므로 3상고장전류를 계산할 경우, 정상분 회로만 다루면 된다.

그림 10.2(b)로부터 고장단자에서의 상 전압의 대칭성분은 다음과 같다.

$$\begin{bmatrix} V_0 \\ V_1 \\ V_2 \end{bmatrix} = \begin{bmatrix} 0 \\ V_F \\ 0 \end{bmatrix} - \begin{bmatrix} Z_0 & 0 & 0 \\ 0 & Z_1 & 0 \\ 0 & 0 & Z_2 \end{bmatrix} \begin{bmatrix} I_0 \\ I_1 \\ I_2 \end{bmatrix} \quad (10.1.1)$$

고장 임피던스가 0인 3상고장 발생 시 대칭성분 고장전류는 $I_0 = I_2 = 0$이고 $I_1 = V_F/Z_1$이므로, 식 (10.1.1)로부터 고장점의 대칭성분 전압은 $V_0 = V_1 = V_2 = 0$이 된다. 이로부터 고장단자에서 각 상의 고장점 대지에 대한 전압이 $V_{ag} = V_{bg} = V_{cg} = 0$이 됨을 알 수 있다. 그러나, 비대칭 고장 시 이 경우는 고장점의 전압이 반드시 0으로 되지는 않는다. 이에 대하여 다음에서 알아보기로 하자.

10.2 1선 지락고장

그림 10.7(a)에서와 같이 일반적인 3상 모선의 a상으로부터 고장 임피던스 Z_F를 포함한 대지까지의 1선 지락고장을 고려하자. 0의 고장 임피던스를 갖는 고장의 경우 $Z_F = 0$이므로 아크 고장의 경우 Z_F는 아크 임피던스가 된다. 중성선이 없는 송전선로의 애자섬락시 Z_F는 송전철탑과 대지 사이의 접촉저항뿐만 아니라 아크와 송전철탑의 임피던스를 포함한 선로와 대지 사이에 걸친 전체 고장 임피던스로 구성된다.

여기에서 유도된 관계식은 a상 1선 지락고장에만 적용되지만, 3상 중의 어느 한 상을 임의로 a상으로 표기했기 때문에 다른 상의 1선 지락고장은 고려하지 않는 것으로 한다.

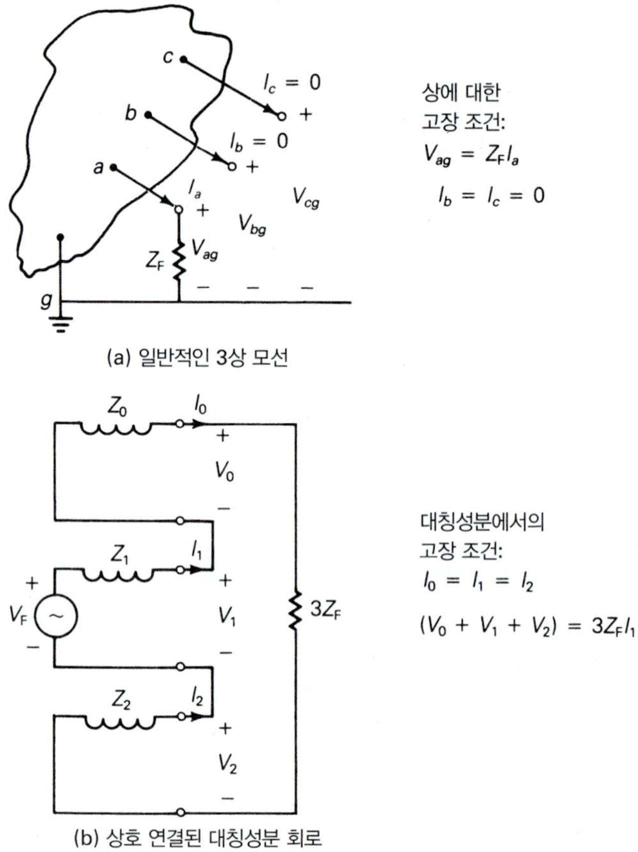

그림 10.7 1선 지락고장

그림 10.7(a)로부터

$$\left.\begin{array}{r} \text{상에 대한 고장 조건} \\ \text{1선 지락고장} \end{array}\right\} \begin{array}{ll} I_b = I_c = 0 & (10.2.1) \\ V_{ag} = Z_F I_a & (10.2.2) \end{array}$$

먼저, 식 (10.2.1)과 식 (10.2.2)를 대칭성분으로 변환하기 위하여 식 (9.1.19)에 식 (10.2.1)를 적용하면,

$$\begin{bmatrix} I_0 \\ I_1 \\ I_2 \end{bmatrix} = \frac{1}{3} \begin{bmatrix} 1 & 1 & 1 \\ 1 & a & a^2 \\ 1 & a^2 & a \end{bmatrix} \begin{bmatrix} I_a \\ 0 \\ 0 \end{bmatrix} = \frac{1}{3} \begin{bmatrix} I_a \\ I_a \\ I_a \end{bmatrix} \quad (10.2.3)$$

또한, 식 (9.1.3)과 식 (9.1.20)을 식 (10.2.2)에 적용하면,

$$(V_0 + V_1 + V_2) = Z_F (I_0 + I_1 + I_2) \quad (10.2.4)$$

식 (10.2.3)과 식 (10.2.4)로부터

$$\left.\begin{array}{r} \text{대칭성분에서의} \\ \text{고장 조건} \\ \text{1선 지락고장} \end{array}\right\} \begin{array}{ll} I_0 = I_1 = I_2 & (10.2.5) \\ (V_0 + V_1 + V_2) = (3Z_F)I_1 & (10.2.6) \end{array}$$

식 (10.2.5)와 식 (10.2.6)은 그림 10.7(b)에 나타낸 것과 같이 임피던스($3Z_F$)를 통해 고장단자에서 대칭성분 회로를 상호 직렬로 연결함으로써 만족될 수 있으며, 이로부터 고장전류의 대칭성분은 다음과 같이 구해진다.

$$I_0 = I_1 = I_2 = \frac{V_F}{Z_0 + Z_1 + Z_2 + (3Z_F)} \quad (10.2.7)$$

식 (9.1.20)에 의해 식 (10.2.7)을 a상으로 변환하면,

$$I_a = I_0 + I_1 + I_2 = 3I_1 = \frac{3V_F}{Z_0 + Z_1 + Z_2 + (3Z_F)} \quad (10.2.8)$$

또한, 식 (9.1.21)과 식 (9.1.22)로부터

$$I_b = (I_0 + a^2 I_1 + aI_2) = (1 + a^2 + a)I_1 = 0 \quad (10.2.9)$$

$$I_c = (I_0 + aI_1 + a^2 I_2) = (1 + a + a^2)I_1 = 0 \quad (10.2.10)$$

이것은 1선 지락고장이 b상 또는 c상이 아닌 a상에서 발생했기 때문이다.

고장점에서의 상 전압의 대칭성분 전압은 식 (9.1.1)로부터 결정되며, 또한 이들 대칭성분 전압을 식 (10.1.1)에 의해 변환하면 고장점에서의 상 전압을 얻을 수 있다.

예제 10.3 대칭성분 회로를 이용한 1선 지락고장 계산

예제 10.1의 모선 2에서 a상으로부터 대지까지 0의 임피던스를 갖는 1선 지락고장에 대하여 pu 및 kA의 차과도 고장전류를 계산하시오. 또한 고장모선 2에서 pu 상 전압을 계산하시오.

| 풀이

1선 지락시 그림 10.5의 영상, 정상 및 역상분 회로는 그림 10.8과 같이 고장단자에서 직렬로 연결되며, 고장 임피던스 $Z_F = 0$이므로 식 (10.2.7)로부터 1선 지락시의 대칭성분 전류는 다음과 같이 구해진다.

$$I_0 = I_1 = I_2 = \frac{1.05\angle 0^\circ}{j(0.25 + 0.13893 + 0.14562)} = \frac{1.05}{j0.53455} = -j1.96427 \quad \text{p.u.}$$

식 (10.2.8)로부터 차과도 고장전류는

$$I_a'' = 3(-j1.96427) = -j5.8928 \quad \text{p.u.}$$

모선 2에서 기준 전류는 $100/(13.8\sqrt{3}) = 4.1837$ kA이므로

$$I_a'' = (-j5.8928)(4.1837) = 24.65\angle -90^\circ \quad \text{kA}$$

식 (10.1.1)로부터 고장 시 대칭성분 전압은 다음과 같다.

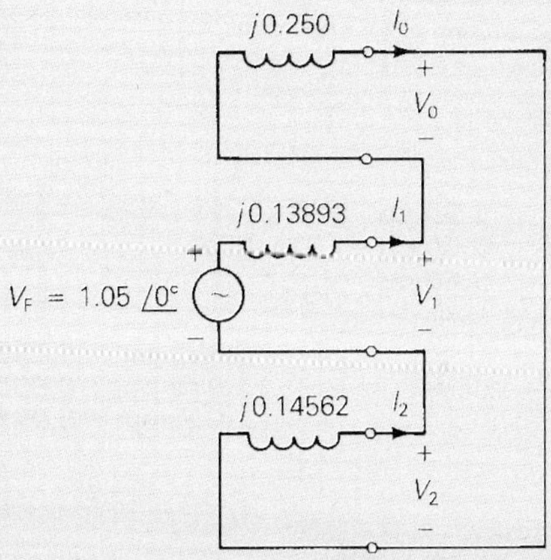

그림 10.8 예제 10.3 모선 2에서의 1선 지락고장 시 대칭성분 회로

$$\begin{bmatrix} V_0 \\ V_1 \\ V_2 \end{bmatrix} = \begin{bmatrix} 0 \\ 1.05\angle 0^\circ \\ 0 \end{bmatrix} - \begin{bmatrix} j0.25 & 0 & 0 \\ 0 & j0.13893 & 0 \\ 0 & 0 & j0.14562 \end{bmatrix} \begin{bmatrix} -j1.96427 \\ -j1.96427 \\ -j1.96427 \end{bmatrix} = \begin{bmatrix} -0.49107 \\ 0.77710 \\ -0.28604 \end{bmatrix} \quad \text{p.u.}$$

식 (9.1.1)에 의해 이들 대칭분 전압을 상 전압으로 변환하면, 고장모선 2에서의 상 전압은 다음과 같다.

(계속)

$$\begin{bmatrix} V_{ag} \\ V_{bg} \\ V_{cg} \end{bmatrix} = \begin{bmatrix} 1 & 1 & 1 \\ 1 & a^2 & a \\ 1 & a & a^2 \end{bmatrix} \begin{bmatrix} -0.49107 \\ 0.77710 \\ -0.28604 \end{bmatrix}$$

$$= \begin{bmatrix} 0 \\ 1.179\underline{/231.3°} \\ 1.179\underline{/128.7°} \end{bmatrix} \quad \text{p.u.}$$

이것은, 모선 2의 a상 1선지락고장에 대해, 건전상 b, c상에 1.179 p.u.의 과전압이 존재한다는 것을 알 수 있다.

이 예제를 다룬 PowerWorld Simulator case Example 10_3 파일을 열어 단선도상의 개체(예로서 발전기) 위에서 마우스의 오른쪽을 클릭한 후, **Fault** 탭을 선택하면 기기의 정상, 역상 및 영상 임피던스값을 볼 수 있다. 비대칭 고장을 모의하는 과정은 평형고장의 경우와 거의 동일하며, 즉 단선도상에서 먼저 고장위치에 해당하는 버스기호 위에서 오른쪽 마우스를 클릭해서 로컬메뉴가 뜨면 **'Fault..'**를 선택하라. 그리고 Fault Analysis Dialog의 오른쪽 리스트에서 **Fault Definitions**를 Single Fault로 설정하라. 모선이 정확히 선택되었는지 확인하고, Fault Type field를 'Single Line-to-Ground'로 설정한다. 마지막으로 고장전류 및 전압을 결정하기 위해 **Calculate**를 클릭하면, 그 결과가 화면 밑에 있는 표에 나타날 것이다. 비대칭 고장에서는 상 전압 크기는 동일하지 않고, 위상차도 120°가 아님에 유의하라. 고장값은 좌측 리스트의 **Options**에서 **On-line Display** filed value를 바꾸면 온라인상에 표시된다.

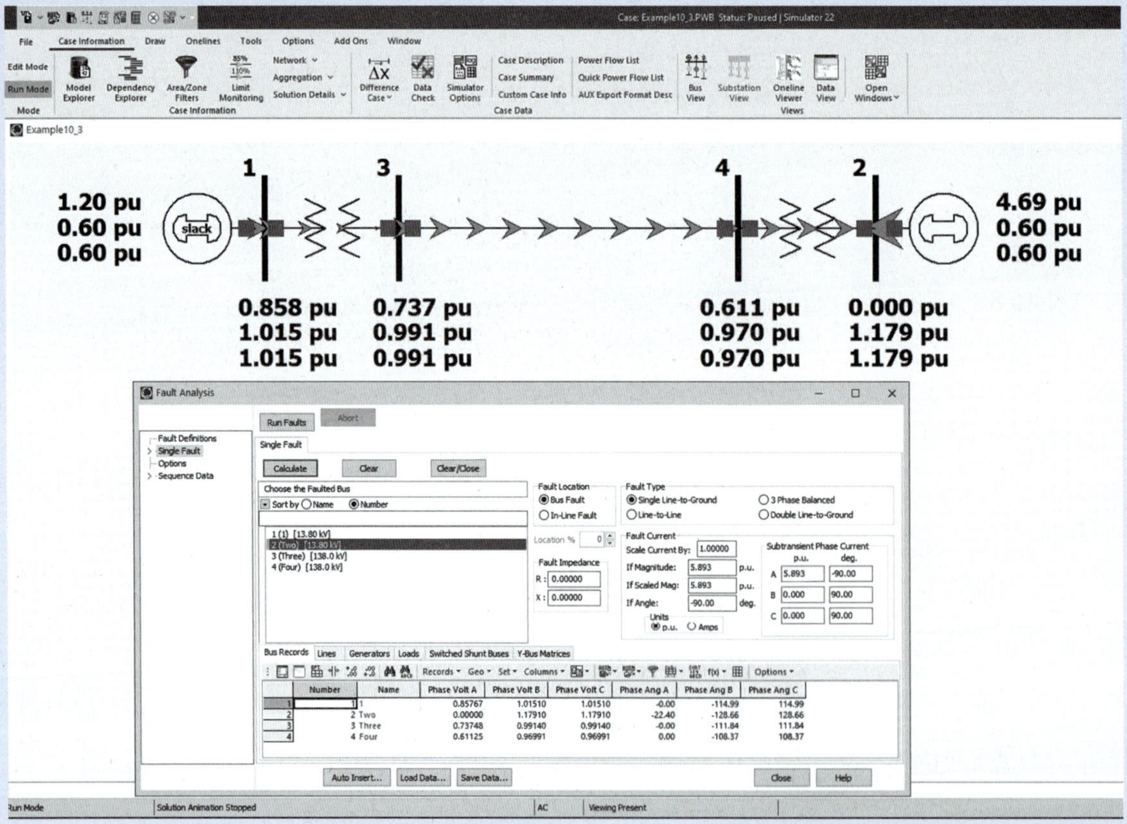

그림 10.9 예제 10.3에 대한 화면—모선 2에서의 고장

10.3 선간 단락고장

그림 10.10(a)에서 b상과 c상 사이의 고장 임피던스 Z_F를 포함한 선간 단락고장에 대하여 살펴보면,

상에 대한 고장 조건 / 선간 단락고장

$$I_a = 0 \tag{10.3.1}$$

$$I_c = -I_b \tag{10.3.2}$$

$$V_{bg} - V_{cg} = Z_F I_b \tag{10.3.3}$$

식 (10.3.1)~(10.3.3)을 대칭성분으로 변환하기 위하여 식 (9.1.19)에 식 (10.3.1)과 식 (10.3.2)를 적용하면,

$$\begin{bmatrix} I_0 \\ I_1 \\ I_2 \end{bmatrix} = \frac{1}{3}\begin{bmatrix} 1 & 1 & 1 \\ 1 & a & a^2 \\ 1 & a^2 & a \end{bmatrix}\begin{bmatrix} 0 \\ I_b \\ -I_b \end{bmatrix} = \begin{bmatrix} 0 \\ \frac{1}{3}(a-a^2)I_b \\ \frac{1}{3}(a^2-a)I_b \end{bmatrix} \tag{10.3.4}$$

식 (10.3.3)에 식 (9.1.4), (9.1.5) 및 (9.1.21)을 대입하면,

$$(V_0 + a^2V_1 + aV_2) - (V_0 + aV_1 + a^2V_2)$$
$$= Z_F(I_0 + a^2I_1 + aI_2) \tag{10.3.5}$$

식 (10.3.4)로부터 $I_0 = 0$ 그리고 $I_2 = -I_1$이므로 식 (10.3.5)는 다음과 같이 간략화된다.

$$(a^2 - a)V_1 - (a^2 - a)V_2 = Z_F(a^2 - a)I_1$$

또는

$$V_1 - V_2 = Z_F I_1 \tag{10.3.6}$$

그러므로 식 (10.3.4)와 식 (10.3.6)으로부터

대칭성분에서 고장 조건 / 선간 단락고장

$$I_0 = 0 \tag{10.3.7}$$

$$I_2 = -I_1 \tag{10.3.8}$$

$$V_1 - V_2 = Z_F I_1 \tag{10.3.9}$$

식 (10.3.7)~(10.3.9)는 그림 10.10(b)에 나타낸 것과 같이 고장단자에서 정상분 및 역상분 회로를 고장 임피던스 Z_F를 통하여 병렬로 연결함으로써 만족될 수 있으며, 이로부터 고장전류는 다음과 같이 얻을 수 있다.

$$I_1 = -I_2 = \frac{V_F}{(Z_1 + Z_2 + Z_F)} \qquad I_0 = 0 \tag{10.3.10}$$

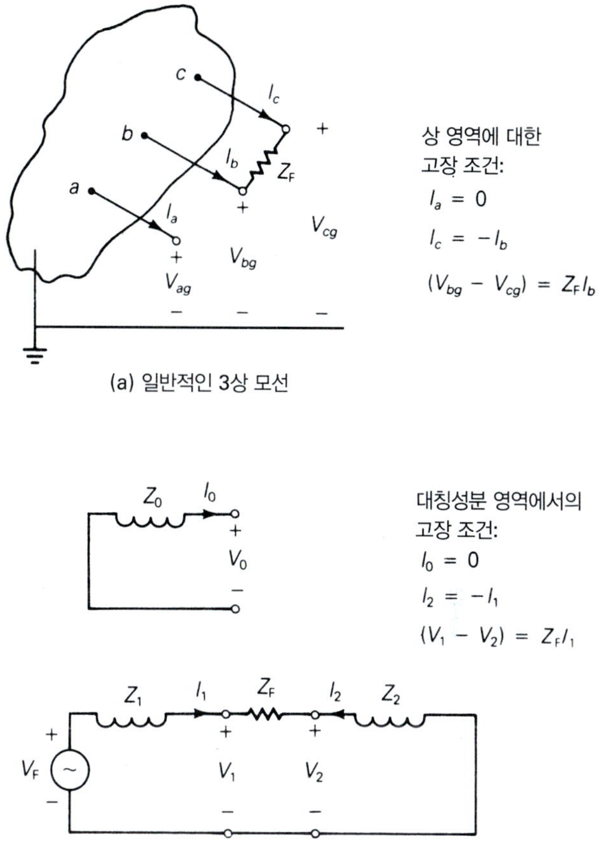

(a) 일반적인 3상 모선

(b) 선간 단락 시 대칭성분 회로

그림 10.10 선간 단락고장

식 (10.3.10)을 상 영역으로 변환하고, $(a^2 - a) = -j\sqrt{3}$의 관계를 이용하면 b상의 고장전류는

$$I_b = I_0 + a^2I_1 + aI_2 = (a^2 - a)I_1$$
$$= -j\sqrt{3}I_1 = \frac{-j\sqrt{3}V_F}{(Z_1 + Z_2 + Z_F)} \tag{10.3.11}$$

또한, 식 (9.1.20)과 식 (9.1.22)로부터

$$I_a = I_0 + I_1 + I_2 = 0 \tag{10.3.12}$$

그리고

$$I_c = I_0 + aI_1 + a^2I_2 = (a - a^2)I_1 = -I_b \tag{10.3.13}$$

가 되므로 이것은 식 (10.3.1)과 식 (10.3.2)로 주어진 고장 조건과 일치함을 알 수 있으며, 고장점에서의 상 전압 대칭성분은 식 (10.1.1)로부터 얻을 수 있다.

예제 10.4 대칭성분 회로를 이용한 선간 단락고장 계산

예제 10.1의 모선 2에서 b상과 c상 사이의 0 임피던스를 갖는 선간 단락고장이 발생하였을 때, pu법 및 kA 단위로 차과도 고장전류를 계산하시오.

| 풀이

그림 10.5의 정상분 및 역상분 회로는 그림 10.11에서와 같이 고장단자에서 병렬로 연결되며, $Z_F = 0$인 상태에서 식 (10.3.10)으로부터 대칭성분 고장전류는 다음과 같이 계산된다.

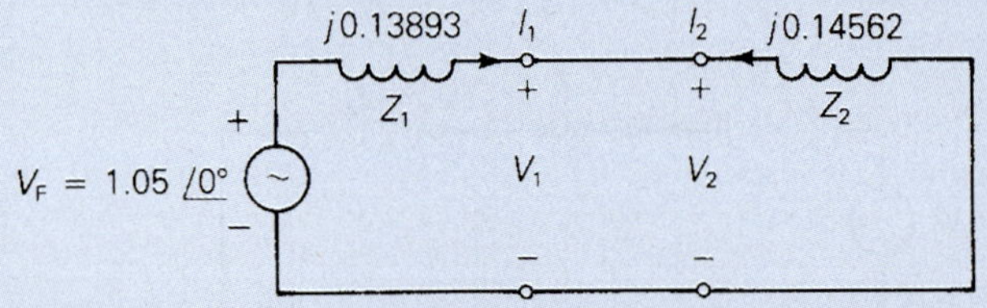

그림 10.11 예제 10.4: 모선 2에서의 선간 단락고장 시 대칭성분 회로

$$I_1 = -I_2 = \frac{1.05\angle 0°}{j(0.13893 + 0.14562)} = 3.690\angle -90°$$

$$I_0 = 0$$

식 (10.3.11)로부터 b상에서의 차과도 고장전류는

$$I_b'' = (-j\sqrt{3})(3.690\angle -90°) = -6.391$$
$$= 6.391\angle 180° \quad \text{per unit}$$

모선 2에서의 기준 전류인 4.1837 kA를 이용하면,

$$I_b'' = (6.391\angle 180°)(4.1837) = 26.74\angle 180° \quad \text{kA}$$

또한, 식 (10.3.12)와 식 (10.3.13)으로부터

$$I_a'' = 0 \qquad I_c'' = 26.74\angle 0° \quad \text{kA}$$

이 예제에 대한 선간 단락고장 결과는 PowerWorld Simulator에서 Fault Type field value를 'Line-to-Line'으로 하여 예제 10.3의 과정을 반복함으로써 얻을 수 있다.

10.4 2선 지락고장

대지에 대한 고장 임피던스 Z_F를 통한 b상과 c상의 일괄 2선 지락고장을 나타낸 그림 10.12(a)에서

상에서 고장 조건 / 2선 지락고장

$$I_a = 0 \qquad (10.4.1)$$

$$V_{cg} = V_{bg} \qquad (10.4.2)$$

$$V_{bg} = Z_F(I_b + I_c) \qquad (10.4.3)$$

식 (10.4.1)을 식 (9.1.20)에 의해 대칭성분으로 변환하면,

$$I_0 + I_1 + I_2 = 0 \qquad (10.4.4)$$

또한, 식 (10.4.2)에 식 (9.1.4)와 (9.1.5)를 적용하면,

$$(V_0 + aV_1 + a^2V_2) = (V_0 + a^2V_1 + aV_2)$$

이를 간략화하면,

$$(a^2 - a)V_2 = (a^2 - a)V_1$$

또는

$$V_2 = V_1 \qquad (10.4.5)$$

식 (10.4.3)에 식 (9.1.4), (9.1.21) 및 (9.1.22)를 대입하면,

$$(V_0 + a^2V_1 + aV_2)$$
$$= Z_F(I_0 + a^2I_1 + aI_2 + I_0 + aI_1 + a^2I_2) \qquad (10.4.6)$$

식 (10.4.5)와 $a^2 + a = -1$의 관계를 식 (10.4.6)에 적용하면,

$$(V_0 - V_1) = Z_F(2I_0 - I_1 - I_2) \qquad (10.4.7)$$

식 (10.4.4)로부터 $I_0 = -(I_1 + I_2)$이므로 식 (10.4.7)은

$$V_0 - V_1 = (3Z_F)I_0 \qquad (10.4.8)$$

식 (10.4.4), (10.4.5) 및 (10.4.8)로부터 다음과 같이 요약된다.

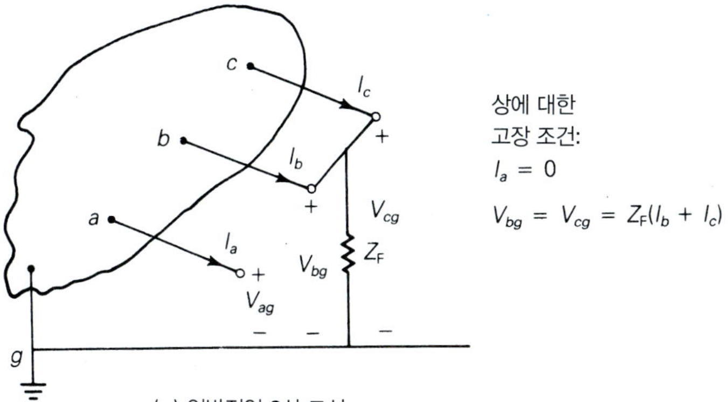

(a) 일반적인 3상 모선

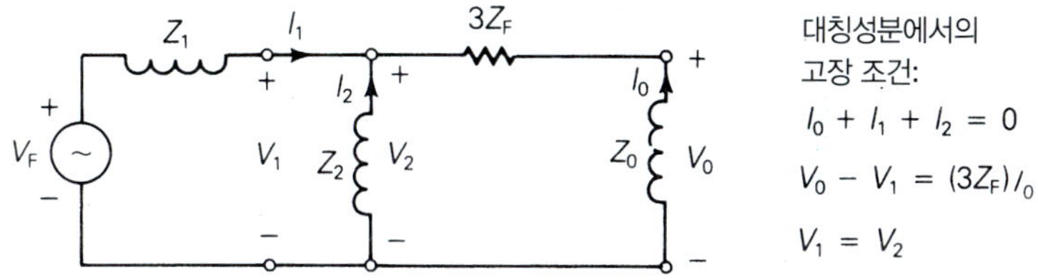

(b) 2선 지락고장 시 대칭성분 회로

그림 10.12 2선 지락고장

대칭성분에서의 고장 조건 / 2선 지락고장:

$$I_0 + I_1 + I_2 = 0 \tag{10.4.9}$$

$$V_2 = V_1 \tag{10.4.10}$$

$$V_0 - V_1 = (3Z_F)I_0 \tag{10.4.11}$$

식 (10.4.9)~(10.4.11)은 그림 10.12(b)에서와 같이 고장 단자에서 영상, 정상 및 역상 성분 회로를 모두 병렬로 연결함으로써 만족된다. 이때 $3Z_F$는 영상분 회로에 직렬로 연결된다. 이 그림으로부터 정상분 고장전류는 다음과 같다.

$$I_1 = \frac{V_F}{Z_1 + [Z_2 /\!/ (Z_0 + 3Z_F)]} = \frac{V_F}{Z_1 + \left[\dfrac{Z_2(Z_0 + 3Z_F)}{Z_2 + Z_0 + 3Z_F}\right]} \tag{10.4.12}$$

그림 10.12(b)에 전류 분배를 이용하면, 역상 및 영상분 고장전류는 다음과 같이 구해진다.

$$I_2 = (-I_1)\left(\frac{Z_0 + 3Z_F}{Z_0 + 3Z_F + Z_2}\right) \tag{10.4.13}$$

예제 10.5 대칭성분 회로를 이용한 2선 지락고장 계산

예제 10.1의 모선 2에서 b상과 c상이 일괄로 대지에 직접 지락된 2선 지락고장에 대하여 (a) 각 상에서의 차과도 고장전류 (b) 중성선 고장전류 및 (c) 송전선로 및 전동기에서 공급하는 고장전류를 계산하시오. Δ–Y 변압기결선으로 인한 위상차는 무시한다.

| 풀이

a. 2선 지락고장 시 대칭성분 회로는 그림 10.5의 영상, 정상 및 역상분 회로가 그림 10.13에서와 같이 고장단자에

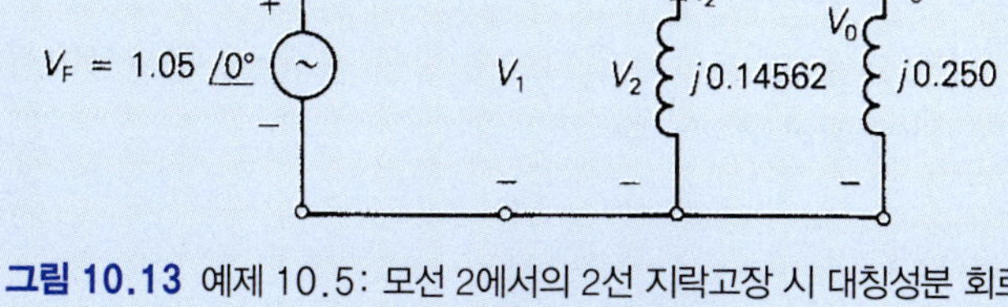

그림 10.13 예제 10.5: 모선 2에서의 2선 지락고장 시 대칭성분 회로

(계속)

서 모두 병렬로 연결된 형태가 된다. 고장 임피던스 $Z_F = 0$인 경우이므로 식 (10.4.12)로부터

$$I_1 = \frac{1.05\angle 0°}{j\left[0.13893 + \frac{(0.14562)(0.25)}{0.14562 + 0.25}\right]} = \frac{1.05\angle 0°}{j0.23095}$$

$$= -j4.5464 \quad \text{p.u.}$$

식 (10.4.13)과 식 (10.4.14)로부터

$$I_2 = (+j4.5464)\left(\frac{0.25}{0.25 + 0.14562}\right) = j2.8730 \quad \text{p.u.}$$

$$I_0 = (+j4.5464)\left(\frac{0.14562}{0.25 + 0.14562}\right) = j1.6734 \quad \text{p.u.}$$

이들을 상 전류로 변환하여 차과도 고장전류를 구하면,

$$\begin{bmatrix} I''_a \\ I''_b \\ I''_c \end{bmatrix} = \begin{bmatrix} 1 & 1 & 1 \\ 1 & a^2 & a \\ 1 & a & a^2 \end{bmatrix} \begin{bmatrix} +j1.6734 \\ -j4.5464 \\ +j2.8730 \end{bmatrix} = \begin{bmatrix} 0 \\ 6.8983\angle 158.66° \\ 6.8983\angle 21.34° \end{bmatrix} \quad \text{p.u.}$$

모선 2에서의 기준전류인 4.1837 kA를 이용하면,

$$\begin{bmatrix} I''_a \\ I''_b \\ I''_c \end{bmatrix} = \begin{bmatrix} 0 \\ 6.8983\angle 158.66° \\ 6.8983\angle 21.34° \end{bmatrix}(4.1837) = \begin{bmatrix} 0 \\ 28.86\angle 158.66° \\ 28.86\angle 21.34° \end{bmatrix} \quad \text{kA}$$

b. 중성선 고장전류는

$$I_n = (I''_b + I''_c) = 3I_0 = j5.0202 \quad \text{per unit}$$

$$= (j5.0202)(4.1837) = 21.00\angle 90° \quad \text{kA}$$

c. Δ–Y 변압기의 위상변위를 무시하면, 송전선로 및 전동기에서 공급하는 고장전류는 그림 10.4로부터 구할 수 있다. 그림 10.4(a)의 영상분 회로에서 변압기 결선으로 인하여 송전선로로부터 공급되는 영상분 고장전류는 0이며, 모터 측에서 공급하는 영상분 고장전류는 a항에서 구한 영상분 전류, 즉

$$I_{\text{line }0} = 0$$

$$I_{\text{motor }0} = I_0 = j1.6734 \quad \text{p.u.}$$

그림 10.4(b)의 정상분 회로에서 $E''_g = E''_m$이기 때문에 모선 2에서의 단락회로 상태에서 전류분배법칙에 의하여 송전선로 및 모터에서 공급하는 정상분 고장전류는 각각

$$I_{\text{line }1} = \frac{X''_m}{X''_m + (X''_g + X_{T1} + X_{\text{line }1} + X_{T2})} I_1$$

$$= \frac{0.20}{0.20 + (0.455)}(-j4.5464) = -j1.3882 \quad \text{p.u.}$$

$$I_{\text{motor }1} = \frac{0.455}{0.20 + 0.455}(-j4.5464) = -j3.1582 \quad \text{p.u.}$$

그림 10.4(c)의 역상분 회로에 대해서도 전류분배법칙을 적용해서 송전선로 및 모터에서 공급하는 역상분 고장전류를 구하면,

$$I_{\text{line }2} = \frac{0.21}{0.21 + 0.475}(j2.8730) = j0.8808 \quad \text{p.u.}$$

$$I_{\text{motor }2} = \frac{0.475}{0.21 + 0.475}(j2.8730) = j1.9922 \quad \text{p.u.}$$

선로의 기준전류 0.41837 kA와 전동기의 기준전류 4.1837 kA를 고려한 상 전류는 다음과 같이 구해진다.

$$\begin{bmatrix} I''_{\text{line }a} \\ I''_{\text{line }b} \\ I''_{\text{line }c} \end{bmatrix} = \begin{bmatrix} 1 & 1 & 1 \\ 1 & a^2 & a \\ 1 & a & a^2 \end{bmatrix} \begin{bmatrix} 0 \\ -j1.3882 \\ j0.8808 \end{bmatrix}$$

$$= \begin{bmatrix} 0.5074\angle -90° \\ 1.9813\angle 172.643° \\ 1.9813\angle 7.357° \end{bmatrix} \quad \text{p.u.}$$

$$= \begin{bmatrix} 0.2123\angle -90° \\ 0.8289\angle 172.643° \\ 0.8289\angle 7.357° \end{bmatrix} \quad \text{kA}$$

$$\begin{bmatrix} I''_{\text{motor }a} \\ I''_{\text{motor }b} \\ I''_{\text{motor }c} \end{bmatrix} = \begin{bmatrix} 1 & 1 & 1 \\ 1 & a^2 & a \\ 1 & a & a^2 \end{bmatrix} \begin{bmatrix} j1.6734 \\ -j3.1582 \\ j1.9922 \end{bmatrix}$$

$$= \begin{bmatrix} 0.5074\angle 90° \\ 4.9986\angle 153.17° \\ 4.9986\angle 26.83° \end{bmatrix} \quad \text{p.u.}$$

$$= \begin{bmatrix} 2.123\angle 90° \\ 20.91\angle 153.17° \\ 20.91\angle 26.83° \end{bmatrix} \quad \text{kA}$$

(계속)

이 예제에 대한 2선 지락고장 결과는 PowerWorld Simulator에서 Fault Type field value를 'Double Line-to-Ground'로 하여 예제 10.3의 과정을 반복함으로써 얻을 수 있다.

$$I_0 = (-I_1)\left(\frac{Z_2}{Z_0 + 3Z_F + Z_2}\right) \tag{10.4.14}$$

이 대칭성분 고장전류는 식 (9.1.16)에 의해 상 전류로 변환될 수 있으며, 또한 고장단자에서 상 전압의 대칭성분은 식 (10.1.1)로부터 구해진다.

그림 10.15에 지금까지 다루었던 3상 평형 및 비대칭 고장에 대한 대칭성분 회로의 결선을 요약하였다. 또한, 단락고장과 다른 형태의 고장인 1선 개방 및 2선 개방 고장에 대한 대칭성분 회로의 결선도 추가해 넣었으며, 이에 대한 증명은 연습문제 10.28과 연습문제 10.29에 과제로 남겨두었다.

예제 10.6 Δ–Y 변압기의 위상차가 고장전류에 미치는 영향

Δ–Y 변압기의 위상차를 고려하여 예제 10.5를 다시 풀어 보시오. 여기에서 변압기의 위상차는 미국 표준을 기준으로 한다.

❙ 풀이

그림 10.4의 대칭성분 회로에 Δ–Y 위상차를 고려한 이상적 위상변위 변압기를 미국 표준에 일치시켜, 즉 변압기의 고압측 정상분 전압이 저압측보다 30°만큼 앞서도록 하고, 역상분 전압은 고압측이 저압측보다 30°만큼 뒤지도록 하여 그려 넣은 것이 그림 10.14이다. 영상분 회로는 영향이 없으므로 동일하다.

a. 3.1절과 식 (3.1.26)의 내용으로부터 이상적인 위상변위 변압기의 pu임피던스는 그 기준이 고압측이든 저압측이든 동일하다는 사실을 기억해야 한다. 따라서, 고장모선 2에서 본 그림 10.14의 대칭성분 회로에 대한 테브난 등가회로는 그림 10.5의 테브난 등가회로와 동일하다. 그러므로 고장전류의 상성분뿐만 아니라 대칭성분은 예제 10.5(a)의 계산결과와 동일하다.

b. 중성선 고장전류는 예제 10.5(b)의 결과와 같다.

c. 그림 10.14(a)의 영상분 회로는 그림 10.4(a)의 결과와 동일하다. 그러므로 선로 및 전동기에서 공급하는 영상분 고장전류는 다음의 예제 10.5(c)의 결과와 같다.

$$I_{\text{line }0} = 0 \qquad I_{\text{motor }0} = I_0 = j1.6734 \quad \text{p.u.}$$

그림 10.14(b)의 선로측에서 공급하는 정상분 고장전류는 그림 10.4(b)의 것보다 30°만큼 앞서고, 모터측에서 공급하는 정상분 고장전류는 동일하다. 즉,

$$I_{\text{line }1} = (-j1.3882)(1\underline{/30°}) = 1.3882\underline{/-60°} \quad \text{p.u.}$$
$$I_{\text{motor }1} = -j3.1582 \quad \text{p.u.}$$

이와는 반대로 그림 10.14(c)의 선로측에서 공급하는 역상분 고장전류는 그림 10.4(c)의 것보다 30°만큼 늦고, 모터측에서 공급하는 역상분 공급전류는 동일하다. 즉,

$$I_{\text{line }2} = (j0.8808)(1\underline{/-30°}) = 0.8808\underline{/60°} \quad \text{p.u.}$$
$$I_{\text{motor }2} = j1.9922 \quad \text{p.u.}$$

따라서, 전동기에서 공급하는 상 전류뿐만 아니라 대칭성분 전류는 예제 10.5(c)에 주어진 것과 같으며, 선로측에서 공급하는 대칭성분 전류는 예제 10.5(c)에 주어진 것과 크기가 동일하나 정상분 및 역상분 전류는 각각 +30° 및

(계속)

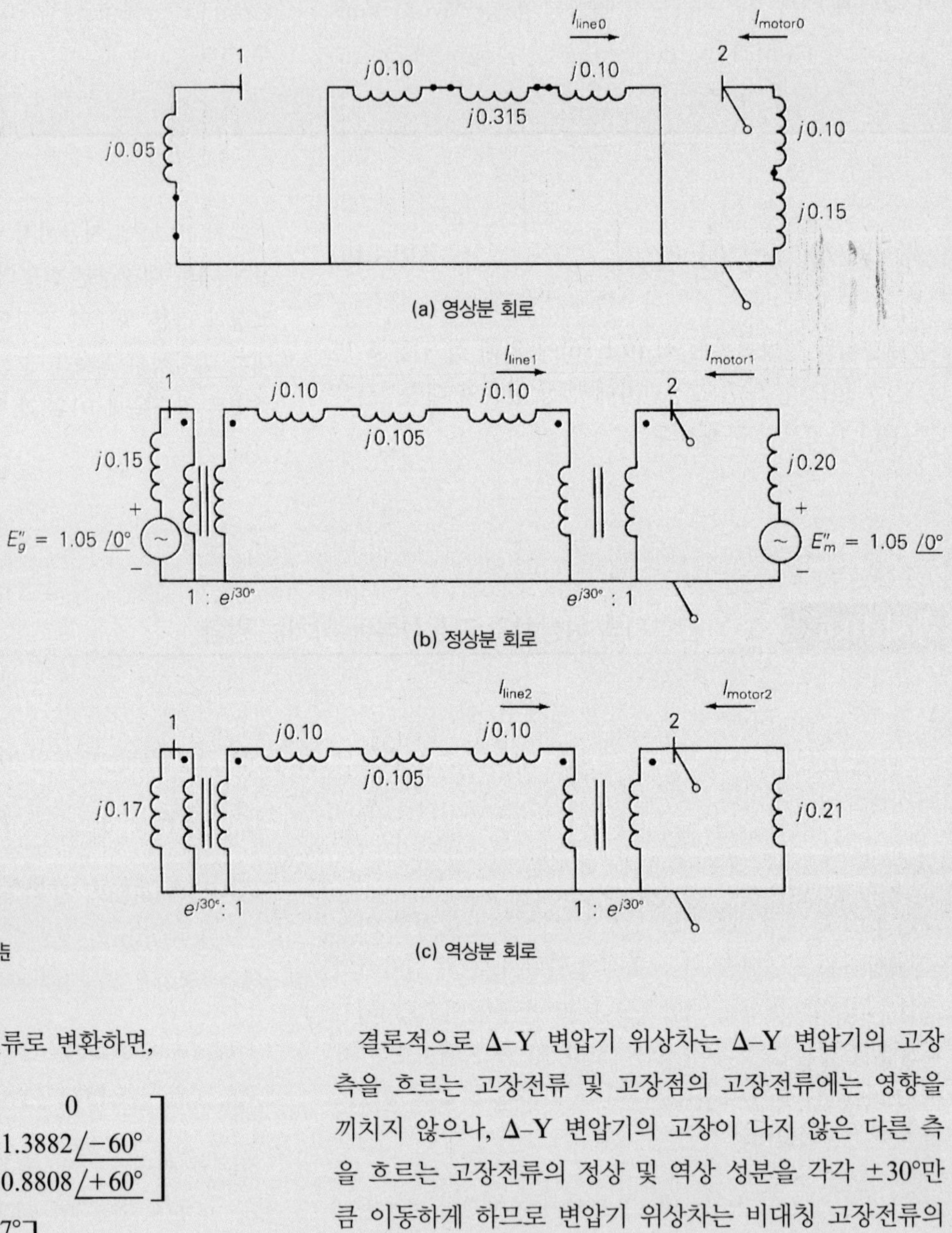

그림 10.14 예제 10.6에 대한 대칭성분

−30°만큼 이동된다. 이를 상 전류로 변환하면,

$$\begin{bmatrix} I''_{\text{line }a} \\ I''_{\text{line }b} \\ I''_{\text{line }c} \end{bmatrix} = \begin{bmatrix} 1 & 1 & 1 \\ 1 & a^2 & a \\ 1 & a & a^2 \end{bmatrix} \begin{bmatrix} 0 \\ 1.3882\angle{-60°} \\ 0.8808\angle{+60°} \end{bmatrix}$$

$$= \begin{bmatrix} 1.2166\angle{-21.17°} \\ 2.2690\angle{180°} \\ 1.2166\angle{21.17°} \end{bmatrix} \quad \text{p.u.}$$

$$= \begin{bmatrix} 0.5090\angle{-21.17°} \\ 0.9492\angle{180°} \\ 0.5090\angle{21.17°} \end{bmatrix} \quad \text{kA}$$

결론적으로 Δ–Y 변압기 위상차는 Δ–Y 변압기의 고장측을 흐르는 고장전류 및 고장점의 고장전류에는 영향을 끼치지 않으나, Δ–Y 변압기의 고장이 나지 않은 다른 측을 흐르는 고장전류의 정상 및 역상 성분을 각각 ±30°만큼 이동하게 하므로 변압기 위상차는 비대칭 고장전류의 크기와 위상 모두에 영향을 준다는 것을 알 수 있다.

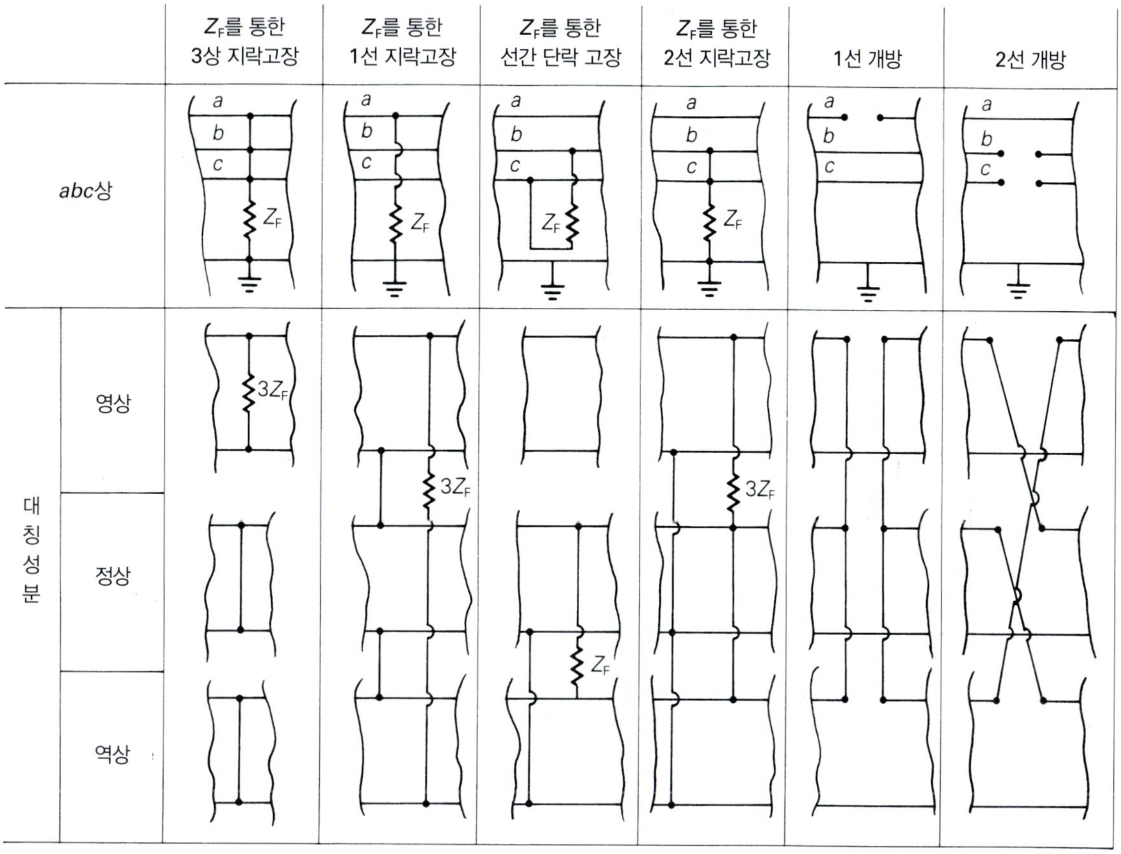

그림 10.15 3상 평형 및 비대칭 고장에 대한 대칭성분 회로 결선 요약

10.5 대칭성분 모선 임피던스 행렬

8.4절에서 평형 3상고장 시 전류 및 전압을 계산하는 데 정상분 모선 임피던스 행렬이 이용되었다. 여기서는 이 방법을 비대칭 고장에 확장하여 각 대칭성분 회로를 모선 임피던스 등가회로(또는 갈퀴등가회로)로 나타내보자. 즉, 해석 대상 계통의 모선 어드미턴스 행렬을 역변환하여 각 대칭성분 회로에 대응되는 모선 임피던스 행렬을 구하는 것이다. 이때, 간략화를 위하여 저항, 병렬 어드미턴스, 비회전기 부하 임피던스 및 고장전 부하전류는 무시하기로 한다.

그림 10.16은 N모선 3상 전력계통의 모선 n에서의 평형 및 비대칭 고장에 대한 대칭성분 갈퀴등가회로의 결선을 보여주고 있다. 각 모선 임피던스는 그것이 위치한 노드번호에서의 테브난 임피던스로서 갈퀴등가회로의 대칭성분인 영상, 정상 및 역상 성분을 나타내는 밑첨자가 0, 1 및 2로 표기되며, 상호 임피던스는 나타내지 않았다. 고장전 전압 V_F는 정상분 갈퀴등가회로에 포함되며, 그림으로부터 모선 n에서의 각 형태의 고장에 대한 고장전류의 대칭성분은 다음과 같다.

평형 3상고장

$$I_{n-1} = \frac{V_F}{Z_{nn-1}} \tag{10.5.1}$$

$$I_{n-0} = I_{n-2} = 0 \tag{10.5.2}$$

1선 지락고장(a상 지락)

$$I_{n-0} = I_{n-1} = I_{n-2} = \frac{V_F}{Z_{nn-0} + Z_{nn-1} + Z_{nn-2} + 3Z_F} \tag{10.5.3}$$

선간 단락고장(b상과 c상)

$$I_{n-1} = -I_{n-2} = \frac{V_F}{Z_{nn-1} + Z_{nn-2} + Z_F} \tag{10.5.4}$$

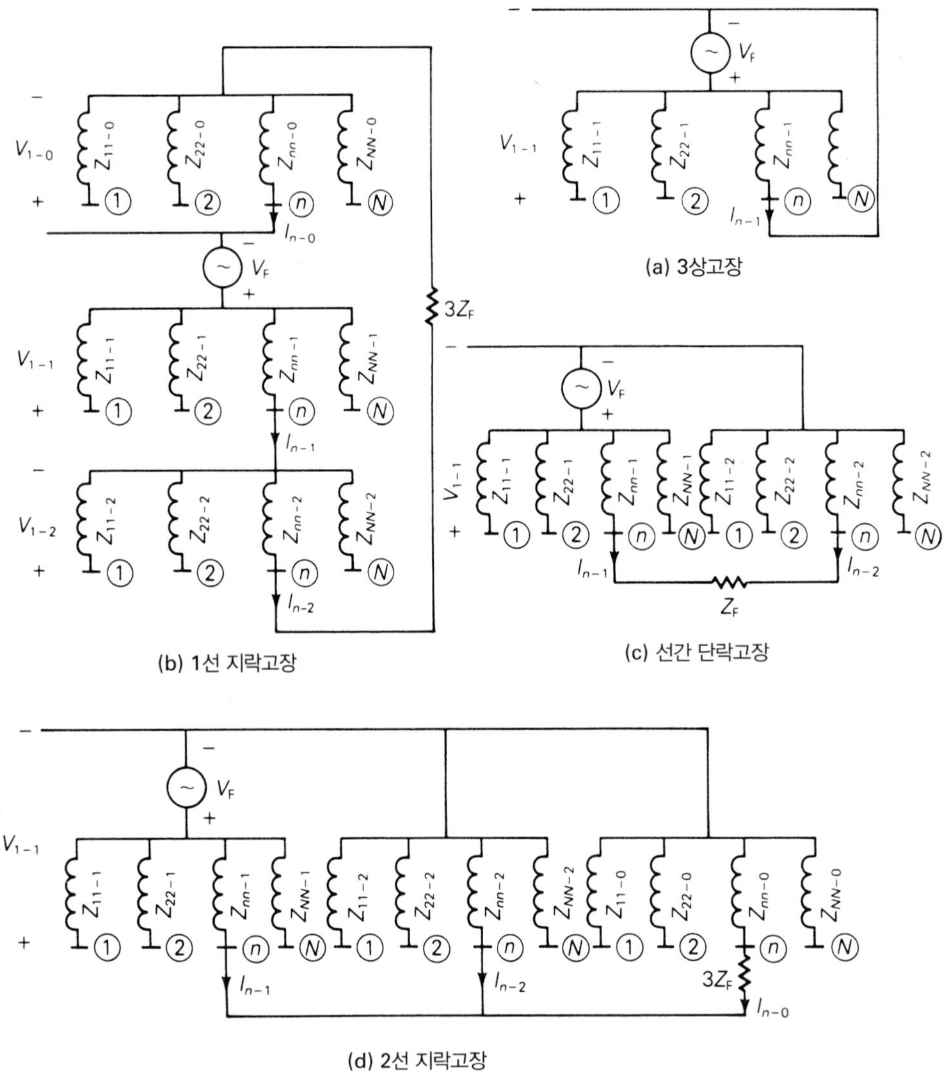

그림 10.16 3상 계통 고장에 대한 대칭성분 갈퀴등가회로의 결선(상호 임피던스는 표시하지 않았음)

$$I_{n-0} = 0 \tag{10.5.5}$$

2선 지락고장(b상과 c상 지락)

$$I_{n-1} = \frac{V_F}{Z_{nn-1} + \left[\dfrac{Z_{nn-2}(Z_{nn-0} + 3Z_F)}{Z_{nn-2} + Z_{nn-0} + 3Z_F}\right]} \tag{10.5.6}$$

$$I_{n-2} = (-I_{n-1})\left(\frac{Z_{nn-0} + 3Z_F}{Z_{nn-0} + 3Z_F + Z_{nn-2}}\right) \tag{10.5.7}$$

$$I_{n-0} = (-I_{n-1})\left(\frac{Z_{nn-2}}{Z_{nn-0} + 3Z_F + Z_{nn-2}}\right) \tag{10.5.8}$$

또한, 그림 10.16으로부터 모선 n에서의 고장시 임의의 모선 k에서의 상 전압의 대칭성분은 다음과 같다.

$$\begin{bmatrix} V_{k-0} \\ V_{k-1} \\ V_{k-2} \end{bmatrix} = \begin{bmatrix} 0 \\ V_F \\ 0 \end{bmatrix} - \begin{bmatrix} Z_{kn-0} & 0 & 0 \\ 0 & Z_{kn-1} & 0 \\ 0 & 0 & Z_{kn-2} \end{bmatrix} \begin{bmatrix} I_{n-0} \\ I_{n-1} \\ I_{n-2} \end{bmatrix} \tag{10.5.9}$$

만일 모선 k가 Δ–Y 변압기의 비고장측에 있다면 식 (10.5.9)에서 V_{k-1} 및 V_{k-2}의 위상각은 Δ–Y 위상차를 고려하기 위해 수정되며, 위의 대칭성분 고장전류 및 대칭성분 전압은 식 (9.1.16) 및 식 (9.1.9)에 의해 상 전류와 상 전압으로 각각 변환된다.

예제 10.7 $Z_{\text{bus }0}$, $Z_{\text{bus }1}$ 및 $Z_{\text{bus }2}$를 이용한 1선 지락고장계산

예제 10.1의 3상 전력계통에서 모선 1과 2에서의 고장에 대하여 살펴보자. 고장전 전압은 1.05 p.u.이고, 고장전 부하전류는 무시한다. (a) pu법으로 나타낸 영상, 정상 및 역상분 모선 임피던스 행렬을 구하시오. (b) 모선 1에서 a상 직접 지락시 차과도 고장전류(p.u.)를 구하시오. (c) 모선 2에서 a상 직접 지락시 차과도 고장전류(p.u.)를 구하시오. (d) 모선 1에서 1선 지락시 모선 1의 상 전압(p.u.)을 구하시오. (e) 모선 1에서 1선 지락시 모선 2의 상 전압(p.u.)을 구하시오.

| 풀이

a. 그림 10.4(a)를 참조하여 영상분 모선 어드미턴스 행렬은

$$\boldsymbol{Y}_{\text{bus }0} = -j\left[\begin{array}{c|c} 20 & 0 \\ \hline 0 & 4 \end{array}\right] \quad \text{p.u.}$$

$\boldsymbol{Y}_{\text{bus }0}$를 역변환하면,

$$\boldsymbol{Z}_{\text{bus }0} = j\left[\begin{array}{c|c} 0.05 & 0 \\ \hline 0 & 0.25 \end{array}\right] \quad \text{p.u.}$$

그림 10.4(a)에서 변압기 누설 리액턴스와 송전선로 리액턴스는 $\boldsymbol{Z}_{\text{bus }0}$에 아무런 영향도 주지 못함을 알 수 있으며, 이것은 변압기의 Δ결선이 변압기에서 모선 1 및 모선 2로 영상분 전류의 흐름을 차단한다는 것을 의미한다. 그림 10.4(b)로부터 정상분 모선 어드미턴스는

$$\boldsymbol{Y}_{\text{bus }1} = -j\left[\begin{array}{c|c} 9.9454 & -3.2787 \\ \hline -3.2787 & 8.2787 \end{array}\right] \quad \text{p.u.}$$

$\boldsymbol{Y}_{\text{bus }1}$을 역변환하면,

$$\boldsymbol{Z}_{\text{bus }1} = j\left[\begin{array}{c|c} 0.11565 & 0.04580 \\ \hline 0.04580 & 0.13893 \end{array}\right] \quad \text{p.u.}$$

그림 10.4(c)로부터 역상분 모선 어드미턴스는

$$\boldsymbol{Y}_{\text{bus }2} = -j\left[\begin{array}{c|c} 9.1611 & -3.2787 \\ \hline -3.2787 & 8.0406 \end{array}\right] \quad \text{p.u.}$$

$\boldsymbol{Y}_{\text{bus }2}$를 역변환하면,

$$\boldsymbol{Z}_{\text{bus }2} = j\left[\begin{array}{c|c} 0.12781 & 0.05212 \\ \hline 0.05212 & 0.14562 \end{array}\right] \quad \text{p.u.}$$

b. 식 (10.5.3)으로부터 $n = 1$ 및 $Z_F = 0$인 경우, 대칭성분 고장전류는 다음과 같다.

$$\begin{aligned} I_{1-0} = I_{1-1} = I_{1-2} &= \frac{V_F}{Z_{11-0} + Z_{11-1} + Z_{11-2}} \\ &= \frac{1.05\underline{/0^\circ}}{j(0.05 + 0.11565 + 0.12781)} = \frac{1.05}{j0.29346} \\ &= -j3.578 \end{aligned}$$

식 (9.1.16)으로부터 모선 1에서의 차과도 고장전류는

$$\begin{bmatrix} I''_{1a} \\ I''_{1b} \\ I''_{1c} \end{bmatrix} = \begin{bmatrix} 1 & 1 & 1 \\ 1 & a^2 & a \\ 1 & a & a^2 \end{bmatrix} \begin{bmatrix} -j3.578 \\ -j3.578 \\ -j3.578 \end{bmatrix} = \begin{bmatrix} -j10.73 \\ 0 \\ 0 \end{bmatrix} \quad \text{p.u.}$$

c. 식 (10.5.3)으로부터 $n = 2$ 및 $Z_F = 0$인 경우, 대칭성분 고장전류는 다음과 같다.

$$\begin{aligned} I_{2-0} = I_{2-1} = I_{2-2} &= \frac{V_F}{Z_{22-0} + Z_{22-1} + Z_{22-2}} \\ &= \frac{1.05\underline{/0^\circ}}{j(0.25 + 0.13893 + 0.14562)} \\ &= \frac{1.05}{j0.53455} \\ &= -j1.96427 \quad \text{p.u.} \end{aligned}$$

그리고

$$\begin{bmatrix} I''_{2a} \\ I''_{2b} \\ I''_{2c} \end{bmatrix} = \begin{bmatrix} 1 & 1 & 1 \\ 1 & a^2 & a \\ 1 & a & a^2 \end{bmatrix} \begin{bmatrix} -j1.96427 \\ -j1.96427 \\ -j1.96427 \end{bmatrix} = \begin{bmatrix} -j5.8928 \\ 0 \\ 0 \end{bmatrix} \quad \text{p.u.}$$

이것은 예제 10.3에서 얻어진 것과 동일한 결과이다.

(계속)

d. 모선 1에서 1선 지락고장 시 모선 1의 상 전압 대칭성분은 식 (10.5.9)에서 $k = 1$, $n = 1$인 경우로서

$$\begin{bmatrix} V_{1-0} \\ V_{1-1} \\ V_{1-2} \end{bmatrix} = \begin{bmatrix} 0 \\ 1.05\angle 0^\circ \\ 0 \end{bmatrix} - \begin{bmatrix} j0.05 & 0 & 0 \\ 0 & j0.11565 & 0 \\ 0 & 0 & j0.12781 \end{bmatrix} \begin{bmatrix} -j3.578 \\ -j3.578 \\ -j3.578 \end{bmatrix}$$

$$= \begin{bmatrix} -0.1789 \\ 0.6362 \\ -0.4573 \end{bmatrix} \text{ p.u.}$$

따라서 모선 1에서 상 전압은 다음과 같이 구해진다.

$$\begin{bmatrix} V_{1-ag} \\ V_{1-bg} \\ V_{1-cg} \end{bmatrix} = \begin{bmatrix} 1 & 1 & 1 \\ 1 & a^2 & a \\ 1 & a & a^2 \end{bmatrix} \begin{bmatrix} -0.1789 \\ +0.6362 \\ -0.4573 \end{bmatrix}$$

$$= \begin{bmatrix} 0 \\ 0.9843\angle 254.2^\circ \\ 0.9843\angle 105.8^\circ \end{bmatrix} \text{ p.u.}$$

e. 모선 1에서 1선 지락고장시 모선 2의 상 전압 대칭성분은 식 (10.5.9)에서 $k = 2$, $n = 1$인 경우로서 모선 2의 상 전압의 대칭성분은 다음과 같다.

$$\begin{bmatrix} V_{2-0} \\ V_{2-1} \\ V_{2-2} \end{bmatrix} = \begin{bmatrix} 0 \\ 1.05\angle 0^\circ \\ 0 \end{bmatrix} - \begin{bmatrix} 0 & 0 & 0 \\ 0 & j0.04580 & 0 \\ 0 & 0 & j0.05212 \end{bmatrix} \begin{bmatrix} -j3.578 \\ -j3.578 \\ -j3.578 \end{bmatrix}$$

$$= \begin{bmatrix} 0 \\ 0.8861 \\ -0.18649 \end{bmatrix} \text{ p.u.}$$

그림 10.3에서 모선 1 및 모선 2는 모두 Δ–Y 변압기의 저전압측에 있으므로 이와 같은 경우 대칭성분 전압의 위상차는 없다. 따라서 모선 1에서의 1선 지락고장 시 모선 2의 상 전압은 다음과 같이 구해진다.

$$\begin{bmatrix} V_{2-ag} \\ V_{2-bg} \\ V_{2-cg} \end{bmatrix} = \begin{bmatrix} 1 & 1 & 1 \\ 1 & a^2 & a \\ 1 & a & a^2 \end{bmatrix} \begin{bmatrix} 0 \\ 0.8861 \\ -0.18649 \end{bmatrix}$$

$$= \begin{bmatrix} 0.70 \\ 0.9926\angle 249.4^\circ \\ 0.9926\angle 110.6^\circ \end{bmatrix} \text{ p.u.}$$

PowerWorld Simulator는 N-모선 전력계통의 임의의 모선에서 평형 3상고장, 1선 지락고장, 선간 단락고장 또는 2선 지락고장이 발생한 경우 정현파 교류 대칭고장전류, 송전선로측 및 변압기측 고장전류, 그리고 모선전압을 계산할 수 있다.

시뮬레이터에 입력되는 데이터에는 고장전 전압 V_F와 고장 임피던스 Z_F뿐만 아니라 표 10.1, 10.2 및 10.3에 예시한 바와 같이 기기, 송전선 및 변압기 데이터가 포함된다. 시뮬레이터에 의해 계산된 대칭 고장전류는 기기의 정

표 10.2 예제 10.8에 대한 선로 데이터

모선–모선	X_0 p.u.	X_1 p.u.
2~4	0.3	0.1
2~5	0.15	0.05
4~5	0.075	0.025

상분 리액턴스 입력데이터가 직축 차과도 리액턴스일 경우는 차과도 고장전류로, 직축 과도 또는 동기 리액턴스일 경

표 10.1 예제 10.8에 대한 동기기 데이터

모선	X_0 p.u.	$X_1 = X''_d$ p.u.	X_2 p.u.	중성점 리액턴스 X_n p.u.
1	0.0125	0.045	0.045	0
3	0.005	0.0225	0.0225	0.0025

표 10.3 예제 10.8에 대한 변압기 데이터

저전압(결선) 모선	고전압(결선) 모선	누설 리액턴스 p.u.	중성점 리액턴스 p.u.
1(Δ)	5(Y)	0.02	0
3(Δ)	4(Y)	0.01	0

우는 과도 또는 정상상태 고장전류가 된다. 송전선로의 정상분 및 영상분 직렬 리액턴스는 장거리 선로에 대해서는 등가 π회로, 중거리 또는 단거리 선로에 대해서는 공칭 π 회로의 정상분 및 영상분 직렬 리액턴스로 한다. 또한, 송전선로의 역상분 리액턴스는 정상분 리액턴스와 동일하고, 모든 기기, 선로 및 변압기의 리액턴스는 전체 계통에 대하여 동일한 MVA 용량기준의 p.u.로 표현되며, 고장전 부하전류는 0으로 처리한다.

시뮬레이터는 내부적으로 해당 모선 어드미턴스 행렬의 역변환을 통하여 영상, 정상 및 역상 대칭성분 모선 임피던스 행렬인 $Z_{\text{bus }0}$, $Z_{\text{bus }1}$과 $Z_{\text{bus }2}$를 계산한다.

$Z_{\text{bus }0}$, $Z_{\text{bus }1}$ 및 $Z_{\text{bus }2}$가 계산된 이후에 프로그램 사용자에 의해 선택된 고장형태(예를 들면, 3상고장 또는 1선 지락고장 등)에 대하여 모선 1에서 고장 시 각 모선의 대칭성분 고장전류 및 대칭성분 전압은 식 (10.5.1)~(10.5.9)를 사용하여 계산된다. 고장모선에 연결된 각 선로 또는 변압기 분기점에서의 대칭성분 고장전류는 분기점의 대칭성분 전압을 분기점에서의 대칭성분 임피던스로 나눔으로써 얻어진다. 또한 정상분과 역상분의 위상각은 변압기의 Δ–Y 결선으로 인한 위상차를 고려하여 수정된 후, 대칭성분 전

예제 10.8 PowerWorld Simulator

단선도가 그림 6.2와 같이 주어진 5모선 전력계통에 대한 기기, 선로 및 변압기 데이터가 표 10.1, 10.2 및 10.3에 제시된 바와 같다. 변압기와 발전기 1의 중성점은 중성점 리액턴스 0으로 직접 접지되어 있고, 발전기 2의 중성점

표 10.4 예제 10.8에 대한 고장전류

고장 모선	1선 지락 고장전류 (a상) p.u./degrees	고장전류에 대한 기여(분) GEN LINE 또는 TRSF	모선–모선	전류 a상 p.u./degrees	b상	c상
1	46.02/−90.00	G1	GRND~1	34.41/−90.00	5.804/−90.00	5.804/−90.00
		T1	5~1	11.61/−90.00	5.804/90.00	5.804/90.00
2	14.14/−90.00	L1	4~2	5.151/−90.00	0.1124/90.00	0.1124/90.00
		L2	5~2	8.984/−90.00	0.1124/−90.00	0.1124/−90.00
3	64.30/−90.00	G2	GRND~3	56.19/−90.00	4.055/−90.00	4.055/−90.00
		T2	4~3	8.110/−90.00	4.055/90.00	4.055/90.00
4	56.07/−90.00	L1	2~4	1.742/−90.00	0.4464/90.00	0.4464/90.00
		L3	5~4	10.46/−90.00	2.679/90.00	2.679/90.00
		T2	3~4	43.88/−90.00	3.125/−90.00	3.125/−90.00
5	42.16/−90.00	L2	2~5	2.621/−90.00	0.6716/90.00	0.6716/90.00
		L3	4~5	15.72/−90.00	4.029/90.00	4.029/90.00
		T1	1~5	23.82/−90.00	4.700/−90.00	4.700/−90.00

(계속)

표 10.5 예제 10.8에 대한 모선전압

$V_{prefault} = 1.05 \angle 0$		고장 중 모선전압		
고장모선	모선	*a*상	*b*상	*c*상
1	1	$0.0000 \angle 0.00$	$0.9537 \angle -107.55$	$0.9537 \angle 107.55$
	2	$0.5069 \angle 0.00$	$0.9440 \angle -105.57$	$0.9440 \angle 105.57$
	3	$0.7888 \angle 0.00$	$0.9912 \angle -113.45$	$0.9912 \angle 113.45$
	4	$0.6727 \angle 0.00$	$0.9695 \angle -110.30$	$0.9695 \angle 110.30$
	5	$0.4239 \angle 0.00$	$0.9337 \angle -103.12$	$0.9337 \angle 103.12$
2	1	$0.8832 \angle 0.00$	$1.0109 \angle -115.90$	$1.0109 \angle 115.90$
	2	$0.0000 \angle 0.00$	$1.1915 \angle -130.26$	$1.1915 \angle 130.26$
	3	$0.9214 \angle 0.00$	$1.0194 \angle -116.87$	$1.0194 \angle 116.87$
	4	$0.8435 \angle 0.00$	$1.0158 \angle -116.47$	$1.0158 \angle 116.47$
	5	$0.7562 \angle 0.00$	$1.0179 \angle -116.70$	$1.0179 \angle 116.70$
3	1	$0.6851 \angle 0.00$	$0.9717 \angle -110.64$	$0.9717 \angle 110.64$
	2	$0.4649 \angle 0.00$	$0.9386 \angle -104.34$	$0.9386 \angle 104.34$
	3	$0.0000 \angle 0.00$	$0.9942 \angle -113.84$	$0.9942 \angle 113.84$
	4	$0.3490 \angle 0.00$	$0.9259 \angle -100.86$	$0.9259 \angle 100.86$
	5	$0.5228 \angle 0.00$	$0.9462 \angle -106.04$	$0.9462 \angle 106.04$
4	1	$0.5903 \angle 0.00$	$0.9560 \angle -107.98$	$0.9560 \angle 107.98$
	2	$0.2309 \angle 0.00$	$0.9401 \angle -104.70$	$0.9401 \angle 104.70$
	3	$0.4387 \angle 0.00$	$0.9354 \angle -103.56$	$0.9354 \angle 103.56$
	4	$0.0000 \angle 0.00$	$0.9432 \angle -105.41$	$0.9432 \angle 105.41$
	5	$0.3463 \angle 0.00$	$0.9386 \angle -104.35$	$0.9386 \angle 104.35$
5	1	$0.4764 \angle 0.00$	$0.9400 \angle -104.68$	$0.9400 \angle 104.68$
	2	$0.1736 \angle 0.00$	$0.9651 \angle -109.57$	$0.9651 \angle 109.57$
	3	$0.7043 \angle 0.00$	$0.9751 \angle -111.17$	$0.9751 \angle 111.17$
	4	$0.5209 \angle 0.00$	$0.9592 \angle -108.55$	$0.9592 \angle 108.55$
	5	$0.0000 \angle 0.00$	$0.9681 \angle -110.07$	$0.9681 \angle 110.07$

리액턴스는 0.0025 p.u., 고장전 전압은 1.05 p.u.이다. PowerWorld Simulator를 이용하여 모선 1, 모선 2 그리고 모선 5에 이르기까지 각 모선에서의 직접 접지된 1선 지락고장에 대한 고장전류 및 고장전압을 구하시오.

| 풀이

PowerWorld Simulator 예제 10_8 파일을 열면, 이 예제를 볼 수 있으며, 표 10.4 및 10.5는 각 고장에 대한 PowerWorld Simulator의 실행결과를 요약한 것이다. 여기서, 기기의 정상분 리액턴스 입력이 직축 차과도 리액턴스로 되어 있기 때문에 계산된 고장전류는 차과도 고장전류임에 유의하라. 또한, 표 10.5에서, 모선 2에서 1선 지락 고장이 *a*상에 발생하였을 때, 건전상인 *b*상과 *c*상에 1.1915 pu의 과전압이 발생함에 유의하라.

류 및 대칭성분 전압은 식 (9.1.16) 및 식 (9.1.9)에 의하여 상 전류 및 상 전압으로 각각 변환된다. 이러한 모든 계산은 모선 2, 모선 3, …, 모선 N에서의 고장에 이르기까지 반복된다.

사용자에 의해 선택된 고장 형태 및 고장 임피던스에 대한 고장해석 결과인 출력데이터는 모선 1, 모선 2, …, 모선 N에서의 고장에 대하여 각 상마다 고장전류와 고장모선에 연결된 분기선의 고장전류, 그리고 각 모선에서의 상 전압으로 구성된다.

연습문제

10.1절

10.1 3상 전력계통의 단선도를 그림 10.17에 나타내었다. 기기의 정격은 다음과 같이 주어졌다.

동기 발전기

G1 1,000 MVA 15 kV
$X''_d = X_2 = 0.18,\ X_0 = 0.07$ p.u.

G2 1,000 MVA 15 kV
$X''_d = X_2 = 0.20,\ X_0 = 0.10$ p.u.

G3 500 MVA 13.8 kV
$X''_d = X_2 = 0.15,\ X_0 = 0.05$ p.u.

G4 750 MVA 13.8 kV
$X''_d = 0.30,\ X_2 = 0.40,\ X_0 = 0.10$ p.u.

변압기

T1 1,000 MVA 15 kV Δ/765 kV Y
$X = 0.10$ p.u.

T2 1,000 MVA 15 kV Δ/765 kV Y
$X = 0.10$ p.u.

T3 500 MVA 15 kV Y/765kV Y
$X = 0.12$ p.u.

T4 750 MVA 15 kV Y/765 kV Y
$X = 0.11$ p.u.

송전선로

1~2 765 kV $X_1 = 50\ \Omega,\ X_0 = 150\ \Omega$

1~3 765 kV $X_1 = 40\ \Omega,\ X_0 = 100\ \Omega$

2~3 765 kV $X_1 = 40\ \Omega,\ X_0 = 100\ \Omega$

발전기 3의 중성점에 연결된 인덕터는 발전기 3의 정격을 기준하여 0.05 p.u.의 리액턴스를 갖는다. 선로 1~2의 영역에서 1,000 MVA, 765 kV을 기준으로 하는 영상, 정상 및 역상분 리액턴스 다이어그램을 그리시오. Δ–Y 변압기의 위상변위는 무시한다.

10.2 연습문제 10.1의 모선 n에서의 고장에 관심이 있다(강사는 n = 1, 2 또는 3을 지정하도록 한다). 고장모선에서 본 각 대칭성분 회로의 테브난 등가회로를 구하시오. 고장전 전압은 1.0 p.u.이다. 고장전 부하전류 및 Δ–Y 변압기 위상변위는 무시한다. (힌트: 그림 2.33의 Δ–Y 변환을 사용하시오.)

10.3 연습문제 10.2에서 선택한 고장모선에서 0고장 임피던스를 갖는 3상고장 동안 차과도 고장전류를 pu법 및 kA 단위로 구하시오.

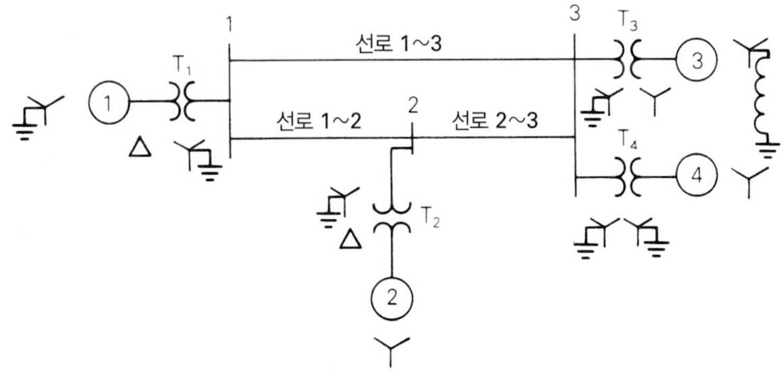

그림 10.17 연습문제 10.1

10.4 연습문제 10.1 및 그림 10.17에서 765 kV를 500 kV로 바꾸고 나머지 데이터는 모두 동일한 것으로 하여, (a) 연습문제 10.1 (b) 10.2 및 (c) 10.3을 반복하시오. 선로 구역에서 1000 MVA, 500 kV를 기준값으로 사용하시오.

10.5 그림 8.13에 나타낸 4모선 전력계통에 대한 기기 정격은 다음과 같다.

발전기 G1: 500 MVA, 13.8 kV,
$X''_d = X_2 = 0.20$, $X_0 = 0.10$ p.u.
발전기 G2: 750 MVA, 18 kV,
$X''_d = X_2 = 0.18$, $X_0 = 0.09$ p.u.
발전기 G3: 1,000 MVA, 20 kV,
$X''_d = 0.17$, $X_2 = 0.20$, $X''_d = 0.09$ p.u.
변압기 T1: 500 MVA, 13.8 kV Δ/500 kV Y, X = 0.12 p.u.
변압기 T2: 750 MVA, 18 kV Δ/500 kV Y, X = 0.10 p.u.
변압기 T3: 1,000 MVA, 20 kV Δ/500 kV Y, X = 0.10 p.u.
각 선로: $X_1 = 50$ ohms, $X_0 = 150$ ohms

발전기 G3의 중성점에 연결된 인덕터는 0.028 Ω의 리액턴스를 갖는다. 발전기 G3의 영역에서 1,000 MVA, 20 kV을 기준으로 하여 영상, 정상 및 역상분 리액턴스 다이어그램을 그리시오. Δ–Y 변압기의 위상변위는 무시한다.

10.6 연습문제 10.5의 모선 n에서의 고장에 관심이 있다(강사는 n = 1, 2, 3 또는 4를 지정하도록 한다). 고장모선에서 본 각 대칭성분 회로의 테브난 등가회로를 구하시오. 고장전 전압은 1.0 p.u.이다. 고장전 부하전류 및 Δ–Y 위상변위는 무시한다.

10.7 연습문제 10.6에서 선정한 고장모선에서 0고장 임피던스를 갖는 3상고장 중 차과도 고장전류를 pu법 및 kA 단위로 구하시오.

10.8 그림 8.14에 나타낸 5모선 전력계통에 대한 기기 정격은 다음과 같이 주어진다.

발전기 G1: 50 MVA, 12 kV,
$X''_d = X_2 = 0.20$, $X_0 = 0.10$ p.u.
발전기 G2: 100 MVA, 15 kV,
$X''_d = 0.2$, $X_2 = 0.23$, $X_0 = 0.1$ p.u.
변압기 T1:
50 MVA, 10 kV Y/138 kV Y, X = 0.10 p.u.
변압기 T2:
100 MVA, 15 kV Δ/138 kV Y, X = 0.10 p.u.
각 138-kV 선로: $X_1 = 40$ ohms, $X_0 = 100$ ohms

발전기 G2 영역에서 100 MVA, 15 kV를 기준으로 하여 영상, 정상 및 역상분 리액턴스 다이어그램을 그리시오. Δ–Y 변압기의 위상변위는 무시한다.

10.9 연습문제 10.8에서 모선 n에서의 고장에 관심이 있을 때 (강사가 n = 1, 2, 3, 4 또는 5를 지정하도록 한다), 고장모선에서 본 각 대칭성분 회로의 테브난 등가회로를 구하시오. 고장전 전압은 1.0 p.u.이다. 고장전 부하전류 및 Δ–Y 위상변위는 무시한다.

10.10 연습문제 10.9에서 선택한 고장모선에서 0고장 임피던스를 갖는 3상고장 발생시 차과도 고장전류를 pu법 및 kA 단위로 구하시오.

10.11 그림 10.18에 나타낸 계통을 고려하자. (a) F에서의 고장으로부터 본 각 대칭성분 회로의 테브난 등가회로를 구하시오. Δ–Y 위상변위는 무시한다. (b) 3개의 고장 임피던스 $Z_{FA} = Z_{FB} = Z_{FC} = j0.5$ p.u.를 통하여 고장

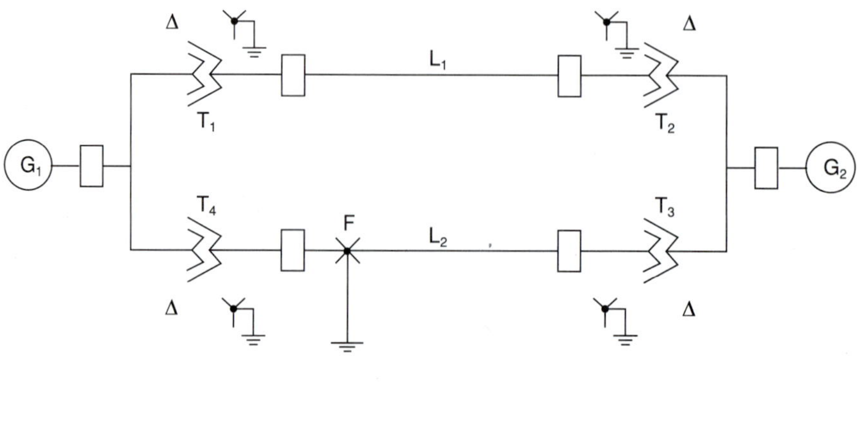

그림 10.18 연습문제 10.11

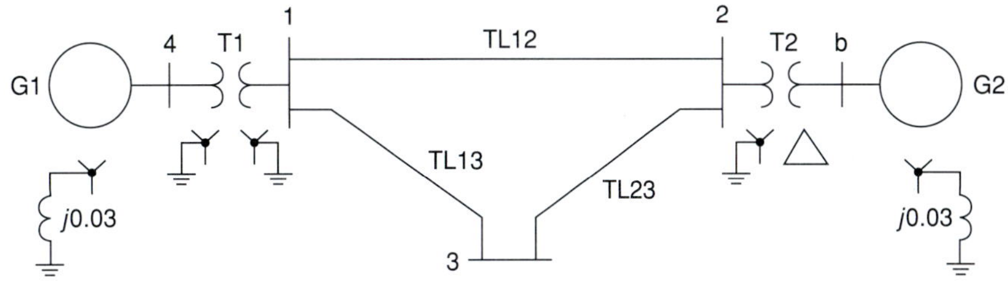

그림 10.19 연습문제 10.12

지점 F에서의 평형 3상고장에 대한 고장전류를 계산하시오. 동일한 기준에서 pu법의 기기 데이터는 다음과 같이 주어진다.

동기 발전기

G1 $X_1 = 0.2$ $X_2 = 0.12$ $X_0 = 0.06$

G2 $X_1 = 0.33$ $X_2 = 0.22$ $X_0 = 0.066$

변압기

T1 $X_1 = X_2 = X_0 = 0.2$

T2 $X_1 = X_2 = X_0 = 0.225$

T3 $X_1 = X_2 = X_0 = 0.27$

T4 $X_1 = X_2 = X_0 = 0.16$

송전선로

L1 $X_1 = X_2 = 0.14$ $X_0 = 0.3$

L1 $X_1 = X_2 = 0.35$ $X_0 = 0.6$

10.12 그림 10.19에 나타난 계통에 대해 기기 정격 및 단위로 나타낸 리액턴스는 다음과 같이 주어진다.

동기 발전기

G1 100 MVA 25 kV $X_1 = X_2 = 0.2$ $X_0 = 0.05$

G2 100 MVA 13.8 kV $X_1 = X_2 = 0.2$ $X_0 = 0.05$

변압기

T1 100 MVA 25/230 kV $X_1 = X_2 = X_0 = 0.05$

T2 100 MVA 13.8/230 kV $X_1 = X_2 = X_0 = 0.05$

송전선로

TL12 100 MVA 230 kV $X_1 = X_2 = 0.1$ $X_0 = 0.3$

TL13 100 MVA 230 kV $X_1 = X_2 = 0.1$ $X_0 = 0.3$

TL23 100 MVA 230 kV $X_1 = X_2 = 0.1$ $X_0 = 0.3$

송전선로에 대해 100 MVA, 230 kV 기준을 이용하여 모선 3에서 본 p.u. 대칭성분 회로를 그리고, 그 대칭성분 회로를 그들의 테브난 등가회로로 표현하시오. Δ–Y 위상변위는 무시한다. 모선 3에서의 0의 임피던스를 갖는 3상고장에 대한 고장전류를 계산하시오.

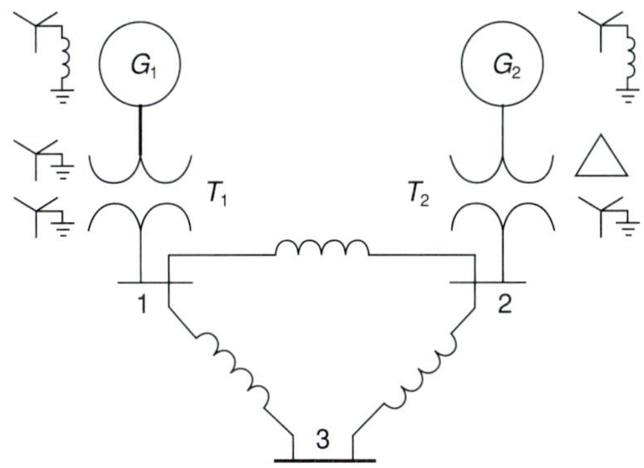

그림 10.20 연습문제 10.13

10.13 그림 10.20에 나타낸 간단한 전력계통의 단선도를 고려하자. 100 MVA 기준으로 pu법의 계통 데이터는 다음과 같이 주어진다.

동기 발전기

G1 100 MVA 20 kV $X_1 = X_2 = 0.15$ $X_0 = 0.05$

G2 100 MVA 20 kV $X_1 = X_2 = 0.15$ $X_0 = 0.05$

변압기

T1 100 MVA 20/220 kV $X_1 = X_2 = X_0 = 0.1$

T2 100 MVA 20/220 kV $X_1 = X_2 = X_0 = 0.1$

송전선로

L12 100 MVA 220 kV $X_1 = X_2 = 0.125$ $X_0 = 0.3$

L13 100 MVA 220 kV $X_1 = X_2 = 0.15$ $X_0 = 0.35$

L23 100 MVA 220 kV $X_1 = X_2 = 0.25$ $X_0 = 0.7125$

각 발전기의 중성점은 100 MVA 기준으로 0.08333 p.u.의 한류 리액터를 통해 접지되었다. 모든 변압기의 중성점은 직접 접지되었다. 발전기는 같은 위상의 기전력을 가지고 정격 전압 및 정격 주파수에서 무부하로 운전 중이다. 100 MVA 기준으로 고장 임피던스 Z_F = 0.1 p.u.를 통해 모선 3에서의 평형 3상고장에 대한 고장전류를 구하시오. Δ–Y 위상변위는 무시한다.

10.2~10.4절

10.14 연습문제 10.2에서 선택한 고장모선에서의 0고장 임피던스를 갖는 1선 지락고장에 대하여 고장모선에서의 pu 상 전압뿐만 아니라 pu 단위 및 kA 단위의 차과도 고장전류를 구하시오.

10.15 아크 임피던스 $Z_F = 15 + j0\ \Omega$을 가진 1선 지락 아크 사고에 대하여 연습문제 10.14를 반복하시오.

10.16 0고장 임피던스를 갖는 선간 단락고장에 대하여 연습문제 10.14를 반복하시오.

10.17 0고장 임피던스를 갖는 2선 지락고장에 대하여 연습문제 10.14를 반복하시오.

10.18 Δ–Y 변압기 위상차를 포함하여 연습문제 10.1 및 10.14를 반복하시오. 미국 표준 위상차를 가정한다. 또한 발전기 n(연습문제 10.2에서 강사가 지정한 것과 같이 $n = 1, 2$ 또는 3)으로부터 고장전류에 대한 기여의 상성분과 대칭성분을 계산하시오.

10.19 (a) 연습문제 10.4(b)의 경우에 대하여 연습문제 10.14를 반복하시오.

(b) 아크 임피던스 $Z_F = (15 + j0)\ \Omega$을 갖는 1선 지락 아크 고장에 대하여 연습문제 10.19(a)를 반복하시오.

(c) 0고장 임피던스를 갖는 선간 단락고장에 대하여 연습문제 10.19(a)를 반복하시오.

(d) 0고장 임피던스를 갖는 2선 지락고장에 대하여 연습문제 10.19(a)를 반복하시오.

(e) Δ–Y 변압기 위상차를 포함하여 연습문제 10.4(a) 및 10.19(a)를 반복하시오. 미국 표준 위상차를 가정한다. 또한, 연습문제 10.4(b)에 강사가 지정한 것과 같이 발전기 $n(n = 1, 2$ 또는 3)으로부터 고장전류에 대한 기여의 상성분 및 대칭성분을 계산하시오.

10.20 $X''_d = X_2 = 0.20$ 및 $X_0 = 0.05$ p.u.를 갖는 500 MVA, 13.8 kV 동기발전기가 0.10 p.u. 누설 리액턴스를 갖는 500 MVA, 13.8 kV Δ/500 kV Y 변압기에 연결되어 있다. 발전기 및 변압기의 중성점은 직접 접지되어 있다. 발전기는 무부하 및 정격 전압에서 운전된다. 그리고 변압기의 고압측은 전력계통으로부터 분리되었다. 변압기의 고압 단자에서 0고장 임피던스를 갖는 다음의 고장에 대한 차과도 고장전류를 비교하시오: 3상고장, 1선 지락고장, 선간 단락고장 및 2선 지락고장

10.21 연습문제 10.6에서 선택한 고장모선에서의 0고장 임피던스를 갖는 1선 지락고장에 대해 고장모선에 연결된 각 선로 및 변압기로부터의 고장전류에 대한 기여뿐만 아니라 pu 단위 및 kA 단위의 차과도 고장전류를 구하시오.

10.22 0고장 임피던스를 갖는 선간 단락고장에 대해 연습문제 10.21을 반복하시오.

10.23 0고장 임피던스를 갖는 2선 지락고장에 대해 연습문제 10.21을 반복하시오.

10.24 연습문제 10.9에서 선택한 고장모선에서, 0고장 임피던스를 갖는 1선 지락고장에 대하여 고장모선에 연결된 각 선로, 변압기 그리고 발전기로부터의 고장전류에 대한 기여뿐만 아니라 pu 단위 및 kA 단위의 차과도 고장전류를 구하시오.

10.25 아크 임피던스 $Z_F = 0 + j0.1$ p.u.를 갖는 1선 지락 아크 사고에 대하여 연습문제 10.24를 반복하시오.

10.26 0고장 임피던스를 갖는 선간 단락고장에 대하여 연습문제 10.24를 반복하시오.

10.27 0고장 임피던스를 갖는 2선 지락고장에 대하여 연습문제 10.24를 반복하시오.

10.28 그림 10.21(a)에 나타낸 것과 같이 2개의 3상 모선 abc 및 $a'b'c'$는 a상과 a'상 사이는 개방회로이며, b상과 b'상 사이와 c와 c'상 사이는 단락회로에 의해 상호 연결되었다. 상 영역에서의 고장 조건은 $I_a = I_a' = 0$이고 $V_{bb'} = V_{cc'} = 0$이다. 이 1선 개방 고장에 대해 대칭성분에서의 고장 조건을 구하고, 그림 10.15의 대칭성분 회로를

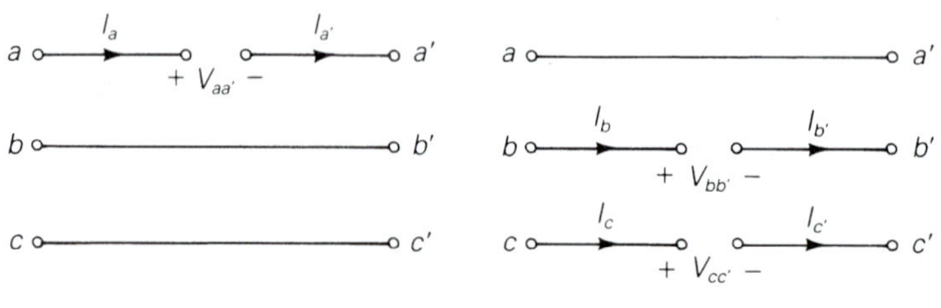

그림 10.21 연습문제 10.28 및 10.29: 개방 도선(상) 고장 (a) 1선(상) 개방 (b) 2선(상) 개방

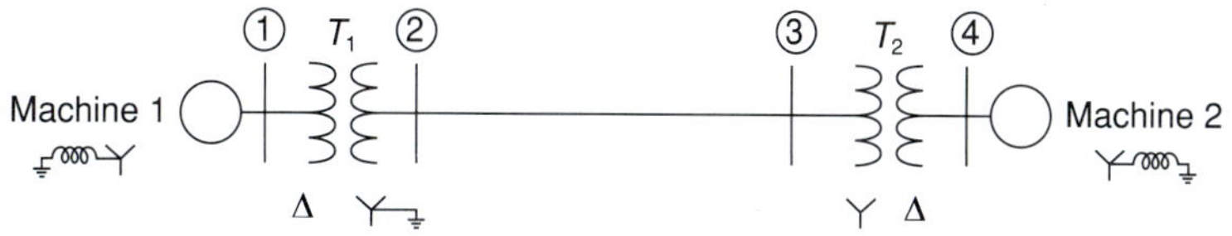

그림 10.22 연습문제 10.33

검증하시오.

10.29 그림 10.21(b)에 나타난 2선 개방 고장에 대해 연습문제 10.28을 반복하시오. 상에서의 고장 조건은 다음과 같다.

$$I_b = I_{b'} = I_c = I_{c'} = 0,\ V_{aa'} = 0$$

10.30 연습문제 10.11의 계통에 대하여 점 F에서 다음의 고장들에 대하여 고장전류 및 고장전압을 계산하시오.

(a) 0고장 임피던스를 갖는 1선 지락고장

(b) 고장 임피던스 $Z_F = j0.05$ p.u.를 통한 선간 단락고장

(c) B상과 C상으로부터 대지까지의 2선 지락고장

여기서, B상은 고장 임피던스 $Z_F = j0.05$ p.u.를 갖고, C상은 고장 임피던스 $Z_F = j0.05$ p.u.를 갖는다. 그리고 공통 지락고장 임피던스는 $Z_G = j0.033$ p.u.이다.

10.31 연습문제 10.12의 계통에 대하여, 모선 3에서의 다음의 고장에 대하여 고장에서의 고장전류 및 전압을 계산하시오.

(a) 0고장 임피던스를 갖는 1선 지락고장

(b) 0고장 임피던스를 갖는 선간 단락고장

(c) 0고장 임피던스를 갖는 2선 지락고장

또한, 모선 3에서의 1선 지락고장에 대하여 발전기 G1 및 G2 단자에서의 전류와 전압을 구하시오.

10.32 연습문제 10.13의 계통에 대하여, 모선 3에서의 다음의 고장에 대하여 고장전류를 계산하시오.

(a) 고장 임피던스 $Z_F = j0.1$ p.u.를 통한 1선 지락고장 (b) 고장 임피던스 $Z_F = j0.1$ p.u.를 통한 선간 단락고장 (c) 대지에 대한 공통 고장 임피던스 $Z_F = j0.1$ p.u.를 통한 2선 지락고장

10.33 그림 10.22에 나타낸 단선도를 갖는 3상 전력계통에 대하여, 기기 정격 및 pu 리액턴스는 다음과 같이 주어진다.

기기 1 및 2: 100 MVA 20 kV $X_1 = X_2 = 0.2$

$X_0 = 0.04 \quad X_n = 0.04$

변압기 1 및 2: 100 MVA 20Δ/345Y kV

$X_1 = X_2 = X_0 = 0.08$

송전선로에 대해서는 100 MVA, 345 kV의 기준을 선택한다. 그 기준을 토대로 선로의 직렬 리액턴스는 $X_1 = X_2 = 0.15$ 및 $X_0 = 0.5$ p.u.이다. 모선 3에서 공칭계통 전압 345 kV를 가지고, 기기 2는 0.8의 지상역률에서 50 MVA의 용량을 갖는 전동기로서 동작 중이다. 송전선로가 (a) 1선 개방 고장 (b) 모선 2와 3 사이의 경간을 따라 2선 개방 고장을 겪을 때, 모선 3에서 전압의 변화를 계산하시오.

10.34 교과서의 그림 10.7(a)에 나타난 일반적인 3상 모선에서 동시에 a상 1선 지락고장 및 b상과 c상 사이의 선간 단락고장을 고려하자. 고장 임피던스는 0이다. 전류 및 전압 제약 조건을 만족시키는 대칭성분 회로를 구하시오.

10.35 전력계통의 고장모선에서 본 테브난 등가 대칭성분 회로는 $Z_1 = j0.15$, $Z_2 = j0.15$, $Z_0 = j0.2$ 및 $E_1 = 1\angle 0°$ p.u.를 갖도록 주어진다. 고장모선에서 발생하는 다음의 고장에 대한 고장전류 및 전압을 계산하시오.

(a) 평형 3상고장 (b) 1선 지락고장

(c) 선간 단락고장 (d) 2선 지락고장

고장전류의 관점에서 최악의 고장은 어느 것인가?

10.36 간단한 전력계통의 단선도가 pu값을 가지고 그림 10.23에 표시되었다. 3상고장에 대하여 모선 2에서의 고장전

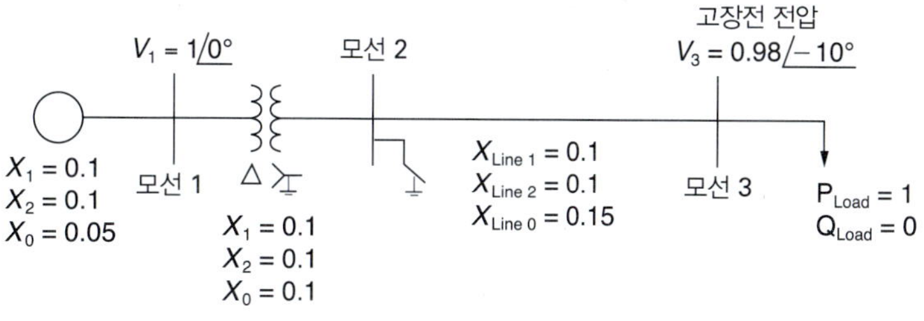

그림 10.23 연습문제 10.36에 대한 단선도

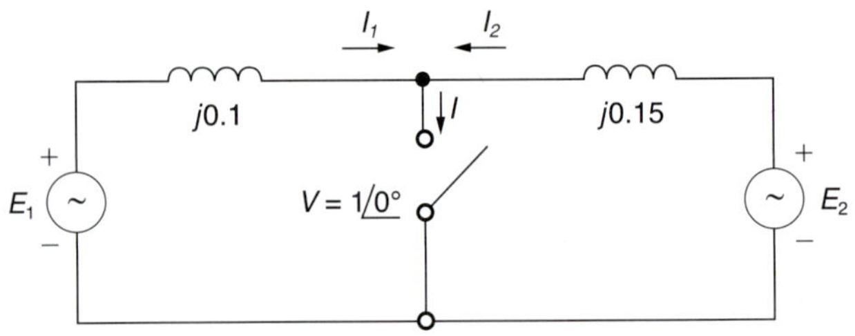

그림 10.24 연습문제 10.37에 대한 회로

류를 구하시오. 변압기 위상차의 영향은 무시한다.

10.37 스위치가 닫힌 상태로 고장전류 I_1, I_2 및 I를 계산하기 위하여 그림 10.24에 나타낸 간단한 회로 구성을 고려하자.

(a) 고장전압 $V = 1\underline{/0°}$에 기초하여 고장 이전의 E_1 및 E_2를 계산하시오. 그리고 스위치가 닫힌 상태로 I_1, I_2 및 I를 구하시오.

(b) $E_1 = E_2 = 1\underline{/0°}$인 상태로 고장전 전류를 무시하고 시작하여 그 뒤 부하전류를 중첩하시오. 이것은 고장전 전류이며 $I_1 = -I_2 = 1\underline{/0°}$이다. (a) 부분의 결과와 비교하시오.

10.5절

10.38 3모선 3상 전력계통에 대한 영상, 정상 및 역상분 모선 임피던스 행렬은 다음과 같다.

$$Z_{\text{bus }0} = j\begin{bmatrix} 0.10 & 0 & 0 \\ 0 & 0.20 & 0 \\ 0 & 0 & 0.10 \end{bmatrix} \quad \text{p.u.}$$

$$Z_{\text{bus }1} = Z_{\text{bus }2} = j\begin{bmatrix} 0.12 & 0.08 & 0.04 \\ 0.08 & 0.12 & 0.06 \\ 0.04 & 0.06 & 0.08 \end{bmatrix}$$

모선 1에서의 0고장 임피던스를 갖는 3상고장에 대하여, 모선 2에서의 pu 고장전류 및 pu 고장전압을 구하시오. 고장전 전압은 1.0 p.u.이다.

10.39 모선 1에서의 0고장 임피던스를 갖는 1선 지락고장에 대하여 연습문제 10.38을 반복하시오.

10.40 모선 1에서의 0고장 임피던스를 갖는 선간 단락고장에 대하여 연습문제 10.38을 반복하시오.

10.41 모선 1에서의 0고장 임피던스를 갖는 2선 지락고장에 대하여 연습문제 10.38을 반복하시오.

10.42 (a) 연습문제 10.1에 주어진 전력계통에 대하여 3 × 3 pu 영상, 정상 및 역상분 모선 임피던스 행렬을 계산하시오. 선로 1~2의 영역에서 1,000 MVA 및 765 kV 기준을 사용하시오.

(b) 연습문제 10.42(a)에서 구한 모선 임피던스 행렬을 이용하여 연습문제 10.3, 10.14, 10.15, 10.16 및 10.17에 주어진 고장에 대하여 고장전류를 검증하시오.

10.43 2모선 3상 전력계통에 대하여 영상, 정상 및 역상분 모선 임피던스 행렬은 다음과 같다.

$$Z_{\text{bus }0} = j\left[\begin{array}{c|c} 0.10 & 0 \\ \hline 0 & 0.10 \end{array}\right] \quad \text{p.u.}$$

$$Z_{\text{bus }1} = Z_{\text{bus }2} = j\left[\begin{array}{c|c} 0.20 & 0.10 \\ \hline 0.10 & 0.30 \end{array}\right] \quad \text{p.u.}$$

모선 1에서의 0고장 임피던스를 갖는 3상고장에 대하여 모선 2에서의 pu 고장전류 및 pu 전압을 구하시오. 고장전 전압은 1.03 p.u.이다.

10.44 모선 1에서의 0고장 임피던스를 갖는 1선 지락고장에 대해 연습문제 10.43을 반복하시오.

10.45 모선 1에서의 0고장 임피던스를 갖는 선간 단락고장에 대해 연습문제 10.43을 반복하시오.

10.46 모선 1에서의 0고장 임피던스를 갖는 2선 지락고장에 대해 연습문제 10.43을 반복하시오.

10.47 연습문제 10.4(a)에 주어진 전력계통에 대하여 3 × 3 pu 영상, 정상 및 역상분 모선 임피던스 행렬을 계산하시오. 선로 1~2의 영역에서 1,000 MVA 및 500 kV의 기준을 사용하시오.

10.48 연습문제 10.47에서 구한 모선 임피던스 행렬을 이용하여 연습문제 10.4(b), 10.4(c), 10.19(a~d)에 주어진 고장에 대하여 고장전류를 검증하시오.

10.49 연습문제 10.5에 주어진 전력계통에 대하여 4 × 4 pu 영상, 정상 및 역상분 모선 임피던스 행렬을 계산하시오. 발전기 G3의 영역에서 1,000 MVA 및 20 kV의 기준을 사용하시오.

10.50 연습문제 10.42에서 구한 모선 임피던스 행렬을 이용하

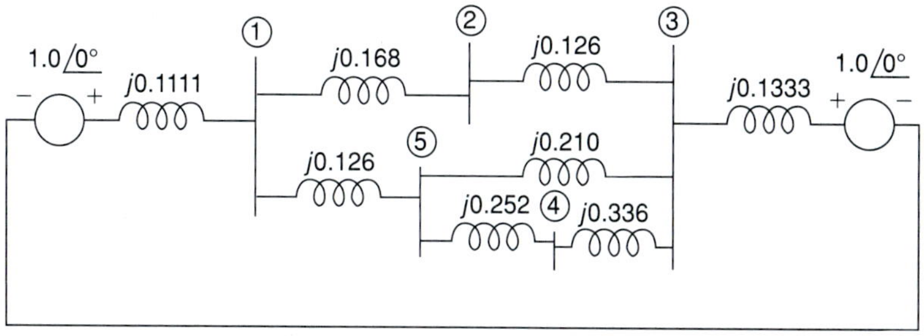

그림 10.25 연습문제 10.53 및 10.54

여 연습문제 10.7, 10.21, 10.22 및 10.23에 주어진 고장에 대하여 고장전류를 검증하시오.

10.51 연습문제 10.8에 주어진 전력계통에 대하여 5 × 5 pu 영상, 정상 및 역상분 모선 임피던스 행렬을 계산하시오. 발전기 G2의 영역에서 100 MVA 및 15kV의 기준을 사용하시오.

10.52 연습문제 10.51에서 구한 모선 임피던스 행렬을 이용하여 연습문제 10.10, 10.24, 10.25, 10.26 및 10.27에 주어진 고장에 대하여 고장전류를 검증하시오.

10.53 100 MVA 기준에서 pu 단위로 모든 값을 갖는 5모선 계통의 정상분 임피던스 다이어그램을 그림 10.25에 나타내었다. 모선 1과 3에서의 발전기는 각각 정격 270 및 225 MVA이다. 발전기 리액턴스는 차과도 값에 그들을 모선에 연결한 변압기의 리액턴스를 더한 것을 포함한다. 변압기의 권선비는 각 발전기 회로의 기준전압이 발전기의 전압 정격과 동일하도록 되어 있다. (a) 정상분 모선 어드미턴스 행렬 $Y_{bus\ 1}$을 구하시오. (b) MATLAB 또는 다른 컴퓨터 프로그램을 이용하여 $Z_{bus\ 1}$을 얻기 위해 $Y_{bus\ 1}$을 역변환하시오. (c) 모선 4에서의 3상고장에 대한 차과도 고장전류 및 각 선로로부터 공급고장전류를 구하시오. 고장전 전류를 무시하고, 고장전 전압을 1.0 p.u.로 가정한다.

10.54 그림 10.25에 나타낸 5모선 계통에 대하여, 모선 1과 2 사이의 송전선로의 끝 모선 2에서 0의 임피던스를 갖는 1선 지락고장이 발생했다. 고장은 선로의 끝 모선 2에서 차단기를 개방하도록 야기하였으나, 다른 모든 차단기는 닫혀 있었다. 고장은 그림 10.26에 나타내었다. 고장 선로가 개방된 모선 2의 끝에서 차단기가 가지는 차과도 고장전류를 계산하시오. 고장전 전류는 무시하고, 고장전 전압은 1.0 p.u.로 가정한다.

10.55 4 모선 계통의 단선도를 그림 10.27에 나타냈다. 기기의 정격과 pu 리액턴스는 다음과 같이 주어진다.

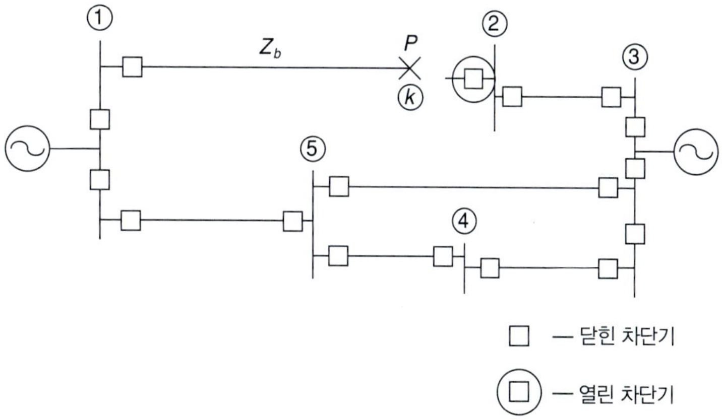

그림 10.26 연습문제 10.54

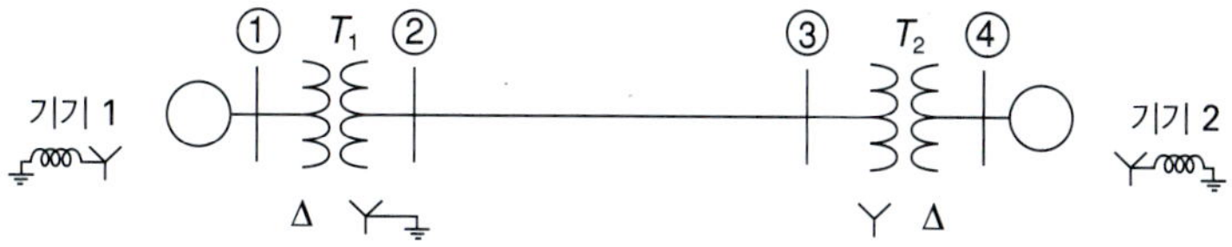

그림 10.27 연습문제 10.55

기기 1 및 2: 100 MVA 20 kV $X_1 = X_2 = 0.2$

$X_0 = 0.04$ $X_n = 0.05$

변압기 T_1 및 T_2: 100 MVA 20Δ/345Y kV

$X_1 = X_2 = X_0 = 0.08$

송전선로의 영역에서 100 MVA와 345 kV를 기준으로 하여 송전선로의 직렬 리액턴스는 $X_1 = X_2 = 0.15$ 및 $X_0 = 0.5$ p.u.이다. (a) 대칭성분 회로 각각을 그리시오. 그리고 그들 각각에 대한 모선 임피던스 행렬을 구하시오. (b) 모선 3에서 0의 임피던스를 갖는 선간단락고장이 발생했을 때, 계통은 고장전 전류 없이 공칭 계통전압에서 동작 중이라고 가정한다. 고장전류, 고장모선에서의 선간 전압 그리고 기기 2의 단자에서의 선간 전압을 계산하시오. (c) 기기 2의 단자에서 0의 임피던스를 갖는 2선 지락고장이 발생했을 때, 고장전 전류 없이 공칭 계통전압에서 동작 중이라고 가정한다. 고장전류 및 고장모선에서의 선간 전압을 계산하시오.

10.56 그림 10.28에 나타낸 계통은 변압기가 Y-Y 결선되고, 양측에 직접접지된 것을 제외하고는 연습문제 10.48과 동일하다. (a) 3개의 대칭성분 회로의 각각에 대한 모선 임피던스 행렬을 구하시오. (b) 모선 3의 a상에 0의 임피던스를 갖는 1선 지락고장이 발생했을 때, 계통은 고장전 전류 없이 공칭 계통전압에서 동작 중이라고 가정한다. 고장전류, 고장중 기기 2의 c상으로부터의 전류 그리고 고장 중 기기 2의 단자에서의 상 전압을 계산하시오.

10.57 표 10.5의 결과는 a상 1선 지락고장 동안 a상 전압의 위상각은 항상 0이라는 것을 보여준다. 왜 우리가 이 결과를 예측하는지 설명하시오.

10.58 PW 표 10.5의 결과는 모선 2에서 1선 지락고장 중 모선 2의 b상 및 c상전압의 크기는 1.05 p.u.의 고장전 전압 이상으로 실제적으로 상승한다는 것을 보여준다. 가장 높은 pu 전압 크기를 주는 모선 2 고장의 형태를 구하기 위해 예제 10_8을 가지고 PowerWorld Simulator를 사용하시오.

10.59 PW PowerWorld Simulator 예제 10_8을 이용하여 고장 리액턴스가 0에서 0.30 p.u.까지 0.05 p.u. 단계(고장 임피던스는 Fault Analysis dialog의 Fault options page 상에 지정된다)로 변화하는 것과 같이 모선 2에서 1선 지락고장 동안 a상, b상 및 c상의 전압 크기를 모선 2에서의 변화로 표시하시오.

10.60 PW 예제 10_8을 이용하여 모선 각각에서 선간 단락고장을 제외한 고장전류를 구하시오. 고장전류와 표 10.4에 주어진 값을 비교하시오.

10.61 PW 예제 10_8을 이용하여 모선 각각에서 0고장 임피던스를 갖는 2선 지락고장을 제외한 고장전류를 구하시오. 고장전류와 표 10.4에 주어진 값을 비교하시오.

10.62 PW 모선 2와 5 사이에 설치된 새로운 선로를 제외하고 예제 10_8의 고장전류를 다시 구하시오. 이 새로운 선로에 대한 파라미터는 모선 2와 5 사이의 기존 선로의 파라미터와 동일할 것이다. 새로운 선로는 어떤 다른 선로와 상호 결합하지 않는다. 예제 10_8의 값보다 고장전류가 큰가, 작은가?

10.63 PW 모선 3에 추가된 두 번째 발전기를 제외하고 예제 10_8의 고장전류를 다시 구하시오. 새로운 발전기에 대한 파라미터는 모선 3의 기존 발전기의 파라미터와 동일할 것이다. 예제 10_8의 값보다 고장전류가 큰가? 또는 작은가?

10.64 PW PowerWorld Simulator Case 연습문제 10_64를 이용하여 ORANGE69 모선에서의 1선 지락고장에 대한 pu 고장전류 및 발전기 각각에 의해 공급되는 전류를 계산하시오. 고장 중 몇 퍼센티지의 모선이 0.75 p.u. 이하의 전압 크기를 갖는가?

10.65 PW POPLAR69 모선에서 고장을 위치시키는 것을 제외하고, 연습문제 10.64를 반복하시오.

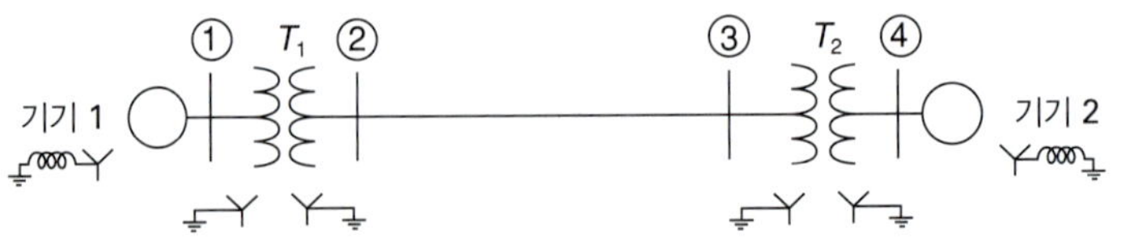

그림 10.28 연습문제 10.56

설계 프로젝트 4(계속): 조류계산/단락회로

주어진 추가시간: 3주
필요한 소요시간: 10시간

이것은 설계 프로젝트 4의 계속이다. 설계과제 1과 2는 6장에 주어졌다. 과제 3은 8장에 주어졌다.

과제 4: 단락회로-차단기/퓨즈 선정

할당된(그림 6.25 또는 6.26) 단선도에 대하여, 주어진 계통 기준량을 이용하여 영상분, 정상분 및 역상분 리액턴스 데이터를 pu 단위로 변환하시오. 차과도 기기 리액턴스를 사용한다. 그러고 나서 PowerWorld Simulator를 이용하여 발전기, 송전선로 및 변압기 입력 데이터 파일을 만드시오. 다음으로 각각의 모선에서 0의 임피던스를 갖는 (1) 1선 지락 (2) 선간 단락 및 (3) 2선 지락고장에 대한 차과도 고장전류를 계산하기 위해 Simulator를 실행하시오. 또한 영상분, 정상분 및 역상분 모선 임피던스 행렬을 계산하시오. 고장전 전압은 1.0 p.u.로 가정한다. 또한, 고장전 부하전류 및 모든 손실은 무시한다.

그림 6.25에 할당된 학생들에 대하여, 단선도에 나타난 각 위치에 대하여 표 8.10으로부터 적절한 차단기를 선정하시오. 당신이 선택한 차단기는 (1) 최대 계통 동작 전압보다 더 큰 정격 전압을 가져야 하며, (2) 정상 부하전류(과제 2에서 계산됨)보다 최소한 30% 큰 정격 연속 전류를 가져야 하고, (3) 차단기가 위치한 모선에서의 어떠한 형태의 고장에 대해서도 최대 고장전류(고장전류는 과제 3과 4에서 계산됨)보다 큰 정격 단락회로 전류를 가져야 한다. 이처럼 단지 차단기를 통한 고장에 대한 기여가 아닌 전체 고장전류를 차단하기 위하여 차단기를 선정하는 보수적인 전략은 향후 고장전류가 증가할 것에도 대비할 수 있다. 주: 각 모선에서 (X/R) 비는 15보다 적다고 가정하며, 그러면 차단기들은 차과도 고장전류에 부가되는 직류 옵셋을 차단할 수 있다. 또한 차단기 비용도 당신의 선정과정에서 고려하여야 한다. 만일 40 kA 또는 31.5 kA 차단기가 역할을 할 수 있다면, 63 kA를 차단하는 차단기를 선정하지 마시오.

그림 6.26에 할당된 학생들에 대하여, 첨부된 [8, 9]는 15~200 A까지의 연속 전류 정격을 갖는 K 정격 퓨즈에 대한, '용융시간(melting time)' 및 '전체 고장제거 시간(total clearing time)' 곡선이다. 단선도에서의 3가지 위치(모선 2, 모선 4 및 모선 7)의 각각에 대하여 이러한 곡선들로부터 적절한 지로(branch) 및 탭(tap) 퓨즈를 선정하시오. 당신이 선정한 각 퓨즈는 그 모선에서의 정상 부하전류(정상 부하전류는 과제 2에서 계산됨)보다 50% 이상이 아닌, 최소한 15% 높은 연속 정격 전류를 가져야 한다. 부하에 대한 케이블은 50% 연속 과부하 전류를 견딜 수 있다고 가정하시오. 또한, 지로 퓨즈들은 탭 퓨즈들과 협조되어야 한다. 즉, 모든 고장전류에 대하여 탭 퓨즈는 지로 퓨즈가 녹기 전에 제거되어야 한다. 3개의 모선 각각에 대하여 적당한 X/R 비를 가정하고, 0의 임피던스를 갖는 3상 고장에 대한 비대칭 고장전류를 구하시오(차과도 전류는 과제 3에서 계산됨). 그러고나서 당신이 [9, 10]으로부터 선정한 퓨즈에 대하여 탭 퓨즈의 제거시간 CT와 지로 퓨즈의 용융시간 MT를 구하시오. MT/CT비는 좋은 협조를 위하여 0.75보다 작아야 한다.

설계 프로젝트 5: 차단기 선정

주어진 시간: 3주
필요한 소요시간: 10시간

Metropolis Light and Power (MLP)의 보호 엔지니어로서 당신의 업무는 송전선로 및 변압기의 차단기 정격이 임의의 형태의 고장(평형 3상, 1선 지락, 선간 단락 및 2선 지락)과 관련된 고장전류를 차단하기에 충분한지를 확인하는 것이다. MLP 전력계통은 case Chapter 10_Design Case 4에 모델링되어 있다. 이 case는 각 계통 장치에 대해 정상, 역상 및 영상분 값을 모델링한 것이다. 69/138 kV 변압기의 저압측은 Y접지되고, 고압측은 Δ비접지되었으며, 138/345 kV 변압기는 양측이 모두 Y접지되어 있음에 주의하시오. 이 설계 문제에서 당신의 업무는 3개의 345 kV 송전선로 및 6개의 345/138 kV 변압기에 대한 차단기 정격을 평가하는 것이다. 138 또는 69 kV 송전선로 또는 138/69 kV 변압기는 고려할 필요가 없다.

설계 절차

1. PowerWorld Simulator에 Chapter 10_DesignCase4를 불러들이시오(Load). 기준 case 계통 동작점(the base case system operating point)을 얻기 위해 초기 전력 조류 해법을 수행하시오.
2. 각 345 kV 선로 및 345/138 kV 변압기가 경험할 최대 고장전류를 구하기 위하여 4가지 고장 형태 각각을 345/138 kV 변압기에 속한 각 345 kV 모선 및 138 kV 모선에 적용하시오.
3. 각 장치에 대하여 적절한 차단기는 표 8.10으로부터 선정하시오. 당신이 선택한 각 차단기는 (a) 최대 계통 운전 전압보다 큰 정격 전압을 가져야 하며, (b) 선로에 대해 정상 정격 전류보다 최소한 30% 큰 정격 연속전류를 가져야 하며, (c) 차단기가 위치한 모선에서 임의의 형태의 고장에 대하여, 최대 고장전류보다 큰 정격 단락회로 전류를 가져야 한다. 전체 고장전류를 차단하기 위하여 차단기를 선정하는 이러한 보수적인 전략은 단지 차단기를 통과하는 고장전류만 고려하는 것이 아니고 향후 고장전류가 증가하는 것도 고려할 수 있다. 높은 정격을 갖는 차단기의 가격이 점점 높아지기 때문에 설계 제약조건을 만족하는 가장 낮은 정격을 갖는 차단기를 선정해야 한다.

문제를 간단히 하기 위한 가정

1. Chapter 10_DesignCase4에 주어진 기준 조건만 고려한다.
2. 직류 옵셋이 충분하게 작은 값으로 감쇠하도록 각 모선에서의 X/R 비는 충분히 작다고(17보다 적게) 가정한다(자세한 것은 8.5절 참조).
3. PowerWorld Simulator를 포함한 상업용 소프트웨어에서는 Δ–Y 변압기의 위상차는 일반적으로 무시한다.

참고문헌

1. Westinghouse Electric Corporation, *Electrical Transmission and Distribution Reference Book*, 4th ed. (East Pittsburgh, PA, 1964).
2. Westinghouse Electric Corporation, *Applied Protective Relaying* (Newark, NJ, 1976).
3. P. M. Anderson, *Analysis of Faulted Power Systems* (Ames: Iowa State University Press, 1973).
4. J. R. Neuenswander, *Modern Power Systems* (New York: Intext Educational Publishers, 1971).
5. H. E. Brown, *Solution of Large Networks by Matrix Methods* (New York: Wiley, 1975).
6. W. D. Stevenson, Jr., *Elements of Power System Analysis*, 4th ed. (New York: McGraw-Hill, 1982).
7. C. A. Gross, *Power System Analysis* (New York: Wiley, 1979).
8. Eaton Cooper Power Systems, *Edison Fuse Links Catalog Data*, CA132008EN, January 2019(www.eaton.com).
9. "Eaton Cooper Power Systems, *K-tin link fuse time-current curves: RP240-91-1, and K-silver link fuse time-current curves: RP240-91-4*, July/August 2000(www.eaton.com).
10. "ABB Commissions Switchgear with New Eco-Efficient Gas," *T&D World Magazine* (August 31,2015).
11. Juan de Bedout, "Transforming the Transmission Industry," *T&D World Magazine* (April 27,2018).
12. "PG&E to Use SF6-Free Products From Siemens," *T&D World Magazine* (December 13,2018).
13. GE Grid Solutions, *g3 Technology-Brochure*-EN-2019-04-Grid-GS-LS-1001. © Copyright 2019, General Electric Company (www.GEGridSolutions.com).

11 전력계통 보호

System Protection

우천시 발생한 낙뢰의 모양
(Jhaz Photography/
Shutterstock.com.)

학습목표

이 장에서는 다음과 같은 내용에 대하여 학습하기로 한다.

1. 계기용 변성기, 계전기, 차단기, 리클로저, 퓨즈 및 섹셔널라이저를 포함한 보호 시스템의 구성요소
2. 과전류, 방향, 거리, 차동, 표시 및 다기능 수치 계전기를 포함한 여러 가지 종류의 보호 계전기
3. 보호영역 및 특성

전력계통에 설치되어 운용되는 전기설비의 절연이 파괴되면 이로 인해 단락 고장이 발생하게 되는데, 이와 같은 절연 파괴는 낙뢰 또는 개폐 서지에 의한 계통 과전압, 염해 등의 절연오염, 또는 다른 기계적 · 자연적 원인으로 나타난다. 단락고장의 발생은 세심한 설계, 운전 및 유지보수로 최소화할 수 있으나 완전히 없앨 수는 없다. 평형 및 불평형 고장에 대한 단락고장전류의 계산방법이 8장과 10장에서 논의된 바와 같이 그러한 전류는 정상 동작 전류의 수십 배 크기에 이르게 되고 이 상태가 지속되면 절연손상, 도체용융, 화재 및 폭발 등을 야기할 수 있을 뿐만 아니라 권선과 버스바(bus-bars: 동봉)에 큰 자기력을 발생시켜 기계적 손상을 가져올 수도 있다. 따라서 고장은 전력계통으로부터 신속하게 제거되어야 하므로 표준 특고압 보호기기는 3주기 이내에, 이보다 낮은 전압의 보호기기는 5~20주기 이내에 고장을 제거하도록 설계되고 있다.

이 장에서는 전력계통 보호에 대한 내용을 다루기로 한다. 보호계전기의 전문가인 Blackburn은 자신의 저서에서 보호를 "고장 및 바람직하지 못한 상태에 대해서는 매우 민감하게 동작하고 허용 가능한, 즉 문제 없이 운전될 수 있는 모든 상태에 대해서는 동작하지 않도록 계전기나 퓨즈를 설정하고 운용하는 과학이자 기술이고 예술"로 정의하고 있다[1]. 그 기본적 아이디어는 바람직하지 못한 상태를 정의하여 계전기 또는 퓨즈가 바람직하지 못한 상태와 허용 가능한 상태를 검출하여 그 차이를 구분할 수 있게 하는 것이다. 또한, 가능한 한 많은 부하에 전기를 지속적으로 공급하기 위해 고장이 발생하지 않은 계통은 대부분 그대로 운전이 지속되는 가운데 고장 설비만 제거하는 것도 중요하다.

퓨즈와 리클로저(CT와 PT가 내장된 자동재폐로 차단기)는 2.4~46 kV 범위의 전압을 갖는 1차 배전계통의 보호를 위해 광범위하게 사용되고 있으나, 이 장에서는 고압(HV: 115~230 kV)과 특고압(EHV: 345~765 kV)의 전력계통을 보호하는 데 사용되는 차단기와 계전기를 주로 다루기로 한다. IEEE에서는 계전기를 "고장 선로나 기기 또는 비정상, 즉 위험한 상태에 놓인 다른 전력계통의 상태를 검출하여 적절한 제어 동작을 수행하도록 하는 기능을 갖는 장치"로 정의하고 있다[1]. 실제적으로, 계전기는 여자시 그 접점을 닫거나 여는 장치로서 저전압(600 V 및 그 이하) 전력계통 및 전기가 공급되는 거의 모든 곳, 즉 난방, 냉방, 난로, 세탁기와 건조기, 냉장고, 식기세척기, 전화망, 교통제어, 항공기와 다른 수송 시스템, 로봇 등과 같이 많은 응용분야에서 사용되고 있다.

보호기기 자체에서도 문제가 발생할 수 있기 때문에 고장발생 시 가장 먼저 동작하는 주계전기의 부동작에 대비한 후비계전기가 사용되며, 고압 및 특고압 계통에서는 별도의 전류 또는 전압 측정장치, 차단기 분리형 트립코일 및 트립코일용 분리형 배터리가 사용되기도 한다. 또한, 특정 지역 내의 설비를 보호하도록 역할이 주어진 주계전기가 계통고장 시 가장 먼저 동작하도록 주변 보호장치와 적절하게 협조되어야 하며, 특히 주계전기가 고장제거에 실패할 경우 후비계전기가 지정된 시간지연 이후에 동작하도록 해야 한다.

이 장에서는 먼저 기본적인 전력계통 보호 구성요소에 대해 살펴보기로 한다.

11.1 전력계통 보호시스템의 구성요소

전력계통을 보호하는 보호시스템은 다음과 같은 3가지 기본요소로 구성된다.

1. 계기용 변성기
2. 계전기
3. 차단기

그림 11.1에 계기용 변성기(CT, PT) 중의 하나인 계기용 변류기(CT), 과전류 계전기(OC) 및 단상 차단기(CB)로 구성된 과전류 보호시스템의 개념도를 보이고 있다. 계기용 변류기의 기능은 kA 범위의 1차 전류 I에 비례하는 전류 I'를 계전기 동작에 적합한 0~5 A 범위로 2차 권선에 발생시키도록 하는 것이며, 계기용 변성기는 다음과 같은 장점을 갖고 있다.

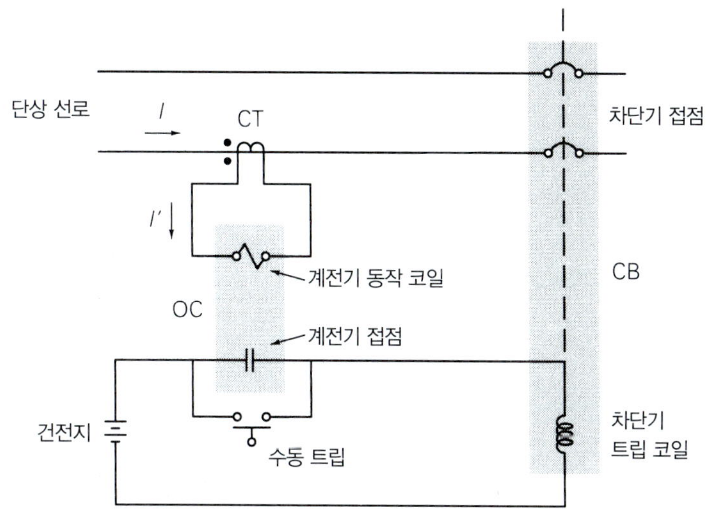

그림 11.1 과전류 보호 개념도

안전성: 계기용 변성기는 전력계통과 전기적 절연을 제공함으로써 계전기를 다루는 운전원들이 보다 안전한 환경에서 작업할 수 있도록 한다.

경제성: 입력레벨을 낮출수록 계전기는 작고 단순하며 저렴하게 제작될 수 있다.

정확도: 계기용 변성기는 넓은 동작 범위에 걸쳐 전력계통의 전류 및 전압을 정확하게 발생시킬 수 있다.

계전기의 기능은 정상운전상태와 고장상태를 구별해 내는 것으로서 그림 11.1에서의 과전류 계전기는 계기용 변류기의 2차 권선에 연결된 동작 코일과 일련의 접점으로 구성되어 있다.

그림에서 CT 2차측 전류크기인 $|I'|$가 설정치를 초과하면 계전기 동작코일은 상시개방되어 있던 계전기 접점을 닫게 하고, 이로 인해 차단기 트립코일 회로에 전원이 인가됨과 동시에 트립코일이 여자되어 차단기가 개방된다. 차단기는 수동 또는 계전기 동작으로 동작코일이 여자되기 전까지는 개방동작을 하지 않는다.

계전기라는 명칭은 계기용 변성기로부터 취득된 정보, 즉 전류신호로 동작 여부가 결정되고, 이것이 차단기의 트립코일에 계전(繼電), 즉 전달됨으로써 차단기가 개방동작을 하게 된다는 점에서 붙여진 것이다.

이와 같은 전력계통 보호시스템의 구성요소를 설계할 경우에는 다음과 같은 기준이 고려되어야 한다[2].

신뢰도: 수개월 또는 수년 동안 사용되지 않았더라도 고장이 발생한 경우에는 반드시 동작할 것. 그렇지 않으면 큰 손상을 가져올 수 있다.

선택도: 불필요한 오동작이 없을 것

속도: 고장지속시간과 설비손상이 최소화되도록 신속하게 동작할 것. 설정된 시간지연은 정확히 지켜져야 한다.

경제성: 최소의 비용으로 최대의 보호를 제공할 것

단순성: 보호기기 및 회로를 최소화할 것

보호시스템이 상기의 기준을 모두 만족한다는 것은 불가능하므로 전력계통 보호 측면에서 적정한 수준으로 설계되어야 한다.

11.2 계기용 변성기

계기용 변성기에는 두 가지 기본 형태, 즉 이전에 전위변압기(PT)로 불리던 계기용 변압기(VT)와 계기용 변류기(CT)가 있으며, 그림 11.2에 그 개념도를 제시한다.

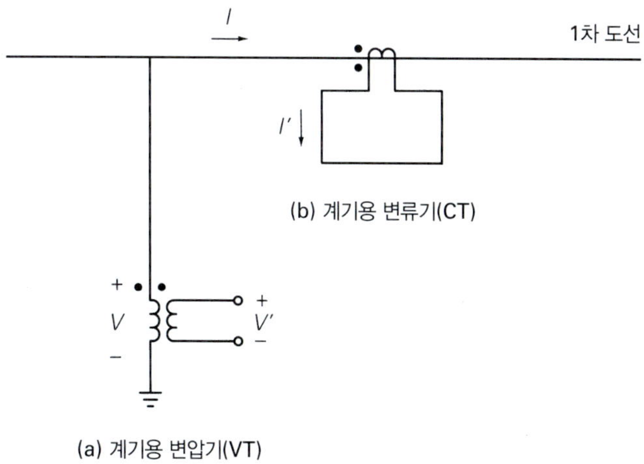

그림 11.2 계기용 변압기와 계기용 변류기의 개념도

그림에서와 같이 계기용 변성기의 1차는 전력계통의 선로이고, 2차는 1차측과 자기적 결합을 이루어 전력계통과 전기적 절연된 상태를 유지하고 있는 가운데 VT는 1차측 전압을, CT는 1차측 전류를 계전기 동작에 적합한 매우 작은 표준화된 값으로 낮추어 2차측에 발생시키는 기능을 갖는다. 그림 11.3~11.6에 전력계통에 설치 · 운용되고 있는 VT 및 CT의 실제 사진을 보인다.

전력계통 보호를 위하여 VT는 일반적으로 충분히 정밀하게 제작되는 관계로 다음 식과 같이 이상 변압기로 모델링될 수 있다.

$$V' = (1/n)V \tag{11.2.1}$$

여기서, n은 VT 권선비, V'는 2차측 전압으로 1차측 전압 V와 동상이다. VT 2차측 전압 정격표준은 115 V(선간)이며, 표준 VT 권선비는 표 11.1에 제시한다.

VT의 2차측은 이상적으로 무한 임피던스를 갖는 전압 감지장치에 연결되므로 2차측 전압 전체가 전압 감지장치에 걸리게 되지만, 실제로 2차 전압은 무한 임피던스가 아닌 고임피던스를 갖는 전압 감지장치와 VT의 직렬 누설 임피던스에 분압된다. 따라서 VT 1차측과 2차측 사이의 전압강하와 위상각차를 최소화하기 위하여 누설 임피던스를 작게 유지할 필요가 있다.

보통 CT의 1차 권선은 CT를 관통하는 전력계통의 상도체로 그 턴수는 1이 되며, CT 2차측 정격전류는 미국의 경우 5 A, 유럽 및 일부 다른 지역에서는 1 A가 표준이 되어 있다. 1차측인 전력계통의 단락고장시 수 주기 동안 정격

그림 11.4 303.1 kV:115/67 V VT 권선비를 갖는 3개의 500 kV 결합 커패시터 VT, 웨스트윙 500 kV 개폐용 변전소(Courtesy of Arizona Public Service.)

그림 11.3 34.5 kV:115/67 V VT권선비를 갖는 3개의 34.5 kV VT, 일리노이 Lisle 변전소(Courtesy of Commonwealth Edison, an Exelon Company.)

그림 11.5 3개의 25 kV급 창문형 CT (Courtesy of Arizona Public Service.)

그림 11.6 웨스트윙 500 kV 개폐용 변전소의 500 kV SF6 차단기 전면에 설치된 2,000:5 CT 비를 갖는 500 kV급 CT (Courtesy of Arizona Public Service.)

전류의 10~20배 또는 그 이상의 전류가 흐르게 되며, 표준 CT 권선비는 표 11.2와 같다.

CT 2차측은 이상적으로 0 임피던스를 갖는 전류감지장치에 연결되므로 CT 2차측 전류 전체가 전류감지장치를 흐르게 되지만, 실제로 2차 전류는 0이 아닌 저임피던스를 갖는 전류감지장치와 CT의 병렬 여자 임피던스로 분류된

표 11.1 표준 VT 비

전압 비						
1 : 1	2 : 1	2.5 : 1	4 : 1	5 : 1	20 : 1	40 : 1
60 : 1	100 : 1	200 : 1	300 : 1	400 : 1	600 : 1	800 : 1
1,000 : 1	2,000 : 1	3,000 : 1	4,500 : 1			

표 11.2 표준 CT 비

전류 비						
50 : 5	100 : 5	150 : 5	200 : 5	250 : 5	300 : 5	400 : 5
450 : 5	500 : 5	600 : 5	800 : 5	900 : 5	1,000 : 5	1,200 : 5
1,500 : 5	1,600 : 5	2,000 : 5	2,400 : 5	2,500 : 5	3,000 : 5	3,200 : 5
4,000 : 5	5,000 : 5	6,000 : 5				

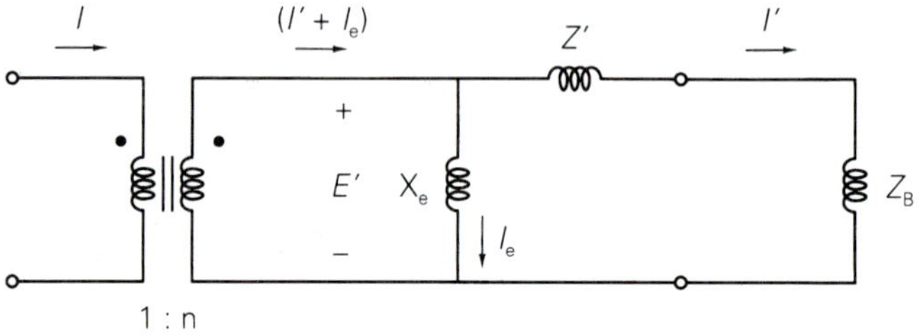

그림 11.7 CT 등가회로

다. 따라서 CT 여자 임피던스로 분류되는 전류를 최소화하기 위해 CT 여자 임피던스를 크게 유지할 필요가 있다.

CT의 근사 등가회로는 그림 11.7과 같으며, 여기에서

Z' = CT 2차 누설 임피던스

X_e = (포화특성이 있는) CT 여자 리액턴스

Z_B = 단말장치의 임피던스(계전기 및 도선 포함)

단말장치의 전체 임피던스 Z_B는 부담(burden)으로 정의되며, 전형적으로 1옴 미만의 값을 갖는다. 또한, CT부담은 어떤 지정된 전류에서 volt-ampere로 표시될 수 있다.

CT 등가회로와 관련하여 CT 2차측 전압 E′와 여자전류 I_e 사이의 관계를 결정짓는 여자특성곡선이 있는데, 그림 11.8에 ANSI 분류 C100을 갖는 다중비 부싱(multiratio bushing) CT에 대한 여자특성곡선을 보인다.

CT 성능은 1차측 전류 I를 얼마나 정확하게 2차측 출력전류 I'로 발생시킬 수 있는가에 달려 있는데, 큰 오차를 가져오는 포화 직전의 가장 큰 전류에 의해 결정된다. CT 등가회로와 여자특성곡선을 이용한 다음과 같은 절차가 CT 성능을 결정하는 데 사용될 수 있다.

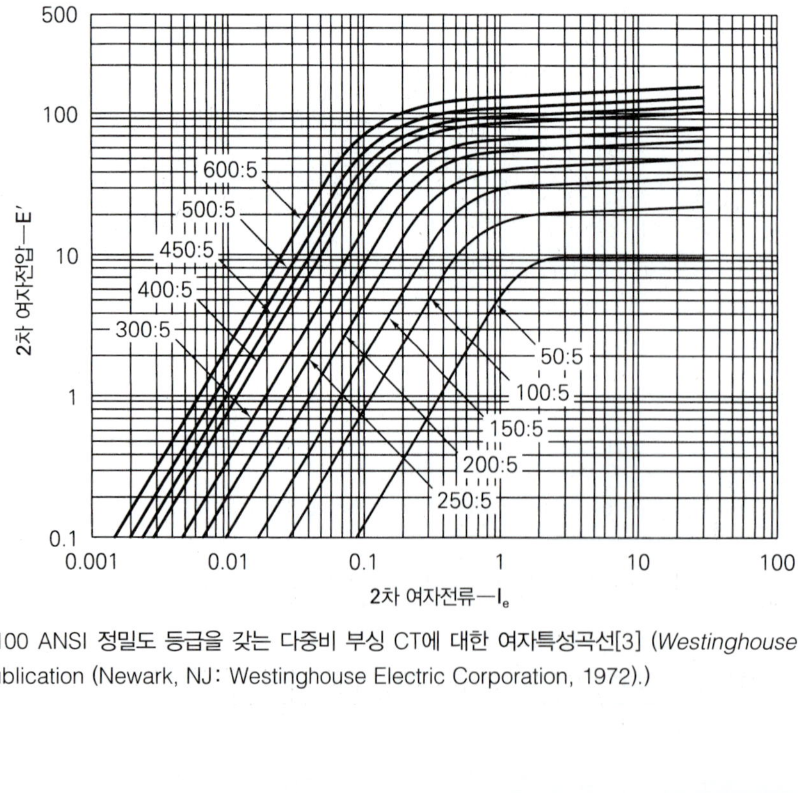

CT 비	2차 저항 Ω
50:5	0.061
100:5	0.082
150:5	0.104
200:5	0.125
250:5	0.146
300:5	0.168
400:5	0.211
450:5	0.230
500:5	0.242
600:5	0.296

그림 11.8 C100 ANSI 정밀도 등급을 갖는 다중비 부싱 CT에 대한 여자특성곡선[3] (*Westinghouse Relay Manual*, A New Silent Sentinels Publication (Newark, NJ: Westinghouse Electric Corporation, 1972).)

1단계: CT 2차 출력전류 I'를 가정한다.
2단계: $E' = (Z' + Z_B)I'$를 계산한다.
3단계: E'를 이용하여 여자특성곡선으로부터 I_e를 구한다.
4단계: $I = n(I' + I_e)$를 계산한다.
5단계: I'의 다른 값에 대해 1~4단계를 반복하고, I에 대한 I'를 표시한다.

간단히 하기 위해 근사계산은 페이저보다는 크기를 가지고 수행한다. 또한, CT 오차는 $(I' + I_e)$와 I' 사이의 % 차이로서 다음과 같이 주어진다.

$$\text{CT 오차} = \frac{I_e}{I' + I_e} \times 100\% \tag{11.2.2}$$

위에서 설명한 과정을 다음 예제에서 살펴보자.

예제 11.1 CT 성능

다음의 CT 2차측 출력전류와 부담에 대하여, 100 : 5 계기용 CT 비를 갖는 그림 11.8의 다중비 CT의 성능을 평가하시오: (a) $I' = 5$ A와 $Z_B = 0.5\ \Omega$, (b) $I' = 8$ A와 ZB $= 0.8\ \Omega$, (c) $I' = 15$ A와 $Z_B = 1.5\ \Omega$. 또한, 각 출력전류에 대하여 CT 오차를 계산하시오.

| 풀이

그림 11.8로부터 100 : 5 CT 비를 갖는 CT는 2차 저항 $Z' = 0.082\ \Omega$을 갖는다. 위의 절차에 따라 다음에서 계산하기로 한다.

a. 1단계: $I' = 5$ A

2단계: 그림 11.7로부터

$$E' = (Z' + Z_B)I' = (0.082 + 0.5)(5) = 2.91\text{ V}$$

3단계: 그림 11.8로부터 $I_e = 0.25$ A

4단계: 그림 11.7로부터

$$I = (100/5)(5 + 0.25) = 105\text{ A}$$

$$\text{CT 오차} = \frac{0.25}{5.25} \times 100 = 4.8\%$$

b. 1단계: $I' = 8$ A

2단계: 그림 11.7로부터

$$E' = (Z' + Z_B)I' = (0.082 + 0.8)(8) = 7.06\text{ V}$$

3단계: 그림 11.8로부터 $I_e = 0.4$ A

4단계: 그림 11.7로부터

$$I = (100/5)(8 + 0.4) = 168\text{ A}$$

$$\text{CT 오차} = \frac{0.4}{8.4} \times 100 = 4.8\%$$

c. 1단계: $I' = 15$ A

2단계: 그림 11.7로부터

$$E' = (Z' + Z_B)I' = (0.082 + 1.5)(15) = 23.73\text{ V}$$

3단계: 그림 11.8로부터 $I_e = 20$ A

4단계: 그림 11.7로부터

$$I = (100/5)(15 + 20) = 700\text{ A}$$

$$\text{CT 오차} = \frac{20}{35} \times 100 = 57.1\%$$

(c)에서 15 A의 2차 전류에 대하여 CT 포화특성으로 57.1%의 큰 CT 오차가 발생한 것에 주목하라. 이 때문에 표준실무에서는 최대부하에서 CT 2차 출력전류가 5A보다 다소 작게 되도록 CT 비를 선정하도록 되어 있다. (a)로부터 100 : 5의 CT 비 및 0.5 Ω의 부담은 약 100 A의 최대 1차 부하전류에 대해 적절하다. 이 예제는 I' 대 I의 도표를 얻기 위한 연습문제 11.2로 연계된다.

예제 11.2 고장전류와 CT 부담에 대한 계전기 동작

8 A에서 동작하도록 설정된 과전류 계전기가 100 : 5의 CT 비를 가진 그림 11.8의 다중비 CT에 연결되어 있다. 부담 Z_B가 (a) 0.8 Ω, (b) 3.0 Ω일 경우, 계전기가 200 A의 1차 고장전류를 검출할 것인가?

| 풀이

이상적인 CT의 경우, (100/5) × 8 = 160 A의 1차 전류에 대하여 계전기가 동작하도록 설정되어 있다.

a. 예제 11.1(b)로부터 Z_B = 0.8 Ω을 갖는 168 A의 1차전류는 8 A의 2차 출력전류로 되어 계전기가 동작할 것이다. 그러므로 200 A보다 큰 고장전류는 역시 계전기를 동작시킬 것이다.

b. 1단계: $I' = 8$ A

2단계: 그림 11.7로부터

$$E' = (Z' + Z_B)I' = (0.05 + 3.0)(8) = 24.7 \text{ V}$$

3단계: 그림 11.8로부터 I_e = 30 A

4단계: 그림 11.7로부터

$$I = (100/5)(8 + 30) = 760 \text{ A}$$

산출된 760 A는 3.0 Ω의 부담을 가진 계전기를 동작시키는 최소 1차 전류이다. 그러므로 200 A의 고장전류에 대하여 계전기는 동작하지 않을 것이다.

11.3 과전류 계전기

그림 11.1에 나타낸 것과 같이 CT 2차측 전류 I'는 과전류 계전기 동작코일에 대한 입력이 되는데, 이들 크기에 따라 순시 과전류 계전기가 반응하여 그림 11.9에서와 같이 동작 영역 또는 부동작 영역에 놓이게 된다. 즉, 전류크기 $I' = |I'|$가 어떤 원하는 값으로 설정된 동작기준전류 I_p를 초과하면 계전기 접점이 순간적으로 닫혀 차단기 트립 코일이 여자되고, 이와 반대로 I'가 동작기준전류 I_p보다 작으면 계전기 접점은 개방상태로 유지되어 차단기 트립 코일의 여자가 저지된다.

또한, 시간지연(限時: 한시) 과전류 계전기는 설정하고자 하는 시간지연으로 입력전류의 크기에 따라 동작하는 계전기로서 그림 11.10에 시간지연과 입력전류 크기의 관계가 예시되어 있다. 즉, 입력전류 크기 I가 동작기준 전류 I_p보다 클수록 짧은 시간지연 이후에 계전기가 동작하고, 반대로 동작기준전류 I_p에 가까울수록 시간지연이 길어진다. 물론 $I' < I_p$인 경우, 계전기는 부동작 영역에 놓이게 되어

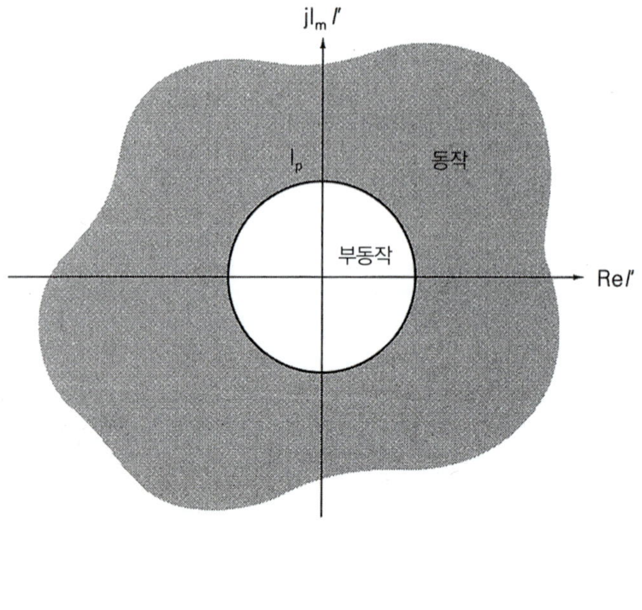

그림 11.9 순시 과전류 계전기의 동작–부동작 특성

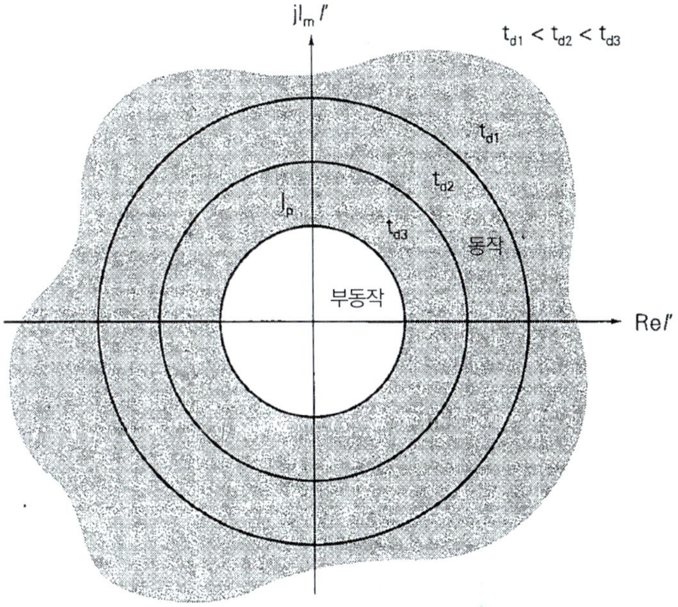

그림 11.10 한시 과전류 계전기의 동작-부동작 특성

계전기 접점이 개방상태로 유지된다.

그림 11.11는 한시 과전류 계전기의 실제 제품으로서 (a) 웨스팅하우스사의 전자기계식 CO 계전기 및 (b) 바슬라전기사의 디지털 계전기를, 그림 11.12는 웨스팅하우스사의 CO-8 계전기의 특성곡선을 각각 보여주고 있으며, 이와 같은 계전기의 설정방법에는 다음과 같은 두 가지가 있다.

전류 탭 설정(TS): 동작기준(pickup) 전류[A] 선택
시간-다이얼 설정(TDS): 시간지연 선택

특성곡선은 일반적으로 동작기준전류의 배수로 표현된 계전기 입력전류에 대한 동작시간[초]과의 관계를 나타낸 것으로 수직축이 특성곡선의 점근선이 되며, 동작기준전류 값을 초과하는 시점에서 전류크기의 거듭제곱의 역수로 감소하는 특성을 갖는다. 이와 같은 역비례관계의 반한시 특성곡선은 시간-다이얼 설정의 조정을 통하여 상하로 이동시킬 수 있으며, 그림 11.12에서와 같이 시간-다이얼 설정은 이산적으로 선택되지만, 그 사이의 값은 보간법을 통하여 얻을 수 있다.

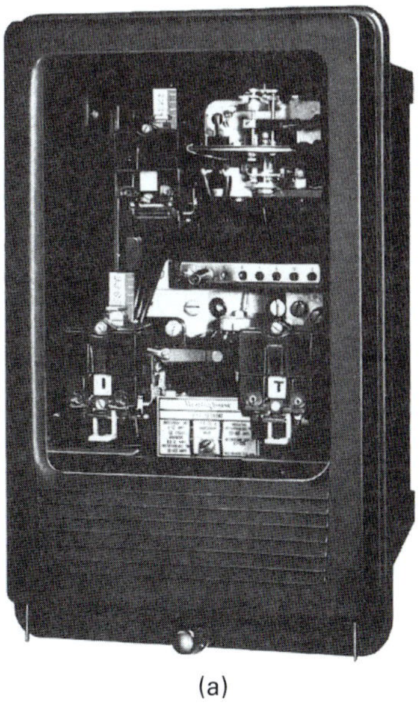
(a)

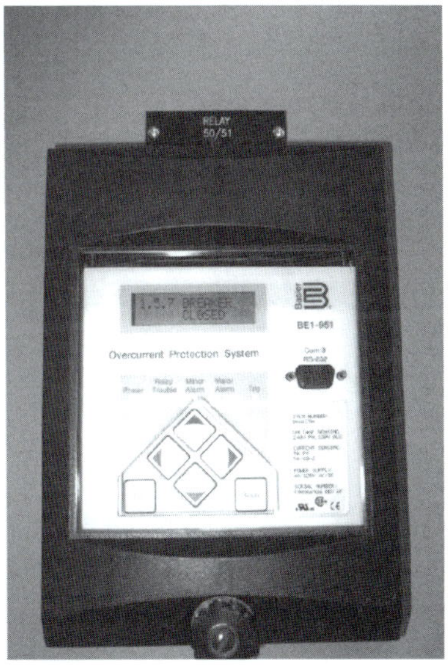
(b)

그림 11.11 한시 과전류 계전기: (a) 웨스팅하우스사의 전자기계식(Courtesy of ABB-Westinghouse.) (b) 바슬라전기사의 디지털형 (Courtesy Danvers Electric.)

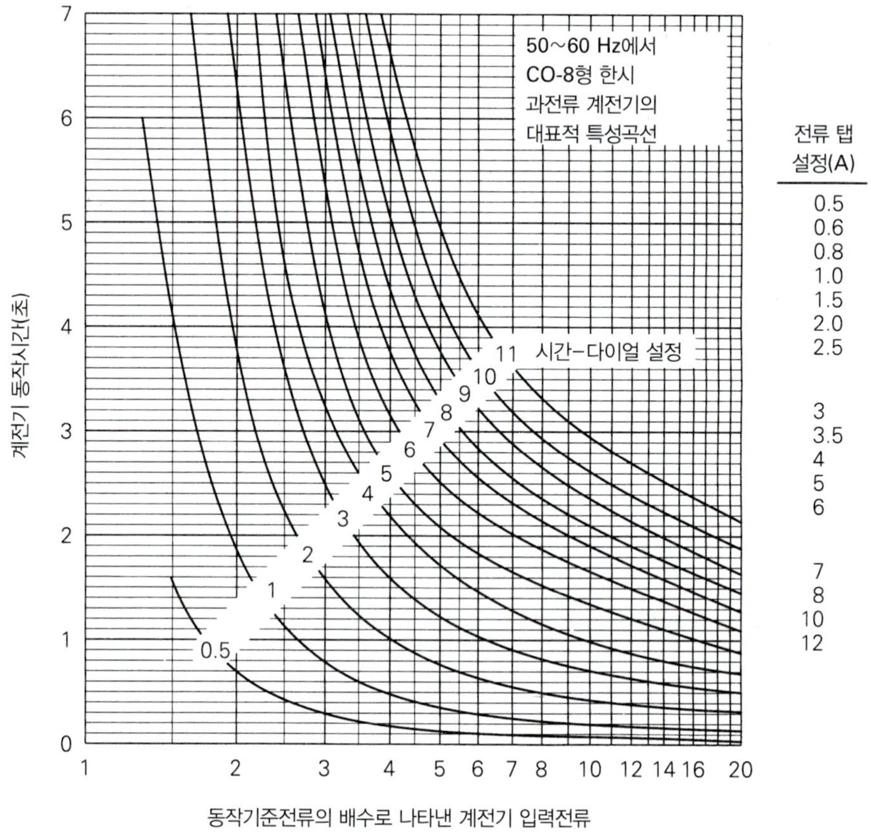

그림 11.12 CO-8 한시 과전류 계전기 특성 (Courtesy of Westinghouse Electric Corporation.)

그림 11.13은 송배전선로에 사용되는 5개의 CO 한시 과전류 계전기에 대한 시간-전류 특성곡선으로서 모든 계전기가 동작전류의 20배인 계전기 입력전류에 대하여 0.2초에 동작하도록 시간-다이얼 설정이 된 것을 보여주고 있다. 계전기의 시간-전류 특성곡선은 보호대상 계통의 전원, 선로 및 부하에 따라 결정되며, 정한시(CO-6) 및 약반한시(CO-7) 계전기는 10배 이상에서 비교적 일정한 동작시간을 유지하는 반면에 반한시(CO-8), 강반한시(CO-9) 및 초반한시(CO-11) 계전기는 모두 고장전류가 클수록 비교적 빠르게 동작함을 알 수 있다.

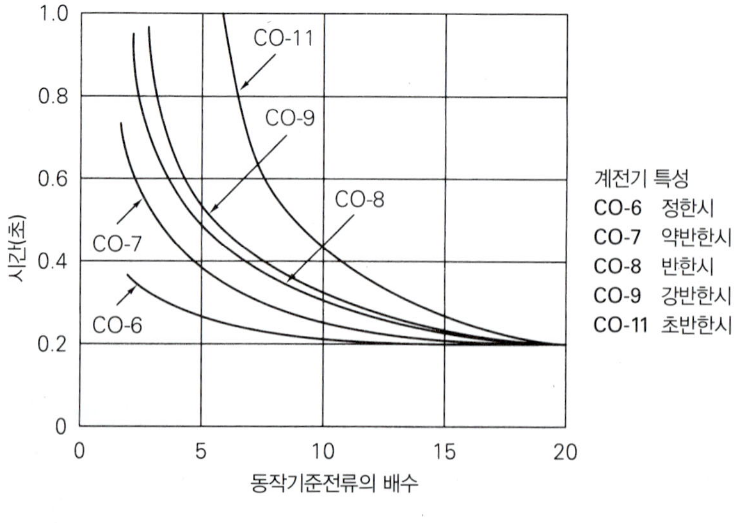

그림 11.13 CO 계전기 특성의 비교(Courtesy of Westinghouse Electric Corporation.)

예제 11.3 CO-8 한시 과전류 계전기에 대한 동작시간

6 A의 전류 탭 설정 및 1의 시간-다이얼 설정을 갖는 CO-8 계전기가 100 : 5의 계기용 변류기에 연결되는 경우, 예제 11.1의 각 경우에 대한 계전기 동작시간을 결정하시오.

| 풀이

a. 예제 11.1(a)로부터

$$I' = 5\ A \qquad \frac{I'}{I_p} = \frac{5}{6} = 0.83$$

계전기는 동작하지 않고 부동작 위치, 즉 개방상태로 유지된다.

b. $I' = 8\ A \qquad \dfrac{I'}{I_p} = \dfrac{8}{6} = 1.33$

그림 11.12의 곡선 1에서 $t_{동작} = 6$초이다.

c. $I' = 15\ A \qquad \dfrac{I'}{I_p} = \dfrac{15}{6} = 2.5$

곡선 1로부터 $t_{동작} = 1.2$초이다.

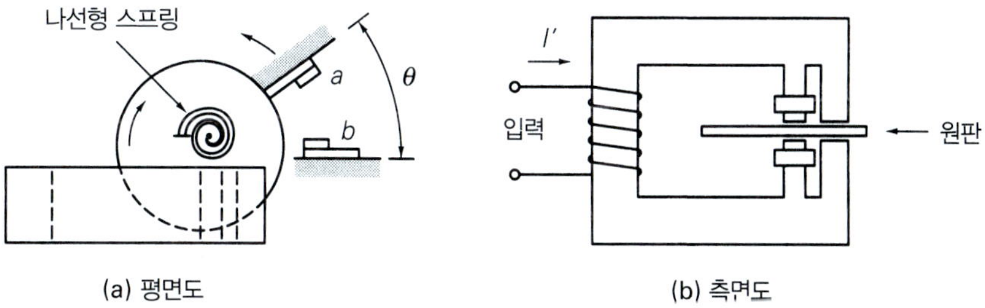

그림 11.14 유도원판형 전자기계식 한시 과전류 계전기

전자기계식 한시 과전류 계전기의 동작 원리를 보여 주고 있는 그림 11.14에서, 계전기 동작 코일의 교류 입력 전류가 도전성 알루미늄 원판에 시변 수직자계를 형성시키면 원판에 전류가 유기되어 자계와의 상호작용으로 회전력이 발생하게 된다. 회전판이 스프링으로 회전이 저지되고 있는 가운데, 입력전류가 동작기준전류를 초과하면 원판이 각도 θ만큼 회전하여 계전기 접점이 닫히게 되는데, 이때 입력전류가 크면 클수록 회전력이 커져 빨리 닫히게 된다. 이후, 입력전류가 없어지거나 동작기준전류보다 작아지면 스프링에 의해 접점은 다시 본래의 개방상태로 복귀하게 된다.

그림 11.15에 구형 전자기계식 계전기 사이에 설치된 정지형 계전기 패널을 볼 수 있다.

11.4 수지상 계통 보호

대부분 한시 과전류 계전기에 의해 보호되고 있는 수지상 계통에서는 고장발생 시 상대적으로 긴 지연시간으로 설정된 전원측 상위 차단기가 닫혀 있는 상태에서 고장점에 가장 가까운 차단기가 먼저 개방함으로써 최소한의 부하만이 차단되도록 하는 시간지연 조정, 즉 차단기간의 순차동작협조가 가능하다. 이와 같은 계전기간의 동작협조는 고장전류가 정상 부하전류보다 훨씬 클 때 성공률이 높으며, 전원측 계전기의 과도한 시간지연 방지를 위해 수지상 계통에서는 일반적으로 동작협조 대상 과전류 계전기의 대수를 최대 5개 이하로 하고 있다.

그림 11.16의 수지상 계통에서 차단기 B3 우측 P_1에서의 고장을 고려하자. 이 고장에 대하여 B2와 B1이 계속 닫혀 있는 상태에서 차단기 B3가 개방되면, 부하 L3만이 차단되어 대상계통의 최소한의 부하만이 차단된다. 이를 위해 B3가 먼저 동작하도록 B2의 계전기가 상대적으로 더 긴 시간지연을 갖도록 설정함으로써 B3 우측에서 발생하는 임의의 고장에 대하여는 B3가 먼저 동작하는 주보호기능이, B3의 개방동작 실패에 대하여는 설정된 시간지연 이후 B2가 개방동작하는 후비보호 기능이 이루어지게 된다.

다음에는 B2와 B3 사이에 있는 P_2에서의 고장을 고려하

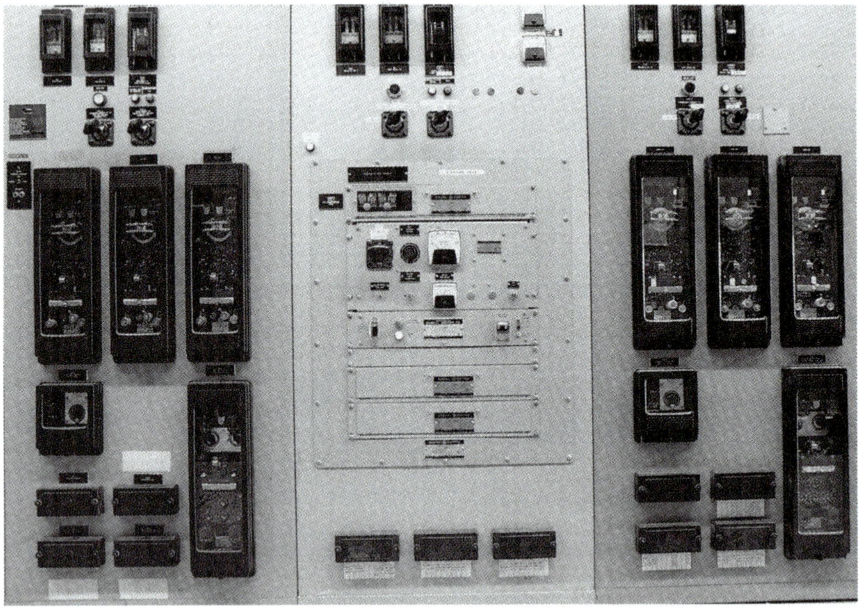

그림 11.15 일리노이 내퍼빌 변전소내에 345 kV 송전선로용 정지형 계전기 패널 양측에 설치된 전자기계식 계전기(Courtesy of Commonwealth Edison, an Exelon Company.)

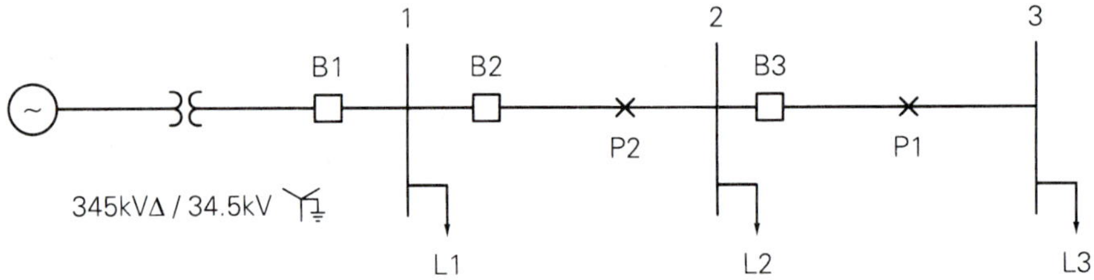

그림 11.16 34.5 kV 수지상 계통의 단선도

자. 이 고장에 대하여 B1이 닫혀 있는 상태에서 B2가 개방되면 부하 L2 및 L3만이 차단되어 부하 L1에는 계속적으로 전력공급이 가능하게 된다. 이때 고장지점이 이전에 비하여 전원에 더 가깝기 때문에 고장전류는 이전보다 크게 된다. 따라서 B2는 이전 고장보다 더 큰 고장전류에 대하여 더 빨리 개방동작을 하게 하고, B1은 B2보다 긴 시간지연을 갖게 설정하여 B2의 동작실패에 대한 후비보호를 하도록 해야 한다. 이렇게 함으로써 B2는 B3의 우측고장에 대한 후비보호뿐만 아니라, B2와 B3 사이의 고장에 대한 주보호기능을 수행하게 되며, B1은 B2 이후 선로 말단에 이르기까지 선로 상의 고장에 대한 후비보호뿐만 아니라 B1과 B2 사이의 고장에 대한 주보호기능을 갖게 된다.

협조시간간격은 주보호장치와 원격 후비보호장치 사이의 시간간격을 의미하는데, 후비계전기가 동작하는 시간과 주계전기 하에서의 주보호 차단기가 고장을 제거하는 시간 사이의 차로 정의된다. 계전기 동작시간의 정확한 결정은 CT 오차, 고장전류의 직류 옵셋 성분 및 계전기의 관성 등 여러 가지 요인으로 복잡하기 때문에 대부분의 실제 현장에서 대표적으로 적용되고 있는 협조시간간격은 0.2~0.5초로 하고 있다.

예제 11.4 수지상 계통에서 한시 과전류 계전기의 협조

그림 11.16의 60 Hz 수지상 계통에 대한 데이터는 표 11.3, 11.4 및 11.5와 같다. 고장으로부터 계통을 보호하기 위한 전류 탭 설정(TS) 및 시간-다이얼 설정(TDS)을 결정하시오. 상마다 있는 각 차단기에 대하여 0.3초의 협조시간간격을 갖는 3개의 CO-8 계전기를 가정한다. 임의의 한 상에서 고장이 검출될 때 차단기의 3상 모두가 일괄 개방되도록 각 차단기의 계전기들이 그림 11.17에서와 같이 연결되어 있다. 정상 운전 동안 모든 모선에서의 선간전

(계속)

표 11.3 예제 11.4—최대부하

모선	S MVA	지상역률
1	11.0	0.95
2	4.0	0.95
3	6.0	0.95

압은 34.5 kV로 가정하고, 또한 장래 부하증가를 고려한 수지상 계통의 최대부하는 표 11.3과 같이 주어진다.

I 풀이

먼저 계전기가 최대 부하전류에 대해 동작하지 않도록 TS를 결정하도록 한다. B3부터 시작하여 L3의 최대부하에 대한 CT의 1차측 및 2차측 전류를 구하면,

$$I_{L3} = \frac{S_{L3}}{V_3\sqrt{3}} = \frac{6 \times 10^6}{(34.5 \times 10^3)\sqrt{3}} = 100.4 \text{ A}$$

$$I'_{L3} = \frac{100.4}{(200/5)} = 2.51\text{A}$$

표 11.4 예제 11.4—대칭 고장전류

모선	최대 고장전류[A] (0 고장 임피던스 3상단락)	최소 고장전류[A] (L-G 또는 L-L)
1	3,000	2,200
2	2,000	1,500
3	1,000	700

표 11.5 예제 11.4—차단기, CT 및 계전기 데이터

차단기	차단기 동작시간	CT 비	계전기
B1	5 cycle	400 : 5	CO-8
B2	5 cycle	200 : 5	CO-8
B3	5 cycle	200 : 5	CO-8

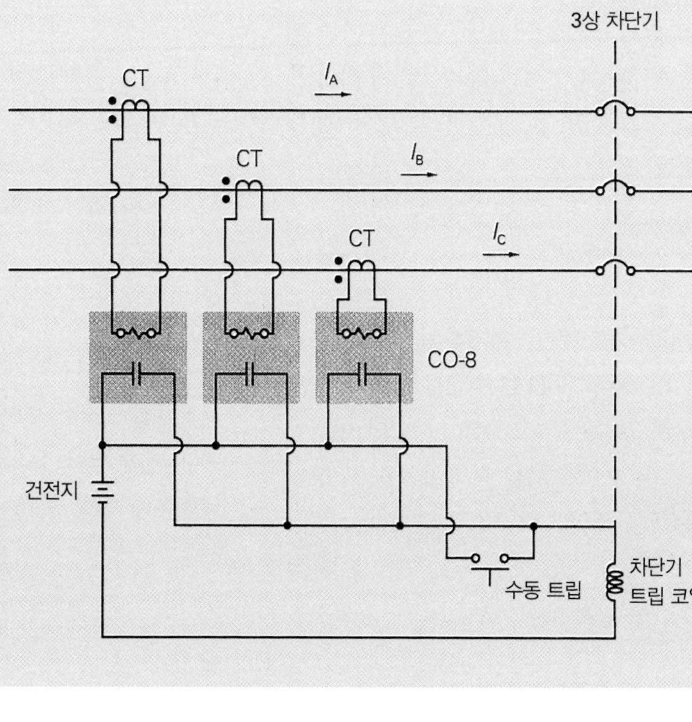

그림 11.17 3상 일괄 트립을 위한 계전기 결선

(계속)

가 되므로 그림 11.12에서 2.51 A보다 큰 TS 중에서 가장 작은 3 A TS가 B3 계전기의 TS로 결정된다. 부하역률이 동일하므로 $|S_{L2} + S_{L3}| = |S_{L2}| + |S_{L3}|$이다. 따라서 B2에서의 최대부하에 대한 CT의 1차측 및 2차측 전류는 다음과 같이 계산될 수 있다.

$$I_{L2} = \frac{S_{L2} + S_{L3}}{V_2\sqrt{3}} = \frac{(4+6)\times 10^6}{(34.5\times 10^3)\sqrt{3}} = 167.3\ \text{A}$$

$$I'_{L2} = \frac{167.3}{(200/5)} = 4.18\ \text{A}$$

따라서 그림 11.12로부터 4.18 A보다 큰 TS 중에서 가장 작은 5 A TS가 B2 계전기의 TS로 결정될 수 있다. 마찬가지로 B1에서의 최대부하에 대한 CT의 1차측 및 2차측 전류는 다음과 같다.

$$I_{L1} = \frac{S_{L1} + S_{L2} + S_{L3}}{V_1\sqrt{3}} = \frac{(11+4+6)\times 10^6}{(34.5\times 10^3)\sqrt{3}} = 351.4\ \text{A}$$

$$I'_{L1} = \frac{351.4}{(400/5)} = 4.39\ \text{A}$$

역시 동일한 방법으로 B1 계전기에 대해 5 A TS로 결정한다. 다음에 TDS를 결정해보자. 먼저 표 11.4의 최대고장전류에 대해 협조한 후에 최소 고장전류에 대한 협조를 수행하도록 한다. 먼저 B3부터 시작하면, 모선 2(B3의 우측 직하)에서의 3상 단락고장에 대해 B3를 통과하는 최대 고장전류는 2,000 A이다. CT의 포화특성을 무시하면, CT 1차측 전류를 기준으로 하여 B3에서의 고장전류에 대한 동작기준전류의 비는

$$\frac{I'_{3Fault}}{TS3} = \frac{2000/(200/5)}{3} = 16.7$$

이 되어 가능한 한 신속하게 고장을 제거하기 위해 B3 계전기에 대해 그림 11.12로부터 TDS3 = 1/2로 결정하면, 이로부터 계전기 동작시간은 T3 = 0.05초가 되어 여기에 차단기 동작시간(5주기 = 0.083초)을 더하여 주보호 장치는 $T3 + T_{차단기} = 0.05 + 0.083 = 0.133$초에서 이 고장을 제거하도록 한다.

이와 동일한 고장에 대하여 CT 1차측 전류기준 B2에서의 고장전류에 대한 동작기준전류의 비는

$$\frac{I'_{2Fault}}{TS2} = \frac{2000/(200/5)}{5} = 10.0$$

B3 계전기 동작시간(T3 = 0.05초), 차단기 동작시간(0.083초) 및 0.3초의 협조시간간격을 더하여 바람직한 B2 계전기의 동작시간은

$$\begin{aligned} T2 &= T3 + T_{breaker} + T_{coordination} \\ &= 0.05 + 0.083 + 0.3 \approx 0.43\ \text{s} \end{aligned}$$

이므로 그림 11.12로부터 B2 계전기에 대해 TDS2 = 2로 결정된다.

다음에 B1에서의 TDS를 결정하기로 하자. 모선 1 (B2의 우측 직하)에서의 3상 단락고장에 대하여 B2를 통과하는 최대 고장전류는 3,000 A이다. CT의 포화특성을 무시하면, 이 고장에 대한 B2에서의 고장전류에 대한 동작기준전류의 비는

$$\frac{I'_{2Fault}}{TS2} = \frac{3000/(200/5)}{5} = 15.0$$

이므로 그림 11.12의 TDS2 곡선으로부터 T2 = 0.38초이다. 이와 동일한 고장에 대하여 B1에 대해

$$\frac{I'_{1Fault}}{TS1} = \frac{3000/(400/5)}{5} = 7.5$$

$$\begin{aligned} T1 &= T2 + T_{breaker} + T_{coordination} \\ &= 0.38 + 0.083 + 0.3 \approx 0.76\ \text{s} \end{aligned}$$

이므로 그림 11.12로부터 B1 계전기에 대해 TDS1 = 3로 결정된다. 따라서 계전기 설정치는 표 11.6과 같이 결정될 수 있으며, 계전기가 신뢰성 있게 동작하기 위해 최소 고장전류를 고려한 고장전류에 대한 동작기준전류의 비는 2보다 커야 함에 유의하고, 이와 관련된 표 11.4의 최소 고장전류에 대한 협조 문제는 연습문제 11.11에서 다루기로 한다.

(계속)

표 11.6 예제 11.4의 해

차단기	계전기	TS	TDS
B1	CO-8	5	3
B2	CO-8	5	2
B3	CO-8	3	1/2

예제 11.4에서와 같이 각 상마다 별도의 계전기가 적용되는 경우 선간 단락, 1선 지락 및 2선 지락고장뿐만 아니라 3상 단락고장에 대해서도 계전기가 동작하게 된다. 그러나 영상 임피던스가 큰 배전선로의 경우, 대부분 1선 지락 고장전류는 3상 단락 고장전류보다 훨씬 작기 때문에 각 상에 설치되는 계전기보다 낮은 전류탭 설정을 갖는 별도의 접지(지락) 계전기가 사용된다. 접지 계전기는 병렬로 연결된 3개의 상 CT 또는 중성점 접지에 설치된 한 개의 CT의 2차측에 연결되어 그 영상전류를 받아 동작하는 구조를 갖고 있다.

11.5 리클로저, 퓨즈 및 섹셔널라이저

리클로저는 배전계통의 보호를 위해 사용되는 자동 재폐로기능을 갖고 있는 차단기로서, 고장전류에 대해 미리 설정된 개방 및 재폐로 동작순서에 근거하여 보호대상 선로를 자동적으로 차단하고 재폐로하는 개별제어장치이다. 차단기의 개방 및 재폐로를 제어하기 위한 별도의 제어기인 계전기를 갖는 차단기와는 달리 리클로저는 제어기가 내장되어 있다. 가공 배전선로상에서 일어나는 고장의 80% 이상이 나뭇가지 접촉, 동물의 개입, 바람에 의한 나선들 간의 접촉 및 번개로 인하여 고장이 발생하여 즉시 그 원인이 스스로 없어지는 일시적 고장이다. 리클로저의 자동 개방-재폐로 동작순서는 이러한 일시적 고장을 제거 후 공급서비스를 재개하는 재폐로 과정에서 순간정전만 발생시키므로 수용가에 대한 공급서비스의 질을 상당히 향상시킬 수 있게 한다. 한편, 리클로저의 단점으로서는 배전선로가 물리적으로 사람에 의해 접촉되는 경우, 예를 들면 대지에 단선된 전선이 가압된 영구 고장상태가 된 경우 리클로저의 여러 번의 개방-재폐로 동작으로 감전으로 진전될 가능성이 높아진다는 것이다. 또한, 리클로저는 선로 작업원의 활선작업 시에는 반드시 개방상태에서 그 동작이 정지되어야 한다.

그림 11.18에서와 같이 퓨즈, 리클로저 및 한시 과전류 계전기를 이용한 수지상 배전선로의 일반적인 보호 방식에 대하여 살펴보자. 13.8 kV급 배전선에 대한 데이터는 표 11.7과 같고, 퓨즈에 의해 보호되는 3개의 부하 분기점이

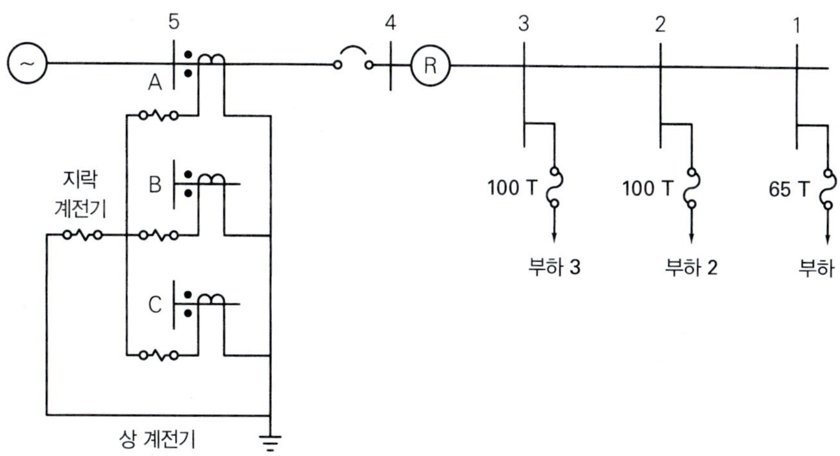

그림 11.18 퓨즈/리클로저/계전기 보호방식을 갖는 13.8 kV 수지상 배전선로의 단선도

표 11.7 그림 11.18에 대한 데이터

모선	최대부하 전류 A	3상고장전류 A	1선 지락고장전류 A
1	60	1,000	850
2	95	1,500	1,300
3	95	2,000	1,700
4	250	3,000	2,600
5	250	4,000	4,050

있는 것으로 한다. 퓨즈로부터 전원 측에 위치해 있는 리클로저는 퓨즈에서부터 리클로저 사이의 고장에 대하여 개방하고 재폐로하도록 설정된다. 일시적 고장에 대하여 리클로저는 고장을 제거하여 즉시 공급서비스를 재개하기 위하여 1회 또는 그 이상의 고속 또는 시간지연 개방 및 재폐로 동작을 하도록 설정된다. 그러나 고장이 지속되는 영구고장 시 부하 측 고장에 대하여는 퓨즈가 동작하거나, 리클로저와 퓨즈 사이의 고장에 대하여는 리클로저가 시간지연 이후에 영구 개방하도록 된다. 별도의 한시 과전류 상 및 지락 계전기는 리클로저의 여러 번에 걸친 재폐로 동작 이후에 변전소 차단기를 개방하도록 한다.

그림 11.19의 시간-전류 특성곡선에 퓨즈, 리클로저 및 한시 과전류 계전기의 협조관계를 보인다. 퓨즈의 경우, T(저속)형 퓨즈의 시간-전류 특성이 리클로저와 비교적 협조가 잘 이루어지기 때문에 분기점에서의 최대부하를 고려하여 적용되는데, 65 T 퓨즈는 모선 1의 최대 60 A의 부하전류를 갖는 분기점에, 100 T 퓨즈는 모선 2와 모선 3의 최대 95 A의 부하전류를 갖는 분기점에 대해 각각 선택적으로 적용된다. 또한, 퓨즈는 퓨즈 설치장소에서 최대 모선전압보다 큰 정격전압 및 최대 비대칭 고장전류보다 큰 정격차단전류를 가져야 하는데, 15 kV의 정격전압 및 10 kA 이상의 정격차단전류를 갖는 T형 퓨즈가 그 표준이다.

표준 리클로저는 38 kV까지의 전압정격과 16 kA까지의 최대 차단전류를 갖고, 1,250 A까지의 정상(연속) 전류 정격을 갖는다. 고장제거 후 재폐로 시 선로 및 전체 부하에 대하여 나타나는 순시과전류(cold-load pickup)에 의한 오동작을 방지하기 위하여 안전요소를 고려하여 최대 부하전류의 200~250%를 최소 개방 정격으로 각 상에 대해 설정하고, 지락전류에 대한 최소 개방 정격은 관례적으로 최대부하전류로 설정하되, 최대 허용 가능한 부하 불평형 시의 영상분 전류보다 크게 설정해야 한다. 예로서 250 A의 최대부하를 갖는 그림 11.18의 리클로저에 대하여 각 상 전류를 560 A의 최소 개방 정격으로, 지락전류를 280 A의 최소 개방 정격으로 선택한다.

리클로저에 대해 가장 보편적으로 적용되는 개방동작 순서는 의도적 시간지연이 없는 2회의 고속개방동작과 그 이후 이어지는 2회의 지연개방동작으로 이루어지는데, 이때 고속개방동작으로 선로 상의 일시적인 고장이 스스로 제거되도록 하는 반면에 지연개방동작으로 퓨즈 용융에 의하여 영구고장을 제거하도록 한다. 즉, 리클로저의 고속개방동작 시간-전류 특성곡선은 퓨즈가 용융되기 이전에 리클로저가 먼저 개방동작하도록 그림 11.19의 퓨즈 특성곡선 아래에 위치하도록 하고, 퓨즈 특성곡선은 리클로저가 개방되기 이전에 퓨즈가 먼저 용융되도록 리클로저의 지연개방동작 시간-전류 특성곡선 아래에 위치하도록 한다. 리클로저의 재폐로시간은 처음 고속개방동작 이후 0.5초, 두 번째 고속개방동작 이후 2초, 지연개방동작 이후 5~10초로 설정되는 것이 일반적이다.

초반한시 특성을 갖는 한시 과전류 계전기는 리클로저와 T형 퓨즈 전체와 협조해야 하는데, 예로서, 최대부하에서 $250 \times (5/300) = 4.17$ A의 CT 2차측 전류가 되도록 300 : 5의 CT 비를 선정하고, 계전기 설정은 계전기가 동작하기 이전에 리클로저가 먼저 고장을 제거하도록 해야 하며, 최소 동작기준전류가 최대부하의 2배를 초과하도록 9 A의 전류 탭 설정을 CO-11 상 계전기에 적용하고, 시간-다이얼 설정은 2로 하여 계전기가 동작하기 이전 최소 0.2초에서 리클로저가 지연개방동작하도록 한다. 지락 계전기에 대해서는 전류 탭 설정을 4 A로, 시간-다이얼 설정을 1로 한다.

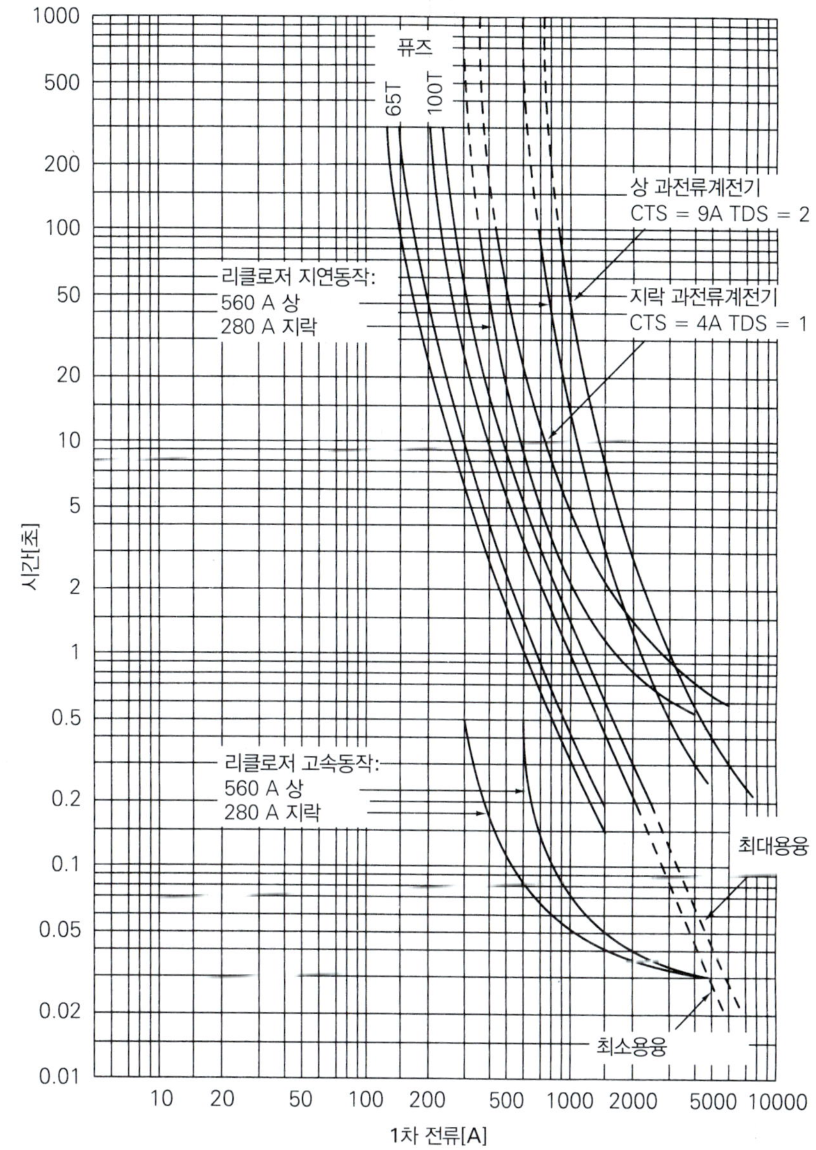

그림 11.19 그림 11.18의 수지상 배전선로에 대한 시간-전류 곡선

예제 11.5 퓨즈/리클로저 협조

그림 11.18의 계통에 대하여, 다음의 고장에 대한 보호장치의 동작순서를 설명하시오. (a) 분기점 2의 부하 측에서의 일시적으로 자동고장 제거되는 3상고장 (b) 분기점 2의 부하 측에서의 영구적인 3상고장

| 풀이

a. 표 11.7로부터 모선 2에서의 3상고장전류는 1,500 A이다. 그림 11.19로부터 560 A의 고속개방 리클로저는 1,500 A의 고장전류 발생 이후 0.05초에 개방동작하며, 그 이후 0.5초에 재폐로 동작한다. 고장이 스스로 제거됨을 가정하여 정상적인 서비스가 재개된다. 0.05초의 고장 지속시간 동안 100 T 퓨즈는 용융되지 않는다.

b. 영구고장에 대해서는 고속개방동작 리클로저는 0.05초 이후 개방하고, 그 이후 0.5초에 재폐로하여 영구고장상태에서 다시 0.05초 이후 개방하고, 이어서 2초 이후에 재폐로하여 두 번째 영구고장상태가 된다. 이로부터 3초

(계속)

후에 560 A 지연개방동작 리클로저는 개방된다. 이 시간 동안 100 T 퓨즈는 용융되어 고장이 제거된다. 그리고 지연개방동작 리클로저는 5~10초 이후 재폐로하면 부하 1 및 부하 3에 대한 서비스가 재개된다.

리클로저, 퓨즈 및 과전류계전기 외에 섹셔널라이져로 표기되는 구분화 스위치는 일반적으로 배전계통에서 사용된다. 섹셔널라이져는 상위 차단기 또는 리클로저가 고장전류를 차단한 후 배전 계통의 고장 부분을 자동으로 격리하는 장치다. 섹셔널라이져는 고장 전류를 차단할 수 있는 능력이 없기 때문에 리클로저와 같이 고장 전류를 차단할 수 있는 후비 장치와 함께 사용해야 한다. 섹셔널라이져는 고장 조건 동안 리클로저의 동작 횟수를 카운팅한다. 미리 설정해놓은 횟수만큼 리클로저의 개방동작 후에, 리클로저가 개방되어 있는 동안 섹셔널라이져가 개방되고 선로의 고장구간을 격리한다. 이러한 동작은 리클로저의 잠금기능(lock out)이 활성화되기 전에 리클로저를 닫아 선로에서 고장이 발생하지 않은 구역에 전력공급을 재개할 수 있도록 한다. 섹셔널라이져의 미리 설정된 카운트에 도달하기 전, 즉 리클로져의 동작 중에 일시적인 고장이 해결되면 섹셔널라이져의 동작 메커니즘은 재설정된다[20].

섹셔널라이져에는 시간-전류 동작 특성이 없으므로 섹셔널라이져와 리클로저 간의 협조에는 시간-전류 곡선 분석이 필요하지 않다. 대신 협조는 리클로저 동작 수를 기반으로 한다. 리클로저는 고속개방 동작 또는 지연개방 동작의 어떠한 조합에 대해서도 설정할 수 있다. 그런 다음 섹셔널라이져는 총 재폐로 동작 횟수보다 하나 적은 동작 횟수로 설정할 수 있다. 섹셔널라이져의 하위 방사계통에 영구 고장이 발생하면 섹셔널라이져가 개방되고 그 다음 마지막 리클로저 개방 후 고장이 분리된다. 예를 들어, 리클로저가 2개의 고속개방 동작 및 2개의 지연개방 동작으로 프로그래밍된 경우 섹셔널라이져는 세 번째 동작에서 개방된다.

방사상 계통에 2개의 섹셔널라이져가 직렬로 설치된 경우 하위 섹셔널라이져는 더 적은 수로 조정할 수 있다. 고장으로 인해 리클로저가 동작하고 두 섹셔널라이져의 카운팅이 시작된다. 영구 고장의 경우, 더 적은 수의 카운트 횟수로 설정된 하위 섹셔널라이져가 먼저 개방된다. 섹셔널라이져 사이에 고장이 있는 경우 상위 섹셔널라이져가 다음에 개방된다. 고장이 두 섹셔널라이져의 상위인 경우 리클로저는 최종 동작에서 개방되고 잠금 기능이 활성화된다.

11.6 방향 계전기

방향 계전기는 오직 한 방향의 고장전류에 대해서만 동작하도록 설계되어 있다. CT의 우측 선로고장에 대해서만 동작하도록 설정되어 있는 그림 11.20에서의 방향 계전기 D에 대하여 살펴보기로 하자. 선로 임피던스가 대부분 리액턴스 성분인 경우, CT 우측 선로 상의 P_1에서의 고장에 대하여 모선 1의 전압 V에 약 90°만큼 뒤지는 모선 1에서 모선 2로 고장전류 I가 흐르게 되는데, 이 고장전류의 방향을 전방향이라고 한다. 한편, CT의 좌측 선로 상의 P_2에서의 고장 시에 대해서는 모선 1의 전압 V에 약 90°만큼 앞선 전류 I가 모선 2에서 모선 1로 흐르게 되는데, 이 방향을 역방향이라고 한다.

방향 계전기는 두 개의 입력, 기준전압 $V = \mathrm{V}\underline{/0°}$ 및 전류 $I = \mathrm{I}\underline{/\phi}$를 가지며, 이로부터 그림 11.21에서의 계전기의 동작 및 부동작 영역이 다음과 같이 표현될 수 있다.

$$-180° < (\phi - \phi_1) < 0° \text{인 경우: 동작} \tag{11.6.1}$$

$$\text{그 외의 경우: 부동작}$$

여기에서 ϕ는 전압에 대한 전류의 위상이며, ϕ_1은 동작영역과 부동작 영역 사이의 경계부분을 정의하는 것으로 대체로 2~8°의 값을 갖는다.

과전류 계전기 OC와 방향 계전기 D의 접점은 그림 11.20에서와 같이 직렬로 연결되어 있어 CT 2차 전류가 OC 계전기 동작기준 전류값을 초과하고, 전방향일 경우만 차단기의 트립 코일이 여자된다.

구성의 상세한 부분은 다르지만, 전자기계식 방향 계전기의 동작원리는 전력량계의 동작원리와 유사하고, 그

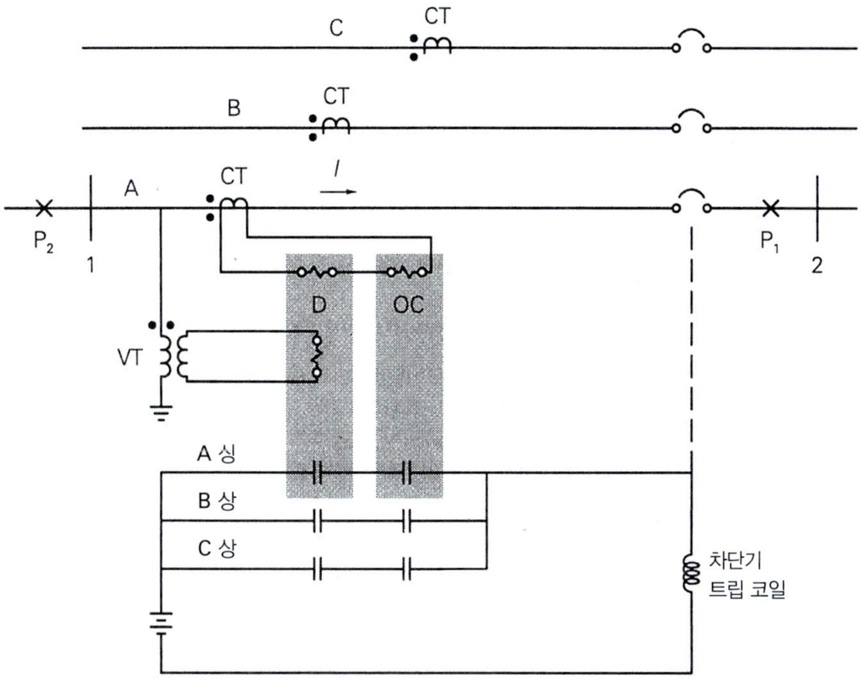

그림 11.20 과전류 계전기와 직렬로 연결된 방향 계전기(A상만 나타냈음)

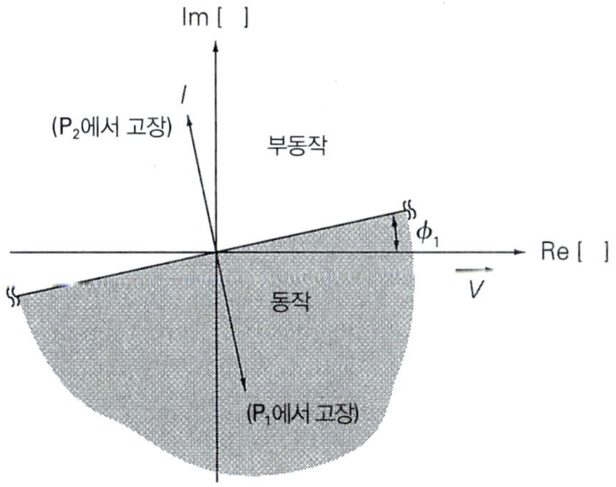

그림 11.21 복소평면에서 방향 계전기의 동작 및 부동작 영역

구성요소로는 고정자 위에 2개의 입력인 전압코일 및 전류코일과 회전디스크가 있다. 기준전압 V를 이상기를 통과시킨 $V_1 = \mathrm{V}\angle\phi_1 - 90°$와 전류 $I = \mathrm{I}\angle\phi$가 전력량계에 인가 되면, 발생하는 회전토크는 다음과 같다.

$$\mathrm{T} = \mathrm{kVI}\cos(\phi_1 - \phi - 90°) = \mathrm{kVI}\sin(\phi_1 - \phi) \tag{11.6.2}$$

전 방향 고장전류는 전압보다 위상이 약 90°만큼 뒤지므로 각 $(\phi_1 - \phi)$는 90°에 가깝게 되어 원판에 정방향 최대토크가 발생하여 계전기 접점이 닫히게 된다. 이와는 반대로 역방향 고장전류의 경우에는 전류는 전압보다 앞서고 $(\phi_1 - \phi)$는 −90°에 가깝게 된다. 이러한 결과로 부방향의 토크가 발생하여 원판이 역방향으로 회전되나 기계적 장치로 저지하도록 되어 있다.

11.7 방향 계전기에 의한 2전원 계통의 보호

2개 또는 그 이상의 전원이 다른 위치에 있을 때 과전류 계전기를 협조시킨다는 것은 어렵고, 몇몇 경우에는 불가능한 경우도 있다. 예로서, 그림 11.22에서와 같이 2전원을 갖는 계통에 대하여 살펴보기로 한다. 먼저, P_1에서의 고장에 대하여 B23과 B32가 동작하되, 한시 과전류 계전

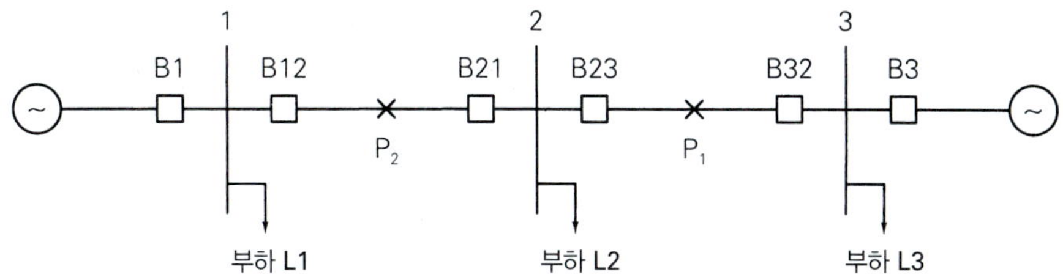

그림 11.22 2전원 계통

기를 이용하여 B23가 B21보다 빠르게 동작하게 함으로써 무정전으로 3개 부하에 공급서비스를 지속할 수 있을 것이다. 그러나 P_2에서의 고장에 대해서는 차단기 B23이 B21보다 빠르게 동작하여 부하 L2는 차단된다. 이와 같이 고장이 양측 모두 발생하는 경우에 대해서는 과전류 계전기가 고장제거를 위한 협조가 이루어질 수 없다. 그러나 방향 계전기를 사용하면 이와 같은 문제를 해결할 수 있다.

예제 11.6 방향 및 한시 과전류 계전기에 의한 2전원 계통의 보호

그림 11.22의 계통을 보호하기 위한 방향 및 한시 과전류 계전기가 어떻게 사용될 수 있는지를 설명하고, 어느 계전기가 (a) P_1에서의 고장, (b) P_2에서의 고장에 대해 협조되어야 하는가? (c) 또한 모선 고장에 대한 보호도 가능한가?

| 풀이

그림 11.20에서와 같이 결선된 방향 과전류 계전기를 차단기 B12, B21, B23 및 B32에 연결하여 그들의 전방향, 즉 선로 측 고장에만 동작하도록 하고, 한시 과전류 계전기는 차단기 B1과 B3에 적용한다.

a. P_1에서의 고장 시 B21 계전기는 동작하지 않고, B23이 B12(그리고 B1)의 개방동작 이전에, B32가 B3의 개방동작 이전에 각각 개방하도록 시간협조한다.

b. P_2에서의 고장 시 B23은 동작하지 않고, B21이 B32(그리고 B3)의 개방동작 이전에, B12가 B1의 개방동작 이전에 각각 개방하도록 시간협조한다.

c. 방향 과전류 계전기는 모선 고장에 대해서도 전력계통 보호가 가능하도록 한다. 즉, 모선 2에서 고장발생 시 B21 및 B23의 계전기는 동작하지 않고, B12와 B32가 개방동작을 한다. 그리고 모선 1에서의 고장발생 시 B1 및 B21이, 모선 3에서의 고장발생 시 B3 및 B23이 각각 개방동작을 한다.

11.8 보호영역

지금까지는 단순한 전력계통의 보호에 대해 논의해 왔으나, 좀 더 복잡한 일반적인 전력계통에 대한 보호를 다루기 위한 기본적인 개념으로서 대상계통을 보호영역[1]으로 분할하는 것을 생각할 수 있다. 즉, 분할된 어느 보호영역 내에서 고장이 발생할 경우, 전체 전력계통에서 그 고장이 발생한 보호영역을 분리시키도록 하는 것이다. 정의될 보호영역 대상은 다음과 같다.

- 발전기
- 변압기
- 모선
- 송전선로 및 배전선로
- 전동기

그림 11.23은 보호영역 개념을 예시한 것이다. 각 영역은 폐로 점선에 의해 정의되는데, 예를 들면 1영역은 발전기와 변압기에 연결되는 단자로 구성된다. 어떤 경우에는 1개 이상의 구성요소를 포함할 수 있다. 예를 들어, 3영역은 발전기-변압기 및 모선에 연결되는 단자로, 10영역은 변압기와 선로로 각각 구성된다. 보호영역은 다음과 같은 특성을 갖고 있다.

(1) 보호영역은 겹친다.
(2) 차단기는 중복영역에 위치한다.
(3) 어느 보호영역 내의 임의의 장소에서 발생한 고장에 대하여, 그 영역 내의 모든 차단기는 고장제거를 위해 개방동작한다.

보호실패의 가능성을 피하기 위해 인접영역들은 중복지역을 갖게 되는데, 중복지역이 없다면 2개의 인접영역 사이에 있는 작은 지역은 어떤 보호영역에도 속하지 않는 관계로 보호되지 못할 것이다. 고장 중 분리는 차단기에 의해 이루어지기 때문에 차단기는 영역 내의 설비와 연결되는 계통 사이에 놓여야 한다. 즉, 차단기는 각 중복영역에 위

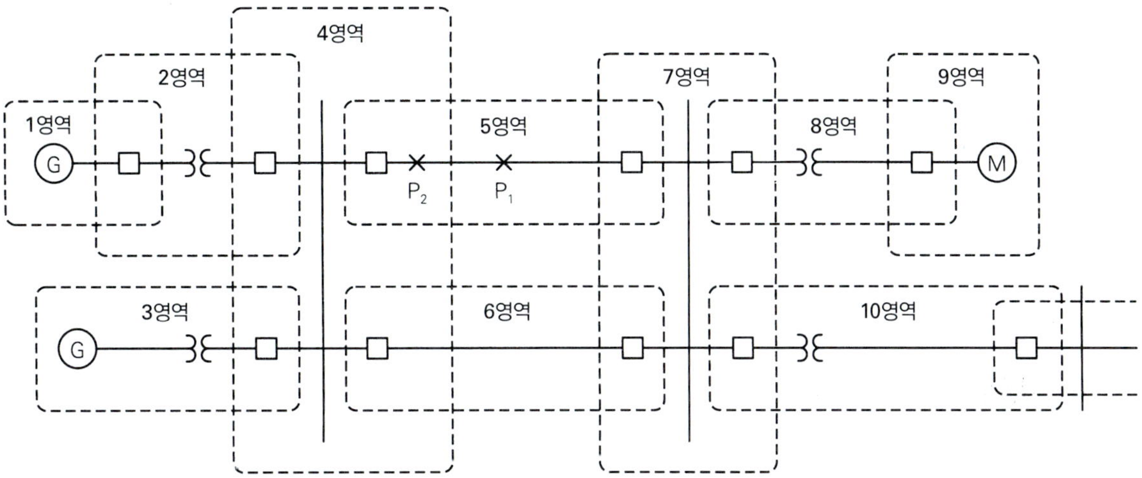

그림 11.23 전력계통 보호영역

치하며 보호영역의 경계를 구분하도록 한다. 예를 들면, 그림 11.23의 5영역은 4영역과 7영역에 연결되어 있는데, 이때 차단기는 5영역과 7영역 사이뿐만 아니라 5영역과 4영역 사이의 중복영역에 위치하도록 한다.

어떤 보호영역 내의 임의의 장소에서 고장이 발생할 경우, 그 영역 내의 모든 차단기들은 개방동작을 하게 되는데, 예를 들면 5영역 선로 상의 P_1에서 고장발생 시, 5영역 내에 있는 2개 차단기는 개방동작하며, 4영역과 5영역의 중복영역 내의 P_2에서 고장발생 시, 4영역 및 5영역 내의 5개 차단기 모두가 개방동작한다. 이와 같이 고장이 중복영역 내에서 발생할 경우, 중복에 관계되는 2개의 영역이 모두 계통으로부터 분리되어 비교적 큰 이 2개 영역은 전기공급서비스를 받지 못하게 된다. 이러한 가능성을 최소화하기 위하여 중복영역은 가능한 한 작게 유지하도록 한다.

중복영역은 각 차단기에 대해 2세트의 계기용 변성기와 계전기로 구성된다. 예를 들면, 그림 11.24의 차단기는 1영역에 대해 1개, 2영역에 대해 1개로 총 2개의 CT를 갖고 있는 경우를 보여주고 있고, 그 배열 순서로는 첫 번째로 영역 내의 설비, 두 번째로 차단기, 그리고 마지막으로 그 영역에 대한 CT로 이루어진다.

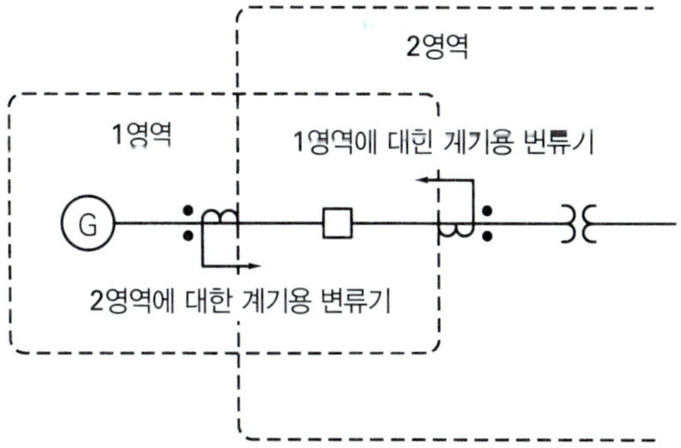

그림 11.24 차단기 주위의 중복 보호

예제 11.7 보호 영역

그림 11.25의 전력계통에 대하여 보호영역을 표기하고, P_1에서의 고장, P_2에서의 고장에 대하여 어느 쪽의 차단기가 개방되어야 하는가?

| 풀이

차단기가 영역경계를 구분하도록 하고, 보호영역은 그림 11.26에서와 같이 점선으로 그리도록 한다. 5영역에 위치한 P_1에서의 고장에 대해서는 차단기 B24 및 B42가, 4영역과 5영역의 중복영역에 위치한 P_2에서의 고장에 대해서는 차단기 B24, B42, B21 및 B23이 개방하도록 해야 한다.

(계속)

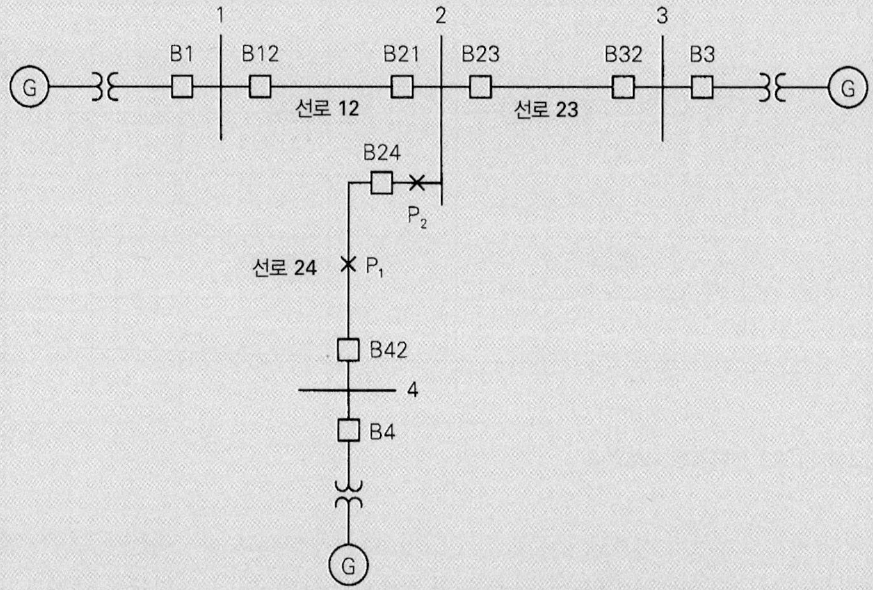

그림 11.25 예제 11.7에 대한 전력계통

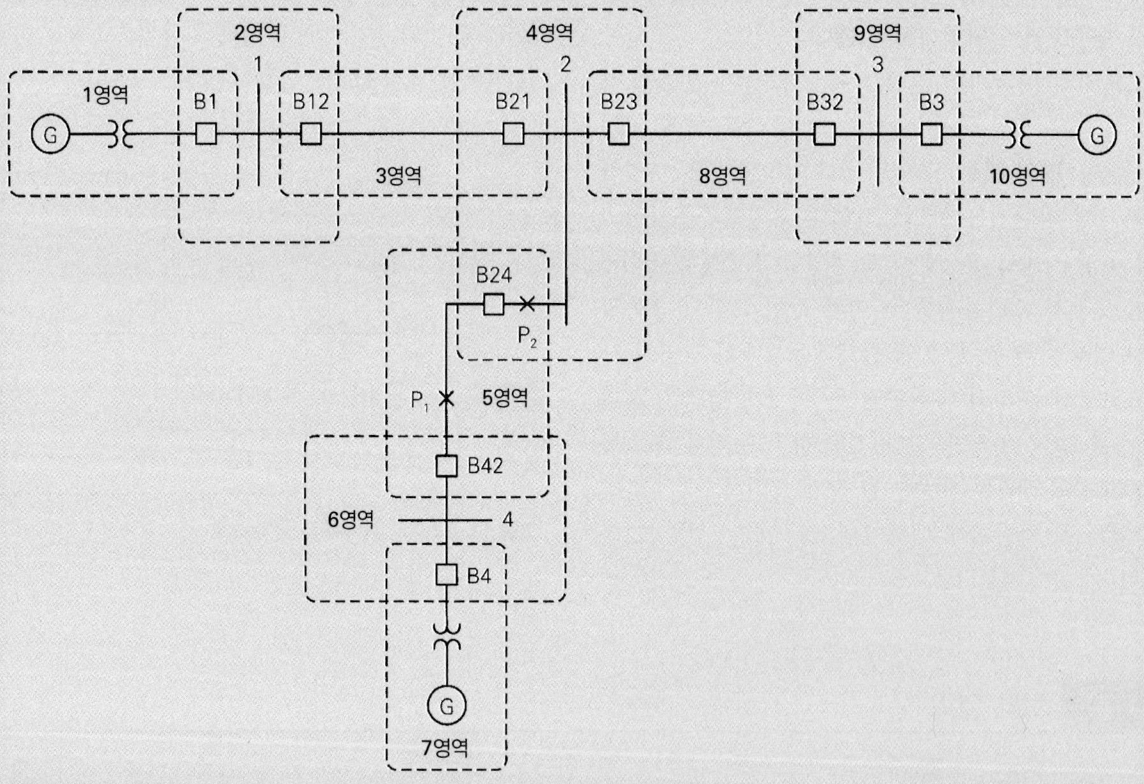

그림 11.26 예제 11.7에 대한 보호영역

11.9 임피던스(거리) 계전기에 의한 선로 보호

어떤 수지상 계통을 한시 과전류 계전기에 의해 보호할 경우, 시간지연협조가 쉽지 않을 수 있다. 특히, 분기선로와 모선이 다수 존재하는 계통에서 전원 측에 가장 가까운 차단기의 시간지연이 과도하게 길게 설정된다.

또한, 다수의 전원을 갖는 루프 송전계통의 보호에 있어서도 방향 과전류 계전기 간의 협조를 꾀하기가 어렵다. 이들에 대한 예를 그림 11.27에 나타낸 루프 송전계통에서 살펴보기로 하자. 먼저, P_1에서의 고장 시 B21은 B32보다, P_2에서의 고장 시 B32가 B13보다, P_3에서의 고장 시 B13이 B21보다 각각 빠르게 동작해야 할 것이다. 이와 같이 고장전류의 크기에 의존하여 적절한 협조를 얻어내는 과정은 지루할 뿐 아니라 다양한 선로와 전원이 정전으로 진전되는 것을 고려할 때, 계전기들 간의 협조는 더욱 어렵게 된다.

이러한 문제를 극복하기 위하여 전압-전류비에 응동하는 계전기가 대책 중의 하나로 고려될 수 있다. 3상고장 시 전류는 증가하고 고장에 가까운 모선전압은 감소하게 되는데, 예를 들어 전압이 2배로 감소하는 동안 전류가 5배로 증가한다고 하면 전압-전류비는 10배로 감소하게 된다. 즉, 전압-전류비는 전류 하나만에 의한 것보다 고장에 대해 더욱 민감하다는 것을 알 수 있다. 이와 같이 전압-전류비에 근거하여 동작하는 계전기를 임피던스 계전기 또는 거리 계전기 또는 비율 계전기라고 부른다.

임피던스 계전기의 동작 및 부동작 영역은 그림 11.28의 RX 선도와 같고, 여기서 임피던스 Z는 계전기 위치에서의 전압-전류비로 정의된다. 계전기는 $|Z| < |Z_r|$에 대하여 동작하며, 여기서 Z_r은 조정 가능한 계전기 설정값(치)이며, 동작 영역과 부동작 영역 사이의 경계를 구분하는 임피던스 원은 Z_r을 통과한다.

그림 11.28의 임피던스 계전기의 동작 영역에 나타난 선로 임피던스 궤적이라고 불리는 직선은 계전기 위치에서 선로 상의 여러 지점을 바라다본 리액턴스 성분이 큰 정상분 선로 임피던스의 궤적이다. 계전기 설정치 Z_r은 동작-부동작 영역의 경계를 결정하는 임피던스 원이 통과하는 R-X 평면상의 점이다.

$Z = V_1/I_{12}$인 그림 11.27의 차단기 B12에 위치한 임피던스 계전기에 대하여 살펴보기로 하자. 정상운전에서는 부하전류가 고장전류보다 상당히 작아서 Z는 그 값이 상당히 크고, 임의의 위상각을 갖는다. 그러므로 Z는 그림 11.28이 원 밖에 위치하게 되어 계전기는 동작하지 않는다.

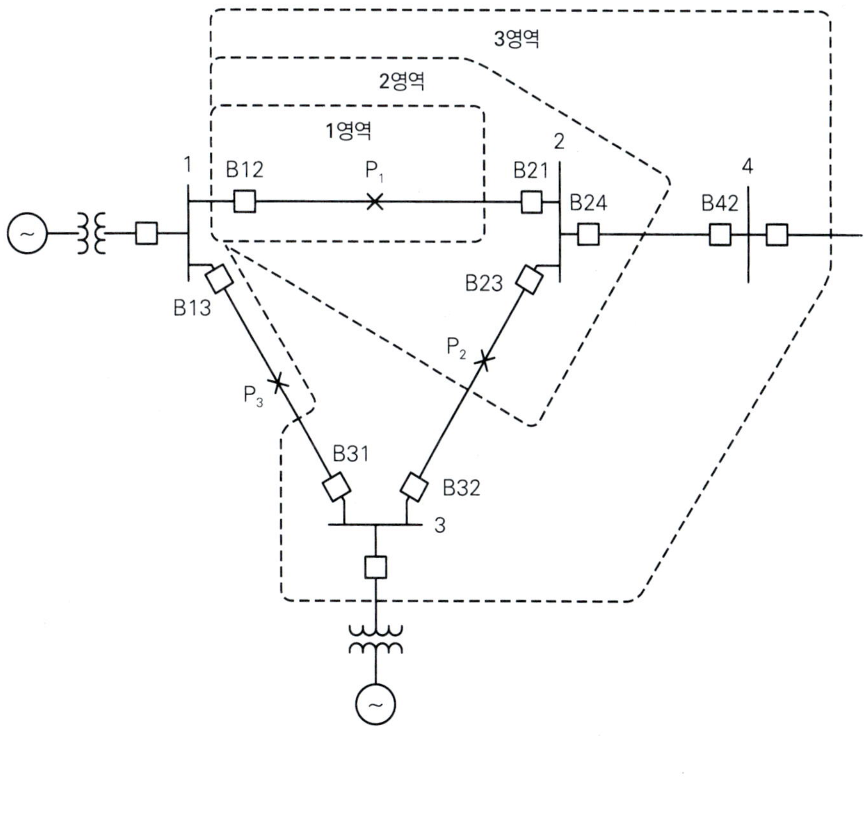

그림 11.27 345 kV 루프 송전계통

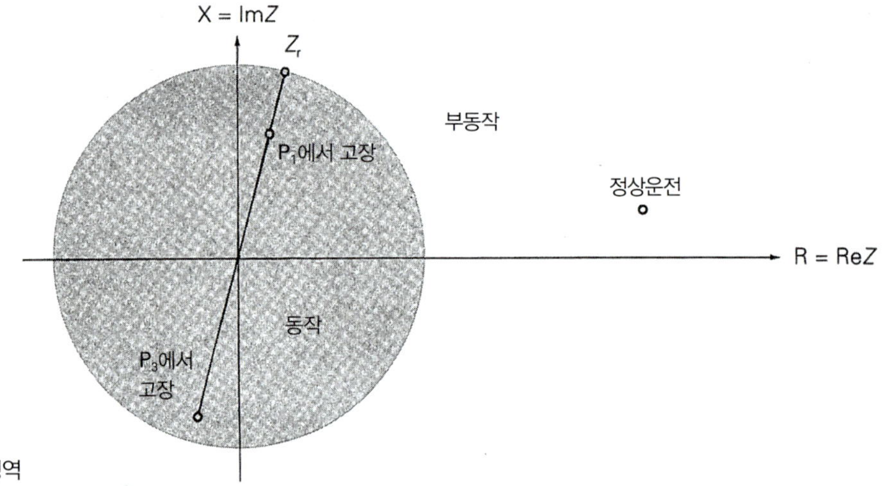

그림 11.28 임피던스 계전기의 동작 및 부동작 영역

그러나 P_1에서의 3상고장 시 Z는 B12 계전기 위치에서 고장점 P_1까지의 선로 임피던스로 계전기 B12에 나타난다. 이때, 그림 11.28의 $|Z_r|$이 이 임피던스의 크기보다 크게 설정된 경우 B12 계전기는 개방동작한다. 또한, P_3에서의 3상고장 시 Z는 B12 계전기 위치에서 고장점 P_3까지의 선로 임피던스로 계전기 B12에 음수로 나타나고, 이때 $|Z_r|$이 이 임피던스보다 크다면 B12 계전기는 개방동작한다. 따라서 그림 11.28의 임피던스 계전기는 방향성이 아니므로 계전기의 좌측 또는 우측 고장에 대하여 모두 개방동작을 하게 된다.

임피던스 계전기에 방향성을 갖게 하는 두 가지 방법이 그림 11.29의 RX 선도에 제시되어 있다. 그림 11.29(a)는 방향제약 기능을 갖는 임피던스 계전기의 동작특성을 나타낸 것으로, 임피던스 계전기에 방향 계전기를 직렬로 연결함으로써 얻어진다. 그림 11.29(b)는 수정 임피던스 계전기 또는 mho 계전기의 동작특성을 나타낸 것으로 임피던스 원의 중심을 원하는 위치의 임피던스로 이동시킴으로써 얻어진다. 만일 그림 11.27의 B12에서 이와 같은 계전기의 어느 하나가 사용된다면, P_1에서의 고장에 대해서는 동작, P_3에서의 고장에 대해서는 부동작으로 될 것이다.

mho 계전기의 동작특성에 임피던스 원 반경은 방향 제약 기능을 갖는 임피던스 계전기의 동작특성에 나타나는 임피던스 원 반경의 1/2이 됨에 유의하라. mho 계전기는 역률 1에 가까운 부하에 대하여 우수한 선택도를 갖는다. 예를 들면, 역률 1에 가까운 부하 Z_L은 그림 11.29(a)에서는 동작 영역에 놓이게 되나, 그림 11.29(b)에서는 부동작

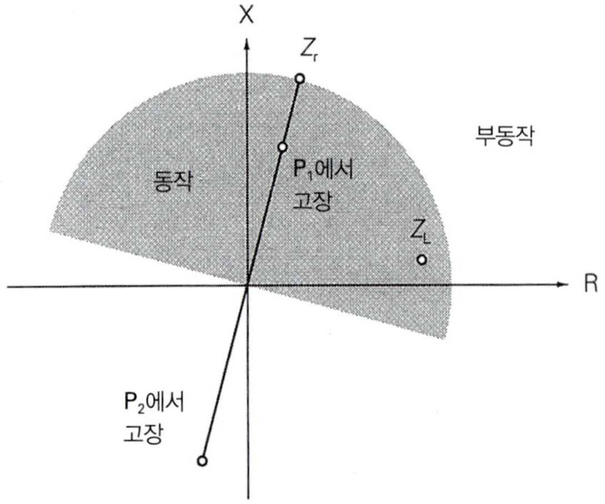

(a) 방향 억제를 갖는 임피던스 계전기

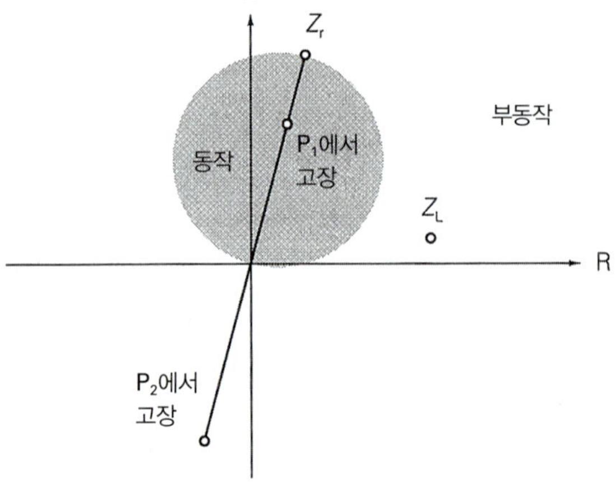

(b) 수정 임피던스 계전기(mho 계전기)

그림 11.29 방향성을 갖는 임피던스 계전기의 동작특성

영역에 놓이게 된다.

임피던스 계전기의 **동작범위**(reach)란 계전기가 보호대상 선로에 대하여 얼마나 멀리까지 고장검출이 가능한지를 나타내는 것으로, 예를 들면 80% 동작범위라는 것은 계전기 설치지점과 보호대상 선로길이의 80% 사이에 발생하는 고장 임피던스 0인 3상 단락고장을 검출할 수 있음을 의미한다. 이 점에서 임피던스 계전기는 '거리 계전기'라고도 불린다.

한 개의 상당 3개의 방향 임피던스 계전기를 설치하여 동작범위를 증가시키고, 지연시간을 길게 갖도록 하는 경우가 일반적이다. 예를 들면, 3개의 보호영역을 갖고 있는 그림 11.27의 B12의 경우, 1영역 계전기는 선로 1~2에 대한 주보호를 위하여 80% 동작범위와 순시동작으로, 2영역 계전기는 모선 2를 넘어선 약 120% 동작범위와 0.2~0.3초의 지연시간으로 각각 설정된다. 이때, 2영역 계전기는 2영역의 선로 2~3 또는 2~4의 고장에 대한 원격 후비보호뿐만 아니라 선로 1~2의 고장에 대한 후비보호를 수행하게 된다.

선로 2~3이 고장인 경우, B12 계전기가 아닌 B23 계전기가 개방동작해야 한다. 선로 1~2이든 선로 2~3이든 모선 2 근처에서의 고장에 대하여 B12에서 본 임피던스는 근본적으로 동일하기 때문에 1영역의 B12 계전기는 100% 동작범위로 설정하지 말고, 그 대신에 80% 동작범위로 하여 모선 2 근처인 선로 2~3의 고장에 대한 B12의 순시동작을 피하도록 해야 한다. 예를 들면, 선로 2~3의 P_2에서 고장발생 시, B23은 순간적으로 개방동작하되 실패할 경우에는 시간지연 후에 B12가 개방동작할 것이다. 또한, 모선 2 또는 모선 2 근처에서의 다른 고장은 시간지연 이후 B12의 2영역 계전기를 개방동작하도록 할 것이다.

B12의 3영역 계전기의 동작범위는 일반적으로 인접선

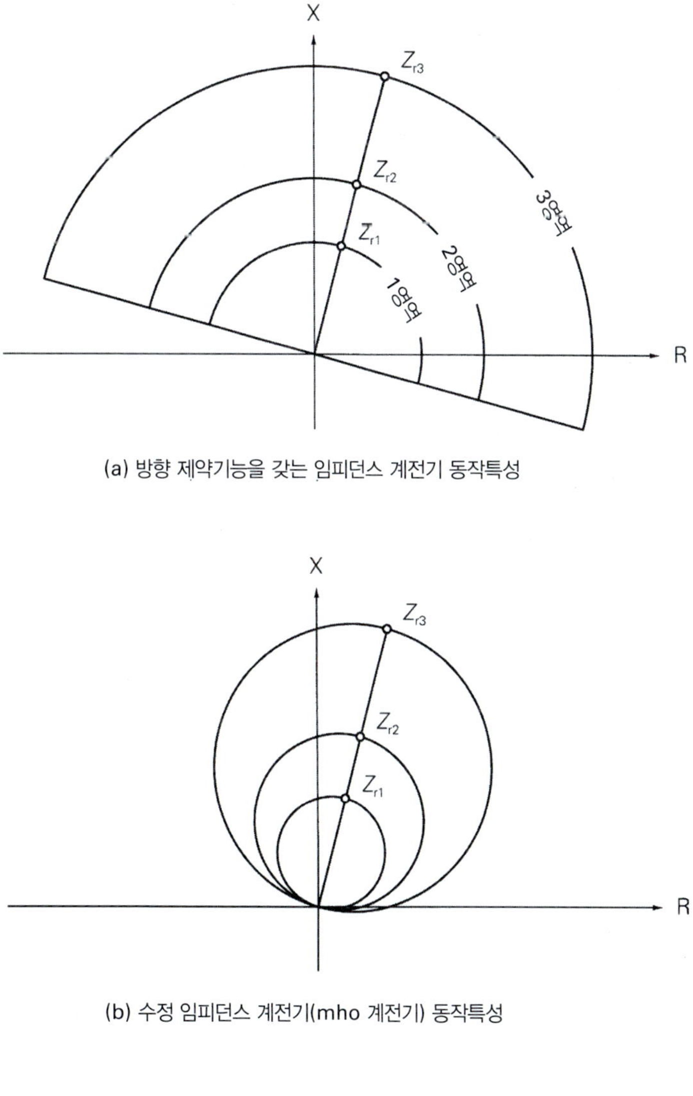

그림 11.30 3개 영역 방향 임피던스 계전기 동작특성

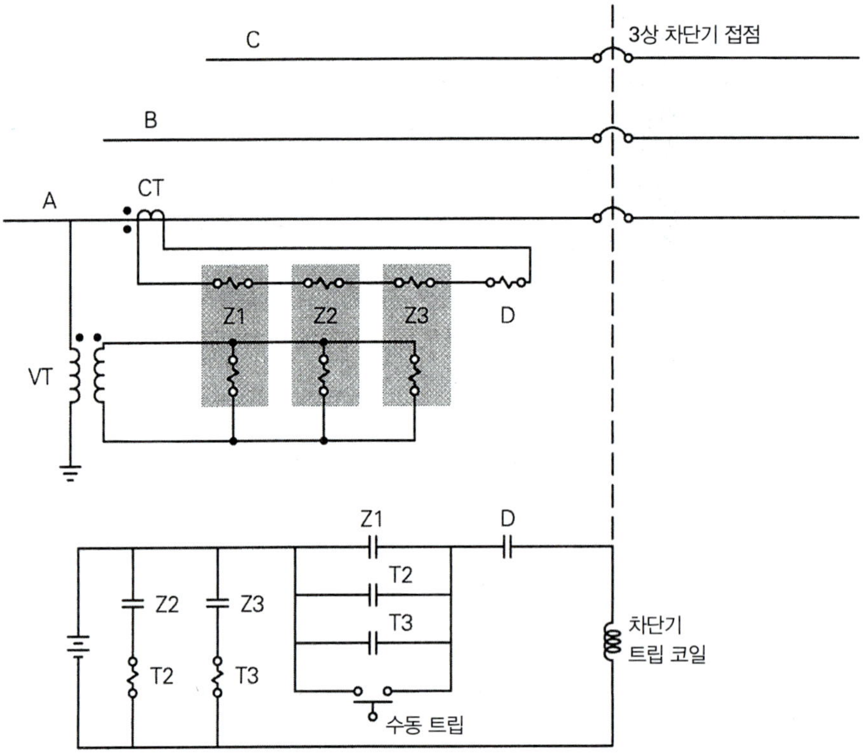

그림 11.31 방향 제약기능을 갖는 3개 영역 방향 임피던스 계전기에 대한 계전기 결선 (A상만 나타냈음)

로에 대한 원격 후비보호를 위하여 그림 11.27의 모선 3과 4를 초과한 범위까지 설정한다. 즉, 3영역 계전기의 동작범위를 선로 2~3 또는 2~4의 120%에 선로 1~2의 100%를 더하여 설정하고, 시간지연도 통상 1초 정도 크게 설정한다.

그림 11.30은 3개 영역에 대하여 2개의 방향 임피던스 계전기의 대표적인 동작 및 부동작 영역을, 그림 11.31은 방향제약 기능을 갖는 3개 영역 임피던스 계전기에 대한 계전기 결선도를 나타낸 것이다.

예제 11.8 3개 영역 임피던스 계전기 설정

표 11.8은 그림 11.27에 나타낸 345 kV 계통에 대해 B12에서의 CT 비 및 VT 비뿐만 아니라 정상분 선로 임피던스를 나타낸 것이다.

(a) 그림 11.31에 나타낸 것과 같이 연결된 3영역, 방향 임피던스 계전기 B12에 대하여 Z_{r1}, Z_{r2} 및 Z_{r3}의 정정값을 구하라. 단지 직접 3상 고장만 고려하라.

(b) 비상시 부하조건에서 선로 1~2에 대한 최대 전류는 0.95지상 역률에서 1,500 A이다. B12가 정상적인 부하 및 비상시 부하 동안 트립하지 않음을 검증하라.

| 풀이

a. V_{LN}은 모선 1에서의 상 전압이고 I_L은 B12를 통과하는 선전류로 정의하고, B12에서 본 1차 임피던스 Z는 다음과 같다.

$$Z = \frac{V_{LN}}{I_L}\ \Omega$$

(계속)

표 11.8 예제 11.8에 대한 데이터

선로	정상분 임피던스 Ω	
1-2	$8 + j50$	
2-3	$4 + j25$	
2-4	$5.3 + j33$	
1-3	$4.3 + j27$	
차단기	**CT 비**	**VT 비**
B12	1500 : 5	3000 : 1

표 11.8에 주어진 계기용 변류기 및 계기용 변압기 비를 이용하여 B12 임피던스 계전기에서 본 2차 임피던스는

$$Z' = \frac{V_{LN}\Big/\left(\frac{3000}{1}\right)}{I_L\Big/\left(\frac{1500}{5}\right)} = \frac{Z}{10}$$

B12의 영역 1 계전기를 80% 동작범위로, 즉 선로 1~2 임피던스의 80%로 설정하면,

$$Z_{r1} = 0.80(8 + j50)/10 = 0.64 + j4$$
$$= 4.05\underline{/80.9°}\ \Omega\ 2차$$

B12의 영역 2 계전기를 120% 동작범위로 설정하면,

$$Z_{r2} = 1.2(8 + j50)/10 = 0.96 + j6$$
$$= 6.08\underline{/80.9°}\ \Omega\ 2차$$

표 11.8로부터 선로 2~4는 선로 2~3보다 더 큰 임피던스를 가지므로 B12의 영역 3 계전기는 선로 1~2의 100% 동작범위에 선로 2~4의 120% 동작범위를 합한 것으로 설정한다.

$$Z_{r3} = 1.0(8 + j50)/10 + 1.2(5.3 + j33)/10$$
$$= 1.44 + j8.96 = 9.07\underline{/80.9°}\ \Omega\ 2차$$

b. $V_{LN} = 345/\sqrt{3}\underline{/0°} = 199.2\underline{/0°}$ kV, $1500\underline{/-\cos^{-1}(0.95)} = 1500\underline{/-18.19°}$ A이므로 비상 시 B12의 임피던스 계전기에서 본 임피던스는 다음과 같이 계산된다.

$$Z' = Z/10 = \left(\frac{199.2 \times 10^3}{1500\underline{/-18.19°}}\right)\Big/10$$
$$= 13.28\underline{/18.19°}\ \Omega\ 2차$$

이 임피던스는 3영역 설정치 $9.07\underline{/80.9°}$ Ω을 초과하기 때문에 비상 시 임피던스는 3영역 방향 임피던스 계전기의 동작영역 밖에 놓여 있다. 또한, 정상운전 시는 부하가 작아 임피던스가 더 커지게 되어 계전기 동작영역에서 더욱 멀리 벗어나게 된다. 이로부터 B12 임피던스 계전기는 고장 시 개방동작하나 정상적인 부하 및 비상 시에는 개방동작을 하지 않을 것이다.

임피던스 계전기의 3영역을 이용한 인접선로의 원격 후비보호는 비효과적일 수도 있다. 실제로 모선은 원격 말단에 전원이 연결된 각기 길이가 다른 많은 분기 선로를 갖게 되므로 고장시 이들로부터 공급되는 고장전류로 인해 3영역 계전기가 부동작할 수도 있다. 이를 '분류효과'라고 하며, 문제 11.21에 예시하기로 한다.

상 전압과 선 전류 모두를 이용한 임피던스 계전기, 즉 지락 계전기는 3상고장, 1선 지락고장 및 2선 지락고장 검출에 매우 효과적이다. 불평형 고장 시 계전기에서 본 임피던스는 일반적으로 3상고장 시와 같지 않고 고장점까지의 거리에 정확히 비례하지 않지만, 고장 시의 고장전류와 전압을 이용하여 고장에 대한 임피던스를 계산한 결과를

활용하면 어떤 고장에 대해서도 검출을 위한 정확한 설정이 가능하다. 고장점이 멀수록 측정점에서 고장점에 대한 임피던스는 증가하고, 가까울수록 감소한다.

지락 계전기는 선간 단락고장에 대해서는 비교적 민감하게 반응하지 않는다. 선간전압 V_{ab}, V_{bc}, V_{ca} 및 선전류의 차이 $I_a - I_b$, $I_b - I_c$, $I_c - I_a$를 사용한 임피던스 계전기를 위상 계전기라고 하며, 이는 선간 단락고장 및 2선 지락고장에 효과적으로 응동하지만 상대적으로 1선 지락고장에는 둔감하다. 따라서 위상 계전기 및 지락 계전기 모두 사용할 필요가 있다.

11.10 차동 계전기

차동 계전기는 발전기, 모선 및 변압기를 보호하는 데 공통적으로 사용된다. 그림 11.32는 발전기 보호를 위한 차동 계전 방식의 기본 방법을 보여주고 있는 것으로 여기에서는 한 개의 상에 대한 보호방식을 나타낸 것이다. 실제로는 다른 두 상 모두에도 적용된다. 즉, 3개의 상 중에서 어느 한 상의 계전기가 동작하면 발전기의 중성점 차단기, 계자권선 차단기(그림에 나타나 있지 않음) 및 발전기 주차단기의 3상 모두 동작하게 된다.

발전기 고정자권선 내에서 고장이 없는 경우 $I_1 = I_2$이고, 동일한 CT 비에 대해 $I'_1 = I'_2$이다. 이 경우, 계전기 동작 코일에 흐르는 전류는 0이 되어 계전기는 동작하지 않는다. 반면에, 발전기 고정자권선 내부의 지락고장 및 선간 단락고장에 대해서는 $I_1 \neq I_2$ 및 $I'_1 \neq I'_2$가 되어, 그 차전류인 $I'_1 - I'_2$가 계전기 동작 코일에 흘러 계전기가 동작하게 된다. 이와 같이 계전기 동작이 전류차에 의존하기 때문에 **차동 계전기**라고 부른다.

평형빔 계전기라고 부르는 전자기계식 차동 계전기를 그림 11.33에 보인다. 그림에서 우측 하향 힘이 좌측 하향 힘보다 크면 계전기 접점은 닫힌다. 우측 동작 코일의 전자

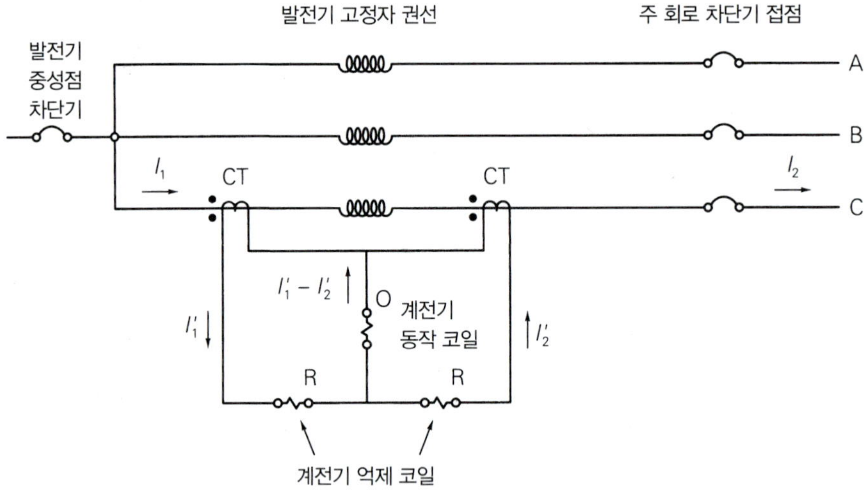

그림 11.32 발전기 보호를 위한 차동 계전방식 (1상에 대한 보호만 나타냈음)

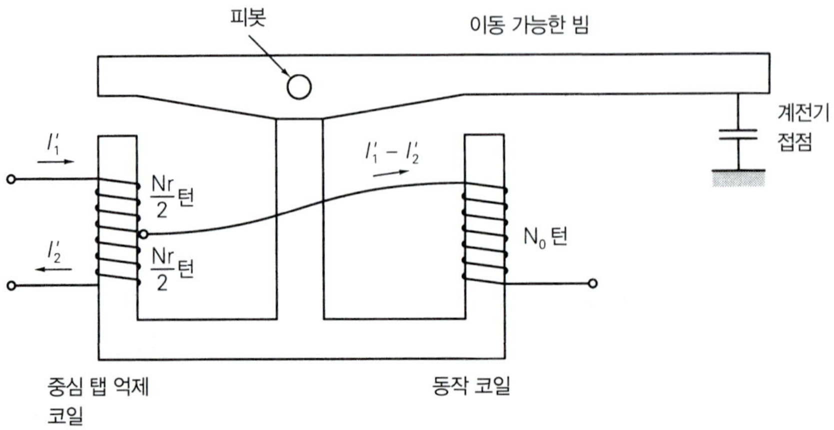

그림 11.33 평형빔 차동 계전기

력은 동작 코일 기자력의 제곱 $[N_0(I_1' - I_2')]^2$에, 좌측 억제 코일의 전자력은 $[N_r(I_1' + I_2')/2]^2$에 각각 비례한다. 계전기 동작을 위한 조건은

$$[N_0(I_1' - I_2')]^2 > [N_r(I_1' + I_2')/2]^2 \tag{11.10.1}$$

제곱근을 취하면,

$$|I_1' - I_2'| > k|(I_1' + I_2')/2| \tag{11.10.2}$$

여기서,

$$k = N_r/N_0 \tag{11.10.3}$$

I_1' 및 I_2'가 동일 위상이라고 가정하면, 식 (11.10.2)는

$$\begin{aligned} I_2' &> \frac{2+k}{2-k} I_1' \quad I_2' > I_1' \text{인 경우} \\ I_2' &< \frac{2-k}{2+k} I_1' \quad I_2' < I_1' \text{인 경우} \end{aligned} \tag{11.10.4}$$

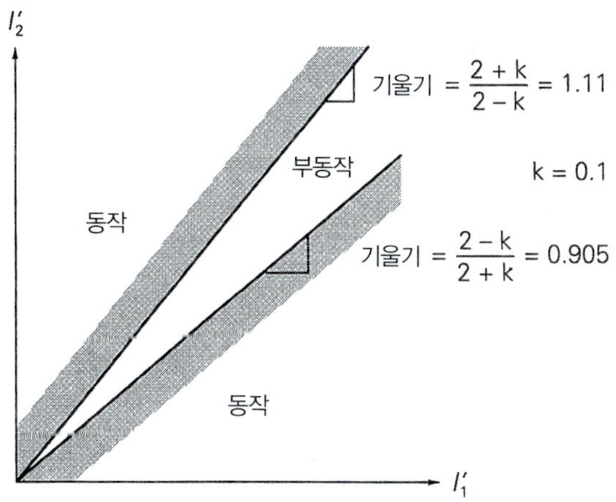

그림 11.34 차동 계전기의 동작 및 부동작 영역

식 (11.10.4)를 k = 0.1에 대하여 차동 계전기의 동작 및 부동작 영역을 구하기 위하여 그림 11.34에 나타내었다. k가 증가함에 따라 부동작 영역이 커져 계전기는 민감도가 저하된다. 실제로 두 개의 CT는 동일하지 않으므로 외부고장 시 $I_1 = I_2$임에도 불구하고 차동 계전기 전류 $(I_1' - I_2')$는 감지될 수 있다. 그러나 평형빔 계전기는 그림 11.34에 나타낸 바와 같이 전류가 증가함에 따라 부동작 영역이 증가하기 때문에 정상 전류에 대하여 민감도를 저해하지 않고도 이 문제를 해결하게 한다. 또한, 계전기는 저전류에서 오동작을 피하기 위하여 원점 근처의 매우 작은 전류에 대하여 부동작 영역을 확장하도록 쉽게 수정할 수 있다.

차동 계전방식은 후비보호 없이 주영역을 보호하므로 인접영역과의 협조 없이 고속개방이 가능하다. 따라서 정밀한 계전기 설정이 필요 없고, 계통의 고장전류 및 전압 계산이 필요하지 않다.

11.11 차동 계전기에 의한 모선 보호

그림 11.35의 단선도에 차동 계전기에 의한 모선 보호 예를 보인다. 실제로 각 상마다 하나씩 총 3개의 차동 계전

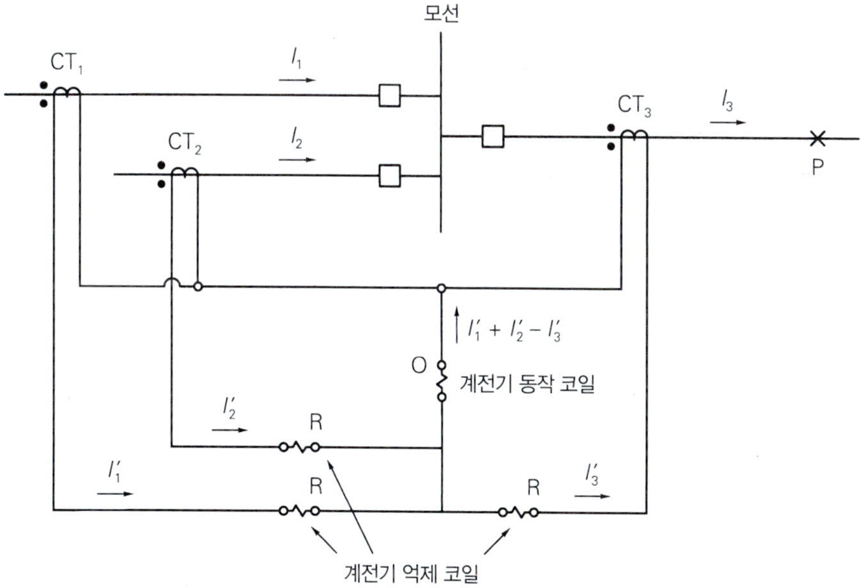

그림 11.35 차동 계전기에 의한 모선 보호 예

기가 필요한데, 이 중에서 하나의 계전기가 동작하면 모선에 연결된 3상 차단기가 모두 개방하여 3상 모선이 계통과 분리하게 된다.

CT 사이에 내부 고장이 없는 경우, 즉 모선 고장이 없는 경우에 대하여 $I_1 + I_2 = I_3$이며, 동일한 CT에 대해 차동 계전기 전류($I'_1 + I'_2 - I'_3$)는 0으로 계전기는 동작하지 않는다. 그러나 모선 고장 시 차동 계전기 전류 ($I'_1 + I'_2 - I'_3$) ≠ 0으로 계전기가 동작하도록 동작코일에 전류가 흐르게 된다. 그림에서의 억제 코일은 동일하지 않는 CT의 문제를 해결하는 데 사용된다.

차동 계전기에 의한 모선 보호의 문제점은 고장전류의 레벨차와 이로 인한 CT 포화 정도의 변화에 있다. 예를 들면, 그림 11.35의 점 P에서의 외부고장 시 CT_1과 CT_2의 1차측에는 각각의 고장전류가 흐르지만, CT_3의 1차측에는 그 합인 $I_3 = I_1 + I_2$가 흐르게 되어 CT_3는 포화되어 $I'_3 \neq I'_1 + I'_2$가 된다. 이때 포화가 과도하게 되면 포화 차동 전류로 오동작을 유발할 수 있다. 이 문제는 모선에 연결된 분기선로의 수가 많을 때 더욱 심각하게 된다. 이 문제를 해결하기 위한 여러 가지 방법들이 지금까지 개발되어 왔다[1].

11.12 차동 계전기에 의한 변압기 보호

전력용 변압기의 보호방법은 변압기 MVA 정격에 따라 다르게 결정되는데, 일반적으로 퓨즈는 작은 MVA 정격을 갖는 변압기의 보호에, 차동 계전기는 10 MVA 이상의 정격을 갖는 변압기의 보호에 사용된다.

단상 2권선 변압기에 대한 차동 보호방법을 그림 11.36에 보인다. 그림의 좌측 및 우측 CT의 권선비를 각각 $1/n_1$, $1/n_2$로(1차측 턴수 1, 2차측 턴수 n인 CT의 권선비 a = 1/n이 됨) 표시하면, CT 2차 전류는 각각

$$I'_1 = \frac{I_1}{n_1} \qquad I'_2 = \frac{I_2}{n_2} \tag{11.12.1}$$

계전기 동작 코일에 흐르는 전류는

$$I' = I'_1 - I'_2 = \frac{I_1}{n_1} - \frac{I_2}{n_2} \tag{11.12.2}$$

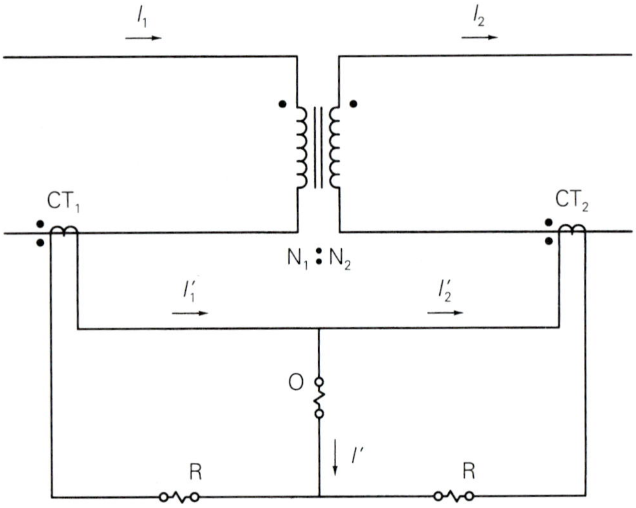

그림 11.36 차동 계전기에 의한 단상 2권선 변압기의 보호

CT 사이에 고장이 없는 경우, 즉 변압기 내부고장이 없는 경우에 대하여 이상 변압기의 1차, 2차 전류는

$$I_2 = \frac{N_1 I_1}{N_2} \tag{11.12.3}$$

식 (11.12.2)에 식 (11.12.3)을 대입하면

$$I' = \frac{I_1}{n_1}\left(1 - \frac{N_1/N_2}{n_2/n_1}\right) \tag{11.12.4}$$

변압기 내부고장이 없는 경우, 즉 식 (11.12.3) 및 식 (11.12.4)가 만족될 때 계전기 개방동작을 방지하기 위하여 차동 계전기 전류 I′는 0이 되어야 한다. 그러므로 식 (11.12.4)는 다음과 같이 된다.

$$\frac{n_2}{n_1} = \frac{N_1}{N_2} \tag{11.12.5}$$

CT 사이에 변압기 내부고장 발생 시, 식 (11.12.3)은 만족되지 않고 차동 계전기 전류 $I' = I'_1 - I'_2$는 0이 아니다. 이때 식 (11.10.4)의 동작 조건이 만족된다면 계전기는 개방동작을 하게 된다. 또한, 식 (11.10.4)에서 k의 값은 그림 11.34에 나타난 부동작 영역의 크기를 조정하기 위하여 선택될 수 있고, 이것으로 계전기 민감도를 조정할 수 있다.

예제 11.9 차동 계전기에 의한 단상 변압기 보호

단상 2권선 변압기인 10 MVA, 80 kV/20 kV를 차동 계전기로 보호하기 위한 적절한 CT 비를 선택하라. 또한, 계전기가 I'_1과 I'_2 사이에 25%까지의 오차를 극복하도록 k를 선택하시오.

| 풀이

변압기 1차측 정격전류는

$$I_{1rated} = \frac{10 \times 10^6}{80 \times 10^3} = 125 \quad A$$

표 11.2로부터 정격 조건에서 $I'_1 = 125(5/150) = 4.17$ A가 되도록 150 : 5의 1차 CT 비를 선정한다. 동일하게 $I_{2rated} = 500$ A, $I'_2 = 500(5/600) = 4.17$ A이고 정격 조건에서 차동 전류 $I' = I'_1 - I'_2 = 0$(자화전류 무시)이 되도록 600 : 5의 2차 CT 비를 선정한다. 또한, I'_1과 I'_2 사이의 25% 오차에 대하여 그림 11.34에 위쪽 기울기가 1.25가 되도록 선정한다. 즉,

$$\frac{2+k}{2-k} = 1.25 \qquad k = 0.2222$$

차동 변압기 보호의 공통 문제는 표준 CT 비를 사용할 때 발생하는 CT 오차이다. 만약, 예제 11.9에서 1차 권선이 80 kV 정격 대신에 138 kV를 가진다면, $I_{1rated} = 10 \times 10^6/138 \times 10^3 = 72.46$ A이고, 100 : 5의 좌측 CT는 정격 조건에서 $I'_1 = 72.46(5/100) = 3.62$ A가 되어 이 전류는 5 : 600의 우측 CT 사용 시 $I'_2 = 4.17$ A와 일치하지 않고, 5 : 800의 우측 CT 사용 시 $I'_2 - 3.13$ A와도 일치하지 않는다. 오차는 약 15%이다.

이 문제에 대한 해결책 중의 하나로서 넓은 범위의 권선비를 제공하는 보조 CT를 사용하는 것이다. 위의 예에서 5 : 600의 우측 CT에 연결된 5 : 5.76의 보조 CT는 I'_2를 4.17(5/5.76) = 3.62 A로 감소시켜 I'_1과 동일하게 하지만, 불행하게도 보조 CT는 주 CT에 보조 CT의 부담을 더하고, 또한 변압기 오차를 증가시킨다. 이보다 더 나은 해결책으로서는 보조 CT와 같은 효과를 갖는 계전기 자체 탭 설정 방법을 사용하는 것이다. 대부분의 변압기 보호를 위한 차동 계전기는 2 혹은 3 대 1의 비를 갖는 억제 권선에서 오차를 제공하는 탭을 가진다.

변압기에 전원이 인가될 때 큰 돌입전류, 즉 변압기의 병렬 여자회로에 과도전류가 흐르고 몇 주기 후에 작은 정상상태 값으로 감쇠하는 전류가 발생할 수 있다. 이 여자돌입전류는 1차 권선에서만 흐르기 때문에 차동 계전기 전류로 나타난다. 따라서 변압기 가압으로 큰 여자돌입전류 발생 시 차동 계전기에는 이에 해당하는 차동전류가 흐르게 되므로 이 여자돌입전류에 대해 보정되지 않는다면 계전기는 개방동작을 하여 변압기를 계통으로부터 분리시킬 것이다.

변압기 여자돌입전류에 대한 계전기 개방동작을 방지하기 위한 한 가지 방법으로서, 여자돌입전류가 커다란 2고조파 성분을 갖는 비정현파라는 사실에 근거하여 차동전류 I'의 기본파는 통과시키고 고조파 성분을 차단하는 필터를 사용하는 것이다. 또 다른 방법은 여자돌입전류가 계전기를 둔감하게 할 수 있는 감쇄특성의 큰 직류성분을 갖는다는 사실에 근거하여 여자돌입전류가 작은 값으로 감쇠될 때까지 차동 계전기에 시간지연요소를 사용하는 것이다.

그림 11.37은 3상 Y–Δ 2권선 변압기의 차동 보호에 대한 예를 보이고 있다. Y–Δ 변압기는 선전류에서 30°의 위상변위를 가져오기 때문에 CT 2차 전류가 동상이 되도록 CT가 30° 보상 결선되어야 한다. 즉, 변압기의 Y 측에 CT 2차측을 Δ로, 변압기의 Δ 측에 CT 2차측을 Y로 연결함으로써 30° 위상차 보상이 되어 CT 2차측 전류위상이 동상이 된다.

3상 변압기(Y–Y, Y–Δ, Δ–Y, Δ–Δ)에 대하여 30° 위상변위 보상을 위한 CT 결선방법은 Y 측에 Δ로 CT를 연결하고, Δ 측에 Y로 CT를 연결하는 것이다. 영상분 전류는 변압기 Δ 측 또는 Δ 측의 CT로 들어갈 수 없고, 접지된 Y 측에서의 영상분 전류는 Δ 결선된 CT로 들어갈 수 없다. 따라서 이러한 결선은 외부 지락고장에 대하여 차동 계전기로의 영상분 전류의 유입을 차단하게 한다. 그러나 내부 지락고장에 대해서는 계전기가 이러한 고장에 관련된 정상

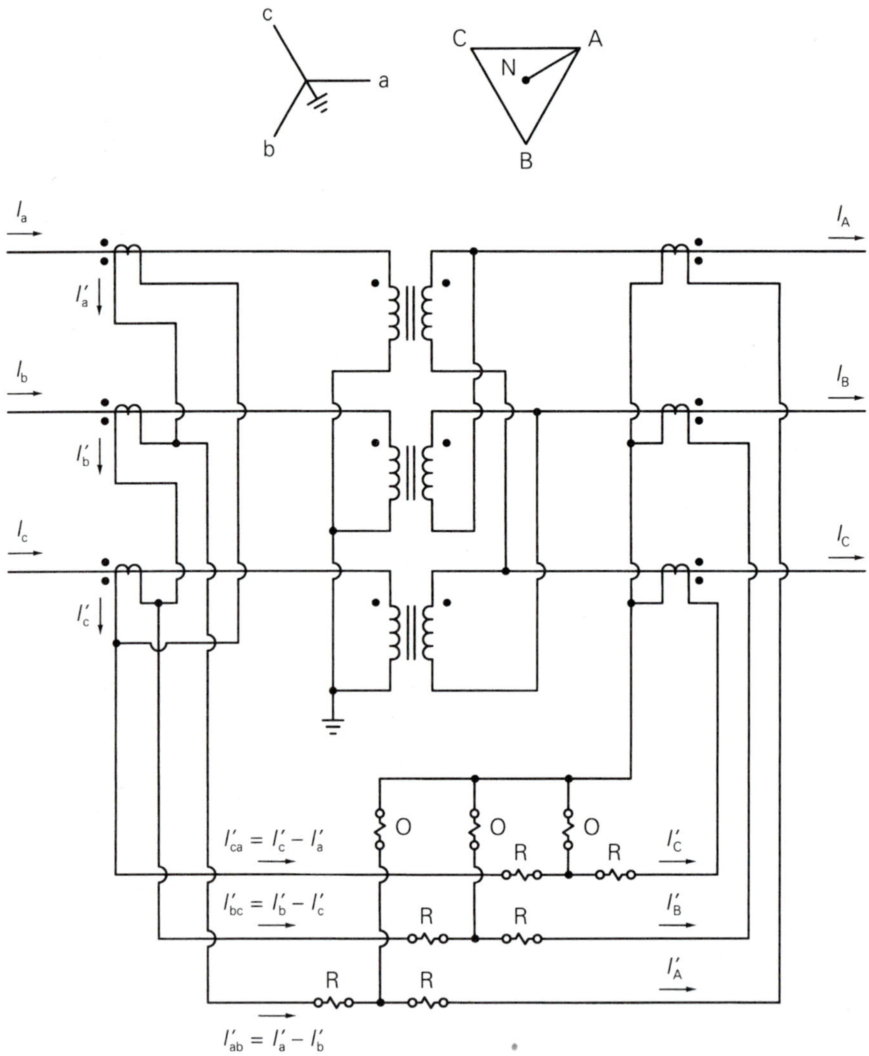

그림 11.37 3상 Y–Δ 2권선 변압기의 차동 보호

분 및 역상분 전류로 인하여 동작할 수 있다.

차동 보호방법은 다권선 변압기, 전압조정 변압기, 위상각조정 변압기, 정류기 변압기, zig-zag 같은 특수 결선 변압기 및 그 외 다른 특수한 목적의 변압기를 다루기 위하여 개발되어 왔다. 또한, 액체 유입 변압기를 위한 가스 압력 검출기 같은 다른 형태의 계전기가 사용된다.

예제 11.10 차동 계전기에 의한 3상 변압기 보호

30 MVA, 34.5 kV Y/138 kV Δ 변압기가 탭이 있는 차동계전기에 의하여 보호될 경우, CT 비, CT 결선 및 계전기탭 설정치를 선정하시오. 또한, 정격에서 변압기 및 CT에 흐르는 전류를 구하시오. 1.00, 1.10, 1.32, 1.46, 1.60, 1.80 그리고 2.00의 계전기 탭비를 주도록 하는 이용 가능한 계전기 탭 설정치는 5 : 5, 5 : 5.5, 5 : 6.6, 5 : 7.3, 5 : 8, 5 : 9 및 5 : 10으로 가정한다.

| 풀이

그림 11.37에서와 같이 CT는 정확한 위상보상을 위해 변압기의 Y 측(34.5 kV)에 Δ로, Δ 측(138 kV)에 Y로 연결된다. 변압기의 138 kV 측의 정격 전류는

(계속)

$$I_{A\ rated} = \frac{30 \times 10^6}{\sqrt{3}(138 \times 10^3)} = 125.51 \quad A$$

그림 11.37의 138 kV CT 2차 및 우측 억제권선에서 $I'_A = 125.51(5/150) = 4.184$ A를 얻기 위하여 138 kV 측에 150 : 5 CT를 선정하자.

다음에, 변압기의 34.5 kV 측의 정격 전류는

$$I_{a\ rated} = \frac{30 \times 10^6}{\sqrt{3}(34.5 \times 10^3)} = 502.04 \quad A$$

그림 11.37의 좌측 억제권선에서 $I'_{ab} = 5.02\sqrt{3} = 8.696$ A를 얻고, 34.5 kV CT 2차에서 $I'_a = 502.0(5/500) = 5.02$ A를 얻기 위하여 34.5 kV 측에 500 : 5 CT를 선정하자.

마지막으로, 억제권선의 전류를 같게 하도록 계전기 탭을 선정하자. 우측 억제권선에 대한 좌측 억제권선에서의 전류의 비는

$$\frac{I'_{ab}}{I'_A} = \frac{8.696}{4.184} = 2.078$$

$T'_A : T'_{ab} = 5 : 10$의 계전기 탭 설정치에 대응하는 가장 근접한 계전기 탭비는 $T'_{AB}/T'_A = 2.0$이다. 이러한 탭 설정치에 대한 퍼센트오차는

$$\left| \frac{(I'_A/T'_A) - (I'_{ab}/T'_{ab})}{(I'_{ab}/T'_{ab})} \right| \times 100$$

$$= \left| \frac{(4.184/5) - (8.696/10)}{(8.696/10)} \right| \times 100 = 3.77\%$$

이것은 합당한 오차이다. 왜냐하면 변압기 차동 계전기는 전형적으로(그림 11.34에서 k를 조정함으로써) 20%에서 60% 사이로 조정된 부동작 영역을 가지기 때문에 3.77%의 오차는 CT 및 계전기 차이에 대하여 충분한 안전여유를 준다.

11.13 표시선 계전방식

표시선 계전(pilot relaying)은 계전기의 직접적인 결선보다는 통신채널을 이용하여 단자에서 양을 비교하는 차동 보호방식이다. 이전 절에서 언급된 발전기, 모선 및 변압기의 차동 보호에는 이런 장치의 각각이 CT와 계전기가 직접적으로 연결될 수 있는 지리적인 위치에 있기 때문에 표시선 계전방식이 필요하지 않지만, 송전선로의 차동 계전은 단자가 (수 킬로미터 정도로) 먼 곳에 떨어져 있기 때문에 표시선 계전방식이 필요하다. 실제로, 표시선 계전방식은 전형적으로 69~115 kV의 정격을 갖는 단거리 송전선로(최대 80 km)에 적용되며, 표시선 계전을 위하여 다음과 같은 4가지 형태의 통신채널들이 사용된다.

1. 표시선(Pilot wires): 직류, 50~60 Hz 또는 오디오 주파수에서 동작하는 별도의 전기회로. 이들은 전력회사 소유이거나 전화회사로부터 임대될 수 있다.
2. 전력선 캐리어(Power-line carrier): 송전선로 자체가 30~300 kHz 사이의 주파수를 갖는 통신회로로서 사용된다. 통신 신호는 L–C 전압분배기를 사용하여 모든 3상에 주입되고, 각 선로 끝에 *line trap*이라는 차단필터로 막아 선로 안에 한정되도록 한다.
3. 마이크로웨이브(Microwave): 접시형 안테나를 사용하여 단자 사이의 직선경로로 전송되는 2~12 GHz 신호
4. 광 케이블(Fiber optic cable): 전기적으로 비도전성 케이블을 통하여 광변조로 전송되는 신호. 이 케이블은 전기적 절연, 다른 회로로부터의 유도성 결합, 대기 속의 외란으로 인한 문제를 해소한다.

가장 보편적인 두 가지 고장검출방법은 선로단자에서 조류를 비교하는 **방향비교방법**, 단자에서 전류의 상대적 위상각을 비교하는 **위상비교방법**이다. 또한, 차단 동작에 통신채널이 요구되는 **전송차단시스템**, 통신채널이 요구되지 않는 **블로킹시스템** 등이 있다. 특정 표시선 계전방법은 고장검출방법 및 채널사용 유무로 구분되는데, 4가지 기본 조합은 방향비교 블로킹, 방향비교 전송차단, 위상비교 블로킹, 위상비교 전송차단이다.

차동 계전기와 같이 표시선 계전기는 후비보호 없이 주 영역을 보호하므로 인접영역과의 보호협조 필요성이 없어 고속차단이 가능하다. 따라서 정밀한 계전기 설정이 불필요하며, 또한 계통 고장전류 및 전압 계산의 필요성이 없다.

11.14 디지털 계전

지금까지 그림 11.14의 유도 원판형 한시 과전류 계전기, 전력량계와 동작이 유사한 방향 계전기, 그리고 그림 11.33의 평형빔 차동 계전기를 포함하여 전자기계형 요소들로 이루어진 계전기의 동작원리에 대하여 살펴보았다. 1900년대 초에 도입된 이러한 전자기계식 계전기는 그동안 잘 사용되어 왔고, 오늘날 상대적으로 유지보수 없이 계속적으로 운전되고 있다. 1950년대 후반 이후로는 전자기계식 계전기와 유사한 동작-부동작 영역 및 보다 새로운 형태의 동작-부동작 영역을 갖는 아날로그 회로와 논리 게이트를 사용한 정지형 계전기가 이용되어 왔다. 고압 및 초고압 계통에 널리 사용된 이러한 정지형 계전기들은 경쟁대상인 전자기계식 계전기의 신뢰성과 견고함을 가격 경쟁력으로 대체하고 있다. 정지형 아날로그 계전기를 넘어 디지털 컴퓨터 기술을 기반으로 한 신세대의 디지털 계전기가 1980년대 이후로 개발되어 왔다.

디지털 계전기는 고장검출을 목적으로 소프트웨어가 탑재된 마이크로프로세서를 사용하는 보호릴레이로서, 콤팩트 사이즈, 프로그래밍 가능, 저부담, 다기능, 유연성과 신뢰성, 민감도와 속도, 고장데이터 및 외란 기록을 위한 저장기능, 자가진단, 적응형 계전방식, 디지털 통신 기능, 비용 등의 장점을 가지고 있다[16, 17].

북아메리카에서, 보호계전기는 보통 표준 장치번호[19]로 표시한다. 표 11.9는 보통 사용되는 계전기 장치번호를 나열한 것이다.

표 11.9 GE 보호 및 제어 참조 가이드(www.gegridsolutions.com)

장치 번호	설명	장치 번호	설명
1	Master Element	39	Mechanical Conduction Monitor
2	Time Delay Starting or Closing Relay	40	Field Relay
12	Overspeed Device	41	Field Circuit Breaker
13	Synchronous-speed Device	42	Running Circuit Breaker
14	Underspeed Device	43	Manual Transfer or Selector Device
15	Speed - or Frequency-Matching Device	46	Reverse-Phase or Phase-Balance Relay
21	Distance Relay	47	Phase-Sequence Voltage Relay
23	Temperature Control Device	48	Incomplete-Sequence Relay
25	Synchronizing or Synchronism-Check Device	49	Machine or Transformer Thermal Relay
26	Apparatus Thermal Device	50	Instantaneous Overcurrent
27	Undervoltage Relay	51	AC Time Overcurrent Relay
29	Isolating Contactor	52	AC Circuit Breaker
30	Annunciator Relay	53	Exciter or DC Generator Relay
32	Directional Power Relay	54	High-Speed DC Circuit Breaker
36	Polarity or Polarizing Voltage Devices	55	Power Factor Relay
37	Undercurrent or Underpower Relay	56	Field Application Relay
38	Bearing Protective Device	59	Overvoltage Relay
60	Voltage or Current Balance Relay	79	AC-Reclosing Relay

(계속)

표 11.9 (계속)

장치 번호	설명	장치 번호	설명
61	Machine Split Phase Current Balance	81	Frequency Relay
62	Time-Delay Stopping or Opening Relay	83	Automatic Selective Control or Transfer Relay
63	Pressure Switch	84	Operating Mechanism
64	Ground Detector Relay	85	Carrier or Pilot-Wire Receiver Relay
65	Governor	86	Lockout Relay
66	Starts per Hour	87	Differential Protective Relay
67	AC Directional Overcurrent Relay	89	Line Switch
68	Blocking Relay	90	Regulating Device
69	Permissive Control Device	91	Voltage Directional Relay
71	Level Switch	92	Voltage and Power Directional Relay
72	DC Circuit Breaker	94	Tripping or Trip-Free Relay
74	Alarm Relay	95	Reluctance Torque Synchrocheck
75	Position Changing Mechanism	96	Autoloading Relay
76	DC Overcurrent Relay		
78	Phase-Angle Measuring or Out-of-Step Protective Relay		

다기능 디지털 계전기의 예로서, 그림 11.38(a)의 rack-mount 케이스와 그림 11.38(b)의 계전기 배선도를 포함한 그림 11.38과 같은 배전선 보호 시스템용 Basler BE1-11f 계전기를 보여준다.

계전기 배선도에 나타낸 것과 같이, 다른 선택사항뿐만 아니라 무속전압(27), 과전압(59), 방향 또는 역전력(32),

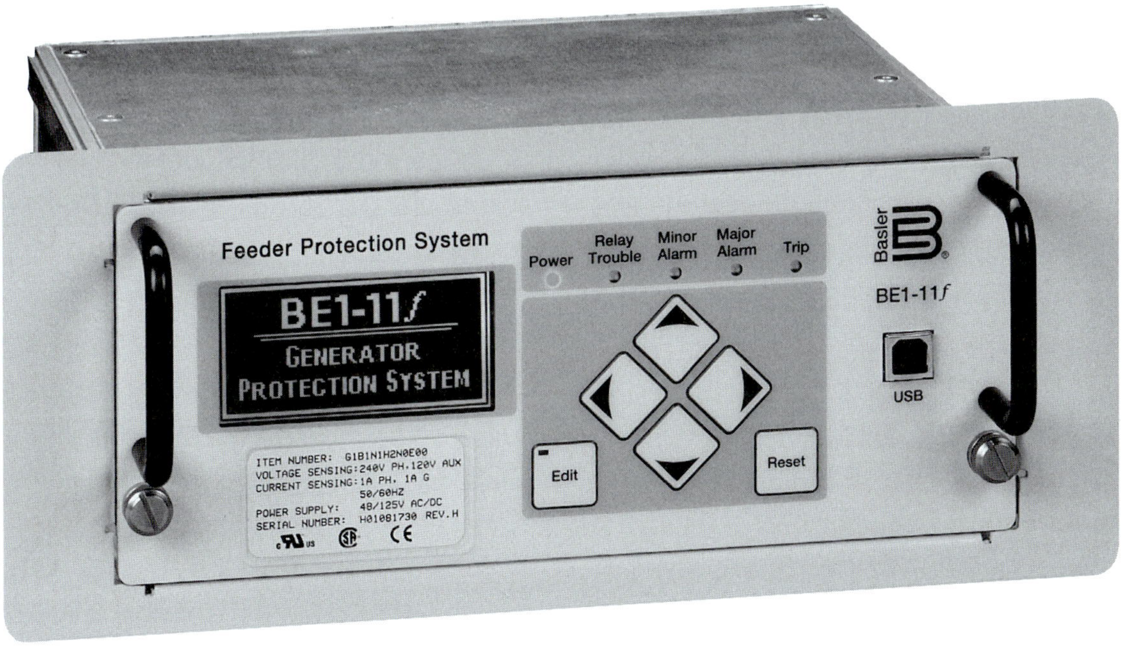

그림 11.38a 배전선 보호시스템을 위한 Basler BE1-11f 다기능 계전기: Rack-mount case(Basler Electric Company)

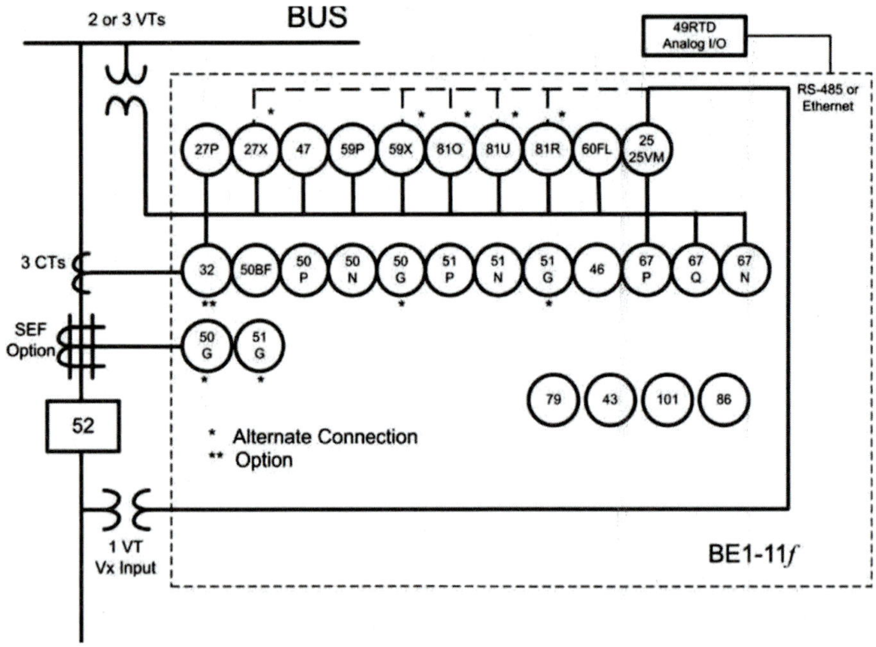

그림 11.38b 배전선 보호시스템을 위한 Basler BE1-11f 다기능 계전기: 계전기 개략도(Basler Electric Company)

순시 과전류(50), 반한시 과전류(51), 교류 방향 과전류(67), 부족/과주파수(81) 등의 계전기 기능들을 포함한다. 또한 계전기는 여러 번의(multi-shot) 차단기 재폐로, 차단기 회로 및 트립회로 감시, oscillography 및 순차 이벤트 기록 기능도 제공한다.

디지털 계전기는 전자기계식 또는 정지형 계전기에 비하여 크기가 작으며, 패널 배선이 적다. 또한, 차단특성 수정, 기존 설정 변경 및 새로운 동작/부동작 영역의 형성을 원격 컴퓨터로부터 소프트웨어를 업데이트함으로써 달성할 수 있다는 장점이 있다. 예를 들면, 계전기 엔지니어들은 사무실을 떠나지 않고 실제 현장에 설치되어 동작 중인 계전기의 차단특성을 재프로그래밍할 수 있다. 디지털 계전기는 계기용 변성기에 최소의 부담을 갖게 하며, 기존 전자기계식과 정지형 계전기에 비하여 광범위한 동작에 걸친 많은 기능과 특성을 제공한다. 동일한 하드웨어에 소프트웨어를 수정함으로써 보호기능의 다양한 융통성이 실현 가능하고, 최소한의 구성요소와 연결로 신뢰도 개선이 가능하다.

디지털계전기는 높은 전류탭 배율 및 0.5 주기 정도의 트립시간(차단기동작시간 제외)으로 비교적 고감도로 설정하는 것이 가능하여, 고장 종류/지속시간/크기, 차단기 문제, CT포화 등을 포함한 고장 데이터기록에 의해 고장 후 사고해석이 가능하다. 또한 디지털계전기는 정상상태로 복귀되어 자동 리셋되는 기능을 가지고 있고, 계통요구조건에 따라 순시 설정도 가능하다. 그리고 스마트그리드 제어 및 SCADA와의 인터페이스를 위한 통신보안능력도 보유하고 있으며, 하나의 계전기에 다양한 기능을 결합시킬 수 있어 전자기계식 및 정지형 계전기에 비하여 비용절감이 가능하다.

그러나, 디지털 통신을 사용하는 관계로 정보해킹의 염려가 있어 사이버보안에 각별히 대비하여야 한다. 북미에서는 디지털계전기는 NERC 보안요구사항에 만족되어야 하며, 계전기 엔지니어는 여러 가지 보호요소에 영향을 주는 공통고장모드를 잘 인식하고 있어야 한다. 즉, 전원공급장치 및 입력신호 프로세서의 고장으로 다양한 보호기능을 갖는 디지털계전기가 무력화될 수 있으며, 전자기계식 및 정지형 계전기에는 문제가 되지 않는 계통과도현상에도 취약하다. 그리고 디지털 계전기는 보다 큰 유연성, 민감도 및 속도 뿐만아니라 다중 기능을 제공하므로 보다 나은 보호방식으로 반드시 바뀔 필요는 없다[16].

전력계통 보호의 중요한 특징은 계전기의 분산화된 지역적 특성, 즉 표시선 계전방식을 제외하고는 모든 계전기들은 주변의 지역 CT 및 VT로부터 정보를 받아 오직 지역 차단기만 차단한다는 것이다. 디지털 계전에서 흥미로운 점은 중앙 컴퓨터가 지역 계전기를 대체하는 형태로 가지는 않고, 기존의 전자기계식 또는 정지형 아날로그 계전기를 한시 과전류 계전기, 임피던스 계전기, 차동 계전기 같은 유사한 동작원리를 갖는 전용, 지역 디지털 계전기로 대체된다는 것이다. 중앙 컴퓨터는 감시 역할을 하면서 지역 디지털 계전기와 상호 운용될 것이다.

연습문제

11.2절

11.1 그림 11.2의 1차 도선은 345 kV, 700 MVA, 0.95의 늦은 역률에서 동작하는 3상 송전선로의 한 상이다. 계기용 변류기 비는 1,200 : 5이고, 계기용 변압기 비는 3,000 : 1이다. 계기용 변류기의 2차 전류 I′와 계기용 변압기 2차 전압 V′를 구하시오. 0의 계기용 변류기 오차를 가정한다.

11.2 5 A의 전류 탭 정정값을 갖는 CO-8 계전기는 예제 11.1에서 100 : 5 계기용 변류기를 사용하고 있다. 계기용 변류기 2차 전류 I′가 계전기 동작 코일에 입력으로 들어간다. CO-8 계전기 부담은 다양한 계전기 입력 전류에 대하여 다음 표에 나타나 있다.

CO-8 계전기 입력전류 I′, A	5	8	10	13	15
CO-8 계전기 부담 Z_B, Ω	0.5	0.8	1.0	1.3	1.5

1차 전류와 계기용 변류기 오차는 5, 8, 15 A 계전기 입력 전류에 대하여 예제 11.1에서 계산되었다. (a) I′ = 10 A, Z_B = 1.0 Ω, (b) I′ = 13 A, Z_B = 1.3 V에 대한 1차 전류 및 계기용 변류기 오차를 계산하시오. (c) 위 5개의 I′ 값에 대하여 I′ 대 I의 그래프를 그리시오. (d) 신뢰성 있는 계전기 동작을 위하여 최소 고장전류에 대한 고장 대 동작전류 비는 2배보다 커야 한다. 5 A 탭 정정값을 갖는 이러한 계기용 변류기 및 계전기의 사용을 위한 최소 고장전류를 구하시오.

11.3 10 A에 동작하기 위한 과전류 계전기 정정값은 500 : 5 계기용 변류기 비를 가지고, 그림 11.8의 계기용 변류기에 연결된다. 만일 부담 Z_B가 (a) 1.0 Ω, (b) 4.0 Ω, (c) 5.0 Ω이라면 계전기가 검출할 최소 1차 고장전류를 구하시오.

11.4 주어진 open-delta VT 결선은 그림 11.39에 나타냈다. 두 계기용 변압기가 240 kV : 120 V의 전압 정격을 가질 때, 전압은 $V_{AB} = 230\angle 0°$, $V_{BC} = 230\angle -120°$, $V_{CA} = 230\angle 120°$ kV로 명시된다. 다음 사례들에 대하여 V_{ab}, V_{bc}, V_{ca}를 구하시오. (a) 점(dots)이 그림 11.39에 주어져 있다. (b) c 근처의 점이 그림 11.39에서 b로 옮겨간다.

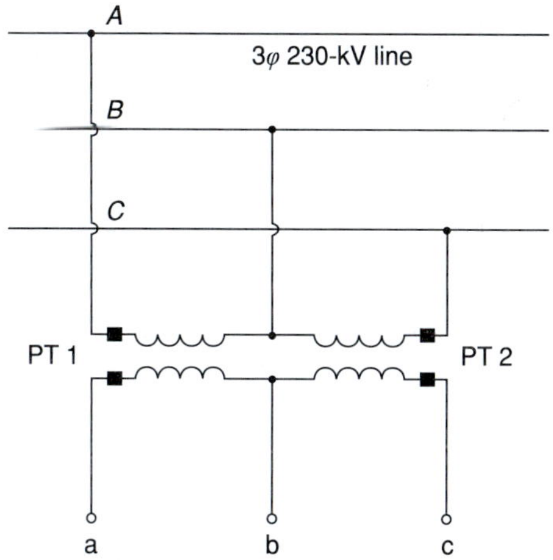

그림 11.39 연습문제 11.4

11.5 그림 11.40에 주어진 여자 곡선을 갖는 계기용 변류기는 500 : 5 A의 정격 전류 비와 0.1 + j0.5 Ω의 2차 누설 임피던스를 가진다. 다음의 사례들에 대하여 계기용 변류기 2차 출력전류 및 계기용 변류기 오차를 계산하시오. (a) 종단 장치의 임피던스는 4.9 + j0.5 Ω이고 계기용 변류기 1차 부하전류는 400 A (b) 종단 장치의 임

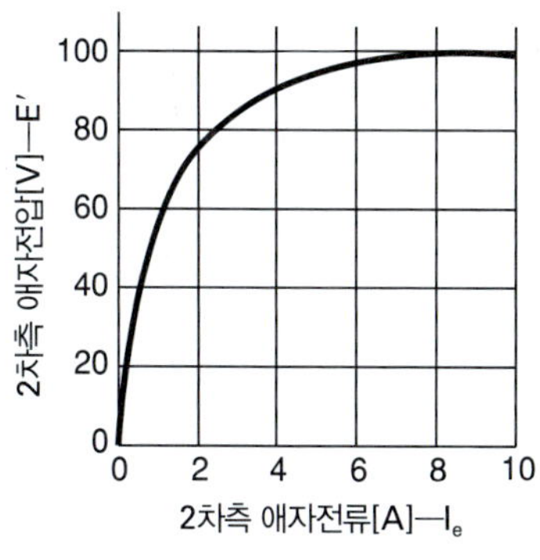

그림 11.40 연습문제 11.5

피던스는 4.9 + j0.5 Ω이고 계기용 변류기 1차 부하전류는 1,200 A (c) 종단 장치의 임피던스는 14.9 + j1.5 Ω이고 계기용 변류기 1차 부하전류는 400 A (d) 종단 장치의 임피던스는 14.9 + j1.5 Ω이고 계기용 변류기 1차 고장전류는 1,200 A

11.6 문제 11.5의 계기용 변류기는 8 A 또는 그 이상의 전류 레벨에서 동작하는 전류 감도장치와 결합되어 활용된다. 장치가 연습문제 11.5에서 사례 (b)와 (d)에 대하여 1,200 A의 고장전류를 검출할 수 있는지 체크하시오.

11.3절

11.7 CO-8 계전기에 대한 입력 전류는 10 A이다. 다음 전류 탭 정정(TS) 및 시간-다이얼 정정(TDS)에 대하여 계전기 동작시간을 구하시오. (a) TS = 1.0, TDS = 1/2 (b) TS = 2.0, TDS = 1.5 (c) TS = 2.0, TDS = 7 (d) TS = 3.0, TDS = 7 그리고 (e) TS = 12.0, TDS = 1

11.8 연습문제 11.2에서 계전기는 4의 TDS를 가지고 있다. 만일 1차 고장전류가 400 A라면 계전기 동작시간을 구하시오.

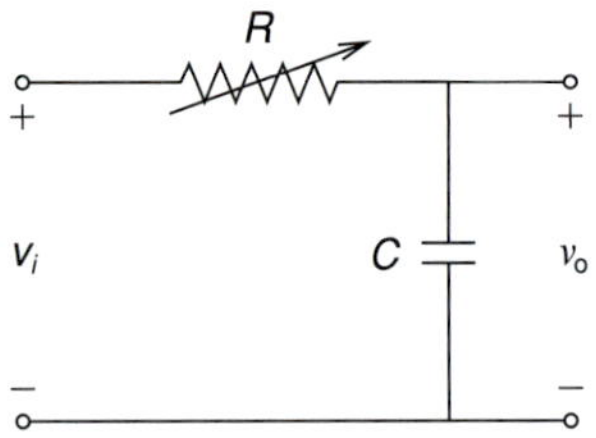

그림 11.41 연습문제 11.9

11.9 시간지연을 발생시키기 위하여 사용된 RC 회로는 그림 11.41에 나타냈다. 계단 입력 전압 $v_i(t) = 2u_{-1}(t)$ 및 C = 10 μF에 대하여, 다음의 경우들의 T_{delay}를 구하시오. (a) R = 100 kΩ, (b) R = 1 MΩ, (a), (b)의 경우에 대한 시간 대 출력 $v_o(t)$를 그리시오.

11.10 연습문제 11.5의 경우 (b)를 다시 고려하자. 부하 임피던스 4.9 + j0.5 Ω을 CO-7 유도 원판형 시간지연 과전류 계전기의 입력 임피던스로 놓자. CO-7 계전기 특성은 그림 11.42에 나타냈다. 5 A의 탭 정정값 및 2의 시간-다이얼 정정값(TDS)에 대하여 계전기 동작시간을 구하시오.

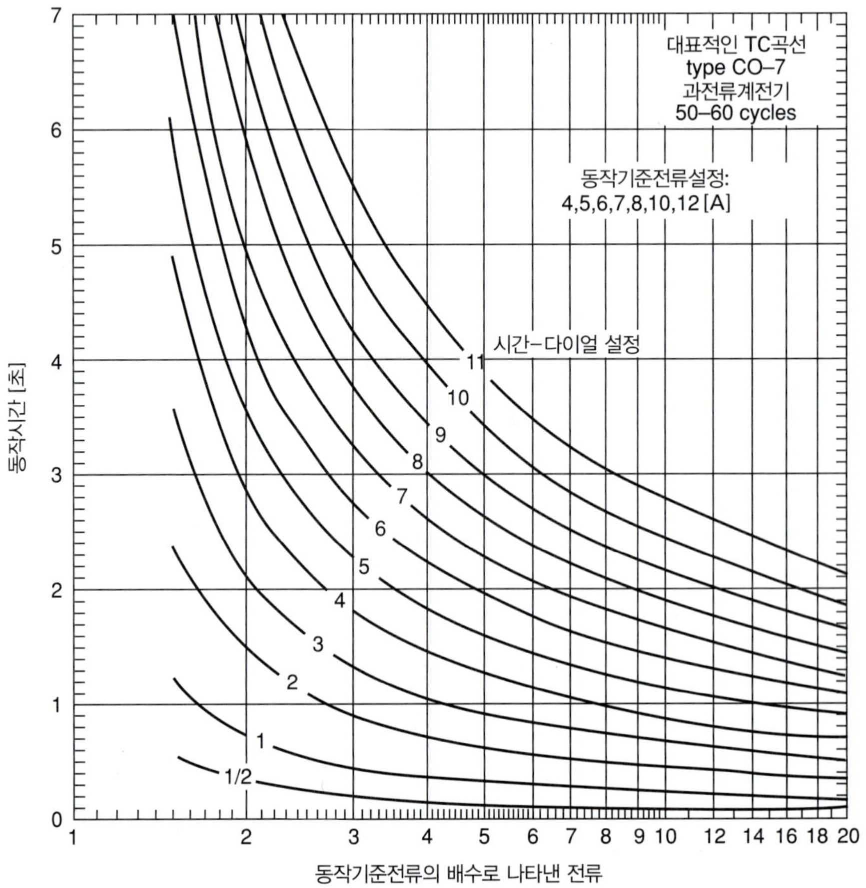

그림 11.42 연습문제 11.10 및 11.14

11.4절

11.11 예제 11.4에서 최소 고장전류에 대한 계전기 협조를 평가하시오. 선택된 전류 탭 정정 및 시간-다이얼 정정(TDS)에 대하여, (a) 700 A의 고장전류에 대한 B2 및 B3에서의 계전기 동작시간을 구하시오. (b) 1,500 A의 고장전류에 대한 B1 및 B2에서의 계전기 동작시간을 구하시오. 모든 경우에서 고장전류 대 동작전류 비 ≥ 2.0(신뢰성 있는 계전기 동작을 위한 필요조건)인가? 모든 경우에서 협조시간 간격 ≥ 0.3인가?

11.12 다음 계통 데이터에 대하여 예제 11.4를 반복하시오. 최대 고장전류에 대하여 계전기를 협조시키시오.

	최대부하		대칭고장전류	
모선	MVA	지연역률	최대[A]	최소[A]
1	9.0	0.95	5,000	3,750
2	9.0	0.95	3,000	2,250
3	9.0	0.95	2,000	1,500

차단기	차단기 동작시간	CT 비	계전기
B1	5 cycles	600 : 5	CO-8
B2	5 cycles	400 : 5	CO-8
B3	5 cycles	200 : 5	CO-8

11.13 연습문제 11.12에서 당신이 선정한 전류 탭 정정 및 시간-다이얼 정정(TDS)을 사용하여 최소 고장전류에 대한 계전기 협조를 평가하시오. 모든 경우에서 고장전류 대 동작전류 비 ≥ 2.0이고, 협조 시간 지연 ≥ 0.3인가?

11.14 11 kV 방사상 계통을 그림 11.43에 보여준다. 그림 11.42에 주어진 계전기 특성을 갖는 CO-7 계전기와 모든 부하에 대하여 같은 역률을 가정하여 전력계통을 보호하기 위한 계전기 정정값을 선정하시오.

11.5절

11.15 다음 고장에 대하여 예제 11.5를 다시 수행하시오. (a) 분기점(탭) 3의 부하 측에서 3상 영구 고장 (b) 재폐로기의 부하 측 모선 4에서의 1선 지락 영구 고장 그리고 (c) 재폐로기의 전원 측 모선 4에서의 3상 영구 고장

11.16 3.5 MVA 부하를 공급하는 3상 34.5 kV 급전선은 재폐로기와 직렬로 연결된 각 상의 80 E 전력용 퓨즈에 의하여 보호된다. 80 E 퓨즈의 시간-전류 특성을 그림 11.44에 나타냈다. 해석결과 각각 1,000 A와 500 A의 최대및 최소 고장전류를 얻었다. (a) 재폐로기의 고장을 제거하기 위하여 재폐로기 동작에 필요한 최대 제거시간을 구하시오. (b) 퓨즈의 고장을 제거하기 위한, 최소 재폐로기 제거시간을 구하시오. 재폐로기의 동작시간은 고장전류 크기에 독립적인 것으로 가정한다. (c) 재폐로기 급속 제거곡선 및 퓨즈 시간-전류 곡선에 재폐로기 시간 지연 제거 곡선을 그리시오.

11.7절

11.17 그림 11.45에 나타낸 계통에 대하여 방향 과전류 계전기가 차단기 B12, B21, B23, B32, B34 및 B43에서 사용된다. 과전류 계전기 단독으로 B1 및 B4에서 사용된다. (a) P_1에서의 고장에 대하여 어떤 차단기가 동작하지 않는가? 어떤 차단기가 협조되어야 하는가? (b) P_2, (c) P_3에서의 고장에 대하여 (a)를 반복하시오. (d) 모선 고장에 대하여 계통이 어떻게 보호되는지 설명하시오.

11.8절

11.18 (a) 그림 11.46에 나타낸 전력계통에 대하여 보호영역을 그리시오. (b) P_1, (c) P_2, (d) P_3에서의 고장에 대하여 어떤 차단기가 열려야 하는가?

11.19 그림 11.47은 3개의 전형적인 모선 배열을 보여준다. 실제로 각 배열에 연결된 선로의 수가 다양할지라도

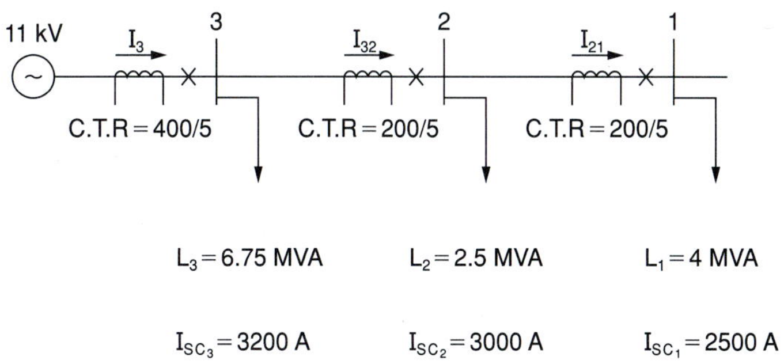

그림 11.43 연습문제 11.14

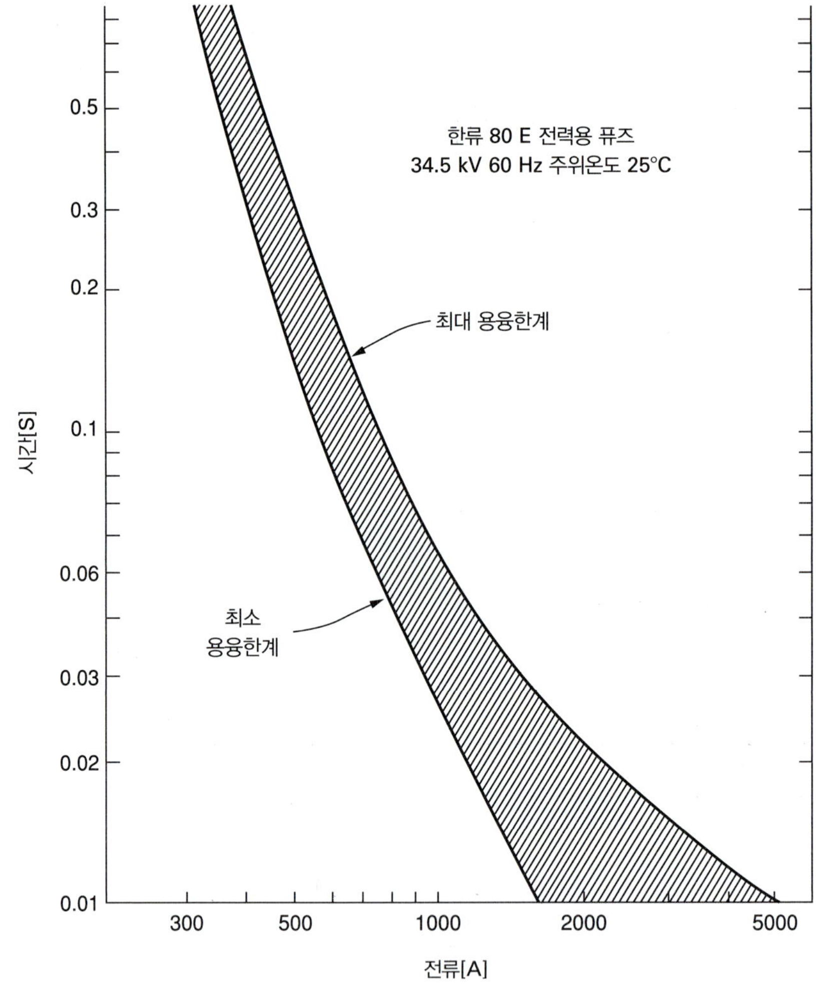

그림 11.44 연습문제 11.16

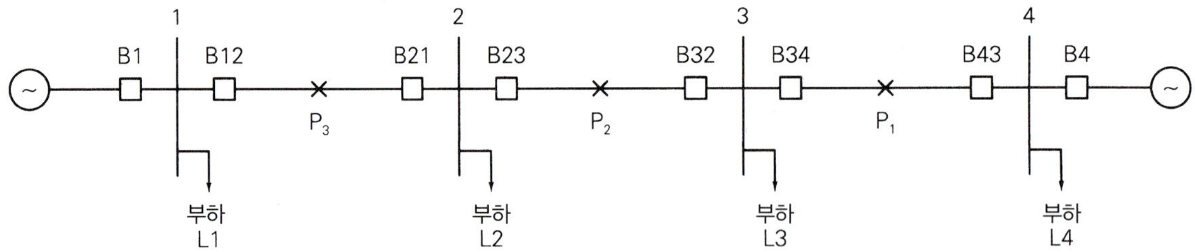

그림 11.45 연습문제 11.17

4개의 선로가 편리함 및 비교를 위하여 표시되어 있다. 선로당 필요한 차단기 수는 링 모선에 대하여 1, 1.5차단기 2중모선(the breaker-and-a-half double-bus)에 대하여 1.5, 2차단기 2중모선(the double-breaker double-bus)에 대하여 2이다. 각 배열에 대하여 (a) 보호영역을 그리시오. (b) 선로 1에서의 고장에 대하여 주보호 시 개방되는 차단기를 판정하시오. (c) P_1에서의 모선 고장 동안 주보호 시 서비스로부터 제거되는 선로를 판정하시오. (d) 차단기가 선로 1에서의 고장을 제거하는 데 실패하는 경우(즉 선로 1에서 고장 동안 동작하지 않는 차단기), 후비보호 시 개방되는 차단기를 판정하시오.

11.9절

11.20 3가지 영역을 갖는 mho 계전기가 그림 11.25에 나타낸 전력계통의 송전선로 보호를 위하여 사용된다. 정상분

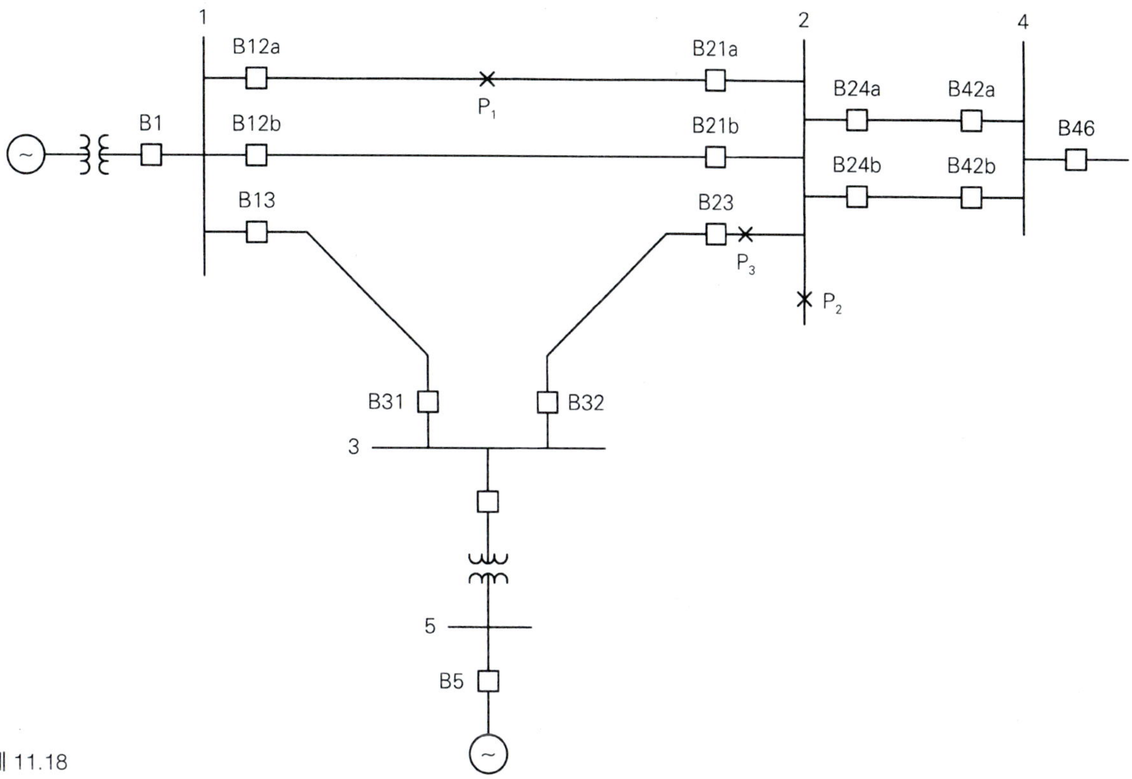

그림 11.46 연습문제 11.18

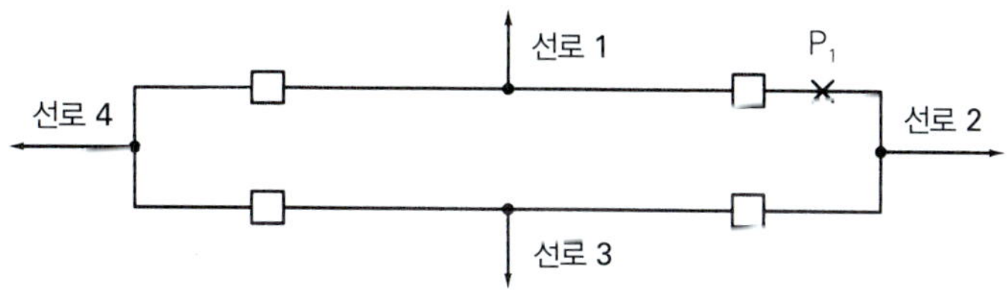

(a) Ring 모선

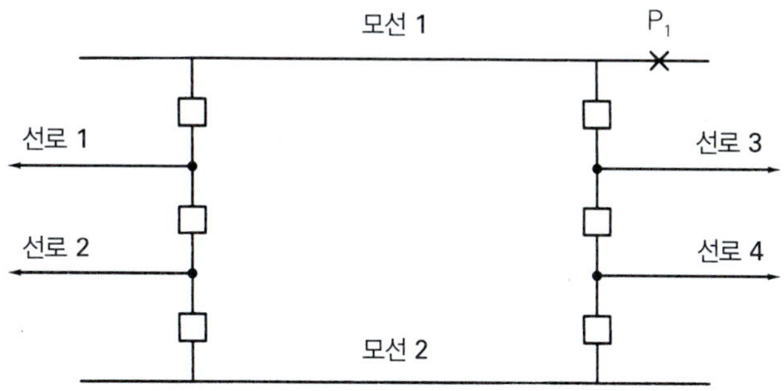

(b) 1.5차단기 이중모선

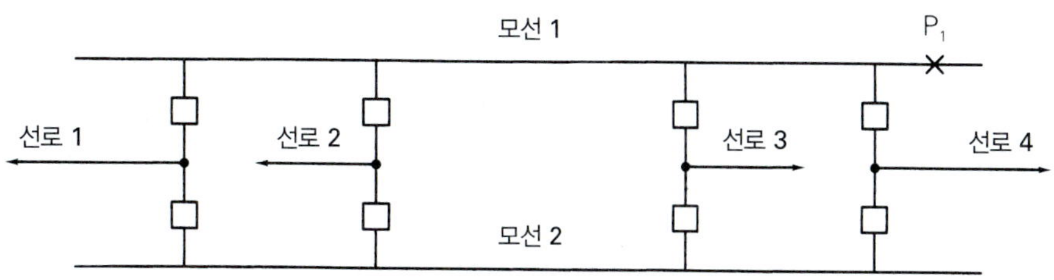

(c) 2차단기 이중모선

그림 11.47 연습문제 11.19—전형적인 모선 배열

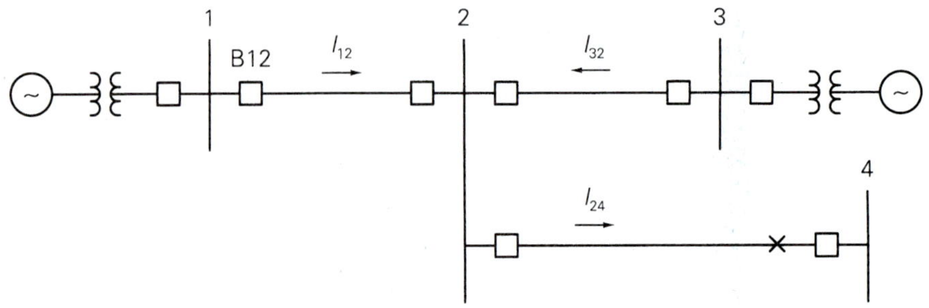

그림 11.48 연습문제 11.21

선로 임피던스는 다음과 같이 주어진다.

선로	정상분 임피던스, Ω
1~2	6 + *j*60
2~3	4 + *j*40
2~4	5 + *j*50

고전압 모선에 대한 정격 전압은 500 kV이다. B12에서 2,500 : 5의 계기용 변류기 비 및 4,500 : 1의 계기용 변압기 비를 가정하자. (a) B12에서의 mho 계전기에 대한 정정값 Z_{r1}, Z_{r2} 및 Z_{r3}를 구하시오. (b) 비상사태 부하 조건하에서 선로 1~2에 대한 최대 전류는 지상역률 0.9에서 1,400 A이다. B12가 비상사태 부하 조건 동안 트립되지 않음을 증명하시오.

11.21 그림 11.48에 나타낸 전력계통에 대한 부하 임피던스는 $Z_{12} = Z_{23} = 3.0 + j40.0\ \Omega$, $Z_{24} = 6.0 + j80.0\ \Omega$이다. 3영역 B12 임피던스 계전기에 대한 동작 범위는 선로 1~2의 100%에, 선로 2~4의 120%를 더하여 정정하였다. (a) 모선 4에서 0의 임피던스를 갖는 3상고장에 대하여, B12 계전기에서 본 1차측의 겉보기(피상) 임피던스는 다음과 같음을 보이시오.

$$Z_{\text{apparent}} = Z_{12} + Z_{24} + (I_{32}/I_{12})Z_{24}$$

여기서 (I_{32}/I_{12})는 선로 2~3의 고장전류 대 선로 1~2 고장전류의 비이다.

(b) 만일 $|I_{32}/I_{12}| > 0.20$이라면, B12 계전기는 모선 4에서의 고장을 보는가?

(주: 이 문제는 "전류주입효과"를 예시하는 것이다. 선로 2~3으로부터 고장전류는 3영역 B12 계전기가 부동작되도록 유발할 수 있다. 그렇게 됨으로써, B12에서 선로 2~4의 원격 후비보호는 필요 없게 된다.)

11.22 직렬 임피던스 Z_L을 갖는 그림 11.49에 나타낸 송전선로를 고려하자. 병렬 어드미턴스 및 수전단에서의 부하 임피던스 Z_R은 무시하자. (a) $V_R = 1.0$ per unit, $S_R = 2 + j0.8$ per unit의 주어진 조건에 대하여 Z_R을 구하시오. (b) $Z_L = 0.1 + j0.3$ per unit에 대하여 R-X 평면에서의 임피던스 다이어그램을 구하시오. (c) 이 조건에 대한 Z_S와 Z_S와 Z_R 사이의 각 δ를 구하시오.

11.23 차단기-계전기 위치가 주어진 간단한 계통을 그림 11.50에 나타냈다. 6개의 송전선로 차단기는 그림 11.51에 나타낸 것과 같이 3개의 영역을 갖는 거리 계전기 및 방향 계전기에 의하여 제어된다. 3개의 송전선로는 $j0.1$ per unit의 같은 정상분 임피던스를 가진다. 영역 1, 2, 3에 대한 동작범위는 각각 80%, 120%, 250%이다. 단지 3상고장만 고려하자. (a) 모든 거리 계전기에 대하여 per unit단위로 나타낸 정정값 Z_r을 구하시오. (b) 만일 계기용 변압기가 133 kV : 115 V의 정격을 갖고 계기용 변류기가 400 : 5 A의 정격을 갖는다면 Ω 단위의 정정값으로 변환하시오. (c) 모선 3으로부터 선로 TL31 방향으로 10% 지점인 X 지점의 고장에 대하여 계전기 동작을 토론하시오.

11.10절

11.24 그림 11.34에 나타낸 차동 계전기의 동작특성이 I_1'과 I_2' 사이의 20%까지의 오차에 대하여 차단하도록 k를 선정

그림 11.49 연습문제 11.22

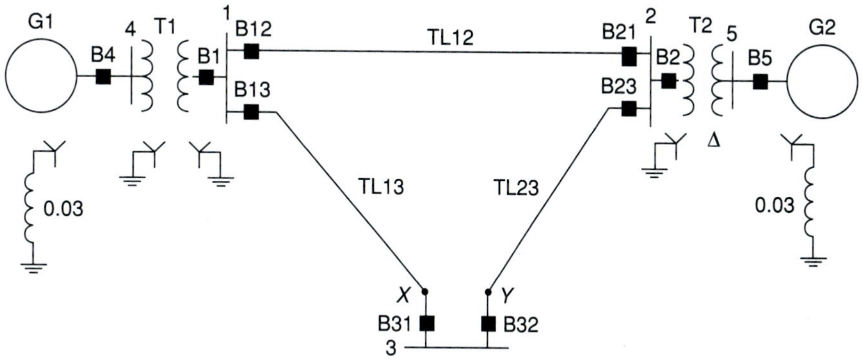

그림 11.50 연습문제 11.23

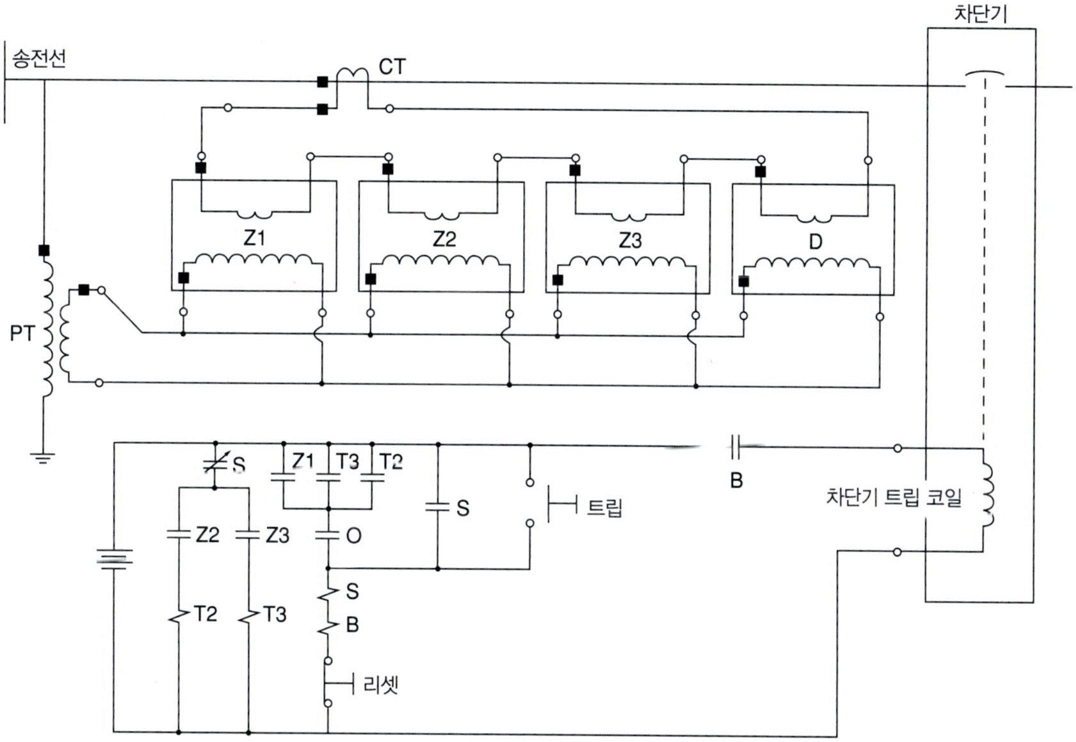

Z1 - 1영역 거리 계전기
Z2 - 2영역 거리 계전기
Z3 - 3영역 거리 계전기
D - 방향 계전기
T2 - 시간지연; 2영역
T3 - 시간지연; 3영역
S - 밀폐 계전기
B - 차단기 트립 계전기

그림 11.51 연습문제 11.23에 대한 3영역 거리 계전기 방식(1상만 나타냈음)

하시오. I_1'과 I_2'는 동일한 위상으로 가정한다.

11.11절

11.25 그림 11.52에 나타낸 것과 같이 4개의 선로로 종단되는 피보호 모선을 고려하자. 선형 결합기(linear coupler)는 표준 $X_m = 5\ m\Omega$을 가지며, 선로 3에서 외부에 위치한 3상고장이 그림 11.52에 나타낸 고장전류를 유발한다고 가정하자. 고장에 대하여 선로 3에서의 주입전류는 $-j10$ kA임에 주의하시오. (a) V_o을 구하시오. (b) 고장이 선로 3과 4 사이의 피보호 모선의 내부 지점으로 옮겨졌다고 하자. V_o을 구하고 무슨 일이 발생했는지 토론하시오. (c) 선로 3에서 (i) 선로 2 (ii) 선로 4에 있는 대응하는 점으로 외부고장을 옮김에 따라 각 경우에서 V_o을 구하시오.

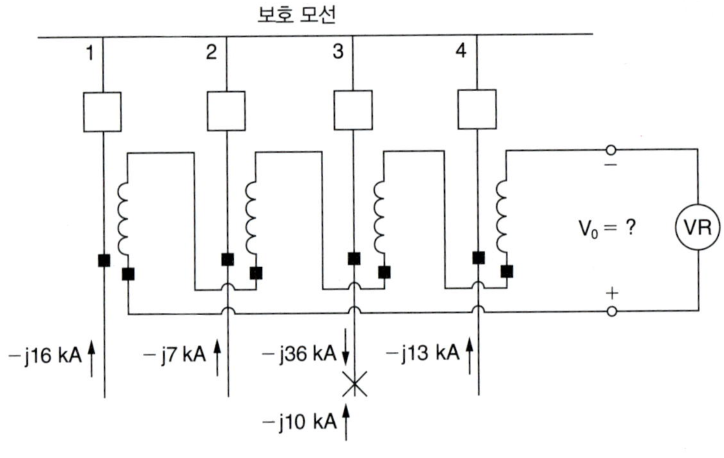

그림 11.52 연습문제 11.25—선형 결합기를 이용한 모선 차동 보호

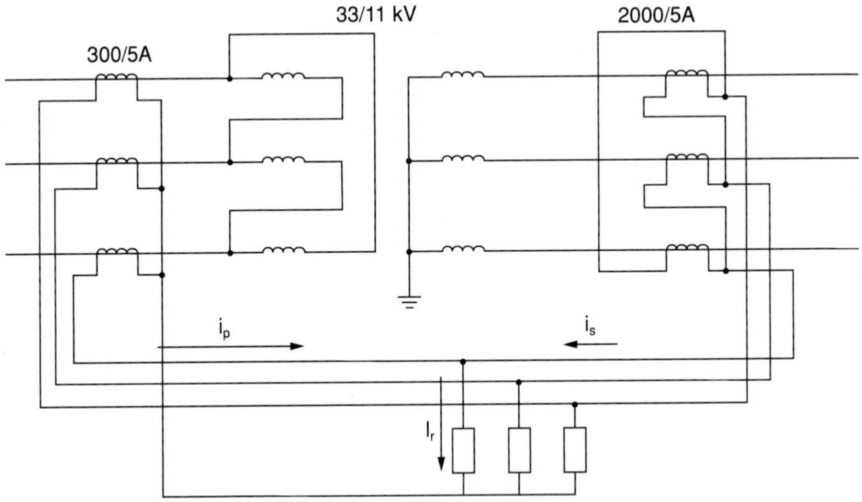

그림 11.53 연습문제 11.28

11.12절

11.26 단상 5 MVA, 20/8.66 kV 변압기가 탭이 있는 차동 계전기에 의하여 보호된다. 이용 가능한 계전기 탭 정정값은 5 : 5, 5 : 5.5, 5 : 6.6, 5 : 7.3, 5 : 8, 5 : 9 및 5 : 10이고 이들은 1.00, 1.10, 1.32, 1.46, 1.60, 1.80 및 2.00의 탭 비를 준다. 계기용 변류기 비 및 계전기 탭 정정값을 선정하시오. 또한, 선정된 탭 정정값에 대한 % 오차를 구하시오.

11.27 3상 500 MVA, 345 kV Δ/500 kV Y 변압기가 탭이 있는 차동 계전기에 의하여 보호된다. 계기용 변류기 비, 계기용 변류기 결선 및 계전기 탭 정정값을 선정하시오. 정격 조건에서 변압기 및 계기용 변류기의 전류를 구하시오. 또한, 선정된 계전기 탭 정정값에 대하여 % 오차를 구하시오. 이용 가능한 탭 정정값은 연습문제 11.26에 주어져 있다.

11.28 차동 계전기 보호방식을 갖는 Δ–Y 결선, 15 MVA, 33 : 11 kV 변압기 및 계기용 변류기 비를 그림 11.53에 나타냈다. 전부하에서 계전기 전류를 구하고, 125%의 과부하를 허용하기 위한 최소 계전기 전류 정정값을 계산하시오.

11.29 차동 계전기 보호방식을 갖는 3상 Δ–Y 결선, 30 MVA, 33 : 11 kV 변압기를 고려하자. 만일 계기용 변류기 비는 1차측에서 500 : 5A이고 2차측에서 2,000 : 5 A이라면, 변압기 정격전류의 200%까지의 고장에 대한 계전기 전류 정정값을 계산하시오.

11.30 3상 Δ–Y 결선, 15 MVA, 33 : 11 kV 변압기의 차동 보호를 위하여 변압기 Δ에서의 순환전류가 5 A를 초과하지 않도록 계기용 변류기 비를 구하시오.

참고문헌

1. J. L. Blackburn, *Protective Relaying* (New York: Dekker, 1997).
2. J. L. Blackburn et al., *Applied Protective Relaying* (Newark, NJ: Westinghouse Electric Corporation, 1976).
3. *Westinghouse Relay Manual, A New Silent Sentinels Publication* (Newark, NJ: Westinghouse Electric Corporation, 1972).
4. J. W. Ingleson et al., "Bibliography of Relay Literature. 1986 – 1987. IEEE Committee Report," *IEEE Transactions on Power Delivery*, 4, 3, pp. 1649 – 1658 (July 1989).
5. *IEEE Recommended Practice for Protection and Coordination of Industrial and Commercial Power Systems*—IEEE Buff Book, IEEE Standard 242-2001 (www.ieee.org, January 2001).
6. *Distribution Manual* (New York: Ebasco/Electrical World, 1990).
7. C. Russel Mason, *The Art and Science of Protective Relaying* (New York: Wiley, 1956).
8. C. A. Gross, *Power System Analysis* (New York: Wiley, 1979).
9. W. D. Stevenson, *Jr., Elements of Power System Analysis*, 4th ed. (New York: McGraw-Hill, 1982).
10. A. R. Bergen, *Power System Analysis* (Englewood Cliffs, NJ: Prentice-Hall, 1986).
11. S. H. Horowitz and A. G. Phadke, *Power System Relaying* (New York: Research Studies Press, 1992).
12. A. G. Phadke and J. S. Thorpe, *Computer Relaying for Power Systems* (New York: Wiley, 1988).
13. C. F. Henville, "Digital Relay Reports Verify Power System Models," *IEEE Computer Applications in Power*, 13, 1 (January 2000), pp. 26 – 32.
14. Tom Key, Gefei "Digital Relay Reports Verify Power System Models," *IEEE Computer Applications in Power*, 13, 1 (January 2000), pp. 26-32.
15. D. Reimert, *Protecive Relaying for Power Genration Systems* (Boca Raton, FL: CRC Press, 2005).
16. J. Parmar, "Types and Revolution of Electrical Relay," *Electrical Notes and Articles*, www.electri-calnotes.com, December 1, 2012.
17. Daniel. Ransom, "Upgrading Relay Protection-Be Prepared for the Next Replacement or Upgrade Project," *IEEE Industry Applications Magazine*, September/October 2014, pp. 126 – 142.
18. IEEE Std C37.60-2018 (IEC 62271-111), *High-voltage switchgear and controlgear-Part 111: Automatic circuit reclosers for alternating current systems up to and including 38 kV*, February 2019.
19. IEEE Std. C37.2-2008, *IEEE Standard for Electrical Power System Device Function Numbers, Acronyms, and Contact Designations*, October 3, 2008.
20. Kei Hao and David Keckalo. "Adaptive Coordination Schemes to Reduce Fault Energy in Distribution Feeders using Wireless Protection Sensort," © 2020 by Schweitzer Engineering Laboratories, Inc., A. 20200610 • TP6941-01.

12 전력계통 안정도

Power System Stability

복식 스팀 터빈과 2대의 722 MVA 동기 발전기로 구성된 1300 MW 발전 설비(Courtesy of American Electric Power.)

학습목표

이 장에서는 다음과 같은 내용에 대하여 학습하기로 한다.

1. 여러 가지 전력계통의 안정도
2. 동기발전기의 회전자 동역학에 관한 동요방정식
3. 동기발전기의 간략화 모델, 좀 더 자세한 모델의 특징, 풍력발전기의 모델
4. 1기 무한모선 등가 시스템에서 과도안정도를 직접적으로 계산할 수 있는 등면적법
5. 다기 계통에서 다기 계통을 해석할 수 있는 수치적분법
6. 전력계통 안정도를 모의할 수 있는 PowerWorld의 사용법
7. 전력계통 안정도를 향상시킬 수 있는 방법

참고문헌 [16]에 의하면, "전력계통 안정도는 계통이 정상상태 운전점에서 운전되다가 물리적 외란이 발생했을 때에도 전체 시스템에 이상이 발생하지 않은 것과 다름없이 모든 상태가 허용조건 안에서 정상적인 평형상태를 이루는 능력을 말한다." 앞 장에서 기술한 바와 같이 전력시스템은 거의 발전력과 부하가 천천히 변하고 있다고 하더라도 항상 변하기 때문에 실제 평형상태에 있지 않다. 그러나, 전압과 전력 조류 상태를 조류계산(6장)으로 근사화할 수 있을 정도로 준-정상상태에 있다고 생각할 수 있다. 실시간으로 전력시스템 운영자는 모선전압을 정격전압 근처로, 송전선 사이의 위상각이 너무 크지 않고 발전기, 송전선, 변압기뿐 아니라 다른 설비들도 과부하가 걸리지 않도록 조정하고 있다. 이런 상태에서 상정고장이 발생했을 때 새로운 준-정상상태 평형점으로 돌아갈 수 있는지 조류계산으로 확인할 수 있다.

이 장에서 설명하는 전력시스템의 안정도는 발전기의 탈락, 송전선 절체, 사고, 부하의 급격한 변화 등의 외란이 발생했을 때의 동역학에 관한 문제이다. 즉, 외란이 발생했을 때 전력시스템의 동역학이 어떻게 반응을 하고, 시스템이 결국 새로운 평형상태로 돌아갈 것인가 하는 문제이다. 참고문헌 [14]에 의하면 전력시스템 안정도는 다음과 같은 5가지 타입으로 나눌 수 있다. (1) 위상각 안정도, (2) 주파수 안정도 (3) 전압안정도 (4) 컨버터 구동 안정도 (5) 공진안정도이다. 이 장에서는 앞 3가지 안정도에 대해서 다루기로 하고, 나머지 2가지 안정도는 이 교과서 범위를 벗어나기 때문에 다루지 않는 것으로 한다.

고전적인 전력시스템 안정도에서는 외란이 발생했을 때 동기기의 주파수가 과도상태에서 동기주파수에서 (북미에서는 60 Hz, 유럽, 중국 등 50 Hz) 벗어나고 동기기의 회전자 위상각도 변하게 된다. 안정도 분석의 목적은 (1) 동기발전기가 정상상태에서 새로운 회전자 위상각에서 동기주파수로 회복되는지 여부를 결정하는 것(위상각 안정도), (2) 모선의 주파수가 과도하게 벗어나지 않는지, 그리고 정격주파수로 회복이 가능한지(주파수 안정도) (3) 모선의 전압이 과도하게 변화하여 전압붕괴로 발전하지 않는지(전압 안정도)를 결정하는 것이다. 풍력과 태양광 발전의 보급이 증가함에 따라 부하의 동역학뿐 아니라 재생에너지의 동역학도 고려할 필요가 있다.

Elgerd [2]는 전력계통의 과도안정도 문제에 대해 재미있는 기계적인 유추를 하였다. 그림 12.1에서와 같이 여러 개의 질량은 발전기를 나타내고, 탄성을 가진 줄은 송전선을 나타낸다. 이 시스템이 초기에 정상상태에 정지해 있다고 가정한다. 이때 줄에 가해지는 힘은 임계점 이하에 있으며, 만약 줄이 끊어진다면 송전선이 탈락한 것과 같다. 이때 질량은 과도적으로 동요하고 줄에 걸리는 힘도 동요한다. 이 동요 과정이 안정되면 줄에 걸리는 힘이 새로운 형태로 분배되고 새로운 정상상태에서 정지하지만, 새로운 줄이 끊어지면 시스템은 더욱 약하게 되어 최종적으로 붕괴한다. 즉, 주어진 외란에 대해 과도적으로 안정한지 불안정한지를 나타낸다.

오늘날 많은 동기발전기가 송전선로에 의해 복잡하게 연계되어 운전되고 있는 대형 전력계통에서, 과도안정도는 디지털 컴퓨터 프로그램을 이용하여 해석한다. 주어진 외란에 대해 과도안정도 해석 프로그램은 송전망의 조류를 표현하는 대수방정식과 동기발전기를 표현하는 비선형 미분방정식을 번갈아서 단계적으로 계산하여 고장 발생 전, 고장 지속 시, 고장 제거 후의 상황에 대해 계산을 수행한다[15]. 과도안정도 프로그램은 시간에 따른 전력 위상각, 동기기의 주파수, 모선 전압, 전력 조류 등을 출력한다. 대형전력계통의 경우, 수천에서 수십만 개의 대수방정식과 미분방정식을 풀어야 한다.

대부분의 경우, 과도안정도는 외란 발생 후 발전기 전력 위상각의 첫 번째 동요 기간에 결정된다. 1초 정도 지속되는 첫

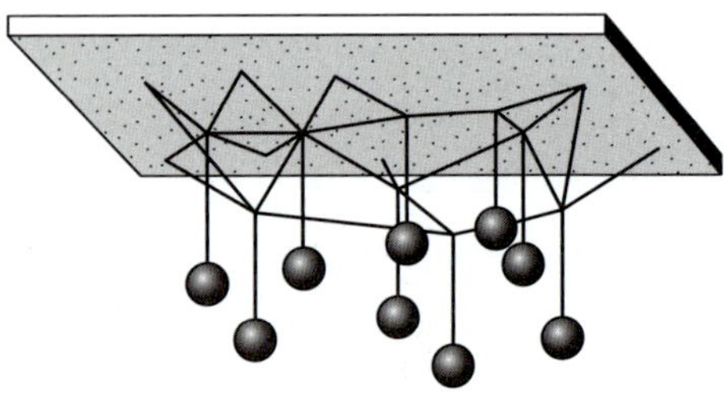

그림 12.1 전력계통 과도안정도의 기계적 유추[2]
(Based on Elgerd, Electric Energy Systems Theory: An Introduction, 1982, McGraw-Hill.)

번째 동요 기간 중 보통 터빈의 기계적 출력과 발전기 내부 전압은 일정하다고 가정한다. 그러나 과도안정도 판별에 여러 주기 동안의 동요를 수 초 이상 관찰해야 하는 경우에는 더 정확한 과도안정도 결과를 얻기 위해 터빈-조속기 모델, 여자 시스템(예를 들어 그림 13.3과 그림 13.5)뿐 아니라 좀 더 자세한 발전기 모델 등이 필요하다.

동적 안정도는 수 분 동안의 좀 더 긴 기간 동안의 특성 해석이 필요하다. 과도안정도가 유지되는 경우라 하더라도 제어기가 동적 안정도에 영향을 미칠 수 있다. 터빈-조속기, 여자 시스템, 탭-변환 변압기, 지역제어센터의 제어 동작 등 외란이 발생한 후 수 분 후의 시스템을 안정화시킬 수도, 불안정하게 할 수도 있다.

과도안정도 해석을 간단히 하기 위해 다음과 같은 가정이 필요하다.

1. 평형 3상 시스템에서 3상고장을 고려한다. 따라서 정상분 회로망 데이터가 필요하다.
2. 외란에 의해 발생하는 발전기 주파수와 동기 주파수의 편차가 작고, 직렬 옵셋 전류와 고조파는 무시한다. 따라서 송전선, 변압기, 임피던스 부하의 회로는 정상상태에 있고, 전압, 전류, 전력은 전력조류방정식을 풀어서 계산한다.

12.1절에서는 동기발전기의 회전자동특성을 결정하는 동요방정식을 소개하고, 12.2절에서는 동기기의 간략모델과 선로, 변압기, 부하 그리고 다른 기기들을 포함하는 테브난 등가회로를 소개한다. 12.3절에서는 등면적법을 소개하는데, 등면적법은 등가 시스템에 연결된 1기 계통의 과도안정도를 직접 판별하는 방법이다. 12.4절에서는 동요방정식을 수치적으로 풀기 위한 수치적분법에 대해 논하고, 12.5절에서는 다기계통의 안정도를 풀기 위해 적용하는 방법에 대해 설명한다. 12.6절에서는 동기발전기를 좀 더 자세히 모델링하고, 12.7절에서는 과도안정도 해석을 위한 풍력발전기와 태양광 PV 모델링, 그리고 12.8절에서는 부하 모델링, 마지막으로 12.9절에서는 과도안정도를 개선하기 위한 계통 디자인 방법에 대해 다룬다.

12.1 동요방정식

3상 동기발전기와 원동기로 구성된 발전기에 대해 생각해보자. 회전자 운동은 주어진 식인 뉴턴의 제2법칙에 의해 결정된다.

$$J\alpha_m(t) = T_m(t) - T_e(t) = T_a(t) \tag{12.1.1}$$

여기서, J = 회전자 질량들의 모든 관성모멘트, kg m^2
α_m = 회전자 각가속도, rad/s^2
T_m = 기계적 손실에 의한 제동토크를 뺀 기계적 토크 공급량, N m
T_e = 전기적 손실을 더한 발전기의 모든 3상 전력의 출력을 차지하는 전기적 토크, N m
T_a = 순가속 토크, N m

또한, 회전자 각가속도의 주어진 식은

$$\alpha_m(t) = \frac{d\omega_m(t)}{dt} = \frac{d^2\theta_m(t)}{dt^2} \tag{12.1.2}$$

$$\omega_m(t) = \frac{d\theta_m(t)}{dt} \tag{12.1.3}$$

여기서, ω_m = 회전자 각속도, rad/s
θ_m = 고정축에 대한 회전자 각 위치

T_m과 T_e는 발전기 운전 모드에서 양의 값을 가진다. 정상상태에서 T_m과 T_e는 같고, 가속토크 T_a는 0이다. 그리고 식 (12.1.1)로부터 회전자 각가속도 a_m도 0이고, 회전자 속도는 일정하며, 이때의 속도를 **동기속도**라 한다. T_m이 T_e보다 크면 T_a는 양의 값을 가지고, 따라서 a_m도 양의 값이므로 회전자 속도가 증가한다. T_m이 T_e보다 작으면 회전자 속도는 감소한다.

회전자 위상각은 고정축 대신에 동기속도로 회전하는 회전축에 대한 회전자 각 위치를 측정하는 것이 편리하다. 따라서 정의된 식은

$$\theta_m(t) = \omega_{msyn}t + \delta_m(t) \tag{12.1.4}$$

즉, ω_{msyn} = 회전자의 동기 각속도, rad/s

δ_m = 동기속도로 회전하는 회전축에 대한 회전자 각위치, rad

식 (12.1.2)와 (12.1.4)를 사용하면, 식 (12.1.1)은 다음과 같다.

$$J\frac{d^2\theta_m(t)}{dt^2} = J\frac{d^2\delta_m(t)}{dt^2} = T_m(t) - T_e(t) = T_a(t) \quad (12.1.5)$$

그리고 토크보다는 유효전력, 실제 단위보다는 pu법으로 표현하는 것이 편리하다. 따라서 식 (12.1.5)에 $\omega_m(t)$를 곱하고 발전기의 3상 VA 정격치 S_{rated}를 나눠서

$$\frac{J\omega_m(t)}{S_{rated}}\frac{d^2\delta_m(t)}{dt^2} = \frac{\omega_m(t)T_m(t) - \omega_m(t)T_e(t)}{S_{rated}}$$
$$= \frac{p_m(t) - p_e(t)}{S_{rated}}$$
$$= p_{mp.u.}(t) - p_{ep.u.}(t) = p_{ap.u.}(t) \quad (12.1.6)$$

즉, $p_{mp.u.}$ = 원동기에서 공급하는 기계적 입력에 기계적 손실을 뺀 값[p.u.]

$p_{ep.u.}$ = 전기적 손실을 더한 발전기의 전기적 출력 [p.u.]

최종적으로, 관성정수도 정규화된 값을 사용하는 것이 편리하며, 정규화된 관성정수 H는 다음과 같이 정의된다.

$$H = \frac{\text{stored kinetic energy at synchronous speed}}{\text{generator volt-ampere rating}}$$
$$= \frac{\frac{1}{2}J\omega_{msyn}^2}{S_{rated}} \quad \text{joules/VA or p.u.-seconds} \quad (12.1.7)$$

관성정수 J는 발전기의 크기나 형태에 따라 값의 범위가 상당히 넓지만, 정규화된 관성정수 H는 보통 1~10 p.u.-s 값 사이에 존재한다. 식 (12.1.7)의 J 값과 식 (12.1.6)을 이용하여

$$2H\frac{\omega_m(t)}{\omega_{msyn}^2}\frac{d^2\delta_m(t)}{dt^2} = p_{mp.u.}(t) - p_{ep.u.}(t) = p_{ap.u.}(t) \quad (12.1.8)$$

pu법 회전자 각속도를 다음과 같이 정의하면,

$$\omega_{p.u.}(t) = \frac{\omega_m(t)}{\omega_{msyn}} \quad (12.1.9)$$

방정식 (12.1.8)은 다음과 같이 된다.

$$\frac{2H}{\omega_{msyn}}\omega_{p.u.}(t)\frac{d^2\delta_m(t)}{dt^2} = p_{mp.u.}(t) - p_{ep.u.}(t)$$
$$= p_{ap.u.}(t) \quad (12.1.10)$$

P극 동기 발전기의 전기적 각가속도 α, 전기적 각주파수 ω, 그리고 전력위상각 δ는 다음과 같다.

$$\alpha(t) = \frac{P}{2}\alpha_m(t) \quad (12.1.11)$$

$$\omega(t) = \frac{P}{2}\omega_m(t) \quad (12.1.12)$$

$$\delta(t) = \frac{P}{2}\delta_m(t) \quad (12.1.13)$$

마찬가지로, 전기적 동기 각주파수도 다음과 같다.

$$\omega_{syn} = \frac{P}{2}\omega_{msyn} \quad (12.1.14)$$

pu법으로 표현되는 전기적 주파수는 다음과 같다.

$$\omega_{p.u.}(t) = \frac{\omega(t)}{\omega_{syn}} = \frac{\frac{2}{P}\omega(t)}{\frac{2}{P}\omega_{syn}} = \frac{\omega_m(t)}{\omega_{msyn}} \quad (12.1.15)$$

그러므로 식 (12.1.13)~(12.1.15)를 사용해서 식 (12.1.10)을 다음과 같이 쓸 수 있다.

$$\frac{2H}{\omega_{syn}}\omega_{p.u.}(t)\frac{d^2\delta(t)}{dt^2} = p_{mp.u.}(t) - p_{ep.u.}(t) = p_{ap.u.}(t) \quad (12.1.16)$$

또한 식 (12.1.16)은 발전기가 동기속도를 벗어날 때, 속도편차에 비례하는 댐핑 토크 항을 포함하여 다음 식과 같이 쓸 수 있다.

$$2H/\omega_{syn}\omega_{p.u.}(t)(d^2\delta(t)/(dt^2))$$
$$= p_{mp.u.}(t) - p_{ep.u.}(t) - D/\omega_{syn}(d\delta(t)/(dt))$$
$$= p_{ap.u.}(t) \quad (12.1.17)$$

댐핑 토크 D는 0으로 두거나, 일반적으로 0과 2 사이의 값을 가진다. D는 pu법 전력을 pu법 속도편차로 나눈 값이다.

식 (12.1.17)은 pu법으로 표현된 **동요방정식**으로, 과도안정도 해석 시 필요한 회전자의 동역학을 표현하는 기본 식이다. 이 방정식은 12.2절에서 알 수 있듯이, $p_{ep.u.}(t)$가 δ에 대한 비선형 함수로 표현되기 때문에 비선형방정식이며, $\omega_{p.u.}(t)$항 때문에도 비선형방정식이 된다. 그러나 실제로는 과도 순간에도 회전자 속도는 동기속도를 크게 벗어나지 않는다. 즉, 간단한 수 계산을 위해서는 식 (12.1.17)에서 $\omega_{p.u.}(t) \simeq 1.0$으로 두는 경우도 있다.

방정식 (12.1.17)은 2차 미분방정식이므로 두 개의 1차 미분방정식으로 표현할 수 있다. 식 (12.1.4)를 미분한 다음, 식 (12.1.3)과 (12.1.12)~(12.1.14)를 이용하년 다음 식을 얻을 수 있다.

$$\frac{d\delta(t)}{dt} = \omega(t) - \omega_{syn} \tag{12.1.18}$$

식 (12.1.17)에 식 (12.1.18)을 사용하면,

$$\frac{2H}{\omega_{syn}}\omega_{p.u.}(t)\frac{d\omega(t)}{dt} = p_{mp.u.}(t) - p_{ep.u.}(t) - D/\omega_{syn}\frac{d\delta(t)}{dt}$$
$$= p_{ap.u.}(t) \tag{12.1.19}$$

방정식 (12.1.18)과 (12.1.19)는 두 개의 1차 미분방정식이다.

예제 12.1 단락고장 시 발전기 pu법 동요방정식과 전력위상각

3상, 60 Hz, 500 MVA, 15-kV, 32극 수력발전기의 H 상수는 2.0 p.u. -s이고 D = 0이다. (a) ω_{syn}과 ω_{msyn}을 결정하시오. (b) pu법으로 동요방정식을 나타내시오. (c) 초기 조건은 $p_{mp.u.} = p_{ep.u.} = 1.0$, $\omega = \omega_{syn}$, $\delta = 10°$이고, 발전기 터미널에서 3상 지락고장이 발생하여 $t \geqslant 0$ 동안 $p_{ep.u.}$가 0이 된다. 3주기 후의 전력위상각을 구하시오. 이때, $p_{mp.u.}$가 1.0 p.u.이고, 동요방정식에서 $\omega_{p.u.}(t) - 1.0$을 가정한다.

| 풀이

a. 60 Hz 발전기에서

$$\omega_{syn} = 2\pi 60 = 377 \text{ rad/s}$$

이며, 식 (12.1.14)에서 P = 32극이므로

$$\omega_{msyn} = \frac{2}{P}\omega_{syn} = \left(\frac{2}{32}\right)377 = 23.56 \quad \text{rad/s}$$

b. 식 (12.1.16)에서, H = 2.0 p.u.-s이므로

$$\frac{4}{2\pi 60}\omega_{p.u.}(t)\frac{d^2\delta(t)}{dt^2} = p_{mp.u.}(t) - p_{ep.u.}(t)$$

c. 초기 전력위상각은

$$\delta(0) = 10° = 0.1745 \text{ 라디안}$$

이며, 식 (12.1.18)로부터 $t = 0$일 때,

$$\frac{d\delta(0)}{dt} = 0$$

$p_{mp.u.}(t) = 1.0$, $p_{ep.u.}(t) = 0$과 $\omega_{p.u.}(t) = 1.0$이므로 동요방정식은

$$\left(\frac{4}{2\pi 60}\right)\frac{d^2\delta(t)}{dt^2} = 1.0 \quad t \geqslant 0$$

두 번 적분하고 위의 초기 조건을 사용하면,

$$\frac{d\delta(t)}{dt} = \left(\frac{2\pi 60}{4}\right)t + 0$$

$$\delta(t) = \left(\frac{2\pi 60}{8}\right)t^2 + 0.1745$$

$t = 3$ cycles $= \dfrac{3 \text{ cycles}}{60 \text{ cycles/second}} = 0.05$ second에서,

$$\delta(0.05) = \left(\frac{2\pi 60}{8}\right)(0.05)^2 + 0.1745$$
$$= 0.2923 \text{ radian} = 16.75°$$

예제 12.2 등가 동요방정식: 두 개의 발전기

발전소에 다음과 같이 2개의 3상, 60-Hz 발전기가 있다.

발전기 1: 500 MVA, 15 kV, 역률 0.85, 32극, $H_1 = 2.0$ p.u.-s, D = 0

발전기 2: 300 MVA, 15 kV, 역률 0.90, 16극, $H_2 = 2.5$ p.u.-s, D = 0

(a) 100 MVA을 기준치로 하여 각각의 발전기의 동요방정식을 pu법으로 나타내시오.

(b) 만약 두 발전기가 '동시에 동요'한다면, 즉 $\delta_1(t) = \delta_2(t)$이면 두 개의 동요방정식을 하나의 등가 동요방정식으로 나타내시오.

| 풀이

a. pu법으로 표현된 동요방정식 우변의 식을 pu값으로 환산하면, 좌변의 H 상수도 바뀌어야 한다. 즉,

$$H_{new} = H_{old}\frac{S_{old}}{S_{new}} \quad \text{p.u.}$$

H_1을 500 MVA 기준치에서 100 MVA 단위 기준치로 바꾸면,

$$H_{1new} = H_{1old}\frac{S_{old}}{S_{new}} = (2.0)\left(\frac{500}{100}\right) = 10 \quad \text{p.u.-s}$$

같은 방법으로, H_2는

$$H_{2new} = (2.5)\left(\frac{300}{100}\right) = 7.5 \quad \text{p.u.-s}$$

기준치로 환산한 pu법으로 나타낸 동요방정식은

$$\frac{2H_{1new}}{\omega_{syn}}\omega_{1p.u.}(t)\frac{d^2\delta_1(t)}{dt^2} = \frac{20.0}{2\pi 60}\omega_{1p.u.}(t)\frac{d^2\delta_1(t)}{dt^2} = p_{m1p.u.}(t) - p_{e1p.u.}(t)$$

$$\frac{2H_{2new}}{\omega_{syn}}\omega_{2p.u.}(t)\frac{d^2\delta_2(t)}{dt^2} = \frac{15.0}{2\pi 60}\omega_{2p.u.}(t)\frac{d^2\delta_2(t)}{dt^2} = p_{m2p.u.}(t) - p_{e2p.u.}$$

b. 다음 관계식과

$$\delta(t) = \delta_1(t) = \delta_2(t)$$

$$\omega_{p.u.}(t) = \omega_{1p.u.}(t) = \omega_{2p.u.}(t)$$

$$p_{mp.u.}(t) = p_{m1p.u.}(t) + p_{m2p.u.}(t)$$

$$p_{ep.u.}(t) = p_{e1p.u.}(t) + p_{e2p.u.}(t)$$

위의 두 동요방정식을 합하면,

$$\frac{2(H_{1new} + H_{2new})}{\omega_{syn}}\omega_{p.u.}(t)\frac{d^2\delta(t)}{dt^2} = \frac{35.0}{2\pi 60}\omega_{p.u.}(t)\frac{d^2\delta(t)}{dt^2} = p_{mp.u.}(t) - p_{ep.u.}(t)$$

많은 발전기가 운전 중인 대형 전력계통에서 디지털 컴퓨터를 이용해서 과도안정도 해석을 수행하는 경우, 같은 위상으로 동요하는 발전기를 묶어서 등가발전기로 모델링하면 계산시간을 줄일 수 있다. 이와 같이 같은 위상으로 동요하는 발전기를 **동상발전기**(coherent machines)라 하며, 일반적으로 모선이나 전기적으로 가까우며 외란으로부터는 멀리 떨어져 있는 발전기들이 이에 해당한다.

12.2 동기기의 단순모델과 등가 시스템

그림 12.2에 과도안정도 해석에 이용되는 고전모델이라 불리는 동기기의 단순모델을 보여주고 있다. 고전모델은 직축 과도 리액턴스 X_d' 배후의 내부 전압 E'로 표현된다. 이 모델은 아래와 같은 가정에 근거를 두고 있다.

1. 발전기는 평형 3상 정상상태에서 운전한다.

2. 여자는 일정하다.

3. 기계손, 포화 그리고 회전자의 돌극성은 무시한다.

과도안정도 해석 프로그램에서 여자기, 손실, 포화 그리고 돌극성을 표현하는 상세모델을 이용할 수도 있지만, 단

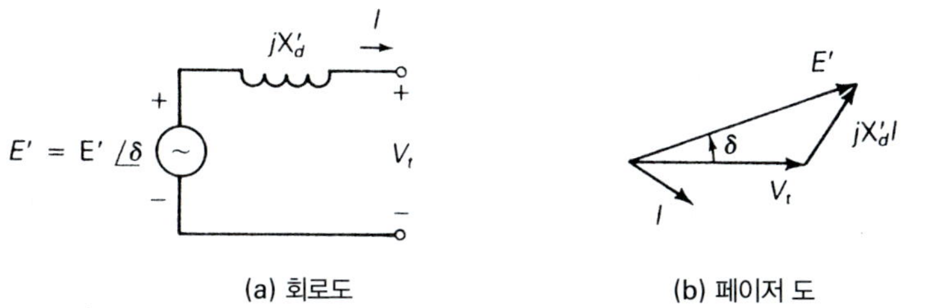

그림 12.2 과도안정도 해석을 위한 동기기 단순모델

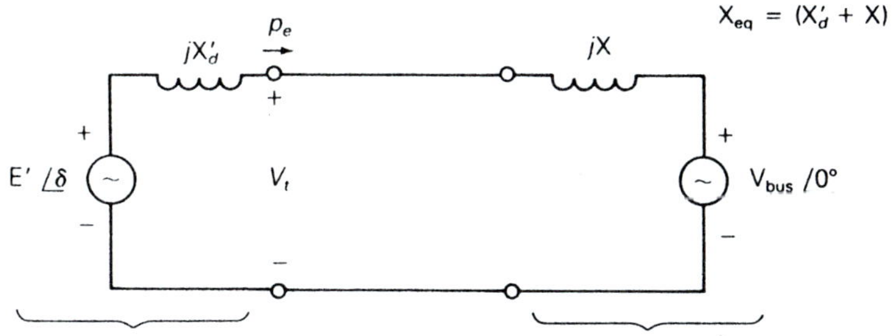

그림 12.3 계통등가회로에 연결된 동기발전기

순모델은 안정도 계산에서 합리적인 정확도를 유지하면서도 모델의 복잡성을 피할 수 있다는 장점이 있다.

모델에서 각각의 발전기는 송전선로, 변압기, 부하 그리고 다른 발전기들로 구성된 시스템에 연결된다. 일차 근사화한 시스템은 시스템 리액턴스에 연결된 '무한 모선'으로 나타낼 수 있다. 무한 모선은 일정 전압 크기, 일정 위상, 그리고 일정 주파수를 유지하는 이상적인 전압원이다.

그림 12.3은 등가 시스템에 연결된 동기발전기를 보여준다. 무한 모선에서 전압 그기 V_{bus}와 0°로 표현된 위상은 일정하다. 발전기 내부 전압의 위상각은 무한대 모선에 대한 발전기의 전력위상각이다.

발전기 내부 전압과 무한 모선 사이의 등가 리액턴스는 $X_{eq} = (X'_d + X)$이다. 식 (6.7.3)으로부터 동기발전기에서 무한 모선으로 전달되는 유효전력은 다음과 같다.

$$p_e = \frac{E'V_{bus}}{X_{eq}}\sin\delta \tag{12.2.1}$$

식 (12.2.1)에서 과도 상태에서, E'와 V_{bus}는 상수로 둔다. 따라서 p_e는 발전기 전력위상각 δ의 사인 함수이다.

예제 12.3 전력위상각에 대한 발전기 내부 전압과 유효전력 출력

그림 12.4는 60 Hz 동기발전기가 변압기와 병렬 송전선을 통해 무한 모선에 연결되어 있는 단선도를 보여주고 있다. 모든 리액턴스 값은 공통 기준치(베이스로 계산된) pu법으로 주어진다. 만약 무한 모선이 지상역률 0.95, 1.0 p.u.의 유효전력을 공급받는다면, (a) 발전기의 내부 전압과 (b) 전력위상각 δ에 대한 전기적 출력 방정식을 구하시오.

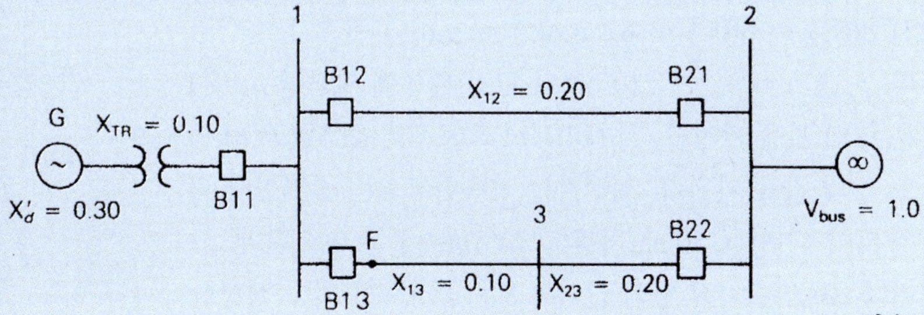

그림 12.4 예제 12.3의 단선도

(계속)

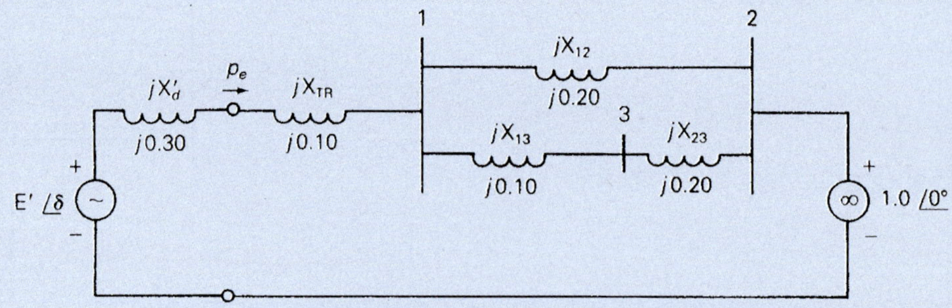

그림 12.5 예제 12.3의 등가회로

I 풀이

a. 등가회로는 그림 12.5와 같다. 발전기의 내부 전압과 무한 모선 사이에 등가 리액턴스는

$$X_{eq} = X'_d + X_{TR} + X_{12} \| (X_{13} + X_{23})$$
$$= 0.30 + 0.10 + 0.20 \| (0.10 + 0.20)$$
$$= 0.520 \quad \text{p.u.}$$

무한 모선으로 흘러 들어가는 전류는

$$I = \frac{P}{V_{bus}(\text{p.f.})}\angle -\cos^{-1}(\text{p.f.}) = \frac{(1.0)}{(1.0)(0.95)}\angle -\cos^{-1} 0.95$$
$$= 1.05263 \angle -18.195° \quad \text{p.u.}$$

발전기 내부 전압은

$$E' = E' \angle\delta = V_{bus} + jX_{eq}I$$
$$= 1.0\angle 0° + (j0.520)(1.05263\angle -18.195°)$$
$$= 1.0\angle 0° + 0.54737\angle 71.805°$$
$$= 1.1709 + j0.5200$$
$$= 1.2812\angle 23.946° \quad \text{p.u.}$$

b. 식 (12.2.1)로부터

$$p_e = \frac{(1.2812)(1.0)}{0.520}\sin\delta = 2.4628 \sin\delta \quad \text{p.u.}$$

12.3 등면적법

무한 모선에 리액턴스를 통하여 연결된 동기발전기를 생각해보자. 전력위상각에 대한 전기적 출력 p_e와 기계적 입력 p_m의 관계는 그림 12.6과 같다. p_e는 식 (12.2.1)에 주어진 것처럼 δ의 정현파함수이다.

초기에 발전기가 $p_e = p_m = p_{m0}$ 그리고 $\delta = \delta_0$의 정상상태에서 운전하다가 $t = 0$에서 p_m이 p_{m0}에서 p_{m1}까지 변했다고 가정하자. 관성 때문에 회전자 위치는 순간적으로 변할 수 없다. 즉, $\delta_m(0^+) = \delta_m(0^-)$ 관계에 있고, 따라서 $\delta(0^+) = \delta(0^-) = \delta_0$, $p_e(0^+) = p_e(0^-)$ 관계가 성립한다. $p_m(0^+) = p_{m1}$이 $p_e(0^+)$보다 크기 때문에 가속력 $p_a(0^+)$은 양의 값을 가지고, 식 (12.1.16)으로부터 $(d^2\delta)/(dt^2)(0^+)$도 양의 값을 가진다. 회전자는 가속하고 δ는 증가한다. δ가 δ_1이 되면, $p_e = p_{m1}$이 되고 $(d^2\delta)/(dt^2)$ 은 0이 된다. 그러나 $d\delta/dt$는 아직 양의 값이고 δ는 증가하여 최종 정상상태 운전점을 넘어간다. δ가 δ_1보다 클 때 p_m은 p_e보다 작고, p_a은 음의 값이 되며, 회전자는 감속한다. δ는 최대치 δ_2에 도달했다가 δ_1로 다시 돌아온다. 댐핑이 없는 식 (12.1.16)을 이용하면 δ는 δ_1 주위를 계속 진동하지만, 기계적 · 전기적 손실에 인한 댐핑의 영향을 고려하면 δ는 최종 정상상태 운전점 δ_1에서 안정된다. 만약 전력위상각 δ가 δ_3를

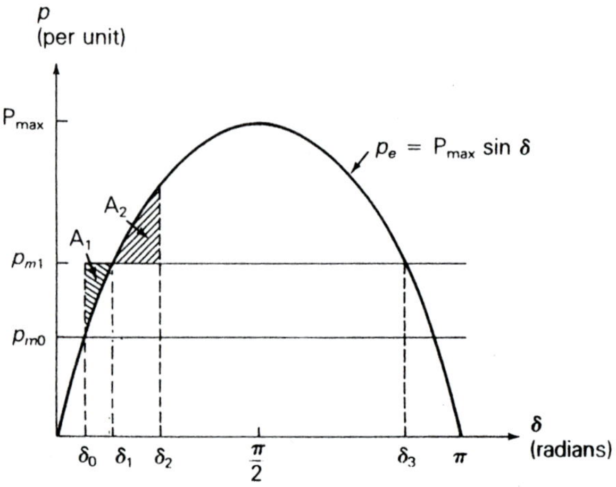

그림 12.6 δ에 대한 p_e와 p_m

지나가면, p_m이 p_e보다 커지므로 회전자가 다시 가속하여 δ는 증가하고 불안정상태에 이르게 된다.

안정도와 최대 전력위상각을 계산하는 한 가지 방법은 디지털 컴퓨터를 이용하여 수치계산으로 동요방정식을 푸는 것이다. 12.4절에서 다기 계통에도 적용할 수 있는 방법을 설명한다. 동요방정식을 풀지 않고 안정도를 판별하는 직접적인 방법도 있다; 이 방법은 1기 무한 모선 시스템이나 2기 시스템에 적용할 수 있다. 이 방법을 **등면적법**이라 한다.

그림 12.6에서 $\delta_0 < \delta < \delta_1$ 구간에서 p_m이 p_e보다 크며 회전자는 가속한다. 이때, p_m과 p_e 곡선 사이에 있는 빗금친 부분 A_1은 가속 영역이라 한다. $\delta_1 < \delta < \delta_2$ 구간에서 p_m이 p_e보나 삭으며, 회전자는 감속하고 빗금친 부분 A_2는 감속 영역이 된다. 초기치 $\delta = \delta_0$인 경우와 최대치 $\delta = \delta_2$일 때 모두 $d\delta/dt = 0$이다. 등면적법은 $A_1 = A_2$인 상태를 뜻한다.

1기 무한 모선에서 등면적법을 설명하기 위해 식 (12.1.16)에서 $\omega_{\text{p.u.}}(t) = 1$로 가정하면,

$$\frac{2\text{H}}{\omega_{\text{syn}}}\frac{d^2\delta}{dt^2} = p_{m\text{p.u.}} - p_{e\text{p.u.}} \tag{12.3.1}$$

$d\delta/dt$를 곱하고

$$\frac{d}{dt}\left[\frac{d\delta}{dt}\right]^2 = 2\left(\frac{d\delta}{dt}\right)\left(\frac{d^2\delta}{dt^2}\right)$$

를 이용하면, 식 (12.3.1)은 다음과 같이 된다.

$$\frac{2\text{H}}{\omega_{\text{syn}}}\left(\frac{d^2\delta}{dt^2}\right)\left(\frac{d\delta}{dt}\right) = \frac{\text{H}}{\omega_{\text{syn}}}\frac{d}{dt}\left[\frac{d\delta}{dt}\right]^2 = (p_{m\text{p.u.}} - p_{e\text{p.u.}})\frac{d\delta}{dt} \tag{12.3.2}$$

식 (12.3.2)에 dt를 곱하고 δ_0에서 δ까지 적분하면,

$$\frac{\text{H}}{\omega_{\text{syn}}}\int_{\delta_0}^{\delta} d\left[\frac{d\delta}{dt}\right]^2 = \int_{\delta_0}^{\delta}(p_{m\text{p.u.}} - p_{e\text{p.u.}})d\delta$$

$$\frac{\text{H}}{\omega_{\text{syn}}}\left[\frac{d\delta}{dt}\right]^2\Bigg|_{\delta_0}^{\delta} = \int_{\delta_0}^{\delta}(p_{m\text{p.u.}} - p_{e\text{p.u.}})\,d\delta \tag{12.3.3}$$

위 식의 적분은 $d\delta/dt = 0$인 δ_0에서 시작하고, 임의의 δ까지 계속한다. δ가 δ_2로 최대치에 도달할 때 $d\delta/dt$는 다시 0이 된다. 그러므로 (12.3.3)의 좌변은 $\delta = \delta_2$이므로 0이 되고

$$\int_{\delta_0}^{\delta_2}(p_{m\text{p.u.}} - p_{e\text{p.u.}})d\delta = 0 \tag{12.3.4}$$

이 적분을 양수(가속) 구간과 음수(감속) 구간으로 분리하면, 등면적법은

$$\int_{\delta_0}^{\delta_1}(p_{m\text{p.u.}} - p_{e\text{p.u.}})d\delta + \int_{\delta_1}^{\delta_2}(p_{m\text{p.u.}} - p_{e\text{p.u.}})d\delta = 0$$

또는

$$\underbrace{\int_{\delta_0}^{\delta_1}(p_{m\text{p.u.}} - p_{e\text{p.u.}})d\delta}_{\text{A}_1} = \underbrace{\int_{\delta_1}^{\delta_2}(p_{e\text{p.u.}} - p_{m\text{p.u.}})d\delta}_{\text{A}_2} \tag{12.3.5}$$

실제로, 원동기 시정수가 수 초 정도 되기 때문에 기계적 입력의 순간 변화는 발생하지 않는다. 그러나 앞에서 언급한 것과 유사한 안정도 문제는 고장이나 선로 절체 등에 의한 전기적 출력에서의 순간 변화에 의해 발생할 수 있다. 다음에 나오는 3개의 예를 들어보자.

예제 12.4 등면적법: 3상 단락고장 시 과도안정도

예제 12.3에서와 같이 그림 12.4의 동기발전기는 초기에 정상상태에서 운전하고 있을 때, 모선 1에서 1~3선로에 3상 단락고장이 발생했다(그림에서 F지점). 3주기 후에 고장이 스스로 제거되었다. 계전기 오작동으로 인해 모든 차단기가 닫힌 상태에 있다. 이런 경우 안정 여부를 판단하고 최대 전력위상각을 구하시오. 발전기의 관성상수는 시스템 베이스에서 3.0 p.u. second이다. p_m이 외란 내내 일정하게 유지된다고 가정한다. 또한, 동요방정식에서 $\omega_{\text{p.u.}}(t) = 1.0$으로 가정한다.

| 풀이

δ에 대한 p_e와 p_m의 관계가 그림 12.7과 같이 주어진다.

(계속)

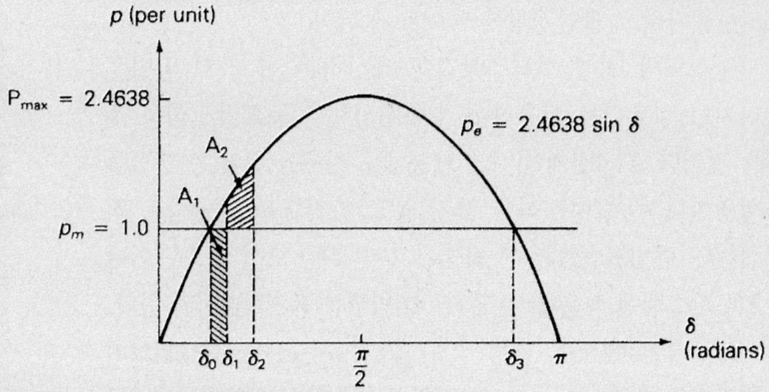

그림 12.7 예제 12.4의 $p-\delta$ 곡선

예제 12.3에서 초기 운전점은 $p_e(0^-) = p_m = 1.0$ p.u.와 $\delta(0^+) = \delta(0^-) = \delta_0 = 23.95° = 0.4179$ 라디안이다. $t = 0$에서 단락고장이 발생하면, p_e는 순간적으로 0이 되고 고장이 지속될 동안 지속된다. 식 (12.1.16)에서 $\omega_{p.u.}(t) = 1.0$이므로

$$\frac{2H}{\omega_{syn}}\frac{d^2\delta(t)}{dt^2} = p_{mp.u.} \qquad 0 \leq t \leq 0.05 \quad s$$

초기 조건 $\delta(0) = \delta_0$, $\frac{d\delta(0)}{dt} = 0$을 이용하여 두 번 적분하면,

$$\frac{d\delta(t)}{dt} = \frac{\omega_{syn}\,p_{mp.u.}}{2H}t + 0$$

$$\delta(t) = \frac{\omega_{syn}\,p_{mp.u.}}{4H}t^2 + \delta_0$$

t = 3주기 = 0.05초에서,

$$\delta_1 = \delta(0.05\text{ s}) = \frac{2\pi 60}{12}(0.05)^2 + 0.4179$$

$$= 0.4964 \text{ 라디안} = 28.44°$$

그림 12.7에서 빗금 부분 A_1은

$$A_1 = \int_{\delta_0}^{\delta_1} p_m d\delta = \int_{\delta_0}^{\delta_1} 1.0 d\delta = (\delta_1 - \delta_0)$$

$$= 0.4964 - 0.4179 = 0.0785$$

$t = 0.05$에서 고장이 제거되고, 그림 12.7에서와 같이 p_e는 0에서부터 사인파 파형으로 순간적으로 증가한다. δ는 감속지역 A_2가 A_1과 같아질 때까지 증가한다. 즉,

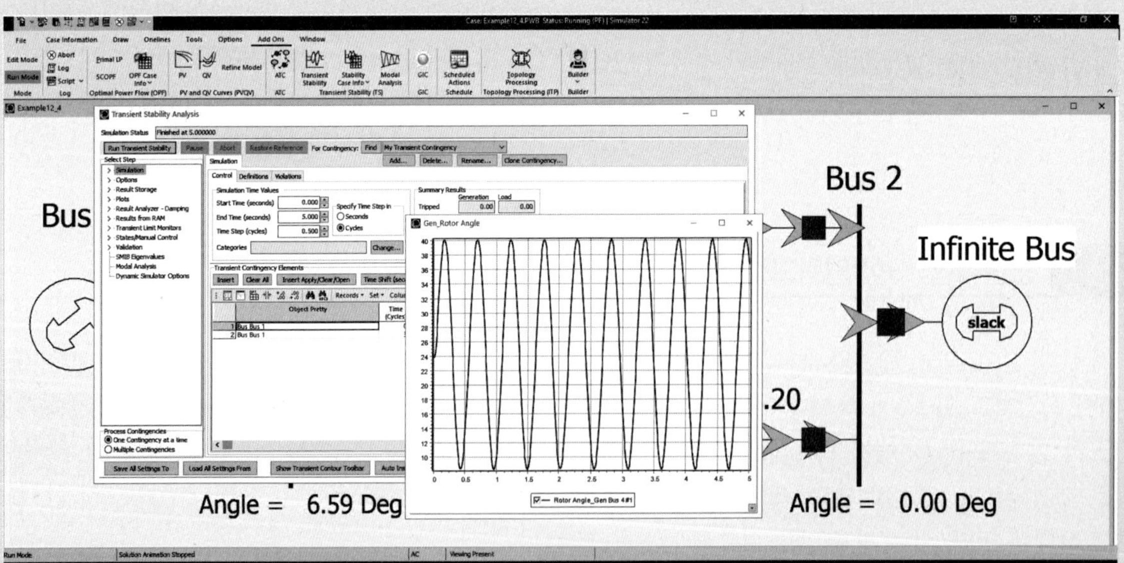

그림 12.8 댐핑이 없는 경우의 $\delta(t)$ 변화

(계속)

$$A_2 = \int_{\delta_1}^{\delta_2} (p_{\max} \sin \delta - p_m) d\delta$$

$$= \int_{0.4964}^{\delta_2} (2.4638 \sin \delta - 1.0) d\delta = A_1 = 0.0785$$

적분하면,

$$2.4638[\cos(0.4964) - \cos \delta_2] - (\delta_2 - 0.4964) = 0.0785$$
$$2.4638 \cos \delta_2 + \delta_2 = 2.5843$$

위의 비선형 대수방정식을 반복계산법에 의하여 풀면,

$\delta_2 = 0.7003$ 라디안 $= 40.12°$

최대각 δ_2는 $\delta_3 = (180° - \delta_0) = 156.06°$를 넘지 못하기 때문에 안정도는 유지된다. 정상상태에서 발전기의 초기 운전점 $P_{ess} = P_m = 1.0$ p.u.와 $\delta_{ss} = \delta_0 = 23.95°$으로 되돌아간다.

고장 지속시간이 증가하면 불안정 가능성도 증가함에 주의할 필요가 있다. 임계고장제거시간 t_{cr}은 안정도가 유지되는 가장 긴 고장지속시간을 의미한다.

PowerWorld Simulator에서 이 예제를 보기 위해 예제 12_4(그림 12.8)를 연다. 그리고 Transient Stability Display Form을 화면에 보여주는 **Add-Ons, Transient Stability**를 선택한다. Transient Stability Contingency Elements 리스트에서 모선 1에서 $t = 0$에서 고장을 적용하고 $t = 0.05$ s에서 고장을 제거한다. 발전기 위상각의 시간 변화를 보기 위해서는(PowerWorld Simulator에서 모선 4에 모델링했음) **Run Transient Stability** 버튼을 클릭한다. 시뮬레이션이 끝나면 그림에서와 같이 위상각을 보여주는 그래프가 화면에 자동으로 나타난다. 더 자세한 결과는 옵션 리스트의 왼쪽에 있는 **Results**를 클릭하면 볼 수 있다. 고장지속시간을 달리해서 예제를 다시 돌려보기 위해서는 Transient Stability Contingency Elements 리스트에서 Time을 다시 입력하고 **Run Transient Stability** 버튼을 클릭한다.

이 시스템에서는 댐핑을 고려하지 않았기 때문에(즉, D = 0) 위상각은 계속 진동한다. 단선도의 Bus 4 Generator에서 우클릭하여 **Generator Information Dialogue**를 선택한다. 그리고 GENCLS 모델(고전모델, 자세한 모델은 12.6절에서 다룬다)과 관련된 파라미터를 보기 위해 **Stability, Machine Models** 탭을 클릭한다. 'D' 필드를 0에서 1.0으로 바꾸고 대화창을 끝내기 위해 **'OK'**를 선택하고 과도안정도를 다시 돌린다. 그 결과는 그림 12.9에 보여주고 있다. D 값을 입력하여도 $\delta(t)$의 최대치는 크게 바뀌지 않지만, 시간에 따라 위상각의 동요는 점점 줄어드는 것을 알 수 있다. 이 예제는 PowerWorld Simulator 예제 12_4b로 저장되어 있다.

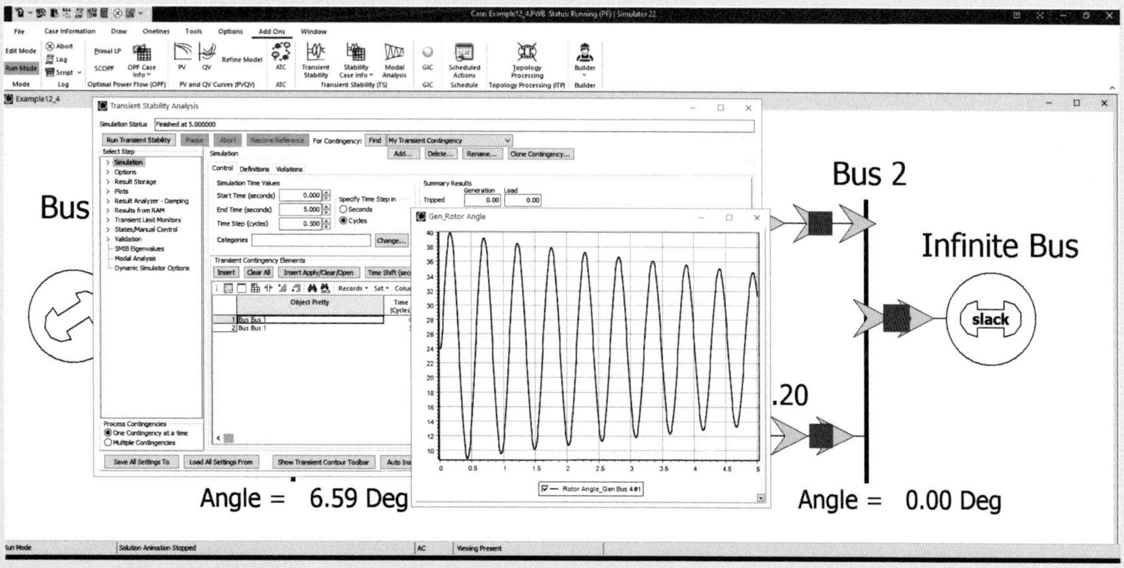

그림 12.9 댐핑이 있는 경우의 $\delta(t)$ 변화

예제 12.5 등면적법: 일시적 3상고장에 대한 임계고장제거시간

예제 12.4에서 일시적인 단락고장이 3주기보다 더 오래 지속한다고 가정하고, 임계제거시간을 계산하시오.

| 풀이

그림 12.10의 $p-\delta$ 그림을 보자. 임계고장위상각 δ_{cr}에서 고장이 제거된다. 그러면 전력위상각은 최대치인 $\delta_3 = 180° - \delta_0 = 156.05° = 2.7236$ 라디안으로 증가하며, 이때 감속 영역은 최대가 된다. 가속 영역과 감속 지역을 같게 두면,

$$A_1 = \int_{\delta_0}^{\delta_{cr}} p_m \, d\delta = A_2 = \int_{\delta_{cr}}^{\delta_3} (P_{max} \sin\delta - p_m) d\delta$$

$$\int_{0.4179}^{\delta_{cr}} 1.0 \, d\delta = \int_{\delta_{cr}}^{2.7236} (2.4638 \sin \delta - 1.0) \, d\delta$$

δ_{cr}에 대해 풀면,

$$(\delta_{cr} - 0.4179) = 2.4638[\cos \delta_{cr} - \cos(2.7236)] - (2.7236 - \delta_{cr})$$

$$2.4638 \cos \delta_{cr} = +0.05402$$

$$\delta_{cr} = 1.5489 \text{ 라디안} = 88.74°$$

예제 12.4에 주어진 동요방정식의 해법으로부터

$$\delta(t) = \frac{\omega_{syn} p_{mp.u.}}{4H} t^2 + \delta_0$$

이를 풀면,

$$t = \sqrt{\frac{4H}{\omega_{syn} p_{mp.u.}} (\delta(t) - \delta_0)}$$

$\delta(t_{cr}) = \delta_{cr} = 1.5489$와 $\delta_0 = 0.4179$ 라디안을 이용해서

$$t_{cr} = \sqrt{\frac{12}{(2\pi 60)(1.0)} (1.5489 - 0.4179)}$$

$$= 0.1897 \text{ s} = 11.38\text{주기}$$

$t = t_{cr} = 11.38$주기 이전에 고장을 제거하면 안정성은 유지되지만, 그렇지 않으면 발전기는 무한 모선과 동기를 상실한다. 즉, 불안정하다.

위 예제에 대한 시간축 시뮬레이션을 보기 위해 PowerWorld Simulator의 예제 12_5를 열어본다(그림 12.11 참조). 그리고 Transient Stability Analysis Form을 보기 위해 **Add-Ons**, **Transient Stability**를 선택한다. 결과를 PowerWorld 단선도 위에 잘 보여주기 위해 n 스텝의 모든 과도안정도 계산 결과를 단선도로 보내는 옵션이 있다. 이 옵션을 사용하기 위해서는 화면 디스플레이의 좌단에 있는 **Options** 페이지를 선택하고, 다음에 **General** 탭, 그리고 **Transfer Results to Power Flow after Interval Check** 필드를 체크한다. 이 옵션을 체크한 상태에서 **Run Transient Stability**를 클릭하면, 임계고장제거시간 0.1895초로 프로그램을 수행한다. 화면도 업데이트하도록 되어 있다. 최종 결과는 그림 12.11에 주어져 있다. 단선도는 모든 시간 스텝(이 경우는 4)마다 다시 그려지기 때문에 시간이 많이 걸리므로 계산 속도를 높이기 위해서는 이 옵션을 해제해야 한다.

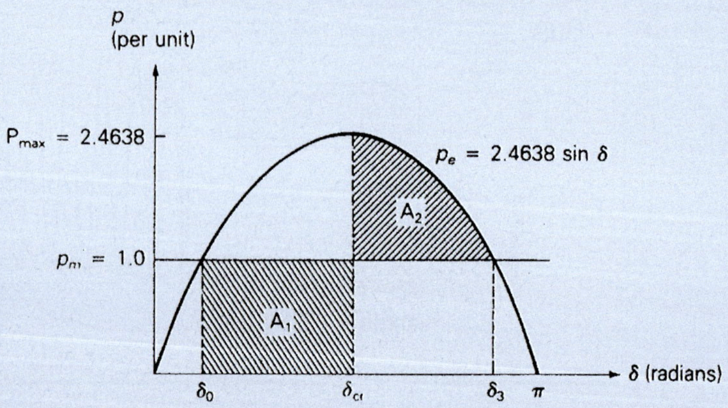

그림 12.10 예제 12.5의 $p-\delta$ 곡선

(계속)

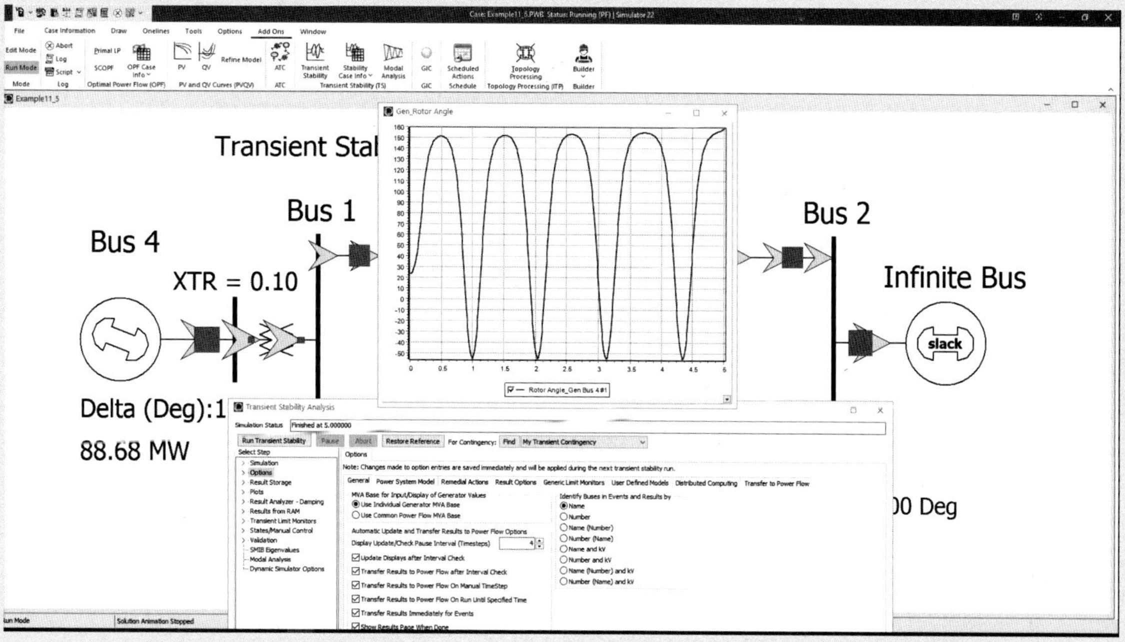

그림 12.11 예제 12.5의 $\delta(t)$ 변화

예제 12.6 등면적법: 3상 단락고장 제거 시의 임계고장제거 위상각

그림 12.4의 동기발전기가 예제 12.3에서 주어진 초기 조건에서 정상상태로 운전하고 있을 때, 모선 3의 1~3선로에서 3상 지락고장이 발생했다. 고장은 선로 1~3과 선로 2~3의 끝에 위치하고 있는 차단기에 의해 제거된다. 임계고장제거 위상각을 계산하시오. 앞의 예에서와 같이 동요방정식의 계수 H = 3.0 p.u.-s, p_m = 1.0 p.u., $\omega_{\text{p.u.}}$ = 1.0이다.

| 풀이

예제 12.3으로부터 고장전 조건에서 전기적 출력은 p_{e1} = 2.4638 sin δ p.u.이다. 고장이 발생한 네트워크는 그림 12.12(a)와 같고, 발전기 내부 전압원으로부터 보는 테브난 등가회로는 그림 12.12(b)와 같다. 테브난 리액턴스는

$$X_{Th} = 0.40 + 0.20 \| 0.10 = 0.46666 \quad \text{p.u.}$$

이다. 그리고 테브난 전압원은

$$V_{Th} = 1.0\angle 0^\circ \left[\frac{X_{13}}{X_{13} + X_{12}}\right] = 1.0\angle 0^\circ \frac{0.10}{0.30} = 0.33333\angle 0^\circ \quad \text{p.u.}$$

그림 12.12(b)로부터 고장 지속 중에 발전기로부터 무한모선에 전달되는 전력 p_{e2} 식은

$$p_{e2} = \frac{E'V_{Th}}{X_{Th}}\sin\delta = \frac{(1.2812)(0.3333)}{0.46666}\sin\delta = 0.9152\sin\delta \quad \text{p.u.}$$

그림 12.12(c)는 차단기가 선로 1~3과 선로 2~3을 개방한 고장후 네트워크를 보여준다. 이 그림으로부터 고장후의 전력 p_{e3}는

$$p_{e3} = \frac{(1.2812)(1.0)}{0.60}\sin\delta = 2.1353\sin\delta \quad \text{p.u.}$$

그림 12.12(d)에서는 임계제거 시의 가속 구간 A_1, 감속

(계속)

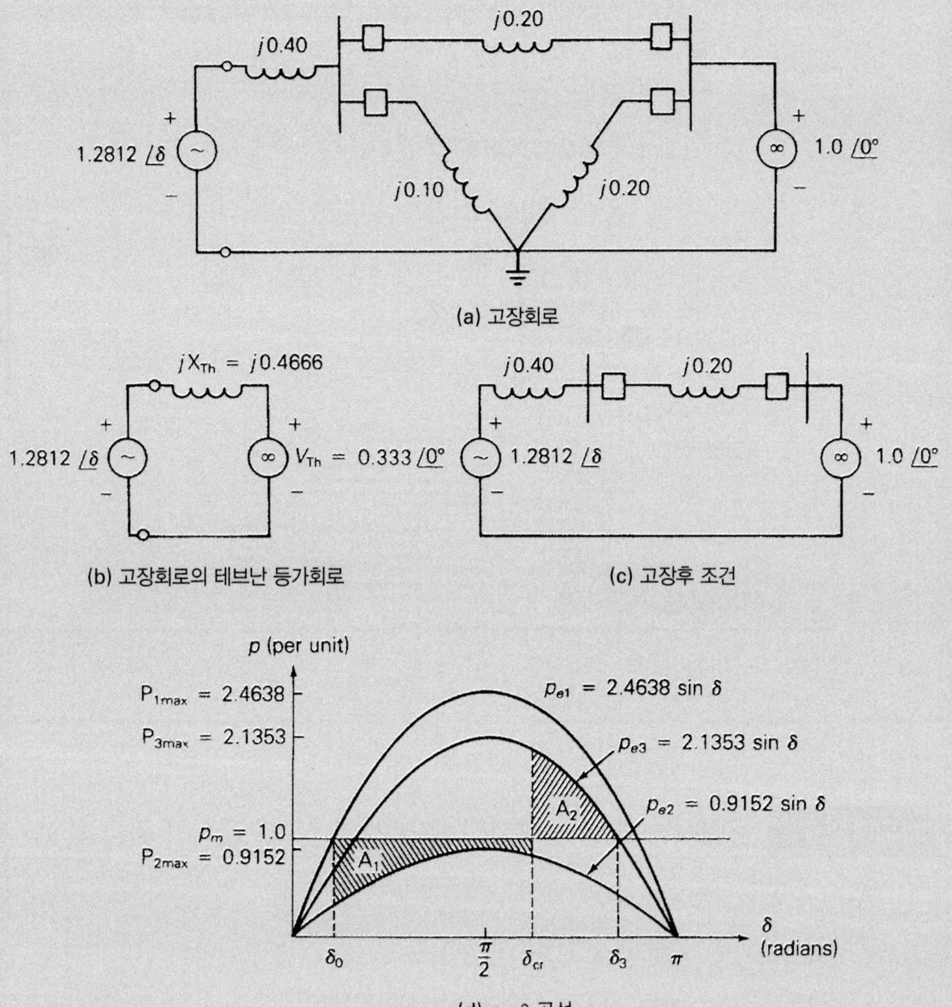

(a) 고장회로

(b) 고장회로의 테브난 등가회로

(c) 고장후 조건

(d) $p-\delta$ 곡선

그림 12.12 예제 12.6

구간 A_2, $p-\delta$ 곡선을 보여주고 있다. A_1과 A_2를 같게 두면,

$$A_1 = \int_{\delta_0}^{\delta_{cr}} (p_m - P_{2\max} \sin \delta) d\delta = A_2$$

$$= \int_{\delta_{cr}}^{\delta_3} (P_{3\max} \sin \delta - p_m) d\delta$$

$$\int_{0.4179}^{\delta_{cr}} (1.0 - 0.9152 \sin \delta) d\delta$$

$$= \int_{\delta_{cr}}^{2.6542} (2.1353 \sin \delta - 1.0) d\delta$$

δ_{cr}에 대해 풀면,

$$(\delta_{cr} - 0.4179) + 0.9152(\cos \delta_{cr} - \cos 0.4179)$$

$$= 2.1353(\cos \delta_{cr} - \cos 2.6542) - (2.6542 - \delta_{cr})$$

$$-1.2201 \cos \delta_{cr} = 0.4868$$

$$\delta_{cr} = 1.9812 \text{ 라디안} = 113.5^\circ$$

만약 고장이 $\delta = \delta_{cr} = 113.5^\circ$ 전에 제거되면 안정도는 유지되지만, 그렇지 않으면 발전기는 불안정하다. 이 예제는 PowerWorld Simulator 예제 12_6에 저장되어 있다.

12.4 동요방정식의 수치적분

등면적법은 1기 무한 모선 계통, 또는 2기 계통에서 적용할 수 있다. 그러나 다기계통의 안정도 문제의 경우에는 각 기기의 동요방정식을 풀기 위해 수치적분 기법을 이용한다.

다음과 같은 1차 미분방정식을 생각해보자.

$$\frac{dx}{dt} = f(x) \tag{12.4.1}$$

비교적 간단한 적분 기법 중 하나가 그림 12.13에 나와 있는 오일러 법[1]이다. 적분 스텝의 크기는 Δt로 나타낸다. 식 (12.4.1)로부터 적분 구간이 시작되는 지점에서의 기울기를 구해보면,

$$\frac{dx_t}{dt} = f(x_t) \tag{12.4.2}$$

기존의 값 x_t에 증가분 Δx를 더해 새로운 값 $x_{t+\Delta t}$를 구한다.

$$x_{t+\Delta t} = x_t + \Delta x = x_t + \left(\frac{dx_t}{dt}\right)\Delta t \tag{12.4.3}$$

그림에서 나타나듯, 오일러 법은 전체 스텝의 크기 구간 Δt 동안 기울기가 일정하다고 가정한다. 이 방법의 오차는 구간 시작점에서의 기울기와 끝점에서의 기울기를 같이 구하여 개선할 수 있다. 즉, 두 기울기의 평균값이 증가율이 되는데, 이를 개선된 오일러 법이라 한다. 그림 12.14는 개선된 오일러 법을 보여준다. 구간 시작점의 기울기를 식 (12.4.1)로부터 구하고, 다음과 같이 주어진 임의의 값 $\tilde{x}$를 계산한다.

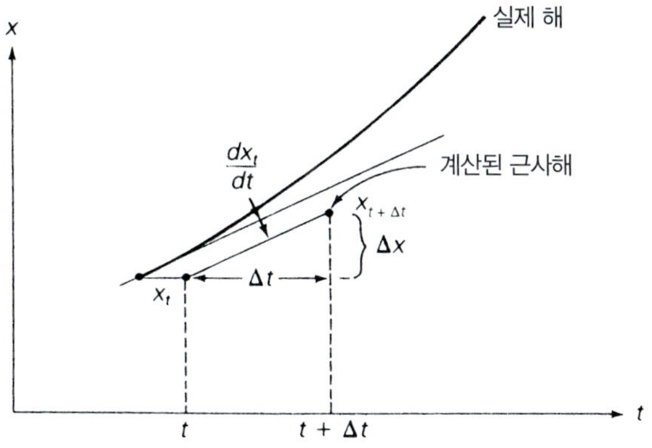

그림 12.13 오일러 법

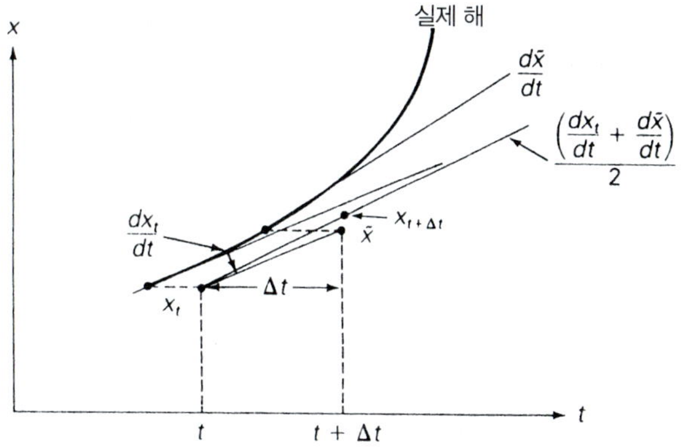

그림 12.14 수정된 오일러 법

$$\tilde{x} = x_t + \left(\frac{dx_t}{dt}\right)\Delta t \tag{12.4.4}$$

그다음, $\tilde{x}$ 점에서의 기울기를 계산한다.

$$\frac{d\tilde{x}}{dt} = f(\tilde{x}) \tag{12.4.5}$$

그러면 새로운 값은 평균 기울기를 이용하여 다음과 같이 구할 수 있다.

$$x_{t+\Delta t} = x_t + \frac{\left(\frac{dx_t}{dt} + \frac{d\tilde{x}}{dt}\right)}{2}\Delta t \tag{12.4.6}$$

이제 개선된 오일러 법을 이용하여 기기의 주파수 ω와 전력위상각 δ를 구해보자. x를 ω 또는 δ로 보면, 구간 시작점에 있는 기존 값은 ω_t 또는 δ_t이다. 식 (12.1.17)과 (12.1.18)로부터 구간 시작점에서의 기울기는 다음과 같다.

$$\frac{d\delta_t}{dt} = \omega_t - \omega_{syn} \tag{12.4.7}$$

$$\frac{d\omega_t}{dt} = \frac{p_{a\text{p.u.}t}\omega_{syn}}{2H\omega_{\text{p.u.}t}} \tag{12.4.8}$$

$p_{a\text{p.u.}t}$는 $\delta = \delta_t$, $\omega_{\text{p.u.}t} = \omega_t/\omega_{syn}$일 때의 가속력의 pu값이다. 식 (12.4.4)를 이용하여 $\tilde{\delta}$, $\tilde{\omega}$를 구해보면

$$\tilde{\delta} = \delta_t + \left(\frac{d\delta_t}{dt}\right)\Delta t \tag{12.4.9}$$

$$\tilde{\omega} = \omega_t + \left(\frac{d\omega_t}{dt}\right)\Delta t \tag{12.4.10}$$

식 (12.4.7)과 식 (12.4.8)을 이용하여 $\tilde{\delta}$, $\tilde{\omega}$에서의 기울기를 계산하면,

$$\frac{d\tilde{\delta}}{dt} = \tilde{\omega} - \omega_{syn} \tag{12.4.11}$$

$$\frac{d\tilde{\omega}}{dt} = \frac{\tilde{p}_{ap.u.}\omega_{syn}}{2H\tilde{\omega}_{p.u.}} \tag{12.4.12}$$

$\tilde{p}_{ap.u.}$는 $\delta = \tilde{\delta}$, $\tilde{\omega}_{p.u.} = \tilde{\omega}/\omega_{syn}$일 때 가속력의 pu값이다. 식 (12.4.6)을 이용하여 구간 끝점의 새로운 값을 구해보면 다음과 같다.

$$\delta_{t+\Delta t} = \delta_t + \frac{\left(\frac{d\delta_t}{dt} + \frac{d\tilde{\delta}}{dt}\right)}{2}\Delta t \tag{12.4.13}$$

$$\omega_{t+\Delta t} = \omega_t + \frac{\left(\frac{d\omega_t}{dt} + \frac{d\tilde{\omega}}{dt}\right)}{2}\Delta t \tag{12.4.14}$$

식 (12.4.7)~(12.4.13)까지의 과정은 특정 초기치 δ_0, ω_0을 가지는 $t = 0$에서 시작하여 종료시간 $t = T$까지 반복적으로 수행된다. 계산은 디지털 컴퓨터를 이용하여 쉽게 처리할 수 있다.

수치적분 기법에는 오일러 법뿐만 아니라 Runge-Kutta, Picard's method, Milne's predictor-corrector법 등이 있다[1]. 이러한 방법을 비교해보면 계산의 복잡성과 정확성간의 타협관계에 있음을 알 수 있다. 오일러 법은 계산하기에는 비교적 간단한 방법이지만, 정확성을 위해 스텝 크기가 작아야 하는 조건이 있다. 다른 몇몇 방법은 큰 스텝 크기를 이용하여 오일러 법과 비슷한 정확성을 얻을 수 있지만 계산 과정이 훨씬 복잡해진다.

PowerWorld Simulator에서 발전기 위상각과 속도 그래프가 그려진 예제 12_7 케이스를 열어보자. rad/sec 단위 대신 주파수(Hertz) 단위를 이용한 속도 그래프를 보여준다. 이 케이스에는 시간에 대한 위상각과 속도 그래프뿐만 아니라 속도를 위상각의 함수로 그린 'phase portrait'도 포함되어 있다. 수치 계산 결과는 **Results** 페이지를 클릭하여 알 수 있다. PowerWorld는 좀 더 정확한 2차 적분법을 사용하기 때문에 표에서 보여주는 결과와 약간 다를 수 있다.

예제 12.7 오일러 법: 동요방정식의 컴퓨터 해와 임계고장제거시간

예제 12.6에서 구한 임계고장제거 위상각을 검증하고, 다음 두 케이스에 대해 오일러 법을 적용하여 동요방정식을 풀고 임계고장제거시간을 계산하시오.

CASE 1: 고장을 $\delta = 1.95$ 라디안 $= 112°$(δ_{cr}보다 작은 값)에서 제거한다.

CASE 2: 고장을 $\delta = 2.09$ 라디안 $= 120°$(δ_{cr}보다 큰 값)에서 제거한다.

스텝의 크기는 $\Delta t = 0.01$ s이고, $t = 0$과 $t = T = 0.85$ s 사이의 동요방정식을 계산하시오.

| 풀이

방정식 (12.4.7)~(12.4.14)를 BASIC 프로그램을 이용하여 계산한다. 예제 12.6으로부터 $t = 0$일 때 초기치는

$$\delta_0 = 0.4179 \text{ rad}$$
$$\omega_0 = \omega_{syn} = 2\pi 60 \text{ rad/s}$$

H 상수는 3.0 p.u.-s이고, 고장 시의 가속력은

$$p_{ap.u.} = 1.0 - 0.9152 \sin\delta$$

고장 제거 후의 가속력은

$$p_{ap.u.} = 1.0 - 2.1353 \sin\delta \quad \text{p.u.}$$

표 12.1은 컴퓨터 프로그램과 0.02초 간격으로 프린트한 결과를 보여주고 있다. 이 결과는 case 1에서는 안정하고, case 2에 대해서는 불안정하여 예제 12.6의 결과와 일치한다. 또한 표 12.1로부터 임계고장제거시간이 0.34초와 0.36초 사이에 있음을 알 수 있다.

(계속)

표 12.1 예제 12.7의 동요 곡선의 컴퓨터 계산값

Case 1 안정			Case 2 불안정			
Time s	Delta rad	Omega rad/s	Time s	Delta rad	Omega rad/s	프로그램
0.000	0.418	376.991	0.000	0.418	376.991	
0.020	0.426	377.778	0.020	0.426	377.778	10 REM EXAMPLE 12.7
0.040	0.449	378.547	0.040	0.449	378.547	20 REM SOLUTION TO SWING EQUATION
0.060	0.488	379.283	0.060	0.488	379.283	30 REM THE STEP SIZE IS DELTA
0.080	0.541	379.970	0.080	0.541	379.970	40 REM THE CLEARING ANGLE IS DLTCLR
0.100	0.607	380.599	0.100	0.607	380.599	50 DELTA = 0.01
0.120	0.685	381.159	0.120	0.685	381.159	60 DLTCLR = 1.95
0.140	0.773	381.646	0.140	0.773	381.646	70 J = 1
0.160	0.870	382.056	0.160	0.870	382.056	80 PMAX = 0.9152
0.180	0.975	382.392	0.180	0.975	382.392	90 PI = 3.1415927 #
0.200	1.086	382.660	0.200	1.086	382.660	100 T = 0
0.220	1.202	382.868	0.220	1.202	382.868	110 X1 = 0.4179
0.240	1.321	383.027	0.240	1.321	383.027	120 X2 = 2*PI*60
0.260	1.443	383.153	0.260	1.443	383.153	130 LPRINT "TIME DELTA OMEGA"
0.280	1.567	383.262	0.280	1.567	383.262	140 LPRINT"s rad rad/s"
0.300	1.694	383.370	0.300	1.694	383.370	150 LPRINT USING "#####.###"; T;X1;X2
0.320	1.823	383.495	0.320	1.823	383.495	160 FOR K = 1 TO 86
0.340	1.954	383.658	0.340	1.954	383.658	170 REM LINE 180 IS EQ (12.4.7)
	Fault Cleared		0.360	2.090	383.876	180 X3 = X2] (2*PI*60)
0.360	2.076	382.516		Fault Cleared		190 IF J = 2 THEN GOTO 240
0.380	2.176	381.510	0.380	2.217	382.915	200 IF X1 〉 DLTCLR OR X1 = DLTCLR THEN
0.400	2.257	380.638	0.400	2.327	382.138	PMAX = 2.1353
0.420	2.322	379.886	0.420	2.424	381.546	210 IF X1 〉 DLTCLR OR X1 = DLTCLR THEN
0.440	2.373	379.237	0.440	2.511	381.135	LPRINT "FAULT CLEARED"
0.460	2.413	378.674	0.460	2.591	380.902	220 IF X1 〉 DLTCLR OR X1 = DLTCLR THEN
0.480	2.441	378.176	0.480	2.668	380.844	J = 2
0.500	2.460	377.726	0.500	2.746	380.969	230 REM LINES 240 AND 250 ARE EQ (12.4.8)
0.520	2.471	377.307	0.520	2.828	381.288	240 X4=1- PMAX*SIN(X1)
0.540	2.473	376.900	0.540	2.919	381.824	250 X5 = X4 * (2 * PI * 60) * (2 * PI * 60)/(6 * X2)
0.560	2.467	376.488	0.560	3.022	382.609	260 REM LINE 270 IS EQ (12.4.9)
0.580	2.453	376.056	0.580	3.145	383.686	270 X6 = X1 +X3* DELTA
0.600	2.429	375.583	0.600	3.292	385.111	280 REM LINE 290 IS EQ (12.4.10)
0.620	2.396	375.053	0.620	3.472	386.949	290 X7 = X2 + X5* DELTA
0.640	2.351	374.446	0.640	3.693	389.265	300 REM LINE 310 IS EQ (12.4.11)
0.660	2.294	373.740	0.660	3.965	392.099	310 X8 = X7-2*PI*60
0.680	2.221	372.917	0.680	4.300	395.426	320 REM LINES 330 AND 340 ARE EQ (12.4.12)
0.700	2.130	371.960	0.700	4.704	399.079	330 X9 = 1-PMAX*SIN (X6)
0.720	2.019	370.855	0.720	5.183	402.689	340 X10 = X9 * (2 * PI * 60) * (2 * PI * 60)/(6 * X7)

(계속)

표 12.1 (계속)

Case 1 안정			Case 2 불안정			
Time s	Delta rad	Omega rad/s	Time s	Delta rad	Omega rad/s	프로그램
0.740	1.884	369.604	0.740	5.729	405.683	350 REM LINE 360 IS EQ (12.4.13)
0.760	1.723	368.226	0.760	6.325	407.477	360 X1 = X1 + (X3 + X8) * (DELTA/2)
0.780	1.533	366.773	0.780	6.941	407.812	370 REM LINE 380 IS EQ (12.4.14)
0.800	1.314	365.341	0.800	7.551	406.981	380 X2 = X2 + (X5 + X10) * (DELTA/2)
0.820	1.068	364.070	0.820	8.139	405.711	390 T = K* DELTA
0.840	0.799	363.143	0.840	8.702	404.819	400 Z = K/2
0.860	0.516	362.750	0.860	9.257	404.934	410 M = INT (Z)
						420 IF M = Z THEN LPRINT USING
						"#####.###"; T;X1;X2
						430 NEXT K
						440 END

12.5 다기계통 안정도

12.4절에서 다룬 수치적분법은 다기계통의 안정도 문제에 관한 동요방정식을 풀 때 이용할 수 있다. 그러나 이 방법은 일반적인 네트워크에 대해 기기의 출력을 계산해야 하는 조건이 있다. 그림 12.15는 M대의 동기기를 가지는 N-모선 전력 시스템을 나타낸다. 각각의 동기기는 그림 12.2의 간략화된 모델로 볼 수 있고, 기기 내부 전압은 E'_1, E'_2, …, E'_M으로 표시했다. M대 기기의 단자는 G1, G2, …, GM으로 표시된 시스템 모선에 연결되어 있다. 여기서 모든 부하는 상수값을 가지는 어드미턴스로 모델화되었다. 네트워크의 노드방정식을 써보면,

$$\begin{bmatrix} \boldsymbol{Y}_{11} & \boldsymbol{Y}_{12} \\ \boldsymbol{Y}_{12}^{\mathrm{T}} & \boldsymbol{Y}_{22} \end{bmatrix} \begin{bmatrix} \boldsymbol{V} \\ \boldsymbol{E} \end{bmatrix} = \begin{bmatrix} \boldsymbol{0} \\ \boldsymbol{I} \end{bmatrix} \tag{12.5.1}$$

여기서,

$$\boldsymbol{V} = \begin{bmatrix} V_1 \\ V_2 \\ \vdots \\ V_N \end{bmatrix} \text{ 모선전압의 } N \text{ 벡터} \tag{12.5.2}$$

$$\boldsymbol{E} = \begin{bmatrix} E'_1 \\ E'_2 \\ \vdots \\ E'_M \end{bmatrix} \text{ 기기 내부 전압의 } M \text{ 벡터} \tag{12.5.3}$$

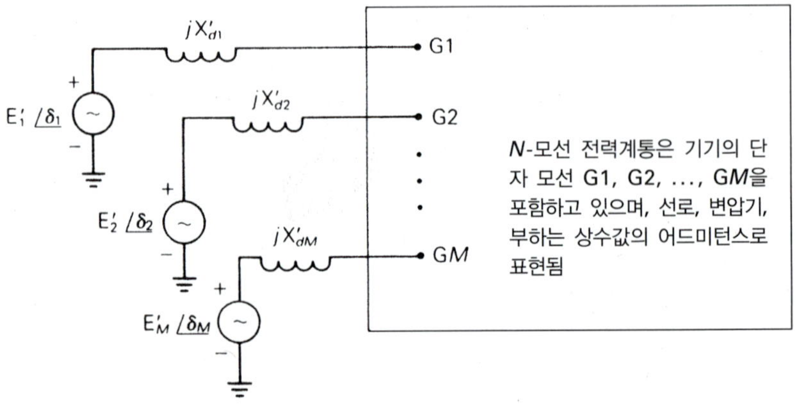

그림 12.15 과도안정도 해석을 위한 N-모선 계통의 표현

$$\boldsymbol{I} = \begin{bmatrix} I_1 \\ I_2 \\ \vdots \\ I_M \end{bmatrix} \text{기기 내부 전류의 } M \text{ 벡터, 전류원} \tag{12.5.4}$$

$$\begin{bmatrix} \boldsymbol{Y}_{11} & \boldsymbol{Y}_{12} \\ \boldsymbol{Y}_{12}^{\mathrm{T}} & \boldsymbol{Y}_{22} \end{bmatrix} : (N+M) \times (N+M) \text{ 어드미턴스 행렬} \tag{12.5.5}$$

식 (12.5.5)의 어드미턴스 행렬은 다음과 같이 M개의 내부 기기 모선과 N개의 시스템 모선으로 구분할 수 있다.

$\boldsymbol{Y}_{11}$은 $N \times N$
$\boldsymbol{Y}_{12}$는 $N \times M$
$\boldsymbol{Y}_{22}$는 $M \times M$

$\boldsymbol{Y}_{11}$은 부하 어드미턴스와 발전기 임피던스의 역수가 포함된 것을 제외하고는 6장의 전력조류계산 시 사용했던 모선 어드미턴스 행렬과 유사하다. 즉, 부하가 모선 n에 연결되면 부하 어드미턴스를 대각성분 Y_{11nn}에 더한다. 또한 $(1/jX'_{dn})$을 대각성분 Y_{11GnGn}에 더한다.

$\boldsymbol{Y}_{22}$는 발전기 임피던스의 역수를 대각성분으로 가지는 행렬이다. 즉,

$$\boldsymbol{Y}_{22} = \begin{bmatrix} \frac{1}{jX'_{d1}} & & & 0 \\ & \frac{1}{jX'_{d2}} & & \\ & & \ddots & \\ 0 & & & \frac{1}{jX'_{dM}} \end{bmatrix} \tag{12.5.6}$$

또한 $\boldsymbol{Y}_{12}$의 km번째 성분은

$$Y_{12km} = \begin{cases} \dfrac{-1}{jX'_{dn}} & \text{if } k = Gn \text{ and } m = n \\ 0 & \text{otherwise} \end{cases} \tag{12.5.7}$$

식 (12.5.1)을 두 개의 방정식으로 나눠 써보면,

$$\boldsymbol{Y}_{11}\boldsymbol{V} + \boldsymbol{Y}_{12}\boldsymbol{E} = \boldsymbol{0} \tag{12.5.8}$$

$$\boldsymbol{Y}_{12}^{\mathrm{T}}\boldsymbol{V} + \boldsymbol{Y}_{22}\boldsymbol{E} = \boldsymbol{I} \tag{12.5.9}$$

$\boldsymbol{E}$를 알고 있다고 가정하면, 식 (12.5.8)은 반복적으로 또는 가우스 소거법으로 풀 수 있는 $\boldsymbol{V}$에 관한 선형방정식이 된다. 식 (6.2.9)의 가우스-자이델 반복계산법을 이용하면 $\boldsymbol{V}$의 k번째 성분은 다음과 같다.

$$V_k(i+1) = \frac{1}{Y_{11kk}}\left[-\sum_{n=1}^{M} Y_{12kn}E_n - \sum_{n=1}^{k-1} Y_{11kn}V_n(i+1) - \sum_{n=k+1}^{N} Y_{11kn}V_n(i)\right] \tag{12.5.10}$$

$\boldsymbol{V}$를 계산하면, 기기의 전류는 식 (12.5.9)를 이용하여 구할 수 있다. 즉,

$$\boldsymbol{I} = \begin{bmatrix} I_1 \\ I_2 \\ \vdots \\ I_M \end{bmatrix} = \boldsymbol{Y}_{12}^{T}\boldsymbol{V} + \boldsymbol{Y}_{22}\boldsymbol{E} \tag{12.5.11}$$

그러므로 n번째 기기의 (유효) 전력값은

$$p_{en} = \mathrm{Re}[E_n I_n^*] \quad n = 1,2,\ldots,M \tag{12.5.12}$$

이제 과도안정도 문제를 풀기 위한 계산 과정의 전체적인 윤곽을 알아보자. 과도안정도 문제는 네트워크를 표현하는 대수 전력조류 방정식과 기기를 표현하는 동요방정식을 교대로 계산하면 풀 수 있다. 12.4절에서 다루었던 개선된 오일러 법을 이용하여 동요방정식을 풀고, 가우스-자이델 반복계산법을 이용하여 전력조류 방정식을 계산할 것이다. 전체 과정은 다음과 같이 11단계로 나눌 수 있다.

과도안정도 계산 절차

1단계: 모선 전압 V_k, $k = 1, 2, \ldots, N$, 기기 전류 I_n, 기기의 전기적 출력 p_{en}, $n = 1, 2, \ldots, M$의 초기치를 구하기 위해 고장전 전력조류 프로그램을 실행한다. 발전기의 기계적 입력은 $p_{mn} = p_{en}$, 발전기의 주파수 초기치는 $\omega_n = \omega_{\text{syn}}$으로 한다. 부하 어드미턴스를 계산한다.

2단계: 발전기 내부 전압을 계산한다.

$$E_n = E_n\underline{/\delta_n} = V_{Gn} + (jX'_{dn})I_n \quad n = 1, 2, \ldots, M$$

V_{Gn}과 I_n은 1단계에서 계산되었다. E_n의 크기는 일정하게 둔다. δ_n은 전력위상각의 초기치다.

3단계: $\boldsymbol{Y}_{11}$을 계산한다. 부하 어드미턴스와 발전기 임피던스의 역수를 포함시켜 전력조류 모선의

$(N \times N)$ 어드미턴스 행렬을 수정한다.

4단계: 식 (12.5.6)으로부터 $\boldsymbol{Y}_{22}$를, 식 (12.5.7)로부터 $\boldsymbol{Y}_{12}$를 계산한다.

5단계: 시간을 $t = 0$로 한다.

6단계: 스위치 조작이나 부하 변동, 단락회로 또는 데이터의 변동이 있는가? 스위치 조작이나 부하 변동 시에는 모선 어드미턴스 행렬을 수정한다. 단락회로의 경우 고장 발생한 모선의 전압[식 (12.5.10)에서]을 0으로 한다.

7단계: 기기 내부 전압 $E_n = E_n \angle \delta_n$, $n = 1, 2, \ldots, M$(δ_n은 시간 t일 때의 값)을 이용하여 식 (12.5.10)부터 (12.5.12)까지의 과정을 통해 시간 t에서의 발전기의 전기적 출력 p_{en}을 계산한다.

8단계: 7단계에서 구한 p_{en}과 시간 t일 때의 값 δ_n, ω_n을 이용하여 식 (12.4.7)부터 식 (12.4.10)까지의 과정을 통해 시간 $(t + \Delta t)$일 때의 전력위상각 $\tilde{\delta}_n$, 기기 속도 $\tilde{\omega}_n$의 예비 추정치를 계산한다.

9단계: $E_n = E_n \angle \tilde{\delta}_n$, $n = 1, 2, \ldots, M$을 이용하여 식 (12.5.10)부터 식 (12.5.12)까지의 과정을 통해 시간 $(t + \Delta t)$일 때의 발전기의 예비 추정 전력 p_{en}을 계산한다.

10단계: 8단계에서 구한 $\tilde{\delta}_n$, $\tilde{\omega}_n$과 9단계에서 구한 $\tilde{p}_{en}$을 이용하여 식 (12.4.11)부터 (12.4.14)까지의 과정을 통해 시간 $(t + \Delta t)$일 때의 전력위상각 δ_n과 발전기 속도 ω_n의 최종 추정치를 계산한다.

11단계: 시간을 $t = t + \Delta t$로 한다. t가 T보다 커지면 멈춘다. 그렇지 않으면 6단계로 다시 돌아간다.

과도안정도에서 중요한 파라미터는 수치적분에 사용되는 스텝 크기 Δt이다. 과도안정도 문제를 해결하기 위해 필요한 시간은 시간 스텝에 반비례하기 때문에 시간 스텝은 큰 값을 가지는 것이 좋다. 그러나 시간 스텝값을 너무 크게 잡을 경우 오일러 법 같은 방법은 정확도가 떨어질 수 있기 때문에 해가 불안정할 수 있다. 수치 불안정에 관한 예를 보려면 예제 12_7을 스텝 크기만 0.02초로 바꿔 다시 돌려보면 된다. 상용화된 과도안정도 시뮬레이션 프로그램에서는 시간 스텝을 주로 1/2주기로 정한다(시스템이 60 Hz인 경우 스텝 크기는 0.01666/2 = 0.00833).

예제 12.8 다기계통의 안정도 해석을 위한 조류계산 Y_{bus}의 수정

예제 6.9에서 주어진 계통의 과도안정도 문제를 생각해보자. 모선 2에 예제 6.14에서와 같이 184-Mvar 병렬 커패시터를 추가한 시스템이다. 발전기의 과도 리액턴스 $X'_{d1} = 0.05$ p.u., $X'_{d2} = 0.025$ p.u.이다. 어드미턴스 행렬 $\boldsymbol{Y}_{11}$, $\boldsymbol{Y}_{22}$, $\boldsymbol{Y}_{12}$를 구하시오.

풀이

예제 6.9로부터 전력계통은 $N = 5$ 모선과 $M = 2$ 기기를 가진다. 조류계산에서 사용되었던 5×5 모선 어드미턴스 행렬의 두 번째 열은 예제 6.9에서와 같이 계산한다. 같은 방식으로 다른 열을 계산해보면 다음과 같이 구할 수 있다.

$$Y_{bus} = \begin{bmatrix} (3.728 - j49.72) & 0 & 0 & 0 & (-3.728 + j49.72) \\ 0 & (2.68 - j26.46) & 0 & (-0.892 + j9.92) & (-1.784 + j19.84) \\ 0 & 0 & (7.46 - j99.44) & (-7.46 + j99.44) & 0 \\ 0 & (-0.892 + j9.92) & (-7.46 + j99.44) & (11.92 - j148.) & (-3.572 + j39.68) \\ (-3.728 + j49.72) & (-1.784 + j19.84) & 0 & (-3.572 + j39.68) & (9.084 - j108.6) \end{bmatrix} \text{p.u.}$$

$\boldsymbol{Y}_{11}$을 얻기 위해 $\boldsymbol{Y}_{bus}$에 부하 어드미턴스와 발전기 임피던스의 역수를 추가시켜 수정한다. 표 6.1로부터 모선 3의 부하는 $P_{L3} + jQ_{L3} = 0.8 + j0.4$ p.u.이고 전압은 $V_3 = 1.05$ p.u.이다. 이 부하를 상수 어드미턴스로 표현하면

(계속)

$$Y_{\text{load }3} = \frac{P_{L3} - jQ_{L3}}{V_3^2} = \frac{0.8 - j0.4}{(1.05)^2}$$
$$= 0.7256 - j0.3628 \quad \text{p.u.}$$

마찬가지로, 모선 2의 부하 어드미턴스를 구해보면

$$Y_{\text{load }2} = \frac{P_{L2} - jQ_{L2}}{V_2^2} = \frac{8 - j2.8 + j1.84}{(0.959)^2}$$
$$= 8.699 - j1.044$$

V_2는 예제 6.14에서 얻은 값이고, 184-Mvar (1.84 per unit) 병렬 커패시터 뱅크는 모선 2 부하에 포함된다.

모선 1에 연결되어 있는 발전기 1의 발전기 임피던스의 역수는

$$\frac{1}{jX'_{d1}} = \frac{1}{j0.05} = -j20.0 \quad \text{p.u.}$$

모선 3에 연결되어 있는 발전기 2의 발전기 임피던스의 역수는

$$\frac{1}{jX'_{d2}} = \frac{1}{j0.025} = -j40.0 \quad \text{p.u.}$$

$\boldsymbol{Y}_{11}$을 구하기 위해 $\boldsymbol{Y}_{\text{bus}}$의 첫 번째 대각성분에 $(1/jX'_{d1})$을, 두 번째 대각성분에 $\boldsymbol{Y}_{\text{load }2}$를, 세 번째 대각성분에 $\boldsymbol{Y}_{\text{load }3} + (1/jX'_{d2})$를 더한다. 그러면 (5 × 5) 행렬 $\boldsymbol{Y}_{11}$은

$$\boldsymbol{Y}_{11} = \begin{bmatrix} (3.728 - j69.72) & 0 & 0 & 0 & (-3.728 - j49.72) \\ 0 & (11.38 - j29.50) & 0 & (-0.892 + j9.92) & (-1.784 + j19.84) \\ 0 & 0 & (8.186 - j139.80) & (-7.46 + j99.44) & 0 \\ 0 & (-0.892 + j9.92) & (-7.46 + j99.44) & (11.92 - j148) & (-3.572 - j39.68) \\ (-3.728 + j49.72) & (-1.784 + j19.84) & 0 & (-3.572 + j39.68) & (9.084 - j108.6) \end{bmatrix} \text{p.u.}$$

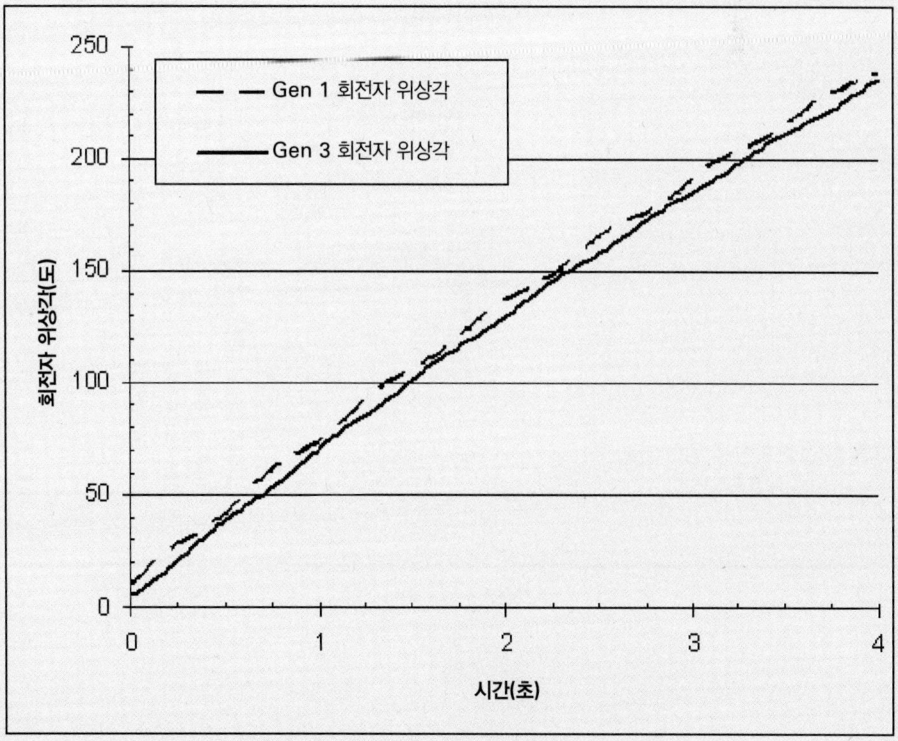

그림 12.16 동기주기 속도 기준축에 대한 회전자 위상각 변화

(계속)

식 (12.5.6)으로부터 (2 × 2) 행렬 $\boldsymbol{Y}_{22}$는

$$\boldsymbol{Y}_{22} = \begin{bmatrix} \frac{1}{jX'_{d1}} & 0 \\ 0 & \frac{1}{jX'_{d2}} \end{bmatrix} = \begin{bmatrix} -j20.0 & 0 \\ 0 & -j40.0 \end{bmatrix} \text{ p.u.}$$

그림 6.2로부터 발전기 1은 모선 1에 연결되어 있고(그러므로 G1 = 1), 발전기 2는 모선 3에 연결되어 있다(그러므로 G2 = 3). 식 (12.5.7)로부터 (5 × 2) 행렬 $\boldsymbol{Y}_{12}$는

$$\boldsymbol{Y}_{12} = \begin{bmatrix} j20.0 & 0 \\ 0 & 0 \\ 0 & j40.0 \\ 0 & 0 \\ 0 & 0 \end{bmatrix} \text{ p.u.}$$

PowerWorld Simulator에서 예제 12_8을 열어보자. 행렬 $\boldsymbol{Y}_{11}$을 보기 위해서는 먼저 Transient Stability Analysis Form을 화면에 출력하고, **States/Manual Control, Transient Stability $\boldsymbol{Y}_{\text{bus}}$**를 선택한다. 별도의 입력값이 없는 경우에 디폴트로 3주기(0.05초) 후에 모선 4의 고장이 자동으로 제거되도록 설정되어 있다. 양쪽 발전기 모두 H = 5.0 p.u.-s, D = 1.0 p.u.로 모델링되어 있다.

모선 4 고장 발생 시, 그림 12.16은 60 Hz 동기 회전 기준축에 대한 두 발전기의 회전자 위상각의 변화량을 나타낸다. 두 발전기 모두 조속기가 없고 무한 모선도 없기 때문에 회전자의 위상각은 시간에 따라 증가한다. 두 발전기의 위상각이 거의 비슷한 것은 확실하지만, 그림 12.16에서 위상각 차이의 정확한 변화량을 말하기는 어렵다. 그러므로 과도안정도 프로그램은 일반적으로 특정 모선에 대한, 또는 모든 발전기의 위상각의 평균값에 대한 위상각 차이를 출력한다. 그림 12.17에 PowerWorld Simulator 예제 12_8A 결과를 모든 발전기 위상각 평균에 대한 발전기 위상각 차이를 보여주고 있다.

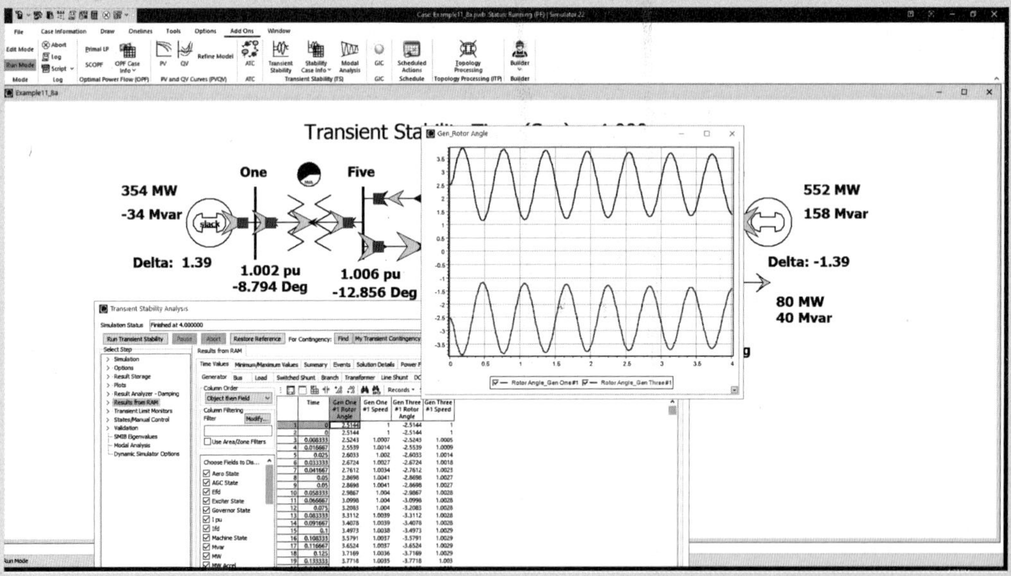

그림 12.17 회전자 위상각의 상대적 변화

예제 12.9 37 모선 9 발전기 계통의 안정도 해석 결과

PowerWorld Simulator 예제 12_9는 6장에서 소개한 37 모선 시스템에 고전모델을 이용해서 발전기를 확장한 시스템을 보여주고 있다. 별도의 입력 없이 디폴트로 설정된 값은 모선 44 (PEACH69)에서 모선 14 (REDBUD69)로 가는 69 kV 송전선로에서 모선 44 끝단에 송전선로 고장을 모델링하였다. 고장은 0.1초 후에 송전선로를 개방함으로써 제거한다. 시뮬레이션 결과는 그림 12.18에 나와 있으며, 모선 44 발전기에서 발전기 위상각 변동이 크게 일어났음을 알 수 있다. 고장 발생 직후부터 고장이 지속되는 동안 모선 44에 연계된 발전기의 위상각이 다른 발전기들보다 크게 증가하고 있음에 주목할 필요가 있다. 이 고장에 대한 임계제거시간은 대략 0.262초이다.

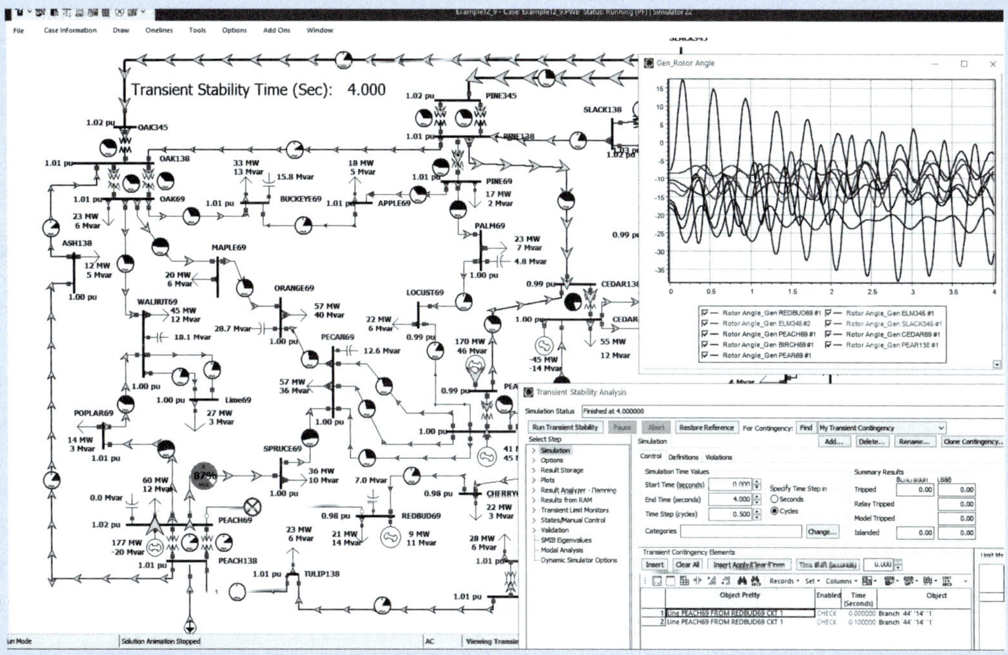

그림 12.18 예제 12.9의 회전자 위상각

12.6 동기기의 2축 모델

동기기의 고전모델은 과도안정도 개념을 소개하기 위한 유용한 메커니즘을 제공하는데, 이는 거의 기본적 시스템 해석에 적합한 모델이다. 또한 고전모델은 다음 장에서 설명할 여자기(exciter)와 조속기(governor) 모델과 결합될 수 없다. 이 장에서는 좀 더 현실적인 동기기 모델을 소개하고자 한다.

동기기 모델의 좀 더 상세한 분석을 위해 회전자와 같은 속도로 회전하는 기준축으로 기기 모델이 필요하다. 일반적인 접근법은 회전자 극과 일치되는 'direct' d-축과 d-축보다 90° 앞서는 'quadrature' q-축을 가지는 d-q 기준 좌표계를 이용하는 방법이다. 회전자 위상각 δ는 그림 12.19에 나와 있듯 네트워크 기준축보다 앞서는 q축의 위상각으로 정의된다. 네트워크 값을 d-q 기준 좌표계로 변환하는 방정식이 식 (12.6.1)에, d-q 기준 좌표계에서 네트워크 값으로 변환하는 방정식이 (12.6.2)로 주어진다.

$$\begin{bmatrix} V_r \\ V_i \end{bmatrix} = \begin{bmatrix} \sin\delta & \cos\delta \\ -\cos\delta & \sin\delta \end{bmatrix} \begin{bmatrix} V_d \\ V_q \end{bmatrix} \tag{12.6.1}$$

$$\begin{bmatrix} V_d \\ V_q \end{bmatrix} = \begin{bmatrix} \sin\delta & -\cos\delta \\ \cos\delta & \sin\delta \end{bmatrix} \begin{bmatrix} V_r \\ V_i \end{bmatrix} \tag{12.6.2}$$

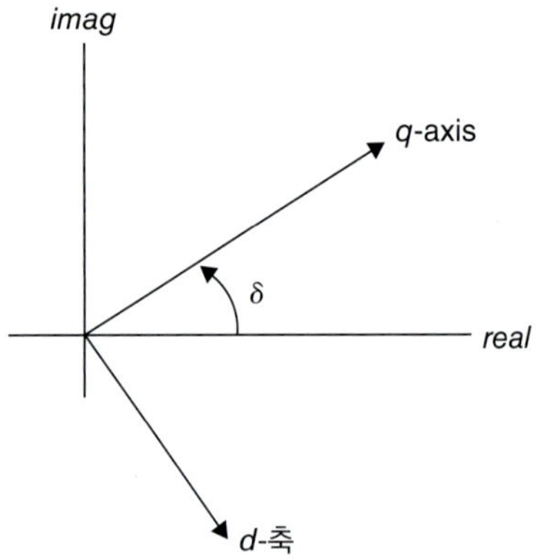

그림 12.19 기준축 변환

네트워크 기준 좌표계의 단자 전압은 $V_T = \mathrm{V}_r + j\mathrm{V}_i$이다. 전류 변환도 마찬가지이다.

수없이 다양한 동기기의 과도안정도 모델이 존재하지만, 대부분의 모델은 이 책의 범위를 벗어난다. 2축 모델은 동기기의 계자권선과 한 개의 제동권선(damper winding)이 관련된 발전기 동특성을 모델링하지만, 이보다 빠른 응답특성을 가지는 차과도 댐퍼 동특성과 고정자 과도상태를 무시한다. 편의상 기기의 포화현상은 고려하지 않는다. 2축 모델과 함께 발전기의 전기적 특성은 두 개의 대수방정식과 두 개의 미분방정식으로 표현된다.

$$\mathrm{E}'_q = \mathrm{V}_q + \mathrm{R}_a\mathrm{I}_q + \mathrm{X}'_d\,\mathrm{I}_d \tag{12.6.3}$$

$$\mathrm{E}'_d = \mathrm{V}_d + \mathrm{R}_d\mathrm{I}_d - \mathrm{X}'_q\,\mathrm{I}_q \tag{12.6.4}$$

$$\frac{d\mathrm{E}'_q}{dt} = \frac{1}{\mathrm{T}'_{do}}\left(-\mathrm{E}'_q - (\mathrm{X}_d - \mathrm{X}'_d)\mathrm{I}_d + \mathrm{E}_{fd}\right) \tag{12.6.5}$$

$$\frac{d\mathrm{E}'_d}{dt} = \frac{1}{\mathrm{T}'_{qo}}\left(-\mathrm{E}'_d + (\mathrm{X}_q - \mathrm{X}'_q)\mathrm{I}_q\right) \tag{12.6.6}$$

$\mathrm{V}_d + j\mathrm{V}_q$와 $\mathrm{I}_d + j\mathrm{I}_q$는 각각 발전기 기준 좌표계로 이동한 발전기의 단자 전압과 전류이고, E_{fd}는 계자 전압에 비례하는 값이다. pu법으로 표현되는 전기적 토크 T_{elec}는 다음과 같다.

$$\mathrm{T}_e = \mathrm{V}_d\mathrm{I}_d + \mathrm{V}_q\mathrm{I}_q + \mathrm{R}_a(\mathrm{I}_d^2 + \mathrm{I}_q^2) \tag{12.6.7}$$

전기적 출력은 $p_e = T_e\omega_{\mathrm{p.u.}}$인데, 종종 $\omega_{\mathrm{p.u.}} = 1.0$[10]으로 가정하기 때문에 결과적으로 $p_e = T_e$로 가정하게 된다. 식 (12.6.7)에 $p_{\mathrm{ep.u.}}$값을 대입하고, 식 (12.6.5)와 (12.6.6)을 식 (12.1.18)과 (12.1.19)의 발전기 기계식과 합치면 4개의 1차 미분방정식을 포함하는 동기발전기의 모델이 된다.

δ의 초기치는, 정상상태에서 발전기가 내부 전압

$$E = V_T + j\mathrm{X}_q I \tag{12.6.8}$$

의 위상각과 같다는 것으로부터 얻어질 수 있다[10].

그러므로 δ의 초기치는 E의 위상각이 된다. δ가 정해지면 발전기의 단자 전압과 전류를 발전기 기준 좌표계로 변경하기 위해 식 (12.6.2)를 이용하고, 식 (12.6.3), (12.6.4), 그리고 식 (12.6.5)는 (좌변이 0이므로) E'_d, E'_q, E_{fd}의 초기치를 결정하기 위해 이용된다. 이 장에서는 계자 전압 E_{fd}를 일정하다고 가정한다(계자 전압을 제어하기 위해 발전기의 여자기를 사용하는 것은 다음 장에서 다룬다).

예제 12.10 2축 모델 예

예제 12.3의 시스템에서 2축으로 모델링된 동기발전기를 이용하여 (a) 초기 조건을 구하고 (b) 예제 12.6의 고장(모선 3의 3상 fault, 선로 1~3과 2~3을 개방하여 고장 제거)에 대한 임계제거시간을 구하기 위해 PowerWorld Simulator를 사용한다. $\mathrm{H} = 3.0$ p.u.-s이고 $\mathrm{R}_a = 0$, $\mathrm{X}_d = 2.1$, $\mathrm{X}_q = 2.0$, $X'_d = 0.3$, $\mathrm{X}_q = 0.5$이며, 단위 기준용량은 100 MVA이다.

| 풀이

a. 예제 12.3으로부터 발전기로부터의 전류는

$$I = 1.0526\angle{-18.20°} = 1 - j0.3288$$

발전기의 단자 전압은

$$V_T = 1.0\angle 0° + (j0.22)(1.0526\angle{-18.20°})$$
$$= 1.0946\angle 11.59° = 1.0723 + j0.220$$

(계속)

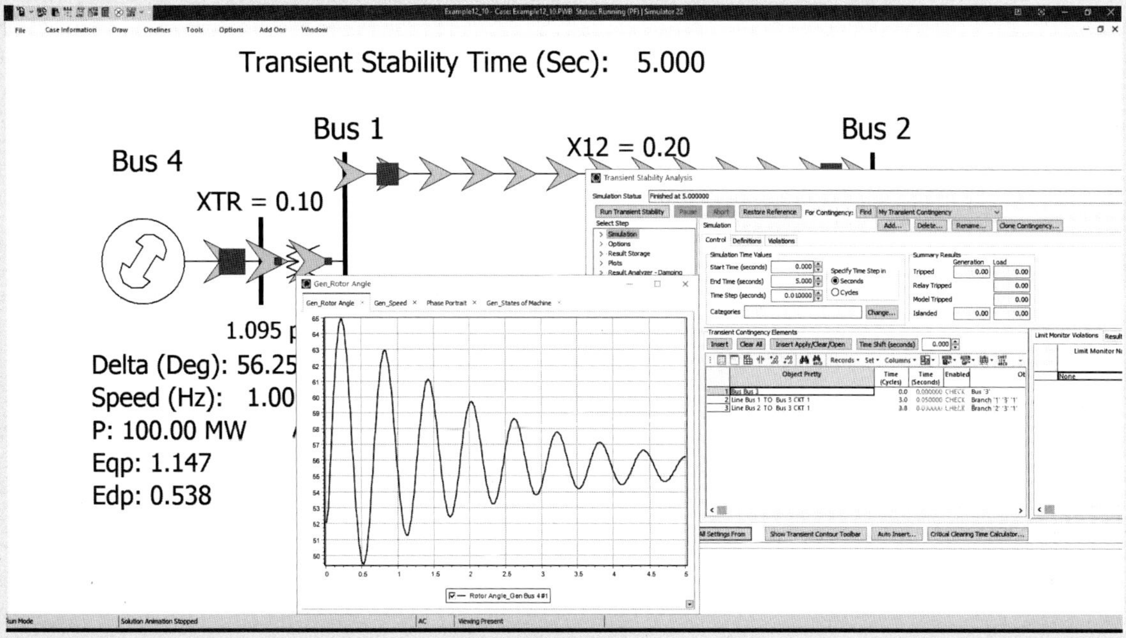

그림 12.20 고장제거시간 0.05초 시 발전기 4의 회전자 위상각 변화

식 (12.6.8)로부터

$$E = 1.0946\underline{/11.59^\circ} + (j2.0)(1.052\underline{/-18.2^\circ})$$
$$= 2.814\underline{/52.1^\circ}$$
$$\rightarrow \delta = 52.1^\circ$$

식 (12.6.2)를 이용하여

$$\begin{bmatrix} V_d \\ V_q \end{bmatrix} = \begin{bmatrix} 0.7889 & -0.6146 \\ 0.6146 & 0.7889 \end{bmatrix} \begin{bmatrix} 1.0723 \\ 0.220 \end{bmatrix} = \begin{bmatrix} 0.7107 \\ 0.8326 \end{bmatrix}$$

$$\begin{bmatrix} I_d \\ I_q \end{bmatrix} = \begin{bmatrix} 0.7889 & -0.6146 \\ 0.6146 & 0.7889 \end{bmatrix} \begin{bmatrix} 1.000 \\ -0.3287 \end{bmatrix} = \begin{bmatrix} 0.9909 \\ 0.3553 \end{bmatrix}$$

식 (12.6.3), (12.6.4), (12.6.5)는

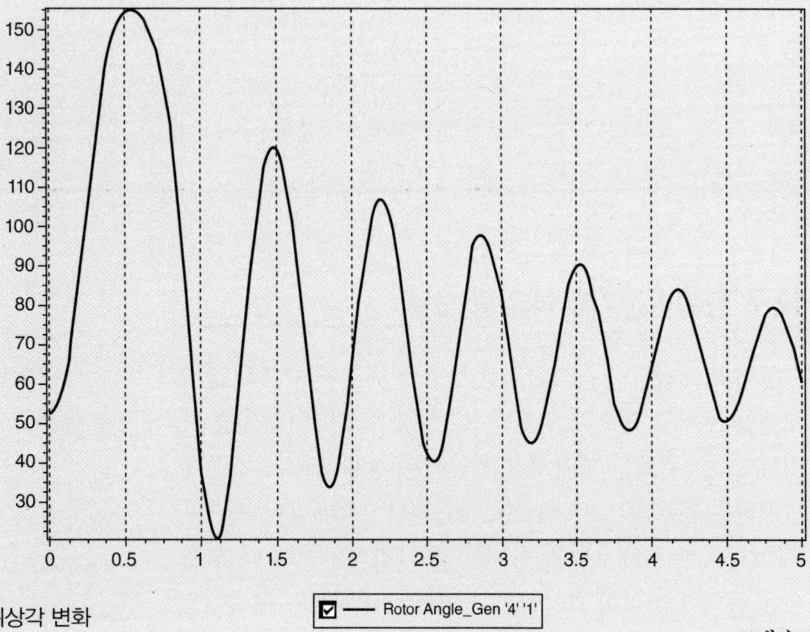

그림 12.21 고장제거시간 0.3초 시 발전기 4의 회전자 위상각 변화

(계속)

$$E'_q = 0.8326 + (0.3)(0.9909) = 1.1299$$
$$E'_d = 0.7107 - (0.5)(0.3553) = 0.5330$$
$$E_{fd} = 1.1299 + (2.1 - 0.3)(0.9909) = 2.9135$$

b. PowerWorld Simulator에서 예제 12_10(그림 12.20 참조)을 열어보자. Transient Stability Analysis Form을 보기 위해 **Add-Ons**, **Transient Stability**를 선택한다. 처음에 모선 3 고장은 0.05초가 될 때 제거된다. **Run Transient Stability**를 선택하면 그림 12.20과 같은 결과를 확인할 수 있다. 예제 12.4의 결과와 비교해보면, δ의 초기치는 다르지만 예제 12.4에서 초기 위상각 값이 16° 증가한 것과 유사하게 13° 증가한 것을 알 수 있다. 두 예제의 차이의 핵심은 상당한 양의 댐핑에 있다. 이러한 댐핑은 2-축 모델에서 계자, 제동권선을 확실하게 모델링하기 때문에 발생한 것이다. 임계고장제거시간은 발전기가 동기를 잃을 때까지 고장제거시간을 점차 증가시키면 구할 수 있다. 그림 12.21을 통해 임계고장제거시간은 0.3초 정도로 임계시간 근처에서 고장을 제거했을 때의 발전기 위상각을 볼 수 있다. 발전기 4에 두 상태변수 E'_d, E'_q가 추가되었기 때문에 이 변수들 역시 볼 수 있다. 그림 12.22는 고장제거시간이 0.3초인 경우 두 상태 변수 E'_d, E'_q의 변동을 보여주고 있다.

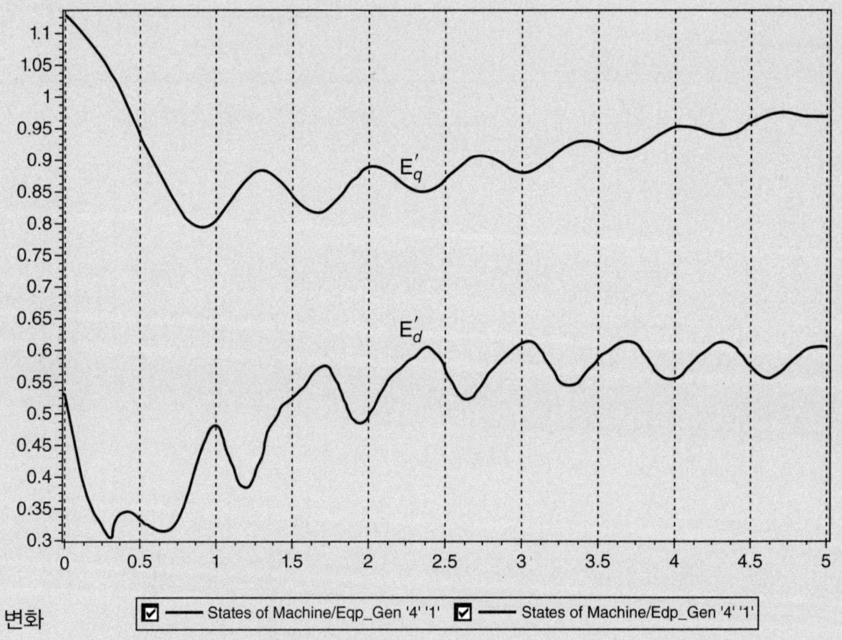

그림 12.22 고장제거시간 0.3초 시 발전기 4의 E'_q, E'_d 변화

12.7 풍력발전기와 태양광 모델

풍력과 태양광이 증가하면서 동역학 해석에 이러한 설비 모델을 추가할 필요가 생겼다. 이 모델은 2가지 형태를 가지는데, 첫 번째는 제작사가 제공하는 상세모델로, 계통에 연계하는 경우의 상세 해석에 사용된다. 이와 같이 제작자가 제공하는 상세모델은 이 장에서 생각하는 것보다 훨씬 빠른 동역학 해석이 가능하고 불평형 상태에서의 해석에도 이용될 수 있지만 이 장에서 다루는 범위를 벗어나기 때문에 상세한 설명은 생략하기로 한다. 두 번째는 일반적인 모델로 3상평형상태의 대형시스템에서 시스템 해석에 사용되는 모델이며 이 책에서 다루는 모델이다. 이 절에서는 먼저 발전기/컨버터 모델을 다루고(이전 절에서 다룬 동기발전기 모델과 비슷하다), 다음 절에서는 전기적 제어, 기계적(풍력에 대해서) 제어에 대해서 다루기로 한다.

6장에서 소개되었듯이, 풍력터빈은 크게 4가지 타입으로 나눌 수 있다[14], [17]. 타입 1과 타입 2는 유도기 모델을 기반으로 모델링되었다. 동기기와 마찬가지로, 유도기의 고정자 권선은 네트워크에 연결되어 있다. 그러나 회전자가 DC 계자권선을 가지는 대신, 고정자 전류에 의한 회전자계와 회전자 사이의 상호 운동에 의해 회전자에 AC 전류가 유도된다. 일반적으로 동기속도(p.u.) n_s와 회전자 속도(p.u.) n_r의 차를 슬립(S)이라 하고, 다음과 같이 정의한다(모터 기준).

$$\mathrm{S} = \frac{n_s - n_r}{n_s} \tag{12.7.1}$$

식 (12.7.1)로부터 만일 기기가 동기 속도로 운전하면 슬립은 0이 되고, 슬립이 양의 값을 가지면 모터로, 음의 값을 가지면 발진기로 운선하고 있다는 것을 알 수 있다. 모든 값을 pu값으로 나타내면, 유도기의 기계적 방정식은 다음과 같다.

$$\frac{d\mathrm{S}}{dt} = \frac{1}{2\mathrm{H}}(\mathrm{T}_m - \mathrm{T}_e) \tag{12.7.2}$$

H는 관성 상수, T_m은 기계적 토크, T_e는 식 (12.7.10)에 정의되는 전기적 토크이다.

그림 12.23은 농형유도기의 간략화된 회로를 나타내며, 발전기 기준으로 기기에서 나가는 전류를 양으로 정했다. 동기기와 비슷하게, 유도기 역시 고정자 저항과 과도 리액턴스 X′에 인가되는 등가 전압으로 모델링될 수 있다. 그림 12.23을 참조하면,

$$\mathrm{X}' = \mathrm{X}_a + \frac{\mathrm{X}_1\mathrm{X}_m}{\mathrm{X}_1 + \mathrm{X}_m} \tag{12.7.3}$$

X′는 회전자가 멈춰 있을 때(slip = 1) 나타나는 리액턴스이고,

$$\mathrm{X} = \mathrm{X}_a + \mathrm{X}_m \tag{12.7.4}$$

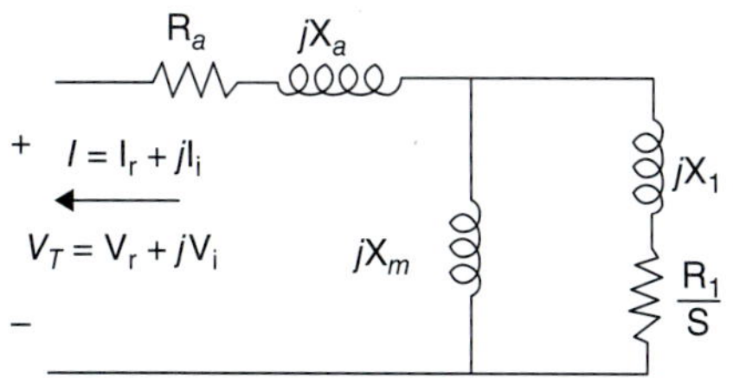

그림 12.23 농형유도기의 등가회로

X는 동기 리액턴스이며,

$$\mathrm{T}_0' = \frac{(\mathrm{X}_1 + \mathrm{X}_m)}{\omega_0 \mathrm{R}_1} \tag{12.7.5}$$

T_0'는 회전자에 관한 개방회로의 시정수이다. X_a는 보통 누설 리액턴스라고 한다.

전기적으로 유도기는 두 개의 대수방정식과 두 개의 미분방정식을 사용하여 모델링된다. 그러나 동기기와 비교했을 경우, 유도기의 리액턴스는 회전자의 위치값에 영향을 받지 않기 때문에 유도기는 네트워크 기준 좌표계로 명시된다. 방정식을 살펴보면,

$$\mathrm{V}_\mathrm{r} = \mathrm{E}_r' - \mathrm{R}_a\mathrm{I}_\mathrm{r} + \mathrm{X}'\mathrm{I}_\mathrm{i} \tag{12.7.6}$$

$$\mathrm{V}_\mathrm{i} = \mathrm{E}_i' - \mathrm{R}_a\mathrm{I}_\mathrm{i} - \mathrm{X}'\mathrm{I}_\mathrm{r} \tag{12.7.7}$$

$$\frac{d\mathrm{E}_r'}{dt} = \omega_o \mathrm{S}\mathrm{E}_i' - \frac{1}{\mathrm{T}_o'}\big((\mathrm{E}_r' - (\mathrm{X} - \mathrm{X}')\mathrm{I}_\mathrm{i}\big) \tag{12.7.8}$$

$$\frac{d\mathrm{E}_i'}{dt} = -\omega_o \mathrm{S}\mathrm{E}_r' - \frac{1}{\mathrm{T}_o'}\big((\mathrm{E}_i' + (\mathrm{X} - \mathrm{X}')\mathrm{I}_\mathrm{r}\big) \tag{12.7.9}$$

유도기의 전기적 토크는 다음과 같다.

$$\mathrm{T}_e = (\mathrm{E}_r'\,\mathrm{I}_r + \mathrm{E}_i'\,\mathrm{I}_\mathrm{i})/\omega_o \tag{12.7.10}$$

단자에서 입력되는 유효전력은

$$\mathrm{P}_e = (\mathrm{V}_\mathrm{r}\mathrm{I}_\mathrm{r} + \mathrm{V}_\mathrm{i}\mathrm{I}_\mathrm{i}) \tag{12.7.11}$$

과도안정도 해석을 위한 초기 조건은 식 (12.7.8)과 (12.7.9)를 0으로 두고 식 (12.7.6), (12.7.7), (12.7.8), (12.7.9), (12.7.11)의 다른 변수들을 풀기 위해 전력조류의 유효전력과 단자 전압을 입력값으로 사용하여 구할 수 있다. 이 경우 뉴튼-랩슨 법을 주로 사용한다. 유도기의 무효전력은 보통 전력조류계산 값과 다르기 때문에 이러한 차이는 초기 전력조류 조건을 만족시키기 위해 병렬 커패시터를 포함시켜 모델링한다. 기기에 의해 생성되는 무효전력은 다음과 같다.

$$\mathrm{Q}_e = (-\mathrm{V}_\mathrm{r}\mathrm{I}_\mathrm{i} + \mathrm{V}_\mathrm{i}\mathrm{I}_\mathrm{r}) \tag{12.7.12}$$

유도기는 무효전력을 소비하므로 위의 값은 음의 값이 된다.

예제 12.11 유도발전기 예

예제 12.3의 시스템에서 동기발전기를 유도발전기로 대체하고, 예제 12.3과 같은 초기 유효전력, 무효전력 출력을 가지는 풍력단지를 설정하기 위해 병렬 커패시터를 추가한다고 가정하자. 유도발전기의 파라미터 값은 H = 0.9 p.u.-s, R_a = 0.013, X_a = 0.067, X_m = 3.8, R_1 = 0.0124, X_1 = 0.17(모든 pu법의 기준용량은 100 MVA). 이 시스템은 PowerWorld Simulator에 예제 12_11에 모델링되어 있다. (a) 앞서 언급한 방정식들을 이용하여 S = −0.0111, E'_r = 0.9314, E'_i = 0.4117, I_r = 0.7974, I_i = 0.6586의 초기 조건을 증명하시오. (b) 예제 12.6의 일련의 고장 시퀀스에 대한 단자 전압을 그리시오.

| 풀이

a. 식 (12.7.3)부터 (12.7.5)을 이용하여 X', X, T'_0을 구해보면 각각 0.2297 p.u., 3.867 p.u., 0.85초가 된다. $V_T = 1.0723 + j0.220$, P_e = 1.0 p.u.이므로 식 (12.7.6)과 (12.7.7)을 증명할 수 있다.

$$V_r = 0.9314 - (0.013)(0.7974) + (0.2297)(0.6586) = 1.0723$$

$$V_i = 0.4117 - (0.013)(0.6586) - (0.2297)(0.7974) = 0.2200$$

식 (12.7.8), (12.7.9)는 다음과 같다.

$$\frac{dE'_r}{dt} = 2\pi 60(-0.0111)(0.4117) - \frac{1}{0.85}(0.9314 - (3.637)(0.6586)) = 0.0$$

$$\frac{dE'_i}{dt} = -2\pi 60(-0.0111)(0.9314) - \frac{1}{0.85}(0.4117 + (3.637)(0.7974)) = 0.0$$

$$P_e = (1.0723)(0.7974) + (0.220)(0.6586) = 1.000$$

$$Q_e = -(1.0723)(0.6586) + (0.220)(0.7974) = -0.531$$

PowerWorld Simulator에서 과도안정도를 초기화시키는 Transient Stability Analysis form의 **States/Manual Control** 페이지를 먼저 디스플레이하면 초기치를 볼 수 있다. 단선도에서 모선 4 발전기의 Generator Information Dialog를 보고, **Stability**, **Terminal and State**, **Terminal Values**를 선택한다. 전력조류에서 발전기는 57.2 Mvar를 생산하고 유도기는 53.1 Mvar을 소비하므로 1.0946 단자 전압에 110.3 Mvar를 생산하는 병렬 커패시터가 반드시 모델링되어야 한다.

b. 다음 그림 12.24는 3주기 고장에 대한 단자 전압의 그래프이다.

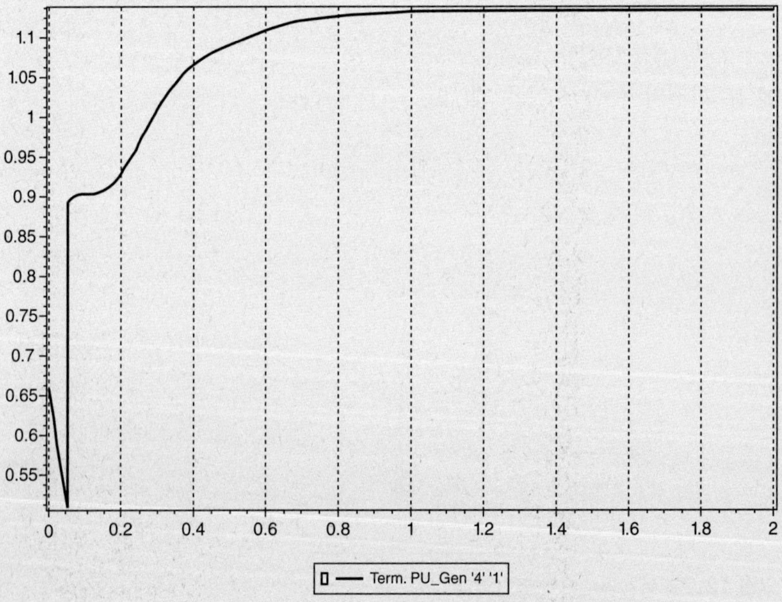

그림 12.24 예제 12.11에서 고장제거시간 0.05초 시 발전기 4의 전압 크기

풍력터빈의 타입 1과 타입 2는 모두 유도기 타입이나, 타입 1은 회전자 저항값이 변하지 않는 기존의 농형유도기로 모델링하고, 타입 2는 제어시스템을 통해 회전자 저항값을 변화시킬 수 있는 권선형 유도기로 모델링한다. 이는 쉽게 변하는 풍속에도 터빈에서 좀 더 일정한 출력을 제공하기 위함이다. 식 (12.7.5)를 보면, 외부 저항값이 증가하면 개방회로의 시정수 값이 감소하는 것을 알 수 있다. 회전자 저항제어시스템의 입력값은 터빈 속도, 전기적 출력이고, 출력값은 그림 12.22에 나와 있는 R_1이 직렬 연결된 외부 저항값이다. 그림 12.25는 회전자 저항값이 0.0124 p.u.일 때와 회전자 전체 저항값이 0.05 p.u.일 때, 예제 12.11에서 속도에 대한 발전기의 유효전력 출력의 변화량을 나타낸다. 전체 저항이 0.05 p.u.인 경우, 운전 지점의 슬립은 −0.045 정도로 변동되었고 이 값은 1.045 p.u. 속도에 해당한다.

최근 대부분의 풍력터빈은 타입 3 또는 타입 4이다. 타입 3 터빈은 DFAG (doubly-fed asynchronous generator)를 뜻하며 DFIG (doubly-fed induction generator)라고도 한다[13,14]. DFAG의 경우 기존의 권선형(wound) 유도기로 구성되어 있으나 회전자 권선의 경우 AC-DC-AC 컨버터(back-to-back converter)를 통해 AC 네트워크로 연결되어 있다. 고정자와 회전자 두 권선을 모두 통할 수 있기 때문에 이러한 기기를 이중여자(doubly-fed) 타입이라고 한다(그림 12.26 참고). ‘doubly-fed’ 기기는 동기기처럼 유효전력과 무효전력을 독립적으로 제어할 수 있고, 회전자 컨버터를 통해 양쪽 방향으로 모두 전력을 전달할 수 있기 때문에 운전 가능한 속도 영역이 좀 더 확장된다는 장점이 있다. 또한 고정자가 전력망에 직접 연결되기 때문에 회전자 측 컨버터의 크기는 발전기 정격 용량의 30% 정도이다. 이러한 설계의 결과로,

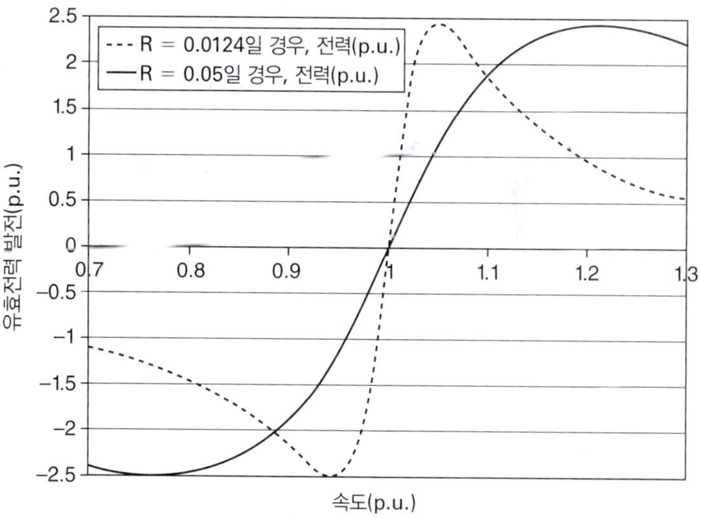

그림 12.25 외부 저항 변화가 유도기 토크–속도 곡선에 미치는 영향

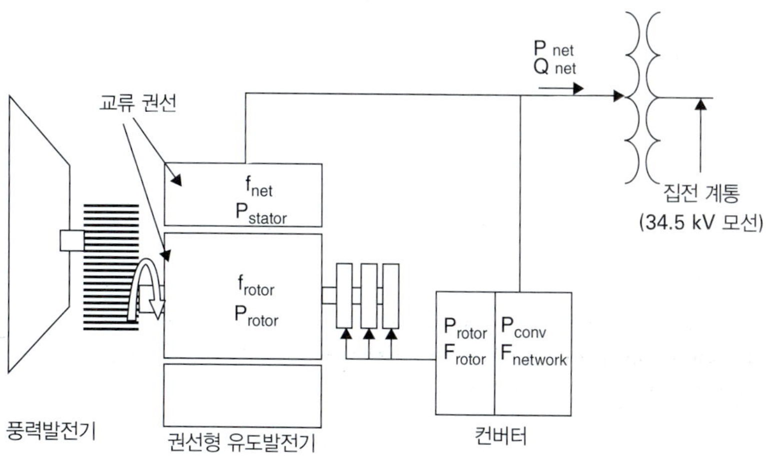

그림 12.26 이중여자 비동기발전기의 요소

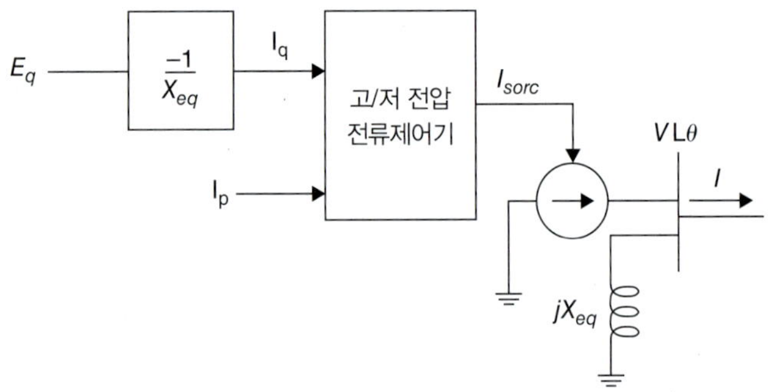

그림 12.27 타입 3 DFAG 모델 회로도

동기기 모델에 관한 식 (12.1.10)이나 타입 1, 2 같은 유도기 모델에 관한 식 (12.7.2)에서 보이는 것처럼 기계적 토크와 전기적 토크의 특성이 서로 분리된다는 것이다.

안정도 관점에서 보면 DFAG 동특성은 컨버터에 의해 결정되고, 발전기는 전압원 컨버터(VSC, voltage sourced converter)로 근사화가 가능하다. VSC는 유효 리액턴스 X_{eq}에 병렬로 주입되는 합성전류로 모델링될 수 있으며, 그림 12.27에 나와 있는 단자 전압과 같은 상의 전류분 I_p, 무효전력분 전류 I_q는 각각 독립적으로 제어 가능하다. 저전압 및 고전압에서의 전류는 시스템에 외란이 발생한 동안 이러한 값들에 제한을 두기 위해 제어한다. 단자전압 위상각을 θ라 하면, 네트워크 기준 좌표계의 입력 전류는

$$I_{sorc} = (I_p + jI_q)\ (1\angle\theta) \tag{12.7.13}$$

무효분 전압은

$$E_q = -I_q X_{eq} \tag{12.7.14}$$

타입 4 풍력발전기는 모든 출력이 AC-DC-AC 컨버터를 통해 AC 네트워크로 연결되는 완벽한 비동기 시스템이다(그림 12.28 참조)[13, 14]. 컨버터가 발전기와 네트워크를 완벽하게 분리시키기 때문에 발전기 기기 타입에 선택의 폭이 넓다. 예를 들어, 기존의 동기발전기나 영구자석 동기발전기 또는 농형유도기를 사용해도 된다.

안정도 관점에서 보면, 타입 4 모델 역시 VSC로 표현 가능한 점에서 전기적으로는 타입 3과 거의 유사하다. 결정적인 차이는 유효 리액턴스가 없고, 타입 4의 경우 I_p, I_q의 직접 제어가 가능하다는 점이다. DFAG와 마찬가지로, 터빈의 동특성과 전기적 특성이 완전히 분리된다.

전력시스템에 연계되는 태양광 설비는 그 크기가 매우 다양하다. 수 kW급의 가정용부터 수백 MW급 태양광 단지도 있고, 1,000 MW 이상인 것들도 있다. 동특성 해석을 위해서는 가정용 태양광은 보통 부하 모델(다음 절에서 소개)로 처리하며, 태양광 단지와 같은 경우는 출력이 DC이고 인버터를 통해 전력시스템에 접속이 되기 때문에 발전기/컨버터 모델은 풍력 발전기 타입 4와 같다.

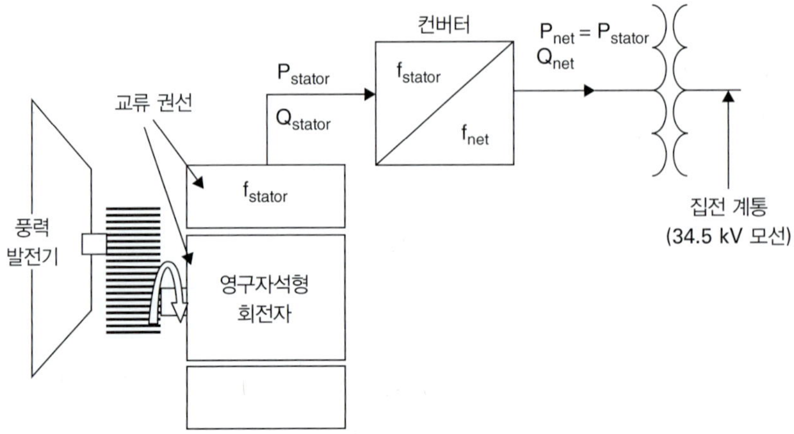

그림 12.28 타입 4 컨버터 요소

예제 12.12 이중여자 비동기발전기 예

예제 12.3의 시스템에서 동기발전기를 풍력단지로 대체한다고 가정하자. 풍력발전단지는 무한 모선에 공급하는 전류의 초기치가 1.0 p. u.(역률이 1)인 타입 3 DFAG 발전기로 모델링한다. DFAG의 리액턴스는 100 MVA 단위 기준용량에 대해 $X_{eq} = 0.8$ p.u.이다. I_p, I_q, E_q의 초기치를 구하시오.

| 풀이

$I = 1.0$이고 발전기 단자와 무한 모선 사이의 임피던스가 $j0.22$이므로 발전기 단자전압은

$$V_T = 1.0 + (1.0)(j0.22) = 1.0 + j0.22 = 1.0239\angle 12.41°$$

I_{sorc}는 전류 I에 X_{eq}에 흐르는 전류의 합이므로

$$I_{sorc} = I - \frac{V_T}{jX_{eq}} = 1.00 + \frac{1.0 + j0.220}{j0.8}$$

$$I_{sorc} = 1.275 - j1.25$$

그러므로 I_p, I_q의 값은 I_{sorc}를 단자전압의 위상각만큼 뒤로 이동시켜서 계산할 수 있다.

$$\mathrm{I}_p + j\mathrm{I}_q = (1.275 - j1.25) * (1\angle -12.41°) = 0.977 - j1.495$$

그러면

$$E_q = -(-1.495)(0.8) = 1.196$$

PowerWorld Simulator에서 과도안정도를 초기화시키는 Transient Stability Analysis form의 **States/Manual Control** 페이지를 먼저 화면에 디스플레이하면 초기치를 볼 수 있다. 단선도에서 모선 4 발전기의 Generator Information Dialog를 보고, **Stability**, **Terminal and State**, **Terminal Values**를 선택한다.

12.8 부하 모델

전력시스템의 안정도 해석을 하는 동안에는 모선의 주파수와 전압의 크기가 크게 변동할 수 있고, 이 변화는 부하에 영향을 준다. 이 시뮬레이션에서 부하가 어떻게 반응하는가는 부하 모델에 좌우된다. 앞 절에서는 부하를 정임피던스로 가정하여 모델링하였고 부하는 모선의 어드미턴스 행렬에 바로 적용할 수 있다. 정임피던스 모델은 오랫동안 사용되었고 수 초 동안 짧은 시간 동안의 시뮬레이션에서는 어느 정도 정확한 결과를 보여주었는데, 실제 많은 부하가 백열등이나 난방기구와 같이 저항부하였다. 이제 이 모델은 더 이상 정확하지 않아서 전력시스템의 안정도 해석에 좀 더 정밀한 부하모델을 사용하는 것이 일반화되었다.

그러나 부하를 정확하게 모델링하기 위해서는 중요한 도전적인 과제가 있다. 특정 설비를 모델링하는 것과 같은 발전기 모델과 달리 부하 모델링은 많은 개별 부하를 모아서 하나로 모델링하게 된다. 그리고 부하는 어떤 부하가 언제 전력을 쓰는지 상시 변하고(거리의 가로등은 밤에만 켜지고, 에어컨은 주변 온도가 높을 때 사용하고, 사무실은 주말에는 전력을 쓰지 않는 등) 기술의 발전에 따라 새로운 부하가 등장한다(LED로 대체되는 등).

전력시스템의 안정도 해석에 일반적으로 사용되는 부하 모델은 (1) 정적 모델, (2) 동적 모델, (3) 복합모델 3가지가 있다. 정적모델은 부하를 모선 전압의 크기에 대한 정적 함수로 표현되며 때때로 주파수에 대한 함수로도 표현하는 가장 간단한 모델이다. 그중에서도 가장 간단한 모델이 앞에서도 언급한 정임피던스 모델인데, 유효전력과 무효전력이 공급 전압의 제곱에 비례하기 때문에 상정고장 발생 시 고장의 영향을 과소평가하는 경향이 있다. 그러나 모델이 간단하고 조류계산으로부터 알 수 있는 초기 부하 외에 모델 파라미터를 알 필요가 없다는 장점이 있다. 이보다 조금 복잡한 ZIP 모델은 부하의 일부분은 정임피던스(Z)로 모

델링하고 일부는 전압크기에 비례하는 정전류(I) 부하로, 나머지는 부하의 유효전력, 무효전력에 따라 다른 계수를 적용하는 정전력(P) 부하로 모델링한다. SMPS (switched mode power suppliers)는 전압이 너무 낮지 않는 한(전압이 일정 전압 이하이면 부하는 0) 정전력 부하로 모델링하는 것이 적절하다. 동특성 해석에 널리 사용되는 또 다른 ZIP 모델은 모든 유효전력은 정전류 부하로, 모든 무효전력은 정임피던스로 모델링하는 것이다. 지수함수 모델도 사용되는데, 이는 부하의 전력을 전압의 크기에 대한 지수함수로 취급하는 모델이다.

두 번째로는 부하를 미분방정식으로 모델링하는 동적모델링이다. 이 모델에서 부하의 유효전력과 무효전력은 전압의 크기와 시간의 함수로 표현된다. 가장 일반적인 형태의 동적모델은 유도모터(IM)를 모델링하는 데 사용되는데, 농형유도전동기의 등가회로는 그림 12.23과 같이 주어진다. 유도전동기 모델은 전압안정도 해석에 매우 중요하다. 전력 시스템에서 고장이 지속되는 시간 동안에는 공급전압이 낮아지기 때문에 유도전동기의 속도가 떨어지고, 슬립이 증가한다. 따라서 유도전동기 무효전력 소모가 많아져서 전압회복이 빨리 이루어지지 않게 된다. 이런 현상이 일어나는 속도는 각 IM의 파라미터에 따라 달라진다. 따라서, 다양한 부하를 얼마나 정확히 모델링하는가는 쉽지 않은 문제이다.

세 번째로 부하의 다양성은 복합모델로 표현할 수 있다. 복합모델은 여러 개의 독립된 모델을 한 모선에서 한꺼번에 표현하는 경우, 통합부하의 반응을 근사화하기 위한 모델이다. 그림 12.29는 하나의 복합모델의 예를 보여주고 있다. 이 복합 모델은 부하를 두 가지 타입의 정적모델과 4개의 다른 타입의 전동기로 모델링한 것이다. 이 모델은 부하에 전력을 공급하는 전압강하 변압기와 전력분배 시스템도 포함하고 있다. 이 모델을 완전히 표현하기 위해서는 120개의 파라미터와 15개의 미분방정식 해가 필요하다. 부하 모델링에서 더 어려운 문제는 배전 시스템에 흩어져서 들어오는 점점 더 분산화되는 전원의 등장이다(예, 태양광 PV). 이런 전원들은 보통 마이너스 부하로 모델링하지만, 그 동작 특성을 복합부하모델에서 표현할 필요가 있다. 실제 계통에서는 모선마다 모델링하는 부하의 파라미터 세트는 비슷한 값을 사용하지만, 부하 모델을 정확하게 할수록, 모델링이 복잡해지는 것은 어쩔 수 없다. 지금까지 부하 모델링에 관한 연구가 활발히 진행되어 왔지만, 앞으로 이 분야에 대한 연구는 지속되어야 한다.

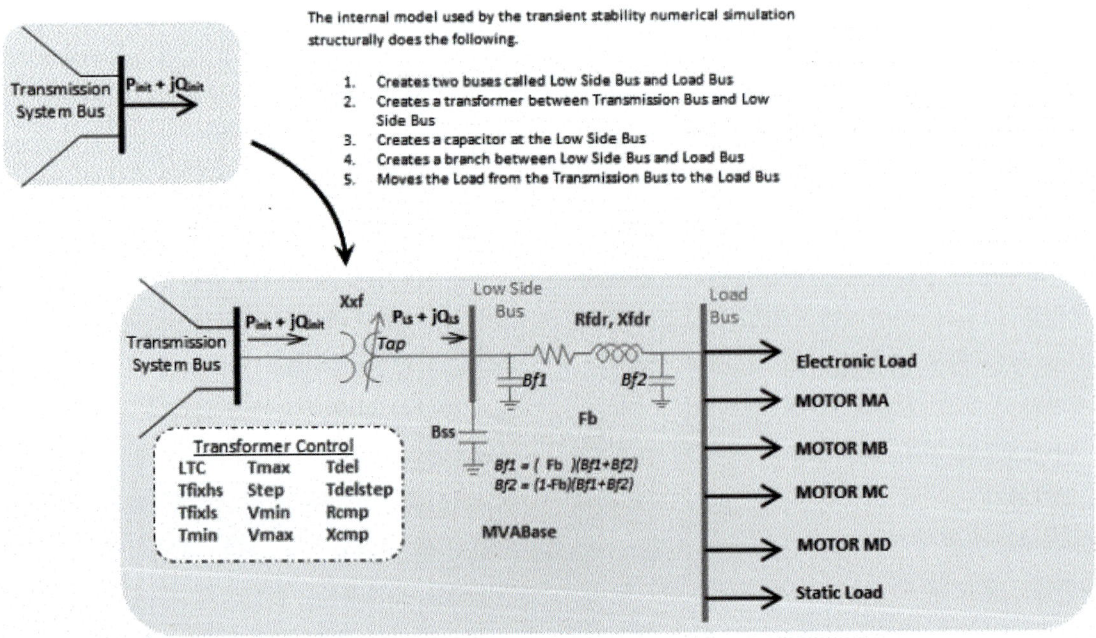

그림 12.29 100개 이상의 파라미터를 필요로 하는 복합부하모델의 예

12.9 전력시스템 안정도 개선을 위한 설계방법

전력시스템 안정도를 개선하기 위한 설계방법은 다음과 같다.

1. 정상상태 안정도 개선법
   a. 높은 시스템 전압 레벨
   b. 송전선로의 추가
   c. 송전선로 직렬 리액턴스 값을 감소시킴
   d. 변압기 누설 리액턴스의 값을 감소시킴
   e. 송전선로에 직렬로 커패시터 설치
   f. 무효전력 보상장치와 FACTS 설비
2. 고속 고장 제거
3. 고속 회로 차단기의 재폐로
4. 단일 극 스위칭
5. 큰 기기 관성, 낮은 과도 리액턴스, 합성 관성 사용
6. 고속 응답, 높은 이득의 여자기
7. 고속 밸브 응동
8. 제동 저항기
9. 사고 후 조치
10. PSS (power system stabilizer) 사용(13장 참조)

과도안정도 개선법에 대해 자세한 설명은 다음과 같다.

1. 이란이 발생한 동안 고장이 발생하지 않은 네트워크의 부분을 통해 전력 전송을 증가시키기 때문에 정상상태에서 최대 전력 전송능력을 증가시키면 과도안정도를 향상시킬 수 있다. 현재 송전선로의 전압을 높이거나 새로 건설되는 송전전로의 전압을 높여 선로의 부하 능력을 증가시킨다(5.5.6). 선로를 병렬로 추가하면 전력 전송능력이 증가한다. 시스템의 리액턴스를 감소시키는 것 역시 전력 전송능력을 증진시킨다. 여러 다발로 이뤄진 선로는 다발로 이뤄지지 않은 선로보다 직렬 리액턴스가 낮다. 누설 리액턴스가 낮은 큰 용량의 변압기 또한 도움이 된다. 직렬 커패시터는 직렬 선로 인덕턴스를 보상함으로써 선로 전체의 직렬 리액턴스를 감소시킨다.
2. 고속 고장 제거는 과도안정도 유지를 위한 기본 방법이다. 현장에서는 초고압 시스템에서의 고장에 대해 1-주기 계전기 동작, 2-주기 차단기 동작을 합해서 3-주기(0.05초) 내 고장 제거를 실시하고 있다. 현재는 0.5-주기 계전기 동작, 1-주기 차단기 동작을 목표로 연구를 진행 중이다.
3. 대부분의 송전선 단락고장은 일시적이며, 선로가 차단된 후 고장의 아크는 5~40주기(전압에 따라 다르다) 동안 자동으로 소멸된다. 차단기의 고속 재폐로는 고장후의 전력 전송능력을 향상시키고, 따라서 과도안정도를 향상시킨다. 현장에서는 EHV 시스템에 대해 영구 고장에 대해 재폐로, 재개방을 실시해서 과도안정도가 유지되는 경우에만 보수적으로 고속 재폐로를 적용한다.
4. 단락회로의 대부분은 1선 지락고장이기 때문에 고장상만 차단하는 계전기 기술과 독립극 차단기를 적용하여 고장이 발생하지 않은 건전상의 선로는 운전을 유지한다. 이렇게 하면 건전상의 전력 전송능력을 일부 유지할 수 있다. 연구에 따르면, 고장이 발생한 상의 전원을 끊어도 1선 지락고장은 스스로 제거될 수 있다. 전원이 인가된 건전상과 전원이 끊긴 고장상 사이의 용량성 커플링은 아크 단락을 유지할 정도로 강하지 못하다[5].
5. (12.1.16) 동요방정식을 살펴보면, 동기기의 관성상수 H (p.u.)를 증가시키면 각가속도를 감소시키고, 그로 인해 위상각 동요가 줄어들고 임계고장제거시간이 증가한다. 발전기의 과도 리액턴스의 감소는 안정도를 향상시키고, 고장이나 고장 제거 후 전력 전송능력을 증가시킨다[식 (12.2.1) 참조]. 현재는 노후화된 동기발전기를 대신해서 재생에너지가 증가하는 추세에 있다. 태양광이나 타입 4 풍력발전기와 같은 재생에너지는 컨버터를 통해서 전력을 송전망으로 보내기 때문에 관성이 계통의 안정도에 기여하는 역할을 기대할 수 없다. 따라서 재생에너지 점유율이 높은 시스템에서는 새로운 안정도 문제에 직면하게 된다. 그러나, 배터리와 같이 빠른 응답특성을 가진 인버터로 동작하는 에너지 저장장치를 활용하면 동기발전기의 관성을 흉내내어 합성관성을 제공할 수도 있다.
6. 고속 사이리스터 제어, 높은 증폭 이득(발전기 포화를 극복하기 위한) 특성을 가진 최신 여자시스템은 고장이 발생한 경우 낮은 단자전압을 센싱하여 발전기의 여자를 빠르게 증가시킨다. 이러한 효과는 고장 발생 동안 기기의 내부 전압을 빠르게 증가시키고, 그로 인

해 고장시, 고장 제거 후 발전기의 출력 전력을 증가시키고 임계고장제거시간 역시 증가하게 된다[6].

7. 몇몇 증기 터빈은 증기 흐름을 전환하고 터빈의 기계적 출력을 빠르게 감소시키기 위한 고속 밸브 장치가 있다. 발전기 근처에서 고장이 지속되는 동안 발전기의 전기적 출력이 감소하므로 고속 밸브는 터빈의 기계적 출력과 전기적 출력 사이의 균형을 맞추기 위해 작동하여 가속력을 감소시키고, 임계고장제거시간은 길어진다. 터빈은 빠른 밸브 동작에 의한 열 스트레스를 견디도록 설계된다[7].

8. 부하 영역과 일시적으로 분리될 수 있는 발전기 영역을 가지는 전력계통에서는 제동 저항이 안정도를 향상시킬 수 있다. 분리가 일어나는 경우, 발전기 영역에 제동 저항을 1~2초 정도 끼워 발전기 영역의 가속화를 막거나 늦춘다. 참고문헌[8]에 3-GW-s 제동 제항에 대한 설명이 나와 있다.

9. 사고 발생 후 조치(RAS, remidial action schemes)나 SPSs (special protection schemes)와 같이 계통에 사고나 고장이 발생했을 때 불안정이 예상되는 경우, 미리 발전기 출력 조절이나 탈락, 부하 탈락, 송전망 구조 변경 등 대처 방안을 마련하고, 사고나 고장 등이 발생하여 필요한 경우 바로 대처함으로써 시스템의 안정도를 확보할 수도 있다[19]. 이러한 조치는 고장을 검출하여 해당 기기를 단순히 분리하는 보호 시스템보다 더 적극적으로 수 초 안에 작동하여 안정도를 향상시키는 것으로 생각할 수 있다.

연습문제

12.1절

12.1 3상 60 Hz, 500 MVA, 11.8 kV, 4극의 증기 터빈 발전기의 H 상수가 4 p.u.-s이다. 다음을 구하시오. (a) ω_{syn}과 ω_{msyn} (b) 동기 속도에서 회전체에 저장되어 있는 운동에너지, (c) 500 MW의 가속력에 의해 동기 속도로 운전되고 있을 때, 기계적인 각가속도 α_m과 전기적인 각가속도 α

12.2 연습문제 12.1에서 주어진 발전기에 대해 J (kg m^2)을 구하시오.

12.3 정격용량 500 MW 동기발전기가 회전자에 1.2 J의 에너지를 가지고 있다. pu H 값은 얼마인가 ?

12.4 연습문제 12.1의 발전기가 $p_{mp.u.}$, $p_{ep.u.}$ = 0.7 p.u., $\omega = \omega_{syn}$, δ = 12°로 운전되고 있다가 고장이 발생하여 발전기의 전기적인 출력이 60%로 감소하였다. (a) 고장이 발생한 후 5주기 동안의 전력각 δ를 구하시오. 가속력은 고장 기간 동안 일정하고, 동요방정식의 $\omega_{p.u.}(t)$ = 1.0이라고 가정한다.

12.5 발전기의 운전 주파수가 60 Hz에서 56 Hz로 바뀐다고 가정하면 이때 H 상수의 값은 어떻게 변하는가?

12.6 연습문제 12.1에서 극수를 32에서 16으로, H를 2.0 p.u.-s에서 1.5 p.u.-s로, 발전기는 초기에 전기적인 출력과 기계적인 출력 모두 0.5 p.u.에서 운전되고 있다고 가정하고 문제를 푸시오.

12.2절

12.7 운동에너지 $W_{kinetic}$ = 1/2 Mv^{2}에서 60 Hz, 100 MVA, 2극 발전기가 H 상수 3.0 p.u.-s를 갖고 동기 속도로 회전하고 있을 때 저장하고 있는 에너지와 동일한 에너지를 갖기 위해 120,000 kg의 디젤기관차의 속도는 얼마가 되어야 하는가?

12.8 그림 12.4의 동기발전기가 단자전압 1.05 p.u.에 유효전력 0.8 p.u.를 공급하고 있다. 다음을 구하시오. (a) 발전기의 무효전력 출력 (b) 발전기의 내부 전압 (c) 발전기에 의해 공급되는 전력에 대한 전력 위상각의 식

12.9 그림 12.4의 발전기가 연습문제 12.8에서 주어진 정상상태 조건하에서 운전되고 있을 때, 모선 3에서 접지저항이 0인 3상 지락고장이 발생하였다. 고장이 발생하는 동안 발전기에 의해 공급되는 전력을 전력 위상각 δ의 식으로 나타내시오.

12.10 예제 6.9의 5모선 전력계통에서 송전선로와 변압기를

단위 리액턴스로만 모델링한다고 가정할 때, 모선 1이 무한 모선이면 모선 3 단자에서 바라본 계통의 등가 테브난 리액턴스를 구하시오. 부하와 관련한 임피던스는 무시한다.

12.11 연습문제 12.10에서 모선 5에서 동일한 3상 지락고장이 발생했다고 가정하고 문제를 풀어보시오.

12.3절

12.12 그림 12.4의 발전기가 예제 12.3에서 주어진 정상상태 조건하에서 운전되던 중 차단기 B12가 개방되었다. 등면적법을 이용하여 발전기의 전력각 δ의 최대치를 구하시오. 동요방정식의 $\omega_{\text{p.u.}}(t) = 1.0$이라고 가정한다.

12.13 그림 12.4의 발전기가 예제 12.3에서 주어진 정상상태 조건하에서 운전되던 중 F 지점에서 일시적으로 3상 지락고장이 발생하였다. 3주기 이후 차단기 B13과 B22가 개방되어 고장을 차단하였다. 등면적법을 이용하여 발전기의 전력 위상각 δ의 최대치를 구하시오.

12.14 연습문제 12.13에서 만일 차단기 B13과 B22가 고장발생 3주기 이후에 개방된다고 할 때, 임계고장제거시간을 구하시오.

12.15 연습문제 12.11에서 구성된 계통에 대해 60 Hz 정격주파수를 가정한다. 5번과 2번 모선 사이의 선로상 두 모선 끝에서 모선 고장이 발생했는데 차단기 B21과 B52에 의해 제거되었다. 또한 부하는 무시하고 모선 3의 발전기를 1 p.u. (800 MVA 기준용량), $X'_d = 0.24$, $H = 3$ p.u.-s로 고전적인 발전기로 모델링한다고 가정한다. 고장이 발생하기 전 발전기는 무한 모선에 역률 1로 300 MW의 전력을 공급하고 있었다(따라서 단자전압은 예제 6.9에서 가정한 1.05가 아님). 그리고 고장은 3주기 이후 차단되었다고 가정한다. 다음을 구하시오. (a) 발전기 1의 초기 전력 위상각 (b) 고장이 제거되었을 때 전력 위상각 (c) 등면적법을 이용한 전력 위상각의 최대치

12.16 연습문제 12.15에서 임계고장제거시간을 해석적으로 구하시오.

12.4절

12.17 $\dfrac{dx}{dt} = -x$, 초기치 $x(0) = 10$인 1차 미분방정식이 있다. 적분 스텝 크기를 0.1초로 하였을 때, 다음 각각의 방법으로 $x(0.5)$의 값을 구하시오. (a) 오일러 법 (b) 수정된 오일러 법

12.18 물체의 위치를 $x_1(t)$, 속도를 $x_2(t)$로 할 때, 다음의 미분방정식 쌍으로 단순한 용수철-물체 시스템의 특성을 표현할 수 있다.

$$\frac{dx_1}{dt} = x_2$$
$$\frac{dx_2}{dt} = -x_1$$

초기 조건으로 $x_1(0) = 1.0$, $x_2(0) = 0$, 스텝 크기 0.1초가 주어졌을 때, 다음 각각의 방법으로 $x_1(0.3)$, $x_2(0.3)$의 값을 구하시오. (a) 오일러 법 (b) 수정된 오일러 법

12.19 60 Hz의 발전기가 2개의 병렬 송전선로를 통해 무한 모선(1.0 p.u. V)에 500 MW (0 Mvar)에 전력을 공급하고 있다. 각 송전선로는 $j0.08$의 p.u. 임피던스 값(100 MVA 기준용량)을 갖고 있다. 100 MVA 기준하에서 발전기의 단위 과도 리액턴스는 $j0.0375$이고, 단위 발전기의 관성상수(H)는 20초이며, 댐핑은 0.1 p.u.이다. 시간 0에서 송전선로 중 하나에서 발전기로부터 무한 모선까지 거리의 1/3인 지점에 평형 3상 지락고장이 발생하였다. (a) 고전적인 발전기 모델을 이용하여 고장전 발전기의 내부 전압의 크기와 위상각을 구하시오. (b) 고장발생 동안 계통의 동역학을 1차 미분방정식들로 표현하시오. (c) 오일러 법을 이용하여 두 번째 스텝 마지막의 발전기 내부 위상각을 구하시오. 적분 스텝 크기는 1주기를 사용한다.

12.20 **PW** PowerWorld Simulator 예제 12_20을 연다. 이 시뮬레이터 예제는 예제 12.4의 계통을 모선 1 발전기에는 댐핑을, 모선 1과 3 사이에는 선로고장을 모델링한 것이다. 선로를 개방하면 고장은 제거된다. 이 고장에서 임계고장제거시간을 구하시오(0.01초에 가장 가까운 값).

12.21 **PW** PowerWorld Simulator 예제 12_21을 연다. 이 시뮬레이터 예제는 예제 12.4의 계통을 모선 1 발전기에는 댐핑을, 모선 2과 3 사이에는 선로고장을 모델링한 것이다. 선로를 개방하면 고장은 제거된다. 이 고장에서 임계고장제거시간(0.01초에 가장 가까운)을 구하시오.

12.5절

12.22 그림 12.30의 6모선 전력계통이 있다. 모든 데이터는 공통의 기준에 의해 pu값으로 주어졌다. 모든 선로의

저항과 커패시턴스는 무시한다. (a) 전력조류계산 프로그램에 적합하도록 6 × 6 모선 어드미턴스 행렬 $\boldsymbol{Y}_{bus}$을 구하시오. (b) 과도안정도 해석에 적합하도록 식 (12.5.5)에서 주어진 단위 어드미턴스 행렬 $\boldsymbol{Y}_{11}$, $\boldsymbol{Y}_{12}$, $\boldsymbol{Y}_{22}$를 구하시오.

12.23 연습문제 12.22에서 구한 단위 어드미턴스 행렬 $\boldsymbol{Y}_{11}$, $\boldsymbol{Y}_{12}$, $\boldsymbol{Y}_{22}$를 다음의 경우에 대해 수정하시오. (a) 선로 4(모선 4와 모선 5 사이)를 제거하기 위해 차단기 B52와 B41을 개방한 경우 (b) 부하 $P_{L4} + jQ_{L4}$를 제거한 경우

12.24 PW PowerWorld Simulator 예제 12_24를 연다. 이 시뮬레이터 예제는 그림 12.30의 6모선 시스템에서 모선 2 가까이에서 선로 1에 사고가 발생했다. 사고는 선로를 개방함으로써 제거하는 경우, 임계고장제거시간(0.01초에 가장 가까운)을 구하시오.

12.25 PW PowerWorld Simulator 예제 12_25를 연다. 이 시뮬레이터 예제는 예제 6.9에서 발전기에 과도안정도 데이터를 추가한 것이다. 모선 4와 5 사이 선로의 모선 4단에서 고장을 모의하고 선로를 개방하여 사고를 제거한다. 이때 임계고장제거시간(0.01초에 가장 가까운)을 구하시오.

12.26 PW 예제 12_9에 대해 PowerWorld Simulator를 사용하여 모선 39 가까이 고장이 발생했을 때, 모선 39 (PINE 138)와 모선 47 (CEDAR138) 사이의 송전선로 고장에 대한 임계고장제거시간(0.01초에 가장 가까운)을 구하시오.

12.6절

12.27 PW PowerWorld Simulator 예제 12_27은 예제 12.10에서 동기발전기가 무한 모선에 단위 역률로 80 MW를 공급하는 상태를 모의한 것이다. (a) δ, E'_q, E'_d, E_{fd}의 초기치를 구하시오. (b) 예제 12.10의 고장 시 임계고장제거시간을 구하시오.

12.28 PW PowerWorld Simulator 예제 12_28은 연습문제 12.24에서 동기발전기를 2축 모델로 모의한 것이다. 이때 X'_d와 H 상수는 동일한 값을 사용한다. 임계고장제

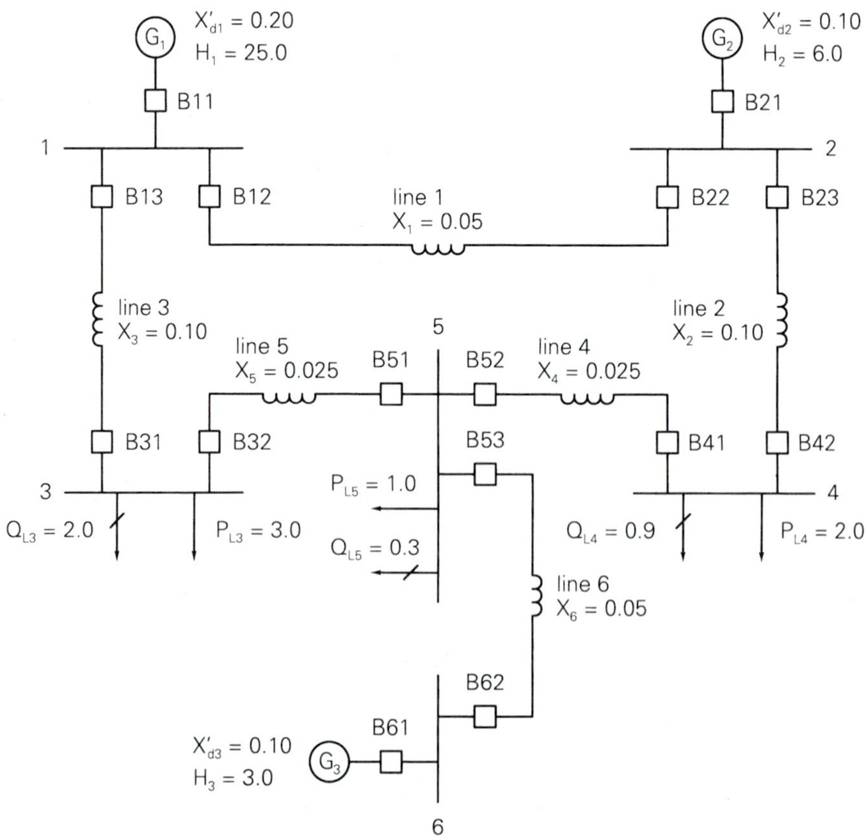

그림 12.30 6-모선 계통의 단선도

거시간을 연습문제 12.24의 경우와 비교하시오.

12.29 PW PowerWorld Simulator 예제 12_29는 연습문제 12.25에서 발전기 모델을 2축 모델로 변경한 것이며, X_d'과 H 값은 연습문제 12.25와 같다. 연습문제 12.25와 예제 12_29의 임계고장제거시간을 비교하시오.

12.7절

12.30 PW PowerWorld Simulator 예제 12_30은 예제 12.11에서 풍력발전기가 무한 모선에 단위 역률로 100 MW를 공급하는 상태를 모의한 것이다. (a) 유도기 식을 이용하여 초기 조건이 $S = -0.0129$, $E_r' = 0.8475$, $E_i' = 0.4230$, $I_r = 0.8433$, $I_i = 0.7119$가 됨을 보이시오. (b) 예제 12.6의 고장 순서에 따라 단자 전압을 그리시오.

12.31 발전기가 무한 모선에 $100 + j10$ MVA의 전력을 공급하고 있다고 가정하고 예제 12.12를 다시 풀어보시오.

12.8절

12.32 전압이 1.0 pu에서 부하가 P = 100 MW, Q = 50 Mvar이고 부하 모델이 정규화된 ZIP 모델로 주어져 있고, 각각의 파라미터는 $P_z = 0.3$, $P_i = 0.4$, $P_p = 0.3$, $Q_z = 0.5$, $Q_i = 0.4$, $Q_p = 0.1$이다. 단자전압이 0.85pu로 바뀌면 부하는 어떻게 바뀌는가?

12.33 유도기 부하가 있다. 그림 12.23의 유도기 모델을 사용하는 경우, 각각의 파라미터는 다음과 같다. $R_a = 0$, $X_a = 0.067$, $X_m = 3.8$, $R_1 = 0.014$, $X_1 = 0.17$ (pu 베이스는 100 MVA base이다). 유도기가 단자전압 $1.0\underline{/0°}$ pu에서 슬립 0.01로 운전한다고 하면 유효전력과 무효전력 부하는 얼마가 되겠는가? 그리고 슬립이 0.02로 바뀌면 부하는 얼마가 되겠는가?

12.34 위 문제 12.33에서 그림 12.33의 유도기 모델을 그대로 사용하고, 파라미터도 그대로이다. 단자전압이 $1.0\underline{/0°}$ pu로 변하지 않았다. 모선에서 유효전력 소비가 80 MW라면 이때의 슬립은 얼마인가 ? 힌트: 수치적 계산을 통해 값을 구할 필요가 있을 것이다. 이때 구하는 값은 실제 값과의 오차가 0.001 pu 이내에 있어야 한다. 슬립이 0이라면 유효전력 소비는 0가 될 것이다. 안정도 해석에서 무효전력소비를 고려하기 위해 유도기를 포함시키는 경우, 모터와 병렬로 무효전력보상장치를 포함시켜야 할 것이다.

12.35 PW PowerWorld Simulator 예제 12_35를 연다. 이 2모선 계통에서 무한 모선은 연습문제 12.31로부터 부하 모선의 유도기부하를 모델링한 부하모선을 포함한다. 보통 상업용 모델에서와 같이 유도 모터를 모델링하는 경우, 유도모터가 소비하는 유효전력 100 MW와 무효전력 0 Mvar의 전력조류를 맞추기 위해 병렬로 병렬 커패시터를 포함한다. 처음에 모터의 단자에 3상 고장이 발생하여 0.01초 동안 지속되고 자연적으로 고장이 제거되었다. 모터가 정지할 때까지 사고 지속시간을 늘려 나간다. 모터가 정지하는 것은 전압의 회복이 실패하고 모터 속도는 지속적으로 하락하고 모터가 리액티브 부하값이 작동하는 것으로 알 수 있다. 유도부하 모델은 전압이 긴 시간 동안 지속이 되면 모터를 트립하도록 내부에 보호시스템이 있지만 여기서는 그 기능을 작동시키지 않는 것으로 한다.

참고문헌

1. G. W. Stagg and A. H. El-Abiad, *Computer Methods in Power Systems* (New York: McGraw-Hill, 1968).
2. O. I. Elgerd, *Electric Energy Systems Theory*, 2d ed. (New York: McGraw-Hill, 1982).
3. C. A. Gross, *Power System Analysis* (New York: Wiley, 1979).
4. W. D. Stevenson, Jr., *Elements of Power System Analysis*, 4th ed. (New York: McGraw-Hill, 1982).
5. E. W. Kimbark, "Suppression of Ground-Fault Arcs on Single-Pole Switched EHV Lines by Shunt Reactors," *IEEE Trans PAS*, 83 (March 1964), pp.

285 – 290.

6. K. R. McClymont et al., "Experience with High-Speed Rectifier Excitation Systems," *IEEE Trans PAS*, vol. PAS-87 (June 1986), pp. 1464 – 1470.
7. E. W. Cushing et al., "Fast Valving as an Aid to Power System Transient Stability and Prompt Resynchronization and Rapid Reload After Full Load Rejection," *IEEE Trans PAS*, vol. PAS-90 (November/December 1971), pp. 2517 – 2527.
8. M. L. Shelton et al., "Bonneville Power Administration 1400 MW Braking Resistor," *IEEE Trans PAS*, vol. PAS-94 (March/April 1975), pp. 602 – 611.
9. P. W. Sauer, M. A. Pai, J. H. Chow, *Power System Dynamics and Stability*, 2nd ed. (Chichester, U.K.: John Wiley & Sons Ltd. IEEE Press, 2018).
10. P. Kundar, *Power System Stability and Control* (New York: McGraw-Hill, 1994).
11. Ivan M. Dudurych, "The Impact of Renewables on Operational Security," *IEEE Power & Energy Magazine*, Vol. 19, No. 2, March/April 2021, pp. 37 – 45.
12. J. Arrillaga, C.P. Arnold, *Computer Analysis of Power Systems*, (Chichester, U.K.: John Wiley & Sons Ltd., 1990).
13. K. Clark, N. W. Miller, J. J. Sanchez-Gasca, "Modeling of GE Wind Turbine-Generators for Grid Studies," Version 4.4, GE Energy, Schenectady, NY, September 2009.
14. E.H. Camm et al., "Characteristics of Wind Turbine Generators for Wind Power Plants," *Proc. IEEE 2009 General Meeting, Calgary*, AB, July 2009.
15. B. Stott, "Power System Dynamic Response Calculations," *Proc. IEEE*, vol. 67, No. 2 (February 1979), pp. 219 – 241.
16. IEEE PES Power System Dynamic Performance Committee, "Stability definitions and characterization of dynamic behavior in systems with high penetration of power electronic interfaced technologies," *PES-TR77*, April 2020.
17. WECC Wind Renewable Energy Modeling Work Group, "WECC Wind Power Plant Dynamic Modeling Guide," *WECC*, May 2014.
18. *Model User Guide for Generic Renewable Energy System Models*, EPRI, July 2018.
19. *Glossary of Terms Used in NERC Reliability Standards*, NERC, April 2021, online at www.nerc.com/files/glossary_of_terms.pdf.

13 전력계통제어

Power System Controls

뉴잉글랜드의 발전 및 송전 계통을 신뢰성 있게 운전하는 ISO 첨단 제어 센터 (Photograph © Adam Laipson.)

학습목표

이 장에서는 다음과 같은 내용에 대하여 학습하기로 한다.

1. 동기발전기, 풍력발전기에 대한 기본적인 발전기-전압제어와 터빈-조속기 제어
2. 연계계통의 지역제어오차(AC, area control error)와 부하주파수제어(LFC, load frequency control)
3. 부하주파수제어와 경제급전의 협조
4. PSS (power system stabilizer)

자동제어 시스템은 전력계통에서도 광범위하게 이용되고 있다. 터빈-발전기와 비동기 발전기(타입 4 풍력발전기와 태양광 PV), 전압제어 모선에서는 국지적으로 제어가 이루어지고 있으며, 각 지역을 제어하는 제어센터에서는 중앙제어를 하고 있다(우리나라에서는 지역이 하나).

그림 13.1은 스팀터빈 발전기의 전압을 제어하는 전압제어기와 주파수를 제어하는 터빈-조속기, 두 개의 기본 제어기를 보여주고 있다. 전압제어기는 발전기의 단자전압 V_t를 제어하기 위한 여자기의 출력을 제어한다. 전압 설정치 V_{ref}가 증가(감소)하면, 제어기의 출력 전압 V_r은 발전기 계자권선에 인가되는 여자기 전압 E_{fd}를 증가(감소)시키고, 따라서 단자전압 V_t를 증가(감소)시킨다. 변압기와 정류기도 V_t를 모니터링하고 전압제어기의 피드백 신호로 사용된다. V_t가 감소하면 전압제어기는 E_{fd}를 증가시키기 위해 V_r을 증가시키고, 이는 V_t를 증가시킨다.

그림 13.1의 터빈-조속기는 터빈의 기계적 출력 p_m을 제어하기 위해 스팀 밸브의 위치를 조절한다. 발전기 출력 설정치 p_{ref}를 증가(감소)시키면, 조속기가 스팀밸브를 열어서(닫아서) p_m을 증가(감소)시킨다. 또한 조속기는 회전자 속도 ω_m를 측정해서 터빈 기계적 출력 p_m과 발전기 전기적 출력 p_e의 균형을 제어하는 피드백 신호로 이용한다. 손실을 무시하면 p_m이 p_e보다 크면 ω_m이 증가하고, p_m이 p_e보다 작으면 ω_m이 감소한다.

발전기 모선에서는 여자기에 의한 전압제어기를 이용하지만, 다른 모선에서는 전압의 크기를 제어하기 위한 여러 가지 설비를 이용한다. 탭-조정 변압기, 스위치 제어 커패시터 뱅크, 정지형 무효전력 보상장치 등이 빠른 전압제어를 위해 이용된다.

중앙제어도 현대의 전력계통제어를 위해 중요한 역할을 하고 있다. 현대의 시스템은 각각의 지역을 제어하는 지역제어센터가 있고, 이러한 지역들이 연계되어 운전되고 있다. 이러한 연계운영은 많은 장점을 갖고 있다. 예를 들어, 연계계통은 예상되는 부하 증가나 불시 발전기 고장 등에 대비하기 위한 예비력을 공유할 수 있다. 또한 연계계통은 독립계통에 비해 큰 부하 변동에 대해서도 작은 주파수 편차를 유지할 수 있다.

그림 13.2는 하루 동안의 부하 주기에 대해 어떻게 수급을 맞추는지 보여주고 있다. 기저 부하는 원자력발전기나 대형 화석연료발전기와 같이 24시간 정격으로 운전하는 대형 발전기에 의해 전력이 공급된다. 부하의 변동분은 중앙제어센터에서 제어하는 발전기에 의해 제어된다. 중간 크기의 화석연료발전기나 수력발전기가 이 목적으로 사용된다. 첨두 부하 기간 중에는 가스터빈발전기나 디젤발전기와 같이 더 작고, 덜 효율적인 발전기가 이용된다. 또한, 정격보다 낮은 출력으로 운전하

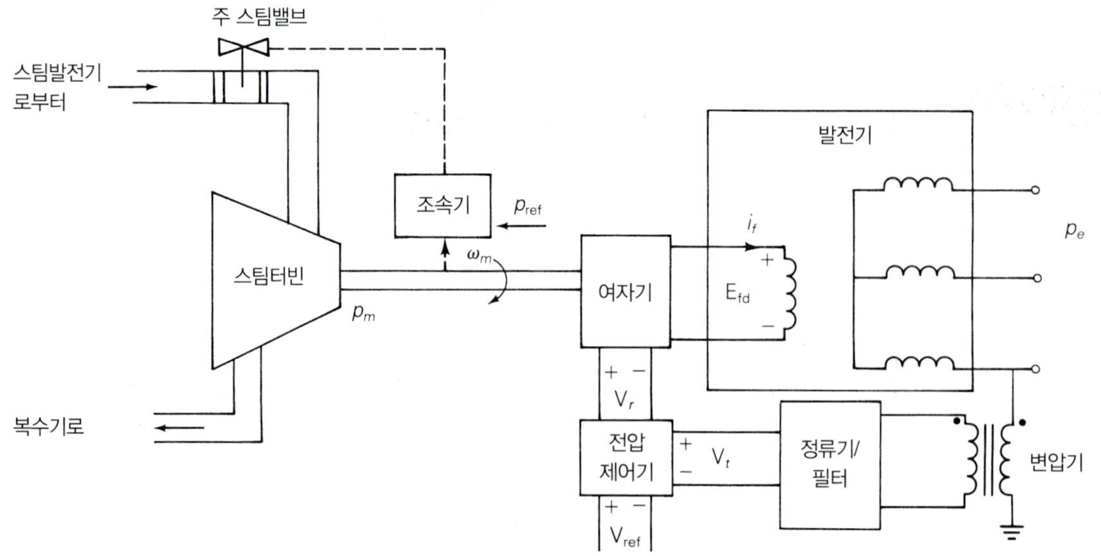

그림 13.1 스팀터빈 발전기의 전압제어기와 터빈-조속기 제어기

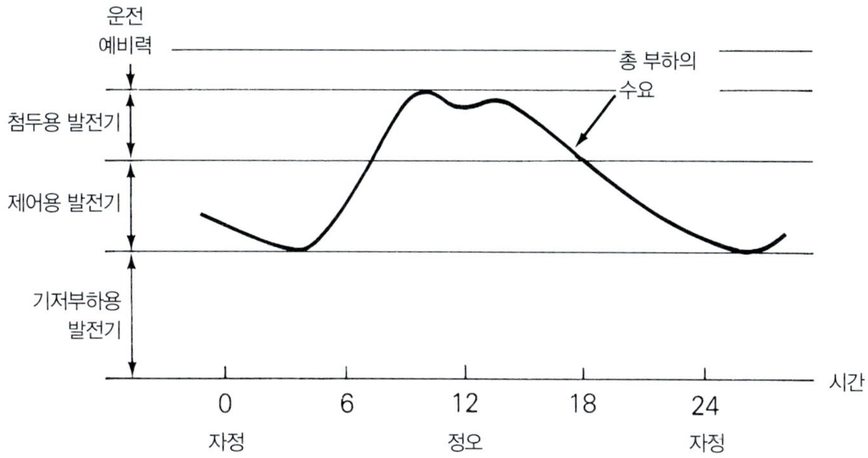

그림 13.2 하루의 부하 주기

는 발전기(**순동 예비력**)*와 대기 발전기들은 예비력 마진을 제공한다.

중앙제어센터는 지역의 주파수, 발전기 출력, 연계선 조류 등을 모니터링하며, 이 정보는 지역의 주파수를 유지하고(60 Hz), 연계선의 조류를 계획대로 제어하기 위한 자동 **부하-주파수 제어**(LFC, load-frequency control)에 이용된다. 각 발전기의 출력을 제어하기 위해서 터빈-조속기에 증발(감발) 신호를 보내거나 설정치를 보낸다.

이 장에서는 정상 운전 상태에서 적용하는 자동발전제어에 대해 살펴보기로 한다. 13.1절과 13.2절에서는 두 가지 발전기 제어기, 즉 전압제어기와 터빈-조속기에 대하여 13.3절에서는 부하-주파수 제어에 대해, 그리고 13.4절에서는 PSS (power system stabilizer)에 대해서 설명한다.

* 순동 예비력(spinning reserve): 동기로 운전되고 있는 발전기의 출력 여유분의 합이다.

13.1 발전기-전압제어

동기발전기

여자기는 직류 전류를 동기기 회전자의 권선에 흐르게 하여 자기장을 발생시킨다. 구형 발전기들의 경우 여자기는 회전자와 연결된 직류 발전기로 이루어져 있다. 직류 전력은 슬립 링과 브러쉬를 통해 회전자로 전달된다. 신형 발전기들은 **정지형** 또는 **브러쉬리스** 여자기로 이루어진다.

정지형 여자기의 경우 교류 전력이 발전기 단자 혹은 인근의 모선을 통해 직접적으로 전달된다. 그 후 교류 전력은 사이리스터를 통해 정류되고, 슬립 링과 브러쉬를 통해 동기발전기 회전자로 전달된다.

브러쉬리스 여자기의 경우 주 발전기와 반대로 교류 전력은 3상 전기자(armature) 권선이 주 발전기 회전자에 연결되고, 계자(field) 권선이 고정자에 연결된 발전기 구조를 취한다. 전기자 권선에서 공급된 교류 전력은 회전자에 연결된 다이오드를 통해 정류된 후 바로 계자 권선으로 전달된다. 이러한 디자인을 바탕으로 슬립 링과 브러쉬를 사용하지 않는다.

전압-제어 시스템의 표준 타입 블럭도는 1968년부터[1] 시작해서 가장 최근 2016년 개정된 IEEE Std 421.5-2016 까지 IEEE Power and Energy 부문회에서 개발해 왔다. IEEE 타입 1 여자기로 알려진 표준 블럭도는 그림 13.3과 같다(포화를 무시)[1]. 이 타입은 필드 전류를 만들기 위해서 축에 dc 발전기를 이용하고 있다.

그림 13.3의 가장 좌측 블록, 즉 $1/(1 + sT_r)$은 단자전압 V_t을 측정하는 데 발생하는 시간지연(delay)을 나타낸다. 이때 s는 라플라스 연산자이고 T_r은 시정수 측정값이다. 만약 이 블록에 단위 계단함수가 입력되면 출력은 시정수 T_r의 지수함수로 증가한다. 측정된 단자전압 V_t는 전압 지령값 V_{ref}와 비교하여 전압 오차 ΔV를 구하기 위해 전압 오차값을 전압제어기로 보낸다. 전압제어기는 K_a의 이득을

갖고 T_a의 시정수를 갖는 증폭기로 모델링할 수 있고, 그 다음 블록은 여자기의 직류 발전기 동특성을 나타낸다. 식 (12.6.5)에서와 같이 출력인 계자 전압 E_{fd}는 발전기 계자 권선으로 전달되어 발전기의 단자전압을 제어하는 데 사용된다. 그림 13.3의 피드백 블록은 과도한 오버슛을 감소시켜 동적 응답을 개선하는 역할을 한다. 이 피드백 블록은 $(sK_f)/(1 + sT_f)$로 이루어지고, 일차 미분값이 저역필터를 통해 마이너스 피드백됨을 나타낸다.

과도안정도 연구를 위해서는 상태 변수들의 초기치들이 필요하다. 이는 계통의 초기에는 정상상태에서 운영되고 있다고 가정하며, 정상상태에서는 모든 미분값이 0이다. 예제 12.10의 경우와 같이 초기 필드 전압과 단자전압을 구함으로써 다른 변수들의 초기치를 얻을 수 있게 된다.

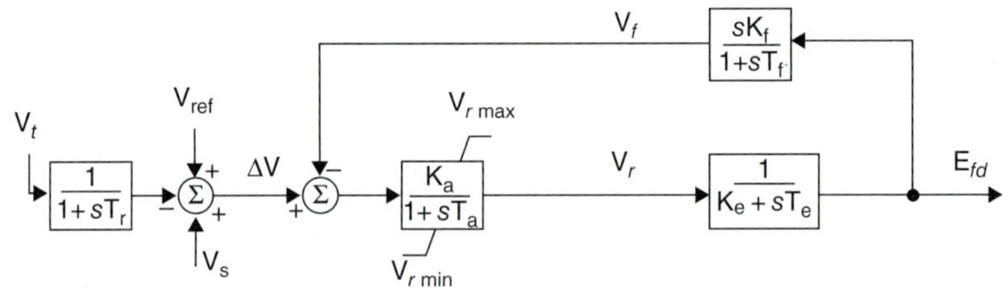

그림 13.3 IEEE 타입 1 여자기의 블록도

예제 13.1 동기발전기 여자기 응답

예제 12.10의 시스템에서, 2축 발전기 모델에 IEEE 타입 1 여자기를 모델링한다. 여자기는 $T_r = 0$, $K_a = 100$, $T_a = 0.05$, $V_{rmax} = 5$, $V_{rmin} = -5$, $K_e = 1$, $T_e = 0.26$, $K_a = 0.01$, $T_f = 1.0$이다. (a) V_r, V_f, V_{ref}의 초기치를 구하시오. (b) 예제 12.10의 고장 순서를 이용하여 1초, 5초 이후의 모선 4의 단자전압을 구하시오.

| 풀이

a. 초기의 여자전압과 단자전압, E_{fd}와 V_t는 여자기와 관계가 없다. 따라서 값은 예제 12.10에서 구한 값과 같고, 각각 2.9135와 1.0946이다. 계통이 처음에 정상상태에 있으므로

$$V_r = (K_e)(E_{fd}) = (1.0)(2.9135) = 2.9135$$

V_f는 미분값에 필터를 거친 값이므로 초기치는 0이다. 그림 13.3에서 두 번째 합산 블록에 대한 방정식을 쓰면,

$$(V_{ref} - V_t - V_f)(K_a) = V_r$$

$$V_{ref} = \frac{V_r}{K_a} + V_t + V_f = \frac{2.9135}{100} + 1.0946 = 1.1237$$

b. PowerWorld Simulator의 예제 13_1을 열고, Transient Stability Analysis Form을 화면에 출력한다(그림 13.4 참조). 초기 조건을 보기 위해서는 **States/Manual Control** 페이지를 선택하고, 다음에 단선도를 업데이트하기 위해 **Transfer Present State to Power Flow** 버튼을 선택한다. 이 페이지에서는 **Do Specified Number of Timestep(s)** 버튼을 선택해서 시간스텝을 결정할 수 있으며, **Run Until Specified Time** 버튼을 선택해서 선택한 시간스텝까지 시뮬레이션 프로그램을 수행한다. 1초 후의 전압을 보기 위해 **Run Until Specified Time** 버튼을 선택한다. 전압값은 1.10 p.u.이다. 시뮬레이션을 완료하기 위해 **Continue** 버튼을 선택한다. 5초에서 단자전압값은 1.0946 p.u.이며, 이 값은 고장전 전압값과 비슷하다. 이는 여자기가 전압을 설정치로 복구하도록 제어하고 있기 때문이다. 반면에 예제 12.10에서 5초 후의 모선 4의 단자전압은 1.116 p.u.인데, 이는 여자기를 포함하고 있지 않기 때문이다.

(계속)

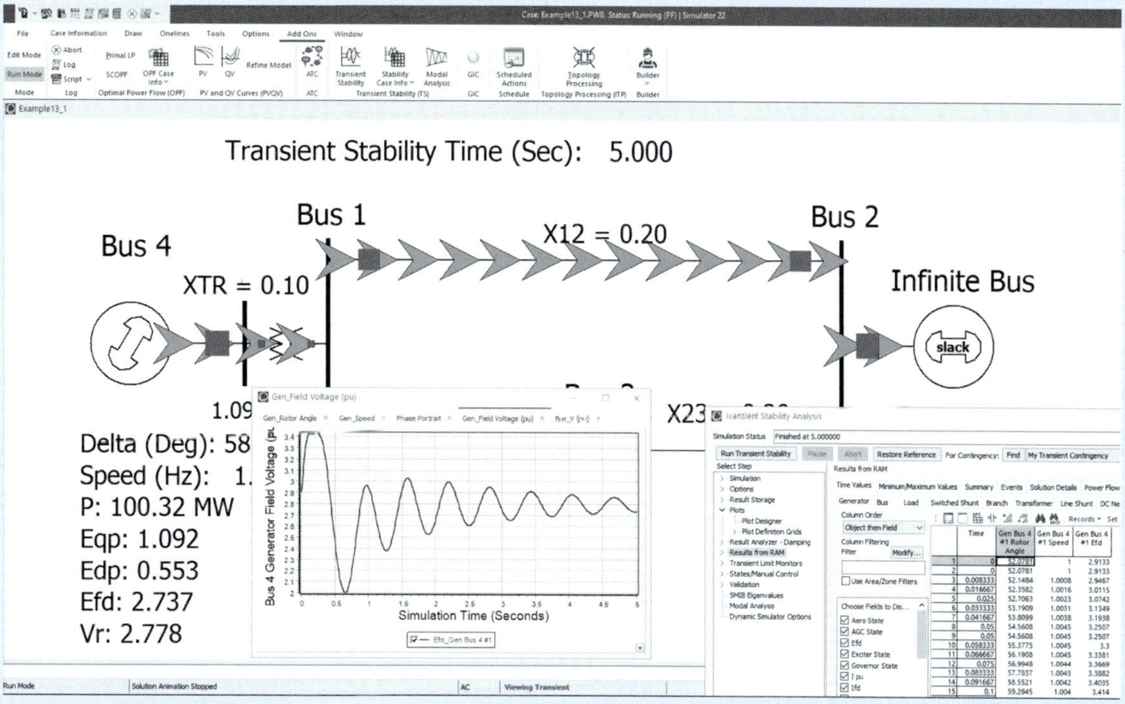

그림 13.4 예제 13.1 결과

그림 13.3에 보여주고 있는 것과 같은 블럭도는 과도안정도 해석 컴퓨터 프로그램에서 발전기-전압 제어를 위해 사용된다(12장 참조). 실제로 높은 이득을 가지고 빠른 응답특성을 가지는 여자기는 고장 제거 후 과도안정도를 개선하기 위해 단락고장 지속 시간 동안 필드 전압 E_{fd}를 빠르고 크게 증가시킨다. 블럭도에 있는 수식은 발전기-전압의 과도 응답을 계산하기 위해 사용된다.

풍력발전기

풍력터빈의 경우 전압 조정은 풍력터빈의 종류에 따라 방법이 달라진다. 타입 1 풍력터빈은 직접적인 전압제어가 불가능하다. 타입 2 터빈은 가변 외부저항을 가진 권선형 유도발전기이다. 이 타입은 직접적인 전압제어가 불가능하지만, 외부저항 제어시스템을 보통 여자기 타입으로 모델링한다. 이 타입에 대한 블록 다이어그램이 그림 13.5로 표현된다. 이 제어의 목적은 풍력터빈의 출력을 보다 일정하게 하기 위한 것이다. 예를 들어 돌풍이 발생하여 터빈의 날개 회전을 가속시키면 외부저항도 증가하게 되어 그림 12.25와 같이 토크-속도 커브를 완만하게 변화시킨다.

동기발전기와 유사하게 타입 3과 4 풍력터빈들은 전압 혹은 무효전력제어가 가능하다. 제어 모드에는 일정 역률 제어와 풍력단지 전반의 협조 제어를 통해 연계점에서의

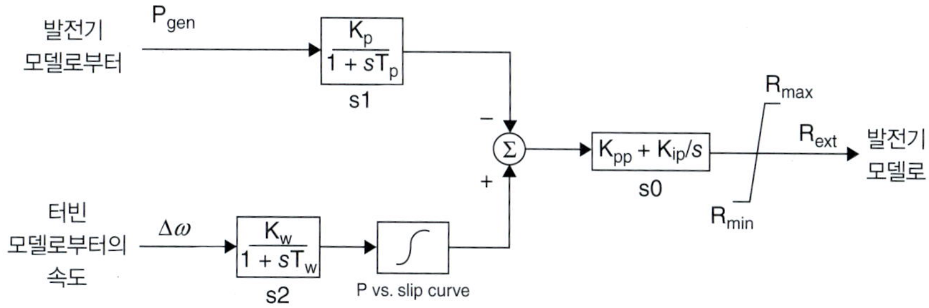

그림 13.5 타입 2 풍력발전기 외부저항 제어시스템의 간략 블록도

정격 전압을 유지하기 위한 제어, 그리고 정격 무효전력 제어가 있다. 그림 13.6은 타입 3 풍력터빈 여자기를 단순화시켜 표현하였다. 여기에서 Q_{cmd}는 무효전력 지령치를, V_t는 단자전압을, 여자기 출력 E_q는 그림 12.27의 DFAG 모델의 입력값으로 사용된다. 정격 무효전력을 위해서는 Q_{cmd}가 상수이고, 역률 제어를 위해서는 Q_{cmd}가 유효전력 출력값에 비례하여 변한다.

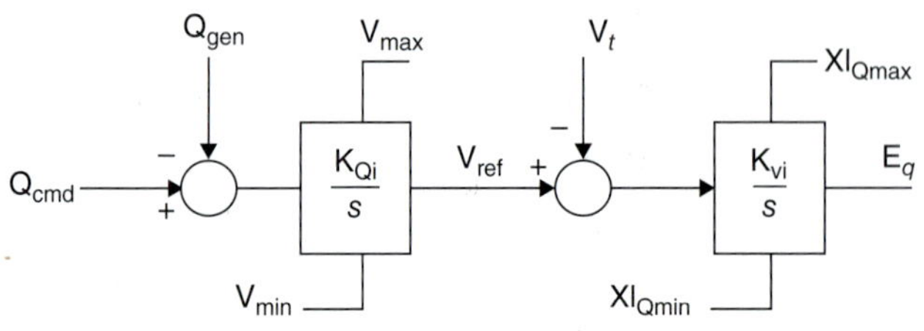

그림 13.6 타입 3 풍력발전기 무효전력제어시스템의 간략 블록도

예제 13.2 타입 3 풍력발전기의 무효전력제어

예제 12.12에서 타입 3 풍력발전기의 무효전력제어기가 그림 13.6과 같다고 하자. 계통의 기준용량이 100 MVA일 때, $K_{Qi} = 0.4$, $K_{Vi} = 40$, $XI_{Qmax} = 1.45$, $XI_{Qmin} = 0.5$, $V_{max} = 1.1$, $V_{min} = 0.9$이다. 예제 12.12 조건에서 V_{ref}, Q_{cmd}의 초기치를 구하고, 단자전압을 0.48 p.u.로 떨어뜨리는 고장 기간 동안 이 시스템이 공급할 수 있는 무효전력의 최대치를 예측하시오.

❙ 풀이

정상상태에서 그림 13.6의 두 개의 적분기 블록의 입력은 0이어야 하고, V_{ref}는 예제 12.12에서 초기 단자전압과 같으며 1.024 p.u.이고, Q_{cmd}는 초기 무효전력 출력으로 0.22 p.u.(22 Mvar)이다. 이는 단자전압에 단자전류의 공액값을 곱해서 얻은 값의 허수부이다. 고장 기간 동안에 단자전압이 떨어지고, K_{vi} 적분 블록의 입력이 양의 값이 되므로 E_q가 한계치 $XI_{Qmax} = 1.45$까지 급격히 상승한다. I_{sorc}의 무효 성분은 $-1.45/0.8 = -1.8125$ p.u.가 되며, $V_t = 0.5$에서 총 무효전력 입력은

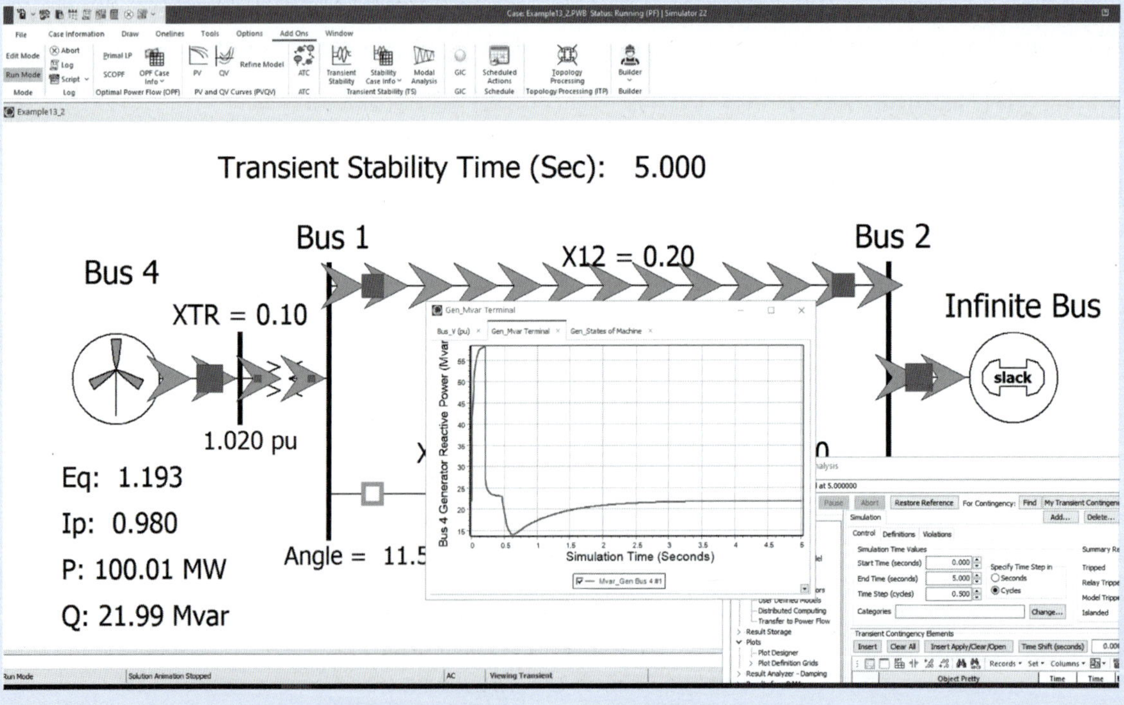

그림 13.7 예제 13.2에서 발전기 무효전력 출력 변화

(계속)

$$Q_{net} = (0.48)(1.8125) - \frac{0.48^2}{0.8} = 0.582 \text{ p.u.}$$
$$= 58.2 \quad \text{Mvar}$$

이 결과는 PowerWorld Simulator의 예제 13_2를 열어서 확인할 수 있다(그림 13.7 참조). 고장이 제거되면 무효전력제어기는 발전기가 출력하는 무효전력을 고장전으로 복구하도록 제어한다.

13.2 터빈-조속기 제어

동기발전기

전력계통에 연계되어 운영되는 터빈-발전기에는 회전하는 관성에 운동에너지가 저장되어 있다. 계통 부하가 순간적으로 급증하면 저장되어 있던 운동에너지가 순간적인 수요 급증을 담당하기 위해 방출된다. 또한 각 터빈-발전기 설비들의 전기적인 토크 T_e가 부하 급증을 담당하기 위해 증가하고, 이때 터빈의 기계적 토크 T_m은 일정하게 유지된다. 그로 인해 뉴튼의 제2 법칙 $J\alpha = T_m - T_e$에서 가속도 α는 음수가 된다. 그러므로 각 터빈-발전기는 감속을 하게 되고 운동에너지가 부하 급증을 위해 방출되기 때문에 회전자 속도가 감소한다. 동기발전기의 회전 속도에 비례하며 전기적 주파수 또한 감소한다.

이를 통해 우리는 회전 속도 혹은 설비 주파수가 전기적 토크와 기계적 토크 사이의 균형 상태에 있는지 아닌지를 나타낸다는 것을 알 수 있다. 만약 속도 혹은 주파수가 감소하면 전기적 토크가 기계적 토크보다 큰 것이다. 반대로 만약 속도 혹은 주파수가 증가하면 전기적 토크가 기계적 토크보다 작다는 것을 알 수 있다. 그러므로 발전기의 주파수는 터빈의 기계적 출력을 관리하는 데 적절한 제어 신호라고 받아들일 수 있다.

터빈-조속기 제어 시 안정상태에서의 주파수와 유효전력 사이의 관계는 다음 식을 통해 나타낼 수 있다.

$$\Delta p_m = \Delta p_{\text{ref}} - \frac{1}{R}\Delta f \tag{13.2.1}$$

여기에서 Δf는 주파수의 변화, Δp_m은 터빈의 기계적 출력의 변화량, 그리고 Δp_{ref}는 유효전력의 지령값의 변화량을 나타낸다. R은 제어상수*라 불린다. 위의 식을 그림 13.8로 표현할 수 있다. 그림을 통해 Δp_{ref}가 고정되어 있을 때 Δp_m은 주파수의 감소에 비례하여 변한다는 것을 볼

* 제어상수(regulation constant)는 문헌에 따라 속도조정률(droop)이라고도 한다.

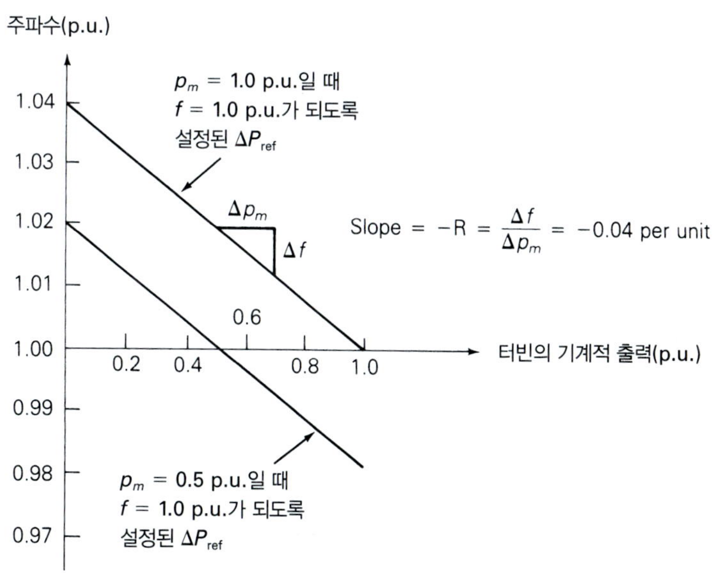

그림 13.8 터빈-조속기의 정상상태 주파수-출력 관계

수 있다.

그림 13.8은 정상상태에서의 주파수와 출력의 관계를 설명하고 있다. 전기적 부하가 변하면 발전기 회전자는 가속 혹은 감속을 하게 되고, 이로 인해 주파수는 과도 외란을 겪게 된다. 정상 운전 상황에서 회전자의 가속은 결과적으로 0이 되고, 주파수는 새로운 정상상태에 도달한다.

제어상수 R은 그림 13.8에서 보듯이 Δp_m에 대한 Δf의 기울기의 음수 값이다. R의 단위는 Hz/MW이다. 단, Δf와 Δp_m이 pu법으로 표현되면 R도 pu법이 된다.

이런 타입의 제어를 **속도조정률제어**(droop speed control, or droop control)라고 한다. "droop"이라는 단어를 쓴 이유는 모선에서 주파수가 증가함에 따라 발전기의 정상상태 출력이 감소(droop)하기 때문이다. pu로 표현되는 R값은 주파수의 변화량에 따른 발전기 출력의 변화량을 나타낸다. 예를 들어, 60 Hz, 200 MVA에서 R의 pu 값이 0.05인 발전기는 3 Hz (5%)의 주파수 증가시, 200 MW의 발전기 출력이 감소함을 의미한다. 보통 주파수 변화는 0.1% 미만이다.

예제 13.3 발전기에서 주파수 변화에 따른 터빈-조속기 응답

500 MVA, 60 Hz 터빈-조속기의 제어상수 R = 0.05 per unit(기기 정격 베이스)이다. 정상상태에서 주파수가 0.01 Hz 증가하면 터빈의 기계적 출력은 얼마나 감소하는가? 발전기의 출력 설정치는 일정하다고 가정한다.

| 풀이

주파수의 per-unit 변화는

$$\Delta f_{\text{p.u.}} = \frac{\Delta f}{f_{\text{base}}} = \frac{0.01}{60} = 1.6667 \times 10^{-4} \quad \text{per unit}$$

식 (13.2.1)로부터 $\Delta p_{\text{ref}} = 0$이므로

$$\Delta p_{m\text{p.u.}} = \left(\frac{-1}{0.05}\right)(1.6667 \times 10^{-4})$$
$$= -3.3333 \times 10^{-3} \quad \text{per unit}$$

$$\Delta p_m = (\Delta p_{m\text{p.u.}})S_{\text{base}} = (-3.3333 \times 10^{-3})(500)$$
$$= -1.6667 \quad \text{MW}$$

터빈의 기계적 출력은 1.67 MW 감소한다.

다수의 발전기가 연계된 지역계통의 정상상태 주파수와 출력 관계는 연계된 각 발전기를 나타내는 식 (13.2.1)의 합으로 구할 수 있다.

$$\begin{aligned}\Delta p_m &= \Delta p_{m1} + \Delta p_{m2} + \Delta p_{m3} + \cdots \\ &= (\Delta p_{\text{ref1}} + \Delta p_{\text{ref2}} + \cdots) - \left(\frac{1}{R_1} + \frac{1}{R_2} + \cdots\right)\Delta f \\ &= \Delta p_{\text{ref}} - \left(\frac{1}{R_1} + \frac{1}{R_2} + \cdots\right)\Delta f\end{aligned} \tag{13.2.2}$$

Δp_m은 터빈의 기계적 출력의 총 변화량이고, Δp_{ref}는 유효전력 지령값의 총 변화량이다. **지역주파수 응답특성**(우리나라에서는 '발전기 정수'라 함)을 β라 하고, 다음과 같이 정의한다.

$$\beta = \left(\frac{1}{R_1} + \frac{1}{R_2} \cdots\right) \tag{13.2.3}$$

식 (13.2.3)에 (13.2.2)를 대입하면 다음과 같이 정리된다.

$$\Delta p_m = \Delta p_{\text{ref}} - \beta \Delta f \tag{13.2.4}$$

식 (13.2.4)는 계통의 정상상태에서의 주파수와 출력의 관계를 나타낸다. β의 단위는 Δf가 Hz, Δp_m이 MW이면 MW/Hz이며, pu법으로 표현할 수도 있다. 실제로 β는 계통 손실과 부하의 주파수 응답특성으로 인해 식 (13.2.3)보다 큰 값을 가진다.

제어상수 R의 기준치는 R = 0.05 p.u.이다. 모든 터빈-발전기 설비들이 각각의 정격을 베이스로 하여 같은 R pu값을 가지면, 모든 설비들은 각각의 정격에 비례하여

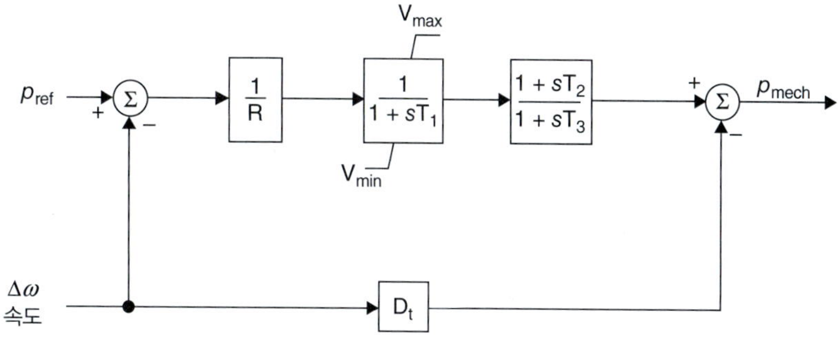

그림 13.9 터빈-조속기 블록도

같은 총 전력변화를 분담한다. 그림 13.9는 TGOV1 모델이라 알려진 간단한 스팀터빈-조속기의 블록 다이어그램이다. $1/(1 + sT_1)$은 조속기로 인한 시간지연을 나타내며, 이때 s는 라플라스 연산자이고 T_1은 시간상수이다. 이 블럭에 설정된 한계치는 터빈이 최소출력, 최대출력이 설정되어 있음을 의미한다. 두 번째 블록 다이어그램은 터빈에 의해 발생하는 시간지연을 나타낸다. 일반적인 터빈의 경우 R = 0.05 p.u.이고, 재가열 타입이 아닌 경우 T_1 = 0.5, T_3 = 0.5의 값을 가지고, 재가열 타입인 경우 T_2 = 2.5, T_3 = 7.5의 값을 가진다. D_t는 터빈 댐핑 계수로서, 일반적으로 0.02 이하의 값(보통 0의 값)을 가진다. 여러 터빈 블록도를 참고문헌[3]에서 볼 수 있다.

예제 13.4 연계계통에서 부하 변화에 따른 터빈-조속기 응답

60 Hz 연계계통의 정격이 각각 1,000, 750, 500 MVA인 세 개의 터빈-발전기를 가진 한 개의 지역으로 이루어져 있다고 하자. 각 발전기의 제어상수는 각 발전기 정격 베이스로 R = 0.05 p.u.이다. 각 발전기가 각각 정격의 50% 출력으로 운전하고 있을 때, 갑자기 부하가 200 MW 증가했다고 가정한다. (a) 계통의 단위 기준용량이 1,000 MVA일 때, 지역주파수 응답특성 β를 구하시오. (b) 정상상태에서 지역주파수의 하락값을 구하시오. (c) 각 발전기 터빈의 기계적 출력의 증가값을 구하시오. 이때 각 발전기의 출력 설정치는 변하지 않는다고 가정하고, 송전손실과 부하의 주파수 변동 특성은 무시한다.

| 풀이

a. 제어상수를 시스템 베이스로 다음과 같이 변환한다.

$$R_{p.u.new} = R_{p.u.old}\frac{S_{base(new)}}{S_{base(old)}}$$

따라서

$$R_{1p.u.new} = R_{1p.u.old} = 0.05$$

$$R_{2p.u.new} = (0.05)\left(\frac{1000}{750}\right) = 0.06667$$

$$R_{3p.u.new} = (0.05)\left(\frac{1000}{550}\right) = 0.10 \quad \text{p.u.}$$

식 (13.2.3)을 이용해서

$$\beta = \frac{1}{R_1} + \frac{1}{R_2} + \frac{1}{R_3} = \frac{1}{0.05} + \frac{1}{0.06667} + \frac{1}{0.10}$$
$$= 45.0 \quad \text{p.u.}$$

b. 손실과 부하의 주파수 변동 특성을 무시하면, 정상상태에서의 터빈의 기계적 출력의 합은 증가된 부하의 합 200 MW, 즉 0.2 p.u.와 같다. 식 (13.2.4)를 이용하여 $\Delta p_{ref} = 0$이므로

$$\Delta f = \left(\frac{-1}{\beta}\right)\Delta p_m = \left(\frac{-1}{45}\right)(0.20)$$
$$= -4.444 \times 10^{-3} \quad \text{p.u.}$$
$$= (-4.444 \times 10^{-3})(60) = -0.2667 \quad \text{Hz}$$

정상상태에서의 주파수 하락은 0.2667 Hz이다.

(계속)

c. 식 (13.2.1)로부터 $\Delta f = -4.444 \times 10^{-3}$ p.u.이므로

$$\Delta p_{m1} = \left(\frac{-1}{0.05}\right)(-4.444 \times 10^{-3})$$
$$= 0.08888 \text{ p.u.} = 88.88 \text{ MW}$$
$$\Delta p_{m2} = \left(\frac{-1}{0.06667}\right)(-4.444 \times 10^{-3})$$
$$= 0.06666 \text{ p.u.} = 66.66 \text{ MW}$$
$$\Delta p_{m3} = \left(\frac{-1}{0.10}\right)(-4.444 \times 10^{-3})$$
$$= 0.04444 \text{ p.u.} = 44.44 \text{ MW}$$

발전기 1의 MVA 정격이 발전기 2의 MVA 정격보다 33% 크고, 발전기 3의 MVA 정격보다 100% 크기 때문에 발전기 2의 출력보다 33% 크고, 발전기 3의 출력보다 100% 큰 출력을 담당한다. 즉, 각 발전기는 각 발전기의 MVA 정격에 비례하여 출력을 분담한다.

PowerWorld Simulator 예제 13_4는 무손실 9-모선, 3-발전기 시스템에서 이 예제에서 주어진 조건을 입력한 것이다(그림 13.10 참조). 모선 1, 2, 3에는 각각 정격이 500 MVA, 1,000 MVA, 750 MVA인 발전기가 연결되어 있고, 초기 출력이 각각 300 MW, 600 MW, 500 MW이다. 각 발전기는 2축 동기기로 모델링되어 있고(12.6절 참조), 여자기는 IEEET1, 조속기는 TGOV1이 앞에서 주어진 파라미터 값으로 모델링되어 있다. t = 0.5초에서 모선 8의 부하가 200 MW에서 400 MW로 증가되었다. 그림 13.10은 10초 동안의 과도안정도를 시뮬레이션한 결과를 보여준다. 최종 발전기 출력은 344.5, 589.0, 466.7 MW이고 최종 주파수 하락은 0.272 Hz이며, 이 예제에서 계산한 값과 근사하다(시뮬레이션을 20초까지 수행하면 주파수 하락값은 0.266 Hz로 계산값과 똑같게 된다)

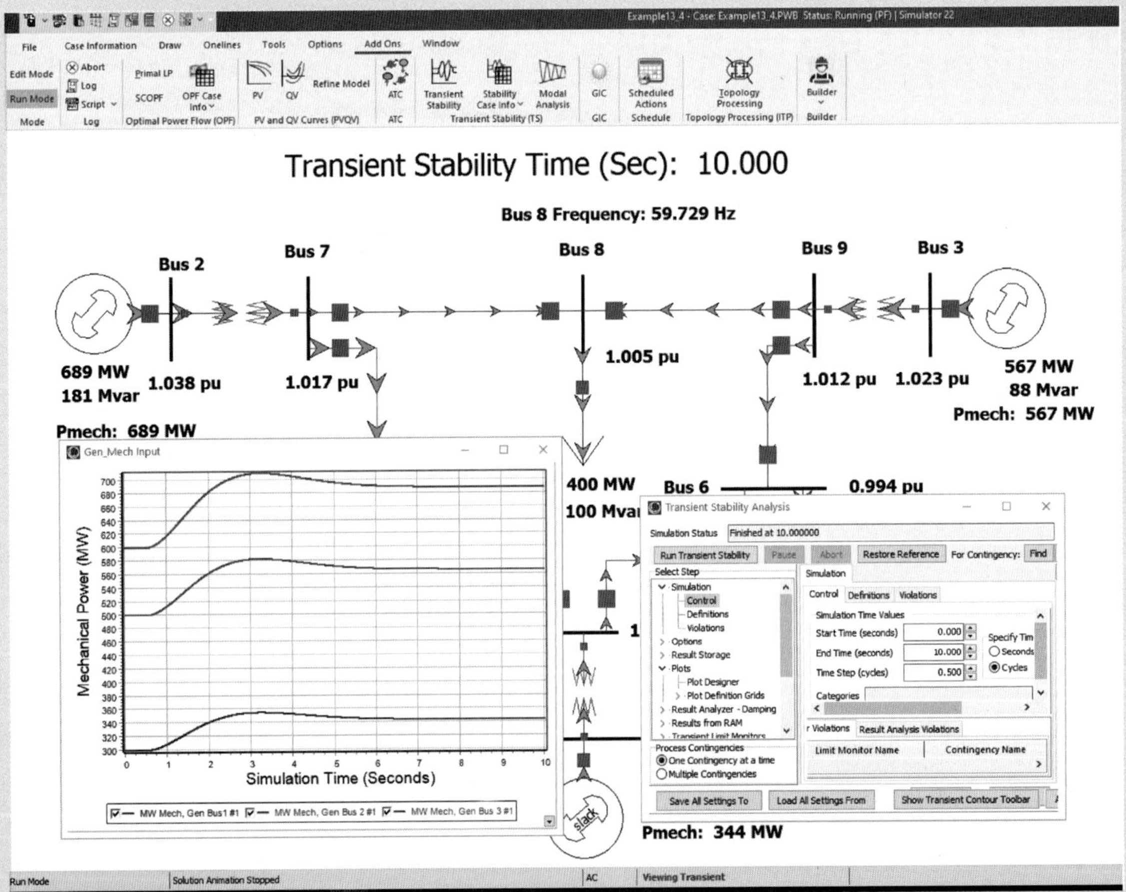

그림 13.10 예제 13.4에서 시스템 단선도와 기계적 출력 변화

일반적으로 연계계통의 크기가 클수록 사고에 반응하는 발전기의 수가 많아지기 때문에 주파수 유지 성능이 좋다. 그러나, 실제로 주파수 외란에 대해서 응동할 수 있는 양은 발전기 타입과 운영방식에 따라 달라진다. 참고문헌[14]에서 이 값을 **주파수응동예비력**(FRR, frequency responsive reserve)이라고 정의하였다. 예를 들어, 수력발전기의 경우는 응동이 매우 빠르고 응동할 수 있는 예비력을 가지고 있다. 설비소유자나 발전기 운영자는 이익을 최대로 원하기 때문에 조속기 응답 예비력을 두지 않고 최대용량으로 발전하기를 원할 수 있다. 일반적으로 넓은 지역에서 다양한 전원으로 주파수 제어를 하는 것이 제한적인 발전원으로 주파수 제어를 하는 것보다 주파수 제어 응동이 빠르고 신뢰성이 높고 효율적이다. FRR을 어떻게 확보할 것인가는 시스템에 따라 다르지만, 요즘에는 제어가능한 부하, 에너지저장장치도 이용하고 있다.

풍력발전기

풍력터빈의 출력 제어는 날개의 각도 조절을 통해 이루어진다[15]. 터빈의 정격 출력 이상의 풍속에서는 날개의 각도를 피치 제어하여 정격으로 제한된 기계적 에너지가 전기적 에너지로 전달되도록 한다. 정격 이하의 풍속이 발생하면 피치각을 최소로 조절한다. 그림 13.11은 풍력발전기 타입 3,4에 대한 일반적 피치제어 모델이다. 여기서 입력값은 터빈의 per-unit 속도값, ω_t, 목표 속도, ω_{ref}, 출력 지령치 P_{ord}, 출력 설정치 P_{ref0}이다. 이 신호들을 조합해서 블레이드 θ의 각도(단위: degree)를 계산한다. 다이어그램의 오른쪽은 날개의 각도를 조정하는 데 필요한 동특성과 한계치들을 나타낸다. 여기에서 R_θ는 초당 날개가 조정할 수 있는 각도의 비율을 나타낸다. 일반적으로 T_{pi} = 0.3 sec, 피치각도의 최소값과 최대값(pi_{min}, pi_{max})은 0~27°, 각도변화비율(piratmin, piratmax)은 ±10°/s, K_{iw} = 25, K_{pw} = 150(둘 다 피치 제어용), K_{ic} = 30, K_{pc} = 3(둘 다 피치 보상용)이다[15].

타입 4 풍력발전기(그림 12.28)는 발전기 출력을 ac-dc-ac 컨버터를 통해 전력망으로 전력을 전달하기 때문에 발전기의 기계적 동특성이 전력망과는 완전히 분리된다. 따라서 기계적 관성이 전력망에 기여할 수 없다. 타입 3 풍력발전기의 경우(그림 12.26, 12.27)도 관성의 영향이 매우 적거나 없다. 동기발전기가 점점 풍력과 태양광 같은 비동기발전기로 대체됨에 따라 시스템의 전체 관성은 점점 작아지게 되기 때문에, 재생에너지가 많고 관성이 적은 시스템에서는 발전기 탈락 등에 의해 공급-소비의 수급에 불균형이 발생하는 경우 주파수 편차는 커지게 된다.

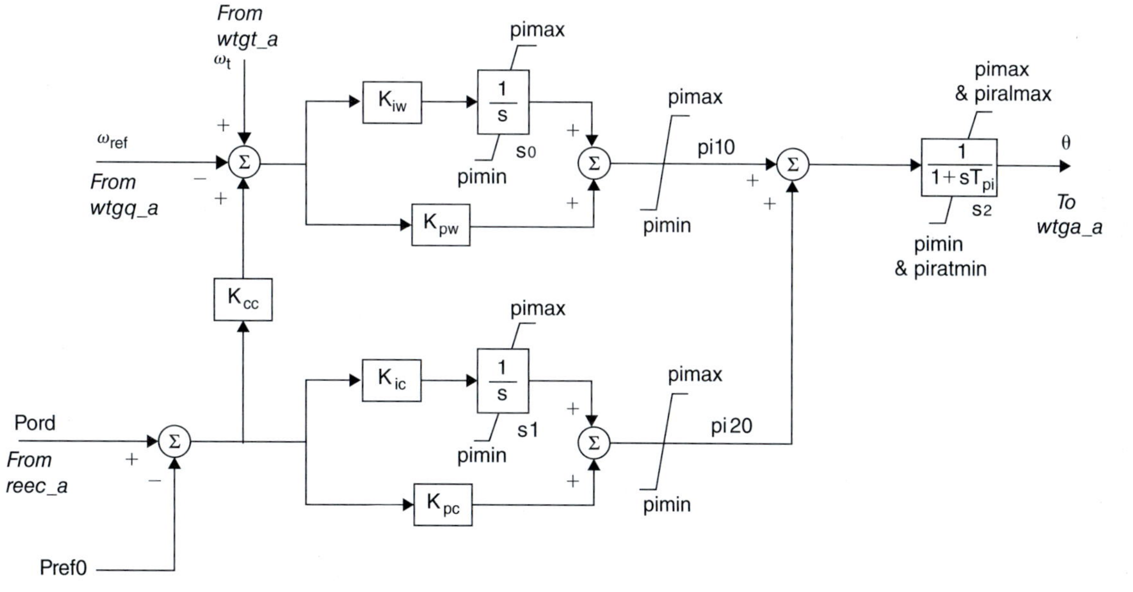

그림 13.11 타입 3, 4 풍력발전기 피치 제어 블록도

13.3 부하-주파수 제어

13.2절에서 보았듯이 터빈-조속기 제어를 통해 부하 변동으로 인한 회전자의 가속과 감소를 방지할 수 있다. 그러나 터빈-조속기 지령값의 변화 Δp_{ref}가 0일 때에도 정상 상태 오차 Δf가 발생한다. 그렇기 때문에 부하-주파수제어(LFC)의 목표 중 하나는 Δf를 0으로 만드는 것이다.

대규모 전력계통에서는 각 지역이 서로 연계된 인근 지역의 송전계통끼리 계획된 양의 전력을 교환한다. LFC의 또 다른 목표는 각 지역에서 발생하는 부하 변동에 대해 자체적으로 전력을 공급하도록 하는 것이다. 이 목표는 순연계선 전력조류를 계획대로 유지함으로써 달성할 수 있다.

전력계통에서 LFC의 두 가지 목표는 아래와 같이 정리할 수 있다.

1. 부하 변동 시 각 지역은 정상상태 주파수 오차 Δf를 0으로 되돌리는 데 도움을 줄 수 있어야 한다.
2. 각 지역은 해당 지역의 부하 변동을 담당할 수 있도록 순연계선 전력조류를 계획대로 운영해야 한다.

N. Cohn[4]에 의해 개발된 다음과 같은 제어전략은 이러한 LFC의 제어 목적을 만족한다. 지역제어오차(ACE)는 다음과 같이 정의한다.

$$\begin{aligned} \mathrm{ACE} &= (p_{\mathrm{tie}} - p_{\mathrm{tie,sched}}) + \mathrm{B}_f(f - 60) \\ &= \Delta p_{\mathrm{tie}} + \mathrm{B}_f \Delta_f \end{aligned} \tag{13.3.1}$$

이때 Δp_{tie}는 해당 지역에서 흘러나가는 연계선 전력조류의 변화량으로 $p_{tie,\ sched}$와의 차이값이고, Δf는 해당 지역의 계획된 주파수 값 60 Hz로부터의 변이량이다. 그러므로 각 지역의 ACE는 연계선 오차 Δp_{tie}와 주파수 오차 Δf의 선형 조합으로 이루어진다. B_f는 주파수 바이어스 상수이다.

LFC의 제어를 받는 각 터빈-조속기의 전력 지령의 참조 값의 변화량 Δp_{refi}는 해당 지역의 제어 오차의 적분에 비례하며, 다음과 같은 식으로 표현된다.

$$\Delta p_{\mathrm{ref}i} = -\mathrm{K}_i \int \mathrm{ACE}\, dt \tag{13.3.2}$$

각 지역은 해당 지역의 연계선 전력조류와 주파수를 해당 지역제어센터에서 관리한다. 식 (13.3.1)을 통해 계산된 ACE는 각 터빈-발전기에 전달된다. 증가 혹은 감소 신호는 터빈-조속기에 2초 혹은 그 이상의 시간마다 전달되어 출력 설정치를 조절한다.

식 (13.3.2)의 K_i는 적분기 이득이다. 식 (13.3.2)의 (−) 부호는 해당 지역에서 흘러나가는 순연계선 전력조류 혹은 지역 주파수가 낮아서 ACE가 음수가 되기 때문에 해당 지역의 발전량을 증가시켜야 한다는 것을 의미한다.

어떤 지역에서 부하 변동이 발생하면 계통 내의 모든 터빈-발전기 설비들의 출력이 일정한 값을 유지한 후에 새로운 정상상태 운영이 가능해진다. 이는 모든 전력 지령값 참조값들이 0일 때, 즉 모든 지역의 ACE가 0인 경우에 이루어진다. 그리고 ACE는 Δp_{tie}와 Δf가 모두 0일 때 0이 된다. 그러므로 안정상태에서는 두 가지 LFC 목표를 이룰 수 있다.

예제 13.5 연계계통에서 부하 변동에 대한 LFC 응답

그림 13.12에서와 같이 60 Hz 계통이 2개의 연계 지역으로 이루어져 있다. 지역 1의 총 발전력은 2,000 MW, 지역 주파수 응답특성은 β_1 = 700 MW/Hz이다. 지역 2의 총 발전력은 4,000 MW, β_2 = 1,400 MW/Hz이다. 시스템 주파수는 60 Hz이며, 초기 조건은 $\Delta p_{tie1} = \Delta p_{tie2} = 0$, 각 지역은 총 발전능력의 50%를 발전하고 있을 때, 지역 1의 부하가 갑자기 100 MW 증가하였다. 다음과 같은 두 가지 경우에 대해 정상상태 오차 Δf와 정상상태 연계선 조류 오

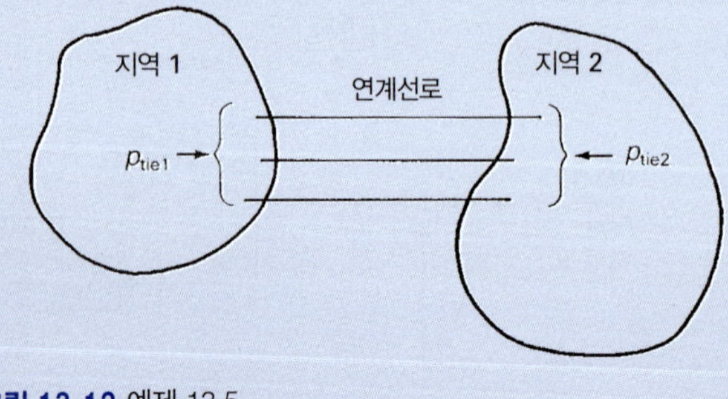

그림 13.12 예제 13.5

(계속)

차 Δp_{tie}를 구하시오. (a) LFC가 없는 경우 (b) 식 (13.3.1)과 (13.3.2)의 LFC가 있는 경우. 손실과 부하의 주파수 변동 특성은 무시한다.

| 풀이

a. 두 지역이 연계되어 있으므로 정상상태 주파수 오차 Δf는 두 지역에서 같다. 각 지역에 식 (13.2.4)를 더하면,

$$(\Delta p_{m1} + \Delta p_{m2}) = (\Delta p_{\text{ref1}} + \Delta p_{\text{ref2}}) - (\beta_1 + \beta_2)\Delta f$$

손실과 부하의 주파수 변동 특성을 무시하면, 정상상태에서 두 지역의 터빈의 총 기계적 출력의 합은 부하의 증가 100 MW와 같다. LFC가 없으면 Δp_{ref1}과 Δp_{ref2}는 모두 0이다. 그러면 위 식은 다음과 같이 된다.

$$100 = -(\beta_1 + \beta_2)\Delta f = -(700 + 1400)\Delta f$$
$$\Delta f = -100/2100 = -0.0476 \quad \text{Hz}$$

다음에 식 (13.2.4)를 이용하여

$$\Delta p_{m1} = -\beta_1\Delta f = -(700)(-0.0476) = 33.33 \quad \text{MW}$$
$$\Delta p_{m2} = -\beta_2\Delta f = -(1400)(-0.0476) = 66.67 \quad \text{MW}$$

100 MW의 부하 증가에 대하여 지역 1이 33.33 MW, 지역 2는 66.67 MW의 부하를 분담한다. 지역 2의 출력 증가분 66.67 MW는 연계선을 통해 지역 1로 전달된다. 따라서 연계선을 통한 각 지역의 전력조류 변화는

$$\Delta p_{\text{tie2}} = +66.67 \quad \text{MW}$$
$$\Delta p_{\text{tie1}} = -66.67 \quad \text{MW}$$

b. 식 (13.3.1)로부터 각 지역의 ACE는

$$\text{ACE}_1 = \Delta p_{\text{tie1}} + \text{B}_1\Delta f_1$$
$$\text{ACE}_2 = \Delta p_{\text{tie2}} + \text{B}_2\Delta f_2$$

손실을 무시하면, 순연계선 조류의 합은 0이 된다. 즉, $\Delta p_{\text{tie1}} + \Delta p_{\text{tie2}} = 0$ 혹은 $\Delta p_{\text{tie1}} = -\Delta p_{\text{tie2}}$이고, 정상상태에서 $\Delta f_1 = \Delta f_2 = \Delta f$이다. 위 식에 이 관계식을 적용하면,

$$\text{ACE}_1 = \Delta p_{\text{tie1}} + \text{B}_1\Delta f$$
$$\text{ACE}_2 = -\Delta p_{\text{tie1}} + \text{B}_2\Delta f$$

정상상태에서 $\text{ACE}_1 = \text{ACE}_2 = 0$이고, 과도상태에서 식 (13.3.2)에서 주어진 LFC는 터빈-조속기의 출력 설정치를 변화시킨다. 위의 두 식을 더하면,

$$\text{ACE}_1 + \text{ACE}_2 = 0 = (\text{B}_1 + \text{B}_2)\Delta f$$

따라서 $\Delta f = 0$, $\Delta p_{\text{tie1}} = \Delta p_{\text{tie2}} = 0$이 된다. 즉, 정상상태에서 주파수 오차는 0이 되고, 지역 1이 100 MW의 부하를 모두 담당하고, 지역 2는 원래의 운전 조건으로 돌아가게 된다.

여기서 터빈-조속기 제어는 그림 13.9에서 보이는 바와 같이 시간지연 특성에 따라 거의 순간적으로 일어나지만, LFC는 더욱 천천히 동작함에 유의할 필요가 있다. LFC의 신호는 지역제어센터로부터 일반적으로 2초 이상의 정해진 시간마다 불연속적으로 각 발전기에 전송된다. 그리고 이 제어신호가 작동하는 데도 시간이 걸리기 때문에 케이스 (a)는 주파수 제어를 위한 첫 번째 동작을 나타낸다. 즉, 두 지역의 터빈-조속기는 지역 1에서 발생한 부하 증가에 따른 급격한 주파수 하락을 방지하기 위해 빠른 응답을 보인다. 케이스 (b)는 주파수 제어를 위한 두 번째 동작을 나타낸다. 즉, LFC 신호가 터빈-조속기에 전송되면 Δf와 Δp_{tie}를 서서히 0으로 복귀시키는 제어를 하게 된다.

식 (13.3.1)과 식 (13.3.2)에 나온 B_f와 K_i에 따라 부하 변동 시 과도 응답에 대한 속도와 안정도가 달라진다. 주파수 바이어스 B_f는 각 지역의 주파수 제어가 이루어질 수 있도록 충분히 높아야 한다. 참고문헌[4]의 Cohn은 B_f는 지역주파수 응답특성 β와 동일하게 설정해야 전력계통에 효과적임을 보였다. 적분기 이득 K_i는 너무 높지 않아야 한다. 그렇지 않으면 시스템이 불안정해질 수 있다. 또한 LFC 신호가 전송되는 시간간격, 2초 혹은 그 이상의 시간은 LFC가 임의의 부하 변동 발생에 반응하지 않도록 충분히 길어야 한다. B_f, K_i와 LFC의 시간 간격이 LFC의 과도 응답과 터빈 조속기 제어에 미치는 상세 분석은 본서의 범위를 벗어나는 내용이다.

LFC의 또 다른 두 가지 목표는 정상상태에서 주파수 오차의 적분과 순연계선(net tie-line) 오차의 적분을 0으로 회복시키는 데 있다. 이 목적을 충족시키면, LFC는 60 Hz 모터에 의해 작동하는 시계의 시간과 두 지역 간의 에너지 전송을 제어할 수 있다. 이러한 두 목표를 만족하기 위해서는 식 (13.3.1)의 주파수 계획과 연계선 계획을 일시적으로 변경해야 한다.

마지막으로 LFC는 부하와 주파수의 변동이 작게 발생하는 경우에만 제어를 하게 된다. 발전기와 부하 사이의 불균형이 큰 긴급 상황에서는 LFC는 정지시키고 다른 긴급 제어를 통해 안정화 제어를 수행한다.

LFC와 경제급전의 협조

부하-주파수 제어와 경제급전의 목표는 제어하고 있는 터빈-조속기의 기준전력설정을 조정함으로써 이뤄진다. 그림 13.13은 이 두 가지 목표를 서로 협조하여 달성하기 위한 **자동발전제어** 전략을 보여주고 있는 것으로, 그림의 P_{iD}는 7.1절에서 설명한 경제급전 프로그램으로부터 계산된 각 발전기의 출력(이하 '경제급전 출력')이다. 먼저, 지역제어오차(ACE, area control error)를 계산하고, 여기에 각 발전기의 분담계수 K_{1i}를 곱하여 각 발전기에 ACE × K_{1i}로 배분한다. 다음에 총 경제급전 출력값과 총 실제 출력값의 차인 $\Sigma(P_{iD} - P_i)$를 산출하여 여기에 분담계수 K_{2i}를 곱하여 각 발전기에 $\Sigma(P_{iD} - P_i)K_{2i}$로 배분한다. 마지막으로 각 발전기의 경제급전 출력값과 실제 출력값의 차인 $(P_{iD} - P_i)$를 산출하여 각 발전기에 이를 할당한다. 이 세 가지 요소가 합쳐진 오차신호에 제어이득 K_{3i}가 곱해진 신호가 각 발전기의 터빈-조속기에 전달되어 출력을 올리거나 내리도록 결정한다.

실제로 출력 증가 또는 감소 지령신호는 2~10초의 이산시간 간격으로 각 발전기에 전달되지만, 각 발전기의 경제급전 출력값은 이보다는 늦은 시간간격, 즉 일반적으로 2~10분마다 갱신되어 전달된다.

13.4 PSS (Power system stabilizer) 제어

전력시스템에서 어려운 점의 하나는 특정 목적을 위해 설계한 제어기가 다른 특성에 나쁜 영향을 줄 수 있다는 것이다. 참고문헌[16]에서 기술하는 바와 같이, 이와 같은 문제는 이미 1950년대 후반에 나타나기 시작했는데, 응답특성이 빠른 여자기가 사용되면서 0.1 Hz와 5 Hz 사이의 주

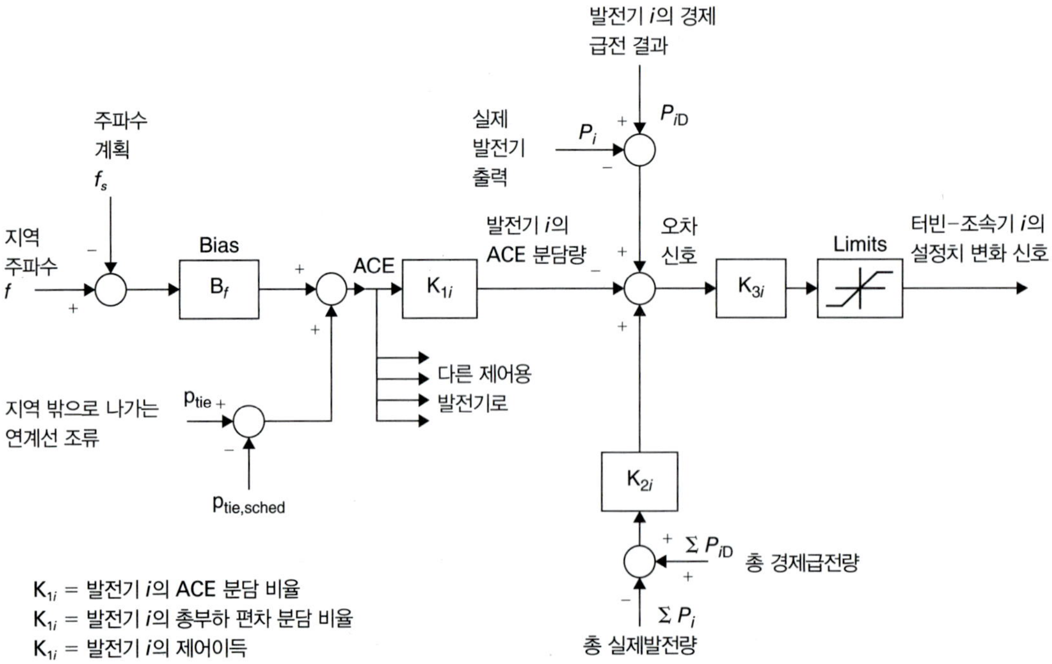

그림 13.13 자동발전제어(AGC)[11] (Based on A.J. Wood and B.F. Wollenberg, *Power Generation, Operation, and Control*, 1989, John Wiley & Sons)

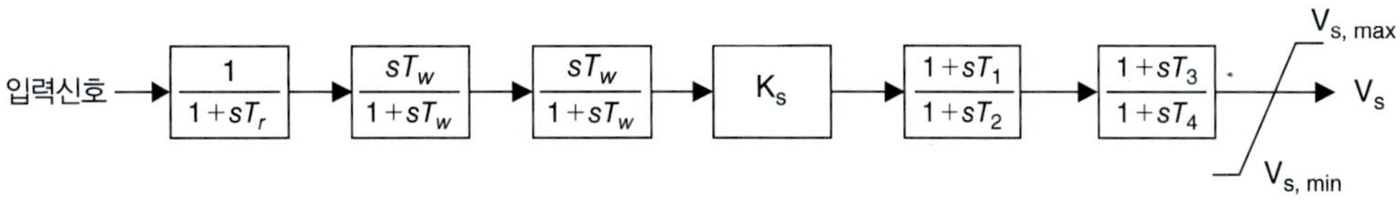

그림 13.14 간단한 PSS의 블럭선도

파수 성분의 전력 동요가 발생하는 문제였다. 여기서 동요(oscillation)는 3가지 형태로 나타나게 되는데, 정댐핑(시간이 경과함에 따라 동요가 줄어드는) 경우, 부댐핑(시간이 경과함에 따라 동요가 커지는) 경우, 댐핑이 없는 경우가 이에 해당한다. 전력의 동요현상도 지역간 동요현상과 전력시스템의 일부에서 나타나는 지역동요, 혹은 발전기 동요로 구분된다. 지역간 동요는 전력 동요주파수가 0.1~1.0 Hz 주파수 성분을 가지면서 전력시스템 전체 혹은 넓은 범위에서 나타나고, 지역 혹은 발전기 동요는 1.0~5.0 Hz 주파수 성분을 가지면서 전력망의 일부에서 나타나는 특징이 있다. 이러한 동요는 전력망의 구조에 기인하거나 전력설비의 오동작이나 외부의 입력에 의해서 나타나는데, 전력시스템에 큰 외란이 발생하거나 지속적인 불특정 변화에 의해서 나타나는 경우가 많다[18]. 또한, 다중 동요도 동시에 발생할 수 있으나, 어떠한 이유로 이런 전력 동요가 발생하든지 전력시스템은 이러한 동요가 잘 감쇄되도록 설계되어야 한다.

발전기 회전자 위상각이나 모선의 주파수와 같이 동요가 발생하는 신호는 q 모드의 합으로 표현할 수 있다.

$$y(t) = \sum_{i=1}^{q} A_i e^{\sigma_i t} \cos(\omega_i t + \phi_i) \tag{13.4.1}$$

σ_i는 해당모드의 감쇄지수, ω_i는 각주파수, A_i는 모드의 크기, ϕ_i는 위상각을 나타낸다.

진동 모드의 퍼센트 댐핑은

$$\zeta_i = \frac{-\sigma_i}{\sqrt{\sigma_i^2 + \omega_i^2}} \times 100 \tag{13.4.2}$$

과 같이 정의되며, $\zeta_i > 0$는 시간이 지남에 따라 사라지는 정댐핑 모드를 나타낸다.

모드의 댐핑을 증가시키기 위한 한 방법은 PSS (power system stabilizer)를 이용하여 동기발전기의 여자기 전압 입력을 조정하는 것이다. 간단한 PSS 블럭선도는 그림 13.14와 같으며, PSS의 출력 V_s는 그림 13.3의 여자기 입력 신호들 중 하나가 된다. 댐핑을 증가시키기 위해서는 PSS 출력은 속도 변화와 같은 위상의 토크를 제공하여야 한다. 이렇게 하기 위해서는, 참고문헌 [16]에서 GEP(s)로 표현한 것과 같이, PSS 입력이 여자기 입력으로 적용되기 때문에 PSS는 발전기, 여자기, 전력시스템의 이득과 위상각 지연 특성을 잘 반영하여야 한다.

그림 13.14의 단일 입력 PSS의 첫 번째 블럭은 센싱 시간 지연 T_r을 모델링한 것으로, 보통 이 값은 0.05초 이하이며 0으로 두기도 한다. 다음 두 블럭은 wash out 필터라고 하는 고역통과필터이다. 이 필터는 0.1 Hz 이하의 저주파수 성분을 걸러내는 역할을 한다. 보통 T_w는 2초에서 10초 사이의 값을 가진다. 출력에 제한을 둔 것은 과도상태에서 너무 큰 값을 가지지 않도록 하는 목적이며 ±0.05에서 ±0.1 사이의 값을 가진다. 나머지 파라메타 K_s, T_1~T_4는 특정 주파수 대에서 위 상앞섬(phase lead) 보상 튜닝과정에서 설정되는 값이다. 보통 $T_1 = T_3$, $T_2 = T_4$로 둔다. 따라서 각 블럭은 전체 위상앞섬 보상을 반만큼 수행한다. 첫 번째 블럭이 주파수 ω_d에서 ϕ도 만큼 위상을 보상한다면 $(-90° < \phi < 90°)$,

$$\alpha = \frac{1 - \sin\phi}{1 + \sin\phi} \tag{13.4.3}$$

$$T_1 = \frac{1}{\omega_d \sqrt{\alpha}},\ T_2 = \alpha T_1 \tag{13.4.4}$$

PSS 튜닝은 필요한 각주파수 ω_d에서의 위상 뒤짐과 K_s 값 설정을 통한 테스트로 이루어진다. 보통 ω_d는 시스템의 동요 모드인 1~3 Hz에서 사이에 있다. 테스팅 동안에 발전기는 최대출력 근처에서 운전한다. 그 다음 K_s는 감쇄가 없는 동요가 나타날 때까지 증가시키고, 실제 K_s 값은 이 값의 1/3과 1/2 사이에서 결정한다.

예제 13.6 PSS 적용 예

PowerWorld Simulator 케이스 예제 13_6은 예제 13.4에서 사용한 9-모선 시스템에서 PSS를 튜닝하는 과정을 보여준다. 이때 상정고장은 모선 8에서 발생하고 자연 제거된 것으로 한다. 처음에는 PSS가 없는 경우로, 이 경우 주파수를 보기 위해 먼저 케이스 예제 13_6을 열고 **Transient Stability**, **Run Transient Stability**를 선택한다. 이때의 응답 특성은 그림 13.15와 같다. PSS를 추가했을 때의 효과를 보기 위해서는 먼저 동요 모드 주파수와 댐핑을 정량화한다. 지난 수십 년간 연구를 통해 PSS를 튜닝하는 몇 가지 방법이 정립되었고, Matrix Pencil Method [22]를 이용한 PowerWorld Simulator도 있다. 예제에서 진동 모드를 알아보기 위해서는 먼저 Modal Analysis Form을 화면에 출력하기 위해 **Add Ons**, **Modal Analysis**를 선택하고 **Do Modal Anlaysis**를 클릭한다. 진동 모드가 화면 오른쪽 위에 보여지고 가장 큰 진동 모드는 damping이 5.8%인 1.36 Hz 성분이다.

댐핑을 개선하기 위해 그림 13.14에서 주어진 PSS 모델에서 고역통과필터 하나를 뺀 모델을 모선 2의 발전기에 추가하기로 한다. PSS를 튜닝하기 위해서는 진동 모드 $\omega_d = 2\pi \times 1.36$ Hz, 총 위상앞섬보상값은 100°로 설정하고 이는 두 개의 위상보상블럭에 각각 50°를 보상하는 것으로 설정한다(실제 튜닝에서 테스트를 통해 위상값을 설정하고, 여기에서는 샘플 테스트 신호를 주입하고 위상지연을 측정한다). 식 (13.4.3)과 (13.4.4)를 이용하여

$$\alpha = \frac{1 - \sin 50°}{1 + \sin 50°} = 0.1325$$

$$T_1 = \frac{1}{1.36 \times 2\pi\sqrt{0.1325}} = 0.321 = T_3$$

$$T_2 = \alpha T_1 = 0.042 = T_4$$

K_s 값은 진동이 지속되는 값을 반복적으로 적용해 보고 구하는데, 그 값은 57이고 K_s는 그 1/3인 19로 설정

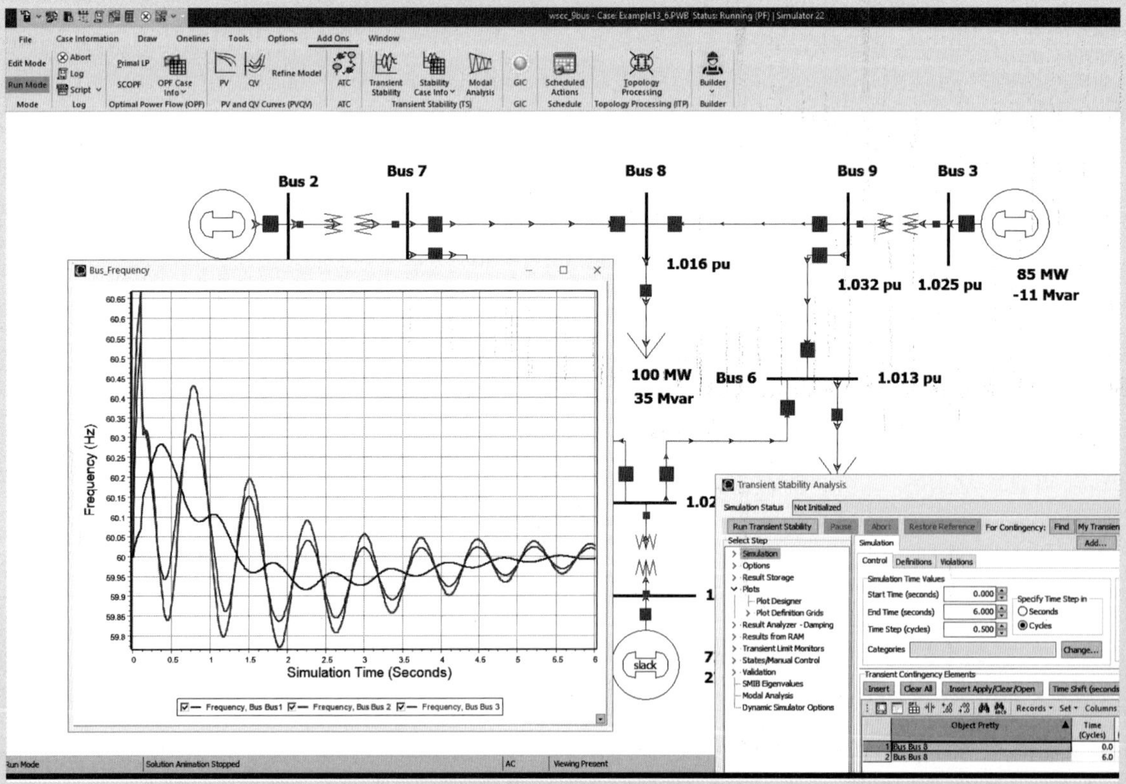

그림 13.15 예제 13.6에서 PSS 제어를 하지 않는 경우의 모선 주파수의 변화

(계속)

한다. PowerWorld Simulator에서 이를 알아보기 위해서는 화면에서 모선 2 발전기를 나타내는 도형을 우클릭해서 Generator Information 대화창을 띄운다. 그리고, **Stability, Stabilizer**를 선택해서 PSS1A를 Active 상태로 한다. 초기치 K_s는 57인 상태이다. 과도안정도 시뮬레이션을 실행하고 진동이 줄어들어 거의 나타나지 않음을 확인한다(발전기 V_s값을 화면에 출력하면 쉽게 알 수 있다). K_s 값을 19로 바꾸고 시뮬레이션을 다시 수행하고 진동 모드를 확인하면, 그림 13.16과 같이 댐핑이 17.3%로 증가했음을 알 수 있다. 이 내용은 PowerWorld Simulator 예제 13_6_WithPSSActive에 저장되어 있다.

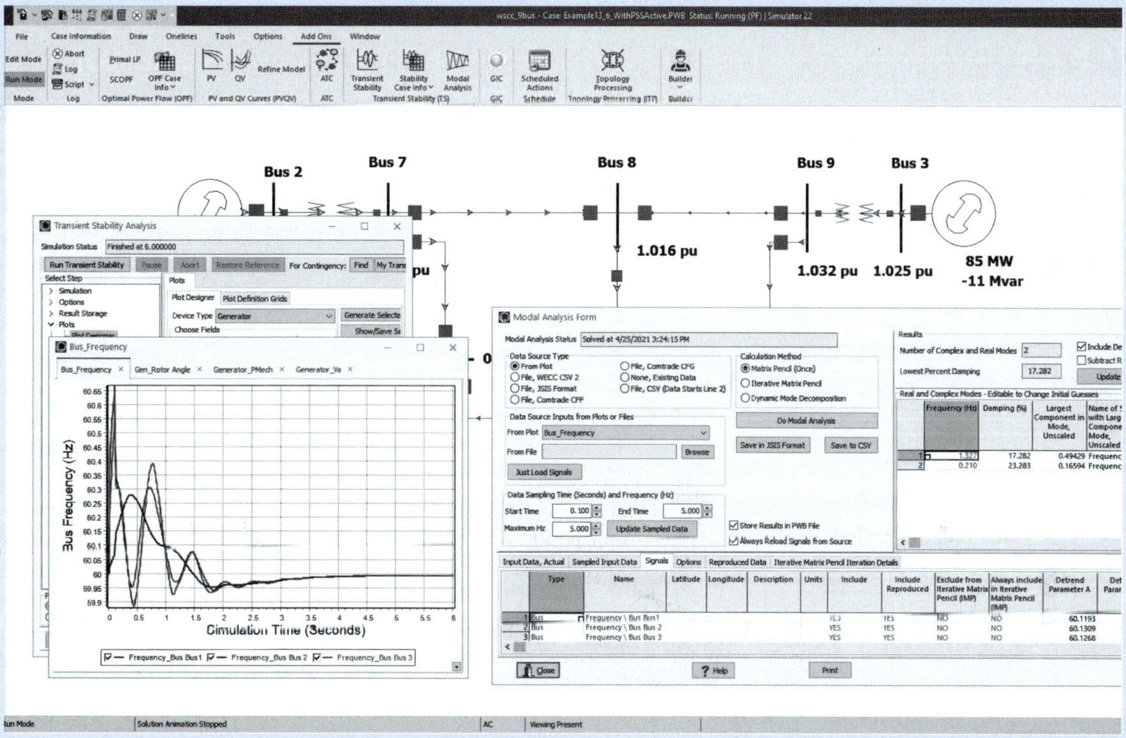

그림 13.16 PSS 제어를 했을 때의 예제 13.16의 모선 주파수 변화

연습문제

13.1절

13.1 발전기의 여자기 전압제어를 통해 발전기 단자전압을 제어하는 폐루프 자동제어시스템의 블록도를 그림 13.17과 같이 나타내었다. T_a, T_e, T_f는 각각 증폭기, 여자기, 발전기 계자회로의 시정수를 나타낸다. (a) 개루프 전달함수 G(s)를 구하시오. (b) 정상상태 오차 Δe_{ss}

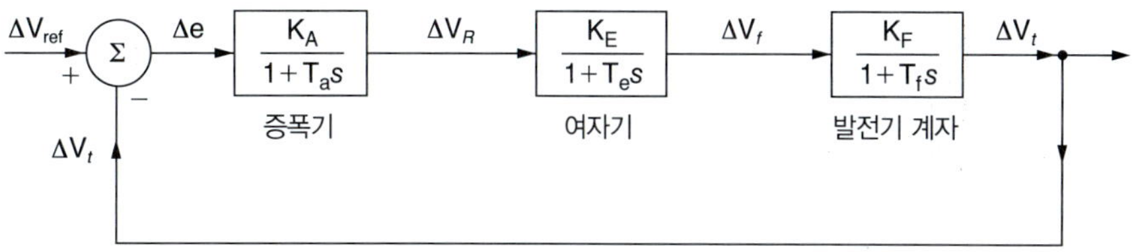

그림 13.17 연습문제 13.1

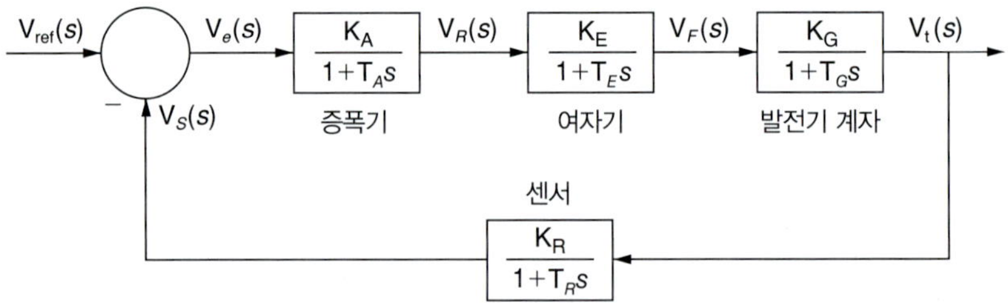

그림 13.18 연습문제 13.2

가 1%를 넘지 않는 최소 개루프 이득을 구하시오. (c) 입력 전압의 참조값의 계단함수 변화에 대한 동적 응답 특성에 대해 논하시오.

13.2 자동전압제어(AVR) 시스템의 간단한 블록도가 그림 13.18과 같으며, 센서는 간단한 1차 전달함수로 주어져 있다. 전압은 변압기를 통해 센싱하고 브릿지 정류기를 통해 정류된다. AVR 시스템의 파라미터는 다음과 같이 주어져 있다.

	이득	시정수(초)
증폭기	K_A	$T_A = 0.1$
여자기	$K_E = 1$	$T_E = 0.4$
발전기	$K_G = 1$	$T_G = 1.0$
센서	$K_R = 1$	$T_R = 0.05$

(a) 블록도의 개루프 전달함수, 발전기의 단자전압 $V_t(s)$, 참조전압 $V_{ref}(s)$ 사이의 폐루프 전달함수를 구하시오. (b) K_A 값의 범위가 0에서 13.16 사이인 경우 시스템의 안정도에 대해 설명하시오. (c) K_A 값이 10일 때, 정상상태에서의 계단함수 응답과 정상상태 오차를 구하시오.

13.3 PW PowerWorld Simulator 예제 13_3을 동작시킨다. 이 예제는 예제 13.1에서 미분 피드백 이득 상수 K_f를 0으로 두고, 시뮬레이션 시간을 30초로 증가시킨 것이다. 증폭기의 이득 K_a가 클 때, 미분 피드백이 없으면 계통의 전압 응답은 불안정하다. 시뮬레이션에서 불안정 현상은 단자전압의 비제동 동요현상으로 나타난다(V_r 값에 한계가 있기 때문에 동요현상이 무한대까지 진행되지 않고 한계치 안에서 진동하게 된다). 과도안정도 시뮬레이션을 이용하여 반복적인 계산을 통해 시스템이 불안정해지는 K_a 값을 구한다. K_a 값은 **Generator Information Dialog**, **Stability**, **Exciters** 페이지에 있다.

13.4 PW IEEET1 여자기의 단점 중 하나는 사고가 발생한 후 단자전압이 반드시 사고 전 값으로 되돌아가지 않는다는 것이다. PowerWorld Simulator 예제 13_3을 이용하여 모선 4의 사고 전 단자전압과 계자전압을 구하시오. 그리고 K_a = 100, 200, 50, 10일 때 사고 후 필드값을 구하기 위해 시뮬레이션을 이용하시오. 그림 13.3을 참고로 하여 참조전압, 정상상태 단자전압, 계자전압의 관계를 설명하시오.

13.2절

13.5 다른 계통과 연계된 60 Hz 계통의 한 지역에 정격 용량이 각각 200, 300, 500 MVA인 3개의 터빈-발전기가 있다고 한다. 각 발전기의 제어상수를 각각 기기 정격 MVA 베이스로 0.04, 0.05, 0.06이라고 한다. 각 발전기는 초기에 각 정격의 1/2로 운전하고 있고 부하가 갑자기 150 MW 감소했다. (a) 100 MVA 베이스로 지역 주파수 응답특성 β 값을 구하시오. (b) 정상상태에서의 지역의 주파수 증가량을 구하시오. (c) 각 발전기의 기계적 출력의 MW 감소값을 구하시오. 각 발전기의 출력 참조값은 변하지 않는다고 가정하고, 손실과 부하의 주파수 특성은 무시한다.

13.6 위 연습문제 13.5에서 각 발전기가 정격의 1/2로 운전하고 있고, 부하가 갑자기 100 MW 증가했다고 한다. (a) 정상상태에서의 지역의 주파수 감소량을 구하시오. (b) 각 발전기의 기계적 출력의 MW 증가값을 구하시오. 각 발전기의 출력 참조값은 변하지 않는다고 가정하고, 손실과 부하의 주파수 특성은 무시한다.

13.7 위 연습문제 13.5에서 각 발전기가 정격의 1/2로 운전하고 있고, 주파수가 0.005 p.u. 증가했다고 한다. 각 발전기의 MW 감소값을 구하시오. 각 발전기의 출력 참조값은 변하지 않는다고 가정하고, 손실과 부하의 주파수 특성은 무시한다.

13.8 연습문제 13.7에서 주파수가 0.005 p.u. 감소했다고 한다. 각 발전기의 MW 증가값을 구하시오.

13.9 60 Hz 연계계통에서 한 지역이 두 개의 터빈-발전기로 이루어져 있다고 한다. 각 발전기의 정격이 500, 750 MVA이고, 각 발전기의 제어상수는 각각의 기기 정격을 베이스로 0.04, 0.06 p.u.이다. 각 발전기가 정상상태에서 300 MVA의 부하를 부담하고 있을 때, 250 MVA의 부하가 갑자기 증가했다고 한다. (a) 1,000 MVA 베이스일 때 지역주파수 응답특성 β 값을 구하시오. (b) p.u. Δf 값과 Hz Δf 값을 구하시오.

13.10 PW PowerWorld Simulator 예제 13_10을 동작시킨다. 이 예제는 예제 13.4의 시스템에서 다음 값을 변경시킨 것이다. 1) 모선 6의 부하가 40%, 즉 200 MW 증가했다(500 MW에서 700 MW로). 2) 발전기 1의 R 값이 0.05에서 0.04 p.u.로 바뀌었다. 예제 13.4를 수정된 값으로 다시 푸시오.

13.11 PW PowerWorld Simulator 예제 13_11을 동작시킨다. 예제 6.13에 과도안정도 문제를 포함시킨 것이다. 각 발전기는 2-축 발전기 모델, IEEE 타입 1 여자기 모델, TGOV1 조속기 모델에 제어상수 R = 0.05 p.u.를 이용하여 모델링하였다(발전기 모델의 요약을 보기 위해서는 발전기의 MVA 베이스를 포함하고 있는 **Stability Case Info**, **Transient Stability Generator Summary**를 선택하거나, **Stability Case Info**, **Transient Stability Case Summary**를 선택한다). 이때 출력이 65 MW인 모선 PEAR69의 발전기가 탈락하는 상정사고가 발생했다고 한다. 이 상정사고에 대한 정상상태 주파수 오차를 Hz 단위로 수식을 풀어서 구하시오. 그리고 PowerWorld Simulator를 이용하여 그 결과를 확인하시오. 이때, 모선의 주파수 편차가 가장 큰 때의 시간과 주파수를 구하시오.

13.12 PW 연습문제 13.11에서 각 발전기의 H 값을 2배로 하고 다시 푸시오. 이 작업은 모든 안정도 모델을 보여주는 양식을 보기 위해 **Stability Case Info, Models in Use**를 선택함으로써 쉽게 수행할 수 있다. Machine model class를 우-클릭하고 모델 파라미터를 수정할 수 있는 양식을 보기 위해 Show Dialog를 선택한다. 연습문제 13.12와 13.11에서 모선의 주파수 편차의 가장 큰 값과 시간을 비교하시오.

13.13 60 Hz 대형 연계계통에서 두 대의 1,400 MW 발전기가 탈락했을 때(총 2,800 MW) 주파수 변화가 −0.12 Hz였다고 가정하자. 동기로 운전하고 있는 발전기의 제어상수 R 값이 모두 0.04 p.u.(각각의 MVA 베이스로)라고 하면 이 발전기들의 총 MVA 정격은 얼마인가?

13.3절

13.14 60 Hz 계통의 두 개의 지역이 연계되어 있다고 한다. 지역 1은 발전력이 1,200 MW이고 지역주파수 응답특성 β_1 = 400 MW/Hz이고, 지역 2의 발전력이 1800 MW, 지역주파수 응답특성 β_2 = 600 MW/Hz이다. 초기에 각 지역의 발전기 출력은 총 발전력의 1/2이며, $\Delta p_{\text{tie1}} = \Delta_{p\text{tie2}} = 0$일 때 지역 1의 부하가 갑자기 400 MW 증가했다고 한다. 각 지역의 정상상태 주파수 오차와 정상상태 연계선 오차 Δp_{tie}를 구하시오. 모든 발전기의 참조값은 상수로 고정, 즉 LFC가 동작하지 않았다고 가정한다. 손실과 부하의 주파수 특성도 무시한다.

13.15 LFC가 지역 2에만 적용되는 경우 연습문제 13.14를 다시 푸시오. 지역 2의 주파수 바이어스 계수는 $B_{f2} = \beta_2$ = 600 MW/Hz이며, 지역 1의 LFC는 컴퓨터 고장으로 작동하지 않는다고 가정한다.

13.16 LFC가 두 지역에 적용되는 경우 연습문제 13.14를 다시 푸시오. 주파수 바이어스 계수는 $B_{f1} = \beta_1$ = 400 MW/Hz, $B_{f2} = \beta_2$ = 600 MW/Hz이다.

13.17 지역 2의 부하가 300 MW 갑자기 감소한 경우, 연습문제 13.15와 13.16을 다시 푸시오. 지역 1의 부하는 변하지 않는다.

13.18 1,000 MVA 베이스 시스템에서 두 지역이 연계된 계통의 파라미터는 다음과 같다.

지역	1	2
지역주파수 응답특성	β_1 = 0.05 p.u.	β_2 = 0.0625 p.u.
주파수의존 부하계수	D_1 = 0.6 p.u.	D_2 = 0.9 p.u.
기준전력	1000 MVA	1000 MVA
조속기 시정수	τ_{g1} = 0.25 s	τ_{g2} = 0.3 s
터빈 시정수	τ_{t1} = 0.5 s	τ_{t2} = 0.6 s

두 지역이 60 Hz, 각각 1,000 MW의 전력을 공급하고

있을 때, 지역 1에서 갑자기 187.5 MW의 부하가 변동하였다. (a) LFC가 작동하지 않을 때 (b) LFC가 작동할 때 새로운 정상상태에서의 주파수를 구하시오.

13.4절

13.19 그림 13.14 모델을 이용하여, 2 Hz 진동 모드에서 총 60°의 위상앞섬 보상을 목표로 할 때, 시정수 T_1과 T_2를 구하시오($T_1 = T_3$, $T_2 = T_4$로 가정한다). 고역통과필터의 영향은 무시하고 시정수 $T_r = 0$로 둔다.

13.20 그림 13.14 모델을 이용하여 $T_1 = T_3 = 0.4$초, $T_2 = T_4 = 0.1$초라고 할 때, 진동 모드 ω_d와 총 위상앞섬보상값은 얼마인가? 고역통과필터의 영향은 무시한다.

13.21 PW 예제 13.6을 진동 모드가 1.36 Hz에서 총 위상앞섬보상이 0이 되도록 바꾸어서 수행하고 T_1, T_2를 결정하시오($T_1 = T_3$, $T_2 = T_4$). 최대 퍼센트 댐핑과 K_s를 구하시오.

13.22 PW 예제 13.6을 진동 모드 1.36 Hz일 때 총 위상앞섬보상이 30도가 되도록 바꾸어서 수행하고, T_1, T_2를 결정하시오($T_1 = T_3$, $T_2 = T_4$). 최대 퍼센트 댐핑과 K_s를 구하시오.

참고문헌

1. IEEE Committee Report, "Computer Representation of Excitation Systems," *IEEE Transactions PAS*, vol. PAS-87 (June 1968), pp. 1460–1464.
2. M. S. Sarma, *Electric Machines*, 2d ed. (Boston: PWS Publishing, 1994).
3. IEEE Committee Report, "Dynamic Models for Steam and Hydro Turbines in Power System Studies," *IEEE Transactions PAS*, vol. PAS-92, no. 6 (November/December 1973), pp. 1904–1915.
4. N. Cohn, *Control of Generation and Power Flow on Interconnected Systems* (New York: Wiley, 1971).
5. L. K. Kirchmayer, *Economic Operation of Power Systems* (New York: Wiley, 1958).
6. L. K. Kirchmayer and G. W. Stagg, "Evaluation of Methods of Coordinating Incremental Fuel Costs and Incremental Transmission Losses," *Transactions AIEE*, vol. 71, part III (1952), pp. 513–520.
7. G. H. McDaniel and A. F. Gabrielle, "Dispatching Pumped Storage Hydro," *IEEE Transmission PAS*, vol. PAS-85 (May 1966), pp. 465–471.
8. E. B. Dahlin and E. Kindingstad, "Adaptive Digital River Flow Predictor for Power Dispatch," *IEEE Transactions PAS*, vol. PAS-83 (April 1964), pp. 320–327.
9. L. K. Kirchmayer, *Economic Control of Interconnected Systems* (New York: Wiley, 1959).
10. J. H. Drake et al., "Optimum Operation of a Hydrothermal System," *Transactions AIEE* (*Power Apparatus and Systems*), vol. 62 (August 1962), pp. 242–250.
11. A. J. Wood, B. F. Wollenberg, *Power Generation, Operation, and Control*, (New York: Wiley, 1989).
12. Patrick T. Lee, "The Software-Defined Power Grid," *IEEE Spectrum Magazine* (July 2020), pp. 40–46.
13. *Reliability Guideline, Primary Frequency Control*, NERC, May 2019.
14. *Reliability Guideline, Operating Reserve Management: Version 3*, NERC, December 2020.
15. WECC Wind Renewable Energy Modeling Work Group, "WECC Wind Power Plant Dynamic Modeling Guide," *WECC*, May 2014.
16. V. Larsen and D. A. Swann, "Applying Power System Stabilizers Parts I, II and III," *IEEE Transactions on Power Apparatus and Systems*, Vol.100, No. 6, pp. 3017–3046, June 1981.
17. Graham Rogers, *Power System Oscillations* (New York: Kluwer Academic Publishers, 2000).

18. North American SynchroPhasor Initiative (NASPI), *Power System Oscillatory Behaviors: Sources, Characteristics, and Analyses*, NASPI-2017-TR-003, May 2017.

19. Joe Chow, Ed., *Power System Coherency and Model Reduction*, (New York: Springer, 2013).

20. P. W. Sauer, M. A. Pai, J. H. Chow, *Power System Dynamics and Stability*, 2nd ed. (New York: Wiley-IEEE Press, 2018).

21. WECC Power System Stabilizer Tuning Guidelines, WECC, available online at https://www.wecc.org/Reliability/Power%20System %20Stabilizer%20Tuning%20Guidelines.pdf.

22. L. L. Grant and M. L. Crow, "Comparison of matrix pencil and prony methods for power system modal analysis of noisy signals," 2011 North American Power Symposium, Boston, MA, Aug. 2011.

14 송전선로의 과도상태 해석

Transmission Lines: Transient Operation

전력망 보호설비와 전력 엔지니어(Courtesy of Wei Trinh.)

학습목표

이 장에서는 다음과 같은 내용에 대하여 학습하기로 한다.

1. 단상무손실선로의 진행파 개념
2. 선로 말단에 RLC소자가 연결된 단상 무손실선로에 전압원 또는 전류원이 인가된 경우의 진행파 구하기
3. 뷸리격자다이어그램을 이용한 단상무손실선로의 반사계수와 굴절계수의 구성
4. 송전선로의 진행파를 디지틀컴퓨터로 구하기에 적합한 송전선로 및 RLC소자의 이산시간모델
5. 전력설비에 발생하는 다른 형태의 과전압
6. 기본절연레벨(BIL)과 절연협조의 개념, 설비절연파괴방지를 위한 보호장치

송전선로상에 뇌(또는 번개) 및 개폐로 인하여 발생하는 과도 과전압은 설비의 절연레벨과 서지 보호장치를 선택하는 데 있어서 대단히 중요한 요소로 작용하기 때문에 그 기본 특성과 해석방법을 이해해 둘 필요가 있다.

5장에서 송전선로의 정상상태 해석 시 R, L, G, C의 선로정수는 집중정수가 아닌 분포정수로 취급하였는데, 이와 같은 분포정수의 송전선로에 뇌 또는 개폐와 같은 외란이 발생한 경우, 그 영향으로 생긴 전압과 전류 파동이 빛에 가까운 속도로 송전선로를 따라 진행하게 된다. 진행된 전압과 전류의 파동이 송전선로의 경계면, 즉 매질이 다른 선로 또는 부하에 도착하면 일부 반사파가 발생하여 진행하고 있던 방향과 반대로 진행하여 처음 진행하였던 파동과 겹쳐지게 된다. 이때, 선로의 손실 때문에 전압과 전류의 진행파는 감쇄되어 수많은 반사과정을 거친 후 결국 소멸된다. 또한, 변압기의 직렬 인덕턴스는 이러한 고주파 성분의 외란을 효과적으로 차단함으로써 발전기의 권선에까지 침투하지 못하도록 한다. 그러나 이와 같이 수차례에 걸친 반사파의 중첩으로 형성된 순간적인 큰 전압(서지 또는 과도 과전압)으로 변압기 및 선로의 절연부분에 아크가 발생하여 손상을 입을 수 있다.

사고 감지 후 0.05초 이내에 동작하는 차단기는 수 μs 이내에 최대치에 이르는 뇌 서지 또는 수백 μs 이내에 최대치에 이르는 개폐 서지로부터 절연파괴를 막기에는 적합지 못하다. 그러나 피뢰기라고 하는 보호장치는 미리 설정된 기준 전압 이상의 전압이 발생하면 서지로부터 에너지를 흡수하여 전압상승을 억제하는 기능을 가지고 있어 뇌 서지 및 개폐 서지로부터 설비를 보호하는 데 활용되고 있다.

이 장에서는 과도 과전압에 대한 과도상태 해석을 위하여, 먼저 14.1절에서 단상 무손실 선로의 진행파 관계식을 유도하고, 그 경계조건에 대하여는 14.2절에서, 반사파를 구하는 방법인 뷸리 격자 다이어그램(Bewley lattice diagram)에 대하여는 14.3절에서, RLC 집중정수 단상선로의 이산시간모델에 대하여는 14.4절에서, 선로손실과 다도체의 영향에 대해서는 14.5절과 14.6절에서, 뇌 서지, 개폐 서지 및 상용주파수 과전압을 포함한 전력계통의 과전압 전반에 대하여는 14.7절에서, 절연협조에 대하여는 14.8절에서 각각 살펴보기로 한다.

14.1 단상 무손실 선로의 진행파

그림 14.1과 같은 루프 인덕턴스 L [H/m], 선간 커패시턴스 C [F/m]인 단상 2선식 무손실 선로의 미소길이 Δx [m] 구간에 대한 직렬 인덕턴스는 L Δx [H], 병렬 커패시턴스는 C Δx [F]와 같이 표현될 수 있다. 5장의 송전선로 정상상태 해석에서는 선로의 길이 x의 기준방향을 수전단 (x = 0)에서 송전단(x = l)으로 하였으나, 정상상태 송전단 값 V_s와 I_s는 수전단 값 V_R, I_R과 연계시킬 때 변수 x가 순차적으로 제거되므로 이와 같은 x의 선택은 중요하지 않다. 여기에서는 선로를 따라 진행하는 전압과 전류의 진행파에 관심이 있으므로 선로의 길이 x의 기준방향을 송전단 (x = 0)에서 수전단(x = l)로 선택하기로 한다. 그림 14.1의 선로에 KVL 및 KCL을 적용하면

$$v(x+\Delta x, t) - v(x, t) = -\mathrm{L}\Delta x\frac{\partial i(x, t)}{\partial t} \tag{14.1.1}$$

$$i(x+\Delta x, t) - i(x, t) = -\mathrm{C}\Delta x\frac{\partial v(x, t)}{\partial t} \tag{14.1.2}$$

위 식의 양변을 Δx로 나누고 $\Delta x \to 0$의 극한을 취하면

$$\frac{\partial v(x, t)}{\partial x} = -\mathrm{L}\frac{\partial i(x, t)}{\partial t} \tag{14.1.3}$$

$$\frac{\partial i(x, t)}{\partial x} = -\mathrm{C}\frac{\partial v(x, t)}{\partial t} \tag{14.1.4}$$

전압 진행파 $v(x, t)$와 전류 진행파 $i(x, t)$는 거리 x와 시

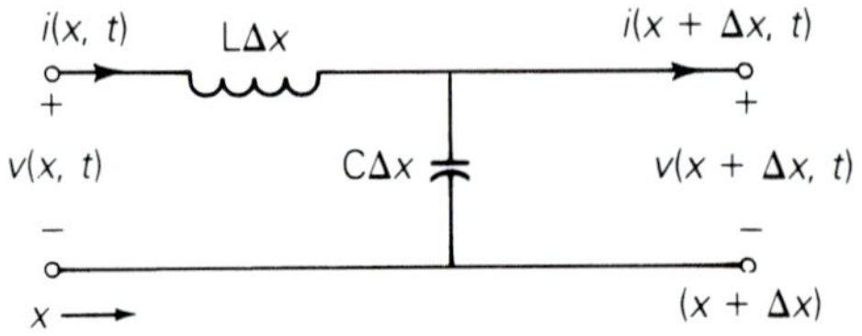

그림 14.1 단상 2선식 무손실 선로의 미소길이 Δx 구간

간 t의 함수이며, 위 식은 x와 t에 대하여 미분으로 표현된 편미분방정식이다. 또한, (−)부호는 x의 기준방향을 고려한 결과이다. 예를 들면, 그림 14.1에서 $\partial i/\partial t$의 (+)값에 대하여 x가 증가함에 따라 $v(x, t)$은 감소한다. 이 편미분방정식의 해를 구하는 방법은 여러 가지가 있지만 여기에서는 라플라스변환을 이용하도록 한다. 식 (14.1.3)과 식 (14.1.4)의 양변에 대하여 라플라스변환을 취하면

$$\frac{d\mathrm{V}(x,s)}{dx} = -s\mathrm{LI}(x,s) \tag{14.1.5}$$

$$\frac{d\mathrm{I}(x,s)}{dx} = -s\mathrm{CV}(x,s) \tag{14.1.6}$$

여기서 초기치는 0으로 한다. $\mathrm{V}(x, s)$와 $\mathrm{I}(x, s)$는 $v(x, t)$과 $i(x, t)$의 라플라스변환을 나타낸 것이며, 위 식은 변수 x만에 대한 도함수이므로 편미분방정식이 아닌 상미분방정식이 된다.

먼저, $\mathrm{I}(x, s)$의 소거를 위하여 식 (14.1.5)를 x에 대하여 미분하고 여기에 식 (14.1.6)을 대입하면,

$$\frac{d^2\mathrm{V}(x,s)}{dx^2} = -s\mathrm{L}\frac{d\mathrm{I}(x,s)}{dx} = s^2\mathrm{LCV}(x,s)$$

$$\frac{d^2\mathrm{V}(x,s)}{dx^2} - s^2\mathrm{LCV}(x,s) = 0 \tag{14.1.7}$$

마찬가지로 $\mathrm{V}(x, s)$의 소거를 위하여 식 (14.1.6)을 x에 대하여 미분하고, 여기에 식 (14.1.5)을 대입하면,

$$\frac{d^2\mathrm{I}(x,s)}{dx^2} - s^2\mathrm{LCI}(x,s) = 0 \tag{14.1.8}$$

식 (14.1.7)은 선형 2계 동차 미분방정식이므로 그 해는

$$\mathrm{V}(x,s) = \mathrm{V}^+(s)e^{-sx/v} + \mathrm{V}^-(s)e^{+sx/v} \tag{14.1.9}$$

여기서

$$v = \frac{1}{\sqrt{\mathrm{LC}}}\ \ \mathrm{m/s} \tag{14.1.10}$$

마찬가지로 식 (14.1.8)의 해를 구하면

$$\mathrm{I}(x,s) = \mathrm{I}^+(s)e^{-sx/v} + \mathrm{I}^-(s)e^{+sx/v} \tag{14.1.11}$$

이 두 가지 해는 식 (14.1.7)과 식 (14.1.8) 각각 모두 만족시킴을 알 수 있다. s의 함수로 되어 있는 $\mathrm{V}^+(s)$, $\mathrm{V}^-(s)$, $\mathrm{I}^+(s)$, $\mathrm{I}^-(s)$는 거리 x와는 독립적인 관계인 상수로서 송전단과 수전단에서의 경계조건으로부터 구해진다. 다음에 바로 설명될 것이지만, 위첨자의 +와 −는 각각 x의 +방향과 −방향으로 진행하는 진행파임을 의미한다.

라플라스변환의 시간추이특성인 $\mathscr{L}[f(t-\tau)] = \mathrm{F}(s)e^{-s\tau}$를 이용하여 식 (14.1.9)와 식 (14.1.11)의 역라플라스변환을 구해보면

$$v(x,t) = v^+\left(t - \frac{x}{v}\right) + v^-\left(t + \frac{x}{v}\right) \tag{14.1.12}$$

$$i(x,t) = i^+\left(t - \frac{x}{v}\right) + i^-\left(t + \frac{x}{v}\right) \tag{14.1.13}$$

여기서 $v^+(\ )$, $v^-(\ )$, $i^+(\ )$, $i^-(\ )$는 송전단과 수전단에서의 경계조건으로부터 구해지는 $\mathrm{V}^+(s)$, $\mathrm{V}^-(s)$, $\mathrm{I}^+(s)$, $\mathrm{I}^-(s)$의 역라플라스변환이다.

$v^+(t - x/v)$는 속도 $v = 1/\sqrt{\mathrm{LC}}$ m/s의 속도로 x축 양의 방향으로 진행하는 전압파로 정의될 수 있다. 이것을 증명하기 위하여 $u = (t - x/v)$로 표현된 $f^+(u)$를 생각해보자. 이 함수 또는 파형이 그림 14.2(a)에서와 같이 시작부분에서의 값이 $u = u_0$(일정)라고 하면 시각, $t = t_1$에서 파형의 앞부분이 $u_0 = (t_1 - x_1/v)$, 즉 $x_1 = v(t_1 - u_0)$가 되

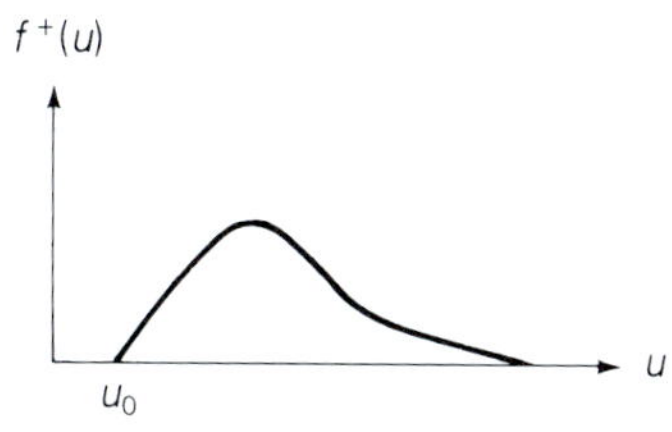

(a) u에 대한 함수 $f^+(u)$

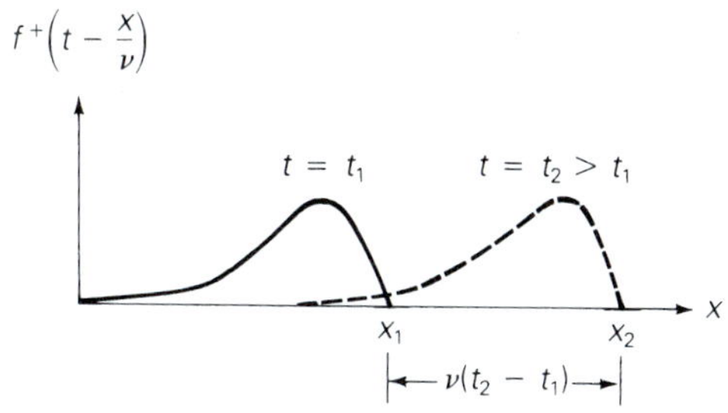

(b) x에 대한 함수 $f^+(t - x/v)$

그림 14.2 $u = (t - x/v)$로 표현한 함수 $f^+(u)$

고, 시각 $t = t_2$에서 파형의 앞부분이 $u_0 = (t_2 - x_2/v)$, 즉 $x_2 = v(t_2 - u_0)$가 된다. 이것을 그림 14.2(b)에서와 같이 x에 대한 함수로 나타낼 경우 시간 $t_2 - t_1$ 동안에 x축 양의 방향으로 $x_2 - x_1 = v(t_2 - t_1)$만큼의 거리를 진행한 것으로 표현될 수 있으므로 그 속도는 $(x_2 - x_1)/(t_2 - t_1) = v$가 된다. 이것은 함수 $f^+(u)$를 y축에 대칭시킨 후 x축 양의 방향으로 vt만큼 이동시킨 함수가 $f^+(t - x/v)$와 일치한다.

전류의 경우도 $i^+(t - x/v)$는 속도 $v = 1/\sqrt{LC}$ m/s로 x축 양의 방향으로 진행하는 전류파로 정의될 수 있다. 전술한 $v^+(t - x/v)$ 및 $i^+(t + x/v)$를 **전진 전압파**(forward traveling voltage wave) 및 **전진 전류파**(forward traveling current wave)라고 부른다. 마찬가지로 $v^-(t + x/v)$ 및 $i^-(t + x/v)$는 속도 $v = 1/\sqrt{LC}$ m/s로 x축 음의 방향으로 진행하는 파형임을 알 수 있고, 이들은 각각 **후진 전압파**(backward traveling voltage wave) 및 **후진 전류파**(backward traveling current wave)라고 부른다.

식 (5.4.16)으로부터 무손실 선로에서는 $f\lambda = 1/\sqrt{LC}$임을 상기하면, 식 (14.1.12)와 식 (14.1.13)에서의 $v = 1/\sqrt{LC}$ m/s은 무손실 선로에서의 전압파 및 전류파의 전파속도임을 분명히 알 수 있다. 또한 4장에서 인덕턴스 L은 투자율 μ에, 커패시턴스 C는 유전율 ε에 각각 비례하므로 가공선로에 대한 $v = 1/\sqrt{LC}$는 $1/\sqrt{\mu\varepsilon} = 1/\sqrt{\mu_0\varepsilon_0} = 3 \times 10^8$ m/s에 가까운 값을 가지므로 거의 빛의 속도에 가깝다. 케이블의 경우는 케이블의 상대유전율이 3 또는 5 이상이므로 가공선의 경우에 비하여 그 속도가 낮아진다.

$I^+(s)$, $I^-(s)$를 전압으로 나타내기 위하여 식 (14.1.9)와 식 (14.1.10)을 식 (14.1.6)에 대입하면,

$$\frac{s}{v}[-I^+(s)e^{-sx/v} + I^-(s)e^{+sx/v}] = -sC[V^+(s)e^{-sx/v} + V^-(s)e^{+sx/v}]$$

지수함수 중에서 먼저 $e^{-sx/v}$의 계수를 같게 놓으면

$$I^+(s) = (vC)V^+(s) = \frac{V^+(s)}{\sqrt{\frac{L}{C}}} = \frac{V^+(s)}{Z_c} \tag{14.1.14}$$

여기서

$$Z_c = \sqrt{\frac{L}{C}}\ \Omega \tag{14.1.15}$$

이번에는 $e^{+sx/v}$의 계수를 같게 놓으면

$$I^-(s) = \frac{-V^-(s)}{Z_c} \tag{14.1.16}$$

그러므로 식 (14.1.11)과 식 (14.1.13)을 다시 정리하면

$$I(x, s) = \frac{1}{Z_c}[V^+(s)e^{-sx/v} - V^-(s)e^{+sx/v}] \tag{14.1.17}$$

$$i(x, t) = \frac{1}{Z_c}\left[v^+\left(t - \frac{x}{v}\right) - v^-\left(t + \frac{x}{v}\right)\right] \tag{14.1.18}$$

식 (5.4.3)으로부터 무손실 선로의 특성 임피던스(또는 서지 임피던스)가 $Z_c = \sqrt{L/C}$이었음을 상기하자.

14.2 단상 무손실 선로의 경계조건

그림 14.3은 수전단이 임피던스 $Z_R(s)$로 종단되고, 송전단이 테브난 등가전압 $E_G(s)$와 테브난 등가 임피던스 $Z_G(s)$로 표현되는 무손실 단상 2선식 선로를 나타내고 있다. $V(x, s)$와 $I(x, s)$는 선로상의 위치 x에서의 전압과 전류의 라플라스변환이다. 단, 선로의 길이 l, 서지 임피던스 $Z_c = \sqrt{L/C}$, 속도 $v = 1/\sqrt{LC}$이며, 선로의 초기 충전에너지는 없는 것으로 한다.

그림 14.3에서 수전단에서의 경계조건은

$$V(l, s) = Z_R(s)I(l, s) \tag{14.2.1}$$

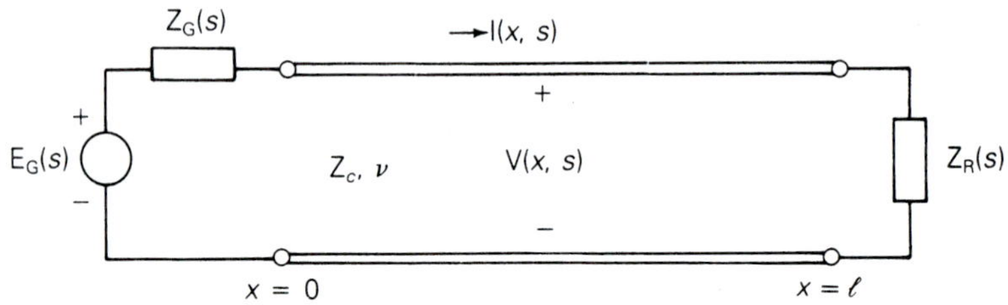

그림 14.3 테브난 등가전원과 임피던스로 표현된 송전단과 부하 임피던스를 갖는 수전단으로 구성된 무손실 단상 2선식 선로

식 (14.1.9)와 식 (14.1.17)을 식 (14.2.1)에 대입하면,

$$V^+(s)e^{-sl/v} + V^-(s)e^{+sl/v} = \frac{Z_R(s)}{Z_c}[V^+(s)e^{-sl/v} - V^-(s)e^{+sl/v}]$$

$V^-(s)$에 대하여 풀면

$$V^-(s) = \Gamma_R(s)V^+(s)e^{-2s\tau} \tag{14.2.2}$$

여기서

$$\Gamma_R(s) = \frac{\dfrac{Z_R(s)}{Z_c} - 1}{\dfrac{Z_R(s)}{Z_c} + 1} \quad \text{p.u.} \tag{14.2.3}$$

$$\tau = \frac{l}{v} \quad \text{seconds} \tag{14.2.4}$$

$\Gamma_R(s)$은 **수전단 전압반사계수**로, τ는 송전단에서 수전단까지 이르는 **전송시간**으로 정의된다.

식 (14.2.2)를 식 (14.1.9)와 식 (14.1.17)에 대입하면,

$$V(x,s) = V^+(s)[e^{-sx/v} + \Gamma_R(s)e^{s[(x/v)-2\tau]}] \tag{14.2.5}$$

$$I(x,s) = \frac{V^+(s)}{Z_c}[e^{-sx/v} - \Gamma_R(s)e^{s[(x/v)-2\tau]}] \tag{14.2.6}$$

그림 14.3에서 송전단 경계조건은

$$V(0, s) = E_G(s) - Z_G(s)I(0, s) \tag{14.2.7}$$

식 (14.2.5)와 식 (14.2.6)을 식 (14.2.7)에 대입하면,

$$V^+(s)[1 + \Gamma_R(s)e^{-2s\tau}] = E_G(s) - \left[\frac{Z_G(s)}{Z_c}\right]V^+(s)[1 - \Gamma_R(s)e^{-2s\tau}]$$

$V^+(s)$에 대하여 풀면,

$$V^+(s)\left\{\left[\frac{Z_G(s)}{Z_c} + 1\right] - \Gamma_R(s)e^{-2s\tau}\left[\frac{Z_G(s)}{Z_c} - 1\right]\right\} = E_G(s)$$

$$V^+(s)\left[\frac{Z_G(s)}{Z_c} + 1\right]\{1 - \Gamma_R(s)\Gamma_S(s)e^{-2s\tau}\} = E_G(s)$$

즉,

$$V^+(s) = E_G(s)\left[\frac{Z_c}{Z_G(s) + Z_c}\right]\left[\frac{1}{1 - \Gamma_R(s)\Gamma_S(s)e^{-2s\tau}}\right] \tag{14.2.8}$$

여기서

$$\Gamma_S(s) = \frac{\dfrac{Z_G(s)}{Z_c} - 1}{\dfrac{Z_G(s)}{Z_c} + 1} \tag{14.2.9}$$

$\Gamma_S(s)$는 **송전단 전압반사계수**로 정의된다. 식 (14.2.9)를 식 (14.2.5)와 식 (14.2.6)에 대입하면 그림 14.3의 무손실 단상 2선식 선로의 전압과 전류에 대한 완전해는 다음과 같이 구해진다.

$$V(x,s) = E_G(s)\left[\frac{Z_c}{Z_G(s) + Z_c}\right]\left[\frac{e^{-sx/v} + \Gamma_R(s)e^{s[(x/v)-2\tau]}}{1 - \Gamma_R(s)\Gamma_S(s)e^{-2s\tau}}\right] \tag{14.2.10}$$

$$I(x,s) = \left[\frac{E_G(s)}{Z_G(s) + Z_c}\right]\left[\frac{e^{-sx/v} - \Gamma_R(s)e^{s[(x/v)-2\tau]}}{1 - \Gamma_R(s)\Gamma_S(s)e^{-2s\tau}}\right] \tag{14.2.11}$$

여기서

$$\Gamma_R(s) = \frac{\dfrac{Z_R(s)}{Z_c} - 1}{\dfrac{Z_R(s)}{Z_c} + 1} \quad \text{p.u.}$$

$$\Gamma_S(s) = \frac{\dfrac{Z_G(s)}{Z_c} - 1}{\dfrac{Z_G(s)}{Z_c} + 1} \quad \text{p.u.} \tag{14.2.12}$$

$$Z_c = \sqrt{\frac{L}{C}}\ \Omega \qquad v = \frac{1}{\sqrt{LC}}\ \text{m/s} \qquad \tau = \frac{l}{v}\ \text{s} \tag{14.2.13}$$

다음의 4가지 예제에서 이에 대한 일반적인 해를 살펴보기로 하자. 4가지 예는 모두 그림 14.3의 선로를 기준으로 하며, 선로의 길이 l, 서지 임피던스 Z_c, 속도 v이며, 선로의 초기 충전에너지는 없는 것으로 한다.

예제 14.1 단상 무손실 선로의 과도현상

조건 i) 송전단에 공급되는 전압: 계단함수(직류전압인가)
ii) 수전단 부하조건: 임피던스정합(서지 임피던스와 동일한 저항부하)

$Z_R = Z_c$, $Z_G = 0$, 송전단 전압 $e_G(t) = Eu_{-1}(t)$일 경우, (a) $v(x, t)$와 $i(x, t)$를 구하시오. (b) 선로의 중간지점과 수전단에서의 시간에 대한 전압파 및 전류파를 그리시오.

| 풀이

a. 식 (14.2.12)에 $Z_R = Z_c$, $Z_G = 0$을 대입하여 수전단 및 송전단에서의 전압반사계수를 구하면

$$\Gamma_R(s) = \frac{1-1}{1+1} = 0 \qquad \Gamma_S(s) = \frac{0-1}{0+1} = -1$$

송전단에 가압되는 계단함수 전압의 라플라스변환은 $E_G(s) = E/s$이므로 식 (14.2.10)과 식 (14.2.11)로부터

$$V(x,s) = \left(\frac{E}{s}\right)(1)(e^{-sx/v}) = \frac{Ee^{-sx/v}}{s}$$

$$I(x,s) = \frac{(E/Z_c)}{s}e^{-sx/v}$$

역라플라스변환을 취하면,

$$v(x,t) = Eu_{-1}\left(t - \frac{x}{v}\right)$$

$$i(x,t) = \frac{E}{Z_c}u_{-1}\left(t - \frac{x}{v}\right)$$

b. 선로의 중간지점은 $x = l/2$이므로

$$v\left(\frac{l}{2}, t\right) = Eu_{-1}\left(t - \frac{\tau}{2}\right) \qquad i\left(\frac{l}{2}, t\right) = \frac{E}{Z_c}u_{-1}\left(t - \frac{\tau}{2}\right)$$

수전단은 $x = l$이므로

$$v(l, t) = Eu_{-1}(t - \tau) \qquad i(l, t) = \frac{E}{Z_c}u_{-1}(t - \tau)$$

이와 같이 구해진 전압파 및 전류파를 도시하면 그림 14.4와 같다. 송전단에 계단함수의 전압 E [V]가 $t = 0$에서 인가되면, 선로 특성 임피던스 Z_c를 통하여 전진 전압파 E가 발생하여 수전단을 향하여(x축 양의 방향임) 전파되어 가고, 이때 전진 전류파는 E/Z_c로 역시 수전단을 향하여 전파되어 간다. τ는 전압 또는 전류파가 송전단에서 수전단까지 이르는 데 걸리는 시간이므로 이 전압 및 전류가 선로의 중간지점에 도착하는 시각은 $t = \tau/2$, 수전단 지점에 도착하는 시각은 $t = \tau$가 된다. 수전단 부하는 서지 임피던스와 동일 크기의 순저항부하($Z_R = Z_c$)이므로 수전단 반사계수 Γ_R은 0이다. 따라서, 후진 전압파 및 전류파는 없다. 정상상태에서 선로의 전압은 E [V], 전류는 E/Z_c [A]로 일정하다.

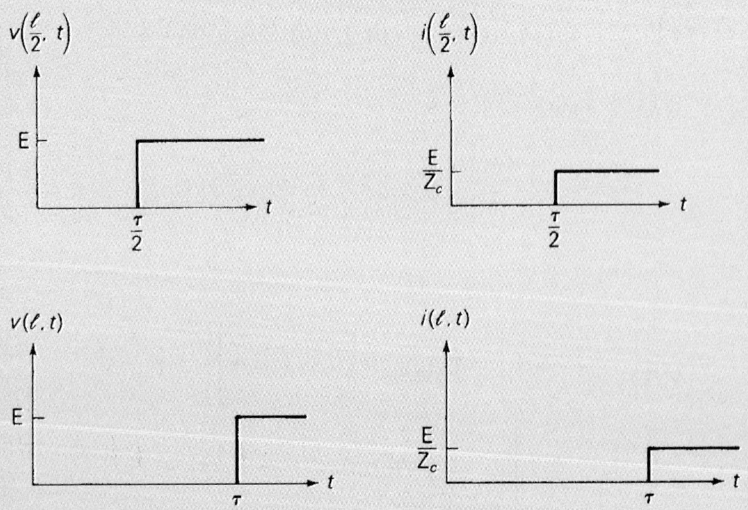

그림 14.4 예제 14.1의 전압파 및 전류파

예제 14.2 단상 무손실 선로의 과도현상

조건 i) 송전단에 공급되는 전압: 계단함수(직류전압인가)

ii) 송전단 임피던스조건: 임피던스정합(서지 임피던스와 동일한 저항부하)

iii) 수전단 부하조건: 개방

수전단은 개방하고, 즉 $Z_R = \infty$, 송전단 전압 $e_G(t) = Eu_{-1}(t)$, $Z_G = Z_c$일 경우, (a) $v(x, t)$와 $i(x, t)$를 구하시오. (b) 선로 중간지점에서의 시간에 대한 전압파 및 전류파를 그리시오.

| 풀이

a. 식 (14.2.12)에 $Z_R = \infty$, $Z_G = Z_c$를 대입하여 수전단 및 송전단에서의 전압반사계수를 구하면,

$$\Gamma_R(s) = \lim_{Z_R\to\infty} \frac{\dfrac{Z_R}{Z_c} - 1}{\dfrac{Z_R}{Z_c} + 1} = 1 \qquad \Gamma_S(s) = \frac{1-1}{1+1} = 0$$

송전단에 가압되는 계단함수 전압의 라플라스변환은 $E_G(s) = E/s$이므로 식 (14.2.10)과 식 (14.2.11)로부터

$$V(x,s) = \frac{E}{s}\left(\frac{1}{2}\right)[e^{-sx/v} + e^{s[(x/v)-2\tau]}]$$

$$I(x,s) = \frac{E}{s}\left(\frac{1}{2Z_c}\right)[e^{-sx/v} - e^{s[(x/v)-2\tau]}]$$

역라플라스변환을 취하면,

$$v(x,t) = \frac{E}{2}u_{-1}\left(t - \frac{x}{v}\right) + \frac{E}{2}u_{-1}\left(t + \frac{x}{v} - 2\tau\right)$$

$$i(x,t) = \frac{E}{2Z_c}u_{-1}\left(t - \frac{x}{v}\right) - \frac{E}{2Z_c}u_{-1}\left(t + \frac{x}{v} - 2\tau\right)$$

b. 선로의 중간지점은 $x = l/2$이므로

$$v\left(\frac{l}{2}, t\right) = \frac{E}{2}u_{-1}\left(t - \frac{\tau}{2}\right) + \frac{E}{2}u_{-1}\left(t - \frac{3\tau}{2}\right)$$

$$i\left(\frac{l}{2}, t\right) = \frac{E}{2Z_c}u_{-1}\left(t - \frac{\tau}{2}\right) - \frac{E}{2Z_c}u_{-1}\left(t - \frac{3\tau}{2}\right)$$

이와 같이 구해진 전압파 및 전류파를 도시하면 그림 14.5와 같다. 송전단에 계단함수 전압 E [V]가 $t = 0$에 인가되면, 직렬로 연결된 전원 측 임피던스 $Z_G = Z_c$와 선로 특성 임피던스 Z_c에 의하여 결정된 전진 전압파 E/2가 수전단을 향하여(x축 양의 방향임) 전파되어 간다. 왜냐하면 진입분배법칙에 의하여 $t = 0$일 경우 인가전압 E는 전원 측 임피던스와 선로 특성 임피던스에 E/2씩 분배되기 때문이다. 이때 전진 전류파는 $E/(2Z_c)$ [A]

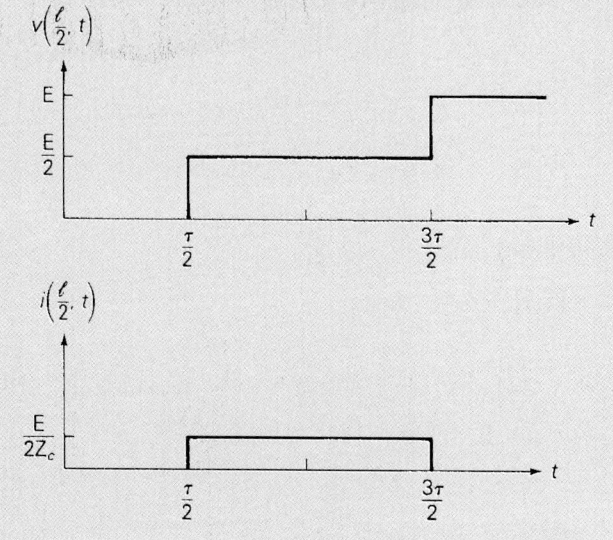

그림 14.5 예제 14.2의 전압파 및 전류파

(계속)

로 역시 수전단을 향하여 진행하여 간다. 이 전압 및 전류가 선로의 중간지점에 도착하는 시각은 $t = \tau/2$이므로 이 시각부터 선로 중간지점의 전압은 E/2가 된다. 또한, 수전단 전압반사계수 Γ_R은 1이므로 수전단에서의 후진 전압파는 전진 전압파와 동일하다. 즉, 수전단 도착시각 $t = \tau$에서 수전단 전압은 E가 된다. $t = \tau$ 이후 후진 전압파는 E/2로 수전단에서 송전단을 향하여 진행하여 $t = 3\tau/2$ 시각에서 선로 중간지점의 전압은 이전 전압인 E/2와 중첩되어 E가 된다. 계속 진행하여 송전단에 도달하면 송전단에서의 전압반사계수 Γ_S는 0이므로 더 이상의 반사파는 생기지 않는다. 이후 정상상태가 되어 수전단 개방선로 전체의 전압은 E로 일정하게 유지된다. 선로 중간지점의 전류는 $t = \tau/2$ 이후에서 전진 전류파 E/$(2Z_c)$ [A]가 되고, 수전단에서의 후진 전류파는 전류 반사계수가 −1로 전진 전류파와 크기는 같고 부호가 반대이므로 $t = 3\tau/2$에서 선로 중간지점의 전류는 이전 전류와 중첩되어 0이 되고, 이후 송전단에서의 전류반사계수가 0이므로 $t = 3\tau/2$ 이후의 정상상태에서 선로 중간지점의 전류는 0 [A]가 된다.

예제 14.3 단상 무손실 선로의 과도현상

조건 i) 송전단에 공급되는 전압: 계단함수(직류전압인가)

ii) 송전단 임피던스조건: 임피던스정합(서지 임피던스와 동일한 저항부하)

iii) 수전단 부하조건: 커패시터 부하

수전단이 초기치가 0인 커패시터 부하 C_R [F]로 종단되고, 송전단 전압 $e_G(t) = Eu_{-1}(t)$, $Z_G = Z_c$일 경우, 송전단에서의 $v(x, t)$를 그리시오.

| 풀이

식 (14.2.12)에 $Z_R = \dfrac{1}{sC_R}$, $Z_G = Z_c$를 대입하여 수전단 및 송전단에서의 전압반사계수를 구하면,

$$\Gamma_R(s) = \frac{\dfrac{1}{sC_RZ_c} - 1}{\dfrac{1}{sC_RZ_c} + 1} = \frac{-s + \dfrac{1}{Z_cC_R}}{s + \dfrac{1}{Z_cC_R}}$$

$$\Gamma_S(s) = \frac{1-1}{1+1} = 0$$

송전단에 가압되는 계단함수의 전압의 라플라스변환은 $E_G(s) = E/s$이므로 식 (14.2.10)으로부터

$$V(x,s) = \frac{E}{s}\left(\frac{1}{2}\right)\left[e^{-sx/v} + \left(\frac{-s + \frac{1}{Z_cC_R}}{s + \frac{1}{Z_cC_R}}\right)e^{s[(x/v)-2\tau]}\right]$$

$$= \frac{E}{2}\left[\frac{e^{-sx/v}}{s} + \frac{1}{s}\left(\frac{-s + \frac{1}{Z_cC_R}}{s + \frac{1}{Z_cC_R}}\right)e^{s[(x/v)-2\tau]}\right]$$

위 식의 2차항을 부분분수로 전개하면,

$$V(x, s) = \frac{E}{2}\left[\frac{e^{-sx/v}}{s} + \left(\frac{1}{s} - \frac{2}{s + \frac{1}{Z_cC_R}}\right)e^{s[(x/v)-2\tau]}\right]$$

역라플라스변환을 취하면,

$$v(x, t) = \frac{E}{2}u_{-1}\left(t - \frac{x}{v}\right) + \frac{E}{2}[1 - 2e^{(-1/Z_cC_R)(t+x/v-2\tau)}]u_{-1}\left(t + \frac{x}{v} - 2\tau\right)$$

(계속)

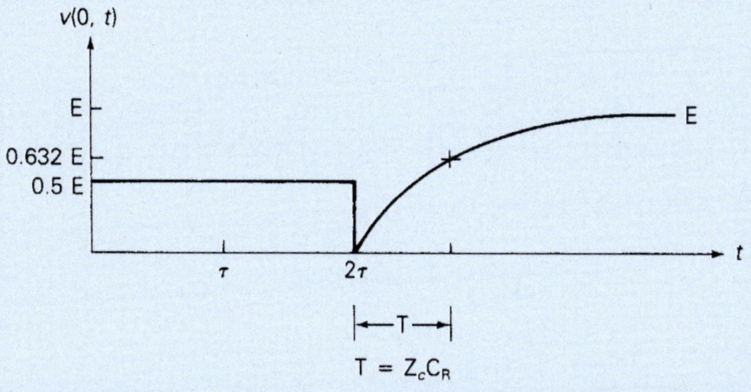

그림 14.6 예제 14.3의 전압파

송전단에서는 $x = 0$이므로

$$v(0, t) = \frac{E}{2}u_{-1}(t) + \frac{E}{2}[1 - 2e^{(-1/Z_cC_R)(t-2\tau)}]u_{-1}(t - 2\tau)$$

이와 같이 구해진 송전단에서의 전압파를 도시하면 그림 14.6과 같다. 예제 14.2와 같이 송전단에 계단함수의 전압 E [V]가 $t = 0$에서 인가되면, 직렬로 연결된 전원 측 임피던스 $Z_G = Z_c$와 선로 특성 임피던스 Z_c에 의하여 결정된 전진 전압파 E/2가 수전단을 향하여(x축 양의 방향임) 전파되어 간다. 시각 $t = \tau$에서 수전단에 도착하는데, 수전단 전압반사계수 Γ_R은 $[-s + 1/Z_cC_R] / [s + 1/Z_cC_R] = 1/s - 2/(s + 1/Z_cC_R)$이므로 수전단에서의 시정수 Z_cC_R을 갖는 후진 전압파는 초기치 −E/2에서 정상상태 값 E/2로 지수함수적으로 증가함을 알 수 있다. 이 후진 전압파는 시각 $t = 2\tau$에서 송전단에 도착하게 되어 송전단 전압은 이전 전압값인 E/2와 중첩되어 0에서 E로 지수함수적으로 수렴하게 된다. 이후 송전단에서의 반사계수가 0이므로 더 이상의 반사는 일어나지 않는다. 따라서 정상상태에서의 수전단 전압은 E로 유지되고, 수전단에 연결되어 있는 커패시터는 전압 E로 충전되고 전류는 0이 된다.

한편, 수전단에서의 물리적 현상을 분석하면 다음과 같다. 즉, 시각 $t = \tau$에서 수전단 전압은 전진 전압파 E/2와 후진 전압파 −E/2의 합인 0이 된다. 이것은 단락회로를 의미하며, 이때의 전압반사계수 Γ_R은 −1이 된다. $t = \tau$ 이후 정상상태에 이르게 되면, 후진 전압파는 E/2가 되고 수전단 전압은 E가 되어 개방회로가 된다. 이때의 전압 반사계수 Γ_R은 1이 된다. 즉, 커패시터로 종단된 무손실 단상 2선식 선로의 수전단은 $t = \tau$에서 전압반사계수 $\Gamma_R = -1$의 단락회로에서 정상상태(일반적으로 $t = 5\tau$ 이후)에서 반사계수 $\Gamma_R = 1$의 개방회로가 된다.

예제 14.4 단상 무손실 선로의 과도현상

조건 i) 송전단에 공급되는 전압: 계단함수(직류전압인가)
ii) 송전단 임피던스조건: 비정합 저항부하
iii) 수전단 부하조건: 비정합 저항부하

수전단이 $Z_R = Z_c/3$로 종단되고 송전단 전압 $e_G(t) = Eu_{-1}(t)$, $Z_G = 2Z_c$일 경우, 선로 중간지점에서의 $v(x, t)$를 그리시오.

| 풀이

식 (14.2.12)에 $Z_R = Z_c/3$, $Z_G = 2Z_c$를 대입하여 수전단 및 송전단에서의 전압반사계수를 구하면,

(계속)

$$\Gamma_R = \frac{\frac{1}{3}-1}{\frac{1}{3}+1} = -\frac{1}{2} \qquad \Gamma_S = \frac{2-1}{2+1} = \frac{1}{3}$$

송전단에 가압되는 계단함수 전압의 라플라스변환은 $E_G(s) = E/s$이므로 식 (14.2.10)으로부터

$$V(x, s) = \frac{E}{s}\left(\frac{1}{3}\right)\frac{[e^{-sx/v} - \frac{1}{2}e^{s[(x/v)-2\tau]}]}{1+\left(\frac{1}{6}e^{-2s\tau}\right)}$$

위 식은

$$\frac{1}{1+y} = 1 - y + y^2 - y^3 + y^4 - \cdots$$

와 같은 등비수열과 $y = \frac{1}{6}e^{-2s\tau}$를 이용하여

$$V(x, s) = \frac{E}{3s}\left[e^{-sx/v} - \frac{1}{2}e^{s[(x/v)-2\tau]}\right] \times \left[1 - \frac{1}{6}e^{-2s\tau} + \frac{1}{36}e^{-4s\tau} - \frac{1}{216}e^{-6s\tau} + \cdots\right]$$

대괄호 부분을 전개하면,

$$V(x, s) = \frac{E}{3s}\left[e^{-sx/v} - \frac{1}{2}e^{s[(x/v)-2\tau]} - \frac{1}{6}e^{-s[(x/v)+2\tau]} + \frac{1}{12}e^{s[(x/v)-4\tau]} + \frac{1}{36}e^{-s[(x/v)+4\tau]} - \frac{1}{72}e^{s[(x/v)-6\tau]} + \cdots\right]$$

역라플라스변환을 취하면,

$$v(x, t) = \frac{E}{3}\left[u_{-1}\left(t - \frac{x}{v}\right) - \frac{1}{2}u_{-1}\left(t + \frac{x}{v} - 2\tau\right) - \frac{1}{6}u_{-1}\left(t - \frac{x}{v} - 2\tau\right) + \frac{1}{12}u_{-1}\left(t + \frac{x}{v} - 4\tau\right) + \frac{1}{36}u_{-1}\left(t - \frac{x}{v} - 4\tau\right) - \frac{1}{72}u_{-1}\left(t + \frac{x}{v} - 6\tau\right)\cdots\right]$$

선로의 중간지점은 $x = l/2$이므로

$$v\left(\frac{l}{2}, t\right) = \frac{E}{3}\left[u_{-1}\left(t - \frac{\tau}{2}\right) - \frac{1}{2}u_{-1}\left(t - \frac{3\tau}{2}\right) - \frac{1}{6}u_{-1}\left(t - \frac{5\tau}{2}\right) + \frac{1}{12}u_{-1}\left(t - \frac{7\tau}{2}\right) + \frac{1}{36}u_{-1}\left(t - \frac{9\tau}{2}\right) - \frac{1}{72}u_{-1}\left(t - \frac{11\tau}{2}\right)\cdots\right]$$

이와 같이 구해진 선로 중간지점에서의 전압파를 도시하면 그림 14.7과 같다. 송전단의 전원 또는 수전단의 부하가 선로의 특성 임피던스와 일치하지 않으면 선로상 임의의 점에서의 전압은 전진 전압파와 후진 전압파의 무한급수로 표현된다. 선로의 중간지점에서 전압해석을 해보면 먼저 시각 $t = \tau/2$에 처음 전진파가 도착하고, 시각 $t = 3\tau/2$에 후진파가 도착하고, 시각 $t = 5\tau/2$에 또 다른 전진파가 도착하고, 시각 $t = 7\tau/2$에 또 다른 후진파가 도착하는 등 이러한 과정이 무한히 계속될 것이다.

선로상 임의의 지점에서의 정상상태 전압값은 라플라스변환의 최종치 정리에 의하여 구할 수 있다. 즉,

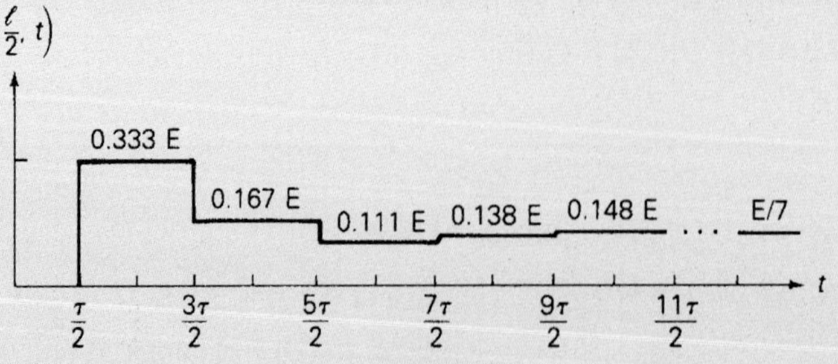

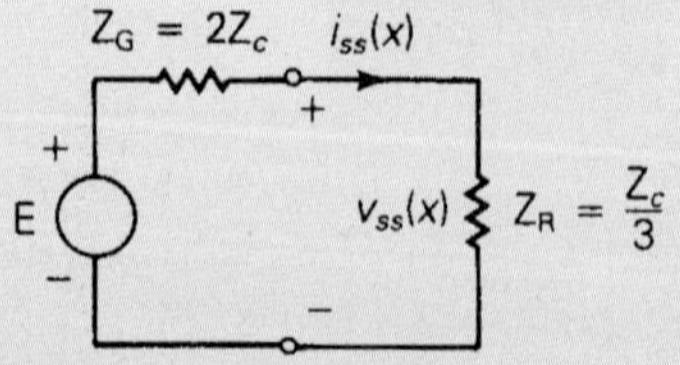

그림 14.7 예제 14.4의 전압파 (a) 전압파 (b) 정상상태 등가회로

(계속)

$$v_{ss}(x) = \lim_{t\to\infty} v(x,t) = \lim_{s\to 0} s\mathrm{V}(x,s)$$
$$= \lim_{s\to 0}\left\{s\left(\frac{\mathrm{E}}{s}\right)\left(\frac{1}{3}\right)\frac{[e^{-sx/v} - \frac{1}{2}e^{s[(x/v)-2\tau]}]}{1+\frac{1}{6}e^{-2s\tau}}\right\}$$
$$= \mathrm{E}\left(\frac{1}{3}\right)\left(\frac{1-\frac{1}{2}}{1+\frac{1}{6}}\right) = \frac{\mathrm{E}}{7}$$

정상상태의 해를 그림 14.7(b)와 같은 등가회로로 나타낼 수 있다. 무손실 선로에 직류전압이 가해질 경우, 정상상태에서 무손실 선로의 전압강하는 발생하지 않기 때문에 전원 측과 부하 측만 남기고 선로는 제거될 수 있다. 선로상 임의의 점에서의 정상상태 전압은 전압분배법칙에 의하여 다음과 같이 구할 수 있다.

$$v_{ss}(x) = \mathrm{E}\left(\frac{\mathrm{Z_R}}{\mathrm{Z_R}+\mathrm{Z_G}}\right) = \mathrm{E}\left(\frac{\frac{1}{3}}{\frac{1}{3}+2}\right) = \frac{\mathrm{E}}{7}$$

14.3 뷸리 격자 다이어그램

L. V. Bewley는 과도기간 동안 송전선로에서 발생하는 반사과정을 편리하게 도시할 수 있는 격자 다이어그램을 개발하였다[2]. 그림 14.8은 뷸리 격자 다이어그램을 나타낸 것으로 그 구성방법은 다음과 같다. 먼저, 수직축은 전압파 또는 전류파가 송전단에서 수전단에 도착하는 시간 τ의 단위로, 수평축은 송전단에서 수전단까지 이르는 선로 위치, 대각선은 전압 또는 전류의 진행파를 각각 나타내고, 송전단 및 수선단에 각각의 반사계수를 기입해둔다. 그다음, 송전단 및 수전단에서의 반사파는 입사파에 각각의 반사계수를 곱하여 차례로 구하여 간다. 이렇게 하여 얻어진 다이어그램 상에서 선로상 임의의 점 x와 임의의 시각 t에서의 전압 $v(x, t)$는 x와 t가 서로 만나는 지점을 기준으로 하여 위쪽에 그려져 있는 모든 진행파를 더함으로써 얻어진다.

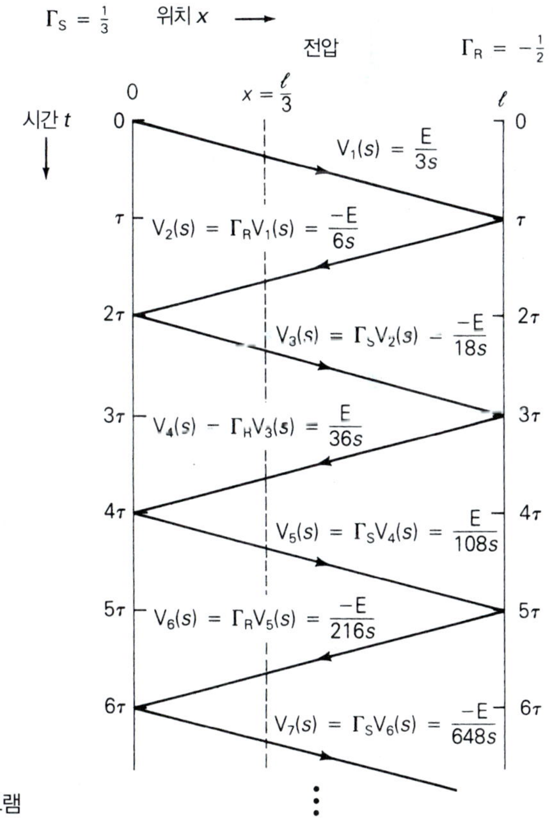

그림 14.8 예제 14.5의 뷸리 격자 다이어그램

예제 14.5 격자 다이어그램: 단상 무손실 선로

예제 14.4의 선로조건에 대하여 격자 다이어그램을 도시하고, 시간 t에 대하여 $v(l/3, t)$를 그림으로 나타내시오.

| 풀이

그림 14.8에 구해진 격자 다이어그램을 제시한다. 그 과정을 설명하면 다음과 같다. 먼저, 송전단에 계단함수 전압 E

(계속)

[V]가 $t = 0$에서 인가되면, 직렬로 연결된 전원 측 임피던스 $Z_G = 2Z_c$와 선로 특성 임피던스 Z_c를 통과하면서 전압 분배법칙에 의하여 전진 전압파는

$$V_1(s) = E_G(s)\left[\frac{Z_c}{Z_c + Z_G}\right] = \frac{E}{s}\left[\frac{1}{1+2}\right] = \frac{E}{3s}$$

와 같이 그 크기가 E/3인 계단함수가 된다. 이 전진 전압파는 $t = \tau$의 수전단에서 전압반사계수 $-1/2$이 곱해져 후진 전압파로 변하게 된다. 즉, 후진 전압파는 $V_2(s) = \Gamma_R(s) V_1(s) = \left(-\frac{1}{2}\right)V_1(s) = -E/(6s)$와 같이 구해진다.

이 후진 전압파는 $t = 2\tau$의 송전단에서 전압반사계수 1/3이 곱해져 다시 전진 전압파로 바뀌게 된다. 즉, $V_3(s) = \Gamma_R(s)V_2(s) = \left(\frac{1}{3}\right)V_2(s) = -E/(18s)$가 된다. 이러한 과정을 계속 반복하면 격자 다이어그램을 완성시켜 나갈 수 있다.

그림 14.8로부터 $x = l/3$ 지점에서의 $v(l/3, t)$을 구하는 방법은 다음과 같다. 먼저, 그림의 점선과 같이 $x = l/3$ 지점의 위쪽에서 아래쪽으로 수직선을 긋는다. $t = 0$인 수직선의 위쪽부터 아래로 내려가면서 교차하는 시각마다 그때까지 만난 진행파를 합하여 그 시각에서의 진행파로 나타낸다. 첫 번째 진행파 V_1은 $t = \tau/3$에 도착하고, 두 번째 진행파 V_2는 $5\tau/3$, 세 번째 진행파 V_3는 $7\tau/3$에 도착한다. 이와 같이 하여 $v(l/3, t)$는 그림 14.9와 같다.

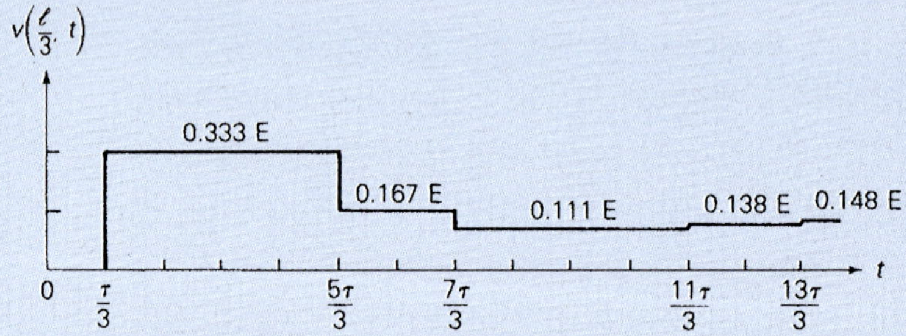

그림 14.9 예제 14.5의 선로 1/3 지점에서의 전압파

그림 14.10은 특성 임피던스 Z_A 및 Z_B를 갖는 무손실 선로 A 및 B가 연결된 선로에서 선로 A에서 선로 B로 향하는 전진 전압파 $\mathbf{V}_A^+$를 나타내고 있다. 실제의 예를 들면, 이것은 가공선로와 지중케이블이 만나는 경우에 해당될 것이다. 전진 전압파 $\mathbf{V}_A^+$가 연결점에 도착하면, A선로상에서의 반사된 후진 전압파 $\mathbf{V}_A^-$와 B선로상에서의 굴절된 전진 전압파 $\mathbf{V}_B^+$로 나뉘어 진행한다. 이때, 선로에 대하여 무손실 선로를 제거한 상태에서 KVL을 적용하면 연결점에서의 전압은 동일하고, 또한 마찬가지로 KCL을 적용하면 연결점을 통과한 전후의 전류는 같아야 하므로

그림 14.10 특성 임피던스가 다른 2개의 무손실 선로가 연결된 선로

$$V_A^+ + V_A^- = V_B^+ \tag{14.3.1}$$

$$I_A^+ + I_A^- = I_B^+ \tag{14.3.2}$$

$I_A^+ = V_A^+/Z_A$, $I_A^- = -V_A^-/Z_A$, $I_B^+ = V_B^+/Z_B$이므로 이것을 식 (14.3.2)에 대입하면,

$$\frac{V_A^+}{Z_A} - \frac{V_A^-}{Z_A} = \frac{V_B^+}{Z_B} \tag{14.3.3}$$

식 (14.3.1)과 식 (14.3.3)으로부터 $\mathbf{V}_B^+$를 소거하여 $\mathbf{V}_A^-$를 $\mathbf{V}_A^+$로 나타내면

$$V_A^- = \Gamma_{AA} V_A^+ \tag{14.3.4}$$

여기서

$$\Gamma_{AA} = \frac{\frac{Z_B}{Z_A} - 1}{\frac{Z_B}{Z_A} + 1} \tag{14.3.5}$$

또한, 식 (14.3.1)과 식 (14.3.3)으로부터 $\mathbf{V}_A^-$를 소거하여 $\mathbf{V}_B^+$를 $\mathbf{V}_A^+$로 나타내면

$$\mathbf{V}_B^+ = \Gamma_{BA}\mathbf{V}_A \tag{14.3.6}$$

여기서

$$\Gamma_{BA} = \frac{2\left(\dfrac{Z_B}{Z_A}\right)}{\dfrac{Z_B}{Z_A}+1} \tag{14.3.7}$$

식 (14.3.5)를 반사계수, 식 (14.3.7)을 굴절계수로 각각 정의하고, 식 (14.3.5)의 Γ_{AA}는 식 (14.2.12)의 Γ_R에 Z_R을 Z_B로 대체한 것과 같음을 알 수 있다. 이것은 선로 A에서 선로 B로 전진하는 진행파에 대하여 선로 B의 특성 임피던스를 선로 A의 수전단에서의 부하로 간주할 수 있다는 것을 의미한다.

예제 14.6 격자 다이어그램: 지중케이블에 연결된 단상 무손실 가공선로

그림 14.10에서와 같이 $Z_A = 400\ \Omega$, $v_A = 3 \times 10^8$ m/s, $l_A = 30$ km인 단상 무손실 가공선로가 $Z_B = 100\ \Omega$, $v_B = 3 \times 10^8$ m/s, $l_B = 30$ km인 단상 무손실 지중케이블 선로에 연결되어 있다. 송전단에서 $e_G(t) = Eu_{-1}(t)$, $Z_G = Z_A$이며, 선로 B의 수전단에서 $Z_R = 2Z_B = 200\ \Omega$이다. $0 \le t \le 0.6$ ms에 대한 격자 다이어그램을 그리고, 연결점에서의 시간에 대한 전압의 변화를 나타내시오. 가공선로와 케이블은 초기 충전이 되어 있지 않는 것으로 한다.

| 풀이

식 (14.2.13)으로부터

$$\tau_A = \frac{30 \times 10^3}{3 \times 10^8} = 0.1 \times 10^{-3}\ \ \text{s}$$

$$\tau_B = \frac{20 \times 10^3}{2 \times 10^8} = 0.1 \times 10^{-3}\ \ \text{s}$$

식 (14.2.12)에 $Z_G = Z_A$ 및 $Z_R = 2Z_B$를 대입하면

$$\Gamma_S = \frac{1-1}{1+1} = 0 \qquad \Gamma_R = \frac{2-1}{2+1} = \frac{1}{3}$$

식 (14.3.5)와 식 (14.3.6)으로부터 선로 A에서 연결점으로 진행하는 진행파의 반사계수와 굴절계수를 구하면,

$$\left.\begin{aligned}\Gamma_{AA} &= \frac{\frac{100}{400}-1}{\frac{100}{400}+1} = \frac{-3}{5} \\ \Gamma_{BA} &= \frac{2\frac{100}{400}}{\frac{100}{400}+1} = \frac{2}{5}\end{aligned}\right\}\text{from line A}$$

반대로 선로 B에서 연결점으로 진행하는 진행파의 반사계수와 굴절계수를 구하면,

$$\left.\begin{aligned}\Gamma_{BB} &= \frac{\frac{400}{100}-1}{\frac{400}{100}+1} = \frac{3}{5} \\ \Gamma_{AB} &= \frac{2\frac{400}{100}}{\frac{400}{100}+1} = \frac{8}{5}\end{aligned}\right\}\text{from line B}$$

그림 14.11에 이에 대한 격자 다이어그램을 제시하고, 이를 설명하면 다음과 같다. 먼저 설명한 전압분배법칙에 의거하여 처음의 전진 전압파는

$$V_1(s) = E_G(s)\left(\frac{Z_A}{Z_A + Z_G}\right) = \frac{E}{s}\left(\frac{1}{2}\right) = \frac{E}{2s}$$

전진 전압파 v_1이 특성 임피던스가 다른 선로 B와 연결된 연결점에 도착하면, 반사파 v_2와 굴절파 v_3로 나뉘어 진행

(계속)

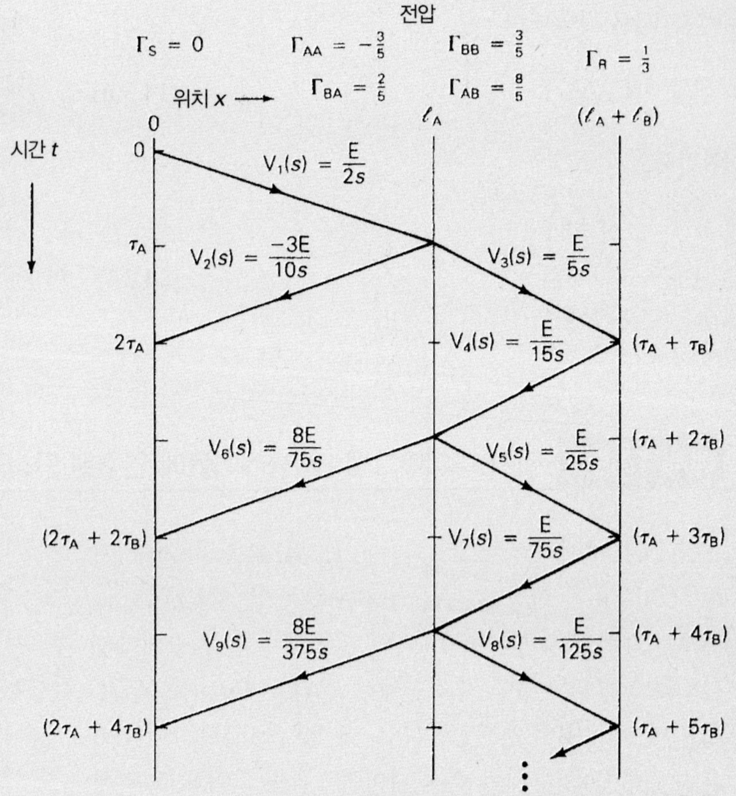

그림 14.11 예제 14.6의 격자 다이어그램

하게 되는데, 이때 선로 A의 반사계수와 굴절계수를 이용하여 반사파 $V_2(s)$와 굴절파 $V_3(s)$를 구하면

$$V_2(s) = \Gamma_{AA} V_1(s) = \left(\frac{-3}{5}\right)\left(\frac{E}{2s}\right) = \frac{-3E}{10s}$$

$$V_3(s) = \Gamma_{BA} V_1(s) = \left(\frac{2}{5}\right)\left(\frac{E}{2s}\right) = \frac{E}{5s}$$

굴절파 v_3가 선로 B의 수전단에 도착하면 반사파, 즉 후진 전압파는 $V_4(s) = \Gamma_R(s)V_3(s) = (\frac{1}{3})(E/5s) = (E/15s)$가 된다. 이 v_4가 선로 B를 따라 선로 A와의 연결점에 이르면 반사파 v_5와 굴절파 v_6로 나뉘어 진행하게 되는데, 마찬가지로 선로 B의 반사계수와 굴절계수를 이용하여 반사파 $V_5(s)$와 굴절파 $V_6(s)$를 구하면,

$$V_5(s) = \Gamma_{BB} V_4(s) = \left(\frac{3}{5}\right)\left(\frac{E}{15s}\right) = \frac{E}{25s}$$

$$V_6(s) = \Gamma_{AB} V_4(s) = \left(\frac{8}{5}\right)\left(\frac{E}{15s}\right) = \frac{E}{75s}$$

위와 같이 계속적으로 동일한 방법을 적용하여 반사파와 굴절파를 계산하여 가면 최종적으로 격자 다이어그램을 완성시킬 수 있다.

연결점 $x = l_A$에서의 전압을 구하려면, 격자 다이어그램의 위쪽에서 진행파를 따라 아래쪽으로 가면서 $x = l_A$의 수직선과 만나는 지점에서 바로 왼쪽 값 또는 오른쪽 값을 각각 취하여 왼쪽은 왼쪽대로 오른쪽은 오른쪽대로 계속 더해 가면 된다. 결국 왼쪽 값만 계속 더한 값과 오른쪽 값만 계속 더한 값은 같게 된다. 예를 들면, $t = \tau_A$에서 연결점 바로 오른쪽 값은 E/5 = 0.2E, $t = \tau_A + 2\tau_B$에서 (E/5 + E/15 + E/25) = 23E/75 = 0.306E, $t = \tau_A + 4\tau_B$에서 (23E/75 + E/75 + E/125) = 123E/375 = 0.328E와 같이 계산하여 가면 그림 14.12와 같은 연결점에서의 시간에 따른 전압그래프를 얻을 수 있게 된다.

정상상태에서의 전압값은 무손실 선로를 제거한 상태에서 다음과 같이 수전단에서의 정상상태 값을 구하면 된다.

$$v_{ss}(x) = E\left(\frac{Z_R}{Z_R + Z_G}\right) = E\left(\frac{200}{200 + 400}\right) = \frac{E}{3}$$

(계속)

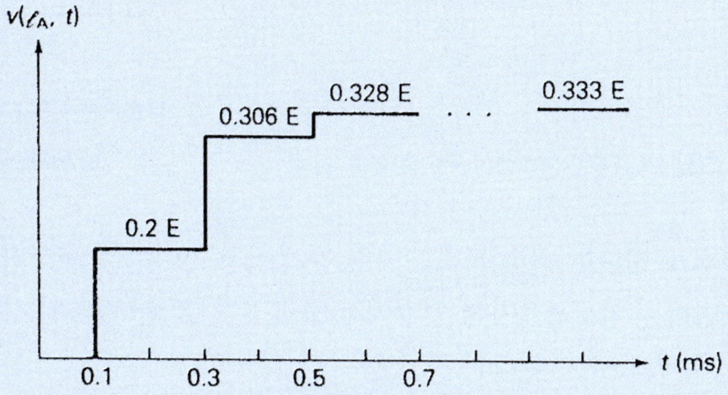

그림 14.12 예제 14.6의 연결점에서의 전압

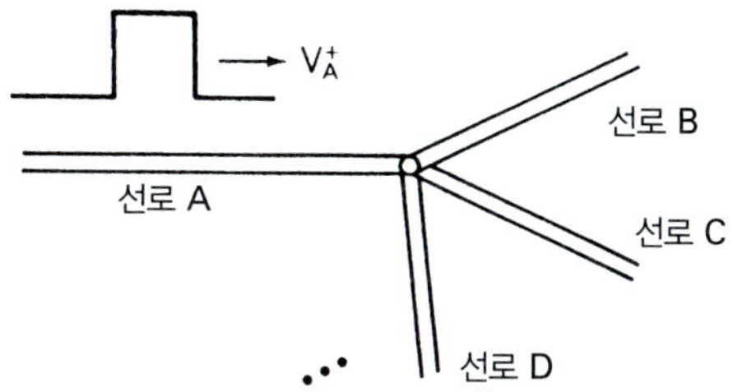

그림 14.13 특성 임피던스가 다른 무손실 선로가 연결된 선로

전술한 해석방법은 무손실 선로 2개 이상의 경우에 대하여도 동일한 방법으로 확장적용이 가능하다. 그림 14.13은 선로 A와 선로 B, C, D, …가 연결된 무손실 선로의 연결점을 향하여 진행하는 전진 전압파를 나타낸 것이다. 그림의 선로에 대하여 무손실 선로를 제거한 상태에서 KVL을 적용하면 연결점에서의 전압은 동일하고, 또한 마찬가지로 KCL을 적용하면 연결점으로 들어온 전류는 나간 전류와 같아야 하므로

$$\mathrm{V_A^+ + V_A^- = V_B^+ = V_C^+ = V_D^+ = \cdots} \tag{14.3.8}$$

$$\mathrm{I_A^+ + I_A^- = I_B^+ + I_C^+ + I_D^+ + \cdots} \tag{14.3.9}$$

$\mathrm{I_A^+ = V_A^+/Z_A}$, $\mathrm{I_A^- = -V_A^-/Z_A}$, $\mathrm{I_B^+ = V_B^+/Z_B}$ 등을 식 (14.3.9)에 대입하면

$$\mathrm{\frac{V_A^+}{Z_A} - \frac{V_A^-}{Z_A} = \frac{V_B^+}{Z_B} + \frac{V_C^+}{Z_C} + \frac{V_D^+}{Z_D} + \cdots} \tag{14.3.10}$$

식 (14.3.8)과 식 (14.3.10)으로부터 $\mathrm{V_B^+, V_C^+, V_D^+}$, …를 소거하여 $\mathbf{V_A^-}$를 $\mathbf{V_A^+}$로, $\mathrm{V_A^-}$를 소거하여 $\mathrm{V_B^+, V_C^+, V_D^+}$, …를 $\mathbf{V_A^+}$로 나타내면 선로 A에서의 반사계수, 선로 A에서 선로 B, C, D, …로의 굴절계수를 구할 수 있다(연습문제 14.14 참조).

14.4 단상 무손실 선로와 집중정수 RLC의 이산시간모델

이 절에서는 이산시간 $t = \Delta t, 2\Delta t, 3\Delta t, \ldots$에서 송전선로의 과도현상을 컴퓨터로 해석하기 위한 단상 무손실 선로와 집중정수 RLC의 이산시산모델을 도출하는 과정에 대하여 알아보기로 한다. 전체적인 개념을 설명하면, 이산시간모델은 집중정수 저항과 전류원으로 구성된 등가회로로 표현되며, 모델의 전류원은 시각 $t - \Delta t, t - 2\Delta t, \ldots$에서의 이력, 즉 회로의 과거이력을 나타낸다. 이와 같이 어느 주어진 회로의 모든 소자들을 등가회로로 표현하고, 이들을 연결하게 되면 이산시각마다 노드방정식을 얻게 됨으로써 선로의 과도해석을 가능하게 하는 이산시간모델링 방법은 L. Bergeron에 의하여 제일 처음 제안되었다[3].

단상 무손실 선로

식 (14.1.12)와 식 (14.1.18)로 주어진 단상 무손실 선로의 일반해는

$$v(x, t) + Z_c i(x, t) = 2v^+\left(t - \frac{x}{\nu}\right) \tag{14.4.1}$$

$$v(x, t) - Z_c i(x, t) = 2v^-\left(t + \frac{x}{\nu}\right) \tag{14.4.2}$$

식 (14.4.1)의 좌측항 $v + Z_c i$는 $(t - x/\nu)$가 일정할 때 상

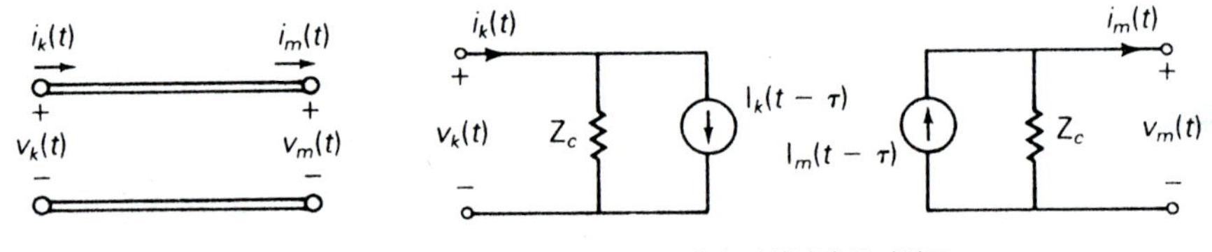

그림 14.14 단상 2선식 무손실 선로

수가 되므로 선로를 따라 x축 양의 방향으로 속도 v로 진행하는 가상관측자의 입장에서 보면 $v + Z_c i$는 정지된 상태, 즉 상수가 된다는 것을 알 수 있다. 그러므로 전압 또는 전류 진행파가 선로상의 k단자에서 출발해서 m단자에까지 도착하는 시간을 t라 하면, k단자에서 시각$(t-\tau)$에 관측된 $v + Z_c i$의 값은 m단자에서 t시각에 관측된 값과 같아야 한다. 즉,

$$v_k(t-\tau) + Z_c i_k(t-\tau) = v_m(t) + Z_c i_m(t) \tag{14.4.3}$$

여기서, 그림 14.14(a)에서와 같이 k 및 m은 단자 k 및 m을 나타낸다.

식 (14.4.2)의 좌측항 $v - Z_c i$는 $(t + x/v)$이 일정할 때 상수가 되므로 선로를 따라 x축 음의 방향으로 속도 v로 진행하는 가상관측자의 입장에서 보면 $v - Z_c i$는 정지된 상태, 즉 상수가 된다는 것을 알 수 있다. 그러므로 m단자에서 시각$(t-\tau)$에 관측된 $v - Z_c i$의 값은 k단자에서 t시각에 관측된 값과 같아야 한다. 즉,

$$v_m(t-\tau) - Z_c i_m(t-\tau) = v_k(t) - Z_c i_k(t) \tag{14.4.4}$$

식 (14.4.3)을 다시 정리하면,

$$i_m(t) = I_m(t-\tau) - \frac{1}{Z_c} v_m(t) \tag{14.4.5}$$

여기서

$$I_m(t-\tau) = i_k(t-\tau) + \frac{1}{Z_c} v_k(t-\tau) \tag{14.4.6}$$

마찬가지로 식 (14.4.4)를 다시 정리하면

$$i_k(t) = I_k(t-\tau) + \frac{1}{Z_c} v_k(t) \tag{14.4.7}$$

여기서

$$I_k(t-\tau) = i_m(t-\tau) - \frac{1}{Z_c} v_m(t-\tau) \tag{14.4.8}$$

또한, 식 (14.4.7)을 식 (14.4.6)에 대입하면,

$$I_m(t-\tau) = I_k(t-2\tau) + \frac{2}{Z_c} v_k(t-\tau) \tag{14.4.9}$$

그리고 식 (14.4.5)를 식 (14.4.8)에 대입하면,

$$I_k(t-\tau) = I_m(t-2\tau) - \frac{2}{Z_c} v_m(t-\tau) \tag{14.4.10}$$

식 (14.4.5)와 식 (14.4.7)은 그림 14.14(b)와 같이 나타낼 수 있고, 그림에서 $I_m(t-\tau)$와 $I_k(t-\tau)$ 전류원은 각각 식 (14.4.9)와 식 (14.4.10)과 같이 표현되며, 이들은 송전선로의 과거이력을 나타낸다는 것을 알 수 있다. 주의할 점은 그림 14.14(b)에서의 단자 k와 단자 m은 서로 직접 연결된 것이 아니고 τ시간의 지연 후에 한쪽 단자에서 다른 쪽 단자의 상태를 간접적으로 인지한다는 것이다.

집중정수 L(인덕턴스)

그림 14.15(a)에서 보여지는 바와 같이 집중정수 L(인덕턴스)에 대하여

$$v(t) = L\frac{di(t)}{dt} \tag{14.4.11}$$

위 식을 $t - \Delta t$에서 t까지 적분하면

$$\int_{t-\Delta t}^{t} di(t) = \frac{1}{L}\int_{t-\Delta t}^{t} v(t)dt \tag{14.4.12}$$

사다리꼴의 적분법칙을 적용하면,

$$i(t) - i(t-\Delta t) = \left(\frac{1}{L}\right)\left(\frac{\Delta t}{2}\right)[v(t) + v(t-\Delta t)]$$

상기 식을 재정리하면,

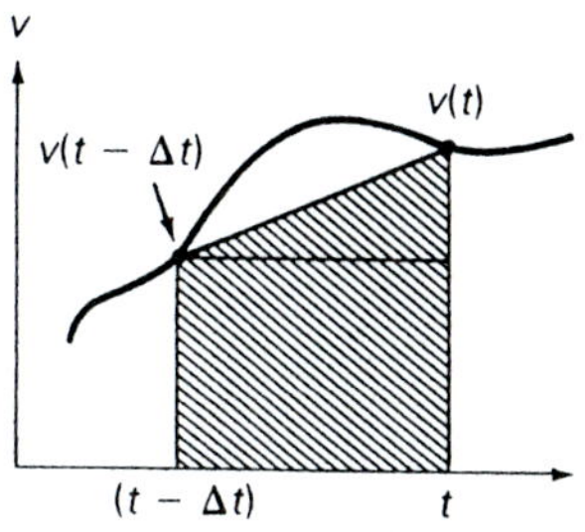

사다리꼴의 적분법칙

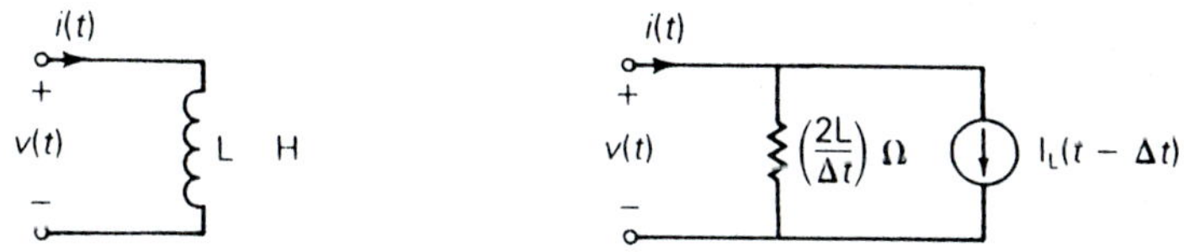

(a) 연속시간에서의 등가회로　(b) 이산시간에서의 등가회로

그림 14.15 집중정수 L(인덕턴스)

$$i(t) = \frac{v(t)}{(2L/\Delta t)} + \left[i(t-\Delta t) + \frac{v(t-\Delta t)}{(2L/\Delta t)} \right]$$

즉,

$$i(t) = \frac{v(t)}{(2L/\Delta t)} + I_L(t-\Delta t) \tag{14.4.13}$$

여기서

$$\begin{aligned} I_L(t-\Delta t) &= i(t-\Delta t) + \frac{v(t-\Delta t)}{(2L/\Delta t)} \\ &= I_L(t-2\Delta t) + \frac{v(t-\Delta t)}{(L/\Delta t)} \end{aligned} \tag{14.4.14}$$

식 (14.4.13)과 식 (14.4.14)는 그림 14.15(b)와 같은 회로로 표현된다. 즉, 인덕턴스 L은 $(2L/\Delta t)$ Ω의 저항과 식 (14.4.14)의 과거이력을 나타내는 전류원 $I_L(t-\Delta t)$이 병렬 연결된 등가회로로 표현될 수 있다. 사다리꼴 적분법칙의 오차는 $(\Delta t)^3$ 정도로 나타난다.

집중정수 C(커패시턴스)

그림 14.16(a)에서 보는 바와 같이 집중정수 C(커패시턴스)에 대하여

$$i(t) = C\frac{dv(t)}{dt} \tag{14.4.15}$$

위 식을 $t-\Delta t$에서 t까지 적분하면,

$$\int_{t-\Delta t}^{t} dv(t) = \frac{1}{C}\int_{t-\Delta t}^{t} i(t)\,dt \tag{14.4.16}$$

사다리꼴 적분 룰을 적용하면,

$$v(t) - v(t-\Delta t) = \frac{1}{C}\left(\frac{\Delta t}{2}\right)[i(t) + i(t-\Delta t)]$$

상기 식을 재정리하면,

$$i(t) = \frac{v(t)}{(\Delta t/2C)} - I_C(t-\Delta t) \tag{14.4.17}$$

여기서

$$\begin{aligned} I_C(t-\Delta t) &= i(t-\Delta t) + \frac{v(t-\Delta t)}{(\Delta t/2C)} \\ &= -I_C(t-2\Delta t) + \frac{v(t-\Delta t)}{(\Delta t/4C)} \end{aligned} \tag{14.4.18}$$

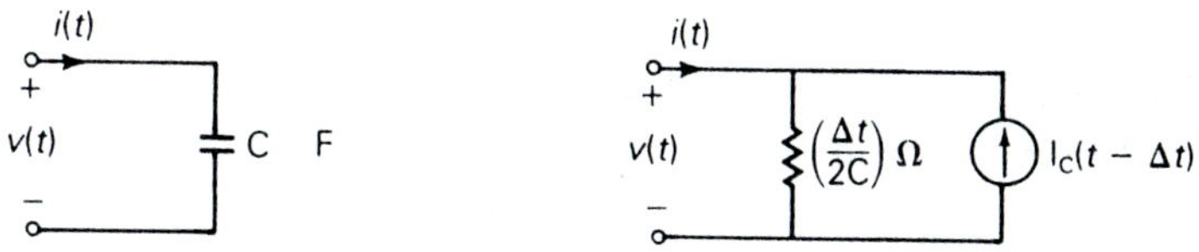

(a) 연속시간에서의 등가회로　(b) 이산시간에서의 등가회로

그림 14.16 집중정수 C(커패시턴스)

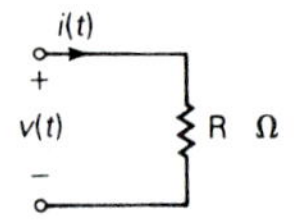

(a) 연속시간에서의 등가회로

(b) 이산시간에서의 등가회로

그림 14.17 집중정수 R(저항)

식 (14.4.17)과 식 (14.4.18)은 그림 14.16(b)와 같은 회로로 표현된다. 즉, 커패시턴스 C는 $(\Delta t/2C)$ Ω의 저항과 과거 이력을 나타내는 전류원 $I_C(t - \Delta t)$가 병렬 연결된 등가회로로 표현될 수 있다.

집중정수 R(저항)

그림 14.17에서 볼 수 있는 것처럼 집중정수 R(저항)의 이산시간모델은 연속시간에서의 모델과 동일하다. 즉,

$$v(t) = Ri(t) \tag{14.4.19}$$

노드방정식

단상 무손실 선로와 집중정수 RLC로 구성되는 선로는 그림 14.14(b), 14.15(b), 14.16(b), 14.17(b)에서의 등가회로로 대체되며, 이 대체된 회로에 대하여 노드방정식을 세우면 매 시각 t에서 모든 노드의 전압을 결정할 수 있는 선형 대수방정식을 얻을 수 있다.

예제 14.7 컴퓨터에 의한 단상 무손실 선로의 과도현상 해석용 이산시간모델

예제 14.3의 회로에서 송전단 및 수전단의 전압을 결정하기 위하여 회로 소자를 이산시간모델로 교체하고, 노드방정식을 세우시오. 그리고 컴퓨터를 이용하여 송전단 및 수전단의 전압을 $0 \le t \le 9$ ms의 범위에서 계산하시오. 계산 시 선로 조건은 E = 100 V, Z_c = 400 Ω, C_R = 5 μF, τ = 1.0 ms, Δt = 0.1 ms로 한다.

| 풀이

그림 14.18에 이산모델을 제시한다. 여기서 $v_k(t)$는 송전단 전압 $v(0, t)$를, $v_m(t)$는 수전단 전압 $v(l, t)$를 각각 나타낸다. 이산모델의 구성절차는 다음과 같다. 먼저, Z_G와 직렬 연결되어 있는 송전단 전압 $e_G(t)$를 Z_G와 병렬 연결되어 있는 등가전류원으로 변환한다. 이것을 그림 14.14의 무손

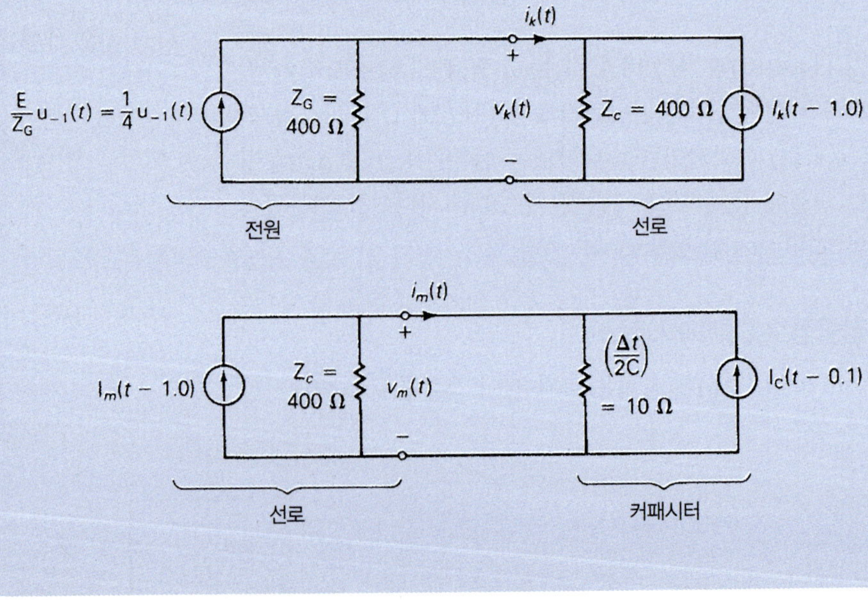

그림 14.18 예제 14.7의 이산시간 등가모델

실 선로 등가회로의 왼쪽에 연결하고, 그림 14.16의 커패시터 등가회로를 무손실 선로 등가회로의 오른쪽에 연결하여 그림 14.18과 같은 이산시간모델을 완성시킨다. 이 모델에 대하여 노드방정식을 세우면,

Output

Time ms	VK Volts	VM Volts
0.00	50.00	0.00
0.20	50.00	0.00
0.40	50.00	0.00
0.60	50.00	0.00
0.80	50.00	0.00
1.00	50.00	2.44
1.20	50.00	11.73
1.40	50.00	20.13
1.60	50.00	27.73
1.80	50.00	34.61
2.00	2.44	40.83
2.20	11.73	46.46
2.40	20.13	51.56
2.60	27.73	56.17
2.80	34.61	60.34
3.00	40.83	64.12
3.20	46.46	67.53
3.40	51.56	70.62
3.60	56.17	73.42
3.80	60.34	75.95
4.00	64.12	78.24
4.20	67.53	80.31
4.40	70.62	82.18
4.60	73.42	83.88
4.80	75.95	85.41
5.00	78.24	86.80
5.20	80.31	88.06
5.40	82.18	89.20
5.60	83.88	90.22
5.80	85.41	91.15
6.00	86.80	92.00
6.20	88.06	92.76
6.40	89.20	93.45
6.60	90.22	94.07
6.80	91.15	94.64
7.00	92.00	95.15
7.20	92.76	95.61
7.40	93.45	96.03
7.60	94.07	96.40
7.80	94.64	96.75
8.00	95.15	97.06
8.20	95.61	97.34
8.40	96.03	97.59
8.60	96.40	97.82
8.80	96.75	98.03
9.00	97.06	98.22

Computer Program Listing

```
10 REM EXAMPLE 14.7
20 LPRINT "TIME VK VM"
30 LPRINT "ms Volts Volts"
40 IC = 0
50 T = 0
60 KPRINT = 2
65 REM T IS TIME. KPRINT DETERMINES THE PRINTOUT INTERVAL.
70 REM LINES 110 to 210 COMPUTE EQS(a)−(e) FOR THE FIRST
80 REM TEN TIME STEPS (A TOTAL OF ONE ms) DURING WHICH
90 REM THE CURRENT SOURCES ON THE RIGHT HAND SIDE
100 REM OF THE EQUATIONS ARE ZERO. TEN VALUES OF
105 REM CURRENT SOURCES IK(J) AND IM(J) ARE STORED.
110 FOR J = 1 TO 10
120 VK = 200/4
130 VM = 9.7561*IC
140 IM(J) = (2/400)*VK
150 IK(J) = (−2/400)*VM
160 IC=−IC + (1/5)*VM
170 Z = (J−1)/KPRINT
180 M = INT (Z)
190 IF M = Z THEN LPRINT USING "*****"; T,VK,VM
200 T = T + .1
210 NEXT J
220 REM LINES 250 to 420 COMPUTE EQS(a)−(e) FOR TIME T
230 REM EQUAL TO AND GREATER THAN 1.0 ms. THE PAST TEN
240 REM VALUES OF IK(J) AND IM(J) ARE STORED
250 FOR J = 1 TO 10
260 REM LINE 270 IS EQ(a).
270 VK = 200*((1/4)−IK (J))
280 REM LINE 290 IS EQ (b).
290 VM = 9.7561*(IM (J) + IC)
300 REM LINE 310 IS EQ (e).
310 IC=−IC + (1/5)*VM
320 REM LINES 330−360 ARE EQS (c) and (d).
330 C1 = IK(J) + (2/400)*VK
340 C2 = IM(J)−(2/400)*VM
350 IM(J) = C1
360 IK(J) = C2
370 Z = (J−1)/KPRINT
380 M = INT(Z)
390 IF M = Z THEN LPRINT USING "*****"; T,VK,VM
400 T = T +.1
410 NEXT J
420 IF T < 9.0 THEN GOTO 250
430 STOP
```

그림 14.19 예제 14.7의 계산 결과

(계속)

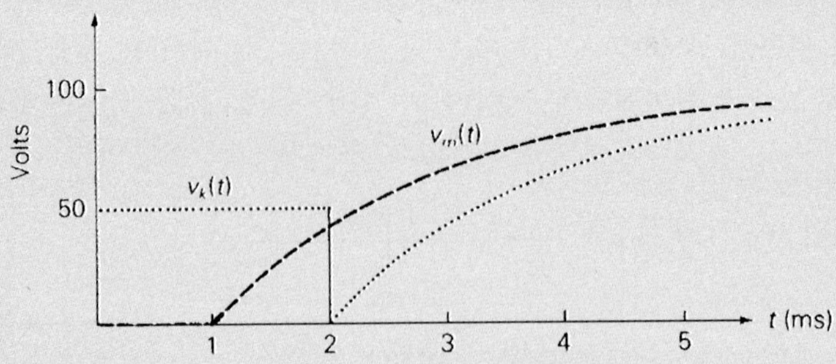

그림 14.19 (계속)

$$\begin{bmatrix} \left(\frac{1}{400}+\frac{1}{400}\right) & 0 \\ 0 & \left(\frac{1}{400}+\frac{1}{10}\right) \end{bmatrix} \begin{bmatrix} v_k(t) \\ v_m(t) \end{bmatrix} = \begin{bmatrix} \frac{1}{4} - I_k(t-1.0) \\ I_m(t-1.0) + I_C(t-0.1) \end{bmatrix}$$

상기 식을 풀면,

$$v_k(t) = 200[\tfrac{1}{4} - I_k(t-1.0)] \quad \text{(a)}$$

$$v_m(t) = 9.75610[I_m(t-1.0) + I_C(t-0.1)] \quad \text{(b)}$$

상기 식의 $I_m(t)$ 및 $I_k(t)$ 전류원은 식 (14.4.9) 및 식 (14.4.10)에 $(t - \tau)$를 t로 대체하고, 상기 식의 $I_C(t)$ 전류원은 식 (14.4.18)에 $(t - \Delta t)$를 t로 대체하여 각각 다음과 같이 얻을 수 있다.

$$I_m(t) = I_k(t-1.0) + \frac{2}{400} v_k(t) \quad \text{(c)}$$

$$I_k(t) = I_m(t-1.0) - \frac{2}{400} v_m(t) \quad \text{(d)}$$

$$I_C(t) = -I_C(t-0.1) + \frac{1}{5} v_m(t) \quad \text{(e)}$$

상기 식 (a)에서 (e)까지를 컴퓨터에 의하여 다음과 같은 적정한 계산과정으로 $t = 0$에서부터 반복수행을 시작함으로써 노드 k와 m의 전압을 구한다.

1단계: 전류 $I_m(\,)$, $I_k(\,)$, $I_C(\,)$의 초기치를 고려하여 식 (a)와 (b)로부터 전압 $v_k(t)$와 $v_m(t)$를 계산한다.

2단계: 식 (c), (d), (e)로부터 전류 $I_m(t)$, $I_k(t)$, $I_C(t)$를 계산하고, $I_m(t)$, $I_k(t)$ 값을 저장한다.

3단계: 시간 t를 $(t + \Delta t) = (t + 0.1)$로 하여 1단계로 돌아가서 반복한다.

선로와 커패시터는 $t < 0$ 이전에 충전되어 있지 않으므로 전류전원 $I_m(\,)$, $I_k(\,)$, $I_C(\,)$은 ( )의 값이 0보다 작을 때마다 0이 되어야 한다. 또한, (a)에서 (e)까지의 식으로부터 $I_m(\,)$ 및 $I_k(\,)$의 과거 10개의 값을 저장할 필요가 있음을 명기하시오.

상기의 계산과정을 BASIC으로 프로그래밍하여 수행시킨 결과를 그림 14.19에 보인다. 그려진 송전단 전압 $v_k(t)$를 예제 14.3의 결과와 비교하시오.

예제 14.7은 임의의 개수의 노드, 단상 무손실 선로 및 집중정수 RLC에 대하여 이산시각마다 각 노드의 전압을 계산하는 데 일반화 적용될 수 있다. 즉, 모든 전압원은 전류원으로 바꾸고, 모든 노드의 전압을 미지수로 하여 매 이산시각마다 **YV** = **I**와 같은 노드방정식을 세운다. 또한, **I** 내부의 종속전류원은 이전 시간에서의 노드전압원과 전류원에 의하여 표현된다. 계산상의 편의를 위하여 모선 어드미턴스 행렬인 **Y**는 집중정수 RLC가 상수인 이상 그 요소가 실수인 대칭행렬이 되도록 시간간격 Δt를 일정 상수로 선정할 수 있다.

14.5 손실이 있는 선로

송전선로의 직렬저항 또는 병렬 컨덕턴스는 감쇄, 왜곡, 손실의 원인이 된다. 여기에서는 이들로 인한 영향을 살펴보기로 한다.

감쇄

단상 2선식 선로를 나타내는 그림 14.1의 직렬저항을 R Ω/m, 병렬 컨덕턴스를 G S/m이라고 하면, 식 (14.1.3)과 식 (14.1.4)는

$$\frac{\partial v(x,t)}{\partial x} = -\mathrm{R}\,i(x,t) - \mathrm{L}\frac{\partial i(x,t)}{\partial t} \tag{14.5.1}$$

$$\frac{\partial i(x,t)}{\partial x} = -\mathrm{G}v(x,t) - \mathrm{C}\frac{\partial v(x,t)}{\partial t} \tag{14.5.2}$$

양변에 라플라스변환을 취하여 정리하면 식 (14.1.7), 식 (14.1.8)과 유사한 형태인 다음과 같은 식이 된다.

$$\frac{d^2\mathrm{V}(x,s)}{dx^2} - \gamma^2(s)\,\mathrm{V}(x,s) = 0 \tag{14.5.3}$$

$$\frac{d^2\mathrm{I}(x,s)}{dx^2} - \gamma^2(s)\mathrm{I}(x,s) = 0 \tag{14.5.4}$$

여기서

$$\gamma(s) = \sqrt{(\mathrm{R}+s\mathrm{L})(\mathrm{G}+s\mathrm{C})} \tag{14.5.5}$$

이 방정식의 해는 다음과 같이 구해진다.

$$\mathrm{V}(x,s) = \mathrm{V}^+(s)e^{-\gamma(s)x} + \mathrm{V}^-(s)e^{+\gamma(s)x} \tag{14.5.6}$$

$$\mathrm{I}(x,s) = \mathrm{I}^+(s)e^{-\gamma(s)x} + \mathrm{I}^-(s)e^{+\gamma(s)x} \tag{14.5.7}$$

상기의 식에 대하여 역라플라스변환을 취하여 전압 $v(x, t)$와 전류 $i(x, t)$를 완성된 형태로 구한다는 것은 불가능하다. 그러나 무왜곡, 즉 R/L = G/C의 특별한 조건에서는 역라플라스변환이 완성된 형태로 구해질 수 있다. 식 (14.5.5)를 다시 정리하면,

$$\gamma(s) = \sqrt{\mathrm{LC}[(s+\delta)^2 - \sigma^2]} \tag{14.5.8}$$

여기서

$$\delta = \frac{1}{2}\left(\frac{\mathrm{R}}{\mathrm{L}} + \frac{\mathrm{G}}{\mathrm{C}}\right) \tag{14.5.9}$$

$$\sigma = \frac{1}{2}\left(\frac{\mathrm{R}}{\mathrm{L}} - \frac{\mathrm{G}}{\mathrm{C}}\right) \tag{14.5.10}$$

무왜곡 선로에 대하여 $\sigma = 0$, $\delta = \mathrm{R/L}$이므로 식 (14.5.6)과 식 (14.5.7)은

$$\mathrm{V}(x,s) = \mathrm{V}^+(s)e^{-\sqrt{\mathrm{LC}}[s+(\mathrm{R/L})]x} + \mathrm{V}^-(s)e^{+\sqrt{\mathrm{LC}}[s+(\mathrm{R/L})]x} \tag{14.5.11}$$

$$\mathrm{I}(x,s) = \mathrm{I}^+(s)e^{-\sqrt{\mathrm{LC}}[s+(\mathrm{R/L})]x} + \mathrm{I}^-(s)e^{+\sqrt{\mathrm{LC}}[s+(\mathrm{R/L})]x} \tag{14.5.12}$$

무왜곡 선로에 대하여 $v = 1/\sqrt{\mathrm{LC}}$, $\sqrt{\mathrm{LC}}(\mathrm{R/L}) = \sqrt{\mathrm{RG}} = \alpha$를 이용하여 상기 식의 역라플라스변환을 취하면,

$$v(x,t) = e^{-\alpha x}v^+\left(t - \frac{x}{v}\right) + e^{+\alpha x}v^-\left(t + \frac{x}{v}\right) \tag{14.5.13}$$

$$i(x,t) = e^{-\alpha x}i^+\left(t - \frac{x}{v}\right) + e^{\alpha x}i^-\left(t + \frac{x}{v}\right) \tag{14.5.14}$$

이들 전압파와 전류파는 무손실 선로의 식 (14.1.12)와 식 (14.1.13)과 유사한 형태인 전진 진행파와 후진 진행파로 구성된다. 그러나 유손실 무왜곡 선로에 대하여 이들 진행파는 $e^{\pm \alpha x}$ 항으로 인해 x 값에 따라 감쇄가 일어난다. 감쇄항 $\alpha = \sqrt{\mathrm{RG}}$는 일정 상수이고, 감쇄 진행파는 일정 속도 $v = 1/\sqrt{\mathrm{LC}}$로 전파되어 간다. 그러므로 무왜곡 선로를 따라 진행하는 전압파 및 전류파는 형태는 변하지 않고 크기만 감쇄된다.

왜곡

정현파 입력의 정상상태에서 전파상수 $\gamma(j\omega)$는 식 (14.5.5)에 $s = j\omega$를 대입하여

$$\gamma(j\omega) = \sqrt{(\mathrm{R}+j\omega\mathrm{L})(\mathrm{G}+j\omega\mathrm{C})} = \alpha + j\beta \tag{14.5.15}$$

무손실 선로의 경우 R = G = 0이므로 $\alpha = 0$, $\beta = \omega\sqrt{\mathrm{LC}}$이고, 속도 $v = \alpha/\beta = 1/\sqrt{\mathrm{LC}}$는 일정 상수이다. 따라서 모든 주파수의 정현파 진행파는 무손실 선로를 따라 감쇄 없이 일정 속도 v로 진행한다.

R/L = G/C인 무왜곡 선로의 경우, 전파상수 $\gamma(j\omega)$는 식 (14.5.8)~식 (14.5.10)에 의거하여

$$\gamma(j\omega) = \sqrt{\mathrm{LC}\left(j\omega + \frac{\mathrm{R}}{\mathrm{L}}\right)^2} = \sqrt{\mathrm{LC}}\left(j\omega + \frac{\mathrm{R}}{\mathrm{L}}\right)$$
$$= \sqrt{\mathrm{RG}} + j\frac{\omega}{v} = \alpha + j\beta \tag{14.5.16}$$

$\alpha = \sqrt{\mathrm{RG}}$, $v = \sqrt{\mathrm{LC}}$은 상수이므로 모든 주파수의 정현파 진행파는 왜곡 없이 일정 감쇄율 및 일정 속도로 무왜곡

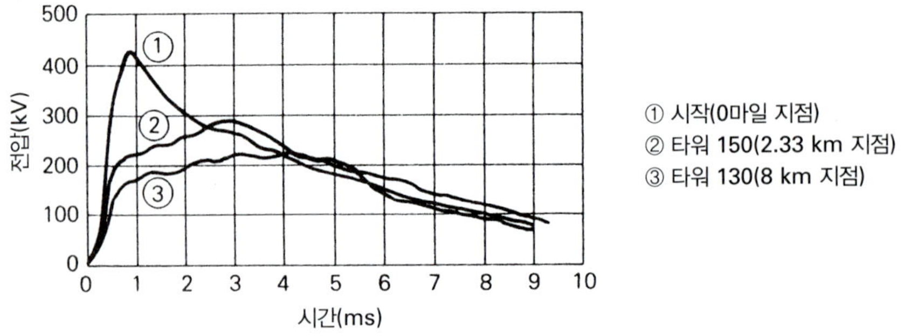

그림 14.20 32 kV 가공선로에서 측정된 전압 서지의 왜곡과 감쇄[4] (Lacey, H.M., "The lightning protection of high-voltage overhead transmission and distribution systems," *Proceedings of the IEE-Part II: Power Engineering*, vol. 96, no. 50, pp. 287–299, April 1949. Reprinted by permission of Institution of Engineering and Technology.)

선로를 따라 진행한다.

전형적인 R, L, G, C 값을 갖는 실제의 송전선로는 1 MHz 이상의 주파수에 대하여 왜곡이 없는 경향을 보이고 있으므로 이 경우 α, β는

$$\alpha \simeq \frac{R}{2}\sqrt{\frac{C}{L}} + \frac{G}{2}\sqrt{\frac{L}{C}} \tag{14.5.17}$$

$$\beta \simeq \omega\sqrt{LC} = \frac{\omega}{v} \tag{14.5.18}$$

따라서 1 MHz 이상의 주파수를 갖는 정현파 진행파는 식 (14.5.17)의 감쇄계수 α, 일정 속도 $v = 1/\sqrt{LC}$로 무왜곡 선로를 따라 진행한다.

1 MHz 이하의 주파수에 대하여는 근사화가 어렵고, 선로에는 일반적으로 왜곡이 존재한다. 대표적인 송전선로의 R/L 비는 G/C 비보다 약 1,000배 크므로 무왜곡 조건인 R/L = G/C가 성립하지 않는다.

그림 14.20은 132-kV 가공선로에 대하여 실험을 통하여 얻어진 전압서지의 왜곡 및 감쇄 정도를 보여주고 있는데[4] 이 그림에서 왜곡이 선로를 따라 진행하는 전압서지의 전반부를 어떻게 감소시키고 후반부를 어떻게 형성시켜 가는지를 잘 관찰할 수 있다.

전력손실

전력손실은 선로의 직렬저항 R에 의한 I^2R 손실과 가공선의 병렬요소로 존재하는 절연부분의 누설 컨덕턴스, 코로나의 컨덕턴스 및 케이블의 유전손에 의한 V^2G 손실로 구분되며, 정격전압과 정격전류에서 운전되는 실제의 송전 선로에서는 I^2R 손실이 V^2G 손실보다 훨씬 크다.

이미 언급되었지만 손실이 있는, 즉 R, L, G, C 파라미터를 갖는 단상 2선식 선로의 과도해석은 간단치 않은데, 여기에 R 값이 상수가 아닌 주파수에 의존하는 표피효과까지 고려하면 복잡하다.

또한 Carson [5]이 직렬저항과 인덕턴스가 주파수 의존성을 갖는다는 것을 보인 대지귀로의 중성선까지 고려한다면 더욱 복잡하다. 따라서 손실이 있는 선로의 과도해석은 디지털 컴퓨터를 이용하여 처리하는 것이 최선의 방법이다. 이를 위해서는 길이 l인 단상선로를 전체 저항의 절반인 Rl/2 Ω 집중정수로 하여 선로의 양 끝에 직렬로 연결한 무손실 선로로 근사화시킨다. 정확도를 증진시키기 위해서는 선로를 여러 구간으로 나누는 것이 필요하지만, 2개 구간을 초과하여 나누는 것은 정확도 증진에 큰 도움이 되지 않는다. 각 구간은 전술한 것과 같은 방법의 무손실 선로로 근사화시킨다.

집중정수 R의 이산시간 등가회로인 그림 14.17과 단상 무손실 선로의 이산시간 등가회로인 그림 14.14를 이용하여 손실이 있는 선로구간을 그림 14.21과 같이 근사화시킬 수 있다. 여기에서 주파수 의존의 선로파라미터에 대한 디지털 모델링 방법[6, 7]은 다루지 않기로 한다.

14.6 다도체 선로

지금까지 단상 2선식 선로에 대한 과도현상을 알아보았는데, 이번에는 각각 다른 서지 임피던스를 갖는 n개의 도체로 구성된 가공 송전선로에 각기 다른 속도를 갖는 n개의 진행파가 진행하는 과도현상을 3상 선로 표현방법 중의 하나인 모달 해석법(modal analysis)[8]을 이용하여 살펴보기로 한다.

3개의 도체로 구성된 3상 무손실 완전 연가된 가공선로의 전압-전류 관계식은

$$\frac{d\mathbf{V}(x, s)}{dx} = -s\mathbf{LI}(x, s) \tag{14.6.1}$$

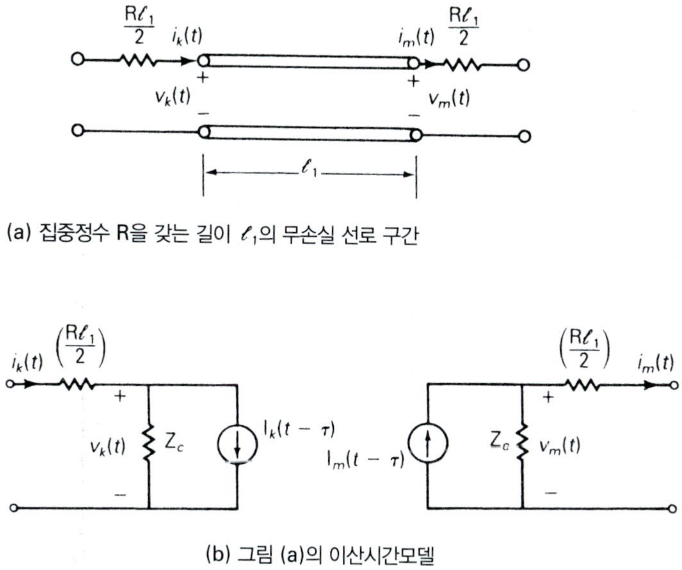

그림 14.21 손실이 있는 가공선로 구간의 근사화 모델

$$\frac{d\mathbf{I}(x, s)}{dx} = -s\mathbf{C}\mathbf{V}(x, s) \tag{14.6.2}$$

여기서

$$\mathbf{V}(x, s) = \begin{bmatrix} V_{ag}(x, s) \\ V_{bg}(x, s) \\ V_{cg}(x, s) \end{bmatrix} \qquad \mathbf{I}(x, s) = \begin{bmatrix} I_a(x, s) \\ I_b(x, s) \\ I_c(x, s) \end{bmatrix} \tag{14.6.3}$$

식 (14.6.1)과 식 (14.6.2)는 대지에 대한 x 지점의 전압벡터 $\mathbf{V}(x, s)$와 선로 전류벡터 $\mathbf{I}(x, s)$를 제외하고는 식 (14.1.5), 식 (14.1.6)과 같다. 완전 연가된 경우의 3 × 3 인덕턴스 행렬 $\mathbf{L}$과 커패시턴스 행렬 $\mathbf{C}$는

$$\mathbf{L} = \begin{bmatrix} L_s & L_m & L_m \\ L_m & L_s & L_m \\ L_m & L_m & L_s \end{bmatrix} \quad \text{H/m} \tag{14.6.4}$$

$$\mathbf{C} = \begin{bmatrix} C_s & C_m & C_m \\ C_m & C_s & C_m \\ C_m & C_m & C_s \end{bmatrix} \quad \text{F/m} \tag{14.6.5}$$

으로 표현되는데, 이들은 4.7절과 4.11절에서 제시된 방법으로 계산될 수 있으며, L_s, L_m, C_s는 (+)값을, C_m은 (−)값을 갖는다.

다음에는 식 (14.6.3)을 모달 변환[8]을 통하여

$$\begin{bmatrix} V_{ag}(x, s) \\ V_{bg}(x, s) \\ V_{cg}(x, s) \end{bmatrix} = \mathbf{T}_V \begin{bmatrix} V^0(x, s) \\ V^+(x, s) \\ V^-(x, s) \end{bmatrix} \tag{14.6.6}$$

$$\begin{bmatrix} I_a(x, s) \\ I_b(x, s) \\ I_c(x, s) \end{bmatrix} = \mathbf{T}_I \begin{bmatrix} I^0(x, s) \\ I^+(x, s) \\ I^-(x, s) \end{bmatrix} \tag{14.6.7}$$

와 같이 변환한다. 여기서, $V^0(x, s)$, $V^+(x, s)$, $V^-(x, s)$는 각각 영상분, 정상분, 역상분 전압으로, $I^0(x, s)$, $I^+(x, s)$, $I^-(x, s)$를 영상분, 정상분, 역상분 전류로 각각 정의된다. $\mathbf{T}_V$ 및 $\mathbf{T}_I$는 3 × 3 상수변환행렬로서 다음에서 유도된다. $\mathbf{V}_m(x, s)$와 $\mathbf{I}_m(x, s)$를 모달 전압벡터와 모달 전류벡터로 각각 정의하면,

$$\mathbf{V}(x, s) = \mathbf{T}_V \mathbf{V}_m(x, s) \tag{14.6.8}$$

$$\mathbf{I}(x, s) = \mathbf{T}_I \mathbf{I}_m(x, s) \tag{14.6.9}$$

식 (14.6.8)과 식 (14.6.9)를 식 (14.6.1)에 대입하면,

$$\mathbf{T}_V = \frac{d\mathbf{V}_m(x, s)}{dx} = -s\mathbf{L}\mathbf{T}_I\mathbf{I}_m(x, s)$$

즉,

$$\frac{d\mathbf{V}_m(x, s)}{dx} = -s(\mathbf{T}_V^{-1}\mathbf{L}\mathbf{T}_I)\mathbf{I}_m(x, s) \tag{14.6.10}$$

마찬가지로 식 (14.6.8)과 식 (14.6.9)를 식 (14.6.2)에 대입하면,

$$\frac{d\mathbf{I}_m(x, s)}{dx} = -s(\mathbf{T}_I^{-1}\mathbf{C}\mathbf{T}_V)\mathbf{V}_m(x, s) \tag{14.6.11}$$

모달 변환의 목적은 식 (14.6.10)과 식 (14.6.11)의 괄호 안에 있는 행렬을 각 성분별로 상호관계가 없는 방정식으로 표현이 가능하도록 하는 대각행렬로 변환하는 것이다. 3상 완전 연가된 선로에 대하여 $\mathbf{T_V}$ 및 $\mathbf{T_I}$를

$$\mathbf{T_V} = \mathbf{T_I} = \begin{bmatrix} 1 & 1 & 1 \\ 1 & -2 & 1 \\ 1 & 1 & -2 \end{bmatrix} \tag{14.6.12}$$

로 하면, 그 역변환 행렬은

$$\mathbf{T_V^{-1}} = \mathbf{T_I^{-1}} = \frac{1}{3}\begin{bmatrix} 1 & 1 & 1 \\ 1 & -1 & 0 \\ 1 & 0 & -1 \end{bmatrix} \tag{14.6.13}$$

이 되어 식 (14.6.12), 식 (14.6.13), 식 (14.6.14) 및 식 (14.6.15)를 식 (14.6.10)과 식 (14.6.11)에 대입하여 정리하면,

$$\frac{d}{dx}\begin{bmatrix} V^0(x, s) \\ V^+(x, s) \\ V^-(x, s) \end{bmatrix} = \begin{bmatrix} -s(L_s + 2L_m) & 0 & 0 \\ 0 & -s(L_s - L_m) & 0 \\ 0 & 0 & -s(L_s - L_m) \end{bmatrix} \times \begin{bmatrix} I^0(x, s) \\ I^+(x, s) \\ I^-(x, s) \end{bmatrix} \tag{14.6.14}$$

$$\frac{d}{dx}\begin{bmatrix} I^0(x, s) \\ I^+(x, s) \\ I^-(x, s) \end{bmatrix} = \begin{bmatrix} -s(C_s + 2C_m) & 0 & 0 \\ 0 & -s(C_s - C_m) & 0 \\ 0 & 0 & -s(C_s - C_m) \end{bmatrix} \times \begin{bmatrix} V^0(x, s) \\ V^+(x, s) \\ V^-(x, s) \end{bmatrix} \tag{14.6.15}$$

된다. 식 (14.6.14)와 식 (14.6.15)로부터 영상분 방정식을 표현하면,

$$\frac{dV^0(x, s)}{dx} = -s(L_s + 2L_m)I^0(x, s) \tag{14.6.16}$$

$$\frac{dI^0(x, s)}{dx} = -s(C_s + 2C_m)V^0(x, s) \tag{14.6.17}$$

상기 식은 2선식 무손실 선로의 전압-전류 관계식인 식 (14.1.5) 및 식 (14.1.6)과 같으므로 닮은꼴 성질을 이용하면 영상분 진행파의 속도는

$$v^0 = \frac{1}{\sqrt{(L_s + 2L_m)(C_s + 2C_m)}} \quad \text{m/s} \tag{14.6.18}$$

영상분 서지 임피던스는

$$Z_c^0 = \sqrt{\frac{L_s + 2L_m}{C_s + 2C_m}} \quad \Omega \tag{14.6.19}$$

마찬가지로 정상분 및 역상분의 속도와 서지 임피던스는

$$v^+ = v^- = \frac{1}{\sqrt{(L_s - L_m)(C_s - C_m)}} \quad \text{m/s} \tag{14.6.20}$$

$$Z_c^+ = Z_c^- = \sqrt{\frac{L_s - L_m}{C_s - C_m}} \quad \Omega \tag{14.6.21}$$

상기의 전압-전류 관계식은 3개의 도체 이상, 즉 차폐선을 갖는 3상 선로 또는 3상 2회선 선로에 확장 적용이 가능하다. 물론 복잡하기는 하지만, 모달 변환을 이용하면 간단하다. 3상에 대하여 하나의 모드가 결정되며, 모드에는 3개의 성분, 즉 영상분, 정상분, 역상분이 존재하며, 각 성분마다 진행파 속도 및 서지 임피던스를 갖는다.

이와 같은 다도체 선로의 과도해석에는 디지털 컴퓨터에 의한 방법이 최선이고, 이용 가능한 프로그램은 참고문헌[9, 10]에 제시되어 있다. 디지털 컴퓨터는 비선형 시변 RLC 소자[8] 및 주파수 의존 파라미터를 갖는 선로[6, 7, 12]를 모델링하는 데 매우 효과적이다.

14.7 전력계통 과도전압

전력계통의 설비에 나타나는 과전압은 뇌 서지, 개폐 서지, 상용주파수(50, 60 Hz) 과전압으로 분류될 수 있다.

뇌 서지

구름과 대지 사이에 발생하는 낙뢰는 가공 송전선로의 정전을 유발하는 가장 큰 원인으로 알려져 있다. 예로 미국 및 캐나다의 전력회사로부터 14년간에 걸쳐 송전선 40,234 km에 걸쳐 수집된 데이터를 보면, 230 kV 송전선로 정전의 26%, 345 kV 송전선로 정전의 65%의 원인이 낙뢰로 판명되었고[13], 또한 영국에서도 14년간에 걸쳐 33 kV급까지의 배전선로 사고 50,000건에 대하여 조사한 결과에 따르면 정전의 47%의 원인이 낙뢰였다는 보고가 있다[14].

구름 속에서 시작하여 낙뢰 발생에 이르기까지 나타나는 전기적 현상은 복잡하여 이를 완전히 해명할 수 없지만, 몇몇 이론[15, 16, 17]들은 구름 안에서 전하분리가 일어난다는 것에 대하여는 대체적으로 모두 동의하고 있다. 이 중 윌슨[15]은 떨어지는 빗방울이 음전하들을 끌어들여서 남아 있는 공기덩어리를 양전하로 대전시킨다는 가설을 세웠다. 즉, 그림 14.22에서와 같이 떨어지는 빗방울은 음전하를 구름의 바닥으로 가져가고, 상승기류는 양전하와 얼음 결정체를 구름의 꼭대기로 이동시킨다는 것이다. 이렇게 되면, 구름의 밑바닥에 있는 음전하는 구름 바로 아래에 있는 지면 위에 양전하 영역을 유도하게 된다. 그림 14.22의 전기장 방향을 나타내는 전기력선은 양전하를 출발하여 음전하에서 종료된다.

전위경도가 구름 내 습기를 갖고 있는 공기의 절연파괴 한계인 5~15 kV/cm에 도달하면, 구름에서 지면으로 길이 약 50 m, 속도 약 10^5 m/s의 불규칙한 이온화 통로가 발생한다. 이때 구름 아래에 반대 부호의 전하가 대전되어 있어 지면에서 구름 쪽으로 상향 이온화 통로가 발생하는데, 이 두 이온화 통로가 만나면 뇌 방전이 생겨 전하들은 중성화된다.

낙뢰로 인한 전류는 전형적으로 1~10 μs 이내에서 최대치에 도달하며, 20~100 μs 이내에서 최대치의 절반으로 감쇄된다. 그림 14.23에 최대 전류의 분포특성을 제시하였다[20]. 그림 14.23의 그래프는 최대 전류값을 초과하는 낙뢰의 발생빈도를 나타낸다. 예를 들면, 그림에서 발생한 낙뢰의 50%가 45 kA 이상의 최대 전류값을 갖는 것으로 나타나 있고, 낙뢰의 최대 전류가 200 kA를 넘는 경우도 있다. 또한, 실험 자료에 따르면 발생 낙뢰의 90% 정도가 부호의 전류, 즉 음전하로 인한 낙뢰임이 밝혀졌고, 사람의 눈에서 관찰되는 한 번의 낙뢰 섬광은 여러 개의 낙뢰, 즉 50 ms의 시간간격으로 3~5회, 많으면 40회 발생하는 낙뢰라는 것이 증명되었다.

Global Atmospherics 회사의 소유로 운영되는 U.S. NLDN (National Lightning Detection Network)은 뇌 섬광을 구성하고 있는 개별 낙뢰들에 의하여 방사되는 전자장을 측정하는 시스템이다. 2001년 NLDN은 미국 전역 48개 주에 걸쳐 지상에 100여 개의 센서를 설치하여 측정된 낙뢰 데이터를 위성통신으로 애리조나주 투산에 위치하고 있는 네트워크 제어센터로 송신하도록 하였다. 송신된 데이터는 각 낙뢰에 대한 발생 시간, 위치, 극성 및 최대 전류값 등의 형태로 실시간 가공처리되어 실시간 정보사용자가 낙뢰 섬광 발생 직후 30~40초 이내에 위성 송출을 통해 받을 수 있도록 통신망을 통해 전송된다. 기록 저장된 데이터는 며칠간의 오프라인 재처리과정을 거쳐 비실 시간 정보사용자들이 접근 가능하도록 영구 데이터베이스에 저

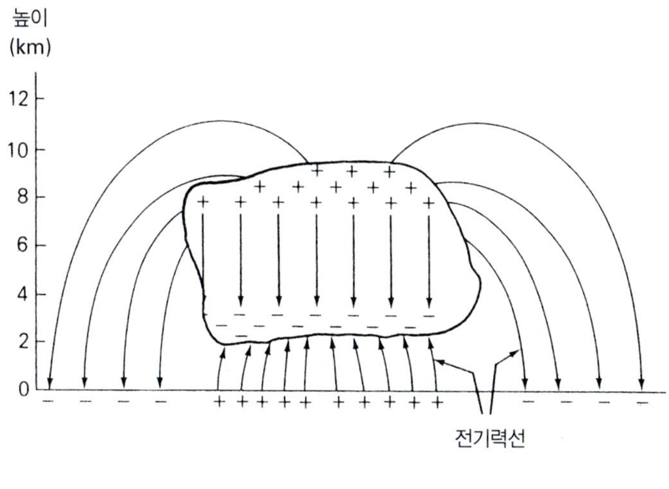

그림 14.22 구름 내부에서의 전하분리 가설[16]
(Based on G. B. Simpson and F. J. Scrase, "The Distribution of Electricity in Thunderclouds", *Proceedings of the Royal Society A: Mathematical, Physical and Engineering Sciences*, 161 (1937), p. 309.)

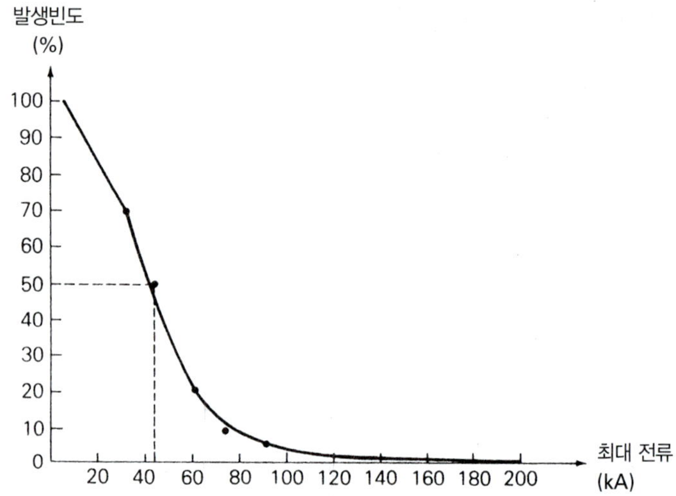

그림 14.23 최대 전류값을 초과하는 낙뢰의 발생빈도[20]
(© 1997 IEEE. Reprinted, with permission from IEEE Std C62.22-1997: IEEE Guide for the Application of Metal-Oxide Surge Arresters for Alternating-Current Systems.)

장된다. NLDN의 기록보관소에는 1989년 이래 매년 발생한 2천만 개 이상의 낙뢰 섬광에 대한 데이터를 보관하고 있으며, 현재 매년 약 8,500만 건의 낙뢰를 보고하고 있다[25, www.LgihtningStorm.com].

그림 14.24는 1989년부터 1998년까지 NLDN에 의하여 측정된 연간 낙뢰밀도를 파악할 수 있는 낙뢰밀도 등고선지도를 보이고 있다. 그림에서 알 수 있듯이 연간평균 낙뢰밀도는 서해안 지역에서의 0.1회/km^2/년에서 플로리다 반도 지역에서의 14회/km^2/년로 분포되어 있다. 그림 14.25는 격자모양의 3.2 km × 3.2 km 고해상도 낙뢰밀도지도를 보이고 있다.

그림 14.26은 69 kV, 25 km 송전선로가 있는 지역에 1995년도에 발생한 모든 낙뢰에 대한 자산노출지도를 보이고 있다. 이 지도는 송전선 주위에 노출된 지역에 대한 낙뢰노출 정도를 나타내고 있다. 이 지도의 데이터를 최대 전류 추정치와 송전선 사고이력과 함께 분석하면 선로와 선로구간의 낙뢰에 대한 성능, 즉 선로 설계 및 보호 등을 정량화하여 평가할 수 있다.

전력회사는 실시간 낙뢰지도를 이용하여 낙뢰 폭풍의 접근을 감시하고, 정도를 파악하여 사전에 보수직원을 대기

그림 14.24 1989년부터 1998년까지 NLDN에 의하여 미국 전역에 걸쳐 측정된 연간 낙뢰밀도(#횟수/km^2/년)를 나타내는 낙뢰밀도 등고선지도
(Courtesy of Vaisala, Inc.)

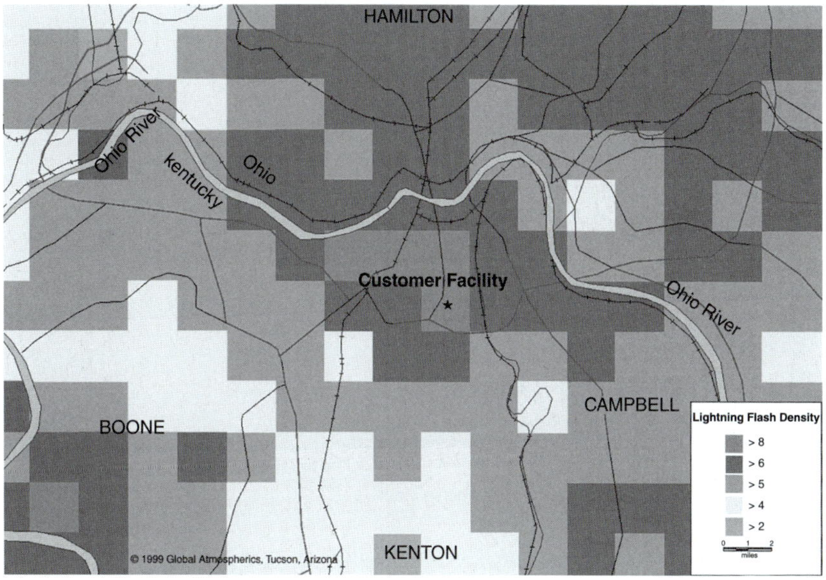

그림 14.25 격자모양의 고해상도 낙뢰밀도지도 (Courtesy of Vaisala, Inc.)

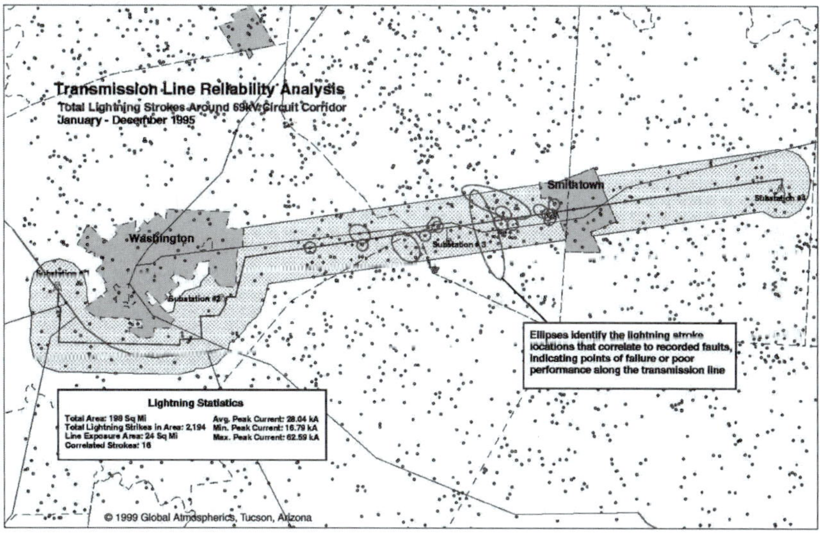

그림 14.26 69 kV, 25 km 송전선로가 있는 지역에 1995년도에 발생한 모든 낙뢰에 대한 자산노출지도(Courtesy of Vaisala, Inc.)

파견하도록 하며, 이외에도 실시간 낙뢰 데이터를 차단기, 릴레이 및 변전소 경보장치의 실시간 모니터링에 활용하여 낙뢰로부터의 피해를 최소화하고 신속히 복구할 수 있도록 하고 있다.

전형적인 송전선로 설계목표는 선로 160 km당 연간낙뢰로 인한 정전횟수가 평균 0.50 미만이 되도록 하고 있으며, 정격전압별 가공선로에 대한 설계 목표치를 결정하는 데는 철탑 높이, 차폐선 수와 위치, 상당 표준 애자 수, 철탑의 임피던스와 접지 임피던스가 고려되고 있다.

일반적으로 높은 위치에 있는 물체에 낙뢰가 발생하기 쉬운 것으로 알려져 있다. 그래서 H 프레임 구조물이 비교적 키가 큰 격자구조 철탑보다 낙뢰를 덜 맞는다. 또한, 단위 km당 철탑을 많이 배치시켜 그 철탑 간격이 짧게 되는 경우 낙뢰를 맞는 횟수를 줄일 수 있다.

그림 14.27에서와 같이 상도체 위에 설치되는 차폐선은 직격뢰로부터 상도체를 보호할 수 있는 효과적인 방법이다. 참고문헌[18]에 따르면 차폐선 아래로 ±30° 범위 내에 상도체를 설치하였을 경우 직격뢰를 맞을 횟수는 1/1,000로 줄어든다고 한다. 즉, 낙뢰의 대부분이 차폐선에 떨어진다는 것이다. 차폐선에 낙뢰가 떨어지면, 그 지점을 중심으로 양쪽으로 전압 및 전류 진행파가 진행하여 철탑에 도달하면 반사파는 낙뢰가 떨어진 곳으로 다시 돌아가게 되고, 두 개의 굴절파가 발생하여 하나는 다음 구간의 차폐선으로, 다른 하나는 철탑을 통하여 지면으로 향하게 된다.

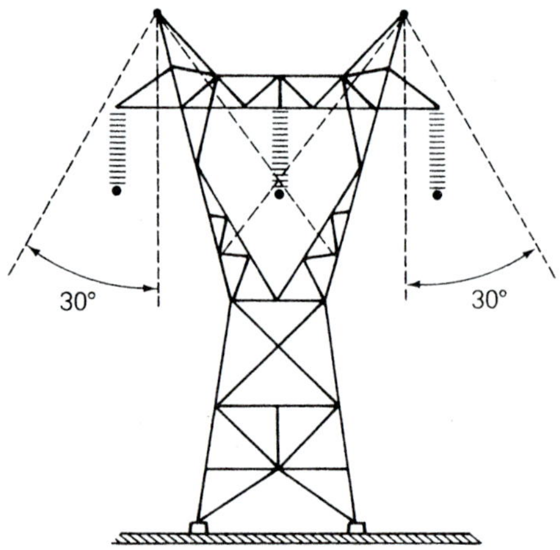

그림 14.27 차폐선의 효과

그러나 철탑 또는 철탑 접지부분의 임피던스가 크면, 전압강하가 커져 각 상의 전선을 지지하고 있는 애자의 절연파괴전압을 상회할 수 있어 이로 인한 섬락이 발생하지 않도록 애자의 개수를 결정하는 것이 중요하다. 따라서 낙뢰 시 전압강하가 크지 않도록 철탑 또는 철탑 접지부분의 임피던스를 가능한 한 작게 설계해야 한다. 만약, 철탑공사 자체가 낮은 접지저항을 얻을 수 없는 경우라면, 접지봉을 사용하거나 가끔 선로와 평행하게 지하에 접지도체를 매설(매설지선: counter poise)하는 경우도 있다.

개폐 서지

뇌 서지에 의한 과전압의 크기는 전력계통의 전압에 그다지 큰 영향을 받지 않지만, 개폐 서지로 인한 과전압은 계통전압에 비례한다. 따라서 345 kV 이상의 초고압(EHV) 송전선과 1,000 kV 이상의 극초고압(UHV) 송전선에 있어서 그 기본적인 절연설계 자체가 뇌 서지로 인한 과전압 정도에는 충분히 보호될 수 있도록 되어 있기 때문에 뇌 서지보다는 개폐 서지로 인한 과전압이 345 kV 이상의 송전선로 절연설계에 결정적인 요소가 된다.

가장 간단하면서도 큰 과전압이 발생하는 경우가 그림 14.28과 같이 개방된 선로에 전압이 인가되는 경우이다. 그림에서 정현파 전압의 최대치 $\sqrt{2}$ V에서 선로의 차단기가 폐로된다고 하면, 전원 측 임피던스가 0인 경우 전진 진행파의 크기는 $\sqrt{2}$ V가 되고, 이 진행파가 개방 수전단에 도착하면 전압반사계수 1로 인하여 입사파와 동일한 반사파가 발생하여 결국 수전단 전압의 최대치는 $2\sqrt{2}$ V $=$ 2.83 V가 된다. 더욱이 순시재폐로가 적용되는 선로의 경우는 이보다 더 큰 전압이 발생할 수 있다.

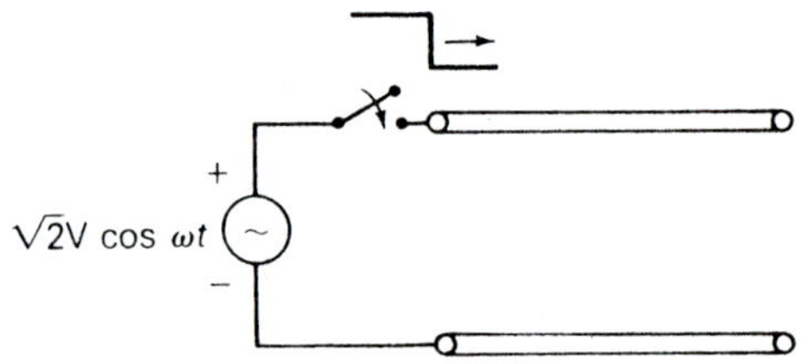

그림 14.28 전압이 인가되는 개방 선로

이와 같이 개방선로에 대한 전압 인가 시 및 순시 재폐로 시 발생하는 과전압을 방지하기 위하여 345 kV 이상의 송전선로에 설치되는 차단기 내부에 폐로 시 200~800 V 범위의 저항을 삽입하고, 그다음에 바로 바이패스되도록 하는 방식을 적용하고 있다. 즉, 차단기 폐로 시 저항을 삽입시킴으로써 가압되는 전원전압이 삽입된 저항과 선로 특성 임피던스로 분배되어 초기 선로전압을 낮출 수 있게 된다.

삽입 저항이 바이패스, 즉 단락회로가 될 때 새로운 과도상태가 발생하지만 주의 깊게 잘 설계하면 최대 선로전압을 줄일 수 있다.

송전선로의 1상이 지면과 연결되는 1선 지락사고 시 위험할 정도의 과전압이 발생할 수 있다. 즉, 1선 지락사고가 일어난 상의 사고지점과 사고가 일어나지 않은 건전상과의 사이에는 커패시티브 커플링에 의한 커패시터가 연결된 경우와 같으므로 커패시터 부하가 수전단에 연결되어 있는 예제 14.3의 경우와 같다고 볼 수 있다. 따라서 사고 직후 반사계수 -1에서 정상상태에서 반사계수 $+1$이 되어 이 반사파는 시간이 지나면서 진행하여 송전단 끝에 도달한 후 건전상의 정격전압과 중첩되어 정상 시 상전압의 2.1배에 해당하는 과전압을 건전상에 발생시킬 수 있다(Kimbark와 Legate 논문 참조)[19].

상용주파수 과전압

송전되는 전력의 기본주파수(우리나라의 경우 60 Hz)의 정수배를 갖는 지속적인 과전압은 부하차단, 철공진 및 영구사고로 인하여 발생한다. 이와 같은 과전압은 지속시간이 수 초에서 수 분 정도로, 감쇄가 잘 일어나지 않는다.

14.8 절연협조

절연협조란 전기설비가 예상되는 과전압에 보호될 수 있

도록 전기설비가 견딜 수 있는 절연내력(또는 절연강도) 이하에서 보호장치가 작동하도록 조정하는 과정을 말한다.

설비의 절연내력과 보호장치에 의하여 제공되는 보호 전압레벨을 얼마로 설정할 것인가는 엔지니어의 판단과 비용에 따라 달라진다.

설비의 절연내력은 그림 14.29에서와 같이 시간의 함수로 나타낼 수 있는데, 일반적으로 시간이 충분히 짧기만 하다면 설비의 절연은 높은 과도 과전압에도 견딜 수 있다. 그러나 절연내력의 결정 문제는 다소 복잡하다. 하나의 예로서 동일한 조건하에서 동일한 과도 과전압으로 반복시험을 하더라도 어떤 경우는 설비절연이 파괴되기도 하고, 다른 경우는 견디어내기도 한다.

절연내력시험에는 그림 14.30과 같은 표준 임펄스 전압파형을 이용한다. 이 전압파형은 피크치에 도달하는 시간 T_1 [μs], 피크치의 1/2로 감쇄하는 데 걸리는 시간 T_2[μs]로 정의된다. 한 예로서 1.2×50 파형은 $T_1 = 1.2\ \mu$s, $T_2 = 50\ \mu$s의 파형을 의미한다.

BIL (basic insulation level: 기본절연레벨)은 그림 14.30에서 나타난 표준 임펄스 전압파형의 피크치로 정의된다. IEEE에서 채택된 표준 BIL은 표 14.1과 같으며, 이

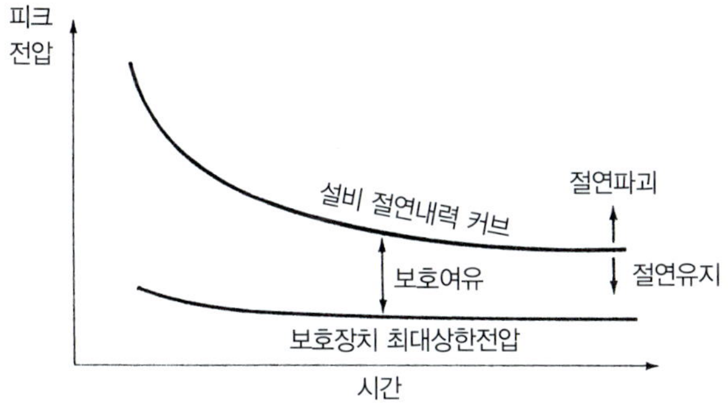

그림 14.29 설비의 절연내력

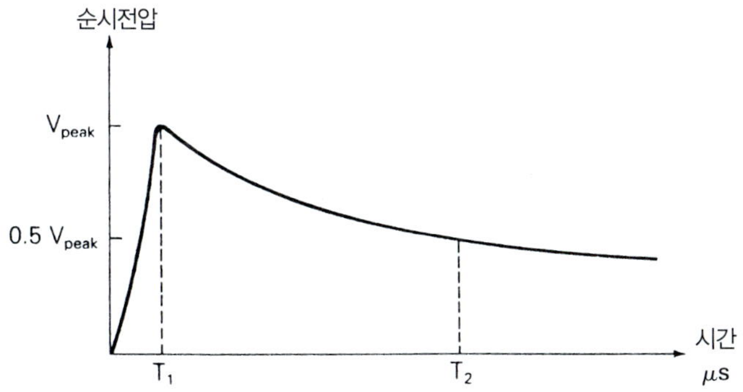

그림 14.30 절연내력시험용 표준 임펄스 전압파형

기준을 따르는 설비는 접지 유무에 관계없이 + 또는 − 극성의 표준전압파형이 반복적으로 인가되더라도 절연파괴가 일어나지 않고 견디어내야 한다. 공칭전압 115 kV 이상의 시스템에서 직접 접지된 설비는 표준 BIL보다 낮은 값의 BIL이 적용된다.

BIL 값들은 pu법 값으로 표현될 경우도 있다. 이때 기준전압은 선과 대지 사이 공칭전압의 최대치로 한다. 예를 들면, 공칭전압 345 kV의 선로에서 선과 대지 사이 공칭전압의 최대치는 $\sqrt{2}(345/\sqrt{3}) = 281.7$ kV이므로 표 14.1의 표준 BIL 1,550 kV는 $(1{,}550/281.7) = 5.5$ p.u.가 된다.

외부절연인 가공송전선로의 절연은 보통 자기복구가 가능하다. 즉, 송전선로의 절연체인 애자련에서 절연이 파괴되어 불꽃이 튀기는 섬락(閃絡)이 발생하게 되면 회로적으로 단락상태가 된다. 이때 선로의 차단기가 이 단락전류를 검출하여 사고전류를 차단하여 선로를 개방하면 공급전원이 없어진 가운데서 애자련의 절연은 보통 본래의 절연상태로 다시 돌아온다. 이후 선로의 차단기를 빨리 투입하면 전원 공급이 재개될 수 있다. 그러나 내부절연인 변압기 절연은 자기복구기능이 없다. 따라서 변압기 절연이 파괴되면 수리하거나 다른 변압기로 교체해야 한다.

설비가 만족해야 하는 BIL보다 높은 과전압으로부터 변압기 같은 내부절연의 설비를 보호하기 위하여는 그림 14.31과 같이 보호대상의 설비와 병렬로 상과 대지 간에 보호장치를 설치한다. 그림 14.29에서 보는 바와 같이 보호장치의 기능은 보호대상설비의 BIL 값보다 낮은 최대상한전압에서 보호장치가 작동하도록 하는 것이며, 설비의 절연파괴전압과 보호장치의 최대상한전압과의 차를 **보호여유**라고 한다.

보호장치는 다음과 같은 4가지 기준을 만족해야 한다.

첫째, 정상전압의 정상상태에서는 손실을 최소화하기 위하여 임피던스가 상당히 커야 한다.

둘째, 서지 발생 시 전압제한을 위하여 임피던스가 작아야 한다.

셋째, 자체 손상 없이 서지 에너지를 방출 또는 흡수할 수 있어야 한다.

넷째, 서지가 지나간 후에는 본래의 개방회로로 돌아가야 한다.

표 14.1 표준 및 완화된 BIL[18]

공칭 시스템		
전압 kV rms	표준 BIL kV	표준보다 낮은 BIL* kV
1.2	45	
2.5	60	
5.0	75	
8.7	95	
15	110	
23	150	
34.5	200	
46	250	
69	350	
92	450	
115	550	450
138	650	550
161	750	650
196	900	750
230	1,050	825~900
287	1,300	1,000~1,100
345	1,550	1,175~1,300
500		1,300~1,800
765		1,675~2,300

* 직접 접지된 설비에 대하여 적용됨. 표에서의 BIL 값들은 1.2×50 ㎲ 전압파형을 기준으로 하고 있으며, 송전선로 절연과 같이 자기복구가 가능한 외부절연뿐 아니라 변압기 절연과 같이 자기복구가 가능하지 않은 내부절연에 통계적 데이터에 근거하여 적용되는 것임(Based on Westinghouse Electric Corporation, *Electrical Transmission and Distribution Reference Book*, 4th ed. (East Pittsburgh, PA: 1964).)

가장 간단한 보호장치는 특정 과전압 이상에서 불꽃방전이 일어날 수 있도록 일정 공극(또는 갭)을 유지시킨 두 개의 금속봉(이하 '로드갭'이라 칭함)이다. 그러나 로드갭의 경우는 위의 처음 두 가지 조건은 만족하지만, 방출에너지가 작고, 아크 발생 후 스스로 아크를 제거할 수 없다는 단점이 있다.

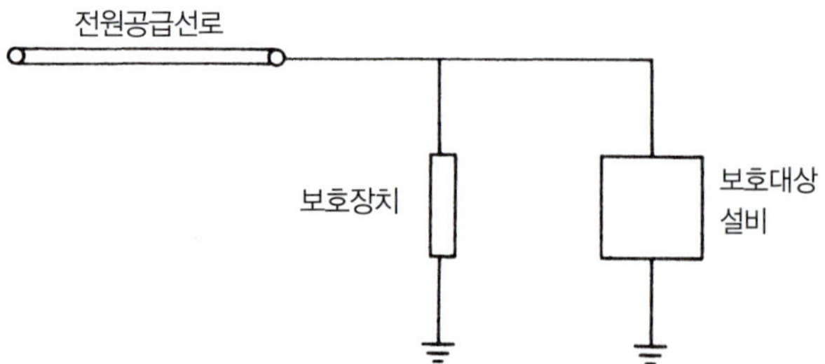

그림 14.31 보호대상 설비와 보호장치가 병렬로 연결된 단선도

비선형 소자인 탄화규소저항(Silicon Carbide)과 공극이 직렬로 연결된 피뢰기는 위의 4가지 조건을 모두 만족시킨다. 공극은 정상적인 전압에서는 개방상태이므로 전류가 흐르지 않아 손실이 발생하지 않으며, 과전압이 발생하면 아크가 발생함과 동시에 단락회로가 형성되어 큰 전류가 흐르게 된다. 이때 직렬로 연결된 탄화규소저항은 전류의 증가에 따라 저항이 급격히 저하되는 특성이 있어 탄화규소저항 양단에 걸리는 전압을 사전에 설정된 최대상한전압 이하로 제한하면서 서지 에너지를 저항열로 소비시킨다. 결국 서지 통과 후 다양한 형태의 아크 제어로 공극 내

에서 아크를 소호시켜 피뢰기를 정상상태의 개방회로로 복귀시키게 된다.

공극이 없는 비선형 금속산화물 저항으로 구성된 무갭 피뢰기도 위의 4가지 조건을 모두 만족한다. 즉, 정상적인 전압에서는 저항이 상당히 커서 μA 정도의 전류가 흘러 손실도 수 와트에 지나지 않고, 서지 침입 시 저항이 급격히 저하되어 서지 에너지를 소비하면서 과전압을 최대상한전압 이하로 제한한다. 서지 통과 후 저항은 다시 원래의 큰 저항값으로 복귀된다. 이와 같은 무갭 피뢰기의 장점은 다른 피뢰기와 달리 최대상한전압이 정상운전상태의 전압에 가까워 BIL을 낮출 수 있고, 이로 인해 보호대상 설비의 절연비용을 절감할 수 있다는 것이다.

피뢰기는 발변전소급, 중간급, 배전급, 2차 배전급의 4가지로 분류된다. 발변전소급의 피뢰기는 가장 큰 공사 규모로 정격범위를 제일 크게 설계하여 가장 좋은 보호특성을 갖도록 해야 한다. 중간급 피뢰기는 중간급 규모의 공사로 공칭전압 138 kV 이하인 시스템에 맞도록 설계된다. 배전급 피뢰기는 경제성이 요구되는 저압 변압기 및 선로에 적용된다. 2차 배전급 피뢰기는 공칭전압이 1,000 V 미만인 시스템에 적용된다. 발변전소급 및 중간급 금속산화물 피뢰기의 보호특성을 표 14.2에 제시하였고[20], 이것은 제조업체의 제품 설명서에 근거하여 요약한 것이다.

뇌 서지로 인하여 피뢰기에 흐르는 전류는 일반적으로 그림 14.23에서 보여지는 뇌 전류보다 작다. 그 이유는 송전선로의 상도체에 직격뢰가 친 경우, 진행파는 그 지점으로부터 두 방향으로 나뉘는데, 하나는 선로 절연체 부분에서 섬락을 일으키고, 다른 하나는 피뢰기로 흐르기 때문이다. 피뢰기에 매우 가까운 상의 도체에 낙뢰가 떨어진 경우에만 선로에서 섬락이 일어나지 않고 낙뢰 전류 전체가 피뢰기를 통하여 지면으로 방전된다. 그러나 이와 같은 현상은 송전선로와 변전소를 차폐하기 위하여 사용되는 가공 차폐선을 통해 현저하게 줄일 수 있다. 차폐선을 사용하지 않는 변전소의 경우에는 피뢰기의 방전전류가 최소한 20 kA 정도(만약, 연간 뇌우일수를 나타내는 isokeraunic level이 연간 40일 이상인 경우는 20 kA보다 훨씬 더 큰 전류값)가 되도록 권장되고 있고, 차폐선을 사용하는 변전소의 경우는 이보다 작은 5~20 kA 범위의 피뢰기 방전전류로 대부분의 상황이 만족된다고 한다[20].

금속산화물 피뢰기를 선정할 때, 피뢰기의 MCOV가 정상 운전 상태에서 60 Hz 상전압 최대치를 초과하도록 하는 것이 중요하다. 또한, 피뢰기 설치 위치에서 일시적인 과전압, 예를 들면 1선 지락사고 시 건전상에 발생하는 과전압에 견딜 수 있도록 하여야 한다. 즉, 금속산화물 피뢰기의 일시적 과전압(TOV, temporary overvoltage) 능력은 일시적으로 발생하는 과전압보다 커야 한다. 이외 금속산화물 피뢰기 선정 시 고려해야 할 사항에 대해서는 참고문헌[22]를 참고하길 바란다(www.eaton.com 참조).

예제 14.8 금속산화물 피뢰기의 선정

정상상태에서 60 Hz 전압의 최대치가 1.04 p.u.인 345 kV 송전선로에 설치할 발변전소급의 금속산화물 피뢰기를 선정하고자 한다. (a) 표 14.2로부터 1.04 p.u. 이상의 최대 연속운전전압(MCOV, maximum continuous operating voltage)을 갖는 발변전소급의 금속산화물 피뢰기를 선정하시오. (b) 선정된 피뢰기에 대하여 0.5 μs에서 파고치가 10 kA에 달하는 임펄스 전류파형에 근거한 1,300 kV BIL을 갖는 설비에 대한 보호여유를 구하시오.

| 풀이

a. 정상상태에서 60 Hz 전압의 최대 상전압은 $1.04 \times 345/\sqrt{3} = 207$ kV이다. 표 14.2로부터 가장 경제적이고 큰 보호여유를 갖는 209 kV MCOV의 발변전소급 피뢰기를 선정하였다.

b. 표 14.2로부터 선정된 피뢰기에 대하여 0.5 μs에서 파고치가 10 kA에 달하는 임펄스 전류파형에 대한 최대 방전전압은 MCOV 기준의 pu 단위로 2.19~2.36, 즉 457~493 kV이므로 보호여유는 $(1{,}300 - 493) = 807$ kV에서 $(1{,}300 - 457) = 843$ kV까지이다.

표 14.2 발변전소급 및 중간급 금속산화물 피뢰기의 보호특성[20]

발변전소급									
유효접지계통에서의 정상상태 운전 계통전압과 피뢰기 정격(주1)				보호레벨: 산업범위 MCOV의 최대 p.u.(60 Hz 파고)			내구력 특성 IEEE Std C62.11-2005		
시스템 최대 선간전압 kV-rms*	시스템 최대 선-대지간 전압 kV-rms*	최소 MCOV 정격 kV-rms	듀티 주기 정격 kV-rms	0.5 μs 보호레벨(주2)	8/20 μs 보호레벨(주3)	개폐 서지 보호레벨(주4)	고전류내력 파고치 [A]	방전송전선로 [마일]	압력방출 KA rms [대칭성분](주5)
4.37	2.52	2.55	3	2.32~2.48	2.10~2.20	1.70~1.85	65 000	150	40~80
8.73	5.04	5.1	6~9	2.33~2.48	1.97~2.23	1.70~1.85	65 000	150	40~80
14.1	7.56	7.65	9~12	2.33~2.48	1.97~2.23	1.70~1.85	65 000	150	40~80
14.9	8.00	8.4	10~15	2.33~2.48	1.97~2.23	1.70~1.85	65 000	150	40~80
14.5	8.37	8.4	10~15	2.33~2.48	1.97~2.23	1.70~1.85	65 000	150	40~80
26.2	15.1	15.3	18~27	2.33~2.48	1.97~2.23	1.70~1.85	65 000	150	40~80
36.2	20.9	22	27~36	2.43~2.48	1.97~2.23	1.70~1.85	65 000	150	40~80
48.3	27.8	29	36~48	2.43~2.48	1.97~2.23	1.70~1.85	65 000	150	40~80
72.5	41.8	42	54~72	2.19~2.40	1.97~2.18	1.64~1.84	65 000	150	40~80
121	69.8	70	90~120	2.19~2.40	1.97~2.18	1.64~1.84	65 000	150	40~80
145	83.7	84	108~144	2.19~2.39	1.97~2.17	1.64~1.84	65 000	150	40~80
169	97.5	98	120~172	2.19~2.39	1.97~2.17	1.64~1.84	65 000	175	40~80
242	139	140	172~240	2.19~2.36	1.97~2.15	1.64~1.84	65 000	175	40~80
362	209	209	258~312	2.19~2.36	1.97~2.15	1.71~1.85	65 000	200	40~80
550	317	318	396~564	2.01~2.47	2.01~2.25	1.71~1.85	65 000	200	40~80
800	461	462	576~612	2.01~2.47	2.01~2.25	1.71~1.85	65 000	200	40~80
중간급									
4.37~145	2.52~83.72	2.8~84	3~144	2.38~2.85	2.28~2.55	1.71~1.85	65 000	100	16.1

* Voltage Range A, ANSI C84.1-2006

(주1) 비유효접지계통에 적용하는 피뢰기 정격에 대해서는 표 8과 6.4를 참조

(주2) 전압 파고 0.5 μs의 FOW와 등가

(주3) 보호수준은 312 kV까지의 피뢰기 듀티사이클 정격에서 10 kA 임펄스 전류파형에 대한 최대방전전압이며, 396~564 kV인 경우 15 kA, 576~612 kA인 경우 20 kV임. IEEE Std. C62.11-2005

(주4) 피뢰기 듀티사이클 정격 3~108 kV에 대하여 최대개폐서지등급전류(실제 파고 45~60 ms의 임펄스전류파형기준) 500 A, 120~240 kV인 경우 1000 A, 240 kV 초과인 경우 2000 A, IEEE Std. C62.11-2005

(주5) 도자기상판이 있는 피뢰기에 대한 테스트 값은 표준화되어 있지 않고, 압력 방출 등급은 5kA임

연습문제

14.2절

14.1 예제 14.2의 결과로부터 시각 $\tau/2$, τ 및 2τ에서의 선로 길이에 따른 전압과 전류 변화곡선을 그리시오. 즉, $0 \le t \le l$의 x에 대한 $v(x, \tau/2)$, $i(x, \tau/2)$, $v(x, \tau)$와 $i(x, \tau)$, $v(x, 2\tau)$와 $i(x, 2\tau)$를 그리시오.

14.2 송전단 전원전압이 $e_G(t) = \mathrm{E}u_{-2}(t)$, $\mathrm{Z_G} = \mathrm{Z}_c$인 경우, 예제 14.2를 다시 풀어보시오.

14.3 그림 14.3의 단상 2선식 무손실 선로에서 수전단이 인덕터 $2\mathrm{L_R}$ [H]로 종단되있다. 송선단 전원전압이 $e_G(t) = \mathrm{E}u_{-1}(t)$, $\mathrm{Z_G} = \mathrm{Z}_c$이고, 선로 및 인덕터 모두 초기 충전되어 있지 않을 경우, 선로 중간에서의 전압 $v(l/2, t)$을 도시하시오.

14.4 송전단 전원전압이 $e_G(t) = \mathrm{E}u_{-1}(t)$, 수전단 부하가 $\mathrm{Z_R} = \mathrm{Z}_c$, 송전단 전원 임피던스 $\mathrm{Z_G}(s) = s2\mathrm{L_G}$, 선로 및 인덕터 모두 초기 충전되어 있지 않을 경우, 연습문제 14.3을 다시 풀어보시오.

14.5 $\mathrm{Z_R} = 5\mathrm{Z}_c$, $\mathrm{Z_G} = \mathrm{Z}_c/3$일 경우 예제 14.4를 다시 풀어보시오.

14.6 그림 14.3의 단상 2선식 무손실 선로가 직렬 인덕턴스 $\mathrm{L} = (1/3) \times 10^{-6}$ H/m, 병렬 커패시턴스 $\mathrm{C} = (1/3) \times 10^{-10}$ F/m 및 선로길이 50 km를 갖는다고 한다. 송전단에서의 전원전압은 $\mathrm{Z_G}(s) = 100\ \Omega$을 갖는 $e_G(t) = 100\ u_{-1}(t)$ kV이고, 수전단 부하는 100 Ω의 저항과 2 mH의 인덕터로 구성되어 있다. 선로 및 인덕터 모두 초기 충전되어 있지 않다. (a) 이 선로의 특성 임피던스[Ω], 진행파속도[m/s], 진행파가 송전단에서 출발하여 수전단에 이르기까지의 시간[ms]을 구하시오. (b) 송전단 및 수전단 전압반사계수[p.u.]를 구하시오. (c) 수전단 전류의 라플라스변환 $I_R(s)$를 구하시오. (d) 수전단 전류 $i_R(t)$를 구하시오.

14.7 그림 14.3의 단상 2선식 무손실 선로가 직렬 인덕턴스 $\mathrm{L} = 2 \times 10^{-6}$ H/m, 병렬 커패시턴스 $\mathrm{C} = 1.25 \times 10^{-11}$ F/m 및 선로길이 100 km를 갖는다고 한다. 송전단에서의 전원전압은 $\mathrm{Z_G} = \mathrm{Z}_c\ \Omega$을 갖는 $e_G(t) = 100\ u_{-1}(t)$ kV이고, 수전단 부하는 100 mH의 인덕터와 1 μF의 커패시터가 직렬로 연결되어 있다. 선로 및 인덕터 모두 초기 충전되어 있지 않다. (a) 이 선로의 특성 임피던스[Ω], 진행파속도[m/s], 진행파가 송전단에서 출발하여 수전단에 이르기까지의 시간[ms]을 구하시오. (b) 송전단 및 수전단 전압반사계수[p.u.]를 구하시오. (c) 수전단 전압 $v_R(t)$를 구하시오. (d) 정상상태에서의 수전단 전압을 구하시오.

14.8 그림 14.3의 단상 2선식 무손실 선로가 직렬 인덕턴스 $\mathrm{L} = 0.999 \times 10^{-6}$ H/m, 병렬 커패시턴스 $\mathrm{C} = 1.112 \times 10^{-11}$ F/m 및 선로길이 60 km를 갖는다고 한다. 송전단에서의 전원전압은 $\mathrm{Z_G} = \mathrm{Z}_c\ \Omega$을 갖는 $e_G(t) = \mathrm{E}u_{-1}(t) = \mathrm{E}u_{-2}(t)$ kV이고, 수전단 부하는 150 Ω의 저항과 1 mF의 커패시터가 병렬로 구성되어 있다. 선로 및 인덕터 모두 초기 충전되어 있지 않다. (a) 이 선로의 특성 임피던스[Ω], 진행파속도[m/s], 진행파가 송전단에서 출발하여 수전단에 이르기까지의 시간[ms]을 구하시오. (b) 송전단 및 수전단 전압반사계수[p.u.]를 구하시오. (c) 송전단 전압의 라플라스변환 $\mathrm{V}_S(s)$를 구하시오. (d) 송전단 전압 $v_S(t)$를 구하시오.

14.3절

14.9 연습문제 14.5에 대해 뷸리 격자 다이어그램을 그리시오.

14.10 $e_G(t) = \mathrm{E}[u_{-1}(t) - u_{-1}(t - \tau/10)]$, $\mathrm{Z_R} = 5\mathrm{Z}_c$, $\mathrm{Z_G} = \mathrm{Z}_c/3$인 경우에 대하여 연습문제 14.9를 다시 풀어보시오.

14.11 선로 A의 전원 임피던스 $\mathrm{Z_G} = \mathrm{Z_A}/4 = 100\ \Omega$, 선로 B의 수전단은 단락되어 $\mathrm{Z_R} = 0$일 경우 예제 14.6을 다시 풀어보시오.

14.12 예제 14.6에서 가공선과 케이블이 서로 바뀌었을 경우에 대하여 풀어보시오. 즉, $\mathrm{Z_A} = 100\ \Omega$, $v_\mathrm{A} = 2 \times 10^8$ m/s, $l_\mathrm{A} = 20$ km인 단상 무손실 가공선로가 $\mathrm{Z_B} = 400\ \Omega$, $v_\mathrm{B} = 3 \times 10^8$ m/s, $l_\mathrm{B} = 30$ km인 단상 무손실 지중케이블 선로에 연결되어 있다. 송전단에서 $e_G(t) = \mathrm{E}u_{-1}(t)$, $\mathrm{Z_G} = \mathrm{Z_A} = 100\ \Omega$이며, 선로 B의 수전단에서 $\mathrm{Z_R} = 2\mathrm{Z_B} = 800\ \Omega$이다. $0 \le t \le 0.6$ ms에 대하여 격자 다이어그램을 그리고, 두 선로의 연결점에서의 시간 t에 대한 전압변화곡선을 그려보시오.

14.13 그림 14.32와 같은 단상 2선식 무손실 선로에서 $\mathrm{Z}_c = 400\ \Omega$, $v_\mathrm{A} = 3 \times 10^8$ m/s, $l = 100$ km이고, 선로의 중간에 $\mathrm{R_J} = \mathrm{Z}_c = 400\ \Omega$이 설치되어 A 구간과 B 구

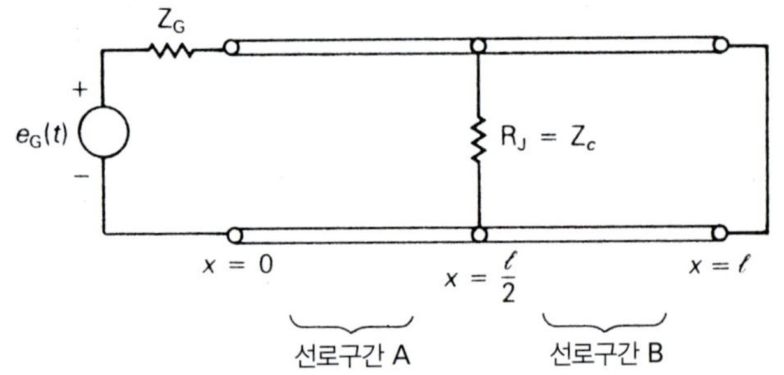

그림 14.32 연습문제 14.13의 선로

간으로 나뉘어 있다. 송전단에서 크기 100 V, 지속시간 0.1 ms인 펄스전압이 인가되었다. 전원 임피던스 $Z_G = Z_c = 400\ \Omega$, 수전단은 단락되어 있다. (a) 선로의 양쪽에서 중간지점에 도달하는 입사파전압에 대한 반사계수와 굴절계수는 다음과 같이 주어짐을 보이시오.

$$\Gamma_{BB} = \Gamma_{AA} = \frac{\left(\frac{Z_{eq}}{Z_c}\right) - 1}{\left(\frac{Z_{eq}}{Z_c}\right) + 1} \qquad \Gamma_{AB} = \Gamma_{BA} = \frac{2\left(\frac{Z_{eq}}{Z_c}\right)}{\left(\frac{Z_{eq}}{Z_c}\right) + 1}$$

여기서

$$Z_{eq} = \frac{R_J Z_c}{R_J + Z_c}$$

(b) $0 \le t \le 6\tau$에 대하여 뷸리 격자 다이어그램을 그리시오. (c) $0 \le t \le 6\tau$에 대하여 $v(l/2, t)$를, $0 \le x \le l$에 대하여 $v(x, 6\tau)$를 그리시오.

14.14 4개의 단상 2선식 무손실 선로 A, B, C, D가 서로 연결되어 있는 그림 14.13에서 전압진행파 v_A^+가 선로 A에서 출발해서 연결점에 도착하고 있다. 식 (14.3.8)과 식 (14.3.9)를 이용하여 전압반사계수 Γ_{AA}와 전압굴절계수 Γ_{BA}, Γ_{CA}, Γ_{DA}를 구하시오.

14.15 그림 14.3에서 송전단 전압원은 $e_G(t) = Eu_{-1}(t)$, $Z_G(s) = sL_G$, $L_G/Z_c = \tau/3$, 수전단 부하는 $Z_R = Z_c/4$이다. 선로 및 인덕터 모두 초기 충전되어 있지 않다. (a) $0 \le t \le 5\tau$에 대하여 뷸리 격자 다이어그램을 그리시오. (b) $0 \le t \le 5\tau$에 대하여 $v(l, t)$를 그리시오.

14.16 그림 14.33과 같이 두 개의 동일한 단상 2선식 무손실 선로가 송전단과 수전단 사이에 병렬로 연결되어 있다. 각 선로의 특성 임피던스는 400 Ω이고, 전파속도는 3×10^8 m/s, 선로길이는 100 km이다. 송전단에서의 전 원전압은 전원 임피던스 $Z_G = 100\ \Omega$을 가지며 $t = 0$에서 100 kV로 가해진다. 수전단은 단락상태이며, 두 선로는 모두 초기 충전되어 있지 않다. (a) $t = 0$에서 출발하는 전진 전압진행파를 구하시오. (b) 송전단 및 수전단에서의 반사계수를 구하시오. (c) $0 \le t \le 2$ ms에 대하여 뷸리 격자 다이어그램을 그리시오. (d) $0 \le t \le 2$ ms에 대하여 선로 중앙에서의 전압변화곡선을 그리시오.

14.17 그림 14.34와 같이 50 μs의 지속시간을 갖는 10 kA 펄스의 이상전류원이 단상 무손실 케이블과 단상 무손실 가공선로에 인가되었다. 케이블의 특성 임피던스, 전파속도 및 길이는 200 Ω, 2×10^8 m/s 및 20 km이고, 가공선로의 특성 임피던스, 전파속도 및 길이는 300 Ω, 3×10^8 m/s 및 60 km이다. 케이블의 송전단은 400 Ω 저항으로, 가공선로의 수전단은 100 Ω 저항으로 각각 종단되어 있다. 두 선로는 모두 초기 충전되어 있지 않다. (a) 전압반사계수 Γ_S, Γ_R, Γ_{AA}, Γ_{AB}, Γ_{BA} 및 Γ_{BB}를 구하시오. (b) 뷸리 격자 다이어그램을 $0 \le t \le 0.8$ ms 시간범위에 대해서 그리시오. (c) $x = 0$에서 전압 $v(0, t)$를 구하고 $0 \le t \le 0.8$ ms에 대해서 그림을 그리시오.

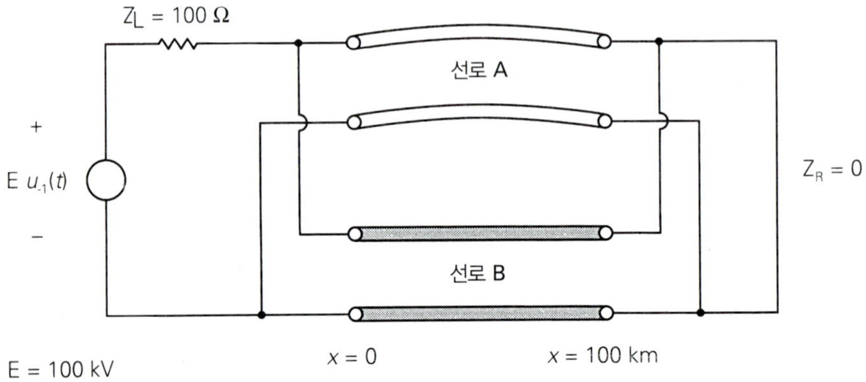

그림 14.33 연습문제 14.16의 선로

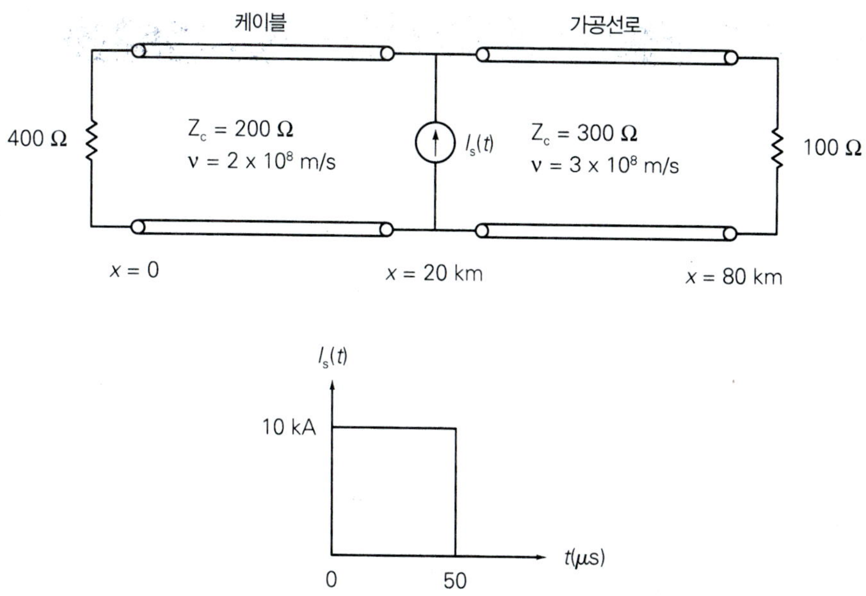

그림 14.34 연습문제 14.17의 선로

14.4절

14.18 연습문제 14.3에서 주어진 선로에 대하여 그 회로소자들을 이산시간 등가모델로 바꾸고, 송전단 전압과 수전단 전압을 컴퓨터에 의하여 구하기 적합한 형태로 노드방정식을 세우시오. 모든 종속전원에 대한 표현식을 구하시오. 단, $E = 1{,}000$ V, $L_R = 20$ mH, $Z_c = 100\ \Omega$, $v = 2 \times 10^8$ m/s, $l = 40$ km, $\Delta t = 0.02$ ms로 한다.

14.19 연습문제 14.13에서 주어진 선로에 대하여 $\Delta t = 0.03333$ ms로 연습문제 14.18을 다시 풀어보시오.

14.20 연습문제 14.7에서 주어진 선로에 대하여 그 회로소자들을 이산시간 등가모델로 바꾸고, $\Delta t = 100\ \mu s = 1 \times 10^{-4}$ s로 하여 이산시간 등가회로 상에서의 모든 저항값들을 결정하시오. 모든 종속전원에 대하여 표현식을 구하고, 이산시간선로에 대한 노드방정식을 세우시오. 그리고 세운 노드방정식을 풀어서 $t = 100, 200, 300, 400, 500$ 및 $600\ \mu s$에서의 송전단 전압과 수전단 전압을 구하시오.

14.21 연습문제 14.8에서 주어진 선로에 대하여 그 회로소자들을 이산시간 등가모델로 바꾸고, $\Delta t = 50\ \mu s = 5 \times 10^{-5}$ s 및 $E = 100$ kV로 하여 이산시간 등가회로 상에서의 모든 저항값들을 결정하시오. 모든 종속전원에 대하여 표현식을 구하고, 이산시간 선로에 대한 노드방정식을 세우시오. 그리고 세운 노드방정식을 풀어서 $t = 50, 100, 150, 200, 250$ 및 $300\ \mu s$에서의 송전단 전압과 수전단 전압을 구하시오.

14.5절

14.22 손실이 있는 선로, 즉 $R = 0.3\ \Omega$/km로 하여 연습문제 14.8을 재수행하시오. 단, 선로 전체 저항의 1/2씩을 선로 양 끝에 집중정수로 연결한다.

14.8절

14.23 정상상태 운전하에서 60 Hz 최대전압 1.08 p.u. 및 2,000-kV BIL을 갖는 500 kV 시스템에 대하여 예제 14.8을 재수행하시오.

14.24 3상 400 MVA, 345 kV Y / 13.8 kV Δ 변압기의 고압측에 설치할 발변전소급 금속산화물 피뢰기를 표 14.2로부터 선정해 보시오. 단, 정상상태 운전하에서 변압기의 60 Hz 최대전압은 1.03 p.u., 변압기 고압측 권선의 BIL은 1,300 kV, 중성점은 직접 접지되어 있다. 또한, 0.5 μs에서 파고치가 10 kA인 임펄스 전류파형을 기준으로 하여 최소 보호여유는 1.4 p.u.가 요구되고 있다. (주: 금속산화물 피뢰기를 선정하는 데 있어서 추가적인 고려사항은 참고문헌 [22] 및 www.eaton.com을 참조하시오.)

참고문헌

1. A. Greenwood, *Electrical Transients in Power Systems*, 2d ed. (New York: Wiley Interscience, 1991).
2. L. V. Bewley, *Travelling Waves on Transmission Systems*, 2d ed. (New York: Wiley, 1951).
3. L. Bergeron, *Water Hammer in Hydraulics and Wave Surges in Electricity* (New York: Wiley, 1961).
4. H. M. Lacey, "The Lightning Protection of High-Voltage Overhead Transmission and Distribution Systems," *Proc. IEE*, 96 (1949), p. 287.
5. J. R. Carson, "Wave Propagation in Overhead Wires with Ground Return," *Bell System Technical Journal* 5 (1926), pp. 539 – 554.
6. W. S. Meyer and H. W. Dommel, "Numerical Modelling of Frequency-Dependent Transmission Line Parameters in an Electromagnetic Transients Program," *IEEE Transactions PAS*, vol. PAS-99 (September/October 1974), pp. 1401 – 1409.
7. A. Budner, "Introduction of Frequency-Dependent Line Parameters into an Electromagnetics Transients Program," *IEEE Transactions PAS*, vol. PAS-89 (January 1970), pp. 88 – 97.
8. D. E. Hedman, "Propagation on Overhead Transmission Lines: I—Theory of Modal Analysis and II—Earth Conduction Effects and Practical Results," *IEEE Transactions PAS* (March 1965), pp. 200 – 211.
9. H. W. Dommel, "A Method for Solving Transient Phenomena in Multiphase Systems," *Proceedings 2nd Power Systems Computation Conference*, Stockholm, 1966.
10. H. W. Dommel, "Digital Computer Solution of Electromagnetic Transients in Single- and Multiphase Networks," *IEEE Transactions PAS*, vol. PAS-88 (1969), pp. 388 – 399.
11. H. W. Dommel, "Nonlinear and Time-Varying Elements in Digital Simulation of Electromagnetic Transients," *IEEE Transactions PAS*, vol. PAS-90 (November/December 1971), pp. 2561 – 2567.
12. S. R. Naidu, *Transitorios Electromagneticos em Sistemas de Potencia*, Eletrobras/UFPb, Brazil, 1985.
13. "Report of Joint IEEE-EEI Committee on EHV Line Outages," *IEEE Transactions PAS*, 86 (1967), p. 547.
14. R. A. W. Connor and R. A. Parkins, "Operations Statistics in the Management of Large Distribution System," Proc. *IEEE*, 113 (1966), p. 1823.
15. C. T. R. Wilson, "Investigations on Lightning Discharges and on the Electrical Field of Thunderstorms," *Phil. Trans. Royal Soc*, Series A, 221 (1920), p. 73.
16. G. B. Simpson and F. J. Scrase, "The Distribution of Electricity in Thunderclouds," *Proc. Royal Soc*, Series A, 161 (1937), p. 309.
17. B. F. J. Schonland and H. Collens, "Progressive Lightning," *Proc. Royal Soc*, Series A, 143 (1934), p. 654.
18. Westinghouse Electric Corporation, *Electrical Transmission and Distribution Reference Book*, 4th ed. (East Pittsburgh, PA: 1964).
19. E. W. Kimbark and A. C. Legate, "Fault Surge Versus Switching Surge, A Study of Transient Voltages Caused by Line to Ground Faults," *IEEE Transactions PAS*, 87 (1968), p. 1762.
20. *IEEE Guide for the Application of Metal-Oxide Surge Arresters for Alternating-Current Systems*, IEEE std. C62.22-2009 (New York: The Institute of Electrical and Electronics Engineers, http://standards.ieee.org)
21. C. Concordia, "The Transient Network Analyzer for Electric Power System Problems," Supplement

to *CIGRE Committee No. 13 Report*, 1956.

22. *Varistar Type AZE Surge Arresters for Systems through 345 kV*, Cooper Power Systems Catalog 235 – 87 (Waukesha, WI: Cooper Power Systems. http://www.eaton.com, July 2011).

23. W.R.Newcott, "Lightning, Nature's High-Voltage Spectacle," *National Geographic*. 184, 1 (July 1993), pp. 83 – 103.

24. K. L. Cummins, E. P. Krider and M. D. Malone, "The U.S. National Lightning Detection Network TM and Applications of Cloud -to-Ground Lightning Data by Electric Power Utilities," *IEEE Transactions on Electromagnetic Compatibility*, 40, 4 (November 1998), pp. 465 – 480.

25. Vaisala's NLDN U.S. National Lightning Detection Network, Ref. B210412 EN-E, 2015, www.vaisala.com.

15 배전계통

Power Distribution

중앙에 보이는 개폐장치건물의 양쪽에 위치한 2대의 15 MVA, 22.9 kV Δ/ 4.16 kV Y 변압기를 통하여 22.9 kV 가공 및 지중선로로 전력을 공급받고 있는 배전용변전소: 본 변전소는 각각 5 kV 1200 A 진공 차단기를 통하여 인출된 6개의 4.16 kV 수지상 1차 배전선(급전선)에 전력을 공급함(Courtesy of Danvers Electric.)

학습목표

이 장에서는 다음과 같은 내용에 대하여 학습하기로 한다.

1. 전력계통의 기본 구성요소
2. 수지상, 루프 및 네트워크 방식을 포함한 1차 배전계통
3. 수용가의 변압기, 간선공통, 네트워크, 스팟 네트워크 방식을 포함한 2차 배전계통
4. 배전용 변전소 변압기와 배전변압기를 포함한 배전계통에서의 변압기
5. 배전계통에서의 커패시터의 활용
6. 배전신뢰도, 배전자동화, 스마트그리드

전력계통의 주요 구성체계는 발전, 송전 및 배전계통이며, 이 중 배전계통은 배전용 변전소로부터 주상변압기 1차측에 이르는 1차 배전계통(primary distribution systems)과 주상변압기 2차측부터 수용가 인입구까지 이르는 2차 배전계통(secondary distribution systems)으로 구성된다. 2019년 한 해 동안 미국의 배전계통은 약 1억 5,500만 수용가에게 약 3조 9,500억 kWh의 전력을 공급하였다[31].

이 장에서는 배전계통 전반에 걸쳐 살펴보기로 한다. 먼저, 15.1~15.3절에서는 1차 배전계통과 2차 배전계통의 기본구성과 특성에 대하여, 15.4절과 15.5절에서는 배전계통의 변압기와 커패시터에 대하여, 15.6~15.9절에서는 배전계통의 소프트웨어, 신뢰도, 자동화 및 스마트그리드에 대하여 각각 소개하기로 한다.

15.1 배전계통 구성의 개요

그림 15.1은 전력계통의 기본체계를 나타내고 있다[1~9]. 발전소에서는 석탄, 가스, 우라늄, 오일, 물, 바람 같은 에너지가 전기에너지로 변환되는데, 특히 3상 동기발전기의 용량은 50~1,300 MVA까지, 단자전압은 재료의 절연능력으로 인하여 작게는 수 kV에서 크게는 20 kV에 달한다.

지난 10년 동안 변환장치를 갖는 태양광, 풍력 및 2차 전지저장 장치 등의 분산전원(DER, distributed energy resources)이 지속적으로 증가되었다. 이들 대부분이 배전

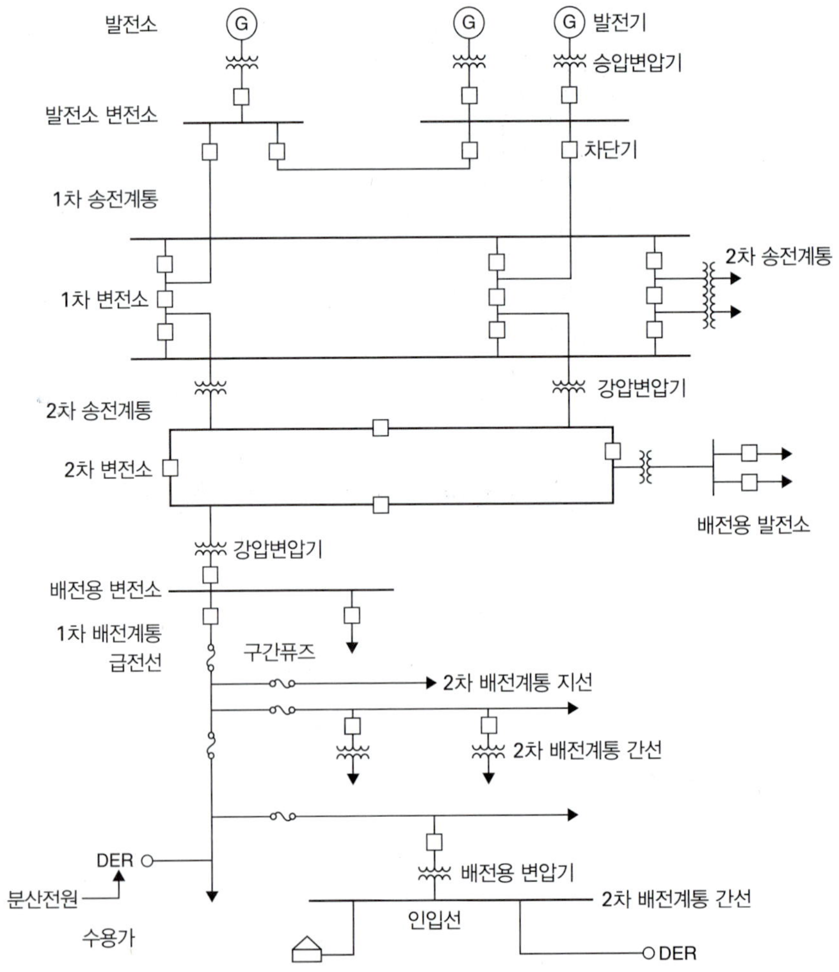

그림 15.1 전력계통의 기본 구성체계
(J. D. Glover, "Electric Power Distribution," *Encyclopedia of Energy Technology and The Environment*, John Wiley & Sons, New York, NY, 1995. Copyright © 1995, John Wiley and Sons.)

계통에 접속되고, 비교적 용량이 큰 태양광과 풍력 발전설비는 송전계통에 접속된다.

송전선로의 손실을 줄이기 위하여 발전소 내에 있는 변전소에서 변압기를 통하여 전압을 높여 송전전류를 작게 하고 있다. 이와 같은 변전소 내부에 있는 변압기 및 모선은 차단기, 피뢰기 및 기타 보호장치들에 의하여 보호되고 있다.

송전계통은 세 가지 기본 기능을 제공한다:

1. 발전기로부터 계통으로 에너지를 전달한다.
2. 전력회사를 통해 에너지를 상호 교환할 수 있도록 한다.
3. 1차 송전계통과 배전계통에 에너지를 공급한다.

1차 송전계통은 발전소에서 생산된 전기를 하위의 2차 송전계통 및 배전계통에 전송할 뿐 아니라 전력회사들 간에 전기를 거래할 수 있게 한다. 1차 송전계통은 3상 송전선로와 1차 변전소(bulk power substation)로 구성되며, 전압범위는 230~765 kV, 1회선당 정격용량은 230 kV 400 MVA에서 765 kV 4,000 MVA까지의 범위가 일반적이다. 또, 경우에 따라서는 직류송전선도 포함되는 일도 있다.

2차 송전계통은 강압변압기, 2차 변전소 및 1차 변전소와 배전용 변전소를 연결시켜주는 2차 송전선로로 구성된다. 아울러 2차 송전선로는 대용량 산업용 수용가에 차단기를 통하여 직접 연결되는 경우도 있다. 2차 송전계통의 전압범위는 69 kV에서 138 kV까지이다.

배전용 변전소는 2차 송전전압을 2.2~46 kV 범위의 1차 배전전압까지 낮추어 주는 강압변압기와 모선, 그리고 이들을 보호하는 차단기, 피뢰기 등으로 구성된다. 강압변압기의 2차측에 차단기를 통하여 연결되는 1차 배전선—이하 '간선(feeder)'으로 칭함—은 대개 여러 개로 구성되며, 강압변압기의 용량은 15~200 MVA의 범위에 있다. 또한, 배전용 변전소에는 배전 선로의 전압을 조정하는 장치인 LTC (load tap changer) 또는 전압조정기가 변압기와 같이 설치되어 있다.

대표적인 간선의 정격용량은 4.16 kV 4 MVA, 13.8 kV 12 MVA, 22.9 kV 20 MVA, 34.5 kV 30 MVA이며, 보통 퓨즈나 스위치에 의하여 여러 구간으로 분할된다. 분할된 각 구간은 퓨즈 및 리클로저(재폐로기)를 통하여 연결되는 단상 및 3상 선로—이하 '지선(lateral)'으로 칭함—에 의해 불특정 다수 분산되어 있는 수용가에 전기를 공급하게 된다. 특히 전력소비량이 큰 산업용 수용가 또는 상업용 수용가의 경우 간선 하나 전체를 전용선으로 받는 경우도 있다.

간선과 지선은 가공 또는 지중케이블의 형태로 도로를 따라 전주 등과 함께 설치되면서 수용가가 있는 위치에서 변압기를 통하여 120~480 V 범위의 2차 배전전압으로 강압된다. 강압변압기는 가공선로의 경우에는 전주 위에, 지중케이블의 경우에는 지상 및 지중에 각각 설치되며, 그 용량은 5~5,000 kVA로 퓨즈나 리클로저에 의해 과부하 및 고장으로부터 보호된다. 이 변압기(이하 '배전용 변압기'로 칭함)들로부터 2차 배전선로가 간선 및 지선의 형태로 전개되어 주택용, 상업용 및 소규모의 산업용 수용가에 전기를 공급하게 된다.

지선으로부터 수용가 인입구에 이르게 되면, 먼저 전력소비량을 측정하는 전력량계가 연결되고 이후에 분전반이 연결된다. 분전반은 수용가 부하에 공급되는 전체 전력을 차단할 수 있는 주차단기와 이로부터 병렬 분기되는 2~3개의 배선을 각각 차단할 수 있는 차단기 또는 퓨즈로 구성된다. 병렬 분기되는 선로는 전등, 냉난방 기기 및 일반 부하별로 구분되어 전기의 효율적인 공급 관리를 할 수 있게 해준다.

배전용 변전소로부터 수용가 전력량계에 이르기까지 분배되는 전력에너지는 다음과 같이 두 가지로 구분하는 것이 일반적이다.

1. 1차 배전계통: 배전용 변전소에서 수용가 사용 전압레벨로 전압을 낮추는 배전용 변압기의 1차측까지 전압레벨 2.2~46 kV 범위에서 전기에너지를 공급하는 배전계통
2. 2차 배전계통: 수용가 사용 전압레벨인 120~480 V 범위에서 전기에너지를 공급하는 배전계통

15.2 1차 배전계통

표 15.1은 미국 기준의 대표적인 1차 배전계통 전압을 보여주고 있다[1~9]. 대체적으로 1차 배전전압의 주류는 15 kV급임을 알 수 있으며, 2.5 kV 및 5 kV급은 오래된 전압 레벨로서 점차 15 kV급으로 대체되고 있다. 특히, 부

표 15.1 미국 기준의 대표적인 배전전압

전압레벨, kV	전압, kV
2.5	2.4
5	4.16
8.66	7.2
15	12.47
	13.2
	13.8
25	22.9
	24.94
34.5	34.5

(Based on J. D. Glover, "Electric Power Distribution," *Encyclopedia of Energy Technology and The Environment*, John Wiley & Sons, New York, NY, 1995.)

하밀도가 높은 도심지 및 긴 선로를 갖는 농촌지역의 경우는 이보다 더 높은 25 kV급 및 34.5 kV급의 배전전압이 적용되고 있다.

대부분의 1차 배전계통은 3상 4선식 중성선 다중접지방식을 사용하고 있으며, 평형 운전상태에서 각 상의 전압 크기는 같고 위상이 서로 120°씩 차이가 난다. 또한, 3상 4선식 1차 배전계통의 중성선을 2차 배전계통의 중성선과 같이 연결하여 운전하는 공통 중성선 방식을 채용하고 있다. 즉, 배전용 변전소의 변압기 2차측 결선방식은 Y 접지 방식으로 하고, 그 중성선을 1차 배전선로를 따라 일정간격으로 접지시키며, 또한 2차 배전선로의 중성선과 같이 연결하여 배전용 변압기 및 수용가 인입구에서 접지시키는 공통 중성선 다중접지방식을 채용하고 있다. 일부에서는 사고전류의 억제와 보호협조 증진을 위하여 배전용 변전소의 변압기 중성점을 약 1 Ω 정도의 임피던스로 접지시키는 경우가 있다.

한편 3상 4선식 다중접지방식과는 달리 3상 3선식 Δ 방식의 1차 배전계통을 적용하는 곳도 있지만 3상 4선식에 비하여 오래된 방식이며, 전압레벨도 낮아 활발히 확대 적용되고 있지는 않지만 산업체 내부의 구내 배전계통에 많이 적용되고 있다.

부하밀도가 낮은 농촌지역의 배전계통은 보통 전주 위에 배전용 변압기, 퓨즈, 스위치 및 기타 설비를 구축한 가공선로방식을 채용하고 있다. 이와 달리 부하밀도가 높은 도시지역의 경우에는 배전용 변압기와 개폐장치를 지상 및 지중에 설치한 지중케이블방식을 채용하고 있는 것이 일반적이다. 최근에는 주택용 지중 배전방식(URD, underground residential distribution)이 증가하고 있는 추세이다. 지중케이블방식은 신뢰도가 높고, 날씨에 영향을 받지 않는다는 장점이 있지만, 가공선로방식보다 설치비용이 고가라는 단점이 있다.

1차 배전계통의 배전방식은 방사상 배전계통(radial distribution systems), 루프 배전계통(loop distribution systems) 및 네트워크 배전계통(network distribution systems)으로 분류된다.

방사상(또는 수지상) 방식의 1차 배전계통

그림 15.2와 같은 방사상 배전계통은 부하밀도가 낮은 지역에 가장 경제적으로 적용가능한 배전방식이다[1, 3, 4, 9]. 그림 15.2에서 예로 보인 배전계통은 배전용 변전소에서 3개의 3상 간선이 인출되고, 각 간선은 해당 지역의 수

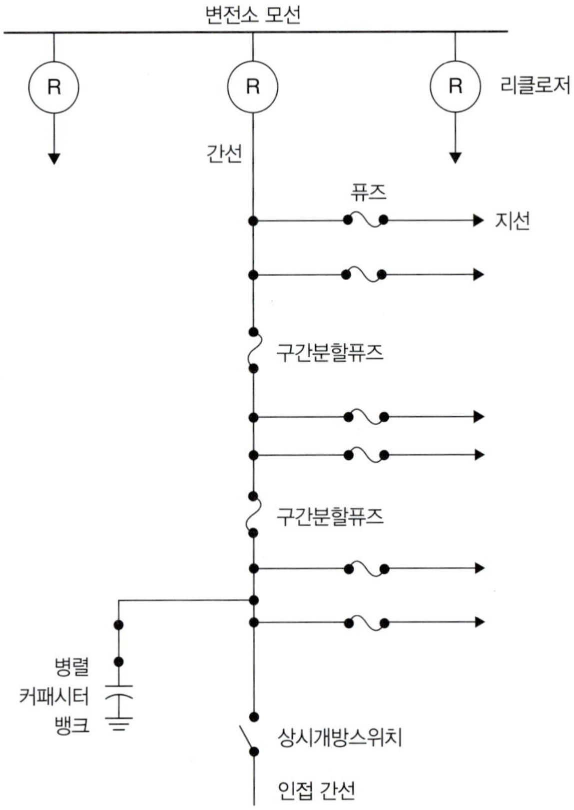

그림 15.2 방사상 1차 배전계통(J. D. Glover, "Electric Power Distribution," *Encyclopedia of Energy Technology and The Environment*, John Wiley & Sons, New York, NY, 1995. Copyright © 1995, John Wiley and Sons.)

그림 15.3 3상 22.9 kV 1차 배전계통의 주상에 설치되어 있는 리클로저. (리클로저의 연속전류정격 800 A, 정격차단전류 16 kA이다. 전주의 맨 위쪽에서 아래쪽으로 22.9 kV 3상 선로, 리클로저, 두 개의 4.16 kV 3상 선로, 리클로저 원격제어용 안테나가 설치되어 있으며, 맨 위쪽의 가로철대에 놓여 있는 상시개방스위치는 리클로저가 재폐로 실패 시 수동조작을 할 수 있도록 되어 있다.)
(Courtesy of Danvers Electric.)

용가에 전기를 공급하는 방사상 형태를 취하고 있다. 3상 간선은 짧게는 1~2 km, 길게는 48 km까지 전개될 수 있으며, 간선에서 퓨즈를 통하여 연결된 단상 지선방식은 비교적 긴 지선상에 사고가 발생할 경우 간선에 영향을 주지 않고 사고 즉시 분리될 수 있도록 하는 방식으로서 간선으로부터 멀리 떨어져 있는 부하밀도가 낮은 지역에 대하여 많이 채용되고 있다. 그러나 단상 지선방식은 상 불평형을 고려하여 가능한 abc 3개의 상에 고르게 연결되도록 해야 한다.

정전 지속시간을 줄이기 위하여 배전용 변전소 인출구 및 간선상에 설치되어 있는 차단기 또는 그림 15.3에서와 같이 22.9 kV 배전선로 주상에 설치되어 있는 리클로저에 자동 재폐로장치를 설치하는 경우가 있다[11]. 이유는 가공 1차 배전계통에서 발생하는 대부분의 사고는 애자 부분에서의 뇌섬락, 새 또는 동물의 순간적 접촉으로 인한 선간단락, 나뭇가지의 순간적인 접촉으로 인한 지락 등으로 영구사고가 아닌 일시적인 사고의 성격을 갖고 있기 때문이다. 일시적인 사고는 공급전원이 끊기면 자동적으로 없어지기 때문에 리클로저 또는 차단기에 재폐로 릴레이를 부가하여 사고발생 시 순간적으로 또는 고의적 시간지연으로 고장전류를 차단하여 회로를 개방하고, 일정 시간 후에 다시 리클로저 또는 차단기를 재폐로하게 되면 사고 원인이 제거된 상태가 되어 다시 전기를 계속해서 공급할 수 있게 된다. 그러나 만약 재폐로 시 사고원인이 제거되지 않는 상태가 되면 사고전류가 감지되어 리클로저 또는 차단기가 고장전류를 차단하여 선로를 개방하는 과정을 되풀이하게 될 것이다. 가장 일반적인 재폐로 과정은 2F2D(2회 순시개방동작, 2회 지연개방동작)로서 이것은 일시적인 사고 제거를 목적으로 사고전류 감지 후 리클로저 또는 차단기의 2회 연속 개방동작을 빠르게 수행하게 하고, 이어서 영구사고 시 퓨즈가 영구 사고전류에 의하여 충분히 녹아 개방될 수 있도록 리클로저 또는 차단기의 2회 연속 지연 개방동작을 수행하게 하는 것이다. 리클로저와 퓨즈 사이의 영구사고에 대하여는 2F2D 동작 후 개방된 상태에서 더 이상 동작을 하지 않도록(lock-out) 한다. 그러나 활선 작업 시는 안전을 위하여 재폐로 기능을 정지시키며, 지중 1차 배전계통에서는 재폐로 기능을 적용하지 않는다.

수용가 정전을 더욱 줄이기 위한 방법으로서 구간분할 퓨즈를 방사상선로의 미리 선택된 위치에 설치하여 사고가 일어난 구간 이하를 분리시켜 사고구간의 상위 건전구간에는 계속적으로 전기를 공급할 수 있도록 하는 방법이 있다. 게다가 근처에 있는 인접 간선을 상시개방스위치를 이용하여 연결시켜두면, 사고 등과 같은 비상시 상시개방 스위치를 폐로시켜 인접 간선으로부터 사고가 나지 않은 건전구간에 전기를 공급할 수 있게 된다. 이와 같은 비상시에 간선의 과부하를 방지하기 위하여 여유용량을 고려해두거나 인접 간선의 부하 다양성을 충분히 고려해 두는 경우가 있다.

또한, 많은 전력회사들은 방사상 선로상에 11.5절에서의 구간개폐기(섹셔널라이저)를 설치하여 구간개폐기 설치지점의 전원측에 위치하고 있는 리클로저 또는 차단기가 고장 전류를 검출하여 차단한 후에 고장구간을 자동으로 분리할 수 있도록 하고 있다. 구간개폐기는 리클로저와는 달리 고장전류를 차단할 수 있는 능력을 갖고 있지 않기 때문에 백업장치와 함께 사용해야 한다. 구간개폐기는 고장상태 동안 재폐로 횟수를 세어 두고 있다가 리클로저가 미리 설정된 회수만큼 개방동작을 수행한 후에 개방 동작을 하여 고장구간을 분리한다. 이렇게 함으로써 리클로저가 더 이상 동작하지 않도록 되기 전에 폐로하여 고장이 발생하지 않은 건전구간에 다시 전기를 공급할 수 있게 된다. 리클로저 동작 중에 일시적 고장이 제거되면, 구간개폐기가 사전 설정된 동작횟수에 도달하기 전에 그 동작메카니즘이 재설정된다. 리클로저를 구간개폐기 모드로 동작시킬 수 있는 신형 리클로저도 있다[32].

그림 15.4는 1개의 리클로저와 2개의 구간개폐기로 구성된 수지상 방식의 1차 배전선로이다. 선로상에서 고장이 발생하면 리클로저의 개방 차단동작과 2개 구간개폐기의 동작횟수 세기가 시작된다. 선로상 말단측에 위치해 있는 구간개폐기의 동작횟수세기 설정값이 더 작게 되어 있어서, 영구사고 시에는 선로 상 말단측에 위치해 있는 구간개폐기가 먼저 개방동작을 하고, 다음에 전원측에 위치해 있는 구간개폐기가 동작하게 된다. 만약, 리클로저와 전원측에 위치해 있는 구간개폐기 사이에서 고장이 발생하면, 리클로저가 마지막 개방동작 후 동작정지된다.

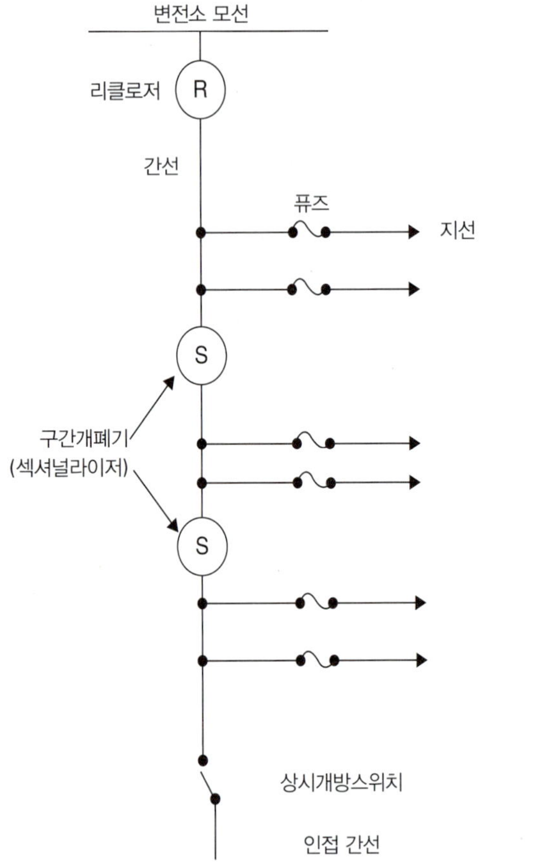

그림 15.4 수지상방식의 1차 배전선간선상에 설치된 리클로저와 구간개폐기

한편, 선로작업원을 고장현장에 파견하여 고장처리를 하는 것보다 원격제어기능을 갖는 구간개폐기를 사용하여 원격에서 선로의 고장구간을 분리하고, 건전구간에 전력를 빠르게 재공급할 수 있는 방식도 있다. 배전선로상에 고장이 발생하면, 리클로저나 차단기에 의하여 해당 선로가 분리되면 선로상에 설치되어 있는 고장점탐사장치가 고장위치를 원격에서 찾아내어 구간개폐기를 개방동작하여 고장구간을 분리하고, 고장구간에서 전원측에 위치해 있는 건전구간에 빠르게 전력을 재송전할 수 있다. 이때 원격제어장치가 있는 경우, 그림 15.4의 선로말단에 위치해 있는 상시 개방개폐기를 원격 폐로하여 선로 말단측의 건전구간에 인접배전선로로부터 전력을 공급할 수 있다. 그림 15.5는 22.9 kV 선로상의 무선제어 방식 구간개폐기를 보여주고 있다.

1차 배전계통의 선로 전압강하 및 전력손실을 줄이고, 역률을 개선시키기 위한 방법으로서 고정형 및 스위칭 방식의 병렬 커패시터 뱅크를 1차 배전계통에 설치하여 운용하는 것이 고려될 수 있다. 커패시터는 부하가 상대적으로 적은 경부하의 심야기간에는 분리시키고, 부하가 상대적으로 큰 중부하의 낮 동안에는 투입하는 방식으로 운용한다. 그림 15.6에 1차 배전선로의 전주에 설치된 커패시터 뱅크를 보여주고 있다. 이와 같은 커패시터 뱅크의 개수, 용량 및 위치를 최적으로 결정하는 데는 선로의 전압 프로파일, 역률, 설치 및 운용 비용 등을 고려한 컴퓨터 프로그램을 활용하는 것이 일반적이다. 그러나 길이가 긴 선로에 대하여는 전체 선로의 적정한 전압조정을 위하여 1차 배전선로의 중간에 전압조정기를 설치하는 경우도 있다.

방사상(수지상) 배전선로에서 비교적 장기간의 정전사고에도 불구하고 병원 등과 같은 중요한 부하에 무정전으로 전력을 공급하기 위한 방법 중의 하나로 2개 이상의 독

그림 15.5 22.9 kV 간선상에 설치된 S&C사의 무선통신 제어방식 구간 개폐기(이 개폐기는 1,200 A의 부하차단 능력이 있음)

그림 15.6 22.9 kV 선로의 전주에 설치된 3상 1,800 kvar 커패시터 뱅크(50 A K형 퓨즈로 보호되며, 스위칭 방식임)(Courtesy of Danvers Electric.)

립된 전용 1차 배전선로를 이용하는 경우가 있는데, 이를 상용 예비선방식(primary selective system)이라고 부른다. 즉, 평상시에는 상용 1차 전용 배전선로로 전력을 공급받고 있다가 이 선로에 정전사고가 발생하는 경우 차단기로 차단하고 상시 개방되어 있던 예비 1차 전용 배전선로에 자동 또는 수동으로 연결하여 전력을 계속 공급받는 방식을 말한다. 그림 15.7은 사용 예비선 배전방식을 나타낸 것이며, 300 kVA [3, 4, 9]가 넘는 집중형 부하에 공급하기 위해 사용된다. 수전변압기 앞단에 있는 자동 스위치에 의하여 상시 연결되어 있는 간선의 전원이 유실되는 경우, 상시 개방되어 있는 다른 간선으로 즉시 절체된다.

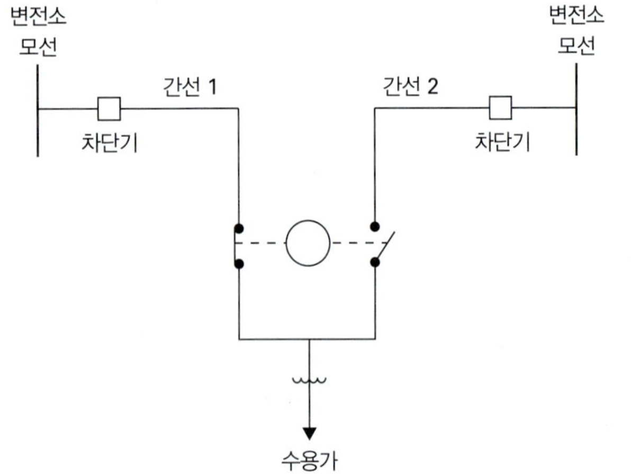

그림 15.7 상용 예비선 배전방식(J. D. Glover, "Electric Power Distribution," *Encyclopedia of Energy Technology and The Environment*, John Wiley & Sons, New York, NY, 1995. Copyright © 1995, John Wiley and Sons.)

루프 방식의 1차 배전계통

그림 15.8에서와 같이 가공 루프 배전계통은 고신뢰도를 요구하는 경우에 적용된다[1, 3, 4, 9]. 변전소 모선에서 출발한 간선은 부하지역을 통과하여 루프 형태로 다시 배전용 변전소 모선으로 돌아오는 방식으로 양방향 전력공급을 가능하게 한다. 간선 도체의 사이즈는 장래 부하 증가를 고려하여 루프 전체의 부하를 감당할 수 있는 정도의 동일한 규격으로 한다. 루프 선로의 중간 부분에 상시개방 연계 스위치로서 상시개방 연계 리클로저(또는 섹셔널라이저)가 설치되며, 이는 수용가 정전 감소 및 고장구간 분리를 위하여 효과적으로 이용된다. 상시 전력공급은 상시개방 연계 리클로저(또는 섹셔널라이저)의 접속상태(on 또는 off)에

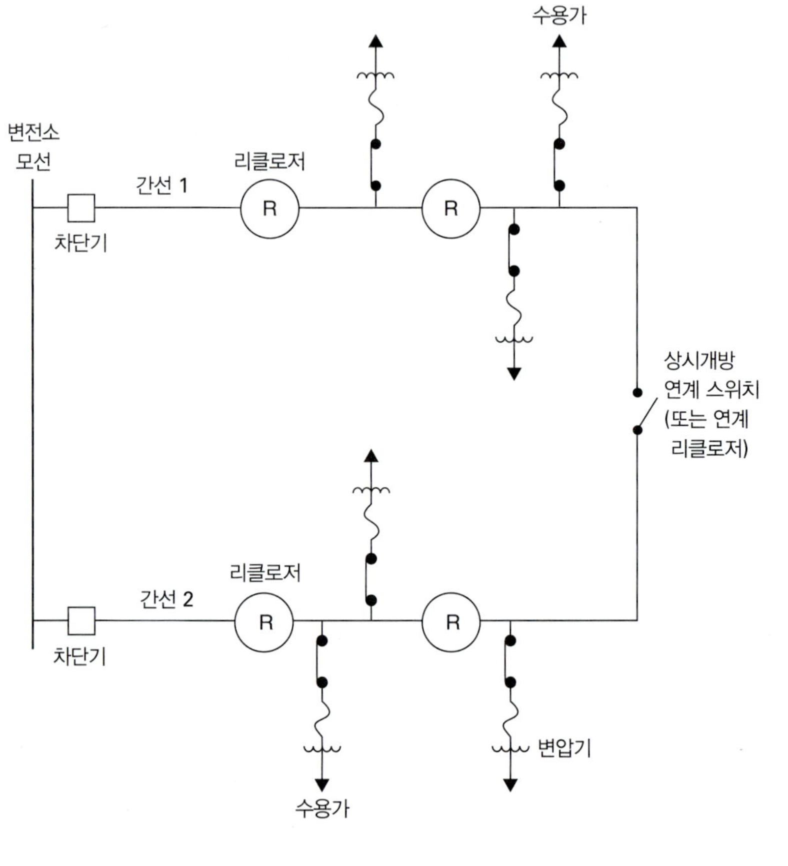

그림 15.8 가공 루프 배전계통
(J. D. Glover, "Electric Power Distribution," *Encyclopedia of Energy Technology and The Environment*, John Wiley & Sons, New York, NY, 1995. Copyright © 1995, John Wiley and Sons.)

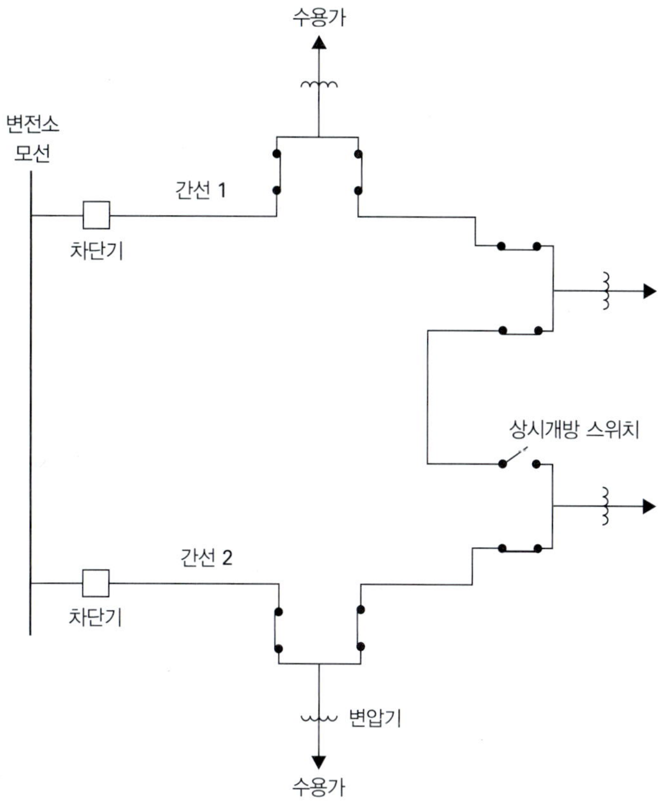

그림 15.9 지중 루프 배전계통
(J. D. Glover, "Electric Power Distribution," *Encyclopedia of Energy Technology and The Environment*, John Wiley & Sons, New York, NY, 1995. Copyright © 1995, John Wiley and Sons.)

따라 배전용 변전소로부터 단방향으로만 이루어진다. 배전용 변전소의 인출구에 위치하고 있는 차단기(CB)는 서로 다른 배전용 변전소의 변압기 또는 동일 배전용 변전소의 서로 다른 변압기에 연결될 수도 있다.

그림 15.9는 주택용 지중 배전계통의 대표적인 루프 배전계통 구성 사례를 보여주고 있으며, 역시 가공 루프 배전계통과 마찬가지로 루프 형태로 다시 배전용 변전소 모선으로 돌아오는 방식으로 양방향 전력공급이 가능하다. 또한, 간선 도체의 사이즈는 장래 부하 증가를 고려하여 루프 전체의 부하를 감당할 수 있는 정도의 규격으로 한다. 가공 루프 배전계통에 비하여 사고발생 빈도는 적으나 한 번 발생하면 영구사고일 가능성이 높다. 간선 부분의 사고로 인한 정전 지속기간은 고장위치를 검출하여 고장 제거를 위한 스위칭 동작 후 전기공급을 재개하기까지이며, 배전용 변전소 변압기 각각에 고장점 탐사장치를 설치하여 고장위치 검출에 소요되는 시간을 줄이고 있다.

네크워크 방식의 1차 배전계통

그림 15.10의 네트워크 1차 배전계통이 방사상 또는 루프 배전방식보다 높은 신뢰도로 전기를 공급할 수 있다는 장점이 있지만, 실제로 적용되고 있는 지역은 부하밀도가 높은 대도시 지역 몇 군데에 지나지 않는다[1, 3, 4, 9]. 네트워크 방식의 1차 배전계통은 다수의 배전용 변전소로부터 온 다수의 간선들로 구성되어 있으며, 배전용 변전소는 미리 선정된 위치에 비교적 작은 단위의 변전소로 대체될 수 있다. 선로의 전압은 배전용 변전소의 전압 조정장치 및 네트워크상의 주요 부하지역과 가까운 위치에 설치한 배전용 변압기에 의하여 적정범위 내로 유지되고 있으나, 여러 가지 운전조건 하에서 전체 선로에 대하여 적정전압을 유지한다는 것은 어렵다. 서로 연결되어 있는 간선상의 사고는 배전용 변전소의 차단기에 의하여 제거되지만, 방사상 간선에 대하여는 퓨즈에 의하여 제거된다.

15.3 2차 배전계통

2차 배전계통은 배전용 변압기로부터 수용가 계량기까지 전기가 공급되는 전력계통으로 정의되며, 표 15.2에 미국에서의 대표적인 2차 배전계통의 전압레벨과 적용대상을 보인다[1~9].

미국의 경우, 일반 주택지역에서는 120/240 V 단상 3선

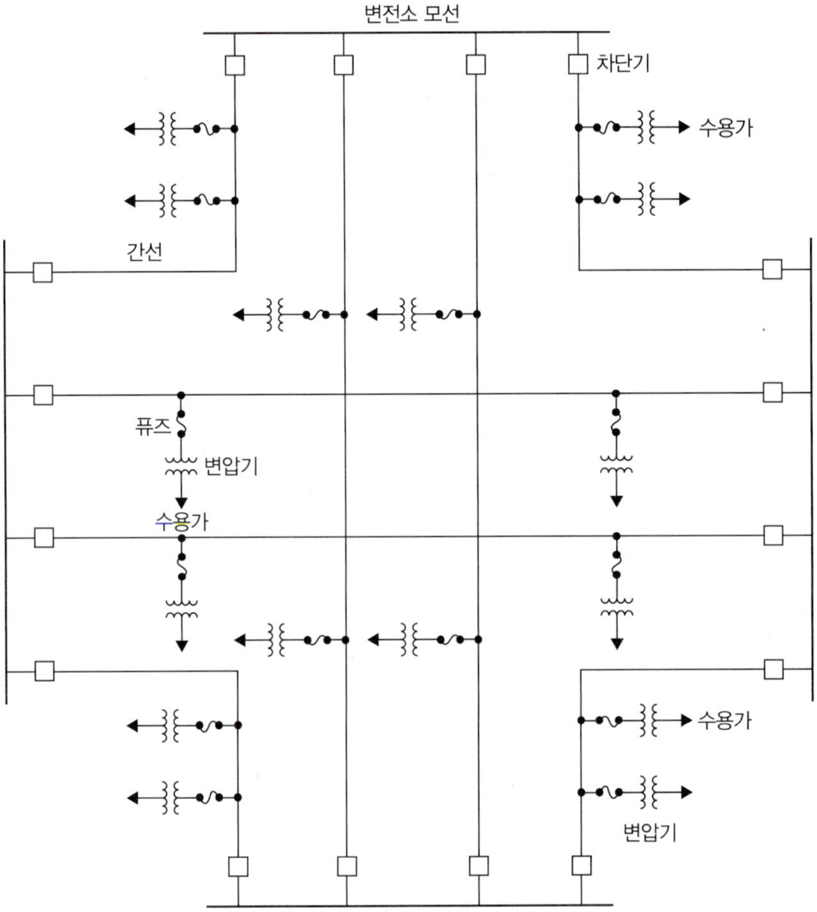

그림 15.10 네트워크 방식의 1차 배전계통 (J. D. Glover, "Electric Power Distribution," *Encyclopedia of Energy Technology and The Environment*, John Wiley & Sons, New York, NY, 1995. Copyright © 1995, John Wiley and Sons.)

표 15.2 미국의 대표적인 2차 배전계통 전압 레벨과 적용대상(Based on J. D. Glover, "Electric Power Distribution," *Encyclopedia of Energy Technology and The Environment*, John Wiley & Sons, New York, NY, 1995.)

전압	상수	선수	적용대상
120/240 V	단상	3	주택용 수용가
208Y/120 V	3상	4	주택용/상업용 수용가
480Y/277 V	3상	4	상업용/산업용/고층빌딩

식의 공급방식이 가장 일반적으로 사용되며, 전등부하와 콘센트에는 단상 120 V로, 전자레인지, 세탁기, 전기온수기 및 전기 난방기 등과 같이 비교적 용량이 큰 가전기기에는 단상 240 V로 각각 전기를 공급한다. 부하밀도가 높은 도심지의 주택 및 상업용 부하에 대하여는 208 Y/ 120 V 3상 4선의 전력 공급방식이 일반적이며, 전등, 콘센트 및 소형모터에는 단상 120 V로, 비교적 용량이 큰 모터부하에는 3상 208 V로 각각 전기를 공급한다. 부하밀도가 매우 높은 고층빌딩, 상업용 및 산업용 부하에 대하여는 480 Y/277 V 3상 4선식의 전력 공급방식이 일반적이며, 형광등에는 단상 277 V로, 모터 부하에는 3상 480 V로 각각 전기를 공급한다. 이 3상 Y 결선방식의 480 V 전력 공급방식에서는 소형 변압기를 통하여 단상 120 V의 수지상 저압배전선을 인출하여 사무실, 소매점 및 룸의 콘센트에 전기를 공급하는 방식도 취하고 있다.

그림 15.11은 수지상 배전선로에 있어서 대표적인 주택용 수용가의 전압 프로파일을 보여주고 있다. ANSI 표준에 의거하여 미국의 전력회사들은 정상상태에서 수용가 인입구 단자전압이 120 V 공칭전압기준 65%, 즉 114~126 V 사이로 유지되도록 하고 있다. 그림에서와 같이 배전용 변전소에서 가장 가까운 수용가는 제일 높은 전압을 공급받으며, 배전용 변전소에서 가장 먼 수용가는 제일 낮은 전압을 공급받게 되므로 배전선로의 적합한 설계방법은 경부하 기간 동안에는 변전소에서 가장 가까운 수용가의 전압

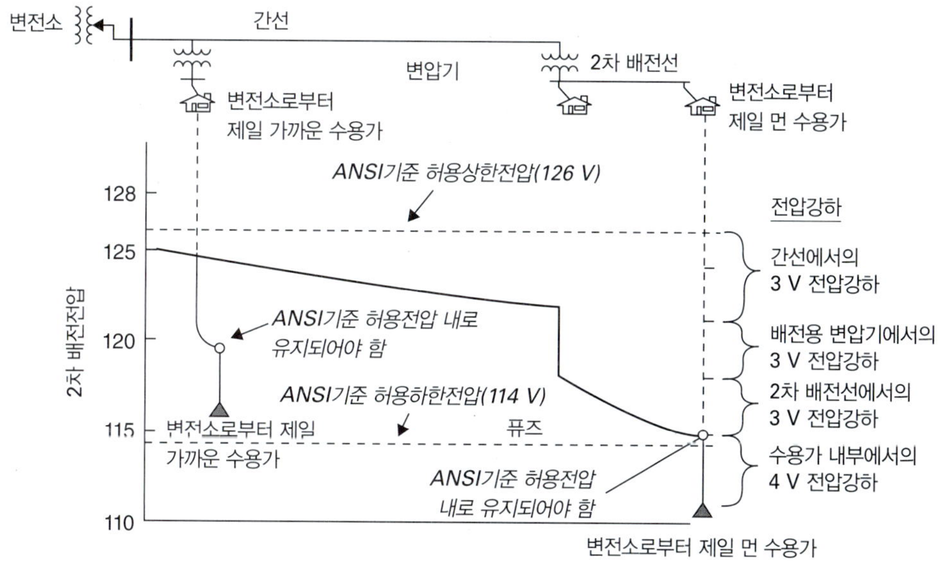

그림 15.11 수지상 배전선로에 있어서 대표적인 주택용 수용가의 전압 프로파일

이 126 V보다는 작게, 중부하 기간 동안에는 변전소에서 가장 먼 수용가의 전압이 114 V보다는 크게 함으로써 선로 전체에 있는 모든 수용가의 전압이 정상상태에서 120 V±5% (114~126 V) 범위로 유지될 수 있도록 하는 것이다. 이러한 ANSI에서 규정한 전압유지범위를 만족시키기 위해 병렬 커패시터(15.5절 참조), 배전용 변전소에 설치되는 부하 시 탭절환 변압기 및 전압조정기(15.4절 참조) 등이 이용되고 있다.

2차 배전계통의 배전방식은 다음과 같이 4가지로 분류된다.

1. 수용가 전용 배전용 변압기
2. 2차 배전선(또는 2차 간선) 공통방식
3. 2차 배전선(또는 2차 간선) 네트워크 방식
4. 스팟 네트워크 방식

수용가 전용 배전용 변압기

그림 15.12는 단일 수용가 전용의 배전용 변압기에 의한 배전방식을 보여주고 있다. 이 방식은 수용가 사이의 거리가 멀고, 긴 2차 배전선(또는 2차 간선)이 요구되는 경우 전압강하 및 경제적 측면에서 실용적이지 못한 농어촌 및 산간지역에 많이 적용되는 방식이며[3, 4], 또한 비교적 부하가 커서 2차 배전선으로 전기를 공급받는 경우 전압강하 문제가 발생되는 수용가에 대해서도 적용되는 방식이다.

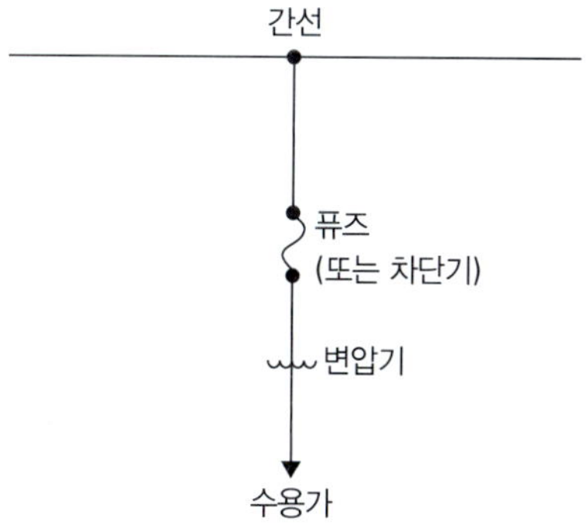

그림 15.12 단일 수용가 전용의 배전용 변압기에 의한 배전방식
(J. D. Glover, "Electric Power Distribution," *Encyclopedia of Energy Technology and The Environment*, John Wiley & Sons, New York, NY, 1995. Copyright © 1995, John Wiley and Sons.)

다른 2차 배전방식에 비하여 전용 변압기의 설치비용과 무부하 손실로 인한 운영 비용이 크지만, 2차 배전선의 설치비용을 피할 수 있다는 장점이 있다.

2차 배전선(또는 2차 간선) 공통방식

그림 15.13은 어떤 그룹의 수용가들에게 여러 경로의 전기 공급 루트를 제공할 수 있도록 하기 위하여 1차 배전선의 간선에 하나 이상의 배전용 변압기를 통하여 연결된 2차 배전선을 공통으로 사용하는 2차 배전선 공통방식을 보여주고 있다[3, 4]. 이 방식은 그룹 내의 각 수용가에 개별적으로 공급하는 데 필요한 개별 변압기 용량의 전체 합

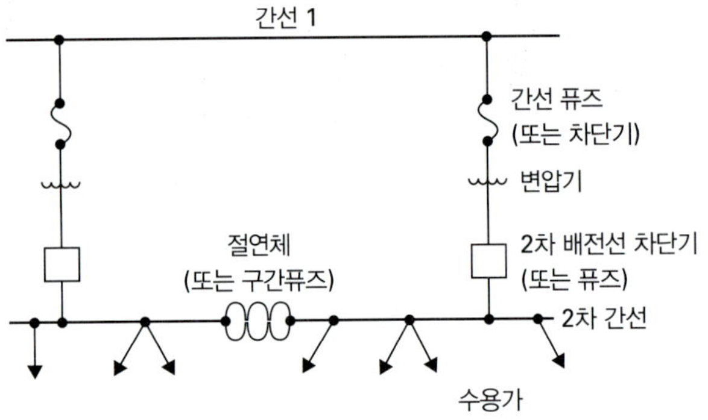

그림 15.13 2차 배전선 공통방식
(J. D. Glover, "Electric Power Distribution," *Encyclopedia of Energy Technology and The Environment*, John Wiley & Sons, New York, NY, 1995. Copyright © 1995, John Wiley and Sons.)

에 비하여 작은 용량의 변압기로 그룹 전체에 전기를 공급할 수 있다는 장점이 있다. 또한, 그룹 전체에 전기를 공급하는 용량이 큰 변압기는 변압기 자체가 가지고 있는 임피던스가 상대적으로 작기 때문에 모터 기동 시 및 부하 급변 시 심각할 정도의 큰 전압강하 없이 부하에 전기를 공급해 줄 수 있다는 장점도 있다.

대부분의 2차 배전선 공통방식은 여러 구간으로 분리되는데, 각 구간은 하나의 배전용 변압기로부터 전기를 공급받으며, 인접구간은 절연체에 의하여 분리되어 있다. 몇몇의 경우는 인접구간이 퓨즈에 의하여 연결되는, 즉 여러 개의 배전용 변압기들을 서로 연결하여 한 군데로 모아둔 형태의 소위 2차 배전선 뱅크방식도 있다.

2차 배전선 네트워크 방식

그림 15.14는 높은 신뢰도가 요구되고 고비용의 투자비가 수용될 수 있는 도심지 내의 부하밀도가 높은 지역에 전기를 공급하는 2차 배전선 네크워크 방식[1, 3, 4, 9]을 보이고 있다. 대부분의 네트워크 방식은 3개 이상의 1차 배전선(간선)을 여러 개의 네트워크 변압기를 통하여 연결한 구조를 하고 있다.

미국의 2차 배전선 네트워크 방식에 있어서 전압레벨은 208 Y/ 120 V 또는 480 Y/277 V로, 케이블 사이즈는 4/0에서 500 kcmil (250 mm^2) AWG로 각각 적용되고 있다[5].

우리나라의 경우는 거의 적용되는 사례가 없으나, 미국의 경우는 약 260개 이상의 도시에 이 방식이 적용되고 있으며[5], 이 중에서 제일 규모가 큰 것이 뉴욕시의 네트워크 배전방식이며, 여기에는 상시 운전이 감시되는 23,000여 개의 네트워크 변압기가 설치되어 있다. 이 네트워크 배전계통 중의 일부는 네트워크 변압기를 통하여 연결된 24개의 1차 배전선으로부터 전기를 공급받고 있다[9].

네트워크 변압기와 네트워크 2차 배전선 사이에 놓여 있

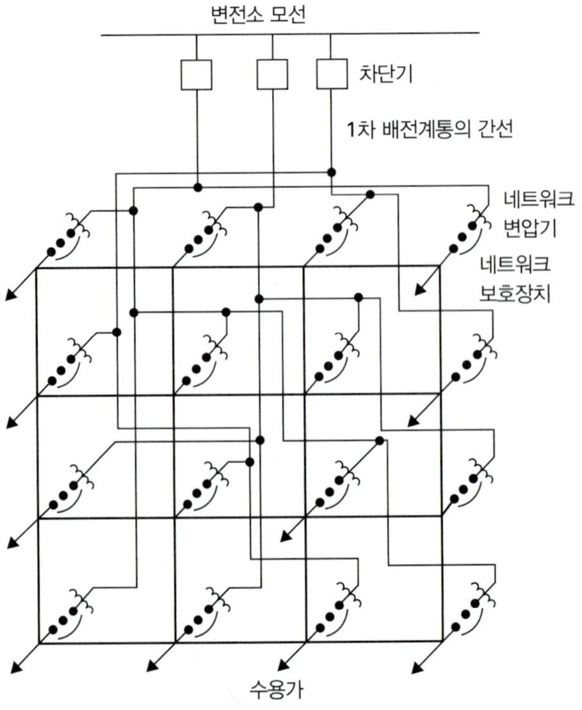

그림 15.14 2차 배전선 네크워크 방식
(J. D. Glover, "Electric Power Distribution," *Encyclopedia of Energy Technology and The Environment*, John Wiley & Sons, New York, NY, 1995. Copyright © 1995, John Wiley and Sons.)

는 네트워크 보호장치는 네트워크 변압기 자체 또는 1차 배전선로의 사고 시 및 역조류 발생 시 자동적으로 변압기를 네트워크로부터 분리 차단할 수 있는 릴레이와 보조장치를 갖고 있는 저압 공기차단기로서, 1차 배전선로의 전압 회복 시 자동 투입되는 기능이 있다[5]. 또한, 네트워크 보호장치의 백업기능으로 퓨즈를 사용하기도 한다.

208 Y/ 120 V 2차 배전계통의 사고 시 케이블 소손을 방지하기 위하여 대부분 퓨즈 형태가 아닌 보호장치를 적용하고 있으나, 480 Y/277 V 2차 배전계통의 경우는 이 문제를 실질적으로 해결하지 못하여 소손으로 인한 심각한 피해가 발생한 사례가 많았다. 이 문제의 해결 방안으로 2차 배전선로의 연결점에 케이블 한류기를 설치하여 사고가 난 케이블을 소손 없이 분리하도록 하였으며, 이 케이블 한류기는 구리 부분이 퓨즈와 같이 동작하는 구조로 되어 있다. 한류 퓨즈와 같이 고장전류의 크기를 제한하도록 동작하지는 않지만, 선로의 길이가 매우 짧은 구간에서는 한류 퓨즈가 설치되어 운용되는 경우도 있다.

1차 배전선로 상의 정전은 네트워크 방식의 2차 배전계통에 연결되어 있는 수용가에게 정전 영향을 주지 않는다. 그 이유는 2차 배전계통에 여러 개의 1차 배전선로가 병렬로 연결되어 있을 뿐만 아니라 2차 배전계통 자체가 네트워크 방식으로 운전되기 때문이다. 이러한 구조는 네트워크 변압기에 부하를 균등하게 배분할 수 있게 하여 대형모터의 기동이나 부하 급변 시 발생하는 심각한 전압강하를 방지할 수 있다.

스팟 네트워크 방식

그림 15.15는 높은 신뢰도를 요구하는 고층빌딩이나 쇼핑센터 같은 단일 집중부하에 전기를 공급하는 네트워크 방식의 일종인 스팟 네트워크를 보이고 있다[1, 3, 4, 9]. 스팟 네트워크 2차 배전계통의 모선에는 네트워크 변압기를 통하여 2개 이상의 1차 배전선로가 병렬로 연결되어 있다. 25 MVA 이상의 부하를 감당하는 스팟 네트워크에 대해서는 6개의 1차 배전선로가 연결되는 경우도 있으며, 미국의 경우 스팟 네트워크 2차 배전계통의 전압레벨은 대부분 480Y/277 V이다. 사무실, 소매점 등에 공급되는 120 V 수지상 저압 배전선로는 480 V의 스팟 네트워크 2차 배전계통에 변압기를 통하여 연계된다.

2개 이상의 1차 배전선로가 네트워크 변압기를 통하여

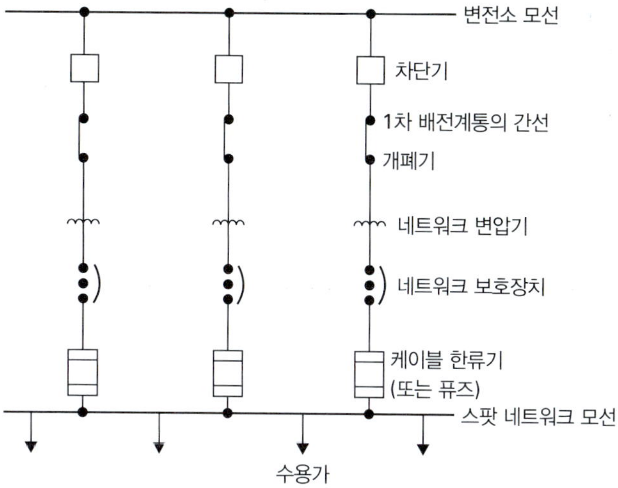

그림 15.15 2차 배전선 스팟 네트워크 방식(J. D. Glover, "Electric Power Distribution," *Encyclopedia of Energy Technology and The Environment*, John Wiley & Sons, New York, NY, 1995. Copyright © 1995, John Wiley and Sons.)

연계되는 스팟 네트워크 방식을 통해 고신뢰도와 운전상의 유연성을 달성할 수 있으며, 네트워크 방식의 2차 배전선로는 모든 네트워크 변압기들로부터 지속적으로 전기를 공급받을 수 있다. 네트워크 보호장치는 변압기와 1차 배전선로 간선의 사고 시 및 역조류 시 변압기를 스팟 네트워크로부터 자동적으로 분리 차단하는 데 이용되며, 케이블 한류기나 퓨즈는 과부하 및 케이블 선로상의 사고로부터 설비를 보호하는 데 사용된다. 1차 배전선로에서의 정전은 2차 배전선로의 정전으로 파급되지 않으며, 또한 스팟 네트워크는 간결하고 신뢰성 있는 설비로 구성되어 있다[5].

15.4 배전계통의 변압기

배전계통의 변압기에는 송전전압을 1차 배전전압으로 낮추어주는 배전용 변전소의 변압기와 1차 배전전압을 일반 수용가의 사용전압수준인 2차 배전전압으로 낮추어주는 배전용 변압기가 있다. 아래에 이에 대한 설명을 하기로 한다.

배전용 변전소의 변압기

배전용 변전소의 변압기는 그 정격 범위가 표 15.3에서 보는 바와 같이 다양하다.

배전용 변전소의 변압기에는 절연 및 냉각을 위한 오일이 들어 있다. 1978년 이전에 제작된 변압기에는 PCB(폴

표 15.3 배전용 변전소의 대표적인 변압기 특성[5]
Power Distribution Engineering: Fundamentals and Applications by James Burke. Copyright 1994 by TAYLOR & FRANCIS GROUP LLC-BOOKS. Reproduced with permission of TAYLOR & FRANCIS GROUP LLC-BOOKS in the format Textbook via Copyright Clearance Center (Based on James Burke, *Power Distribution Engineering: Fundamentals and Applications*, 1994, Taylor & Francis.)

변압기 스펙 항목	변압기 규격
고압측 정격	34.5 to 230 kV
저압측 정격	2.4 to 46 kV
MVA 용량(OA)	2.5 to 75 MVA
변압기 임피던스	5 to 12 %
변전소 변압기 수	1 to 4
운전상태	OA,OA/FA,OA/FA/FOA,OA/FA/FA
고압측 보호장치	개폐기, 차단기, 퓨즈
릴레이 보호방식	과전류, 차동, 부족주파수
간선 보호방식	차단기, 개폐기

리염화바이페닐) 성분이 많이 함유된 아스카렐(불연성 합성 염화탄화수소)을 사용하였는데, 현재 이들은 거의 없어졌거나 퍼클로로에틸렌을 사용한 non-PCB 변압기로 재분류된 상황이다. 일부 변압기에서는 니트로젠 같은 비활성기체가 오일 상부의 공간에 채워져 습도와 공기를 유지한 상태로 오일탱크에 밀봉되어 있다. 밀봉된 변압기는 내부 압력이 절연물의 열화 정도를 나타내는 어느 특정 값을 초과하면 파열되도록 설계된 압력경감 격막을 갖고 있고, 또한 경보를 알리거나 변압기 전원을 차단하는 릴레이가 설치된 경우도 있다[4].

대부분의 배전용 변전소의 변압기에는 부하에 전원공급이 중단되지 않도록 탭위치를 바꾸어 자동적으로 전압을 조정할 수 있는 부하시 탭절환기가 설치되어 있다. 그림 15.16은 변압기의 저압측에 LTC가 내장된 배전용 변전소 변압기를 보여주고 있다. 일부 변압기는 고정탭과 별도의 분리된 전압조정기를 갖는 경우도 있다. 전압조정기는 배전용 변전소 변압기에 설치된 LTC와 같이 자동적으로 전압을 올리거나 낮추는 기능의 탭이 달린 단권변압기의 구조를 갖는 것이 일반적이다. 그림 15.17에 배전용 변전소에 설치된 전압조정기를 보인다. 배전용 변전소에 설치되는 전압조정기 이외에 1차 배전선로의 전주 위에 설치되는 전압조정기도 있다.

실외에 설치된 배전용 변전소 변압기는 변압기의 맨 위쪽에 오일의 팽창과 수축을 감당할 수 있는 컨서베이터(conservator)라고 하는 탱크가 있다. 이 탱크 내부에서는 수분이 응축되거나 오일 찌꺼기가 형성될 수 있는데, 이들은 배출펌프에 의하여 외부로 추출된다[4].

배전용 변전소 변압기는 어느 특정 온도, 즉 주변 온도 40°C에서 구형 변압기의 경우는 55°C, 신형 변압기의 경우는 65°C를 초과하지 않고 연속적으로 부하에 전력을 공급할 수 있는 MVA 정격용량으로 표기되나, 구리와 철심 손실에 의해 발생되는 열을 식히기 위한 냉각팬이나 오일 순환펌프의 동작상태에 따라 다음과 같이 용량을 구분한다.

1. OA 정격: 냉각팬 및 오일 순환펌프가 모두 정지한 자연 대류 냉각 시 용량
2. FA 정격: 냉각팬만 동작할 경우의 용량
3. FOA 정격: 냉각팬 및 오일 순환펌프 모두 동작 시 용량 2세트의 냉각팬을 갖는 변압기의 경우, 그중 한 세

그림 15.16 3상 22.9 kVΔ/4.16 kVY 12 MVA OA/ 16 MVA FA1/20 MVA FA2. 배전용 변전소 변압기(고압측에 고정탭, 저압측에 LTC가 각각 설치되어 있음)(Courtesy of Danvers Electric.)

그림 15.17 69/13.8 kV급 배전용 변전소에 설치되어 있는 전압조정기(상전압 정격 7.96 kV, 정격전류 437 A) (Courtesy of Unitil Corporation.)

트만 동작하는 경우의 FA정격과 2세트 모두 동작하는 경우의 FA정격으로 구분되며, 때로는 수랭식 열교환기를 갖는 경우도 있다. 변압기 명판에 기재되어 있는 % 임피던스는 OA정격을 기준으로 나타낸 것이다[5].

대부분의 전력회사는 정상적인 상태에서 명판에 기록된 OA/FA/FOA 정격범위 내에서 배전용 변전소 변압기가 운전되도록 계획하나 단기간 비상시에는 이들 값을 상회하는 범위에서 운전하는 것도 가능하다. 즉, 만약 변압기 하

예제 15.1 배전용 변전소 변압기의 징격전류와 단락전류

3상 230 kVΔ/34.5 kV Y급 배전용 변전소 변압기의 정격용량이 75 MVA OA/100 MVA FA/133 MVA FOA이며, 7% 임피던스를 갖고 있다. (a) 정격 OA, FA 및 FOA에서의 변압기 저압측 정격전류를 구하시오. (b) 계통 기준 용량 100 MVA 저압측 기준전압 34.5 kV에서의 변압기 임피던스를 p.u.로 나타내시오. (c) 변압기 저압측의 3상 단락 사고 발생 시 저압측에서의 단락전류를 구하시오. 사고 직전의 전압은 34.5 kV로 한다.

| 풀이

a. OA정격용량 75 MVA에서의 정격전류는

$$I_{OA,L} = 75/(\sqrt{3} \times 34.5) = 7.372 \text{ kA per phase}$$

마찬가지로 FA 및 FOA 정격에서의 정격전류를 구하면,

$$I_{FA,L} = 100/(\sqrt{3} \times 34.5) = 9.829 \text{ kA per phase}$$
$$I_{FOA,L} = 133/(\sqrt{3} \times 34.5) = 13.07 \text{ kA per phase}$$

b. 변압기 임피던스 7%는 OA정격 75 MVA에서의 값이므로 식 (3.3.11)을 이용하여 100 MVA 기준으로 환산하면

$$Z_{\text{puSystem Base}} = 0.07(100/75) = 0.09333 \text{ p.u.}$$

c. 변압기 제조사에서는 OA정격을 기준으로 변압기 %임피던스 값을 제공하므로 OA정격을 변압기 정격 기준으로 하여 3상 단락사고 시 단락전류를 구하면

$$\begin{aligned} Isc3\phi &= 1.0/(0.07) = 14.286 \text{ p.u.} \\ &= (14.286)(7.372) \\ &= 105.31 \text{ kA/phase} \end{aligned}$$

위 (c)에서 확인할 수 있듯이 OA정격은 단락 회로 전류를 계산하기 위해 사용된다. 왜냐하면 변압기 제조사에서는 OA정격을 기준으로 변압기 pu임피던스 값을 제공하기 때문이다.

나가 다음 대표적인 두 가지 기준에 근거하여 계획 정전되는 경우 남은 변압기가 변전소 전체 부하에 전력을 연속적으로 공급할 수 있다.

1. 변압기 부하분담을 줄이기 위하여 운전상태 전환에 소요되는 최대 2시간 동안 운전 가능한 비상정격(이하 '2시간 비상정격'으로 칭함)
2. 고장난 변압기를 여분의 변압기로 교체하는 데 소요되는 최대 10일에서 30일 동안 운전 가능한 비상정격(이하 '장기간 비상정격'으로 칭함)

한 예로서 어떤 배전용 변전소가 9 MVA OA/12 MVA FA1/15 MVA FA2인 변압기 2대로 구성되어 운전되는 정상상태에서는 변전소 전체 부하를 15 MVA 이하에서 운전되도록 한다. 그 이유는 만약 운전 중 한 대의 변압기가 계획 정전으로 운전 정지되는 비상사태가 발생하는 경우, 나머지 다른 한 대의 변압기가 FA2 정격에서 전체 부하를 감당하여 운전될 수 있도록 변전소 상시 전체 부하를 15 MVA 초과되지 않도록 해야 하기 때문이다. 이와 같은 경우 명판의 비상시 용량은 적용되지 않는다.

어떤 전력회사는 비상시뿐만 아니라 정상시에도 명판에 쓰인 정격 이상에서 변압기를 운전하는 경우도 있다. *IEEE Guide for Loading Mineral-Oil-Immersed Transformers*라는 제목이 붙어 있는 ANSI/IEEE C-57.91-1995 규격은 명판 상의 정격을 초과하여 운전하는 변압기에 대한 위험성을 규명하고 사용한계 및 가이드라인을 제시함으로써 운전 가능한 한계에 대한 위험성을 최소화하도록 하고 있다[21, 22].

예제 15.2 배전용 변전소의 정상 및 비상시 허용 가능한 정격용량

그림 15.18의 배전용 변전소에서 FOA정격 40 MVA, 138 kVΔ/12.5 kV Y의 2대의 변압기(TR1, TR2로 명명함)가 138 kV의 송전선 2회선에 각각 연결되어 운전되고 있다. 두 변압기는 연속운전조건에서 65°C까지 상승되도록 설계된 비교적 신형 변압기이다. 12.5 kV 모선 1과 2에 병렬 커패시터 뱅크가 설치되어 있다. 이 변전소를 소유하고 있는 전력회사는 변압기 명판 정격의 %를 기준으로 하여 다음과 같은 변압기 운전기준을 적용하고 있다.

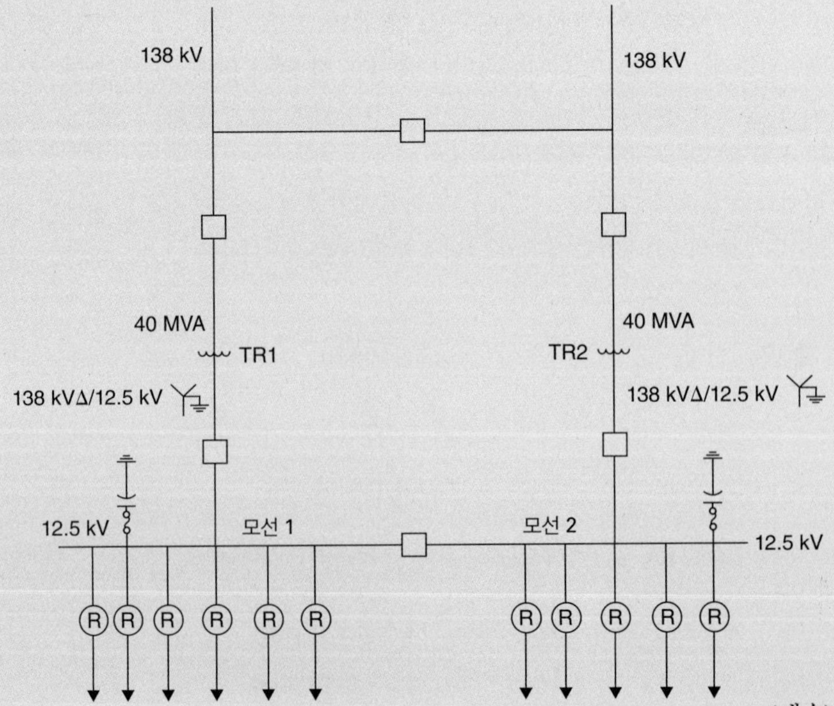

그림 15.18 예제 15.2의 배전용 변전소

(계속)

1. 하계 정상운전 시 정격 128%
2. 하계 2시간 비상운전 시 정격 170%
3. 하계 30일 비상운전 시 정격 155%

(a) 서로 다른 부하분담 상태에서의 운전을 고려하여 5% 감량운전을 할 경우 변전소 하계 정상운전 시 정격을 구하시오. (b) 변압기 하나가 운전정지되는 비상사태를 고려한 변전소 하계 허용정격을 구하시오. (c) 변압기 하나가 운전정지되는 비상사태를 고려한 하계 30일 비상정격을 구하시오.

| 풀이

a. 정상운전상태에서 변압기 2개가 모두 운전 중에 있다. 동일하지 않은 서로 다른 부하분담상태에서의 운전을 고려한 5% 감량운전 조건에서 하계 정상운전 시 정격은 $1.28 \times (40 + 40) \times 0.95 = 97$ MVA이다. 2개의 변압기 모두 운전 시 변전소는 하계 정상운전 시 정격인 128%, 즉 각 변압기가 51.2 MVA를 초과하지 않는 97 MVA까지 운전 가능하다.

b. 변압기 하나가 운전정지되는 비상사태를 고려한 변전소 하계 허용정격은 $1.7 \times 40 = 68$ MVA이다. 즉, 남아 있는 한 개의 변압기는 2시간 동안 명판 정격의 170%인 68 MVA까지 운전이 허용된다. 이 2시간은 변압기의 운전용량을 하계 30일 비상정격운전으로 전환하는 데 주어지는 시간이다.

c. 변전소의 하계 30일 비상정격은 $1.55 \times 40 = 62$ MVA이다. 하나의 변압기가 영구사고일 경우 나머지 다른 변압기는 30일 동안 62 MVA로 운전이 가능하며, 이 기간 동안에 여분의 변압기로 고장난 변압기를 교체하여야 한다.

배전용 변압기

배전용 변압기는 2.4 kV에서 34.5 kV 범위에 있는 1차 배전계통을 100 V에서 480 V의 범위에 있는 2차 배전계통에 연결하는 역할을 하는 설비로서, 가공신의 전주 위에 설치되는 주상변압기(pole-mounted transformer), 도로나 인도 옆에 설치되는 지상변압기(pad-mounted transformer), 빌딩 내에 설치되는 옥내변압기, 지하 맨홀에 설치되는 변압기 등으로 구분된다.

가공 배전선로의 주상변압기는 부하용량 및 1차 배전선로 구성에 따라 절연유가 들어 있는 유입 단상 또는 3상 변압기로 구성되어 있으며, 일반적으로 서지 보호장치, 과부하 보호장치, 단락 보호장치가 별도로 설치된 형태 또는 자체 내장된 형태로 제작된다. 외부에 별도로 설치된 주상 변압기의 보호장치로서는 퓨즈 컷아웃이라는 것이 있는데, 이것은 과부하 및 내부사고 시 변압기를 1차 배전계통으로부터 차단 분리시키도록 하고 있다. 한편, 서지 보호장치인 피뢰기는 변압기의 1차측에 설치되어 스위칭 서지 또는 뇌서지에 의해 발생되는 과도 과전압으로부터 변압기를 보호하는 역할을 한다. 그림 15.19는 상업용 수용가에게 가공선으로 120/208 V 전기를 공급하는 75 kVA 3상 변압기 뱅크를 구성하고 있는 3개의 단상 주상 배전용 변압기를 보여주고 있다.

보호장치 내장형 변압기의 경우, 1차측 퓨즈는 변압기 탱크 안쪽에, 피뢰기는 탱크 바깥쪽 1차 부싱에 각각 설치되어 있으며, 2차측에 설치되어 있는 차단기는 1차측 퓨즈와 협조하여 과부하 보호기능을 수행한다.

지중 배전계통의 지상변압기는 옥내 또는 옥외 설치가 가능하며, 단상 또는 3상 전원공급이 가능한 유입식 또는 건식 변압기로 분류된다. 단상 지상변압기는 주택용 및 상업용 지중 배전계통에 적합하도록 설계되며, 이때 특히 고려할 사항은 안전성, 신뢰도 및 미관 등이다. 3상 지상변압기는 대형 상업용 수용가 및 산업용 수용가에게 전기를 공급해주는 소형 전력공급센터의 역할을 한다. 그림 15.20에 산업용 수용가에 480/277 V 전력을 지중 2차 배전선로로 공급하는 유입식 3상 지상변압기를 보였다. 절연물로 유리섬유, 실리카(이산화규소), 에폭시 또는 폴리에스테르 수지 등과 같은 고체가 사용되는 건식변압기는 사람들이 많이 왕래하기 때문에 무엇보다도 안전이 중요시되는 학교, 병원, 상업용 빌딩 및 산업플랜트의 인근 지역에 옥내형 또는 옥외형으로 설치된다.

네트워크 또는 스팟 2차 배전계통에 전기를 공급하는 네트워크 변압기는 지하 맨홀 또는 빌딩 내 특별히 마련된 공

그림 15.19 25 kVA 단상 주상변압기 3대가 75 kVA 4,160 VΔ 208/120 V Y 접지로 결선된 3상 변압기 뱅크. 상업용 수용가에게 전기를 공급하고 있으며, 변압기 탱크 측에 수직으로 설치되어 있는 피뢰기와 같이 있는 퓨즈 컷아웃을 통해 1차측 4,160 V로부터 변압기는 공급받음(Courtesy of Danvers Electric.)

(a) (b)

그림 15.20 (a) 앞문이 닫힌 (b) 앞문이 열린 1,500 kVA OA kVΔ−480/277 V Y 접지 3상 유입변압기(1차측 퓨즈 내장)(Courtesy of Danvers Electric.)

간에 설치되며, 300~2,500 kVA 범위의 유입식 3상 변압기가 사용된다. 정격전압 범위 및 변압기 결선방식은 1차측이 4.16 kV~34.5 kV Δ결선 또는 Y결선 접지방식, 2차측이 3상 216 V Y 결선 접지방식/단상 125 V 또는 3상 480 V Y 결선 접지방식/단상 277 V 방식이 각각 적용되고 있다. 그림 15.21에서와 같이 네트워크 변압기에는 2차측에 연결되는 네트워크 보호장치가 내장되어 있는 것이 일반적이다. 네트워크 변압기의 설치방식에는 간헐적인 침수상태에서 운전이 가능한 볼트 방식(vault type)과 계속적인 침수상태에서도 운전이 가능한 방수 방식(subway type)이 있다.

주변온도 40°C에서 내부온도가 55°C(구형 변압기의 경

그림 15.21 GE사의 500 kVA 13.8 kVΔ–120/208 V Y접지방식의 네트워크 변압기(Courtesy of Unitil Corporation.)

우) 또는 65°C(신형 변압기의 경우)를 초과하지 않는 범위에서 연속운전이 가능한 용량으로 정의되는 배전용 변압기의 kVA 정격을 표 15.4에 보였다. 배전용 변압기는 하루 동안의 부하 변화에 의해 일반적으로 kVA 정격하에서 계속적으로 운전되는 경우가 극히 드물다. 유입변압기의 경우는 부하 증가에 따른 내부온도 증가가 급격하지 않은 특성의 큰 온도상수를 갖고 있으므로 변압기의 기대수명에 영향을 끼치지 않고 정격 이상에서 운전하는 것이 가능하다. 이와 관련하여 *IEEE Guide for Loading Mineral-Oil-Immersed Overhead and Pad-Mounted Distribution Transformers Rated 500 kVA and Less with 65°C or 55°C Average Winding Rise* [23]이라는 제목으로 되어 있는 ANSI/IEEE 표준안 C57.92-1981에 근거한 배전용 변압기의 운전가이드를 표 15.5에 제시하였다.

표 15.5에서 알 수 있듯이 단시간 운전은 변압기 명판의 kVA 정격의 89%까지 가능하다. 또한 동일 정격의 유입변압기만큼 견고하지 않은 건식변압기의 경우 정상적으로는 정격 이상에서 운전하지 않는다는 점에 유의하여야 할 것이다.

15.5 배전계통의 병렬 커패시터

전력계통에서 부하는 정상상태에서 유효전력(MW)과 무효전력(Mvar)을 소비하는 것으로 정의된다. 부하지역과 멀리 떨어진 곳에 위치하고 있는 대부분의 발전소는 상시 유효전력을 공급하고, 중부하 기간에는 무효전력을 공급하고 경부하 기간에는 무효전력을 흡수하는 형태로 운전되고

표 15.4 표준 배전용 변압기 kVA 정격
J. D. Glover, "Electric Power Distribution," *Encyclopedia of Energy Technology and The Environment*, John Wiley & Sons, New York, NY, 1995. Reprinted with permission of John Wiley & Sons, Inc. (Based on ANSI/IEEE C.57 Standard)

단상(kVA)	3상(kVA)
5	30
10	45
15	75
25	112.5
38	150
50	225
75	300
100	500
167	750
250	1000
333	1500
500	2500
	3000
	3750
	5000

표 15.5 정상 기대수명에 근거한 유입식 배전용 변압기의 단시간 허용운전용량[5] Power Distribution Engineering: Fundamentals and Applications by James Burke. Copyright 1994 by TAYLOR & FRANCIS GROUP LLC-BOOKS. Reproduced with permission of TAYLOR & FRANCIS GROUP LLC-BOOKS in the format Textbook via Copyright Clearance Center (Based on James Burke, *Power Distribution Engineering: Fundamentals and Applications*, Taylor & Francis, 1994.)

	변압기 정격기준에 대하여 p.u. 단위로 나타낸 평균 초기 운전용량		
	0.9	0.7	0.5
운전가능시간	변압기 정격기준에 대하여 p.u. 단위로 나타낸 최대운전용량		
0.5	1.59	1.77	1.89
1.0	1.40	1.54	1.60
2.0	1.24	1.33	1.37
4.0	1.12	1.17	1.19
8.0	1.06	1.08	1.08

있다. 유효전력과는 달리 긴 송전선로를 통하여 무효전력을 부하에 공급한다는 것은 선로손실 및 전압변동률 측면에서 경제적이지 못하기 때문에 지상전류성분을 공급하는 또는 진상전류성분을 흡수하는 병렬 커패시터를 1차 배전선로 상에 설치하여 지상역률로 운전하고 있는 부하 및 송배전선로에 무효전력을 공급하는 경제적인 방식이 일반적으로 적용되고 있다.

예제 15.3 1차 배전선로 말단에 설치된 병렬 커패시터 뱅크

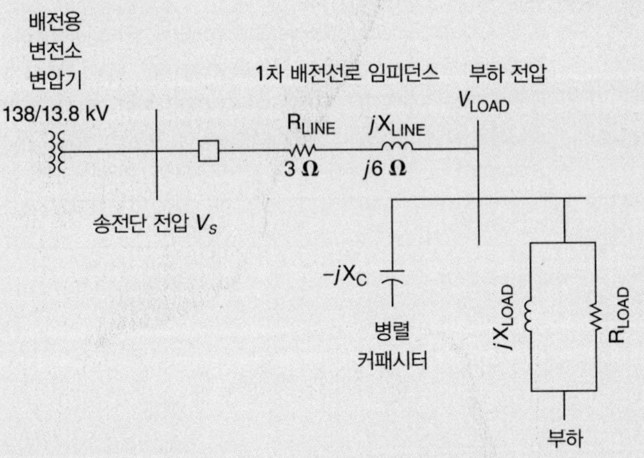

그림 15.22 예제 15.3의 1차 배전선로에 대한 단선계통도

그림 15.22에서 보는 바와 같이 13.8 kV 1차 배전선로 말단에 부하와 병렬 커패시터 뱅크가 연결되어 운전되고 있다. 송전단 전압은 105%, 각 상에 R_{Load} = 20 Ω과 jX_{Load} = $j40$ Ω이 병렬로 연결된 Y 결선 3상 부하를 가정한다. (a) 병렬 커패시터가 없는 경우 선로전류, 선로의 전압강하, 부하단 전압, 부하단에서 소비되는 유효전력과 무효전력, 부하역률, 선로상에서의 유효전력손실과 무효전력손실, 배전용 변전소에서 공급하는 유효전력/무효전력/피상전력을 구하시오. (b) 커패시터 뱅크가 X_C = 40 [Ω/상]으로 Y 결선되어 운전되는 경우 (a)를 반복하고, 커패시터 뱅크에 의하여 공급되는 무효전력을 구하시오. (c) (a)와 (b)의 결과를 비교하시오.

| 풀이

a. 커패시터 뱅크가 없는 경우, 송전단 측에서 선로 측을 바라본 전체 임피던스 Z_{Total}은

$$Z_{TOTAL} = R_{LINE} + jX_{LINE} + \frac{1}{\frac{1}{R_{LOAD}} + \frac{1}{jX_{LOAD}}}$$

$$Z_{TOTAL} = 3 + j6 + \frac{1}{\frac{1}{20} + \frac{1}{j40}}$$

$$Z_{TOTAL} = 3 + j6 + \frac{1}{0.0559\underline{/-26.57^\circ}}$$

$$= 3 + j6 + 17.89\underline{/26.56^\circ}$$

$$Z_{TOTAL} = 3 + j6 + 16 + j8 = 19 + j14$$

$$= 23.60\underline{/36.38^\circ}\ \Omega/\text{phase}$$

1. 선로전류는

(계속)

$$I_{LINE} = V_{SLN}/Z_{TOTAL} = \frac{1.05(13.8/\sqrt{3})\angle 0°}{23.60\angle 36.38°}$$
$$= 0.3545\angle -36.38° \text{ kA/phase}$$

2. 선로 전압강하는

$$V_{DROP} = Z_{LINE}\, I_{LINE} = (3 + j6)(0.3545\angle -36.38°)$$
$$= (6.708\angle 63.43°)(0.3545\angle -36.38°)$$
$$= 2.378\angle 27.05° \text{ kV}$$
$$|V_{DROP}| = 2.378 \text{ kV}$$

3. 부하단 전압은

$$V_{LOAD} = V_{SLN} - Z_{LINE} I_{LINE}$$
$$= 1.05(13.8/\sqrt{3})\angle 0° - 2.378\angle 27.05°$$
$$= 8.366 - (2.117 + j1.081) = 6.249 - j1.081$$
$$= 6.342\angle -9.814° \text{ kV}_{LN}$$
$$|V_{LOAD}| = 6.342\sqrt{3} = 10.98 \text{ kV}_{LL}$$

4. 부하에 공급되는 유효전력 및 무효전력은

$$P_{LOAD3\phi} = 3(V_{LOADLN})^2/R_{LOAD}$$
$$= 3(6.342)^2/20 = 6.033 \text{ MW}$$
$$Q_{LOAD3\phi} = 3(V_{LOADLN})^2/X_{LOAD}$$
$$= 3(6.342)^2/40 = 3.017 \text{ Mvar}$$

5. 부하역률은

$$\text{p.f.} = \cos[\tan^{-1}(Q/P)]$$
$$= \cos[\tan^{-1}(3.017/6.033)]$$
$$= 0.89 \text{ lagging}$$

6. 선로 상에서의 유효전력손실 및 무효전력손실은

$$P_{LINELOSS3\phi} = 3\, I_{LINE}^2 R_{LINE}$$
$$= 3(0.3545)^2(3) = 1.131 \text{ MW}$$

$$Q_{LINELOSS3\phi} = 3\, I_{LINE}^2 X_{LINE}$$
$$= 3(0.3545)^2(6) = 2.262 \text{ Mvar}$$

7. 배전용 변전소에서 공급하는 유효전력/무효전력/피상전력은

$$P_{SOURCE3\phi} = P_{LOAD3\phi} + P_{LINELOSS3\phi}$$
$$= 6.033 + 1.131 = 7.164 \text{ MW}$$
$$Q_{SOURCE3\phi} = Q_{LOAD3\phi} + Q_{LINELOSS3\phi}$$
$$= 3.017 + 2.262 = 5.279 \text{ Mvar}$$
$$S_{SOURCE3\phi} = \sqrt{(7.164^2 + 5.279^2)} = 8.899 \text{ MVA}$$

b. 커패시터 뱅크가 있는 경우, 송전단에서 선로 측을 바라본 전체 임피던스 Z_{Total}는

$$Z_{TOTAL} = R_{LINE} + jX_{LINE} + \frac{1}{\frac{1}{R_{LOAD}} + \frac{1}{jX_{LOAD}} - \frac{1}{jX_C}}$$
$$Z_{TOTAL} = 3 + j6 + \frac{1}{\frac{1}{20} + \frac{1}{j40} - \frac{1}{j40}}$$
$$Z_{TOTAL} = 3 + j6 + \frac{1}{0.05} = 23 + j6$$
$$= 23.77\angle 14.62° \ \Omega\text{/phase}$$

1. 선로전류는

$$I_{LINE} = V_{SLN}/Z_{TOTAL} = \frac{1.05(13.8/\sqrt{3})/0°}{23.77\angle 14.62°}$$
$$= 0.3520\angle -14.62° \text{ kA/phase}$$

2. 선로 전압강하는

$$V_{DROP} = Z_{LINE}\, I_{LINE}$$
$$= (6.708\angle 63.43°)(0.3520\angle -14.62°)$$
$$= 2.361\angle 48.81° \text{ kV}$$
$$|V_{DROP}| = 2.361 \text{ kV}$$

3. 부하단 전압은

$$V_{LOAD} = V_{SLN} - Z_{LINE}\, I_{LINE}$$
$$= 1.05(13.8/\sqrt{3})\angle 0° - 2.361\angle 48.81°$$
$$= 8.366 - (1.555 + j1.778)$$
$$= 6.81 - j1.778$$
$$= 7.038\angle -14.62° \text{ kV}_{LN}$$

(계속)

$$|V_{LOAD}| = 7.038\sqrt{3} = 12.19\ kV_{LL}$$

4. 부하에 공급되는 유효전력 및 무효전력은

$$P_{LOAD3\phi} = 3(V_{LOADLN})^2/R_{LOAD} = 3(7.038)^2/20 = 7.430\ MW$$

$$Q_{LOAD3\phi} = 3(V_{LOADLN})^2/X_{LOAD} = 3(7.038)^2/40 = 3.715\ Mvar$$

5. 부하역률은

$$p.f. = \cos[\tan^{-1}(Q/P)] = \cos[\tan^{-1}(3.715/7.430)] = 0.89\ lagging$$

6. 선로 상에서의 유효전력손실 및 무효전력손실은

$$P_{LINELOSS3\phi} = 3\ I_{LINE}^2 R_{LINE} = 3(0.3520)^2(3) = 1.115\ MW$$

$$Q_{LINELOSS3\phi} = 3\ I_{LINE}^2 X_{LINE} = 3(0.3520)^2(6) = 2.230\ Mvar$$

7. 커패시터 뱅크에 의하여 공급되는 무효전력은

$$Q_C = 3(V_{LOADLN})^2/X_C = 3(7.038)^2/40 = 3.715\ Mvar$$

8. 배전용 변전소에서 공급하는 유효전력/무효전력/피상전력은

$$P_{SOURCE3\phi} = P_{LOAD3\phi} + P_{LINELOSS3\phi} = 7.430 + 1.115 = 8.545\ MW$$

$$Q_{SOURCE3\phi} = Q_{LOAD3\phi} + Q_{LINELOSS3\phi} - Q_C = 3.715 + 2.230 - 3.715 = 2.230\ Mvar$$

$$S_{SOURCE3\phi} = \sqrt{(8.545^2 + 2.230^2)} = 8.675\ MVA$$

c. 커패시터 뱅크를 설치하여 운전한 경우가 부하에 유효전력을 6.033 MW에서 7.430 MW로 23%나 더 많이 공급할 수 있음을 확인할 수 있고, 이외에도 선로전류의 감소, 선로 유효전력손실 및 무효전력손실 감소, 선로 전압강하 감소, 송전단 측 공급 무효전력 감소, 부하단 전압상승 등의 효과가 있음을 알 수 있다.

위와 같은 효과는 선로 말단에서 커패시터 뱅크를 통해 부하에 무효전력을 공급함으로써 얻어진 것이다.

1차 배전선로상에 설치되는 커패시터 뱅크의 위치결정은 중요한 문제이다. 즉 선로상에 오직 하나의 부하만 있다면, I^2R의 선로 손실과 IR의 선로 전압강하를 최소화한다는 측면에서 커패시터 뱅크의 최적위치는 부하단이 된다. 반면에 커패시터 뱅크가 배전용 변전소에 설치된다면 배전선로 상에서 I^2R의 선로 손실과 IR의 선로 전압강하는 줄어들지 않는다. 그 이유는 변전소에서 부하 및 선로에 공급하는 유효전력 및 무효전력이 여전히 동일하기 때문이다. 그러나 배전용 변전소에 전력을 공급하는 상위 1차 및 2차 송전계통상에서의 I^2R의 선로 손실과 IR의 선로 전압강하를 줄이는 데는 효과가 있다.

일정한 전류의 균일 부하분포와 균일 분포 임피던스를 갖는 배전선로를 동일한 선로 손실조건하에서 하나의 집중 부하를 갖는 배전선로로 등가화시키면 배전선로의 3분의 2 지점에 전체 부하가 연결된 등가회로로 표현할 수 있다는 공통 적용 법칙인 3분의 2 법칙이 있는데, 이를 적용하여 필요한 무효전력을 공급해야 하는 커패시터를 변전소로부터 전체 선로길이의 3분의 2 지점에 설치하면, 배전용 변전소에 설치되어 있는 LTC 내장 변압기 또는 전압조정기와 전압조정에 대한 협조가 잘 이루어지게 된다. 다른 부하조건에 대한 커패시터 뱅크의 최적 설치위치는 컴퓨터 프로그램 소프트웨어에 의하여 결정될 수 있다. 2차 배전선로 상에서는 경제적인 이점이 크지 않기 때문에 커패시터 뱅크를 거의 설치하지 않는다[3, 5].

하루 동안 수시로 변화하는 부하 특성상 필요한 무효전력 보상량은 시간에 따라 달라진다. 이와 같이 시간에 따라 변하는 무효전력 보상량에 대한 대책으로 대부분의 전력회사들은 상시 투입되어 항상 운전되는 고정식 커패시

터 뱅크 방식과 on-off가 가능한 스위칭 커패시터 뱅크 방식 두 가지 모두를 고려한 혼용방식을 채용하고 있다. 전자의 경우는 경부하 시, 후자의 경우는 중부하 시에 각각 적용할 수 있다. 혼용방식의 목적은 무효전력 보상이 불필요할 때는 off, 보상이 필요할 때는 on의 스위칭 동작을 수행하여 1일 전 시간에 걸쳐 전체 선로의 역률을 1에 가깝게 유지하는 것이다. 스위칭 커패시터 뱅크의 on-off 제어에는 전압제어, 전류제어, 무효전력제어, 실시간제어, 온도제어, 원격급전/원방 감시제어(Radio dispatch/SCADA control) 등이 포함된다.

15.6 배전계통 관련 소프트웨어

배전계통의 계획, 설계 및 운용 시에 활용되는 컴퓨터 프로그램에는 다음과 같은 기능들이 포함된다.

1. 아크섬락 발생 가능성 및 사고 해석
2. 커패시터 최적배치
3. 차단기 성능 분석
4. 도체 및 관로 크기 결정(허용 전류 및 온도 계산)
5. 데이터베이스 관리
6. 수요관리
7. 배전계통 신뢰도 평가
8. 배전계통 단락전류 계산
9. 고장검출 및 고장점 탐사
10. 단선도 및 매핑시스템의 그래픽
11. 고조파 해석
12. 모터 기동
13. 정전관리
15. 역률보상
15. 전력조류/전압강하 계산
16. 전력손실 및 손실비용 계산
17. 전력품질 및 신뢰도 해석
18. 보호계전기 및 보호장치 협조
19. 스위칭 최적화
20. 연계용량 최적화
21. 송전계통 모델링 및 해석
22. 변압기 용량 결정(부하 프로파일 및 기대수명)
23. 전압/무효전력 최적화

배전계통 관련 소프트웨어 판매회사로는 다음과 같은 곳이 있다.

- ASPEN(미국 캘리포니아주 산마테오 시)
- Cyme International T&D, 세인트 블루노, 퀘벡, 캘리포니아(현재 Eaton사 소속)
- Electron International Inc., 미국 미시간주, 앤아버(현재 지멘스사 소속)
- ETAP, 어바인, 미국 캘리포니아
- Milsoft Utility Solutions Inc. (미국 텍사스주, 애빌린)
- RTDS Technologies(캐나다 메니토바주, 위니펙)

15.7 배전계통 신뢰도

*The Authoritative Dictionary of IEEE Standard Terms*로 명명된 IEEE 100 표준규격에서 '공학 응용에서의 신뢰도'란 어떤 장치가 지정된 사용기간 또는 사용용량에 대해 고장 없이 동작할 확률로 정의된다. 배전계통에서 신뢰도에 관심을 갖는 주체는 자신의 전기설비에 최소의 비용으로 정전 없이 전력을 공급받기 원하는 수용가이다[11~17].

전력회사의 대표적인 신뢰도 목표치는 연간 수용가당 평균 정전시간을 기준으로 하여 단지 2시간 정도이다. 윤년이 아닌 평년을 기준으로 하면, 이 목표치는 공급대상 수용가당 연평균 전기이용률(ASAI, Average Service Availability Index) 0.999772 = 99.9772%(= 8,758시간 ÷ 8,760시간)에 해당한다.

*IEEE Guide for Electric Power Distribution Reliability Indices*로 명명된 IEEE 1366-2012 표준규격에서는 배전계통 신뢰도지수를 다음과 같이 정의하고 있다[24].

대상지역의 수용가당 평균 정전횟수(SAIFI, System Average Interruption Frequency Index)

$$\text{SAIFI} = \frac{\Sigma\ \text{정전된 수용가 수}}{\text{대상지역의 전체 수용가 수}} \tag{15.7.1}$$

대상지역의 수용가당 평균 정전지속시간(SAIDI, System Average Interruption Duration Index)

$$\text{SAIDI} = \frac{\Sigma\ \text{정전된 수용가의 정전지속시간}}{\text{대상지역의 전체 수용가 수}} \tag{15.7.2}$$

정전 수용가당 평균 정전지속시간(CAIDI, Customer Average Interruption Duration Index)

$$\text{CAIDI} = \frac{\Sigma \text{ 정전된 수용가의 정전지속시간}}{\text{정전된 전체 수용가 수} = \Sigma \text{ 정전된 수용가 수}}$$

$$= \frac{\text{SAIDI}}{\text{SAIFI}} \tag{15.7.3}$$

대상지역 수용가당 평균 전기이용률(ASAI, Average Service Availability Index)

$$\text{ASAI} = \frac{\text{대상지역 수용가 전기사용시간}}{\text{대상지역 수용가 전기사용요구시간}} \tag{15.7.4}$$

IEEE 표준규격 1366-2012에 기준하여 위의 신뢰도지수를 계산할 경우, 순간정전사고는 포함되지 않는다. 순간정전사고의 정전지속시간은 리클로저 또는 차단기의 수차례에 걸친 재폐로시간의 합과 같다. 배전계통의 순간정전사고 시 재폐로 스위칭 동작은 대부분 5분 이내에 종료되는 것으로 되어 있어 5분 미만의 정전지속시간은 신뢰도지수 계산에서 제외된다. 또한, IEEE 표준규격 1366-2012은 신뢰도지수 계산 시 1일 기준 SAIDI 값이 어느 특정값 이상이 되는 폭풍 등과 같은 중대한 사건은 제외하는 것으로 하고 있다.

앞서 언급된 신뢰도지수 공식에는 정전 수용가 수와 정전 수용가의 정전시간(분) 데이터가 사용되는데, 이와 같은 데이터는 지리정보 시스템(GIS, geographical information systems)과 수용가정보 시스템(CIS, custormer information systems)을 포함한 정전관리 시스템에 의하여 매우 정확하게 추적, 수집될 수 있다. 미국의 경우 일부 전력회사들에 대해서는 배전계통 신뢰도지수를 주 공익규제위원회(state public service commissions)에 보고하도록 하고 있으며, 일부의 다른 전력회사들은 해당 지역의 전력협회(regional power association)에 자발적으로 보고하는 경우도 있다. 대표적인 배전계통 신뢰도지수는 표 15.6과 같다[24].

다음 예제는 IEEE Std. 1366에서 주어진 데이터를 사용한 것이다[24].

표 15.6 IEEE Std. 1366-2003의 배전계통 신뢰도지수의 대표적인 값[24] Based on IEEE Std. 1366-2003, *IEEE Guide for Electric Power Distribution Reliability Indices*, 2004.)

SAIDI	SAIFI	CAIDI	ASAI
90	1.1	76	99.982%
분/년	정전횟수/년	분/년	

예제 15.4 1차 배전선로 말단에 설치된 병렬 커패시터 뱅크

표 15.7에 어떤 전력회사의 한 배전선로(간선)에 대해 CIS 데이터베이스로부터 취득한 2010년 지속정전 데이터를 제시하였다. 7075로 명명된 배전선로는 전체 부하 4 MW의 2,000 수용가에 전력을 공급하고 있으며, 지속시간 5분 이하의 정전

표 15.7 예제 15.4의 IEEE Std. 1366-2012에서 제공된 수용가 정전 데이터 (Based on IEEE Std. 1366-2012, *IEEE Guide for Electric Power Distribution Reliability Indices*.)

정전 발생일	정전 발생시각	정전지속기간(분)	배전선로 번호	정전 수용가 수
3/17/2010	12:12:20	8.17	7075	200
5/5/2010	00:23:10	71.3	7075	600
6/12/2010	09:30:10	30.3	7075	25
8/20/2010	15:45:39	267.2	7075	90
8/31/2010	08:20:00	120	7075	700
9/03/2010	17:10:00	10	7075	1,500
10/07/2010	10:15:00	40	7075	100

(계속)

사고 및 중대한 사건은 표 15.7에서 빠져 있다. 이 배전선로에 대한 SAIFI, SAIDI, CAIDI 및 ASAI를 구하시오.

| 풀이

표 15.7의 정전 관련 데이터를 식 (15.7.1)~(15.7.4)에 대입하면

$$\text{SAIFI} = \frac{200 + 600 + 25 + 90 + 700 + 1500 + 100}{2000}$$

$$= 1.6075 \text{ 정전횟수/년}$$

$$\text{SAIDI} = \frac{(8.17 \times 200) + (71.3 \times 600) + (30.3 \times 25) + (267.2 \times 90) + (120 \times 700) + (10 \times 1500) + (40 \times 100)}{2000}$$

$$= 86.110 \text{ 분/년}$$

$$\text{CAIDI} = \frac{\text{SAIDI}}{\text{SAIFI}} = \frac{86.110}{1.607} = 53.57 \text{ 분/수용가/년}$$

ASAI

$$= \frac{8760 \times 2000 - [(8.17 \times 200) + (71.3 \times 600) + (30.3 \times 25) + (267.2 \times 90) + (120 \times 700) + (10 \times 1500) + (40 \times 100)]}{8760 \times 2000}$$

$$\text{ASAI} = 0.999836 = 99.9836\%$$

표 15.8은 한 IEEE 위원회[15]에서 권고한 기본적인 정전 보고사항을, 표 15.9는 미국 에너지부 연구결과에 근거한 정전의 일반적인 원인과 특정한 원인을 각각 보여 주고 있다[16]. 대부분의 전력회사들은 일상적으로 월간, 계간 및 연간 배전계통 정전보고서를 시 단위 또는 지역 단위로 준비한다. 이러한 보고서를 작성하는 근본적인 목적은 배전계통의 신뢰도를 모니터링하고 평가함으로써 취약한 점과 문제점을 파악하여 개선할 수 있는 권고안을 마련하는 데 있다. 이들 보고서에는 다음과 같은 내용이 포함된다.

1. 분류상 필요한 형식, 설계, 제조업자 및 기타 기술사항
2. 설치 일자, 배전계통상의 위치, 배전선로 길이
3. 고장 형태(단락, 오동작 등)
4. 고장 원인(낙뢰, 수목 접촉 등)
5. 일시(정전지속시간 이외에 정전 및 복전), 사고발생 시 기상조건
6. 정전 형태(사고 정전 또는 계획 정전, 순시 정전 또는 영구 정전)

표 15.8 기본적 정전 보고사항[15]
© 1977 IEEE. Reprinted, with permission, from D. O. Koval and R. Billinton, "Evaluation of Distribution Circuit Reliability," Paper F77 067-2, IEEE Winter Power Meeting, New York, NY (January/February 1977).

1. 정전횟수/정전지속시간 보고서: 배전선로의 정전횟수, 평균 정전지속시간, 정전 원인, 정전으로 인하여 공급받지 못한 전력(이하 '공급지장전력'으로 칭함) 등에 대한 데이터를 수록함
2. 연간 보고서: 고장 원인과 배전선로 종류(예를 들면, 1차 배전선로 전압계급, 가공 나전선/가공 스페이스 케이블/지중 직매식 케이블/관로 케이블 등으로 구분되는 도체 타입)에 따라 분류된 정전 데이터를 수록함
3. 5년 또는 10년 단위의 신뢰도지수 변화 추세, 가공 배전선 수목 접촉으로 인한 정전 또는 지중 배전선로에서의 굴착작업으로 인한 정전 같은 특정 원인으로 인한 정전 추세

표 15.9 정전의 일반 원인과 특정 원인[16]
© 1976 IEEE. Reprinted, with permission, from IEEE Committee Report, "List of Transmission and Distribution Components for Use in Outage Reporting and Reliability Calculations," *IEEE Transactions on Power Apparatus and Systems*, PAS 95(4) (July/August 1976), pp. 1210–1215.

날씨	기타	계통 구성요소	계통 운전
눈보라/눈	비행기/헬리콥터	전기&기계:	계통 운전조건:
혹한	동물/새/뱀	연료공급	안정도
홍수	자동차:	발전설비	전압(고, 저)
폭염	승용차	변압기	주파수(고, 저)
허리케인	트럭	수배전반	선로 과부하
결빙	크레인	선로고장	변압기 과부하
낙뢰	굴착작업	철탑/전주 지지물	불평형 부하
비	화재/폭발	절연물:	연계계통
	파괴	송전선로	
토네이도	나무	변전소	공공 관심대상:
바람	원인불명	피뢰기	상업&산업 수용가
기타	기타	케이블	모든 수용가
		전압조정설비:	전압저하:
		전압조정기	0~2% 전압저하
		자동 탭절환기	2~8% 초과전압저하
		커패시터	순환정전
		리액터	전력회사 직원:
		보호제어설비:	계통운영자 과실
		보호계전기	발전소운영자 과실
		통신설비:	현장운영자 과실
		감시제어신호에러	유지관리자 과실
			기타 과실

4. 지역 내 ASAI 신뢰도지수가 가장 낮은 20개 배전선로 또는 보고 대상기간 중 정전이 반복되고 있는 모든 배전선로 같은 문제 대상 배전선로 리스트

배전계통의 신뢰도를 증진시키는 방법에는 오래된 배전설비의 교체, 문제 대상 배전선로의 개선, 정전 발생 즉시 대응해서 빠른 복구를 할 수 있는 직원 채용과 훈련, 정규적인 유지관리 프로그램, 하도급자의 굴착작업 같은 작업이 배전설비 근처에서 수행될 경우 위험을 알리는 공공 인식 프로그램 등이 있다. 한편, 신뢰도 평가는 새로운 배전설비 또는 시스템을 도입하는 데 있어서 가격결정의 중요한 요소로 작용하며, 특히 기존의 배전계통에 배전자동화 시스템을 도입함으로써 배전계통 신뢰도는 비약적으로 개선되었다.

15.8 배전자동화

전력산업은 배전자동화를 통하여 감시, 제어 및 자동화 분야에 대한 전기, 전자 및 컴퓨터 기술의 응용에 선두주자 역할을 해 왔다. 배전자동화 기술은 초기에는 단순히 측정된 전압과 전력조류를 보여주고, 유인변전소의 운전제어를 위하여 통화할 수 있는 전화를 구비하는 정도의 기능을 갖고 있었으나, 1950년대 초기부터 감시제어와 원격측정 장비가 널리 사용되기 시작하였다. 1955년 AIEE (American Institute of Electrical Engineers) 보고서[25]에 의하면, 송전급 변전소의 약 31%가 원격감시제어방식을 채용하였고, 통신 선로는 48,000 채널 · km에 달하였으며, 유효전력[W]/무효전력[Var]/전압[V]을 연속적으로 모니터링하였다고 한다. 1960년대 말경 자동출력제어, 경보, 상태추정, 온라인 전력조류 및 상정사고해석 등과 같은 복합한 기능을 가진 에너지 관리시스템(EMS, energy management system)이 전력회사의 제어센터에 확대 보급되기 시작하였다. 초기에는 감시, 제어 그리고 자동화 같은 것들은 발전 및 송전급 변전소에 국한되었다. 왜냐하면 설비구성요소가 너무 많고 광역분산 형태를 가지고 있어 배전계통을 감시하고 자동화하는 데는 경제성이 없었기 때문이다. 그러나 현재는 빠르게 변화 중이다.

배전계통을 감시, 제어하고 자동화하는 것은 **배전자동화**(DA, distribution automation)라고 하는 일반적 명칭으로 잘 알려져 있다. 배전자동화 시스템의 초기모형은 1970년대로 거슬러 올라가지만, 지난 20여 년간 컴퓨터 및 통신비용이 계속 낮아지면서 보급이 확대되기 시작하였다.

배전자동화 시스템을 도입하는 가장 큰 이유는 수용가 정전지속시간을 줄일 수 있다는 데 있다. 15.2절에서 언급했듯이 대부분의 배전계통은 수지상 방식(그림 15.2)으로, 고장점으로부터 상위계통에 위치하고 있는 대부분의 수용가에게 장기간 정전피해를 주지 않도록 구간 퓨즈를 사용한다. 이때 고장구간을 분리하기 위하여 구간개폐기(그림 15.4)가 사용될 수 있으며, 또한 인접 배전선을 연결하는 상시개방 연계 스위치를 닫아서 고장구간 하위 쪽의 건전구간에 인접 배전선으로부터의 전력공급이 가능하도록 한다. 배전자동화 시스템이 도입되기 전에는 이러한 스위치들은 수동으로 제어되었으며, 이는 관리팀이 스위치 위치로 직접 이동하여야 하므로 1시간 이상이 소요되었다. 배전자동화 시스템은 이와 같은 일련의 과정에 소요되는 시간을 다음과 같은 방법으로 줄일 수 있게 해준다.

1. 배전선로상에 놓여 있는 구간개폐기들의 원격제어
2. 고장구간 분리와 건전구간 재송전에 이르는 전 과정의 자동화

전압과 전력조류에 대한 실시간 모니터링은 고장이 발생한 인접 배전선로상의 건전구간 부하에 전력을 공급해 줄 수 있는 여유용량이 충분한지 확인하는 데 활용된다.

이와 같은 상황의 예를 PowerWorld Simulator 소프트웨어에 의하여 모의한 것을 그림 15.23에 제시하였다. 이 사례는 15.2절의 공칭전압 13.8 kV 루프 방식의 배전계통을 모델링하여 수행한 것으로 전체 부하는 10개로 하고, 주택용 부하는 res, 상업용 부하는 com, 산업용 부하는 ind로 각각 표시하였다. 모선(bus) 번호 뒤에 붙는 명칭은 선로 특성을 나타내는 것으로 하고, 루프 배전계통의 왼쪽 선로는 모선 2에서 모선 8ind로, 오른쪽 선로는 모선 3에서 모선 13ind로 각각 전개되고, 배전용 변전소의 서로 다른 주변압기 뱅크 2차측 모선 2와 모선 3 및 모선 8ind와 모선 13ind는 상시 개방상태의 연계차단기로 연결되어 있다. 배전선로의 각 구간은 그 길이가 0.6 miles로 336,400 26/7 ACSR 전선을 사용하는 것으로 하고, 각 구간 선로임피던스는 0.0964 + j0.1995 [p.u./km](100 MVA 기준용량), 12 MVA 138 kV/13.8 kV인 2개의 변압기는 모두 동일한 누설 임피던스인 0.1 + j0.8 p.u.를 갖는 것으로 하였다.

모선 3의 차단기 직하에서 영구사고가 발생하였다고 하면, 모선 3 차단기가 동작하여 사고전류가 차단되면 차단기 이하 루프 선로의 오른쪽 부분에 있는 모든 수용가는 정전이 된다. 그렇게 되면 선로 작업원이 현장에 파견되어 사고지점을 탐사하여 사고구간을 파악한다. 그리고 구간개폐기 등을 조작하여 사고구간만 최소한으로 분리하고, 나머지 건전구간에 재송전하도록 하는 것이 배전자동화 시스템이 없는 경우의 통례이다.

그러나 개폐기 원격제어와 전력조류/전압 감시능력만을 갖는 배전자동화 시스템이 설치, 운용되는 경우를 상정하

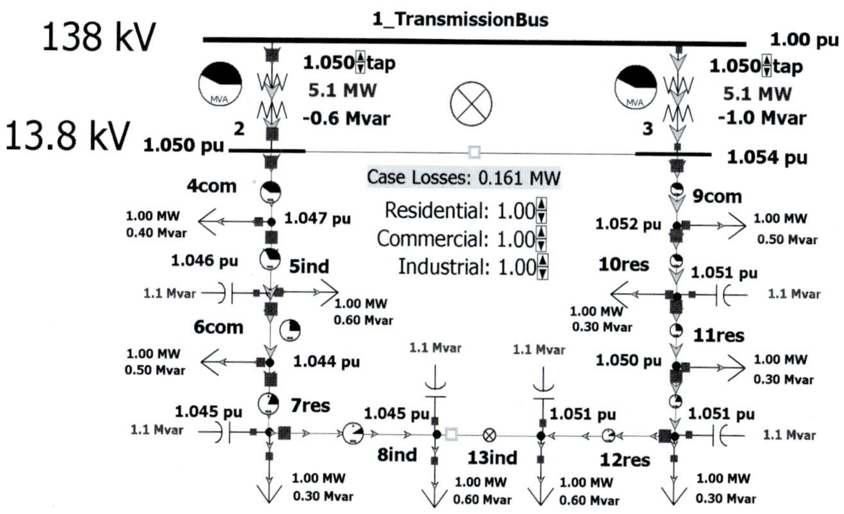

그림 15.23 사고발생 전 루프 방식의 1차 배전계통 구성 예

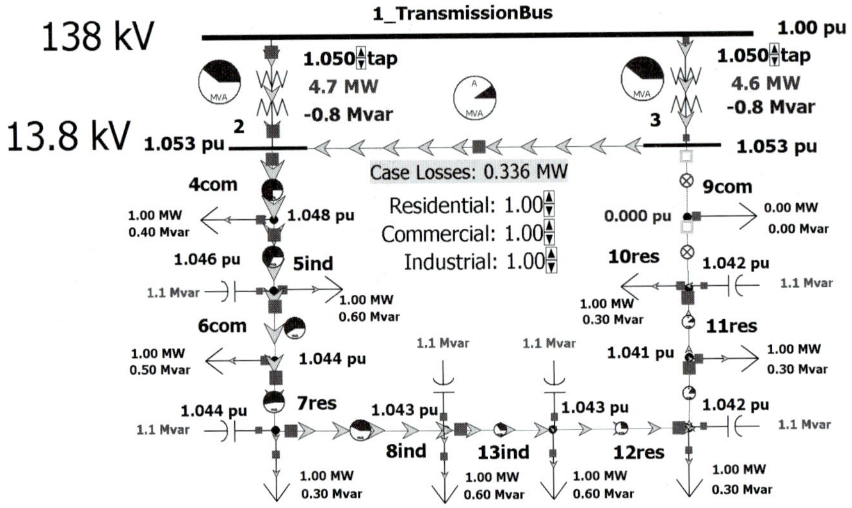

그림 15.24 사고발생 후 선로 재구성된 루프 방식의 1차 배전계통 구성 예

면, 사고전류 검출 → 사고전류 차단 → 고장구간 검출 → 고장구간 분리 → 건전구간 재송전에 이르는 일련의 과정이 상당히 빠르게 진행되어 정전지속시간을 상당히 단축시킬 수 있음을 알 수 있다. 즉 이것은 배전자동화 시스템에 의하여 원격으로 먼저 모선 9com 직하의 구간개폐기를 개방하고, 모선 8ind와 모선 13ind 사이에 있는 구간개폐기를 닫고, 마지막으로 무효전류 순환방지를 위한 탭 조정을 한 후 변전소 2차측 모선의 연계차단기를 닫음으로써 실현할 수 있다. 그 결과는 그림 15.24와 같다.

배전자동화 시스템의 또 다른 중요한 역할은 배전 손실을 줄이고 수용가 전압을 적정하게 유지하기 위하여 배전 변전소의 변압기에서 스위칭 커패시터 뱅크, 부하 탭 변환기(LTCs) 혹은 분리된 전압조정기를 사용하는 것이다. 이는 전압-무효전력 최적화로 알려져 있다. 배전선로 상의 부하는 수시로 변하기 때문에 선로전압을 적정하게 유지하고 선로손실을 최소화하기 위해서는 이러한 소자가 수시로 바뀔 필요가 있다. 배전자동화 시스템이 설치되지 않은 경우에도 로컬 제어를 위하여 지역적인 정보가 요구되어 왔다. 이는 변압기에서 감시되는 전압을 이용하여 LTC 변압기 탭을 가변하는 것, 해당 지역의 전압, 전류, 온도, 무효전력 센서 혹은 단순한 타이머 등을 이용한 커패시터를 스위칭하는 것을 포함한다. 이러한 방식을 통해 만족할 만한 성과를 얻는 데는 한계가 있었다. 배전자동화 시스템은 전체 계통에 대해서 전체적인 관점(정보)을 제공함으로써 손실을 감소시킴과 동시에 선로 전압을 향상시킬 수 있다.

정격전압에서 1 Mvar인 스위칭 커패시터가 6대 운전되고 있는 그림 15.23의 계통에 대하여 살펴보기로 하자. 시스템 전체 손실은 실시간 디스플레이되고 있고 주택용, 상업용 및 산업용 부하 각각은 0.5~1.25 MW의 범위에서 조정 가능하도록 되어 있다. 초기 운전상태에서 선로 전체의 손실은 0.161 MW이나 모선 7res와 모선 12res에 있는 커패시터 뱅크를 개방시킴으로써 손실은 0.153 MW로 조금 감소될 수 있었다. 이보다 좀 더 적은 경부하의 상황에서는 커패시터 on-off 운전최적화로 인한 손실감소량은 훨씬 더 많아질 수 있다.

배전자동화는 에너지절약 전압저감(CVR, conservation voltage reduction)이라고 하는 방법으로 전압을 낮추어 에너지를 절감함으로써 최대수요를 감소시킬 수 있다. 그 이유는 대부분 부하는 정임피던스 또는 정전류 부하 특성을 가지므로 그 소비되는 전력은 전압에 의존하기 때문이다. 따라서, CVR의 기본개념은 ANSI 규정범위 내로 모든 수용가 전압을 유지시키면서 배전선로 전압프로화일을 낮추는 것이다. 배전선로 전압 프로화일을 낮추는 것은 전력 소비의 즉각적인 감소로 이어질 수 있으나, 어떤 부하는 전기 난방을 위한 온도조절장치 같은 자신만의 폐회로 제어 시스템을 가지기 때문에 장기간에 걸쳐 일정한 정전력 부하로 작용하는 경향이 있다. CVR에 의한 전체 에너지 절약은 선로 특성에 따라 다르고, 초기 보급 단계에서 1~4% 정도로 추정된다.

이와 같이 배전자동화의 이점은 있지만, 그 확대 보급에 지장을 주는 것은 기존 배전설비를 개선하는 데 드는 초기 투자비용과 통신 같은 감시제어 인프라 관련 지속적인 유지관리비용이었다. 그러나 이러한 비용중 많은 부분이 꾸준히 감소되어 현재 많은 전력회사에서 배전자동화 시스템을 확대 도입하고 있다.

15.9 스마트그리드

2008년부터 지금까지 수년간에 걸쳐 '스마트그리드(smart grid)'라는 용어가 전력산업과 관련된 어휘들을 모두 한데 묶는 의미로 사용되고 있다. 스마트그리드는 2010년 IEEE 스마트그리드 학술 논문지 출간과 함께 미국, 유럽, 일본, 중국 및 한국 등의 선진국 전력산업 분야를 뜨겁게 달구었다. 신조어인 스마트그리드는 1880년대 전력산업의 태동 이래 지금까지 발전되어 온 모든 관련 기술의 종합체를 의미한다. 이와 같이 1세기 이상에 걸쳐 진행되어 온 광범위한 기술적 진보로서 전화(Electrification)는 2000년 미국 국립공학학술원(U. S. National Academy of Engineering)에 의하여 20세기 첨단 공학기술로 지명되었다. 스마트그리드는 이러한 첨단기술들을 21세기에도 계속적으로 접목하여 유비쿼터스 컴퓨팅 및 통신의 장점을 최대한 활용하고 있다.

참고문헌 [29]에서는 "스마드그리드란 빌진에서 송배전, 수용가 및 분산전원에 이르기까지 전체 전력계통의 신뢰도, 융통성, 안전도 및 경제적/에너지 효율을 증진시키는 디지털 기술"로 정의하고 있으며, 다음과 같은 10개의 특성이 스마트그리드의 속성을 가장 잘 표현하고 있다.

1. 전력망의 신뢰도, 안전도 및 효율성 개선을 위한 디지털 정보 및 제어기술의 활용증가
2. 완전한 사이버보안으로 전력망운영과 자원의 동적 최적화
3. 재생에너지를 포함한 분산전원의 보급 및 통합
4. 수요반응, 수요자원 및 에너지효율 자원의 보급 및 통합
5. 계량, 전력망 운영과 상태 관련 통신 및 배전자동화에 대한 스마트기술의 적용
6. 스마트 기기와 가전제품의 통합
7. 플러그인 및 하이브리드 전기자동차, 축열식 에어컨을 포함한 첨단 전기저장 및 피크 절감 기술의 보급과 통합
8. 수용가에게 시기적절한 정보 및 제어 옵션 제공
9. 전력망에 서비스를 제공하는 인프라를 포함하여 전력망에 연결된 기기 및 장비 간의 통신과 상호운용성에 대한 표준화개발
10. 스마트그리드기술, 실행 및 서비스의 채택에 대한 불합리하거나 불필요한 장벽의 파악과 낮추기

스마트그리드는 대형 발전시스템 및 초고압 송전시스템도 그 대상으로 하고 있지만, 배전시스템 및 수용가 분야와는 매우 밀접한 관계가 있다. 즉, 참고문헌 [28]에서 전력시스템 중 전통적으로 가장 매력적이지 못한 분야라고 일컬어졌던 배전시스템이 일약 전력계통 분야에서 중심부분으로 부상되었다는 점을 강조하고 있다. 즉 배전시스템은 네트워크 방식의 송전시스템으로부터 전력을 공급받는 수동적 단방향 전력조류의 수지상 방식에서 벗어나 앞으로는 수용가로부터 매월 전기요금 징수뿐만 아니라 정보와 에너지를 양방향으로 지원하는 역할을 해야 한다. 새로운 전력수요인 전기자동차는 대규모 부하의 잠재력을 가지고 있기 때문에 가정용 계량기와 배전시스템은 더욱 스마트해야 한다. 왜냐하면 배전망이 최대부하시기인 초저녁에 귀가시 수많은 전기자동차의 배터리를 동시에 충전할 수 있는 능력을 보유할 수 없기 때문이다. 실시간요금제는 전력제어의 유연성 제공이 가능하고, 많은 지역에서 태양광발전과 같은 분산전원으로 인하여 특히 태양이 있는 낮에 배전망에 역조류가 발생한다.

본 장의 사례연구에서 언급하였듯이 배전망과 수용가 계량기 뒤편 사이의 인터페이스에서 일어나는 변화를 설명하는 데 그리드에지라는 새로운 용어를 사용한다. 이 용어는 현재 공식적으로 정의된 것은 없고 수용가 하드웨어, 이의 제어 및 데이터 분석용 s/w, 망의 분산화 비즈니스모델을 포함하여 통칭하고 있다. 그리드에지 예로는 스마트계량기, 빌딩제어, 태양광 스마트인버터, 마이크그리드, 가격응답부하, 그리드에지 장치 간 P2P 통신 및 전력시장참여를 위한 분산전원의 모집기능을 포함하는 것이 있다.

전체 망에는 신뢰성 있고 회복능력이 있는 사이버인프라가 반드시 필요하다. 그 이유는 더욱 많은 스마트그리드 기술이 보급됨에 따라 망중심에서 그리드에지까지 통신과 컴퓨팅의 의존도가 급증하여 사이버인프라상에서의 혼란, 즉 사고, 프로그램상의 오류, 고의적 공격으로 대규모 정전이 발생할 수 있기 때문이다.

연습문제

15.2절

15.1 수지상 1차 배전계통에서의 지선은 단락사고시 보호될 수 있는가? 보호될 수 있다면 어떻게 보호될 수 있는가?

15.2 1차 배전계통에 대하여 공통적으로 가장 많이 적용되는 접지방식은?

15.3 미국에서 공통적으로 가장 많이 사용되는 1차 배전전압 레벨은?

15.4 리클로저는 왜 가공 수지상 1차 배전선로와 가공 루프 1차 배전선로에 사용되는가? 리클로저는 왜 지중 수지상 1차 배전선로와 지중 루프 1차 배전선로에서 사용되지 않는가?

15.3절

15.5 미국에서 가장 대표적인 2차 배전전압 레벨은?

15.6 네트워크 방식의 2차 배전계통의 장점은 무엇인가? 그리고 단점을 한 가지 말해보시오.

15.7 인터넷 검색을 통하여 네트워크 방식의 2차 배전계통을 운용하고 있는 미국 내 도시 3개를 찾아보시오.

15.4절

15.8 138 kVΔ/13.8 kV Y의 배전용 변전소 변압기가 정격용량이 40 MVA OA/50 MVA FA/65 MVA FOA이며, 9% 임피던스를 갖고 있다. (a) 정격 OA, FA 및 FOA에서의 변압기 1차 배전계통 측 정격전류를 구하시오. (b) 계통 기준용량 100 MVA 1차 배전계통 측 기준전압 13.8 kV에서의 변압기 임피던스를 p.u.로 나타내시오. (c) 변압기 1차 배전계통 측에서의 3상 단락사고 발생 시 1차 배전계통 측에서의 단락전류를 구하시오. 사고 직전의 전압은 13.8 kV로 한다.

15.9 그림 15.25의 도심지 배전용 변전소에서 138 kVΔ/12.5 kV Y인 FOA정격 30 MVA 1대, FOA정격 33.3 MVA 3대의 변압기(TR1~TR4로 명명함)가 차단기를 통하여 링 모양의 모선에 전력을 공급하고 있다. 이들 변압기는 연속운전조건에서 55°C까지 상승되도록 설계

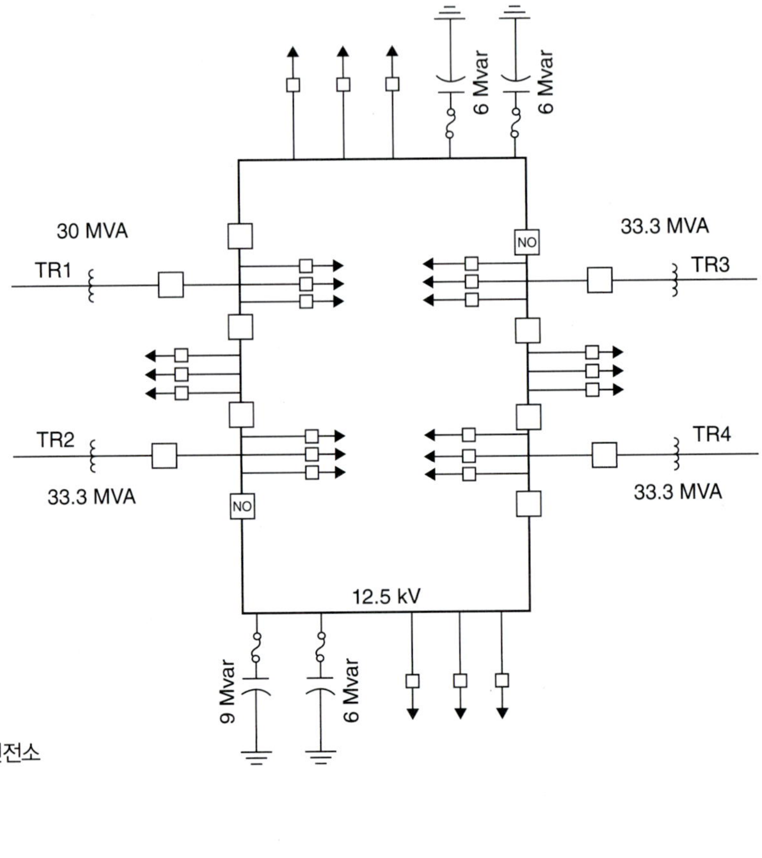

그림 15.25 문제 15.9와 문제 15.10에 대한 배전용 변전소

된 구형 변압기이다. 링 모양의 모선에는 8개의 차단기가 연결되어 있으며, 이 중 2개가 상시 개방상태로 운전되어 한쪽은 TR1과 TR2로, 다른 한쪽은 TR3와 TR4로 각각 공급하도록 구성되어 있다. 또한, 정격 6 Mvar의 커패시터 3개, 정격 9 Mvar의 커패시터 1개가 각각 링 모선에 연결되어 운전되고 있다. 24개의 12.5 kV 지중 1차 배전선로가 변전소 링 모선으로부터 인출되며, 양쪽 구간에 12개씩 나누어져 있다. 이 변전소를 소유하고 있는 전력회사는 변압기 명판 정격의 %를 기준으로 하여 다음과 같은 변압기 운전기준을 적용하고 있다.

a. 하계 정상운전 시 정격 120%
b. 하계 2시간 비상운전 시 정격 150%
c. 하계 30일 비상운전 시 정격 130%

(a) 운전 중인 전체 4개 변압기의 하계 정상운전 시 정격을 구하시오. (b) 변압기 하나가 운전 정지되는 비상사태를 고려한 변전소 하계 허용정격을 구하시오. (c) 변압기 하나가 운전 정지되는 비상사태를 고려한 하계 30일 비상정격을 구하시오. 2시간 비상운전 동안 전체 변전소 부하를 10% 줄여 남아 있는 3개 변압기의 운전부담을 거의 같도록 고장난 변압기를 교체할 수 있는 것으로 가정한다. 동일하지 않은 서로 다른 부하분담상태에서의 운전을 고려한 5% 감량운전조건을 가정하시오.

15.10 문제 15.9의 배전용 변전소에서 변압기 12.5 kV 측에 있는 4개의 차단기 각각은 정상 및 비상운전조건에서 상당 최대연속허용전류 2,000 A를 갖는다고 가정하자. 12.5 kV 정격운전전압에서 차단기의 최대 연속허용전류를 초과하지 않는 범위에서 변압기 하나가 운전 정지되는 비상사태를 고려한 변전소 하계 허용정격을 구하시오. 동일하지 않은 서로 다른 부하분담상태에서의 운전을 고려한 5% 감량운전조건을 가정한다. 그리고 그 결과를 연습문제 15.9와 비교함으로써 차단기 또는 변압기의 변전소 허용정격을 제한하는 것이 무엇인지를 밝히시오.

15.5절

15.11 (a) 10 MVA 부하의 역률을 지상 0.85에서 지상 0.9로 개선시키는 데 필요한 병렬 커패시터의 보상무효전력은 몇 Mvars인가? (b) 10 MVA 부하의 역률을 지상 0.9에서 지상 0.95로 개선시키는 데 필요한 병렬 커패시터의 보상무효전력은 몇 Mvars인가? (c) 저역률 부하의 역률을 개선하는 경우와 고역률 부하의 역률을 개선하는 경우의 두 가지 중에서 어느 쪽이 더 많은 보상무효전력이 필요한가?

15.12 $R_{Load} = 40\ \Omega$/상, $X_{Load} = 60\ \Omega$/상, $X_C = 60\ \Omega$/상인 경우에 대하여 예제 15.3을 재수행하시오.

15.7절

15.13 표 15.10은 어느 전력회사의 8050번 배전선로에 대하여 CIS 데이터베이스로부터 얻은 2010년 지속정전 데이터이다. 이 배전선로는 4,500 수용가에게 전체 부하 9 MW의 전력을 공급하고 있다. 이 표는 2010년 11월 4일 발생한 눈보라 폭풍으로 인하여 4,000 수용가가 거의 6일(10,053분) 동안 정전을 겪었던 중요 사건을 포함하고 있으며, 5분 이하의 순간정전사건은 제외되었다. (a) 중요 사건을 포함한 경우, (b) 중요 사건을 제외한 경우에 대하여 각각 SAIFI, SAIDI, CAIDI 및

표 15.10 연습문제 15.13의 수용가 정전 데이터

정전 발생일	정전 발생시각	정전지속기간(분)	배전선로 번호	정전 수용가 수
1/15/2010	01:24:20	15.4	8050	342
4/4/2010	08:14:20	151.2	8050	950
7/08/2010	07:15:46	89.8	8050	125
9/10/2010	15:45:39	654.6	8050	15
10/11/2010	07:40:59	32.7	8050	2,200
11/04/2010	22:30:00	10,053*	8050	4,000*
12/01/2010	14:18:07	40	8050	370

*눈보라 폭풍으로 인한 중요 사건

ASAI를 구하시오.

15.14 어떤 전력회사가 2,000 수용가에 전력을 공급하고 있는 7075번 배전선로와 4,500 수용가에 전력을 공급하고 있는 8050번 배전선로를 운영하고 있다고 가정하자. 이 선로의 2010년 정전 데이터가 표 15.6 및 표 15.10과 같이 주어질 경우 중요 사건을 제외한 SAIFI, SAIDI, CAIDI 및 ASAI를 구하시오.

15.8절

15.15 PW 그림 15.23의 계통에 대한 경부하를 나타낸 PowerWorld Simulator 케이스 예제 15_15 파일을 열어서 계통 손실을 최소화하는 병렬 커패시터의 최적 on-off 상태를 결정하시오.

15.16 PW 그림 15.23의 계통에 대한 경부하를 나타낸 PowerWorld Simulator 케이스 예제 15_16 파일을 열어서 LTC 변압기 탭을 각각 1.025로 바꿔라. 이 경우에 대해서 계통 손실을 최소화하는 병렬 커패시터의 최적 on-off 상태를 결정하시오.

15.17 PW PowerWorld Simulator 케이스 예제 15_17 파일을 열어서 손실이 얼마인지를 주목하시오. 그때 모선 2와 모선 3 사이에 있는 연계차단기를 폐로시켰을 때 손실변화는 어떻게 되는가? 계통 손실을 줄일 수 있도록 어떻게 변형할 수 있는가?

15.18 PW 전력조류해석 연구에 있어서 부하는 모선 전압과는 독립적으로 다루어지는 것이 보통이다. 즉, 정전력 모델이 사용된다. 그러나 실제적으로 부하는 전압 의존성을 가지고 있는 것이 일반적이다. 그래서 선로 전압의 감소(보존전압 감소 같은)는 일시적으로나마 전력수요를 줄여줄 수 있다. 그림 15.22에 대해서 전체 부하의 50%가 각각 정전력 및 정임피던스(전압 제곱에 비례하는 부하) 부하로 모델링된 것만 빼고는 나머지가 같은 그림을 포함한 PowerWorld Simulator 케이스 예제 15_18 파일을 여시오. 두 개의 배전용 변전소 변압기의 탭위치와 커패시터 뱅크를 조정함으로써 '전체 부하+손실'을 최소화하는 운전 구성을 결정하시오. 단, 모든 모선의 전압은 적어도 0.97 p.u.를 유지하여야 한다.

15.19 PW PowerWorld Simulator 케이스 예제 15_19(연습문제 15.18 케이스와 다른 부하 레벨을 가지는)를 이용하는 것을 제외하여 연습문제 15.18을 반복하라.

15.9절

15.20 15.9절에서 언급된 스마트그리드 특성들 중의 하나를 선택하여 그 특성과 관련된 최근 뉴스에 대한 요약과 분석을 한 페이지 정도의 분량으로 기술하시오.

참고문헌

1. J. D. Glover, "Electric Power Distribution," *Encyclopedia of Energy Technology and The Environment* (John Wiley & Sons, New York, NY, 1995).
2. D. G. Fink and H. W. Beaty, *Standard Handbook for Electrical Engineers*, 11th ed. (McGraw-Hill, New York, 1978), Sec 18.
3. T. Gonen, *Power Distribution Engineering* (Wiley, New York, 1986).
4. A. J. Pansini, *Electrical Distribution Engineering*, 2nd ed., The Fairmont Press (Liburn, GA, 1992).
5. J. J. Burke, *Power Distribution Engineering*, Marcel Dekker (New York, 1994).
6. Various co-workers, *Electric Distribution Systems Engineering Handbook*, *Ebasco Services Inc.*, 2nd ed., McGraw-Hill (New York, 1987).
7. Various co-workers, *Electrical Transmission & Distribution Reference Book*, Westinghouse Electric Corporation (Pittsburgh, 1964).
8. Various co-workers, *Distribution Systems Electric Utility Engineering Reference Book*, Vol. 3, Westinghouse Electric Corporation (Pittsburgh, 1965).
9. Various co-workers, *Underground Systems Reference Book*, Edison Electric Institute (New York, 1957).
10. R. Settembrini, R. Fisher and N. Hudak, "Seven Distribution Systems: How Reliabilities Com-

pare," *Electrical World*, 206, 5 (May 1992), pp. 41 – 45.

11. J. L. Blackburn, *Protective Relaying*, Marcel Dekker (New York, 1987).

12. R. Billinton, *Power System Reliability Evaluation*, Gordon and Breach (1988).

13. R. Billinton, R. N. Allan and L. Salvaderi, *Applied Reliability Assessment in Electric Power Systems*, Institute of Electrical and Electronic Engineers (New York, 1991).

15. R. Billinton and J. E. Billinton, "Distribution Reliability Indices," *IEEE Transactions on Power Delivery*, 4, 1 (January 1989), pp. 561 – 568.

15. D. O. Koval and R. Billinton, "Evaluation of Distribution Circuit Reliability," Paper F77 067-2, *IEEE Winter Power Meeting* (New York, NY, January/February 1977).

16. IEEE Committee Report, "List of Transmission and Distribution Components for Use in Outage Reporting and Reliability Calculations," *IEEE Transactions on Power Apparatus and Systems*, PAS 95, 54 (July/August 1976), pp. 1210 – 1215.

17. U. S. Department of Energy, *The National Electric Reliability Study: Technical Reports*, DOE/EP-0003, (April 1981).

18. J. B. Bunch and co-workers, *Guidelines for Evaluating Distribution Automation*, EPRI-EL-3728, Project 2021-1, Electric Power Research Institute (Palo Alto, CA, November 1984).

19. T. Desmond, "Distribution Automation: What is it? What does it do?" *Electrical World*, 206, 2 (February 1992), pp. 56 & 57.

20. J Minjie Chen and Vincent Poor, "High-Frequency Power Electronics at the Grid Edge," IEEE Electrification Magazine, Vol. 8, No. 3, September 2020, pp. 6 – 17.

21. ANSI/IEEE Std. C57.91-2011, *IEEE Guide for Loading Mineral-Oil-Immersed Transformers Power and Step-Voltage Regulators, Approved December 7, 2011.*

22. ANSI/EEE Std. C57.92-1981, *IEEE Guide for Loading Mineral-Oil-Immersed Power Transformers Up to and Including 100 MVA with 55°C or 65°C Average Winding Rise*, Approved January 12, 1981.

23. ANSI/EEE Std. C57.92-1981, *IEEE Guide for Loading Mineral-Oil-Immersed Overhead and Pad-Mounted Distribution Transformers Rated 500 kVA and Less with 65°C or 55°C Average Winding Rise*, Approved November 19, 1980.

24. IEEE Std. 1366, *IEEE Guide for Electric Power Distribution Reliability Indices*, 2003 and 2012 editions.

25. AIEE Committee Report, "Supervisory Control and Associated Telemetering Equipment—A Survey of Current Practice," *AIEE Transactions Power Apparatus and Systems, Part III*, (January 1955), pp. 36 – 68.

26. Technical and System Requirements for Advance Distribution Automation, EPRI Report 1010915, June 2004.

27. H. L. Willis, *Power Distribution Planning Reference Book*, 2nd Edition, CRC Press, Boca Raton, FL, 2004.

28. W. H. Kersting, Distribution System Modeling and Analysis, 4rd Edition, CRC Press, Boca Raton, FL, 2018.

29. *Smart Grid System Report*, U.S. DOE, July 2009.

30. United States Environmental Protection Agency, Conservation Voltage Reduction/Volt VAR Optimization EM&V Practices, January 2017.

31. U.S. Energy Information Administration , Electric Power Annual 2019, October 2020, www.eia.gov.

32. "Using Reclosers as Sectionalizers: A Conceptual Overview", T&D World Magazine, December 7, 2017 (www.tdworld.com).

부록

표 A.1 일반적인 동기기 상수의 평균값

상수 (단위)	종류	기호	터보-발전기 (solid rotor)	수차 발전기 (댐퍼포함)	동기 조상기	동기 전동기
리액턴스 (p.u.)	동기	X_d	1.1	1.15	1.80	1.20
		X_q	1.08	0.75	1.15	0.90
	과도	X'_d	0.23	0.37	0.40	0.35
		X'_q	0.23	0.75	1.15	0.90
	차과도	X''_d	0.12	0.24	0.25	0.30
		X''_q	0.15	0.34	0.30	0.40
	역상분	X_2	0.13	0.29	0.27	0.35
	영상분	X_0	0.05	0.11	0.09	0.16
저항 (p.u.)	정상분	R (dc)	0.003	0.012	0.008	0.01
		R (ac)	0.005	0.012	0.008	0.01
	역상분	R_2	0.035	0.10	0.05	0.06
시정수 (초)	과도	T'_{d0}	5.6	5.6	9.0	6.0
		T'_d	1.1	1.8	2.0	1.4
	차과도	$T''_d = T''_q$	0.035	0.035	0.035	0.036
	전기자	T_a	0.16	0.15	0.17	0.15

(참고자료: E. W. Kimbark, *Power System Stability: Synchronous Machines* (New York: Dover Publications, 1956/1968), Chap. 12)

표 A.2 일반적인 변압기 누설 리액턴스

가장 높은 전압의 권선 정격(kV)	가장 높은 전압의 권선의 BIL(kV)	누설 리액턴스(p.u.)*	
배전용 변압기			
2.4	30	0.023~0.049	
4.8	60	0.023~0.049	
7.2	75	0.026~0.051	
12	95	0.026~0.051	
23	150	0.052~0.055	
34.5	200	0.052~0.055	
46	250	0.057~0.063	
69	350	0.065~0.067	
10 MVA 이하의 변압기			
8.7	110	0.050~0.058	
25	150	0.055~0.058	
34.5	200	0.060~0.065	
46	250	0.060~0.070	
69	350	0.070~0.075	
92	450	0.070~0.085	
115	550	0.075~0.100	
138	650	0.080~0.105	
161	750	0.085~0.011	
10 MVA 이상의 변압기			
		자연냉각식 또는 강제냉각식	강제냉각식
8.7	110	0.050~0.063	0.082~0.105
34.5	200	0.055~0.075	0.090~0.128
46	250	0.057~0.085	0.095~0.143
69	350	0.063~0.095	0.103~0.158
92	450	0.060~0.118	0.105~0.180
115	550	0.065~0.135	0.107~0.195
138	650	0.070~0.140	0.117~0.245
161	750	0.075~0.150	0.125~0.250
230	900	0.070~0.160	0.120~0.270
345	1300	0.080~0.170	0.130~0.280
500	1550	0.100~0.200	0.160~0.340
765		0.110~0.210	0.190~0.350

*p.u. 리액턴스는 변압기의 정격용량을 기준으로 계산

표 A.3 97.3% 도전율의 경동선 특성

Size of Conductor: Circular Mils	Size of Conductor: A.W.G. or B. & S.	Number of Strands	Diameter of Individual Strands (inches)	Outside Diameter (inches)	Breaking Strength (pounds)	Weight (pounds per mile)	Approx. Current Carrying Capacity* (amps)	Geometric Mean Radius at 60 Hz (feet)	r_a Resistance (Ohms per Conductor per Mile) 25°C (77°F) dc	25°C 25 Hz	25°C 50 Hz	25°C 60 Hz	50°C (122°F) dc	50°C 25 Hz	50°C 50 Hz	50°C 60 Hz	x_a Inductive Reactance (ohms per conductor per mile at 1 ft spacing) 25 Hz	x_a 50 Hz	x_a 60 Hz	x'_a Shunt Capacitive Reactance (megohms per conductor per mile at 1 ft spacing) 25 Hz	x'_a 50 Hz	x'_a 60 Hz
1 000 000	...	37	0.1644	1.151	43 830	16 300	1 300	0.0368	0.0585	0.0594	0.0620	0.0634	0.0640	0.0648	0.0672	0.0685	0.1666	0.333	0.400	0.216	0.1081	0.0901
900 000	...	37	0.1560	1.092	39 510	14 670	1 220	0.0349	0.0650	0.0658	0.0682	0.0695	0.0711	0.0718	0.0740	0.0752	0.1693	0.339	0.406	0.220	0.1100	0.0916
800 000	...	37	0.1470	1.029	35 120	13 040	1 130	0.0329	0.0731	0.0739	0.0760	0.0772	0.0800	0.0806	0.0826	0.0837	0.1722	0.344	0.413	0.224	0.1121	0.0934
750 000	...	37	0.1424	0.997	33 400	12 230	1 090	0.0319	0.0780	0.0787	0.0807	0.0818	0.0853	0.0859	0.0878	0.0888	0.1739	0.348	0.417	0.226	0.1132	0.0943
700 000	...	37	0.1375	0.963	31 170	11 410	1 040	0.0308	0.0836	0.0842	0.0861	0.0871	0.0914	0.0920	0.0937	0.0947	0.1759	0.352	0.422	0.229	0.1145	0.0954
600 000	...	37	0.1273	0.891	27 020	9 781	940	0.0285	0.0975	0.0981	0.0997	0.1006	0.1066	0.1071	0.1086	0.1095	0.1799	0.360	0.432	0.235	0.1173	0.0977
500 000	...	37	0.1162	0.814	22 510	8 151	840	0.0260	0.1170	0.1175	0.1188	0.1196	0.1280	0.1283	0.1296	0.1303	0.1845	0.369	0.443	0.241	0.1205	0.1004
500 000	...	19	0.1622	0.811	21 590	8 151	840	0.0256	0.1170	0.1175	0.1188	0.1196	0.1280	0.1283	0.1296	0.1303	0.1853	0.371	0.445	0.241	0.1206	0.1005
450 000	...	19	0.1539	0.770	19 750	7 336	780	0.0243	0.1300	0.1304	0.1316	0.1323	0.1422	0.1426	0.1437	0.1443	0.1879	0.376	0.451	0.245	0.1224	0.1020
400 000	...	19	0.1451	0.726	17 560	6 521	730	0.0229	0.1462	0.1466	0.1477	0.1484	0.1600	0.1603	0.1613	0.1619	0.1909	0.382	0.458	0.249	0.1245	0.1038
350 000	...	19	0.1357	0.679	15 590	5 706	670	0.0214	0.1671	0.1675	0.1684	0.1690	0.1828	0.1831	0.1840	0.1845	0.1943	0.389	0.466	0.254	0.1269	0.1058
350 000	...	12	0.1708	0.710	15 140	5 706	670	0.0225	0.1671	0.1675	0.1684	0.1690	0.1828	0.1831	0.1840	0.1845	0.1918	0.384	0.460	0.251	0.1253	0.1044
300 000	...	19	0.1257	0.629	13 510	4 891	610	0.01987	0.1950	0.1953	0.1961	0.1966	0.213	0.214	0.214	0.215	0.1982	0.396	0.476	0.259	0.1296	0.1080
300 000	...	12	0.1581	0.657	13 170	4 891	610	0.0208	0.1950	0.1953	0.1961	0.1966	0.213	0.214	0.214	0.215	0.1957	0.392	0.470	0.256	0.1281	0.1068
250 000	...	19	0.1147	0.574	11 360	4 076	540	0.01813	0.234	0.234	0.235	0.235	0.256	0.256	0.257	0.257	0.203	0.406	0.487	0.266	0.1329	0.1108
250 000	...	12	0.1443	0.600	11 130	4 076	540	0.01902	0.234	0.234	0.235	0.235	0.256	0.256	0.257	0.257	0.200	0.401	0.481	0.263	0.1313	0.1094
211 600	4/0	19	0.1055	0.528	9 617	3 450	480	0.01668	0.276	0.277	0.277	0.278	0.302	0.303	0.303	0.303	0.207	0.414	0.497	0.272	0.1359	0.1132
211 600	4/0	12	0.1328	0.552	9 483	3 450	490	0.01750	0.276	0.277	0.277	0.278	0.302	0.303	0.303	0.303	0.205	0.409	0.491	0.269	0.1343	0.1119
211 600	4/0	7	0.1739	0.522	9 154	3 450	480	0.01579	0.276	0.277	0.277	0.278	0.302	0.303	0.303	0.303	0.210	0.420	0.503	0.273	0.1363	0.1136
167 800	3/0	12	0.1183	0.492	7 556	2 736	420	0.01559	0.349	0.349	0.349	0.350	0.381	0.381	0.382	0.382	0.210	0.421	0.505	0.277	0.1384	0.1153
167 800	3/0	7	0.1548	0.464	7 366	2 736	420	0.01404	0.349	0.349	0.349	0.350	0.381	0.381	0.382	0.382	0.216	0.431	0.518	0.281	0.1405	0.1171
133 100	2/0	7	0.1379	0.414	5 926	2 170	360	0.01252	0.440	0.440	0.440	0.440	0.481	0.481	0.481	0.481	0.222	0.443	0.532	0.289	0.1445	0.1205
105 500	1/0	7	0.1228	0.368	4 752	1 720	310	0.01113	0.555	0.555	0.555	0.555	0.606	0.607	0.607	0.607	0.227	0.455	0.546	0.298	0.1488	0.1240
83 690	1	7	0.1093	0.328	3 804	1 364	270	0.00992	0.699	0.699	0.699	0.699	0.765				0.233	0.467	0.560	0.306	0.1528	0.1274
83 690	1	3	0.1670	0.360	3 620	1 351	270	0.01016	0.692	0.692	0.692	0.692	0.757				0.233	0.464	0.557	0.299	0.1495	0.1246
66 370	2	7	0.0974	0.292	3 045	1 082	230	0.00883	0.881	0.882	0.882	0.882	0.964				0.239	0.478	0.574	0.314	0.1570	0.1308
66 370	2	3	0.1487	0.320	2 913	1 071	240	0.00903	0.873				0.955				0.238	0.476	0.571	0.307	0.1537	0.1281
66 370	2	1	....	0.258	3 003	1 061	220	0.00836	0.864				0.945				0.242	0.484	0.581	0.323	0.1614	0.1345
52 630	3	7	0.0867	0.260	2 433	858	200	0.00787	1.112				1.216				0.245	0.490	0.588	0.322	0.1611	0.1343
52 630	3	3	0.1325	0.285	2 359	850	200	0.00805	1.101				1.204				0.244	0.488	0.585	0.316	0.1578	0.1315
52 630	3	1	....	0.229	2 439	841	190	0.00745	1.090		Same as dc		1.192		Same as dc		0.248	0.496	0.595	0.331	0.1656	0.1380
41 740	4	3	0.1180	0.254	1 879	674	180	0.00717	1.388				1.518				0.250	0.499	0.599	0.324	0.1619	0.1349
41 740	4	1	....	0.204	1 970	667	170	0.00663	1.374				1.503				0.254	0.507	0.609	0.339	0.1697	0.1415
33 100	5	3	0.1050	0.226	1 505	534	150	0.00638	1.750				1.914				0.256	0.511	0.613	0.332	0.1661	0.1384
33 100	5	1	....	0.1819	1 591	529	140	0.00590	1.733				1.895				0.260	0.519	0.623	0.348	0.1738	0.1449
26 250	6	3	0.0935	0.201	1 205	424	130	0.00568	2.21				2.41				0.262	0.523	0.628	0.341	0.1703	0.1419
26 250	6	1	....	0.1620	1 280	420	120	0.00526	2.13				2.39				0.265	0.531	0.637	0.356	0.1779	0.1483
20 820	7	1	....	0.1443	1 030	333	110	0.00468	2.75				3.01				0.271	0.542	0.651	0.364	0.1821	0.1517
16 510	8	1	....	0.1285	826	264	90	0.00417	3.47				3.80				0.277	0.554	0.665	0.372	0.1862	0.1552

*For conductor at 75°C, air at 25°C, wind 1.4 miles per hour (2 ft/sec), frequency = 60 Hz.

표 A.4 ACSR 선로의 특성(Aluminum Company of America)

Code Word	Circular Mils Aluminum	Aluminum			Steel		Outside Diameter (inches)	Copper Equivalent* Circular Mils or A.W.G.	Ultimate Strength (pounds)	Weight (pounds per mile)	Geometric Mean Radius at 60 Hz (feet)	Approx. Current Carrying Capacity† (amps)	r_a Resistance (Ohms per Conductor per Mile)								x_a Inductive Reactance (ohms per conductor per mile at 1 ft spacing all currents)	x'_a Shunt Capacitive Reactance (megohms per conductor per mile at 1 ft spacing)
				Strand Diameter (inches)		Strand Diameter (inches)							25°C (77°F) Small Currents				50°C (122°F) Current Approx. 75% Capacity‡					
													dc	25 Hz	50 Hz	60 Hz	dc	25 Hz	50 Hz	60 Hz	60 Hz	60 Hz
Joree	2 515 000	76	...	0.1819	19	0.0849	1.880		61 700		0.0621									0.0450	0.337	0.0755
Thrasher	2 312 000	76	..	0.1744	19	0.0814	1.802		57 300		0.0595									0.0482	0.342	0.0767
Kiwi	2 167 000	72	4	0.1735	7	0.1157	1.735		49 800		0.0570									0.0511	0.348	0.0778
Bluebird	2 156 000	84	4	0.1602	19	0.0961	1.762		60 300		0.0588									0.0505	0.344	0.0774
Chukar	1 781 000	84	4	0.1456	19	0.0874	1.602		51 000		0.0534									0.0598	0.355	0.0802
Falcon	1 590 000	54	3	0.1716	19	0.1030	1.545	1 000 000	56 000	10 777	0.0520	1 380	0.0587	0.0588	0.0590	0.0591	0.0646	0.0656	0.0675	0.0684	0.359	0.0814
Parrot	1 510 500	54	3	0.1673	19	0.1004	1.506	950 000	53 200	10 237	0.0507	1 340	0.0618	0.0619	0.0621	0.0622	0.0680	0.0690	0.0710	0.0720	0.362	0.0821
Plover	1 431 000	54	3	0.1628	19	0.0977	1.465	900 000	50 400	9 699	0.0493	1 300	0.0652	0.0653	0.0655	0.0656	0.0718	0.0729	0.0749	0.0760	0.365	0.0830
Martin	1 351 000	54	3	0.1582	19	0.0949	1.424	850 000	47 600	9 160	0.0479	1 250	0.0691	0.0692	0.0694	0.0695	0.0761	0.0771	0.0792	0.0803	0.369	0.0838
Pheasant	1 272 000	54	3	0.1535	19	0.0921	1.382	800 000	44 800	8 621	0.0465	1 200	0.0734	0.0735	0.0737	0.0738	0.0808	0.0819	0.0840	0.0851	0.372	0.0847
Grackle	1 192 500	54	3	0.1486	19	0.0892	1.338	750 000	43 100	8 082	0.0450	1 160	0.0783	0.0784	0.0786	0.0788	0.0862	0.0872	0.0894	0.0906	0.376	0.0857
Finch	1 113 000	54	3	0.1436	19	0.0862	1.293	700 000	40 200	7 544	0.0435	1 110	0.0839	0.0840	0.0842	0.0844	0.0924	0.0935	0.0957	0.0969	0.380	0.0867
Curlew	1 033 500	54	3	0.1384	7	0.1384	1.246	650 000	37 100	7 019	0.0420	1 060	0.0903	0.0905	0.0907	0.0909	0.0994	0.1005	0.1025	0.1035	0.385	0.0878
Cardinal	954 000	54	3	0.1329	7	0.1329	1.196	600 000	34 200	6 479	0.0403	1 010	0.0979	0.0980	0.0981	0.0982	0.1078	0.1088	0.1118	0.1128	0.390	0.0890
Canary	900 000	54	3	0.1291	7	0.1291	1.162	566 000	32 300	6 112	0.0391	970	0.104	0.104	0.104	0.104	0.1145	0.1155	0.1175	0.1185	0.393	0.0898
Crane	874 500	54	3	0.1273	7	0.1273	1.146	550 000	31 400	5 940	0.0386	950	0.107	0.107	0.107	0.108	0.1178	0.1188	0.1218	0.1228	0.395	0.0903
Condor	795 000	54	3	0.1214	7	0.1214	1.093	500 000	28 500	5 399	0.0368	900	0.117	0.118	0.118	0.119	0.1288	0.1308	0.1358	0.1378	0.401	0.0917
Drake	795 000	26	2	0.1749	7	0.1360	1.108	500 000	31 200	5 770	0.0375	900	0.117	0.117	0.117	0.117	0.1288	0.1288	0.1288	0.1288	0.399	0.0912
Mallard	795 000	30	2	0.1628	19	0.0977	1.140	500 000	38 400	6 517	0.0393	910	0.117	0.117	0.117	0.117	0.1288	0.1288	0.1288	0.1288	0.393	0.0904
Crow	715 500	54	3	0.1151	7	0.1151	1.036	450 000	26 300	4 859	0.0349	830	0.131	0.131	0.131	0.132	0.1442	0.1452	0.1472	0.1482	0.407	0.0932
Starling	715 500	26	2	0.1659	7	0.1290	1.051	450 000	28 100	5 193	0.0355	840	0.131	0.131	0.131	0.131	0.1442	0.1442	0.1442	0.1442	0.405	0.0928
Redwing	715 500	30	2	0.1544	19	0.0926	1.081	450 000	34 600	5 865	0.0372	840	0.131	0.131	0.131	0.131	0.1442	0.1442	0.1442	0.1442	0.399	0.0920
Flamingo	666 600	54	3	0.1111	7	0.1111	1.000	419 000	24 500	4 527	0.0337	800	0.140	0.140	0.141	0.141	0.1541	0.1571	0.1591	0.1601	0.412	0.0943
Rook	636 000	54	3	0.1085	7	0.1085	0.977	400 000	23 600	4 319	0.0329	770	0.147	0.147	0.148	0.148	0.1618	0.1638	0.1678	0.1688	0.414	0.0950
Grosbeak	636 000	26	2	0.1564	7	0.1216	0.990	400 000	25 000	4 616	0.0335	780	0.147	0.147	0.147	0.147	0.1618	0.1618	0.1618	0.1618	0.412	0.0946
Egret	636 000	30	2	0.1456	19	0.0874	1.019	400 000	31 500	5 213	0.0351	780	0.147	0.147	0.147	0.147	0.1618	0.1618	0.1618	0.1618	0.406	0.0937
Peacock	605 000	54	3	0.1059	7	0.1059	0.953	380 500	22 500	4 109	0.0321	750	0.154	0.155	0.155	0.155	0.1695	0.1715	0.1755	0.1775	0.417	0.0957
Squab	605 000	26	2	0.1525	7	0.1186	0.966	380 500	24 100	4 391	0.0327	760	0.154	0.154	0.154	0.154	0.1700	0.1720	0.1720	0.1720	0.415	0.0953
Dove	556 500	26	2	0.1463	7	0.1138	0.927	350 000	22 400	4 039	0.0313	730	0.168	0.168	0.168	0.168	0.1849	0.1859	0.1859	0.1859	0.420	0.0965
Eagle	556 500	30	2	0.1362	7	0.1362	0.953	350 000	27 200	4 588	0.0328	730	0.168	0.168	0.168	0.168	0.1849	0.1859	0.1859	0.1859	0.415	0.0957
Hawk	477 000	26	2	0.1355	7	0.1054	0.858	300 000	19 430	3 462	0.0290	670	0.196	0.196	0.196	0.196	0.216				0.430	0.0988
Hen	477 000	30	2	0.1261	7	0.1261	0.883	300 000	23 300	3 933	0.0304	670	0.196	0.196	0.196	0.196	0.216				0.424	0.0980
Ibis	397 500	26	2	0.1236	7	0.0961	0.783	250 000	16 190	2 885	0.0265	590	0.235				0.259				0.441	0.1015
Lark	397 500	30	2	0.1151	7	0.1151	0.806	250 000	19 980	3 277	0.0278	600	0.235		Same as dc		0.259		Same as dc		0.435	0.1006
Linnet	336 400	26	2	0.1138	7	0.0855	0.721	4/0	14 050	2 442	0.0244	530	0.278				0.306				0.451	0.1039
Oriole	336 400	30	2	0.1059	7	0.1059	0.741	4/0	17 040	2 774	0.0255	530	0.278				0.306				0.445	0.1032
Ostrich	300 000	26	2	0.1074	7	0.0835	0.680	188 700	12 650	2 178	0.0230	490	0.311				0.342				0.458	0.1057
Piper	300 000	30	2	0.1000	7	0.1000	0.700	188 700	15 430	2 473	0.0241	500	0.311				0.342				0.462	0.1049
Partridge	266 800	26	2	0.1013	7	0.0788	0.642	3/0	11 250	1 936	0.0217	460	0.350				0.385				0.465	0.1074

*Based on copper 97%, aluminum 61% conductivity.

†For conductor at 75°C, air at 25°C, wind 1.4 miles per hour (2 ft/sec), frequency = 60 Hz.

‡"Current Approx. 75% Capacity" is 75% of the "Approx. Current Carrying Capacity in Amps" and is approximately the current which will produce 50°C conductor temp. (25°C rise) with 25°C air temp., wind 1.4 miles per hour.

찾아보기

ㄷ

ㄹ

ㅁ

ㅂ

ㅅ

ㅇ

ㅊ

ㅋ

ㅌ

ㅍ

ㅎ

기타

H

I

L

M

N

O

P

Q

R

S

T

V

W

Z